LA

MÉCANIQUE

A l'Exposition de 1900

Publiée sous le Patronage et la Direction technique d'un Comité de Rédaction

COMPOSÉ DE MM.

HATON DE LA GOUPILLIÈRE, G. O. ✻, Membre de l'Institut
Inspecteur général des Mines, *Président*

BARBET, ✻, ingénieur des arts et manufactures.

BIENAYMÉ, G. ✻, inspecteur général du génie maritime.

BOURDON (Edouard), O. ✻, constructeur mécanicien, président de la chambre syndicale des mécaniciens.

BRULL, ✻, ingénieur, ancien élève de l'École polytechnique, ancien président de la Société des Ingénieurs civils.

COLLIGNON (Ed.), O. ✻, inspecteur général des ponts et chaussées en retraite.

FLAMANT, O. ✻, inspecteur général des ponts et chaussées.

IMBS, ✻, professeur au Conservatoire des arts et métiers et à l'École centrale des arts et manufactures.

LINDER, G. ✻, inspecteur général des mines en retraite.

ROZÉ, ✻, répétiteur d'astronomie et conservateur des collections de mécanique à l'École polytechnique.

SAUVAGE, O. ✻, ingénieur en chef des mines, professeur à l'École des mines et au Conservatoire des arts et métiers.

WALCKENAER, O. ✻, ingénieur en chef des mines, professeur à l'École des ponts et chaussées.

RATEAU, ingénieur des Mines.

Secrétaire de la Rédaction : **GUSTAVE RICHARD**, ✻, 44, rue de Rennes.

TOME II

- VI. Pompes.
- VII. Régulateurs. — Machines marines.
- VIII. Appareils de levage et de manutention.
- IX. Appareils de sécurité.
- X. Machines outils.
- XI. Mécanique de la forge.

PARIS. VI
Vve CH. DUNOD, ÉDITEUR
49, QUAI DES GRANDS-AUGUSTINS, 49

1902

LA MÉCANIQUE

A l'Exposition de 1900

TOME II

MACON, PROTAT FRÈRES, IMPRIMEURS

LA

MÉCANIQUE

A l'Exposition de 1900

Publiée sous le Patronage et la Direction technique d'un Comité de Rédaction

COMPOSÉ DE MM.

HATON DE LA GOUPILLIÈRE, G. O. ❋, Membre de l'Institut
Inspecteur général des Mines, *Président*

BARBET, ❋, ingénieur des arts et manufactures.

BIENAYMÉ, C. ❋, inspecteur général du génie maritime.

BOURDON (Edouard), O. ❋, constructeur mécanicien, président de la chambre syndicale des mécaniciens.

BRÜLL, ❋, ingénieur, ancien élève de l'École polytechnique, ancien président de la Société des Ingénieurs civils.

COLLIGNON (Ed.), O ❋, inspecteur général des ponts et chaussées en retraite.

FLAMANT, O. ❋, inspecteur général des ponts et chaussées.

IMBS, ❋, professeur au Conservatoire des arts et métiers et à l'École centrale des arts et manufactures.

LINDER, C. ❋, inspecteur général des mines en retraite.

ROZÉ, ❋, répétiteur d'astronomie et conservateur des collections de mécanique à l'École polytechnique.

SAUVAGE, O. ❋, ingénieur en chef des mines, professeur à l'École des mines et au Conservatoire des arts et métiers.

WALCKENAER, O. ❋, ingénieur en chef des mines, professeur à l'École des ponts et chaussées.

RATEAU, ingénieur des Mines.

Secrétaire de la Rédaction : **GUSTAVE RICHARD**, ❋, 44, rue de Rennes.

TOME II

VI. Pompes.
VII. Régulateurs. — Machines marines.
VIII. Appareils de levage et de manutention.
IX. Appareils de sécurité.
X. Machines-outils.
XI. Mécanique de la forge.

PARIS. VI
Vve CH. DUNOD, ÉDITEUR
49, QUAI DES GRANDS-AUGUSTINS, 49

1902

LA

MÉCANIQUE

à l'Exposition de 1900

Publiée sous le Patronage et la Direction technique d'un Comité de Rédaction

COMPOSÉ DE MM.

HATON DE LA GOUPILLIÈRE, C. O. ✻, Membre de l'Institut
Inspecteur général des Mines, *Président*

6e LIVRAISON (*)

LES POMPES

PAR

M. R. MASSE

INGÉNIEUR CIVIL DES MINES

PARIS, VI
Vve CH. DUNOD, ÉDITEUR
49, QUAI DES GRANDS-AUGUSTINS, 49
TÉLÉPHONE 147.92
1900

Décembre 1900.

(*) Quatrième livraison dans l'ordre d'apparition.

LA MÉCANIQUE

A l'Exposition de 1900

Publiée sous le Patronage et la Direction technique d'un Comité de Rédaction

6e LIVRAISON (1)

LES POMPES

PAR

M. R. MASSE

INGÉNIEUR CIVIL DES MINES

PARIS

Vve CH. DUNOD, ÉDITEUR

49, QUAI DES GRANDS-AUGUSTINS, 49

TÉLÉPHONE 147.92

1900

TABLE DES MATIÈRES

LES POMPES

PAR

M. R. MASSE
Ingénieur civil des Mines.

Les machines servant à élever les eaux ou à les distribuer, à assurer l'alimentation des chaudières ou l'épuisement des mines sont très nombreuses à l'Exposition; il en existe une foule d'exemplaires disséminés un peu dans toutes les classes.

Pourtant il y a peu de types nouveaux ou vraiment originaux. Par contre, on observe de fort intéressants perfectionnements des modèles déjà connus et surtout un effort très net, souvent fructueux, en vue d'étendre l'application de certains types à des usages qui leur paraissaient jusqu'alors interdits.

C'est ainsi que la machine à action directe, primitivement cantonnée presque exclusivement dans le domaine de l'alimentation, a subi diverses modifications qui ont permis d'en faire une machine élévatoire très satisfaisante; on a cherché en même temps à réduire la consommation de vapeur et, après les types compound, on a vu paraître des types à triple expansion fort bien étudiés.

Les hauteurs de refoulement accessibles ont augmenté, et telles qui exigeaient il y a quelques années encore des dispositions de pompes en relais peuvent être desservies maintenant par une seule et unique machine ; on connaît des pompes centrifuges donnant pratiquement un bon refoulement à plus de 100 mètres de hauteur.

La continuité et la régularité du mouvement de l'eau ont été également très étudiées, en même temps qu'on s'est efforcé d'accroître la vitesse de la machine; on y est parvenu dans une certaine mesure soit en multipliant les corps, soit en donnant aux clapets des dispositions spéciales heureusement combinées.

Enfin, là comme partout, de nombreuses applications ont été faites de la commande électrique, soit sur des pompes fixes, soit sur des pompes mobiles ou même automobiles. Il en est résulté d'importantes modifications dans la disposition des engins, mais surtout une beaucoup plus grande facilité d'installation et d'emploi, notamment dans les mines.

Il y avait donc là un champ d'études des plus intéressants et des plus vastes : il s'est trouvé notablement réduit par l'impossibilité d'obtenir de certains constructeurs des renseignements aussi complets que je l'aurais désiré, et cela malgré de très sérieux et multiples efforts! C'est pourquoi, m'excusant ici de n'avoir pu donner au sujet qui m'était confié toute l'ampleur dont il était digne, je tiens à remercier les Ingénieurs et les Industriels qui ont bien voulu mettre à ma disposition les documents qui m'étaient nécessaires.

Pompe Audemar-Guyon à 4 pistons et à courant continu. — Nous avons déjà décrit dans la *Revue de Mécanique de mars 1897* un type de ces pompes dont la disposition était verticale.

Celui dont il s'agit (fig. 1 et 2) maintenant se compose de 2 corps cylindriques venus de fonte d'un seul jet, dont l'un communique directement et en son milieu avec l'aspiration et dont l'autre se trouve dans les mêmes conditions par rapport au refoulement. Les fonds sont bombés et permettent le libre passage de l'eau, d'un corps de pompe dans l'autre. Les pistons, qui sont de véritables soupapes à grilles, sont fixés deux à deux sur une même tige disposée de façon que ceux qui se meuvent dans le corps de pompe en relation avec l'aspiration s'ouvrent, dans la course du milieu vers les fonds, tandis que les autres s'ouvrent en revenant des fonds vers le milieu.

Une bielle commandée par un arbre coudé mis en mouvement par une courroie ou un moteur donne le mouvement à la crosse à laquelle sont fixées les 2 tiges. Le guidage

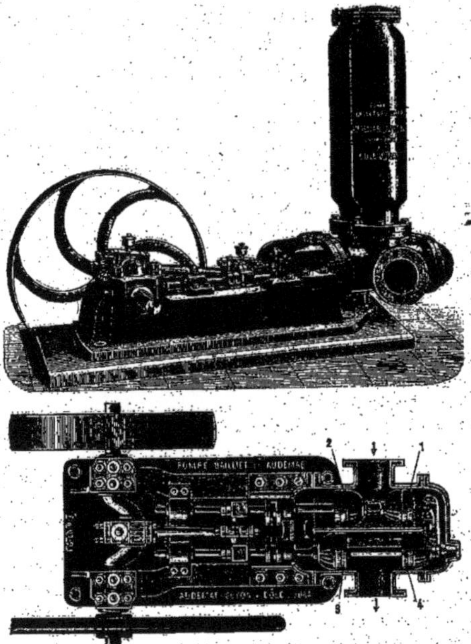

Fig. 1 et 2. — Pompe *Audemar-Guyon* à courroie.

des pistons est assuré par le glissement dans des guides cylindres, fixés par boulons au bâti dans le prolongement des tiges.

Supposons maintenant l'appareil en marche. Lorsque l'ensemble se déplace vers la gauche, l'eau contenue en avant de 2, dont les clapets sont fermés, est refoulée au travers de ceux de 3, qui sont ouverts; tandis que 4, dont les clapets sont fermés, aspire au travers de ceux de 1 qui sont ouverts. Dans la marche en sens inverse, le contraire se produit et on voit qu'il y a mouvement de l'eau d'une façon continue de l'aspiration vers le refoulement. Si, à cela, on ajoute maintenant que chaque corps de pompe porte un réservoir d'air vertical, on comprendra les causes de la régularité du débit.

Deux pompes de ce type ont été exposées ; la plus petite et la plus grosse de la série ; en voici les principales dimensions.

	Grosse pompe.	Petite pompe.
Diamètre des pistons	300mm	105mm
Course	200mm	40mm
Diamètre des orifices d'asp. et de ref.	255mm	60mm
Volume engendré par tour	56l4	1l37
Nombre de tours par minute	55	135
Débit par heure	170m3	10m3
Dimensions	2m40×1m06	0m70×0m27
Poids	2.400k	135k

La hauteur moyenne d'élévation d'eau est d'environ 25 mètres.

Pompe compound Audemar-Guyon. — La nouvelle pompe compound brevetée par MM. Audemar-Guyon est caractérisée par l'emploi de deux pistons de diamètres tels que la surface de l'un est double de celle de l'autre, et aussi par l'emploi seulement de deux soupapes, au lieu de 4 qu'exigent d'ordinaire les pompes à double effet et à deux corps.

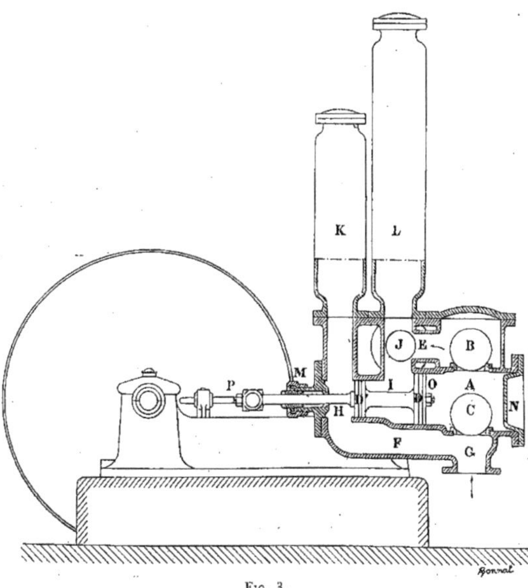

Fig. 3.

Les 2 pistons D' et D (fig. 3) munis de segments en fonte, sont d'une seule pièce, et le manchon creux qui les unit livre passage à la tige sur laquelle ils sont fixés, et dont le mouvement est provoqué par une bielle articulée à un arbre coudé.

La boîte à clapets A, située à l'arrière du grand cylindre, contient les 2 clapets B et C qui ferment l'un l'aspiration, l'autre le refoulement. Deux réservoirs d'air K et L assurent la régularité du débit en même temps qu'ils évitent les coups de bélier. La pompe est commandée par courroie au moyen de la poulie-volant calée sur l'arbre coudé.

La marche de l'eau est facile à suivre ; lorsque les pistons se déplacent vers la gauche, l'aspiration produite par le grand disque cause le soulèvement de C, et l'eau contenue dans F et G pénètre dans le corps de pompe ; cette rentrée est aidée par le petit piston D′, qui chasse l'eau de F vers A. Pendant la course en sens inverse D′ aspire dans la conduite F, tandis que, sur son autre face, il refoule avec D l'eau contenue en I et en A. Le presse-étoupe M empêche les pertes que le passage de la tige pourrait produire, pertes qui sont d'autant plus faibles que dans l'espace H règne seulement le vide très faible de l'aspiration produite dans une course par D et dans l'autre par D′. Les fuites, s'il y en a, ne peuvent donc avoir pour conséquence que des rentrées d'air, et non des pertes de liquide. Néanmoins, il est utile, au point de vue du rendement, de maintenir M étanche, car l'effet de la pression atmosphérique qui peut se produire par là, diminuerait l'aspiration.

Les deux pompes exposées ont les dimensions suivantes :

Diamètre du grand piston	104^{mm}	340^{mm}
Diamètre du petit	73	240
Course	40	210
Diamètre des orifices	50	170
Volume engendré par tour	$0^{l}34$	$19^{l}10$
Nombre de tours maximum	150	65
Débit à l'heure	$2^{m3}\,1/_2$	66^{m3}

La disposition des clapets peut changer suivant la dimension de la pompe, et les matières à pomper.

Par son étanchéité, cette pompe se recommande pour déplacer les liquides dont on veut éviter la perte à cause de leur inflammabilité (pétrole), ou de leur prix élevé (alcool).

Pompe Audemar-Guyon à deux pistons et à courant continu. — Elle est fixée sur un bâti analogue à celui de la précédente, et est également commandée par courroie sur une poulie volant (fig. 4).

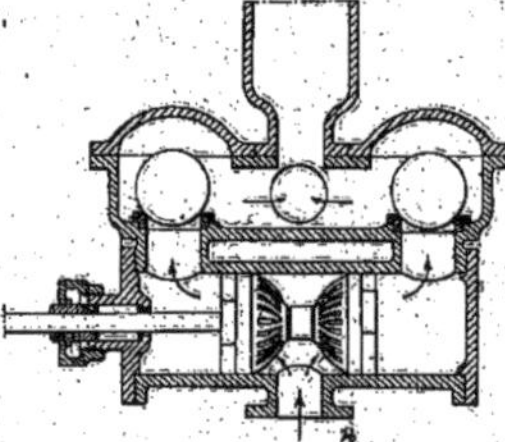

Fig. 4.

Elle est munie de 2 pistons à clapets à grille du système Baillet et Audemar, tournés l'un vers l'autre, et se déplaçant dans un corps de pompe dont le milieu est en communication directe et constante avec l'aspiration et dont les extrémités, fermées au repos par des clapets, débouchent dans le refoulement. Nous avons toujours, comme dans toutes les pompes à mouvement alternatif, un réservoir d'air sur l'arrivée et un sur la sortie de l'eau.

Voici comment s'établit la continuité du courant de l'eau dans cette machine. Partons du point où sont les pistons sur la figure schématique et supposons que la machine soit en marche depuis quelque temps déjà.

Le mouvement vers la gauche produit la fermeture des clapets du piston de gauche qui, pendant ce temps, aspire sur une de ses faces et refoule sur l'autre ; tandis que celui de droite, dont les clapets sont restés ouverts, laisse passer dans l'extrémité droite du corps de pompe l'eau aspirée par l'autre piston. Dans l'autre marche, l'inverse se produit. Comme on le voit, l'eau suit le chemin bien continu montré par les flèches, et il ne se produit pas ces rebroussements ni ces changements de sens qui sont toujours la cause de l'usure rapide des clapets et de l'irrégularité du débit.

On voit, qu'en somme, cette pompe, du même principe que celle à 4 pistons, en diffère cependant par le remplacement de 2 pistons par 2 clapets. Ainsi, on diminue le nombre de tiges, celui de presse-étoupes, et, comme conséquence, on réduit les frottements. On a ainsi une machine plus robuste, moins délicate à conduire et dont le rendement doit être plutôt plus avantageux, le tout doit sacrifier la continuité du débit.

Les proportions entre les différentes données de ces pompes varient avec la hauteur de refoulement (20, 30 ou 40 mètres).

Comme dans la machine précédente, les soupapes peuvent être modifiées suivant la nature des liquides à pomper. Deux de ces pompes ont été exposées à la classe 21. Leurs principales caractéristiques sont :

Hauteur de refoulement	20 m	40 m
Diamètre des pistons	160 mm	365 mm
Course	40	175
Volume engendré par tour	1 l 61	36 l 6
Diamètres des orifices	90 mm	220 mm
Nombre de tour max	150	65
Débit à l'heure	13 m	130 m3
Diamètre de la poulie-volant	0 m 700	2 m 100
Largeur —	70 m	350 mm

Pompe Decoudun à courant continu. — La pompe *Decoudun* est caractérisée par l'emploi de 2 pistons et l'absence de boît s à clapets ; elle se compose de 2 corps fixés

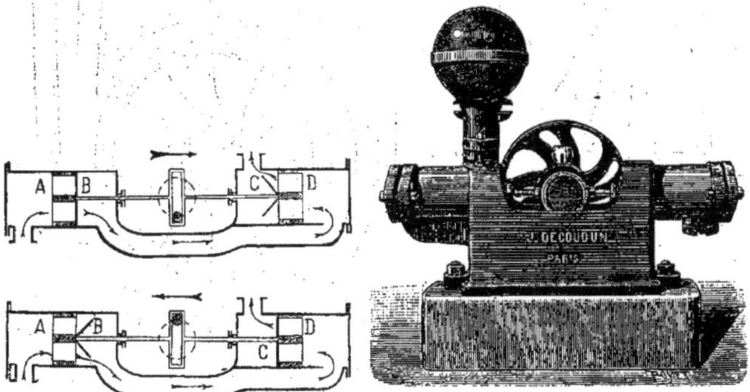

FIG. 5, 6 et 7.

aux extrémités du bâti et ayant le même axe. Les tiges de piston sont (fig. 5, 6 et 7) réunies par un bloc qui porte une rainure verticale dans laquelle peut glisser le manneton d'un plateau manivelle mû par courroie. Les deux corps sont en communication entre eux comme le montrent les figures, et l'un d'eux communique avec l'aspiration tandis que l'autre porte le réservoir d'air à la base duquel est branché le refoulement.

Les pistons portent des clapets sur leurs faces les plus voisines des presses-étoupes. Pendant la course de gauche à droite, le piston A, dont les clapets sont fermés, aspire une certaine quantité d'eau derrière lui, pendant qu'il refoule sur son autre face au travers de D, dont les clapets C sont ouverts. Pendant la marche en sens inverse, D refoule l'eau qu'il a devant lui et aspire au travers de A, dont les clapets B sont ouverts.

La marche de l'eau est donc bien continue. Voici les dimensions principales des deux types exposés pouvant servir à l'élévation de liquides quelconques, acides ou non — épais ou clairs — froids ou chauds.

Diamètre des pistons	85 mm	140 mm
Course	80	100
Diamètre des tuyaux aspiration et refoulement	40 mm	80 mm
Diamètre de la poulie de commande	300	600
Largeur	70	110
Nombre de tours	125	110
Débit à l'heure	4500 l	14500 l
Encombrement	0 m 80/0 m 53	1 m 463/1 m 10

Pompes centrifuges Schabaver. — M. Schabaver, dans ses études, a toujours considéré la pompe centrifuge comme une turbine renversée : l'une étant par rapport à l'autre, comme il le dit lui-même, ce qu'est la dynamo par rapport au moteur électrique. Mais si ces deux dernières machines ont à peu près le même rendement, il est loin d'en être ainsi pour les deux machines hydrauliques; en effet, alors qu'avec une turbine on arrive à un rendement de 0,80, on n'obtient d'ordinaire avec la pompe centrifuge que 0,60 à 0,65.

Pour arriver à une meilleure utilisation de la force motrice et à une hauteur d'élévation de l'eau plus considérable, l'inventeur s'est appliqué à réaliser, dans la mesure du possible, les conditions établies par les théorèmes généraux de l'hydrodynamique. Pour cela, la pompe (fig. 8 et 9) est munie de distributeurs en face de chaque œillard, lesquels distributeurs assurent l'entrée sans chocs du liquide et le dirigent sans changements brusques de direction sur l'appareil tournant dont les aubes sont disposées de manière à arriver tangentiellement au moyeu.

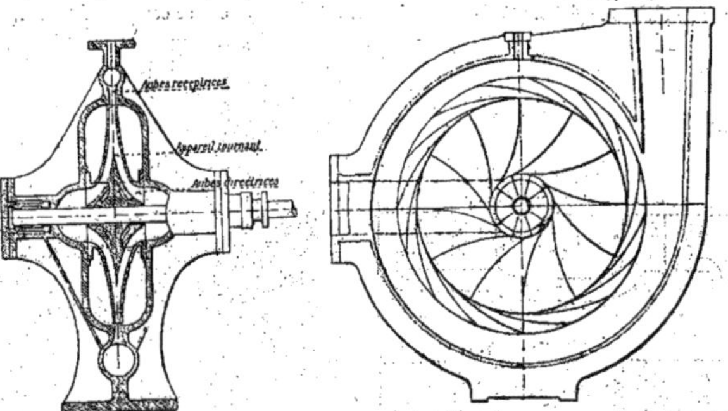

Fig. 8 et 9.

L'eau soumise à la force centrifuge s'échappe ensuite dans un éjecteur circulaire dont les génératrices sont inclinées de 6° sur l'axe et qui est une spirale. L'entrée dans cet éjecteur se fait par une fente circulaire et étroite, réalisant ainsi un orifice cylindrique en mince paroi ; on sait que tous les ajutages font subir aux filets liquides des frottements proportionnels à leur longueur, et que c'est avec l'orifice en mince paroi que celle-ci et ceux-là sont réduits au minimum ; de plus, cet orifice est de construction facile, et ses dimensions sont toujours facilement comparables d'un cas à l'autre. Enfin l'eau est guidée au sortir de la roue par des ailettes courbes dont le premier élément est tangent à la direction de la vitesse absolue de l'eau, qu'on obtient en composant la vitesse tangentielle et la vitesse centrifuge.

M. Schabaver a exécuté des expériences avec sa pompe en vue de prouver que sa pratique était en concordance avec la théorie.

Les premiers essais ont été faits avec une pompe non munie de distributeur aux œillards, et dont le diamètre d'aspiration était de 10 centimètres, le diamètre de la turbine étant 0 m. 400. Une machine à vapeur du type Weyer et Richemond de 25 chevaux ayant un rendement de 80 p. 100 (trouvé à l'indicateur et au frein) fournissait le mouvement. L'eau était prise en charge dans un réservoir situé à 0 m. 60 environ au-dessus du niveau de l'axe de la pompe.

Deux sortes d'essais furent faits : 1° essais de rendement en fonction des hauteurs de

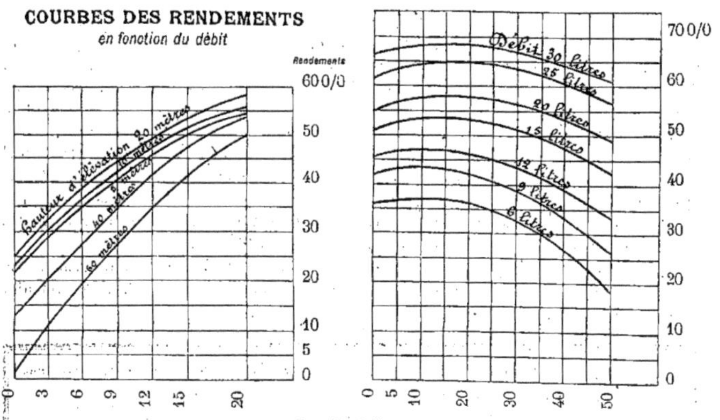

Fig. 10 et 11.

refoulement (débit constant) ; 2° essais de rendement en fonction des débits (hauteur de refoulement constante).

Les résultats coordonnés de ces deux séries ont fourni les diagrammes que nous donnons ici fig. 10 et fig. 11, et dans lesquels il est facile de voir que : 1° pour une pompe de débit donné (compris entre 0 et 30 litres) la hauteur correspondante au débit maximum est d'environ 15 à 20 mètres ; 2° le rendement a augmenté avec le débit, pour une même hauteur d'élévation, d'une façon très accusée.

De ces résultats, on peut tirer une conclusion intéressante et bien d'accord avec la conception théorique des pompes centrifuges : c'est que, dans une pompe centrifuge, à chaque débit, correspond une hauteur de refoulement pour l'ensemble desquels le rendement est maximum.

Une autre série d'essais a été faite pour montrer que la force vive de l'eau due à la force centrifuge se transforme bien en pression, et cela quelle que soit la vitesse de rotation.

Pour cela, on a établi par le calcul, et pour les mêmes vitesses, les hauteurs auxquelles

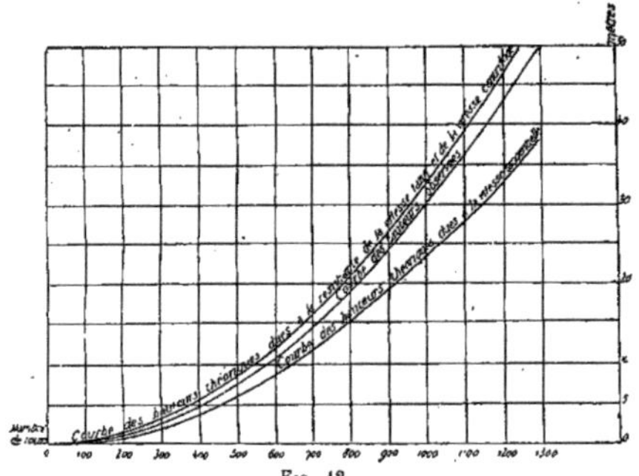

Fig. 12.

l'eau serait élevée d'abord si elle était soumise à la résultante des deux vitesses, tangentielle et centrifuge, et ensuite si elle était soumise à la vitesse tangentielle seulement. Ces hauteurs ont été groupées en 2 courbes (fig. 12). En même temps, on observait expérimentalement les hauteurs obtenues en pratique, aux mêmes vitesses, et on en traçait la courbe qui, s'intercalant entre les deux précédentes justifie le résultat annoncé.

On est arrivé, avec les pompes Schabaver, à élever l'eau à une hauteur de 120 mètres dans des conditions plus simples et sans doute plus économiques qu'avec les systèmes encombrants de pompes conjuguées. Par contre, la nécessité de faire passer l'eau par l'orifice étroit de l'éjecteur ne permet l'utilisation de cette pompe que pour des liquides ne contenant que peu ou point de matières solides ou sableuses.

Nous donnons ci-après quelques renseignements types relatifs à des pompes Schabaver, et notamment les vitesses à adopter avec un même type suivant les hauteurs de refoulement à obtenir.

POMPES A PETITES HAUTEURS

NUMÉROS des pompes	DIAMÈTRES		NOMBRE DE TOURS CORRESPONDANT A DES HAUTEURS D'ÉLÉVATION DE				
	du disque tournant	des orifices d'aspiration et de refoulement	2 mètres	4 mètres	6 mètres	8 mètres	10 mètres
1	120	60	1000	1300	1700	2000	2250
2	155	80	770	1100	1300	1550	1759
3	190	100	625	890	1050	1250	1400
4	220	125	540	720	920	1100	1200
5	245	150	490	690	820	970	1100
6	270	175	440	630	750	880	1000
7	720	200	375	530	640	750	850

POMPES A GRANDES HAUTEURS

NUMÉROS des pompes	DIAMÈTRES du disque tournant	DIAMÈTRES des orifices d'aspiration et de refoulement.	NOMBRE DE TOURS CORRESPONDANT A DES HAUTEURS D'ÉLÉVATION DE 10 mèt.	20 mèt.	30 mèt.	40 mèt.	50 mèt.	60 mèt.
1A	290	60	900	1300	1600	1800	2000	2200
2A	350	80	760	1100	1300	1500	1700	1850
3A	410	100	570	810	1000	1160	1300	1450
4A	500	125	500	710	870	1000	1120	1250
5A	600	150	450	625	700	900	980	1100

Des expériences faites en 1898 sur le type 1A de pompe à grande hauteur ont donné des résultats intéressants, groupés dans le tableau ci-dessous, duquel il résulte que ces pompes présentent une grande élasticité et peuvent, sans que les rendements s'en ressentent, fournir des hauteurs de refoulement très variables et souvent considérables.

RÉSULTATS D'EXPÉRIENCES FAITES EN 1898, SUR UNE POMPE CENTRIFUGE A GRANDE HAUTEUR

(Type de 285 m/m d'appareil tournant).

DÉBIT en litres par seconde	DÉBIT en litres par minute	HAUTEUR d'élévation	NOMBRE de tours de la pompe par minute	FORCE nécessaire en chevx.-vap.	RENDEMENT p. 0/0	OBSERVATIONS
Litres	Litres	Mètres		Chevaux		
4,93	296	**15**	1060	2,04	48.3	La force employée était mesurée par un indicateur de pression sur le cylindre à vapeur et avec un frein de Prony posé sur l'arbre de commande.
5,09	305	18	1160	2,50	48,8	
5,14	308	**25**	1370	3,20	53,5	
4,45	267	29,5	1488	3,69	47.5	
31,3	1878	**50**	1936	29,20	55	
19,5	1170	92	2500	37,08	63	
12,1	726	103	2700	38,05	43	
13	786	**120**	3010	39,05	54	

Pompe locomobile électrique. — M. Schabaver a créé dernièrement un type de pompe locomobile montée sur son chariot et actionnée directement par une dynamo. La grande vitesse de rotation de sa pompe centrifuge rend cette application fort aisée même avec les courants continus.

Cet appareil ainsi compris et facilement déplaçable peut rendre de grands services pour les mouvements des liquides dans les caves ou les chais ; l'amorçage de la pompe est très simple : un entonnoir et un robinet en assurent l'exécution.

Ce même type peut, avec plus de puissance, servir de pompe à incendie ou même de pompe élévatoire. Quatre groupes hydro-électriques, établis par MM. Couffinhal pour la partie électrique et Schabaver pour les pompes, ont été fournis à la marine militaire. Les essais auxquels on les a soumis ont été satisfaisants, ils sont analogues. Je ne citerai qu'un groupe d'essais :

SERVICE D'INCENDIE

Durée des essais. — 3 heures.

NUMÉROS des pompes	CONDITIONS de marche	PRESSION au refoulement en kilog.	VOLTAGE	INTENSITÉ	DÉPENSE d'énergie	DÉBIT à l'heure	NOMBRE de tours par minute
		Pression	Voltage	Intensité	Watts	Tonneaux	Nombre de tours
Pompes Nos 3 et 4.	Prévues	4,5	75 à 80	120	9,600	30	2,010
Pompe No 3....	Réalisées	4.56	76,7	122,2	9,372	30,744	1,923
Pompe No 4....	Réalisées	4,59	75,5	126,6	9,558	30,31	1,933

SERVICE NORMAL

Durée des essais. — 3 essais de 8 heures.

NUMÉROS des pompes	CONDITIONS de marche	PRESSION au refoulement en kilog.	VOLTAGE	INTENSITÉ	DÉPENSE d'énergie	DÉBIT à l'heure	NOMBRE de tours par minute
		Pression	Voltage	Intensité	Watts	Tonneaux	Nombre de tours
Pompes Nos 3 et 4.	Prévues	1,5	75 à 80	50	4,000	35	1,200
Pompe No 3....	Réalisées	1,6	70,1	55	3,855	35,260	1,195
Pompe No 4....	Réalisées	1,6	73,2	53,3	3,901	36,700	1,191

Hydro-élévateur Durozoi, à distributeur cylindrique. — Cet appareil est basé sur le même principe que celui du même genre qui figurait à l'Exposition universelle de 1889. La disposition de la distribution seule a changé.

L'appareil comporte toujours un cylindre moteur A (fig. 13 et 14) dans lequel se déplace un piston assez long B, ayant pour tiges, à l'avant et à l'arrière, les plongeurs B' et *B''*, qui se déplacent dans les corps de pompe C et C'. Les corps de pompe sont en communication avec l'aspiration et le refoulement par leur boîte à clapets.

Le distributeur se compose de 3 pistons E'E''E''' assez longs, convenablement distancés, fixés sur une même tige et se déplaçant dans une boîte en fonte H'', en communication avec l'arrivée H' d'eau sous pression et avec le cylindre moteur A. Des tubes en cuivre N' et N'' font communiquer constamment les boîtes à clapets K' et K'' avec cette introduction d'eau motrice, et ces boîtes K'K'' sont, à leur tour, mise en communication à temps utile avec les espaces compris entre les fonds du cylindre distributeur et ce distributeur lui-même.

Le mécanisme se comprendra maintenant aisément. Tel qu'il est représenté, l'appareil est ouvert à l'admission et va chasser l'ensemble du piston moteur et des plongeurs vers la droite. Pendant cette course, B' va aspirer et B'' refouler. Arrivé presque à fond de course, B rencontre la tige Y du clapet de droite qui, en temps ordinaire, est maintenu sur son siège par un ressort. Ainsi s'établit le passage du fluide moteur de N' vers M' sur la face de gauche du piston E'. De ce fait, le distributeur est chassé vers la droite et l'admission s'ouvre pour que le piston moteur prenne sa course vers la gauche. Les mêmes phases se reproduisent en sens inverse.

L'étanchéité est obtenue entre les deux faces du piston moteur au moyen d'une garniture en pâte spéciale bourrée dans l'espace annulaire G. La pâte est introduite par petits morceaux dans la cheminée de bourrage R, et on la serre au moyen de la vis de pression V.

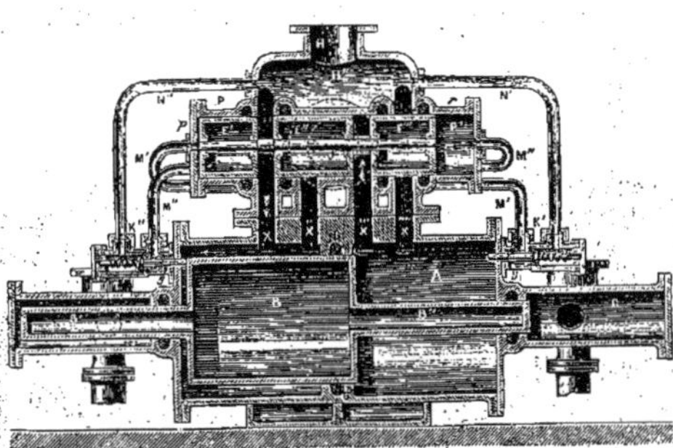

Fig. 13 et 14.

Le même joint sépare les corps de pompe du cylindre moteur (garniture F).

Comme dans toutes les machines à colonne d'eau, avec lesquelles d'ailleurs cet appareil n'est pas sans analogies, on peut se servir d'eau sale sous pression pour élever de l'eau potable. L'appareil n'a pas de point mort, c'est-à-dire qu'il peut être mis en marche dans n'importe quelle position, rien que par l'ouverture du robinet d'amenée d'eau motrice.

La construction de ces appareils n'exige pas, comme la coupe semblerait l'indiquer, que le distributeur soit placé au-dessus du gros cylindre; souvent il est placé sur le côté. Les dispositions peuvent d'ailleurs varier selon l'emplacement dont on dispose.

Le maximum de hauteur de refoulement n'est pas fixé; on comprend facilement qu'on pourra obtenir la hauteur voulue en réglant convenablement le rapport des surfaces des pistons eu égard à la pression de l'eau motrice X à la hauteur à obtenir.

Un appareil semblable à celui qui est exposé a été construit pour le service des Ponts et Chaussées, et installé à Neuilly (Yonne). En voici quelques données :

Hauteur de refoulement...........	46 mètres.
Longueur de la conduite...........	1.930 —
Hauteur de chute.................	4 —
Dépense d'eau motrice par seconde..	50 litres.
Élévation d'eau par seconde.......	21.50.

Hydro-élévateur Durozoi à clapets servo-moteur. — La maison Durozoi expose également un appareil analogue au précédent, désigné sous le nom d'hydro-élévateur horizontal à clapet servo-moteur.

La distribution (fig. 15 et 16) s'opère au moyen de deux clapets R et R', suspendus à un levier L par 2 biellettes. Les deux tiges portent chacune un plateau qui se déplace dans une chambre cylindrique de même diamètre en communication par un tube avec les soupapes K et K', qui sont les mêmes que précédemment.

Chacune des soupapes R et R' a au-dessous d'elle, et faisant corps avec elle, un cylindre muni d'orifices, qui communique soit avec l'admission T', soit avec l'échappement T", suivant qu'elle est levée ou baissée.

Tel qu'il est représenté, l'appareil termine sa période d'échappement à gauche et la

Fig. 15 et 16.

butée du piston B sur la tige V_1 va faire communiquer le tube V avec OO', c'est-à-dire l'espace P avec l'extérieur. La pression de l'eau motrice s'exerçant alors sur la face supérieure du clapet R et sur celle inférieure du plateau de P qui est plus grande, le mouvement résultant relèvera plateau et piston, à gauche. L'admission s'opérera donc à gauche, par les portes situées au-dessous de R, et l'échappement du même côté sera fermé par la partie cylindrique.

De l'autre côté, le tube U est fermé à son extrémité par la tige V; puisque rien ne contre-balance l'effet du ressort, lorsque R est monté, R' a descendu et, pendant ce mouvement, l'eau d'admission a soulevé le petit clapet X, porté par le plateau, puis elle a pénétré ainsi au-dessus du plateau remplissant la chambre P' ce qui fait que la poussée de bas en haut est réduite de ce côté à celle qu'exerce l'eau refoulée, effort largement contre-balancé par celui plus grand exercé par l'eau motrice à l'autre extrémité du levier L.

Les mêmes observations déjà faites pour le précédent appareil s'appliquent également à celui-ci. Le distributeur a été placé dans le dessin, au-dessous, pour faciliter l'explication du fonctionnement; mais en pratique on le place sur le côté.

Hydro-élévateur à simple effet. — M. Durozoi a également fait breveter un hydro-élévateur vertical, à simple effet, dont voici la description :

Il se compose (fig. 17) d'un piston moteur creux B, d'assez grandes dimensions, qui supporte le piston plongeur B' de la pompe aspirante et foulante C.

Le distributeur est le même qu'un de ceux de l'appareil précédent, mais il a en plus, sur son couvercle, un petit clapet G, dont la levée est commandée par un levier M, lequel peut être mû par une tige à taquets N, portée par le piston moteur. Ce clapet ouvre ou ferme la communication entre la boîte de distribution et un tube T, qui se rend dans un réservoir d'eau d'échappement.

L'eau en charge arrive par le tuyau H′, dont l'extrémité supérieure est surmontée d'une

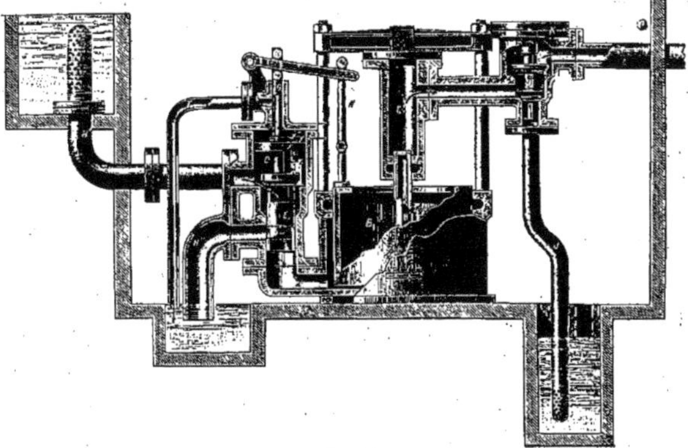

Fig. 17.

crépine, passe dans la boîte D et soulève (en vertu de la différence des sections de F et E) l'ensemble du distributeur; elle passe donc dans le cylindre A et fait monter les pistons B et B′. Lorsque le piston B est presque à fin de course, le taquet inférieur de la tige N fait monter le levier M, et ferme ainsi le clapet G, qui, depuis le commencement de la course, permettait à l'eau sous pression passant par le petit clapet G″ de s'écouler par T, à l'intérieur. G étant fermé, l'eau continue à passer par G″ dans la partie supérieure du tiroir, jusqu'à ce que les pressions au-dessus et au-dessous de F s'équilibrent; à ce moment, l'ensemble subit l'effet d'une pression résultante qui consiste en la pression sur D augmentée du poids des organes, et dont la direction est de haut en bas. L'admission se trouve ainsi fermée et l'échappement ouvert; les pistons descendent par leur propre poids et l'eau s'échappe par H″. A la fin de la course, l'autre taquet de la tige N rouvre le clapet G et, après la levée de la soupape qui en résulte, l'admission recommence.

Pratiquement, comme le plateau F ne porte pas de segments et qu'il n'est que simplement ajusté, l'eau qui fuit à sa périphérie est suffisante pour qu'il n'y ait pas besoin du clapet G″, qui n'existe pas, et qu'on a représenté sur la figure rien que pour faciliter l'explication de la marche de l'appareil.

On peut obtenir une plus grande vitesse à la descente qu'à la montée, et avoir ainsi une marche plus économique en chargeant de poids le piston B. Toutefois, en opérant ainsi, il est nécessaire de ménager autour de B′ un espace suffisant pour ne pas buter sur le corps de pompe C pendant la montée.

Les joints en P sont assurés avec la même pâte que celle dont nous avons parlé, et qu'on introduit de la même façon.

Cet appareil convient bien aux installations demandant un moins grand débit que celles précédentes, il permet d'utiliser des chutes grandes ou faibles, il est surtout plus simple, partant moins coûteux que les précédents.

Chevaux alimentaires Belleville. — A côté de ses machines à vapeur, la maison Belleville a exposé plusieurs chevaux alimentaires. Le principe en est déjà bien connu, la *Revue technique de l'Exposition de 1889* donnait déjà, avec celle des chaudières, la description de ces petites pompes; mais les besoins nouveaux ont causé des modifications dans le type primitif, et la création en 1894 du type horizontal, et en 1899 du type vertical.

L'un et l'autre sont construits pour réaliser le même but. Le cheval alimentaire horizontal (fig. 18 et 19) se compose d'un cylindre à vapeur en fonte (1) dans lequel se

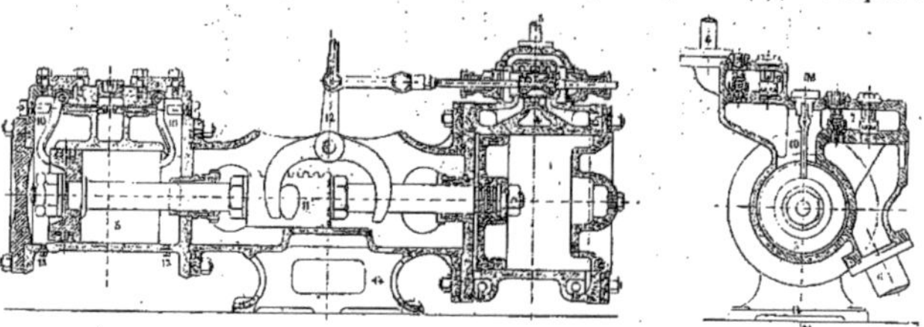

Fig. 18 et 19.

meut un piston évidé, en acier coulé, muni de deux segments; sa tige est rattachée par un manchon (11) à celle du piston en bronze de la pompe; ce dernier ayant également deux segments. Le corps de pompe en bronze (5) est venu de fonte avec les boîtes à clapets qui portent chacune une tubulure à bride pour la fixation de l'aspiration ou du refoulement. Il est réuni au cylindre moteur par un bâti en acier coulé (14).

La distribution s'opère toujours de la même façon. Un taquet solidaire du manchon d'accouplement des tiges rencontre successivement les deux branches d'une fourche (12) articulée sur un axe fixe, et dont la queue commande la tige du tiroir par une biellette. Le tiroir est maintenant cylindrique et à segments : il se meut dans un chemin en bronze vissé sur le cylindre.

La particularité intéressante de cette machine réside dans les organes désignés sous le nom de leviers-clapets (10). Les pompes de ce type, étant destinées à alimenter les générateurs à vaporisation rapide construits par la maison Belleville et nécessitant un niveau d'eau constant, devaient satisfaire à une condition importante pour la bonne marche de l'ensemble : nous voulons dire que l'alimentation devait être automatique. Voici comment le problème a été résolu. Lorsque le niveau normal est atteint dans la chaudière, un flotteur placé dans le collecteur ferme le refoulement, il ne le rouvre que lorsque le niveau baisse. Malgré cette intermittence, il n'est pas nécessaire d'arrêter la pompe. En effet, lorsque le refoulement est fermé, la pression augmente, le cheval ralentit sa marche, et des fuites se produisent sur les segments du piston; mais ce ralentissement pourrait, aux extrémités de course, au moment où le tiroir passe d'une position à celle opposée, causer l'arrêt complet : les leviers-clapets permettent de l'éviter. Leur fonctionnement est simple. Un peu avant d'arriver à fond de course, le piston de la pompe soulève un levier-clapet, qui, en temps ordinaire, retombe en place par son poids; ce soulèvement démasque l'orifice d'un tube qui fait communiquer le refoulement avec l'aspiration; il s'ensuit une diminution considérable de la pression à vaincre, d'où un accroissement de vitesse suffisant pour passer le point mort. La vitesse se ralentit ensuite, et ne s'accélère plus qu'à l'autre extrémité de course.

Ce dispositif fonctionne également lorsque le refoulement est ouvert; mais il ne serait pas indispensable si l'on n'avait pas à réaliser cette alimentation automatique.

Le cheval vertical (fig. 20 et 21) possède les mêmes organes, agencés un peu différemment par suite de sa disposition particulière[1].

Le manchon d'accouplement des tiges porte un butoir de forme spéciale dans lequel passe et glisse une tige articulée au levier de distribution du cylindre à vapeur. Chaque extrémité de cette tige est munie d'une rondelle d'acier recouverte de fibrine sur laquelle s'amortissent à chaque extrémité de course les chocs concomitants du changement de marche.

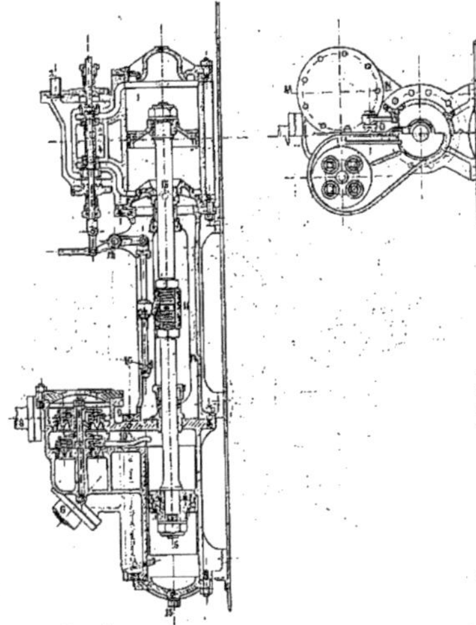
Fig. 20 et 21.

Les leviers-clapets existent également dans le type vertical; celui qui est à la partie supérieure du corps de pompe n'a pas été modifié, puisque son poids lui permet de retomber sur son siège, mais celui de la partie inférieure a nécessité un agencement particulier, représenté sur la figure. Le mouvement produit à fond de course sur le petit levier articulé est transmis par une bielle qui provoque la levée du clapet et dont le poids est suffisant pour ramener le tout en place lorsque le piston commence à remonter.

Les petits chevaux alimentaires verticaux sont surtout employés pour les générateurs de navire, à cause de leur faible encombrement, et ceux horizontaux pour les installations à terre, sans cependant que ceci soit une règle stricte. Ils peuvent aussi être employés comme pompe d'incendie. Les cylindres et les corps de pompe sont essayés à la presse hydraulique pendant leur usinage, les premiers à 25 kilog. et les seconds à 35 kilog. par centimètre carré.

Voici quelques données sur deux pompes verticales exposées :

	1.	2.
Diamètre du cylindre à vapeur	322mm	232mm
— du corps de pompe	220mm	152mm
Course	400mm	300mm
Débit à l'heure	42m3	18m3
Nombre de clapets dans chaque boîte	7	4

1. *Revue de Mécanique*, avril 1898, p. 414.

Pompes à action directe J. Weir. — Les pompes à action directe Weir sont caractérisées par la forme de leur distributeur de vapeur. Elles sont disposées verticalement. Le cylindre, à la partie supérieure, est maintenu à distance du corps de pompe par des colonnettes en fer (fig. 24).

La boîte à vapeur D (fig. 22 et 23) se trouve à la partie inférieure du cylindre, et peut

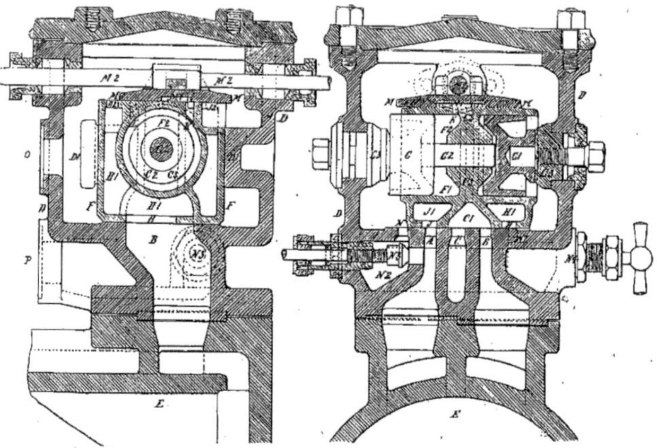

Fig. 22 et 23.

être rapportée ou venue de fonte avec lui. Le tiroir principal F est de forme cubique extérieurement et se déplace dans une direction perpendiculaire à l'axe des pistons du moteur et de la pompe. La face opposée à celle par laquelle il repose sur le cylindre est munie de plusieurs orifices alternativement couverts et découverts par un tiroir auxiliaire M, dont la tige M_2 est commandée par un levier attaché à la tige commune du piston et du plongeur. Une cloison en fonte F_2, percée d'un trou central, partage en 2 parties égales la cavité cylindrique du tiroir principal F. Dans chacune de ces 2 parties, est ajusté un piston fixe G ou G_1, dont la partie centrale externe vient buter sur des rondelles G_3, tenues par des vis sur les parois de la boîte à vapeur D. Il est facile de comprendre que F glissera sur ces pistons lorsque, par suite d'un déplacement du tiroir M, les orifices K ou L assureront l'entrée de la vapeur dans l'une des cavités pendant que celle contenue dans l'autre s'échappera par les conduits C_2 ou C_3, qui seront mis en communication avec l'échappement principal c_1 c, P par l'espace M_1 du tiroir secondaire.

L'admission au cylindre moteur se fait par les orifices A et B, lorsque ceux J ou H sont placés au-dessus d'eux et que le tiroir M laisse découverts les conduits H_2 ou J_2 situés sur la face opposée de F.

La fig. 25 montre en plan le dispositif des orifices d'introduction et la forme particulière du tiroir M. On remarque la différence de section entre les orifices H^2 et J^2, destinés à conduire la vapeur au cylindre, et les orifices K, L, qui doivent seulement assurer le déplacement du tiroir principal.

La forme extérieure de M est déterminée par la position des orifices H en question et par le degré de détente qu'on veut obtenir.

Voyons le fonctionnement de cette distribution, et remarquons d'abord que les deux coupes fig. 22 et 23 ne se correspondent pas, attendu que, dans celle fig. 22, il y a admission dans la partie basse du cylindre par H_1, H_2, B, tandis que, dans celle fig. 23, il y a échappement dans la même partie par B, C_1, C, P.

Le plan fig. 25 correspond à la coupe fig. 22 ; partons de cette position. Quelques temps avant que le piston atteigne le haut de sa course dans le cylindre, la tige M^2 va s'être suffisamment déplacée pour que M ait fermé l'admission en H^2, ainsi que la porte L ; par contre, il aura ouvert la porte K pendant que la cavité M_1 va mettre L en communication avec l'échappement par C_2. La vapeur, entrant par K, chassera le tiroir dans le sens

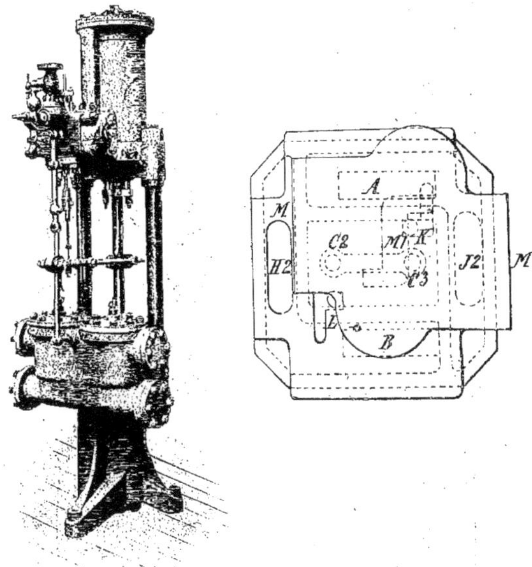

Fig. 24 et 25.

perpendiculaire à l'axe du cylindre, fermant ainsi l'admission du fond du cylindre B et le mettant en communication avec l'échappement, tandis que, pour le haut du cylindre, A prendra la position d'admission ; mais cela n'aura pas lieu avant que le piston, en finissant sa course, n'ait entraîné M suffisamment pour démasquer J_2. La course en sens inverse s'opère dans les mêmes conditions.

Il est à remarquer qu'il n'y a pas à craindre de points morts, attendu que l'admission est ouverte immédiatement en arrivant à fin de course.

L'avantage de cette disposition consiste surtout dans la facilité de l'usinage, il n'y a en effet que les surfaces de glissement à dresser, et les pistons G et G_1 à ajuster, le démontage est très facile et il est rendu plus commode encore par le démontage du couvercle de la boîte à vapeur.

Afin d'assurer la régularité de la longueur de la course, l'admission est continuée par les portes N quand le tiroir M a fermé les conduits supérieurs du tiroir principal. La quantité de vapeur ainsi admise, est réglable à volonté par les robinets à pointeau N_3 ; cette rentrée de vapeur cesse dès que l'admission a eu lieu dans les cavités G, et, en général, elle n'est employée que lorsqu'on marche lentement.

La pompe en elle-même ne présente rien de bien particulier. Elle peut être bien simple ou double, autrement dit le même cylindre à vapeur peut commander une seule pompe ou en commander deux placées symétriquement par rapport à son axe. Les soupapes

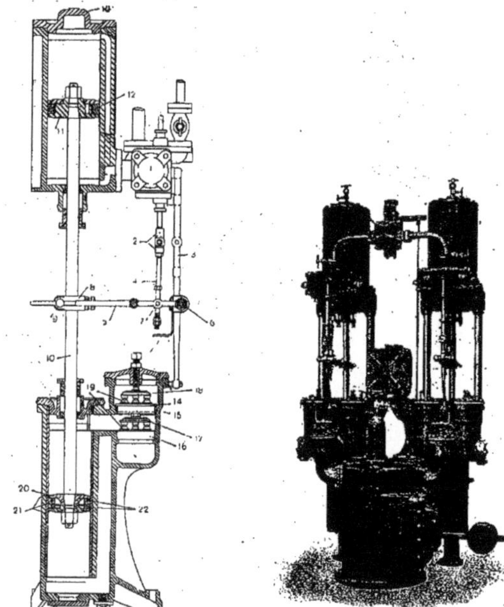

Fig. 26 et 27. — Pompes d'alimentation marine *Weir*.

sont en bronze à canon et multiples et la grande section de passage offerte ne nécessite qu'une faible levée. Les pistons (celui du moteur comme celui de la pompe) sont munis de segments qui sont chassés contre la paroi cylindrique à l'aide de ressorts.

Voici quelques dimensions relatives aux deux pompes exposées.

	1	2
Diamètre du cylindre	0 m 203	0, 304
Diamètre du corps de pompe	0 , 152	0, 228
Course des pistons	0 , 381	0, 609
Débit par course double	13 l 50	48 l 15

Nombres de courses par minute......	12	12
Débit par heure....................	99.31 l 5	34.568
Encombrement en surface...........	0 m 54 × 0 m 55	0 m 71 × 0 m 76
Hauteur..............................	2 m 09	2 m 90

La pompe Weir a surtout été étudiée dans le but de consommer une faible quantité de vapeur. L'inventeur cite, à ce propos, des chiffres d'essais relatés par M. Jeckell, Ingénieur électricien de la ville de South Shields, dans l' « Électrical Review »; 4 pompes à action directe furent essayées, et elles élevèrent par kilog. de vapeur.

1°	31 l 3	à	12 m 25
2°	18 , 3	à	12 , 2
3°	17 , 77	à	11 , 5
4°	9 , 57	à	11 , 5

Il est facile de voir que ces consommations sont très variables ; c'est d'ailleurs ce qui fait que, malgré sa facilité d'adaptation pour tous les services, la pompe à action directe a été réservée jusqu'ici seulement comme pompe d'alimentation de chaudière à vapeur, là précisément où on regarde moins à la consommation de vapeur.

Voici les résultats d'essais qui nous ont été fournis par la maison sur la plus petite des deux pompes dont nous avons plus haut donné les dimensions :

Pression de la vapeur employée.............	7 k 8	7 k 6
Pression sur le refoulement..................	11 k 7	11 k 7
Nombre de doubles-courses par minute.....	15 k 9	6
Litres d'eau débités par kilog. de vapeur......	84 , 5	55 , 3
Rendements (Rapports du volume d'eau débité au volume engendré par le piston de la pompe).	97 p. 100	96, 6 p. 100.

Notons pour finir que ces pompes sont souvent employées comme pompes marines d'alimentation. Elles sont alors généralement groupées par paires (fig. 26 et 27), chacune des pompes restant néanmoins indépendante de la marche de l'autre.

Pompe électrique d'épuisement Galland. — La pompe fig. 28 et 29, exposée par la maison Galland de Chalon-sur-Saône, est destinée à assurer élastiquement l'épuisement d'une mine et à être installée au fond. Elle comporte trois plongeurs commandés par trois bielles attelées sur un arbre à 3 coudes à 120°. Cet arbre repose sur 4 paliers, et porte à une de ses extrémités un volant et à l'autre une roue dentée engrenant avec un pignon en cuir calé directement sur l'alternateur à courant triphasé qui donne le mouvement à la pompe.

Les corps de pompe sont en fonte et de la forme ovoïde qui caractérise le type Giraud, les boîtes soupapes sont disposées pour l'aspiration en bout de corps de pompe et pour le refoulement au-dessus de lui, de façon à diminuer le plus possible l'encombrement en largeur. Malgré la régularité, et pour plus de sécurité du débit qu'assure la disposition à triple effet, la pompe est munie d'un réservoir d'air à l'aspiration ainsi qu'au refoulement. Ce dernier réservoir d'air porte un manomètre.

Le tableau de distribution comporte, comme habituellement, 3 coupe-circuits fusibles, un ampère-mètre et un voltmètre. Un rhéostat permet de faire varier l'intensité du courant employé, c'est-à-dire de proportionner la dépense d'énergie à l'effort à exercer.

On s'est efforcé, dans la construction de toutes les parties de cette machine, d'allier la robustesse à la simplicité, de façon à éviter ou tout au moins à rendre plus faciles les répa-

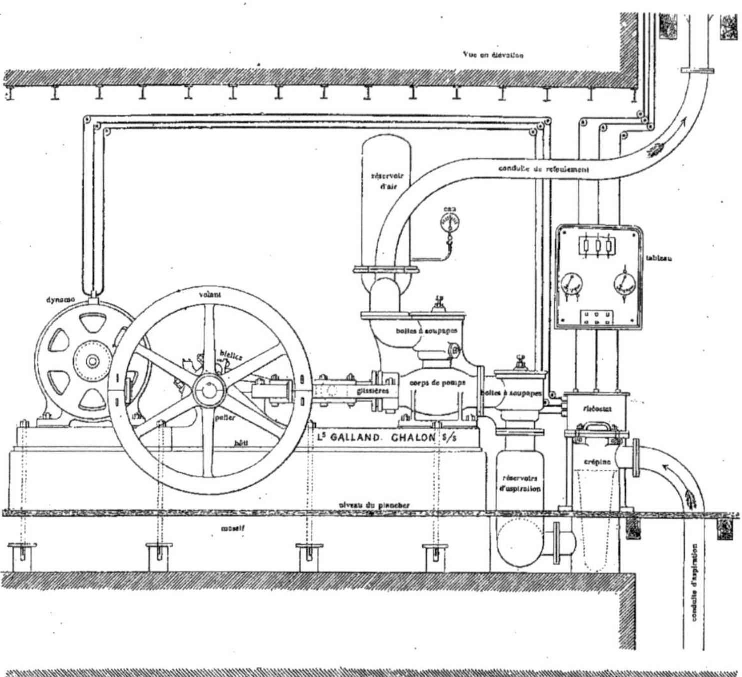

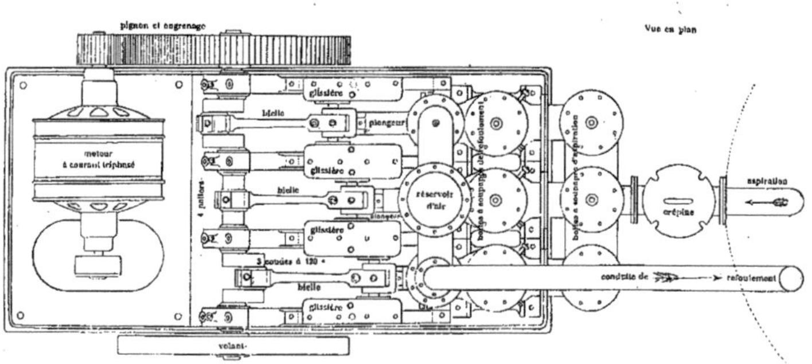

Fig. 28 et 29. — Pompe électrique d'épuisement *Galland*.
Élévation et plan.

rations à faire dans le fond. L'alternateur est enveloppé dans un coffrage en fonte de forme spéciale qui le met à l'abri de l'eau qui peut tomber de la partie supérieure.

Les principales données sont les suivantes :

Débit à l'heure	100^{mm}
Hauteur d'élévation	200^{m3}
Diamètre des plongeurs	180^{mm}
Course	350^{mm}
Nombre de tours de l'alternateur	400
Force de l'alternateur	100^{chx}
Nombre de tours de la pompe	50
Diamètre des conduits	150^{mm}

Comme détail particulier et intéressant, disons que l'aspiration ne débouche pas directement dans les boîtes à clapets, mais dans la partie supérieure d'un réservoir cylindrique en fonte contenant une crépine dans laquelle restent les saletés et les cailloux que contient l'eau ; lorsque cette crépine est pleine, le démontage du couvercle du réservoir suffit pour la vider. Ce procédé est beaucoup plus commode que celui qui consiste à envoyer un ouvrier dans le fond pour déboucher avec difficulté les trous d'une crépine ordinaire placée à l'extrémité du tuyau d'aspiration et souvent peu abordable.

Pompe de mine à vapeur Galland. — Dans le but de n'être pas obligé de creuser de galeries spéciales plus larges que les galeries ordinaires pour l'installation des pompes d'épuisement, la maison Galland a établi un modèle qui a été étudié spécialement pour tenir le minimum de place en largeur.

La fig. 30, ci-contre, nous permet d'en juger. Elle représente la disposition d'une pompe à action directe, qui était exposée dans les appareils d'exploitation de mine, à deux corps, et toujours du type Girard. Elle est commandée par une machine à vapeur dont la tige traverse le fond arrière, pour s'accoupler avec celle du plongeur.

Le condenseur de la machine à vapeur est placé en queue, toujours sur le même bâti, et la tige du piston de la pompe à air est liée par un second manchon à celle du plongeur arrière.

Seules les soupapes d'aspiration sont sur le côté, ainsi que les réservoirs d'air correspondants, et la conduite d'aspiration qui vient du condenseur. L'installation est munie d'une crépine comme celle de la machine précédemment décrite. L'eau se rend de cette crépine dans le condenseur, puis dans la pompe. La pompe est munie d'un seul réservoir d'air sur son refoulement ; il est disposé dans l'axe de l'installation.

Pour éviter les accidents que pourrait entraîner l'introduction, dans le cylindre à vapeur, de l'eau qui s'est condensée dans les longs conduits d'amenée de vapeur, la boîte du tiroir porte extérieurement un séparateur d'eau dans lequel se fait l'arrivée du fluide moteur et la purge de cet appareil, ainsi que celle du cylindre, qui est conduite au puisard.

Les caractéristiques de cette installation peu encombrante sont les suivantes :

Diamètre du cylindre à vapeur	300^{mm}
— du plongeur	155 —
Course commune	500 —
Hauteur du refoulement	150^{m}
Débit horaire en mètres cubes	75^{m}

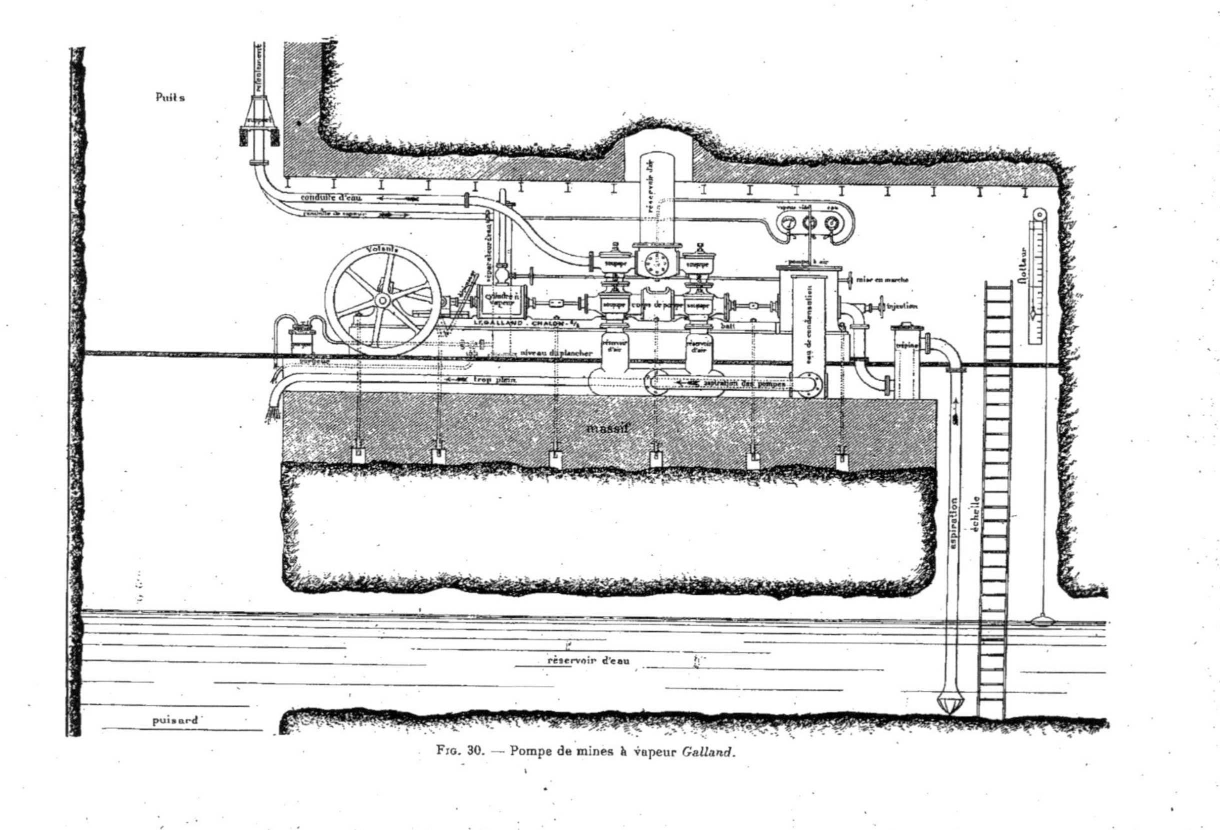

Fig. 30. — Pompe de mines à vapeur *Galland*.

Pompes de mines électriques et mobiles Galland. — La maison Galland construit et expose également des pompes électriques horizontales pour l'épuisement local et partiel de certains points d'une mine. Elles sont arrangées de façon à pouvoir être montées sur un chariot, ou porteur, dont le tablier est horizontal et le train de roulement oblique. Cette disposition permet de les employer dans des galeries obliques assez éloignées de l'épuisement principal. On les attache à un treuil, et à mesure que le niveau de l'eau à élever baisse, on laisse descendre l'ensemble. La crépine du tuyau d'aspiration est tenue par une chaîne à l'extrémité du bâti ou du cylindre de façon à ne pas traîner au fond pendant la descente ou pendant le pompage.

La commande électrique seule convient à ces installations, on l'obtient par un alter-

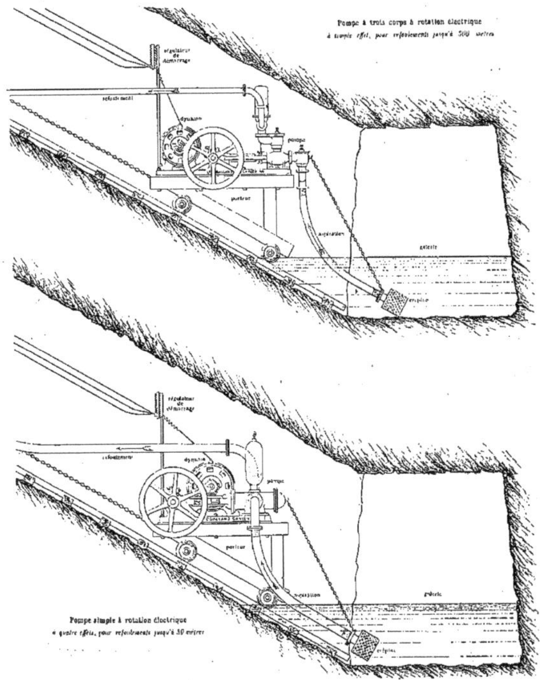

Fig. 31 et 32.

nateur triphasé, qui, par un train d'engrenages, actionne la pompe qui peut d'ailleurs être d'un type quelconque. La fig. 31 représente une pompe à 3 corps, tandis que la fig. 32 montre une pompe et à pistons plongeurs, du type Baillet-Audernar. Dans les 2 cas, on voit qu'on s'est attaché à employer un système qui donne à l'eau un mouvement suffisamment régulier pour éviter l'emploi de réservoirs d'airs lourds et encombrants.

Appareil de M. de Montrichard, pour l'élévation des eaux. — Les appareils d'élévation d'eau de M. de Montrichard sont de deux sortes, la première catégorie est mue par l'air comprimé, et la seconde par la vapeur sèche. Les uns et les autres reposent sur le même principe, ils diffèrent seulement par leur agencement.

1. *Pompes à air comprimé.* L'appareil mû par l'air comprimé (fig. 33) se compose d'un récipient en tôle ayant la forme d'une bouteille. Il est en communication avec le liquide à élever dans lequel on le plonge par une soupape d'aspiration A et avec le refoulement par la soupape E. L'arrivée et la sortie de l'air comprimé s'opèrent par deux tubulures débouchant à la partie supérieure, commandées par deux soupapes M N, s'ouvrant en sens inverse l'une de l'autre, et mises elles-mêmes en mouvement directement par un flotteur guidé par une tige à sa partie inférieure.

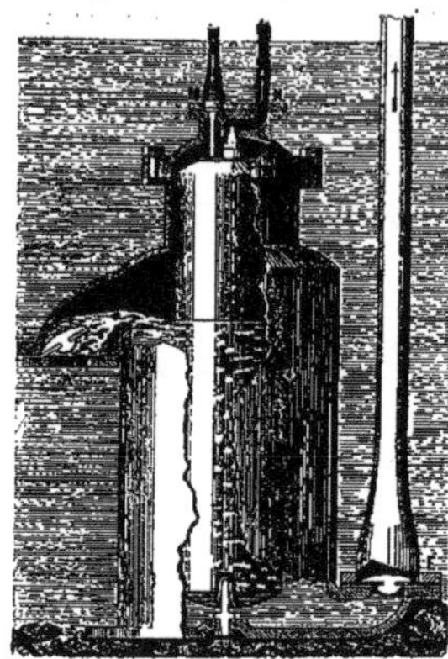

Fig. 33.

Si on plonge l'appareil dans l'eau, la soupape d'aspiration A se soulève et il se remplit; lorsque l'eau arrive à un niveau suffisant pour provoquer sur le flotteur une pression supérieure à celle qu'exerce sur la soupape M l'air comprimé, il la soulève et, en même temps qu'il livre passage au fluide moteur, il ferme la soupape d'échappement N; l'eau est alors chassée dans le refoulement. Le flotteur conserve cette position tant que la poussée exercée par l'eau de bas en haut, augmentée de la pression dans le même sens exercée par l'air comprimé sur la soupape N, contre-balance son poids.

Mais, le niveau continuant à baisser, la poussée diminue, et il arrive un moment où le poids des organes mobiles l'emporte. A cet instant, l'entrée d'air comprimé et le refoulement cessent, l'échappement N s'ouvre, et l'aspiration recommence par A.

L'ouverture du clapet A ne peut s'effectuer qu'un certain temps après l'abaissement du flotteur, c'est-à-dire lorsque l'air qui est encore à la pression d'arrivée se sera détendu à l'extérieur.

M. de Montrichard a remédié à ce petit inconvénient, et surtout a rendu son appareil plus économique en le munissant de dispositifs simples qui permettent d'utiliser le travail de la détente.

Le premier (fig. 34) consiste à permettre à la soupape N un certain mouvement dans le sens vertical par rapport au flotteur, et par conséquent à M. Quand le niveau de l'eau a monté suffisamment dans l'appareil, le flotteur fait toujours bloquer N sur l'échappement, et M s'ouvre comme précédemment; il n'y a rien de changé.

Fig. 34.

Au contraire, pendant le refoulement, l'abaissement du niveau provoque la descente du plongeur et la fermeture de M, mais il n'entraîne pas de suite la soupape N à cause d'une part du jeu vertical qui lui a été laissée, et, d'autre part, de la pression d'air comprimé agissant sur la face inférieure et l'appliquant sur son siège.

Le refoulement de l'eau continue donc pendant cette période de détente, et, lorsque la pression a suffisamment baissé pour ne plus pouvoir chasser l'eau, N se décolle par son poids.

Comme on le voit, ce système exige le réglage du poids de la soupape ; un autre dispositif permet également d'arriver au même résultat (fig. 35). La tige de la soupape N joue librement à l'intérieur du flotteur, et vient s'articuler à la partie inférieure au petit bras d'un levier à contrepoids P, articulé à un support fixé au fond de l'appareil. Un levier à fourchette, articulé en un point fixe à la partie supérieure, supporte la soupape M qui est libre, en même temps qu'il embrasse le dessous de N.

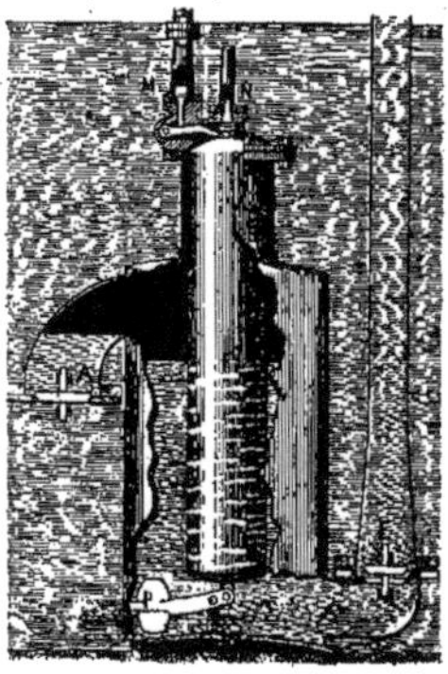

Fig. 35.

Pendant le remplissage, M est fermé et N est ouvert ; puis, lorsque le niveau a suffisamment monté, le flotteur soulève le levier qui fait ouvrir M et N.

Au cours du refoulement, lorsque le plongeur F descend, le levier à fourchette en fait autant, et M est fermée par son poids et par l'action de l'air comprimé; mais comme F glisse sur la tige de N, il ne l'entraîne pas ; le contrepoids P maintient la soupape fermée, et l'air emprisonné peut se détendre et continuer à refouler l'eau.

L'appareil est disposé de telle sorte que ce refoulement s'opère jusqu'à ce que le flotteur vienne presque s'appuyer sur le fond du corps de pompe ; en même temps, il appuie sur une butée de la tige de N, relève le contrepoids P : l'échappement s'ouvre, et l'aspiration recommence. Mais il faut noter que, déjà un peu avant l'ouverture de N, le niveau de l'eau ayant assez baissé pour découvrir l'orifice de refoulement d'eau, une certaine quantité d'air comprimé (quoique déjà assez fortement détendu) s'échappe dans la colonne liquide de refoulement. Dans cette partie assez courte de son fonctionnement ; l'appareil de Montrichard procède des émulseurs.

Fig. 36.

Les trois types d'appareils que nous venons de décrire correspondent à des besoins différents. Pour un petit débit, un refoulement de moins de 10 mètres, le premier appareil — que j'appellerai sans détente — suffira largement ; il sera d'ordinaire actionné par une pompe à bras, pour la compression de l'air.

Pour un débit moyen (habitations, exploitations agricoles, etc.) le troisième type avec détente dans la colonne de refoulement, même sans butée, pourra convenir jusqu'à des refoulements de 60 mètres environ.

Pour les forts débits, les fortes hauteurs, et lorsqu'on dispose d'un compresseur puissant, on emploiera le deuxième type à détendeur automatique, ou même une combinaison des deuxième et troisième types.

Sans entrer dans les détails de la théorie de cet appareil, dont plusieurs points ont été traités déjà dans les *Annales des Mines* (livraison de juillet 1896), il y a cependant lieu de donner encore quelques indications générales sur son fonctionnement et les dispositions spéciales à adopter dans certains cas.

Nous avons vu que, dans tous les cas, c'était le déplacement du flotteur qui déterminait l'ouverture et la fermeture des soupapes ; par suite, nous aurons, dans le fonctionnement de l'appareil, une périodicité très nette, intimement liée à la course du flotteur de part et d'autre de sa ligne de flottaison.

Dès lors, on comprend que, si l'on donne au flotteur une forme en deux parties I et G (fig. 36) reliées par une tige, la partie supérieure, située au-dessus du niveau de flottaison F, servira à assurer la poussée ascendante, tandis que la partie I, située au-dessous du même niveau, assurera la traction descendante ; ainsi l'écart des deux parties devra avoir pour conséquence un accroissement de l'amplitude du mouvement de la surface liquide, et par suite une augmentation de débit.

On conçoit que, dans ces conditions, le refoulement de l'eau sera intermittent, avec de hautes fréquences si l'amplitude est faible, avec des fréquences inférieures si elle est plus élevée. On a cherché à obtenir la continuité de refoulement, et, pour cela, on a ajouté un réservoir supplémentaire O (fig. 36) qui est relié à la fois au refoulement E et à l'arrivée M d'air comprimé. Lorsque le refoulement a lieu, une partie de l'eau monte dans la colonne d'évacuation, l'autre pénètre dans le réservoir O. Lorsque M se ferme, l'air comprimé agit sur le liquide de O, et le refoule à son tour. Ainsi on peut espérer un écoulement sensiblement continu.

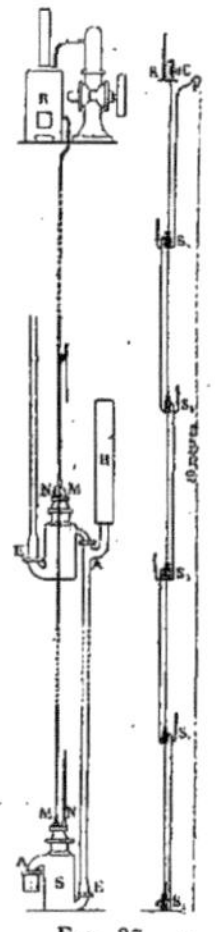

Fig. 37.

Pour les puits profonds, on peut disposer les appareils de Montrichard en relais ; mais, comme il n'est pas certain que les débits de tous ces appareils soient égaux, on emploiera la disposition de la fig. 37, la conduite de refoulement de chaque appareil sera prolongée par un réservoir H, situé au-dessus de l'appareil immédiatement supérieur, et lui faisant office de réservoir d'alimentation. Si le niveau du liquide monte dans H, l'appareil qui l'alimente, ayant à vaincre une pression de refoulement plus grande, verra diminuer son débit, tandis que l'appareil alimenté par lui, sous une charge supérieure, précipitera son allure ; ainsi les débits se régulariseront en quelque sorte automatiquement.

Notons enfin que, par la détente, se produira un refroidissement compensé en partie si l'on veut par la présence de l'eau, mais qu'en tous cas l'installation d'un réchauffeur d'air comprimé ne pourra qu'être très favorable au rendement. Ce réchauffeur pourra d'ailleurs être installé en un point quelconque de la conduite d'air comprimé, en R par exemple (fig. 37).

Ces appareils paraissent intéressants, ils le seraient plus encore si des expériences sérieuses avaient été faites et permettaient de préciser les conditions pratiques de leur fonctionnement, ainsi que leur rendement.

2° *Pompes de Montrichard à vapeur.* — Ces appareils à vapeur sont basés et construits sur le même principe, avec cette différence que l'échappement de la vapeur,se fait dans le refoulement et que la condensation ainsi produite provoque un vide suffisant pour donner naissance à l'aspiration ; à cet égard, ils se rapprochent des pulsomètres. Ceci était nécessaire, car il est à peine besoin de dire qu'un tel appareil marchant à la vapeur ne peut être plongé dans l'eau froide. La tubulure d'aspiration est munie à sa partie inférieure d'une crépine et d'un clapet de pied (fig. 38). Le refoulement continue l'aspiration suivant le même axe, et le corps de l'appareil ne possède qu'une ouverture par laquelle l'eau est successivement aspirée et refoulée.

L'emploi de calorifuge pour les conduites de vapeur s'impose naturellement pour l'obtention d'un bon rendement. On peut arriver à diminuer notablement les condensations dans le corps de l'appareil en faisant aspirer une certaine quantité d'huile au début de la marche ; cette huile reste d'abord à la surface de l'eau puis vient se coller sur les parois, où elle forme un véritable enduit isolant.

L'inventeur estime que ce procédé augmente le rendement de ses appareils de 60 p. 100.

Quoi qu'il en soit, une pompe que M. de Montrichard a installée pour son usage personnel à Montmédy donne, pour 8 kilog. de vapeur dépensés à l'heure, un débit de

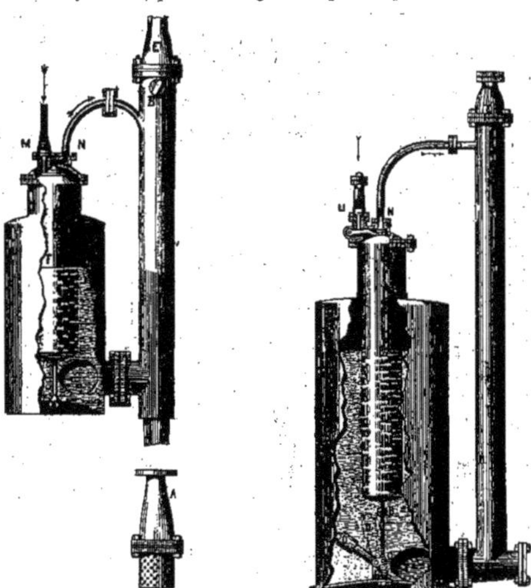

Fig. 38 et 39. — Pompes *de Montrichard* à vapeur.

1.600 litres à 13 mètres de hauteur. Autrement dit, 1 kilog. de vapeur produit 2.600 kilogrammètres.

Mais cette pompe fonctionne sans appareil de détente et sans calorifuge, perfectionnements que M. de Montrichard n'a pas cru devoir apporter à son appareil étant donné le faible débit du puits sur lequel il est monté.

La fig. 39 donne l'ensemble de la disposition fonctionnant avec détente. B est la butée contre laquelle le flotteur vient presser pour relever le contrepoids D.

Pour ces appareils aussi, l'absence des essais pratiques est regrettable.

Pompe circulaire à 6 corps, système Dumontant. — La pompe circulaire à 6 corps, exposée par la maison Dumontant est analogue à celle à 7 corps qu'elle a fournie pour l'élévation des eaux du ruisseau le Magnan à la crête du Mont-Chauve, et dont la description très complète a été donnée dans le XXXI volume de la publication industrielle d'Armengaud aîné.

La construction des deux forts situés aux environs de Nice, sur les monts dénudés de Tourette et d'Aspremont, ayant l'un 783 mètres et l'autre 854 mètres d'altitude, a nécessité l'emploi de pompes élévatoires pouvant refouler, à une grande hauteur, l'eau nécessaire à l'alimentation des ouvriers, des chevaux, de la machine à vapeur, etc.

Les chances nombreuses d'avoir de très forts coups de bélier dans les conduits en employant une pompe à double effet ordinaire (même en les munissant de réservoirs d'air), ont poussé à l'emploi de ce système particulier dans lequel la multiplicité des effets et leur croisement assurent une remarquable régularité du débit.

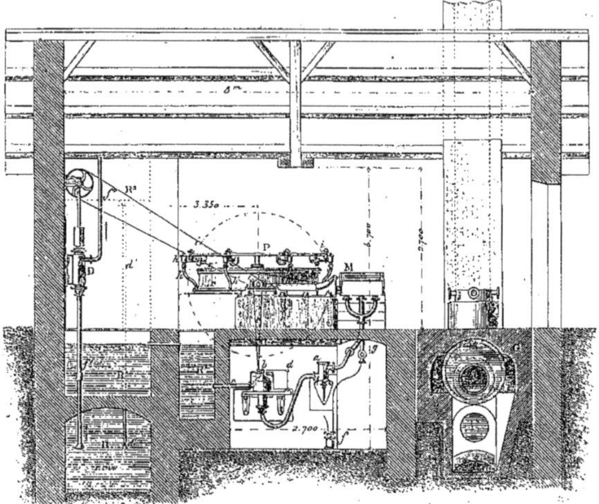

Fig. 40. — Pompe *Dumontant*. Installation du Mognan.
Coupe longitudinale.

La pompe (fig. 40 à 41) se compose d'une cuve circulaire en fonte constituant le bâti

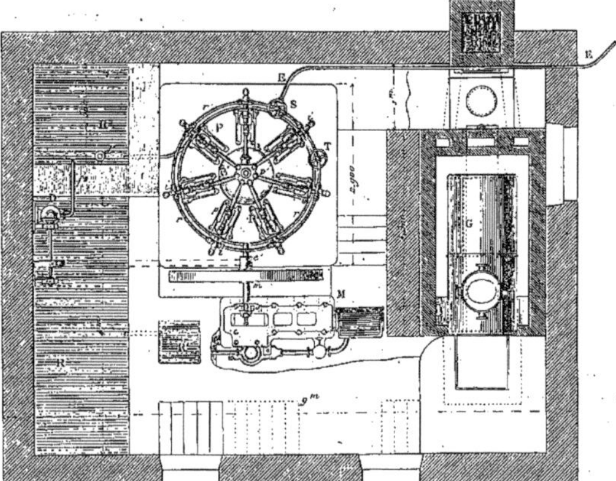

Fig. 41. — Plan.

P, au centre duquel tourne l'arbre A, vertical à manivelle, qui la commande (fig. 42). Sur ce bâti P, sont boulonnées les glissières P' des 7 pompes aspirantes et foulantes à simple effet, disposées suivant les rayons du bâti circulaire. La seule particularité de ces pompes, c'est que les clapets coniques d'aspiration et de refoulement sont munis de longues tiges qui assurent leur guidage. Ils sont contenus dans des boîtes en bronze venues de fonte, avec les corps de pompe dans lesquels se meuvent les plongeurs attachés au plateau de commande p' par les bielles B'.

Afin de diminuer l'effort de cisaillement qui s'exerce, surtout pendant le refoulement, sur les tourillons réunissant les bielles au plateau, on tourne cylindriques les deux têtes de chacune de ces bielles B' et elles sont ajustées dans des demi-coussinets en bronze k l,

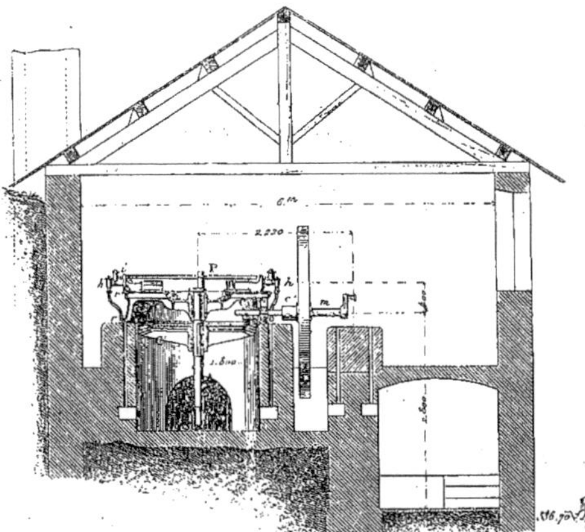

Fig. 42. — Coupe transversale.

placés les uns sur le plateau p', les autres dans les crosses des plongeurs. De cette façon, l'effort assez considérable nécessaire au refoulement est transmis directement par les bielles.

La régularité du mouvement donné par l'arbre coudé vertical A au plateau de commande p' est assurée par la liaison rigide à emmanchement par clavette d'une des bielles indiquée en B sur les fig. 40 à 44. Elle n'aurait pas existé si les sept bielles B' eussent été toutes articulées sur le plateau p'.

L'eau n'est pas asirée par cette pompe, elle est fournie, en charge par un réservoir R², où elle est envoyée au moyen d'une pompe verticale commandée par la même machine à vapeur. De plus, on évite ainsi l'engorgement des organes de l'appareil principal par les matières étrangères contenues dans l'eau; en effet, l'eau, dans son passage dans le réservoir R², y peut déposer ses impuretés.

De là, l'eau passe facilement dans le collecteur d'aspiration de la pompe principale, qui est circulaire, comme d'ailleurs celui de refoulement. Un robinet T peut établir la communication entre les deux. Ce dispositif permet de faciliter la mise en marche, car, le moteur attaquant directement la pompe, le départ serait par trop difficile si, pendant quelques tours, l'effort résistant n'était pas diminué par ce retour d'eau. Lorsque la machine est lancée, on ferme petit à petit ce robinet T, après avoir préalablement ouvert celui S, placé sur le refoulement.

Le robinet S est une sorte de soupape d'arrêt, dont on peut faire varier la course au moyen d'une vis jusqu'à l'annuler et obtenir ainsi la fermeture ; lorsqu'il est ouvert, il peut se refermer de lui-même, et empêcher ainsi la pompe de ressentir les chocs qui pourraient naître dans la colonne de refoulement. C'est en somme un véritable clapet de refoulement à levée réglable.

Le moteur ne présente rien de particulier ; il consiste simplement en une machine horizontale à haute pression, à détente et à condensation. L'arbre de couche porte un

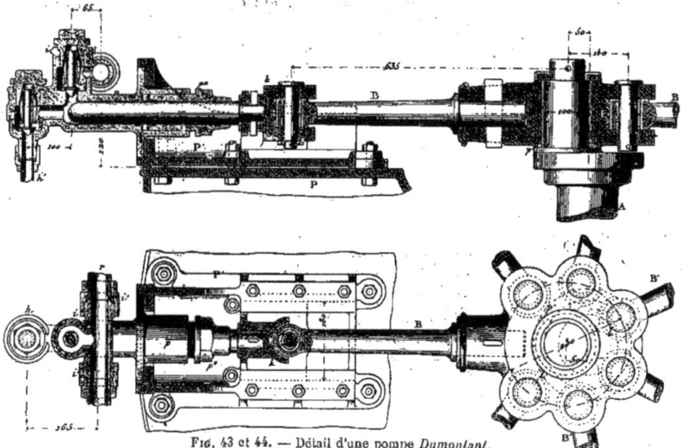

Fig. 43 et 44. — Détail d'une pompe *Dumontant*.

pignon d'angle C (fig. 42) qui engrène avec une roue C', calée sur l'arbre vertical à manivelle A.

Les caractéristiques de l'installation du *Magnan* étaient les suivantes :

Nombre de corps de pompes	7
Diamètre des plongeurs	50 mm
Course des plongeurs	100
Épaisseur du corps	15
Volume d'eau refoulée par coup de piston	0 l 196
— par tour	1 l 232
Diamètre des sièges des soupapes	25 mm
Levée des soupapes	12
Section de passage	942 mm²
Vitesse d'écoulement	0 m 187
Diamètre du bouton de manivelle de commande	100 mm.
Débit de la pompe de mise en charge par seconde	0 l 686 à 1 l 372
Hauteur totale de refoulement	513 m
Débit à l'heure (aux essais)	2309 l
Rendement de la pompe	0,94

La pompe exposée a subi de légères modifications, le bâti ne possède pas de glissières qui, en somme, font double emploi avec la bielle directrice clavetée sur le plateau p' ; le rendement s'en trouve amélioré, puisqu'il s'ensuit une diminution des frottements ; de plus, elle n'a que 6 corps au lieu de 7, et ils sont en fonte avec garniture en bronze ; enfin les plongeurs sont creux et articulés directement avec les bielles ; ses dimensions principales sont les suivantes :

Diamètre des pistons . . .	100 mm
Course des pistons . . .	110
Nombre de tours . . .	36
Volume théorique résultant . . .	17 m³ 171 à l'heure
Volume réel élevé . . .	16 m³

Coupe suivant AB

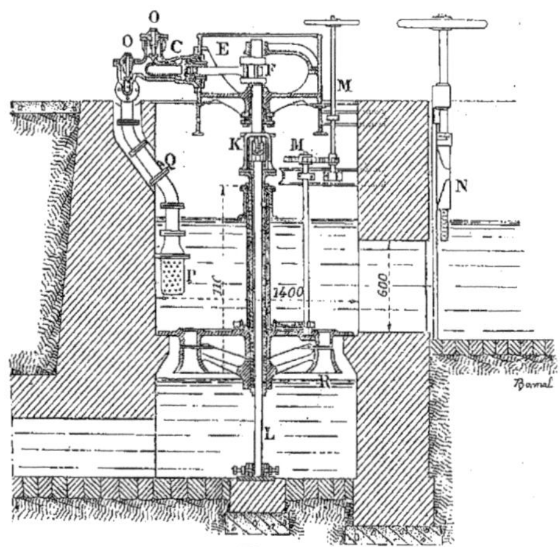

Plan

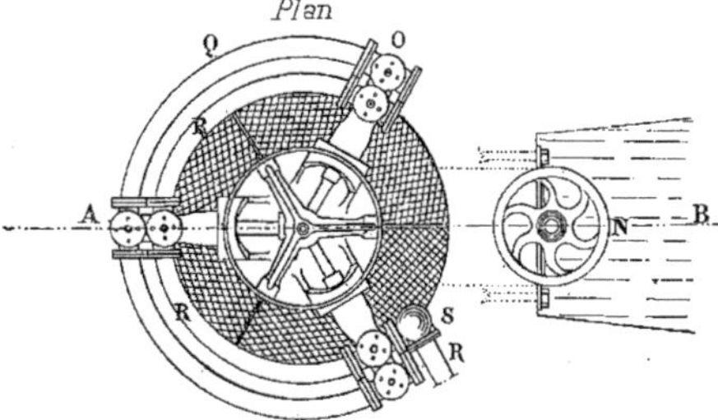

Fig. 45 et 46. — Pompe *Dumontant* actionnée par une turbine

Elle a été éprouvée à une pression de 50 kilog., quoique ayant été calculée pour travailler à 40, c'est-à-dire pour refouler à 400 mètres.

Il est évident que la commande de ces pompes peut s'obtenir d'une façon quelconque; ainsi celle qui fonctionnait à l'Exposition était mise en marche par une dynamo. Dans une installation faite pour la Cie Gle des Eaux de France, la pompe est commandée directement par une turbine au-dessus de laquelle elle est installée (fig. 45 et 46).

Pompe Dumontant, à grande vitesse et à clapets équilibrés. — Le coût d'une pompe circulaire comme celle que nous venons de décrire étant assez élevé, son emploi se limite nécessairement aux très grandes hauteurs de refoulement, car les autres se peuvent obtenir au moyen d'appareils plus simples et moins coûteux. M. Dumontant a cherché un appareil remplissant ces conditions, donnant un débit uniforme, et fonctionnant sans chocs malgré une grande vitesse de marche; il a créé la pompe à grande vitesse, à double effet, et à clapets équilibrés, dont deux modèles figuraient à l'Exposition. Ces pompes marchent à 80 et même 150 tours par minute. En voici la description :

La pompe se compose (fig. 47 et 48) d'une capacité en fonte d'une forme à peu près

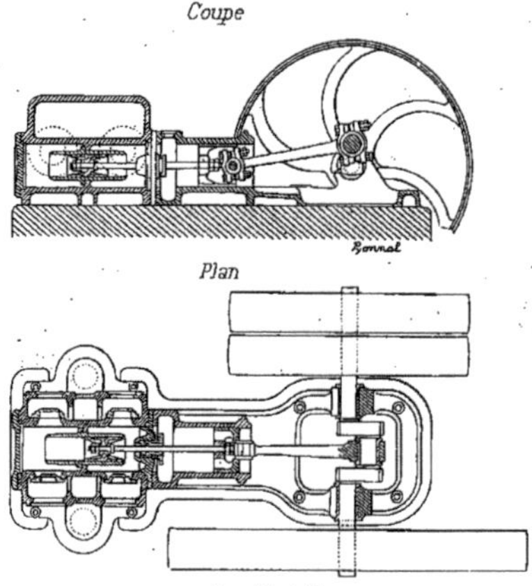

Fig. 47 et 48.

cubique et partagée dans le sens de la longueur de manière à fournir trois compartiments, dont l'un est en communication avec l'aspiration, l'autre avec le refoulement, et celui du milieu fait office de corps de pompe en bronze et rapporté.

Les clapets d'aspiration, au nombre de deux, comme ceux de refoulement, sont disposés sur les cloisons de séparation, et ont ainsi leurs sièges dans un plan vertical. Des évidements obturés par des glaces permettent d'en surveiller le fonctionnement.

Le piston est également en bronze et n'a pas de garnitures, sa tige est fixée à un coulisseau mis en mouvement par une bielle commandée par un arbre coudé. La suppression des garnitures résulte d'essais faits par la maison en présence de M. Guibal, ingénieur en chef des ponts et chaussées. On avait enlevé le fond arrière d'une pompe marchant à 60 tours, et débitant 10 litres par coup de piston; l'eau recueillie sur la face arrière du piston n'atteignait pas 10 grammes par course. Dans le cas de la figure, l'arbre coudé porte un volant, une poulie fixe et une poulie folle. Cette dernière est supprimée lorsqu'on se sert d'une dynamo pour la conduite.

La caractéristique de cette machine réside dans la forme et la disposition qu'il a fallu donner aux clapets pour pouvoir réaliser une aussi grande vitesse. Les fig. 49 à 53 en donnent les détails. On a adopté, pour maintenir les clapets sur leurs sièges, des ressorts en spirale d'abord parce qu'ils évitent une trop grande longueur de ressorts, ensuite parce qu'ils sont réglables au moyen d'un rochet monté sur une broche.

Le but poursuivi dans l'établissement de ces ressorts est le suivant : ils doivent n'exercer qu'un très faible effort sur la position de repos, et au contraire charger la position d'ouverture maxima d'un poids précisément égal à la pression d'eau agissant dans l'autre sens. On aura ainsi un clapet s'ouvrant progressivement au fur et à mesure que la vitesse de l'eau augmente, et s'abaissant avec une progressivité analogue : c'est évidemment le fonctionnement type.

M. Dumontant, pour l'établissement de ses ressorts, a fait divers calculs théoriques ; mais c'est, en pratique, au moyen d'expériences directes qu'il fixe pour chaque type de pompe les dimensions des ressorts et leur longueur d'enroulement en spirales.

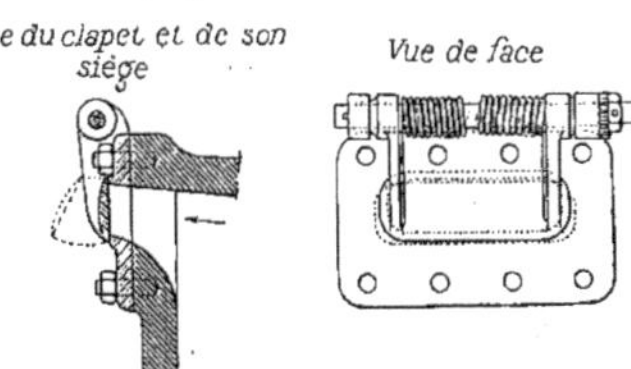

Fig. 49 à 53.

Les pompes n'ont pas de réservoirs d'air, ou du moins ne semblent pas en avoir, mais il faut remarquer que les clapets d'aspiration et de refoulement sont placés à la partie inférieure des compartiments latéraux, et que, de la sorte, ceux-ci fonctionnent tant à l'aspiration qu'au refoulement, comme de véritables réservoirs d'air.

Voici les caractéristiques des deux pompes exposées :

	la petite	la grande
Diamètre du piston	0 m 090	0 m 125
Course du piston	0,100	0,200
Vitesse de régime (par minute)	150 t	80 t
Volume théorique engendré à l'heure	11.730 l	24.900 l
Volume réel refoulé à l'heure	10.020	22.400
Rendement	85 %	90 %
Hauteur de refoulement	50 m	50 m

Pompe Ehrardt et Sehmer, à grande vitesse et commande électrique directe. — La maison Ehrardt et Sehmer a exposé dans la classe 63 (matériel d'exploitation de mines) un type de pompe d'épuisement à grande vitesse commandée directement par un alternateur à courant triphasé (construit par la maison Lamheyer). Elle se compose (fig. 54 à 56) de trois corps de pompe horizontaux à plongeur et à simple effet. Ceux-ci sont réunis par des bielles en fonte à l'arbre à 3 coudes à 120° équilibré par des contrepoids. Les crosses de piston ont des glissières cylindriques qui sont fermées extérieurement pour éviter l'accès de la poussière. Les boîtes à clapets sont indépendantes et verticales; elles sont surmontées de réservoirs d'air sphériques, mais d'assez faible volume, attendu que la disposition triple assure déjà un débit suffisamment régulier. Les clapets, du type Ehrardt, offrent une grande section de passage à l'eau, ce qui permet de réduire considérablement leur levée, et par conséquent les chocs lorsqu'ils retombent sur leur siège. De plus, la vitesse de passage de l'eau se trouve également réduite par cette augmentation de section.

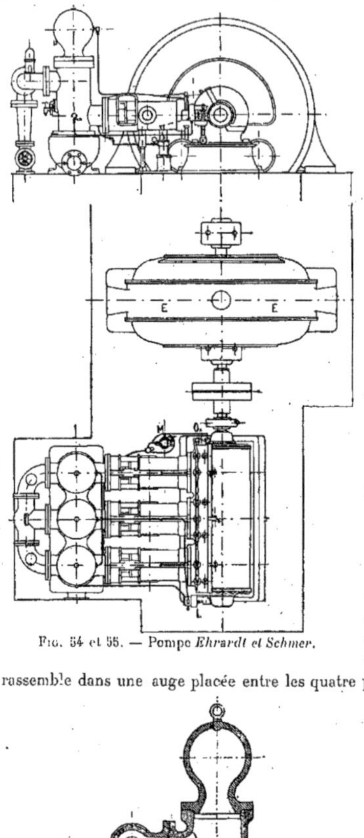

Fig. 54 et 55. — Pompe *Ehrardt et Schmer*.

La quantité et la pression d'air nécessaires sont maintenues dans les réservoirs par une petite pompe à air dont la bielle est calée sur l'extrémité de l'arbre.

La grande vitesse de la machine entraîne la nécessité d'un graissage abondant; aussi, la pompe est munie d'une pompe de circulation d'huile qui assure la lubrification des organes en mouvement. L'huile ayant déjà servi se rassemble dans une auge placée entre les quatre paliers qui supportent l'arbre coudé, ce

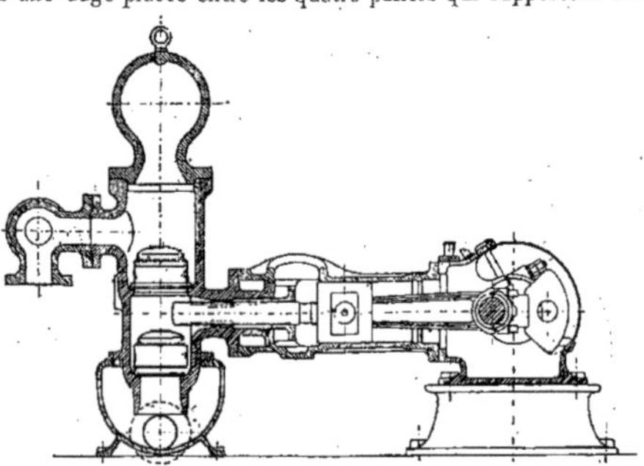

Fig. 56. — Pompe *Ehrardt et Schmer*. Coupe longitudinale.

qui permet de faire baigner les têtes de bielles. Les quatre paliers sont d'ailleurs venus de fonte avec cette auge, qui forme partie intégrante du bâti de la machine. Une tôle ferme l'espace ouvert, empêche les projections d'huile. Le graissage des corps de pompe est assuré par une presse à graisse système Mollerup, envoyant de l'huile dans des rainures *ad hoc* ménagées en arrière des presse-étoupes.

Comme la machine a été spécialement étudiée pour l'épuisement des mines, on veut qu'elle puisse fonctionner 6 heures au moins sans surveillance ni soins ; elle est arrangée de façon que les parties en mouvement soient à l'abri de l'humidité et de la poussière. Ainsi, il est facile de remarquer que le bâti de l'alternateur est presque totalement fermé (sauf quelques regards sur les côtés), l'arbre moteur est complètement couvert, et des tôles ferment les ouvertures latérales des glissières. La forme spéciale des glissières permet, lorsque, pour un motif quelconque, l'un des corps de pompe ne peut plus fonctionner, d'immobiliser son plongeur (après avoir démonté la bielle correspondante) par une barre placée en travers dans les regards, ce qui est l'affaire de quelques minutes ; autrement, on serait obligé de l'entraîner dans la marche sans qu'il y ait production de travail.

L'arbre coudé est fixé à celui de l'alternateur par un manchon à plateaux réunis par des boulons entourés d'une épaisse fourrure de caoutchouc qui amortit les chocs au démarrage et pendant la marche. Pour faciliter la mise en marche, les trois boîtes à soupapes sont munies de retours d'eau, grâce auxquels on diminue l'effort en mettant le refoulement en communication avec l'aspiration ; quand la vitesse de régime est établie, on les ferme petit à petit.

Voici quelques-unes des données de cet appareil :

Diamètre des plongeurs	0 m 105
Course des plongeurs	0,200
Vitesse normale par minute	200 à 250 tours
Vitesse linéaire correspondante des plongeurs	80 à 100 m par minute
Vitesse à l'Exposition	210 t
Débit théorique à cette vitesse	1.090 l
Débit pratique	1.000
Rendement admis après expérience (pompe seulement)	0,92 à 0,94
Hauteur de refoulement	250 à 300 m
Voltage de l'alternateur	500 v
Nombre d'ampères	45
Nombre de fréquences	200
Force en chevaux	75 à 80

L'avantage de cette machine de grande puissance est encore augmenté par son faible encombrement et par sa commande électrique.

Appareils Salmson, à air comprimé. — L'appareil exposé par la maison E. Salmson et Cie fonctionne à la manière des pulsomètres à air comprimé. L'air agit comme un véritable piston fluide, et refoule l'eau qui rentre ensuite automatiquement dans l'appareil.

Il se compose (fig. 57 et 58) de deux réservoirs en tôle ou en fonte, jouant le rôle de corps de pompe, et dans lesquels agit alternativement l'air comprimé dont un petit distributeur à tiroir plan assure la distribution. Chacun des deux réservoirs se trouve donc en communication : 1° avec l'arrivée d'eau par une soupape d'aspiration ; 2° avec la sortie par une soupape de refoulement ; 3° avec le distributeur d'air comprimé par un tubulure *ad hoc* ; 4° enfin, avec l'une ou l'autre des extrémités du cylindre dans lequel se meut le distributeur par une conduite verticale et par une petite tubulure en cuivre.

Le fonctionnement est excessivement simple; supposons l'appareil en marche. L'eau est chassée d'un réservoir pendant que l'autre se remplit; lorsque le réservoir dans lequel s'opère le refoulement est presque vide, le flotteur, qui suit le mouvement de l'eau et s'abaisse avec elle, détermine l'ouverture du petit conduit allant sur l'une des faces du distributeur; une certaine quantité d'air comprimé passe alors par là, et chasse le tiroir distributeur de façon à inverser et l'admission et l'échappement de l'air comprimé moteur. L'eau remplit alors le réservoir vide, pendant que l'autre alimente le refoulement.

Cet appareil peut être utilisé à élever l'eau (dans ce cas, il faut noyer les deux réci-

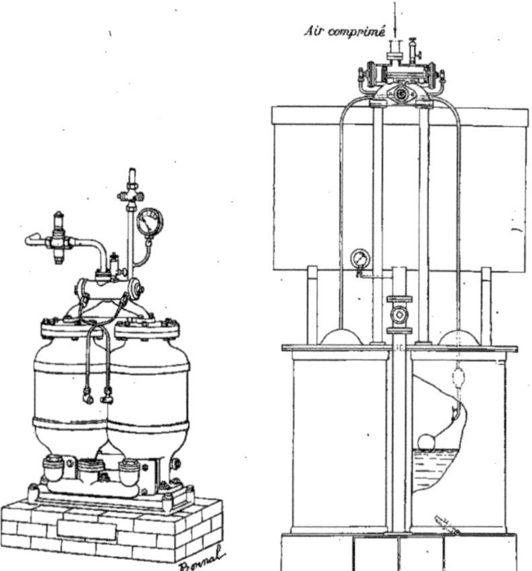

FIG. 57 et 58. — Pulsomètre à air comprimé *Salmson*.

pients); on l'emploie également, et de préférence, pour l'élévation des ascenseurs ou monte-charges. On lui fournit alors l'eau par une tubulure venant d'un réservoir dans lequel se fait l'échappement de l'appareil élévateur.

L'eau qui sert est toujours la même; au lieu de dépenser de l'eau sous pression, c'est de l'air comprimé que l'on consomme, et cela semble économique. Ainsi, à Paris, l'air à 5 kilog. coûte 0 fr. 135 le mètre cube, tandis que l'eau, dans les mêmes conditions, coûterait 0 fr. 650 : l'économie est donc très réelle. D'ailleurs, elle peut être augmentée encore — dans le cas où la hauteur d'élévation est relativement faible — par l'emploi d'un détendeur de pression.

Pompe à masse-cuite de Mollet-Fontaine. — La pompe à masse-cuite construite par la maison Mollet-Fontaine (fig. 59) n'est autre chose qu'un chapelet vertical, mais dans le cas spécial pour lequel il est employé (masse très pâteuse et très liante) il a un rendement particulièrement bon, et mérite à cet égard d'appeler l'attention. La chaîne porte de distance en distance des rondelles en caoutchouc de même diamètre que les tubes de fer qui constituent le corps de pompe. Elle est entraînée, à la partie supérieure, au moyen d'une noix de diamètre convenable et portant trois entailles dans lesquelles viennent se loger les disques pendant la rotation.

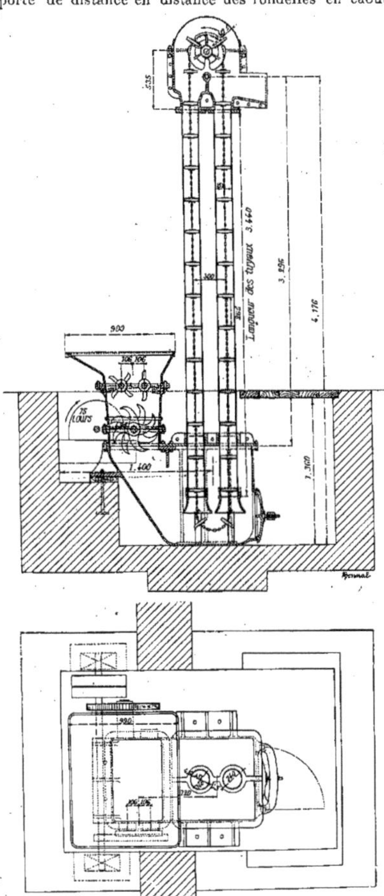

Fig. 59.

Cette noix est portée sur le même axe qu'une roue d'engrenage commandée par un pignon calé lui-même sur un arbre mû à la main ou par courroie.

La matière (sucre, pendant sa fabrication) à monter avec cet appareil étant très pâteuse et très liante, il a été nécessaire d'installer au bas du corps de pompe un appareil diviseur qui consiste simplement en deux arbres munis de dents et tournant en sens contraire. La matière ainsi triturée tombe au bas des tuyaux et est élevée par la chaîne.

Cet appareil qui, dans ce cas, procède presque autant de l'élévateur que de la pompe, est alors d'un bon rendement malgré sa faible vitesse de rotation, attendu qu'il n'y a pas de fuites à craindre sur la périphérie des rondelles, comme dans le cas de véritables liquides.

Pompe alimentaire verticale Holman frères.— Parmi le matériel d'exploitation de mine exposé par la maison Holman frères, nous avons pu voir la pompe alimentaire dont nous donnons ici la reproduction (fig. 60).

Elle est verticale, et se compose de deux pompes semblables disposées sur le même bâti. Chacune d'elles comporte un cylindre à vapeur à distribution par tiroir ordinaire commandé par excentrique. Le plongeur prolonge la tige du piston moteur, et la crosse qui les réunit porte un axe transversal sur les extrémités duquel sont attelées les deux bielles que comporte chaque machine. Le bâti est évidé à sa partie inférieure pour ménager le passage du volant qui est calé au milieu de l'arbre dans l'axe de la machine.

Les pompes sont à simple effet, et n'ont rien de particulier, les corps de pompe sont venus de fonte avec leur boîte à clapets et des extensions destinées à les fixer aux supports.

Chaque cylindre à vapeur étant supporté par colonnettes, toutes les pièces sont facilement accessibles.

FIG. 60. — Pompe alimentaire *Holman*.

Les deux prises de vapeur sont piquées sur une même conduite sur laquelle se trouve le robinet de mise en marche.

Cette pompe est construite pour alimenter une chaudière marchant à 7 kilog.

Voici ses principales dimensions :

Diamètre des cylindres à vapeur	0m101
Diamètre des plongeurs	0m063
Longueur de la course	0m127
Débit à l'heure	4.400 l
Nombre de tours par minute	105

Pompe et Baritel combinés, système Holman frères. — Cet appareil était représenté dans les dessins exposés par MM. Holman frères ; il présente un certain intérêt.

Le baritel est de construction ordinaire, il se compose d'un tambour horizontal sur lequel s'enroule le câble d'extraction. Ce tambour est porté par deux jambages en fonte, et il possède à une de ses extrémités une roue dentée qui reçoit son mouvement d'un pignon porté par l'arbre coudé moteur (fig. 61 et 62).

La machine motrice (à vapeur ou à air comprimé) est munie d'une distribution par

Fig. 61.

tiroir ordinaire, et son cylindre est fixé sur la partie inférieure du bâti à l'extérieur. La bielle motrice est à fourche très longue, afin de permettre le guidage de la tige de piston. Un volant est calé sur l'arbre moteur à son autre extrémité.

La pompe est aspirante et foulante; à simple et à double effet. L'extrémité de la tige

Fig. 62.

de son plongeur est commandée par un levier à sonnette dont un bras est mis en mouvement par une bielle articulée à la manivelle calée sur l'axe du tambour.

Le pignon claveté sur l'axe moteur peut être facilement débrayé par un levier à fourche, et comme le tambour est fou sur son axe on peut ainsi pomper sans arrêt et indépendamment de l'extraction.

Lorsqu'on veut monter, on embraye le pignon, et l'ascension s'opère; la descente s'obtient par le propre poids du récipient employé, et elle est réglée par un frein à lame d'acier, agissant directement sur le tambour.

Cet appareil est excessivement simple, et son faible poids le rend très transportable, aussi son emploi s'est-il généralisé dans les mines de Cornouailles, pour le fonçage et l'exploitation des galeries et puits secondaires situés à une trop grande distance du puits principal et n'ayant pas l'importance suffisante pour justifier une installation coûteuse.

D'autres dispositions à deux moteurs ou à changement de marche sont également construites, mais ne sont que des variantes de ce type principal.

Voici quelques données générales sur une de ces machines :

Diamètre du cylindre moteur	100mm
Diamètre du corps de pompe	110mm
Débit à l'heure avec 36 mètres d'élévation	8040l
Levée maximum du treuil	550kg
Dimensions de la base	600 × 450mm
Poids total de la machine (sans la pompe)	350kg
Poids de la pièce la plus lourde	100kg

Moteur-pompe à air chaud, système Ericsson. — La pompe Ericsson est actionnée directement par un moteur à air chaud avec lequel elle fait corps. Le principe est le suivant : on comprime de l'air froid, et on le fait passer dans une capacité chauffée où sa pression s'accroît encore; il chasse alors le piston moteur dans le cylindre qui est continuellement refroidi par de l'eau passant dans une double enveloppe située sur le refoulement de la pompe. Pour plus de clarté, reportons-nous à la fig. 63, dans laquelle *1* est le cylindre en question et *2* le piston moteur. L'air est comprimé entre *2* et le piston *3*, qui marchent en sens inverse; il passe alors autour de *3*, dont le diamètre est inférieur à celui du cylindre, et se rend dans la partie chauffée *4*. On comprend que, par suite de la marche inverse des pistons *2* et *3*, l'espace réservé à la chauffe augmente et diminue alternativement de volume, en même temps que l'air est comprimé ou se détend. La figure montre un appareil chauffé par le gaz; il est inutile de dire qu'on peut construire des appareils pour chauffer au pétrole, au charbon ou même au bois. L'air comprimé ainsi chauffé atteint une pression suffisante pour repasser autour de *5* et aller chasser le piston *2*. Il se

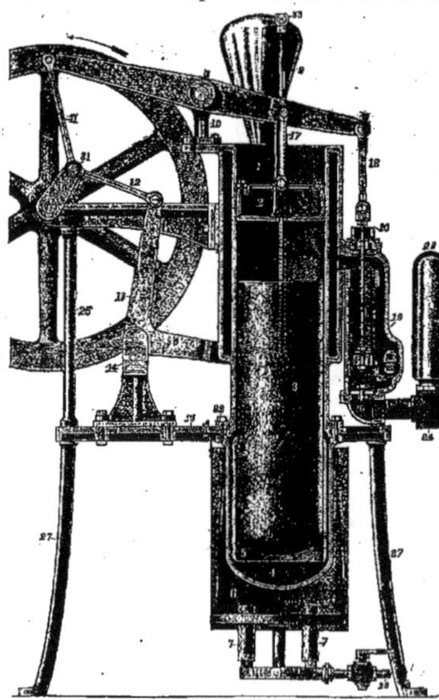

Fig. 63.

détend alors, et par conséquent se refroidit, et, à ce refroidissement, s'ajoute celui produit par la double enveloppe. La pression baisse, mais le mouvement ascendant puis descendant de *2* se poursuit, grâce à l'entraînement produit par le volant.

Le mouvement alternatif du piston moteur est transmis au levier *9*, articulé en un point fixe et commandant par une de ses extrémités la bielle *18* de la pompe *19*, et par l'autre la bielle *11*, qui actionne le volant *16* par la manivelle *30*.

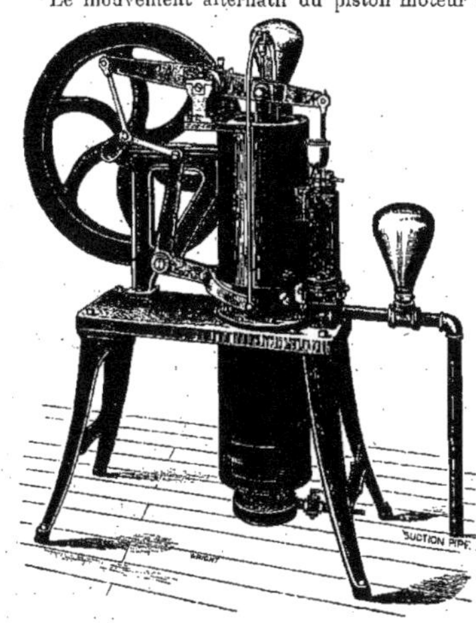

Fig. 64.

Le mouvement du piston *3* désigné sous le nom de piston de transfert, est produit par l'action de la manivelle motrice *30*, à l'aide de la bielle *12*, sur le levier à sonnette *13*, dont un des bras forme une fourche qui embrasse le cylindre. Chacune des extrémités de cette fourche porte une tige qui actionne la crosse (fig. 64) à laquelle est attachée la tige *33* du piston du transfert.

La pompe représentée est à simple effet ; elle est munie d'un réservoir d'air *23* sur l'aspiration et d'un autre *8* sur le refoulement, qui commence au sortir de la double enveloppe.

Le corps de pompe est en bronze, et le cylindre moteur en fonte, ainsi que la partie extérieure du foyer. Toutefois, lorsqu'on doit brûler de la houille, cette dernière partie est faite en fonte à poêle, et est enduite de terre réfractaire, pour éviter la prompte détérioration. Les autres organes, bielles, manivelles, leviers, axes, sont en acier.

Dans le cas où l'eau se trouve à une assez grande profondeur au-dessous du niveau du sol (8 à 30 mètres), on installe le corps de pompe plus bas et on fait la tige de piston plus longue, mais, dans ces conditions, il est absolument nécessaire d'amorcer la pompe avant de mettre en marche, afin d'obtenir un refoulement aussitôt après le premier coup de piston. La pompe est d'ailleurs munie d'un entonnoir à ce destiné.

La mise en marche s'opère, après avoir allumé le foyer, en faisant faire à la machine un tour à la main, afin de provoquer la compression. L'arrêt se produit en éteignant le feu, mais comme la surface chauffée est à une température suffisante pour entretenir le mouvement quelque temps après l'extinction du foyer, on a muni le cylindre d'un robinet à l'aide duquel on le met en communication avec l'extérieur, et provoque ainsi un arrêt instantané par détente définitive de l'air comprimé.

Cette machine est, certes, d'un fonctionnement sinon économique du moins très commode ; elle exige peu ou pas de surveillance, et par conséquent peut être mise entre des mains ignorantes, aussi s'est-elle répandue partout où l'on avait besoin d'une quantité d'eau relativement faible à élever par intermittence.

MM. Glœnzer et Perreaud sont, à Paris, concessionnaires de ce système dont un type fonctionnait à l'Exposition : en voici les principales caractéristiques :

Diamètre du cylindre	0m203
Nombre de tours	60 à 80
Débit à l'heure	1900l
Diamètre des tubulures d'aspiration et de refoulement	0m033
Encombrement en surface	1,200 × 0m535
— en hauteur	1m65
Poids	180kg
Consommation horaire : anthracite	1kg500
— pétrole	2l270
— gaz	700l

Pompe verticale à vapeur Fournier et Cornu. — Cette pompe est du type à action directe, elle est destinée à faire l'épuisement pendant le fonçage; aussi sa disposition est toute particulière (fig. 65 et 66).

Elle a été étudiée de manière à tenir le moins de place possible en largeur dans le puits, c'est-à-dire dans le sens où l'espace manque le plus.

C'est une pompe Duplex à distribution Worthington légèrement modifiée. Les leviers commandés par les tiges n'ont pas les branches de leur fourche prise dans la gorge d'un manchon, ils sont articulés à une des extrémités d'une petite bielle, dont l'autre est prise dans la partie inférieure d'un collier serré à bloc sur la tige de piston. Les bielles qui commandent les tiges de tiroirs sont en deux parties, réunies par un double écrou qui peut permettre d'augmenter ou de diminuer leur longueur pour faciliter le réglage, lorsque, à l'usage, les articulations ont pris du jeu, et que la distribution ne s'opère plus bien. Les deux cylindres sont venus de fonte d'une seule pièce dans laquelle on fixe le crochet qui permet de descendre la pompe au fur et à mesure des besoins.

Les pompes comprennent quatre corps, dans lesquels se meuvent deux plongeurs; seulement ceux-ci sont fixés à l'extrémité des tiges de pistons à vapeur, et traversent chacun deux corps, placés l'un au-dessous de l'autre, ils produisent ainsi l'aspiration dans l'un et le refoulement dans l'autre, de sorte qu'au total les quatre pompes à simple effet constituent en réalité deux pompes à double effet. Les boîtes à clapets sont au nombre de quatre; elles ont la longueur de corps et une section triangulaire. Les deux boîtes d'aspiration et les deux de refoulement communiquent ensemble. Elles contiennent chacune six clapets en bronze, constamment rappelés sur leur siège conique par des ressorts. Les extrémités des corps de pompe portent des attaches qui servent à fixer la pompe sur des cornières.

La pompe est munie en outre d'un réservoir d'air vertical placé sur le refoulement; il est compris entre les cylindres à vapeur, à côté d'un tube de niveau qui indique à chaque instant la quantité d'air qu'il contient, et d'un collecteur dans lequel sont conduites toutes les purges de la machine.

Les principales dimensions de cette machine sont les suivantes :

Diamètre des cylindres à vapeur	200mm
Diamètre des plongeurs	74mm
Course commune	266mm
Débit à l'heure	12m3
Hauteur de refoulement	190m
Nombre de doubles courses par minute	200
Pression de la vapeur employée	4kg

Ces pompes sont toutes en fonte; les tiges sont en fer, et les plongeurs en fonte; ordinairement on fait les plongeurs et les tiges en bronze, mais, étant donné les

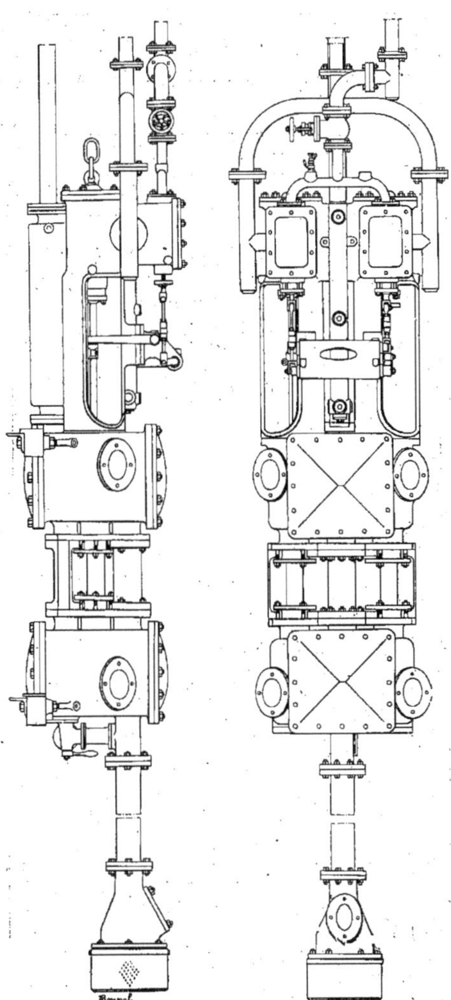

FIG. 65 et 66.

efforts que ces pièces ont à subir, et la légèreté qu'on veut conserver à cet appareil qui doit être facile à déplacer, on a fait ces organes en fer et en fonte.

Certaines de ces pompes peuvent atteindre un débit de 145 mètres cubes à l'heure. Les usines de Rive-de-Gier en ont une de cette importance, dont les dimensions principales sont :

Diamètre des cylindres	325^{mm}
Diamètre des plongeurs	225^{mm}
Course commune	280^{mm}
Débit à l'heure	145^{m3}
Hauteur du refoulement	40^{m}

Pompe d'épuisement à transmission hydraulique Kaselowsky. — La Société des Houillères de Montrambert expose (classe 63, Matériel d'Exploitation de Mines)

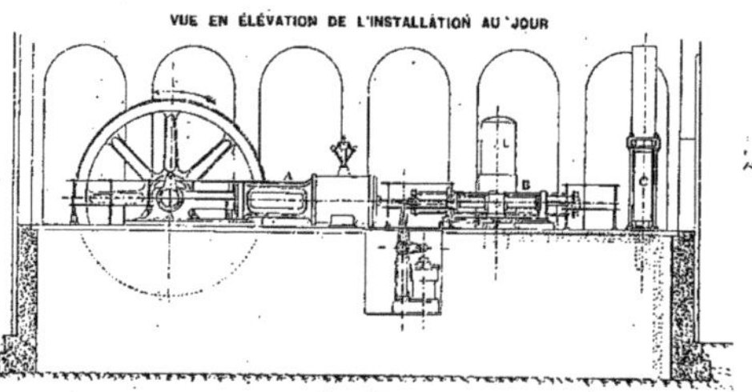

Fig. 67.

les plans d'une intéressante installation d'épuisement du puits Ferouillat effectuée au moyen des pompes Kaselowsky (fig. 67 à 72) construites par les Forges et ateliers de la Chaleassière (Biétrix-Leflaire-Nicolet et Cie, à Saint-Étienne).

Le principe adopté est le suivant : comprimer au jour de l'eau que l'on envoie au

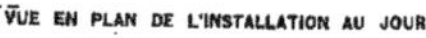

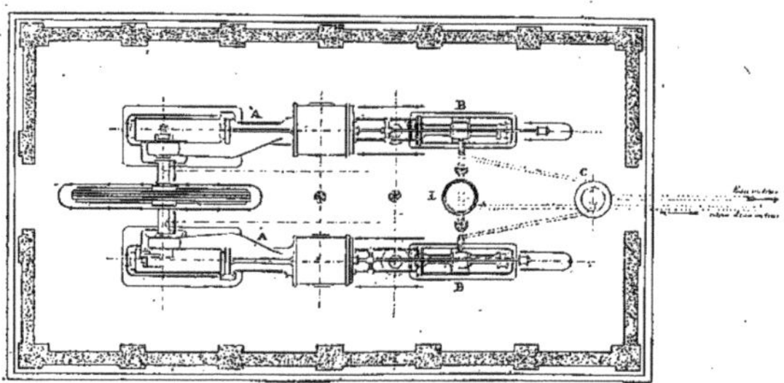

Fig. 68.

fond pour actionner une machine à colonne d'eau commandant directement l'épuisement ; l'eau motrice revient entièrement à la surface, et c'est toujours la même qui sert.

La machinerie au jour se compose donc de deux parties : 1° un appareil moteur, 2° un appareil compresseur.

Le moteur consiste en une machine compound à condensation à 2 cylindres munis de distributions Collman. Chacun des cylindres est monté sur un bâti baïonnette distinct, et entre eux deux, est installé le réchauffeur de vapeur. Les manivelles sont calées à 90° et le volant est placé entre les deux paliers.

La compression de l'eau s'obtient au moyen de 4 pompes à plongeurs et à simple

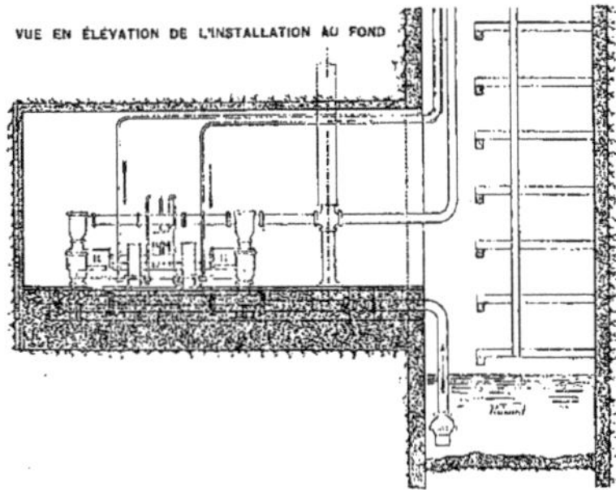

Fig. 69.

effet placées bout à bout deux par deux et dans l'axe de chaque machine motrice. Les tiges des plongeurs sont reliées à celles des pistons à vapeur.

L'eau est aspirée dans un réservoir placé entre les deux systèmes de pompes, réservoir dans lequel vient se déverser l'eau de refoulement de la machine du fond ; après avoir

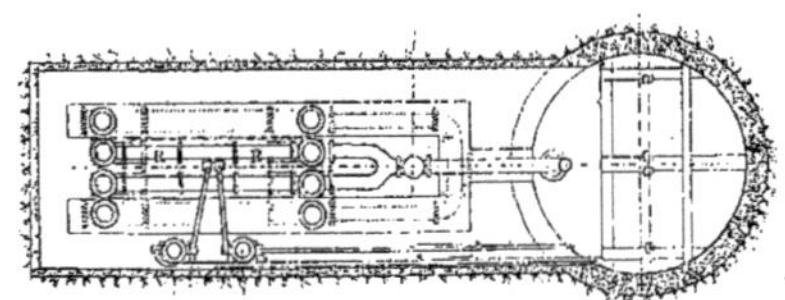

Fig. 70.

RR. Moteurs hydrauliques et pompes d'exhaure. — M. Petit accumulateur régulateur placé avant les moteurs hydrauliques. — N. Petit accumulateur régulateur de pression placé à l'échappement des moteurs hydrauliques.

été comprimée, l'eau est reçue d'abord dans un accumulateur où sa pression s'unifie et elle se rend ensuite, par une conduite en tuyaux de fer sans soudure, à l'appareil d'épuisement installé au fond, à peu de distance du puisard.

La machine du fond est une machine à colonne d'eau d'un genre particulier. Elle comporte 4 plongeurs fixés 2 à 2 aux extrémités de deux tiges immobiles ; sur ces pistons fixes, qui sont les pistons moteurs, se déplacent des cylindres creux, qui sont eux-mêmes les plongeurs mobiles de la pompe d'épuisement. La distribution et le changement du sens de la marche de l'une des pompes sont produits par l'autre. L'eau motrice est conduite, à la sortie, sous un petit accumulateur N, où elle acquiert ou conserve la pression nécessaire pour remonter au jour.

Ce point constitue une supériorité sur les machines à colonnes d'eau ordinaires qui n'élèvent pas ordinairement leur eau d'échappement :

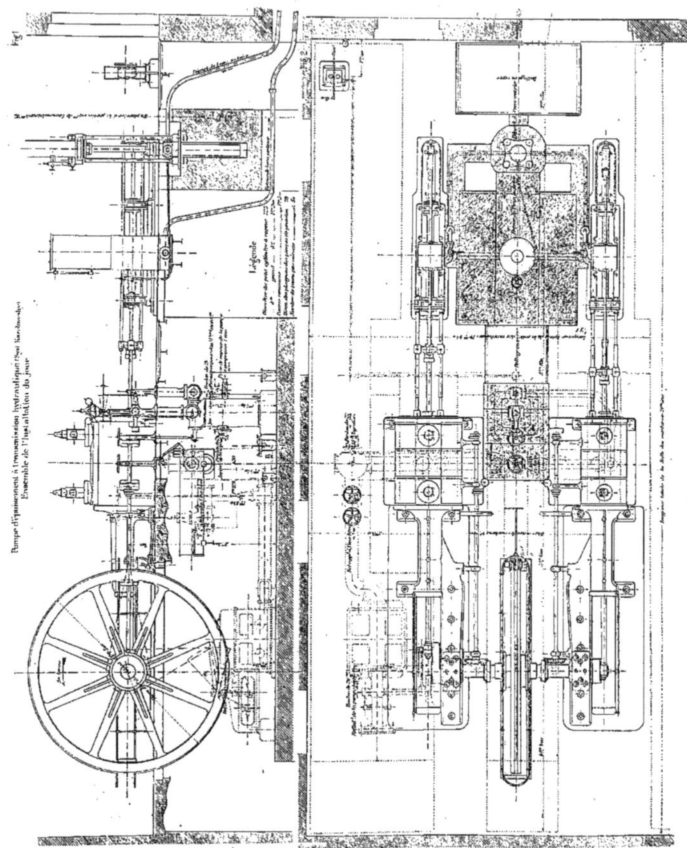

Fig. 71 et 72.

La pompe est munie, sur son refoulement, d'un réservoir d'air qu'on a placé dans le puits de manière à ne pas être obligé de creuser une excavation spéciale dans la galerie.

L'eau motrice traverse également un petit accumulateur M, au fond, avant d'être admise à la machine ; cette disposition a pour but de régulariser le débit. Dans cet accumulateur, comme dans celui placé sur la conduite de refoulement, on a remplacé les poids produisant la charge par un cylindre dans lequel se meut un piston sur l'une des faces duquel on fait agir de l'air comprimé. La pompe qui comprime cet air est installée au jour, elle est commandée par une manivelle calée à l'extrémité de la machine à vapeur.

Voici les principales données de ces machines

Diamètre des cylindres des machines à vapeur	0^{m}725 × 1^{m}200
Course	1^{m}200
Nombre de tours par minute	50
Pression de la vapeur au petit cylindre	8^{kg}
Puissance	400^{chx}

Appareils de compression :

Diamètre des pistons plongeurs	78^{mm}
Course	1500
Nombre de double course par minute	50
Pression de l'eau motrice par cinq	190^{kg}
Pression d'épreuve des organes de la pompe	500^{kg}
Diamètre intérieur de la conduite d'amenée d'eau au fond	70^{mm}
Diamètre intérieur de la conduite d'échappement	80^{mm}
Diamètre des pistons moteurs	144^{mm}
Diamètre — de la pompe de refoulement	260^{m}
Course commune	800^{mm}
Diamètre du refoulement	225 à 230^{mm}
Débit à la minute	3^{mc}
Hauteur du refoulement	470^{m}
Pression de l'air des accumulateurs	60^{kg}
Diamètre de la conduite en cuivre rouge	10^{mm}

Comme les machines du jour devront servir plus tard à l'épuisement à une plus grande profondeur, elles ne marchent pas dans les conditions actuelles à leur force moyenne qui sera, pour 650 mètres de hauteur de refoulement :

Force de la machine à vapeur	650^{chx}
Degré de détente dans ce cas	$^{1}/_{13}$
Pression de l'eau motrice obtenue	275^{k} par cinq

Ces machines ne faisant que de commencer à marcher, nous ne pouvons en indiquer avec certitude le rendement. Voici ceux obtenus avec des pompes semblables, installées aux mines de la Réunion.

Rendement de l'installation (Rapport du travail développé sur les pistons de la machine à vapeur, à celui représenté par l'élévation de l'eau)	0,77
Rendement volumétrique des pompes du fond	0,99.

Le graissage des appareils du jour et du fond s'obtient par l'introduction dans l'eau motrice (qui, comme nous l'avons dit, est toujours la même) d'un mélange d'huile et de glycérine, soluble dans l'eau.

On comprend facilement qu'il est possible d'installer sur la conduite d'eau motrice des branchements permettant de commander avec une seule machine au jour plusieurs épuisements distincts.

Ces machines ont, sur les pompes mues par la vapeur, l'avantage de supprimer les inévitables et importantes condensations qui se produisent dans les longues conduites de vapeur ; de plus, l'entretien et la conduite des machines du fond sont, avec ce système, presque nuls. La pompe à commande électrique présente, au point de vue de la commodité de la conduite et de l'installation, à peu près les mêmes avantages, mais son rendement spécial ne semble pas pouvoir atteindre les 77 p. 100 précédemment constatés. En effet, si on y admet :

Rendement	de la machine à vapeur	0,90
—	de la génératrice	0,80
—	de la réceptrice	0,80
—	de la pompe	0,80

On voit que le rendement général sera de :

$$0,90 \times 0,80 \times 0,80 \times 0,80 = 0,518.$$

qui n'est encore obtenu que dans des conditions exceptionnelles.

Pompe électrique d'épuisement des mines d'Anzin. — L'installation que nous allons décrire a été faite à la fosse Lambrecht des mines d'Anzin, après que le choix du type à employer eut été longuement et soigneusement discuté.

De cette étude, de cette discussion, il est ressorti que la pompe à commande électrique, bien que donnant un rendement (on a obtenu 50, 2 p. 100) inférieur à celui de pompes à vapeur, était préférable à celles-ci dans le cas spécial à considérer. En effet, l'encombrement du puits rendait impossible l'adoption d'une pompe à maîtresse-tige et, d'autre part, l'emploi d'une pompe à vapeur souterraine offrait le grave inconvénient d'entraîner l'installation de conduites de vapeur longues et coûteuses dans lesquelles se produisent nécessairement de fortes condensations qui diminuent dès lors considérable-

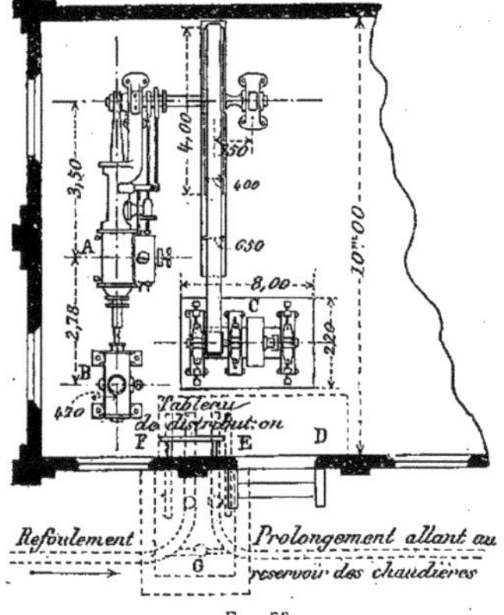

Fig. 73.

ment le rendement. Cette dernière solution avait d'autres inconvénients encore : la pompe nécessitait un assez grand emplacement au fond; de plus, il était difficile de la déplacer pour suivre l'approfondissement des travaux, enfin on échauffait les régions traversées par la canalisation, et l'échappement à l'air libre était assez difficile à organiser.

Aussi on se décida pour une pompe électrique souterraine, et on installa à la surface

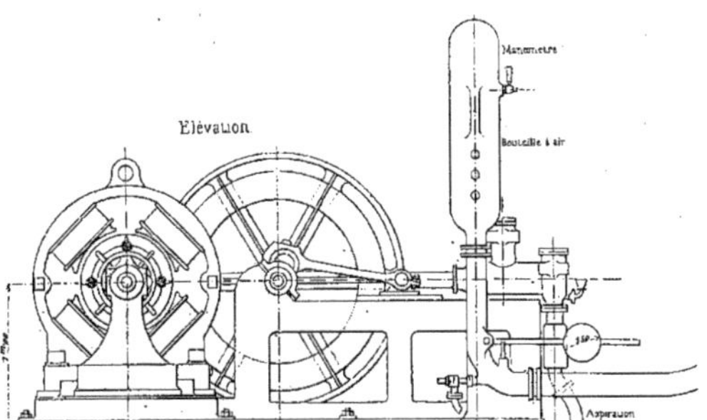

Fig. 74.

une machine à vapeur monocylindrique à détente et à condensation, munie d'un régulateur Cosinus produisant l'étranglement de la conduite de prise de vapeur lors des augmentations de vitesse (fig. 73).

Les dynamos employées sont multipolaires et à courant continu ; leur vitesse assez faible présente deux avantages sérieux : pouvoir 1° attaquer la génératrice directement par la machine à vapeur ; 2° attaquer la pompe directement par la réceptrice. Enfin, dans le but de diminuer les pertes dues au transport de force, on a employé un courant à fort voltage et à faible intensité qui par suite ne nécessite pas d'énormes conducteurs.

Les machines (génératrice et motrice) sont du type Gramme à 4 pôles, munies de

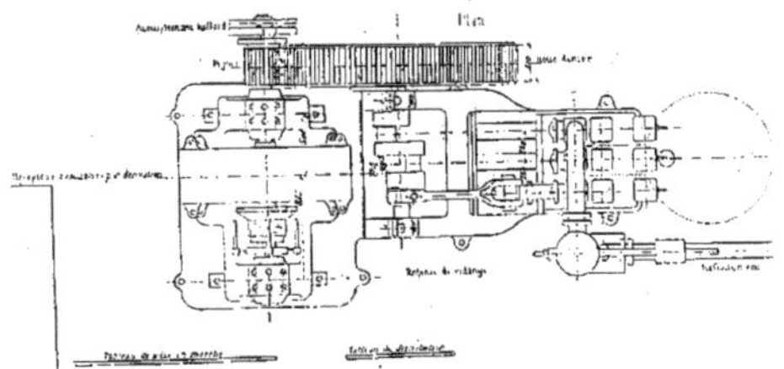

Fig. 75.

balais en charbon produisant moins d'étincelles que ceux en cuivre, condition très importante pour une machine placée au fond, surtout dans une mine grisouteuse. Toutes les deux sont excitées en compound.

La pompe employée (fig. 74 et 75) est à trois plongeurs, la régularité de la marche est suffisamment assurée par le mode d'excitation pour que les coups de bélier soient rares et très faibles.

Elle est liée à la dynamo par un accouplement Raffard (fig. 76), qui se compose, comme on sait, de deux plateaux portant chacun sept goujons en acier, recouverts d'un petit manchon en antifriction dit « cossette »; chacun des goujons d'un plateau est réuni à celui de l'autre qui en est le plus voisin par une bague en caoutchouc : on obtient ainsi un accouplement très sûr, et présentant une certaine élasticité sans être encombrant.

Le pignon en acier sur lequel est calé un des plateaux de l'accouplement commande une roue en fonte portant 158 dents en bois; c'est elle qui, fixée à l'extrémité de l'arbre à 3 coudes, donne le mouvement à la pompe. Cette dernière a son bâti en deux pièces, ce qui permet de la transporter facilement.

Les clapets d'aspiration et de refoulement en bronze sont rappelés sur leur siège par

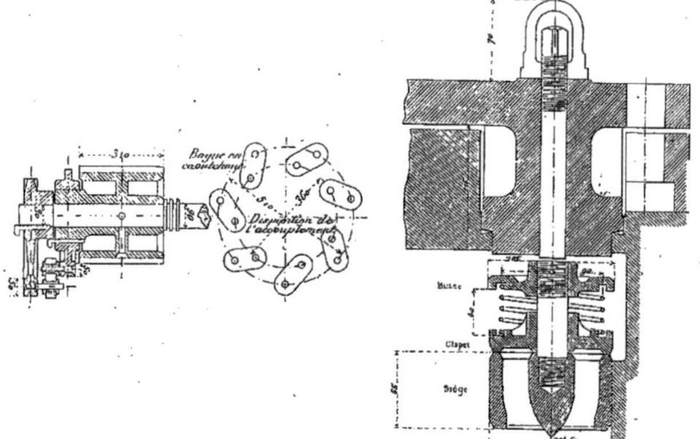

Fig. 76 et 77.

des ressorts en acier (fig. 77); leur levée est réglée par des vis qu'on peut manœuvrer de l'extérieur. Le refoulement est en tube d'acier, il est muni à sa partie inférieure d'une soupape de sûreté à contrepoids et d'un robinet de vidange; sur ce refoulement, est installé un réservoir d'air portant trois robinets de jauge qui permettent de constater la quantité d'eau et d'air qu'il renferme.

Le tableau de distribution (fig. 78 et 79) est muni d'un interrupteur qui coupe le courant lorsque la résistance s'accroît. La poignée du commutateur (fig. 80) est pour cela soumise à un ressort qui tend constamment à couper le courant, mais elle est retenue d'un autre côté par un crochet situé à une des extrémités d'un levier dont l'autre est terminée par une pièce de fer doux attirée par un électro. Sitôt que la résistance augmente, l'intensité diminue, l'attraction cesse, et le commutateur étant ramené au repos le courant ne passe plus; néanmoins l'excitation continue.

Cette mise hors circuit de la réceptrice peut être opérée autrement, lorsque le niveau baisse dans le puisard, et tend à devenir plus bas que la crépine. La détente du flotteur fait soulever le crochet du levier dont nous venons de parler, et fait ainsi fonctionner le dispositif.

Comme le condenseur de la machine horizontale du jour est alimenté par la pompe du fond, il est indispensable que le mécanicien de l'installation du jour soit informé de l'arrêt de la pompe pour immédiatement arrêter sa machine motrice, sans quoi son condenseur chaufferait. Cet avertissement se fait automatiquement au moyen d'une sonnerie qui fonctionne par un flotteur quand l'eau manque dans la fosse du condenseur.

Enfin, un dernier dispositif intéressant est celui qui empêche de mettre la réceptrice en circuit avant qu'elle ne soit excitée. Pour cela, on a branché sur cette réception une

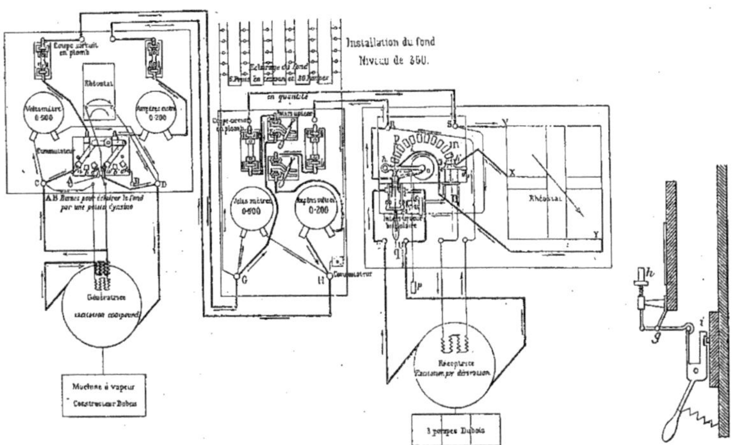

Fig. 78 à 80.

bobine à fils fins qui attire un petit verrou lorsque le courant excitateur passe. Ce verrou permet ou non la manœuvre du commutateur suivant que l'excitation est produite ou ne l'est pas.

Donnons maintenant quelques chiffres relatifs à cette installation :

Hauteur du refoulement	360m
Débit à l'heure	25m3
Diamètre du cylindre de la marche à vapeur	500mm
Course du piston	800mm
Force	100chx
Nombre de tours	75t
Nombre de tours de la dynamo génératrice	500t
Intensité du courant produit	125A
Force électromotrice	500V
Nombre de pôles	4
Dimension des câbles conducteurs (section)	75m2
Nombre de fils de 2 m. 24 de diamètre qui le compose	19
Poids d'un mètre de câble armé	3k800
Diamètre extérieur	35mm
Nombre de tours de la réceptrice	400

Encombrement en surface	$1^{m}55 \times 3^{m}75$
— en hauteur	$1^{m}85$
Diamètre des corps de pompe	110^{mm}
Course	250^{mm}
Nombre de tours	68
Pression d'essai des pièces de la pompe (par m^2)	110^{k}

Moteur-pompe Rider. — Le moteur-pompe Rider, actuellement construit par la « Rider Ericsson Eugène C°, repose sur le même principe que le moteur Ericsson. La disposition seule est changée.

Il se compose (fig. 81) de deux pistons C et D, de diamètres égaux, réunis par des bielles à un arbre à deux coudes à 95° et se mouvant dans des cylindres verticaux A et B. Un de ces pistons D sert à transmettre la force, tandis que l'autre C comprime l'air qui doit la fournir. Le cylindre B, dans lequel se déplace D, est chauffé à sa partie inférieure d'une façon quelconque, et sa forme est combinée de façon à présenter une très grande surface de chauffe, forme qu'épouse naturellement le piston afin de diminuer les espaces morts. Un conduit R fait communiquer deux cylindres, il est garni d'un récupérateur en plaques de plomb H, capables d'absorber et de restituer la chaleur. Enfin, le cylindre de compression A est entouré d'une double enveloppe E, dans laquelle passe l'eau froide refoulée par la pompe qui est fixée sur un de ses flancs. L'arbre porte de plus un volant assez lourd. Le fonctionnement est le suivant :

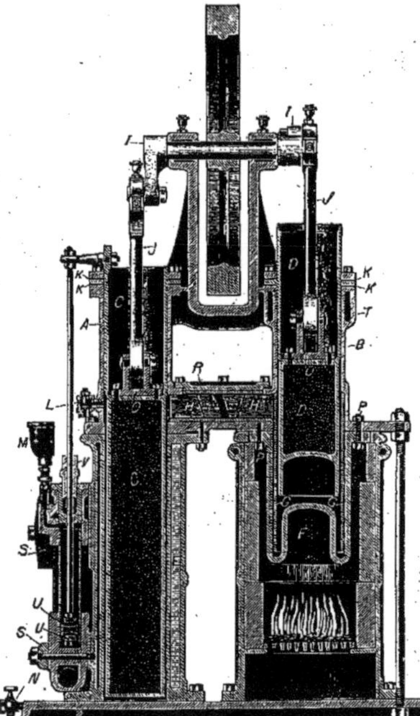

Fig. 81.

A Cylindre à compression.
B Cylindre de force.
C Piston de compression.
D Piston de force.
E Refroidisseur.
F Chauffeur.
G Téléscope.
H Régénérateur.
I Bielles.
J Tiges de connexion.
KK Bourres du piston.
L Valve d'arrêt.
M Amorce de la pompe.
N Robinet de vidange.
OO Articulations.
PP Verrous du chauffeur.
R Chapeau du régénérateur.
SS Chapeau de la valve.
V Guide de la pompe.

On allume le foyer α, on met en route à la main.

Pendant le premier quart de tour, le piston D effectue la moitié de sa course vers le haut, le piston C la moitié de sa course vers le bas ; pendant ce mouvement, l'air est comprimé dans le cylindre A, traverse le récupérateur R, et pénètre dans le cylindre chauffeur B.

Là, sa pression augmente avec sa température et, en se détendant, il chasse le piston D jusqu'en haut de sa course; ainsi il fait effectuer à la machine son second quart de tour, et amène ses organes dans la position représentée sur la fig. 81.

A ce moment l'air se refroidit, d'une part à cause de sa détente, d'autre part en passant dans R et cédant une partie de sa chaleur aux lames H; le piston D redescend, le piston C remonté ; le refroidissement s'accentue par suite du contact de l'air avec les parois refroidies du cylindre A. Tant et si bien que la machine effectue son dernier demi-tour pour revenir à la position de départ.

La force vive emmaganisée par le piston est alors suffisante pour que, la machine continuant son mouvement, le piston C redescende et comprime l'air qui est en dessous de lui; cet air passe sur les plaques H où il se réchauffe, et de là dans B... etc., etc.

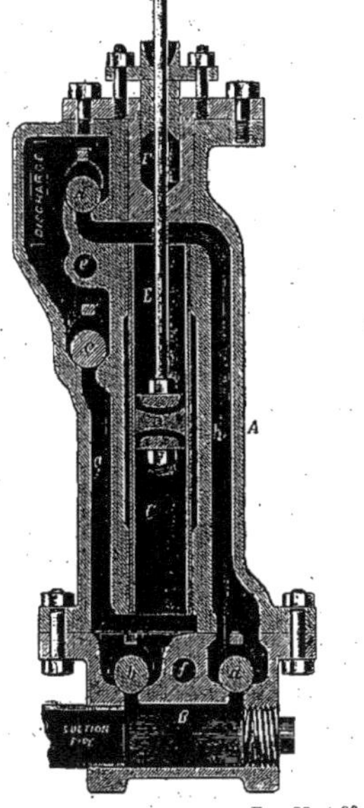

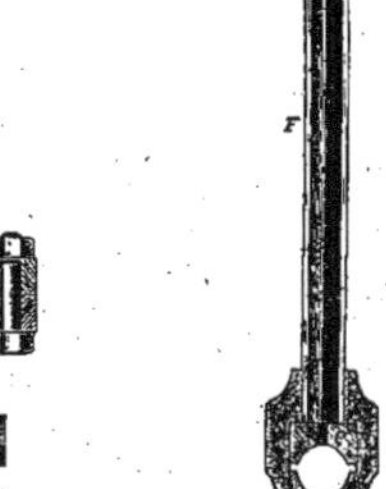

Fig. 82 et 83.

L'arrêt de la machine s'obtient par la suppression du chauffage, mais de cette façon il serait trop lent, on a muni le cylindre A d'une soupape L par laquelle on peut laisser sortir l'air et faire cesser la marche en empêchant la compression.

Le fonctionnement de la pompe est celui ordinaire des pompes à double effet. La tige L en bronze est fixée au piston A et fait participer le piston V au mouvement alternatif du piston moteur.

La pompe (fig. 82) est munie de quatre soupapes à boulets en caoutchouc *abcd*. Le piston est à garnitures en cuivre serrées par deux rondelles de métal qui leur conserve la forme donnée par l'emboutissage, il travaille dans un corps en fonte muni d'une enveloppe de bronze emmanchée à force. Les orifices sont disposés de façon à éviter les tuyaux extérieurs pour faire communiquer les deux aspirations et les refoulements produits à chaque double course.

Comme il est nécessaire pour la mise en marche du moteur d'avoir de l'eau dans la double enveloppe de A, on a placé sur le corps de pompe un entonnoir M par lequel on peut le remplir.

Un point à remarquer est la disposition (fig. 83) spéciale adoptée pour rattraper l'usure des coussinets des bielles des deux pistons C et D. Celles-ci sont creuses et portent intérieurement une tige creuse également, E, qui appuie par une de ses extrémités sur le coussinet C, et par l'autre sur une clavette ou coin D. Le déplacement du coin au moyen de la vis C et des écrous AB produit d'un seul coup le rattrape du jeu. Ce dispositif est très commode, mais il a l'inconvénient d'augmenter toujours la longueur de bielle, attendu qu'on repousse les axes vers les extrémités. Le graissage s'opère par la partie supérieure, et le trou de la tige E sert à donner l'accès de l'huile au coussinet C.

Il est évident que le chauffage peut être produit par un des moyens quelconques qu'on a à sa disposition : gaz, pétrole, coke.

Voici les dimensions et consommation d'un des moteurs exposé :

Diamètre des cylindres (C et D)	0^m203
Nombre de tours par minute	100 à 120
Débit pour 15 m. d'élévation (à l'heure)	9.080^l
Consommation d'anthracite à (pour 5^m070 d'élévation)	2^k700 à 3^k150
Encombrement en surface	$0^m940 \times 1^m500$
— en hauteur (volant compris)	2^m840

Pompe hélico-centrifuge, système Pinette. — Cette pompe, qui a fait l'objet de divers brevets vers 1896, est caractérisée par l'absence d'ouïes.

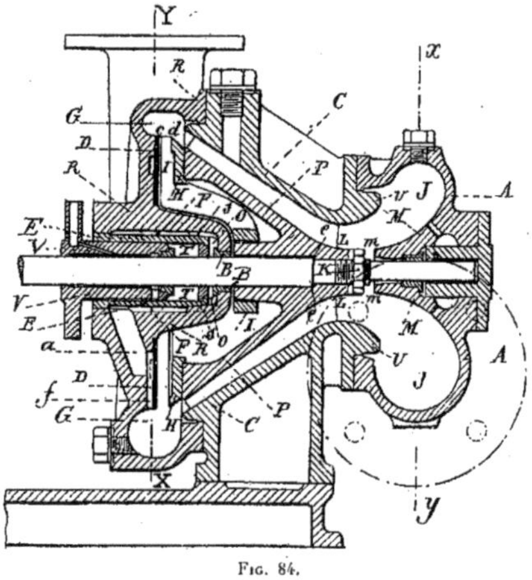

Au lieu de faire arriver l'eau dans la direction de l'axe, M. Pinette la fait entrer au moyen d'un conduit hélicoïdal semblable à celui par lequel s'opère l'évacuation dans toutes les pompes centrifuges. La figure 86 montre la coupe A de ce conduit qui peut être déplacé par rapport à l'axe, suivant les besoins, de manière à pouvoir mettre l'orifice Q dans une position quelconque.

Fig. 84.

Le moyeu P de la turbine (fig. 84) porte intérieurement une couronne I venue de fonte avec des ailes très peu inclinées sur le plan de rotation ; ces ailes ont pour but de donner naissance pendant leur rotation à une pression longitudinale s'exerçant de la gauche de la figure vers la droite, et faisant équilibre à celle de sens inverse à laquelle le mouvement de l'eau soumet le propulseur.

Une ouverture f (fig. 84 et 85), débouchant au-dessous d'un disque de cuivre fixé

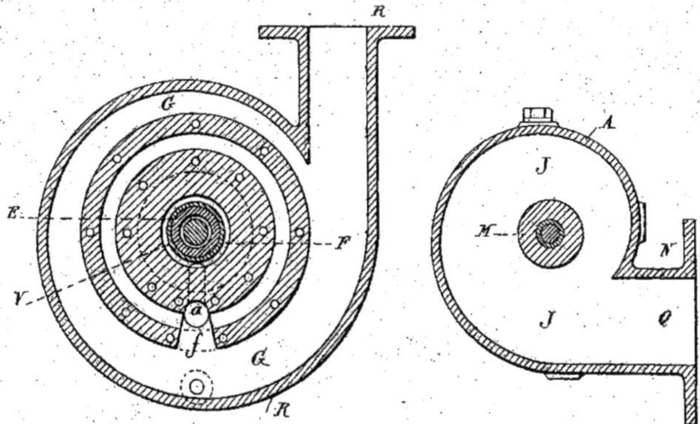

Fig. 85 et 86.

en face de la turbine, permet de faire communiquer la pompe avec le presse-étoupe F, dans le but de le refroidir, et d'assurer un joint étanche empêchant les rentrées d'air.

L'autre extrémité de l'arbre ne sort pas de la pompe, et n'a par conséquent pas besoin d'un tel système de joint; le manchon est seulement entouré d'une chambre de refroidissement à eau.

Le corps du propulseur est fixé sur l'arbre au moyen d'un écrou par le serrage duquel on l'appuie sur un épaulement e de l'arbre. Pour éviter que le mouvement de l'eau n'arrive à desserrer cet écrou, on a fait le bec m m du corps d'aspiration d'un diamètre égal au sien, et assez long pour n'en être séparé que par un espace assez court; cette disposition le protège contre l'action du courant, et empêche son déblocage.

M. Pinette a construit, pour refouler à de plus grandes hauteurs, un système de deux

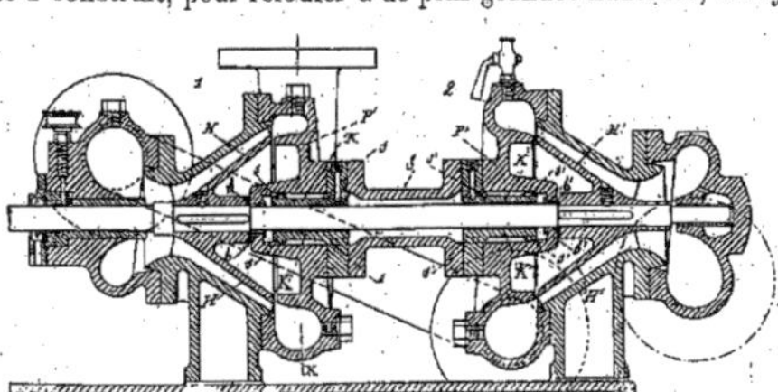
Fig. 87.

pompes disposées symétriquement, et commandées par une poulie située à l'extrémité de l'arbre commun (fig. 87).

De même que dans toutes les conjugaisons de pompes centrifuges, un canal réunit le refoulement de la première à l'aspiration de la seconde ; mais il y a ici une disposition et un mode d'attelage assez particuliers.

D'abord, l'emploi de deux propulseurs placés en face l'un de l'autre permet de supprimer les anneaux ailés préconisés par le constructeur dans son système de pompe simple ; enfin les deux pompes sont réunies par un manchon S qui supprime l'emploi de presse-étoupe. L'arbre ne traverse pas le corps d'aspiration de la première pompe ; il n'y a donc qu'un joint à assurer, et encore, comme il est disposé en sens inverse du courant de l'eau, les chances de fuite sont très faibles.

Pompe à bras, à balancier, Czermach. — Cette pompe, construite par la maison Czermach, de Tepliz (Bohême), se compose d'une capacité en fonte comprenant une chambre centrale, deux corps cylindriques horizontaux dans lesquels se déplacent deux pistons, et deux chambres latérales mises en communication par des clapets, l'une avec l'aspiration, et l'autre avec le refoulement. Chaque chambre latérale est en communication directe et constante avec les corps cylindriques, et elles communiquent de plus librement entre elles au moyen d'un conduit extérieur (fig. 88).

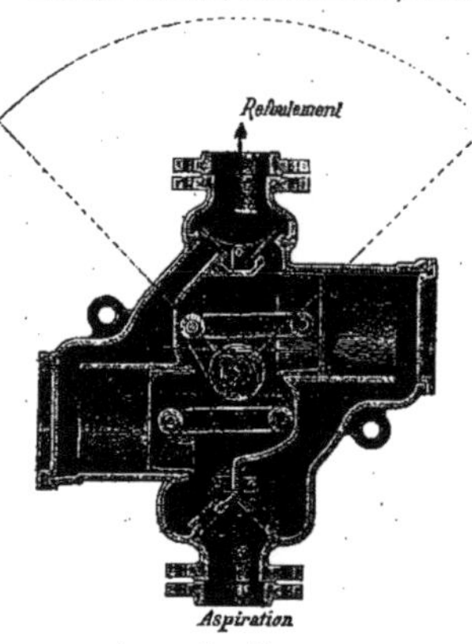

Fig. 88.

Les pistons sont articulés directement, chacun au moyen d'une bielle, aux deux extrémités d'un balancier qui dans sa position moyenne est vertical ; ce dernier est de plus claveté sur le même arbre que le levier extérieur par lequel on actionne la pompe.

Voyons-en le fonctionnement. Supposons la pompe amorcée, et amenons le levier dans sa position extrême à droite ; les deux pistons s'écartent, ils font le vide dans la chambre centrale, et le clapet d'aspiration de gauche s'ouvre, tandis que l'eau refoulée sur la face du piston de droite a passé par le conduit de communication sur l'arrière du piston de gauche, et a par conséquent été refoulée par le passage qu'elle s'est ouvert en soulevant le clapet de refoulement de gauche. Dans la course en sens inverse, le rapprochement des pistons chasse par le clapet de refoulement de droite l'eau contenue dans la chambre centrale, tandis que le vide produit sur l'autre face des pistons provoque l'ouverture du clapet d'aspiration de droite, et le remplissage des deux chambres latérales.

Cette pompe, dont on construit des modèles dans lesquels le diamètre des pistons varie depuis 25 jusqu'à 50 millimètres, sert surtout au transvasement des vins.

Moteur-pompe, à pétrole, Japy. — Ces appareils comportent un moteur à pétrole, et une pompe, montés sur le même bâti. La partie centrale de celui-ci supporte, à sa partie supérieure, le palier de l'arbre du moteur dont le cylindre est en porte-à-faux. Sur cet arbre est calé un pignon qui engrène avec une roue solidaire de l'arbre coudé auquel est attelée la commande du piston de la pompe. Lorsqu'on pompe de l'eau, une partie de celle-ci est envoyée autour du cylindre moteur, pour le refroidir.

Comme la mise en marche exige qu'on fasse faire au moteur à pétrole les deux ou trois tours nécessaires pour déterminer la compression préalable du mélange explosif, on a muni l'arbre moteur d'un embrayage à friction, qui sert à isoler la commande de la pompe au départ. Cet embrayage est encore utile lorsqu'on veut actionner au moyen d'une poulie calée à côté du volant, une autre machine que la pompe.

Lorsqu'il s'agit de transvaser les vins, bières ou autres liquides, les organes de la pompe sont faits tous en bronze. Dans ce cas, on donne aux boîtes à clapets une forme spéciale, qui en permet le démontage facile, soit pour les réparations, soit pour le nettoyage. Chaque clapet est surmonté d'un corps cylindrique fermé par un couvercle appuyé par une vis qui a son écrou dans un étrier. Le dévissage de cette vis est seul

Fig. 89 à 91.

nécessaire à l'ouverture de ces boîtes. Dans ce cas, on est obligé de monter une pompe spéciale pour le refroidissement du cylindre moteur.

Les figures 89-90-91 sont relatives à trois applications courantes de cette machine on voit que, pour rendre plus pratique le transport des petits modèles, on les peut disposer sur un chariot à trois roues.

Voici quelques chiffres relatifs à ces diverses applications. Le type à grands débits de 6 chevaux consomme environ 3,3 litres de pétrole à l'heure, c'est-à-dire environ 0 lit. 016 par mètre cube d'eau élevée ou épuisée.

DÉSIGNATION	DÉBITS en litres par heure	HAUTEUR d'élévation en mètres	DIAMÈTRE intérieur des orifices	POIDS	ENCOMBREMENT en surface	HAUTEUR
	lit.	mètres	m/m	kgs		
MOTEURS-POMPES FIXES						
1/2 cheval	3.000	15 à 20	33	200	0.700/0.650	1.000
	4.000	10 à 15	40	210		
	5.000	8 à 12	40 à 45	225		
1 cheval	3.000	30 à 40	33	350	1.000/0.700	1,300
	4.000	20 à 30	40	360		
	5.000	15 à 25	40 à 45	375		
2 chevaux	6.000	30 à 40	50	800	1.30/0.90	1.650
	10.000	20 à 25	60	900		1,900
MOTEURS-POMPES POUR TRANSVASEMENT ET ÉLÉVATION D'EAU						
1/2 ch. sans chariot	5.000	10	45	170	0.70/0.65	1.000
1/2 ch. avec chariot				300	1.10/0.75	1.420
1 ch. sans chariot	10.000	10	60	400	1.00/0.70	1.300
1 ch. avec chariot				570	1.43/0.90	1.750
2 chx sans chariot	20.000	10	80	400	1.30/0.90	1.90
2 chx avec chariot				1000	1.40/0.90	2.40
MOTEURS-POMPES A GRANDS DÉBITS						
6 chx	180.000 à 200.000	4.50	»	»	»	»

Pompes Blake. — Dans ce type de pompe on a cherché à obtenir le démarrage dans n'importe quelle position, à éviter les chocs aux fonds de course, et à avoir des courses entières pour le piston à vapeur; enfin, on est arriver à régler même en marche la détente que la machine peut supporter.

Les figures 92, 93 et 94 permettront de bien comprendre cette intéressante distribution qui se compose d'un piston auxiliaire B, d'un tiroir principal D et d'un tiroir auxiliaire C. Considérons la position de la figure 92, le piston A est à son fond de course droit *u*, en même temps le piston auxiliaire B et le tiroir D sont à fond de course gauche, pendant que le tiroir C est à son fond de course droit.

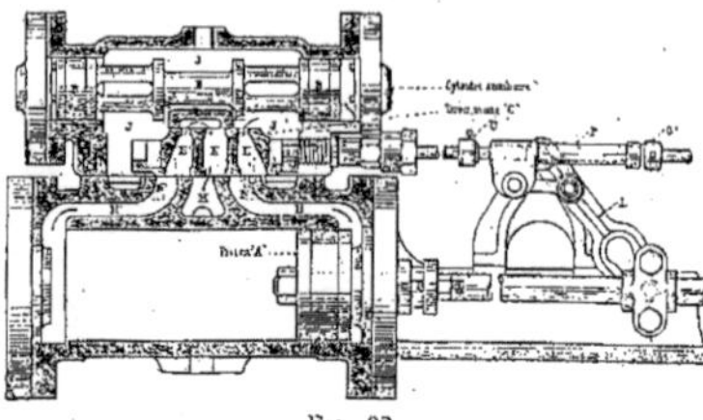

Fig. 92.

Dans ces conditions, la vapeur de la boîte J arrive par EH à droite du piston, tandis que l'échappement se fait par H'E'KM ; le piston se meut donc vers la gauche.

A un certain moment avant le fond de course gauche, le tiroir C va se mettre en mouvement vers la gauche et, grâce aux lumières RR et aux portées SS', déterminera l'arrivée d'une certaine quantité de vapeur à gauche du piston B.

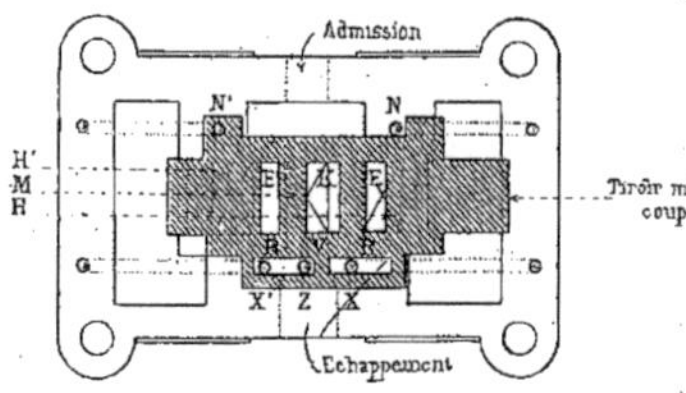

Fig. 93 et 94.

Ce piston, dans son déplacement vers la droite, entraînera le tiroir principal, assurant ainsi le changement de marche de la machine; on voit que la portée S viendra fermer N, tandis que S' découvrira N', d'où admission de vapeur à gauche de B, pendant que la portée V, franchissant Z, met, par R et X, le côté droit de B en communication avec l'échappement.

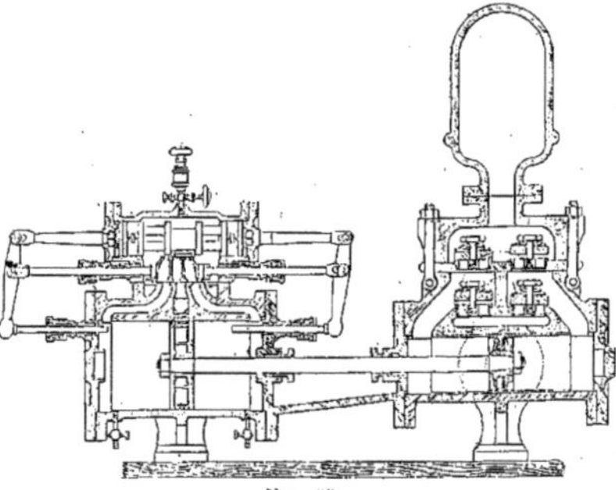

Fig. 95.

On comprend ainsi que, la vapeur étant admise, la pompe démarre dans toutes les positions, même au cas où D ferme à la fois E et E', ce qui se produit à toutes les courses; N ou N' est ouvert, et si la vapeur ne peut pénétrer directement dans le cylindre moteur, elle pénètre sur l'une des faces de B, et fait déplacer D qui démasque E ou E'. Le piston est, de plus, disposé de manière à assurer une avance réelle rendant impossible les chocs du piston contre les fonds du cylindre.

Comment maintenant est obtenu le mouvement du tiroir auxiliaire C? Dans le modèle représenté fig. 95 (ancien type de construction anglaise), c'était le piston principal qui, un peu avant les fonds de course, venait pousser une tige et, par un renvoi de mou-

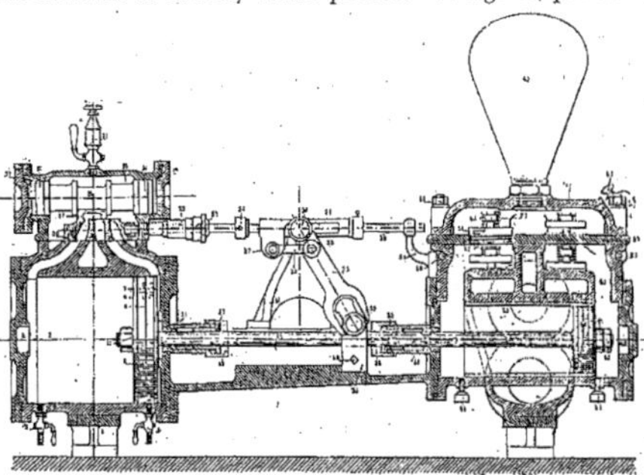

Fig. 96.

vement très simple, déplacer le tiroir auxiliaire : il y a là deux presses-étoupes assez peu pratiques. Aussi, dans la construction actuelle (fig. 92) MM. Hermann Glanzer (Paris) commandent-ils le tiroir C au moyen d'un levier L, actionné par la tige du piston principal, ce levier porte un manchon qui glisse sur la tige du tiroir auxiliaire et détermine son mouvement en poussant l'une ou l'autre des deux bagues O et O', il est facile de voir qu'on peut par conséquent — même en marche — modifier la détente en écartant ou rapprochant ces deux bagues.

Ayant ainsi décrit en détail la distribution de la pompe Blake, il devient inutile de donner de plus longues indications sur les caractères de cette machine représentée fig. 96.

Les figures 97 et 98 donnent, de plus, les détails de construction d'un type de pis-

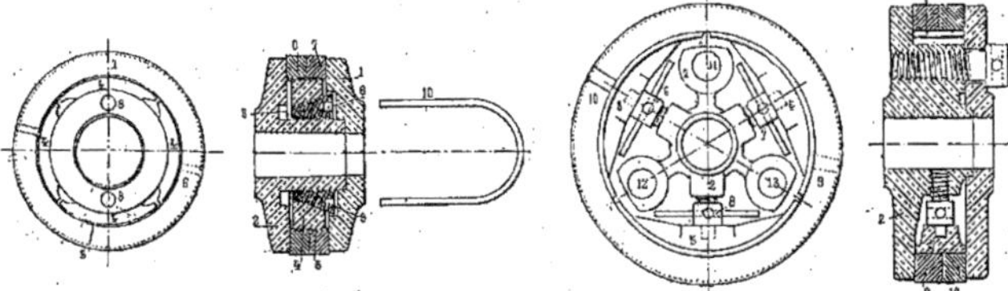

Fig. 97 et 98.

ton à segments extensibles; la figure 97 relative aux petits diamètres, la figure 98 aux grands.

Dans la première, *1* et *2* représentent les deux plateaux, *3* un écrou tronconique, dont l'avancement contre le plateau *2* amène l'ouverture des segments *4*; ces segments sont coniques, et maintenus par la bande d'acier *5*. L'avancement de l'écrou s'obtient au moyen de la clef *10*, entrant dans les trous *8* et *9*; enfin, la garniture mobile, en fibre caoutchouté rectangulaire, est indiquée en *6-7*.

Dans la figure 98 les segments mobiles *3*, *4*, *5* maintenus entre les plateaux *1* et *2* peuvent être déplacés par trois vis à têtes rondes munies d'une barrette cylindrique; les deux plateaux sont réunis par trois vis à têtes carrées *11*, *12* et *13*.

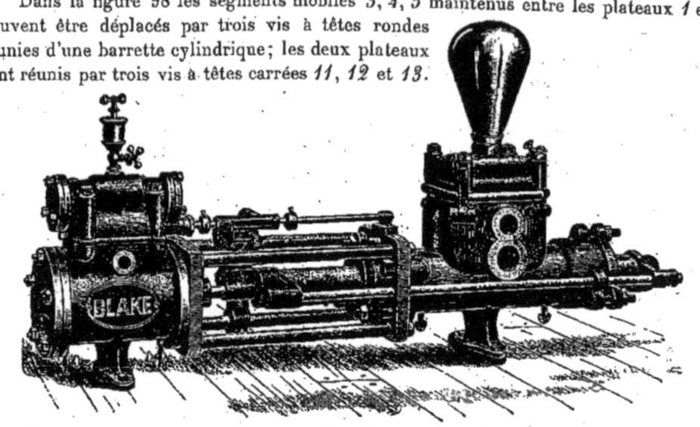

Fig. 99.

Donnons maintenant quelques renseignements sur les types les plus courants.

1° *Types horizontaux.* — Pour les pompes alimentaires ou pour celles destinées à refouler à des hauteurs supérieures à 30 mètres, lorsqu'on ne dispose que d'une faible pression de vapeur il existe un type de pompe simple, qui peut démarrer avec une pression effective de 0 kg. 2.

En voici des exemples :

DÉBITS par minute	NOMBRE DE COUPS par minute	DIAMÈTRES EN MILLIMÈTRES		COURSE
		piston à vapeur	piston à eau	
lit.		millim.	millim.	millim.
94	125	184	70	178
380	100	356	127	305

Lorsqu'on dispose d'une pression de vapeur de 5 kilog. environ, on peut, pour obtenir des refoulements à grandes hauteurs, inférieures toutefois à 120 mètres, employer soit un type de pompe simple, soit un type duplex, conformément aux données ci-après :

DÉBITS par minute	NOMBRE DE COUPS par minute	DIAMÈTRES EN MILLIMÈTRES		COURSE
		piston à vapeur	piston à eau	
lit.		millim.	millim.	millim.
		TYPE SIMPLE		
580	100	254	152	305
3.000	50	508	356	610
		TYPE DUPLEX		
160	100	133	89	127
565	80	229	133	254

Lorsqu'on a de fortes pressions de vapeur à sa disposition, et qu'il faut s'assurer des refoulements importants à des hauteurs de 15 mètres par exemple, ou s'appliquant à des eaux boueuses ou chargées de matières, on emploie des types à doubles pistons plongeurs

Fig. 100.

avec tiges d'entraînement et presse-étoupes extérieurs (fig. 99). La machine peut être simple ou compound.

Lorsqu'on veut commander la pompe par dynamo, on peut utiliser avec avantage un type triplex (fig. 100) avec calage à 120° et plongeur simple ou double comme ci-dessus.

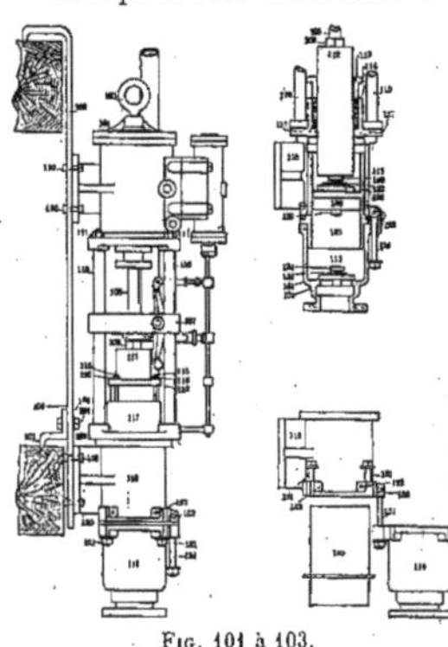

Fig. 101 à 103.

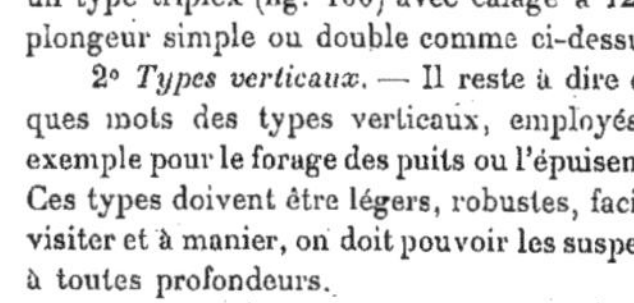

2° *Types verticaux.* — Il reste à dire quelques mots des types verticaux, employés par exemple pour le forage des puits ou l'épuisement. Ces types doivent être légers, robustes, faciles à visiter et à manier, on doit pouvoir les suspendre à toutes profondeurs.

Les figures 101 à 103 donnent le détail d'un dispositif dans lequel le piston inférieur portant le clapet de refoulement est surmonté d'un plongeur différentiel, les sections dans le rapport de 1 à 2; ce type est donc à double effet.

La figure 102 montre nettement la disposition des clapets et du système différentiel, la figure 103 donne la disposition simple permettant le démontage de l'aspiration, et l'enlèvement de la chemise 125.

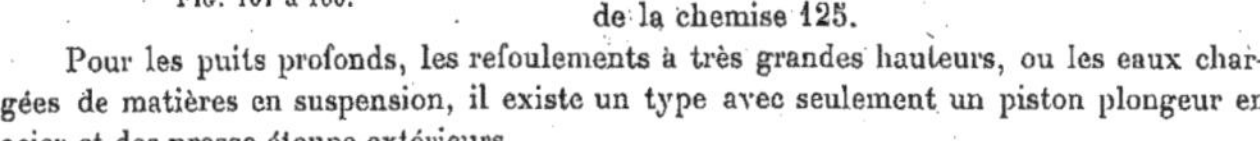

Pour les puits profonds, les refoulements à très grandes hauteurs, ou les eaux chargées de matières en suspension, il existe un type avec seulement un piston plongeur en acier et des presse-étoupe extérieurs.

Enfin la figure 104 donne la vue d'un type duplex, pour la marine, dans lequel les pièces en bronze prédominent naturellement, et qui est muni du système de réglage en marche, précédemment décrit.

Pompe à incendie Ludwigsberg. — Ces pompes sont construites dans les ateliers Ludwigsberg, à Stockholm; les chaudières sont du type breveté Grannell, la mise en pression (à 7 atmosphères), avec de l'eau froide, s'obtient en 10 à 12 minutes.

Fig. 104.

Le débit varie suivant les dimensions : une des pompes exposées donne 1.000 litres à la minute, tandis que l'autre n'en donne que 500. La hauteur de refoulement est naturellement variable; elle peut d'ailleurs être modifiée par un dispositif placé à l'extrémité de la lance permettant de faire varier la section de passage de l'eau. Lorsqu'on ferme le refoulement, la pompe continue à fonctionner, elle comprime l'eau, et débraye automatiquement le retour d'eau; de cette manière, lorsqu'on couvre le refoulement, l'eau toujours sous pression, repart immédiatement.

Le tube de niveau de la chaudière est à fermeture automatique; on évite ainsi les accidents qui pourraient survenir de la rupture du tube.

Dans le but de faciliter, la nuit, la lecture de la pression de la chaudière, les deux

Fig. 105.

manomètres portent à l'intérieur une petite lampe qui éclaire le cadran, gradué par transparence.

Les pompes verticales sont au nombre de deux, commandées par des machines à vapeur complètes dont les manivelles sont calées à 90° et les coudes équilibrés. La distribution s'opère par excentriques.

Le refoulement est muni d'un réservoir d'air en cuivre rouge; il porte aussi plusieurs amorces de tuyaux sur lesquelles on peut en fixer plusieurs lorsqu'on veut atteindre en même temps des points différents.

Enfin, citons l'adjonction à l'arrière, à proximité de tous les organes de la chaudière, d'une plate-forme et d'un banc à l'usage du chauffeur, pendant le trajet du dépôt au lieu du sinistre.

Voici quelques chiffres relatifs aux deux pompes exposées :

Débit en litres par minute	1000	500
Longueur du jet produit	50 à 55ᵐ	35 à 40
Encombrement (sans les timons) en surface	3ᵐ8 × 1ᵐ6	3ᵐ4 × 1ᵐ5
— en hauteur	2ᵐ 2	2ᵐ 0
Poids	1600 k.	1050

Une de ces pompes vendue à Ixelles (Belgique) fut essayée le 2 juillet 1898 en présence de M. J. du Bosch, Ingénieur Expert de la ville. Elle devait débiter 1.000 à 1.200 litres par minute et le jet, dont le diamètre à la sortie était de 25 millimètres, devait atteindre 40 à 50 mètres.

Le combustible employé pour l'allumage était du bois de sapin mélangé de charbon en menus morceaux. La durée de la mise en pression à 6 atmosphères, fut de 8 minutes, la pression fut rapidement portée et maintenue à 8 atmosphères et la hauteur du jet obtenu fut, malgré le vent, de 45 à 48 mètres, le débit se maintenant de 1.000 à 1.200 litres par minute suivant les conventions. La figure 105 donne la vue d'ensemble d'une pompe Ludwigsberg.

Éolienne-pompe Lébert. — Cette Eolienne fut à l'origine construite par M. Aug. Bollée, elle fut modifiée ensuite par M. Lébert, qui en a exposé deux types intéressants.

Fig. 106.

En ce qui concerne la pompe, les modifications résident dans les perfectionnements apportés en vue de diminuer, par l'emploi de paliers à billes, le frottement de l'arbre à trois coudes qui actionne les bielles et les tiges de piston (fig. 106). Le mouvement de rotation est transmis à la turbine à vent par un arbre intermédiaire, — ce dispositif de réduction de vitesse est calculé de manière que la pompe fasse 40 à 50 tours lorsque la vitesse du vent se tient entre 6 et 7 mètres par seconde.

Les trois corps de pompe sont indépendants, et en fonte, tandis que les pistons sont en bronze, ainsi que les soupapes; les sièges de ces dernières sont très facilement visitables. Deux collecteurs, un pour l'aspiration et l'autre pour le refoulement, unissent les trois pompes sur une conduite unique, qui porte à sa partie inférieure, près de la crépine, un clapet de pied, et sur le refoulement un clapet de retenue.

La pompe proprement dite se place dans le puits à une faible distance de l'eau à élever, tandis que sa commande est montée sur un bâti à la surface du sol.

L'Éolienne est maintenue à une assez grande hauteur au moyen d'une colonne creuse tenue verticalement par des haubans, ou d'un pylone métallique quadrangulaire (fig. 107 et 108). L'emploi du premier système exige une grande surface à la base, attendu que la stalibilité est d'autant mieux assurée que les points d'attache des haubans sont plus éloignés du pied de la colonne; ce dispositif, tout en étant assez élégant, a l'avantage d'être moins coûteux que le pylone.

Ce dernier, par contre, est plus solide, et tient moins de place; il est muni de contreventements sur ses faces verticales et dans des plans horizontaux; ces derniers surtout donnent à l'ensemble une rigidité parfaite et indispensable.

Dans le but de diminuer le prix assez élevé de ces pylones, M. Lébert a imaginé de les construire à base triangulaire.

Enfin, le principal perfectionnement de l'appareil consiste dans la désorientation progressive. Actuellement, tout le monde sait que les Éoliennes sont des turbines verticales qui sont mises en marche par le vent, à la condition qu'elles se placent dans un plan per-

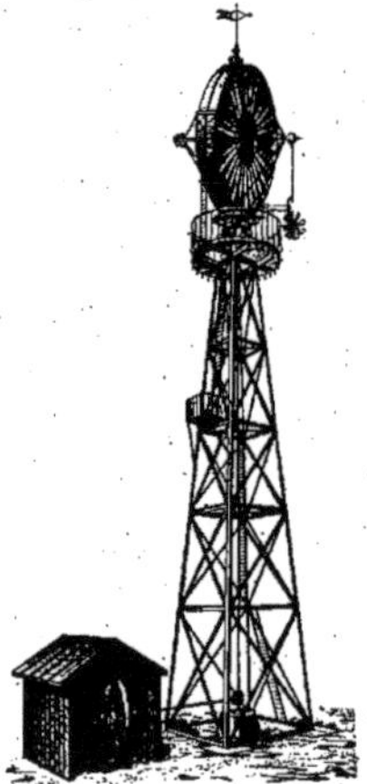
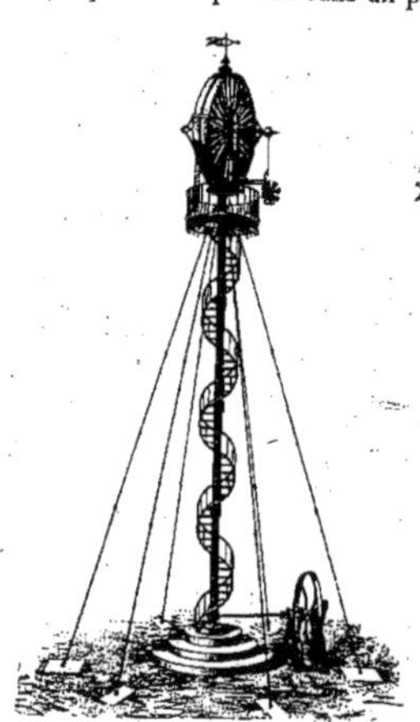

Fig. 107 et 108. — Éolienne *Lebert*.

pendiculaire à la direction de ce dernier. Seulement, lorsque, pour une cause quelconque, la vitesse du vent vient à augmenter outre mesure, il est utile d'avoir un dispositif automatique de désorientation qui puisse mettre la turbine dans la direction du vent, afin de la soustraire à sa violence, et éviter de détériorer l'appareil par suite de la trop grande vitesse qui lui serait ainsi communiquée.

La figure 107 représente une des machines exposées, munie du dispositif de désorientation progressive et du pylone métallique quadrangulaire auquel j'ai fait plus haut allusion.

L'ancien orienteur des éoliennes Bollée présentait la turbine au vent, et la maintenait perpendiculaire à la direction du vent pour toutes les vitesses comprises entre 2 m. 75 et 6 m. 50 ou 7 mètres.

Lorsque la vitesse du vent atteignait même momentanément une vitesse supérieure, l'orienteur tournait sur son axe, et était fixé par un ressort dans une position parallèle à la turbine qu'il désorientait complètement, et la turbine était ainsi arrêtée jusqu'à ce qu'on vienne l'orienter de nouveau.

Avec le nouveau dispositif, qui consiste à placer le contre-poids sur une tige commandée par un câble qui passe sur un secteur en forme de parabole cubique la désorientation est progressive.

Lorsque le vent prend une vitesse régulière de 7 à 9 m. 50, le disque moteur fait une angle de plus en plus petit avec la direction du vent.

En outre, lorsque le vent est irrégulier, les coups de vent violents, mais de faible durée, chassent l'orienteur qui produit une désorientation momentanée et remet la turbine au vent.

Le pylone exposé porte la partie inférieure du disque à 19 mètres au-dessus du sol.

Ce pylone a été calculé en appliquant un effort de 150 kilog. à la surface de la machine désorientée. Les arbalétriers et les contreventements verticaux sont largement calculés.

La figure 108 est l'ancien type sur colonne; mais, comme je l'ai dit, ses mouvements sont montés à billes.

L'arbre moteur principal, du diamètre de 57 millimètres au roulement, est monté sur des billes de 20 millimètres, les deux paliers portent des buttées en bronze qui peuvent parer à tous les efforts longitudinaux.

Les paliers élevés du mécanisme des pompes sont aussi à billes; le diamètre de roulement est de 42 mm. 50, et les billes ont 16 millimètres.

La mise en marche de la machine demande un effort excessivement faible de sorte que toutes les plus petites vitesses de vents réguliers sont utilisables.

Pompe à commande électrique Ganz et Cie. — La pompe Ganz (fig. 109

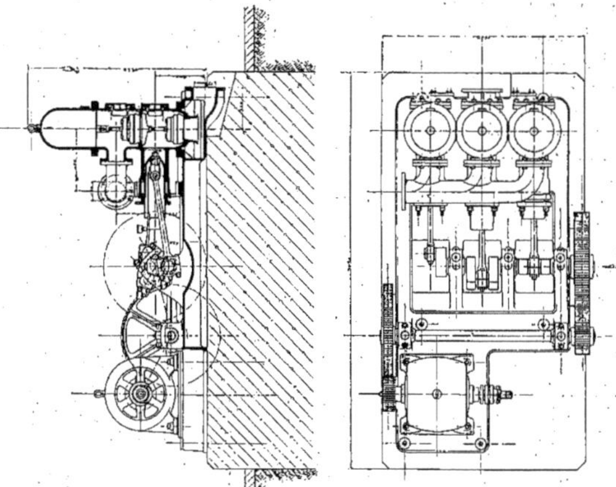

Fig. 109 et 110.

et 110) est à trois corps; elle est montée sur un bâti rectangulaire qui porte une petite extension sur laquelle est fixé l'alternateur à courant triphasé qui fournit le mouvement.

Sur l'arbre de ce dernier, est calé un pignon en cuir qui actionne une roue dentée en fonte calée sur un intermédiaire de réduction de vitesse. Le pignon solidaire de l'extrémité de cet arbre engrène avec la roue calée sur l'arbre de la pompe à trois coudes à 120°. Les trois bielles actionnent directement les plongeurs en fonte fonctionnant dans des corps également en fonte, mais garnis d'une chemise en bronze.

Les clapets ne présentent rien de bien particulier, sinon leur grande surface et, comme conséquence, leur faible levée : on supprime ainsi les chocs bruyants et nuisibles tant au bon fonctionnement des organes qu'à leur longue durée.

L'aspiration débouche dans le bâti même, qui est aménagé à cet effet, et rend ainsi l'appareil moins encombrant.

Comme dans toutes les pompes à trois corps, le mouvement de l'eau est très régulier; malgré cela, trois petits réservoirs d'air ont été placés sur les refoulements, pour assurer une marche exempte de coups de béliers.

Les boîtes à clapets sont munies de regards très accessibles et facilement démontables qui facilitent la visite et le remplacement des organes intérieurs.

Enfin, ajoutons que le soin apporté dans la taille des engrenages rend le fonctionnement absolument silencieux.

Voici les principales caractéristiques du modèle exposé :

Débit de la pompe par minute	1.000 litres
Diamètre des corps de pompe	175 millimètres
Course des plongeurs	220 millimètres
Nombre de tours	72
Puissance du moteur électrique	12 chevaux
Nombre de tours	800

Afin de faciliter le démarrage, chaque boîte à clapets est munie d'un tuyau en cuivre, qui permet de faire communiquer l'aspiration avec le refoulement.

Enfin, le moteur électrique est renfermé dans un bâti fermé qui le met à l'abri des poussières et de l'eau. Ceci est surtout important lorsque la pompe est employée pour l'épuisement d'une mine, usage en vue duquel elle a surtout été étudiée. Sa commande électrique et la facilité de son démontage en font en effet une machine pratique dans une exploitation souterraine.

Siphon élévateur Lemichel. — Dans le but d'élever l'eau au moyen de la pression atmosphérique à une hauteur se rapprochant le plus possible de la limite théorique d'élévation, M. Lemichel a imaginé et exposé un appareil que nous allons décrire (fig. 111).

Il se compose d'un tuyau généralement en fonte, recourbé en deux branches de longueurs différentes dans lesquelles l'eau se déplace comme dans un siphon ordinaire; seulement, à sa partie supérieure, le coude porte deux capacités cylindriques à axes verticaux. La première *b* est fermée à sa partie inférieure, et porte à sa partie supérieure un clapet *d*, à levée verticale, sa communication est libre avec l'arrivée d'eau *a*, tandis qu'elle est fermée du côté opposé par un clapet *c*, dont l'axe de rotation porte un levier à contrepoids qui tend constamment à le maintenir ouvert. L'oscillation de ce clapet est réglée par des vis-buttoirs qui règlent celle du levier à contrepoids.

La deuxième chambre cylindrique *g* (encore nommée régulateur), est de plus grand diamètre que la première, et laisse libre passage à l'eau ; mais ses deux extrémités, supérieure et inférieure, sont obturées par des plaques minces qui peuvent vibrer à la façon des membranes.

Voici comme s'opère le fonctionnement. Supposons le siphon amorcé et en marche.

L'eau aspirée par le tuyau vient frapper le clapet c, et le colle contre son siège; le courant étant interrompu, l'eau soulève la soupape d, et s'échappe un peu en dehors. Pendant ce temps, l'eau contenue dans l'autre branche a continué sa route, occasionnant ainsi dans g une dépression qui a amené le renfoncement de membrane. Mais la diminution de pression produite par la sortie de l'eau en d, ajoutée à l'effet du contrepoids, a fait rouvrir c, et l'eau continue sa course, en écartant les membranes de g.

Ces mouvements des membranes g ont, paraît-il, l'avantage d'assurer la régularité du mouvement. Leur nombre peut varier de 150 à 400 par minute. L'inventeur déclare qu'on peut avec cet appareil élever l'eau jusqu'à 9 m. 50 et 10 mètres.

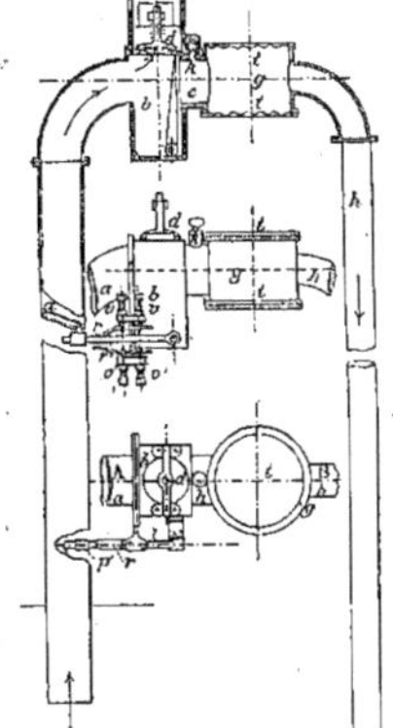

Fig. 111.

Pompe électrique à trois corps Pinette. — La pompe électrique à trois corps (fig. 112) exposée par la Maison Pinette de Châlon-sur-Saône est destinée à l'épuisement des mines. Elle est commandée par un alternateur à courant triphasé (Société Alsacienne), qui donne le mouvement à l'arbre coudé par l'intermédiaire d'un train d'engrenages. Dans le but d'éviter le bruit et de rendre faciles les réparations, on a adopté pour la roue engrenant avec le pignon la denture en bois. Les corps de pompe sont ovoïdes et en fonte, les plongeurs sont en bronze. Malgré la régularité obtenue par le calage à 120° des trois bielles de commande, on adjoint un réservoir d'air sur le collecteur de refoulement. Un tube de niveau et des robinets de jauge permettent de juger la quantité d'air qu'il contient; celle-ci est maintenue sensiblement constante au moyen d'un compresseur placé sur le côté d'un corps de pompe, et dont le débit peut être réglé au moyen d'un robinet à pointeau.

Voici quelques chiffres relatifs à cette machine, dont deux exemplaires ont été installés aux mines de Grand'Combe (Gard).

Nombre de tours de l'arbre coudé	80 à 90
Diamètre des plongeurs	175 millimètres
Course	350
Débit (à l'heure)	100 mètres cubes
Hauteur de refoulement	300 mètres
Nombre de dents de la roue calée sur l'arbre coudé	144
Nombre de dents du pignon calé sur l'arbre du moteur	24

Les joints sur les corps de pompe, sont effectués au moyen de cuirs emboutis.

Pompe à incendie Dowson Taylor à mise en marche automatique. — Cette pompe à incendie est une pompe à action directe Worthington duplex qui est toujours amorcée et qui a son refoulement plein d'eau sous pression. Ce refoulement dessert une canalisation sur laquelle sont branchés des extincteurs consistant en des ampoules de verres qu'il suffit de briser lorsque l'incendie se déclare. Le mécanisme consiste à mettre la pompe en route automatiquement aussitôt après la rupture d'un extincteur.

Pour cela, la soupape d'admission de vapeur est équilibrée par un ressort dont la force est supérieure à la pression de la vapeur; la vapeur tend naturellement à fermer la soupape, mais l'excès de force du ressort est largement suffisant pour l'ouvrir. Cet excès de la force du ressort est contre-balancé en temps normal par la pression de l'eau contenue

Fig. 112. — Pompe électrique à trois corps *Pinette*.

dans le refoulement de la pompe, et qu'on fait arriver au moyen d'un tube de cuivre sur un piston convenablement disposé.

Voici alors ce qui se produit sitôt qu'on brise un extincteur : l'eau jaillit, et la pression baisse au refoulement, l'action du ressort se fait de suite sentir, et celui-ci provoque l'admission, qui dure tant qu'on n'a pas remplacé l'extincteur, ou fermé le refoulement.

Comme l'appareil exige la présence permanente de la vapeur sur la valve et qu'il s'y produit forcément des condensations, on a aussi muni l'appareil de purgeurs automatiques. Le réservoir d'air est muni d'un manomètre qui permet de constater la diminution de pression qui se produit à la longue. En effet, la dissolution de l'air dans l'eau amenant une diminution de pression, la pompe pourrait se mettre en marche sans qu'il y ait d'accidents; il est vrai que, marchant à refoulement fermé, elle s'arrêterait automatiquement.

Il est évident que cet appareil est d'une utilité incontestable; mais il n'est pratique que dans les locaux possédant des chaudières à vapeur. Le refoulement est muni d'amorces sur lesquelles on peut fixer d'autres tuyaux flexibles, et si le sinistre prend des proportions plus grandes on peut ainsi le combattre plus facilement. Il est de bonne précaution de placer la pompe à quelque distance des bâtiments à préserver. Je n'ai pu me procurer de dessins de cet intéressant dispositif.

Pompe à courant continu Jandin. — M. H. Jandin, Ingénieur-Constructeur à Lyon, a exposé quelques types de ses pompes à courant continu, notamment une pompe débitant 220 litres par seconde et tournant à 110 tours par minute, dont le débit a été poussé aux essais à 240 litres et 120 tours.

Le but poursuivi par l'inventeur est la régularisation du débit instantané avec, pour conséquence, la possibilité d'avoir des vitesses très grandes, sans variations des pressions instantanées.

La pompe Jandin (fig. 113) est à deux pistons à double effet, conduits par manivelles calées à 120 degrés sur un même arbre; elle comporte six soupapes ou groupes de soupapes, communes aux deux corps; elle peut être disposée horizontalement ou verticalement.

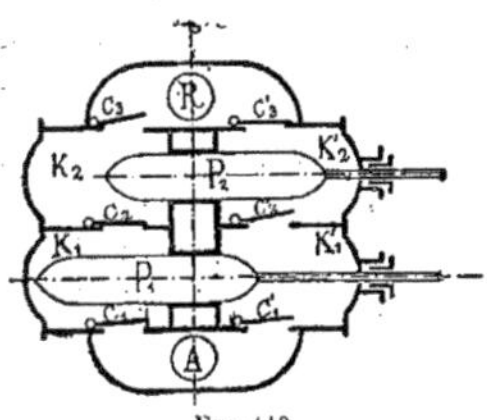

FIG. 113.

Dans sa disposition ordinaire, l'eau traverse sans changement de direction les corps de pompe qui servent eux-mêmes de boîtes à soupapes, et sont munis, ainsi que les collecteurs d'aspiration et de refoulement, de tampons de visite permettant la pose des soupapes.

Les pistons sont en général des plongeurs creux, à formes effilées, dont le poids dans l'eau est partiellement ou totalement équilibré par leur déplacement.

Une garniture amovible brevetée, placée au milieu de chaque corps qu'elle divise en deux, sert de guidage au piston et présente un dispositif spécial qui supprime le serrage du piston et assure l'étanchéité aux plus fortes pressions.

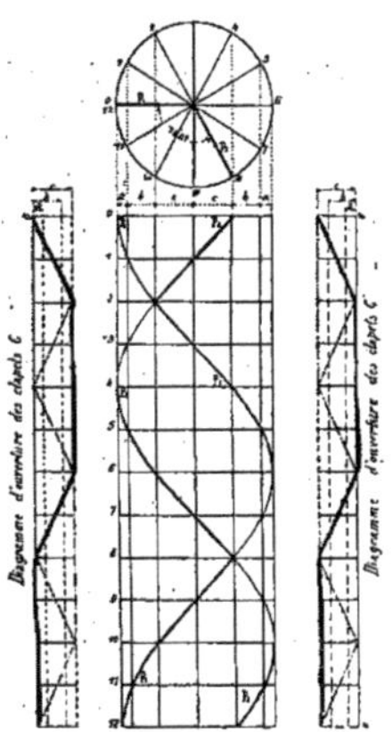
FIG. 114 à 116.

Cette garniture est maintenue en place par des tirants ou vis de pression traversant les fonds arrière; une visite annuelle suffit pour l'entretien.

Les collecteurs d'aspiration et de refoulement A et R se raccordent aux corps de pompe, et forment avec eux les boîtes à soupapes; ils portent les réservoirs d'air d'aspiration et de refoulement, et les tubulures d'entrée et de sortie d'eau.

Les soupapes, à levée horizontale dans le type que nous décrivons, sont multiples et légères, et d'une construction permettant les plus grandes vitesses de marche; pour les basses pressions, elles sont en caoutchouc sur sièges bronze; pour les fortes pressions, elles sont en bronze, annulaires, avec ou sans garniture de cuir encastré, suivant l'emploi, et munies de ressorts coniques en laiton à pression réglable avec boîtes de garde formant butoirs; les soupapes et leurs sièges sont amovibles et d'un remplacement facile pour l'entretien.

Des purgeurs à soupape placés sur les corps de pompe alimentent le réservoir d'air de refoulement.

Fonctionnement de la pompe Jandin. — Considérons sur la figure 114 la position des manivelles des pistons P_1 et P_2, et marquons par les rayons 0, 1, 2, 3, 4, 5, 6, 7, 8, 9, 10, 11, 12, les diverses positions qu'elles occuperont à chaque douzième de tour. Pendant cette fraction de la course, chaque piston engendrera un volume qui sera proportionnel au chemin parcouru, c'est-à-dire (si on ne tient pas compte de l'obliquité des bielles) proportionnel aux portions a, b, c... qui sont les projections sur un diamètre des chemins décrits par les boutons de manivelle. Remarquons en passant que :

$$c = R \sin 30^\circ = \frac{R}{2}$$

et comme $$a + b + c = R \text{ on a } a + b = \frac{R}{2}$$

Supposons la pompe amorcée, et examinons ce qui va se produire, si, l'une des manivelles P_1 étant sur le rayon 0 et P_2 étant sur 8, on tourne d'un douzième dans le sens 0, 1, 2, 3... P_1 va aspirer de A en K_1,... par la soupape C_1 (fig. 113), un volume proportionnel à a (Nous dirons a, b, c,... afin de ne pas répéter constamment : proportionnel à) : tandis qu'il va refouler le même volume de K'_1 en K'_2 par la soupape C'_2.

P_2 va refouler le volume c de K_2 en R, par C_3, et aspirer le même volume de K_1' vers K'_2 par C'_2, qui est déjà ouvert pour refouler $a < c$. Le vide produit en K'_2, étant plus grand que la quantité refoulée de K'_1 vers K'_2, va déterminer l'ouverture de C'_1 pour aspirer la différence.

$$c - a = b$$

De sorte qu'en définitive on aura aspiré :

en C_1 le volume a,
en C'_1 le volume b;
et refoulé en C_3 le volume $c = a + b$.

L'examen d'une deuxième phase conduirait au même résultat total :

aspiration de b par C_1
— de a par C'_1
refoulement de c par C_3, et ainsi de suite.

Intervalles	Conduite A Débit	Clapet C_1 Débit		Capacité K_1 asp^on	Capacité K_1 ref^t	Clapet C_2 Débit		Capacité K_2 asp^on	Capacité K_2 ref^t	Clapet C_3 Débit		Conduite R Débit
0	c	a	b	a			c		c	c		c
1	c	b	a	b			c		c	c		c
2	c	c		c			c		b	b	a	c
3	c	c		c			c		a	a	b	c
4	c	c		b		a	b	a			c	c
5	c	c		a		b	a	b			c	c
6	c	b	a		a	c		c			c	c
7	c	a	b		b	c		c			c	c
8	c		c		c	c		b		a	b	c
9	c		c		c	c		a		b	a	c
10	c		c		b	b	a		a	c		c
11	c		c		a	a	b		b	c		c
12												
			Clapet C'_1 Débit	Capacité K'_1 ref^t	Capacité K'_1 asp^on		Clapet C'_2 Débit	Capacité K'_2 ref^t	Capacité K'_2 asp^on		Clapet C'_3 Débit	

Fig. 117.

Le tableau ci-contre (fig. 117) donne le détail des opérations par douzièmes de tour.

Ces constatations font apparaître les suivantes :

1° Il y a toujours 4 clapets d'ouverts à la fois;

2° Chacun d'eux reste ouvert $^{8}/_{12}$ de tour ;

3° Chacun d'eux s'ouvre une fois par tour;

4° Le débit par tour $= 12\, c\, S = Q$.

S étant la section d'un corps de pompe.

Mais comme $c = \frac{C}{4}$

C étant la course d'un piston et valant 2 R, on a, pour le débit par tour :

$$Q = 3CS = 6RS$$

Les figures 115 et 116 montrent les courbes d'ouverture des clapets. Ainsi, sur la figure 115, qui est le diagramme du clapet C, on voit, qu'au point 0, il est fermé, puis il s'ouvre pendant le parcours 0, 1, 2; à ce moment il conserve sa position d'ouverture maximum jusqu'à ce que la manivelle P_1 soit au point 6. A partir de ce moment, il commence à se fermer, et il ne l'est définitivement qu'en 8.

Dans les pompes ordinaires, il n'en est pas ainsi ; les clapets s'ouvrent deux fois par course, et leur levée comme leur fermeture s'effectue d'une façon progressive pendant chaque demi-course. La conséquence de cette particularité, c'est que le débit est nul à chaque extrémité de course du piston et maximum en son milieu.

Le coefficient de régularisation, dans une pompe, étant le rapport des débits instantanés minimum et maximum, on remarquera, en examinant les diagrammes fig. 118 et 119, que ce coefficient atteint dans les pompes Jandin une valeur assez rapprochée de l'unité.

Le débit instantané, pour un seul corps, est égal au produit de la vitesse instantanée par la section ; donc, dans le cas qui nous occupe, nous devrions avoir à ajouter la vitesse de chacun des pistons et à faire le produit par la section ; mais reportons-nous au fonctionnement. On voit que, lorsque l'un des boutons de manivelle parcourt l'arc de 2 à 4 ou son symétrique 8 à 10, le piston correspondant engendre, par moitié de course, un volume c qui est le volume débité ; l'autre piston, pendant ce temps, a, par conséquent, un effet nul, il n'y a donc pas, pendant cette période, à faire entrer sa vitesse en ligne de

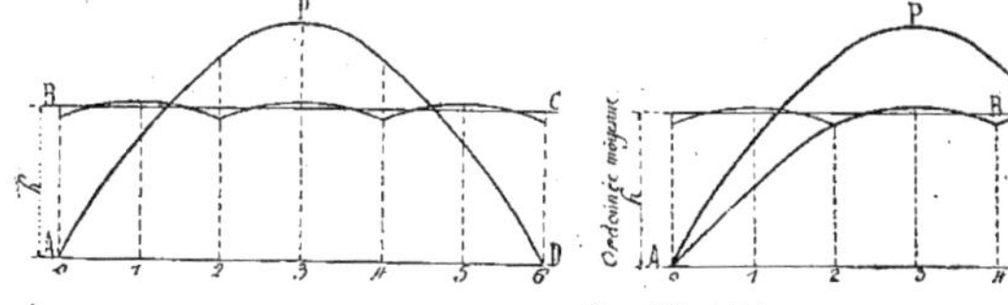

Fig. 118 et 119.

Débits ou travaux instantanés pour 1/2 tour	
Pompe Jandin. . .	Courbe du débit CB Régularisation $\frac{\text{Cos } 30°}{\text{Cos } 0°} = 0{,}866$.
Pompes ordinaires	Courbe du débit APD. Régularisation $\frac{\text{Cos } 90°}{\text{Cos } 0°} =$ zéro.

Débits instantanés des soupapes	
Pompe Jandin. . .	Courbe du débit ABC. Durée d'ouverture $\frac{8}{12}$ de tour.
Pompes ordinaires	Courbe du débit APD. Durée d'ouverture $\frac{6}{12}$ de tour.

compte. Or, de 2 à 4 ou de 8 à 10, la vitesse linéaire, ou vitesse tangentielle projetée, varie en valeur absolue de V cos 30° à V cos 30° en passant par V cos 0°, en appelant V la vitesse de rotation. On voit donc que le coefficient de régularisation pendant cette période, est

$$\frac{\cos 30°}{\cos 0°} = \frac{\cos 30°}{1}$$

De même, lorsqu'un des boutons de manivelle décrit l'arc 0 à 2, l'autre décrit 4, 6 : leur travail s'ajoute pour produire le débit c ; il y a donc lieu de comparer la vitesse correspondante de chaque piston qui varie pour l'un de 0 à cos 30° et pour l'autre de cos 30° à 0. On a donc au point 0, pour P_2.

$$V_1 = V \cos 180° = 0.$$

Et au point 4, pour P_2 : $V_2 = V \cos 30°$.

Quand P_1 est en 5, on a :

$$V_1 = V \cos 60° = \frac{1}{2} V.$$

Et pour P_2 en 1 $V_2 = V \cos 60° = \frac{1}{2} V$

Le total varie donc, comme dans le cas précédent, entre V et V cos 30°

Et on peut encore dire que le coefficient de régularisation est :

$$\frac{\cos 30°}{1} = 0{,}866$$

La courbe fig. 118 est construite d'après ces données, et de manière que la surface

ABCD soit égale au rectangle AD $\times h$, h étant l'ordonnée correspondant au débit moyen. — La courbe APD est celle composée dans les mêmes conditions pour une pompe ordinaire à double effet, de même débit.

On voit maintenant quelles conséquences on peut tirer de ce résultat. D'abord, la régularité du mouvement de l'eau dans la pompe entraîne celle dans les conduits d'aspiration et de refoulement. L'addition de réservoirs d'air accentue encore la régularité du mouvement.

Cette régularité permet de donner aux pistons et aux manivelles une vitesse beaucoup plus grande (jusqu'à 300 tours) que celle habituelle, et d'accoupler la pompe Jandin plus facilement, sur des dynamos à faible vitesse, des turbines, etc. De plus, obtenant une grande vitesse à débit égal, cette machine sera moins encombrante qu'une pompe ordinaire.

Passons maintenant en revue quelques types.

Pompe de mine Jandin avec moteur à air comprimé. — La figure 120 représente

Fig. 120.

une pompe de mine à presssion de 20 kilog., à action directe par un moteur à air comprimé avec détente variable par coulisse.

Cette pompe, destinée à une mine de la Loire où la présence du grisou ainsi que l'éloignement des générateurs empêche tout moyen de réchauffement de l'air, présente un dispositif spécial pour empêcher l'adhérence du givre et des glaçons produits par la détente aux parois des cylindres et des lumières d'échappement : l'eau aspirée par la pompe à une température constante de 20° environ circule dans les fonds et les enveloppes des deux cylindres moteurs qu'elle maintient à une température entre 15 et 20 degrés.

Le graissage des cylindres et tiroirs se fait par une pompe à glycérine, avec distribution sous pression supérieure à celle de l'air, à des graisseurs compte-gouttes permettant de régler le graissage en limitant suivant les besoins la course variable de cette pompe.

Machines élévatoires Jandin. — Pour les machines élévatoires de ville, les pompes Jandin sont en général attelées en tandem à des machines à vapeur à deux cylindres égaux

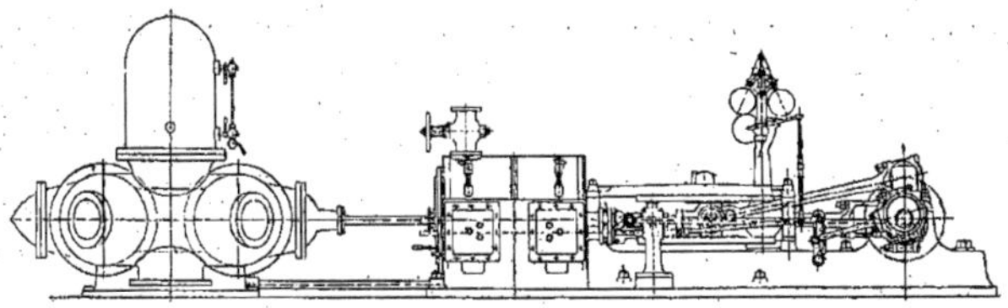

Fig. 121.

ou compound, ou même, dans les cas de hauteurs moyennes d'élévation, à des machines à un cylindre, dont le condenseur est alors placé à côté du cylindre de vapeur; la bielle motrice actionne alors l'arbre moteur coudé qui porte une manivelle pour conduire la seconde tige de piston attelée à la tige de la pompe à air du condenseur (fig. 121 et 122).

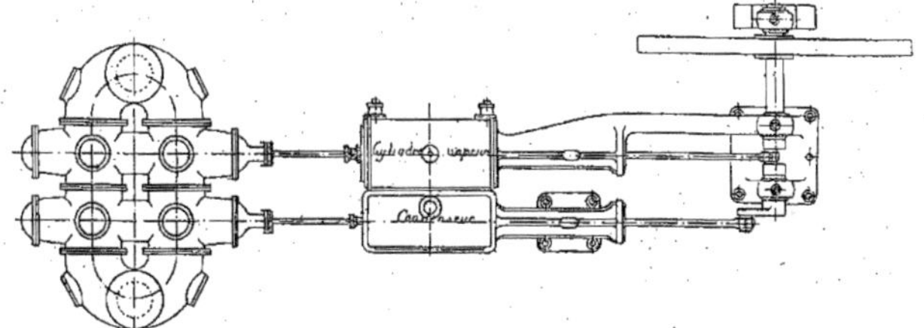

Fig. 122.

Pour les pompes de mines à vapeur de grandes puissances, une solution économique est obtenue par les pompes Jandin à action directe par moteurs à deux cylindres égaux ou compound, à condensation, avec des vitesses de 100 à 200 tours par minute, qui peuvent être obtenues en toute sécurité, avec un graissage perfectionné.

Pompes électriques Jandin à accouplement direct avec dynamos de 100 à 300 tours. — La figure 123 représente une pompe électrique de 200 chevaux à accouplement direct avec un dynamo à 100 tours, pour élévation à 270 mètres, aux mines de Firminy. Cette pompe est établie avec réservoirs d'air calculés pour régularisation à $^1/_{100}$ à l'aspiration est à $^1/_{500}$ au refoulement.

Dans ces pompes de mines, destinées à élever des eaux troubles et souvent acidulées, les garnitures des pistons et des presse-étoupes sont munies, comme le montrent les figures 120 et 123, de graisseurs perfectionnés à graisse consistante, qui en empêche l'usure et l'oxydation, en donnant d'ailleurs une étanchéité parfaite aux plus fortes pressions.

Les arbres de pompe et dynamo sont accouplés par manchon élastique et isolant. Cet accouplement direct, supprimant les engrenages et leur perte de travail, permet d'obtenir un rendement en eau montée manométrique de 0, 85 à 0, 90 du travail fourni par la dynamo.

Pour l'installation précitée, les dimensions du puits et des galeries permettant le passage d'une dynamo de 200 chevaux à 100 tours avec bâti en deux pièces, on a donné la préférence à cette vitesse modérée, pour réduire au minimum l'usure des coussinets et des soupapes.

Mais comme la partie mobile très légère des soupapes annulaires du système Jandin est une pièce d'un remplacement peu coûteux, et qu'il est souvent nécessaire de recourir à des dynamos de vitesses supérieures et de moindres volumes, pouvant passer dans les puits de mine, la pompe Jandin donne le grand avantage de faire l'accouplement direct avec les dynamos de grandes puissances, à des vitesses de 100 à 300 tours.

Dans ces grandes vitesses, l'économie due à la réduction du diamètre des pistons est

Fig. 123. — Pompe électrique *Jandin*.

assurément compensée par la nécessité de donner aux paliers et aux parties frottantes de larges surfaces et un graissage perfectionné pour diminuer l'usure; mais la suppression des engrenages, de leur perte de travail, et l'emploi des dynamos à des vitesses normales ou s'en rapprochant donnent cependant une économie notable sur les pompes électriques précitées, à simple engrenage, qui peuvent être réservées pour les petites et moyennes puissances.

Pompes de mines Jandin à transmission hydraulique à toute pression. — Les pompes Jandin conviennent également bien aux installations de pompes d'épuisement des mines avec transmission hydraulique à haute pression; la pompe du fond est alors actionnée par deux pistons moteurs à eau sous pression, qui circule entre ce moteur et la pompe de surface à grande vitesse commandée par machine compound.

Mais ce mode de transmission est plus coûteux, vu le prix élevé du moteur à eau et des conduites d'eau sous pression, surtout pour les grandes profondeurs, et l'augmentation du rendement qu'on peut obtenir n'est pas assez important pour qu'on ne préfère pas en général la transmission électrique, qui, avec les précautions nécessaires, est parfaitement pratique, même dans les mines grisouteuses — et d'une installation, en somme, plus économique.

Pompes Worthington. — Sans refaire en détail l'historique, aujourd'hui bien connu, de la pompe Worthington, on peut rappeler que, primitivement construite en vue de

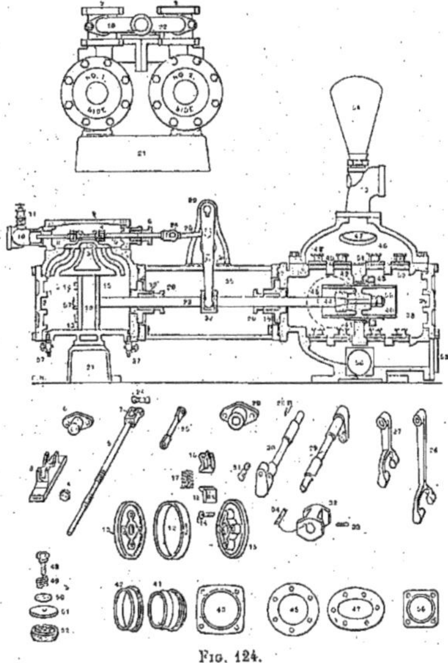

Fig. 124.

1, cylindre à vapeur n° 1 et 2. 2, fonds des cylindres. 3, tiroir. 4, écrou de la tige. 5, du tiroir, à stuffing box 6 et articulation 7. 8, chambre du tiroir, à couvercle 9, tuyau d'admission 10 et graisseur 11. 12, segment du piston 15, à boulons 14, ressort 16 et joint 17 à ressort 18. 24, tige du piston, à stuffing box. 20, 21, et écrou 19. 22, pied du cylindre. 25, 26, 27, 28, bielles à goupille 29, articulée à l'axe 31, qui commande le tiroir du cylindre n° 1, lequel est mené, de la tige du cylindre n° 2, comme l'axe 30, qui commande le tiroir n° 2, l'est de la tige du cylindre n° 1, par 34, 35, 39 et 32. 44, cylindre de la pompe, à fonds 45 et 54, stuffing box 55, 53, plongeurs à fixation conique 51, 47, par boulon 52, 53, garniture 49, 48, clapets 59 d'aspiration par 65, 66, et de refoulement par 64, 64, avec siège 60, tiges 57, ressorts 58, 42, 43, 46, purgeurs, 61, regard, 67, réservoir d'air.

l'alimentation des chaudières, cette machine comportait des clapets coniques à grande levée, et une distribution à tiroir — sans détente ou condensation — le tiroir étant mû automatiquement au moyen d'un flotteur placé dans la chaudière. Ce type, intéressant par sa nouveauté, ne tarda pas à se transformer par la substitution d'un certain nombre de petits clapets à faible levée au clapet unique et par l'accouplement de deux machines fonctionnant côte à côte et conduisant chacune le tiroir de l'autre ; le type *duplex* était créé.

La pompe Worthington ordinaire est encore aujourd'hui une pompe duplex très simple, dont la figure 124 donne l'ensemble et les détails de construction. Le tiroir *3* est un tiroir plan ordinaire, mû par le levier *5* qui parcourt toute sa course, et est mis en mouvement par des leviers reliés à la tige des pistons de l'autre machine. On voit que, les parties mobiles restant toujours en contact, les chocs sont évités dans la commande du tiroir.

Le plongeur *40* est à double effet, il se meut à travers un anneau alésé avec soin. Le plongeur et son anneau peuvent être facilement enlevés, réalésés ou remplacés par un autre couple, si besoin est. On a disposé le plongeur un peu au-dessus des clapets d'aspiration, afin de former au-dessous des parties frottantes une chambre où peuvent se déposer

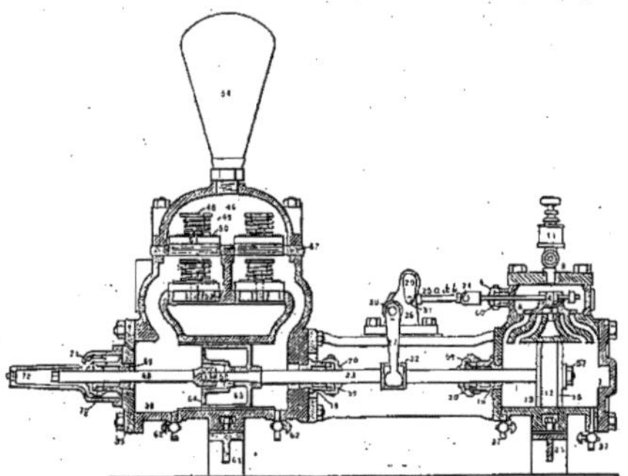

Fig. 125. — Pompe auto-alimentaire *Worthington.*

les matières étrangères en suspension dans l'eau ; ce dispositif assure une moindre usure du piston à eau et de son anneau.

Ce type de machine est surtout employé pour l'alimentation des chaudières, les services d'incendie, les ascenseurs, chaque fois que, disposant d'une pression de vapeur convenable, on désire obtenir des pressions d'eau inférieures à 12 kilog. par centimètre carré.

Lorsqu'on dispose d'une pression de vapeur ordinaire, et qu'on veut seulement obtenir des refoulements modérés, on emploie un type anologue au précédent, mais dans lequel les pistons à eau et à vapeur ont des diamètres peu différents l'un de l'autre.

Comme ce type de machine ne permet pas à la pompe d'alimenter elle-même sa chaudière, on l'a quelquefois muni d'un appareil d'alimentation qui est alors fixé à l'extrémité d'un des cylindres à eau (fig. 125).

Lorsqu'on ne dispose que d'une faible pression de vapeur (0 kg. 35 à 0 kg. 70), on utilise, pour refouler à 30 ou 35 mètres, un modèle analogue aux précédents, mais à plongeurs de faible diamètre.

Fig. 126.

Si on désire, au contraire, refouler les liquides sous forte pression, comme pour les ascenseurs, treuils, presses, etc., on emploie un type à double plongeur, avec presse étoupes extérieurs, les deux plongeurs agissant séparément dans chaque extrémité d'un long cylindre cloisonné en son milieu (fig. 126). Ce modèle sert à la distribution des eaux potables dans la tour Eiffel.

Un type intéressant de pompe Worthington simple était exposé par l'Administration des chemins de fer de l'État austro-hongrois (fig. 127) ; la figure montre très clairement l'intérieur de la machine.

Les pompes de pression destinées au fonctionnement des ascenseurs de la tour Eiffel (Exposition 1900) sont simples, compound ou même à triple expansion (fig. 128 à 130); elles servent à fournir l'eau sous pression pour les ascenseurs (Otis et Édoux) de la tour.

Le piston ordinaire de la pompe d'alimentation est supprimé et remplacé par deux plongeurs placés bout à bout dans deux corps différents, reliés par des tiges extérieures

Fig. 127. — Pompe simple *Worthington*.

et par des traverses. La disposition duplex est conservée. La distribution de la vapeur au moteur, qui est compound ou à triple expansion, se fait par le système Corliss. La disposition des clapets des pompes est modifiée et installée de la même façon que dans le type d'alimentation pour chaudière marinée afin de faciliter le montage et la surveillance. On

Fig. 128. — Pompe *Worthington* simple à haute pression.

obtient avec ces machines de très fortes pressions; les corps de pompes, dans certains types, peuvent supporter 550 kilogr. par centimètre carré, de même que les boîtes à clapets.

Dans certains cas, et en particulier pour les pompes à incendie, il est bon que la pression au refoulement soit maintenue aussi uniforme que possible ; il existe un régulateur de pression qui satisfait à ce désidératum, et qui est joint, par la Cie Worthington, à un certain nombre de ses pompes. La figure 131 permet de comprendre comment, lorsque

Fig. 129. — Pompe *Worthington* duplex compound.

la pression au refoulement atteint le maximum qui lui a été assigné, cette pression se communique par E à la partie supérieure du plongeur M, maintenu par le ressort D, dont la tension a été convenablement réglée. Les déplacements du plongeur entraînent

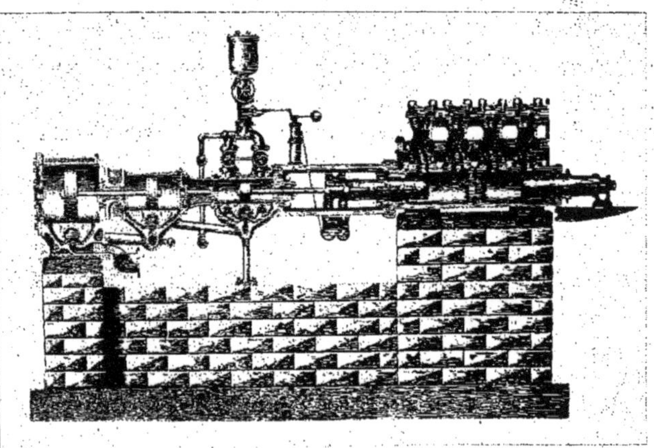

Fig. 130. — Pompe *Worthington* duplex à triple expansion.

ceux du robinet de vapeur B, qui vient alors étrangler ou fermer l'admission de vapeur A, et ralentit ou arrête ainsi la pompe jusqu'à ce que la pression se régularise. Les pompes munies de ce régulateur sont souvent pourvues d'un dispositif accessoire *dit* draineur automatique de sûreté, destiné à débarrasser les cylindres de l'eau de condensation qui s'y forme, sans occasionner de perte de vapeur vive. Ce sont de simples tuyaux munis de valves d'arrêt automatiques, et faisant écouler l'eau dans le purgeur.

Pour les grandes installations, où la dépense du combustible joue un rôle important, on a créé un type perfectionné, qui figurait à l'Exposition de 1889, dans lequel on utilise la disposition compound (avec une distribution genre Corliss) et pour lequel on a établi

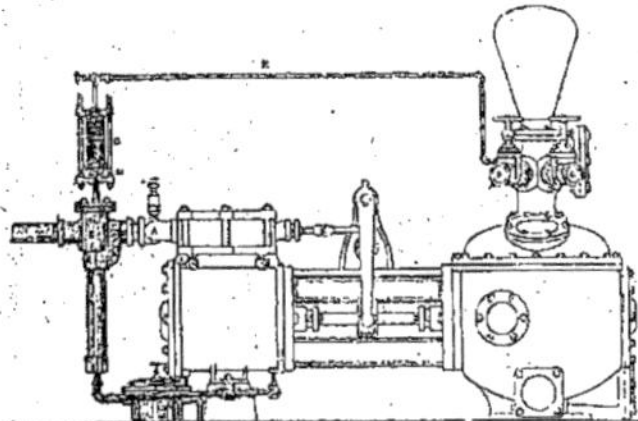

Fig. 131. — Pompe *Worthington* à régulateur.

des cylindres compensateurs (fig. 132). Ce sont deux petits cylindres oscillants, dans lesquels se meuvent deux pistons fixés symétriquement sur la tige principale des pistons. Ces cylindres oscillants, disposés (fig. 135) de manière à être verticaux lorsque les pistons à eau et à vapeur sont à mi-course, prennent, aux deux fonds de course, des inclinaisons inverses. Il sont remplis d'un liquide quelconque — le plus souvent de l'eau, — et mis en relation permanente avec un réservoir d'air dans lequel on maintient une pression initiale convenable.

Dès lors, pendant une partie de la course, ces cylindres absorbent une certaine

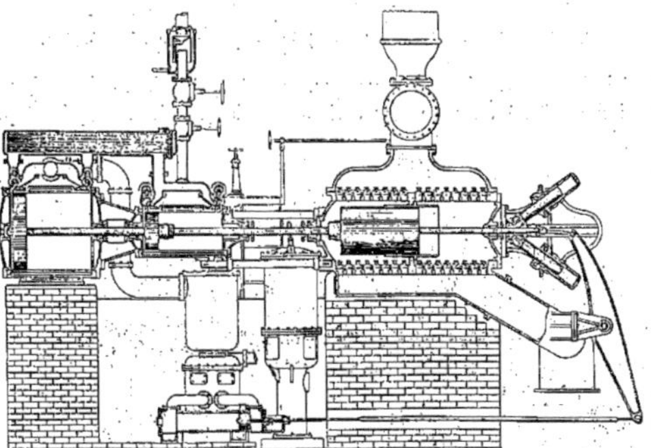

Fig. 132. — Pompe *Worthington* compound à compensateur.

quantité de travail, et ils la restituent (aux frottements près) pendant l'autre moitié de la course : ces cylindres compensateurs constituent donc un véritable volant, dont l'efficacité varie avec la pression initiale de leur air. Or, cette pression est obtenue et maintenue au moyen d'un accumulateur différentiel en relation d'une part avec la conduite de refoulement d'autre part avec les cylindres compensateurs, de sorte qu'il exerce, dans ces cylindres, une pression proportionnelle à la pression du refoulement, et que toute modification de cette pression a pour conséquence une modification correspondante et convenable de leur fonctionnement et de leur effet.

On arrive ainsi à exercer sur les pistons des pompes une action sensiblement constante, malgré la haute pression de la vapeur, la détente et la condensation, et, de plus, la régularisation est indépendante de la vitesse de la machine, ce qui est précieux pour des machines dont on peut avoir à faire varier l'usage, et par suite la vitesse de régime, assez fréquemment (Voy. diagrammes, fig. 133 à 136).

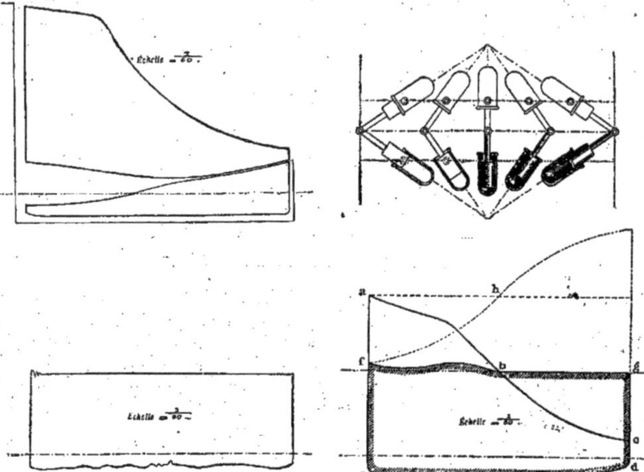

Fig. 133 à 136. — Fonctionnement du compensateur *Worthington*.

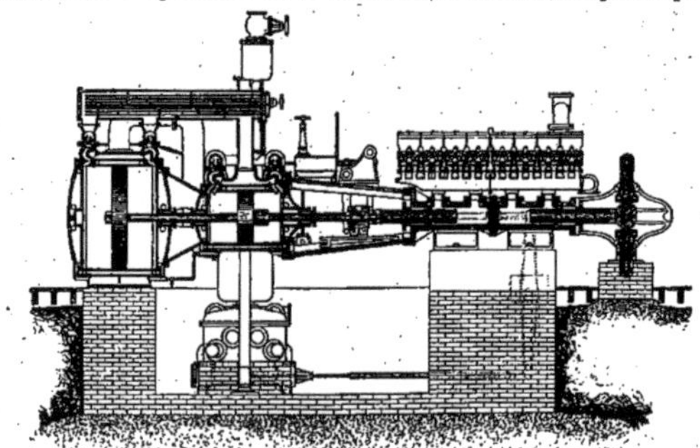

Fig. 137. — Pompe à pétrole *Worthington*.

Lorsqu'on combine les dispositions exposées ci-dessus, on obtient des types très puissants et relativement économiques. La figure 137 représente une machine destinée à refouler 60.000 hectolitres de pétrole par jour, contre une pression de 65 kilogr. par centimètre carré. Le corps de pompe comporte un certain nombre de boîtes à clapets indépendantes, solidement établies, et faciles à visiter. On retrouve ici la disposition compound et les cylindres compensateurs; mais, la pression de refoulement étant largement suffisante, l'accumulateur a été supprimé.

L'installation faite sur le quai d'Orsay par la Cie Worthington, pour l'élévation de l'eau nécessaire aux divers services de l'Exposition, comprenait quatre pompes à triple expansion, pouvant ensemble élever 180.000 mètres cubes en 24 heures. La quantité consommée par le Château d'Eau en marche, étant de 900 litres par seconde (ce qui ferait

Fig. 138. — Pompe *Worthington* à triple expansion, du quai d'Orsay.

78.000 mètres cubes par jour), on voit que deux machines seulement sont suffisantes. Les deux autres sont destinées à parer aux accidents.

Ces machines sont munies de compensateurs disposés sur les glissières. Une de ces pompes est figurée ci-contre (fig. 138).

La distribution est du genre Corliss. Les plateaux que portent les cylindres sont réunis d'une part directement par deux bielles aux tiroirs d'échappement et d'autre part par un balancier articulé aux bielles qui commandent les tiroirs d'admission. Une même tige met en mouvement, dans chaque machine, les trois plateaux principaux, et agit par conséquent sur les quatre distributeurs de chaque cylindre; mais, de plus, les balanciers d'admission sont réunis au coulisseau par le mécanisme ordinaire qui caractérise le type duplex Worthington.

Chaque machine forme deux pompes à double effet, dont les refoulements se réunissent sur un collecteur portant le réservoir d'air ; ce dernier est muni d'un manomètre et d'un tube de niveau.

Fig. 139. — Pompe alimentaire verticale *Worthington*, type marin.

L'eau est aspirée dans la Seine, puis envoyée dans le réservoir du Château d'Eau dont elle alimente les cascades ; de là, elle est pompée par quatre pompes centrifuges con-

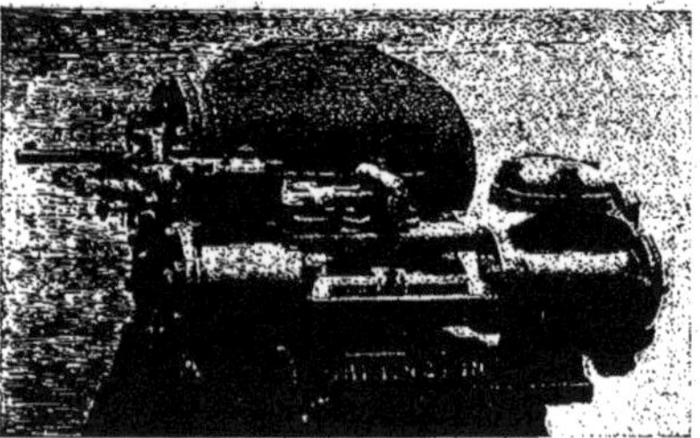

Fig. 140. — Pompe *Worthington* automatique, avec purgeur.

juguées deux à deux, qui l'envoient par des conduites souterraines dans la galerie des machines, où elle est utilisée à la condensation de la vapeur d'échappement des machines motrices; de là, elle retourne enfin à la Seine.

Pour alimenter les chaudières qui fournissent la vapeur à ces quatre machines la maison Worthington a installé une pompe verticale duplex, type de la marine (fig. 139).

Celle-ci est étudiée dans le but de tenir dans l'espace le plus restreint possible, et de présenter néanmoins certaines commodités au point de vue de la visite et de l'entretien. Ses dimensions principales sont :

Diamètre des cylindres à vapeur	229 millimètres
Diamètre des corps de pompes	152 millimètres
Course	254 millimètres
Débit maximum par heure	45 m³. 500
Diamètre du tuyau d'amenée de vapeur	51 millimètres
Diamètre du tuyau d'échappement	64 millimètres
Diamètre du tuyau d'aspiration	127 millimètres
Diamètre du tuyau de refoulement	102 millimètres

Fig. 141. — Machine élévatoire *Worthington* de 1894, à triple expansion.

Et elle peut tenir néanmoins dans un espace mesurant 81 centimètres sur 81 centimètres. Elle peut atteindre une pression sur le refoulement, de 17 kilogrammes.

Au point de vue de la commodité du service, les soupapes sont placées dans des boîtes séparées venues de fonte sur le devant des corps des pompes. De cette façon, on peut appliquer la pompe directement sur une cloison verticale, sans avoir besoin de laisser derrière un passage pour la visite; de plus, chaque soupape ayant sa boîte propre, il n'est pas nécessaire, comme dans beaucoup de cas, d'enlever la soupape de refoulement pour avoir celle d'aspiration.

Enfin les tiges des pistons étant en deux parties, réunies par des manchons, il n'est pas nécessaire de sortir le piston à vapeur pour avoir le plongeur ou inversement.

Ce type de pompe est également exposé dans la galerie des générateurs où il alimente les générateurs Babcock et les Wilcox.

La Cie Worthington a encore exposé, dans le même ordre d'idées, une pompe automatique avec purgeur (fig. 140), destinée à pomper automatiquement les condensations qui

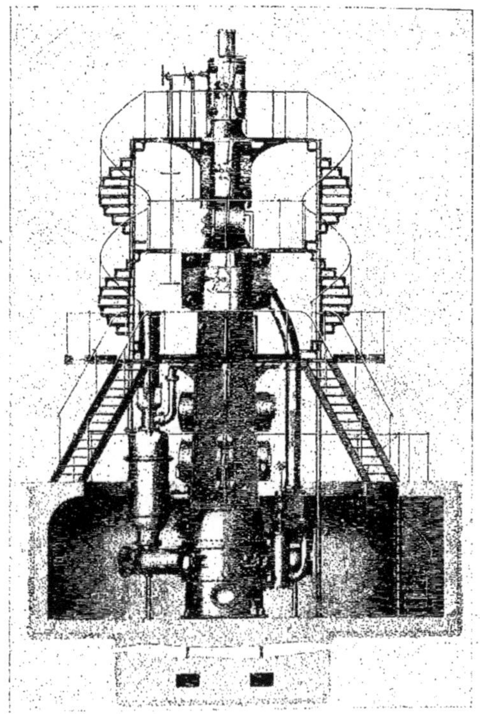

Fig. 142. — Machine élévatoire *Worthington* duplex à triple expansion, de Buda-Pesth.

peuvent s'accumuler dans les appareils de chauffage, les tuyaux de vapeur et les serpentins, ainsi que pour renvoyer automatiquement aux chaudières l'eau de condensation alors qu'elle est à sa plus haute température. Elle est donc commode dans bien des cas, et, dans d'autres, elle peut permettre de réaliser une économie de combustible et d'augmenter l'efficacité d'un matériel.

Cette pompe ne diffère du système habituel que par le dispositif de mise en marche.

Le purgeur contient un flotteur qui s'élève lorsque le niveau de cette eau monte, et ce déplacement du flotteur ouvre la conduite d'amenée de vapeur. La pompe se met en marche : l'aspiration se fait dans le purgeur, et le refoulement dans la chaudière. En même temps que l'eau est pompée, le flotteur descend, l'admission se ferme, la pompe ralentit, et vient à s'arrêter complètement. Elle ne se remet en marche que lorsque la quantité de vapeur condensée est suffisante pour faire remonter le flotteur au niveau voulu.

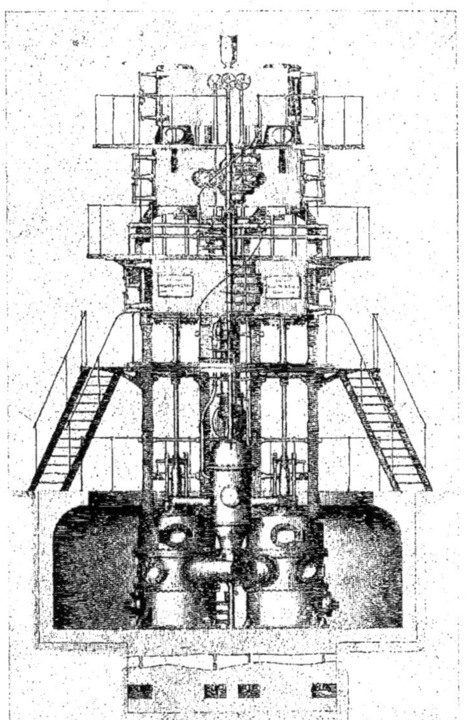

Fig. 143.

C'est également sur le même principe, que sont basées les pompes alimentaires automatiques pour chaudières.

Disons enfin quelques mots de machines élévatoires Worthington à triple expansion.

Rappelons d'abord un type (fig. 141), qui parut pour la première fois à l'Exposition Universelle de Lyon en 1894, et dont un certain nombre de modèles sont déjà en service à Londres, Buda-Pesth, Roubaix, etc.

La tige du piston du cylindre à haute pression actionne directement le plongeur de la pompe ; sur la tige de ce même piston est fixé un T relié par deux tiges extérieures au piston du cylindre à basse pression. Enfin, le cylindre intermédiaire est placé entre les autres, et son piston est relié à celui du cylindre à basse pression. Un grand avantage de cette machine consiste dans sa possibilité de démonter un quelconque des pistons à vapeur, sans qu'il soit nécessaire d'enlever plus d'un fond de cylindre. La totalité du travail fourni dans les cylindres est donc transmise directement au plongeur.

La distribution est assurée par des tiroirs cylindriques semi-rotatifs ; l'économie due à la triple expansion peut être accrue encore par l'emploi des compensateurs ci-dessus décrits.

Enfin la machine élévatoire verticale, duplex, à triple expansion et cylindres compensateurs (fig. 142 et 143), construite pour le Service des eaux de Buda-Pesth ressemble beaucoup à celles installées au quai d'Orsay, sauf sa verticalité ; c'est du reste, la quatrième que comportera cette installation.

La disposition de la machine, avec le cylindre à haute pression placé tout en haut (à cause de ses plus faibles dimensions) est imposée par la verticalité ; de même que, dans les types horizontaux, on met ce cylindre à haute pression immédiatement à la suite des glissières, parce qu'il est plus facile d'emmancher un petit piston en ce point, qu'un grand.

La distribution est la même. Le débit de cette pompe sera de 20.000 mètres cubes par 24 heures[1].

1. Pour d'autres variétés de la pompe *Worthington*, voir *Revue de Mécanique*, octobre 1897, p. 993 et 1101 avril, mai, juin, octobre 1898, p. 415, 535, 653, 418 ; mars, septembre 1899, p. 313 et 305 ; juin, septembre, décembre 1900, p. 756, 377, 660.

MACON, PROTAT FRÈRES, IMPRIMEURS. Le Gérant : Vve Ch. DUNOD.

LA

MÉCANIQUE

A l'Exposition de 1900

Publiée sous le Patronage et la Direction technique d'un Comité de Rédaction

7ᵉ LIVRAISON

LES RÉGULATEURS

Par M. LECORNU

LES MACHINES MARINES

Par M. G. RICHARD

PARIS. VI

Vᵛᴱ CH. DUNOD, ÉDITEUR

49, QUAI DES GRANDS-AUGUSTINS, 49

TÉLÉPHONE 147.92

1902

TABLE DES MATIÈRES

LES RÉGULATEURS

LES MACHINES MARINES

Machines exposées dans la section française

LES RÉGULATEURS A L'EXPOSITION DE 1900

Par **M. L. Lecornu**

L'Exposition de 1900 ne présentait, au point de vue des régulateurs des machines à vapeur, aucune nouveauté bien saillante.

Les régulateurs à force centrifuge continuent à être très généralement employés, à l'exclusion des appareils basés sur d'autres principes (régulateurs hydrauliques, pneumatiques, dynamométriques, etc.).

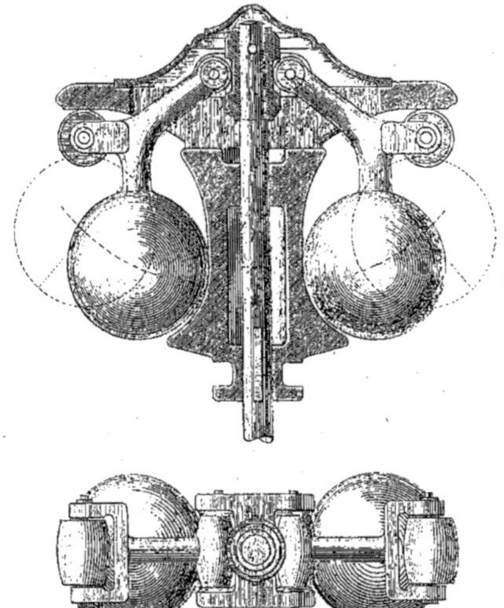

Fig. 1. — Régulateur Beer.

Les régulateurs à force centrifuge se distinguent en deux grandes classes, suivant qu'ils sont ou non pourvus de ressorts.

Dans la première classe, nous citerons à côté du type classique de Watt :

Le **régulateur Porter,** à grosse masse centrale ;

Le **régulateur Beer** (*fig.* 1), dans lequel les tiges des boules soulèvent, par l'intermédiaire de galets, un manchon très pesant ;

Le **régulateur Proell** (*fig.* 2), à tiges renversées, très employé en Angleterre et en Amérique[1];

Les **régulateurs isochrones** ou **quasi-isochrones de Buss** (*fig.* 3)[2] et **de Pichault** (*fig.* 4)[3].

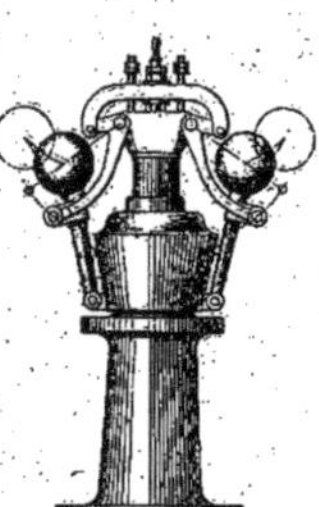

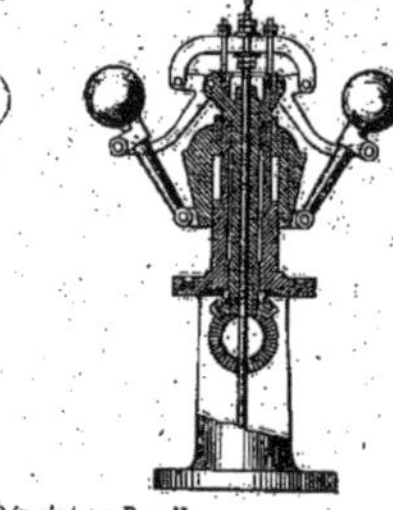

Fig. 2. — Régulateur Proell.

Fig. 3. — Régulateur Buss.

Les ressorts de toute sorte jouent un très grand rôle dans la construction des régulateurs modernes. Ils ont le double avantage de fournir, sous un petit volume, une puissance aussi considérable qu'on le veut et de n'opposer à l'action de la force centrifuge qu'une inertie à peu près négligeable. En outre, leur axe peut être placé horizontalement sans empêcher leur fonctionnement, tandis que, dans cette position, un régulateur de Watt aurait une puissance nulle. Pour faire varier la vitesse de régime, il suffit de modifier la tension des ressorts au moyen d'une vis de rappel.

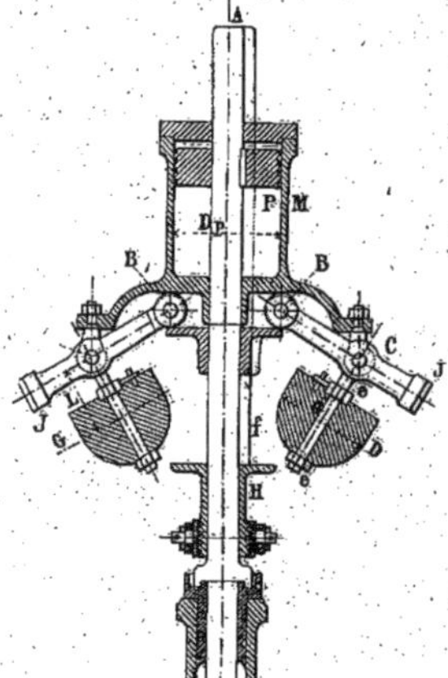

Fig. 4. — Régulateur Pichault.

L'extrémité B du levier GCB s'appuie sur un plateau fixe, et son sommet C est attaché au manchon. L'extrémité G figure le centre de gravité de l'ensemble. Chacune des six boules D est disposée de manière que l'on puisse facilement changer la distance de son centre de gravité au point d'attache avec le manchon : pour la théorie de ce régulateur, voir la *Revue de Mécanique*, mai 1899, p. 451.

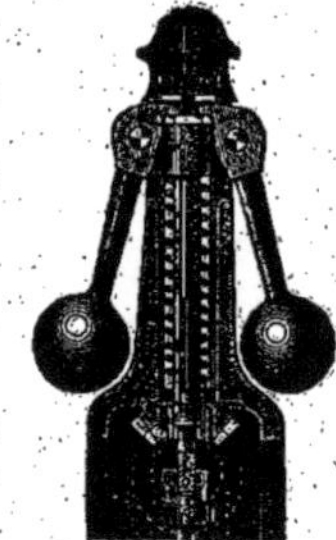

Fig. 5. — Régulateur Tangye.

1. *Revue de Mécanique*, mai 1899, p. 479. — 2. *Id.*, p. 479. — 3. *Id.*, p. 481.

Comme exemples de régulateur à ressorts à axe vertical, nous citerons les appareils :

De **Tangye** (*fig.* 5);

De **Whitehead,** à double ressort Q et K (*fig.* 6), dont l'un a son action ralentie par un frein à huile IN;

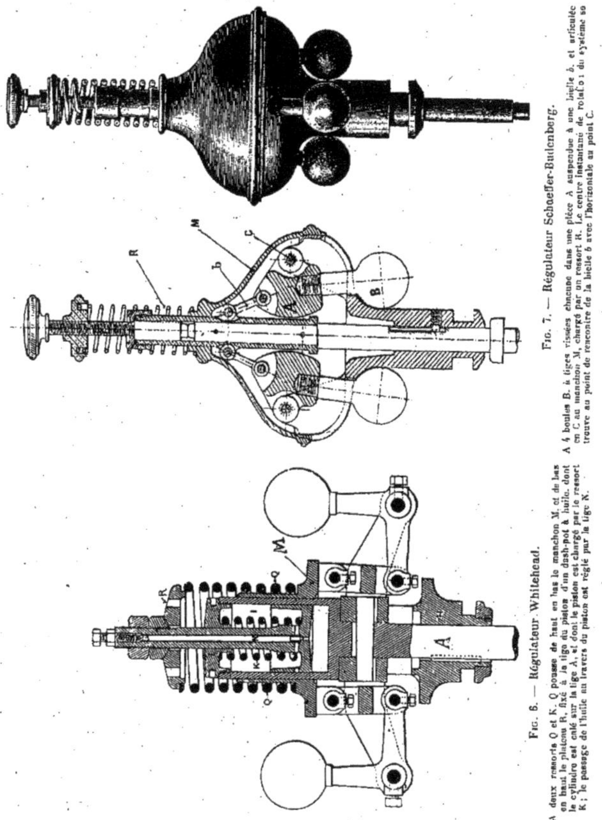

FIG. 7. — Régulateur Schaeffer-Budenberg.

A 4 boules B. à tiges vissées chacune dans une pièce A suspendue à une bielle *b*, et articulée en C au manchon M, chargé par un ressort R. Le centre instantané de rotation du système se trouve au point de rencontre de la bielle *b* avec l'horizontale au point C.

FIG. 6. — Régulateur Whitehead.

A deux ressorts Q et K. Q pousse de haut en bas le manchon M, et de bas en haut le plateau R, fixé à la tige du piston d'un dash-pot à huile, dont le cylindre est calé sur la tige A, et dont le piston est chargé par le ressort K; le passage de l'huile au travers du piston est réglé par la tige N.

De **Schaeffer-Budenberg** (*fig.* 7), à quatre boules B portées par des tiges brisées *abc*[1]

De **Tolle** (*fig.* 8), à double ressort, dont l'un transversal.

Il existe également des appareils dans lesquels les ressorts en hélice sont remplacés par des ressorts à lames.

1. *Revue de Mécanique*, septembre 1899, p. 276.

Tels sont :

Le **régulateur Monarch** (*fig.* 9) ;

Le **régulateur Gardner** (*fig.* 10).

Certains régulateurs Proell sont pourvus de ressorts soit en hélice, soit à lames.

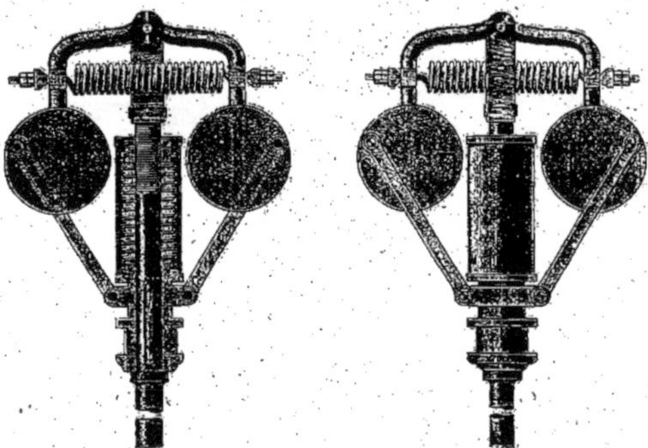

Fig. 8. — Régulateur Tolle.

Nous arrivons aux régulateurs à axe horizontal, dont l'**appareil Hartnel** (*fig.* 11) montre un type très répandu. Les *régulateurs volants* sont également des appareils à ressorts et à axe

Fig. 9. — Régulateur Monarch.

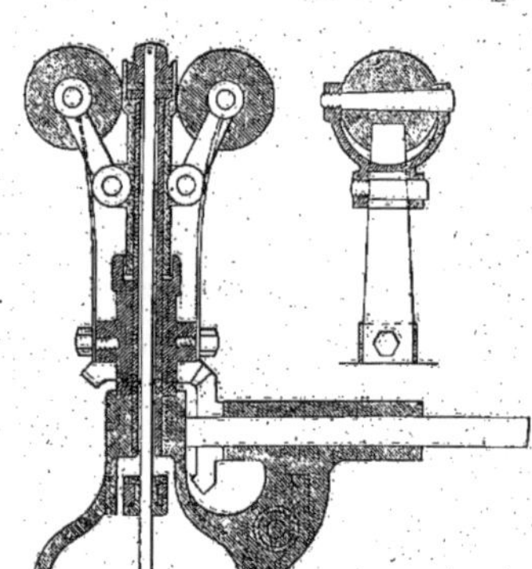

Fig. 10. — Régulateur Gardner.

horizontal ; mais ils présentent des particularités qui méritent de retenir plus longtemps notre attention.

Dans tous les systèmes décrits jusqu'ici, le centre de chaque boule se meut sans quitter un plan méridien tournant avec la vitesse de l'arbre du régulateur.

Dans ces conditions, la seule force apparente est la force centrifuge. La force d'inertie tangentielle perpendiculaire au plan méridien ne peut exercer aucune action.

Avec les régulateurs volants, au contraire, les masses mobiles sont rendues plus ou moins sensibles à l'action de l'inertie tangentielle. Elles se meuvent dans un plan perpendiculaire à l'axe de rotation ; suivant que leur trajectoire est, dans ce plan, dirigée suivant le rayon ou perpendiculairement au rayon, l'inertie radiale (force centrifuge) ou bien l'inertie tangentielle exerce une action exclusive.

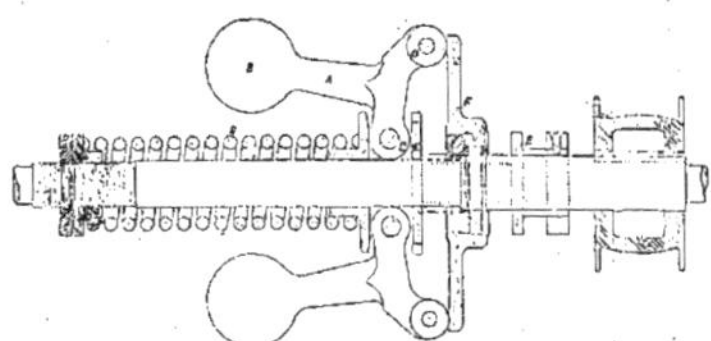

Fig. 11. — Régulateur Hartnel.

En rendant la trajectoire oblique par rapport au rayon, on gradue à volonté l'influence respective de ces deux forces. C'est là un avantage important ; car, s'il est vrai que la force centrifuge est seule capable d'équilibrer d'une manière stable et permanente la tension des ressorts, la force tangentielle a la propriété précieuse d'éprouver *instantanément* une variation finie, à la suite de toute rupture d'équilibre entre le travail moteur et le travail résistant; de là une rapidité d'action qu'on chercherait vainement à obtenir par le seul emploi de la force centrifuge, celle-ci ne pouvant intervenir qu'après une variation préalable de la vitessé.

Les régulateurs volants sont principalement employés en Amérique; on les monte directement sur l'arbre du volant, qui doit alors tourner avec une assez grande vitesse. Leur rôle consiste le plus souvent à porter la poulie de l'excentrique de distribution et à faire varier, suivant les besoins, l'angle de calage ou le degré d'excentricité.

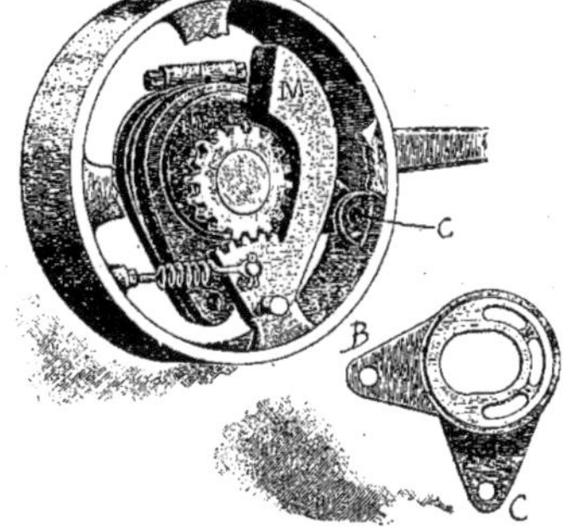

Fig. 12. — Régulateur Berger Noël.

Régulateur Berger Noël (1889). — L'unique masse mobile M (*fig.* 12), en s'écartant du volant par l'effet de la force centrifuge, fait osciller un secteur denté qui communique un mouvement de rotation à une roue dentée concentrique au volant. Cette roue est folle sur l'arbre, et elle porte un excentrique intermédiaire dont on va voir le rôle. Le collier dudit excentrique est muni d'un bras dont l'extrémité B est reliée par un pivot avec un bras tout pareil appartenant à la poulie de l'excentrique de distribution. Enfin, l'excentrique de distribution porte un second bras, dont l'extrémité C est articulée en un point du volant renfermant tout le système.

L'excentrique de distribution ne peut prendre, par rapport au volant, d'autre mouvement qu'une rotation autour de C, mouvement qui équivaut à une variation de l'excentricité sans changement sensible de l'angle de calage. Ce mouvement est commandé par la position de B, déterminée par celle de la masse centrifuge. L'excentrique de distribution ne pourrait déplacer la masse centrifuge qu'en faisant tourner l'excentrique auxiliaire par l'entremise de son collier; mais une pareille action est d'autant moins à craindre ici que les deux bras pivotés en B et C sont à peu près à angle droit, et que, par conséquent, la rotation de l'excentrique de distribution autour de C tend à déplacer l'extrémité B suivant un rayon du volant, déplacement évidemment impossible.

Régulateur Manifold (1892). — L'excentrique comprend trois parties : le collier H (*fig.* 13), portant, comme d'habitude, la bielle de distribution I; l'excentrique proprement dit C, muni

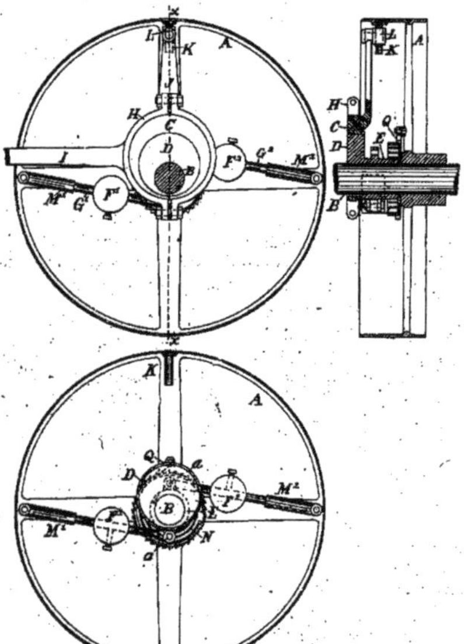

Fig. 13. — Régulateur Manifold.

d'un bras J, dont l'extrémité est articulée à une douille L, pouvant glisser le long d'un guide K, implanté radialement sur le contour du volant; enfin, un disque D, monté excentriquement sur l'arbre, autour duquel il peut tourner. Le disque D est solidaire d'une pièce E, à laquelle s'attachent, en deux points diamétralement opposés *a*, *a*, les extrémités de deux tiges portant les masses F_1, F_2. Ces tiges peuvent glisser longitudinalement dans deux tubes creux M_1, M_2, articulés au volant; sous l'action de la force centrifuge, les masses s'écartent en faisant glisser leurs tiges, et donnent à la pièce E une rotation qui comprime un ressort spiral N. Le disque D tourne avec E et change ainsi le calage de l'excentrique. Une roue à rochets, maintenue par le doigt Q, permet de régler à volonté la tension initiale du ressort spiral. Les cylindres M_1 et M_2 servent au besoin de frein à air.

Régulateur Mac Ewen (1892)[1]. — Dans ce système, il y a un double jeu de masses : la masse A (*fig.* 14) agit principalement sous l'action de la force centrifuge, tandis que la barre B, mobile autour du pivot P, est disposée de façon à obéir surtout à la force d'inertie tangentielle. Sur cette barre, se trouve le pivot G, qui commande les mouvements du tiroir; la distance de ce pivot à l'axe de rotation joue ainsi le rôle de l'excentricité d'un excentrique ordinaire. Il y a un frein à air E. Les déplacements de la barre B sont limités, dans chaque sens, par des taquets placés sur la jante du volant. D'après l'*Electrical World*, on a constaté qu'une machine pourvue de ce régulateur et marchant à 200 tours par minute, avec un volant de 600 kg ayant 1,35 m de diamètre, ne donnait pas une variation de vitesse d'un tour quand on faisait varier le travail de 0 à 217 chevaux. On a même constaté qu'on pouvait disposer le régulateur de manière à avoir une plus grande vitesse à pleine charge qu'en marchant à vide, et cela sans aucune tendance à l'apparition d'oscillations de vitesse.

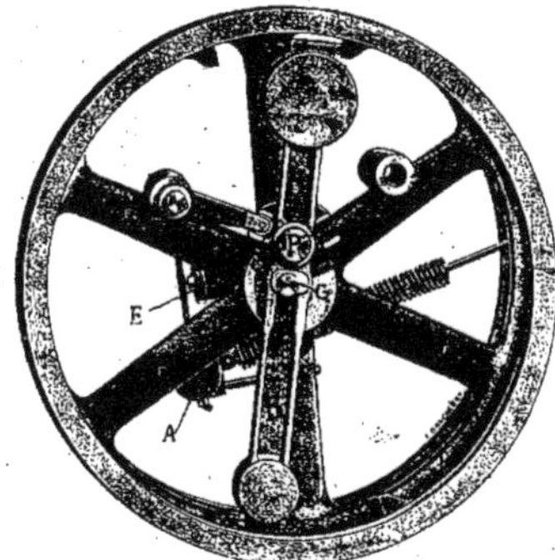

Fig. 14. — Régulateur Mac Ewen.

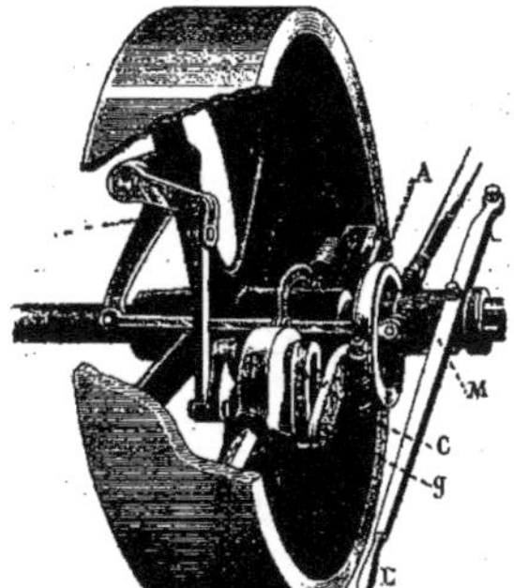

Fig. 15. — Régulateur Kelley.

Régulateur Kelley (1894). — La masse P (*fig.* 15) est mobile sur un guide rectiligne dirigé suivant un rayon du volant, et elle est retenue par un ressort en hélice. L'excentrique est suspendu à un bras articulé en un point A de la jante du volant. La masse porte une coulisse C, dans laquelle peut glisser un galet g, fixé à l'excentrique. Quand la masse se meut sous l'action de la force centrifuge, elle entraîne la coulisse et déplace, par suite, le galet. Un mécanisme supplémentaire permet de renverser la marche en agissant sur le même excentrique. A cet effet, un levier L fait glisser sur l'axe du volant un manchon M, disposé à la façon d'un manchon d'embrayage. Ce glissement, par un mouvement de sonnette bien visible sur la figure, change la position du point B, auquel la coulisse est suspendue par l'intermédiaire d'une petite bielle. Nous trouvons donc ici une combinaison de changement de marche ordinaire, à coulisse et excentrique, avec le régulateur dans le volant.

Régulateur Robinson (1897). — M. Robinson a fait breveter en Angleterre, en 1894, un régulateur qui supprime presque toutes les articulations en les remplaçant par le jeu de lames flexibles. Deux ressorts, en forme de lames courbes tournant leurs concavités en sens contraires, sont réunis par leurs extrémités, comme dans une suspension de voiture. L'une des extrémités communes est fixée au volant; l'autre peut se mouvoir radialement, et elle porte une tige qui la

1. *Bulletin de la Société d'Encouragement pour l'Industrie nationale*, août 1894, p. 551.

relie à l'excentrique. Celui-ci est en même temps guidé par deux lames flexibles parallèles, encastrées, d'une part, sur le volant et attachées, d'autre part, à deux points diamétralement opposés de l'excentrique. Les boules sont fixées au milieu des deux ressorts principaux. Quand elles s'écartent sous l'action de la force centrifuge, elles obligent l'extrémité mobile de ces ressorts à se rapprocher du centre et à diminuer ainsi l'excentricité. La tension peut se régler en tournant une vis à deux filetages, qui traverse l'extrémité fixe des ressorts. Sur cette vis est montée une roue dentée engrenant avec une crémaillère parallèle à l'axe du volant. La crémail-

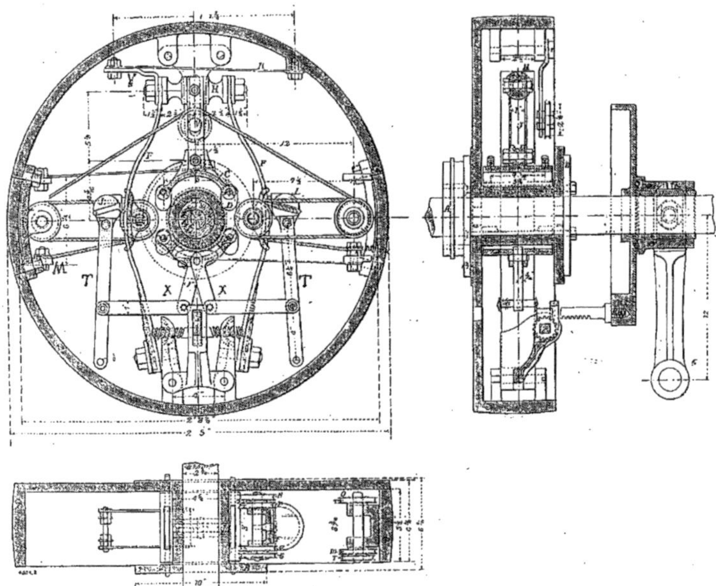

Fig. 16. — Régulateur Robinson.

lère est attachée à un manchon mobile dans le sens de l'axe, comme une poulie d'embrayage. En déplaçant ce manchon au moyen d'un levier, on peut faire varier, même en marche, la tension des ressorts et, par conséquent, l'allure de la machine.

En juillet 1897, M. Robinson a présenté une modification qui n'a été complètement décrite qu'en mai 1898, et qui fait l'objet d'un brevet du 23 juillet suivant. Dans ce nouveau système, représenté par la figure 16, l'inventeur s'est proposé d'obtenir une grande puissance avec des boules légères. A cet effet, tout en conservant les dispositions essentielles de son premier appareil, il supprime l'attache directe des boules L avec les ressorts F. Les boules, simplement soutenues par deux tiges T, sont embrassées par une corde dont les deux extrémités s'amarrent aux deux points M du volant. Cette corde s'enroule, en outre, sur un système assez compliqué de poulies N, O, P, Q, R, S, T, dont les unes ont leur axe fixé au volant, tandis que l'axe des autres est attaché au milieu des ressorts. Une poulie de renvoi V permet à la corde de laisser libre l'espace destiné aux mouvements de l'excentrique. Ces poulies constituent, en somme, un double jeu de palans par lesquels les boules agissent sur les ressorts avec une puissance triplée. Pour prévoir le cas de rupture de la corde, on a muni les tiges T, qui portent les boules, de transmissions auxiliaires X, au moyen desquelles les boules, en s'écartant à fond, ramèneraient

Fig. 17. — Régulateur Robinson.

l'excentrique à la position neutre. Une autre innovation introduite dans le brevet de 1898 consiste dans le mode de suspension de la traverse H, qui joint les extrémités libres des ressorts. Cette traverse est attachée, par une sorte d'oreille Y, à l'extrémité libre d'une lame flexible K, encastrée sur le volant. La figure 17 montre l'installation complète du système.

Les essais faits à la station d'éclairage électrique d'Oxford ont donné, paraît-il, d'excellents résultats. En 1899, le système Robinson a reçu de nouvelles modifications (Voir *Revue de Mécanique* du 31 mars 1900).

Régulateur Rite. — Le régulateur de Rite, qui, d'après un article de M. Hall paru en juin 1898 dans l'*Electrical World*, est adopté en Amérique par vingt-cinq constructeurs de machines à grande vitesse, est essentiellement un *régulateur d'inertie;* la figure 18 montre, en effet, que les masses M sont pivotées autour d'un centre très voisin de l'axe de rotation, et s'équilibrent sensiblement par rapport à ce centre. Cependant on s'arrange pour ne pas annuler entièrement l'effet de la force centrifuge, et M. Hall déclare que cette donnée ne peut être utilement déterminée que par l'expérience. Les masses sont creuses de façon à pouvoir être chargées plus ou moins, ce qui permet de faire varier leur inertie tangentielle et, en outre, de déplacer le centre de gravité de l'ensemble. Un accident survenu dans une usine américaine, le 1er juin 1898, et relaté dans le journal *Power*, montre que ces régulateurs à grande vitesse ne sont pas sans

Fig. 18. — Régulateur Rite.

présenter quelque danger. Le volant de 3 m de diamètre, tournant à raison de 120 tours par minute, contenait un régulateur de Rite. Le bras réunissant les deux masses, dont l'une pesait 600 kg et l'autre 300, se rompit entre le pivot et la masse la plus lourde. Celle-ci, projetée contre le volant, le brisa complètement.

La simplicité de ce régulateur et l'absence du frottement due à cette simplicité même ont contribué pour beaucoup à son succès. Il y a aussi un type à double barre et double ressort basé sur le même principe.

Régulateur Hersbey et Allen (1898). — Ici encore, l'action de l'inertie tangentielle est prédominante. La figure 19 montre la disposition d'ensemble, ainsi que le détail des barres mobiles et de l'excentrique. Celui-ci porte deux butées h, destinées à limiter l'amplitude de ses excursions. Les points d'attache E des ressorts avec le volant sont disposés de manière à permettre de faire varier la direction moyenne de ces ressorts en vue d'arriver à un bon réglage.

Régulateur Ball et Wood. — La maison américaine Ball et Wood applique le régulateur-volant à la distribution de machines compound pourvues d'obturateurs genre Corliss. Nous trouvons, dans l'*Engineer* de 1898, la description de l'une de ces machines. On sait que les distributeurs Corliss ne conviennent pas pour les machines rapides ; aussi peut-on s'étonner tout d'abord de cet emploi des régulateurs-volants. Mais, en réalité, tout en conservant la forme et

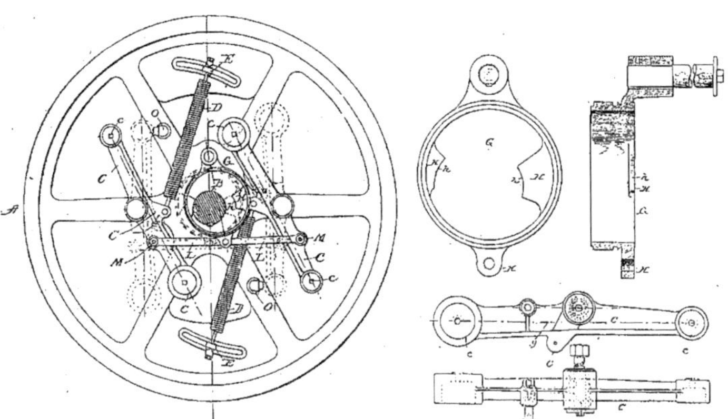

FIG. 19. — Régulateur Hershey et Allen.

la position ordinaire des obturateurs, les constructeurs ont substitué à la manœuvre par déclenchement la commande continue, qui permet d'atteindre sans inconvénient de grandes vitesses. Le régulateur représenté par la figure 20 présente, au lieu d'un excentrique, une manivelle équilibrée portant un bouton auquel s'attachent les tiges commandant les obturateurs. Cette manivelle est pivotée sur des tourillons dont l'axe coïncide avec celui du volant, de manière à éviter toute fatigue; elle forme une masse insensible à la force centrifuge, mais très sensible à l'inertie tangentielle. Il y a, en outre, une masse P, sensible à la fois à la force centrifuge et à l'inertie tangentielle.

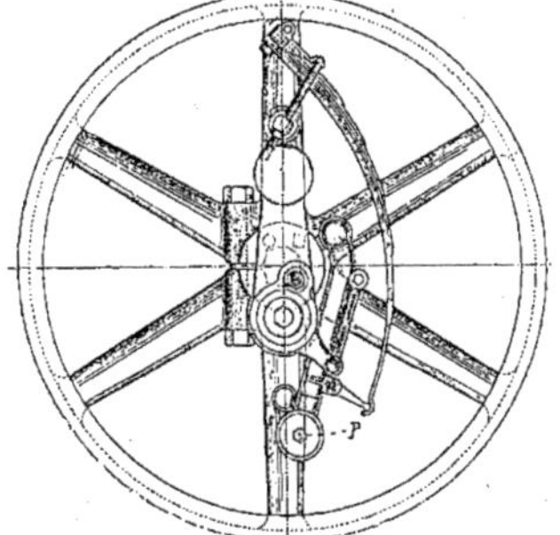

FIG. 20. — Régulateur Ball et Wood.

Occupons-nous maintenant de la connexion établie entre le régulateur et l'organe de réglage. Ainsi que nous venons de le voir, cette connexion, dans le cas des régulateurs-volants, est réduite à sa plus simple expression, la poulie de l'excentrique de distribution faisant alors partie intégrante du régulateur lui-même. Mais c'est là un cas particulier. Ordinairement, le régulateur demeure tout à fait distinct de l'organe de réglage et n'agit sur celui-ci que par l'intermédiaire d'un système de tiges plus ou moins compliqué. L'organe de réglage peut être une valve d'étranglement, analogue au papillon de Watt. La forme de cette valve est d'ailleurs assez variable : on trouve des tiroirs, des robinets, des obturateurs, des soupapes.

Dans les machines qui figuraient à l'Exposition, les régulateurs agissant sur la détente étaient beaucoup plus fréquents que les régulateurs par étranglement. Nous pouvons citer les exemples suivants :

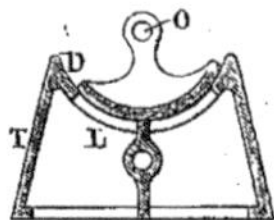

Système Bonjour. — Le tiroir est commandé par la combinaison du mouvement de deux excentriques, dont l'un a son calage variable sous l'action du régulateur (Voir *Revue de Mécanique*, 2ᵉ sem. 1900, p. 727).

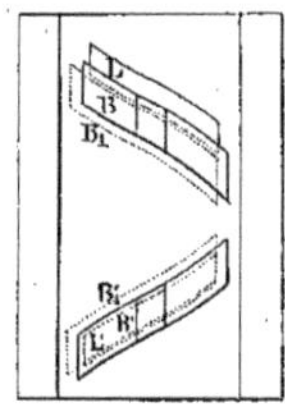

Fig. 21.

Machine Bollinckx, à détente Rider. — Le dos du tiroir de distribution est cylindrique et présente deux lumières hélicoïdales B (*fig.* 21), par rapport auxquelles se déplace le tiroir de détente. Le mouvement de celui-ci est une rotation autour de sa tige de commande O, et cette rotation se produit sous l'action du régulateur.

Machine Dujardin, à distribution genre Corliss. — Ce régulateur, au moyen d'un parallélogramme de leviers, fait tourner une vis à double filetage, dont les deux écrous éprouvent, par suite, des translations inverses. Ces écrous supportent les tiges de déclenchement des obturateurs.

Machine Bietrix (système Collmann). — Admission par soupapes avec mécanismes de déclenchement commandé par des excentriques sur lesquels agit le régulateur.

Machine de la Société de Brünn. — L'admission se fait également par soupapes et tiges de déclenchement.

Le levier L (*fig.* 22) de chaque soupape est mû par le système *tboa*. Le point *a* est conduit par deux galets *g* et *g'*, dont l'un roule sur la came d'ouverture *c* et l'autre sur la came de

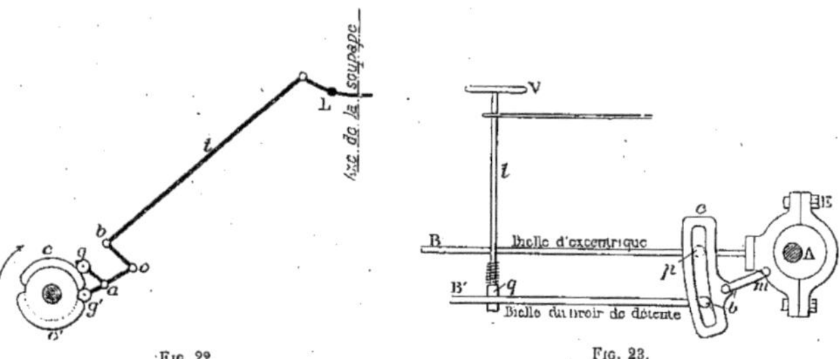

Fig. 22. Fig. 23.

fermeture *c'*. Celle-ci est folle sur l'arbre, et sa position est commandée par le régulateur. La levée commence au moment où *g* monte sur la came *c*; elle finit quand *g'* quitte la saillie de la came *c'*. Cette disposition a pour but d'obtenir une levée d'amplitude constante et de durée variable.

Pour les machines compound, l'Exposition présentait quelques exemples de distribution variable à la fois dans les deux cylindres. Le moteur horizontal de Fives-Lille, à distribution

Corliss, possédait deux régulateurs à manchons conjugués par un arbre transversal. La machine Van den Kerchove était pourvue d'un régulateur agissant à volonté soit sur les valves de deux cylindres, soit seulement sur celles du petit cylindre.

Quand on veut modifier la vitesse de régime d'une machine, on peut, ainsi que nous l'avons dit plus haut, tendre plus ou moins les ressorts du régulateur. On peut également s'adresser à

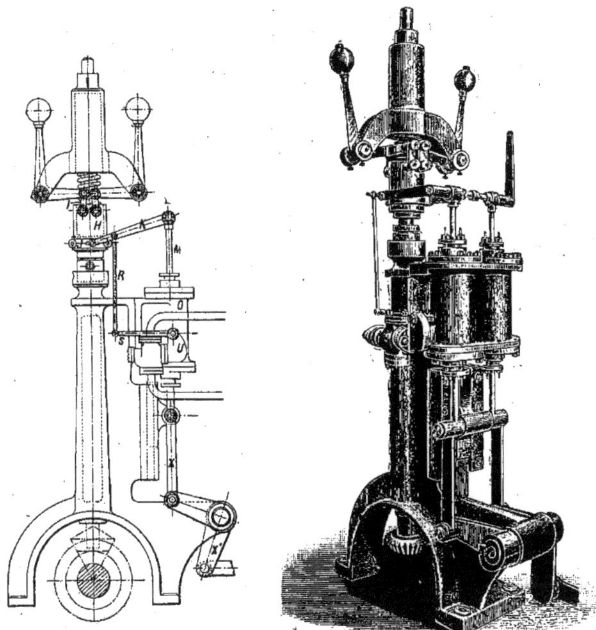

Fig. 24. — Régulateur Dales.

Le manchon M est relié par KHS à la distribution U du cylindre O, qui commande par XX la prise de vapeur du moteur. Quand ce moteur s'accélère, il ouvre par K, pivotant sur M, le distributeur U, de manière à fermer la prise de vapeur, et M referme automatiquement U par KH dès que le moteur a repris sa vitesse; les mouvements de M, sont amortis par un dash-pot à huile placé à côté de O.

la liaison existant entre le manchon du régulateur et l'organe de réglage, et faire en sorte que, pour une position donnée de cet organe, correspondant à une valeur donnée du travail moteur, on ait une autre position du manchon, et, par conséquent, une nouvelle vitesse. Inversement, ce dernier procédé permet de ramener la vitesse de régime à sa valeur primitive dès que, pour une cause quelconque, cette vitesse se trouve altérée. C'est le principe du **Compensateur Denis,** connu depuis longtemps. Il existe d'autres appareils basés sur le même principe. Tel est le régulateur Wilby, qui procède par l'action d'un double encliquetage, recevant de la machine un mouvement alternatif; le manchon, lorsqu'il se déplace, embraye ce mécanisme auxiliaire avec un écrou qui, en tournant sur un pas de vis, allonge ou raccourcit la tige de commande de la valve.

A côté des compensateurs, nous citerons les *servomoteurs*, qui empruntent à la vapeur la force nécessaire pour mouvoir l'organe de réglage ; le manchon n'a plus alors qu'à mouvoir la distribution de l'appareil de manœuvre.

Le régulateur Dales (*fig.* 24) est un appareil de ce genre.

Une catégorie intéressante de régulateurs, appelée, croyons-nous, à prendre un sérieux développement, est celle des **régulateurs électriques.** L'électricité peut être appliquée de bien des manières à la régularisation de la marche des machines à vapeur[1].

Quand il s'agit de moteurs spécialement destinés à des distributions d'électricité, on peut, au lieu de maintenir constante la vitesse du moteur, faire varier cette vitesse de façon à obtenir, en toute circonstance, la constance de la différence de potentiel ou celle de l'intensité de courant. L'étude des dispositifs de ce genre sortirait du cadre que nous nous sommes tracé.

En terminant cette rapide revue, mentionnons encore les dispositifs destinés à prévenir l'emballement du moteur dans le cas où, par suite d'une avarie quelconque, le régulateur cesse de tourner. L'Exposition montrait quelques mécanismes de cette espèce. Dans la machine Dujardin, un rapprochement des boules du régulateur avait pour effet de placer un obstacle sur le parcours du déclic d'admission.

Dans la machine Corliss de la maison Cail, un régulateur de sûreté spécial déclenchait, en temps utile, un contrepoids qui fermait une valve placée sur l'arrivée de vapeur.

1. *Revue de Mécanique*, mars 1901, p. 270.

LES MACHINES MARINES

Par M. G. Richard

Les machines marines n'étaient que très imparfaitement représentées à l'Exposition par quelques types de la marine de guerre, incapables de donner une idée de l'important progrès réalisé, depuis 1889, dans cette branche si remarquable de la construction des moteurs à vapeur; il n'y a pas à s'étonner de ce fait : l'exposition d'une grande machine marine actuelle serait extrêmement coûteuse et ne rapporterait probablement rien à son constructeur.

Les progrès de la machine marine, depuis 1899, ont porté principalement sur l'économie de combustible, la sécurité et la régularité de la marche, la puissance et, dans certains cas, l'énergie ou la compacité des types de machines.

L'augmentation de l'économie de combustible par cheval indiqué, due principalement à l'emploi de hautes pressions et de la triple et quadruple expansion, n'a pas été très considérable; les pressions ont passé de 12 à 15 et même 20 kg, et la dépense par cheval indiqué n'a guère diminué, en moyenne et pour les longues traversées, que de 0,80 kg à 0,70 kg; c'est une économie notable, mais loin d'être proportionnelle à l'augmentation des pressions; et il n'en saurait être autrement, de sorte qu'il semble que l'on n'ait guère intérêt, sous ce rapport, à augmenter encore notablement les pressions, sans compter qu'au delà de 25 kg la fatigue des métaux et des garnitures des cylindres et des tuyauteries augmenterait dans une proportion peut-être dangereuse. Mais l'économie de combustible n'augmente pas seulement avec la pression, elle s'accroît aussi avec la puissance des machines et, en même temps, s'accroît aussi, avec cette puissance, une autre économie, tout aussi essentielle : l'économie par tonne-mile transportée, parce que le poids mort du bateau et sa section immergée croissent notablement moins vite que son tonnage; c'est ainsi qu'un cargo de 5 000 tonneaux exige, pour une vitesse de 13 nœuds, une puissance de 3 500 chevaux environ, alors qu'un cargo de 15 000 tonneaux n'exigerait que 7 000 chevaux, c'est-à-dire une puissance double pour un tonnage triple; c'est l'explication du très grand avantage des gros navires, toutes les fois que le trafic peut les alimenter, et de la nécessité d'outiller les ports de manière à pouvoir les recevoir. L'on est arrivé, dans cette voie, à réaliser des économies considérables : à ne plus dépenser, par 100 tonnes-mile, que 2 kg environ de charbon au lieu des 4 kg à 4,50 kg de 1899.

M. J. *Mac Kehnie* a, dans un mémoire des plus intéressants, présenté, en juillet 1901, aux *Mechanical Engineers* de Londres, fort nettement fait ressortir le progrès accompli dans la machinerie maritime depuis ces dix dernières années, et nous ne saurions mieux faire que de reproduire ici le résumé de son mémoire, tel que nous l'avons donné au *Bulletin de la Société d'encouragement pour l'industrie nationale* de septembre 1901.

Économie de combustible. — Cette économie a été, comme l'indiquent les chiffres du tableau ci-dessous, moins accentuée pendant la dernière décade que pendant les précédentes; on n'a gagné, sur la précédente décade, que 10 gr environ de charbon par cheval-heure indiqué, et 220 gr pendant ces vingt dernières années, et ce résultat a été obtenu sans compliquer la machinerie.

Cette économie est due, en très grande partie, à l'augmentation des pressions, qui atteignent aujourd'hui 14 kg avec les machines à triple expansion et 15 kg avec les quadruples; cette haute pression permet d'obtenir des chaudières une plus grande puissance par mètre carré de chauffe; elle est passée, pendant cette décade, de 0,30 m² à 0,28 m² par cheval; la vitesse des pistons s'est accrue de 2,60 m à 4,45 m, et même 4,80 m par seconde.

TABLEAU I. — **Résultats moyens de machines marines, 1872, 1881, 1891, 1901**

Chaudières, Machines, Charbon.	Résultats moyens.			
	1872	1881	1891	1901
Pression de la chaudière	3,60 kg	5,5 kg	11 kg	14 kg
Chauffe par m² de grille	»	30,4	31	38 et 43 *
Chauffe par cheval indiqué	0,4 m²	0,37	0,30	0,28
Charbon par m² de grille	»	68 kg	73 kg	88 et 137 *
Tours par minute	55,67	59,76	63,75	87
Vitesse du piston en mètres par seconde	1,90 m	2,35	2,65	3,30
Charbon par cheval-heure indiqué	0,95 kg	0,83	0,70	0,68
Moyenne en long voyage	»	0,91 kg	0,80	0,70

* Aux tirages naturel et forcé.

On a aussi considérablement amélioré l'économie par tonne-mile des grands cargos, dont la dépense de combustible croît moins vite que le tonnage; le diagramme (*fig.* 1) montre comment

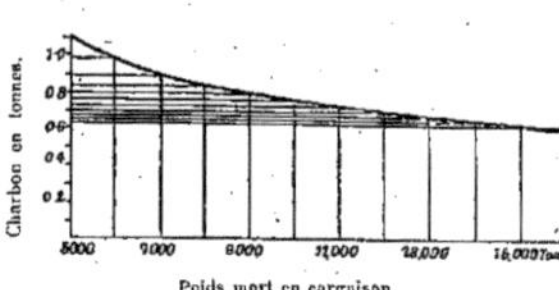

FIG. 1. — Dépense de charbon nécessaire par 100 tonnes et 24 heures à la vitesse de 13 nœuds.

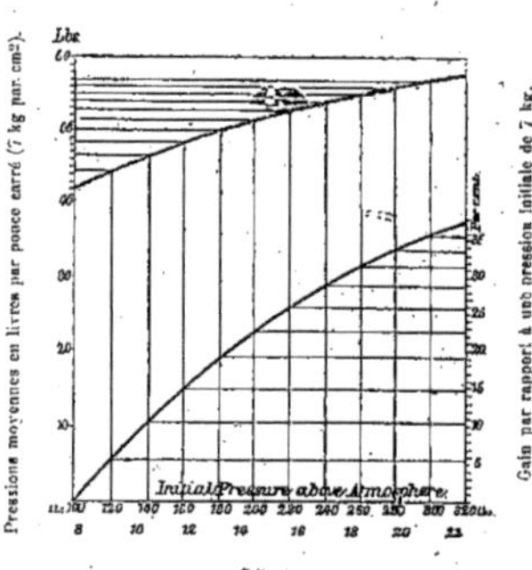

FIG. 2.
Économie théorique des hautes pressions.

cette dépense diminue avec la dimension des cargos, dont le poids mort augmente moins vite que la capacité, ainsi que la section immergée; un cargo de 5 000 tonneaux exige une machine de 3 475 chevaux pour une vitesse de 13 nœuds, tandis qu'un cargo de capacité triple ne demanderait qu'une puissance double; il dépensera 2 kg de charbon au lieu de 3,6 kg par tonne-mile; la dépense de charbon par cheval-heure est, en moyenne, de 680 gr; en outre, la dépense de construction est plutôt diminuée, ainsi que celle du personnel, par suite de l'amélioration des appareils de manutention.

TABLEAU II. — **Résultats moyens des paquebots Cunard 1899-1900**

Nom du navire.	Voyage.	Vitesses en nœuds.	I. H. P.	Tours par minute.	Course en millim.	Vit. du piston en mètres par seconde.	Dépense de charbon. Tonnes par jour.	Dépense de charbon. Kil. par I. H. P. par h^re.
Saxonia.	Liverpool à Boston	14,5	10,078	76	1,37 m	3,45	138	0,60
	Boston à Liverpool	1,50	10,230	77	1,37 m	3,50	130	0,60
Ultonia.	Liverpool à Boston	11,5	3,997	60	1,22 m	2,75	66	0,68
	Boston à Liverpool	11,8	4,292	71	1,22 m	2,80	62	0,65

Cette économie est la principale raison de l'augmentation du tonnage des paquebots, dont un grand nombre dépassent aujourd'hui 10 000 et même 13 000 tonneaux, tandis que, il y a dix ans, on ne dépassait que rarement 5 000 tonneaux. On remarquera (tableaux V et VI) que, en matière de grands navires, l'Allemagne arrive à égaler l'Angleterre.

Pressions aux chaudières. — En général, on préfère, comme chaudières cylindriques, les chaudières simples. La pression la plus élevée atteinte avec ces chaudières a été de 19 kg; mais, dans la marine de guerre, on atteint souvent 21 kg avec les chaudières à tubes d'eau, pression supérieure de 24 p. 100 à celle de la marine marchande, et de 100 0/0 aux pressions admises il y a dix ans.

Il semble que la limite soit atteinte avec les chaudières cylindriques, car, pour une pression de 20 kg et pour un diamètre de 3,90 m seulement, l'épaisseur des tôles est de 40 mm; on retrouve cette épaisseur dans la chaudière de l'*Ortona* (*fig.* 3), de 5,25 m de diamètre, mais dont la pression n'est que de 14 kg.

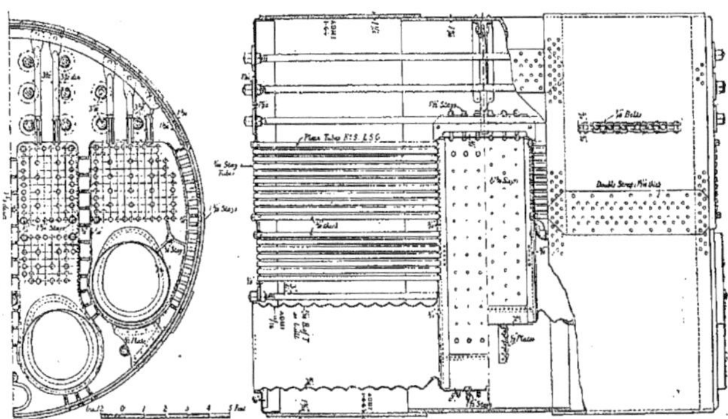

Fig. 3 et 4. — Chaudières du paquebot *Ortona*.

Tirage et vaporisation. — On emploie de moins en moins, dans la marine marchande, le tirage en chambre de chauffe fermée; on préfère employer de l'air préalablement chauffé soit par le système du vent forcé avec cendrier fermé, comme dans le type Howden, soit avec le tirage par aspiration forcée; dans les deux cas, on utilise une partie de la chaleur perdue des gaz. La puissance totale des navires pourvus du système à vent forcé est de 3 406 000 chevaux, et il s'est montré des plus économiques : 620 gr de charbon par cheval-heure indiqué en voyage transatlantique des Cunard : *Saxonia* et autres. On peut, avec ce système, augmenter la combustion par mètre carré de grille et la vaporisation par mètre carré de chauffe. Le rapport de la surface de chauffe S à celle G de la grille, qui s'abaisse parfois à 30, est ordinairement de 42 à 43 au lieu de 38,3 pour le tirage naturel; en un mot, la surface de chauffe des chaudières cylindriques s'est ainsi accrue de 30 0/0 environ de ce qu'elle était il y a 10 ans par mètre carré de grille; on brûlait par mètre carré de grille et par heure : 68 kg en 1881, 73 en 1891, et on brûle aujourd'hui 88 kg au tirage naturel et 137 au tirage forcé; la surface de chauffe par cheval est tombée de 0,3 m² à 2,7 m², et la puissance par tonne de chaudières s'est élevée de 16,5 chevaux à 20 et 23 dans les transatlantiques et même à 30 dans certains paquebots du Pas-de-Calais.

Emploi du pétrole. — L'on n'a pas fait de grands progrès dans cette voie : le prix du navire à pétrole, avec des soutes étanches, augmente facilement de 50 000 fr pour un bateau de moyenne taille. Les avis sont encore partagés sur le meilleur système de brûleur; le pulvérisateur mécanique exige une garniture en briques au foyer pour en maintenir la température; le pulvérisateur à vapeur entraîne une perte d'eau de 100 à 150 litres pour une machine de 1 000 chevaux; avec l'injecteur à air, il faut dépenser aux compresseurs autant de vapeur que pour le pulvérisateur à vapeur.

TABLEAU III. — **Performances de navires construits en 1889-1893**

(Données fournies par la *British and African Steam Navigation Company, Limited*)

N° du voyage	Ports et dates	Durée du trajet	Longueurs du trajet en milles	Nombre de tours	Tours par minute	Vitesse d'après l'hélice	Vitesse réelle	Recul pour cent	Tirant moyen	Déplacement moyen	Poids moyen	I. H. P. moyenne	Charbon par jour	Charbon par I. H. P.
		j. h. m.				nœuds	nœuds		mètres	tonnes	tonnes		tonnes	kil.
14	*Boma*, 1889. — Liverpool à Ténériffe, oct. 1893	7 13 0	1660	608,430	56,0	9.67	9.16	5,3	5,20	4264	2486	950	16,55	0.73
29	Liverpool à Ténériffe, fév. 1898	6 22 45	1660	602,760	60,2	10,39	9.95	4,2	5,64	4673	2895	1110	22,00	0,85
33	Liverpool à Ténériffe, mai 1899	6 22 0	1660	599,210	60,1	10,37	10,00	3,5	6,00	5047	3269	1160	23,10	0,86
39	Liverpool à Madère, fév. 1901	6 9 0	1440	511,960	55,7	9,61	9,41	2,0	5,90	4897	3119	1100	22,60	0,86
9	*Loanda*, 1891. — Liverpool à Madère, sept. 1893	5 23 30	1440	536,010	62,2	10,20	10,03	1,6	5,10	4686	2726	870	15,75	0,77
10	Liverpool à Madère, déc. 1893	6 6 17	1440	554,080	61,5	10,08	9,58	4,9	5,70	5352	3389	860	16,20	0,8
12	Liverpool à Grand-Canary, juill. 1894	7 3 0	1660	611,950	59,6	9,78	9,70	0,8	5,43	4756	2793	780	16,70	0,9
36	Liverpool à Grand-Canary, *viâ* Madère, juin 1900	7 10 15	1700	660,350	61,7	10,11	9,53	5,73	5,26	4888	2025	860	14,55	0,86
2	*Balanga*, 1893. — Liverpool à Grand-Canary, mars 1894	6 20 0	1660	640,840	65,1	10,67	10,12	5,1	5,00	4679	2549	950	18,65	0,83
6	Liverpool à Grand-Canary, *viâ* Ténériffe, mars 1895	6 22 50	1700	643,670	64,3	10,54	10,18	3,4	5,10	4810	2680	950	19,00	0,85
11	Liverpool à Grand-Canary, juin 1896	6 14 30	1660	624,020	65,6	10,75	10,47	2,6	5,00	4653	2523	990	21,50	0,87
28	Liverpool à Grand-Canary, *viâ* Madère, juill. 1900	7 1 30	1700	675,900	66,4	10,89	10,03	7,9	5,46	5180	3050	1050	21.70	0,86

TABLEAU IV. — **Performances de navires marchands avec machines compound, puis à triple expansion**

(*Renseignements fournis par Cayzer, Irvine and C°*)

		Longueur de chaque voyage en nœuds	Dimensions du navire: Longueur	Largeur	Profondeur	Poids mort	Diamètres et course des machines	Pression	I. H. P. moyenne	Vitesse moyenne	Dépense de charbon: Tonnes par jour	Kil. par I. H. P. heure	Nœuds par tonne de charbon	Tirage
			mèt.	mèt.	mèt.	tonnes	millimètres	kil.		nœuds				
"A" 1878	Résultats de 6 steamers avec machines compound (moyenne de 7 voyages)	20 416	93	10,50	7,40	3000	880 1,60 / 1,07	5,6	700	8,2	16,5	1,0	12,0	Naturel
"A"	Résultats des mêmes steamers avec mach. à triple expansion (7 voyages)	20 504	93	10,50	7,40	3000	560 880 1,50 / 1,07	11,2	1000	9,5	15,0	0,635	14,8	Howden forcé
"B" 1880	Résultats de 6 steamers avec machines compound (10 voyages)	20 973	100	12,20	8,00	4200	990 1,00 / 1,22	6,0	1230	9,45	27,17	0,92	8,33	Naturel
"B"	Résultats des mêmes steamers avec mach. à triple expansion (10 voyages)	20 478	100	12,20	8,00	4200	620 1 1,70 / 1,22	12,6	1650	10,4	24.25	0,630	10,2	Howden forcé

La vaporisation est de 12 à 15 kg par kg de pétrole et même plus, ramenée à 100°. L'emploi du pétrole préalablement volatilisé par de la vapeur surchauffée dans une cornue paraît présenter de grands avantages, et donner une vaporisation encore plus grande. Dans la marine de guerre, on semble avoir difficilement obtenu, avec les chaudières à tubes d'eau, la même vaporisation au pétrole qu'au charbon; on a pu, dans un essai de trois heures, brûler jusqu'à 440 kg de charbon par mètre carré de grille et par heure, et l'on n'a pas pu atteindre l'équivalent avec le pétrole; en fait, la puissance maxima obtenue avec le pétrole par l'Amirauté, sur la chaudière à petits tubes du *Surley*, est la moitié environ de celle donnée par le charbon. Comme auxiliaire du charbon, le pétrole présente de grands avantages; mais, dans tous les cas, son emploi présente des risques spéciaux, comme l'a montré l'accident récent survenu sur un vaisseau allemand.

Grilles mécaniques. — Les grilles mécaniques, très répandues à terre, ne le sont que très peu à la mer, où il semble qu'elles ont un bel avenir, principalement avec les grandes grilles des chaudières à tubes d'eau pour la marine marchande, car il faut, pour y réaliser une combustion économique, distribuer le charbon en charges fréquentes et uniformes. Aux États-Unis, on a adopté, sur quelques navires des lacs, des grilles mécaniques à chaînes, qui ont dépensé 0,90 kg et 0,70 kg par cheval, avec des feux de 165 et 123 kg de charbon par mètre carré de grille.

Vapeur surchauffée. — On a pu, à la pression de 19 kg, et avec une surchauffe de 32°, arriver à ne dépenser que 450 gr de charbon par cheval; mais il faut craindre la multiplication des pièces du surchauffeur en des endroits inaccessibles, difficiles à inspecter, et qui ne le seront que si l'on donne une prime d'économie de charbon.

Économie théorique des hautes pressions. — Cette économie théorique est représentée par le diagramme figure 2, dont la courbe du bas donne les économies réalisables, par rapport à une pression initiale de 7 kg par centimètre carré, avec des pressions allant jusqu'à 22,5 kg et des détentes allant jusqu'à 22; on voit que ce bénéfice augmente moins vite que la pression.

L'avantage de la quadruple expansion pour des pressions inférieures à une vingtaine de kilogrammes est encore discutée, de sorte qu'elle ne s'est pas répandue aussi rapidement qu'on l'avait espéré; parmi les vapeurs enregistrés au Lloyd, pendant ces neuf derniers mois, il n'y en a que 3 0/0 à quadruple expansion, et ce fait ne saurait être attribué à la crainte de multiplier les mécanismes, car la pratique de doubler le cylindre de détente des triples expansions s'est très répandue, même avec des pressions de 14 kg.

Difficultés des hautes pressions : tuyaux et joints. — Les hautes pressions ont amené, tout d'abord, l'abandon de certains matériaux pour la tuyauterie des chaudières; les tubes en acier étiré

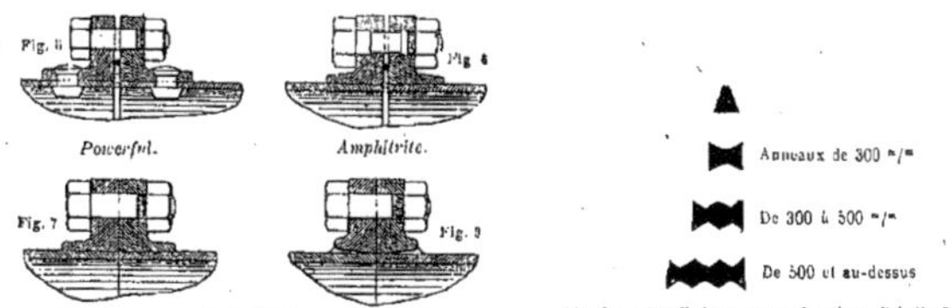

Fig. 9. — Détail des anneaux de cuivre. Echelle 2/3.

Fig. 5 à 9. — Types de joints à brides.

sans soudure ou soudés sans recouvrement ont remplacé ceux en cuivre; pour les grandes valves et les coudes, on emploie souvent le bronze, mais on leur préférerait l'acier coulé si on pouvait donner à ses fontes la légère é oulue; son emploi est retardé par la presque impossibilité de fournir des pièces sûres en fonte d'acier mince. Dans la marine militaire, tous les tuyaux sont en acier, à partir d'un diamètre de 75 mm pour des pressions de 18 kg, et de 40 mm pour 21 kg; les tuyaux en acier sont, jusqu'à 150 mm de diamètre, en acier étiré avec bridés en acier sans soudure vissées; au delà, ils sont en acier soudé, avec couvre-joint sur la soudure et brides soigneusement rivées. On peut courber les tubes d'acier jusqu'au diamètre de 100 mm, et l'on espère pouvoir aller au delà, de manière à diminuer le nombre des boîtes d'expansion. Les joints de tuyauterie ont aussi dû subir des modifications; les figures 5 à 7 en donnent quelques-unes. Dans le type du *Powerful* (*fig.* 5), le joint est fait par un fil de cuivre de section triangulaire; ce joint, qui résiste parfaitement à l'essai hydraulique, ne tarde pas à se piquer par l'action galvanique et à fuir; en outre, les dilatations et contractions de la ligne de tuyauterie déplacent l'anneau de cuivre et le sortent de son logement. Pour éviter cet inconvénient, on essaya le joint figure 6, mais sans éviter les corrosions inséparables du contact du fer et du cuivre. Les joints figures 7 et 8 sont l'un en acier sur tube d'acier, l'autre en cuivre avec brides en métal brasé, dressées à la main, avec joint sur peinture au minium; l'auteur pense qu'il serait plus simple et moins coûteux de faire ce joint avec brides non dressées sur carton mince d'amiante imbibé d'huile, matière qui, dans certains joints de tuyaux d'alimentation, a supporté des pressions allant jusqu'à 42 kg.

TABLEAU V. — **Cargos du Nord Atlantique**

Dimensions.	Tirant.	Déplacement.	Coefficient de déplacement.	Poids mort.	Vitesse.	I. H. P.	Charbon par 100 tonnes.
mètres. mètres. mètres.	mètres.	tonnes.		tonnes.	nœuds.		kg.
120 × 14,0 × 8,9	7,47	8 640	0,69	5 000	13	2 475	3,63
126 × 14,5 × 9,5	7,80	10 240	0,696	6 000	13	3 725	3,22
135 × 16,0 × 10,0	8,00	11 870	0,702	7 000	13	3 970	2,95
140 × 16,3 × 10,4	8,23	13 500	0,71	8 000	13	4 225	2,75
145 × 17,0 × 10,8	8,50	15 100	0,715	9 000	13	4 475	2 60
150 × 17,7 × 11,0	8,70	16 750	0,72	10 000	13	4 725	2,45
160 × 18,7 × 11,5	9,14	19 850	0,728	12 000	13	5 200	2,20
165 × 19,9 × 12,0	9,35	21 470	0,732	13 000	13	5 430	2,10
167 × 19,6 × 12,4	9,55	23 070	0,736	14 000	13	5 675	2,18
174 × 20,4 × 1,30	9,86	26 150	0,742	16 000	13	6 180	2,00

TABLEAU VI. — **Tonnage des navires lancés en Angleterre de 1892 à 1900**

Tonnage.	1892	1893	1894	1895	1896	1897	1898	1899	1900
2 000 à 2 999	104	75	100	88	89	73	79	57	47
3 000 à 3 999	67	63	90	75	63	74	141	129	119
4 000 à 4 999	23	18	25	30	23	28	28	39	56
5 000 à 5 999	8	5	14	9	35	15	23	27	26
6 000 à 6 999	5	6	4	6	6	5	13	15	17
7 000 à 7 999	»	1	2		4	8	13	9	12
8 000 à 8 999	»	»	»	4 (7 000 à 9 999)	2 (8 000 à 9 999)	2 (8 000 à 9 999)	2	4 (8 000 à 9 999)	2
9 000 à 9 999	»	»	»						4
10 000 à 10 999	»	»	»	»	»				
11 000 à 11 999	»	»	»	»	1	3 (10 000 et plus)	4 (9 000 et plus)	9 (10 000 et plus)	4 (10 000 à 11 999)
12 000 et plus.	»	»	»	1	»				4

Disposition des cylindres. — On peut dire que, en tant qu'il s'agit de machines à grandes vitesses, la pratique a sanctionné (tableau VIII), d'une façon presque universelle, l'emploi des machines à quatre manivelles commandées par quatre cylindres à triple ou quadruple expansion et disposées suivant le système Yarrow-Schlick-Tweedy; il y a dix ans, la plus grande puissance était de 20 000 chevaux indiqués et la plus grande vitesse de 20,7 nœuds; actuellement, on dépasse 36 000 chevaux et 23,5 nœuds en marche courante, et ce résultat est dû à la Compagnie allemande Vulcain, de Stettin, qui a construit les deux transatlantiques les plus rapides et est en train d'en construire deux autres plus rapides encore.

Il y a dix ans, on divisait très rarement le cylindre de basse pression des triples expansions, et le grand diamètre ne dépassait pas 3 m; on opéra cette duplication sur la *Campania*, où l'on obtint, avec deux cylindres de basse pression de 2,50 m, une puissance supérieure de 50 0/0 à celle de la machine à cylindre de 3 m. Le très grand avantage d'un bon équilibrage et de l'atténuation des vibrations n'a fait qu'encourager cette pratique du dédoublement du cylindre de basse pression, en triple et quadruple expansion, avec les cylindres en tandem disposés par paires de manière à s'équilibrer. Grâce à ce dédoublement, même dans des machines de 18 000 chevaux, le diamètre des cylindres de basse pression ne dépasse pas 2,60 m, au lieu de 3 m avec un cylindre unique, pour 10 000 chevaux, avec des pressions d'admission respectives de 15,40 kg et 10,35 kg; il n'y a pas lieu de chercher à agrandir ces cylindres, mais on aurait peut-être avantage, avec des pressions encore plus élevées, à multiplier encore les expansions et les cylindres, parce que toute augmentation du nombre des manivelles tend à diminuer les vibrations. Les diagrammes figures 10 à 15 montrent que l'on peut disposer les manivelles multiples et leurs contrepoids de manière à réduire les vibrations au point que, sur le *Deutschland*, par exemple, les vibrations, mesurées aux extrémités de ce navire, de 200 m de long, ne dépassent pas 5 mm.

Rapports des volumes des cylindres. — Les hautes pressions ont conduit à augmenter le rapport des volumes des cylindres de basse (LP) et de haute pression (HP). Il y a dix ans, avec des pressions de 11,5 kg environ, ces rapports étaient, en moyenne, les suivants, IP désignant le cylindre intermédiaire :

$$LP/HP = 6{,}77 \qquad IP/HP = 2{,}56 \qquad LP/IP = 2{,}64;$$

actuellement, avec des pressions de 12,60 kg, ils sont de :

$$LP/HP = 7{,}55 \qquad IP/HP = 2{,}74 \qquad LP/IP = 2{,}76.$$

Le rapport LP/HP ne s'écarte presque pas de la moyenne 7,55, tandis que les autres rapports varient considérablement. Sur les paquebots du Pas de Calais, à traversées rapides et courtes, on se rapproche de la pratique des contre-torpilleurs, où l'on recherche plutôt la réduction du poids des machines que leur économie; avec des pressions de 11,5 kg à 12,6 kg, le rapport LP/HP tombe à 5,25 et 5,93. Dans les grands paquebots et cargos, où l'économie de combustible est très importante, l'on

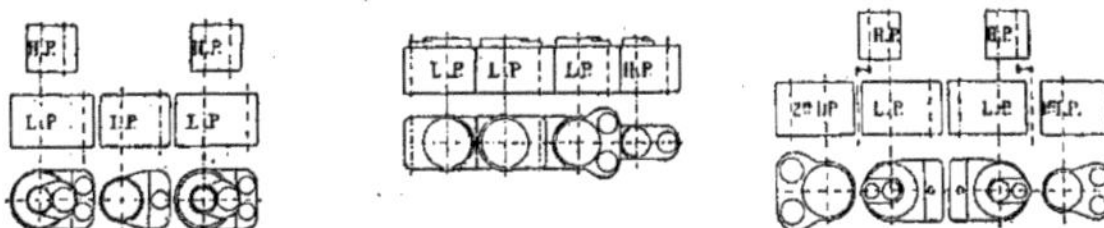

Fig. 10. *Campania* (1893), 30 000 chev.

Fig. 11. *Kaiser Wilhelm der Grosse* (1898), 28 000 chevaux.

Fig. 12. *Deutschland* (1900), 30 000 chev.

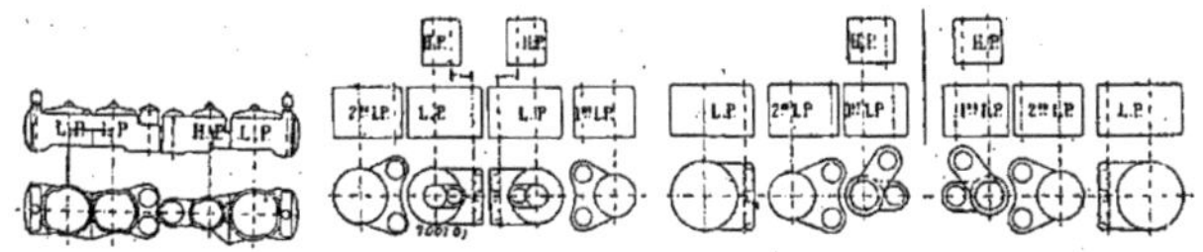

Fig. 13. *H. M. S. King Alfred* (1901), 30 000 chevaux.

Fig. 14. *Kronprinz Friedrich* (1901).

Fig. 15. *Kaiser Wilhelm II* (1902).

n'a pas, en général, augmenté la détente proportionnellement à la pression, car on n'y considère pas les très grandes détentes comme avantageuses au total. Sur les croiseurs à triple expansion, avec des pressions de 15 kg, le rapport LP/HP est passé, de 5 qu'il était aux pressions de 11 kg, à 5,66, puis il s'est élevé à 7,1 pour les pressions de 17,5 kg. Avec les quadruples expansions, ces rapports sont plus grands qu'avec les triples, et, en moyenne, de :

$$LP/HP = 10{,}25 \qquad 2^e\ IP/HP = 4{,}40 \qquad 1^{re}\ IP/HP = 1{,}96.$$

Il serait très désirable que l'on fît, sur cette question des rapports des cylindres, une série d'expériences comparatives; mais leur exécution présente les plus grandes difficultés; à leur défaut, la pratique et quelques essais isolés semblent indiquer que, en triple et quadruple expansion, l'on n'a pas intérêt à pousser très loin la détente, au point de vue de l'économie de charbon par cheval effectif, économie qui ne se confond pas toujours avec celle par cheval indiqué.

Enveloppes de vapeur. — Avec les hautes pressions, et surtout avec la vapeur surchauffée, l'utilité de ces enveloppes est discutable aux cylindres d'admission ; dans bien des cas, on conserve l'enveloppe avec cylindre intérieur constitué par une virole séparée, qui assure un frottement très doux, plus doux que celui de la fonte même du cylindre, mais sans y envoyer de la vapeur; les essais des croiseurs *Argonaut* et *Hyacinthe* paraissent favorables à la suppression de l'enveloppe; elle est encore utile dans les machines lentes et à grande détente de la marine marchande, mais fort peu, et disparaîtra probablement avec les hautes pressions.

TABLEAU VII. — Nombre des grands navires des différentes nations en 1891 et 1901

TONNAGE	ENSEMBLE		GRANDE-BRETAGNE		ALLEMAGNE		FRANCE		ÉTATS-UNIS		RUSSIE		ESPAGNE		BELGIQUE		ITALIE		JAPON		HOLLANDE		AUTRICHE	
	1891	1901	1891	1901	1891	1901	1891	1901	1891	1901	1891	1901	1891	1901	1891	1901	1891	1901	1891	1901	1891	1901	1891	1901
Au-dessus de 13 000	»	10	»	4	»	6	»	»	»	»	»	»	»	»	»	»	»	»	»	»	»	»	»	»
— — 12 000	»	8	»	5	»	2	»	»	»	»	»	»	»	»	»	»	»	»	»	»	»	1	»	»
— — 11 000	»	12	»	7	»	»	»	2	»	3	»	»	»	»	»	»	»	»	»	»	»	»	»	»
— — 10 000	2	21	2	6	»	13	»	»	»	1	»	»	»	»	»	»	»	»	»	»	»	1	»	»
— — 9 000	2	10	2	8	»	»	»	2	»	»	»	»	»	»	»	»	»	»	»	»	»	»	»	»
— — 8 000	4	22	4	18	1	3	»	»	»	»	»	»	»	»	»	»	»	»	»	»	»	1	»	»
— — 7 000	9	52	9	36	2	10	4	3	»	1	»	2	»	»	1	»	»	»	»	»	»	»	»	»
— — 6 000	15	118	10	71	2	9	3	12	»	6	»	1	»	1	»	1	»	»	»	16	»	»	»	1
— — 5 000	59	252	37	153	12	50	3	3	1	16	»	9	3	4	2	3	1	»	»	1	»	1	»	3

TABLEAU VIII. — Dimensions et poids de la machinerie des navires-types modernes

Nom du navire	*Deutschland.*	*Kaiser Wilhelm der Grosse.*	*H. M. S. King Alfred.*	*Celtic.*	*Duke of Cornwall.*	*Juno et Doris.*	*Indrani.*
Constructeurs	Vulcan Co., of Stettin.	Vulcan Co., of Stettin.	Vickers, Sons, et Maxim, Limited, Barrow.	Harland et Wolf, Belfast.	N. C. and A. C.	N. C. and A. Co.	N. C. and A. Co.
Propriétaires	Hamburg-American.	North German Lloyd.	Amirauté anglaise.	White Star.	L. and N. W. Ry. Co.	Amirauté anglaise.	T. B. Royden and Co.
Date de livraison	1900	1898	1901	1901	1898	1896	1894
Longueur totale	210 m	197 m	160 m	212 m	98 m	113 m	126 m
Entre perpendiculaires	208	190	152	207	95	107	121
Largeur	20,40	20,10	21,70	23	11.28	16,46	14,60
Profondeur	13.40	13,10	12	14,70	5,35	10,40	9,60
Tonnage brut	16 500 tonneaux.	14 349 tonneaux.	8 700 tonneaux.	20 880 tonneaux.	1 540 tonneaux.	3 773 tonneaux.	4 944 tonneaux.
Tirant	8.84 m	8,54	7,90	10	4,65	6,25	7.62 m
Déplacement	23 620 tonneaux.	20 880 tonneaux.	14 200 tonneaux.	33 550 tonneaux.	2 830 tonneaux.	5 600 tonneaux.	10 930 tonneaux.
Type de machine	6 cylindres, quadruple expansion, système Schlick.	4 cylindres, triple expansion système Schlick.	4 cylindres, triple expansion Yarrow, Schlick et Tweedy.	4 cylindres, quadruple expansion.	4 cylindres, triple expansion Yarrow, Schlick et Tweedy.	3 cylindres, triple expansion.	3 cylindres, triple expansion.
Nombre de manivelles	4	4	4	4	4	3	3
Diamètre des cylindres de chaque machine	925 925 2,64 m 2,64 2,70 1,87	1,32 m 2,28 2,45 2,45	2,07 m 1,10 1,80 2,07	840 1,20 m 1,73 m 2,49	560 863 967 967	838 1,25 m 1,86	686 1,12 m 1,83 m
Course	1,85	1,75	1,22	1,60	838	990	1,22
Vitesse du piston en mètres par seconde	»	4,43	4.80	»	4,40	4,55	3,20
Nombre et type des chaudières	12 doubles et 4 simples.	12 doubles et 2 simples.	13 Belleville avec économiseurs.	8 doubles.	4 simples cylindriques.	8 simples cylindriques.	2 doubles cylindriques.
Nombre des foyers	112	104	43	48	16	24	8
Pression	15,4 k	12,6	Chaud. 21, mach. 17,5	15	13	11	13
Surface de chauffe totale	7 940 m²	7 830	6 689	3 877	1 020	1 630	567
— de grille totale	195 m	242	214	93	29,5	55,7	17.7
Tirage	Howden.	Cendrier ouvert.	Naturel.	Forcé.	Cendrier fermé forcé.	Cendrier fermé forcé.	Naturel.
Puissance indiquée totale	35 000	30 000	30 000	13 000	5 520	9 830	2 120
Vitesse moyenne maxima	23,51 knots.	22,79 knots.	23 knots.	16 0 knots.	19,75 knots.	20 knots.	10,75 knots.
Encombrement superficiel des machines et chaudières par I. H. P.	0,40 m²	0,39	0,32	0,90	0,38	0,41	0,46
Poids total de la machinerie et de l'eau	5 670 tonnes.	4 460 tonnes.	2 500 tonnes.	2 975 tonnes.	612 tonnes.	904 tonnes.	455 tonnes.
I. H. P. par tonne de machinerie	6,35	6,71	12	4,37	9,02	10,88	4,66

Équilibrage des tiroirs. — Les hautes pressions ont nécessité l'emploi d'anneaux ou cadres d'équilibrage aux tiroirs de basse et intermédiaire pression ; les types représentés par les figures 16 à 18 sont ceux adoptés avant les chaudières à tubes d'eau, pour des pressions de 12 kg. En figure 16, l'anneau en bronze A est rendu étanche par deux garnitures d'amiante pressées par un second anneau à ressorts ; en figure 17, la garniture d'amiante est remplacée par un segment métallique Ramsbottom ; il en est de même en figure 18, avec un perfectionnement : la faculté de régler les ressorts de poussée du cadre par des boulons. Le dispositif figure 19 était destiné à une petite machine marchant à 15,5 kg ; le type de Vickers (*fig.* 20), pour pressions de 21 kg, avec garniture métallique à coins, a donné pleine satisfaction ; la tension des ressorts y est réglée par des boulons, comme en figure 18, mais avec addition d'un arrêt empêchant le tiroir de se soulever plus qu'il ne le faut pour céder aux coups d'eau ;

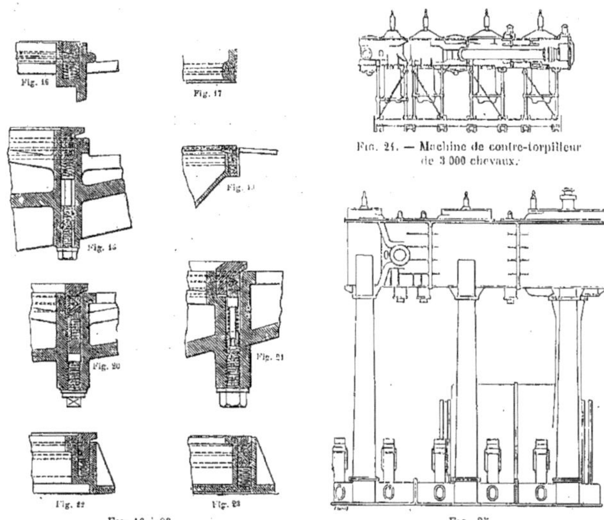

Fig. 16 à 23.
Anneaux d'équilibrage des tiroirs.

Fig. 24. — Machine de contre-torpilleur de 3 000 chevaux.

Fig. 25.
Machine de navire marchand de 3 000 chevaux à la même échelle que la figure 24.

dans la variété de ce type représenté par la figure 21, cette levée est limitée par des taquets logés dans les boulons mêmes de serrage des ressorts. Les types figures 22 et 23 sont adoptés par la marine marchande pour des pressions de 12 à 14 kg.

Vitesse du piston. — Cette vitesse s'est, comme nous l'avons dit, considérablement accrue ; en voici la moyenne pour différents types de navires :

	Vitesse du piston par seconde.	Course.
Paquebots océaniques à grande vitesse	$4^m,70$	$1^m,70$
Paquebots océaniques à vitesse moyenne	$3^m,75$	$1^m,40$
Cargos	$2^m,55$	$1^m,20$
Paquebots rapides du Pas de Calais	$4^m,45$	$0^m,85$

Ces grandes vitesses exigent un graissage plus soigné, principalement aux portées des manivelles et au bas des escaliers principaux, dans lesquelles il faut ménager de larges saignées pour y assurer une libre circulation de l'huile ; mais ces vitesses n'ont pas accru le nombre des accidents, faciles à éviter par une construction plus soignée et l'emploi de meilleurs matériaux.

Diamètre et résistance des arbres. — Les accidents au bout des arbres d'hélices sont fréquents, dus principalement aux corrosions ; le tableau ci-dessous donne les dimensions proposées par différentes autorités pour les arbres d'une machine à triple expansion, à pression de 12 kg, et avec cylindres de 585, 965 et 1,60 m × 1,14 m.

Efforts supportés par les pièces des machines dans les cargos et les contre-torpilleurs. — Les figures 24 et 25 font bien ressortir le contraste entre les machines de ces deux types extrêmes, dont le tableau ci-dessous donne les fatigues, doubles, en moyenne, dans la machine du torpilleur.

Fatigue en kilogrammes par millimètre carré

	Cargo. 80 tours. 7 500 chevaux.	Contre-torpilleur 390 tours. 6 000 chevaux.
Arbre	2,10	4,4
Tige de piston	1,7	3,7
Boulons des grosses têtes de bielles	3,6	6,0
Filetage de la tige de piston	2,9	6,1
Cylindre de haute pression	2,9	3,0
— intermédiaire	2,15	3,1
— de basse pression	1,8	1,6
Facteur de sûreté, boulons de bielles	12,0	7,575
— tige de piston	26,4	12,75
— filetage	13,2	7,35
Résistance minimum acier	45k,0	48k,0
— fonte	13,0	15,0

Types de machines de la pratique courante (*fig.* 26 à 38). — Les paquebots *Duke of Lancaster* et *Duke of Cornwall*, construits en 1894 et 1898, pour la Compagnie du London and North Western Ry,

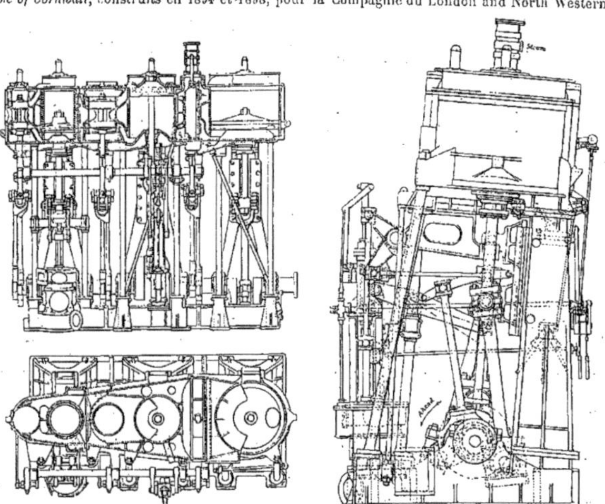

Fig. 26 à 28. — Machines du paquebot *Duke of Lancaster*.

service de Fleetwood et Belfast, sont presque identiques, à deux hélices, avec machines construites de manière à pouvoir donner à l'occasion un fort coup de collier, faire le trajet en cinq heures et demie au lieu de six heures et demie pour rattraper la marée. Le premier de ces paquebots avait deux machines à triple expansion, avec cylindres de 610, 914 et 1,40 m × 840, pression 11,5 kg, vitesse 150 tours, puissance 5 400 chevaux ; les machines du second, également à triple expansion, mais à quatre manivelles, avaient des cylindres de 560, 865, 970 et 970 × 840, puissance 5 700 chevaux, vitesse

160 tours, pression 12,60 kg; on remarquera l'augmentation corrélative de la pression, de la vitesse et de la puissance.

On peut faire une comparaison analogue entre les machines des cargos *Volta* et *Sokoto*, construits, l'un en 1892 et l'autre tout récemment, pour le même service : *le Volta* a une seule machine à triple expansion, avec cylindres de 585, 965 et 1,57 m × 1,07 m, pression 11,12 kg, puissance 1 400 chevaux à 70 tours, vitesse des pistons 1,50 m par seconde ; les machines du *Sokoto* (*fig.* 38) ont des cylindres

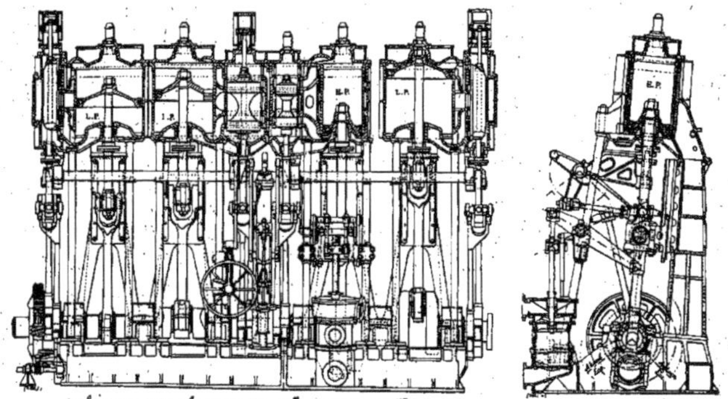

Fig. 29 et 30. — Machines du paquebot *Duke of Cornwall*.

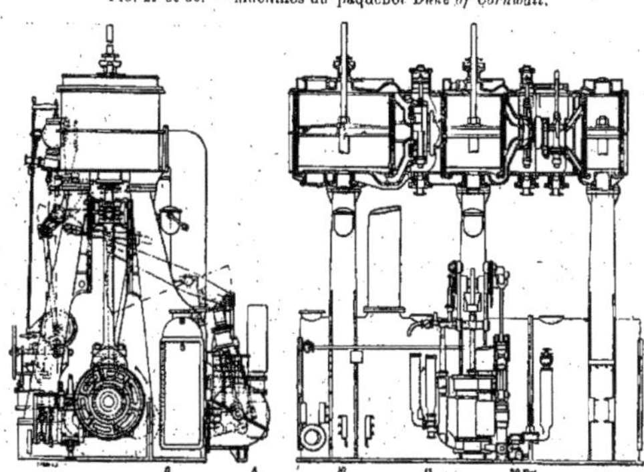

Fig. 31 et 32. — Machines des cargos *Bornu* et *Sokoto*.

de 585, 965, 1,60 m × 1,14 m, puissance 1 800 chevaux à 85 tours, vitesse des pistons 3,25 m, pression 12,60 kg. On y a, en outre, ajouté un réchauffeur d'alimentation et remplacé l'hélice en fonte par une hélice à moyeu en acier et ailes en bronze.

Le paquebot *Ortona*, construit en 1898 pour la *Pacific Steam Navigation C°*, peut être considéré comme un excellent type de paquebot moderne à très longues traversées, avec une cargaison payante bien plus profitable que celle des transatlantiques de luxe ; ses machines ont (*fig.* 32 et 33) des cylindres de 760, 1,26 m et 2,11 m × 1,37 m, puissance 8 555 chevaux à 82 tours.

Les machines du *King Alfred* (*fig.* 34 à 38) peuvent être considérées comme représentatives de celles des navires de guerre modernes; leurs dimensions comparatives sont données aux tableaux VIII et IX.

TABLEAU IX. — **Encombrement de la machinerie dans les navires de guerre et marchands modernes**

TYPE DU NAVIRE	NOMS	TYPE DES CHAUDIÈRES	PRESSION chaudières machines	I. H. P. (a) en pleine marche tirage forcé (b) en pleine marche tirage naturel (c) marche normale	ENCOMBREMENT HORIZONTAL — MACHINES longueur × largeur	MACHINES mètres carrés par I. H. P.	CHAUDIÈRES longueur × largeur	CHAUDIÈRES mètres carrés par I. H. P.	TOTAL des mètres carrés par I. H. P.
			kg.		mètres. mètres.		mètres. mètres.		
Cuirassé, 1895	*Majestic.*	Cylindriques.	10,9 10,3	(a) 12,000 (b) 10,000 (c) 6,000	13,20 × 14	(b) 0,019	24,2 × 13,8	(b) 0,034	(b) 0,053
Cuirassé, 1900	*Duncan.*	Belleville.	21 17,5	(b) 18,000	15,85 × 14,10	(b) 0,012	28,6 × 13,8	(b) 0,022	(b) 0,034
Croiseur, 1892	*Crescent.*	Cylindriques.	10,9 10,3	(a) 12,000 (b) 10,000 (c) 6,000	12,20 × 14	(b) 0,017	28,5 × 11,28	(b) 0,032	(b) 0,049
Croiseur, 1900	*Hogue.*	Belleville.	21 17,5	(b) 21,000 (c) 16,000	12,3 × 14,5	(b) 0,013	30 × 13,4 10 × 10,3	(b) 0,024	(b) 0,037
Croiseur, 1901	*King Alfred.*	Belleville.	21 17,3	(b) 30,000 (c) 22,500	20,30 × 14,35	(b) 0,009	27,4 × 13,4 13,7 × 12,3 13,7 × 9,7	(b) 0,022	(b) 0,031
Croiseur, 1901	*Monmouth class.*	Belleville et Niclausse.	21 17,3	(b) 22,000	18 × 12,3	(b) 0,01	27,4 × 11,9 13,7 × 10,4	(b) 0,020	(b) 0,030
Croiseur, 1896	*Pelorus.*	Normand.	21 17,3	(a) 7,000 (b) 5,000 (c) 3,500	11,4 × 10,4	(b) 0,024	24,4 × 7,30	(b) 0,037	(b) 0,061
Contre-torpilleur, 1900	*Vixen.*	Vickers Express.	17,4 17	(a) 6,000	8,80 × 5,50	0,008	20,20 × 4,25	0,014	0,022
Paquebot du canal	*Duke of Cornwall.*	Cylindriques.	10,5	(a) 5,517	8,23 × 10,30	(a) 0,015	12,20 × 10	(a) 0,022	(a) 0,037
Cargo	*Indrani.*	Cylindriques.	10,5	(b) 2,120	8,60 × 9,90	0,004	9,75 × 10,35	0,047	0,051
Transatlantique	*Kaiser Wilhelm der Grosse.*	Cylindriques.	12,5	(b) 28,000	21,90 × 16,8	0,013	22,3 × 16,5 22,3 × 16,5	(b) 0,026	(b) 0,039
Transatlantique	*Deutschland.*	Cylindriques.	15,4	(a) 35,000	26,5 × 17,07	0,013	24,4 × 16,7 24,4 × 16,5 18,9 × 6,40	0,027	0,040
Moyen	*Celtic.*	Cylindriques.	15	(b) 13,000	—	—	—	—	0,09
Transatlantique	*Campania.*	Cylindriques.	11,5	(b) 30,000	15,20 × 17	0,009	25 × 16,9 20,5 × 16,9	0,026	0,035

Machines enfermées. — Les machines des contre-torpilleurs, qui marchent à de très grandes vitesses : 420 tours par minute, ont rendu presque nécessaire l'adoption de types fermés, avec graissage forcé, très avantageux, car l'espace laissé entre les deux machines ne dépasse pas, sur ces bâtiments, 1,05 m. La figure 39 représente une machine Yarrow, qui contraste avec le type ouvert correspondant (*fig.* 40 et 41); ces machines fermées fonctionnent parfaitement bien sur des contre-torpilleurs à 30 nœuds, et peuvent inspirer autant de confiance que si elles étaient parfaitement visibles.

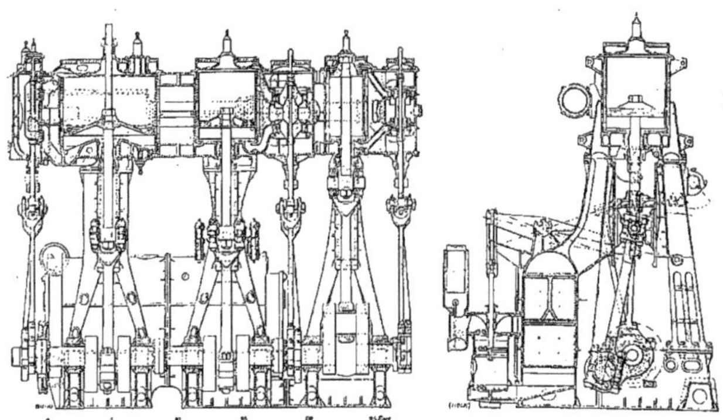

FIG. 33 et 34. — Machines du transpacifique *Orlona* à 2 hélices.

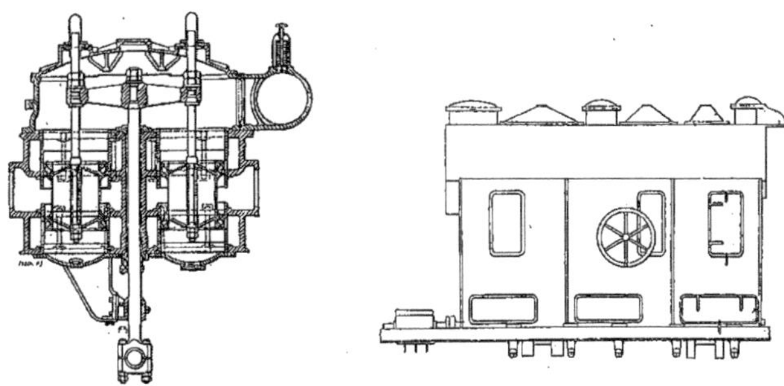

FIG. 35. — Coupe par le cylindre intermédiaire IP de la machine figure 36.

FIG. 39. — Machine enfermée de torpilleur Yarrow.

Machines auxiliaires ; garnitures de piston. — A l'origine des hautes pressions, on perdait beaucoup par les fuites aux garnitures des pistons et des tiges, tant aux machines principales qu'aux auxiliaires. On a essayé avec succès des garnitures de tiges en un mélange de métal antifriction en poudre, de graphite et de pétrole, serré entre deux bagues de vulcanite ou de métal, ce qui est préférable. Tout récemment, on a constaté que les garnitures métalliques sont inutiles pour les pistons et les tiges des cylindres de basse pression; dans la marine de guerre, les garnitures non métalliques sont préférées pour les cylindres de basse pression.

On pourrait diminuer la dépense de vapeur considérable des auxiliaires en compoundant la plupart de leurs machines ; mais le surcroît de poids qui en résulterait est, dans la marine de guerre du moins, une objection à cette mesure. On devrait remplacer par des tiroirs plats équilibrés les tiroirs-pistons des machines auxiliaires, la plupart sans garnitures, et qui ne tardent pas à fuir considérablement; actuellement, ces tiroirs-pistons sont garnis de segments analogues à ceux des pistons des machines principales.

Le système d'échappement fermé de sir *John Duston* consiste à relier tous les échappements des machines auxiliaires aux vaporisateurs et aux boîtes des tiroirs de basse pression des machines principales par des valves spéciales, et à leurs condenseurs auxiliaires par des valves qui s'ouvrent dès

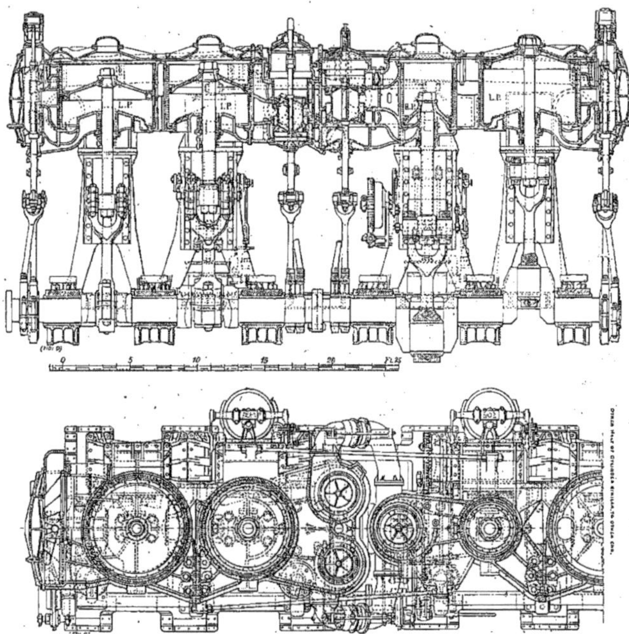

Fig. 36 et 37. — Machines du croiseur *King Alfred*.

que la pression dépasse 2 kg au-dessus de celle de l'atmosphère, de sorte que ces condenseurs ne reçoivent que la vapeur inutilisable par les vaporisateurs. Les connexions avec les boîtes des tiroirs de basse pression permettent, quand on les ouvre, d'y utiliser l'échappement des auxiliaires. Avec ce système, la contre-pression est augmentée aux machines auxiliaires; mais, comme elles sont presque toujours des compound à double détente seulement, cette contre-pression leur laisse encore une marge suffisante et en régularise la marche; le grand avantage du système est de permettre l'utilisation de la chaleur latente de la vapeur d'échappement des machines auxiliaires au lieu de l'envoyer au condenseur.

On a proposé d'actionner une partie des machines par l'électricité, et ce serait avantageux comme emploi d'une partie de l'énergie d'un système considérable de distribution d'électricité engendrée d'une façon économique, principalement pour la commande des ventilateurs et autres appareils très éloignés des tuyauteries principales. Néanmoins, l'emploi général de l'électricité, principalement dans la marine américaine, ne s'est pas montré très favorable, en raison surtout de la difficulté avec laquelle les dynamos se prêtent aux coups de collier, comme dans le cas du levage d'une ancre, où il faut développer très vivement un effort considérable; on ne doit pas, d'autre part, employer l'électricité pour les auxiliaires indispensables à la marche des machines principales, et pour lesquelles la question de la sûreté du fonctionnement prime celle de l'économie.

Pompes à action directe. — Le tableau XI donne quelques résultats d'essais avec des pompes à action directe et à manivelles; on y voit que la dépense de vapeur des pompes directes est très inférieure, en simple et en compound, et que leur rendement mécanique est supérieur d'environ 10 0/0.

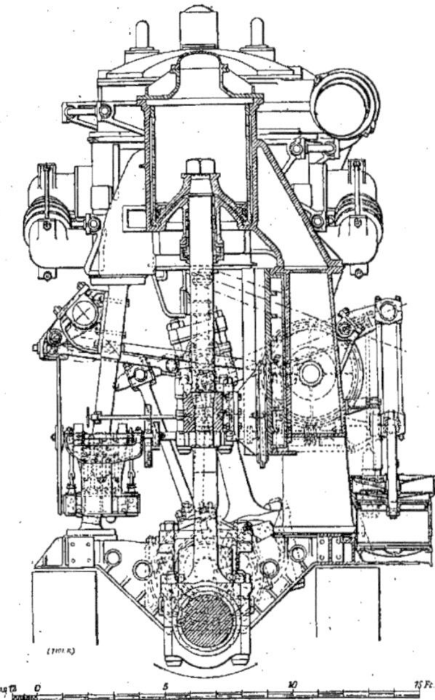

Fig. 38. — Machines du croiseur *King Alfred*.

Le propulseur. — La question du propulseur n'a guère fait de progrès; on emploie de plus en plus deux hélices, en raison surtout de la sécurité que ce système procure en cas d'accident à l'une des hélices; on a aussi, sur un ou deux navires de faible tirant d'eau, adopté trois hélices, commandées par une machine à triple expansion, ce qui présentait l'avantage de marcher avec l'hélice centrale seule en allure lente, les deux autres tournant folles; on obtient ainsi une marche en croisière économique; mais le système des trois hélices n'est peut-être pas économique en lui-même. On a, pour obtenir un résultat analogue, pourvu la machine du croiseur russe *Olga* d'un quatrième cylindre qui, en pleine marche, ne sert qu'à déplacer de la vapeur, avec son piston toujours en équilibre, tandis qu'en marche à petite vitesse il sert en quatrième en détente; mais on ne possède encore aucune donnée expérimentale sur le fonctionnement de cette machine.

TABLEAU X. — Navires rapides des principales nations maritimes en 1891 et 1901

NAVIRES	ENSEMBLE		GRANDE-BRETAGNE		ALLEMAGNE		FRANCE		ÉTATS-UNIS		BELGIQUE		RUSSIE		HOLLANDE, AUTRICHE, ITALIE, JAPON ROUMANIE, CHILI ESPAGNE, SUÈDE ET DANEMARK	
	1891	1901	1891	1901	1891	1901	1891	1901	1891	1901	1891	1901	1891	1901	1891	1901
20 nœuds et au-dessus	8	58	8	32	»	5	»	7	»	4	»	6	»	1	»	3
19 et 19 1/2	17	34	8	21	6	2	»	3	»	»	3	3	»	4	»	1
18 1/2	6	8	5	5	1	3	»	»	»	»	»	»	»	»	»	»
18	13	39	12	33	»	2	»	»	»	»	»	»	»	»	1	4
17 1/2	24	26	11	13	3	1	10	12	»	»	»	»	»	»	»	»
17	18	64	13	42	4	1	1	5	»	5	»	3	»	»	»	8
16 1/2	24	23	»	15	»	1	»	5	»	1	»	»	»	»	»	1
16	9	70	17	41	2	7	1	3	1	10	»	»	»	»	3	9
15 1/2	43	34	5	13	»	8	1	1	»	9	»	»	»	»	3	3
15	41	121	38	78	»	4	3	8	»	16	1	1	»	2	1	12

TABLEAU XI. — Dépense de vapeur des pompes directes et à manivelles

	SANS CONDENSATION			SANS CONDENSATION				
TYPES DES POMPES	A MANIVELLES			DIRECTES			DIRECTES	
Simples ou compound	Simples	Compound	Compound	Simples	Simples	Double Compound	Simples	
	A	B	C	D	E	F	G	H
Durée de l'essai ... min.	30	30	30	120	30	30	30	30
Pression de vapeur à la pompe ... kil.	9.1	11,4	7	7,2	10,3	10	7,3	7
Tours par minute	12,76	20,63	9,4	12,45	24,43	10,26	11,93	6.3
Déplacement par tour	25	25	25	13	95	105	54	54
Charge de l'eau ... kil.	12,6	3.64	2,40	11,2	5,1	13,6	13.5	13,6
Kil. d'eau par kil. de vapeur	57,9	217	287,5	87,7	288	135,75	86,3	76,4
Vapeur par cheval indiqué	30,5	21,7	33	24	17,2	14	22.5	24,7
Vapeur par cheval effectif	38	27	39	27,6	18	15	25	27
Rendement mécanique	0,824	0,802	0,844	0,873	0,941	0,926	0,908	0,919

A, pompe Weir à deux cylindres à vapeur de 216 millimètres, et deux pompes de 165 × 305 de course. — B et C, pompe Weir à deux cylindres à vapeur de 127 × 246 de diamètre et 2 corps de pompe de 165 × 305. — D, pompe Weir alimentaire, cylindre à vapeur de 200 mm de diamètre, pompe de 130 × 380 de course. — E, pompe Weir de ballast, cylindre de 254 mm de diamètre, pompe de 315 × 610 de course. — F, pompe Weir, cylindre de 355 × 660 mm de diamètre, pompe de 241 × 610 de course — Essais G et H, avec la partie haute pression de la pompe F.

Vitesse des navires. — On a, pendant ces dix dernières années, réalisé, de ce chef, de très grands progrès, comme le montre le tableau X; le torpilleur à turbo-moteur *Viper* a atteint 37 nœuds;

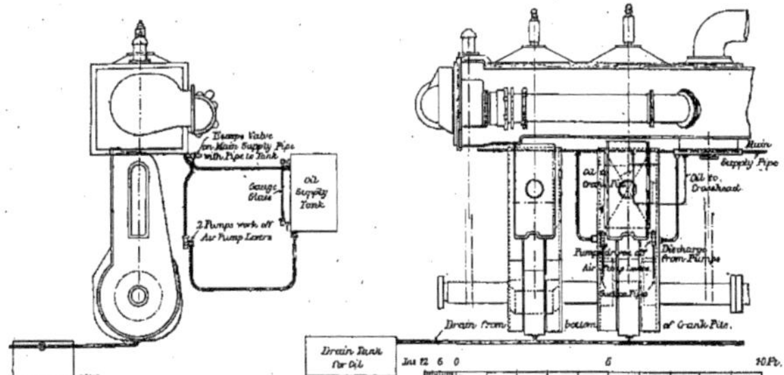

Fig. 40 et 41. — Machine de contre-torpilleur de 600 chevaux (détail du graissage).

le grand transatlantique *Deutschland* fait 23,51 nœuds, et le *City of Dublin*, paquebot de 3 096 tonneaux pour la traversée du canal, 23,62 nœuds, avec une machine à triple expansion, quatre cylindres et une pression de 12 kg, fournie par quatre chaudières cylindriques doubles à vent forcé.

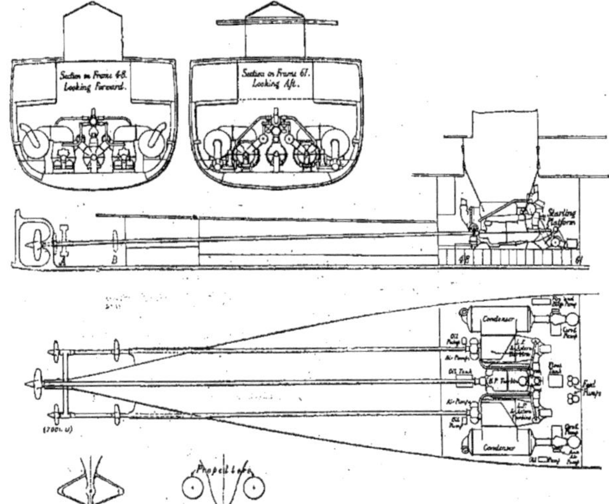

Fig. 42. — Disposition des turbines à vapeur. Projet pour un navire de 7 000 chevaux.

Comparaison des vitesses, poids et encombrement. — Ainsi que le montre le tableau VIII, dans la marine militaire, on dispose de moins de poids et d'espace pour les machines que dans la marine marchande; la puissance, par tonne de machinerie, est presque double et l'encombrement en plan réduit de 25 0/0. Le rapport de la surface de chauffe à celle de la grille, qui est de 39 avec le tirage forcé Howden, tombe à 32 avec le tirage ordinaire et à 31 avec les chaudières Belleville. Sur les paquebots transatlantiques d'il y a dix ans, la puissance par tonne de machinerie était de 6,75 chevaux environ, à peu près la même qu'aujourd'hui, et l'encombrement superficiel de 0,5 m² par cheval, un peu plus que de nos jours. D'autre part, sur le cargo moyen *Indiani* et sur le *Celtic*, la puissance par tonne est inférieure de 50 0/0 et l'encombrement par cheval presque double. Si l'on compare le paque-

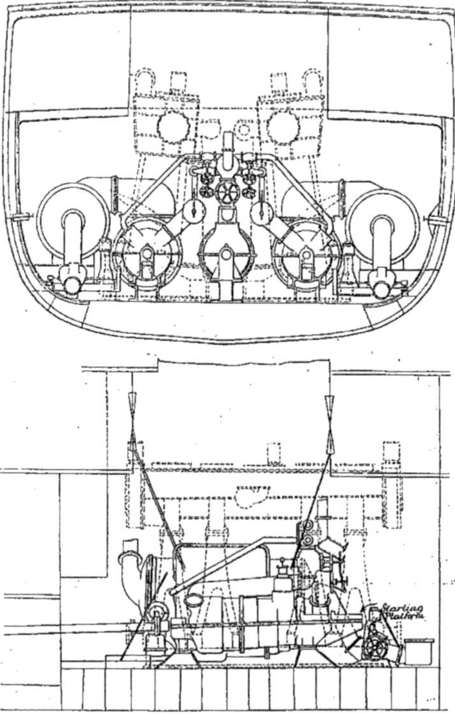

Fig. 43 et 44. — Comparaison entre les turbines et les machines du projet figure 42.

bot du canal *Duke of Cornwall* et le croiseur de seconde classe *Doris*, tous deux à chaudières cylindriques et vent forcé, le croiseur, bien que marchant à une plus faible pression, a l'avantage d'une plus grande vitesse de piston, et développe 10,88 chevaux par tonne, au lieu de 9 chevaux sur le paquebot.

Quant au poids des machines, en 1881, la moyenne, pour les navires marchands, était de 4,60 chevaux par tonne; en 1891, elle était de 4,8 chevaux pour les cargos, et aujourd'hui de 4,4 chevaux; pour les transatlantiques rapides; elle reste, depuis dix ans, à peu près constante et de 6,7 chevaux; dans la marine de guerre, elle est passée de 6 1/4 chevaux, en 1881, à 10 chevaux en 1891, et actuellement à 12 chevaux, tous au tirage naturel.

On voit, par le tableau IX, que le plancher de la salle de chauffe est, par cheval, et sur les transatlantiques, plus grand avec les chaudières cylindriques qu'avec les Belleville : 0,26 m², au lieu de 0,22 m², tandis que, sur les navires de guerre, les chaudières marines cylindriques exigent 0,325 m²; sur le *Pelorus*, à chaudières express à petits tubes, cet encombrement est de 0,36 m². En ce qui concerne l'encombrement horizontal de la machine proprement dite, il varie beaucoup; il est plus grand sur les croiseurs que sur les navires marchands, où la hauteur, pratiquement illimitée, permet les cylindres verticaux en tandem, et il faut, sur ces derniers navires, mesurer très strictement l'espace aux machines, en raison de la très grande valeur du fret; on peut évaluer, en effet, à 5 000 francs par an le rapport de chaque mètre carré sauvé aux machines sur les quatre ponts.

Les turbines à vapeur. — La dépense de vapeur des turbines à vapeur employées pour l'électricité est, en moyenne, de 6 kg par cheval-heure, pour des puissances de 1 000 chevaux environ, et cette économie serait considérable sur un navire marchand allant presque toujours longtemps en pleine puissance; elle serait moindre pour les navires de guerre, à marche très variable; mais leur légèreté les rend très avantageuses en bien des cas, et il semble qu'elles ont un très bel avenir. La figure 42 donne le schéma d'une installation de turbines de 7 000 chevaux, avec trois turbines, dont deux à vapeur à basse pression et celle du milieu à haute pression pour la marche avant, et qui tourne à vide quand les deux autres marchent en arrière; la commande de ces diverses turbines se fait facilement par des valves disposées de manière qu'elles ne puissent interférer; pour 7000 chevaux, l'encombrement comparatif des turbines et des machines ordinaires est donné par le tableau ci-dessous :

	Machines ordinaires.	Turbines.
Poids, machines et cheminées	270 tonnes	190 tonnes
Encombrement horizontal	85 m^2	85 m^2
Volume	400 m^3	300 m^3

Résumé et conclusions. — La pression aux chaudières est, dans ces dix dernières années, passée de 11 à 14 et 19 kilogrammes dans la marine marchande, et 21 kilogrammes dans la marine de guerre; la vitesse des pistons est passée de 2,75 m à 3,05 m et même 4,50 m dans la marine marchande, 4,80 m dans la marine de guerre, et même 6,60 m sur les contre-torpilleurs. La puissance par tonne de machinerie est passée de 20,7 nœuds à 23,38 nœuds; pour les grands cuirassés, elle est passée de 22 à 23 nœuds. La dépense de charbon est tombée, pour les navires océaniques, de 0,8 kg à 0,7 kg par cheval-heure; il y a dix ans, il fallait dépenser 4,5 kg pour transporter une tonne à 100 milles, et aujourd'hui 1,8 kg seulement.

Parmi les machines exposées dans la section française autrement que par des dessins et des modèles, et sur lesquelles nous avons pu nous procurer quelques renseignements, nous citerons les suivantes :

L'appareil moteur du *Dupleix*, exposé par la *Compagnie des Forges et Chantiers de la Méditerranée*, se compose (*fig.* 45-50) de trois machines identiques à celle exposée dans le palais des armées de terre et de mer et qui était la machine centrale de ce croiseur.

Cette machine, à triple expansion, comporte quatre cylindres, indépendants les uns des autres, disposés dans l'ordre suivant, à partir de l'avant de la chambre des machines :

1 cylindre HP, 1 cylindre MP et 2 cylindres BP.

Le calage des quatre manivelles a été étudié de manière à rendre le moment moteur aussi uniforme que possible et à réduire les vibrations.

La distribution est du système Marshall modifié le point d'attaque de la commande de chaque tiroir, au lieu d'être placé en porte-à-faux, à l'extrémité de la barre d'excentrique, est reporté entre le point de suspension de cette barre et la puissance, et la bielle du tiroir est ouverte pour le passage de la manivelle de l'arbre de relevage.

La plaque de fondation et les bâtis sont en acier moulé.

Les plaques tribord et bâbord sont relevées sur un des côtés pour leur permettre de s'appuyer sur les carlingues longitudinales du navire.

Les bâtis sont boulonnés, à leur partie inférieure, sur les plaques, et reliés entre eux à leur partie supérieure par des traverses en acier moulé.

L'ensemble formé par la plaque de fondation et les bâtis est indéformable, et c'est sur cette base que viennent reposer les cylindres indépendamment l'un de l'autre.

Les cylindres ont une enveloppe de vapeur ; les chemises sont rapportées.

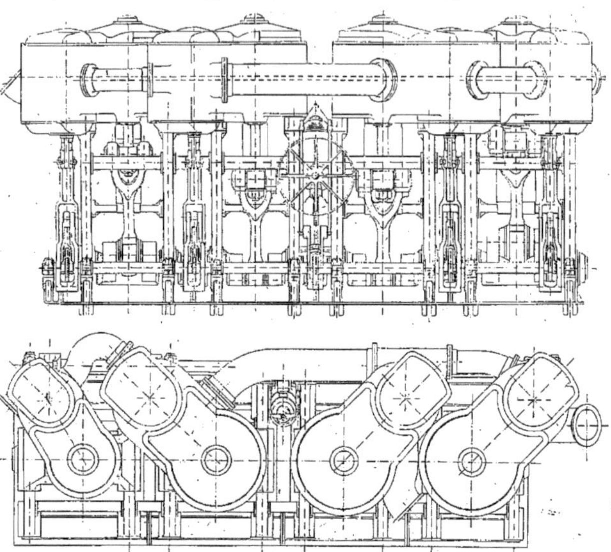

Fig. 45 et 46. — Machine du croiseur *Dupleix*. Élévation et plan.

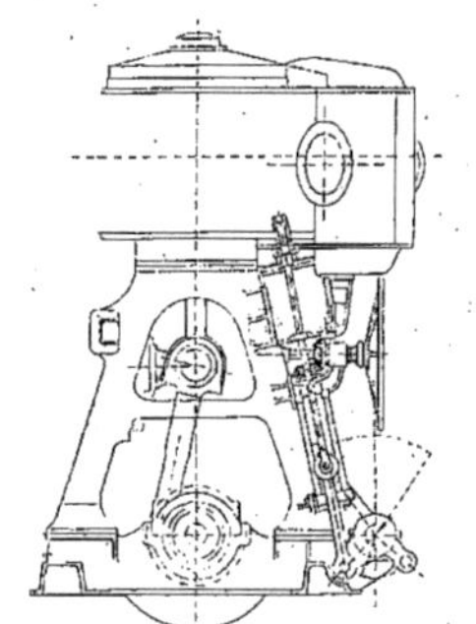

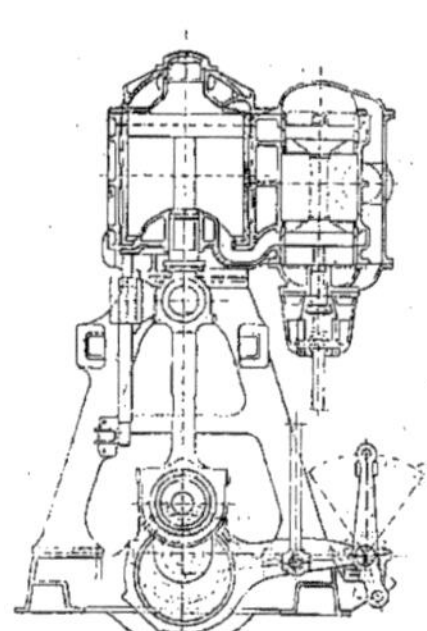

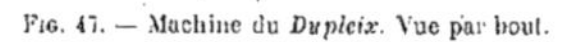

Fig. 47. — Machine du *Dupleix*. Vue par bout.

Fig. 48. — Machine du *Dupleix*. Coupe transversale par le cylindre de haute pression.

Les plateaux sont en fonte avec enveloppe de vapeur. Les pistons sont en acier moulé avec garnitures en bronze Perkins.

Tous les tiroirs sont cylindriques et sont au nombre de quatre, soit un par cylindre; ils sont en fonte avec garniture en fonte dure.

Les tiges de piston portent une crosse rapportée, avec patin et contre-patin.

Les glissières sont fixées à leur partie supérieure aux cylindres et, à leur partie inférieure, sur une traverse à section d'égale résistance, qui est appuyée sur deux bâtis contigus.

Le volant de mise en train actionne, par l'intermédiaire d'engrenages coniques et d'une vis d'arbré de relevage un cylindre à vapeur, dont le piston entraîne les bielles de rappel et permet de faire tourner le volant de mise en train sans effort.

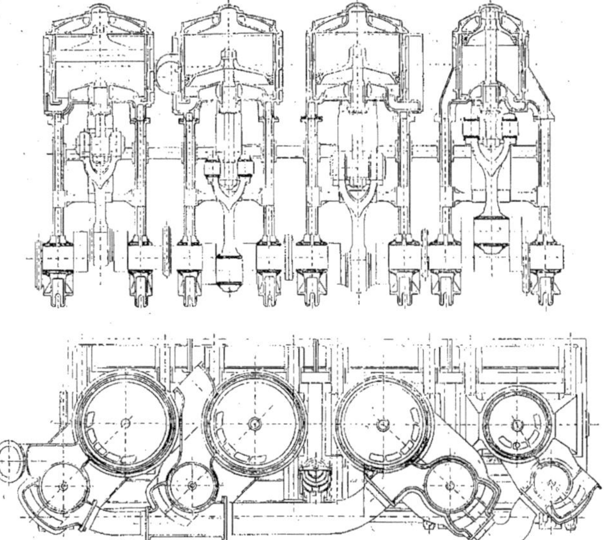

FIG. 49 et 50. — Machine du *Dupleix*. Coupe longitudinale et plan-coupe.

Le vireur à vapeur, placé à une extrémité de la machine, attaque l'arbre moteur par l'intermédiaire de deux vis sans fin et deux roues striées, une de ces dernières étant calée sur l'arbre moteur.

DIMENSIONS PRINCIPALES D'UNE MACHINE

Diamètre du cylindre HP	0,910 m.
— — MP	1,360 m.
— — BP	1,420 m.
Course des pistons	0,800
Puissance d'une machine	5 560 chevaux.
Nombre de tours correspondant	140
Pression de marche au tiroir HP	15 kg.
Poids de la machine	109 000 kg.

FIG. 51. — Machine du *Kléber*.

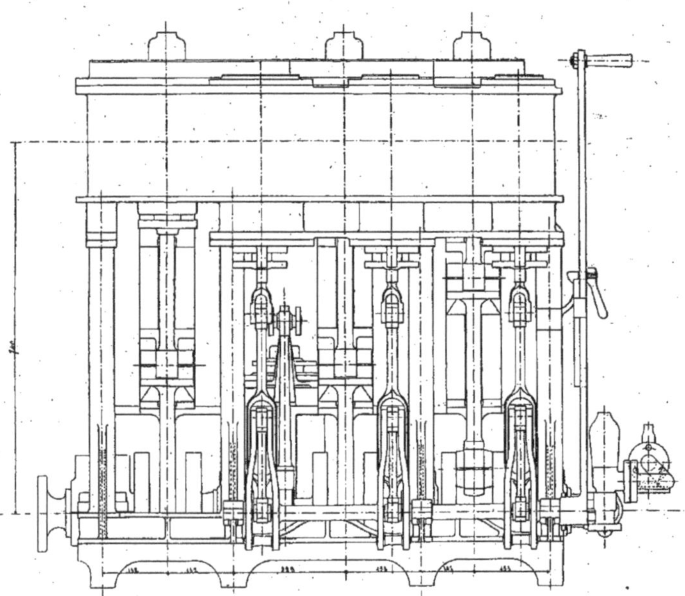

FIG. 52. — Machine de canots du *Montcalm*. Élévation.

La machine construite par le Creusot pour le croiseur *Kléber*, à trois hélices et à trois

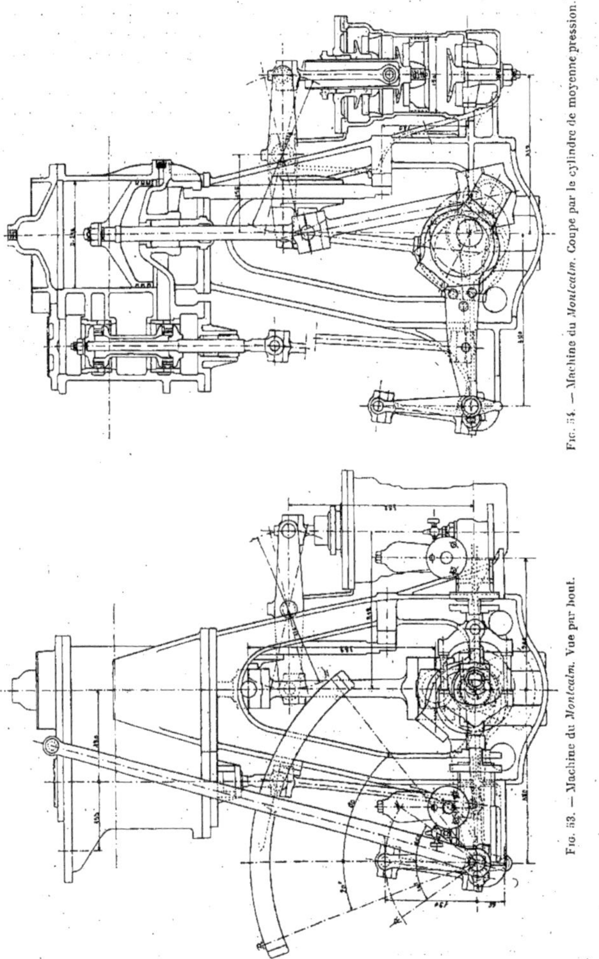

Fig. 54. — Machine du *Montcalm*. Coupe par le cylindre de moyenne pression.

Fig. 53. — Machine du *Montcalm*. Vue par bout.

moteurs, d'une puissance totale de 17 000 chevaux, était à trois cylindres (*fig.* 51), de 860, 1,22 m,

1,96 m et 830 de course avec distributions par tiroirs cylindriques ; vitesse 130 tours. La vapeur leur sera fournie à bord par 20 chaudières Niclausse, timbrées à 18 kg, avec une surface de grille totale de 102 m² et une chauffe de 3 300 m². Poids total des machines et chaudières, 1 275 tonnes, y compris l'eau des chaudières, et dont 663 tonnes pour les machines et 612 pour les chaudières, soit un poids de machinerie de 79 kg par cheval ; la surface de chauffe totale est de 0,19 m² par cheval.

La machine à triple expansion pour canot vedette, exposée par les *Forges et Chantiers de la Méditerranée* (*fig.* 52 à 55), comporte 3 cylindres munis de 3 tiroirs cylindriques fondus d'un seul morceau.

La plaque de fondation et les bâtis sont en fonte d'une seule pièce.

L'arbre moteur en acier forgé avec ses manivelles, contrepoids, excentriques et commande de pompes alimentaires est d'un seul morceau.

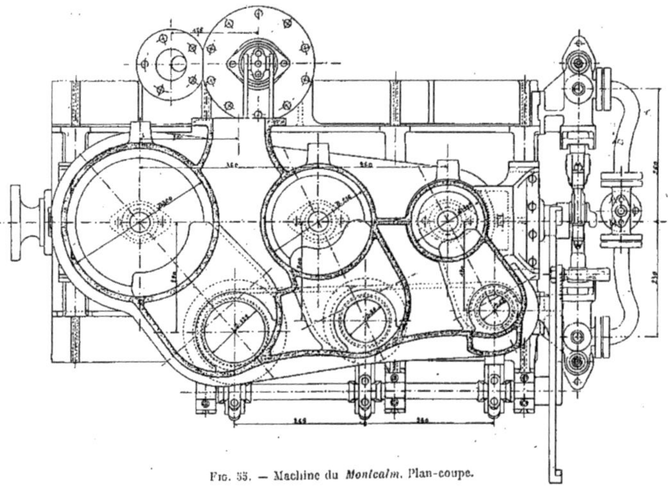

Fig. 55. — Machine du *Montcalm*. Plan-coupe.

Les pistons sont en acier moulé avec garniture en bronze Perkins ; les tiroirs cylindriques sont en fonte avec garniture en fonte dure.

Les glissières sont rapportées.

La distribution est du système Marshall modifié.

La commande de la pompe à air se fait au moyen d'un balancier, d'une bielle et d'un excentrique.

DIMENSIONS PRINCIPALES DE LA MACHINE DU CANOT VEDETTE

Diamètre du cylindre HP	0,145 m.
— — MP	0,216 m.
— — BP	0,300 m.
Course commune	0,170 m.
Nombre de tours (environ)	480
Poids	719 kg.

La maison E. Amblard et Cie présentait (*fig.* 56 à 62) une machine à triple expansion de 300 chevaux. Cette machine, construite en vue de s'adapter aux exigences de la navigation de pêche, est très robuste, d'un fonctionnement sûr et d'un entretien facile.

Un groupement judicieux des organes a permis de réduire notablement l'encombrement.

Fig. 56. — Machine Amblard de 300 chevaux.

La vapeur, avant de pénétrer dans la boîte à tiroir HP, forme enveloppe autour du cylindre HP. Le réservoir intermédiaire entre la haute et la moyenne pression est constitué par une enveloppe existant autour de la précédente; de même, la vapeur du réservoir intermédiaire entre la moyenne et la basse pression réchauffe le cylindre BP avant de pénétrer dans la boîte à tiroir BP. Le tiroir HP est cylindrique. Le tiroir MP est du système Trick à canal intérieur, afin de diminuer le laminage de vapeur à l'arrivée. Le tiroir BP est à double orifice. Les pistons, à double toile, sont munis de segments en coins pressés contre les parois des cylindres par des ressorts. Cette disposition assure une étanchéité parfaite en compensant tous les jeux qui peuvent se produire.

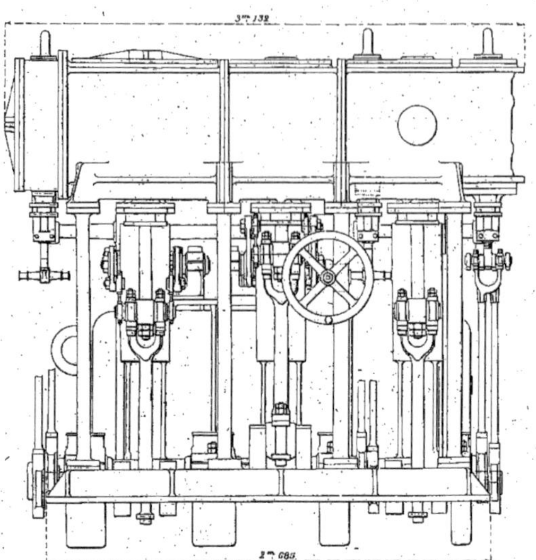

FIG. 57. — Machine Amblard de 300 chevaux. Élévation.

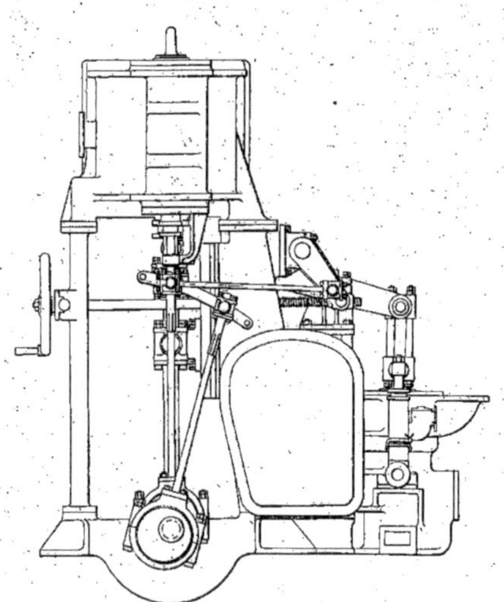

FIG. 58. — Machine Amblard. Vue par bout.

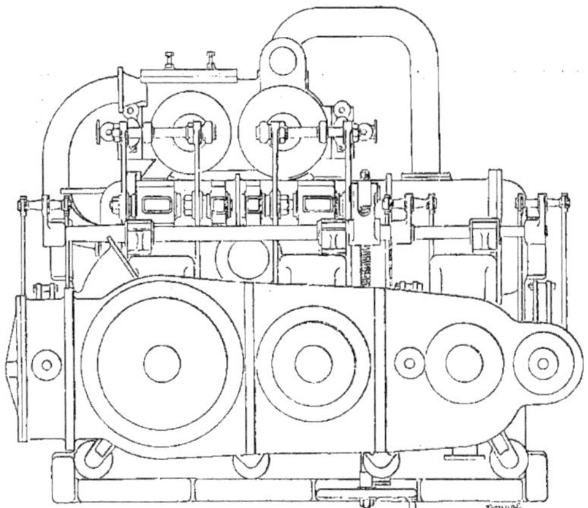

Fig. 59. — Machine Amblard. Plan.

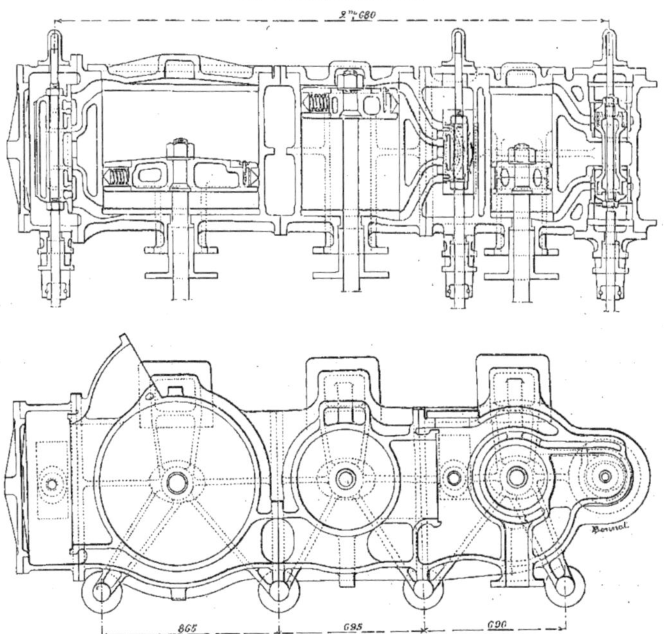

Fig. 60 et 61. — Machine Amblard. Détail des cylindres.

Le pied de bielle et la tête de bielle sont en bronze phosphoreux. Les glissières sont rapportées sur le bâti, ce qui permet le rattrapage des jeux.

Tous les organes pour la distribution de vapeur et le changement de marche sont disposés de manière à permettre un réglage facile et le rattrapage de jeu. La rotule de commande de la tige de tiroir est en V. Le condenseur présente une grande surface refroidissante et est à double circuit d'eau. La pompe de circulation, d'un grand débit, est à double effet. La pompe à air est également à double effet. Ces deux pompes, ainsi que les pompes de cale et d'alimentation, reçoivent leur mouvement de la machine. Leurs clapets sont en fibre vulcanisée.

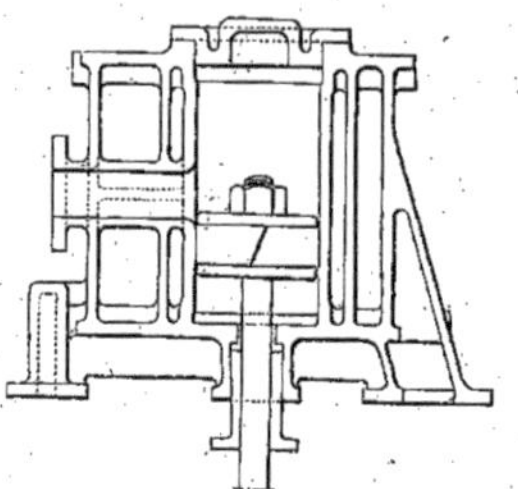

Fig. 62. — Machine Amblard. Cylindre de haute pression.

Le changement de marche est facile et rapide. Toutes les parties de la machine sont très accessibles et d'un démontage facile.

Parmi les détails de construction exposés par la célèbre maison *A. Normand*, du Havre, nous citerons les *soupapes de sûreté* des cylindres et leurs *purgeurs automatiques*.

La compression de la vapeur à fin de course du piston est un des plus importants facteurs de l'économie de combustible. Elle permet de supprimer l'influence nuisible des espaces morts, généralement très grands dans les machines à allure rapide, et surtout elle réchauffe les surfaces internes des cylindres beaucoup plus efficacement que les enveloppes de vapeur. La chaleur de la vapeur des enveloppes n'est, en effet, efficace qu'après avoir traversé des épaisseurs considérables de fonte, métal peu conducteur, tandis que la compression réchauffe la surface même qui vient en contact avec la vapeur à l'introduction, aussi bien celle du piston que celle du cylindre : en fait, elle constitue le seul moyen pratique de réchauffer le piston. Cette supériorité de la compression sur l'enveloppe est évidemment d'autant plus grande que l'allure de la machine est plus rapide; car la chaleur donnée aux surfaces internes se dissipe dans la masse d'autant moins que la vitesse de rotation est plus grande.

Or, dans les machines non pourvues de tiroirs d'échappement spéciaux et dans lesquelles l'introduction s'effectue par un seul tiroir, et tel est le cas dans la majorité des machines marines, la compression augmente rapidement avec la détente. Si donc on détermine les recouvrements de manière à supprimer en totalité ou en grande partie l'influence des espaces morts dans les grandes introductions, la compression atteindra, pour les faibles introductions, des valeurs exagérées, dangereuses pour les organes et nuisibles à la régularité de la rotation. Cet effet se produit encore dans toutes les machines au moment du renversement de marche brusque, et des diagrammes relevés dans ces circonstances, sur une machine à roues et, par conséquent, à allure lente, ont accusé, dans le cylindre, une pression momentanée presque double de celle de la chaudière. Cet effet eût été encore plus marqué dans un appareil à allure rapide.

C'est une erreur de croire que le tiroir plan peut ordinairement servir de soupape; il n'en est généralement ainsi que lorsque la pression intérieure atteint une valeur égale à plusieurs fois celle de la boîte, la surface des lumières d'une extrémité n'étant qu'une très faible fraction de la surface du tiroir.

Quand le tiroir est cylindrique, il n'en est pas de même et il semble que les segments peuvent servir de soupapes; mais alors, s'ils sont, comme dans la grande majorité des cas, d'une seule pièce en hauteur, ils établissent, en se soulevant, la communication entre la boîte à tiroir proprement dite et l'échappement. Il faudrait donc, dans ce cas, qu'ils fussent en deux parties sur la hauteur, afin que celle qui forme recouvrement extérieur ne fût pas comprimée et maintînt la séparation entre l'introduction et l'échappement. Mais ce serait une disposition très défectueuse que de faire servir les segments de tiroirs comme soupapes; car on diminuerait très rapidement l'étanchéité des tiroirs cylindriques, généralement inférieure à celle des tiroirs plans, et on s'exposerait à des ruptures de segments toujours fabriqués en métal dur et cassant.

Pour permettre de donner à la compression les meilleures valeurs compatibles avec l'économie, la régularité de la rotation et la solidité de la machine, il est préférable de disposer, aux extrémités du cylindre, des soupapes évacuant dans la boîte à tiroir; de la sorte, la pression ne peut jamais dépasser que de très peu la pression normale, et la vapeur expulsée n'est pas perdue. Les ressorts des soupapes exercent une pression presque nulle sur le clapet, puisque celui-ci est appliqué sur son siège par la pression de la boîte à tiroir; le fonctionnement s'opère sans bruit et sans usure appréciable.

Dans les bâtiments de guerre, où la puissance doit varier de 1 à 10, il est difficile de disposer la distribution de telle sorte que la compression à grande vitesse atteigne la pression de la boîte; malgré les soupapes, le couple de rotation deviendrait trop irrégulier, à très faible introduction.

Néanmoins les soupapes permettent de donner à la compression à pleine puissance une valeur beaucoup plus élevée et de réduire beaucoup l'introduction pour les faibles puissances. Ainsi, dans les torpilleurs numéros 126 à 129, où les soupapes ont été appliquées pour la première fois, l'introduction a pu être réduite à 0,35 pour les essais à 10 nœuds, et a permis d'abaisser la consommation à un chiffre inférieur à 500 gr par cheval, tandis que, dans les torpilleurs également compound précédents, l'irrégularité de la rotation aux faibles introductions avait conduit à des introductions et, par suite, à des consommations beaucoup plus élevées.

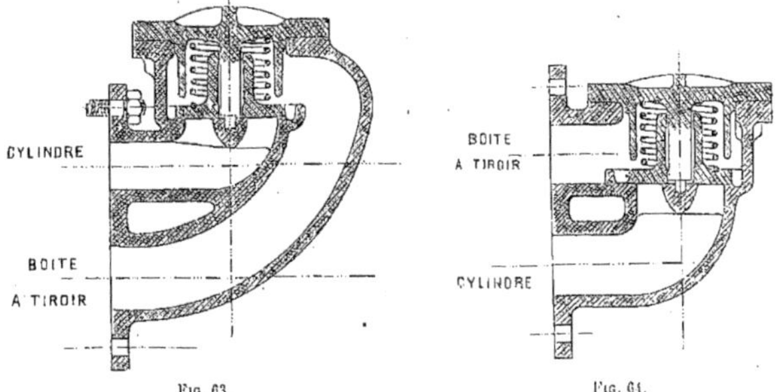

Fig. 63. Fig. 64.

Supposons, par exemple, que, à pleine puissance, la pression dans la boîte du petit cylindre d'une machine à triple expansion étant 12 kg effectifs, la compression atteigne soit 10 kg avec soupapes, soit 8 sans soupapes : les températures correspondant à ces trois pressions sont 191° — 183° et 174° respectivement, et les deux derniers chiffres représentent approximativement les températures des surfaces internes au moment de l'introduction. La condensation initiale sera proportionnelle à la différence des températures de la vapeur et des surfaces, soit à 8° dans le premier cas et à 17° dans le second; elle sera donc à peu près dans le rapport de 1 à 2.

De même pour le moyen cylindre. Soit la pression effective à la boîte 5,7 kg et admettons que la compression à pleine puissance puisse être portée à 4,5 kg avec des soupapes et à 3,5 kg sans soupapes. Les températures correspondant aux trois pressions sont : 162° — 155° et 147°. Les condensations initiales seront dans le rapport de 7 à 15.

Dans les navires de commerce, la marche étant généralement régulière, il y a grand intérêt à donner à la compression la valeur même de la pression dans la boîte; mais alors, par gros temps, dans les manœuvres et, en général, dans toutes les circonstances qui exigent une diminution de vitesse ou des renversements de marche, les pressions intérieures peuvent atteindre des valeurs dangereuses si aucune disposition n'est prise pour en atténuer les effets. Les soupapes ordinaires ne suffisent pas; car, pour éviter les fuites de vapeur dans la chambre des machines, elles sont généralement serrées outre mesure par les mécaniciens et, de plus, leur charge initiale par les ressorts est telle qu'elles ne résisteraient pas à un fonctionnement un peu prolongé. Il est probable que beaucoup d'avaries sont dues à cette cause peu connue. Enfin, les soupapes sont particulièrement avantageuses dans les locomotives, où les variations de puissance sont exceptionnellement étendues, puisque, parfois, elles doivent fonctionner à contre-vapeur.

En résumé, les soupapes de sûreté évacuant dans les boîtes à tiroir s'opposent à toute pression intérieure exagérée et, en outre des avantages qu'elles présentent pour la sécurité, elles ont sur l'économie de vapeur une influence qui le cède peu en importance à celle des réchauffeurs d'alimentation.

La disposition des soupapes Normand (*fig.* 63 et 64) est très variable. Les boîtes sont parfois fondues avec les cylindres, mais plus généralement rapportées.

Il est utile, sinon indispensable, que les clapets soient verticaux et reposent par leur propre poids sur les sièges, les ressorts ayant une tension initiale presque nulle et ne servant qu'à assurer la rapidité des mouvements. La boîte à clapet peut être mise en communication avec le cylindre et la boîte à tiroir au moyen d'un tuyautage, ce qui rend très facile l'application de l'invention aux machines

FIG. 65. — Purgeurs automatiques Normand.

anciennes. Ce tuyautage peut enfin être muni de robinets afin de permettre, en marche, la visite de la boîte.

L'invention est appliquée, depuis 1889, sur vingt-six torpilleurs déjà livrés et sur un grand nombre d'autres en construction; la vitesse de rotation de ces petits bâtiments est telle qu'aucun doute ne peut exister sur son applicabilité à toute espèce de machines.

Les purgeurs automatiques (*fig.* 65), d'un fonctionnement sûr, même à la mer par mauvais temps, ont une grande importance.

Chaque machine Normand en possède trois : un pour la petite boîte à tiroir, un pour les enveloppes de vapeur, un pour le réchauffeur.

Le premier sépare l'eau de la vapeur venant des chaudières ; non seulement il supprime les causes d'avaries par suite de projections d'eau, mais encore il augmente notablement le coefficient économique de la machine. On sait, en effet, que l'eau introduite dans les cylindres les transforme partiellement en bouilleurs, et, par conséquent, en condenseurs au moment de l'introduction.

Le second assure l'efficacité des enveloppes, souvent inutiles malgré l'augmentation de dépense considérable que leur établissement entraîne dans la construction des machines : les enveloppes sont même parfois une cause d'augmentation de consommation de vapeur, quand la manœuvre des purges est laissée à la discrétion du mécanicien.

Le troisième est indispensable au réchauffeur ; sans un purgeur d'un fonctionnement assuré, le réchauffeur est inapplicable.

L'économie de combustible étant un des principaux objets des purgeurs, l'étanchéité de l'organe d'écoulement doit être complète, si on ne veut pas être exposé, au contraire, à une augmentation de consommation, surtout après quelque temps de service.

C'est ce qui se produirait infailliblement si, avec un obturateur imparfait, la quantité d'eau à purger devenait faible ou nulle : la perte de vapeur serait alors considérable.

De plus, l'action du purgeur doit être immédiate, surtout en cas d'entraînement d'eau. Ce résultat ne peut jamais être obtenu avec les purgeurs à dilatation, d'un fonctionnement très lent et d'un débit très faible.

L'organe d'écoulement est ici un clapet simple plus étanche que le clapet partiellement équilibré et surtout que le robinet ou la douille à frottements libres. Il exige, il est vrai, à cause de la charge de la pression intérieure sur le clapet, l'emploi d'un levier ; mais, quel que soit le rapport des bras, le mouvement du flotteur est toujours beaucoup plus grand qu'il n'est nécessaire pour soulever le clapet du quart de son diamètre.

On s'est assuré, par expérience directe, que le purgeur soumis à des vibrations plus fortes et à des mouvements plus violents que ceux qu'il peut éprouver à la mer ne cesse pas d'être parfaitement étanche. Son emploi est donc particulièrement avantageux dans les machines marines. Il est également appliqué avec succès aux machines fixes.

LA

MÉCANIQUE

A l'Exposition de 1900

Publiée sous le Patronage et la Direction technique d'un Comité de Rédaction

1

8e LIVRAISON

LES APPAREILS DE LEVAGE ET DE MANUTENTION

PAR

M. R. MASSE

PARIS. VI
Vve CH. DUNOD, ÉDITEUR
49, QUAI DES GRANDS-AUGUSTINS, 49
TÉLÉPHONE 147,82
1901

TABLE DES MATIÈRES

CHAPITRE I

Grues.

CHAPITRE II

Ponts roulants.

CHAPITRE III

Élévateurs, convoyeurs, transporteurs.

CHAPITRE IV

Appareils de manutention divers.

APPAREILS DE LEVAGE ET DE MANUTENTION

PAR

M. R. Masse,

Ingénieur civil des mines.

La rubrique « Appareils de levage et de Manutention » embrasse un si grand nombre d'appareils divers, tous intéressants à un point de vue quelconque, qu'il était bien difficile, pendant la durée limitée de l'Exposition, de les étudier tous. Aussi, me suis-je borné par principe, et je dois bien l'avouer, par nécessité, à examiner avec soin un certain nombre d'appareils types qui m'ont paru particulièrement dignes de fixer l'attention ; je ne dis pas qu'il n'y en eût pas d'autres aussi remarquables mais, je le répète, j'ai dû me limiter.

Malgré cette quasi-sélection, l'ensemble des appareils étudiés est encore assez considérable et divers pour qu'il paraisse nécessaire de les grouper et de les classifier pour les passer utilement en revue.

Dans un premier chapitre je décrirai un certain nombre de types de *grues*.

Dans le second, j'étudierai quelques beaux exemples de *ponts-roulants*, c'est dans ce chapitre que, par intention, je placerai la plate-forme mobile dite « trottoir roulant ».

Dans le troisième, je grouperai les *élévateurs*, les *convoyeurs* et les *transporteurs divers*.

Dans le quatrième enfin, je réunirai les *appareils de manutention divers* ne rentrant pas dans les catégories précédentes.

Tel qu'il est, le travail qui va suivre a demandé de nombreuses études et de très fréquentes visites sur les lieux ; il m'a été grandement facilité par l'obligeance de MM. les Exposants qui m'ont donné les renseignements et les éclaircissements indispensables, et par l'intelligente collaboration de M. Bavil, ingénieur des Arts et Métiers. Aux uns et à l'autre j'adresse ici tous mes remerciements.

CHAPITRE I

Grue électrique sur portique Mohr et Federhaff.

La grue électrique Mohr et Federhaff est un appareil construit spécialement pour le chargement ou le déchargement des bateaux ou des wagons ou encore pour actionner un excavateur. Dans tous les cas elle doit produire surtout un levage et une rotation assez rapides; le mouvement de translation sur rails, qui n'a plus la même importance que dans un appareil de montage, s'opère plus lentement.

Tout le mécanisme se trouve renfermé dans une cabine totalement fermée et vitrée couverte en zinc; elle porte des bras à inclinaison invariable et repose sur le tablier par quatre galets en acier fondu roulant sur un rail circulaire également en acier.

Ce tablier ou plancher en tôle et cornières supporte le renvoi du mouvement de translation, il est lui-même porté par un portique composé de quatre pieds également en tôles

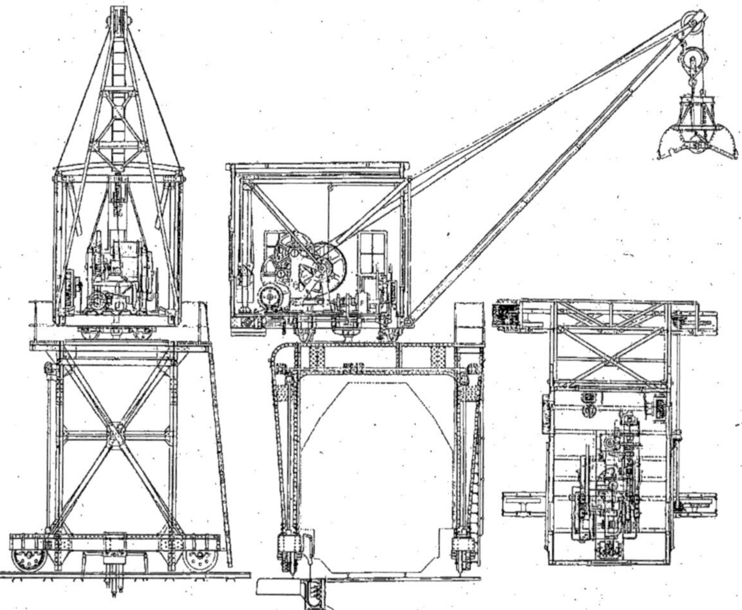

Fig. 1 à 3. — Grue électrique *Mohr et Federharff.*

et cornières contreventés dans le sens de la longueur de la voie par des croix de Saint-André. Des caissons inférieurs portent les roues, dont une paire seulement sont motrices (fig. 1 et 2).

Enfin, appuyée et fixée sur un de ces pieds verticaux, est une échelle qui donne accès à la cabine d'où l'on manœuvre la grue.

Le moteur employé est à courant triphasé, la prise s'effectue au moyen de trois frotteurs fixés dans un caniveau maçonné situé à quelque distance d'un des rails (fig. 2).

Ces trois frotteurs sont portées par trois tiges coudées, placées suivant une même ligne longitudinale de façon à ne nécessiter pour leur passage qu'une rainure de faible largeur (30 millimètres et ne se trouvant pas au-dessus des dits fils. Cette dernière particularité rend plus difficile la création de courts circuits que pourraient amener la chute dans le caniveau de matière conductrices se trouvant sur la voie (clous, fils de fer, etc.). En avant et en arrière de ces porte-frotteurs se trouvent deux chasse-pierres d'un genre particulier (fig. 1) constitués chacun par une équerre articulée à son sommet, capable de prendre un mouvement d'oscillation à la rencontre d'un objet quelconque. Le mouvement ainsi produit cause la rupture du circuit et par conséquent l'arrêt du moteur.

De là, les fils en suivant la charpente et en passant par l'intérieur du pivot se rendent à trois bagues sur lesquelles frottent à leur tour les balais pour la conduite de courant au tableau de distribution fixé à un des côtés de la cabine (fig. 4). Ce dernier comprend d'abord un ampéremètre, puis la séparation du courant pour les deux moteurs que comporte la grue. Ensuite la partie affectée à chaque moteur se compose de trois commutateurs, de trois coupe-circuits fusibles et d'un rhéostat de démarrage.

Les deux moteurs ont été fournis par la maison Siemens et Halske de Berlin, l'un de 23 chevaux faisant 570 tours sert au levage, tandis que l'autre de 4 chx $^1/_2$ faisant 940 tours sert indistinctement à produire la rotation ou la translation.

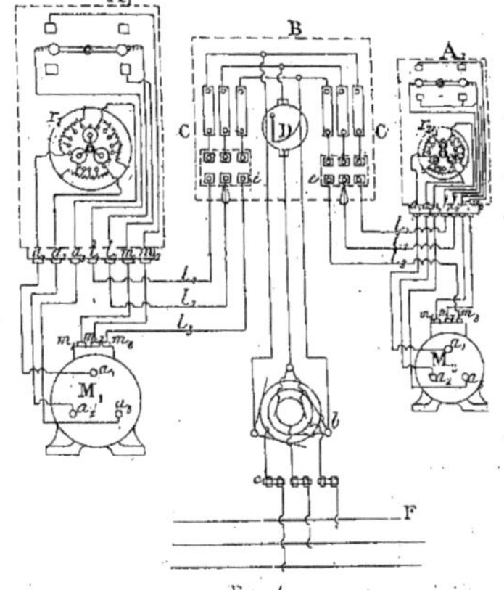

Fig. 4.

Levage. — Le premier est placé à l'arrière de la cabine, il porte, calé sur son arbre, un pignon en cuir vert qui transmet sans choc et sans bruit son mouvement à une roue dentée taillée à la fraise et calée sur un arbre intermédiaire; un autre engrenage cylindrique donne le mouvement au tambour de levage dont l'axe est parallèle aux deux précédents et porté par un bâti constitué par deux plaques en fonte. Le tambour de levage est en fonte et il est muni de gorges qui facilitent l'enroulement du câble. Ce câble est tressé carré, au lieu d'être composé de torons tordus tous dans le même sens comme le sont la plupart d'entre eux. Ce système a l'avantage de ne pas provoquer la rotation autour de son axe pendant l'enroulement, rotation qui parfois donne naissance à des tensions anormales qui amènent une prompte usure ou une déformation qui gênent beaucoup la manœuvre.

Le rhéostat de démarrage est disposé de manière à pouvoir, au début, faire varier l'intensité du courant excitateur et en même temps la vitesse. Ce point présente une certaine importance car il est quelquefois utile de pouvoir démarrer lentement pour aller plus vite ensuite.

L'extrémité de l'arbre du moteur opposée au pignon en cuir porte une poulie sur laquelle agit un frein à lames dont on se sert pour opérer la descente sans utiliser de courant.

Le câble qui sert à produire l'ouverture de l'excavateur (fig. 2) s'enroule sur un tambour parallèle à celui du levage et dont la rotation est obtenue par un contrepoids suspendu dans la cabine par un câble en fil de fer s'enroulant sur une partie de ce tambour ayant un plus faible diamètre.

Sur l'arbre du tambour de l'excavateur est placé un dispositif de sûreté qui empêche, en cas d'inattention du conducteur, que la charge en montant ne vienne buter contre la partie supérieure de la flèche. Ce dispositif breveté en Allemagne et dû à M. Mohr est assez simple : il consiste en un écrou dont la rotation est empêchée par un contrepoids suspendu à un levier et qui, par conséquent, se déplace dans le sens longitudinal pendant la montée ou la descente. Cet écrou porte sur une de ses faces latérales (celle voisine du tambour) deux griffes qui peuvent s'embrayer dans deux entailles de même forme pratiquées dans une pièce fixée sur la face du tambour et un bras auquel est attaché un petit câble qui peut, au moyen de poulies de renvoi, actionner le levier de mise en route du moteur de levage. La longueur du câble étant convenablement réglée et l'écrou se rapprochant du tambour au moment du levage, lorsque la charge arrive à une faible distance de la flèche l'embrayage se produit et le levier de commande amené ainsi automatiquement à sa position de repos produit l'arrêt du moteur.

Orientation et translation. — Les mouvements de translation et de rotation sont produits, nous l'avons dit, par un même moteur; celui-ci est placé à l'avant; son arbre porte une poulie à gorge sur laquelle agit un frein à sabot en bois. Celui-ci est débloqué mécaniquement au moyen du volant du rhéostat de démarrage auquel il se trouve réuni par un manchon élastique à plateaux au tronçon qui commande l'orientation. Ce tronçon porte d'abord un pignon cylindrique en cuir qu'on peut débrayer à la main à l'aide d'un manchon; puis une vis sans fin engrenant avec une roue qui commande la rotation de la grue autour du pivot.

Le mouvement de translation s'obtient en embrayant le pignon de commande placé sur l'arbre attelé à celui du moteur; celui-ci donne alors son mouvement à une roue calée sur le même axe qu'une vis sans fin engrenant avec une roue horizontale dont l'arbre porte à la partie inférieure un pignon conique. Le mouvement est alors transmis par des arbres horizontaux et verticaux aux roues motrices portant une couronne dentée en plusieurs pièces.

L'orientation qui ne s'effectue jamais en même temps que la translation s'obtient toujours après avoir débrayé cette dernière; elle se produit tout simplement par une roue et vis sans fin baignant dans l'huile et actionnant un arbre vertical terminé par un pignon qui tourne autour d'une roue fixe placée sur la plate-forme.

Enfin, dans le but de diminuer les frottements provoqués par les réactions des vis sans fin, on a monté sur les arbres des butées à billes. De même les deux axes des tambours sont portés sur des paliers à rouleaux.

Voici maintenant quelques chiffres relatifs à cet engin :

Puissance	1.500 kg.
— avec poulie mobile	3.000 kg.
Portée	9 m. 27
Élévation de la poulie	14 m.
Levée du crochet	20 m.
Largeur de la voie	4 m. 4
Écartement des essieux	4 m. 5
Vitesse de levage par seconde, sans poulie	0 m. 8
— avec poulie	0 m. 4
Vitesse de rotation par seconde au crochet	1 m. 5
— translation —	0 m. 2

Pour donner une idée du prix de revient de la manœuvre, voici ce qu'on peut faire en dépensant seulement 120 wattheures :

1 Levage de 1.500 kilog. à 10 mètres de hauteur.
2 Rotation avec la charge à 180°.
3 Descente de la charge à 2 mètres.
4 Retour sans charge à 180°.
5 Descente du crochet à 10 mètres.

On peut effectuer vingt-cinq pareilles séries de mouvements (avec l'amplitude demandée) en 1 heure, et ainsi arriver, par exemple, à décharger, 325 tonnes de charbon en dix heures avec un excavateur contenant 1.300 kilog.

Grue Titan électrique de 30 tonnes. J. Le Blanc.

La grue Titan électrique de 30 tonnes exécutée par la maison Leblanc a été construite et installée pour le montage des machines motrices et dynamos, exposée dans la section française (hall La Bourdonnais).

Elle se compose (fig. 5 et 6), comme tous les appareils du même genre, d'un fort

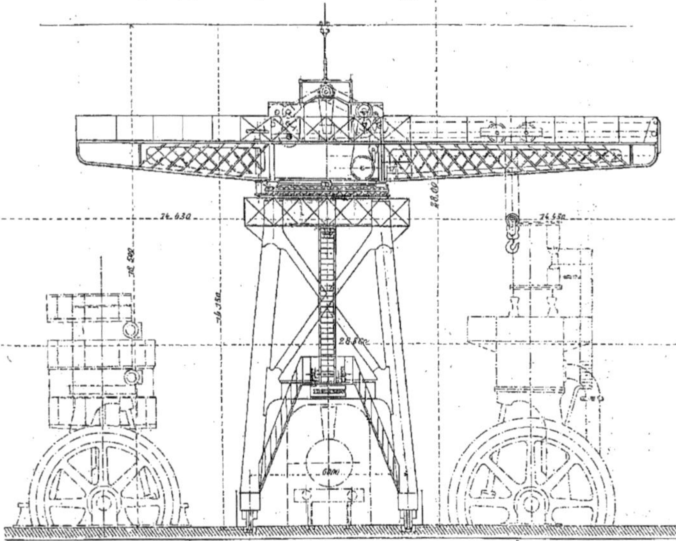

Fig. 5.

pylone se déplaçant sur rails et portant à sa partie supérieure une couronne de galets sur laquelle peut tourner la volée tandis que sur cette volée même se déplace le chariot porte-crochet.

Étant donné qu'un tel système a l'inconvénient d'exiger que la partie centrale de l'atelier dans lequel il travaille soit complètement libre, on s'est appliqué à diminuer autant que possible l'écartement des pieds du pylone dans le sens perpendiculaire à celui du déplacement. Le rapprochement de ces montants était d'ailleurs limité par la nécessité de permettre le passage des wagons sous la grue et de lui assurer une stabilité suffisante. Ces deux conditions ont été satisfaites ; la première puisqu'on peut passer avec les wagons de tous gabarits et la deuxième puisqu'on peut enlever jusqu'à 50 tonnes sans craindre le renversement ; il est vrai que, d'autre part, la charge est équilibrée par un

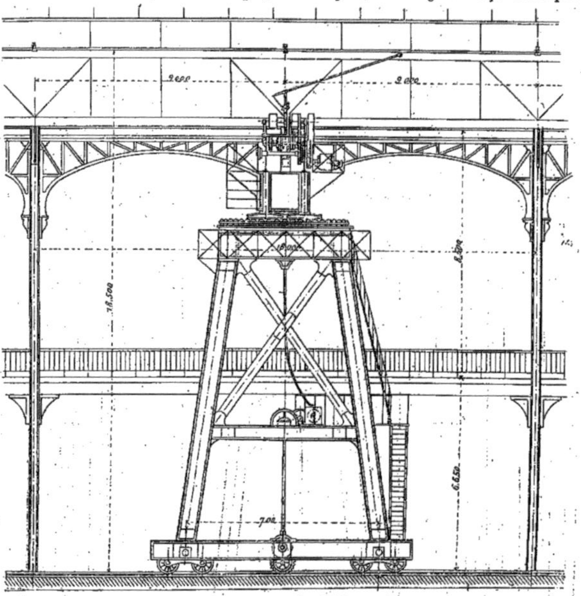

Fig. 6. — Grue titan *Leblanc*. Vue par bout.

lest de 15 tonnes placé à l'extrémité de la volée opposée au crochet à 8 mètres du centre de rotation.

Dans le sens du déplacement, le constructeur n'étant plus tenu aux mêmes exigences, l'assise a pu être répartie sur une plus grande longueur ; il est vrai que rien dans ce cas ne contrebalance le moment de renversement qui pourrait provenir d'un arrêt brusque du mouvement de translation.

La plate-forme est donc soutenue par quatre poutres de sections carrées creuses, en tôles et cornières, dont l'inclinaison n'est pas la même dans les deux sens, puisque nous avons 6 mètres d'écartement d'axe en axe dans le sens de la largeur de la voie et 7 mètres dans le sens de la longueur.

La rigidité est assurée au moyen de poutres horizontales situées à 5 mètres du sol qui, en même temps qu'elles servent d'entretoises, forment l'assise d'un plancher et au moyen de quatre croix de Saint-André partant de ce plancher et rejoignant la plate-forme.

La partie supérieure est constituée par une boîte carrée en tôle. Elle supporte le chemin de roulement qui est formé de six secteurs d'acier coulé, sur lesquels roulent quarante-huit galets dont les axes sont maintenus par deux cercles de fer, l'un extérieur et l'autre intérieur.

Quatre autres secteurs en acier coulé réunis deux à deux et fixés sous la volée répartissent la pression sur les galets. De plus, le guidage pendant la rotation est obtenu au moyen d'un pivot central en acier sur lequel on a vissé la partie supérieure d'une cuvette en acier roulant sur des billes. L'autre partie de la cuvette est tournée sphérique sur sa face d'appui de manière à permettre une légère oscillation qui peut, dans certains cas, être nécessaire pour assurer un portage parfait sur les galets de roulement.

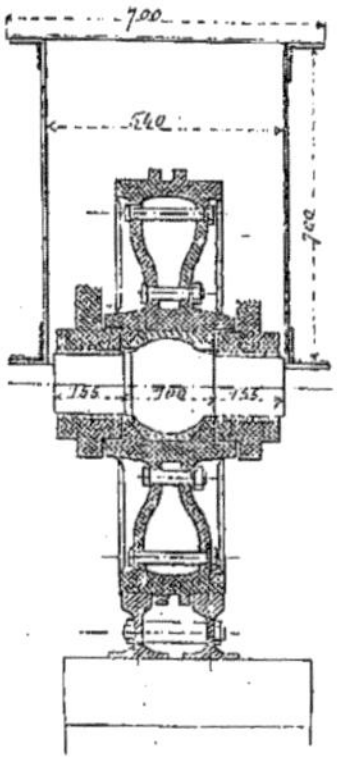

La volée est constituée par une poutre en treillis composée de deux parties dont la forme est celle de poutres encastrées et chargées à une extrémité ; une des deux parties est munie de rails sur lesquels se déplace le chariot porte-crochet et l'autre porte le contrepoids. La partie supérieure de cette énorme poutre (elle a plus de 20 mètres), sert d'appui au mécanisme de commande.

Enfin l'appareil repose tout entier sur quatre paires de roues portant chacune un double boudin (fig. 7) et roulant sur deux lignes de rails espacées de 5 mètres ; chaque ligne comprend deux rails sur les faces intérieures desquels les boudins se déplacent en assurant ainsi un guidage irréprochable.

Fig. 7.

Eu égard au poids considérable de cette grue, on a dû monter les rails sur des traverses très rapprochées et reposant sur des fondations en maçonnerie. Dans le but de mieux répartir le poids de la grue au cas où la voie présenterait des dénivellations, les roues sont disposées deux à deux sous chaque pied du pylone et les deux essieux sont portés par une pièce nommée palonnier et articulée au longeron (fig. 8), ce qui permet à l'ensemble des deux roues d'avoir une légère oscillation dans le plan vertical. Dans le même but on a ménagé un certain jeu

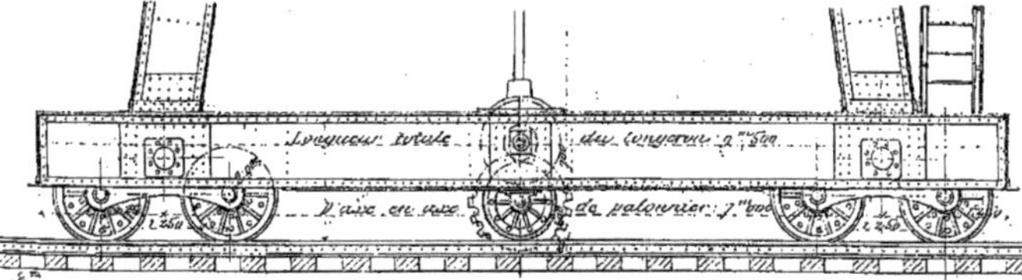

Fig. 8.

dans le sens latéral en donnant à la partie des essieux qui supporte la roue une forme sphérique et en laissant entre les joues du moyeu et celles du palonnier un petit jeu.

Translation. — La commande du mouvement de translation s'opère au moyen d'un moteur à courant continu de vingt chevaux placé sur le plancher intermédiaire et ayant son axe dans une direction perpendiculaire à celle de la voie. Il transmet sa rotation au moyen de deux trains d'engrenages cylindriques à deux engrenages coniques dont les roues sont calées à l'extrémité supérieure de deux arbres verticaux dont les extrémités inférieures commandent par engrenages coniques des arbres intermédiaires horizontaux, supportés dans le milieu de chaque longeron inférieur du pylone.

Ce mouvement de rotation est ensuite transmis à une couronne dentée fixée concentriquement à chaque roue motrice. Ces dernières (fig. 9 et 10) au nombre de deux (une sous chaque longeron) sont dentées et engrènent avec la crémaillère que forment les fuseaux boulonnés à 15 centimètres les uns des autres entre les deux rails qui sont placés l'un près de l'autre comme nous venons de le dire. Ce mode de déplacement est très commode et a surtout l'avantage de ne pas permettre de gauchissement dans le pylone comme cela peut se produire lorsqu'on fait l'entraînement par adhérence et que pour une cause quelconque les roues motrices patinent d'un côté et pas de l'autre.

Levage. — Les mouvements du crochet sont obtenus par une seule dynamo à courant continu, placée sur la poutre principale et actionnant par une courroie l'arbre horizontal

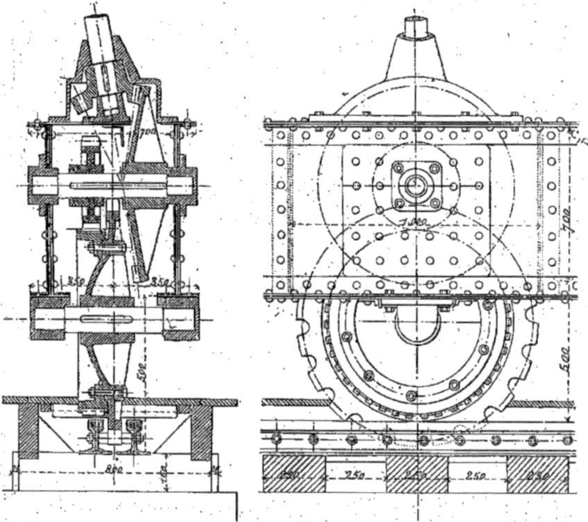

FIG. 9 et 10. — Grue titan *Leblanc*. Détail de la translation.

supérieur sur lequel sont pris les trois mouvements suivants : 1° orientation, 2° translation du chariot, 3° mouvement du crochet en hauteur (fig. 11).

Chacun de ces trois mouvements peut être obtenu après avoir mis le moteur en circuit en embrayant les poulies convenables au moyen des trois leviers parallèles placés à proximité des commutateurs dans la cabine du conducteur. Notons en passant l'absence de coupe-circuits fusibles sur le tableau de distribution et leur remplacement par un commutateur disjoncteur. (Cette disposition est également employée pour les dynamos des tapis élévateurs du même constructeur.) Ce disjoncteur est réglé pour une certaine intensité au delà de laquelle le courant se rompt automatiquement.

Orientation. — L'orientation s'opère en embrayant, au moyen de l'un des leviers dont nous venons de parler, une courroie qui met en mouvement un train d'engrenages cylindriques commandant un engrenage conique dont l'arbre vertical porte un pignon droit. Ce dernier transmet le mouvement à la roue calée à l'extrémité du dernier arbre de transmission lequel porte à sa partie inférieure un pignon qui roule sur une couronne dentée solidaire du pylone. Le mouvement en sens inverse est produit en débrayant et en faisant commander la même poulie par une courroie croisée disposée à cet effet.

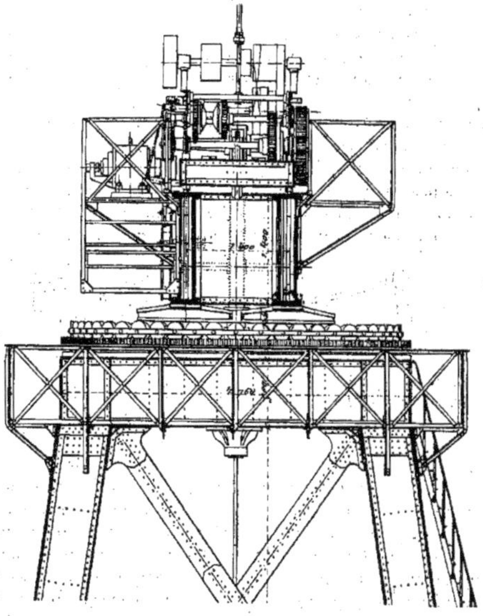

FIG. 11.

Les deux autres mouvements sont pourvus de ce même dispositif de changement de sens et changement de vitesse, ce qui fait six courroies pour toute la commande.

La commande du chariot de translation ne présente rien de particulier; elle s'opère comme d'habitude au moyen de deux chaînes sans fin dont voici les dimensions :

Diamètre des fuseaux	16 mm.
Distance d'axe en axe	40 mm.
Longueur intérieure des fuseaux entre les deux rangées de lamelles	30 mm.
Épaisseur des lamelles	3 mm.
Largeur	35 mm.
Nombre (6 sur chaque côté)	12

Le mouvement de levage s'opère au moyen d'une forte chaîne Galle attachée à l'extrémité de la travée et s'enroulant à l'autre extrémité sur un tambour particulier. La force de la grue est de 30 tonnes. On voit, par les dimensions de la chaîne, qu'elle répond bien à cette exigence.

Diamètre des fuseaux..	30 mm.
Distance d'axe en axe..	90 mm.
Épaisseur des lamelles..	5 mm.
Largeur des lamelles..	70 mm.
Nombre des lamelles (8 de chaque côté)..........................	16
Longueur des fuseaux entre les lamelles..........................	56 mm.

De son point d'attache la chaîne passe sur une noix folle portée sur un axe du chariot, sous celle du crochet, puis sur l'autre noix du même chariot, ensuite sur la noix de commande et enfin sur le tambour.

Ce dernier est juste de la largeur de la chaîne, de sorte que celle-ci s'enroule en spirale (fig. 12); mais pour provoquer cet enroulement, de manière que la chaîne soit toujours tendue il faut faire tourner le tambour à une vitesse angulaire variable et d'autant plus

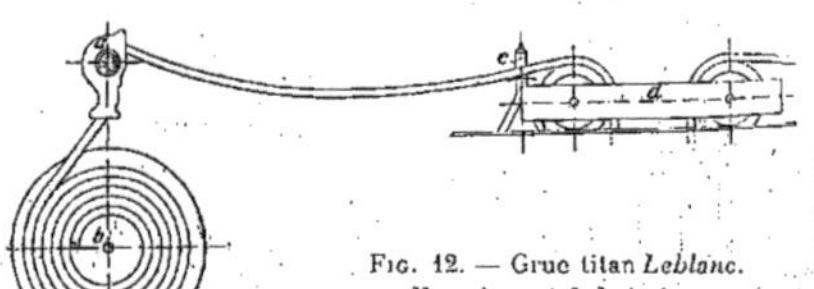

Fig. 12. — Grue titan *Leblanc*. Enroulement de la traîne.

faible qu'il y a une plus grande longueur de chaîne enroulée. On a obtenu ceci en utilisant le glissement de la courroie de commande ; l'axe qui porte le tambour porte en même temps une poulie sur laquelle passe la courroie de commande. Cette dernière reçoit son mouvement de façon à faire tourner le tambour à la plus grande vitesse qui lui est nécessaire (celle qu'il faut adopter lorsqu'on commence l'enroulement) ; comme cette force n'est plus suffisante pour tirer sur la chaîne lorsque celle-ci est tendue, il y a glissement. On a de plus installé un tendeur pour éviter que l'allongement produit par les glissements successifs ne finisse par être cause au moment utile d'un manque d'entraînement.

Au moment de la descente on croirait d'abord qu'il n'y a plus à se préoccuper du déroulement, puisque la noix de commande force la chaîne à se dérouler; il n'en est pourtant pas ainsi, car le mouvement du tambour est accéléré, et il peut, à un certain moment, devenir plus rapide que celui qu'on lui fournit et la chaîne se déroulerait alors toute seule. On a remédié à ceci en faisant tourner la courroie de commande du tambour à la plus faible vitesse nécessaire, de sorte que lorsque le tambour tend à s'emballer, la courroie fait frein grâce au contrepoids fixé sur la poulie.

Pour obtenir de cette courroie deux vitesses, tout en la commandant par la même poulie, on a muni cette dernière de deux embrayages à cliquet montés sur deux douilles différentes ; les encliquetages se faisant en sens inverse, lorsqu'on commande l'un, l'autre ne tourne pas et inversement.

Afin de soutenir la chaîne de levage lorsque le chariot est à une des extrémités de sa course, on a placé en deux endroits des galets en deux parties portées par des poutres de forme convenable. Celles-ci sont munies de rainures dans lesquelles peuvent glisser les patins des chaînes auxquelles sont suspendues chaque moitié de galets. D'autre part ces chaînes portent à une certaine distance de l'axe de la poutre et attachés à elles d'autres galets verticaux qui peuvent entrer facilement dans des glissières que porte le chariot. La forme de ces dernières est telle qu'elles s'écartent de l'axe de façon à déplacer les galets au moment du passage des noix du chariot en face des supports de la chaîne et à se rapprocher pour faire replacer les galets sous la chaîne lorsque le chariot est passé.

Voici maintenant les principales dimensions de cet engin :

Écartement d'axe en axe des rails	6 m.
Largeur libre pour le passage des wagons	5 m. 30
Hauteur libre	5 m.
Hauteur maximum sous le crochet	12 m. 50
Portée maximum du crochet depuis l'axe	11 m. 60
Déplacement minimum du crochet	8 m. 50
Longueur de la voie	115 m.
Vitesse d'orientation de la volée	4 m.
Vitesse du chariot sur la volée par minute	11 m. 50
Grande vitesse de levage pour charge de 10 tonnes	2 m. 10
— descente — —	2 m. 50
Petite vitesse de levage — 30 tonnes	1 m. 10
— descente — —	1 m. 40
Vitesse de translation pour charge de 30 tonnes	4 m.
Vitesse de translation maxima	20 m.
— à vide	24 m.
Longueur de la chaîne de levage	25 m.
Poids total de la grue	120 tonnes
Poids du chemin de roulement	24 tonnes

Le courant électrique est employé sous 220 volts, la prise se fait au moyen d'un

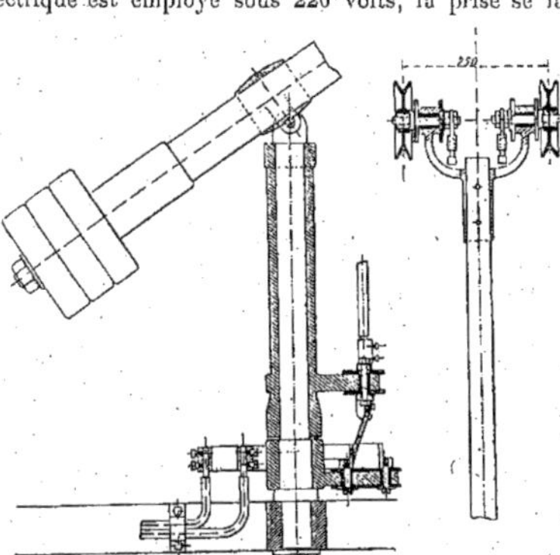

Fig. 13 et 14.

trolley à deux poulies (fig. 13, 14) qui dessert directement la dynamo de levage et qui fournit le courant à celle de translation pour la voie par un câble passant dans un trou de 50 millimètres ménagé à cet effet dans le pivot.

Grues électriques de Mocomble pour l'arrimage dans les entrepôts et magasins généraux, des sacs de sucre, de blé ou des balles de laine ou de coton.

La manutention des colis lourds a été étudiée depuis fort longtemps, par contre, celle des colis légers, de 100 kilog. et au-dessus jusqu'à même 1.000 kilog., se faisait encore souvent dans ces dernières années, à bras d'hommes.

Diverses raisons viennent expliquer cette incurie apparente :

1° Les difficultés que l'on rencontrait pour l'emplacement d'un engin mécanique, dont le programme paraissait d'une réalisation vraiment difficile.

2° Le coût de premier établissement qui nécessitait un grand nombre de manœuvres pour pouvoir arriver à amortir assez rapidement le prix de l'appareil.

La Cie des Entrepôts et Magasins généraux de Paris qui possède de nombreux établissements en France était, entre tous, celle qui avait le plus d'intérêt à créer, dans ses différents entrepôts des moyens de manutention aussi rapides et économiques que possible et depuis plusieurs années, elle s'est attachée à réaliser le programme suivant :

Avoir une grue roulante sur le sol, aussi légère que possible, avec une largeur de voie réduite à son minimum de façon à utiliser la surface maxima pour l'empilage.

L'appareil devra pouvoir évoluer dans des couloirs étroits et circuler dans des passages d'équerre en pivotant presque sur place ; l'empilage devra pouvoir se faire dans toute la hauteur du magasin tout en permettant à la grue de passer sous les poutres portant le plancher.

Pour les sacs de sucre par exemple, voici comment se fait la manutention : les wagons arrivent au pied du magasin, là des treuils électriques à double châbles, les prennent et les élèvent à la vitesse de 2 m. 500 par seconde, à l'étage où doit se faire l'empilage.

Lorsqu'ils arrivent à cet étage, le châbleur les amène sur un cabrouet qui les conduit au pied de la pile et là, c'est la grue qui termine l'opération en faisant l'empilage.

L'appareil construit par la maison de Mocomble est représenté par les figures ci-jointes et se compose de :

Un châssis en tôle et cornières A′ portant quatre roues en fonte *aaaa* montées sur des chapes mobiles qu'on met à l'angle convenable lorsqu'on veut faire passer la grue d'un passage à un autre d'équerre avec lui (fig. 15).

Ce châssis supporte un pylone A en cornières solidement assemblées qui porte à sa partie supérieure la pièce de roulement du pivot dont la partie inférieure repose dans une crapaudine fixée sur le châssis.

Le pivot B est composé de deux fers en I convenablement entretoisés sur lequel sont articulés la volée C portant la poulie de levage et la contre-volée D′ portant le contrepoids d'équilibre.

La volée et la contre-volée peuvent être élevées ou abaissées simultanément par la seule manœuvre du levier E agissant sur le levier double D sur lequel sont articulés les tirants *cc*.

Le treuil à tambour monté sur le pylone se compose d'un tambour T sur l'arbre duquel est montée une poulie de frein G (fig. 16).

Cette poulie reçoit son mouvement par une courroie libre qu'on tend au moyen du système de levier H portant un galet tendeur.

Un arbre intermédiaire portant les poulies F et *f* tourne toujours, il reçoit le mouvement d'un électro-moteur F′.

Une poulie de renvoi L fixée au châssis ramène la corde de levage au centre du pivot pour permettre à celui-ci de faire une évolution complète.

Pour obtenir l'élévation de la charge, il suffit de tirer sur la corde de manœuvre J qui, en agissant sur le système de levier H met le galet tendeur en contact avec la courroie jusqu'à ce que celle-ci entraîne la poulie de frein et le tambour.

Lorsqu'on lâche la corde, le frein vient se mettre en contact avec la poulie H et la

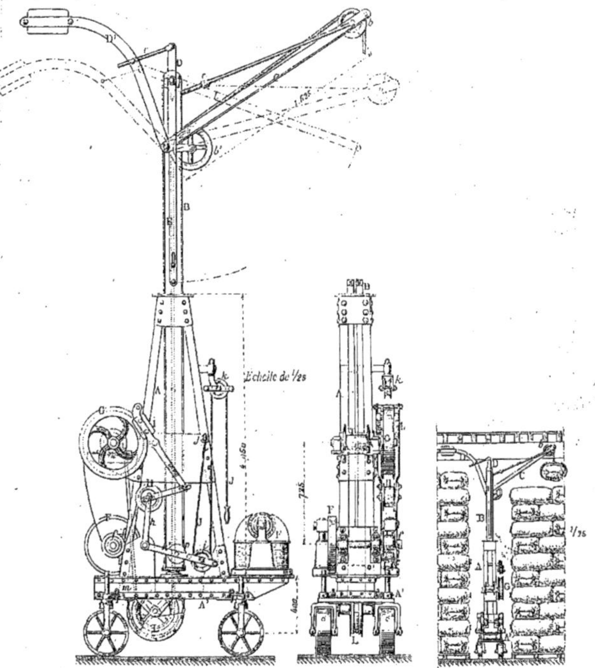

Fig. 15 à 17.

charge s'arrête. Si au contraire, on veut descendre il suffit de tirer légèrement sur la corde de manœuvre, de façon à décoller légèrement le frein et le fardeau entraînant la poulie et le tambour descend.

En service courant on peut faire une pile de cent sacs en vingt minutes avec quatre hommes (fig. 17).

Les services rendus par cet appareil ont engagé la Cie des Entrepôts et Magasins généraux de Paris à faire des appareils similaires mais plus puissants pour l'emmagasinage des balles de laines pesant 400 et 600 kilog. dans les entrepôts de Roubaix et de Tourcoing.

Le fonctionnement de ces appareils est identique à celui de l'appareil décrit précédemment.

Pour la manutention de ces balles de laines, l'on éprouvait déjà beaucoup plus de

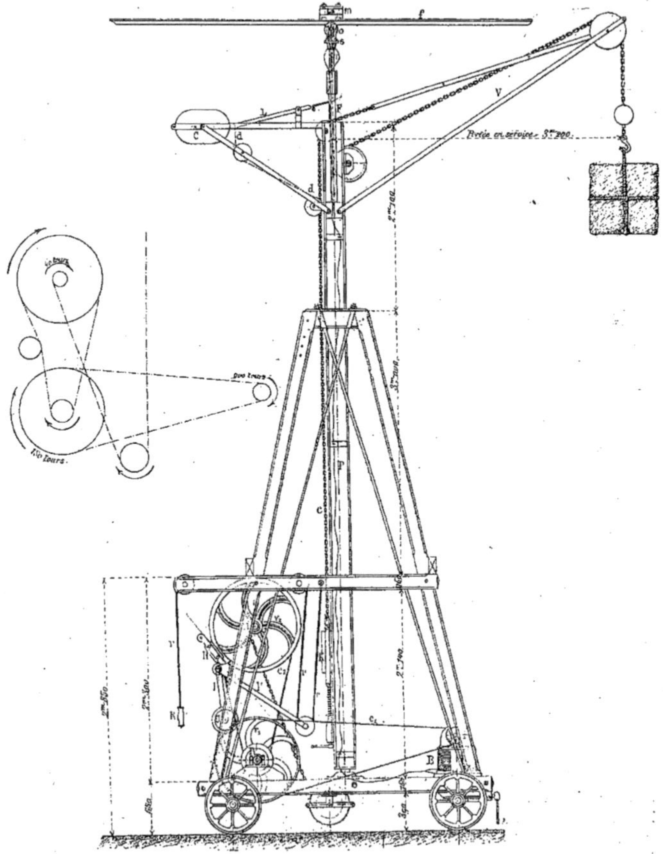

Fig. 18. — Grue *de Mocomble*. Entrepôts de Roubaix.

difficultés étant donné leur poids et leurs dimensions, surtout lorsque les piles deviennent un peu hautes, surtout à Roubaix, où les magasins ont plus de 9 mètres sous entraits.

On amenait les balles de laines à pied d'œuvre au moyen de cabrouets et là, des hommes d'équipe saisissaient les balles au moyen de crochets et les montaient d'échelons en échelons à leur place sur la pile.

On conçoit combien de pareilles manœuvres sont longues, difficiles et onéreuses, elles nécessitent des hommes spéciaux et par suite exigeants.

Autrefois, avec dix hommes, on mettait vingt heures pour faire une pile de 150 balles ; actuellement, quatre hommes suffisent pour mettre 150 balles en place en trois heures, on voit donc que, malgré l'augmentation de capital et des frais généraux, il y avait là certainement abaissement du prix d'emmagasinage.

Nous donnons ci-contre le dessin d'une grue de l'Entrepôt de Roubaix (fig. 18), le fonctionnement est le même que pour la grue de 150 kilog. nous n'insisterons donc pas davantage.

Grues automobiles électriques de 25 tonnes construites pour la manutention des classes 63, 64 et 65.

L'Exposition de la Métallurgie française a eu une importance considérable, tant au point de vue de la valeur technique que du nombre, du poids et des dimensions des objets exposés. Aussi fallait-il compter avoir à manutentionner de nombreux fardeaux dont le poids devait atteindre 25 à 30 tonnes; de plus, par suite de la surcharge dans les usines, des difficultés d'approvisionnement des matières premières, du temps nécessaire aux transports, de la complication des manœuvres des wagons dans les chantiers et de leur déchargement, il fallait prévoir un fort coup de collier dans les derniers jours précédant l'ouverture de l'Exposition pour la mise en place rapide des pièces lourdes à installer.

En présence de cette situation difficile, M. P. Arbel, administrateur délégué des Forges de Douai, prit l'initiative de munir les classes 63, 64 et 65 des appareils de levage indispensables que je vais décrire, et qui furent étudiés par M. de Mocomble.

Les deux grues qui composaient cette installation étaient identiques et devaient satisfaire au programme suivant :

Prendre les colis sur wagons à leur arrivée sur la voie en contre-bas de l'estacade et de les déposer, soit provisoirement sur l'estacade établie devant la façade du Palais des Mines et de la Métallurgie, soit sur les wagons arrivant sur les voies de l'estacade.

L'autre grue devait pouvoir pousser ou hâler les wagons dans l'intérieur des Palais, les accompagner à pied d'œuvre dans la mesure du possible et en faire le déchargement.

Les mêmes opérations devaient se faire en sens inverse après la clôture de l'Exposition au moment de la réexpédition des colis.

La force de chacune des grues fixée primitivement à 20 tonnes avait été portée à 25 tonnes sur la demande de l'Administration ; ces deux engins ont du reste été combinés de façon à pouvoir, étant conjugués entre eux, lever des colis de 45 tonnes, maximum auquel s'étaient arrêtées les prévisions de MM. Puthet et Claret, entrepreneurs généraux de la Manutention à l'Exposition et auxquels ces engins devaient être loués.

Malgré le poids relativement élevé nécessaire à leur stabilité, il était indispensable que ces grues fussent roulantes et puissent se déplacer par leurs propres moyens dans leur zone d'action.

La volée devait en outre pouvoir se lever ou s'abaisser pour pouvoir passer sous les portes d'entrée du Palais des Mines et de la Métallurgie.

Les règlements administratifs s'opposant à l'installation à l'intérieur des bâtiments de générateurs à vapeur, moteurs à pétrole ou à essence, l'usage de l'électricité s'imposait naturellement et par suite celui des accumulateurs puisque l'emploi du trolley était impossible.

Ces accumulateurs ont été placés à l'arrière du châssis tournant où ils forment contre-

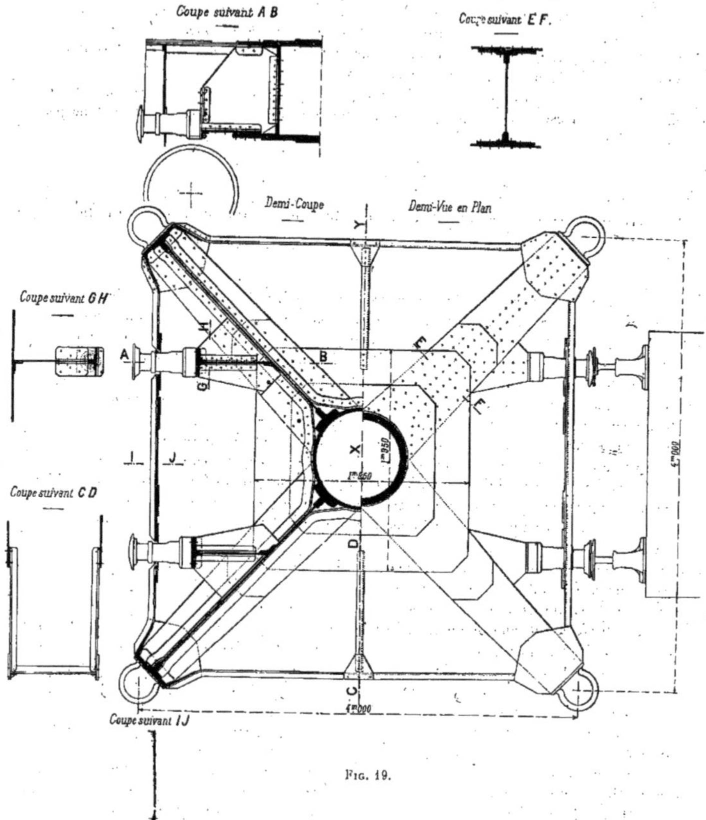

Fig. 19.

poids; ils étaient chargés au moyen de branchements reliés à une canalisation provisoire installée dans l'intérieur du Palais.

Ossature des grues. — Elle comprend un châssis fixe en forme d'étoile à quatre branches (fig. 19) entretoisées entre elles par des poutres en treillis léger, le tout est supporté par quatre essieux montés sur des roues de 0,800 de diamètre (fig. 20, 21, 22) et

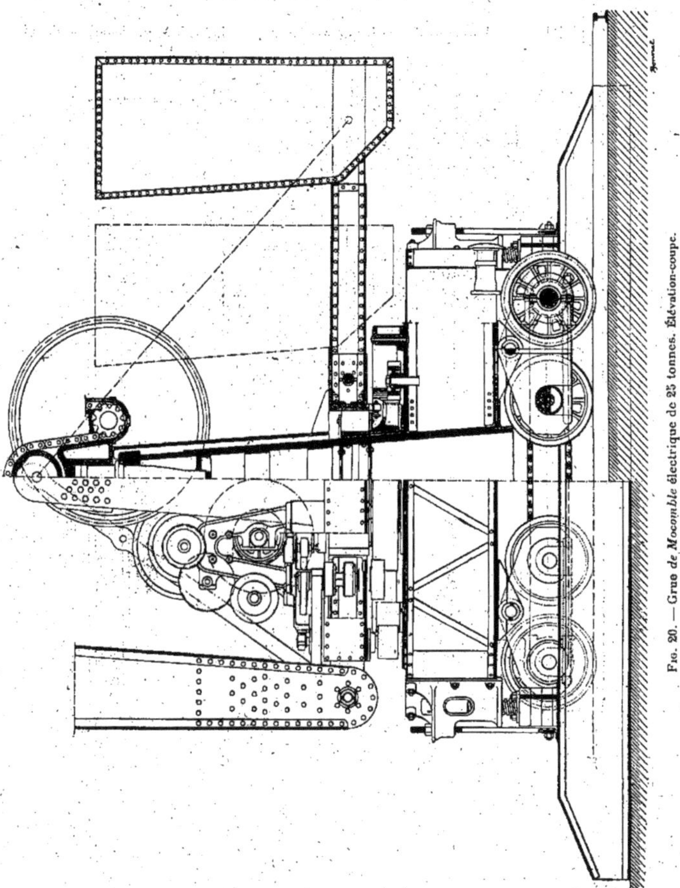

Fig. 20. — Grue de *Mocomble* électrique de 25 tonnes. Élévation-coupe.

qui deux par deux sont attelés sur un palonnier de manière à assurer une bonne répartition des charges sur la voie.

Latéralement au châssis fixe sont disposés deux caissons très rigides en tôle et cornières, de 7 mètres de longueur et 0 m. 900 de largeur, et servant d'étais aux grues sous charge par l'intermédiaire de quatre vérins disposés aux extrémités de l'étoile (voir fig. ci-dessus).

L'emploi de ces caissons avait été imposé par cette considération que le sol ne devait

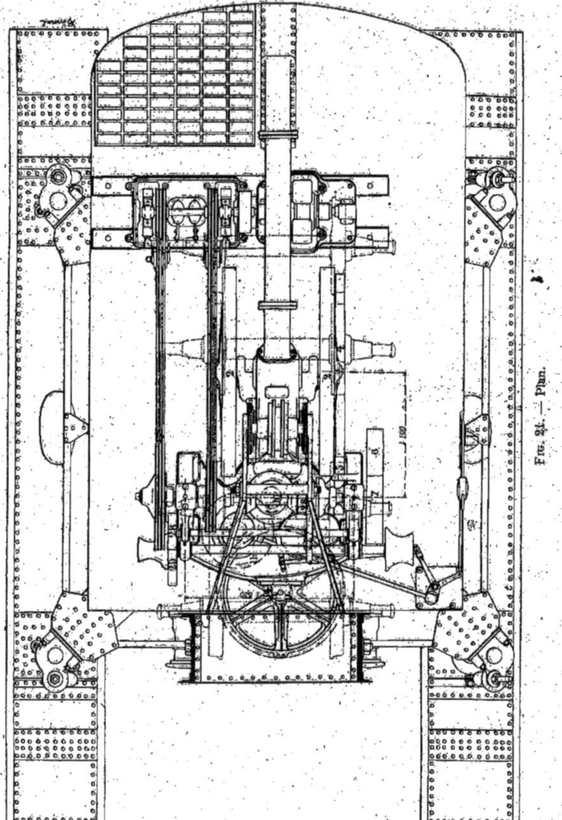

Fig. 24. — Plan.

pas pouvoir supporter une pression supérieure à 1 kg. 500 par centimètre carré; le relevage de ces caissons peut être fait par l'intermédiaire de cabestans disposés à cet effet et ayant également pour but le halage des wagons sur les voies intérieures.

Le châssis fixe est assemblé avec un pivot creux formé de tôles et cornières, et qui porte lui-même toute la partie tournante de l'appareil. La volée a une forme courbe à la

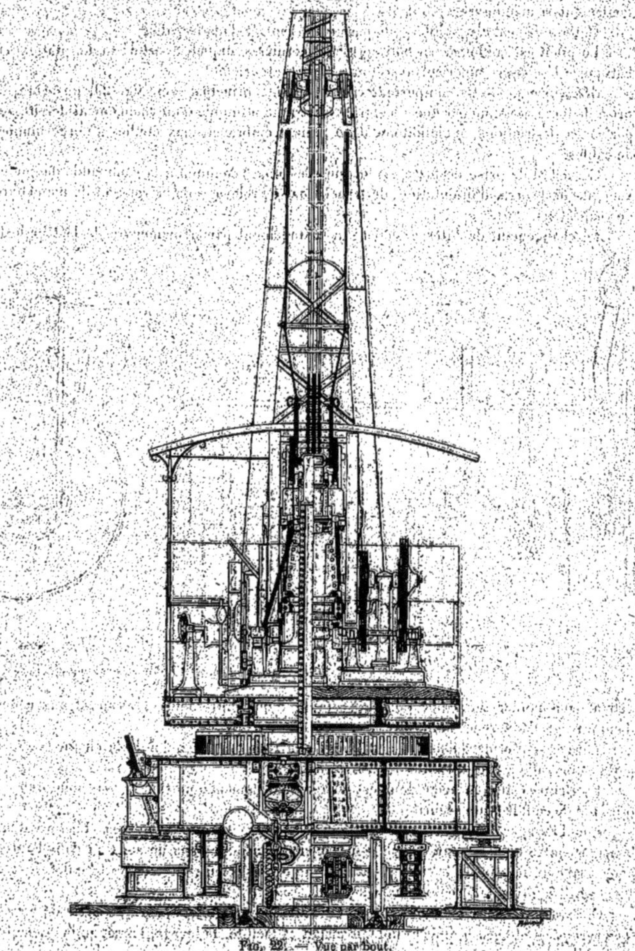

Fig. 22. — Vue par bout.

partie supérieure pour donner la course maximum au levage des colis encombrants, cette forme présente en outre, au point de vue esthétique, certains avantages sur une volée droite, tout en dégageant l'espace devant le mécanicien et lui permettant de suivre plus facilement la manœuvre.

Cette volée est abaissable pour permettre l'entrée dans le palais.

Le pivot est coiffé par un bâti en tôle et cornières auquel il sert d'axe de rotation, ce bâti porte le châssis supérieur avec toute la partie tournante.

Mécanismes. — Ils comportent comme organe principal (voir fig. 23) un arbre de prise de force actionné par une réceptrice électrique et munie d'un changement de vitesse, par cônes de frictions, à emboîtement *ab*, venant embrayer deux poulies à gorge munies de câbles.

Cet arbre de prise de force est le point de départ commun à la commande des mouvements de levage, d'orientation, de translation, de relevage de la volée et de manœuvre des cabestans.

Le changement de vitesse s'opère instantanément par la manœuvre de la tringle L

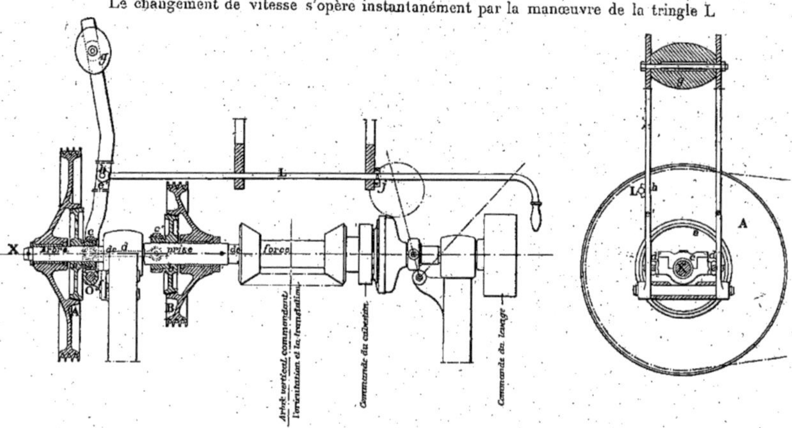

FIG. 23.

venant commander un levier double *ee'* muni d'un contre-poids *g* assurant aux cônes d'embrayage l'adhérence suffisante.

Levage. — Le mécanisme de levage est caractérisé par l'emploi de la chaîne Galle et par l'embrayage à friction plate dont il est muni.

La chaîne Galle en acier doux est composée d'éléments multiples, sans soudures, et présente de ce fait toute sécurité.

L'embrayage du mécanisme élévatoire (voir fig. 24) est obtenu par l'action d'un levier à contre-poids F, sur lequel le mécanicien peut agir dans un sens ou dans l'autre pour serrer le plateau de friction monté sur un arbre excentrique contre le galet 7 calé sur l'arbre de prise de force ou sur le sabot de frein S.

On obtient ainsi à volonté et instantanément, sans arrêter l'arbre de prise de force, sans secousses et avec la plus grande précision et facilité, le levage, l'arrêt ou la descente du fardeau.

Orientation et translation. — Le mécanisme d'orientation prend son point de départ (fig. 25) sur deux cônes BB' calés sur l'arbre horizontal de prise de force par l'intermédiaire d'un troisième cône C monté sur un arbre excentrique D qui vient commander par l'intermédiaire du harnais d'engrenage 10 11 l'arbre vertical A (voir fig. 26).

Sur cet arbre est monté fou un pignon 12 qui engrène avec la couronne d'orientation, il suffit donc pour orienter de rendre ce pignon 12 solidaire de l'arbre A.

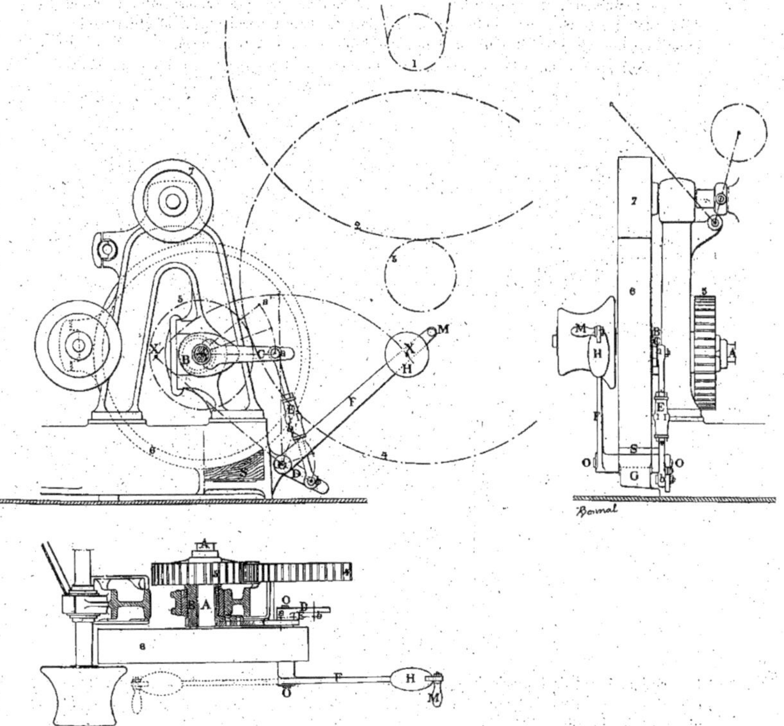

Fig. 24. — Levage.

Pour la translation, l'on remarquera que l'arbre vertical A porte à sa partie inférieure un pignon 16, fou sur cet arbre ; il suffit de rendre ce pignon solidaire de l'arbre A pour venir communiquer le mouvement à la roue 17 et, de là, à tout le mécanisme de translation qui suit et va attaquer les essieux.

Pour arriver à embrayer le mouvement d'orientation ou celui de translation, l'on voit que l'arbre A est creux et donne passage à l'intérieur à un arbre D, qui porte un double cône B d'embrayage.

Cet arbre D est commandé à la partie supérieure par un écrou fixe, monté sur un engrenage H, qui est attaqué par un pignon à lanterne monté sur l'arbre L.

Suivant que l'on donne à l'arbre L une rotation à droite ou à gauche, l'on voit que l'on imprime à l'arbre D un mouvement vertical qui amène l'embrayage des cônes de friction avec le mouvement d'orientation ou de translation.

La commande est ramenée à la main du mécanicien par l'arbre horizontal L, muni d'un volant; cet arbre peut coulisser sur ces portées, ce qui permet d'en effectuer facilement le débrayage et d'en éviter la rotation inutile pendant la manœuvre.

Cabestans. — Outre les mouvements ci-dessus, il y a encore deux bobines de cabes-

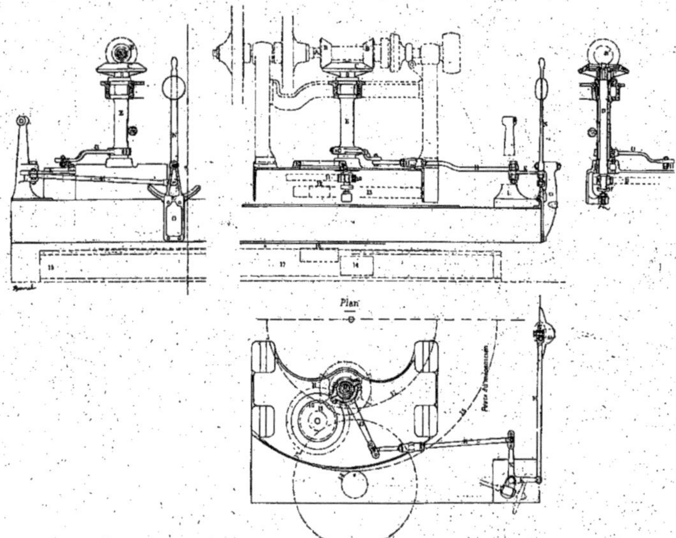

Fig. 25. — Orientation et translation.

tans actionnés par l'arbre principal de prise de force A (voir fig. 27 et 28) au moyen d'un embrayage par cônes à emboîtement BC agissant sur des jeux d'engrenages, 1 2 3 4 qui viennent commander l'arbre M.

Les deux bobines sont différentes de diamètre, elles donnent des vitesses et des efforts différents, suivant que l'on veut remorquer la charge maxima ou une charge moyenne.

Relevage de la volée. — Une chaîne Galle formant élingue et fixée à la partie inférieure de la flèche permet le relevage de cette dernière.

Pour lever ou abaisser la volée, après avoir retiré la broche de jonction des tirants, il suffit de passer le crochet dans la manivelle de cette chaîne et de mettre le treuil de levage en mouvement. La traction qui s'opère sur la poulie de tête de flèche force la volée à se relever, après quoi, la mise au frein la maintient en place pour permettre le brochage des tirants.

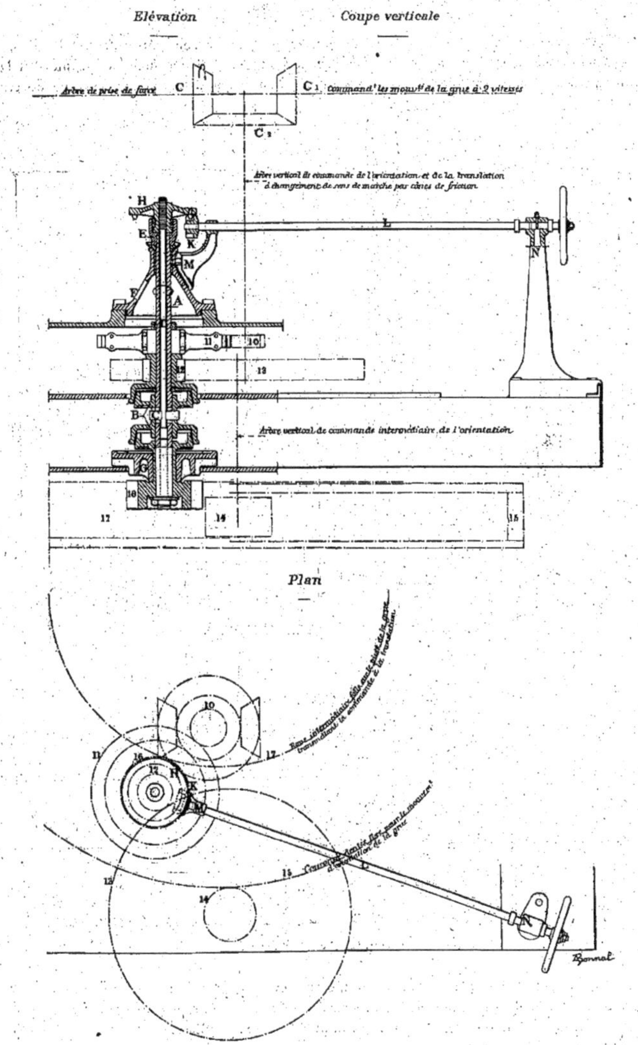

Elévation

Coupe verticale

Arbre de prise de force

Command.t les mouv.ts de la grue à 2 vitesses

Arbre vertical de commande de l'orientation et de la translation
à changement de sens de marche par cônes de friction

Arbre vertical de commande intermédiaire de l'orientation

Plan

Roue intermédiaire folle sur le pivot de la grue
transmettant la commande à la translation

Couronne dentée fixe pour le mouvem.t
d'orientation de la grue

Fig. 20. — Orientation et translation.

Moteur électrique. — C'est un moteur Gramme de 20 chevaux effectifs à vitesse réduite de 850 tours, le champ est renforcé, ce qui supprime le décalage quelle que soit la puissance à transmettre, les balais sont en charbon à grande division. Chacune de ces

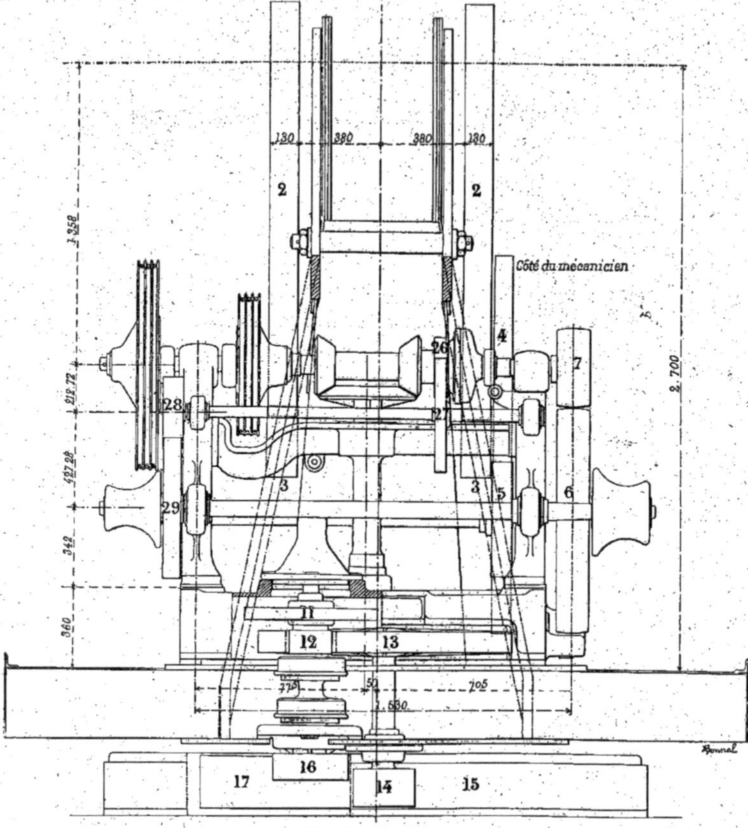

Fig. 27. — Cabestans.

réceptrices peut développer au démarrage un couple égal à une fois et demie celui produit en pleine charge ce qui est largement suffisant avec le système d'embrayage adopté.

Accumulateurs. — Chaque grue est munie de deux batteries distinctes et indépendantes, dont les constantes seront indiquées plus loin.

Ce dispositif a été adopté afin de permettre aux grues un travail continu sans avoir à se préoccuper de la charge au cours des manœuvres. Cette charge s'effectuant dès que l'appareil s'arrête pendant un temps suffisant à proximité d'un poste de charge et ne s'ef-

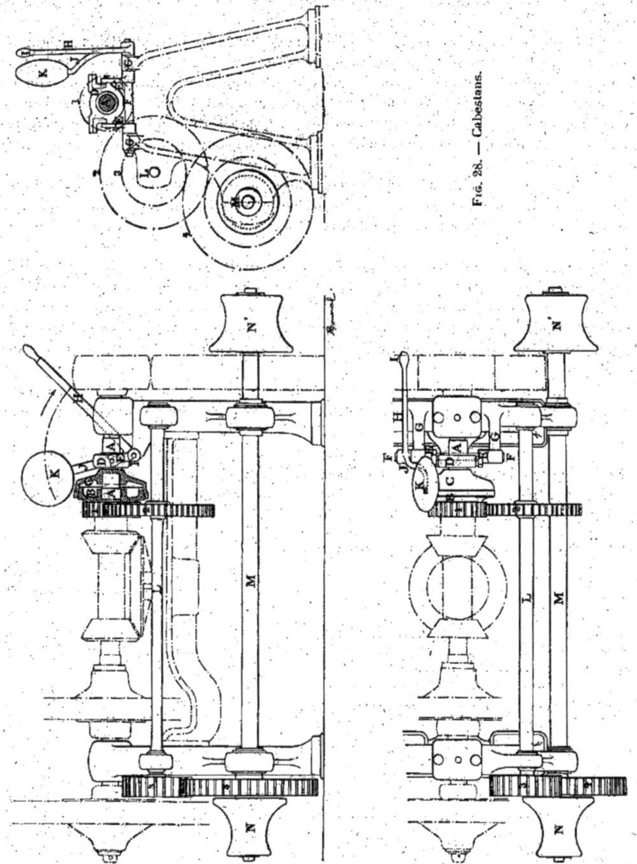

Fig. 28. — Cabestans.

fectuant que sur une batterie à la fois, on dispose de la seconde pour tous les mouvements de la grue autres que celui de la translation.

La batterie se compose de 96 éléments Tudor, pesant chacun 22 kilog., dont la charge, comme la décharge, s'effectue en une seule série sans aucun couplage.

Ces dispositifs, ainsi que le nombre d'éléments ont été adoptés pour correspondre au courant de 225/250 volts, dont on disposait, la charge s'effectue dans ces conditions à potentiel constant; dès qu'on relie une batterie avec les circuits extérieurs, elle peut atteindre un débit maximum de 100/125 ampères, et s'achève avec un débit de 40/50 ampères.

La durée de la recharge complète, après une décharge totale, peut atteindre au maximum 1 heure 1/2. Des recharges partielles peuvent être données en cours de travail, et leur durée peut être quelconque, sans influer sur le rendement définitif des accumulateurs. Le débit de la charge est extrêmement variable et subit toutes les fluctuations de la puissance demandée par les divers mouvements de la grue; il varie entre quelques ampères pour les mouvements de virage à blanc et environ 100 ampères pour la levée du poids maximum de 25 tonnes.

Le voltage moyen de décharge variant entre 195 et 180 volts, la puissance totale emmagasinée par une batterie et susceptible d'être restituée en énergie électrique aux bornes de la dynamo génératrice, atteint donc 15.000 Watt-heures, soit environ 20 chevaux-heure.

Les deux batteries d'une grue représentent donc 40 chevaux, et cette énergie est suffisante pour assurer à cet engin l'indépendance pendant une durée de six à sept heures environ, sans avoir besoin d'aucune recharge. Comme, d'autre part, nous avons vu que des charges partielles peuvent être données à l'une des batteries quand l'autre fait travailler la grue à poste fixe, il s'ensuit naturellement qu'un pareil engin peut travailler sans aucune interruption.

Une batterie est logée à droite et l'autre à gauche du coffre à chaîne de la grue, dans des caisses de tôles rappelant la forme des anciens contrepoids dont les batteries jouent le rôle par leur masse, ainsi doublement utilisée.

Notons enfin que, lors de la réexpédition des colis, la pratique a montré qu'une seule batterie d'accumulateurs était suffisante pour assurer le service de la grue.

Renseignements généraux. — Les vitesses des divers mouvements sont données par le tableau ci-dessous :

	PETITE VITESSE par seconde	GRANDE VITESSE par seconde
Levage	0m036	0,054
Orientation (vitesse au croc)	0,340	0,510
Translation	0,440	0,660
Relevage de la volée (temps nécessaire au relevage)	90″	» »
Cabestan	0,800	1,200

Poids	de la grue à vide environ	60.000 K°
	des étais	5.000 K°
	charge utile maxima	25.000 K°
	Soit au total	90.000 K°
Charge sur la roue la plus chargée	Grue à vide	8.000 K°
	Sous 8 tonnes de charge	11.000 K°
Charge maxima	Sur un étai	50.000 K°
	Soit en moyenne par centimètre carré sur le sol	1 K°

Les études ont été commencés le 15 octobre 1899 et, cinq mois après, la première grue assurait le service, suivie à quelques jours par la deuxième.

Les essais officiels eurent lieu sous 30 tonnes de charge sans donner lieu à aucune observation et la mise en service immédiate commença par la manœuvre d'un colis de 27 tonnes et demie.

Grue roulante à vapeur construite pour les manutentions de la gare des Invalides.

Cette grue a été construite pour effectuer la manutention des colis arrivant par le chemin de fer de l'Ouest à la gare des Invalides, elle a été installée à cet effet sur la voie de service de l'estacade donnant accès aux Palais.

Les conditions générales d'établissement de cet appareil sont les suivantes :

Force	1.500 kilog.	Portée	12 m. 500.
	3.000 —	—	8 mètres.
	7.000 —	—	4 —

Avec mécanismes	1° de levage 2° d'orientation 3° de translation 4° relèvage de volée	mus par la vapeur.

Hauteur de levée	15 mètres
Vitesse de levage sous 1.500 kilog	0,500 à 0,600
— — 3.000 —	0,200 à 0,250
— — 7.000 —	0,065 à 0,080
Vitesse de la translation par seconde	0,600 à 0,800
— de l'orientation à la tête de flèche	1,250 à 1,500
— de l'arbre de prise de force par minute	220 à 280 tours.
Poids total de la grue à vide	20 tonnes.
— — sous charge	27 —
Contrepoids	6 —

L'appareil est du type à pivot court ou, autrement dit, à cheville ouvrière (fig. 29 à 31).

Tous les mécanismes sont montés sur une plate-forme pouvue de galets disposés pour rouler sur une couronne dentée boulonnée sur le chariot de la grue.

Cette disposition, qui s'est généralisée depuis quelques années, offre l'avantage de dégager complètement la vue du conducteur et de lui permettre ainsi de suivre les évolutions du fardeau qu'il manœuvre.

L'ossature de l'appareil est complètement en fer, les pièces de fatigue qui sont soumises aux chocs inhérents à ces appareils sont en tôle et cornières. La fonte, qui en est totalement exclue, n'a été employée que pour la construction des mécanismes.

Moteur. — Le moteur à vapeur est à deux cylindres et développe à la pression de 7 kilog. aux cylindres et à la vitesse de 220 tours, une force de 17 chevaux.

L'arbre moteur, qui tourne toujours dans le même sens, porte un double cône lisse, sur lequel se fait par friction l'embrayage des mécanismes de la grue.

Ce mode d'embrayage très pratique permet la mise en marche des divers mécanismes sans arrêt de la machine et sans chocs.

Il rend aussi possible la simultanéité des divers mouvements que le conducteur réalise facilement par la manœuvre des divers leviers bien groupés à sa portée.

Levage. — Le treuil de levage se compose d'un tambour sur lequel s'enroule la chaîne élévatoire. Ce tambour, monté sur un bâti à section creuse, est commandé par l'intermédiaire d'une paire d'engrenages, par un disque lisse mis en contact au moyen d'un excentrique avec le pourtour lisse d'un des plateaux calés sur l'arbre de la machine lorsqu'on veut élever la charge.

Il est mis en contact avec un sabot de frein lorsqu'on stoppe la charge. On descend

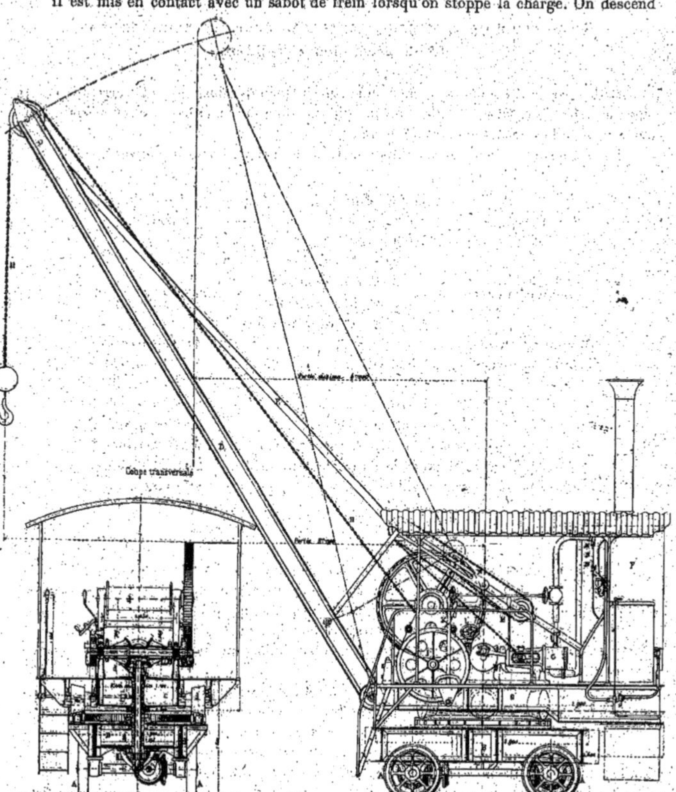

Fig. 31. — Grue de la gare des Invalides. Fig. 29. — Grue de la gare des Invalides.

cette charge en écartant le disque à friction du sabot de frein contre lequel il est serré.

La vitesse de descente est très facilement réglée en faisant varier le serrage du disque sur le sabot.

Orientation. — Le treuil d'orientation se compose d'une crémaillère venue de fonte avec la couronne en deux pièces sur laquelle roule la partie tournante de l'appareil. Cette couronne est fixée sur le chariot, elle sert de point d'appui au pignon commandé par l'intermédiaire d'un harnais d'engrenages.

La prise de force se fait sur le double cône calé sur l'arbre de la machine au moyen d'un cône lisse. Le changement de marche s'obtient en mettant alternativement en contact ce cône de prise de force avec l'un ou l'autre des cônes calés sur l'arbre de la machine.

Translation. — La prise de force de la translation se fait, comme dans le treuil d'orientation, au moyen d'un cône mis alternativement en contact avec les deux cônes moteurs calés sur l'arbre de la machine.

Pour le changement du sens de la marche, le cône de prise de force est calé sur un arbre passant dans l'intérieur du tube en acier formant cheville ouvrière placé au centre du pivotement qui relie la plate-forme tournante au chariot de la grue.

Les deux essieux des roues de translation portant les engrenages d'angles commandés par un arbre intermédiaire sont reliés à l'arbre de prise de force par un harnais d'engrenage.

Relevage de la volée. — Le relevage de la volée peut être obtenu facilement lorsque la grue est à vide au moyen d'un cliquet agissant sur un rochet à double sens, lequel est calé sur une vis à pas à droite et pas à gauche faisant coulisser l'une dans l'autre les extrémités des tirants qu'on broche lorsque la volée de la grue est à son point convenable.

Lorsque ce modèle de grue est destiné au service de cours d'usines, le relevage de la volée est obtenu, lorsque la charge est suspendue au crochet, au moyen d'un palan à six brins placé dans le plan des tirants comme dans la figure ci-contre.

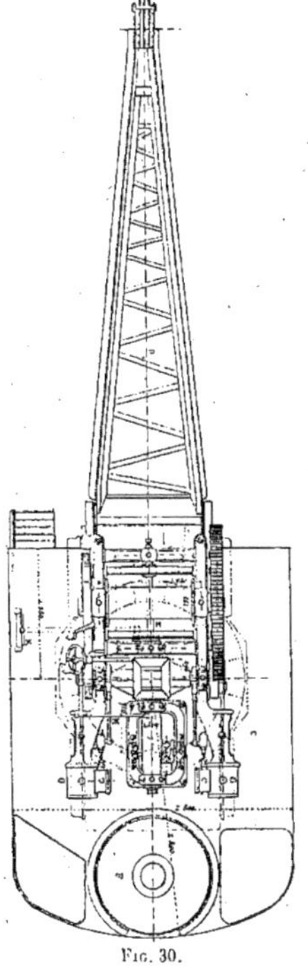
Fig. 30.

Il faut noter, comme particularité, que cet engin avait été spécialement étudié pour recevoir une benne mécanique dont les visiteurs ont pu voir le fonctionnement dans l'intérieur même de la gare des Invalides.

Grue de quai sur chevalet mue par moteur à pétrole.

La grue que l'on peut voir encore actuellement sur le bas-quai d'Orsay en aval du Pont de l'Alma, rive gauche, a été établie suivant le programme imposé par le service de la Manutention de l'Exposition, elle est destinée au débarquement des pièces arrivant par voie d'eau et aussi au chargement des bateaux accostés au quai.

Cet appareil devait assurer la manutention de colis de 30 tonnes avec portée de 14 mètres, il a été étudié pour pouvoir porter 40 tonnes à la portée de 12 m. 250.

Cet engin (fig. 32, 33) est du type à pivot court, avec galets horizontaux se déplaçant entre un double chemin de roulement, il est monté sur un chevalet constitué par quatre

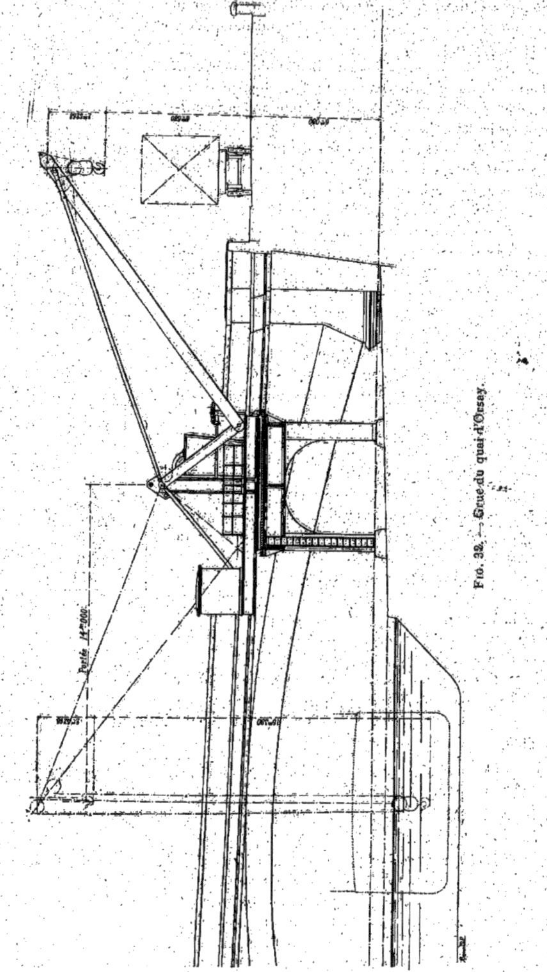

Fig. 32. — Grue du quai d'Orsay.

piédroits laissant entre eux un passage libre pour le gabarit adopté par les Cies de Chemins de fer.

La volée et le poste de manœuvre sont surélevés pour éviter les bordages des plus grands navires. Dans l'installation actuelle, la grue est disposée pour prendre les colis

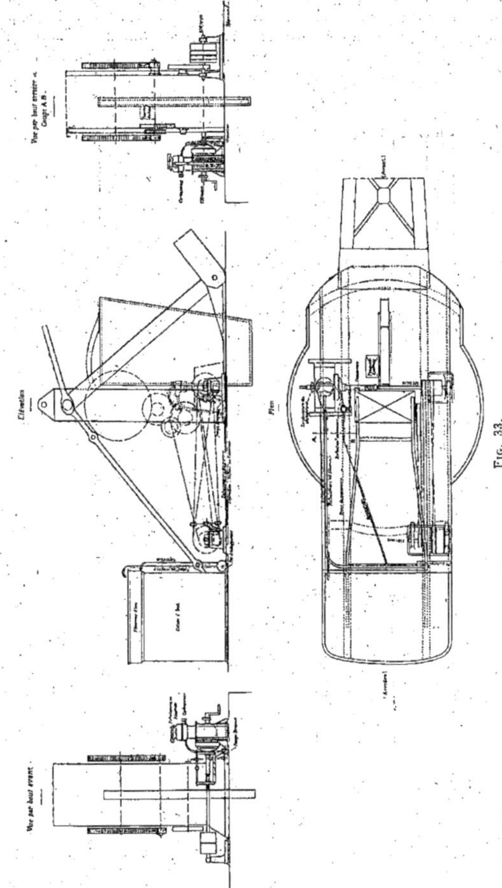

Fig. 33.

arrivant par la Seine et les déposer sur le bas-quai, soit à la partie supérieure de la rampe de service.

Le sol du quai étant formé de remblais, pour éviter les tassements qui auraient été dangereux, on établit sous chacun des quatre piédroits une batterie de quatre pieux de 0 m. 300 de diamètre en tête. Ces quatre batteries furent entretoisées entre elles par des fers U pour intéresser tout le polygone de sustention et, de plus, la partie supérieure de chacune d'elles fut coiffée par un socle en fonte sur lequel vient reposer chaque piédroit.

L'ossature de la grue comprend quatre piédroits en forme de caissons, reliés à leur partie supérieure par le châssis fixe, et sur lequel est fixée la partie inférieure du chemin

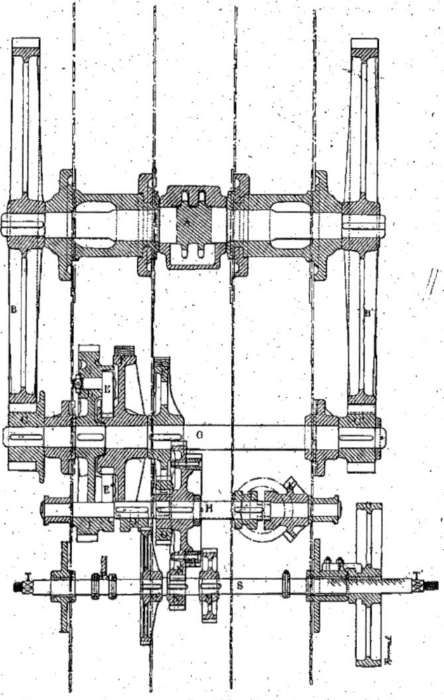

Fig. 34.

de roulement des galets de l'orientation. Au-dessus, se trouve le châssis tournant à l'arrière duquel est montée la caisse à lest.

Les quatre piédroits, le châssis fixe, le châssis tournant et la caisse placée à l'arrière ont été remplis de pavés en grès, maçonnés à sec avec du sable pour assurer la stabilité de la grue sous charge de 30 tonnes. Le châssis tournant reçoit le chemin de roulement supérieur qui s'appuie sur une couronne de galets fous réglables, sur lesquels se reporte ainsi la charge de toute la partie tournante.

Une cheville ouvrière creuse en acier corroyé, placée au centre du système, réunit entre eux le châssis supérieur et le châssis inférieur, son action s'ajoute à celle du poids de la caisse à lest pour assurer la stabilité de la partie tournante de la grue sous charge.

Pour assurer une sécurité complète, il y a en outre une tige en acier qui passe dans l'axe de la cheville ouvrière creusée de telle sorte qu'en cas de rupture de l'une, l'autre formerait retenue pour empêcher le renversement de l'appareil.

Le treuil et les mécanismes de commande (fig. 34) sont portés par un bâti rectangulaire en tôle et cornières.

La flèche en tôle et cornières est composée de deux membrures entretoisées et retenues en tête par deux paires de tirants, deux de ces tirants suffisent pour résister aux efforts en jeu. A l'arrière, il y a également deux paires de tirants calculés dans les mêmes conditions que ceux d'avant.

Les efforts qui passent par les tirants d'arrière et par le bâti sont reportés sur l'axe du pied de flèche par des contre-fiches.

Levage. — Le mécanisme de levage comprend (fig. 34) une chaîne Galle en acier

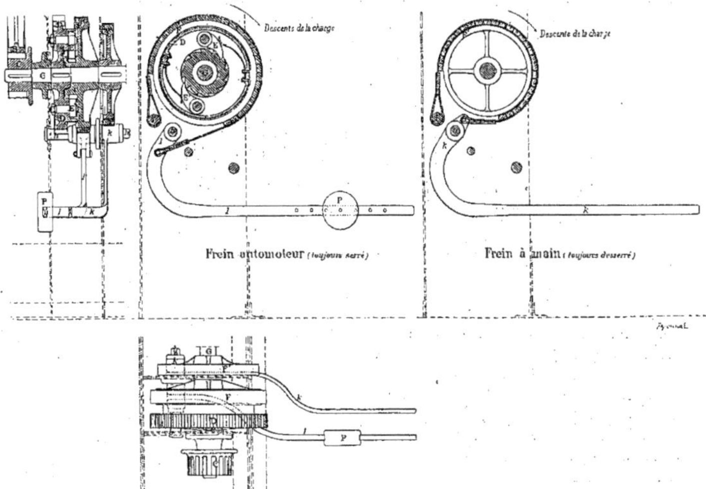

Fig. 35.

moufflé à trois brins qui vient engrener sur un pignon Galle taillé dans la masse d'un arbre en acier forgé, cet arbre porte à ses extrémités deux engrenages de grand diamètre commandés par des pignons. C'est sur l'arbre des pignons que sont montés les deux freins qui ont chacun leur fonctionnement spécial.

Le premier KF′ (fig. 33) est commandé par le levier de mise en marche ; le second est un frein automatique PlF toujours serré sur une roue à rochet D dont les cliquets E sont constamment en prise.

A la montée, ce frein n'agit pas, mais pour la descente du fardeau, il faut venir soulever le contrepoids P placé à l'extrémité du levier, il n'y a donc à craindre ni fausse manœuvre, ni faute d'inattention de la part du conducteur.

L'arbre suivant porte les trois changements de vitesse qui s'obtiennent en faisant coulisser le quatrième arbre dans ses portées; toutes ses transmissions se font par engrenages droits à denture ogivale.

C'est sur le quatrième arbre que sont montées les manivelles prévues pour être utilisées en cas de réparation du moteur.

Moteur. — Ce moteur est du type Phénix à deux cylindres verticaux, sa puissance normale est de 10 chevaux à la vitesse de 600 tours par minute.

Son emplacement est très réduit et son poids d'environ 330 kilog.; il est à refroidissement d'eau, l'allumage se fait par incandescence, la consommation est d'environ 0 kg. 450 d'essence par cheval-heure.

La mise en marche du moteur Phénix nécessitant une mise en route à la main, il était indispensable que cette mise en route pût se faire plus facilement et avec un effort résistant minimum. A cet effet, l'arbre proprement dit du moteur est relié dans son prolongement à l'arbre de la transmission intermédiaire par un embrayage à friction AB (fig. 36) de disposition spéciale (fig. 36) consistant dans une combinaison de ressorts L' agissant par

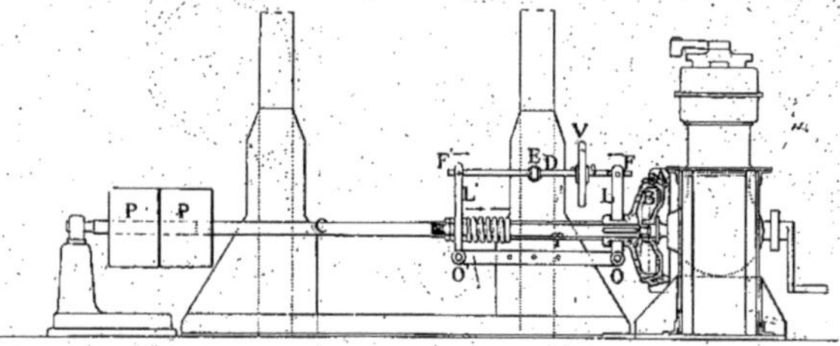

FIG. 36. — Mise en train du moteur.

un parallèllogramme DF'O'TOLF, à tendeur V sur la friction d'une part et sur une crapaudine montée sur l'extrémité de l'arbre du volant. De cette façon, les pressions latérales sont nulles aussi bien lorsque le moteur est embrayé que lorsqu'il est rendu libre.

C'est sur cet arbre que sont calés les deux tambours qui transmettent au moyen de deux courroies droite et croisée le mouvement à un arbre intermédiaire portant deux tambours séparés par une poulie folle.

De cet arbre intermédiaire part une commande par courroie, droite, venant actionner l'arbre des manivelles. Cette transmission est commune aux deux mouvements de levage et d'orientation.

Orientation. — Le mouvement d'orientation se sépare du mouvement de levage à partir de l'arbre qui suit celui des manivelles (fig. 34).

A cet effet, un harnais d'engrenages coniques vient par un arbre horizontal, commander l'arbre vertical qui porte à son extrémité le pignon engrenant avec la couronne dentée. Cette couronne est en fonte, elle est en deux pièces rejointes sur une cassure et boulonnée sur le châssis fixe.

Renseignements généraux :

Portée de la grue	30.000 kilog.	14 mètres.
	40.000 —	12 m. 250
Hauteur sous flèche		15 m. 486
Puissance du moteur		10 chx à 600 tours.

Vitesses des divers mouvements :

Levage	0 m. 010	sous charge de....	30.000 kilog.
	0 m. 020	— ...	12.500 —
	0 m. 054	—	à vide.

Les charges mortes représentent 2.500 kilog.

Orientation : 0 m. 500 sous charge de 30.000 kilog.

Les autres vitesses pour ce mouvement augmenteraient dans des proportions analogues à celles indiquées au tableau du mouvement de levage.

Poids total de la grue sans lest............	80.000 kilog.
— — avec contrepoids......	175.000 —
— — sous charge........	205.000 —
Charge maxima sur un piédroit............	120.000 —
— par pieu.................	30.000 —
— par centimètre carré.......	33 —

Cet appareil a été essayé sous une charge de 35 tonnes, constituée par des rails de 30 kilog. en présence des ingénieurs du service de la manutention.

L'épure de stabilité montre que lorsque la grue est sous charge en la supposant librement posée sur le sol, l'excédent de charge au croc nécessaire pour la mettre en équilibre est de 9.000 kilog.

Cette stabilité déjà largement suffisante est encore augmentée par le boulonnage des sabots en fonte sur la tête des pieux, qui, comme nous l'avons dit plus haut, sont entretoisés eux-mêmes en diagonale, de façon à intéresser le plus grand nombre de pieux possible à la résistance au renversement.

Disons enfin pour terminer qu'un appareil analogue d'une force de 40 tonnes est installé depuis un an à Boulogne-sur-Mer pour le compte de la Chambre de commerce.

Grue de montage des trucks et mécanismes de la plate-forme mobile de l'Exposition.

Lors de l'essai de la plate-forme à Clichy, en janvier 1899, aucun appareil spécial n'avait été prévu pour la mise en place des trucks et mécanismes, en effet, leur petit nombre et surtout le peu d'élévation des voies au-dessus du sol ne justifiaient pas l'emploi d'un appareil mécanique; de plus, l'installation ayant été faite dans un terrain nu, il n'y avait aucune difficulté à employer une grue à palée la plus simple possible munie d'un palan et se déplaçant sur une voie dont la pose et la dépose se faisaient au fur et à mesure de l'avancement des travaux.

L'on se rappelle, en effet, que le viaduc métallique reposait simplement sur des dés en maçonnerie, ce qui mettait la voie de grande vitesse à une hauteur de 2 mètres au maximum au-dessus du sol, on voit que la course de levage était assez faible.

Quant aux treuils et aux galets, on les amenait à pied d'œuvre sur un chariot et on les mettait en place facilement au moyen de crics et de madriers.

Mais, ce qui avait été admissible dans cette application d'essai dont le développement n'était d'ailleurs que de 400 mètres ne pouvait plus être accepté pour le montage de la plate-forme de l'Exposition : ici les conditions étaient tout autres.

L'emploi d'une grue à palée avec avant-bec ayant sa voie de roulement sur le sol de la plate-forme était rendu impossible par l'existence de deux rangées d'arbres qui bordaient la plate-forme sur la majeure partie de son parcours.

Un appareil à bras eût été insuffisant eu égard au peu de temps dont on disposait pour exécuter le travail, eu égard aussi aux difficultés de main-d'œuvre; l'appareil mécanique s'imposait donc, tout le montage et la mise en place devenaient possibles avec une équipe de quatre hommes et dès lors il était indiqué d'utiliser les voies de la plate-forme pour le déplacement de l'engin de levage.

Ici, une première difficulté surgissait à cause de la légèreté même de ces voies.

Les longrines en sapin supportant les rails de la voie de grande vitesse avaient, en effet, été calculées comme devant supporter en leur milieu une charge maxima de 2.000 kilog. et celles de la voie de petite vitesse calculées de même pour 600 kilog. Le coefficient de travail correspondant était de 0 kg. 66 dans le premier cas et 0 kg. 63 dans le second et il importait de ne pas dépasser ces valeurs.

Il résultait de là que la grue devait reposer sur les deux voies par l'intermédiaire d'un nombre d'essieux différent pour chacune d'elles.

Il fallait de plus assurer la parfaite répartition des charges et une grande souplesse permettant le passage facile dans des courbes de 50 mètres, on y parvint en adoptant l'emploi de palonniers et de boggies.

Le choix du moteur était particulièrement délicat.

Le moteur à vapeur, trop encombrant, non fumivore, difficile à alimenter en eau et en charbon, lourd enfin, n'était pas applicable.

Le moteur électrique plus séduisant offrait des difficultés pour la prise de courant et par suite des aléas pour un fonctionnement régulier. Restait le moteur à pétrole : il n'est pas lourd, sa mise en route est facile ainsi que son alimentation mais... sa marche manque d'ordinaire d'élasticité, ce fut lui qui fut choisi en principe et les résultats furent satisfaisants.

Conditions d'établissement. — La force utile de la grue a été déterminée par le poids d'un truck à roues pouvant atteindre 2.000 kilog. auquel il fallait ajouter le poids du palonnier et autres charges mortes, ce qui conduisait à adopter le chiffre de 2.500 kilog. comme effort au crochet.

La portée était imposée par la nécessité de pouvoir décharger un camion chargé d'un truck de grande vitesse ayant deux mètres de largeur et placé en bordure du trottoir du quai d'Orsay, point du parcours qui était à ce point de vue, le plus défavorable pour la manœuvre.

Les conditions générales d'établissement de cet appareil se trouvaient par suite être les suivantes :

Force utile au crochet	2.500 kilog.
Portée maxima	5 mètres.
— minima	3 —
Mouvements mécaniques commandés par un moteur à pétrole, système Niel.	1° de levage, 2° de translation, 3° de relevage de la volée.
Mouvements commandés à bras d'hommes.	4° d'orientation, 5° de translation pour les manœuvres de précision.
Hauteur de levée	8 mètres,
Vitesse de levage sous charge maxima	0 m. 060 millimètres.
— — moyenne	0 m. 120 —
Vitesse de la translation par seconde	0 m. 250 —

Vitesse de l'arbre de prise de force par minute........	150 tours.
Poids total de la grue à vide........................	11.500 kilog.
— — sous charge..................	14.000 —
Contrepoids..	2.000 —
Force nominale du moteur........................	4 chevaux.
Nombre de tours du moteur par minute..............	300 tours.

L'on voit d'après le tableau ci-dessus que trois des mouvements étaient mus par la vapeur, l'orientation au contraire avait été prévue intentionnellement comme devant être mue à bras; il ne faut pas oublier en effet que la manœuvre devait s'effectuer presque

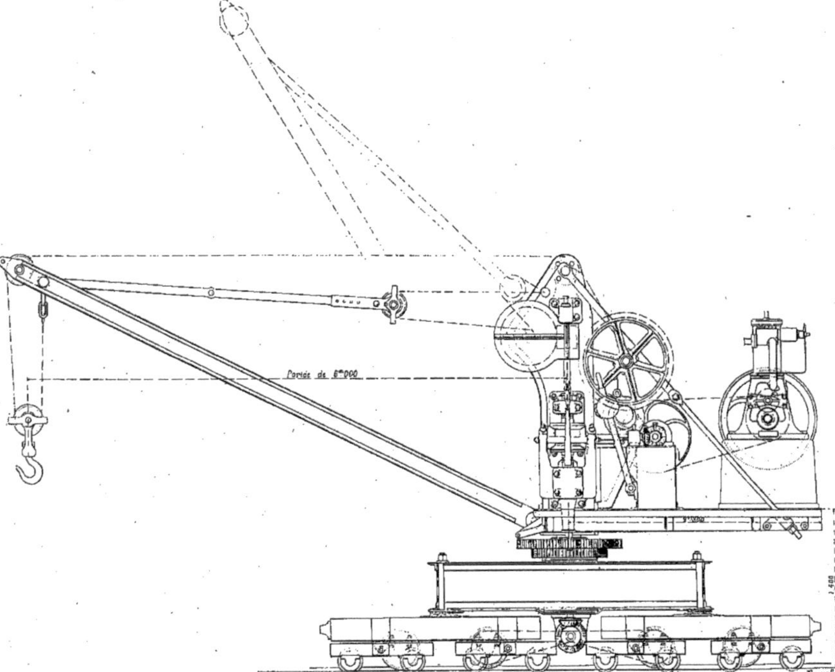

Fig. 37. — Grue de la plate-forme mobile. Élévation.

toujours au milieu d'arbres qu'il fallait respecter, et il avait paru prudent de forcer le chef d'équipe à faire faire par ses manœuvres l'amenage de la charge au point même où elle devait arriver en prenant toutes les précautions voulues pour le passage entre les branches. D'ailleurs, le pivot était en contact avec un cercle de galets de roulement établi de telle façon qu'un effort minime suffisait à déterminer la rotation de la flèche même sous la charge maxima.

Descriptions générales (fig. 37, 38 et 39). — La grue se compose d'un châssis de 2 m. 700 × 2 m. 600, en tôles et cornières, dans lequel s'emmanche un long pivot en acier forgé de 0,215 de diamètre, et dont la partie inférieure est tournée conique ; la partie centrale du châssis formant caisson est armée haut et bas de tôles rivées ensemble sur une épaisseur de 35 millimètres, de façon à présenter une surface suffisante aux sections d'encastrement.

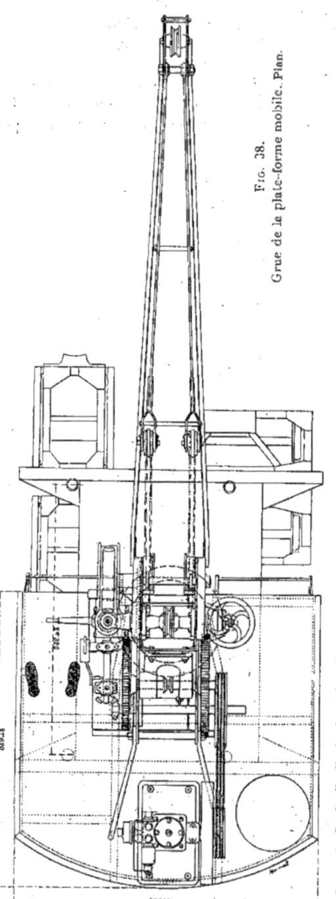

Fig. 38. Grue de la plate-forme mobile. Plan.

Ce châssis et tout le mécanisme reposent sur quatre bogies par l'intermédiaire de quatre chevilles ouvrières à double rotule fixées dans le caisson du châssis (fig. 39). L'épure de stabilité montre que le centre de gravité est à 0 m. 372 de l'axe du pivot ; la réaction sur chacune des deux chevilles les plus chargées est de 5.000 kilog., le longeron travaille à 6 kilog., les traverses travaillent peu. L'étude de la répartition des charges sur les roues est intéressante, nous la donnerons fig. 40 ci-jointe.

Les bogies sont composés chacun d'un châssis en fers spéciaux assemblés qui porte en son milieu la crapaudine de la cheville ouvrière et est monté sur deux essieux avec roues en acier coulé (fig. 41 et 42).

Les essieux de grande vitesse sont montés sur des roues de 0 m. 320, et ceux de petite vitesse sur des roues de 0 m. 180 de diamètre. Ils sont attelés deux par deux sur des palonniers permettant d'assurer le contact des roues sur la voie dans le sens longitudinal ; les chevilles ouvrières montées sur doubles rotules assurent le contact des roues dans le sens transversal, de telle sorte que l'on arrive à une bonne répartition des efforts sur la voie pour toutes les positions de la charge.

Les roues ont été choisies de faible diamètre intentionnellement ; il était en effet inutile d'avoir un mouvement de translation rapide qui eût été au contraire la cause de trépidations nuisibles à la conservation de la voie et de la rivure du viaduc métallique. Les boggies de GV (fig. 41) sont constitués par des fers U assemblés entre eux par des cornières et des goussets en tôle ;

ces longerons sont chargés par les traverses également en fers U qui embrassent les crapaudines très près des roues.

Quant aux boggies de P V (fig. 42), l'on avait été amené à adopter des palonniers

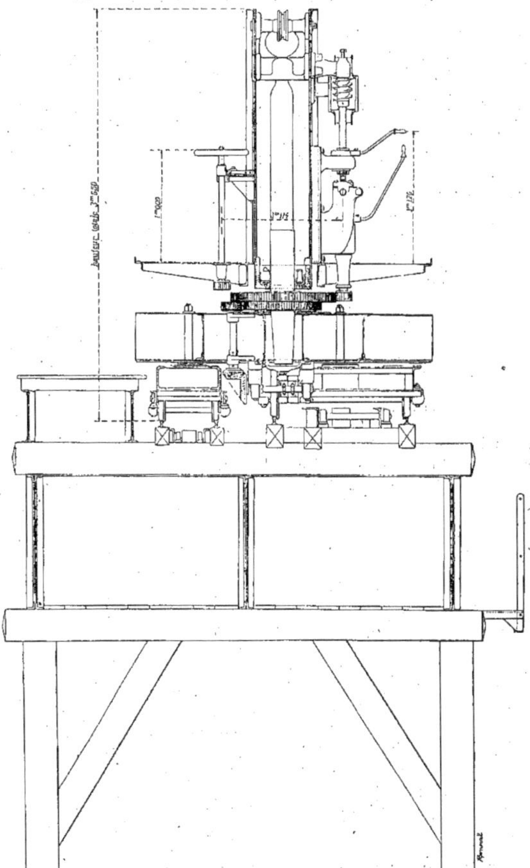

Fig. 39. — Grue de la plate-forme mobile. Vue par bout.

pour la petite vitesse en raison de la distance des essieux extrêmes qui était de 1 m. 700, de façon à éviter toute fatigue supplémentaire à la voie dans les courbes.

L'on remarquera que les rotules étaient doubles et comprenaient une pièce mâle et une femelle venant embrasser une crapaudine en fonte ; cette disposition a été adoptée de manière à intéresser à la stabilité les boggies qui n'auraient pas servi de contrepoids dans le cas où l'on se serait borné à faire une seule rotule supérieure mâle.

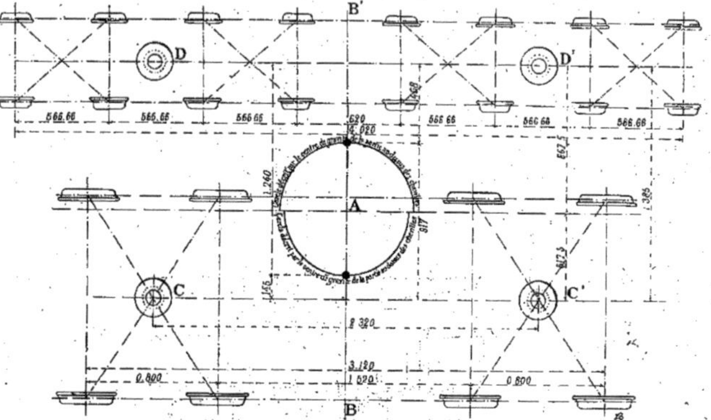

FIG. 40. — Grue de la plate-forme mobile. Plan des bogies.

La position respective de ces deux rotules était déterminée au moyen d'un écrou à six pans permettant de régler par sixièmes de tour.

Flèche. — La flèche en tôle et cornières est rigide, elle est articulée sur la pièce de roulement pour pouvoir prendre la position la plus convenable pour le service.

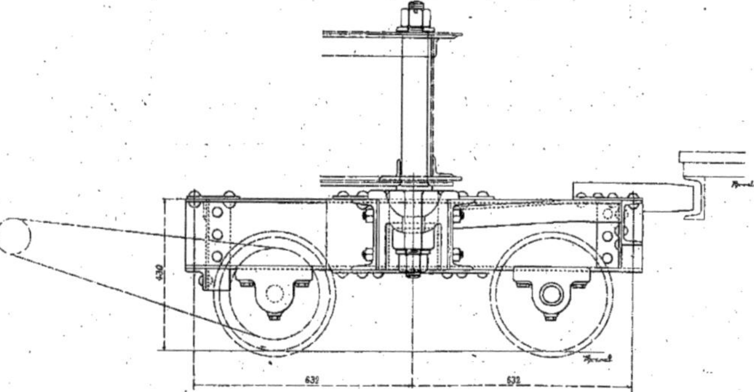

FIG. 41. — Grue de la plate-forme mobile. Détail d'un bogie de grande vitesse.

A cet effet (fig. 39), deux tirants en fer plat entretoisés entre eux portent chacun à leur extrémité une chape avec une poulie sur laquelle se mouille une chaîne galle en acier de la force de trois tonnes le brin. Ces deux chaînes s'enroulent sur les pignons, et chacune est suffisante pour résister à la traction des tirants sous charge, qui est de 5.600 kilog. lorsque la grue est à la portée maxima de 5 mètres.

Sur le même axe que le pied de flèche, est articulée la contre-volée qui porte le parquet de manœuvre; elle est reliée aux flasques coiffant le pivot au moyen de contre-tirants en fer plat entretoisés à leur extrémité. Ces contre-tirants sont terminés par deux tirants ronds de 30 millimètres de diamètre, filetés à l'une des extrémités pour pouvoir régler facilement la position du parquet de manœuvre.

Treuil de levage. — Ce treuil est à deux vitesses. Il se compose d'un bâti solidement entretoisé par des nervures et portant dans les paliers un arbre à noix en acier forgé taillé dans la masse et trempé; la chaîne câble à maillons ordinaires calibrés est à grain fin et a 17 millimètres de diamètre. Sous la charge de 2.500 kilog. sur deux brins de moufle, elle travaille à 3 kilog. par millimètre carré de la section simple du fer.

L'arbre à noix est commandé par un arbre portant les deux pignons de gr nde et de

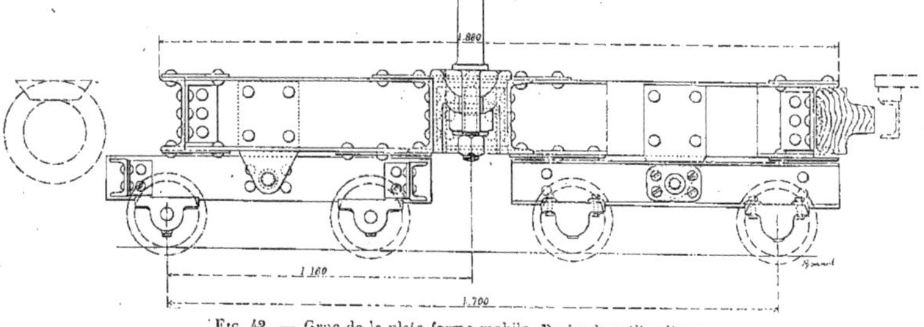

FIG. 42. — Grue de la plate-forme mobile. Bogies de petite vitesse.

petite vitesse et par un disque à friction plate, que l'on approche au moyen d'un excentrique contre le disque tournant toujours dans le même sens qui est calé sur l'arbre de prise de force, lorsque l'on veut élever la charge.

Pour obtenir l'arrêt, on manœuvre le levier en sens inverse et l'on appuie ainsi le galet sur un sabot de frein appartenant au bâti. Dans le cas où le moteur serait arrêté, la manœuvre du treuil peut être faite à bras au moyen de manivelles.

Arbres de prise de force. — Ces arbres, qui tournent toujours dans le même sens, reçoivent leur commande d'un moteur à pétrole système Niel, au moyen de câbles ronds en cuir tressé s'enroulant sur des poulies à trois gorges. Cette disposition assure la marche de la grue en cas de rupture de l'un des câbles, les deux autres étant suffisants pour la transmission du travail qui est de 3 chx $^1/_2$, comme le montre le calcul suivant :

Nous avons vu que l'on avait au croc	2.500 kilog.
Le travail théorique est	175 kgm.
Les frottements intérieurs du treuil et de la chaîne sont évalués à	85 kgm.
Soit au total	260 kgm.

Soit : $\frac{260 \text{ kgm.}}{75} = 3 \text{ chx } 5.$

L'on a adopté un moteur de 4 chevaux ayant donné au frein 4 chx$^1/_2$ maximum, ce moteur a été parfaitement suffisant, étant donné que l'on ne faisait jamais qu'une seule manœuvre à la fois, levage ou translation. Toutefois, ce résultat tendrait à prouver que les frottements sont moins importants que ceux prévus, ce qui indiquerait pour le treuil complet un rendement supérieur à 70 p. 100.

Treuil de translation. — La translation est obtenue mécaniquement dans les deux sens au moyen d'un cône à friction lisse monté sur un arbre, avec douille excentrique que l'on approche au moyen de celle-ci d'un côté ou de l'autre du cône double calé sur l'arbre de prise de force pour transmettre le mouvement à des harnais d'engrenages commandant un arbre à deux pignons Galle, sur lesquels s'enroulent deux chaînes Galle qui, elles, transmettent le mouvement à deux des essieux des boggies de grande vitesse pour avoir une adhérence suffisante.

Ces chaînes sont engainées sur les pignons et sur les roues pour en assurer l'engrènement.

Le travail absorbé par ce mécanisme pour une vitesse de 0 m. 250 par seconde est de 75 kilogrammètres, soit un cheval.

En dehors de ce mécanisme, l'appareil est pourvu, pour le même usage, d'un méca-

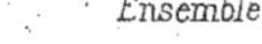

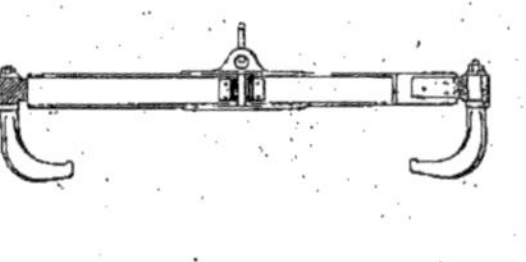

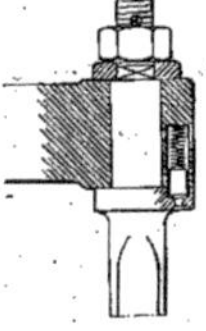

Détail de l'encliquetage

Fig. 43. — Grue de la plate-forme roulante.

nisme de commande à bras pour les manœuvres lentes et précises ou pour un petit déplacement de la grue lorsque le moteur n'est pas en marche.

Ce mouvement a été prévu pour l'embecquetage des charnières. Il permet de finir la manœuvre doucement et avec sécurité.

La translation doit pouvoir se faire sous charge; nous avons vu plus haut que la limite de vitesse que l'on s'était imposée était de 0 m. 250; la grue sous charge pesant 13 tonnes et la résistance au frottement étant évaluée à 3 kilog. par tonne, le travail absorbé est d'environ 1 ch. 5.

Relevage de la flèche. — Le relevage de la flèche s'obtient au moyen d'un cône de friction lisse, calé sur un arbre vertical roulant dans une douille excentrique, et qu'on approche au moyen de celle-ci d'un côté ou de l'autre d'un cône double dallé sur l'arbre de prise de force pour élever ou baisser la volée.

L'arbre du cône porte à son extrémité une vis sans fin stable en acier coulé, calée sur un arbre en acier forgé portant deux pignons Galle taillés dans la masse, sur lesquels s'enroulent les chaînes des extrémités des tirants.

Nous avons vu que la traction sur les tirants était de . . 6.100 kilog.
La vitesse du relevage étant. . . . . 0 m. 01
Le travail théorique développé est. . . . . 61 kgm.
Le travail réel, y compris tous frottements (commande à vis) est dès lors . . . . 183 kgm.
soit 2 chx 6.

On a appliqué ici un moteur à pétrole lampant du système Niel.

Ce moteur a une puissance nominale de 4 chevaux à 300 tours.

Le volume d'eau nécessaire au refroidissement du cylindre n'était que de 250 litres environ.

Les leviers de manœuvre sont disposés bien en main, un pour chaque mouvement, et de telle façon que le mécanicien ait toujours bien en vue la charge à manœuvrer.

Élinguage. — Il reste une disposition spéciale pour l'amarrage des trucks afin d'éviter tout accident. La grue était accompagnée de deux palonniers (fig. 43), un pour chaque vitesse ; ces palonniers étaient constitués par une croix en fers U portant à leurs extrémités des crochets qui venaient prendre les longerons des trucks de façon à ne pas en forcer les brodures légères en cornières. Ces crochets étaient munis d'un encliquetage qui faisait que, une fois en prise, ils ne pouvaient lâcher, et, par suite, tout accident devenait impossible, ce qui eût été à redouter avec les procédés d'élinguage ordinaire.

Pont roulant électrique de 25 tonnes Carl Flohr.

La maison Carl Flohr, de Berlin, a construit pour le montage des machines motrices de la section étrangère (hall Suffren) un pont roulant électrique (fig. 44) qui est certainement, avec l'appareil construit par la maison Le Blanc pour le hall La Bourdonnais, la plus importante machine de levage de l'Exposition.

La maison Carl Flohr a adopté la commande par moteurs indépendants pour les trois séries de mouvements à produire ; cette méthode, qui tend d'ailleurs à s'employer de plus en plus, a l'avantage de supprimer les embrayages et engrenages nombreux qui, outre leur mauvais rendement, ont l'inconvénient d'avoir un fonctionnement très bruyant.

La forme générale de cet engin a été en quelque sorte imposée par la nécessité de tenir le moins de place possible tout en s'harmonisant bien avec l'architecture de la galerie.

La charpente, du type à trois articulations, se compose donc (fig. 45) de deux poutres maîtresses sur lesquelles roule le treuil, ces deux poutres étant soutenues par deux montants légèrement inclinés dans le but d'augmenter la stabilité et réunis à leur partie supérieure par une poutre en arc épousant la forme de la toiture.

Un tirant double, placé extérieurement pour ne pas gêner le passage du treuil, relie le pont au sommet de cette courbe et empêche la flexion sous les fortes charges.

Toutes ces poutres, supports, tirants, sont construits en tôles, cornières et fers à double T d'assez faibles dimensions, ce qui contribue à donner à l'appareil une assez grande légèreté d'aspect.

Chaque montant a la forme d'un V renversé (fig. 46) dont les deux jambages sont

FIG. 44.

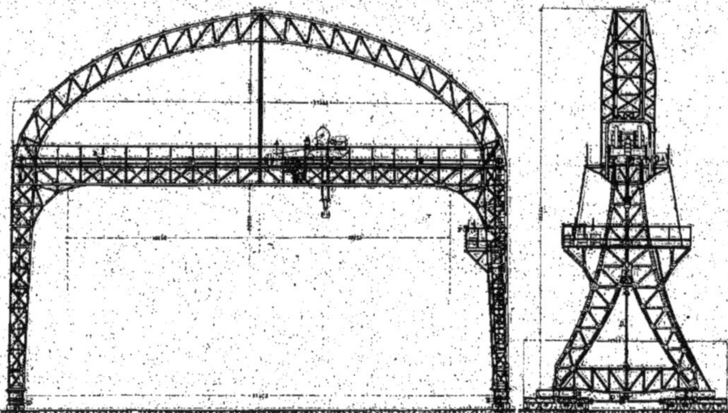

FIG. 45 et 46. — Pont roulant *Carl Flohr.*

réunis à la partie inférieure par une poutre qui en assure la rigidité et supporte en même temps l'arbre vertical qui transmet le mouvement de translation du pont.

Chacun de ces jambages repose sur un caisson porté par quatre roues qui, dans le montage ordinaire, sont disposées par deux de chaque côté ; mais ici, à cause du peu d'espace disponible, on a dû dédoubler les files et mettre sur un seul rang les quatre roues qui supportent un jambage. Pour cela, chacun des caissons dont nous venons de parler repose par ses deux extrémités sur deux chariots ayant l'un deux roues motrices et l'autre deux roues non motrices. Les piliers ne sont pas fixés rigidement aux caissons qui les supportent de façon que, malgré les dénivellations que les rails pourraient présenter, le pont repose bien néanmoins sur ses quatre appuis. Ces articulations sont simplement constituées par des galets en acier relativement peu épais et dont les faces d'appuis sont des faces cylindriques d'un très grand diamètre.

L'un des montants porte sur le côté une échelle qui donne accès à une plate-forme située au-dessous du chemin de roulement du treuil. C'est là que sont installées les boîtes de résistance et les leviers de commande. Ordinairement c'est aussi à ce niveau que se placent les frotteurs et les fils qui amènent le courant, mais comme dans le cas présent ce niveau est celui du premier étage et qu'il y avait à craindre des accidents pour les visiteurs, on a installé ces fils plus haut sur des consoles fixées aux poutres cintrées du toit.

Le tableau principal de distribution comporte des coupe-circuits fusibles d'un genre particulier. Les lames de plomb ordinairement employées ont été remplacées par des fils en alliage d'argent et de cuivre dont la section est calculée pour avoir la résistance donnée. Ils présentent sur les lames de plomb l'avantage de fondre plus vite en cas d'augmentation anormale de l'intensité. Sur ce tableau, le courant principal est divisé en trois branches affectées à chacun des trois moteurs chargés de produire les différents mouvements.

La mise en marche s'opère en agissant sur les leviers des boîtes de résistance qui sont construits à la façon des contrôleurs des tramways électriques, avec cette différence que la manette qui se déplace dans un sens horizontal est remplacée ici par un levier qui se meut dans un plan vertical. Une particularité de ces appareils, c'est qu'ils sont construits et disposés de telle sorte qu'on opère toujours avec la main un mouvement dans le même sens que celui qu'on veut communiquer au fardeau. Ainsi, pour lever la charge, il faut actionner le moteur de levage en levant le levier du contrôleur de ce moteur, etc. La manœuvre est encore simplifiée par la disposition suivante. Les deux boîtes de résistance placées sur le circuit des moteurs chargés de produire le déplacement du treuil sur le pont et celui du pont sur ses rails sont l'une à côté de l'autre ; la commande de l'une est reliée par une bielle au levier de l'autre, ce qui permet de localiser dans un seul levier quatre mouvements. La commande du pont se réduit donc à celle de deux leviers que le mécanicien peut tenir tous les deux à la fois dans un endroit d'où il peut facilement surveiller son travail.

Le pont est muni sur la même plate-forme d'une autre série de boîtes de résistance avec lesquelles on peut marcher quand la première vient à être avariée ; dans cette dernière comme dans la précédente, le mouvement des leviers s'effectue dans le même sens que celui de la charge.

Voyons maintenant comment se transmettent les trois mouvements du pont.

1° La *translation du pont* est assurée par une dynamo placée au milieu du pont sur la passerelle munie d'un garde-fou qui permet d'aller visiter le chariot (fig. 45). Elle commande par engrenages coniques un arbre de la longueur du pont, terminé par deux engrenages coniques, lesquels font tourner deux arbres verticaux (un dans chaque pilier). Ces derniers, par l'intermédiaire de deux autres engrenages coniques, commandent (fig. 46) les arbres horizontaux qui portent les vis sans fin en acier trempé actionnant les couronnes d'engrenages en bronze clavetées sur les roues motrices. Chacune d'elles a deux chemins de roulement séparés par une couronne, et repose sur deux rails placés l'un contre l'autre.

Comme il est facile de le constater, les engrenages cylindriques sont écartés dans cette transmission, à cause des saccades qu'ils donnent dans les mouvements lents comme celui qu'il s'agit de produire ici. La vitesse de translation du pont est en effet de 30 mètres par minute. Il est certain qu'on pourrait, à charge égale, travailler avec une vitesse plus grande, mais, étant donné le balancement produit pendant le déplacement des grosses pièces lorsqu'on marche à une vitesse supérieure, les ingénieurs de la maison Carl Flohr ont pensé qu'il y avait plus d'avantage à marcher lentement que d'aller vite pour être ensuite obligé d'attendre que la pièce soit en repos pour opérer sa descente.

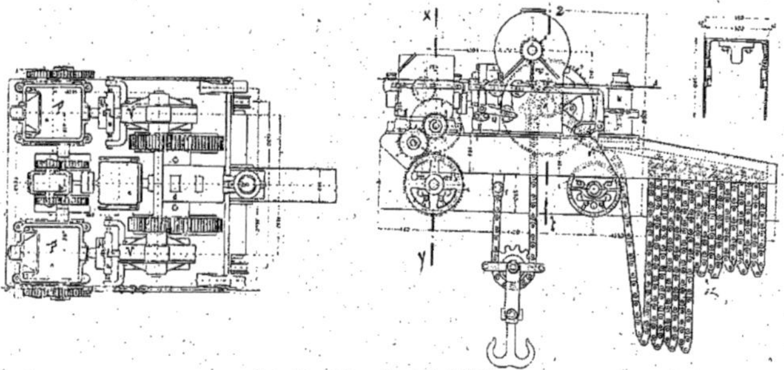

Fig. 47 et 48. — Pont *Carl Flohr.*
Commande du levage, plan et élévation.

2° Le *mouvement de levage* (fig. 47, 48, 50 et 51) est produit par la mise en marche de deux moteurs P disposés symétriquement par rapport à la noix sur laquelle passe la chaîne Galle à laquelle est attaché le crochet. Ces dynamos, comme le montre le plan (fig. 47), ont leurs arbres dans la direction du pont, et ils sont réunis à l'aide de manchons spéciaux M à des engrenages à vis sans fin V, dont les deux roues sont calées sur le même arbre.

Sur cet arbre sont calés deux pignons d'engrenages cylindriques en prise avec deux roues calées sur l'arbre qui porte la noix.

Tous ces organes sont portés par un chariot (fig. 48) qui porte en outre un dispositif

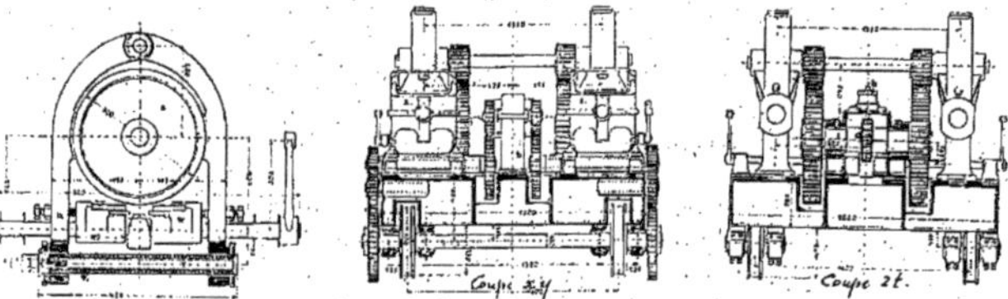

Fig. 49 à 51. — Pont roulant *Carl Flohr.* Commande du levage.

à l'extrémité duquel est attachée la chaîne de levage. Cet appareil sert au ployage et l'emmagasinage de la chaîne, qui, après avoir passé sur les noix de levage, passe dans un coursier qui est constitué par une sorte de boîte en tôle, cintrée de façon à se raccorder avec deux fers plats écartés d'une distance faiblement supérieure à la longueur des axes ordinaires de la chaîne. La chaîne elle-même porte de distance en distance des axes beaucoup plus longs que les axes ordinaires et faisant latéralement saillie. Alors, au fur et à mesure de la montée, la chaîne glisse dans le coursier et tombe entre les deux fers plats placés sur champ et en pente, mais les grands axes qu'elle porte ne peuvent passer entre les deux fers et elle reste suspendue par portions. Le poids des deux brins qui pendent aide à les faire glisser sur le chemin incliné qui leur est offert. On remarque que les axes longs en question sont placés plus près les uns des autres à l'extrémité de la chaîne de façon que les brins ployés ne pendent pas suffisamment long pour empêcher la translation du chariot à l'extrémité du pont.

Les manchons d'accouplement M des moteurs et des vis se composent chacun de deux plateaux portant trois saillies à 120°, les saillies de l'un s'emboîtant dans les creux existant entre celles de l'autre avec suffisamment de jeu pour permettre l'interposition de six lames de caoutchouc assez épaisses. Cette disposition amortit les chocs brusques qui pourraient se produire au démarrage.

Enfin la surface extérieure lisse de ces manchons sert de face d'appui aux freins à mâchoires (fig. 49) qui, en temps ordinaire, sont normalement serrés par des ressorts à boudins en gros fils d'acier et à pas assez court. Les mâchoires sont garnies de cuir, leur disposition même rend le freinage identique de part et d'autre du plateau ; on évite ainsi le bruit et le faussage des arbres accouplés. De plus, par suite de la disposition adoptée par les ressorts et de la faiblesse du pas, l'action du frein ne cesserait pas entièrement en cas de rupture d'une des spires, car les brins cassés ne pourraient se rapprocher que de quelques millimètres.

Le débloquage s'opère en écartant les deux leviers qui constituent les mâchoires par la rotation d'une came en coin (fig. 49). Cette rotation peut être provoquée en agissant sur un levier avec une corde, mais elle est produite d'une façon plus certaine et plus commode surtout au moyen du dispositif suivant. Un noyau en fer doux est placé dans une bobine d'induction en circuit avec les dynamos de levage, de sorte qu'aussitôt qu'on met en marche pour monter ou pour descendre, le noyau s'aimante et attire une autre pièce de fer solidaire d'un dispositif d'arbre à levier qui détermine la rotation de la came en coin et débloque les freins.

Ce système a l'avantage de permettre l'arrêt de la charge sans l'intervention du conducteur en cas d'arrêt inopiné des dynamos par fusion des coupe-circuits par exemple.

3° Le *mouvement de translation du treuil* (fig. 47, 48, 50) ne présente rien de particulier. Il est commandé par une seule dynamo accouplée avec un engrenage à vis sans fin. La vitesse est réduite par des engrenages cylindriques, et l'effort est transmis aux deux roues motrices qui se déplacent sur deux rails parallèles et distants de 1 m. 60. La prise de courant se fait par des frotteurs fixés au chariot et glissant sur des fils tendus sous les ailes des fers à I qui forment le pont.

Voici maintenant quelques dimensions et données que nous extrayons du *Zeitschrift dis Vereines Deutscher Ingenieure* :

Puissance de la grue	25 t.
Charge d'essai	30 t.
Flèche sous cette charge	13 mm.
Portée	27 m. 6
Longueur de la course dans le hall	107 m.

Levage.

Nombre de moteurs (courant continu)	2
Force de chacun	18 chx
Nombre de tours par minute	450

Engrenages à roue et vis sans fin à double filet	Diamètre des vis	73 mm.
	Pas simple à droite	46,908
	Diamètre des roues	657 mm.
	Nombre de dents	44
Engrenages cylindriques	Diamètre des pignons	231 mm.
	Nombre de dents	14
	Pas	
	Diamètre des roues	924 mm.
	Nombre de dents	56
	Rapport des vitesses	1 à 88
	Vitesse de levage par minute	2 m. 4

Translation du treuil.

	Force du moteur (courant continu)	8 chx
	Nombre de tours par minute	500
Engrenage à roue et vis sans fin à trois filets	Pas simple à droite	32 mm. 725
	Diamètre de la vis	60 mm.
	Diamètre de la roue	250 mm.
	Nombre de dents	24

		NOMBRE DE DENTS	DIAMÈTRE
Engrenages cylindriques	1° Pignons calés sur l'arbre de la roue à vis sans fin	23	230
	2° Roues engrenant avec ceux-ci	52	520
	3° Pignons intermédiaires	25	250
	4° Roues intermédiaires	30	300
	5° Couronnes dentées calées sur les roues motrices	60	600

Rapport des vitesses	1 à 43,4
Vitesse de translation du treuil par minute	18 m.

Translation du pont.

Force du moteur (courant continu)	26 chx
Nombre de tours	115

		NOMBRE DE DENTS	DIAMÈTRE
Engrenages coniques	1° Roues calées aux extrémités de l'arbre moteur de la dynamo	40	400
	2° Pignons engrenant avec ceux-ci	24	240
	3° Pignons calés sur extrémités des arbres horizontaux	30	300
	4° Pignons calés sur extrémités des arbres verticaux	30	300
	5° Pignons calés au bas des arbres verticaux	30	300
	6° Pignons engrenant avec ceux-ci	30	300

Engrenage et vis sans fin à deux filets	Diamètre de la vis	73 mm.
	Pas simple à droite	46 mm. 908
	Diamètre de la roue	379 m. 5
	Nombre de dents	25
	Rapport des vitesses	1 à 7,5
	Vitesse de translation par minute	30 m

Il est à remarquer que toutes les vis sans fin sont faites en acier trempé et rectifié, tandis que les roues sont en bronze phosphoreux, et le tout est enveloppé comme cela se fait ordinairement dans une enveloppe en fonte remplie d'huile, de manière que la vis soit complètement baignée. Les moteurs électriques sont tous contenus dans des bâtis de fonte qui sont destinés à les protéger des intempéries lorsque le montage s'effectue dehors ou que le pont est affecté au déchargement des wagons, etc.

Pont roulant électrique de 30 tonnes (Oerlikon). (Fig. 52 à 55).

Quoique les ateliers de construction d'Oerlikon, n'aient exposé que le chariot de ce

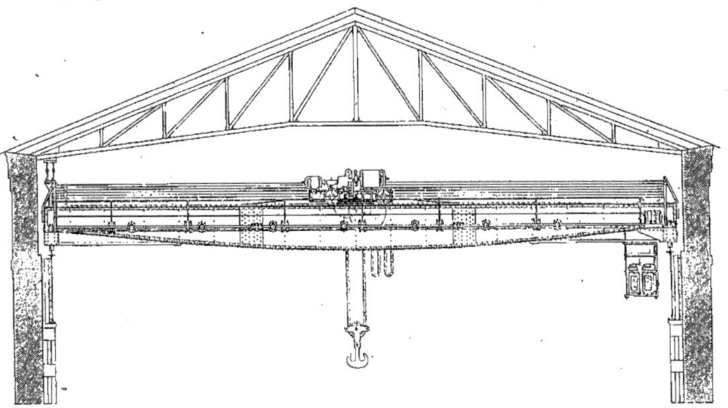

Fig. 52. — Pont roulant d'*Oerlikon*. Élévation.

pont, nous croyons pouvoir décrire (puisque les documents recueillis nous le permettent) l'appareil tout entier.

Il comprend deux grandes poutres creuses parallèles en forme de solide d'égale résistance à la flexion, rattachées à leurs extrémités par deux chariots à deux roues qui servent au déplacement de tout le pont. La partie supérieure de ces deux poutres porte les rails sur lesquels se déplace le chariot.

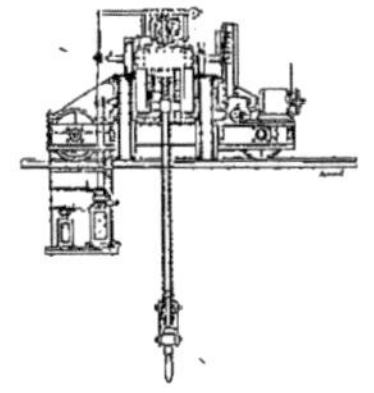

Fig. 53.

Le pont comme presque tous ceux que l'on construit maintenant est à commande séparée pour ses trois mouvements, il comporte donc trois moteurs électriques à courant continu ou triphasé. On n'emploie guère le premier que dans le cas où l'atelier qu'on veut desservir comporte déjà une génératrice de ce genre ; autrement la commande par courant triphasé est préférable.

Dans tous les cas, le conducteur se tient dans une cabine fixée au-dessous du pont et un peu sur le côté de manière à ne pas diminuer la course utile du chariot. De cet endroit, il peut voir parfaitement tous les mouvements qu'il a à produire ; la cabine contient seulement trois commutateurs et trois boîtes de résistance.

Voyons maintenant comment sont obtenues les trois séries de mouvements : translation du pont, translation du chariot, levage du crochet.

1. — *Translation du pont.* — Le moteur qui la commande est placé sur l'une des plate-formes qui réunissent les deux poutres maîtresses à leurs extrémités. Son axe, dont la direction est celle du déplacement à produire, est accouplé directement à une vis sans fin engrenant avec une roue calée sur un long arbre portant à chacune de ses deux extrémités un pignon actionnant une roue motrice. Chacune de celles-ci a pour cette raison sa partie extérieure dentée ; en même temps, elle est creusée d'une rainure à fond plat par laquelle elle repose sur le rail pour devenir ainsi roue porteuse. Chacune des chaises qui supportent le long arbre dont nous venons de parler comporte à sa partie supérieure et inférieure des vis de réglage qui facilitent le montage et permettent de l'exécuter plus parfaitement.

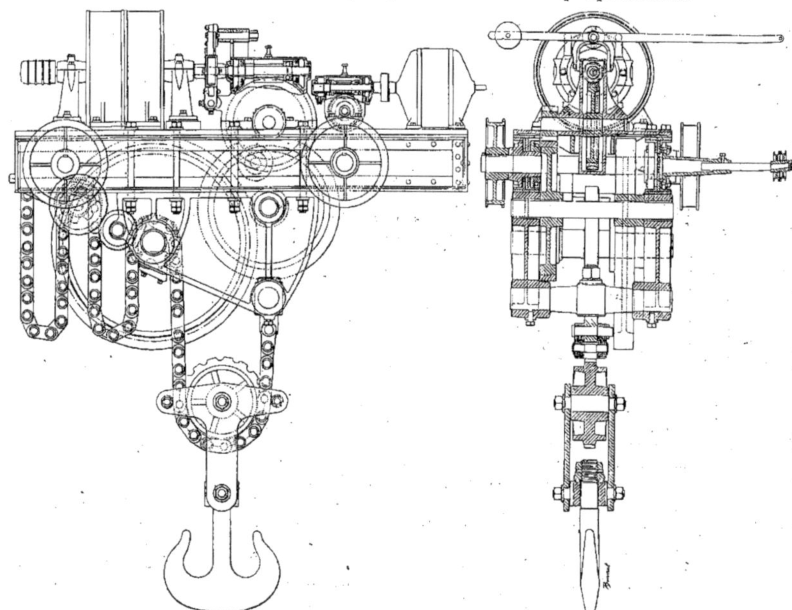

Fig. 54 et 55. — Pont roulant d'*Oerlikon*. Détail du levage.

2. — *Translation du chariot.* — Le chariot se compose d'une sorte de châssis en acier forgé et rivé supporté par quatre roues, dont deux seulement sont motrices. Sa face supérieure constituée par une plaque en fonte boulonnée sur le cadre sert de plaque d'attache aux deux moteurs produisant l'un son déplacement l'autre le levage et aux deux boîtes à vis sans fin. Deux pièces d'acier coulé fixées au-dessous des chaises reçoivent les axes.

Le moteur de translation a une puissance de 4 chevaux, et fait 1.440 tours à la minute. Son arbre est accouplé directement à une vis sans fin actionnant une roue. Ces deux derniers organes sont renfermés comme à l'habitude dans une boîte étanche remplie d'huile en quantité suffisante pour que les parties en contact soient continuellement baignées. Cette huile sert en même temps à lubrifier au moyen d'anneaux les portées de la vis. Un couvercle disposé sur ces boîtes sert au remplissage et à la visite tandis que deux trous percés à la partie inférieure et fermés par des bouchons filetés servent à la vidange.

La vis est pourvue de deux butées à billes qui permettent de diminuer la résistance à la rotation qui naît de la réaction produite par la roue pendant la marche.

L'arbre de cette dernière porte à chacune de ses extrémités deux pignons qui engrènent avec les deux roues motrices fixées au même essieu. La vitesse de la translation ainsi obtenue est de 8 mètres à la minute. On voit que cette commande est excessivement simple.

3. — *Levage de la charge.* — Le mécanisme de levage est (fig. 54) plus compliqué. Le moteur de levage est fixé à l'extrémité du chariot opposée à celle où est placé le moteur de la translation ; il fait 970 tours à la minute et développe une puissance de 18 chevaux, son axe est accouplé rigidement avec une vis sans fin commandant une roue montée dans les mêmes conditions que celle du mouvement de translation ; cependant l'effort sur la roue ne se produisant que pendant la montée de la charge c'est-à-dire toujours dans le même sens, on n'a mis qu'une seule butée à billes. Un train composé de deux engrenages cylindriques dont on voit la disposition sur les fig. 54 et 55 transmet le mouvement à l'arbre de la noix de commande sur laquelle passe la chaîne Galle. Celle-ci est fixée à la partie inférieure du bâti et passe sous la poulie mobile à laquelle on suspend la charge avant d'engrener avec la noix de levage ; en quittant cette dernière la chaîne pend un peu, repasse sur une autre noix, pour aller s'attacher par son autre extrémité à la paroi avant du chariot ; entre cette dernière noix et le point d'attache la chaîne pend encore sur une petite longueur. La dernière noix est mise en mouvement par l'arbre de levage au moyen d'un engrenage cylindrique, de manière à laisser sous le treuil un espace suffisant pour manœuvrer.

Les figures permettent de voir que le crochet repose sur la chappe de la poulie mobile par l'intermédiaire d'une couronne de billes de 18 millimètres de diamètre qui facilitent la rotation sur place de la charge suspendue.

Le freinage du mouvement de levage s'opère sur l'accouplement de l'arbre moteur avec la vis sans fin au moyen d'un levier à contrepoids qui tend à le faire fonctionner constamment, de sorte que la mise en marche exige son débloquage de la part du conducteur. Le dit levier a son axe de rotation juste au-dessus de celui du moteur et sa rotation entraîne celle des deux autres leviers coudés portant des sabots en bois. Au repos, le contre-poids fait appuyer ces sabots sur l'accouplement, et on ne met en marche qu'après avoir tiré au moyen d'une ficelle descendant dans la cabine du conducteur en passant sur des poulies guides sur l'autre extrémité du levier. Ordinairement, et pour plus de commodité, la ficelle est attachée à une pédale.

La prise du courant s'effectue par deux trolleys placés verticalement sur la plateforme du pont opposée à celle qui supporte le moteur commandant la translation de l'ensemble. La distribution pour le chariot s'opère au moyen de frotteurs fixés sur le côté de celui-ci et en contact avec les fils tendus suivant la longueur du pont. Le nombre de ces fils varie avec le courant employé (7 pour le courant continu et 8 pour le courant triphasé) mais la disposition reste la même.

Ce treuil comme celui de 15 tonnes exposé à côté convient bien pour les ateliers de montage ou de fonderie et en général partout où il est nécessaire de déplacer de lourdes masses avec une grande précision. Les constructeurs citent à ce propos une expérience qui prouve la douceur du fonctionnement : une feuille de papier étant placée entre deux blocs de fer, on a pu soulever l'un d'eux juste de la quantité nécessaire pour sortir la feuille.

Pont roulant électrique des établissements Ganz et Cie de Buda-Pest.

La Cie Ganz exposait dans un des halls annexes de l'usine de Suffren un pont roulant électrique de 20 tonnes destiné aux chemins de fer de l'État hongrois ; en voici la description :

Chemin de roulement. — Le chemin de roulement est constitué par des rails Vignole placés sur la table supérieure de deux fortes poutres laminées à double T de 0 m. 500 de hauteur.

L'échafaudage supportant ce chemin de roulement se compose de quatre pylones en caissons à treillis contreventés dans le sens normal à celui du mouvement du pont par des panneaux en treillis à membrure inférieure courbe (fig. 56).

Pont roulant (fig. 56 et 57). — Il est constitué par deux poutres principales en tôles

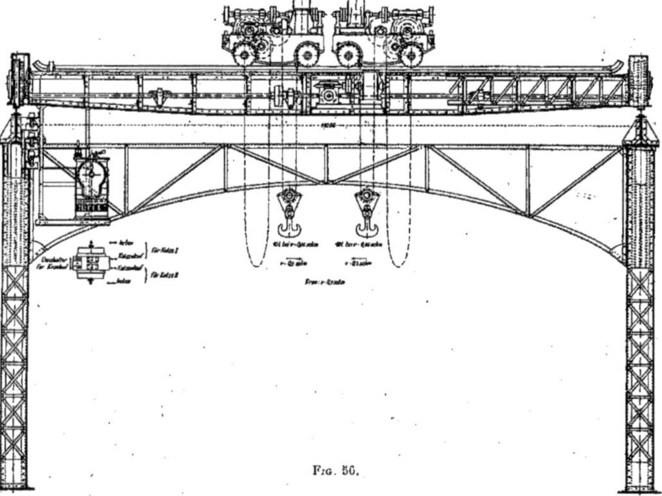

Fig. 56.

et cornières à membrure inférieure parabolique assemblées à leurs extrémités à deux tympans en forme de caisson. Deux poutres de rives en treillis reliées aux poutres principales par des consoles complètent l'ossature du pont. Le chemin de roulement des chariots mobiles est constitué par des rails Vignole placés sur la semelle supérieure des poutres principales. Latéralement à ce chemin de roulement, deux planchers de service portés par les poutres de rive et une balustrade.

Le moteur destiné à la translation du pont est situé dans l'axe et au-dessous d'un des planchers de service. Il repose sur des fers à U qui s'appuient d'une part sur la table inférieure de la poutre principale correspondante et, d'autre part, à l'extrémité d'un des montants prolonge de la poutre de rive. Une cage suspendue au pont contient les appareils de mise en marche (commutateurs, rhéostats, etc).

Le moteur agit par une vis sans fin à filet unique sur une roue à denture hélicoïdale

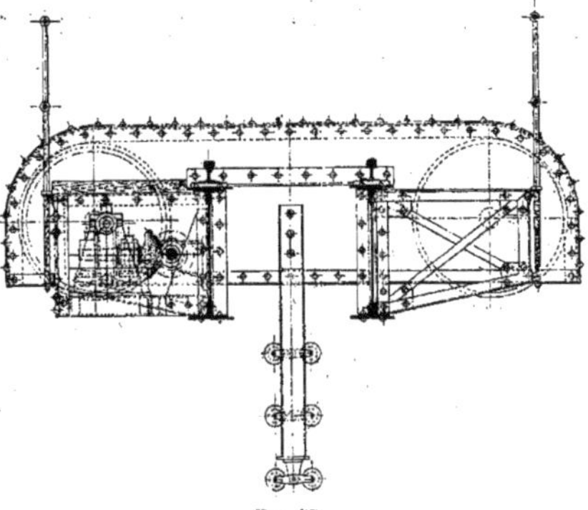

Fig. 57.

enfermée dans un carter et calée sur un arbre de transmission reposant sur une série de paliers, portés par la poutre principale. Aux extrémités de ce palier sont calés des pignons

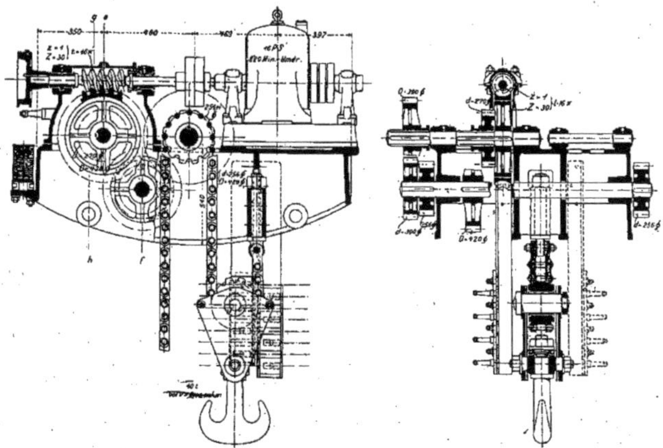

Fig. 58 et 59. — Détail du levage.

engrenant avec des couronnes fixées sur les roues porteuses du pont roulant. Les arbres de ces roues reposent sur des paliers assemblés par boulons avec les tympans. Ces couronnes dentées sont indépendantes ce qui permet de les tailler avec une grande précision, condition nécessaire pour atteindre de grandes vitesses.

Chariots mobiles (fig. 58 à 60). — L'emploi de deux chariots mobiles permet de saisir la charge en deux points et de l'amener à l'emplacement rigoureux qu'elle doit occuper.

Ils sont constitués par un bâti en fonte et sont calculés pour porter une charge de 15 tonnes. Les flasques latérales présentent des encoches et des ouvertures dressées qui servent de paliers aux essieux porteurs.

Sur chaque chariot sont placés deux moteurs triphasés l'un pour le levage de la charge l'autre pour la translation du chariot.

1. — *Levage* (fig. 58). — Le moteur transmet son mouvement par une vis sans fin à une roue à denture hélicoïdale, dont le mouvement est transmis au pignon de commande d'une chaîne de Galle par une série de trains intermédiaires. La chaîne est fixée à une extrémité du chariot. Elle supporte la poulie folle du crochet, et l'autre brin va s'enrouler sur le pignon denté. Une série d'engrenages permet l'augmentation de vitesse dans la proportion de 1 à 1,5 lorsque la charge est réduite au $^1/_3$ de la charge maxima.

L'appareil de levage est complété par un frein électro-magnétique agissant sur l'arbre

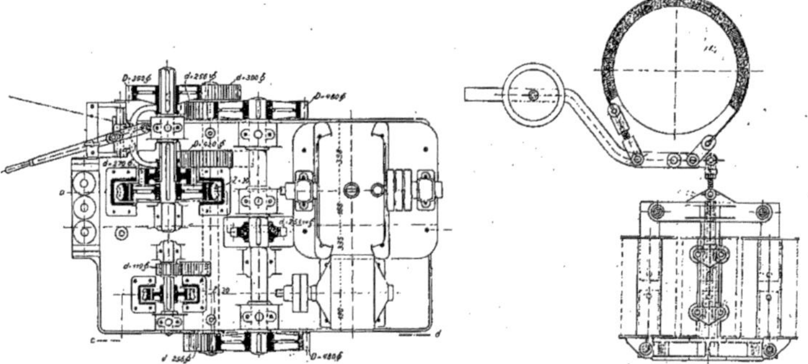

Fig. 60 et 61. — Pont roulant *Ganz*. Détail du levage et du frein.

de la vis sans fin principale. Ce frein est constitué par une lame métallique (fig. 61) agissant sur un tambour par un levier différentiel à contrepoids. L'extrémité du levier opposée au contrepoids porte un noyau de fer doux pouvant se déplacer dans un solénoïde à courant triphasé. Tant que le courant passe, le contrepoids est soulevé et le frein débloqué. Lorsque le courant est interrompu, le contrepoids retombe.

La puissance du frein est calculée pour arrêter la chute de la charge maxima au bout d'une course de 4 cm. 5.

Pour diminuer les frottements, l'arbre de la vis sans fin et celui du crochet sont montés sur paliers à billes.

2. — *Translation du chariot.* — Le moteur donne son mouvement aux roues du chariot par vis sans fin, roue à denture hélicoïdale et trains d'engrenages droits.

Distribution du courant. — Le courant amené par une canalisation à trois fils est transmis aux bagues du moteur par des appareils de prise de courant à glissière pour les chariots mobiles et au moyen de galets de contact pour la translation du pont; ces galets sont portés par un axe vertical fixé à l'un des tympans latéraux.

Renseignements numériques

Charge maxima soulevée..............................	20 tonnes
Portée du pont..............................	11 m.00
Vitesse d'élévation de la charge par 1'..............	3 m. 800
Vitesse de translation des chariots..................	16,00
Vitesse de translation du pont......................	40,00
Vitesse de rotation des moteurs de levage............	960 tours
Puissance —	14 chevaux
Vitesse de rotation des moteurs de translation des chariots.	1.320 tours
uissance des moteurs de translation des chariots......	3 chevaux
Vitesse de rotation du moteur de translation du pont....	1.320 tours
Puissance du moteur de translation du pont..........	6,5 chevaux
Tension du courant..............................	220 volts
Fréquence..............................	50 périodes

Plate-forme mobile de Mocomble.

L'idée de mouvement continu appliqué au transport de fardeaux légers paraît ancienne, la première application paraît être l'utilisation des courroies pour le transport des betteraves, des cannes et de la bagasse qui a été faite d'abord par la Maison Caildans dans les nombreuses installations de sucreries qu'elle a fondées.

Par la suite, les norias, et surtout les câbles aériens sont venus se joindre aux courroies pour la manutention et le déplacement des matériaux de toute nature, enfin les transporteurs à tabliers ont trouvé leur emploi dans les excavateurs : une application des plus heureuses en a été faite sur les chantiers du canal de Tancarville.

Mais, si l'application de la continuité du mouvement au déplacement des matériaux remonte à une date déjà lointaine, il n'en est pas de même lorsque l'on passe au transport des voyageurs.

Dans cet ordre d'idées, la première application paraît être l'emploi des funiculaires à gripp empruntant leur vitesse à un câble animé d'un mouvement continu.

La première tentative d'une recherche dans la voie d'un transport plus intense et plus rapide est due à un ingénieur français M. Dolifol.

M. Dolifol prit en 1880 un brevet intitulé : *nouveau système de locomotion à planchers mobiles avec traction par moteur fixe.*

Dans son système, M. Dolifol avait eu de suite l'idée bien pratique d'établir des mécanismes fixes dont la surveillance et le remplacement devenaient ainsi possibles et qui devaient communiquer le mouvement à des *planchers roulants* destinés à parcourir un cercle fermé.

La voie Dolifol se composait en principe d'un plancher mobile accoté à un trottoir fixe. Le plancher devait être constitué de panneaux mobiles montés sur roues caoutchoutées pour éviter le bruit du roulement, le tout était en élévation sur viaduc.

M. Dolifol s'était borné à indiquer que la transmission du mouvement en plancher mobile pouvait s'effectuer de plusieurs façons par câbles, engrenages. Mais sa mort prématurée l'empêcha de pousser l'étude plus à fond.

Toutefois, dans l'idée de son auteur, ce plancher mobile ne devait pas avoir un mouvement absolument continu, car il supposait que, tous les 200 mètres, il devait y avoir un arrêt permettant la montée et la descente des voyageurs.

En 1884, un américain : Bliven, prit un brevet pour un carrousel constitué par des wagonnets formés par un plancher formant en dessous deux rails reposant sur les jantes des roues folles sur leurs essieux porteurs.

Ces essieux étaient réunis par des plate-bandes médianes, axiales articulées entre elles et portant sur des galets qui devaient leur communiquer le mouvement par friction.

Des mécanismes moteurs étaient également fixes et le plancher roulant par adhérence sur les roues porteuses avait une vitesse double de celle des essieux.

Nous retrouvons ce principe dans la plate-forme de MM. Silsbée et Schmitt.

En 1886, un français M. Blot, prit un brevet consistant en un plancher mobile portant à sa partie inférieure des mâchoires entre lesquelles circulaient deux rails plats qui reposaient à leur tour sur des galets fixés pouvant être mis en mouvement par des moteurs électriques.

Le projet était toujours à plancher *unique* encadré de deux trottoirs fixes et à mouvement intermittent pour permettre, comme dans le projet Dalifol, la montée et la descente des voyageurs.

Dans la même année, M. Hénard avait proposé un système de train continu mû par l'électricité, il consistait dans une série de wagonnets formant plancher sans fin, placé au niveau du sol et comportant tous les dix un wagonnet tracteur. Ici encore le niveau n'était pas continu, toutes les trois minutes un arrêt de quinze secondes permettait le mouvement des voyageurs.

Il est à remarquer que tous ces inventeurs paraissaient craindre que le passage du trottoir fixe au plancher mobile, ou réciproquement, ne présentât de sérieuses difficultés; il restait donc à trouver le moyen de faciliter ces divers mouvements sans interrompre la marche du plancher mobile.

La première tentative dans ce sens est due à MM. Wilhem et Henrich Rettig, qui eurent l'idée d'un train dit à gradins.

Ils établissaient une série de wagonnets en circuit fermé sur deux ou trois rangées ayant chacune une vitesse croissante.

La première rangée marchait à 1 m. 500, la seconde à 3 mètres et la troisième à 4 m. 500 ; en augmentant le nombre des rangées, on pouvait arriver à atteindre la vitesse désirée.

Tous ces dispositifs sont restés à l'état de dispositifs schématiques, et l'on n'en trouve nulle part trace d'application.

Mais en 1892, l'ingénieur américain Reno installe un tablier à l'une des extrémités du pont de Brooklyn pour permettre aux voyageurs de passer sans fatigue du niveau de l'avenue à celui de la chaussée du pont.

Ce tablier est constitué par une sorte de chaîne Galle mise en mouvement par un énorme pignon mû lui-même par un moteur électrique. Une rampe mobile reçoit un mouvement distinct mais ayant la même vitesse que celle du tablier.

C'est au même type qu'il faut rattacher les tabliers mobiles du système Hall, appliqués au Louvre et plus récemment à l'Exposition, ceux du système Cance appliqués d'abord dans les Magasins de la Samaritaine et dont deux spécimens fonctionnaient à la plate-forme mobile de l'Exposition sur le parcours de l'avenue de La Bourdonnais.

Enfin, en 1895, MM. Bony et Gallotti proposèrent d'appliquer de véritables escaliers mobiles pour remplacer les ascenseurs à l'intérieur des édifices. Je ne sais si ce système a trouvé une application, mais l'Exposition Universelle nous a permis de voir un système analogue, dû à la Maison Otis, qui avait installé un escalador dans l'un des palais situés le long de l'avenue de La Bourdonnais.

En 1893, la première plate-forme mobile fut installée à l'Exposition de Chicago, par MM. Schmitt et Silsbée ; elle fut répétée sur un petit parcours 500 mètres environ, en 1896, à l'Exposition de Berlin.

Une des caractéristiques de ce système est la continuité réelle dans le fonctionnement — pour la réaliser d'une façon pratique, ces deux ingénieurs ont appliqué le système du train à gradins de M. Rettig, en adoptant deux plate-formes dont l'une marche à une vitesse moitié de celle de l'autre.

Cette innovation eut tout d'abord un vif succès d'originalité, elle méritait en effet, de fixer l'attention des visiteurs.

Le système se composait de deux plate-formes, dont l'une, comme dans le système de Bliven, était composée de trucks reposant par des rails sur les jantes des roues montées sur essieux pouvant se déplacer, de sorte que la vitesse de translation de cette plate-forme était double de celle des essieux.

L'autre plate-forme était portée par les fusées et avait par suite, une vitesse moitié moindre.

Toutefois, ce dispositif, si intéressant au point de vue de la nouveauté et de la hardiesse, n'était pas exempt de reproches, et prêtait sur plusieurs points le flanc à la critique.

La première à lui adresser était que tous les mécanismes, essieux et moteurs étaient emportés dans le mouvement général, rendant de ce fait toute surveillance et toute réparation ou remplacement impossible à moins d'un arrêt absolu de l'ensemble.

Le mouvement était donné par des trucks tracteurs répartis à raison de 1 sur 36 qui

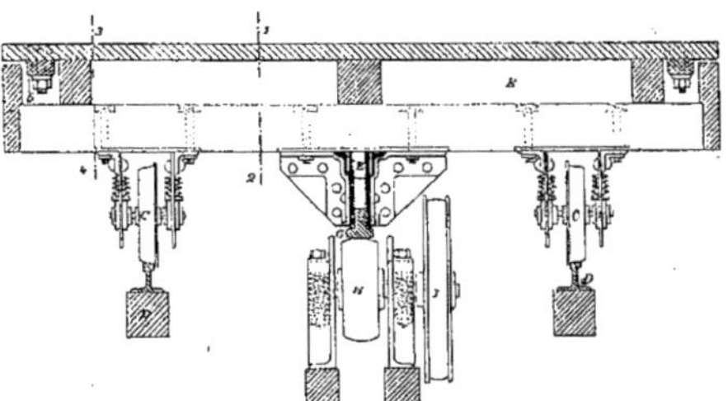

FIG. 63. — Plate-forme *Guyenet et de Mocomble*. Projet de 1895.

devaient avoir un poids suffisant pour arriver à l'adhérence nécessaire à la traction de la nécessité d'un viaduc plus lourd et plus résistant que dans le cas d'une charge uniformément répartie.

En 1894, MM. Faure et Casalonga proposèrent, sous le nom d'électro-métropolitain, un système à plusieurs voies mobiles animées de plusieurs vitesses différentes ; ce projet n'eut pas de suite.

A la même époque, M. Blot, en présence du retentissement qu'avait eu à Chicago l'installation de MM. Schmitt et Silsbée, voulut tenter à nouveau de réaliser le système dont il a été parlé plus haut, en y ajoutant toutefois une variante.

Pour chercher à réaliser son système, M. Blot fonda une société d'études avec l'aide de plusieurs personnalités, parmi lesquelles MM. Guyenet et de Mocomble, ingénieurs-mécaniciens, à qui fut confiée la mission de faire les études du système de M. Blot en vue d'une application à l'Exposition de 1900.

Cette société commença à fonctionner dès avril 1895, et, au bout de dix-huit mois de travaux et de recherches, le comité de direction, à la tête duquel était M. Armengaud jeune, décida d'abandonner l'étude de l'avant-projet de M. Blot.

Entre temps, en 1895, MM. Guyenet et de Mocomble avaient eu l'idée de faire une

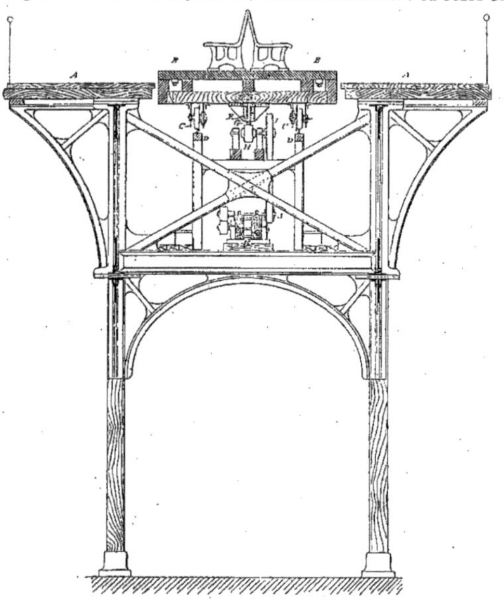

Fig. 64.

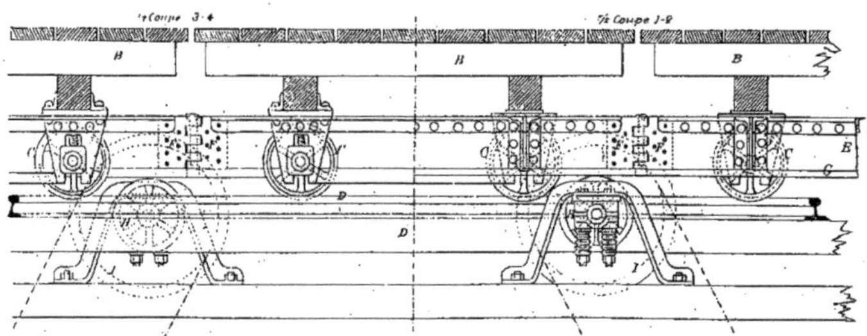

Fig. 65. — Plate-forme *Guyenet et de Mocomble*. Projet de 1895.

plate-forme unique, avec commande IH suivant poutre axiale articulée G (fig. 63 à 65) et mécanismes fixes comme dans le projet de Bliven, et avec roues latérales porteuses CC comme dans celui de Dalifol (fig. 63 à 65).

L'ensemble était mis en mouvement par dynamos et courroies.

Cette solution, qui n'était qu'une ébauche, fut complètement transformée par le projet de 1897, comportant alors deux plate-formes X et X' (fig. 66 à 68) animées cette fois d'un mouvement continu avec un seul trottoir, et fixe dont les vitesses sont respectivement dans les rapports de 0-1-2.

Les mécanismes moteurs sont toujours fixes, mais la commande par courroies du type

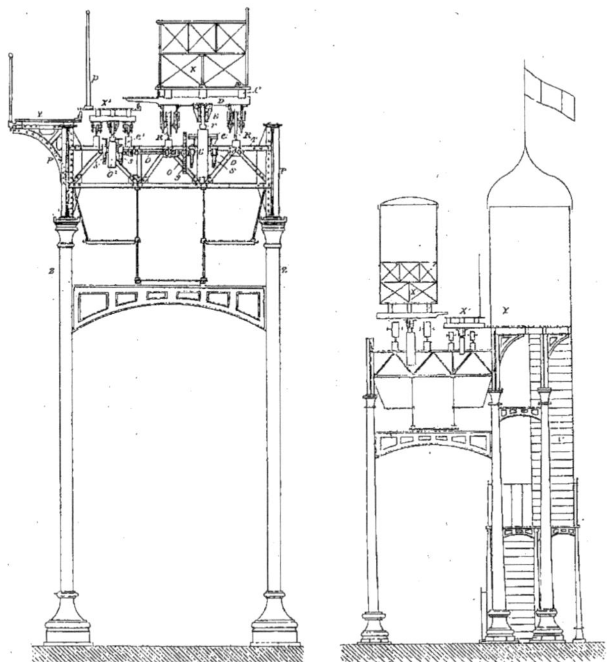

Fig. 66 et 67. — Projet de 1897.

de 1895 a été abandonnée comme ne présentant pas la sécurité voulue dans un service continu et remplacé par une commande par treuils.

C'est dans cet état que le projet fut présenté en 1897 à la Commission supérieure de l'Exposition, et fut un des deux seuls retenus par son rapporteur, M. Moron.

A la même époque, l'Exposition avait mis au concours un chemin de fer électrique qui devait desservir l'intérieur de l'Exposition. M. de Mocomble, admis sur sa demande de prendre part au concours, présenta un projet mixte comprenant un chemin de fer électrique à voie unique et une plate-forme mobile à deux vitesses.

Ayant obtenu à la date du 18 mai 1898, la concession ferme du chemin de fer électrique et de la plate-forme sous la réserve d'un essai, M. de Mocomble, pour arriver à la réalisation de son entreprise, fonda, avec le concours de la Banque internationale de Paris, la Cie des Transports électriques de l'Exposition de 1900.

Cette Compagnie jugea qu'il était de son intérêt de confier à M. de Mocomble, qui avait étudié l'affaire depuis son début, l'entreprise générale de tout ce qui constituait la plate-forme proprement dite, c'est-à-dire les trucks et les mécanismes, et de lui laisser la direction et la responsabilité du montage, du réglage et de la mise en route.

La direction générale de la Cie fut confiée à M. Maréchal, ingénieur des Ponts et Chaussées.

Le cahier des charges imposait, comme délai de livraison pour la plate-forme d'essai, le 1er janvier 1899.

Les études furent commencées en juin 1898 et, sept mois après, une démonstration avait lieu à Clichy, dans des conditions telles, que M. le Commissaire général de l'Exposition n'hésita pas à confirmer à M. de Mocomble la concession et à lui donner l'autorisation de commencer d'urgence les travaux de l'installation définitive.

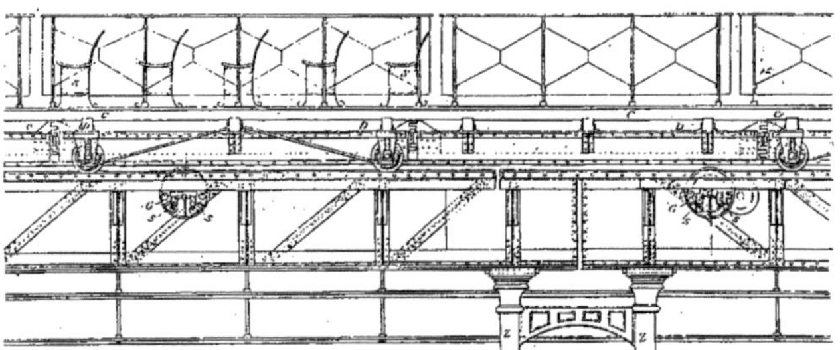

Fig. 68. — Projet de 1897.

Pour faire cet essai, il fallait disposer d'un terrain assez vaste pour qu'il ait été impossible de trouver l'emplacement convenable à l'intérieur de Paris et le choix de la Compagnie s'arrêta sur un terrain situé quai de Seine à Clichy, à proximité de l'usine d'électricité de Saint-Ouen, concours indispensable pour une expérience de ce genre, et grâce auquel l'installation put se faire dans des conditions d'économie les plus avantageuses et dans le délai désiré.

Le tracé adopté devait réunir, sur un parcours minimum, toutes les difficultés imaginables, courbes, contre-courbes de 50 mètres de rayon, pentes, rampes, paliers et alignements.

Le tracé dont la configuration est indiquée par la fig. 69 ci-contre, avait la forme d'un haricot et mesurait une longueur de 396 mètres environ.

La plate-forme reposait sur un viaduc de 12 mètres environ de hauteur, qui était lui-même supporté par de petits massifs en maçonnerie encastrés dans le sol.

Nous ne rappellerons pas ici le succès obtenu lors des essais de Clichy. Disons toutefois que, pendant les quelques semaines de son fonctionnement, la plate-forme donna toute satisfaction, tant au point de vue technique qu'au point de vue de son emploi pratique par le public.

Toutefois, l'emploi des boîtes à roues ressortit comme indispensable, et l'emploi du courant triphasé parut devoir être écarté pour être remplacé par du continu, ce qui était d'ailleurs facile à prévoir étant donné qu'il y avait intérêt à avoir au moment du démarrage le coupe maximum compatible avec la construction des moteurs.

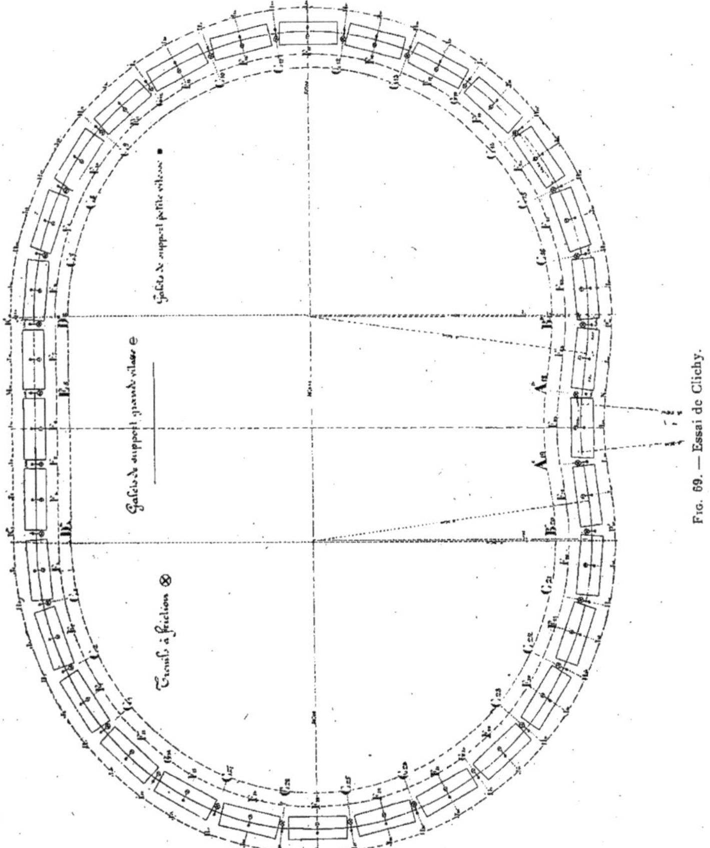

Fig. 69. — Essai de Clichy.

Quatorze mois seulement séparaient alors la date d'ouverture de l'Exposition ; cependant, malgré les difficultés de toute nature rencontrées au cours des travaux exécutés au milieu d'une agglomération de chantiers aussi intense que celle nécessitée par l'Exposition, les travaux de la plate-forme furent terminés le 8 avril.

Le trajet définitif, adopté et imposé par l'Administration, comportait les avenues de La Bourdonnais et de La Motte-Piquet, la rue Fabert et le quai d'Orsay.

La plate-forme était toujours placée sur un viaduc métallique qui, cette fois était surélevé de façon à laisser en tous points un espace libre de 5 mètres sous poutre.

Cette disposition avait le double avantage de n'apporter aucune entrave à la libre circulation sur le sol, et en outre, d'inciter les visiteurs à visiter les expositions situées au premier étage des Palais en leur évitant l'ascension au moment où ils étaient sur le trottoir roulant.

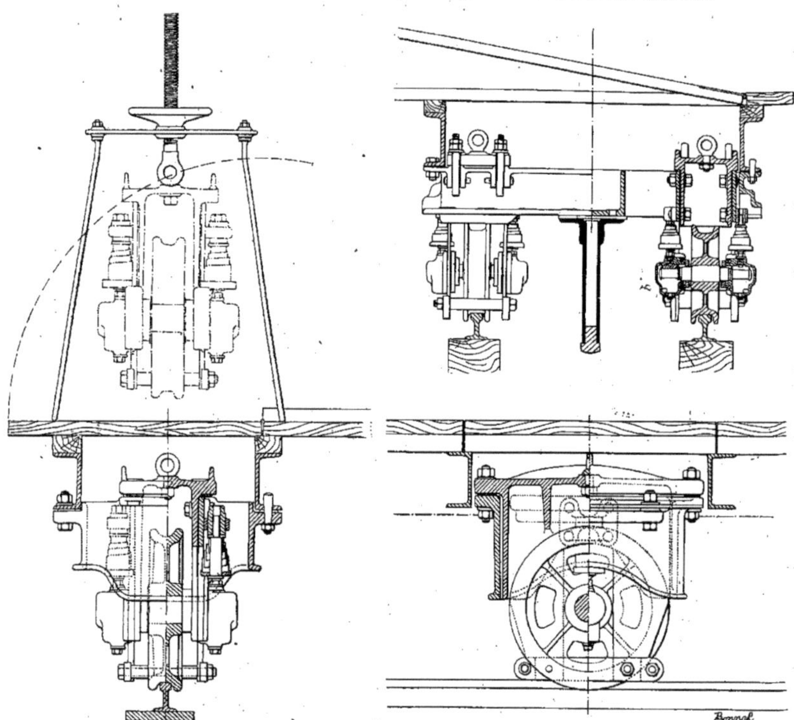

Fig. 70 et 71. — Plate-forme de 1900. Trucks à 4 roues.

La mise en place des trucks comportait un nombre considérable de manœuvres ayant besoin d'être faites rapidement et avec sécurité et n'était pas sans comporter de sérieuses difficultés.

Nous avons dit précédemment comment M. de Mocomble y parvint au moyen d'une grue toute spéciale qui permettait d'emprunter la double voie de la plate-forme, sans imposer au viaduc ni à la voie, des charges supérieures à celles prévues par le fonctionnement même de la plate-forme.

Cet engin permit de mettre en place les trucks et les treuils moteurs; quant aux

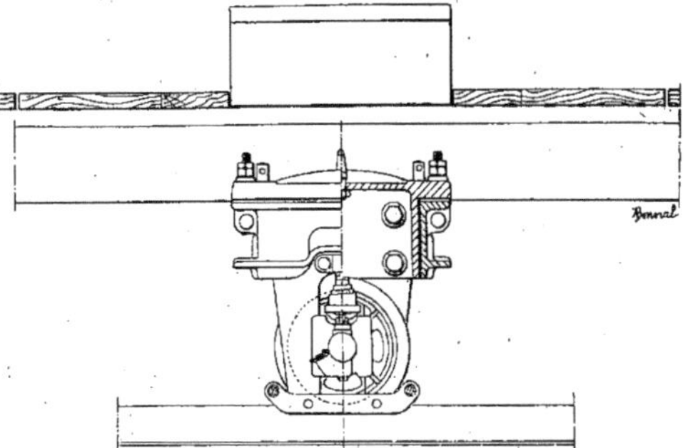

Fig. 73. — Truck à 4 roues. Vue par bout.

galets de grande et de petite vitesse, leur poids étant beaucoup moindre, ils furent montés au moyen d'un petit treuil roulant.

Telles sont les conditions générales qui ont précédé à cette importante installation dont nous allons décrire maintenant les parties essentielles.

Le système comporte :

1° Une plate-forme à grande vitesse de 2 mètres de longueur roulant sur une voie de 1 m. 200 à la vitesse de 8 kilomètres à l'heure.

2° Une plate-forme à petite vitesse de 0 m. 900 de longueur roulant sur une voie de 0 m. 500 à la vitesse de 4 kilomètres à l'heure.

3° Un trottoir fixe de 1 mètre de longueur.

4° Un viaduc métallique reposant sur les palées en charpente.

5° Des gares avec escaliers d'accès pour la montée et la descente des voyageurs.

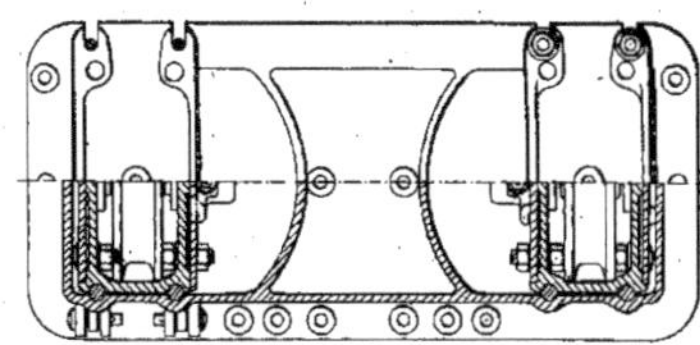

Fig. 72. — Truck à 4 roues. Plan.

Chaque plate-forme est composée de trucks appartenant à deux types bien distincts; le premier est supporté par quatre roues indépendantes alors que le second n'a aucune roue et prend appui sur les deux trucks voisins (fig. 70 à 73).

Ces trucks sont constitués par un châssis métallique en fers U composés de deux longerons et d'une longrine médiane double, avec traverses d'entretoisement rivées sur la poutre axiale. La partie supérieure est recouverte d'un plancher en bois de sapin.

Les trucks à roues sont terminés par des parties curvilignes convexes venant se développer devant la contre-partie concave des trucks sans roues voisins. Cette configuration découle d'elle-même de la constitution de la poutre axiale, chaque charnière ayant un axe de rotation autour duquel se fait le déplacement relatif de chaque truck par rapport à ses voisins dans le passage en courbe.

Les roues porteuses présentent un dispositif de montage spécial et dont l'essai a démontré l'utilité incontestable.

Chaque roue est montée avec ses boîtes à huile et plaques de garde sur un bâti en fonte qui vient coulisser dans un autre châssis en fonte fixé et réglé sur le châssis en fers U du truck.

De cette manière chaque roue est facilement démontable et remplaçable (fig. 70), même en marche; mais pour éviter que, en enlevant une roue celle qui lui fait vis-à-vis ne vînt à dérailler, il a fallu les munir d'un double boudin.

Ces boîtes à roues sont munies en outre d'un dispositif spécial permettant le réglage et le nivellement de chacune d'elles.

L'on voit, en effet, que la boîte vient s'appuyer par une pièce en équerre sur un ressort à spirales dont la pression est réglée par un manchon fileté. De cette façon, on peut, au montage amener les points de contact des quatre roues dans un même plan horizontal et être sûr que ces roues seront réellement toujours sous charge, condition indispensable pour le bon fonctionnement et la durée des fusées et des coussinets.

Ce dispositif, qui a été breveté par son auteur, a donné toute satisfaction, et l'on a pu ainsi remplacer des roues, même en ordre de marche, sans aucun inconvénient ni aucune difficulté.

Un trépied disposé à cet effet permet (fig. 70) de faire l'enlevage rapide et la repose de la roue remplaçante. Une fois la boîte à roue montée dans son cadre, il suffit de venir serrer les écrous jusqu'au repère et l'on est sûr que la roue est bien en position.

Les poutres axiales se composent de deux âmes en tôle se réunissant à leur partie inférieure par un rail en acier en forme de ⊥, elles ont une longueur uniforme de 4 mètres d'axe en axe des tenons.

Les charnières sont en acier Martin matricé et exécutées suivant des gabarits rigoureux. Les tenons sont ajustés de façon à ce qu'ils puissent porter tous ensemble. Le montage des charnières sur les poutres axiales se fait avec une rigoureuse exactitude et l'on s'assure, avant la rivure, que la distance d'axe est bien de 4 mètres, et que les axes sont bien parallèles au moyen du dispositif indiqué par la fig. ci-contre.

Nous n'avons examiné jusqu'ici que la partie mobile; comment se fait la transmission du mouvement.

Nous avons dit plus haut que la poutre axiale devait recevoir le mouvement de fonctions subjacentes; une partie des charges mortes et utiles devait donc lui incomber pour avoir l'adhérence suffisante.

Nous avons vu que les roues étaient montées sur des ressorts Brown munis d'un dispositif permettant d'en régler la tension et d'assurer la pression des roues sur la voie.

Il eût été évidemment préférable et plus facile d'assurer ce contact au moyen de longs ressorts analogues à ceux des wagons de chemins de fer, mais l'on remarquera facilement que l'emploi de ces derniers était impossible, précisément à cause de leurs dimensions qui auraient rendu tout démontage de roues impossible.

Pour parer à cette difficulté, les ressorts Brown étaient à flexion variable, la courbe de leur aplatissement, pour une même charge, affectant sensiblement la forme d'une parabole de manière à obtenir dès le début, sous le poids mort seul, un abaissement assez grand pour parer à toutes les défectuosités ou différences d'exécution de la voie.

Mais, malgré toutes ces précautions, le problème n'était pas encore résolu, il fallait trouver, pour les galets de soutien des poutres axiales et des mécanismes moteurs, le moyen de parer aux dénivellations qui pouvaient se produire soit par défectuosité dans la voie, tassement des palées ou variations de charge, soit enfin par différence d'exécution soit dans les épaisseurs des échantillons employés ou dans le montage.

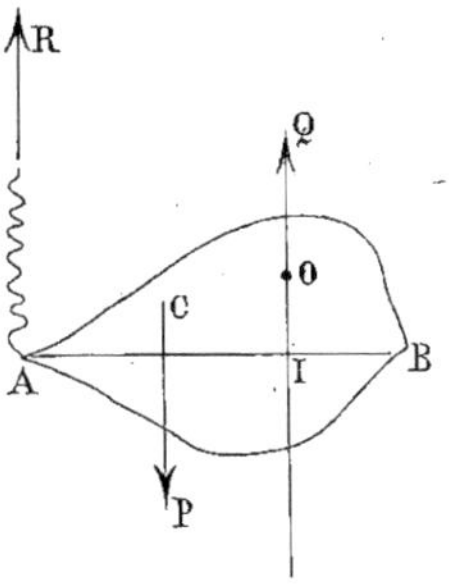

Il est bien évident qu'il ne fallait plus là se contenter de ressorts Brown ayant une course trop limitée pour assurer un rattrapage complet et un contact permanent entre la poutre axiale et les frictions.

M. de Mocomble est arrivé à ce résultat au moyen d'un dispositif réellement nouveau, et qui peut être considéré comme l'âme du système, puisqu'il permet, en tout état de cause, de compter sur une transmission continue de l'énergie par les frictions.

Pour nous rendre compte du principe de ce système, supposons un mécanisme de poids P, monté fou sur un axe O ; si nous l'abandonnons à lui-même, il basculera jusqu'à ce que son centre de gravité soit à l'aplomb de l'axe de rotation O (fig. ci-contre).

Si, au contraire, nous fixions à sa partie antérieure A un ressort dont nous pouvons faire varier la tension, nous voyons que nous pourrons obtenir les résultats suivants :

1° Régler le ressort de façon que AB soit horizontale, c'est-à-dire que

$$R - P + Q = 0$$
$$R \times AT - P \times CI = 0$$

Dans cette situation, nous dirons que le ressort est réglé de façon à compenser le poids mort du mécanisme, ce sera le 0 de la graduation qui permet le réglage.

2° Régler le ressort de façon que la résultante des trois forces R, P, Q, soit dirigée de bas en haut et ait une intensité déterminée.

Tel est le principe du système adopté pour les mécanismes à frictions porteurs ou moteurs, et dont nous voyons ci-contre les dispositions d'ensemble (fig. 69 à 73).

Les galets de G. V. sont simplement porteurs, et se composent d'un châssis en fonte portant une friction montée dans deux paliers.

Ce châssis est monté fou sur un axe et suspendu à sa partie antérieure par deux bielles munies de mains dans lesquelles viennent se loger les rouleaux d'un ressort à lames.

Un dispositif à chape avec écrou de serrage permet de donner au ressort la tension voulue.

Les galets de petite vitesse porteurs sont analogues dans leurs dispositions générales à ceux de grande vitesse.

Si maintenant nous passons aux mécanismes moteurs, nous voyons que la plateforme de G. V. est actionnée par des treuils électriques oscillant autour d'un axe hori-

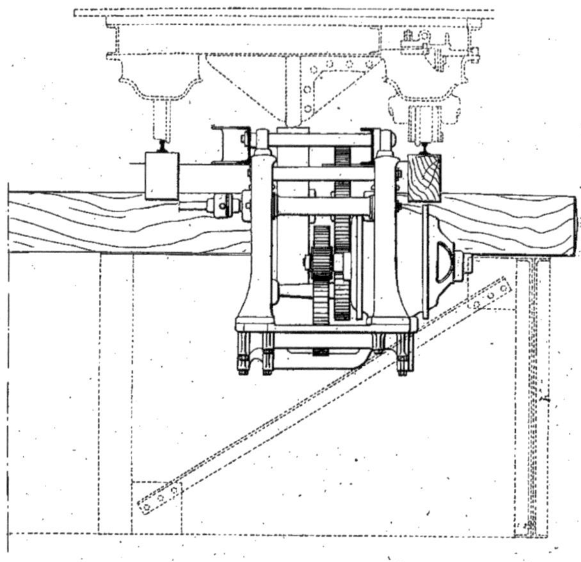

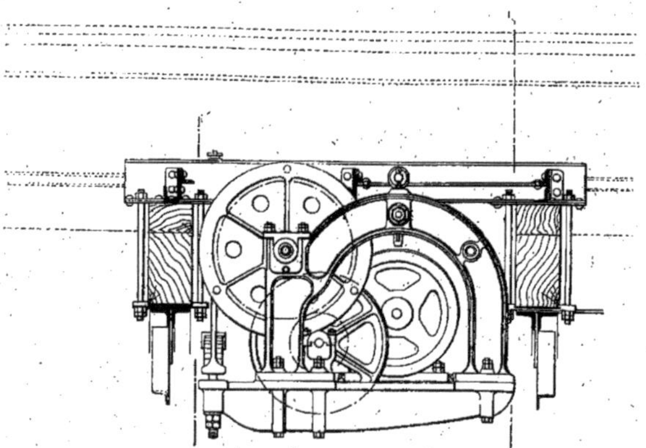

Fig. 74 et 75.

zontal et munis d'un dispositif de réglage analogue à celui des galets porteurs (fig. 74 à 77).

Ce treuil porte avec lui sa dynamo et tous ses accessoires.

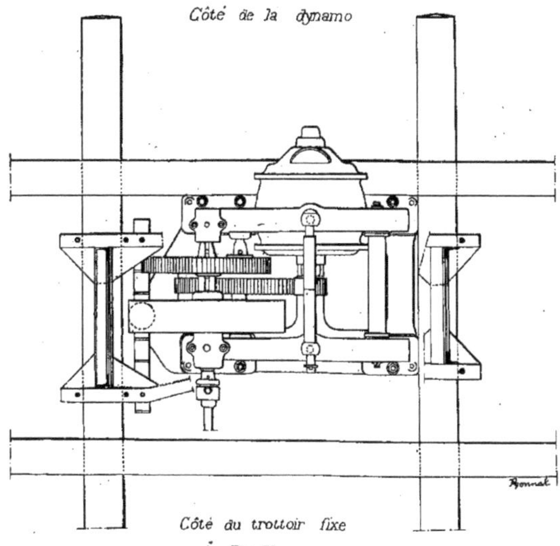

Fig. 76.

Quant à la plate-forme de P. V. elle est mise en marche par des galets analogues à ceux porteurs, mais réunis à l'arbre moteur des treuils par un arbre muni à ses deux extrémités de manchons à la Cardan permettant les dénivellations dans tous les plans.

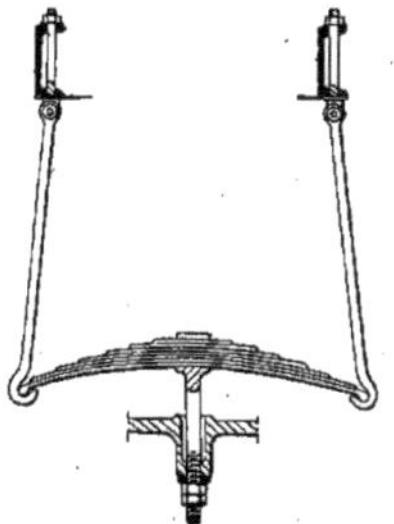

Fig. 77.

Le rapport des diamètres des frictions étant de 1 à 2, il s'ensuit que les vitesses de translation des deux plates-formes sont dans le même rapport.

Il nous reste à ajouter ceci comme dernier détail montrant que l'on s'est préoccupé du remplacement facile et rapide de n'importe quel mécanisme, même pendant la marche.

Les treuils et les galets sont fixés sur leur axe d'oscillation par des pistons clavetés ; pour remplacer l'un quelconque d'entre eux, il suffit de desserrer le ressort pour libérer la pièce de l'ensemble, de faire sortir les clavettes, de descendre la pièce à remplacer et d'en remettre une autre dans lesdits pistons. On refait le clavetage, on règle à nouveau sans que le service ait été interrompu, ni que les mécanismes voisins aient eu à en souffrir,

Les calculs ont du reste été faits dans cette hypothèse.

Tous ces mécanismes sont visitables d'un plancher qui s'appuie sur les cornières horizontales inférieures du viaduc et, latéralement, ce plancher se continue par une petite passerelle extérieure permettant au personnel chargé de l'entretien de se rendre facilement d'un point à un autre de l'installation.

Le viaduc reposait sur des palées en bois, dont l'adoption avait eu pour motifs principaux :

1° L'élasticité et l'amortissement du bruit.

2° Le délai minimum dans l'exécution, délai qui n'aurait jamais été accordé par les fonderies alors surchargées de commandes.

Ces palées, moisées à leur partie inférieure, venaient reposer sur un béton de 0 m. 500 d'épaisseur donnant toute sécurité.

Nous terminerons cet exposé par quelques renseignements sur le fonctionnement et l'énergie exigée par cette installation.

L'on pourra se rendre compte de la docilité de cet engin lorsque nous aurons dit qu'il suffit, pour un développement de 3.400 mètres, d'envoyer de la station centrale un courant de 950 ampères sous 300 volts pour opérer le démarrage.

L'ensemble, qui représente alors environ 2.000 tonnes, se met peu à peu en mouvement et arrive rapidement à sa vitesse normale ; le courant est alors de 700 ampères sous 300 volts.

Après quelques jours de service, et sous une charge de 14.000 personnes environ, la plate-forme n'a jamais exigé plus de 210 kilowatt, mesurés à l'usine.

L'on voit que, dans ces conditions, le coefficient moyen de résistance est :

Poids mort	2.000 tonnes
Voyageurs	1.000 tonnes
Total	3.000 tonnes

Vitesse moyenne 2 mètres.

Effort de traction par tonne $\frac{300 \text{ chx} \times 75}{2 \text{ m.} \times 3.000} = 3$ kg. 7,

soit en chiffres ronds 4 kilog. par tonne.

Ce système pour lequel certains avaient paru craindre tout d'abord de si grandes résistances passives, se trouve donc être, au contraire, parmi les engins les plus souples et les plus roulants.

Disons pour terminer que, pour arriver à une installation aussi importante en quatorze mois, et ce, étant donné l'engagement des usines et ateliers, M. de Mocomble dut s'adresser à de nombreux sous-traitants.

Les charnières furent fabriquées dans les ateliers *Thome-Genot* de Nouzon (Ardennes) et, après vérification et réception, expédiées à la *Société des hauts fourneaux de Maubeuge* qui avait à en faire le rivetage sur les poutres axiales qu'elle avait à fournir. Les galets de support de grande et de petite vitesse sortirent également de ces ateliers.

Les boîtes à roues et leurs accessoires provenaient de l'usine de MM. *G. Toussaint et Cie* à Haybes-sur-Meuse ; les plaques de garde, des ateliers *Hardy-Capitaine* ; les roues montées avec leur essieux, de chez M. *Valere-Mabille*, les ressorts Brown et à lames, de la maison *L. Hanoyer* de Paris ; les treuils avec leurs arbres d'accouplement, des ateliers de la maison *A. Piat* et ses fils.

Les châssis des truks dont les fers avaient été laminés à la *Société des hauts fourneaux de Maubeuge* étaient construits avec leur plancher par la maison *A. Schmidt*, où venaient se centraliser poutres axiales, roues et boîtes à roues ; ces dernières pièces, qui n'étaient expédiées qu'après une vérification et une réception des plus rigoureuses, présentaient un montage et un réglage des plus faciles, qui permit d'arriver à une production de vingt trucks par jour.

Les boîtes à huile provenaient de la maison *Boutmy et Cie* et les tampons graisseurs de la maison *Flamand* de Paris.

En dehors de la partie purement mécanique, il faut noter comme collaborateurs à cette grande entreprise :

La *Société de construction de Levallois-Perret*, qui fut l'entrepreneur général du viaduc de la plate-forme et du chemin de fer électrique. La maison *Massicart* pour la voie.

La *Société d'applications industrielles* (anciennement Alioth-Buire) pour une grande partie des moteurs électriques (la commande ayant dû être scindée à cause des délais).

La *Société industrielle d'électricité* (procédé *Westhinghouse* du Havre pour le compte des moteurs des treuils et pour sa remarquable installation de la station de transformation où fonctionnaient :

2 dynamos de 400 kw. pour le chemin de fer.

— 600 kw. pour la plate-forme.

Disons enfin, pour terminer et pour donner satisfaction à un désir exprimé par M. de Mocomble, que, pour l'exécution de cette entreprise, il eut comme collaborateurs ses deux ingénieurs aussi dévoués que compétents, MM. *Madamet et Tinel.*

Enfin, pour parfaire ce rapide exposé, disons que M. de Mocomble étudie en ce moment l'application des mécanismes qu'il a inventés à un projet de Métropolitain à trois vitesses dont la réalisation, peut-être prochaine, serait une intéressante application de ce que nous avons vu à peine à l'Exposition.

Les photographies ci-jointes, dues à l'amabilité du constructeur, permettent de se faire une idée des principaux organes, du montage, de la mise en place et de l'ensemble de cet important travail.

Généralités sur les chemins élévateurs inclinés.

Après la plate-forme il est indispensable de dire un mot des chemins élévateurs inclinés ou *escaliers roulants.* Nous ne saurions mieux en indiquer les conditions générales de construction qu'en reproduisant ici une partie du cahier des charges auxquelles leur installation devait satisfaire, et qui servait de base au concours qui détermina le choix du système et des constructeurs.

Art. 1. *Objet du concours.* — Il est ouvert entre tous les constructeurs français, pour l'établissement et l'exploitation des chemins élévateurs, mus par l'électricité, à installer dans les palais du Champ-de-Mars et des Invalides.

Art. 2. *Définition de l'entreprise.* — L'entreprise comprend la construction, la mise en place, l'exploitation, le démontage et l'enlèvement des chemins élévateurs et de leurs accessoires.

Art. 3. *Caractères particuliers de la fourniture.* — Les appareils installés seront considérés comme objets exposés. Les conditions du règlement général de l'Exposition leur seront applicables ; il seront notamment inscrits au catalogue et soumis à l'examen du jury international, ils concourront pour l'obtention des récompenses.

En raison de ce caractère particulier, la fourniture des appareils sera faite dans les mêmes conditions que celle des autres appareils exposés, c'est-à-dire qu'il ne sera rien

alloué de ce chef aux exposants. L'installation et l'exploitation des appareils donneront seules lieu à la rémunération définie à l'article 21 ci-après.

Tous les appareils constituant l'installation resteront donc la propriété du concession-

naire, qui en disposera librement à l'expiration du délai fixé pour l'exploitation à l'art. 10 et après l'accomplissement de ses engagements envers l'administration.

Art. 4. *Dispositions générales de l'appareil.* — Les chemins élévateurs, leurs moteurs électriques, transmissions et autres accessoires seront établis conformément aux dispositions générales figurées sur le dessin joint au présent programme.

Les poutres longerons du chemin seront soutenues en tête, au plancher de l'étage par une ou deux épontilles reposant sur un massif arasé au niveau du sol; elles pourront en

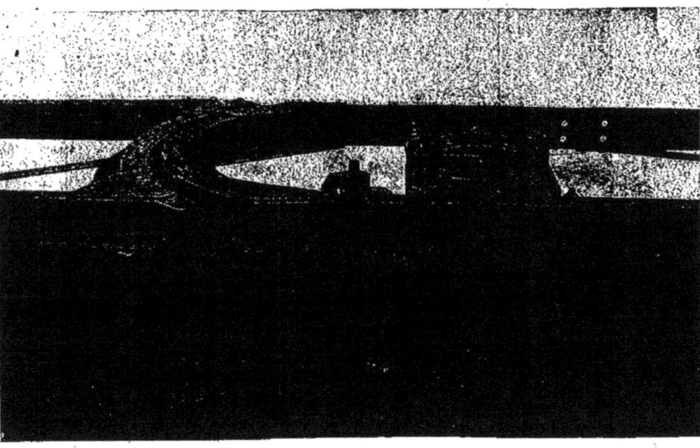

outre être soutenues, en un point de leur longueur, par une ou deux épontilles établies dans l'alignement des piliers des palais.

La baie d'arrivée dans le plancher supérieur sera établie par l'Administration de l'Exposition et à ses frais ; le concessionnaire devra la munir d'un garde-corps d'un modèle adopté par l'Administration ; la baie aura 2 mètres de largeur et 10 m. 65 de longueur.

Art. 5. *Définition des appareils.* — Les appareils seront établis pour une seule file de voyageurs ; leurs proportions seront les suivantes :

Largeur intérieure à l'endroit où reposent les pieds	0 m. 600
— à la hauteur des rampes	0 m. 900
Inclinaison du chemin par mètre	0 m. 330

Charge des voyageurs sur le chemin :

Normalement un par mètre, soit	20 voyag.
Au maximum deux par mètre, soit	40 voyag.
Hauteur du sol au rez-de-chaussée au sol de la galerie	7 m.

Art. 6. *Vitesses.* — Les appareils seront établis pour les vitesses de régime par seconde ci-après spécifiées :

Vitesse minimum	0 m. 500
Vitesse maximum	0 m. 600

Art. 7. *Transporteurs proprement dits.* — L'organe transporteur proprement dit sera constitué par un tablier sans fin de matière souple et résistante, à déroulement continu et uniforme, réunissant toutes les conditions de douceur et de rigidité nécessaires.

En marche, les supports soutenant ce tablier ne devront pas causer de ressauts sensibles pour les pieds des voyageurs.

Les tendeurs de ce tablier devront pouvoir compenser tout l'allongement qui pourra se produire pendant la durée de l'exploitation, de façon à ne pas avoir à démonter l'appareil pendant l'Exposition.

L'ensemble devra fonctionner absolument sans bruit.

Enfin, tout organe mécanique ayant besoin de graissage devra être soustrait au contact des voyageurs,

Art. 8. *Nature et disposition du moteur.* — La dynamo motrice et sa transmission seront groupées aussi près que possible de l'appareil.

Tous les organes en seront accessibles pour l'entretien du sol ou du plancher de la galerie.

Des dispositions seront prises pour qu'en cas d'avarie quelconque du treuil moteur le chemin chargé de voyageurs ne puisse prendre un mouvement descendant.

Art. 9. *Rampes latérales.* — Les rampes latérales ou mains courantes seront formées d'un câble sans fin, garni de telle sorte qu'il présente, sous les mains des voyageurs, un appui doux et propre.

La partie supérieure de ce câble à hauteur de main sera seule apparente; la partie inférieure et tous les organes du mouvement seront enfermés dans des gardes latérales, placées de part et d'autre du chemin. Ces gardes seront à parois pleines et lisses, pour ne présenter aucune aspérité pouvant accrocher les vêtements des voyageurs.

Les rampes auront exactement la même vitesse que le chemin.

Art. 10. *Épreuves de résistance.* — Les épreuves de résistance se feront sous une charge de 3.500 kilog. représentant le poids de cinquante voyageurs, uniformément répartis sur le chemin.

Cette charge sera laissée en permanence aussi longtemps que l'administration le jugera utile.

Art. 11. *Essais de marche.* — Des essais de marche ne pouvant se faire sous cette charge de cinquante voyageurs, qui devrait se renouveler sans cesse d'une façon continue, on fera agir les tendeurs de manière à donner au tablier flexible une tension correspondante à celle qu'il aurait reçue sous le poids de cinquante voyageurs, et l'on marchera sous cette tension à la plus grande vitesse et d'une façon continue aussi longtemps que l'administration le jugera utile.

Le principe de ces chemins élévateurs est toujours le même et excessivement simple. Ils consistent tous en une courroie sans fin supportée par deux tambours aux deux extrémités et disposée pour ne pas s'incurver sous le poids des voyageurs ni présenter des points d'appui provoquant des ressauts.

Nous allons donner quelques détails sur un certain nombre d'entre eux.

Tapis élévateurs système Halle (Piat constructeur).

La maison *Piat* et fils a construit, pour transporter les voyageurs du rez-de-chaussée au premier étage de la galerie du Palais des Mines et de la Métallurgie, plusieurs tapis roulants du système Hallé, semblables à ceux qui desservent les cinq étages des grands magasins du Louvre (fig. 78-79).

L'organe principal de ces élévateurs est constitué par une très forte courroie sans fin en cuir, dont les dimensions sont telles que, malgré son élasticité, elle présente, quand

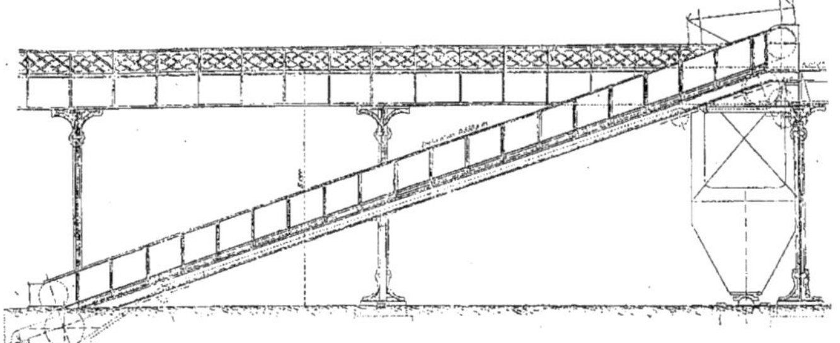

Fig. 78.

elle est bien tendue, une rigidité suffisante pour ne pas s'infléchir sous les pieds des voyageurs. Elle est mise en mouvement par un tambour et commandée par un train d'engrenages attelé à un moteur électrique faisant 1.150 tours.

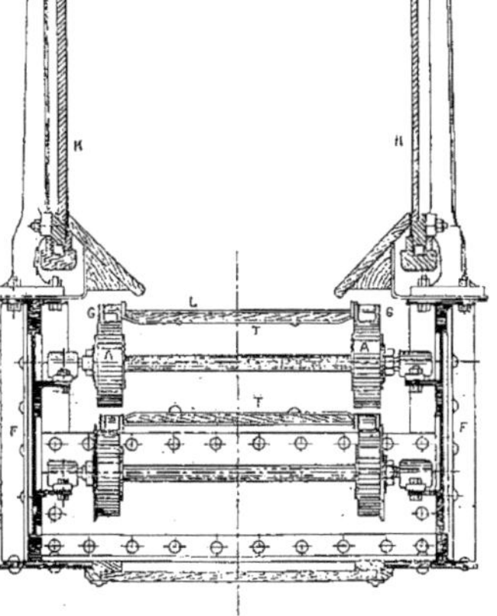

Fig. 79.

La courroie est tendue à la partie inférieure au moyen de vis fixes pouvant déplacer les paliers du tambour.

En outre, pour maintenir la rigidité de la courroie, on a disposé de place en place, sur le parcours, des rouleaux qui la supportent; des plaques de tôle recouvrent les bords

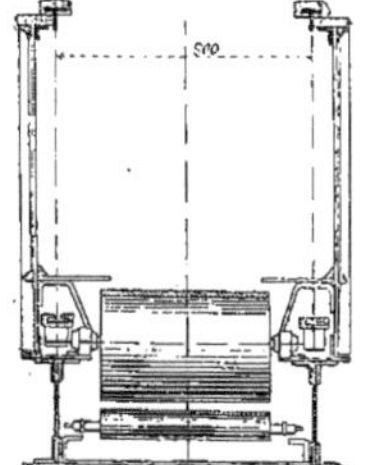

Fig. 80.

de la courroie sur toute la longueur afin d'éviter les accidents. Les mains courantes sont en caoutchouc recouvert d'étoffe, elles sont également sans fin et entraînées à la même vitesse que la courroie et par des poulies placées à la partie supérieure.

Tapis élévateurs J. Leblanc. — Les deux buts principaux en vue desquels ont été étudiés ces appareils sont la marche silencieuse et le bas prix d'établissement. Au lieu d'employer une longue courroie de cuir, toujours très coûteuse et difficilement réparable, M. Leblanc a employé deux chaînes Galle, sur les maillons desquelles sont fixées des pièces de bois dont la rigidité est certaine. Ces lattes sont recouvertes d'un tapis sans fin en toile ou linoléum; de place en place, sur le parcours, les deux chaînes sont soutenues par des roues dentées extérieures au passage, de sorte qu'on passe sans les apercevoir (fig. 80).

Les rampes ou mains courantes sont formées par des chaînes Galle, sur les maillons desquelles sont fixés des morceaux de bois qui les enveloppent.

L'ensemble est porté par deux maîtresses poutres à séchoir en double T, à l'intérieur desquelles sont fixés des fers à cornières qui supportent les piliers. En haut, et sur la poutre de droite, est fixée la petite cage qui contient le moteur électrique actionnant le tapis. Son mouvement est transmis par le mécanisme habituel, roue et vis sans fin, à un arbre portant un pignon denté sur lequel s'enroule une chaîne Galle très peu tendue qui actionne l'arbre supérieur de commande du tapis.

La partie inférieure est fermée par des tôles qui empêchent les projections d'huile sur le parquet.

Le tableau de distribution est muni d'un disjoncteur automatique qui coupe le courant aussitôt que, la résistance augmentant trop, nécessite une intensité qui fondrait les coupe-circuit fusibles placés sur la canalisation.

Enfin, certaines précautions ont été prises pour éviter les accidents qui pourraient provenir de ce qu'un voyageur se prendrait le pied entre la partie supérieure du tapis et le plancher fixe.

A cet effet, on a surélevé le tambour supérieur au-dessus du plancher terminus d'arrivée, de sorte que, lorsqu'on arrive en haut, le dessous du pied restant toujours sensiblement horizontal, on est amené de plein pied au delà de l'intersection du passage du tapis avec le plancher même.

Enfin, toujours dans le but d'éviter les accidents, les mains courantes tournent, à leur partie supérieure, dans des casiers en bois dont les bords sont plus élevés qu'elles et viennent en pente douce se raccorder avec elles; de cette façon, lorsqu'on est arrivé presque à bout de course, si on a les mains appuyées sur les rampes mobiles, les bords des casiers font lever les bras et obligent à lâcher prise.

Voici les données principales de ces installations :

Hauteur d'élévation	8 m.
Pente par mètre	0 m. 33
Longueur du chemin	25 m. environ
Nombre de tours du moteur par minute	1.150 tours
Voltage du courant	440 tours
Nombre de tours du tambour conducteur	8 t. 18
Diamètre du tambour conducteur	1 m. 400
Largeur du tambour conducteur	0 m. 62
Durée de l'ascension	42"
Largeur totale de la courroie	0 m. 60
Largeur découverte	0 m. 54
Épaisseur	0 m. 024
Distance d'axe en axe des rouleaux qui la supportent	0 m. 65

D'après la longueur du chemin : 25 mètres, on voit qu'il peut y tenir aisément

25 personnes, ce qui ferait un débit de 1.800 personnes par heure; on a calculé pouvoir, en cas de grande influence, en monter 3.500.

Tapis élévateurs Cance et Granddemange. — Deux de ces tapis, construits par MM. Mazeran et Sabrou, successeurs de M. Granddemange, sont installés, l'un en face l'ancienne galerie des machines et l'autre au Champ-de-Mars, en face le Palais des Mines et de la Métallurgie; ils accèdent tous deux un trottoir roulant.

Le système Cance et Granddemange, dont MM. Cance et fils sont concessionnaires, présente de sérieux avantages.

La courroie transporteuse a fait place à une chaîne en cuir toute spéciale. Elle est constituée par des lanières sur champ tenues ensemble par des tringles ou axes en fer qui sont par conséquent perpendiculaires au sens du déplacement. Elles sont assemblées de

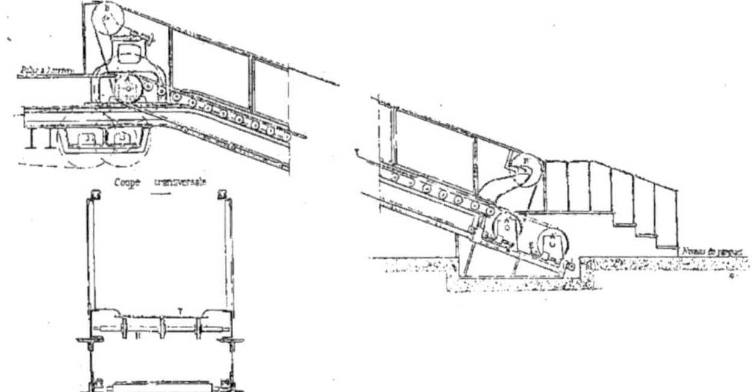

Fig. 81 et 82.

façon que deux lanières situées sur la même génératrice longitudinale ne laissent entre elles qu'un jeu juste suffisant pour empêcher le coinçage pendant la rotation sur le tambour; on a même, dans le but de les rapprocher davantage, arrondi les angles de la partie inférieure, c'est-à-dire celle qui prend contact avec les tambours.

Cette chaîne est supportée à sa partie supérieure par un tambour moteur de diamètre assez faible (500 millimètres), et en bas par un second qui sert de tendeur (fig. 81).

Dans le sens de la longueur, la rigidité est obtenue au moyen de trois chaînes Galle également distancées et suffisamment tendues (fig. 82). Leur mouvement s'opère à la même vitesse que celui du chemin. On voit donc que, de cette façon, les pieds des voyageurs sont soutenus sur un quadrillage métallique constitué par les axes du chemin en cuir et les chaînes rigides.

La tension du tapis au moyen du tambour inférieur (fig. 81) s'obtient en vissant la vis E, qui est fixe, et dont la partie filetée s'engage dans un coulisseau solidaire du support de l'axe. Pour obtenir celle des trois chaînes, on écarte l'axe H vers le sol au moyen d'une vis E', dont la tête est boulonnée sur le coulisseau et dont la partie filetée se déplace dans un écrou fixe. On a placé ces deux systèmes en sens inverse l'un de l'autre, de façon à ce qu'ils soient plus facilement manœuvrables et que la longueur de tapis non soutenue par les chaînes soit minimum.

Tout d'abord, on avait employé des câbles en fils de fer au lieu de chaînes, mais les glissements fréquents et les mouvements de torsions produits ont conduit à leur remplacement.

Les rampes d'appui V pour les mains sont constituées par deux chaînes Galle sur les maillons desquelles on a fixé des morceaux de bois de dimensions et de profils convenables. Ces deux dernières sont également munies de système de tendeur analogue à celui du tapis.

La commande, nous l'avons dit, est effectuée au moyen du tambour supérieur du

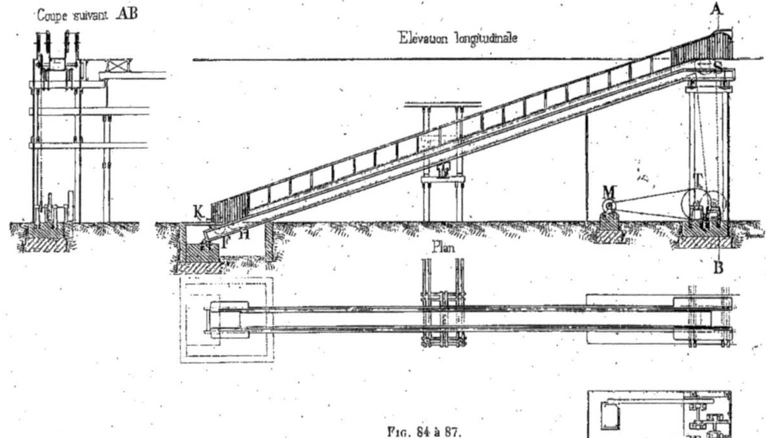

Fig. 84 à 87.

tapis. Elle s'opère par l'adhérence sur les lanières de cuir et non, comme on serait tenté de le croire, par les chaînes de soutien. Le mouvement du tambour supérieur est obtenu au moyen d'une chaîne sans fin (fig. 84 à 87) disposée verticalement et commandée par une roue dentée soutenue par un palier fixé sur le sol. La rotation de cette dernière est obtenue par un moteur électrique qui transmet son mouvement par courroie à un engrenage à chevrons dont la roue est calée sur le même arbre qu'elle.

En raison de la flexibilité et de la douceur de marche du système on prend une force de 4 à 6 chevaux seulement.

Enfin, tout ce mécanisme est supporté par deux longerons de section à double T composés de tôles et cornières assemblées, appuyées sur un chevalet en bois à la partie supérieure et buté sur des socles en fonte scellés dans la maçonnerie à la partie inférieure.

Les chemins de fer aériens sur câbles système Otto-Pohlig.

Les chemins de fer aériens sur câbles, très en honneur à l'étranger depuis longtemps, ont reçu en France ces dernières années d'importantes applications, grâce auxquelles notamment nombre de mines jugées inexploitables jusqu'alors par suite de leur situation et des difficultés d'accès ont pu être mises en valeur.

M. G. Mourraille, concessionnaire du système Otto-Pohlig, a exposé à la classe 32 les parties principales du matériel d'une ligne ainsi que les plans de ses dernières installations.

Comme profils, nous avons remarqué celui des mines de Batère, près Amélie-les-Bains (Pyrénées-Orientales), dont les caractéristiques sont les suivants : longueur 9.000 mètres en quatre tronçons; différence de niveau 134 m. 500; tonnage 300 tonnes en dix heures; excédent de force motrice 90 chevaux.

Cette installation, la plus longue de celles qui existent en France, a attiré notre

Fig. 88.

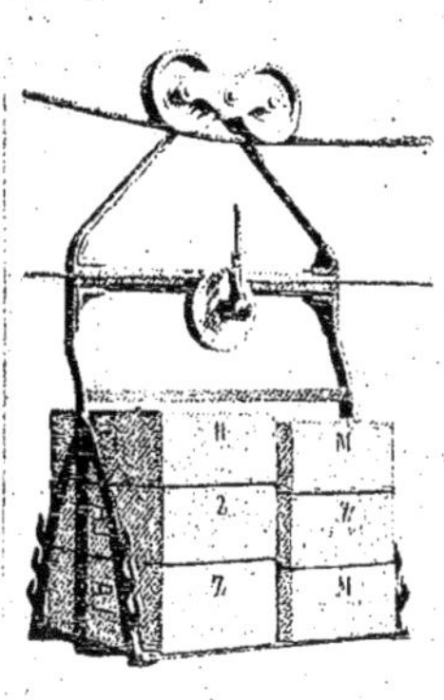

Fig. 90.

attention en raison de son importance; la station du déchargement du minerai surplombe les voies de la ligne du Midi, et permet ainsi de décharger très rapidement les wagons de la Compagnie.

Dans ce système de chemin de fer, la voie est constituée par deux forts câbles métalliques appelés câbles-porteurs, qui forment le chemin de roulement des wagonnets. Placés à environ deux mètres l'un de l'autre, ces câbles-porteurs reposent sur des pylones dont la hauteur et l'espacement varient suivant le profil du terrain. Au-dessus des fleuves et des vallées profondes, les portées peuvent atteindre et dépasser 1.100 mètres.

La partie supérieure du pylone consiste en une traverse horizontale, à chaque extrémité de laquelle viennent reposer les deux câbles-porteurs par l'intermédiaire de sabots en fonte à gorge demi-cylindrique.

L'entraînement des wagonnets s'obtient par le mouvement d'un câble sans fin appelé câble-tracteur, à marche ininterrompue, placé au-dessous des câbles-porteurs, et qui relie entre eux tous les wagonnets.

Ce câble-tracteur, d'un diamètre plus petit que celui des câbles-porteurs, vient à chaque extrémité de la ligne, c'est-à-dire aux stations, s'enrouler sur des poulies horizontales.

Le matériel roulant se compose de wagonnets comprenant un chariot de roulement, un caisson de contenance et de forme variables, une suspension et un appareil d'accouplement.

Le chariot de roulement se compose de deux galets en acier fondu roulant dans le

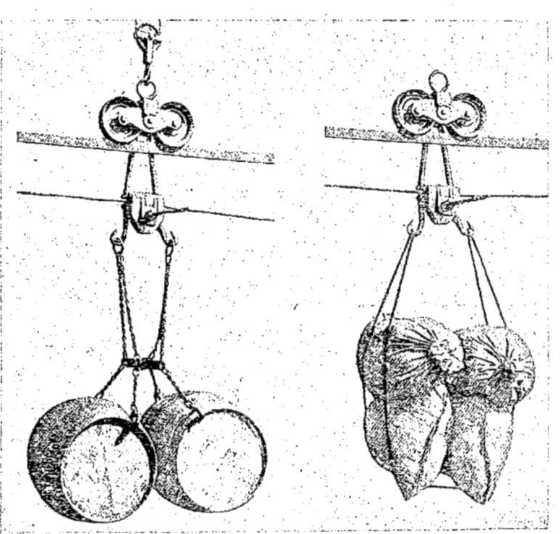

Fig. 91. Fig. 89.

même plan vertical, entre deux flasques également en acier. Ces deux flasques, formant chape, sont reliées en leur milieu, entre les deux galets, par un noyau en fonte sur lequel elles sont rivées de façon à former un ensemble constituant le châssis du chariot (fig. 88).

Caisses. — Pour le transport de charbons, minerais, pierres, sable, etc., on se sert de wagonnets à caisse oscillante. A cet effet, les branches de la suspension se terminent par des crochets auxquels la caisse est suspendue par deux tourillons fixés sur les côtés (fig. 88).

Pour le transport de gros colis, balles, tonneaux, touries, etc., on adopte des caisses de construction spéciale (fig. 89 à 91); enfin, pour les matériaux de grande dimension, tels que planches, pièces de bois, troncs d'arbres, fers, on emploie deux suspensions accouplées à une distance qui varie suivant la dimension des pièces à transporter (Vue d'ensemble fig. 92).

La suspension proprement dite est rattachée au chariot par un axe qui traverse le noyau du châssis entre les deux galets. Cet axe est le centre d'oscillation de la suspension dont les branches, terminées par des crochets, supportent la caisse destinée à recevoir la charge.

Pour permettre le passage des wagonnets au droit des points d'appui des câbles de

la voie, les branches sont déviées à leur partie supérieure hors du véritable plan de suspension, tandis que leur partie inférieure est ramenée plus bas dans le plan vertical passant par le câble-porteur et le centre de gravité de l'ensemble, de façon à laisser prendre au wagonnet une position parfaitement d'aplomb sous le câble qui le supporte.

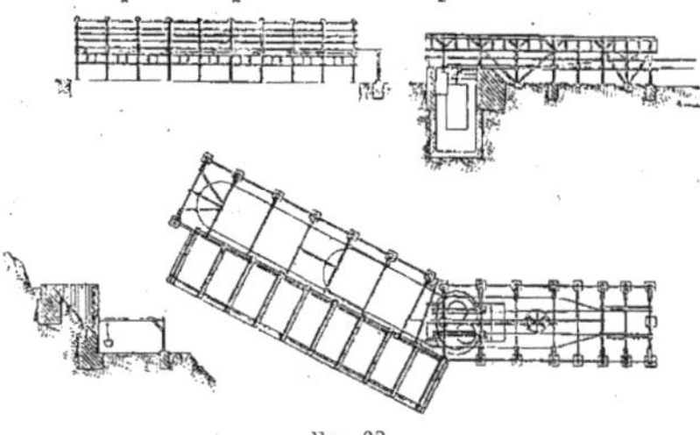

Fig. 92.

Aux branches de la suspension est fixée la traverse qui reçoit l'appareil d'accouplement.

Appareil d'accouplement. — Cet appareil, dont il existe plusieurs types brevetés employés suivant les circonstances, est l'organe le plus important d'un chemin de fer aérien, car c'est de lui que dépendent la sûreté de fonctionnement du chemin de fer, et, en particulier, la durée plus ou moins longue de service du câble-tracteur.

Leur forme et leur mode de fonctionnement reposent sur deux principes différents suivant les cas : l'accouplement par friction et l'entraînement au moyen de nœuds.

L'accouplement par friction consiste à pincer fortement le câble-tracteur en un point quelconque de sa longueur à l'endroit où l'on veut accoupler le wagonnet à lancer sur la ligne, tandis que l'entraînement au moyen de nœuds portés de distance en distance par le câble-tracteur lui-même, se fait seulement quand un de ces nœuds vient se prendre dans l'appareil fixé sur le wagonnet, l'accouplement ne pouvant donc se produire qu'en des points déterminés du câble-tracteur.

L'accouplement par friction est réalisé par deux appareils de systèmes différents, employés suivant les cas :

1° L'*appareil à mâchoires* se compose essentiellement de deux plateaux sensiblement triangulaires, placés parallèlement et reliés par une charnière à leurs extrémités inférieures; l'un de ces plateaux est fixé à la suspension du wagonnet, tandis que l'autre peut se mouvoir autour de la charnière inférieure. On conçoit déjà que, si le câble-tracteur passe entre les deux plateaux formant mâchoires, le simple mouvement de rapprochement du plateau mobile vers le plateau fixe, puisse réaliser un serrage qu'il est facile de rendre proportionnel à l'effort que l'on veut engendrer, en opérant un rapprochement plus ou moins grand des deux plateaux. Pour obtenir ce résultat, on a emmanché les deux plateaux sur un axe dont une des extrémités est boulonnée sur la mâchoire fixe de l'appareil et dont l'autre porte un filetage destiné à recevoir un écrou mobile faisant corps avec un levier de manœuvre. Le plateau mobile oscille librement autour de sa charnière, bien que l'axe la traverse en son centre.

Pour opérer le serrage du câble-tracteur, il suffit de faire tourner le levier de 180° autour de l'axe; l'écrou s'avance ainsi en pressant le plateau mobile contre le plateau fixe. Au contraire, pour produire le désaccouplement du câble, le levier de l'appareil heurte, à l'entrée du wagonnet dans la station, une plaque de débrayage qui l'oblige à tourner autour de son axe de 180° en sens inverse du serrage, ce qui desserre les mâchoires et rend libre le câble-tracteur qui, tout en continuant son mouvement, abandonne le wagonnet.

Il est facile de voir que tous les mouvements de cet appareil sont réglables, et que l'on peut réaliser avec lui toutes les conditions requises aussi bien pour la sécurité du fonctionnement que pour la durée du service du câble-tracteur.

Tout d'abord, l'axe d'oscillation du plateau mobile est déplaçable, ce qui permet d'obtenir dans tous les cas le parallélisme parfait des deux mâchoires au moment où le serrage se produit, et le retour automatique de la mâchoire mobile à sa position initiale lorsque le désaccouplement s'opère.

L'axe de serrage peut lui-même se régler de façon à toujours réaliser le rapprochement nécessaire pour chaque diamètre de câble par un seul tour de levier. Enfin un galet fou sur l'axe, et logé entre les deux plateaux, soutient le câble avant le serrage et lui fait prendre toujours la même position par rapport aux mâchoires.

Cet appareil sert pour la traction sur les pentes moyennes, il permet même d'atteindre les pentes de 30 p. 100 avec des charges de 500 kilog.

2° L'*appareil universel à accouplement automatique* a un fonctionnement analogue à celui de l'appareil à mâchoires, en ce sens qu'il repose aussi sur le serrage du câble-tracteur entre deux pinces dont le rapprochement s'opère par la rotation d'une vis à deux filetages en sens inverses, mais de pas très différents et de longueurs inégales.

Les deux mâchoires sont mobiles et forment écrou. Quand la vis tourne, les mâchoires marchent à la rencontre l'une de l'autre jusqu'au moment où l'écrou à long pas et à course réduite se trouve à bloc. Ce mouvement est limité de façon que l'écrou à marche rapide cesse son mouvement dès que les mâchoires sont en contact avec le câble. A partir de ce moment, la vis continuant à tourner, c'est l'écrou opposé qui poursuit sa marche, et comme son pas est très fin, le serrage du câble est progressif. On obtient ainsi le rapprochement ou l'éloignement rapide des mâchoires tant qu'elles ne sont pas en contact avec le câble, tandis que le serrage et le desserrage se font graduellement, ce qui ménage beaucoup le câble-tracteur.

La rotation de la vis qui conduit les deux mâchoires s'obtient par la manœuvre d'un levier à deux branches calé sur l'axe de la vis prolongée, et qui est maintenu dans les deux positions opposées d'ouverture et de fermeture des mâchoires par un contrepoids en forme de galets à l'extrémité de sa branche la plus longue.

La manœuvre de ce levier est automatique. Quand un wagonnet va sortir de la station, le contrepoids roule sur un butoir formé par un fer incliné de façon à obliger le galet à monter, ce qui fait tourner le levier de 120° autour de son axe. Il suffit donc pour opérer l'accouplement, d'amener le wagonnet à la sortie de la station ; le butoir agit sur le levier qui rencontre au dernier moment, par sa plus courte branche, une cheville fixe qui provoque la chute rapide du contrepoids et, par ce moyen, le serrage énergique du câble-tracteur.

A la station opposée, le mouvement inverse se produit par la disposition d'un butoir symétrique au premier, qui provoque le desserrage automatique; les manœuvres de l'accouplement et du désaccouplement se font donc mécaniquement.

Cet appareil permet de produire un accouplement puissant, capable de grands efforts de traction sur les fortes pentes, même avec des charges au-dessus de 500 kilog.

Pour les fortes pentes, allant jusqu'à 45° ou 100°, le constructeur emploie un *appareil à cliquets à taquet d'entraînement.*

Ces taquets indépendants des torons du câble sont de petits cylindres en acier évidés suivant des rainures hélicoïdales disposées en forme d'étoile, dans lesquelles viennent se loger les torons, lorsqu'on introduit les nœuds dans le vide produit en détordant le câble à l'endroit où l'on doit les fixer.

Le dispositif de cet appareil comprend deux cliquets symétriques, en forme de fourche tournant au-dessus d'un galet de soutien du câble dans un plan vertical passant par la ligne du câble-tracteur autour de deux axes horizontaux portés par un bâti spécial fixé sur la suspension du wagonnet. Les cliquets, dans leur position normale, reposent sur un butoir en forme de T contre les ailes duquel vient buter la fourche du cliquet quand celui-ci est soulevé en tournant autour de son axe. Chaque cliquet porte sur son côté une tige horizontale qui sert à la manœuvre automatique du débrayage et de l'embrayage avec le câble-tracteur, quand vient agir sur elle un dispositif spécial appelé « Rail de débrayage » à l'arrivée ou au départ des stations.

L'embrayage s'opère de la façon suivante :

L'ouvrier pousse à la main le wagonnet de la voie suspendue de la station vers l'aiguillage de sortie. Immédiatement avant de quitter cette voie fixe, les cliquets sont soulevés par le passage de leurs tiges sur le rail de débrayage, s'éloignant ainsi du galet inférieur de guidage au-dessus duquel va venir se placer le câble-tracteur toujours en mouvement; lorsque l'ouvrier continue à pousser le wagonnet, les tiges abandonnent le rail débrayeur et les cliquets retombent en enserrant entre leurs fourches le câble-tracteur.

Le premier nœud de celui-ci qui arrive contre l'appareil glisse en le soulevant sous le premier cliquet qu'il rencontre et, une fois ainsi emprisonné, il communique son mouvement au wagonnet en entraînant le second cliquet contre lequel il a buté, et qui, lui, ne peut pas se relever. L'accouplement se produit sans secousse, car l'ouvrier averti de l'approche du nœud qui s'avance annoncé automatiquement par un coup de sonnette, lance légèrement le wagonnet qui prend ainsi sans choc la vitesse même du câble-tracteur.

Le débrayage de l'appareil d'accouplement, c'est-à-dire la façon dont le wagonnet reprend sa liberté à la station d'arrivée, est obtenu par le passage sur le « rail débrayeur » des mêmes tiges des cliquets, dont le relèvement permet au câble-tracteur de s'échapper de l'appareil tout en conservant son mouvement.

Stations. — Aux diverses stations, les câbles-porteurs sont reliés à une voie fixe suspendue à 2 mètres au-dessus du plancher, et sur laquelle les wagonnets sont roulés à la main. Cette voie est constituée par des rails soutenus en porte à faux par des sabots de suspension; un aiguillage des plus simples permet aux wagonnets de passer très facilement des rails sur les câbles-porteurs, et inversement.

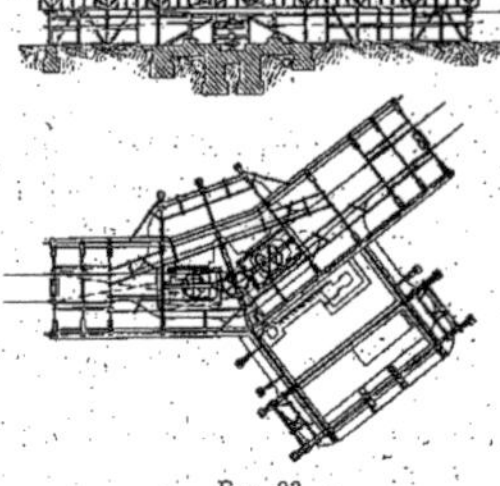

Fig. 93.

Aux stations extrêmes (départ et arrivée), les rails suspendus servent de trait d'union entre les câbles-porteurs, et permettent d'amener les wagonnets au point de chargement et de déchargement.

Au départ, le wagonnet roule donc sur la voie suspendue; une fois chargé, il est conduit à l'aiguillage, accouplé au câble-tracteur, et entraîné le long de la ligne. A la station d'arrivée, le désaccouplement se produit automatiquement et le wagonnet passe sur les rails fixes; il est de là conduit à la main au point de déchargement, puis il passe sur le câble-porteur des wagonnets vides, d'où il est ramené par le câble-tracteur à la station de départ et ainsi de suite.

Pour le chargement du minerai, charbon, sable, laitier, calcaire et matières analogues, on emploie des trémies avec fermetures à coulisse sous lesquelles passe le wagonnet dont le chargement s'opère en quelques secondes.

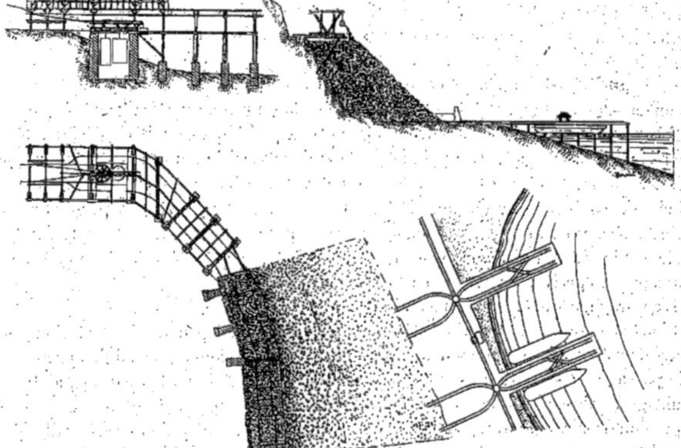

Fig. 94.

Le déchargement de ces matières se produit en faisant basculer la caisse des wagonnets autour des tourillons de suspension, ce qui permet d'envoyer la charge directement dans des wagons de chemin de fer, sur des bateaux, dans des trémies, etc.

En outre des stations terminus, il est quelquefois utile d'installer des stations intermédiaires en cours de route, soit pour les lignes dont la longuer dépasse 5 ou 6000 mètres, soit aux endroits où les circonstances obligent la voie à s'écarter de la direction rectiligne.

Le tracé du chemin de fer prend, dans ce dernier cas, l'aspect d'une ligne brisée dont les tronçons sont toujours compris entre deux stations consécutives.

Toutes les fois qu'une ligne aérienne est établie suivant une certaine inclinaison supérieure à 1/25, si la charge est transportée en descendant, la mise en marche ne nécessite aucune force motrice, et le fonctionnement devient automatique.

L'effort de traction des wagonnets chargés qui descendent se transmet par le câble-tracteur à l'autre voie et sert à remonter les wagonnets vides.

Pour régulariser la vitesse de la marche, on monte sur l'arbre principal un frein modérateur.

Nous donnons ci-contre (fig. 92, 93, 94) l'ensemble des stations de départ, intermédiaire, d'arrivée d'une importante installation (7500 mètres) faite pour les mines de fer de Rar-el-Maden (Algérie).

Câbles transporteurs de la Cie du Gaz.

Ces appareils procèdent du même principe que les précédents et se classent dans la même catégorie.

Ils ont donné lieu, au congrès international, à une très intéressante communication

Fig. 95.

de M. Louvel au nom de la Cie, communication qui a servi de base à un travail fort bien fait de M. Laverchère, auquel j'emprunterai leur description comme d'ailleurs celle des autres appareils relatifs à la manutention du coke.

Concurremment aux convoyeurs, dont nous parlerons plus tard, la Compagnie parisienne du Gaz emploie, pour la mise en tas du coke, des câbles transporteurs (fig. 95). Le câble métallique sans fin est à la fois porteur et moteur; il s'enroule, aux deux extrémités du parcours, sur deux poulies à gorge de grand diamètre à axe vertical. L'une de ces poulies est motrice et peut subir un déplacement dans son plan de façon à faire varier à volonté la tension du câble.

A l'usine d'Ivry, la poulie motrice se trouve au point de départ des sacs ; elle est montée sur un bâti métallique solidement fixé au plancher supérieur du bâtiment du casse-coke. Son diamètre, au fond de la gorge, est de 2 m. 50.

Dans cette installation, le câble est en acier, de 0 m. 022 de diamètre ; il est formé de sept torons de six fils chacun, et sa rupture ne doit avoir lieu que sous le poids de 19.150 kilog.

L'arbre vertical, sur lequel cette roue est clavetée, est maintenu dans un palier à sa partie supérieure et dans une crapaudine à sa partie inférieure. Ce palier et cette crapaudine peuvent être déplacés entre deux fers en C, de façon à tendre plus ou moins le câble qui, vu sa grande longueur, s'allonge ou se raccourcit d'une façon appréciable même par de faibles variations de température. L'arbre vertical porte également une roue à engrenage hélicoïdal engrenant avec une vis sans fin ; celle-ci peut coulisser sur un arbre horizontal ayant une longueur égale au plus grand déplacement prévu par la poulie pour la tension du câble. Cet arbre horizontal reçoit son mouvement de la transmission générale du casse-coke au moyen de deux paires d'engrenages coniques et d'un deuxième arbre vertical.

La poulie motrice tourne à l'intérieur et un peu au-dessous d'un chemin de roulement en cornière sur lequel viennent rouler les porte-corbeilles vides quand ils arrivent au point de chargement. Ce chemin de roulement présente une longueur suffisante pour servir de garage à une dizaine de corbeilles qui, chargées, sont poussées à la main jusqu'à ce que le porte-corbeilles vienne en contact avec le câble et soit entraîné par lui.

De part et d'autre de la poulie, au commencement et à la fin du chemin de roulement, le câble est dirigé par deux galets qui le forcent à abandonner les porte-corbeilles ou à reprendre contact avec eux.

La poulie de retour, de 2 m. 50 de diamètre également, au fond de la gorge, est clavetée sur un arbre vertical supporté par une crapaudine et pris à sa partie supérieure par un collier immédiatement au-dessous de la poulie.

La crapaudine, ainsi que le collier, sont solidement fixés au sommet d'un pylone métallique maintenant la poulie à une hauteur de 11 mètres au-dessus du sol.

La poulie est inscrite dans un chemin de roulement demi-circulaire sur lequel roulent les porte-corbeilles entraînés par des doigts métalliques rivés sur sa jante. Le câble de retour, en sortant de la gorge, reprend les porte-corbeilles et les ramène au point de chargement.

Les sacs sont posés sur les corbeilles reposant sur le câble par l'intermédiaire de coussinets spéciaux, à garniture de cuir. Chacun de ces coussinets se compose de deux plaques métalliques serrant entre elles plusieurs lames de cuir dont l'élasticité est suffisante pour maintenir l'adhérence du coussinet sur le câble et éviter le glissement.

Les plaques du coussinet portent deux galets qui se transforment en chariot au droit des poulies motrices et de retour. Le chariot est aiguillé de lui-même en raison de la vitesse du câble, sur le chemin de roulement fermé par l'aile d'une cornière entourant les poulies.

Le chariot ayant quitté le câble ne participe plus à son mouvement, mais un doigt situé à sa partie supérieure permet de le pousser et de le ramener sur le brin de retour du câble. Il quitte le chemin de roulement au moment même où le coussinet reprend adhérence avec le câble.

La corbeille est fixée sur le coussinet par un axe autour duquel elle oscille librement. Le centre de gravité de l'appareil se place ainsi toujours sur le point d'application du cuir sur le câble.

La vitesse du câble étant seulement de 0 m. 20 à 0 m. 30 par seconde, deux hommes, placés sur le tas de coke même, peuvent au passage, saisir le sac et le vider.

Le transport par câble, qui semble à première vue plus économique que le transport par chaîne convoyeuse, ne l'est réellement que pour de grandes distances, car il est facile d'allonger le câble sans grande dépense, en établissant de distance en distance des galets à axes horizontaux sur des supports légers qui diminuent les flèches prises par le câble. Mais l'établissement des pylones de tête et de queue, résistant à la traction du câble, est coûteux, de plus, on est forcé d'aménager, au-dessus des passages fréquentés que franchit le câble, des passerelles ou filets de protection afin de parer aux accidents pouvant provenir de la chute d'un sac ou d'une corbeille, chute excessivement rare, il est vrai.

Enfin, le câble donne un débit relativement faible : 200 sacs environ à l'heure contre 700 et 900 sacs transportés par les chaînes convoyeuses.

En résumé, cet appareil demande, pour fonctionner économiquement, de grandes distances à franchir, un faible débit et des poids légers.

Transporteur de la Robins Conveying Belt C°.

Le transporteur de la Robins Conveying Belt C° se compose uniquement d'une courroie sans fin tournant sur deux séries de galets.

La première série est active, elle supporte le brin supérieur, chaque palier supporte trois galets et a une forme spéciale de manière que le galet du milieu soit horizontal et les autres inclinés (fig. 96). Ceux de dessous sont simplement portés sur un arbre horizontal maintenu au bâti par deux autres paliers. Il est facile d'en déduire que, pendant sa course utile, la courroie affecte le profil d'un V évasé tandis qu'elle est plate pendant le retour. Sa forme creuse lui permet de contenir plus de charge et par conséquent de fournir un meilleur rendement. Les arbres des galets sont tous creux et terminés par une partie filetée extérieure sur laquelle on visse les bouchons contenant de la graisse qui vient lubréfier les portages par des trous spécialement percés dans les arbres.

Fig. 96.

Cet appareil, comme tous ceux de ce genre, sert à transporter des cailloux, du minerai, du charbon, du coke et en général toutes sortes de menus objets.

Il est mis en marche par un tambour de grand diamètre placé à une extrémité, lequel est généralement mû par un train d'engrenages commandé par un moteur électrique. A l'extrémité opposée, et afin d'obtenir la tension nécessaire à l'entraînement, on place un tambour tendeur qui peut se déplacer parallèlement à lui-même dans deux rainures au moyen de coussinets rappelés par vis.

La courroie est en toile de coton recouverte de caoutchouc. L'épaisseur de ce dernier

Fig. 97.

est environ de $^1/_8$ de celle de la toile, ce qui ne l'empêche pas de durer presque autant de temps que le coton.

Dans beaucoup de cas il est nécessaire de ne pas conduire les matières prises par le convoyeur toutes au même endroit, on peut obtenir ce résultat au moyen du culbuteur (fig. 97 et 98).

Il se compose simplement d'un chariot supporté par quatre roues qui se déplacent

Fig. 98.

sur deux rails installés sur le tablier en bois ou en fer du transporteur. Ce chariot porte deux tambours ou poulies sur lesquelles la courroie, en passant, prend la forme d'un S, à la partie supérieure de laquelle la charge transportée est renversée et tombe dans une trémie située plus bas. Cette trémie se continue par un canal qui débouche sur le côté. Dans ce cas, toute la charge est culbutée. On peut, lorsque les circonstances l'exigent, ne déposer que la moitié de la charge en employant une trémie partagée par une cloison, un des côtés débouchant dans l'axe du convoyeur. De cette manière, toute la charge sera culbutée, mais une moitié retombera directement sur la courroie. On peut aussi faire varier le débit, en modifiant les sections, et arriver, comme cela existe déjà, à faire déverser la charge en cinq, six, et huit et neuf endroits différents, avec le même transporteur, qui convient alors très bien à l'alimentation en charbon d'une batterie de chaudières, etc.

On évite la montée trop rapide sur la poulie supérieure en prolongeant l'arrière du chariot du culbuteur par un plan incliné sur lequel on installe les mêmes galets que sur le tablier ordinaire.

Le déplacement du chariot culbuteur peut être obtenu à la main en agissant sur une manivelle ou automatiquement. Dans ce dernier cas, la rotation que la courroie imprime au tambour inférieur est transmise par un engrenage cylindrique aux roues d'un chariot.

Il peut être muni de plus de butées qui renversent le sens de sa marche à l'extrémité de sa course ; alors, avec cette disposition, l'appareil convient bien pour le ballastage des lignes de chemin de fer.

Pour donner une idée du travail accompli par ce transporteur ,nous résumerons ici quelques documents qui nous ont été fournis par la « Robins Conveying Belt C° ».

Fig. 99.

1. — *Application dans une excavation.* — Un convoyeur a été installé à New-York-City pour monter les matériaux provenant du creusement des fondations d'un édifice devant servir de station centrale fournissant 120.000 chevaux vapeur. On creusa d'abord une tranchée de deux mètres de profondeur, dans laquelle on établit un Robins Belt Conveyor de 88 centimètres de large. Puis, sur cette tranchée, on établit trois ponts également distants et percés chacun d'un trou d'un mètre carré, par lequel on faisait tomber la charge amenée par des tombereaux. On est ainsi arrivé à élever 300 mètres cubes par heure à 6 mètres de hauteur. L'inclinaison de la corde qui, joignait les deux points extrêmes de la

courbe que décrivait la courroie dans le plan vertical était de 21° (33 centimètres par mètre) et certains blocs entraînés pesaient jusqu'à 50 kilog.

2. — *Transport de matériaux de dragage.* — La maison Redlich Brothers and Berger de Vienne (Autriche), a acheté, pour le transport des matériaux provenant du dragage du Danube, un convoyeur de grandes dimensions. Les matériaux sont amenés sur des chalands près des bords de la rivière et là l'appareil en question les jette sur le bord. La courroie du transporteur a 97 centimètres de largeur, la portée est de 22 mètres, le débit jusqu'à 1.200 tonnes par heure, avec une vitesse linéaire de 150 mètres par minute. Depuis deux ans, cet appareil fonctionne sans qu'on ait eu à changer de courroie malgré qu'on transporte des blocs pesant jusqu'à 250 kilogs.

3. — *Alimentation en charbon d'une batterie de chaudières.* — Les figures 99 et 98 représentent une installation faite dans les usines de la New-Jersey Zinc C°, à Francklin N. J. Le charbon est pris par le convoyeur à 22 mètres au-dessous d'une voie de chemin de fer et s'élève avec une inclinaison de 23° (39 centimètres par mètre) au-dessus du mur de 12 mètres du bâtiment où sont installées ces chaudières. Des culbuteurs sont installés de façon à ce qu'un quart de la charge tombe à chaque endroit (il y a quatre batteries). Ce charbon tombe dans des trémies d'où il se rend sur les grilles mobiles.

L'appareil dont nous parlons est mû par une machine séparée installée sur le plancher de la salle de chauffe, et il fournit jusqu'à 40.000 kilogs de charbon par heure.

Convoyeurs de sacs pour le transport et la mise en tas du coke.

(Cie P^ane^ du Gaz).

Ces appareils permettent de faire parcourir aux sacs de coke de longs parcours et de

Fig. 100.

les élever jusqu'à 20 mètres de hauteur, sans exiger aucun transport à dos d'homme. Leur type varie suivant l'usage auquel ils sont destinés.

Ils se composent tous d'une chaîne convoyeuse, portant des palettes sur lesquelles se placent les sacs, et d'une charpente métallique fixe servant de support et de guide à la chaîne dont la vitesse varie de 0,30 à 0,40 par seconde.

Convoyeurs horizontaux et inclinés. — Ces convoyeurs se placent généralement le long des murs (fig. 100).

Le chemin de roulement supérieur est constitué par deux rails en acier de 0,052 de hauteur, 0,026 de largeur de boudin et 0,052 de largeur de patin (fig. 101). Ces rails sont boulonnés tous les 1,50 sur des traverses horizontales formées par une cornière scellée,

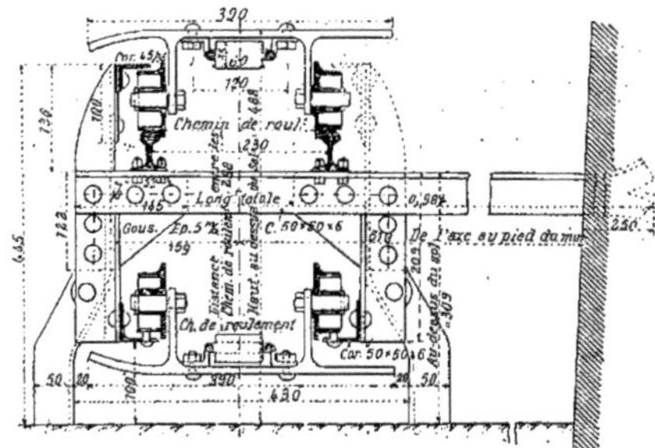

Fig. 101.

d'une part dans le mur et portée d'autre part par deux montants, également en cornières scellés dans ls sol. Deux cornières garnies d'un fer demi-rond, servent de chemin de roulement inférieur pour le retour de la chaîne convoyeuse ; elles sont rivées sur les montants supportant les traverses horizontales et dont la hauteur varie suivant les conditions particulières où l'on se trouve.

Du côté où les hommes se tiennent, chargeant les sacs sur la chaîne convoyeuse, une cornière recouvre les galets et forme gaîne de protection, dans les parties en courbe du convoyeur ou dans les parties inclinées dont l'angle avec l'horizontale peut aller jusqu'à

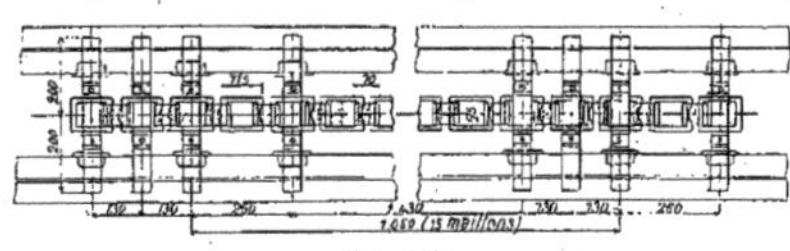

Fig. 102.

38°. On place cette cornière de recouvrement des deux côtés de l'appareil, les deux galets de la chaîne porteuse sont ainsi pris dans une gaîne et peuvent rouler sur la cornière de recouvrement si la courbe est très prononcée et la chaîne peu chargée.

Des flottements dans les chaînes, pouvant amener des déraillements ou des ruptures de maillons, sont évités de cette façon.

Les chaînes convoyeuses se composent de maillons ouverts et fermés de maillons fermés munis d'oreilles et de palettes boulonnées sur ces oreilles ; ces maillons sont du type dit Harrisson.

Les axes des galets de roulement sont fixés sur un certain nombre de ces palettes qui, en général, sont disposés sur la chaîne par groupes de quatre. Ces groupes sont plus ou moins espacés suivant le débit que l'on veut obtenir (fig. 102).

Chaque groupe de quatre palettes peut recevoir un sac : trois palettes, dont deux avec galets, portent le ventre et le fond du sac, une palette supporte le haut du sac du côté de l'ouverture. Cette dernière est, dans quelques appareils, retroussée vers le haut, de façon à empêcher les sacs qui ne sont pas liés de s'ouvrir pendant le trajet.

A l'une des extrémités, la chaîne s'enroule sur la roue motrice, à l'autre sur la roue de retour dont l'arbre est porté par des paliers tendeurs.

Ces appareils permettent d'amener facilement à l'heure de 700 à 900 sacs des blutoirs à l'appareil de mise en tas, aux réserves ou encore aux voitures et wagons. Leur longueur est très variable : à la Villette elle atteint 80 mètres.

Convoyeur de mise au tas. — Dans ces appareils (fig. 103, 104) la chaîne convoyeuse est identique à celle décrite ci-dessus.

La charpente est constituée par deux poutres parallèles distantes de 0 m. 320. Cet écartement est maintenu à l'aide d'entretoises en cornières et de croix de Saint-André en fers plats, au droit de chaque montant (fig. 105).

Les entretoises portent les rails du chemin de roulement ; quant aux cornières de

Fig. 103.

recouvrement des galets à la partie supérieure et à celles formant chemin de roulement à la partie inférieure, elles sont fixées sur les montants.

De chaque côté des poutres du convoyeur, et en porte-à-faux, sont installées deux passerelles légères, de 0 m. 500 de largeur, pour la circulation des ouvriers allant du quai de chargement aux sommets des tas et inversement.

Le convoyeur est supporté par des pylônes métalliques solidement ancrés dans le sol, et, autant que possible en dehors des tas, sans toutefois gêner la marche des trains et des voitures.

Ces convoyeurs présentent une partie inclinée partant du quai de l'atelier des blutoirs pour aboutir au sommet du tas le plus proche ; quelques-uns se continuent par une partie horizontale desservant les sommets d'autres tas (fig. 103-104).

On profite du passage du convoyeur au-dessus des voies ferrées pour charger facilement les wagons de coke en sacs, que l'on fait glisser par des goulottes jusque dans le wagon (fig. 104).

Transmissions et moteurs. — Le mode de commande de ces différents convoyeurs, très

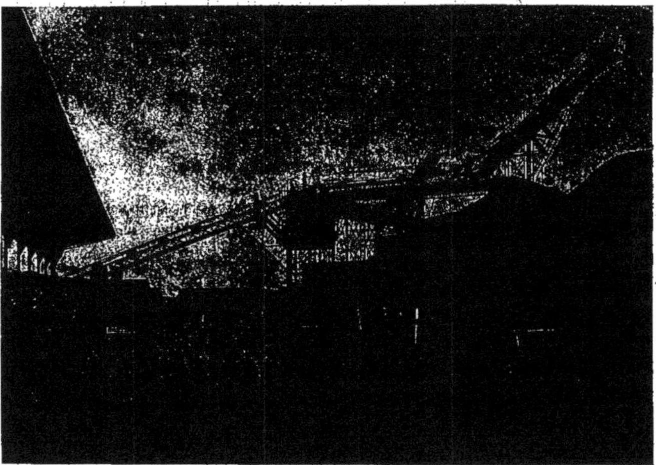

Fig. 104.

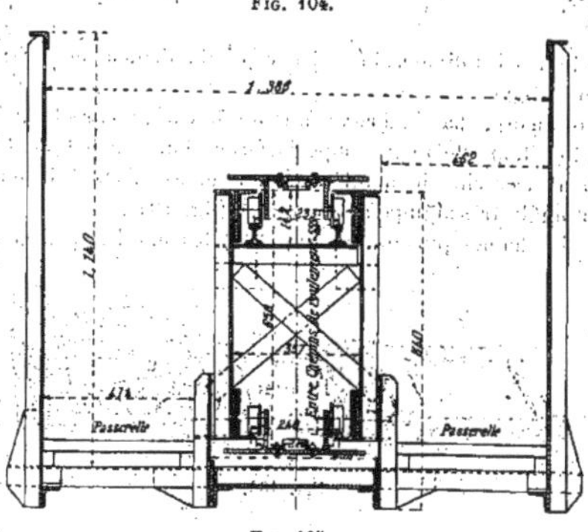

Fig. 105.

variable d'un chantier à un autre, dépend des conditions spéciales dans lesquelles on s'est trouvé au moment de leur installation.

Lorsque l'arbre de transmission générale du casse-coke passait à proximité, on a pris la force sur cet arbre, généralement au moyen d'une roue dentée et d'une chaîne à maillons démontables.

Dans d'autres cas, on s'est servi de moteurs à gaz actionnant une dynamo génératrice. Le courant produit est alors reçu par une dynamo motrice, installée sur le convoyeur lui-même, et commandant par chaînes les diverses branches du convoyeur.

Les forces motrices nécessaires sont très faibles, le poids des chaînes est équilibré ; elles doivent seulement assurer la montée des sacs de coke, c'est-à-dire environ 40 kilog. par mètre courant sur un plan incliné, avec des frottements de roulement. Des dynamos de 4 à 6 chevaux suffisent pour actionner ces appareils.

Chaînes « Simplex » (Piat et ses fils).

Les chaînes Simplex pour élévateurs sont caractérisées par la facilité de leur assemblage et l'impossibilité de leur décrochage en marche. Les maillons sont en général en

Fig. 106. Fig. 107.

acier coulé pour toutes les dimensions, et exceptionnellement en acier estampé pour les appareils à grande fatigue.

Dans le cas ordinaire, chacun d'eux a une forme carrée ou rectangulaire (fig. 106) ; le côté opposé à un tourillon affecte en coupe la forme d'un crochet dont l'ouverture serait juste suffisante pour accrocher le maillon suivant et est disposé de telle façon qu'il faut leur faire faire un angle très aigu pour les crocher (fig. 107).

Dans le cas de chaînes plus fortes (fig. 108) les mailles sont tenues les unes aux

Fig. 108.

autres par des attaches spéciales, dont l'ouverture permet le passage d'un fuseau. Les extrémités des côtés des maillons dépassent les fuseaux et servent à les maintenir au fond des attaches. Le décrochage est seulement possible en reployant dans le sens convenable les deux mailles consécutives l'une sur l'autre.

Lorsqu'on veut, avec ces chaînes, élever des grains, du plâtre, de la chaux, ou des produits quelconques, on attache sur des maillons spéciaux des augets, godets ou cuvettes de formes appropriées, qui varient suivant l'inclinaison de l'élévateur et la nature des objets à élever. Les maillons de chaînes qui doivent servir à fixer ces petits récipients sont alors venus de fonte ou estampés avec des extensions de forme convenables et percées de trous pour permettre le rivetage (fig. 106). Les godets sont faits en tôle emboutie et les cuvettes en tôle rivée.

Les chaînes élévatrices ainsi constituées sont portées par des roues dentées (fig. 109).

Fig. 109.

Si les récipients sont assez petits pour être fixés sur un seul maillon, deux roues (une en haut et l'autre en bas) suffisent mais et c'est généralement le cas. Lorsqu'il s'agit d'appareils importants, on met alors deux chaînes et au moins quatre roues dont deux seulement sont motrices.

Le fonctionnement ne demande pas d'explication.

Souvent le récipient inférieur dans lequel les godets se remplissent porte un appareil tendeur.

Transporteurs-élévateurs à godets de coke en vrac.

Les élévateurs à godets, utilisés dans les chantiers de la Cie Parisienne du Gaz, sont composés d'une partie métallique fixe, constituant la charpente même de l'appareil et

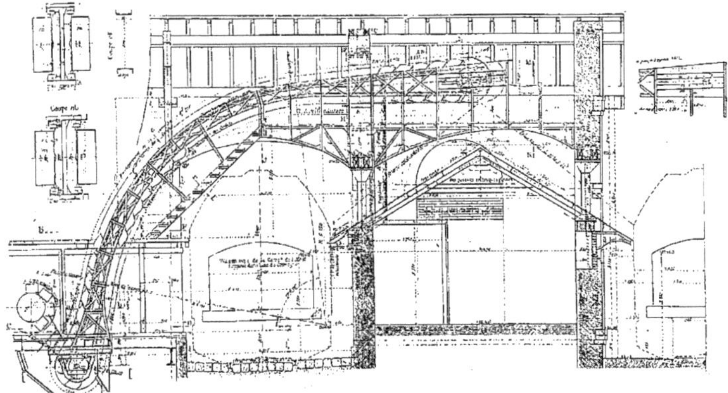

Fig. 110.

d'une partie mobile comprenant : les godets, la chaîne qui les relie et les roues extrêmes sur lesquelles s'enroule la chaîne (fig. 110).

La charpente est formée de deux poutres en ⊏, à treillis de cornières reliées au droit de chaque montant par une entretoise, également en cornières. Les entretoises supportent deux rails en acier qui constituent le chemin de roulement des galets dont sont pourvus latéralement les godets. Le chemin de roulement, ainsi installé, n'existe que pour les godets chargés de coke qui, à leur retour, roulent sur les cornières inférieures des poutres garnies à cet effet d'un fer demi-rond (fig. 111).

Les cornières supérieures des poutres recouvrant les galets forment, avec les rails une sorte de gaine dans laquelle les galets sont protégés contre les poussières de coke ; cette disposition, qui permet de faire suivre aux godets un chemin sinueux, approprié à l'espace dont on dispose, rend en outre, tout déraillement impossible.

Au point de chargement des godets, les rails et les cornières supérieures des poutres s'infléchissent en forme d'arc dont la concavité est tournée vers la goulotte de chargement. Les galets, en suivant cette courbe, appliquent les godets les uns contre les autres et

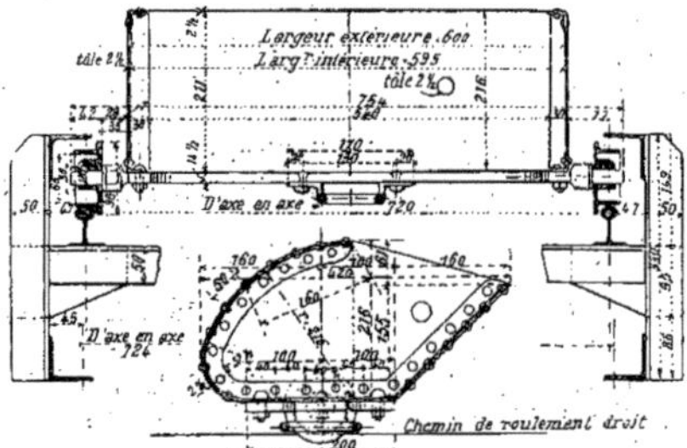

Fig. 111.

empêchent par là l'introduction de morceaux de coke entre deux godets ou entre deux maillons de la chaîne.

La charpente porte à ses deux extrémités des paliers qui servent de support à l'arbre moteur et à l'arbre de retour. Les paliers de ce dernier peuvent se déplacer le long de glissières, parallèles au chemin de roulement, afin de pouvoir maintenir dans la chaîne une tension convenable.

La chaîne, dont le pas est de 130 millimètres, est composée de maillons démontables, dont les uns sont fermés et les autres ouverts. Les maillons fermés sont, de trois en trois, munis d'oreilles sur lesquelles se boulonnent les godets par l'intermédiaire de traverses en fer portant à leurs extrémités des galets en fonte. Les axes de ceux-ci sont simplement goupillés sur les traverses, de manière à faciliter leur remplacement quand ils sont usés, sans avoir à changer les traverses.

Les godets sont en tôle d'acier de 0 m. 0025 d'épaisseur ; ils sont renforcés dans les angles par de petites cornières servant en outre à l'assemblage du corps et des fonds. Ils ont une capacité totale de 30 litres environ (fig. 111).

Les roues dentées, sur lesquelles s'enroule la chaîne, aux deux extrémités de l'élévateur, sont en fonte ; elles sont garnies de treize dents ayant un pas de 130 millimètres.

Transporteurs-Monorails (Cie du Gaz).

Les monorails permettent un transport facile des sacs sur les tas de coke ; ils partent

Fig. 112.

du sommet des tas, aux points d'arrivée des convoyeurs-élévateurs et rayonnent autour de ces centres de façon à amener les sacs à l'endroit même où on les vide (fig. 112).

Les sacs amenés par les convoyeurs sont placés sur des corbeilles munies de galets, qui roulent sur les monorails ayant à l'aller une pente de 0,01 à 0,02 par mètre. Toutes les corbeilles étant réunies par une cordelette, celles qui sont chargées descendent la pente et remontent les corbeilles vides sur le monorail de retour.

Ce transport par monorail, est encore appliqué pour franchir de longs parcours en suspendant les rails aux murs des bâtiments.

A l'usine de Clichy par exemple, les sacs élevés par un monte-sacs sont ainsi transportés par un monorail dont la longueur, aller et retour, est de 390 mètres. Ce trajet s'effectue entièrement par la pesanteur. Le débit n'a pas de limites, il dépend de la promptitude apportée au chargement.

Les corbeilles vides sont remontées au point de chargement par un câble sans fin muni de griffes qui les saisissent automatiquement.

Le rail de ces appareils est en fer, il a 0,052 mètres de hauteur et 0,050 de largeur de patin, sa longueur est de 6 mètres.

Le chevalet-support du monorail est constitué par un fer à I de 62 × 32 forgé en

Fig. 113.

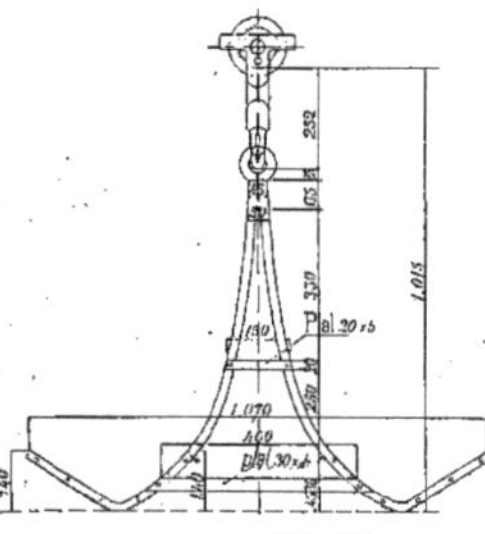

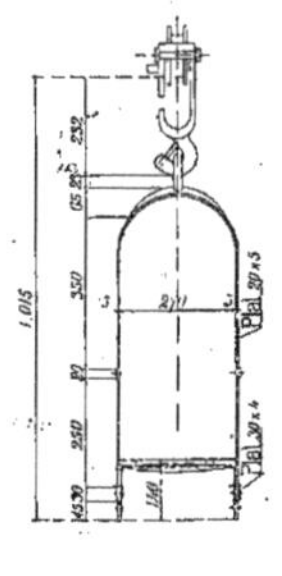

Fig. 114.

forme de V, arrondi à la pointe et renversé. Les deux branches de ce V viennent s'assembler sur deux larges patins en tôle de 0 m. 007 d'épaisseur, entretoisés par deux fers ⊥ de 40 × 40, qui répartissent la charge sur une grande surface de coke pour ne pas briser les morceaux (fig. 113).

Une branche du V porte à sa partie supérieure un plateau en tôle et cornière recevant les abouts des rails. Deux de ces tenons servent à fixer le rail d'aller, les deux autres, le rail de retour. Les rails posés neufs n'offrent aucune solution de continuité.

La corbeille porte-sacs est entièrement construite en fers plats ; elle est, en réalité, formée de deux corbeilles accolées dos à dos, chacune pouvant recevoir un sac.

Ces deux corbeilles (fig. 114) se terminent à la partie supérieure par un seul anneau dans lequel s'engage un crochet-chape celui-ci porte le galet unique qui maintient la corbeille sur le rail.

Avec ce mode d'attache la corbeille oscille autour de son point de suspension, et, qu'elle soit chargée d'un sac ou deux, le centre de gravité du système se place de lui-même sur la verticale passant par le point de contact du galet et du rail.

Le galet, construit en fonte, possède une gorge assez profonde pour éviter les déraillements ; si d'ailleurs ces accidents se produisent la chape restera suspendue aux rails, car elle ne peut se dégager qu'aux extrémités du rail.

Le roulement sur monorails par un seul galet permet l'utilisation d'une courbe d'un très faible rayon, même en employant de très grandes vitesses.

Aux deux extrémités du parcours, les corbeilles sont forcément arrêtées pour le chargement et le déchargement des sacs ; elles sont alors très facilement dirigées sur un petit trajet de 1 ou 2 mètres par l'ouvrier qui fait la manutention des sacs.

Le rayon de la courbe du monorail raccordant l'aller avec le retour est de 0 m. 376 ; l'écartement des deux rails étant de 0 m. 752 ; la demi-circonférence de raccord est soutenue par un support du type courant que nous avons décrit plus haut.

Le transport sur corbeille par monorail est avantageux même pour un parcours de faible longueur ; il est employé à la Compagnie Parisienne, dès que la distance entre le point d'arrivée du convoyeur sur le tas et le point de déchargement des sacs dépasse deux mètres.

Chaque chantier possède un jeu de rails ayant la longueur suivante : deux rails de 1 mètre ; deux rails de 2 mètres ; deux rails de 3 mètres ; un grand nombre deux rails de 6 mètres et deux demi-circonférences de 0 m. 376 de rayon.

Possédant ce jeu de rails, la pose sur le tas se conçoit facilement : dès que l'espace le permet, on place un rail de 2 mètres, puis un rail de 1 mètre, le tas s'allongeant, on remplace les deux premiers par un rail de 3 mètres, on place son support puis on ajoute un rail de 1 mètre, remplacé lui-même, un peu plus tard par un rail de 2 mètres et enfin le tout par un rail de 6 mètres. De cette façon, on n'a toujours que le minimum de supports à installer.

Chaque chantier possède également un jeu de rails en courbe, du même rayon mais de 1,2,3 et 6 mètres de longueur de circonférence, ce qui permet en les combinant, de tourner 1/2, 1/4, 1/6 et 1/12 de tour, dans une direction ou dans la direction symétrique.

Nous nous sommes étendus un peu longuement, peut-être sur cet appareil, mais les résultats obtenus à la Compagnie du Gaz sont tels qu'il nous a paru mériter une mention spéciale, étant croyons-nous, susceptible d'utilisations avantageuses dans d'autres industries, pour le transport des faibles charges.

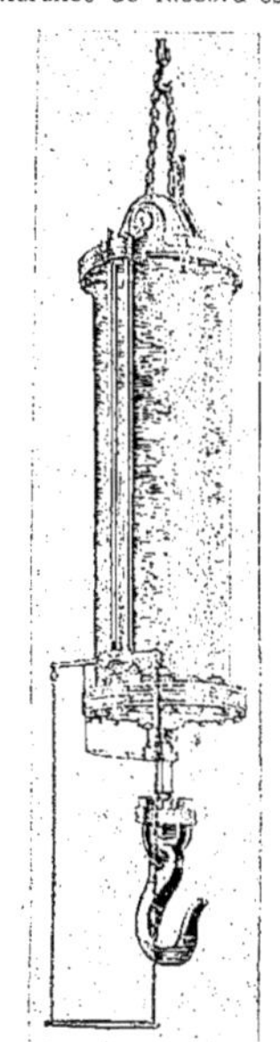
FIG. 115.

Absolument maniable, il exige peu de place et donne l'aller et le retour bien groupés. Le monorail, placé sur des points d'appui fixes, comme des murs d'ateliers, peut effectuer des transports très économiques à de grandes distances. Le nombre des sacs que peut transporter cet appareil est très élastique les charges pouvant s'y succéder sans interruption.

Crics ou palans pneumatiques de la « Chicago Pneumatic Tool Co »

Citons parmi les appareils de levage d'un usage courant et économique le cric ou palan à air comprimé de la (Chicago Pneumatique Tool Co).

Cet appareil est excessivement simple, il se compose (fig. 115) d'un cylindre dans lequel se déplace un piston à la tige duquel est suspendu un crochet. Un tiroir ordinaire peut permettre l'arrivée de l'air comprimé de part ou d'autre du piston ; ce tiroir est commandé par un petit balancier aux extrémités duquel sont attachées de petites chaînes ou même des cordes.

On peut obtenir avec cet appareil, en admettant plus ou moins d'air, une vitesse de levage plus ou moins grande. Ceci a une grande importance dans les ateliers de moulage par exemple ; ainsi lorsqu'après avoir terminé un moule, on veut enlever successivement les châssis ou parties qui le composent, il est nécessaire d'aller d'abord très doucement pour éviter de le briser, surtout s'il y a peu de dépouille, mais une fois la partie hors de contact avec le modèle on peut lever beaucoup plus vite. L'appareil en question se prête bien à cette manœuvre.

Il est ordinairement disposé verticalement, mais lorsque par suite du manque de hauteur du plafond, on ne peut l'employer ainsi, on adopte la disposition horizontale de la

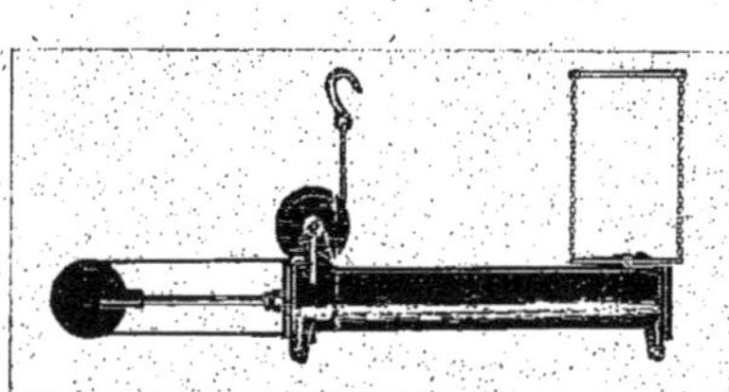

Fig. 116.

Fig. 117.

fig. 116. Dans ce cas la tige de piston est terminée par un galet qui tend une corde ou un câble auquel est suspendu le crochet de levage.

Dans le premier cas on peut suspendre le palan par deux chaînes à un galet roulant sur une poutre et le palan se transforme en pont roulant.

Il va sans dire que cet appareil n'est avantageux que dans les ateliers où on a déjà des compresseurs d'air pour actionner d'autres machines.

Hectolitre-verseur de la Cie du Gaz.

L'hectolitre-verseur (fig. 117) sert à mesurer et à ensacher le coke; sa faible hauteur (1 m. 25) permet de le placer sous les goulottes des blutoirs. Il permet cependant, de remplir des sacs de 0 m. 80 de hauteur et cela presque sans effort de la part de l'ouvrier, qui manœuvre très facilement l'hectolitre d'une seule main.

L'appareil en tôle est cylindrique (fig. 118), il porte, fixés à deux génératrices diamétralement opposées, deux bras faisant un angle de 67°30′ avec les génératrices du cylindre; ces bras sont munis chacun de deux galets B et C (fig. 119 à 122).

Les galets porteurs B roulent sur deux rails à peu près horizontaux; les galets C, d'un diamètre beaucoup plus faible, roulent sur les mêmes rails qui, au deux tiers de la course, sont interrompus sur une faible longueur; formant ainsi l'amorce de deux glissières verticales dans lesquelles s'engagent les galets C.

L'hectolitre s'avançant, les galets C s'engagent dans les glissières verticales en imprimant à l'appareil, par l'intermédiaire des bras-supports des axes, un mouvement de bascule autour de l'axe des galets B. Ceux-ci, étant donné leur grand diamètre, continuent leur chemin horizontal; ils roulent d'ailleurs sur un rail latéral au droit de l'ouverture.

L'hectolitre est mis en mouvement, soit à l'aide d'une manette, soit à l'aide d'une

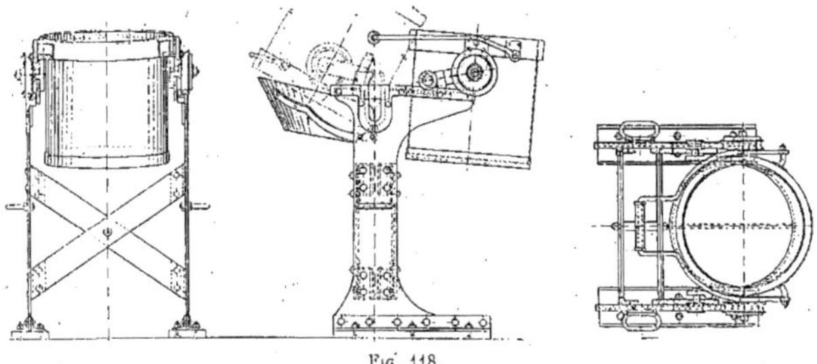

FIG. 118.

pédale et d'un système de levier. Dès qu'on cesse d'agir sur la manette ou sur la pédale, le poids même de l'hectolitre le ramène à sa position de chargement.

A chaque appareil, est adapté une espèce d'entonnoir auquel s'agrafe le sac.

Lorsque les hectolitres-verseurs sont installés sous les goulottes des blutoirs, l'ouverture et la fermeture de celles-ci sont commandées par le mouvement même de l'hectolitre, à l'aide de chaînettes qui abaissent la porte des goulottes dès que l'hectolitre quitte

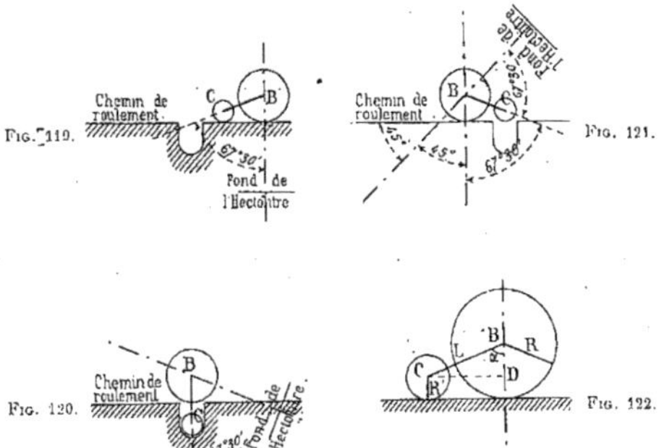

FIG. 119. FIG. 121. FIG. 120. FIG. 122.

FIG. 119 À 122.

la position de chargement et qui élèvent cette porte dès que celui-ci est revenu en place.

Pour que l'hectolitre-verseur se vide complètement, il faut que les génératrices du cylindre prennent une inclinaison de 45° sur l'horizontale. On doit donc faire tourner l'hectolitre, autour de l'axe du galet B, de $90° + 45° = 135°$.

Cette rotation s'effectue en deux phases égales de 67°30′ chacune (fig. 119 à 122). A cet effet, les rayons des galets sont dans un rapport tel que l'angle de la droite BC, qui joint leurs centres avec les génératrices, est égal à 67°30′ (fig. 119).

Pendant la première phase de la rotation, le galet C descend dans la rainure verticale jusqu'à ce que le galet B se trouve à l'aplomb de cette rainure. A ce moment la droite BC est verticale; l'angle dont elle a tourné est donc de 67°30′ (fig. 120).

Pendant la deuxième phase, le galet B continuant à avancer sur le rail horizontal, le galet C remonte dans la glissière verticale et vient finalement occuper une position symétrique de sa position initiale par rapport à la verticale passant par l'axe du galet B. A ce moment, la droite BC fait de nouveau un angle de 67°30′ avec la verticale : elle a donc tourné au total de 135°, les bras-supports des axes des galets B et C étant invariablement liés à l'hectolitre, celui-ci a tourné de 135° (fig. 121).

Voici le calcul des rayons des galets :

La droite de BC doit faire un angle de 67°30′, avec les génératrices de l'hectolitre, soit R et R′ les rayons, L la longueur BC choisie à volonté; on a dans le triangle BCD (fig. 122) : $BD = R - R' = L \cos \alpha$, d'où : $R = R' + L \cos \alpha$.

Cet appareil est essentiellement mobile, il peut passer d'un butoir à un autre et même être placé au pied des tas.

Tombereau à hayon manœuvrant automatiquement (Cie du Gaz)

Le principe du mouvement du hayon réside en ce que, un tombereau passant de la position de route à la position de chargement, les brancards fixés au cheval ne subissent qu'un très faible déplacement, tandis que la distance qui les sépare du milieu de l'avant du tombereau augmente dans une assez grande proportion.

Le hayon est relié aux brancards (fig. 123) par les bielles AB et DE et le levier coudé

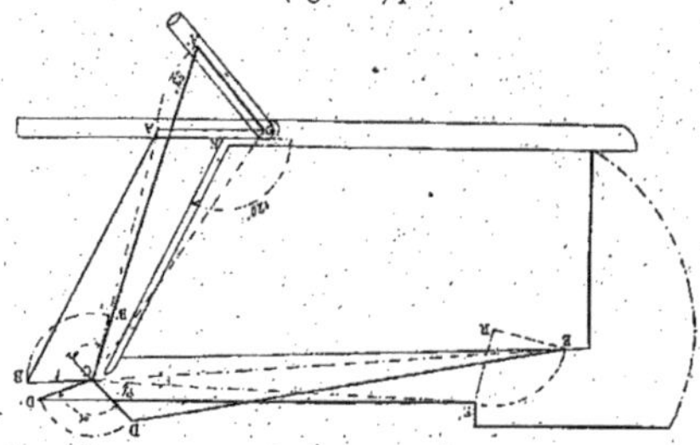

Fig. 123.

BCD, qui tourne autour du point C. Il est relié en outre, de chaque côté, à la caisse du tombereau par un bras en fer pouvant tourner autour du point R.

Le point A est un point fixe des brancards, le point C est un point fixe de la caisse du tombereau.

Lorsque celui-ci est dans la position de déchargement, les brancards forment avec le fond un angle d'environ 33°, la ligne brisée CBA vient en CB′A′, et l'extrémité du levier coudé BCD vient en D′. La bielle DE et le hayon tournant autour du point R, viennent en D′E′ : le fond du tombereau est alors complètement ouvert (fig. 124).

Pendant le relèvement du tombereau, la rigidité des bielles force le hayon à revenir à sa position de route; il y est d'ailleurs aidé par son propre poids.

Afin que l'effort nécessité par la mise en route du tombereau soit supérieur à celui qu'exige son relèvement, on a ménagé une ornière assez profonde (fig. 124) dans laquelle

Fig. 124.

viennent s'engager les roues au moment du déchargement. De cette façon, lorsque le cheval tire sur les brancards, le tombereau commence à se relever en mettant le hayon en position de route; ce n'est qu'ensuite qu'il sort de l'ornière.

Monte-sacs à dos d'homme.

Installés à proximité des blutoirs ou des réserves de sacs, ces appareils permettent à un homme de se charger lui-même et sans effort un sac sur le dos.

Plusieurs systèmes sont en usage à la Compagnie parisienne; ils ne diffèrent entre

Fig. 125.

eux que par le mode de transmission du mouvement depuis l'arbre moteur du casse-coke jusqu'aux plateaux élévateurs.

Ces plateaux, au nombre de deux ou de quatre par appareil, sont animés d'un mouvement alternatif, de bas en haut et de haut en bas, qui élève leur partie horizontale, du niveau du sol à une hauteur de 1 m, 40, puis la ramène de cette hauteur au niveau du sol.

Le plateau marquant un temps d'arrêt aux deux extrémités de sa course, l'ouvrier peut placer le sac sur le plateau, quand celui-ci est au niveau du sol et le prendre sur son dos, lorsque le plateau est au haut de sa course (fig. 125).

Le monte-sac à dos d'homme le plus employé est celui à deux plateaux, dont le mouvement est obtenu au moyen de deux arbres horizontaux A et B (fig. 126 et 127) placés dans le même plan vertical : l'un A à la partie supérieure du monte-sacs, l'autre B à la partie inférieure.

L'arbre A, sur lequel sont clavetées trois roues de même diamètre DC et E, est porté par un seul palier, qui peut se déplacer dans le sens vertical au moyen d'une vis ou d'un écrou. Cette disposition permet un réglage facile de la tension des chaînes de transmission.

La roue du milieu C est reliée à l'arbre du moteur du casse-coke par une chaîne Ewart.

L'arbre du bas B, maintenu dans un palier fixe, porte deux roues dentées D' et E'

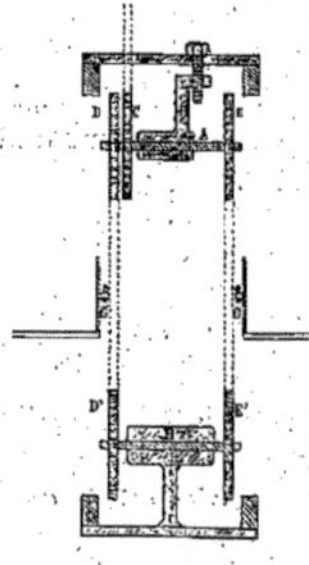

Fig. 126.

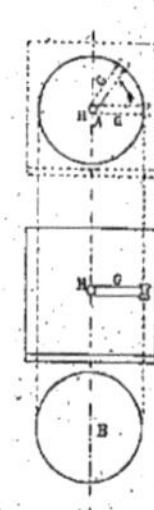

Fig. 127.

placées en regard des roues extrêmes de l'arbre A et de même diamètre. Sur chacune de ces paires de roues, s'enroule une chaîne Ewart sans fin, et chaque chaîne actionne un plateau par l'intermédiaire d'une manivelle C, reliée d'une part, à l'un des maillons de la chaîne et d'autre part à un maillon H, fixé au centre de la partie verticale du plateau (fig. 127).

La manivelle a pour longueur le rayon primitif des roues dentées.

Dès que le maillon, fixé à la manivelle, s'engage sur une roue dentée, le maneton fixé au plateau se trouvant à hauteur du centre de la roue, la manivelle devient comme un rayon de celle-ci et décrit entraînée par la chaîne, la demi-circonférence supérieure de la roue du haut ou la demi-circonférence inférieure de la roue du bas.

Le plateau reste donc immobile pendant le temps de ces demi-révolutions.

Ces arrêts sont utilisés pour le chargement des sacs sur les plateaux et leur reprise lorsqu'ils ont été élevés.

La charpente de l'élévateur est formée par des fers ⊏ qui servent de guidage et de chemins de roulement à quatre petits galets fixés aux plateaux.

Poche à acier de 25 tonnes à commande électrique (Biétrix-Leflaive et Cie).

Au nombre des appareils de manutention, nous pouvons citer aussi la poche à acier de 25 tonnes à commande électrique, construite par les Forges et ateliers de la Chaléassière (Biétrix-Leflaive-Nicollet et Cie, Saint-Étienne), pour les Aciéries de Makievka (fig. 128 à 130).

La poche repose par ses tourillons sur deux supports fixés sur les longerons en tôle et cornières d'un chariot à quatre roues se déplaçant sur une voie de 2 m. 50 d'axe en axe des rails. L'arrière du chariot porte le dispositif de commande qui se compose d'une dynamo attaquant par un pignon calé sur son arbre une roue calée sur un arbre intermédiaire.

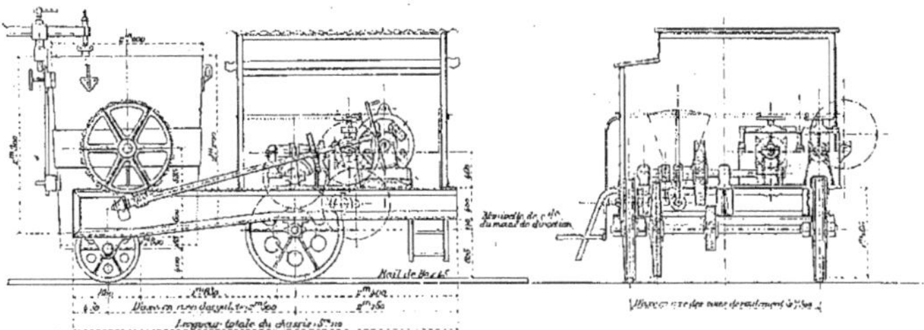

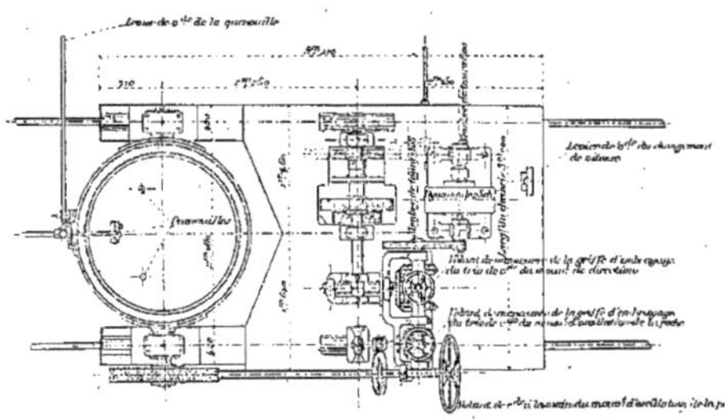

Fig. 128 à 130.

Celui-ci porte deux séries d'engrenages coniques qu'on peut ou non embrayer avec deux pignons dont l'un commande le mécanisme de déplacement sur la voie et l'autre la rotation de la poche autour de ses tourillons.

Le plan ci-joint montre qu'on peut produire ces déplacements dans le sens de l'aller et dans celui du retour.

Le pignon qui commande la translation est calé sur le même arbre qu'une vis sans fin, laquelle engrène avec une roue dont le mouvement est transmis par des renvois à engrenages cylindriques jusqu'aux roues de diamètres différents qu'elle porte.

La rotation de la poche s'obtient en embrayant comme dans l'autre cas l'engrenage conique dont le pignon porte une roue à dents inclinée qui fait tourner l'arbre portant à son extrémité la vis sans fin qui engrène avec la roue calée sur l'un des tourillons de la poche.

Les principales données de cet appareil sont les suivantes :

Nombre de tours de la dynamo par minute	800
— — l'arbre des mouvements	136
— — changements de vitesse	8
— — l'essieu moteur en grande vitesse	133
— — l'essieu moteur en petite vitesse	12
— — l'arbre à vis sans fin pour l'oscillation	40
Grande vitesse de translation du chariot	47 m. 100
Petite — —	5 m. 220
Durée de la rotation de 180° de la poche	1'

La rotation de la poche peut en cas d'avarie s'effectuer à la main comme celle de petites dimensions après avoir débrayé l'engrenage conique.

Le chariot est muni d'une tôle qui abrite le mécanisme de la chaleur, et celle-ci est percée de deux trous par lesquels le mécanicien peut apercevoir la voie en avant.

Drague pour la reprise du coke au tas (Cie Pnne du Gaz).

L'appareil de reprise du coke au tas est constitué (fig. 131 à 136) par une chaîne à godets montée sur un bras métallique AB, oscillant autour d'un axe horizontal C; celui-ci

Fig. 131.

est disposé de manière que le poids du bras tende toujours à appuyer la partie inférieure de la drague contre le tas de coke.

L'arbre C est maintenu par ses paliers, dans une position fixe à l'extrémité d'une charpente métallique installée en porte à faux sur une plate-forme roulante.

Le bras AB relié à l'arbre C par deux manivelles tend à se placer dans une position inclinée sur l'horizontale, l'extrémité inférieure pénétrant dans le coke. La distance AC restant constante, le mouvement de l'arbre C est transmis par engrenages à l'arbre A qui se déplace en même temps que le bras AB.

L'arbre C est commandé lui-même au moyen d'une chaîne d'un arbre intermédiaire et d'une courroie, par un moteur électrique ; l'arbre intermédiaire et le moteur électrique sont suspendus aux longerons de la plate-forme, entre les essieux des roues porteuses.

Les godets sont montés sur deux chaînes parallèles à maillons démontables, du système Ewart, qui s'enroulent sur deux paires de roues clavetées sur les arbres A et B aux deux extrémités du bras métallique.

L'arbre B est monté dans des paliers tendeurs qui permettent le réglage de la tension de la chaîne à godets.

Un bouclier en tôle porté par le bras AB, dans le tiers inférieur est destiné à protéger les godets contre les éboulements fréquents qui se produisent dans le tas de coke. Sous la poussée du coke, produite par un éboulement, le bras AB tourne autour de C et l'extrémité B se rapproche de la plate-forme ; les godets enlevant le coke, dégagent le bouclier et l'extrémité B avance de nouveau dans le tas sous le poids du coke dont la chaîne à godets est chargée.

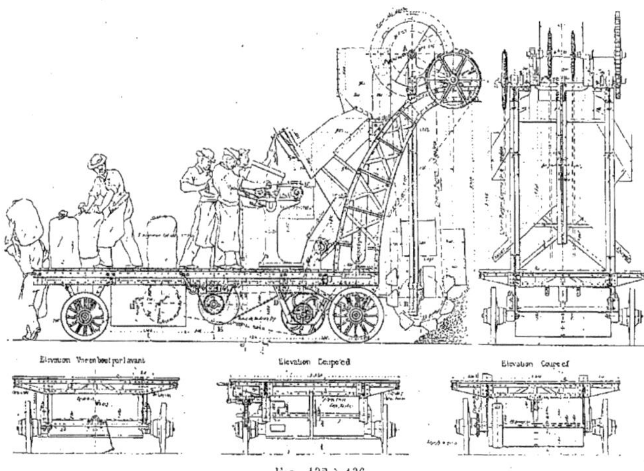

FIG. 132 à 136.

Une chaîne venant s'attacher à l'extrémité B du bras et s'enroulant autour du treuil à manivelle E, permet de limiter la course du bras AB et de le maintenir dans la position verticale quand on déplace la plate-forme.

Le coke pris à la base du tas par l'extrémité B de la drague, est monté par les godets qui le déversent en tournant autour de l'arbre A dans une trémie à parois criblantes. Le coke que l'on prend ainsi au tas a déjà été classé au blutoir et les parties criblantes ont seulement pour but d'éliminer la petite quantité de poussier produite pendant le transport du coke pour la mise en tas et par la drague elle-même. Ce poussier est recueilli dans des sacs, sur le côté de la plate-forme.

Le coke arrive donc propre au bas de la trémie, d'où il se déverse par trois goulottes dans trois hectolitres-verseurs, puis est mis en sacs. Les sacs sont liés sur la plate-forme même, qui étant à la hauteur des planchers des voitures de livraison, permet de les charger rapidement et facilement.

La dynamo motrice placée sous la plate-forme, à l'extrémité opposée de la charpente de la drague donne de la stabilité à l'appareil; sa puissance est de 3.500 watts.

Le courant électrique produit par une dymano génératrice, dans la salle des machines du casse-coke, est amené par câbles isolés passant par-dessus les tas. Des boîtes de prise de courant installées en différents points du chantier permettent de réduire au minimum la longueur des câbles mobiles.

Le poids total sur roues de la drague et de ses accessoires : trémie criblante, hectolitres-verseurs, ralentissements, dynamos, etc., est de 6.000 kilog.; elle peut facilement se déplacer à l'aide de deux chevaux.

La mise en marche de cet appareil est immédiate et son débit varie de 300 à 450 hectolitres à l'heure, suivant le numéro du coke à mettre en sacs, les morceaux de coke de petites dimensions pénétrant plus facilement dans les galets que les gros.

Ces dragues réparties en plusieurs points des chantiers, permettent de fournir en très peu de temps un grand nombre de sacs aux charbonniers qui, à certaines heures de la journée envahissent les chantiers.

Chaque plate-forme constituant un quai de chargement isolé et facilement abordable, une voiture peut être chargée aussitôt arrivée sans avoir à attendre, comme autrefois, le départ d'une autre voiture.

Aux heures de grande activité dans la livraison, tous les hommes du chantier peuvent être retirés des blutoirs et employés au chargement des voitures, avec les sacs des réserves ou avec ceux produits par les dragues. La livraison terminée, on arrête les dragues et les hommes reprennent le service aux blutoirs ou aux autres appareils du chantier.

MACON, PROTAT FRÈRES, IMPRIMEURS. *Le Gérant* : Vve Ch. DUNOD.

LA

MÉCANIQUE

A l'Exposition de 1900

Publiée sous le Patronage et la Direction technique d'un Comité de Rédaction

COMPOSÉ DE MM.

HATON DE LA GOUPILLIÈRE, G. O. ✻, Membre de l'Institut
Inspecteur général des Mines, *Président*

BARBET, ✻, ingénieur des arts et manufactures.
BIENAYMÉ, C. ✻, inspecteur général du génie maritime.
BOURDON (Édouard), O. ✻, constructeur mécanicien, président de la chambre syndicale des mécaniciens.
BRÜLL, ✻, ingénieur, ancien élève de l'École polytechnique, ancien président de la Société des Ingénieurs civils.
COLLIGNON (Éd.), O. ✻, inspecteur général des ponts et chaussées en retraite.
FLAMANT, O. ✻, inspecteur général des ponts et chaussées.
IMBS, ✻, professeur au Conservatoire des arts et métiers et à l'École centrale des arts et manufactures.
LINDER, C. ✻, inspecteur général des mines en retraite.
RATEAU, ingénieur des mines.
ROZÉ, ✻, répétiteur d'astronomie et conservateur des collections de mécanique à l'École polytechnique.
SAUVAGE, O. ✻, ingénieur en chef des mines, professeur à l'École des mines.
WALCKENAER, O. ✻, ingénieur en chef des mines, professeur à l'École des ponts et chaussées.

Secrétaire de la Rédaction : **GUSTAVE RICHARD**, ✻, 44, rue de Rennes.

9e LIVRAISON

APPAREILS DE SÉCURITÉ

PAR

Henri MAMY

INGÉNIEUR DES ARTS ET MANUFACTURES
DIRECTEUR DE L'ASSOCIATION DES INDUSTRIELS DE FRANCE
CONTRE LES ACCIDENTS DU TRAVAIL

PARIS. VI
Vve CH. DUNOD, ÉDITEUR
49, QUAI DES GRANDS-AUGUSTINS, 49

TÉLÉPHONE 147.92

1902

TABLE DES MATIÈRES

Industrie agricole

Protection contre les éclats

Protection contre les poussières

APPAREILS DE SÉCURITÉ

Par **M. Henri Mamy**

Ingénieur des Arts et Manufactures
Directeur de l'Association des Industriels de France
contre les accidents du travail

CONSIDÉRATIONS GÉNÉRALES

La classification générale de l'Exposition avait assigné leur place aux appareils de sécurité dans la classe 21 (Appareils divers de la Mécanique générale). Ils y étaient mentionnés sous la rubrique : « Appareils et Associations pour prévenir les accidents de machines ». En fait, la plus grande partie des appareils protecteurs qui ont figuré dans cette classe, et l'on pourrait dire dans l'Exposition, se sont trouvés réunis dans l'installation de l'Association des Industriels de France contre les accidents du travail. Quelques appareils étaient disséminés dans diverses classes, accompagnant les machines auxquelles ils étaient appliqués. La classe 105 de l'Économie sociale (sécurité des ateliers, réglementation du travail) présentait, sous forme de publications, dessins, tableaux, photographies, et même quelques modèles d'appareils protecteurs non en mouvement, un ensemble de documents très intéressants, relatifs à la sécurité des travailleurs. Toutes les Associations d'initiative privée ayant pour but la prévention des accidents du travail avaient exposé dans cette classe : Association des Industriels de France contre les accidents du travail, Association normande, Association des Industriels du Nord de la France, Association des Industriels d'Italie. L'Office impérial des Assurances de l'Empire allemand présentait une très remarquable collection de 983 photographies, représentant des appareils protecteurs divers. Enfin, le Musée d'Hygiène Industrielle d'Amsterdam exposait aussi les photographies de ses plus importants dispositifs de sécurité.

Nous laisserons de côté presque tout ce qui n'était représenté que par des dessins ou des photographies, et nous limiterons cette étude, sauf de rares exceptions, aux appareils protecteurs, aux dispositifs de sécurité et d'hygiène qui figuraient à l'état de modèles soit en mouvement, soit au repos.

MESURES DE SÉCURITÉ IMPOSÉES PAR L'ADMINISTRATION DE L'EXPOSITION

Avant d'aborder la description des principaux appareils protecteurs qui figuraient à l'Exposition, nous rappellerons les prescriptions qu'au point de vue de la sécurité l'Administration avait cru devoir imposer. Ces prescriptions étaient formulées dans le *Règlement spécial relatif à l'installation et au fonctionnement des appareils mécaniques, électriques et hydrauliques à l'Exposition de* 1900.

Production et emploi de la vapeur

Le premier paragraphe de l'article 4 des conditions générales d'installation et d'exploitation des chaudières à vapeur était ainsi conçu :

Sécurité. — Les appareils à vapeur rempliront toutes les conditions imposées par les lois et règlements en vigueur en France, à moins que des dérogations à ces conditions ne soient accordées par M. le Ministre des Travaux publics; pourront notamment bénéficier de telles dérogations les appareils à vapeur de construction étrangère remplissant les conditions imposées par les lois et règlements de leur pays d'origine, lorsque l'équivalence de ces conditions et de celles édictées par les lois et règlements français aura été reconnue en ce qui concerne la sécurité publique. L'Administration, sur l'avis du Comité technique des machines, pourra imposer telles autres mesures ou tels autres appareils de sécurité que lui semblerait exiger le fonctionnement des appareils à proximité de la circulation publique.

D'autre part, le chapitre Ier (*Production de la vapeur*) et le chapitre IV (*Emploi de la vapeur*) du *Règlement spécial*, mentionné plus haut, comprenaient les articles suivants :

. . . .

Art. 3. — Par application de l'article 4 des conditions générales de l'installation et de l'exploitation des chaudières à vapeur et conformément à l'avis du Comité technique des machines en date du 27 mars 1899, les chaudières en service doivent satisfaire en outre aux prescriptions suivantes :

Les portes de boîtes à fumée seront pourvues d'une fermeture solide et de barres de sûreté;

Les portes de foyer et de cendrier des chaudières multitubulaires seront, autant que possible, à fermeture automatique, et, en tous cas, à solide fermeture; la partie supérieure des fourneaux de ces chaudières sera munie de trappes d'expansion de vapeur;

Les chaudières qui ne seront pas du type multitubulaire auront leurs portes de foyer solidement loquetées;

Les prises de vapeur des chaudières seront munies d'un clapet automatique d'arrêt pouvant assurer la fermeture tant dans le sens de l'écoulement de la vapeur que dans le sens inverse.

. . . .

Art. 30. — Tous les appareils employant la vapeur sont soumis aux prescriptions des lois et règlements en vigueur sur le territoire français. Notamment les récipients contenant de la vapeur sous pression satisferont à toutes les conditions imposées par le décret du 30 avril 1880.

Les tubes en verre de tous les indicateurs soumis à une pression intérieure, tels que niveaux d'eau de chaudières, tubes de graisseurs à gouttes visibles, etc., seront entourés de pare-éclats.

Fourniture et distribution de l'énergie électrique

Les articles 46 et 47 du *Règlement spécial*, chapitre v (*Fourniture et distribution de l'énergie électrique*), étaient ainsi conçus :

. . . .

Art. 46. — Les machines dynamo-électriques exposées en fonctionnement sont pourvues des accessoires de sécurité nécessaires pour prévenir tout accident de personnes et tout incendie par court-circuit. Lorsque la tension a un caractère dangereux, c'est-à-dire au-dessus de 500 volts en courant continu et de 200 volts en courant alternatif, toutes les parties où circule le courant doivent être protégées d'une manière efficace et durable, de telle sorte que non seulement les visiteurs, mais aussi le personnel de l'exposant, soient à l'abri de tout accident résultant de négligence ou de distraction.

Art. 47. — Toute machine en fonctionnement est pourvue d'un tableau où seront placés les appareils de sécurité et de contrôle de la marche. Ce tableau contient notamment des dispositifs d'interruption automatique et à la main qui permettent de couper le courant instantanément, si besoin est. Ces appareils peuvent être éprouvés par le service des installations électriques, qui a la faculté d'exiger leur remplacement en cas d'insuffisance.

Transmission de la force et machines-outils

Les mesures de sécurité applicables aux transmissions et aux machines-outils en mouvement étaient formulées dans les articles 64, chapitre viii (*Transmission de la force motrice*), 76 et 77, chapitre x (*Dispositions générales*), que nous reproduisons ci-dessous :

. . . .

Art. 64. — Il est absolument interdit de monter les courroies sur les poulies pendant que la transmission est en marche.

. . . .

Art. 76. — Toutes les pièces saillantes mobiles ou autres parties dangereuses des machines, et notamment les bielles, roues, volants, les courroies et les câbles, les engrenages, les cylindres et cônes de friction ou autres organes de transmission qui seraient reconnus dangereux, sont munis de dispositifs protecteurs, tels que gaines et chéneaux de bois ou de fer, tambours pour les courroies ou les bielles, ou de couvre-engrenages, garde-mains, grillages.

Les machines-outils à instruments tranchants, tournant à grande vitesse, telles que machines à scier, fraiser, raboter, découper, hacher, les cisailles et autres engins semblables, sont disposés de telle sorte que les ouvriers ne puissent, de leur poste de travail, toucher involontairement les instruments tranchants.

Sauf le cas d'arrêt du moteur, le maniement des courroies est toujours fait par le moyen de systèmes, tels que monte-courroie, porte-courroie, évitant l'emploi direct des mains.

Les exposants et concessionnaires français et étrangers ont la faculté de s'affilier à l'Association des Industriels de France contre les accidents du travail.

Art. 77. — Les emplacements dans lesquels seront exposées des machines en mouvement doivent être entourés par des chaînes ou des torsades supportées par des balustres, le tout d'un type agréé par le Directeur général de l'exploitation. Les machines sont placées à une distance suffisante de ces barrières pour que les organes en mouvement ne puissent atteindre ni les visiteurs, ni les agents des exposants voisins.

Elles doivent être installées et conduites de façon à éviter tout accident. Leurs abords doivent être tenus libres, et tous objets pouvant occasionner des chutes doivent en être éloignés.

Appareils de levage

Quant aux appareils de levage, ils devaient satisfaire, au point de vue de la sécurité, aux prescriptions des articles 69, 70 et 71 du chapitre IX (*Chemins élévateurs électriques, ascenseurs, appareils de levage*).

. . . .

ART. 69. — ... Les portes d'accès à la cage de l'ascenseur doivent être à fermeture automatique; les entourages de la cage au niveau des planchers doivent être assez hauts pour éviter toute chute d'objets dans cette cage.

ART. 70. — Les appareils de levage ne doivent jamais fonctionner sous une charge supérieure à leur force nominale. Cette force doit être indiquée en caractères très apparents sur l'appareil lui-même.

. . . .

Les préposés aux manœuvres des grues à vapeur et électriques peuvent se refuser à exécuter toute manœuvre qu'ils estimeraient dangereuse pour la solidité des appareils qui leur sont confiés ou pour la sécurité publique.

ART. 71. — L'encliquetage des grues à bras doit toujours être en prise pendant la montée du crochet. Toute personne faisant usage d'une telle grue est rigoureusement tenue de s'assurer avant de manœuvrer que le cliquet est bien abattu et en prise sur sa roue à rochet.

Les appareils roulants munis d'étais ne doivent jamais être mis en fonction sans que ces étais aient été convenablement serrés sur le sol.

Dans tous les appareils de levage mécaniques ou à bras, la descente au frein doit se faire avec prudence : la vitesse réalisée à la descente ne doit pas dépasser la vitesse normale de la montée.

Il ne sera fait usage que d'élingues en parfait état. L'élingage des pièces et colis à manœuvrer sera fait avec le plus grand soin. Avant d'opérer la manœuvre, les pièces doivent être soulevées d'une petite quantité, afin de constater la bonne installation et la résistance des élingues.

..... Enfin, dans les divers contrats passés avec les soumissionnaires de travaux, l'Administration avait introduit l'obligation suivante :

Les fournisseurs devront prendre toutes mesures nécessaires pour assurer la sécurité des visiteurs et du personnel.

MOTEURS ET TRANSMISSIONS

Manchon protecteur Delacommune

Le danger que présentent les arbres de transmission, alors même que leur surface n'offre aucune partie saillante, a été constaté par un nombre malheureusement trop grand d'accidents.

Ce danger résulte de l'enroulement autour de l'arbre, soit d'une courroie, soit d'une partie quelconque du vêtement d'un ouvrier, et les conséquences qui en résultent sont toujours graves.

Pour supprimer cette cause d'accidents, on peut entourer l'arbre d'un manchon protecteur fixe, supporté en différents points, et dans l'intérieur duquel l'arbre tourne librement. Mais l'emploi de ces manchons fixes n'est pas toujours facile, ni même possible, en raison des supports extérieurs qu'ils nécessitent et de la distance assez grande à laquelle on se trouve quelquefois de tout point d'appui.

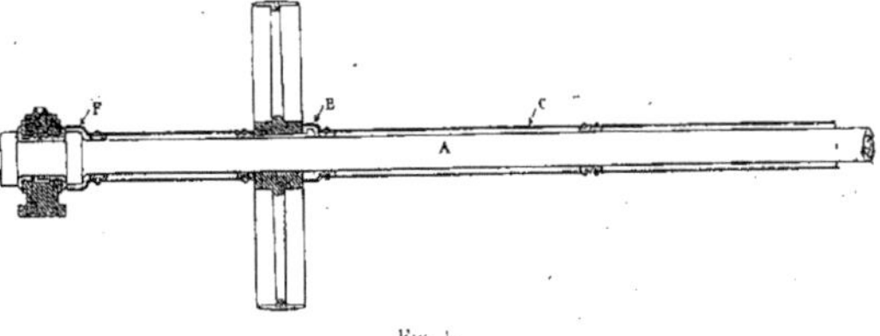

Fig. 1.

On a donc cherché à les remplacer par des manchons mobiles, ne nécessitant aucun support extérieur, tournant avec l'arbre, mais cessant de participer à son mouvement sous l'action d'une résistance quelconque, même très légère.

C'est dans ce but que MM. Delacommune aîné et Cie (Gauthier, successeur), ingénieurs-constructeurs à Paris, ont inventé leur système de manchon protecteur pour transmission.

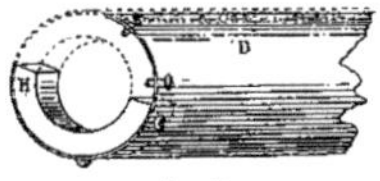

Fig. 2.

Comme on le voit par les figures 1 et 2, la protection est obtenue par un léger manchon cylindrique, C, en tôle, enveloppant l'arbre de transmission A. Ce manchon est en deux pièces. De distance en distance, des bagues cylindriques, tournant à frottement doux sur l'arbre, sont disposées à l'intérieur du manchon. Ces bagues sont coupées en deux parties égales suivant un diamètre, et sur chaque demi-bague H sont vissés les deux demi-manchons D. Le manchon présente, en F et en E, les renflements nécessaires pour couvrir une embase ou une tête de clavette.

Le protecteur tourne avec l'arbre lorsque rien ne s'y oppose ; mais, sous une action même très faible, l'appuiement d'une échelle, l'enroulement d'un tablier, le manchon s'arrête aussitôt l'arbre continuant à tourner à l'intérieur.

Manchons d'embrayage et de désembrayage

Les accidents dûs aux transmissions sont les plus nombreux et les plus graves de ceux qui se produisent dans les ateliers. Un certain nombre d'entre eux pourraient être enrayés à leur début, si l'on disposait d'un moyen d'arrêter rapidement la transmission.

Quelquefois encore, lorsqu'un ouvrier est saisi par une courroie, un volant, un arbre, on est obligé de courir jusqu'à la chambre du moteur pour demander au mécanicien l'arrêt de la machine. On perd ainsi un temps irréparable, pendant lequel l'accident a pu produire toutes ses funestes conséquences. L'emploi de sonneries permettant d'avertir le mécanicien et établissant une communication plus rapide entre les ateliers et la salle du moteur constitue certainement une amélioration, mais il ne donne pas, au point de vue de la sécurité, une solution satisfaisante et ne permet pas d'obtenir un arrêt assez rapide de la transmission.

On a cherché à résoudre le problème en commandant, de différents points de l'atelier, l'arrêt rapide du moteur, au moyen de dispositifs fermant l'arrivée de vapeur au cylindre. Leur action se complétait quelquefois par celle d'un frein agissant, soit sur le volant lui-même, soit sur une poulie spéciale montée sur l'axe du volant.

Cette solution, supérieure aux précédentes, est cependant imparfaite encore. L'arrêt du volant, en effet, surtout lorsqu'il s'agit de puissantes machines, ne peut pas être instantané, car on s'exposerait à l'éclatement de cet organe et aux terribles accidents qui pourraient en résulter. On ne peut guère obtenir cet arrêt avant 4 ou 5 tours du volant, ce qui correspond généralement à un nombre de tours deux ou trois fois plus grand de la transmission, marge trop grande encore pour qu'on puisse espérer enrayer l'accident.

Un autre inconvénient de ce procédé, c'est qu'en arrêtant le moteur on arrête en même temps, sans utilité, toute l'usine ou tout l'atelier. Il en résulte une perte de temps et d'argent.

Il est bien préférable à tous les points de vue, au lieu d'arrêter le moteur, de désembrayer la transmission qui menace d'être la cause d'un accident. A cet effet, on relie cette transmission à celle qui la commande par l'intermédiaire d'un embrayage de friction, que l'on peut actionner de divers points de l'atelier, ce qui permet d'obtenir un arrêt presque immédiat.

Nous décrivons deux de ces embrayages qui figuraient à l'Exposition, l'embrayage A. Piat et ses fils et l'embrayage Villard et Bonnaffous.

Embrayage à friction A. Piat et ses fils

Cet appareil, très simple, se compose, comme l'indiquent les figures 3, 4, 5 et 6, d'un manchon en fonte spéciale, présentant des segments flexibles reliés au moyeu et garnis de cuir; un jeu de leviers poussés par des vis à filets carrés écarte ou rapproche ces segments en augmentant ou diminuant leur rayon de courbure. Leur surface extérieure, pressée fortement contre les parois d'une cuvette calée sur l'arbre ou fondue avec la poulie ou l'engrenage destinés à être rendus solidaires ou indépendants de l'organe moteur, détermine entre les deux pièces une adhérence qui assure l'entraînement.

Si l'embrayage est destiné à réunir deux arbres A et B, la cuvette C et le manchon à segment D sont calés respectivement aux extrémités des deux arbres, comme on le voit sur la figure 4.

S'il s'agit d'une poulie ou d'un engrenage, le manchon seul est calé et les autres pièces sont montées librement sur le même arbre.

L'embrayage est réversible, c'est-à-dire que le mouvement moteur peut être donné soit par le manchon à segments, soit par la cuvette ; il faut, toutefois, que la rotation se produise dans le sens le plus favorable au serrage des segments flexibles.

La manœuvre de l'embrayage se fait, le plus souvent, par un levier à fourche E, qui embrasse un manchon à gorge F, que deux bielles H relient aux manivelles de poussée G. On pourrait également faire usage aussi d'une vis à filets carrés et d'un volant de manœuvre à la main.

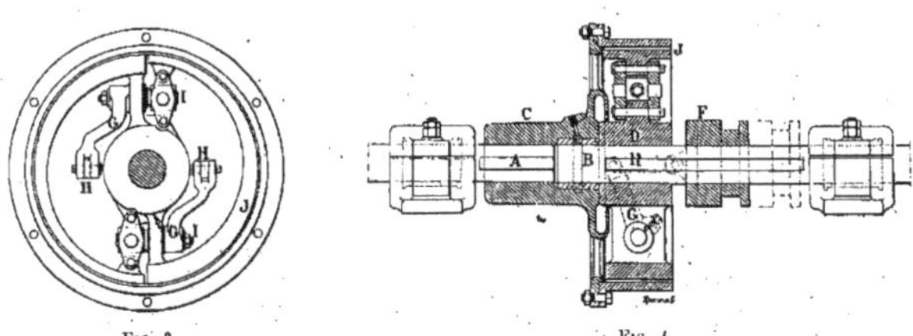

Fig. 3. Fig. 4.

Fig. 5. Fig. 6.

Embrayage à friction, système A. Piat et ses fils, pour réunir deux arbres.

Le réglage se fait très facilement en changeant le calage des manivelles de serrage, qui, à cet effet, sont montées sur un axe I fraisé en forme d'étoile.

L'embrayage est progressif et sans choc.

Aucune poussée latérale n'est nécessaire pour maintenir l'appareil en prise ou débrayé.

Les segments flexibles sont garnis d'une bande de cuir spécial J, assez large pour éviter une usure rapide ; par ce moyen, on augmente la puissance de l'entraînement et on supprime, en même temps que le graissage, toute chance de grippement des pièces de friction.

L'appareil, complètement symétrique, est bien équilibré ; il est robuste et peut être employé également soit pour les grandes vitesses, soit pour les grandes forces.

Embrayage à friction Villard et Bonnaffous

Cet appareil est représenté par les figures 7, 8, 9 et 10, pour l'accouplement de deux arbres. Sur l'arbre X est clavetée une cuvette de friction A et sur l'arbre Y est claveté le porte-ruban B. Un ruban C, en acier doublé de cuir, avec des mannetons d'attache D, s'articule par l'axe *f* sur le porte-ruban et par l'axe *g* sur un levier coudé à chape, E, qui commande ce ruban. Le levier à chape s'articule lui-même sur le porte-ruban par un axe *h*. Un manchon à gorge I,

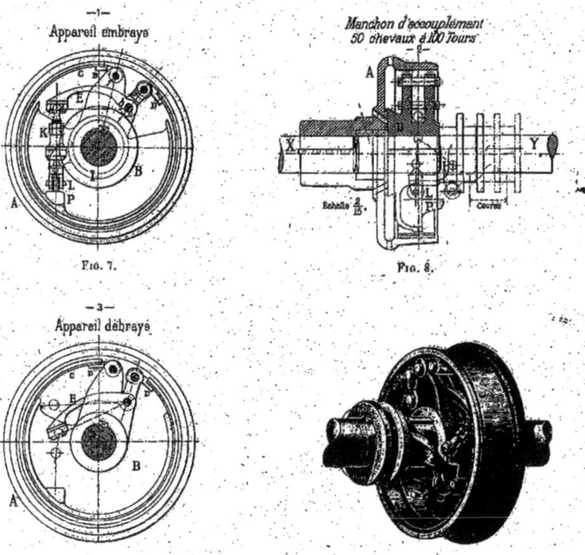

FIG. 7. FIG. 8.

FIG. 9. FIG. 10.

coulissant sur une clavette-guide, peut être manœuvré par l'intermédiaire d'un levier à fourchette. Ce manchon porte un galet L, qui roule sur le chemin P fixé à la pièce B.

Une bielle de réglage K, à rallonge et à vis, est articulée à rotules d'une part avec le levier coudé E, d'autre part avec le bras du manchon I.

Pour embrayer, on pousse le manchon à gorge I contre le porte-ruban B.

La bielle extensible K se redresse ; son extrémité repousse le levier coudé E, qui s'écarte du centre et fait ouvrir le ruban qui, sous cet effort de poussée, s'applique, se moule et se comprime contre la paroi de la cuvette. Cette pression détermine l'accouplement de la cuvette et du porte-ruban, et, par suite, l'accouplement des deux arbres.

En allongeant ou raccourcissant la bielle extensible K, on règle la pression nécessaire à l'entraînement.

Pour désembrayer, on ramène en arrière le manchon à gorge; le ruban se referme et s'applique contre le limbe circulaire du porte-ruban ; l'accouplement de celui-ci et de la cuvette cesse alors.

Montage des courroies sur les poulies

Le remontage des courroies sur leurs poulies s'est fait pendant longtemps à la main, pendant que la transmission tournait à sa vitesse normale. Il y a malheureusement encore des ateliers où l'on opère ainsi. L'ouvrier applique une échelle contre l'arbre ou contre un support fixe, monte près de la poulie, saisit la courroie et la remonte par un tour de main. Cette manœuvre est des plus dangereuses. Elle a déjà occasionné beaucoup d'accidents et doit être formellement interdite.

Le procédé le plus sûr, celui qui donne toute sécurité au personnel, est celui dans lequel on ne remonte la courroie avec la main qu'après avoir arrêté la transmission. Tout danger de prise par la courroie ou par l'arbre est ainsi écarté.

Mais on comprend que cette manière de procéder, si elle donne une sécurité absolue, a l'inconvénient, dans les grands ateliers, d'entraîner une perte de temps parfois considérable, un arrêt du travail, et, par conséquent, une perte d'argent. On a donc cherché à créer des appareils permettant d'effectuer, pendant la marche de la transmission et sans danger, le remontage des courroies sur les poulies. Ces appareils ont reçu le nom de *monte-courroie* ou de *passe-courroie*. Les uns, qui s'appliquent plus particulièrement aux courroies assez fortes, lourdes et tendues, sont fixes ; ils ne permettent d'effectuer le remontage que d'une seule courroie ; les autres sont mobiles ; ils peuvent se transporter aux divers points de l'atelier et permettent de remonter les courroies de faible largeur.

Les monte-courroies fixes commencent à se répandre dans les ateliers. Nous en décrirons trois, qui figuraient à l'Exposition, et qui sont le passe-courroie Piat-Forest, le monte-courroie Brancher et le monte-courroie Ertzbischoff-Simon.

Passe-courroie système Piat-Forest

L'appareil, représenté par les figures 11, 12 et 13, se compose de deux parties distinctes, réunies sur un même support.

La première partie est destinée à remonter la courroie. Elle se compose d'un manchon en deux parties C et D, qui enveloppe l'arbre sans le toucher et qui est supporté par un collier fixé à un montant K, en fer U. Celui-ci s'attache généralement au plafond, au moyen du patin I. Sur le manchon se fixent les étriers Z qui recevront la courroie et l'équerre portant les bras H et M, destinés à remonter cette courroie. Pour effectuer cette opération à l'aide de la corde L, on fait tourner le manchon dans le sens de rotation de la poulie ; les bras H et M rencontrent la courroie, agissent sur elle et la font remonter sur la poulie. Un contrepoids ramène alors l'appareil à la position de repos.

La seconde partie a pour but de jeter bas la courroie.

A cet effet, le montant K porte une console Q, qui supporte une tringle carrée, le long de laquelle peut glisser le curseur S. Celui-ci porte une bobine en bois T. En actionnant cette bobine au moyen de la corde U, elle glisse sur la tringle carrée, attaque la courroie en son milieu et la fait tomber de la poulie sur les étriers Z. En lâchant la corde, le ressort V ramène la bobine à sa position initiale.

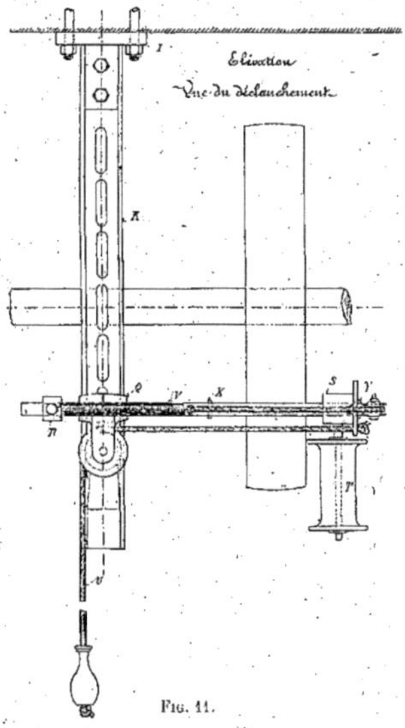

Élévation
Vue du déclenchement

Fig. 11.

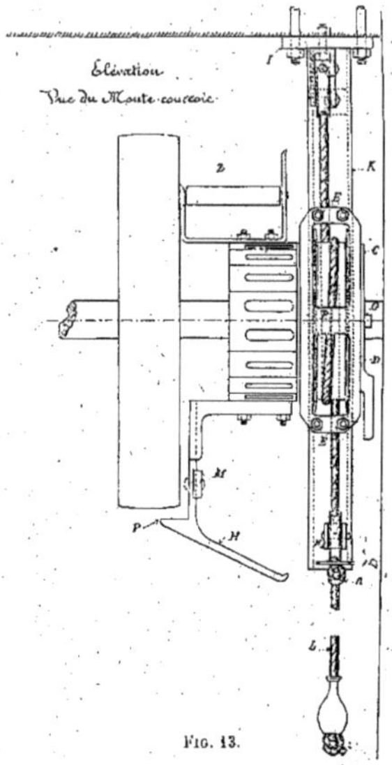

Élévation
Vue du Monte-courroie

Fig. 13.

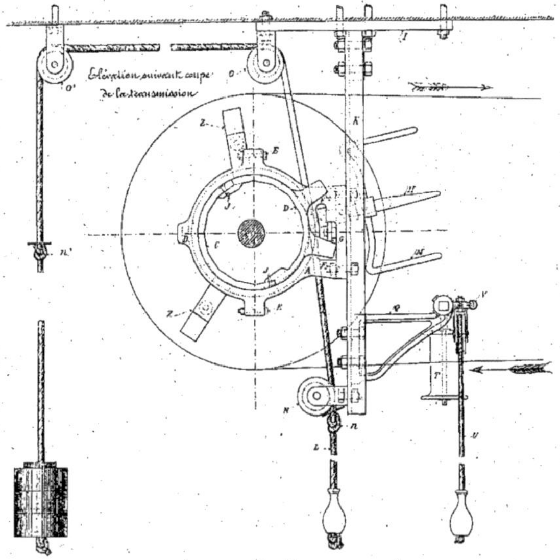

Élévation suivant coupe de la transmission

Fig. 12.

Monte-courroie Brancher

Le monte-courroie Brancher comporte aussi un organe destiné à replacer la courroie sur la poulie et un organe destiné à la jeter bas.

Il se compose (*fig.* 14 et 15) essentiellement d'une batte en bois taillée à 45°, en sifflet, le plus petit côté égal au rayon de la poulie à côté de laquelle il est placé. Cette batte est supportée par un moyeu graisseur spécial, en deux pièces démontables, n'offrant aucune aspérité, comme la bague d'arrêt qui le maintient près de la poulie. La batte est munie d'une tôle chantournée faisant glisser la courroie sur le limbe de la poulie.

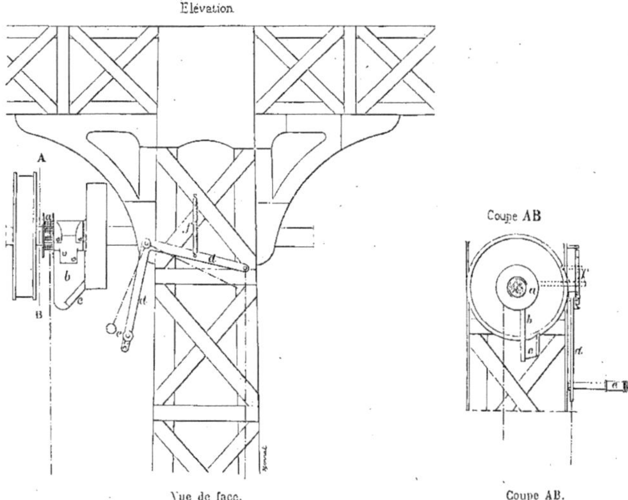

FIG. 14 et 15. — Monte-courroie Brancher.

La demi-rotation de cette batte est obtenue par une petite corde enroulée sur le barillet qui est ménagé sur le côté du moyeu-support, près la bague d'arrêt. Il suffit d'une traction à la main pour faire osciller la batte et remonter la courroie.

Le rejette-courroie est une équerre oscillante dont la branche, passant sur le brin moteur, est munie d'une molette en bois pour éviter toute déchirure. La branche opposée a une cordelette de manœuvre.

Monte-courroie Ertzbischoff-Simon

En 1871, M. Baudouin, filateur de coton à Saint-Sauveur-Luxeuil, créait le premier monte-courroie pratique qui ait été employé.

Très répandu en Alsace, cet appareil se compose d'une douille métallique fixe en deux pièces, enveloppant l'arbre de la poulie en laissant un certain jeu qui permet à l'arbre de tourner librement dans la douille. Celle-ci est fixée au moyen d'un support à un point d'appui quelconque : poutre, colonne, plafond, etc. Autour de cette douille peut tourner, à frottement dur, un collier en deux pièces, réunies par des boulons que l'on peut serrer plus ou moins fortement. La partie inférieure de ce collier porte un levier en bois dur qui présente à son extrémité un petit bouton ou manneton que l'on peut saisir avec une perche à fourche, de manière à faire tourner le levier autour de l'arbre. Comme le collier tourne à frottement dur sur la douille, le levier reste toujours dans la position où on l'amène, sans que son poids puisse le faire retomber.

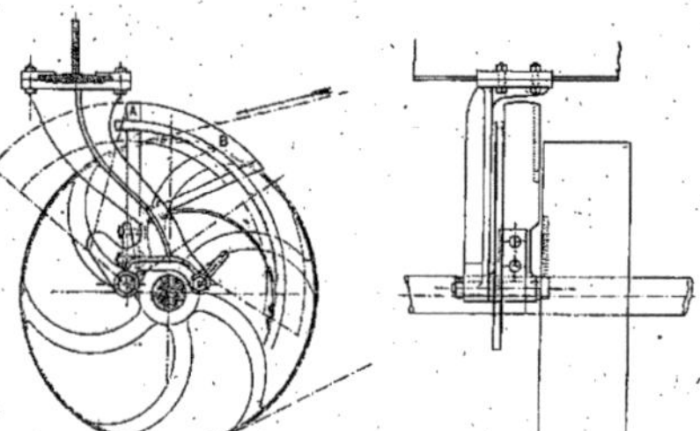

Fig. 16. — Courroie arrivant en haut de la poulie.

Lorsque la courroie est descendue de la poulie, elle repose sur le collier du monte-charge et se trouve ainsi parfaitement isolée de l'arbre, autour duquel il lui est impossible de s'enrouler.

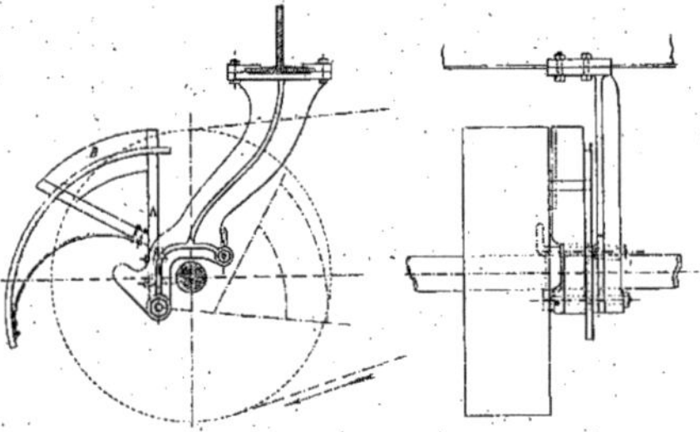

Fig. 17. — Courroie arrivant en bas de la poulie.

Pour remonter la courroie, on saisit le bouton du levier avec la perche à fourche et on fait prendre à ce levier une position un peu oblique par rapport à la verticale ; on étale la courroie sur lui et, avec la perche, on fait pivoter le levier jusqu'à ce que la courroie remonte d'elle-même sur la poulie.

On n'a plus ensuite qu'à ramener le levier dans la position verticale, en saisissant son bouton avec le crochet que présente la perche.

Pour faciliter la manœuvre du levier, lorsqu'il s'agit de courroies croisées et que l'arc à parcourir est assez grand, on munit ce levier d'une pièce en fer — portant un tourillon — que l'on peut saisir avec la perche à fourche.

Avec cet appareil, l'ouvrier, en se tenant sur le sol et manœuvrant la perche, peut donc remonter la courroie pendant la marche sans aucun danger. Le monte-courroie se place toujours, bien entendu, sur la transmission de commande et non sur la machine commandée.

L'inconvénient que présente le monte-courroie Baudouin pour des courroies un peu larges est qu'après le passage du bras A (*fig.* 16 et 17) au point de tangence, la courroie n'est plus suffisamment maintenue sur la poulie et retombe.

Pour éviter cet inconvénient, MM. Ertzbischoff et Simon ont adjoint, au bras-rayon A du monte-courroie Baudouin, une partie de couronne B, dont l'action complète celle du bras A, jusqu'à ce que l'adhérence de la courroie soit suffisante pour la maintenir sur la poulie.

La manœuvre est très simple. L'appareil étant placé dans la position de repos, on jette bas la courroie avec une perche. Pour la remonter, on saisit le levier arrivant avec la perche à crochet, on l'amène au contact de la poulie, puis on actionne le monte-courroie au moyen d'une corde disposée à cet effet et qui passe dans le fer en U fixé à l'appareil.

Les monte-courroies portatifs s'appliquent aux petites courroies, peu larges et peu tendues. Le plus simple de tous est la *perche à crochet* ordinaire, telle que M. Chouanard l'a fait

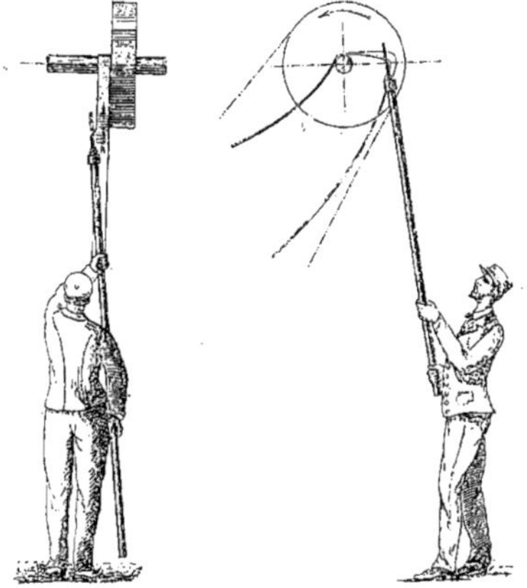

(bonne longueur) (mauvaise longueur)

Fig. 18. — Maniement de la perche à crochet ordinaire.

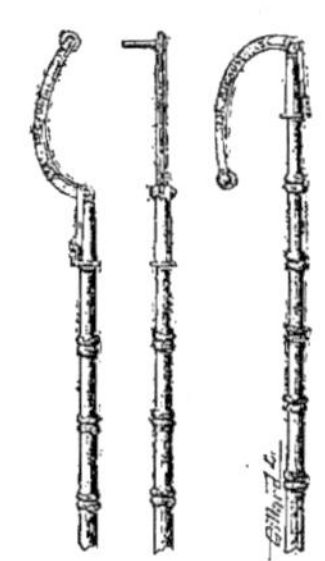

Fig. 19. — Perche à crochet Micault.

figurer à la classe 21. C'est une perche cylindrique en bois, de 30 à 35 mm de diamètre, et qui porte à sa partie supérieure un doigt en fer perpendiculaire à la tige. A la fois légère et solide, la perche peut être en frêne, en sapin, en acacia. Pour remonter une courroie avec cet appareil, l'ouvrier se place un peu sur le côté de la poulie, en tenant la perche, par rapport au corps, du même côté que la poulie. Il se place autant que possible devant le brin arrivant, le saisit en dehors de la jante avec le doigt du crochet (*fig.* 18) et l'amène au point de prise de la courroie et de la poulie. Faisant faire alors un quart de tour à la perche, il pousse la courroie sur la poulie en appuyant le bord dans l'angle du doigt, ce dernier suivant constamment le dehors de la jante.

Si la disposition des lieux ne permet pas à l'ouvrier de se tenir devant le brin arrivant et qu'il soit obligé de se placer devant le brin fuyant, l'ouvrier passera le doigt du crochet sous la courroie en le tenant parallèlement à l'arbre, puis il tournera la perche d'un quart de tour en l'écartant du corps, de manière à éviter le contact du doigt avec les brins de la poulie. Il placera la courroie sur la poulie au point de prise et, tournant de nouveau la perche, suivra la courroie en faisant glisser le doigt sous la jante.

La perche à crochet ne doit pas être trop courte. Il faut que l'ouvrier ne puisse pas la tenir devant lui et soit forcé de la tenir par côté (*fig.* 18). S'il en était autrement, il pourrait se faire que, par une manœuvre maladroite, le doigt du crochet fût pris dans les bras de la poulie ou bien entre la courroie et la jante, la perche rejetée violemment en arrière et l'ouvrier gravement blessé à la poitrine ou à la tête.

La **perche à crochet Micault,** due à M. Micault, tourneur-mécanicien à Paris, est une amélioration importante de la perche à crochet ordinaire. Elle a obtenu le premier rang au concours de monte-courroies portatifs ouvert par l'Association des Industriels de France contre les accidents du travail.

C'est, en principe, une perche à crochet dont la partie supérieure, qui porte le doigt monte-courroie, peut se plier et se fermer sur la partie inférieure, comme une lame de couteau sur son manche (*fig.* 19). Le doigt monte-courroie, entouré d'une gaine de caoutchouc, peut se tourner à volonté à droite ou à gauche de la perche ; il est maintenu par deux ergots qui l'empêchent de tourner ; une vis assujettit le tout.

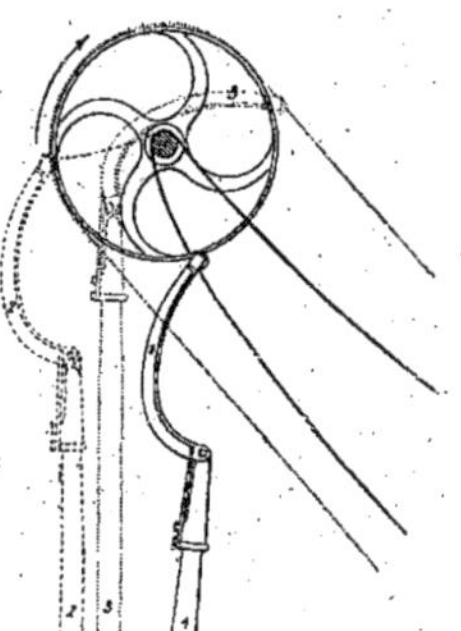

Fig. 20. — Premier cas.

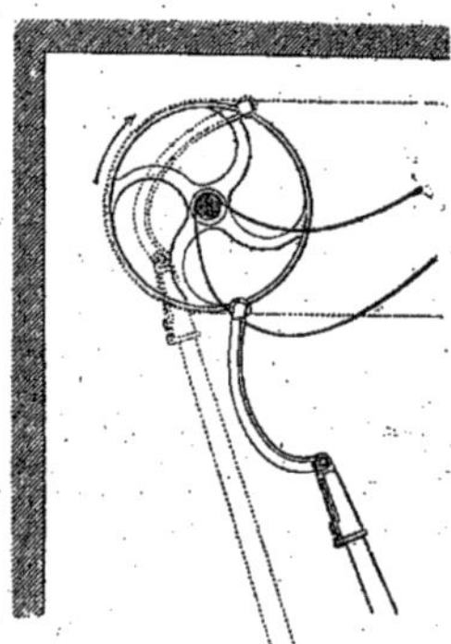

Fig. 21. — Second cas.

Pour remonter une courroie avec cet appareil, on peut, suivant les circonstances, procéder de deux manières différentes, la perche étant préalablement ouverte ou préalablement fermée.

Les exemples qui suivent vont faire comprendre la manœuvre de l'appareil. On remarquera qu'ici, contrairement à ce qui doit se faire avec la perche à crochet ordinaire, le doigt de la perche est engagé entre la jante de la poulie et la courroie et s'y maintient depuis le point de prise jusqu'au point de sortie.

Premier cas (*fig.* 20). — On saisit la courroie avec l'appareil ouvert; on l'amène au contact de la poulie, le doigt engagé entre celle-ci et la courroie. L'entraînement se produit et, lorsque le doigt arrive à la partie supérieure de la poulie, la perche se plie et le doigt continue son mouvement jusqu'à ce qu'il arrive au point d'échappement.

Deuxième cas (*fig.* 21). — La poulie est supposée placée très près d'un mur, qui ne permettait pas à l'ouvrier de se placer comme dans l'hypothèse précédente. On plie préalablement la perche, on saisit la courroie avec le doigt de la perche, on l'amène au point de prise, on appuie sur l'arbre et l'ouvrier exerce un effort de traction sur la perche ; la courroie monte en redressant l'appareil.

Troisième cas (*fig.* 22). — La perche est ouverte. La courroie, saisie par le doigt, est amenée au point de prise ; l'entraînement se fait et la perche se plie sous son action.

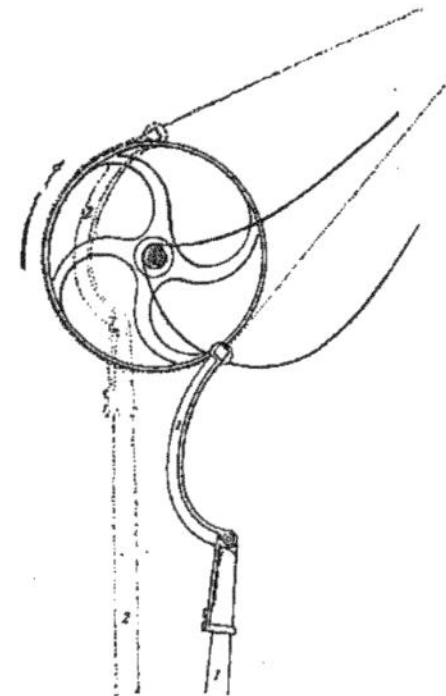

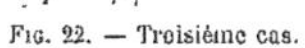
Fig. 22. — Troisième cas.

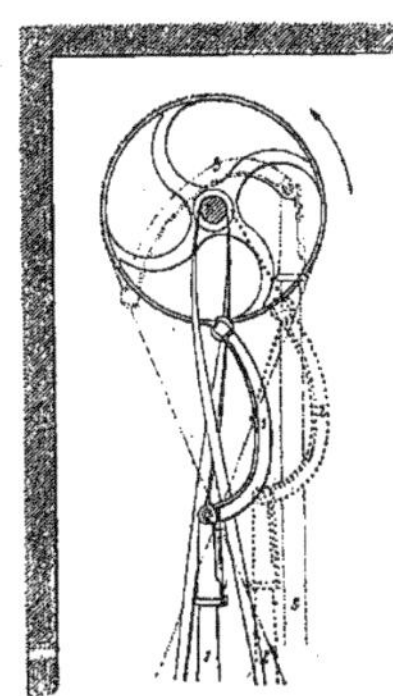
Fig. 23. — Quatrième cas.

Quatrième cas (*fig.* 23). — La perche est ouverte. La courroie, saisie par le doigt, est amenée au point de contact ; l'entraînement a lieu et la perche se plie, comme dans le cas précédent.

Monte-courroies pour cônes de transmission

Lorsqu'il s'agit de faire passer une courroie de transmission d'un étage d'un cône sur un autre, les ouvriers emploient généralement la perche à crochet pour le cône supérieur et guident la courroie avec la main ou une petite tige en bois sur le cône inférieur.

On a cherché depuis longtemps à remplacer cette manœuvre, qui peut être dangereuse, par l'emploi d'un appareil spécial permettant de faire passer aisément la courroie d'un étage à un autre. M. Duparque, alors inspecteur des ateliers de la Compagnie des chemins de fer du Nord, aux ateliers d'Hellemmes (Lille), avait conçu et installé dans ces ateliers un dispositif de cette nature. Plus tard, M. Rieger, fondeur-constructeur à Lure, a inventé et appliqué dans ses ateliers un appareil atteignant le même but.

C'est dans le même ordre d'idées que figurait à l'Exposition de 1900 le monte-courroie pour cônes du système Hirsch, exposé par l' « Aktiebolaget Verktygsmaskiner » de Stockholm. Nous le décrivons sous sa forme actuelle.

Une tige métallique T (*fig.* 24 à 30) est fixée, d'une part, au bâti de la machine-outil qui porte le cône inférieur et, d'autre part, à un point d'appui supérieur, dont le choix dépend des conditions locales. Cette tige peut tourner autour de son axe, par l'action d'une manette B, placée à portée de l'ouvrier, et maintenue par une vis de serrage.

A la partie supérieure de la tige T est disposée une pièce D qui peut coulisser, par l'ouverture *d*, le long de cette tige, et se fixer dans la position voulue, au moyen d'une vis de pression. Cette pièce D porte deux douilles A, dans lesquelles coulissent librement les deux tiges *m* et *n* qui portent l'anneau C. Le brin montant de la courroie passe dans cet anneau qui, dans le sens

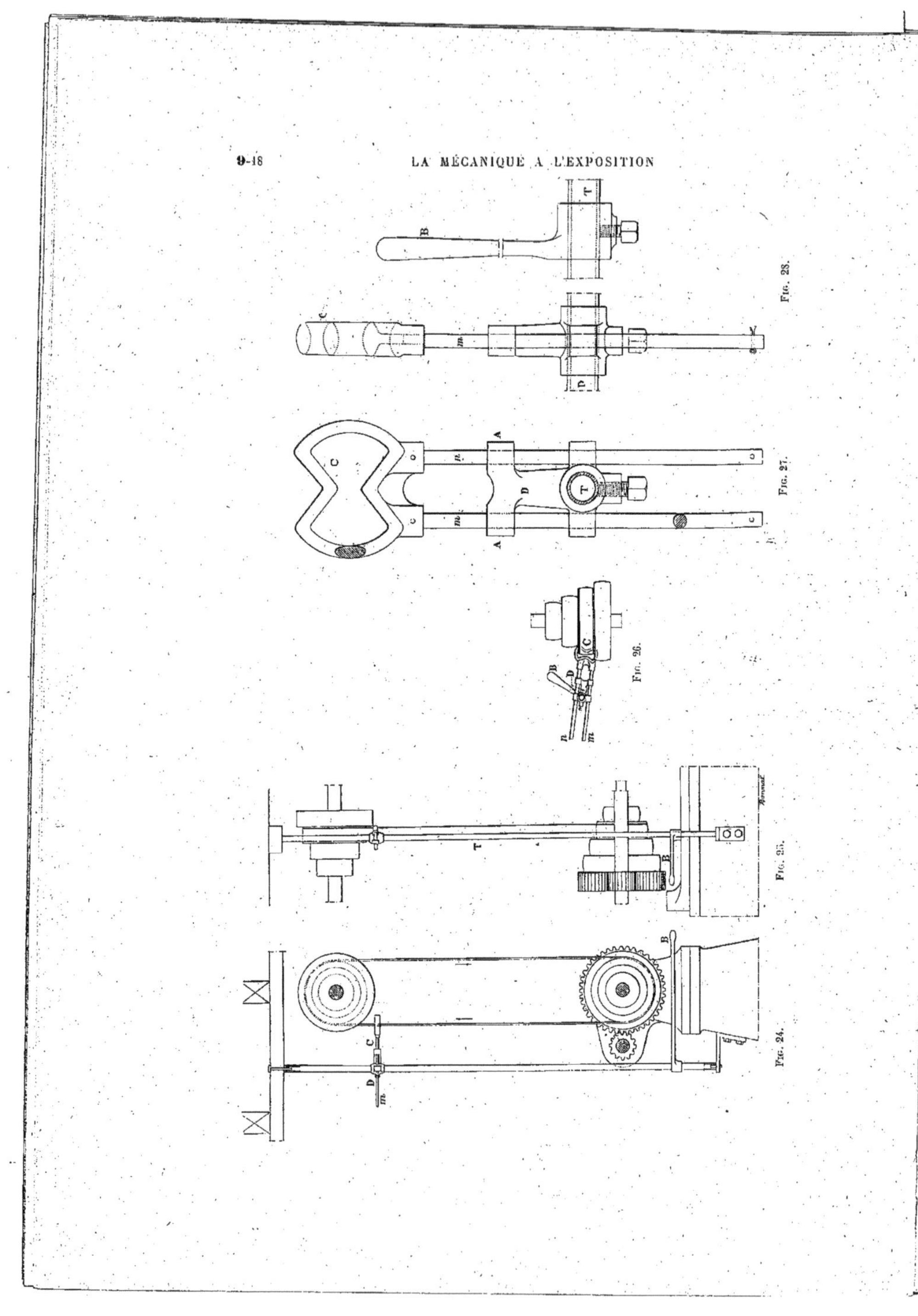

Fig. 28.

Fig. 27.

Fig. 26.

Fig. 25.

Fig. 24.

vertical, est placé un peu plus bas que le gradin le plus grand du cône supérieur. La forme

Application à une courroie inclinée.

Application à une courroie verticale.

Fig. 29. — Exemples d'application de l'appareil.

rentrante donnée aux deux grandes branches de l'anneau a pour but de faciliter la montée de la courroie d'un gradin sur le gradin suivant.

Pour effectuer soit la montée, soit la descente de la courroie, d'un gradin sur l'autre, il suffit, au moyen de la manette B, de faire tourner la tige T dans un sens ou dans l'autre ; le

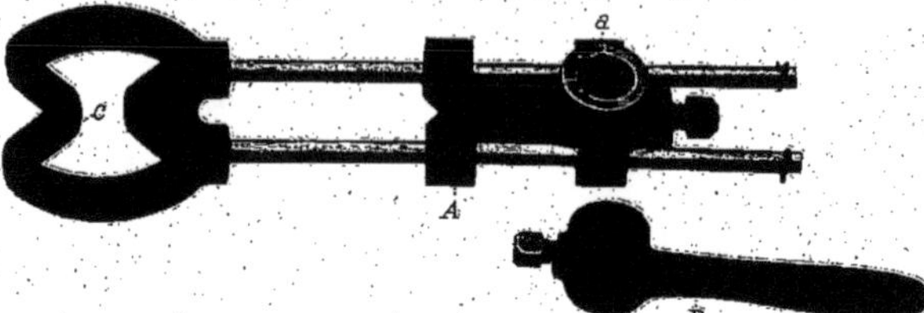

FIG. 30. — Détail de l'anneau et de la manette. — Vue d'ensemble.

déplacement de la courroie se fait très aisément, sous l'action de la pression exercée sur elle par l'anneau, qui coulisse en même temps dans la pièce D.

Protection des engrenages d'extrémité des tours

Les engrenages dits « de tête de cheval » des tours, placés à l'extrémité des tours à fileter, peuvent être une cause d'accidents, surtout lorsqu'ils se trouvent sur un passage. Il est donc

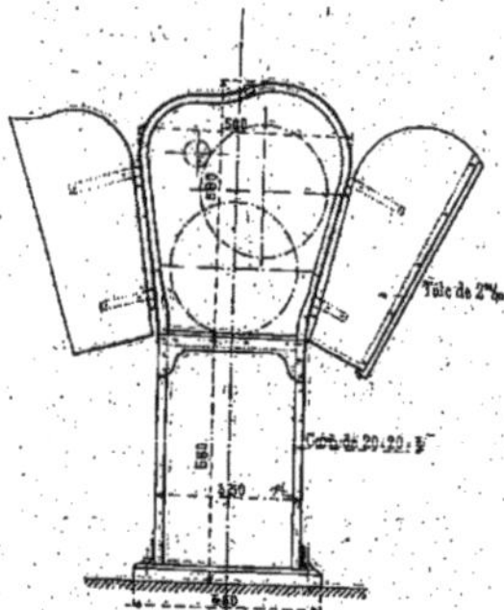

FIG. 31. — Volets ouverts.

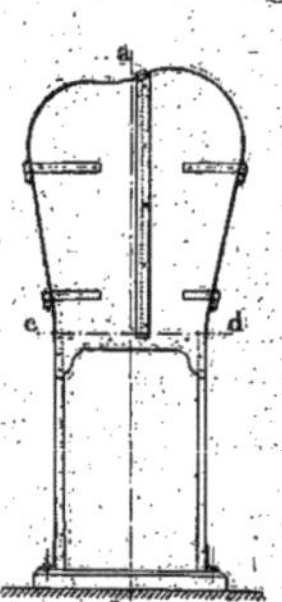

FIG. 32. — Volets fermés.

utile de les protéger. Mais, comme les divers filetages nécessitent des changements, parfois fréquents, de pignons dentés, il est impossible d'établir, pour la protection, des couvre-engrenages à demeure. On emploie quelquefois une caisse vide, placée debout, et dans l'intérieur de laquelle sont abritées les roues dentées ; on la met de côté pour effectuer les changements de pignon et on la remet en place ensuite. L'inconvénient est que l'ouvrier oublie quelquefois de la replacer. Les figures ci-jointes représentent trois dispositifs de protecteurs en tôle, appliqués dans les ateliers de M. Delaunay-Belleville et qui ont donné de bons résultats.

Premier dispositif. — Les roues dentées sont enfermées dans une enveloppe en tôle, supportée par deux tiges métalliques et fermée extérieurement par deux volets (*fig.* 31 et 32), qu'il suffit d'ouvrir pour pouvoir effectuer les changements de pignons.

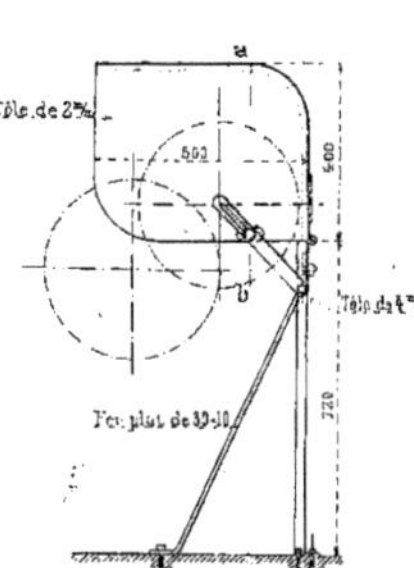
Fig. 33. — Protecteur fermé.

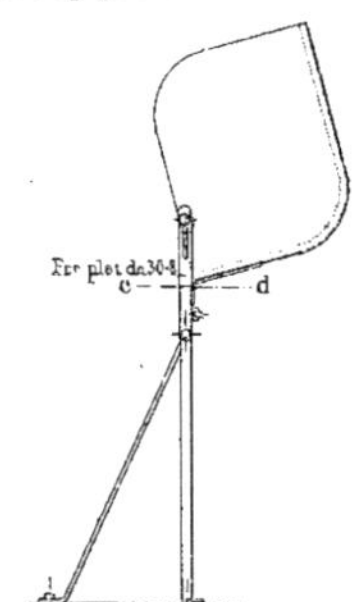
Fig. 34. — Protecteur ouvert.

Deuxième dispositif. — La capote protectrice est à bascule (*fig.* 33 et 34). Elle pivote autour d'un axe et se rabat en s'écartant du tour, de manière à permettre le libre accès des roues dentées.

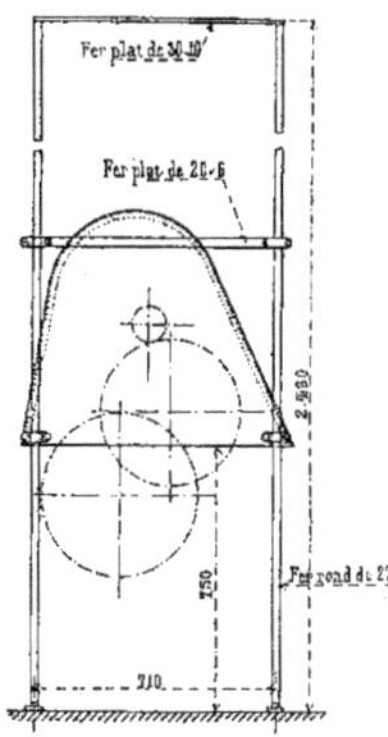
Fig. 35. — Vue de face.

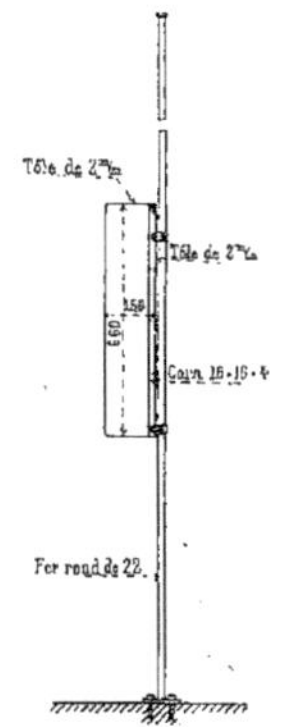
Fig. 36. — Coupe transversale.

Troisième dispositif. — La capote est à glissière (*fig.* 35 et 36). Deux tiges verticales, fixées au sol, la guident et lui permettent de s'élever et de dégager les roues dentées lorsqu'il est nécessaire.

MEULES

Protection des meules en composition

L'extension considérable que l'emploi des meules en composition a prise dans le travail industriel ne permet pas de rester indifférent aux risques d'accidents que présentent ces machines-outils. Ces risques sont de plusieurs sortes. Les uns proviennent de la projection, dans les yeux de l'ouvrier, de particules métalliques ou pierreuses détachées par le travail même; d'autres résident dans l'inspiration ou l'ingestion des fines particules de même nature qui, pénétrant dans les poumons ou dans les voies digestives, peuvent amener l'éclosion de certaines affections, notamment de la phtisie pulmonaire; d'autres, enfin, les plus effrayants par leurs conséquences immédiates, ont pour cause l'éclatement de la meule et la projection dans l'atelier, au milieu des ouvriers, des fragments de cette meule, animés d'une vitesse considérable.

L'emploi des lunettes d'atelier, sur lesquelles nous reviendrons plus tard, permet de préserver les ouvriers des blessures aux yeux.

Pour les soustraire à l'inspiration des fines particules produites par le travail, il est nécessaire de produire une aspiration de ces particules au point même où elles prennent naissance. Cette aspiration peut être déterminée à l'aide d'un ventilateur spécial ou bien elle peut résulter du mouvement de rotation de la meule.

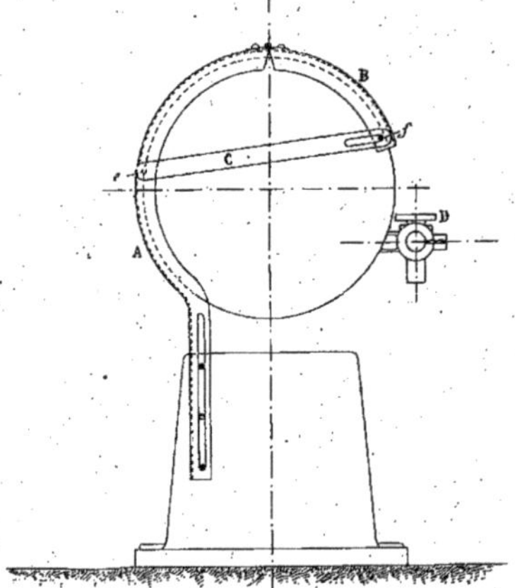

Fig. 37. — Pare-éclats Masson.

Enfin, pour éviter les conséquences dangereuses d'un éclatement, qui peut toujours se produire, il est nécessaire d'entourer la meule d'une solide capote de protection qui retienne les éclats et s'oppose à leur projection dans l'atelier.

Nous décrivons, dans cet ordre d'idées, deux dispositifs protecteurs qui figuraient à l'Exposition. L'un est dû à M. Masson, directeur des anciens établissements Bailly, à Nancy; l'autre est une machine à meuler, construite par M. Huré, constructeur à Paris.

Pare-éclats de M. Ch. Masson

Le pare-éclats pour meules en composition, créé par M. Ch. Masson, directeur de la Société des établissements Bailly, à Nancy, se compose (*fig.* 37) de deux pièces A et B, ayant la forme d'un fer en U, et qui sont assemblées au moyen d'une forte charnière. Elles enveloppent la meule sur une partie de sa circonférence. La pièce A se prolonge inférieurement par une sorte de queue qui permet, au moyen d'une coulisse et de deux ou trois goujons ou boulons, de la fixer solidement au socle de la meule. Les deux pièces A et B sont reliées l'une à l'autre par l'entretoise en fer plat C et les goujons *e*, *f*, fixés dans l'une des ailes. Le goujon *f* peut se déplacer dans une coulisse de la pièce C, ce qui permet, au fur et à mesure de l'usure de la meule, de rapprocher les différentes pièces de l'appareil.

Machine à meuler de M. P. Huré

La machine à meuler construite par M. P. Huré, ingénieur mécanicien à Paris, présente des dispositions protectrices contre les éclats et contre les poussières.

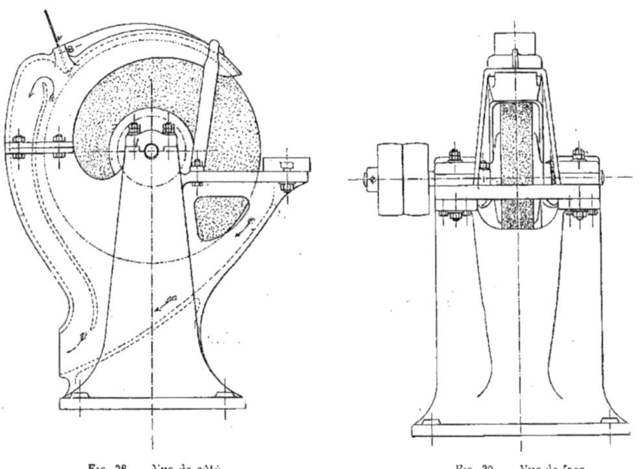

Fig. 38. — Vue de côté. Fig. 39. — Vue de face.

Elle se compose (*fig.* 38 à 41) d'un solide bâti en fonte, d'une seule pièce, portant deux paliers à coussinets en bronze, à longue portée, et dont le graissage se fait automatiquement.

Ces coussinets sont complètement fermés et à l'abri des poussières. L'arbre qui porte la meule est en acier. Il comporte deux paires de plateaux en fonte : l'une, de grand diamètre, qui sert quand la meule est neuve ; l'autre, de plus petit diamètre, qu'on substitue à la première lorsque l'usure de la meule l'exige.

Un protecteur en acier coulé recouvre la meule. Ce protecteur est renforcé par une nervure et fortement boulonné à l'arrière du bâti par un étrier en fer forgé, qui accroît sa résistance.

A la partie antérieure, le bâti forme une cuvette qui reçoit les poussières produites par le meulage. Une vanne en tôle, que l'on peut approcher de la meule au fur et à mesure que cette dernière s'use, arrête les poussières et les oblige à passer dans un conduit en forme d'S placé derrière le bâti. Elles suivent la direction des flèches indiquées sur les figures 38 et 41 et sortent par l'orifice inférieur.

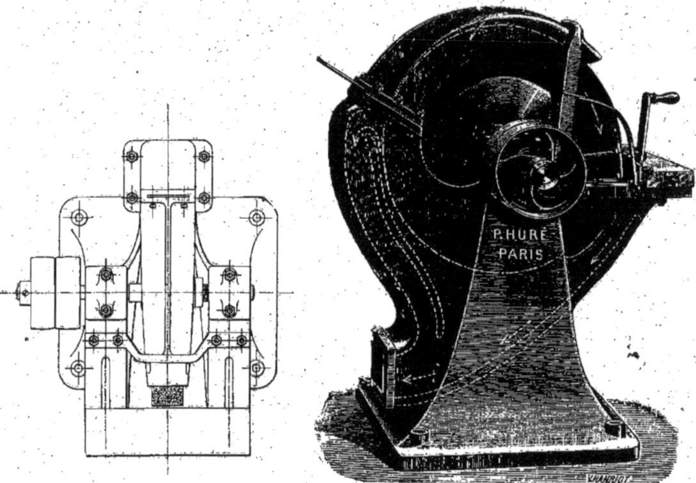

Fig. 40. — Vue en plan. Fig. 41. — Vue d'ensemble.

Là on peut les recueillir dans un bac rempli d'eau ou les aspirer dans une canalisation spéciale.

Les poulies fixe et folle de la meule sont munies d'un embrayage de sûreté, qui s'oppose à une mise en route imprévue.

APPAREILS DE LEVAGE

Cric à manivelle de sûreté Dubois

On sait que, dans le cric ordinaire, la crémaillère qui porte le fardeau à soulever est actionnée par un jeu d'engrenages commandés par une manivelle. Pour s'opposer à la descente de la charge, on emploie un cliquet agissant sur une roue à rochet fixée sur l'arbre de la manivelle. Tant que le cliquet est en contact avec cette roue, la charge est maintenue. Pour la faire descendre, il faut soulever le cliquet. C'est alors que peuvent se produire de graves accidents,

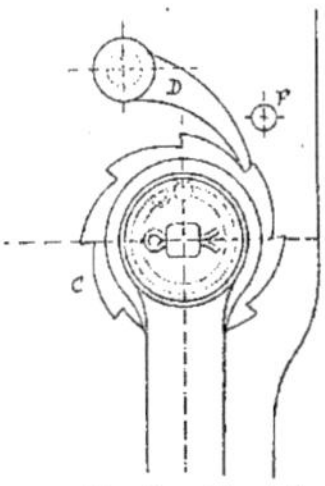

FIG. 42. — Vue de face.

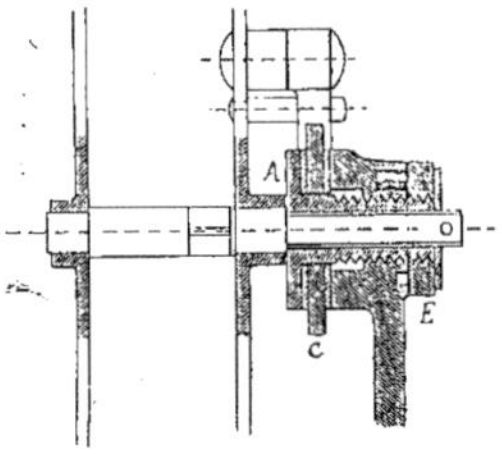

FIG. 43. — Coupe.

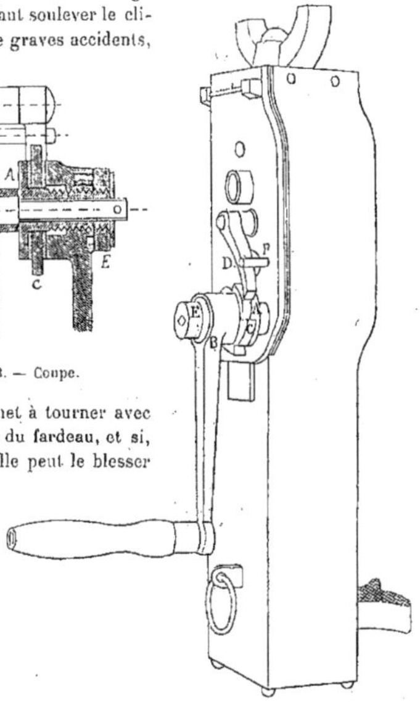

FIG. 44. — Vue perspective du cric à manivelle de sûreté.

si la manivelle échappe à l'ouvrier. Elle se met à tourner avec une grande rapidité, sous l'action du poids du fardeau, et si, dans sa rotation, elle frappe un ouvrier, elle peut le blesser grièvement.

Pour éviter cette cause d'accidents, M. Dubois, ingénieur à la Compagnie des chemins de fer de l'Ouest, a inventé la manivelle de sûreté qui porte son nom et dont l'application est déjà faite sur une grande échelle. Cet appareil est construit par la Société alsacienne de constructions mécaniques. Il joue le rôle d'un véritable frein, et sa construction simple, son efficacité absolue en font un excellent appareil de sécurité.

Sur l'arbre de la manivelle du cric est fixée une douille A (*fig.* 42 à 44), qui porte un collet et une vis. La roue à rochet C est montée folle sur cette douille, et peut être serrée contre le collet par la manivelle. Celle-ci se visse sur la douille. Une rondelle E, fixée sur l'arbre, maintient la manivelle en place, tout en lui laissant un jeu extrêmement faible, d'une fraction de millimètre.

Pour soulever le fardeau, on tourne la manivelle; elle se visse sur la douille, serre la roue à rochet entre elle et le collet, et cette roue devient solidaire du mouvement de l'arbre et tourne avec lui, comme dans un cric ordinaire.

Pour faire descendre le fardeau, on tourne la manivelle en sens contraire. Elle se dévisse sur la douille A; la roue à rochet, cessant d'être serrée contre le collet, redevient folle et ne s'oppose plus à la descente du fardeau. Mais, dès que cette descente commence à se produire, c'est l'arbre de la manivelle qui, à son tour, se visse dans le moyeu de celle-ci qui revient en avant, resserre la roue à rochet contre le collet et, la rendant solidaire de l'arbre, arrête la descente de la charge.

Cette descente ne peut donc se produire que lorsqu'on détourne la manivelle, à la main.

La bonne exécution de la manœuvre de cet appareil nécessite que l'on ne relève jamais le cliquet D et qu'il reste toujours en prise avec la roue à rochet. A cet effet, un arrêt F ne laisse à ce cliquet que le jeu strictement nécessaire au passage des dents de la roue pendant la montée de la charge.

Dispositif protecteur pour monte-charges de la Compagnie générale des Conduites d'eau, aux Vennes

Le dispositif de sécurité pour monte-charges de la Compagnie générale des Conduites d'eau, aux Vennes (Liège), était exposé par l'Association des Industriels de Belgique contre les accidents du travail.

Il a été conçu pour répondre aux trois points suivants :

1° Impossibilité d'ouvrir la porte donnant accès à l'intérieur de l'ascenseur tant que la cage n'est pas arrêtée à l'étage;

2° Impossibilité de mettre l'ascenseur en marche quand la porte n'est pas fermée;

3° Arrêt automatique de la cage aux points extrêmes de la course ou aux étages intermédiaires, s'il y a lieu.

Dans les figures 45 et 46, A représente la charpente de l'ascenseur, B la porte ou l'une des portes, s'il y a plusieurs étages, C et C' sont les pentures de cette porte, D son verrou mécanique, E la clenche de la porte, manœuvrée à la main, F la cage, G le mécanisme de commande du débrayage de la courroie actionnant le treuil ou bien le mécanisme commandant un moteur quelconque.

Ce dernier mécanisme peut être manœuvré à la main de l'intérieur de la cage ou de l'extérieur de la charpente de l'ascenseur. Le dessin représente la cage au départ de sa course ascensionnelle et la porte complètement fermée.

Quand la cage monte, le plan incliné *a*, qui est supposé représenter un premier taquet fixé à la cabine, rencontre le galet *b* monté sur la tige *e* et, par suite de l'effet de came, fait avancer cette tige vers la droite. Au moyen du balancier *f*, la tige *e* repousse le verrou D vers la gauche, ce qui permet d'ouvrir la porte à la main.

Aussitôt que le verrou D est sorti de sa gâche, la cage s'est arrêtée automatiquement.

Pour atteindre ce résultat, la cabine porte un second taquet *h* qui rencontre, soit que la cage monte, soit qu'elle descende, l'un ou l'autre des taquets de la tige G, et manœuvre ainsi le débrayage de la courroie.

Par exemple, si, au lieu d'une transmission par courroie, c'est un moteur électrique qui actionne le treuil, la tige G commandera alors le rhéostat.

Si l'ascenseur doit desservir plusieurs étages, et en supposant que la cage ne doive s'arrêter qu'au dernier, elle fera jouer le verrou D de chaque porte intermédiaire et, aussitôt qu'elle sera passée, le verrou rentrera dans sa gâche sous l'action du ressort à boudin.

Le même effet se produira lorsque la cage descendra, la contre-ponte a' faisant alors jouer chaque verrou.

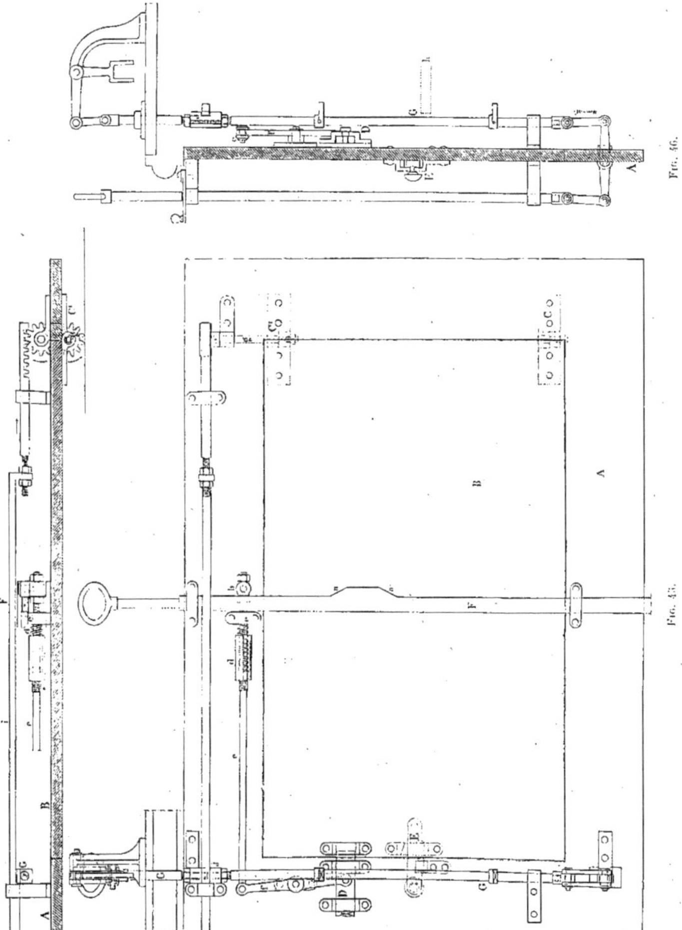

Fig. 46.

Fig. 45.

La cage étant arrêtée, on ouvre à la main la porte B, soit pour entrer dans cette cage, soit pour en sortir. Cette manœuvre de la porte fait tourner le pivot g, solidaire de la demi-penture C' fixée sur la porte. Le mouvement circulaire du pivot g imprime, par l'intermédiaire de roues dentées, un mouvement rectiligne vers la droite à la tige i. Celle-ci porte à son extrémité une partie saillante qui s'engage alors entre les lèvres de la pièce j et immobilise ainsi la tige G.

Il faut nécessairement pousser la porte tout à fait contre la charpente de l'ascenseur pour que le mouvement du débrayage soit de nouveau libre.

Dispositif de sécurité pour ascenseurs du système Stigler

Si l'on veut pouvoir compter sur le fonctionnement rapide et certain des appareils de sûreté, il est indispensable qu'ils soient entretenus en bon état.

Ceci est particulièrement vrai en ce qui concerne les ascenseurs. C'est pourquoi M. A. Stigler, ingénieur-constructeur à Milan, a créé un dispositif destiné à immobiliser la cabine de l'ascenseur, si la vitesse de descente devient, pour une cause quelconque, trop considérable.

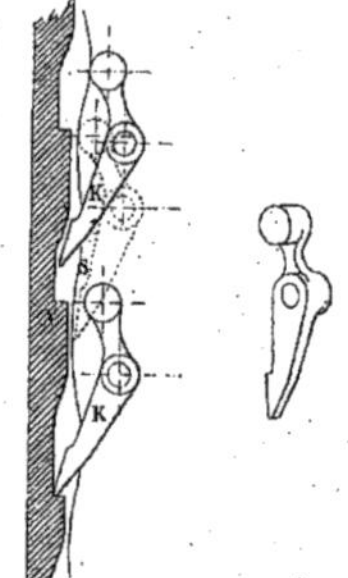

Fig. 47 et 48. — Dispositif de sûreté, système Stigler.

L'arrêt se produit également si le dispositif protecteur n'est pas en bon état d'entretien.

Sur la cabine F (*fig.* 47 et 48), en face de chaque guide, est fixé un petit pendule K. Le bras inférieur de ce pendule, étant le plus lourd, tend constamment à appuyer le bras supérieur, muni d'un petit galet, contre un rail ondulé S, que porte le guide. A côté de ce rail, le guide est taillé en crémaillère, présentant une série de talons V. Lorsque la vitesse de descente est normale, le galet du pendule suit sans interruption l'ondulation du rail et le bras inférieur n'est pas retenu par le talon V. Mais, si la vitesse devient plus grande, le bras inférieur arrive dans l'échancrure sans avoir eu le temps de s'en écarter, et la cabine s'arrête.

L'arrêt se produit également, même à la vitesse normale de descente, si, l'axe du pendule se trouvant encrassé, celui-ci n'effectue pas ses mouvements en toute liberté. Prévenu ainsi du mauvais état d'entretien de cet organe, le voyageur regagne l'étage supérieur, ce à quoi rien ne s'oppose, et il suffit alors de nettoyer et graisser le pendule.

En cas de vitesse très grande de descente, l'arrêt brusque produit par l'action de ce petit levier peut avoir des inconvénients. Pour les atténuer, M. Stigler a combiné l'action du pendule avec celle des mâchoires d'arrêt dont la cabine est munie. L'axe du pendule peut se déplacer un peu, de bas en haut, au moment du choc, et déterminer, au moyen de tirants, la mise en jeu des mâchoires d'arrêt dont l'action, moins brusque, donne un arrêt plus doux.

Dispositif de sécurité A. Gisclard pour tire-sacs

Dans un certain nombre de locaux industriels, on élève, au moyen de tire-sacs, et généralement à un étage élevé, des fardeaux divers, tels que sacs, ballots, etc., pris dans une cour ou sur des voitures, wagons, bateaux, etc. Lorsque le fardeau, dans son mouvement d'ascension, est arrivé à la hauteur de la fenêtre de l'étage où il doit entrer, un ouvrier de service à cette fenêtre, se retenant d'une main à la feuillure de l'encadrement, se penche au dehors pour saisir et amener à lui la charge. Pour la facilité de la manœuvre, la fenêtre, ouverte sur toute sa hauteur à partir du ras du plancher, ne présente pas de garde-corps. L'ouvrier de service à cette fenêtre est donc exposé à une chute mortelle, soit qu'il soit pris d'un étourdissement, soit par suite d'une fausse manœuvre de sa part ou de celle des ouvriers qui actionnent le tire-sacs.

Pour supprimer ce danger, M. A. Gisclard, chef de bataillon du Génie, a imaginé un dispositif de garde-corps oscillant, qui ne laisse béante l'ouverture de la fenêtre que juste pendant l'entrée du fardeau.

Les figures 49 et 50 représentent ce dispositif.

Un volet plein, en bois, V, de $0^m,90$ de hauteur environ, peut tourner autour d'un axe horizontal placé à la partie inférieure de la fenêtre et se rabattre horizontalement à l'intérieur de la salle. Dans sa position verticale, il s'appuie soit contre la feuillure de la fenêtre, soit, si on veut le placer dans le plan du parement du mur, contre deux solides taquets d'arrêt fortement scellés dans le mur.

Ce volet mobile, constituant un garde-corps, est équilibré par deux contrepoids en fonte, qui tendent constamment à le ramener à la position verticale, et permettent son déplacement sous un léger effort.

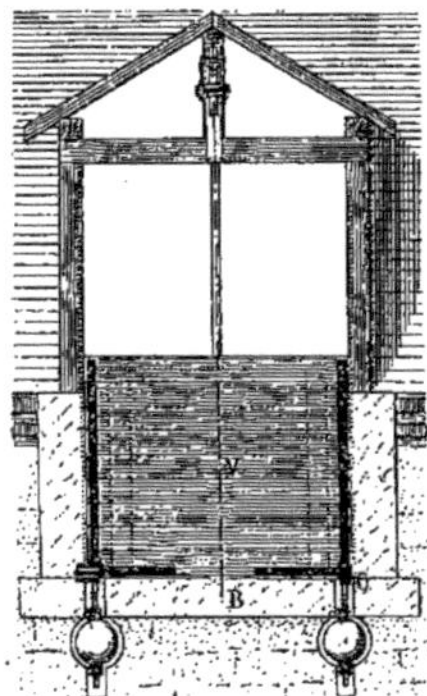

FIG. 49. — Vue de face.

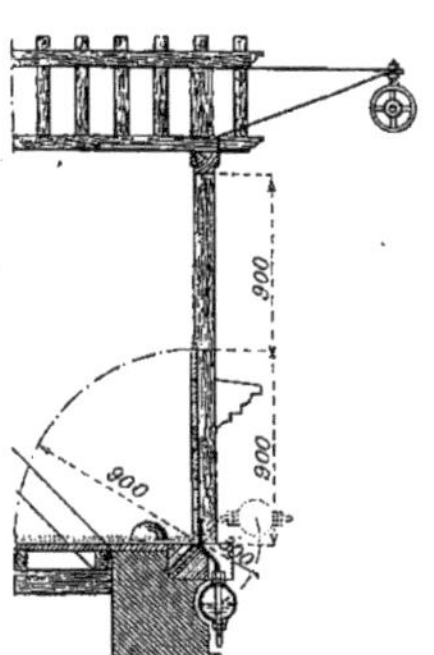

FIG. 50. — Vue en coupe.

La position et le poids de ces boules creuses en fonte doivent être déterminés en conséquence. Le meilleur résultat sera obtenu lorsque le centre de gravité du système (volet et contrepoids) se déplacera, comme positions extrêmes, sur un quart de cercle vertical dont le rayon médian sera horizontal. On se réservera, d'ailleurs, des moyens de réglage, en faisant mouvoir les contrepoids le long de tiges filetées, sur lesquelles on les fixera par écrou et contre-écrou.

L'ouvrier préposé au service de la fenêtre se trouve placé derrière le volet, qui lui assure une protection efficace. Il peut s'appuyer sur lui sans crainte, pour attirer le fardeau. Celui-ci, venant presser sur le volet, le rabattra complètement, s'il le faut, pour se frayer passage ; puis le volet dégagé se relèvera de lui-même pour reprendre sa position verticale.

Si, par suite d'une fausse manœuvre, la charge venait à être ramenée brusquement au dehors pendant que l'ouvrier l'attire à lui, le volet, se relevant de lui-même et accompagnant la charge dans son mouvement de retraite, s'interpose toujours entre l'ouvrier et l'extérieur.

Le volet plein en bois pourrait être remplacé par un garde-corps à barreaux métalliques, qui devraient être assez rapprochés pour que l'homme ne pût glisser à travers. Le volet plein a l'avantage de s'opposer à la chute de tout objet, quel qu'il soit. Ce dispositif, qui a fonctionné à l'infirmerie vétérinaire du 12e régiment d'artillerie, à Vincennes, pour emmagasiner les fourrages dans un grenier, a donné d'excellents résultats. La simplicité de son mécanisme, son prix peu élevé, permettent d'espérer la généralisation rapide de son emploi.

INDUSTRIE DU BOIS

Protection des machines à travailler le bois

Les machines que l'industrie emploie pour le travail du bois agissent au moyen de lames tranchantes animées d'une grande vitesse. Les nombreux et graves accidents qu'elles ont occasionnés rendent nécessaire l'application de mesures protectrices spéciales. Un grand nombre ont été proposées, et l'on peut dire que, dans ces dernières années, des progrès très sérieux ont été réalisés dans cette voie.

SCIE A RUBAN

Les accidents qui se produisent à la scie à ruban proviennent généralement soit de la lame, soit des poulies-guides.

Protecteur Kirchner

Deux garde-lames en bois, à charnière, pouvant s'ouvrir pour permettre les changements de lame (*fig.* 51 et 52), protègent les deux brins du ruban au-dessus et au-dessous de la table de

Fig. 51. — Protecteur Kirchner.

travail. L'ouvrier est protégé, contre les conséquences d'une rupture de la lame et le fouettement de celle-ci dans l'atelier, par une bande de fer large et cintrée, qui recouvre la poulie-guide supérieure. Cette poulie-guide supérieure est protégée par un capuchon en treillis de fil de fer ou en tôle perforée. Quant à la poulie-guide inférieure, sa protection réside dans une double porte

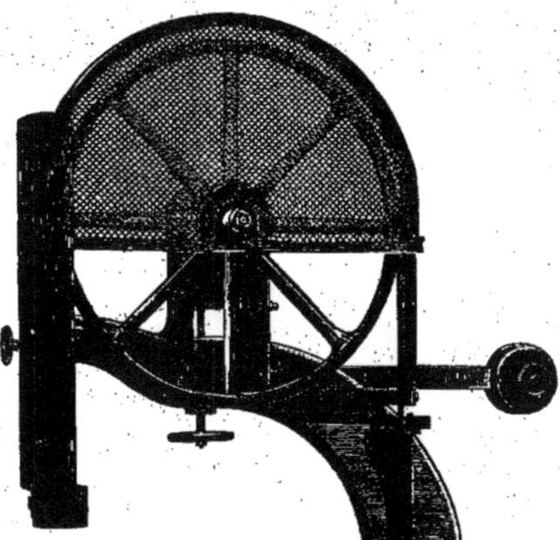

FIG. 52. — Protecteur Kirchner.

qui s'ouvre au milieu et se ferme par un verrou. Cette porte est également en treillis de fil de fer ou en tôle perforée.

SCIE CIRCULAIRE

La scie circulaire est l'une des machines les plus dangereuses de l'industrie. C'est aussi l'une des plus difficiles à protéger. Le danger qu'elle présente résulte de la nature même de l'outil et de la vitesse considérable dont il est animé. Relativement moindre lorsque la scie doit exécuter toujours le même travail, le danger augmente lorsqu'elle doit exécuter des travaux très variés, avec des bois dont la nature, la forme et la dimension varient elles-mêmes beaucoup. En même temps que les risques d'accident croissent, les difficultés de la protection s'augmentent aussi, car on se trouve en présence d'un plus grand nombre de conditions à satisfaire.

Les conditions générales que doit remplir un appareil préventif pour scie circulaire sont diverses, en raison de la multiplicité des applications de cette machine-outil. La partie inférieure de la scie sous la table doit être protégée, afin que la main de l'ouvrier ne puisse se faire blesser s'il venait à passer la main sous la table pour faire tomber la sciure. Quant à la partie supérieure de la lame, celle qui se trouve au-dessus de la table, sa protection est assurée par deux organes qui se complètent mutuellement : le chapeau de sûreté ou couvre-scie et le couteau diviseur. Ces deux organes sont généralement associés dans un même appareil.

FIG. 53. — Application à un petit plateau.

FIG. 54. — Application à un grand plateau.

FIG. 55. — Vue d'ensemble.

Couvre-scie Kirchner

Le protecteur Kirchner pour scie circulaire se compose (*fig.* 53 à 55) d'un couteau diviseur et d'un chapeau de sûreté.

Le couteau diviseur est formé d'une lame d'acier qui, du côté de la denture, est découpée suivant un arc de cercle à peu près concentrique au plus grand plateau qui peut se monter sur l'arbre. Elle est affûtée, pour faciliter le passage du bois, et peut se régler horizontalement et verticalement, au moyen de coulisses convenables, en raison du diamètre des plateaux de scie.

Le chapeau de sûreté, construit en tôle perforée, est fixé au couteau diviseur au moyen d'un boulon et d'une coulisse, qui permettent de régler la position du chapeau, suivant les dimensions du plateau. Du côté de l'ouvrier scieur, les deux joues du chapeau ne sont pas réunies par une tôle pleine, de manière à permettre de voir le trait de scie.

Couvre-scie système Marcy et Bance

Cet appareil fonctionne dans les ateliers de Rennes de la Compagnie des chemins de fer de l'Ouest.

Une armature métallique est fixée à un support mobile, boulonné sur la table de la scie (*fig.* 56).

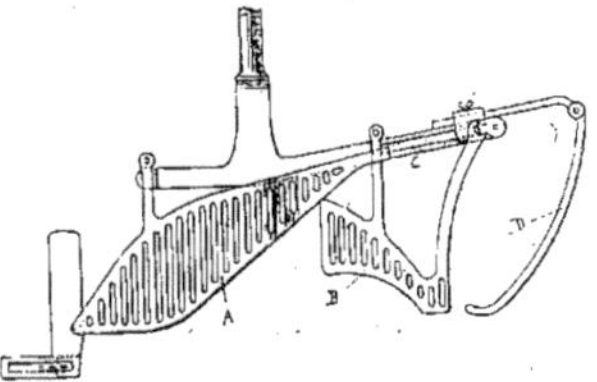

Fig. 56. — Couvre-scie Marcy et Bance.

Sur cette armature sont articulés deux papillons B à l'avant de la scie, deux papillons A à l'arrière. Ces quatre papillons, qui sont ajourés, enveloppent la scie sur ses deux faces.

L'axe des papillons B peut se déplacer dans une coulisse *c* pratiquée dans l'armature, ce qui permet de régler longitudinalement ces deux secteurs suivant les diamètres des plateaux de scie. Ils présentent un certain écartement qui permet le passage d'une fourchette D protégeant le devant de la scie. Cette fourchette, évidée pour ne pas masquer le trait de sciage, se règle à volonté en coulissant sur l'armature et se fixe sur la vis V.

Le couteau diviseur sert de guide aux flasques d'arrière ; il est immobile lui-même pour qu'on puisse le régler toujours très près de la denture.

Chapeau de sûreté Guilliet et fils

Le chapeau de sûreté de MM. Guilliet et fils, constructeurs à Auxerre, est supporté (*fig.* 57 à 60) par une colonnette en fer A, munie d'un pied en fonte B. Une pièce C en fonte peut monter et descendre le long de la colonnette A et se fixer à volonté au moyen d'une vis de pression. Cette pièce est percée d'un trou horizontal, dans lequel glisse l'arbre D supportant une pièce E, en bronze. Dans celle-ci sont pratiquées deux mortaises parallèles F et G. La pièce E porte, d'une part, le couteau diviseur H, et, d'autre part, l'axe du couvre-scie I.

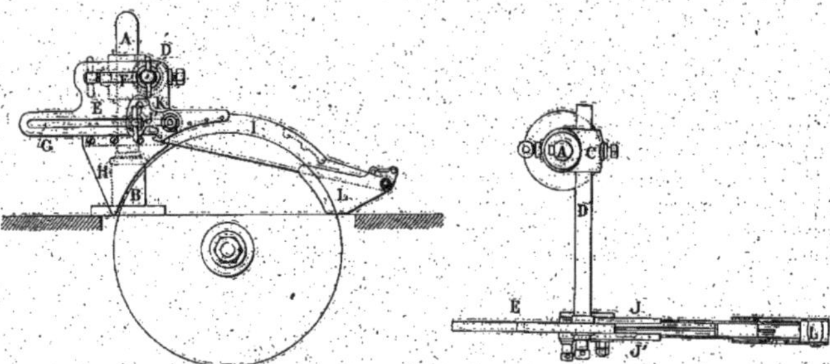

Fig. 57. — Élévation longitudinale. Fig. 58. — Vue en plan.

Celui-ci se compose de deux joues parallèles, en tôle d'acier, entretoisées et rivées à l'arrière sur deux pièces de bronze, J et J', portant des mortaises K.

Fig. 59. — Élévation de face. Fig. 60. — Couvre-scie Guilliet et fils.

A l'extrémité avant du chapeau, un nez articulé L est destiné à se trouver, pendant le sciage, en contact permanent avec le bois et à masquer la denture avant du plateau, à la fin du sciage. Ce nez se compose de deux plaques de tôle entretoisées, qui pivotent autour d'un axe fixé sur le chapeau.

La pièce C permet de monter ou descendre, à volonté, l'ensemble de l'appareil. Au moyen des mortaises K, on peut modifier l'inclinaison du chapeau. Enfin, les mortaises F et G permettent d'éloigner ou de rapprocher de l'axe de la scie le couteau diviseur et le nez articulé, suivant les variations de diamètre des lames.

Couvre-scie de M. E. Oberlin

L'appareil de M. Oberlin, constructeur à Colmar, est représenté par les figures 61 à 66. Il peut s'appliquer aussi bien aux scies circulaires à table fixe qu'à celles à table mobile ou chariot.

Toutes les pièces de cet appareil prennent leur attache sur une équerre en fonte A, qui se monte par deux boulons contre la charpente de la scie et de telle façon que le couteau diviseur C se trouve exactement dans le plan de la lame S.

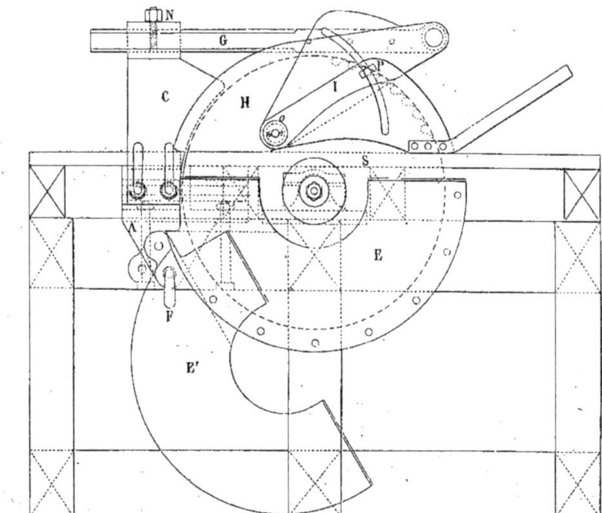

FIG. 61. — Vue de face, l'appareil au repos.

Cette équerre porte le chapeau inférieur E, qui recouvre suffisamment la denture des différents plateaux pour qu'elle ne puisse être atteinte pendant l'enlèvement des sciures ou toute autre occupation sous la table. Ce chapeau se compose de deux demi-disques en tôle de 2 mm, solidement entretoisés par des chevilles rivées et une charnière portant deux trous, l'un servant d'articulation au chapeau, et l'autre, à l'aide d'une cheville à poignée F, de point d'arrêt. Quand on retire cette cheville, le chapeau se rabat en tournant sur le boulon fixe, et la scie est dégagée. La tôle de gauche est plus élevée que celle de droite et a ses bords supérieurs repliés en équerre pour servir d'appui aux pièces du chapeau supérieur quand le chariot se trouve refoulé au-delà du couteau diviseur.

L'équerre en fonte A porte une rainure en queue d'hironde, dans laquelle glissent deux boulons et la contre-plaque D, qui servent à arrêter le couteau diviseur C dans ses différentes positions. A cet effet, la contre-plaque D porte trois nervures : l'une, au dos, s'engage dans la rainure de l'équerre A et les deux autres, sur ses bords de face, maintiennent le couteau verticalement. Celui-ci ne peut ainsi pivoter et se trouve solidement fixé à l'équerre.

Ce couteau doit être en tôle d'acier fondu; une plaque de fer à deux coulisses le renforce par le bas à l'endroit du serrage. Dans le haut, il porte deux coulisses et une bride d'arrêt pour les règles mobiles du chapeau supérieur.

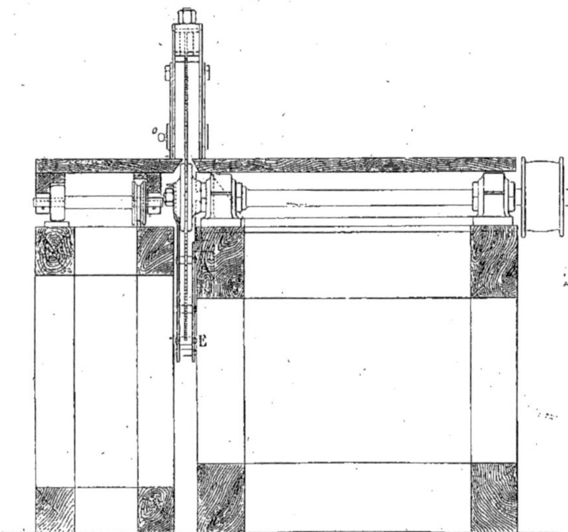

Fig. 62. — Vue de côté.

L'épaisseur du couteau diviseur varie de 4 à 3 mm, la plus forte en bas, correspondant aux lames de grand diamètre pour lesquelles le couteau est entièrement sorti, la plus faible en haut pour les lames de petit diamètre et le couteau plus ou moins rentré. Le couteau

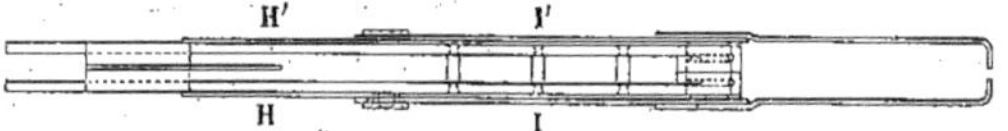

Fig. 63. — Vue en plan.

est large et rigide, afin de maintenir le mieux possible le chapeau latéralement; il se déplace facilement en longueur et en hauteur pour être fixé à l'écartement voulu de la denture des lames de diamètre variant entre 300 et 600 mm. Les deux règles biseautées G glissent, comme le montre le dessin, dans la tête du couteau diviseur; elles sont solidement entretoisées par des chevilles rivées, rapprochées de façon à permettre de voir la lame et pour arrêter les projections de sciure ou petits éclats pendant la marche. L'extrémité de ces règles forme deux larges charnières indépendantes l'une de l'autre et recevant les grandes ailes en tôle, H et H', du chapeau. Ces charnières sont assez larges pour assurer la position verticale des ailes H et H', et éviter leur dévers. Les règles G les guident également.

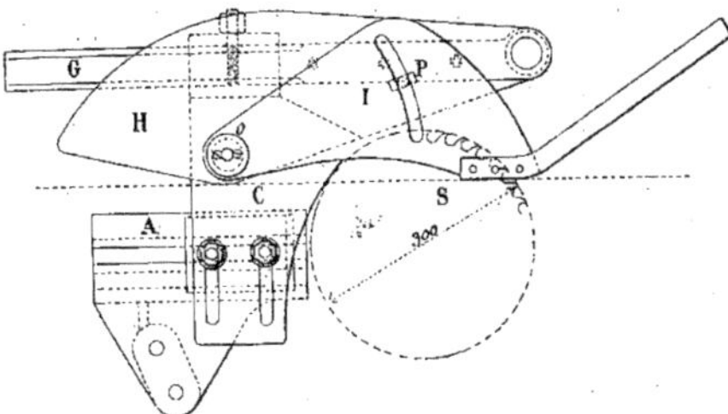

FIG. 64. — Chapeau disposé pour une scie de petit diamètre.

Ces grandes ailes H et H' en portent deux plus petites I et I', articulées en O et maintenues en plus par un piton à double talon P avec coulisse.

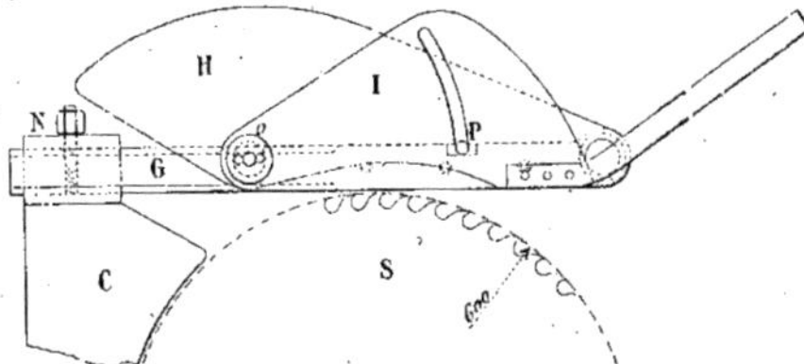

FIG. 65. — Chapeau relevé pour permettre le changement de scie.

Elles sont prolongées chacune par un bras incliné qui se soulève et les entraîne sous la poussée de la pièce en acier.

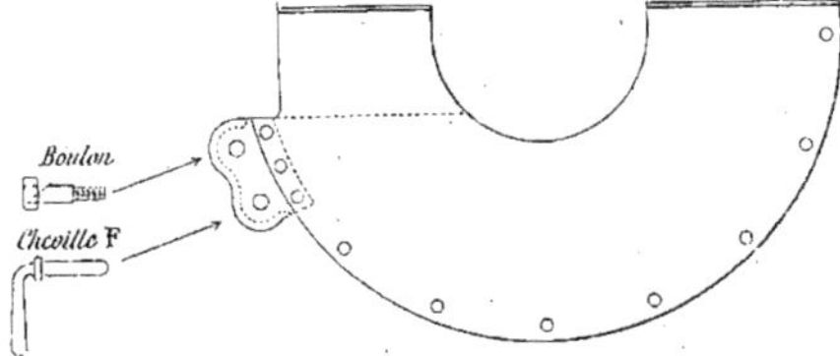

FIG. 66. — Protection du plateau de scie sous la table.

Ces quatre ailes sont assemblées de telle façon qu'elles se maintiennent réciproquement tout en étant indépendantes et en pouvant se soulever séparément. Pendant l'arrêt, elles reposent soit sur une table de la scie, soit sur le chapeau inférieur, et couvrent ainsi complètement la denture des lames grandes ou petites. En soulevant celles de droite, le guide peut être entièrement rapproché de la scie pour permettre d'enlever une très faible épaisseur de bois.

Pour changer la lame, après avoir arrêté la scie, on retire la poignée F, le chapeau inférieur E se rabat et dégage la lame. Celui-ci se retire alors facilement en soulevant un peu les ailes de gauche du chapeau supérieur. La nouvelle lame est alors placée; on rapproche le couteau diviseur à l'écartement qui convient et on le fixe, puis on relève et arrête le chapeau inférieur. Il ne reste plus alors qu'à glisser le chapeau supérieur dans la position qui convient au diamètre de la lame employée. Ce réglage peut être facilité par une graduation de 5 en 5 millimètres faite sur la règle G.

En poussant la pièce à scier sous les bras inclinés des petites ailes I, I', celles-ci sont soulevées, tandis que les grandes H et H' restent appuyées sur la table et ne recommencent à se soulever à leur tour que lorsque la pièce, continuant à avancer, vient rencontrer leur arête inclinée intérieure. Les ailes retombent l'une après l'autre, quand la pièce à scier est suffisamment avancée.

Pour des lames de plus grand diamètre, l'appareil subira diverses modifications, suivant le genre de scie auquel il sera appliqué. Le point d'attache du chapeau supérieur, au lieu d'être pris sur le couteau diviseur, devra l'être sur un support spécial fixé soit sur le côté de la table, soit au-dessus

Couvre-scie de M. Fleuret

L'appareil Fleuret (*fig.* 67 à 69) se compose d'une armature C, formée de cornières rivées sur une douille à patte ; d'une seconde armature H, formée de fers plats rivés aussi sur douille à patte.

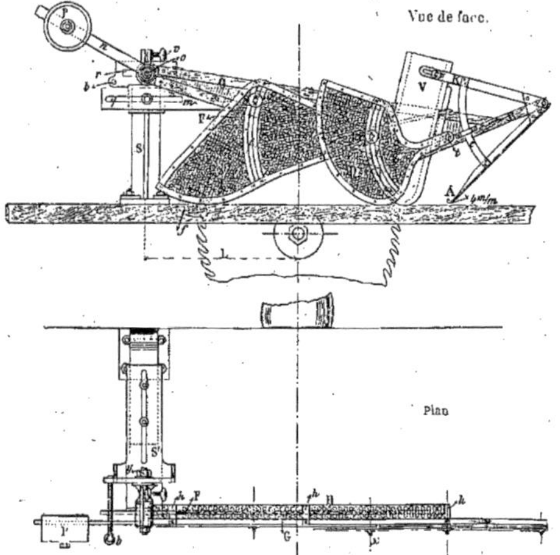

Fig. 67 et 68. — Couvre-scie Fleuret.

Les deux douilles s'appliquent l'une contre l'autre et reçoivent le boulon d'articulation O, fixé sur la partie S' à coulisse du support S, par l'écrou *y*.

Cette partie à coulisse a pour but d'adapter le support à tous les bancs. Les deux armatures sont reliées par une tôle perforée couvrant leur partie supérieure et la partie du côté du guide, tout en permettant à ce dernier de pouvoir venir toucher la scie.

Des pattes h, vissées, assurent la liaison des deux armatures.

Une des cornières de l'armature G se relie en forme de bec vers B, et reçoit à son extrémité un axe servant d'articulation à une sorte de compas dont l'axe C vient passer dans une gâche qui lui sert de guide.

La partie extrême K porte une coulisse dans laquelle s'engage la suspension du volet V.

Un premier écran D oscille autour de t comme centre et est guidé dans son mouvement par un axe x, qui sert en même temps de point d'attache à un deuxième écran E, également guidé.

La partie à coulisse S' du support porte une bande de fer plat m, sur laquelle est rivé le couteau diviseur F. Ce couteau s'engage par sa partie inférieure dans la lumière de la scie. Des fourrures en laiton f, fixées sur le couteau, s'opposent au ballottement de ce dernier.

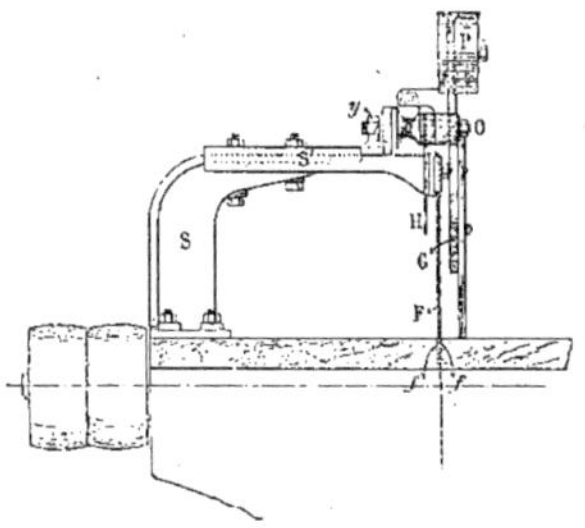

FIG. 69. — Vue de côté.

Une rainure q, dans le fer plat m, permet, dans les changements de lames, d'éloigner ou de rapprocher le couteau diviseur.

Une vis à violon v sert à régler l'appareil à la mise en place, de telle façon que A soit à environ 4 millimètres de la table.

Avec la douille qui porte l'armature, est venu un levier n, sur lequel un contrepoids P vient se fixer.

Une coulisse r permet de déplacer l'appareil vers la droite ou vers la gauche, dans le cas où un même banc devrait recevoir des lames ayant des écarts très grands dans leurs diamètres.

Une broche b sert à maintenir l'appareil dans une position presque verticale après l'avoir fait pivoter autour de l'axe o, cela afin de permettre un changement rapide des lames. Dans cette position, le levier n s'oppose au passage du bois. L'appareil ne peut donc pas être paralysé.

En engageant le bois, on fait tourner le compas qui vient soulever le volet V, la dent de la scie reste toujours couverte par l'écran D, qui tourne autour de t au fur et à mesure que le bois s'engage, pour venir reposer sur la pièce en sciage. L'écran E se soulève ensuite.

Avant que le bois ait été scié complètement, le volet V, qui reposait dessus, n'ayant plus de point d'appui, tombe par son propre poids, et oblige l'ouvrier à se servir du pistolet pour achever le sciage.

Les écrans D et E tombent ensuite.

Lorsque la pièce à scier est plus haute que la distance qui sépare l'armature C de la table, en l'engageant, elle oblige la partie A du compas à venir s'appliquer complètement sous le bec B ; à ce moment, l'armature se soulève en tournant autour de son axe O ; mais les écrans D et E continuent à s'appuyer sur la table et à masquer les dents, et ne sont soulevés que par le passage du bois.

Aussitôt le sciage terminé, tout le système reprend la position primitive.

Le plan de la scie étant complètement découvert du côté du scieur, ce dernier a toute facilité pour ligner du bois.

Chapeau de sûreté pour scie circulaire. Système P. Lavaur

La figure 70 en donne une vue de face, et la figure 71, une vue latérale.

Ce couvre-scie se compose de deux papillons *a* et *b*, recouvrant chacun la moitié de la partie supérieure du plateau de scie.

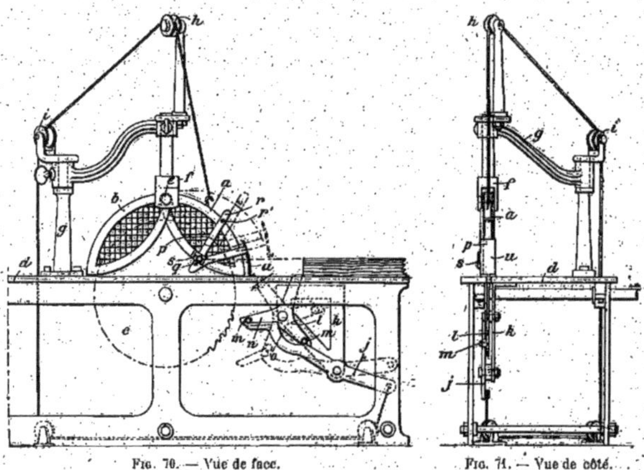

FIG. 70. — Vue de face. FIG. 71. — Vue de côté.

Ces deux papillons sont articulés autour d'un axe supérieur, supporté par une chape *f*.

FIG. 72. — Appareil prêt à fonctionner.

Celle-ci est fixée soit, comme l'indique le dessin, au col-de-cygne d'une colonnette *g*, boulonnée sur la table de scie *d*, soit à une poutrelle du plafond ou à un support latéral, si l'on veut que la table de travail soit entièrement dégagée.

Le papillon d'avant, *a*, porte un crochet auquel se fixe une corde.

Celle-ci, après avoir passé sur une série de galets, s'attache à l'extrémité d'un des bras du levier *j*, placé sous la table de la scie.

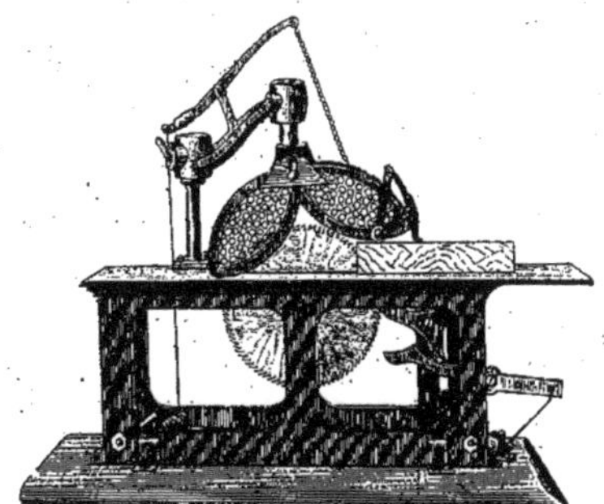

Fig. 73. — Le bois s'engage dans la scie.

Le second bras de ce levier a une forme spéciale, comme on le voit sur le dessin, et, sous l'action du papillon *a*, tend constamment à se relever. Il vient buter contre des molettes *m*,

Fig. 74. — Le bois est à fin de sciage.

placées aux extrémités des bras *n* d'une étoile à trois branches, dont l'axe est placé sous la table et qui se meut supérieurement dans une rainure de 12 cm environ de longueur, pratiquée dans cette table en avant du plateau de scie. Chaque bras de l'étoile, lorsqu'il passe à travers cette rainure, dépasse un peu le plan supérieur de la table.

L'axe du levier *j* et l'axe de l'étoile sont fixés à un support *k*.

Le papillon *a* porte une pièce *p* en forme de V. Une coulisse *q*, ménagée vers le sommet de cette pièce, reçoit l'axe qui la fixe au papillon *a*, tout en lui permettant un certain déplacement.

Le bras supérieur r de la pièce p porte une goupille r', qui peut s'engager dans une encoche du papillon a. La pièce p est alors immobilisée. Son bras inférieur est muni d'une tôle u.

Lorsque l'ouvrier pousse la pièce de bois en travail vers la scie, ce bois rencontre d'abord l'extrémité supérieure d'un des bras de l'étoile ; il le pousse en avant et l'oblige à descendre au-dessous du plan supérieur de la table, en pivotant autour de l'axe de l'étoile. La molette m du bras suivant de l'étoile agit alors sur le levier j en appuyant sur lui, abaissant son bras de gauche et élevant son bras de droite. Celui-ci, par l'intermédiaire de la corde, soulève le papillon a et découvre la denture de la scie. La pièce p et la tôle u se soulèvent en même temps, solidaires qu'elles sont alors du papillon a.

FIG. 75. — Protecteur mis de côté pour changer la lame.

Mais, lorsque la pièce de bois, continuant son mouvement en avant, rencontre l'angle de la pièce p, elle soulève celle-ci et la pousse vers le bout, grâce à la coulisse q. La goupille r sort alors de l'encoche où elle était logée; la pièce p devient libre, prend la position indiquée en pointillé, et tend à tomber vers l'avant; la tôle u repose alors sur le bois en travail.

Aussitôt que l'extrémité arrière de la pièce de bois a dépassé la tôle protectrice u, celle-ci tombe sur la table, séparant ainsi la main de l'ouvrier de la denture de la scie. Le papillon a retombe à son tour, un instant après, et, sous l'action du levier j, l'étoile prend une position telle qu'un de ses bras, dans la situation du repos, dépasse légèrement la table à travers la rainure. L'appareil est prêt à fonctionner.

Couvre-scie Bruliard

Ce couvre-scie a été créé par M. Bruliard, contremaître-mécanicien à la manufacture d'allumettes de l'État, à Saintines (Oise), où l'appareil fonctionne depuis 1889.

Il se compose (*fig.* 76 à 81) de deux colonnettes en fonte A, A fixées au bord de la table, à l'avant et à l'arrière de la scie. Elles supportent deux traverses horizontales entretoisées, B, B, disposées au-dessus du plateau de scie et qui servent de supports et de glissières à trois papillons ou volets C, C, C. Ces papillons oscillants masquent la denture de la scie et ne découvrent la partie travaillante qu'en présence du bois à scier.

Un *avertisseur*, formé d'une pièce articulée D, en forme de virgule, prévient l'ouvrier vers la fin du sciage, en frappant légèrement sur ses doigts, que sa main approche de la scie et pourrait être blessée. La pointe inférieure de cet avertisseur empêche le recul du bois et permet aussi de suivre le sciage.

Si, au cours du travail, l'ouvrier est obligé de dégager la pièce de bois, il y parvient aisément en relevant la pièce D au moyen d'une poignée qu'elle porte dans ce but.

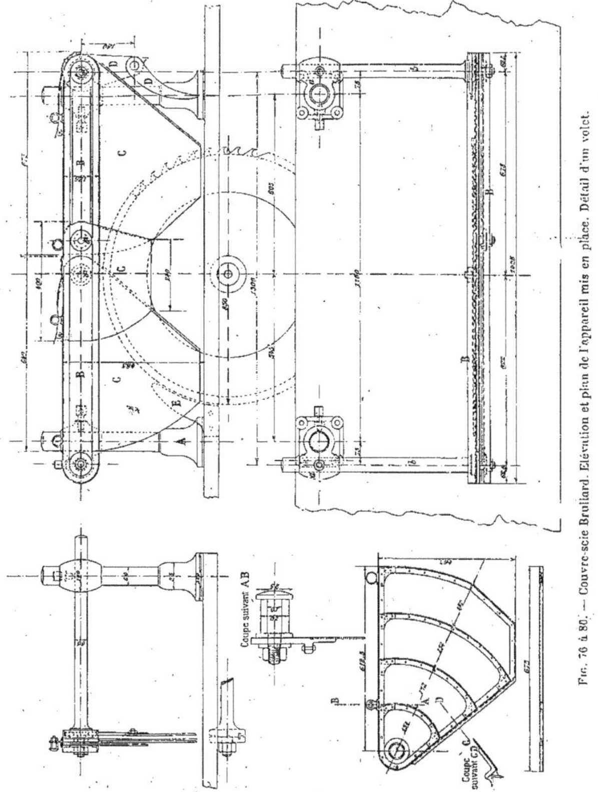

Fig. 76 à 80. — Couvre-scie Bruliard. Élévation et plan de l'appareil mis en place. Détail d'un volet.

M. Bruliard a cherché un moyen d'assurer d'une manière plus certaine le fonctionnement des papillons. Il a pensé y parvenir en les équilibrant au moyen de lames de ressorts destinés à rendre moins brusque leur chute sur la table. Mais ces ressorts nécessitent un entretien journalier, dont l'inconvénient paraît supérieur à l'avantage désiré. Aussi vaudrait-il mieux, selon nous, supprimer ces ressorts.

Le couvre-scie Bruliard a donné de bons résultats à la manufacture de Saintines, où il est appliqué sur une scie qui équarrit des grumes de 0,20 m à 0,45 m, les réduit en planches de

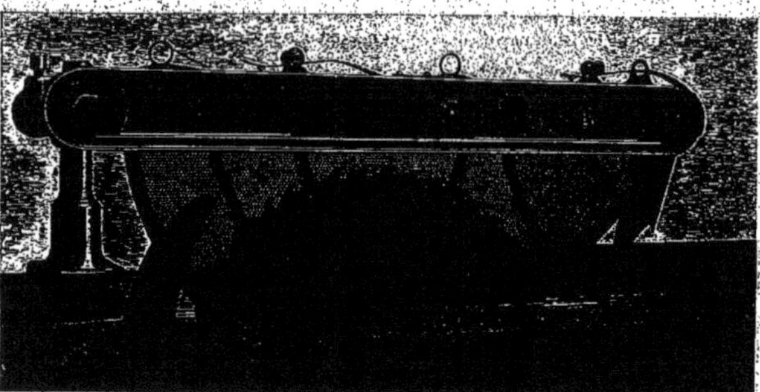

Fig. 81. — Couvre-scie Bruliard.

12 mm d'épaisseur et transforme en tasseaux de 5 à 6 cm de largeur les chutes provenant des billes équarries.

TOUPIE

Le travail à la toupie est dangereux en raison de la vitesse considérable de l'arbre, qui tourne de 3 à 4 000 tours, en raison aussi de la multiplicité et de la variété des travaux que l'on exécute avec cette machine.

Le mode de travail dit « au champignon » est le plus dangereux; il est presque impossible de le protéger efficacement.

Le travail à la table, au contraire, soit qu'il s'exécute au guide, soit qu'il s'exécute à l'arbre, peut facilement être protégé. Plusieurs dispositifs, que nous allons décrire, existent dans ce but.

Protecteur Kirchner

Le protecteur pour toupies du système Kirchner se fixe sur la table de la machine. Il consiste en un cylindre ou anneau en tôle perforée ou en bronze (*fig.* 82), mobile verticalement et

Fig. 82.

horizontalement, au moyen de deux tiges à douille, selon la hauteur et le diamètre de l'outil et du bois à toupiller. Le cylindre dépasse un peu l'outil et protège la main de l'ouvrier.

Protecteur Fleuret

Cet appareil est représenté par les figures 83 à 93.

Il se compose, pour le travail au guide et à contre-guide, d'une forte équerre double A, en bois de hêtre (*fig.* 83 à 93), dont la partie horizontale, plane, repose sur la table T de la toupie et s'y fixe au moyen de boulons C, C, qui peuvent se déplacer dans des rainures ménagées dans cette table.

La partie horizontale et la partie verticale de l'équerre double A sont percées d'ouvertures elliptiques O, qui permettent le passage de l'arbre B de la toupie de l'un ou de l'autre côté de la partie verticale, suivant que l'on veut travailler au guide ou à contre-guide.

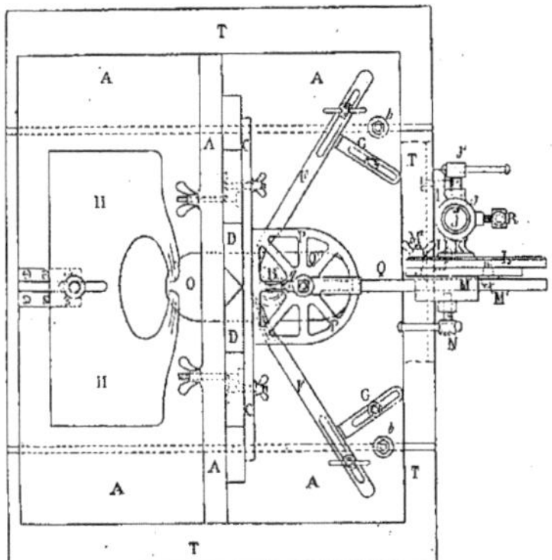

Fig. 83. — Travail à contre-guide. — Vue en plan.

La partie verticale est percée de deux coulisses horizontales qui servent à la fixation de deux plaques amovibles D, D. Ces plaques sont destinées à étrangler l'ouverture de la partie verticale suivant la longueur des fers, lorsqu'on travaille au guide, ou à obturer complètement cette ouverture, pour le travail à contre-guide. Ces deux plaques D portent chacune une coulisse verticale qui sert à la fixation du presseur C (*fig.* 84), percé lui-même de deux coulisses horizontales en vue de compenser le déplacement latéral des plaques D.

Ce presseur vertical, qui sert soit pour le travail au guide, soit pour le travail à contre-guide, est muni d'un dispositif spécial qui, aussitôt que le bois est passé, ferme automatiquement l'ouverture laissée libre pour le passage du fer. Un levier coudé en forme de Z (*fig.* 87) est formé par une cornière u reliée à une lame droite V par un arc à feuillure x. Celui-ci est fixé par un axe u_1, qui lui sert d'articulation, à l'extrémité inférieure droite du presseur c. Une petite équerre n_1, dont le bec coudé s'applique sur la feuillure de l'arc x, est fixée en un point déterminé du presseur ; elle assure la rigidité de l'arc en le maintenant appliqué, pendant son trajet circulaire, contre la face externe du presseur. Sur ce bec repose un goujon V_1, rivé à la partie supérieure de l'arc x, dont il limite la course.

L'écran rectangulaire E, en tôle ajourée, glisse librement dans deux coulisseaux z, z, fixés vers l'axe du presseur. Cet écran porte un bouton que rencontre dans son mouvement la branche V du levier coudé. Lorsque le bois, en s'avançant, aborde l'aile horizontale de la cornière u, il presse sur elle et actionne la branche V qui, par l'intermédiaire du bouton, soulève l'écran E.

Un papillon en tôle y est articulé à un axe z, fixé à l'extrémité inférieure de l'arc x; il est guidé, en outre, par un autre axe x_1, qui passe dans une coulisse concentrique y_1. Lorsque le

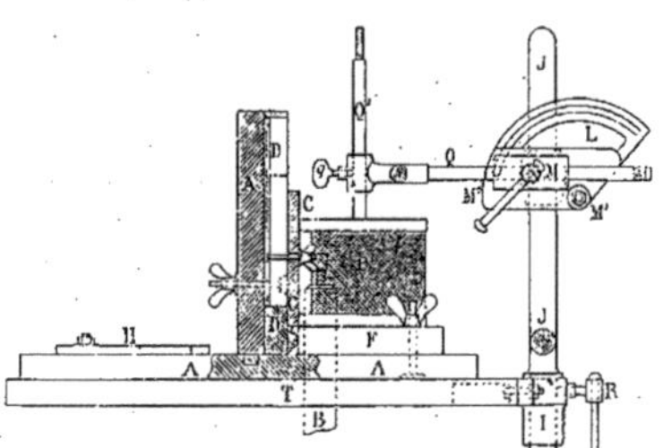

FIG. 84. — Travail à contre-guide. — Vue de côté.

bois a dépassé l'extrémité inférieure de la cornière u, celle-ci retombe immédiatement sur la table; le papillon y s'infléchit d'abord en arrière et retombe ensuite; enfin l'écran E retombe le dernier lorsque le bois l'a dépassé. L'ouverture du passage du fer est obturée.

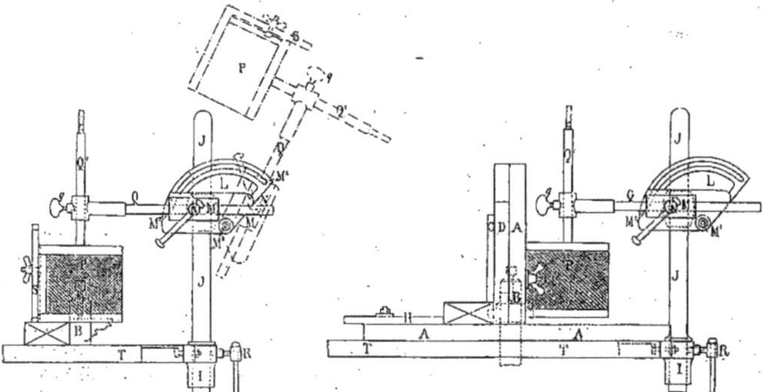

FIG. 85. — Travail à l'arbre. FIG. 86. — Travail au guide.

Une vis à violon o, taraudée à l'extrémité supérieure de l'arc x et se vissant à volonté dans une plaque o', fixée à la partie supérieure du presseur C, permet de suspendre tout le système et de l'immobiliser, soit dans le travail à contre-guide où il est inutile, soit dans le travail au guide, pour le cas spécial de moulures arrêtées, que l'on doit présenter de face au fer, au lieu de les présenter debout.

Du côté destiné au travail à contre-guide, sont fixés deux presseurs horizontaux F, F, en bois dur, dont la rigidité est assurée par des butoirs en fer G, G, ou des coins de bois.

Du côté destiné au travail au guide, la pression horizontale est fournie par un presseur unique H, analogue au presseur vertical C, que l'on fait passer de côté en même temps que les plaques amovibles D.

Ce dispositif est complété par l'adjonction d'un panier métallique PP[1] (*fig.* 88), ayant, en plan, la forme d'un fer à cheval. Ce panier est formé :

1° D'une armature fixe P, en cornière et bandelette, garnie, sauf du côté opposé à la partie

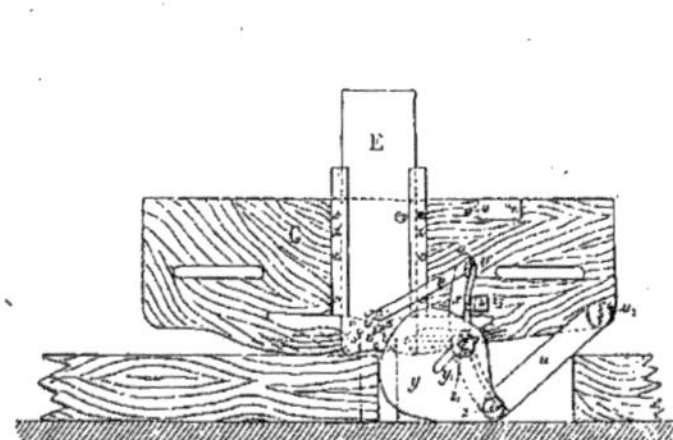
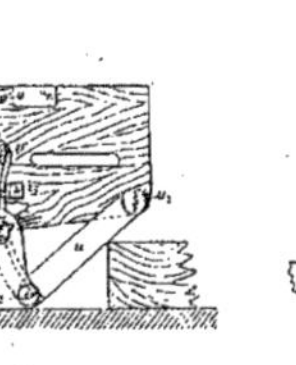

Fig. 87. — Travail au guide.

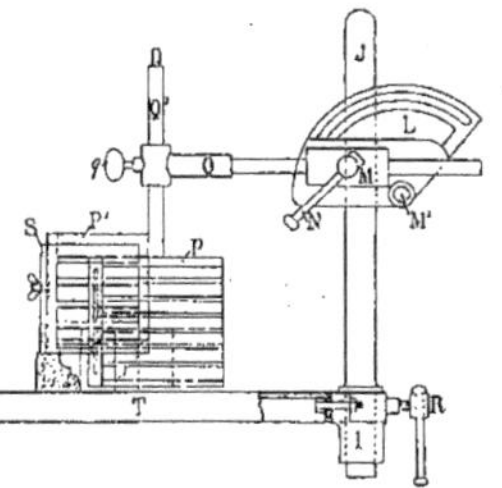

Fig. 88. — Vue du panier, dans le travail à l'arbre.

circulaire, qui reste ouvert, de fers demi-ronds, espacés suffisamment pour que l'œil puisse suivre facilement le travail de l'outil ; le côté rond des fers est à l'intérieur du panier, pour faciliter la sortie des copeaux ;

2° D'une seconde armature métallique mobile P[1], qui s'emboîte exactement sur la précédente du côté ouvert et qui peut, au moyen d'une combinaison de coulisses à angle droit, se déplacer verticalement et horizontalement sur le panier P, de manière à permettre le passage du bois à travailler sous la partie P[1], tout en maintenant l'armature P très voisine de la table.

Fig. 89. — Presseur vertical.

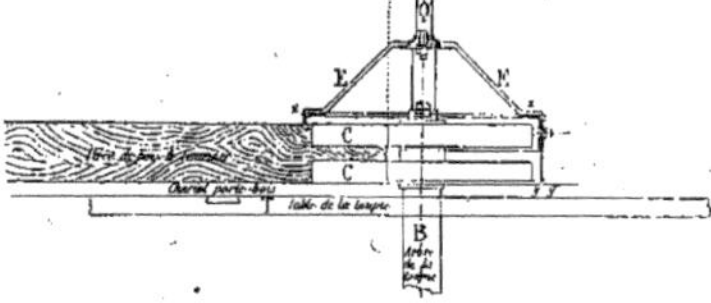

Fig. 90. — Vue latérale.

La seconde armature P[1] peut recevoir à volonté un presseur métallique S (*fig.* 89) à barreaux verticaux qui, tout en constituant une enveloppe ininterrompue autour de l'arbre de la toupie, pendant le travail à l'arbre (le plus dangereux), permet cependant de suivre facilement les évolutions de l'outil.

Le presseur S est fixé à l'armature mobile P[1] au moyen de boulons à tête rectangulaire qui, s'engageant dans des encoches ouvertes, permettent la réunion rapide de ces deux pièces.

Le mode de fixation du panier est le suivant :

Un support en fonte I (*fig.* 85), muni d'une vis de serrage R, est fixé à l'arrière et un peu à gauche de l'axe de la table T de la toupie ; ce support reçoit une forte tige cylindrique J, en fer, qui porte une rainure longitudinale *j*. Dans cette rainure vient s'engager l'extrémité de la vis arrêtoire J[1] d'une douille K, en fonte, qui doit glisser à frottement doux sur la tige J. Un secteur à coulisse L, venu de fonte sur la douille K, sert de guide et d'attache à un support d'allonge M, également en fonte. Ce support est fixé au secteur L par un axe d'articulation M[1] et par un goujon d'arrêt M[2]; il est muni d'une vis arrêtoire d'allonge N.

L'allonge Q se termine, du côté opposé à la douille, par une partie carrée qui coulisse à volonté dans le support M, auquel elle est fixée par la vis N. La douille de l'allonge porte un trou carré dans lequel passe la tige Q[1] reliée à la partie supérieure du panier P. Une vis q maintient ce panier à la hauteur convenable.

L'extrémité de la tige Q[1], opposée au panier, se termine par un épaulement taraudé qui porte une rondelle et un écrou, pouvant servir éventuellement à la fixation d'une cloche métal-

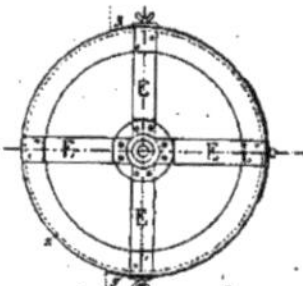

Fig. 91. — Vue en plan.

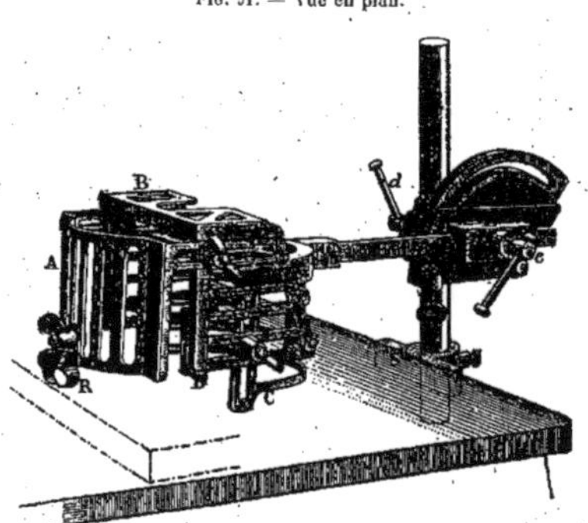

Fig. 92. — Appareil en position.

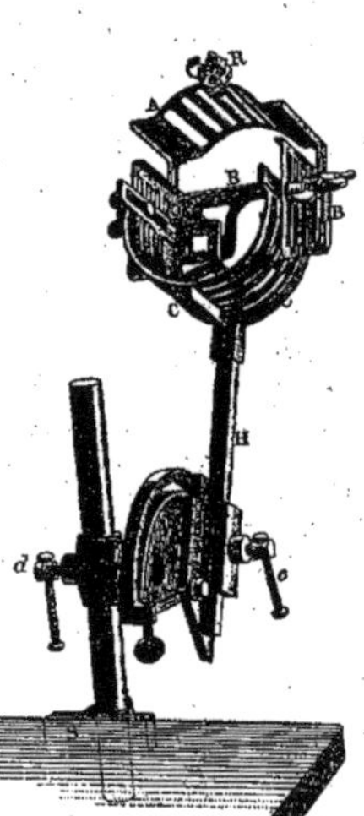

Fig. 93. — Appareil relevé.

lique à couronne annulaire interrompue, protégeant l'ouvrier dans l'emploi des molettes ou des scies circulaires, d'un diamètre supérieur à celui du panier P.

Pour le démontage, le montage et le réglage des fers, on desserre l'écrou à oreilles du goujon d'arrêt, et l'on rejette le tout en arrière en faisant pivoter le support d'allonge sur son axe d'articulation, comme l'indique la figure 85.

Pour le travail au guide et à contre-guide, on démonte le presseur S du panier P, et la partie ouverte vient s'appliquer contre le presseur ou sur la face verticale de l'équerre double, formant un rempart autour de l'outil.

Pour le travail à l'arbre, on fixe le presseur S au panier PP[1], et, si le bois à travailler a été tiré d'épaisseur, ce presseur assure à la pièce à travailler une application parfaite sur la table T.

Si le bois n'a pas été préalablement d'épaisseur, on peut également se servir de la pression en desserrant l'écrou à oreilles du goujon d'arrêt, et en plaçant un poids convenable sur la tige Q[1]. On pourrait éviter l'usage d'un contrepoids, en construisant le panier en fonte malléable et en faisant venir de fonte, à la partie supérieure, au point de fixation de la tige Q[1], une masselotte assez pesante pour assurer la pression, déjà puissante, en raison de la distance du panier P au point d'articulation.

Si l'on ne veut pas se servir de la pression, on laisse le presseur S fixé au panier PP^1 ; mais on retourne celui-ci, de façon à présenter la partie circulaire du panier en avant de l'arbre ; le presseur ne sert alors qu'à obstruer la partie ouverte et à empêcher tout contact avec l'outil à l'arrière de la machine.

Enfin, M. Fleuret a prévu le cas où l'on monterait sur la toupie des molettes ou des scies circulaires de grand diamètre, et il a créé un dispositif protecteur approprié.

C'est une cloche métallique (*fig.* 90 et 91), formée d'une couronne annulaire en fer cornière *z*, réunie par quatre branches en fer plat, E, à une bague D à épaulement. Une tige Q_1, vissée dans la bague D, maintient la cloche au-dessus de l'arbre. La couronne annulaire a sa partie verticale antérieure supprimée, pour laisser passer le bois à moulurer ; mais deux segments extensibles à coulisse, *y*, *y*, permettent de réduire l'ouverture au minimum strictement nécessaire.

Protecteur Weber et Mathon

Cet appareil, conçu par MM. Weber et Mathon, contremaîtres chez M. Rabanit, fabricant de moulures à Paris, est exploité aujourd'hui par M. Henri Goudard.

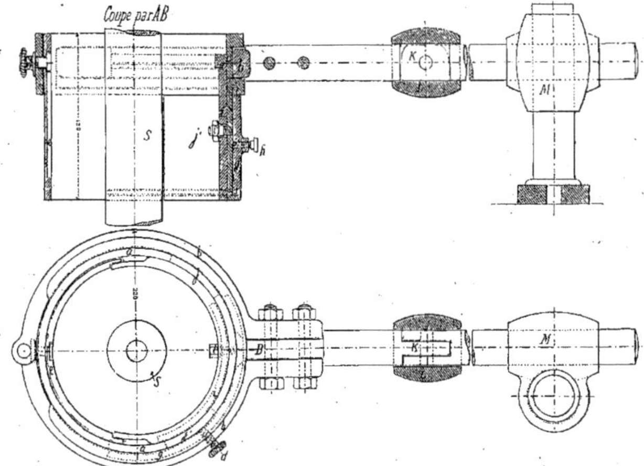

FIG. 94 et 95. — Protecteur Weber et Mathon pour toupies.

Il se compose d'un cylindre vertical A (*fig.* 94 à 101) supporté, vers sa partie supérieure, par un collier B logé dans une rainure *c* ménagée dans le cylindre. Cette disposition permet à celui-ci de tourner librement sur le collier ; on peut le fixer à volonté au moyen d'une vis de pression *d*.

Ce cylindre présente trois ouvertures, partant de la base même et s'élevant presque jusqu'au collier. L'ouverture antérieure est assez grande, les deux autres, latérales, *j* et *j'*, sont moins larges.

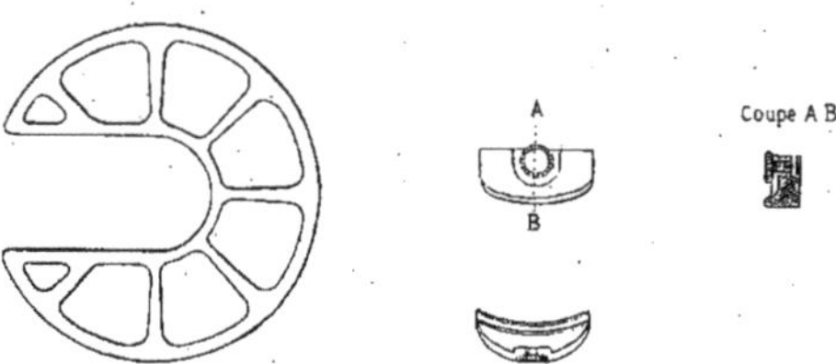

Fig. 96 et 97. — Protecteur Weber et Mallion pour toupies.

Une porte intérieure *e* coulissant verticalement dans deux feuillures du cylindre permet de fermer plus ou moins, dans le sens de la hauteur, l'ouverture antérieure. Cette même porte

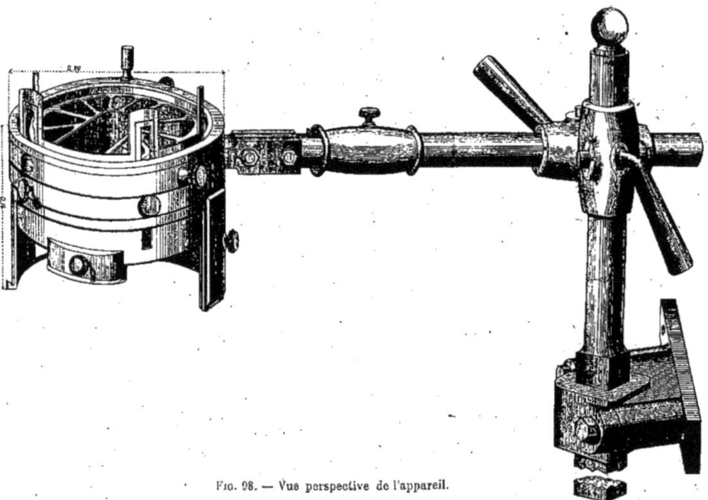

Fig. 98. — Vue perspective de l'appareil.

sert aussi de presseur pour les travaux où l'emploi de cet organe est nécessaire. La vis *f* permet de la fixer dans la position voulue.

Dans le sens de la largeur, l'ouverture antérieure peut également être diminuée au moyen d'une porte circulaire extérieure *g*, se mouvant concentriquement au cylindre et se fixant à volonté par la vis *h*.

Quant aux deux fenêtres latérales, *j* et *j'*, elles sont destinées à la sortie des copeaux. On se sert de l'une ou de l'autre, suivant que l'ouvrier travaille en se plaçant à droite ou à gauche de la toupie. Une porte circulaire intérieure *i*, concentrique au cylindre, permet d'ouvrir l'ouverture qui doit être utilisée, en même temps qu'elle ferme l'autre.

Un couvercle horizontal, largement ajouré et mobile autour de son centre, ferme supérieurement le cylindre et s'oppose à ce qu'on puisse introduire la main dans l'appareil.

Le collier qui supporte le cylindre est fixé à un bras horizontal K, relié à une colonne boulonnée sur le côté de la table de la toupie. Une double douille M relie le bras et la colonne. Elle

FIG. 99. — Appareil pendant le travail.

FIG. 100. — Travail des bois cintrés verticalement.

permet de déplacer le cylindre soit horizontalement, soit verticalement, suivant le diamètre des fers et la hauteur du bois en travail.

Le bras K est articulé vers le milieu de sa longueur. Un manchon L, coulissant le long de ce bras, permet à volonté d'immobiliser l'articulation pour le travail, ou de la rendre libre pour le changement ou le réglage des fers.

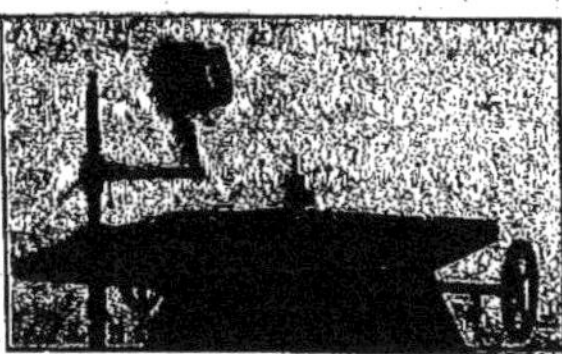

FIG. 101. — Appareil relevé, découvrant l'arbre.

Il suffit, à cet effet, de relever la partie du bras qui porte le cylindre, et l'arbre porte-fers *s* devient libre.

Pour travailler avec ce protecteur, on règle la position du cylindre de manière que l'ouverture antérieure, qui est l'ouverture de travail, soit très peu en avant du fer. On règle la porte *e* de façon qu'elle laisse passer le bois à moulurer et, au besoin, presse sur lui. Au moyen de la porte *g*, on règle enfin la largeur de l'ouverture de manière que les deux bords de cette ouverture touchent la pièce de bois, qui s'appuiera sur ces bords comme sur un guide.

Lorsqu'on doit toupiller des pièces de bois cintrées dans un plan vertical (*fig.* 100), on fixe, à la partie inférieure de la porte *e*, un petit presseur (*fig.* 98), dont la base est courbe et peut ainsi s'appuyer efficacement sur le bois en travail.

Protecteur pour toupie système Daussin

M. Daussin, contremaître aux ateliers de la Compagnie des chemins de fer de l'Ouest, à Paris, a créé un système de protecteur pour toupie à axe vertical, qui fonctionne avec succès dans les ateliers de la Compagnie, à Paris.

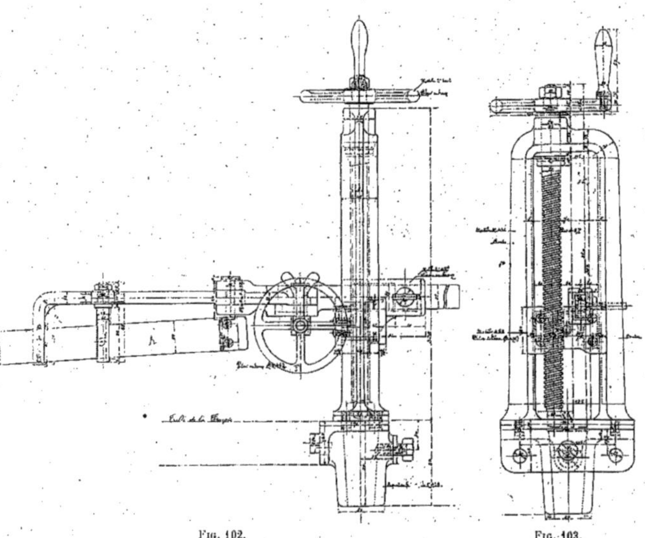

FIG. 102. FIG. 103.

La grande vitesse (3 000 à 4 000 tours), avec laquelle tourne le fer de la toupie, rend cette machine-outil particulièrement dangereuse. C'est pourquoi l'Association des Industriels de France contre les accidents a ouvert, en 1898, un concours pour la protection de cet appareil. Le rapport sur les résultats de ce concours a paru dans le bulletin n° 11 de l'Association.

Le protecteur Daussin se compose (*fig.* 102 à 104) d'une double lame flexible en acier, A, fixée par l'une de ses extrémités à la branche B d'un compas horizontal D, et dont l'autre extrémité, munie d'une poignée, peut coulisser sur la seconde branche *c* du même compas. La lame A est double, afin qu'en cas de rupture de l'une des bandes qui la composent la protection subsiste toujours.

Une vis E, à deux filetages, l'un à droite, l'autre à gauche, permet d'écarter ou de rapprocher à volonté les deux branches du compas. Cette vis est manœuvrée par un volant à main. On peut ainsi envelopper complètement l'outil, quel que soit son diamètre, du côté où l'ouvrier travaille. La vis d'arrêt G, placée sur la branche C du compas, permet de fixer la lame d'acier dans la position voulue.

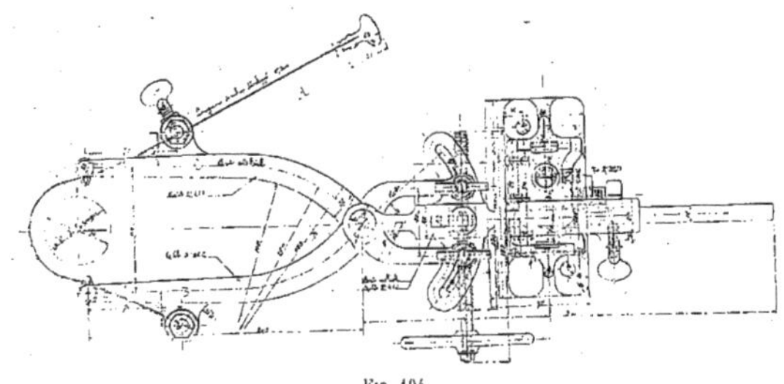

Fig. 104.

Suivant l'épaisseur de la pièce de bois à toupiller, on règle à volonté l'appareil en hauteur. Il est d'ailleurs possible, avec ce protecteur, de travailler soit au guide, soit à l'arbre.

DÉGAUCHISSEUSE

Les accidents qui se produisent aux dégauchisseuses sont dus tantôt au soulèvement ou au rejet de la pièce de bois, ce qui peut engager la main de l'ouvrier dans les couteaux, tantôt à la maladresse de cet ouvrier, qui laisse ses doigts déborder sur le côté de la pièce de bois qu'il pousse contre le rabot.

On a proposé et employé plusieurs dispositifs pour éviter, dans la mesure du possible, ces accidents.

Protecteur Davreux-Collard

Cet appareil, représenté par les figures 105 à 109, se compose d'un support A fixé au bâti de la machine au moyen de deux boulons, d'un axe B serré dans ce support par un écrou, d'un balancier C, tournant autour de l'axe B comme charnière, et d'un clapet D, en tôle, pivotant également autour du même axe.

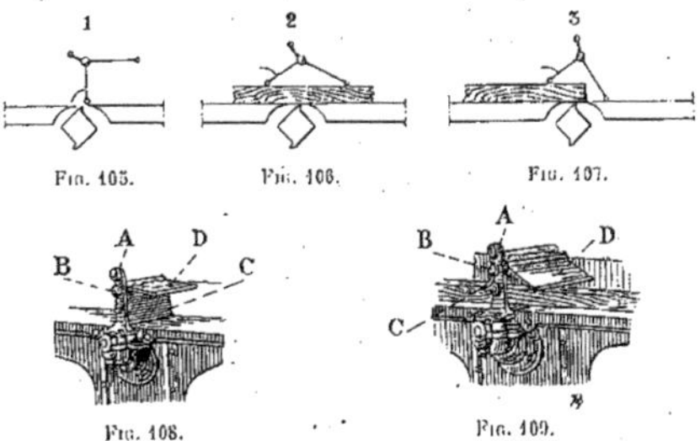

Fig. 105. Fig. 106. Fig. 107.

Fig. 108. Fig. 109.

Lorsque l'appareil est au repos, le balancier C occupe une position verticale (*fig.* 105 et 108) masquant la fente de la table, et le clapet D est horizontal.

La pièce de bois à dégauchir, s'avançant, rencontre et pousse le balancier C. Aussitôt que celui-ci s'est avancé de quelques centimètres, le clapet D tombe sur la pièce de bois (*fig.* 106 et 109). Quand l'extrémité de celle-ci approche de la lumière, le clapet tombe jusque sur la table, empêchant la main d'arriver aux couteaux (*fig.* 107).

En faisant varier à volonté, au moyen de la coulisse du support, la hauteur de l'axe B au-dessus de la table, on peut passer des pièces de bois d'épaisseurs variables.

Protecteur Kirchner

Le protecteur Kirchner se compose (*fig.* 110) de plusieurs pièces de tôle cintrées s'emboîtant l'une dans l'autre, comme les tubes d'un télescope. Cet ensemble est porté par une pièce de fer forgé coulissant verticalement dans un support fixé au bâti. Une vis de pression permet de régler la position en hauteur.

Fig. 110. — Protecteur Kirchner pour dégauchisseuse.

Pour travailler, on déplace à la main les segments en tôle, de façon à permettre à la pièce de bois de passer entre la règle parallèle et l'extrémité du couvercle protecteur. Un contrepoids qui équilibre tout le système en facilite la manœuvre.

INDUSTRIE TEXTILE

TISSAGE MÉCANIQUE

Protection des ouvriers contre les sauts de navettes

Les navettes employées dans le tissage mécanique sont projetées assez souvent hors de leur chemin et sautent dans l'atelier. Leurs extrémités effilées et généralement métalliques peuvent, si elles rencontrent dans leur trajectoire un ouvrier, le blesser assez sérieusement, surtout si elles l'atteignent au visage, particulièrement aux yeux. On a donc dû chercher à protéger le personnel contre cette nature d'accidents, et l'on a recouru, à cet effet, à deux sortes d'appareils.

Les uns, dits *pare-navettes*, ne s'opposent pas au saut de la navette, mais l'arrêtent dans son mouvement avant qu'elle ne puisse atteindre un ouvrier. Ce sont des cadres rectangulaires, en cordage ou en treillis métallique, dans les mailles desquels la navette vient s'implanter. Tantôt les cadres sont supportés par une tige verticale reposant sur le sol, tantôt ils sont maintenus par un support fixé au bâti même du métier, tantôt enfin ils sont suspendus à une tige oscillante articulée autour d'un axe supérieur.

L'avantage des pare-navettes est qu'ils occupent peu de place et sont peu coûteux. Leur inconvénient est que la trajectoire de la navette peut ne pas rencontrer l'appareil, qui devient alors inutile.

La sécurité obtenue par son emploi est incomplète, à moins qu'on ne donne à cet appareil des dimensions considérables, qui peuvent alors constituer une gêne pour le travail.

Les autres appareils, dits *garde-navette*, ont pour but d'empêcher la navette de sauter hors de son chemin. Ce sont eux qui donnent la sécurité la plus complète, bien que leur emploi n'aille pas toujours sans certains inconvénients pour le tissu lui-même. Il en existe un assez grand nombre, et leur usage ne s'est pas encore généralisé, en raison de la gêne qu'ils apportent parfois dans le travail. Cependant, dans ces dernières années, ils se sont perfectionnés d'une manière notable, et ceux que nous allons décrire ont donné des résultats satisfaisants.

Garde-navette de M. L. Sconfietti

Le garde-navette de M. L. Sconfietti a l'avantage d'être d'une construction simple, qui laisse toujours découverts le peigne et la chaîne, et de ne gêner en aucune façon l'ouvrier dans son travail.

Son principe est non plus d'arrêter la navette une fois qu'elle a sauté, mais d'empêcher le saut même, et de forcer la navette à ne pas s'écarter de sa route, si une cause quelconque tendait à l'en éloigner. Cet appareil, qui peut être construit en fonte malléable et en acier, est représenté par les figures 111 à 117.

La figure 111 montre la vue de face, en élévation, d'un battant muni du garde-navette.

La figure 112 en montre la coupe au moment où la chaîne est ouverte et le garde-navette relevé dans sa position d'équilibre.

Enfin, la figure 113 représente le battant dans la même situation que précédemment, mais le garde-navette rabattu dans sa position de marche.

Les guides *a*, *a*... sont fixés sur la règle *b* à des intervalles *s* un peu inférieurs à une demi-longueur de la navette (soit environ à 135 mm l'un de l'autre) et en nombre suffisant pour que

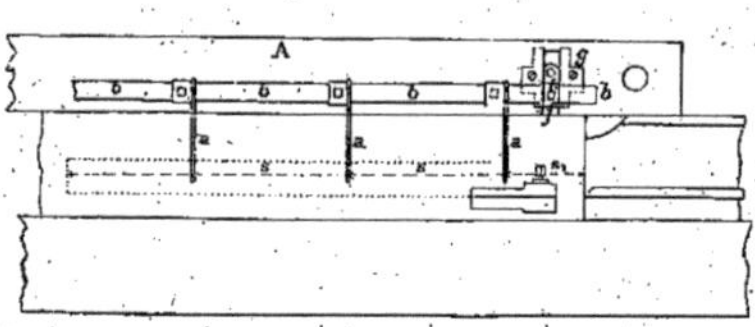

Fig. 111.

l'intervalle s_1 entre les guides extrêmes et les oreillettes des boîtes soit également inférieur à cette demi-longueur.

La règle *b* est retenue par des supports *f* fixés au chapeau du peigne. Des vis *t* servent à l'arrêter dans les supports et permettent de la déplacer dans le sens de la largeur du métier, afin que, pendant la marche, aucun des guides *a*, *a* ne rencontre les vis surélevées des templets.

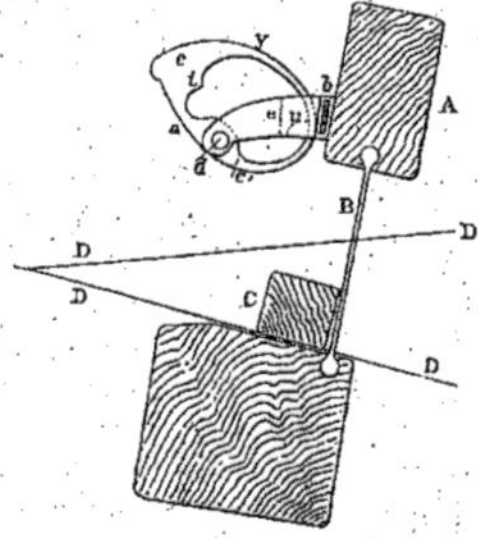

Fig. 112.

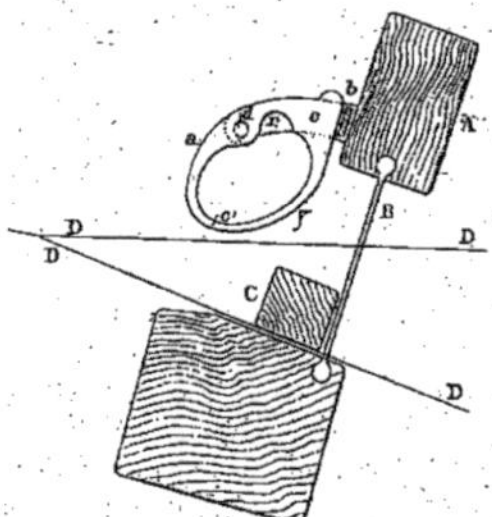

Fig. 113.

Les supports *f* peuvent, d'autre part, glisser verticalement dans les coulisses *g* de leurs plaques d'appui, de manière à régler la hauteur des guides et à faire en sorte qu'au moment où le peigne vient serrer le tissu, ces guides soient encore à quelques millimètres au-dessus des templets et ne touchent pas l'étoffe.

Les plaques d'appui *g* sont encastrées dans le bois du chapeau A et retenues par des vis qui se fixent à peu près au milieu du chapeau, pour que la règle *b* ne descende jamais au-dessous du bord inférieur du chapeau.

Le guide *a* se compose d'une sorte d'anneau *cc'*, mobile autour d'un axe *d*.

Ce dernier est porté par le bras e_1 fixé lui-même à la règle *b*.

Le guide mobile *cc'* peut avoir des profils différents de celui indiqué sur les figures 112 et 113 ; mais, quelle que soit sa forme, la paroi *y* tournée du côté de la chasse (*fig.* 113) doit être découpée suivant un arc de cercle dont le centre correspond au pivot *d*.

C'est cette partie y qui constitue le véritable guide et empêche le saut de la navette. La partie mobile cc' peut pivoter d'avant en arrière, comme on le voit dans la figure 112, mais non dans l'autre sens, car elle est retenue dans un taquet r contre lequel elle vient buter quand elle est complètement baissée à la position de sûreté (*fig.* 113).

Fig. 114.

Le talon c, qui est renforcé, forme contrepoids pour que le guide garde toujours sa position normale de sûreté et la reprenne, s'il a été déplacé. Le guide cc' peut, quand on l'a relevé complètement dans la position d'arrêt (*fig.* 112), rester dans cette situation. Mais la forme et le poids

Fig. 115.

de l'anneau sont déterminés, de telle sorte qu'au premier coup de battant cet anneau retombe de lui-même à sa position de sûreté.

Une fois les guides ainsi replacés dans leur position normale, ils n'en bougent plus, quelles que soient les vibrations du métier, grâce au contrepoids et aussi à la petite saillie angulaire *i* (*fig.* 112) de la pièce mobile *c*, qui pénètre dans la cavité *u* du bras *e*.

Avec ce garde-navette, l'ouvrier peut, ainsi que nous allons le voir, faire toutes les manipulations que nécessite le travail, sans aucune gêne et sans danger.

Fig. 116.

1° *Pour enlever la navette.* — L'ouvrier agit comme à l'ordinaire. Si la navette est engagée sous un guide, il peut soulever ce guide, qui laisse alors passer la navette ;

Fig. 117.

2° *Pour introduire la navette.* — L'ouvrier n'a qu'à pousser la navette comme s'il n'y avait pas de guides, car, si elle en heurte un ou plusieurs, ceux-ci se soulèvent seulement et retombent aussitôt après dans leur position normale ;

3° *Pour le rentrage des fils.* — Rien de particulier quand les fils à rentrer sont dans un passage libre entre deux guides. Si le fil se trouve cassé au droit d'un guide, l'ouvrier soulève ce guide avec la main par le mouvement même qu'il fait pour remettre le fil. Ce guide reste soulevé dans sa position d'équilibre tout le temps que dure l'opération et, au premier coup de battant, il retombe de lui-même ;

4° *Pour enlever les duites du tissu.* — Comme dans l'opération précédente, l'ouvrier soulève les guides, sans précaution spéciale, et ceux-ci retombent ensuite dès que le métier est remis en route ;

5° Pendant le travail, l'ouvrier peut librement nettoyer le tissu avec les ciseaux et faire toutes les manœuvres ordinaires sans se blesser, à cause de la forme circulaire et de la grande mobilité des guides. La paroi de ces guides est, de plus, arrondie ;

6° La navette, quel que soit l'obstacle qui tend à la faire sauter, est toujours maintenue sur le seuillet de la châsse et forcée de rentrer dans les boîtes.

En effet, si, par suite de fils rompus ou pour toute autre cause, la navette tend à être projetée hors du métier, elle vient buter contre un des guides et ceux-ci la forcent à suivre sa route le long du peigne et à rentrer dans les boîtes.

En heurtant les guides, la navette est rejetée assez violemment contre le peigne, qui, s'il est mobile, s'écarte et arrête le métier. S'il est fixe, la navette, qui, par suite de ces chocs, a perdu de sa vitesse, entre en retard dans la boîte et le métier s'arrête également.

Dans tous les cas, lorsque le métier s'arrête, la navette a toujours été maintenue parallèle au peigne sans casser aucun fil de la chaîne et sans endommager ni le tissu, ni le peigne, ni les guides eux-mêmes, en raison de l'écartement des guides, inférieur à une demi-longueur de navette.

Garde-navette système Hurst

Ce garde-navette a été créé par M. Hurst, directeur du tissage de la Petite-Raon, de la maison Vincent, Ponnier et Cie. Il est simple, ne gêne pas le travail, et son prix est peu élevé.

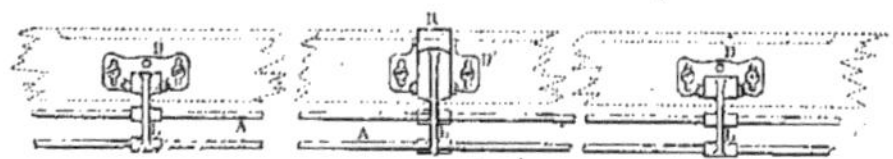

Fig. 118. — Vue de face pendant la marche du métier.

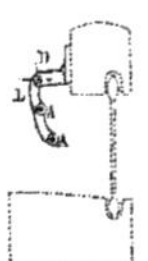

Fig. 119.
Support D pendant la marche.

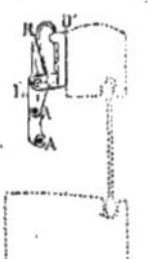

Fig. 120.
Support D' pendant la marche.

Il se compose (*fig.* 118 à 123) de deux tringles horizontales A, A, de 6 mm de diamètre, qui sont montées sur les leviers L. Ces leviers sont articulés, par des axes de rotation, sur les supports D et D', et leur extrémité supérieure forme butoir, pour limiter l'amplitude de leur mouvement. La tringle supérieure, plus longue que la tringle inférieure, passe au-dessus des vis des templets. Un ressort à lame R, disposé contre le support médian, sert à maintenir l'appareil dans la position convenable.

Le garde-navette se fixe au chapeau du battant. Les supports sont à coulisse, pour permettre le réglage du garde-navette.

L'ouvrier, en plaçant la main sur le chapeau du battant, exerce une légère pression avec le pouce sur l'une des tringles, et l'appareil se rabat sous le chapeau du battant comme l'indiquent les figures 121 à 123. Il reste dans cette position pendant tout l'arrêt du métier.

Fig. 121. — Vue de face pendant le rentrage au peigne.

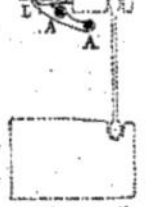

Fig. 122.
Support D pendant le rentrage au peigne.

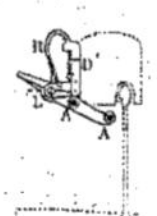

Fig. 123.
Support D' pendant le rentrage au peigne.

L'ouvrier n'est donc gêné par rien, pour changer la navette, rentrer des fils, détisser, etc. Aussitôt que le métier se remet en marche, au premier coup de battant, le garde-navette reprend de lui-même sa position première et se maintient dans une immobilité absolue pendant la marche du métier.

Nouveau garde-navette système Geo. Kraemer

Le garde-navette Kraemer se compose (*fig.* 124 à 127) de deux supports en fonte A, A, fixés par des vis au chapeau du peigne. Ces supports présentent intérieurement une coulisse incli-

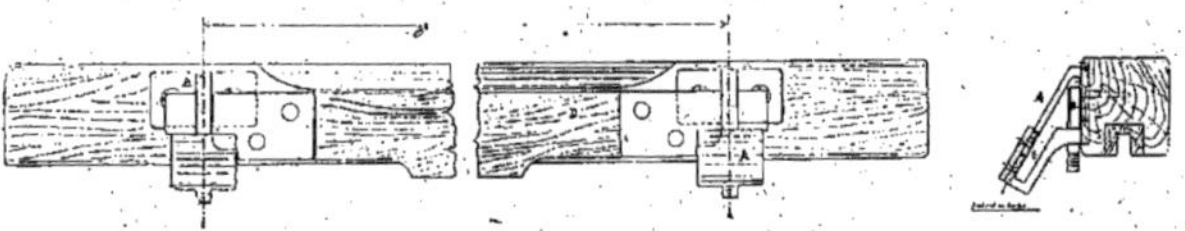

Fig. 124. — Garde-navette relevé.

Fig. 125. — Vue en coupe.

née B, à la partie supérieure de laquelle est ménagé un palier horizontal C. Une règle plate en bois D, d'environ 40 mm de largeur et 8 mm d'épaisseur, se termine à ses deux extré-

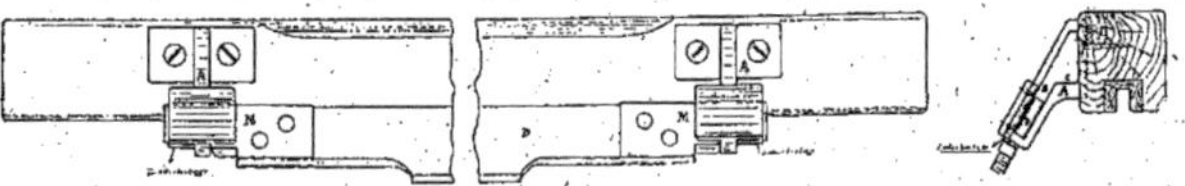

Fig. 126. — Garde-navette pendant la marche.

Fig. 127. — Vue en coupe.

mités par des parties métalliques moins larges MM, qui s'engagent dans les coulisses des deux supports.

Lorsque le métier est en marche, la règle protectrice repose sur la partie inférieure des coulisses et s'oppose à la sortie de la navette. Lorsque l'ouvrier a besoin de changer la navette, rentrer des fils, etc., il soulève la règle D, la fait reposer sur des piliers d'arrêt *c* (*fig.* 125) et exécute, sans être gêné, l'opération qu'il doit faire.

Au premier coup de battant, la règle reprend elle-même sa position première au bas de la coulisse (*fig.* 127), et la protection de la navette est assurée de nouveau.

Cet appareil est simple, efficace et peu coûteux. Il revient à 2 fr. 25 environ par métier.

INDUSTRIE AGRICOLE

Protecteur H. Lanz pour machine à battre

Le protecteur de M. Heinrich Lanz, constructeur de machines agricoles à Mannheim, est représenté par les figures 128 et 129.

L'enveloppe est à double usage : elle sert à protéger l'ouvrier et à faciliter l'introduction de la gerbe. La figure 128 la montre dans la position de travail; dans la figure 129, elle est

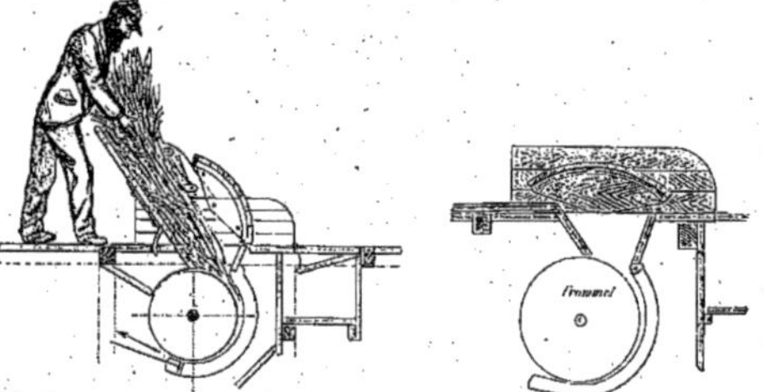

Fig. 128. — Appareil en travail. Fig. 129. — Appareil disposé pour le transport.

rabattue pour le transport de la machine. L'ouverture du batteur se trouve limitée de tous côtés par une sorte d'entonnoir; l'ouvrier occupe une position commode, et il est moins gêné

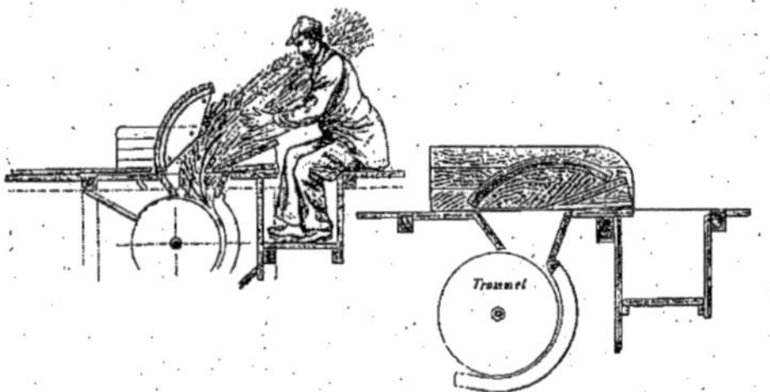

Fig. 130. — Appareil en travail. Fig. 131. — Appareil disposé pour le transport.

par la poussière et par les projections. Toutes les planches d'entourage sont articulées à charnière et peuvent se dresser ou se rabattre comme des volets.

Dans certaines granges très basses, où l'ouvrier ne pourrait se tenir debout sur la batteuse, on emploie une disposition un peu différente. On monte la trappe circulaire dans l'autre sens (*fig.* 130 et 131) et on rabat dans la direction du batteur le couvercle du siège de l'engraineur.

L'ouvrier se trouve ainsi placé dans un logement de profondeur convenable, où il peut s'asseoir à volonté.

Les parois latérales de l'appareil sont montées à demeure et ne peuvent s'enlever.

Dans la figure 130, l'appareil est disposé pour le travail, et, dans la figure 131, pour le transport.

Protecteur système Guichard-Dozier pour batteuse

Ce protecteur, construit par M. Guichard-Dozier, constructeur-mécanicien à Troyes, est représenté par la figure 132.

Une tôle F, fixée aux armatures f, f_1, est suspendue par les pièces m, m' en avant et un peu au-dessus de l'entrée du batteur.

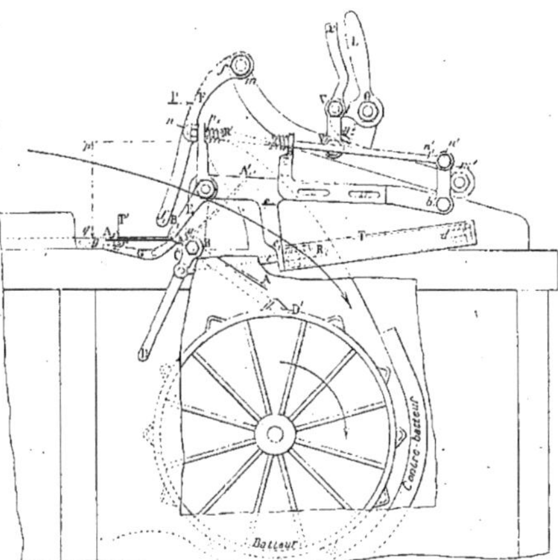

Fig. 132. — Protecteur Guichard-Dozier pour machine à battre.

Une plaque protectrice AB est montée sur le même axe de rotation qu'un levier CD. Celui-ci est sollicité, au moyen de la tringle *cd*, par le ressort à boudin R logé dans un tube T. Un chien E, lorsqu'il est logé dans son cran d'arrêt, maintient le levier CD dans la position du dessin. Ce chien est relié aux armatures f, f_1 par les tringles nn', nn'_1, qui se confondent en projection, et le ressort R' le maintient engagé.

La table à engrainer se termine par une tôle A_1B_1, articulée sur le même axe que AB, et soutenue par des ressorts *r*. Un levier coudé G actionne le chien E pour le déclencher sous l'influence d'un taquet *g* solidaire de la tôle A_1B_1. Un ferrement *abce* est fixé sur le côté de la capote, et un système de leviers LIVV'*xy* permet de faire varier à volonté la hauteur *pq* du débouché.

Sous l'influence d'une pression exercée soit dans le sens de la flèche P sur la tôle F, soit dans le sens de la flèche P'E sur la tôle A_1B_1, la plaque protectrice AB se relève en A'B, fermant l'entrée du batteur. Le chien E s'engage alors dans un autre cran d'arrêt du levier CD et empêche tout retour en arrière de la plaque AB.

PROTECTION DES OUVRIERS CONTRE LES ÉCLATS

Nous avons signalé, en parlant des meules en composition, les éclats de particules métalliques ou pierreuses qui, détachés par le travail, peuvent venir frapper les yeux des ouvriers et les blesser. Ce n'est pas seulement dans le travail du meulage que ces accidents sont à redouter. Dans un assez grand nombre d'industries, les ouvriers sont exposés à recevoir dans les yeux des projections de corps étrangers, qui peuvent entraîner la cécité monolatérale et, parfois même, la cécité totale.

Ces projections sont de diverses natures. Tantôt elles produisent des brûlures. C'est le cas des flammes, des corps incandescents, des produits caustiques ou acides : chaux, potasse, soude, acides divers. Tantôt ce sont des éclats solides, lancés avec force et qui viennent s'implanter dans la cornée. C'est à quoi sont exposés les meuleurs, les piqueurs de meules, les ébarbeurs, les casseurs de pierres, burineurs, ajusteurs, etc... Il arrive souvent que l'éclat piqué dans l'œil peut être enlevé par un camarade complaisant et adroit ou par un médecin, et qu'il n'en résulte aucune suite fâcheuse; mais parfois aussi la parcelle a pénétré trop profondément et l'œil est perdu. Pour donner une idée de l'importance numérique de ces accidents, il suffit de rappeler qu'en 1887, en Allemagne, sur 45.971 accidents ayant entraîné une incapacité de travail de plus de treize semaines, les blessures aux yeux figurent pour 2.985, soit une proportion de 63 pour mille.

Il est d'autant plus nécessaire de se prémunir contre ce danger qu'on n'est jamais certain, lorsqu'un œil seulement a été atteint et perdu, sans même que le second œil ait été effleuré, que l'on ne perdra pas également ce second œil par le fait d'une ophtalmie sympathique qui peut se déclarer ultérieurement.

Il est donc indispensable de munir tous les ouvriers qui sont exposés à recevoir des projections dans les yeux, de lunettes de sûreté leur assurant une protection efficace.

Il existe aujourd'hui un certain nombre de types de ces lunettes, qui donnent entière satisfaction.

Lunettes pour gros travaux

Certains travaux, tels que ceux des casseurs de pierres, des cantonniers, n'exigent pas une attention minutieuse, en même temps que les éclats projetés sont de dimensions relativement assez fortes. Pour protéger l'ouvrier dans ces travaux, on peut employer des lunettes entièrement métalliques, dont les mailles, sans être trop larges, ne doivent pas non plus être trop serrées. Le type créé par la Société des Lunetiers de Paris et représenté par la figure 133 donne entière satisfaction. Bordé par une garniture en cuir et fixé à la tête par deux cordonnets, il est d'un faible poids et d'un prix peu élevé.

Un autre type de lunettes, également créé par la Société des Lunetiers, s'adresse aux travaux qui demandent une application assez sérieuse et pour lesquels il est nécessaire que la vue soit nette et puisse suivre facilement les détails du travail.

Il ne convient plus d'employer ici des lunettes entièrement métalliques. Le treillis nécessaire devrait avoir des mailles très serrées, en raison des faibles dimensions des particules pro-

Fig. 133. — Lunettes pour cantonniers, tailleurs de pierres, etc.

jetées, et l'expérience a prouvé que ce fin réseau métallique détermine rapidement un trouble de la vue, produit une sorte de brouillard d'autant plus intense que la toile métallique est plus serrée.

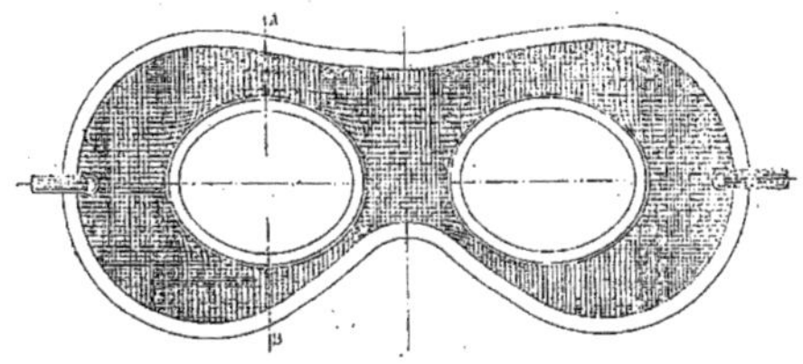

Vue de face.

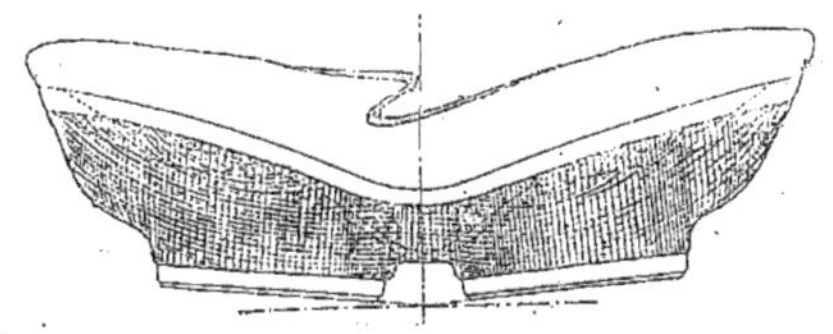

Plan.

Fig. 134 et 135. — Lunettes contre les éclats, de la Société des Lunetiers de Paris.

Aussi les lunettes créées pour ces travaux par la Société des Lunetiers présentent des verres elliptiques assez grands pour que le champ de vision soit suffisant et entouré (*fig.* 134-135), sur les côtés seulement, par un grillage métallique. De plus, ces verres sont assez éloignés des yeux, ce qui donne une chambre d'air assez spacieuse et permet aux ouvriers myopes ou presbytes de porter un lorgnon sous leurs lunettes. Ces lunettes, avec des verres de 2 mm d'épaisseur, pèsent 64 gr environ.

Lunettes Simmelbauer

Ces lunettes sont bien conçues et d'une construction bien appropriée au but à atteindre. Leur monture est en fer-blanc ou en aluminium. Elles portent en saillie de larges verres trapézoïdaux dont l'épaisseur peut varier de 2 à 6 mm (*fig.* 136).

Deux larges conduits rectangulaires disposés latéralement et plusieurs ouvertures ménagées supérieurement et inférieurement sur la monture permettent à l'air de circuler facilement autour des yeux et s'opposent ainsi à l'échauffement de ces derniers.

Fig. 136. — Lunettes Simmelbauer.

La monture s'emboîte bien sur le front et sur le nez, qui se trouve protégé par un cuir doux. Quant aux verres, ils peuvent s'enlever à volonté. Ils sont logés dans des rainures de la monture et maintenus par un petit crochet en tôle qui peut se redresser et permet ainsi l'enlèvement des verres.

Le champ visuel est suffisamment étendu ; le port est facile et le poids n'est pas trop lourd ; il est d'environ 64 gr avec des verres de 3 mm et 57 gr avec des verres de 2 mm d'épaisseur.

Lunettes Détourbe

Destinées aux mêmes travaux, les lunettes du Dr Détourbe sont caractérisées par une base d'application très bien étudiée. Elle a été moulée sur le type moyen des visages, et sa mobilité lui permet de s'adapter facilement sur toutes les figures. Les points d'appui sont pris au-dessus

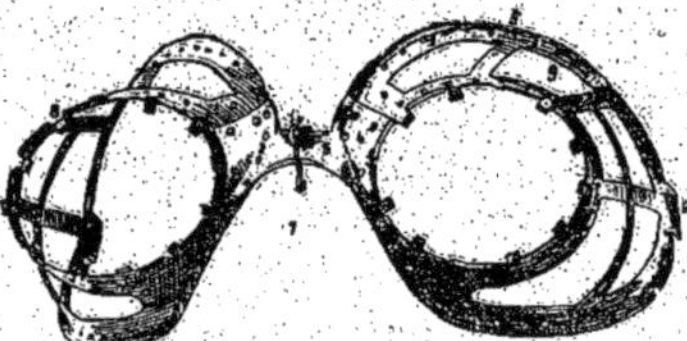

Fig. 137.

des sourcils ; la forme de la base est telle (*fig.* 137 à 139) qu'elle assure la stabilité et l'étanchéité sans compression sur les muscles des yeux.

Une vaste chambre à air permet une ventilation facile. On évite ainsi l'échauffement des yeux et la condensation, si gênante, de buée sur les verres. Les ouvriers myopes ou presbytes peuvent également conserver les lorgnons dont ils font usage.

Les verres sont ovales; ils ont 50 mm de grand axe et 40 mm de petit axe. Leur épaisseur peut varier de 2 à 5 mm. 4 crochets extérieurs et 8 crochets intérieurs les maintiennent et permettent, en se redressant, de changer les verres lorsqu'il en est besoin.

FIG. 138. FIG. 139.

La base d'application est bordée de cuir; le nez est logé dans une échancrure également garnie de cuir et qui peut se rétrécir ou s'élargir à volonté. Les parois sont en toile de fer galvanisé, bleuie pour éviter les reflets lumineux qui seraient gênants pour le travail.

Masque pour forgerons

Les forgerons et les fondeurs, exposés à des projections de parcelles incandescentes, doivent avoir non seulement les yeux, mais le visage tout entier protégé. Le masque Simmelbauer, des-

FIG. 140. — Masque Simmelbauer, pour forgerons.

tiné à cet usage, se compose (*fig.* 140) d'une toile métallique cintrée, de mailles convenables et que trois lames en tôle fixent à une monture de lunettes du même inventeur. Un intervalle de 6 cm environ existe entre la monture et la toile cintrée. Le masque pèse environ 100 gr; il est fixé à la tête de l'ouvrier au moyen d'un cordonnet en cuir.

Pare-bavures Solviche

Ce pare-bavures a été inventé, en 1895, par M. Solviche, ouvrier mécanicien au Creusot. Il a pour but de protéger l'ouvrier ébarbeur et ses voisins de travail contre les bavures qui se produisent lorsqu'on ébarbe des rivets à la gouge. Ces bavures, détachées par le choc de la masse sur la gouge, sont projetées quelquefois violemment et blessent les ouvriers au visage ou aux mains.

Le manche de la gouge G (*fig.* 141 à 143) s'engage dans un anneau de caoutchouc A réglé à une hauteur convenable et qui supporte un crochet métallique B. Le pare-bavures D est muni d'une boucle C, qui s'agrafe à ce crochet. Ce pare-bavures est constitué par une lame métallique portant à sa base un épanouissement D', dont les bords sont repliés de manière à venir

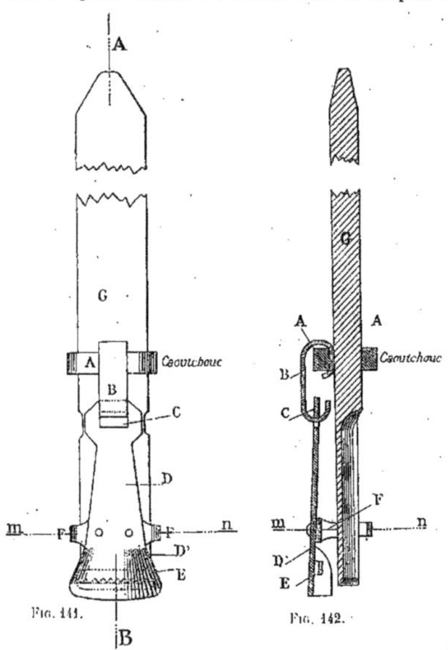

Fig. 141.

Fig. 142.

Plan Coupe mn.

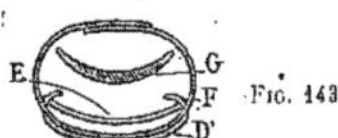

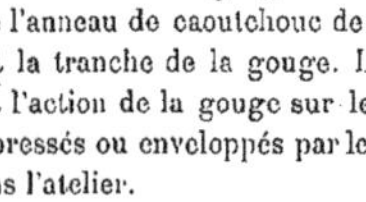

Fig. 143.

Pare-bavures Solviche.

presque en contact avec la gouge. Entre celle-ci et l'épanouissement D', une petite lame dentée E est fixée au pare-bavures. Elle agit comme entretoise et retient, en même temps, les éclats détachés par l'outil. Deux branches F, F, fixées au pare-bavures, se replient l'une sur l'autre en formant une sorte de ceinture autour de la gouge.

On règle la hauteur de l'anneau de caoutchouc de telle sorte que le bord inférieur du protecteur dépasse légèrement la tranche de la gouge. La boucle C possède un certain jeu sur le crochet B, ce qui permet l'action de la gouge sur les bavures. Les éclats détachés par le choc de la masse se trouvent pressés ou enveloppés par le pare-bavures; ils sont ainsi retenus et ne peuvent être projetés dans l'atelier.

Pare-éclats Lebrun

Ce petit appareil est dû à M. A. Lebrun, inspecteur départemental du travail dans l'industrie, qui lui a donné le nom de « pare-éclats ». Il est destiné à protéger les ouvriers contre la projection des éclats de métal détachés par les burins, becs-d'âne, ciseaux, etc.

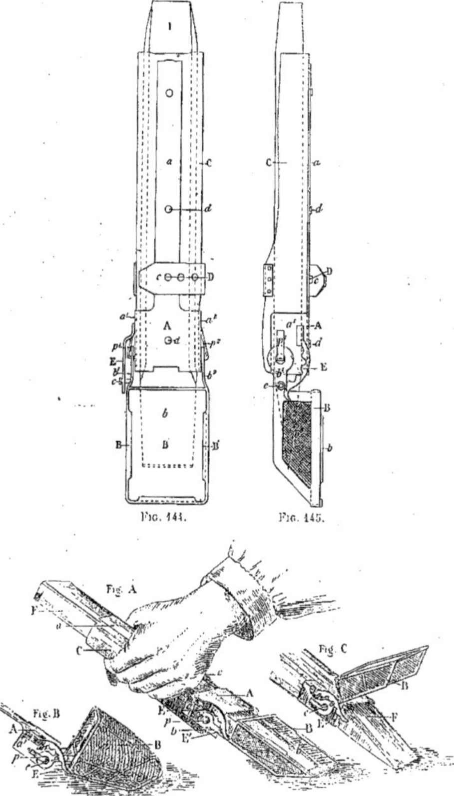

Fig. 144. Fig. 145.

Fig. 146, 147 et 148. — Pare-éclats, système Lebrun.

Le pare-éclats Lebrun se compose (*fig.* 144 à 150) d'une chape métallique A dont la face supérieure se prolonge d'un côté par une tige étroite et mince a, qui forme comme le manche de l'appareil, et d'un écran B articulé sur les bords de la chape. Sous le manche de cette chape est fixée une sorte de gaine ou embrasse C, en cuir ou en caoutchouc, qui enveloppe l'outil. Une ou deux pattes en lanières D, qui passent en dessous, s'agrafent sur la tige au moyen d'un bouton à pression *c* et fixent solidement le protecteur sur l'outil.

L'écran B est garni latéralement de toile métallique et supérieurement d'une plaque de verre ou de mica *b* qui, tout en permettant de suivre facilement le travail, empêche la projection des éclats. Cette plaque est retenue dans une coulisse qui permet de la nettoyer ou de la remplacer à volonté.

Fig. 149 et 150. — Pare-éclats Lebrun.

Deux petits pivots ou crochets p^1 et p^2 maintiennent l'écran sur les flancs a^1 et a^2 de la chape. Sur ces pivots s'articulent les branches b^1 et b^2 de cet écran. Ce dernier peut ainsi se relever en arrière, dans la position exigée par l'inclinaison de l'outil.

Les formes de cet écran peuvent varier, d'ailleurs, selon le genre de travail et l'outil.

Un arc à crémaillère E est disposé sur la face a^1 de la chape ; il engrène sur une petite goupille *e* fixée à la branche b^1 de l'écran, de sorte que celui-ci se tient automatiquement dans l'inclinaison que lui donne l'ouvrier ou qui provient de la seule résistance des saillies de la pièce sur le bec de l'appareil.

L'écran masque ainsi constamment le taillant de l'outil ; les éclats formés pendant le travail sont arrêtés aussitôt que détachés et retombent sur la pièce ou à terre, sans gêne pour le travail. Le poids de l'appareil est faible et la mobilité de l'écran permet l'affûtage des outils sans démontage de la gaine.

Pour monter le pare-éclats sur un outil, il suffit de déboutonner la patte D, d'introduire l'outil dans l'intérieur de la gaine, en plaçant le taillant à peu près au milieu de l'écran, puis de resserrer fortement la patte D et de l'agrafer sur le bouton *c* dans l'œillère convenable.

HYGIÈNE INDUSTRIELLE

Protection contre les poussières

Dans un certain nombre d'industries, les ouvriers se trouvent exposés, par le fait du travail lui-même, à l'action des poussières plus ou moins ténues. Les unes, d'origine minérale, sont tantôt pierreuses (grès, silex, quartz, émeri, verre), tantôt métalliques (fer, plomb, cuivre, zinc, mercure, etc.). Les autres, d'origine organique, sont végétales (lin, coton, chanvre, amidon, farine) ou animales (soie, cuir, poil, corne, etc.). Mais, quelle que soit leur nature, on peut dire que toutes, à des degrés divers, sont dangereuses pour les ouvriers. Elles vicient l'atmosphère de l'atelier, et depuis longtemps leur action nocive a été constatée et signalée. Il en est qui sont toxiques par elles-mêmes, comme celles de plomb, d'arsenic, de mercure. Il en est d'autres qui servent de véhicule aux germes infectieux; c'est le cas des poussières provenant des chiffons, des peaux, des tapis. Il en est, enfin, telles qu'un grand nombre de poussières minérales, qui agissent en raison de leur dureté, par leurs arêtes coupantes, leurs pointes aiguës. Elles percent ou rayent les muqueuses qui tapissent les organes digestifs ou respiratoires, ulcèrent ces muqueuses et ouvrent ainsi la porte aux germes pathogènes, qui envahissent l'organisme. Trop souvent la tuberculose pulmonaire est l'aboutissant fatal de cette funeste action.

Il faut donc, par tous les moyens possibles, chercher à soustraire les ouvriers à l'absorption de ces poussières.

De nombreux procédés ont été essayés déjà. Lorsqu'il est possible d'exécuter les travaux par la voie humide, comme dans certaines opérations d'aiguisage et de polissage, comme dans le broyage de la céruse tel qu'il s'effectue aujourd'hui, les résultats sont excellents. Mais, lorsque l'intervention d'une substance liquide n'est pas possible, la poussière se produit nécessairement, et il convient d'en débarrasser l'atmosphère de l'atelier.

La ventilation est le meilleur procédé à employer dans ce but. Non pas la ventilation générale de l'atelier qui, excellente lorsqu'il s'agit seulement de combattre les causes normales de viciation de l'air provenant de la respiration des ouvriers, des appareils de chauffage et d'éclairage, devient tout à fait insuffisante lorsqu'on doit s'opposer à un dégagement de poussières plus ou moins abondant, se produisant en un point donné. Peut-être même serait-elle alors plus nuisible qu'utile, en soulevant et disséminant ces poussières dans l'atelier, et les mêlant intimement à l'air respiré par les ouvriers.

Il est bien préférable, et c'est de beaucoup la meilleure solution, d'aspirer, par une ventilation locale, les poussières au point même où elles se produisent et de les entraîner dans une conduite étanche, pour les recueillir ou pour les détruire.

Lorsque cette mesure générale, qu'il faut désirer voir employée le plus possible, n'est pas encore appliquée ou n'est pas applicable, pour un motif quelconque, il faut, tout au moins, recourir aux moyens de protection individuels.

Ces moyens résident dans l'emploi des *masques-respirateurs* contre les poussières.

Pendant longtemps, les ouvriers se sont contentés soit d'une éponge humide, appliquée sur la bouche et sur le nez et maintenue par un cordonnet, soit même, simplement, d'un mouchoir attaché devant la bouche et le nez, et beaucoup plus gênant qu'efficace.

On dispose aujourd'hui de masques-respirateurs suffisamment pratiques pour que les ouvriers puissent les porter sans gêne, et dont l'efficacité est très réelle.

Masque-respirateur Détroye

Le masque-respirateur dû à M. Détroye, médecin-vétérinaire de la ville de Limoges, se compose de deux parties séparées : le respirateur nasal et le respirateur buccal.

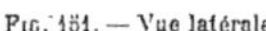

Fig. 151. — Vue latérale.

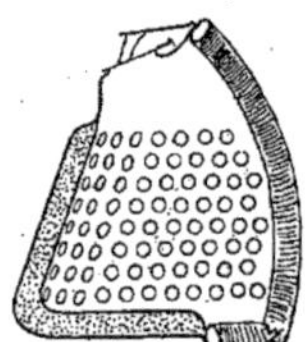

Fig. 152. — Coupe du respirateur nasal Détroye.

Le respirateur nasal se compose (*fig.* 151 et 152) d'un logement disposé pour emboîter le nez, et dont les parois horizontales et latérales sont percées d'un grand nombre de

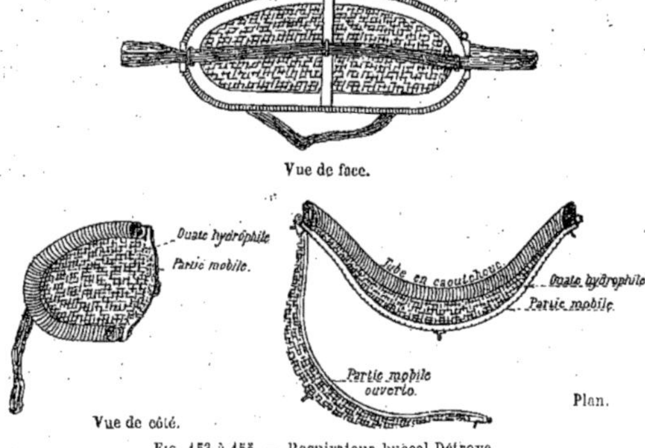

Fig. 153 à 155. — Respirateur buccal Détroye.

petits trous. Une seconde enveloppe concentrique, également perforée, entoure la première et s'y fixe au moyen de deux petites clefs. Entre les deux enveloppes se trouve un espace libre, dans lequel on dispose une couche d'ouate non hydrophile. C'est la matière filtrante destinée à arrêter les poussières. Lorsqu'elle est suffisamment chargée de celles-ci et qu'il est nécessaire de la changer, il suffit de retirer la paroi extérieure, en tournant les clefs.

Le poids moyen de ce respirateur, qui est en aluminium, est d'environ 15 gr; un cordonnet en caoutchouc permet de le fixer derrière la tête, et une petite bordure en caoutchouc pneumatique assure son application facile et étanche sur le visage. Une petite soupape à charnière, disposée sur la partie haute du masque, permet l'évacuation de l'air vicié.

Quant au respirateur-buccal, il est basé sur les mêmes idées et se compose aussi de deux parties en aluminium (*fig.* 153 à 155), l'une intérieure, l'autre extérieure, percées toutes deux d'un grand nombre de petits trous. Ces deux parties, réunies par de petites clefs de serrage, laissent entre elles un espace vide, occupé par la couche filtrante d'ouate non hydrophile. La forme de ce respirateur est celle d'un rectangle à bords arrondis, présentant en avant la convexité nécessaire au logement de la bouche, et bordé d'une garniture en caoutchouc pneumatique, pour l'application sur le visage. Comme le précédent, il pèse 15 gr environ.

Masque-respirateur Bellot

M. Jules Bellot, constructeur à Champeix (Puy-de-Dôme) et fabricant du respirateur Détroye, a eu la pensée de réunir les deux parties de cet appareil en une pièce unique, comprenant à la fois le respirateur nasal et le respirateur buccal.

Masque-respirateur Détourbe

M. le Dr Détourbe a construit un masque-respirateur en une seule pièce, protégeant à la fois la bouche et le nez.

FIG. 156. — Masque Détourbe, non garni et ouvert.

FIG. 157. — Masque Détourbe, adapté au visage.

Ce masque, en aluminium, est formé de deux parties articulées à leur partie supérieure au moyen d'une charnière. Ce qui le caractérise surtout, c'est sa ligne d'application sur le visage, très heureusement étudiée et résultant d'un examen comparatif fait sur un très grand nombre de sujets. Cette ligne d'application forme la base de la partie intérieure du masque. Elle se compose (*fig.* 156 à 158), à la partie supérieure, de la courbe naso-maxillo-frontale, qui est horizontale et a la forme d'une demi-circonférence. A droite et à gauche se trouvent les courbes latérales, qui regardent en arrière, un peu en haut et en dehors, et présentent une légère concavité en dedans. Viennent ensuite deux petits bords droits, dirigés verticalement et qui sont réunis par la courbe sous-labiale, qui achève inférieurement le profil de la base du masque. Cette dernière courbe décrit un peu moins d'un demi-cercle et son plan est relevé de 15° sur l'horizontale. Une bande de feutre assure l'application géométrique du masque sur le visage.

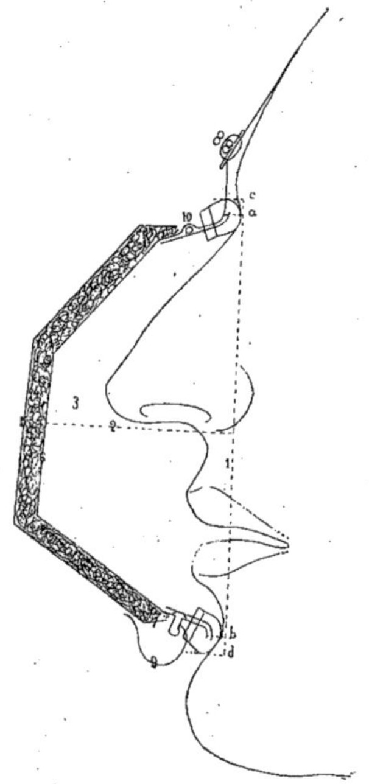

LÉGENDE

a. Angle supérieur. *b.* Angle inférieur 1. Hauteur. *ab.* Hauteur faciale (bouche ouverte de 5 millimètres) et hauteur de la partie métallique du masque. *cd.* Hauteur du masque (feutre compris). 2. Profondeur. 3. Chambre à air. 4 Chambre filtrante et ouate. 5. Porte treillissée. 6. Treillis postérieur. 7. Intervalle vide de 2 millimètres entre le pourtour de la porte treillissée et le masque. 8. Levier. 9. Anneau. 10. Charnière.

Fig. 158. — Coupe médiane verticale du masque Détourbe.

Les parois de la partie intérieure du masque sont pleines. Elles s'écartent du visage, afin de laisser en avant de la bouche et du nez une chambre d'air suffisante. Cette chambre est limitée antérieurement par une sorte de triangle isocèle, dont le sommet est en haut, et qui est formé de trois plans se raccordant à angles obtus. C'est l'orifice d'aspiration de l'air. Il est fermé par un treillis en fil élastique, à larges mailles, destiné à servir de support à la couche filtrante d'ouate non hydrophile.

La partie extérieure du masque, placée à 5 mm en avant de la première, s'emboîte sur elle et s'y fixe, en outre de la charnière supérieure, par un petit ressort inférieur. Elle présente, en avant, un large orifice correspondant à celui de la partie intérieure et qui est occupé par un treillis en aluminium, limitant supérieurement la couche filtrante, qui se trouve fixée et pincée dans un vide de 2 mm existant entre les bords des deux moitiés du masque.

Une étoffe de laine caoutchoutée garnit la partie pleine intérieure du masque, de façon à éviter la condensation de la vapeur d'eau au contact du métal.

Pour changer la couche filtrante, il suffit de décrocher et de relever la partie supérieure du masque, en la faisant pivoter autour de la charnière supérieure.

Le masque se fixe sur le visage au moyen de deux bandes élastiques. L'une prend son point d'appui sur un ressort placé dans l'axe et en prolongement du masque; elle contourne la tête au-dessus des oreilles et s'attache à une agrafe fixée au ressort.

L'autre, fixée à l'un des bords inférieurs du masque, passe au-dessous des oreilles, contourne la nuque et s'agrafe au second bord inférieur.

L'appareil est construit en trois grandeurs différentes, afin de pouvoir s'adapter à tous les visages. Son poids moyen est de 75 gr.

Émaillage métallique sans dégagement de poussières, procédé A. Dormoy

Les ouvriers qui manient le plomb ou ses composés, soit qu'ils travaillent à leur fabrication, soit qu'ils les utilisent industriellement, sont exposés à l'empoisonnement saturnin et à ses graves conséquences. Le dangereux métal exerce insidieusement et progressivement son

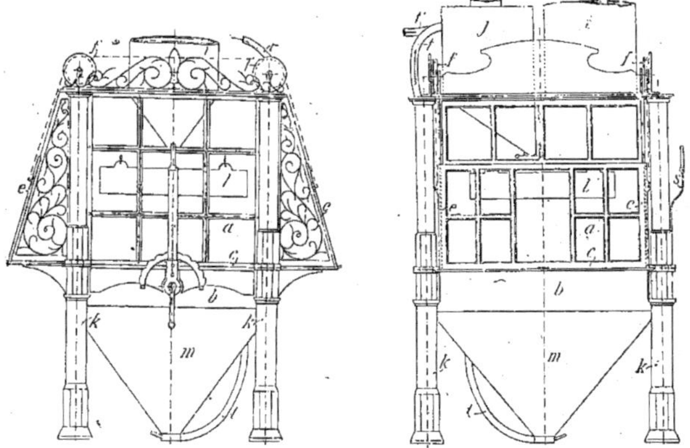

FIG. 159 et 160. — Élévation de la machine à émailler, système Dormoy.

action destructrice; il s'infiltre dans tout l'organisme, détermine l'amaigrissement, l'épuisement des forces, la décoloration de la peau, qui prend bientôt une teinte jaunâtre; les gencives se bordent du liséré gris bleuâtre de Burton; les coliques de plomb torturent le malade. Celui-ci, profondément anémié, est atteint de troubles fonctionnels nombreux. Souvent la paralysie se déclare, bientôt suivie de la mort.

L'émaillage de la fonte est une des opérations qui exposent les ouvriers à l'intoxication saturnine. Le procédé généralement employé jusqu'ici, en effet, tant à cause de sa facilité d'application que de la beauté des produits qu'il donne, consiste à pulvériser des émaux à base de plomb et à les tamiser sur les pièces de fonte chauffées au rouge. Les ouvriers sont donc soumis à l'absorption des poussières plombiques. Les masques-respirateurs, dont on a essayé l'emploi, n'ont pas donné des résultats suffisants.

D'une part, en effet, les ouvriers, exposés à la chaleur qui se dégage des fours et des pièces en traitement, ne peuvent supporter que très difficilement l'application d'un masque sur le visage; d'autre part, le masque ne protège que la bouche et le nez, tandis que l'absorption des poussières de plomb se fait surtout par les pores de la peau.

M. A. Dormoy, directeur des forges et fonderies de Sougland (Aisne), a créé tout récemment un sysème d'émaillage mécanique sans dégagement de poussière, qui fonctionne avec succès aux usines de Sougland et que le Jury de l'Exposition universelle de 1900 a récompensé par un grand prix. Cet appareil réalise, au point de vue de l'hygiène industrielle, une importante amélioration sur les procédés actuels, et il faut souhaiter de le voir se généraliser dans l'industrie de l'émaillage de la fonte.

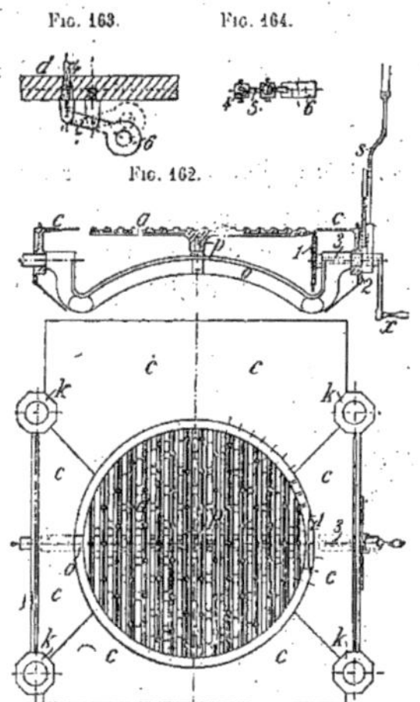

Fig. 163. Fig. 164.

Fig. 162.

Fig. 161. — Plateau mobile.

L'appareil créé par M. Dormoy pour la mise en œuvre de son procédé se compose (*fig.* 159, 160 et 169) d'une cage en deux parties *a* et *b*, séparées l'une de l'autre par une plate-forme *c* qui entoure le plateau tournant *d* (*fig.* 161 et 162), dont nous parlerons plus loin.

Sur deux faces opposées de la partie supérieure *a* de cette cage à émailler, sont disposées deux portes à coulisse *c*; ces portes sont réunies par deux chaînes Galle passant sur quatre galets *f*; elles s'équilibrent et glissent sur quatre grandes consoles; les joints sont rendus hermétiques par un dressage très soigné des surfaces en contact et par une nervure latérale des portes.

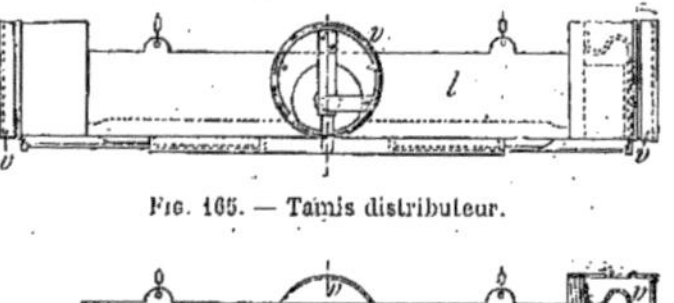

Fig. 165. — Tamis distributeur.

Fig. 166. — Coupe XY. Fig. 167. — Coupe YY'.

La cage ainsi constituée, et dans laquelle s'effectueront les opérations de l'émaillage, présente donc deux faces latérales verticales et deux faces latérales inclinées. Sur les deux faces verticales sont pratiquées des portes de visite. Toute cette partie supérieure est largement vitrée, de manière qu'on voie bien tout l'intérieur de la cage. Le plafond de celle-ci présente deux ouvertures circulaires. De l'une d'elles part une cheminée d'appel *i* destinée à l'aspiration des poussières d'émail; dans l'autre passe un réservoir distributeur *j*, dont la partie inférieure, en forme de cône, est fermée par un clapet s'ouvrant extérieurement. La partie inférieure *b* de la cage se termine par une trémie *m*, en forme d'entonnoir, dans laquelle tombe l'émail qui ne reste pas sur la pièce en traitement. De la partie inférieure de cette trémie part un tube *t* de petit diamètre, par lequel un ventilateur aspire l'émail tombé dans la trémie et le ramène dans le réservoir supérieur *j*. La brusque détente résultant de la très grande différence de section du tube et du réservoir fait tomber à la partie inférieure de ce dernier les petits cristaux d'émail, tandis que la fine poussière est entraînée par le tuyau d'aspiration, puis recueillie au dehors.

Au-dessous du clapet disposé à la partie inférieure du réservoir se trouve placé un tamis distributeur *l* (*fig.* 165 à 168), sur lequel le clapet, en s'ouvrant, laisse tomber l'émail.

Ce tamis n'est pas composé d'une toile unique à fines ouvertures; l'émail, ainsi que l'a prouvé l'expérience, se tasserait sur cette toile et ne passerait pas convenablement à travers, malgré les chocs que l'on imprimerait au tamis. Il est composé de plusieurs toiles métalliques superposées q, à larges mailles, serrées entre deux armatures u ; celles-ci sont formées par des

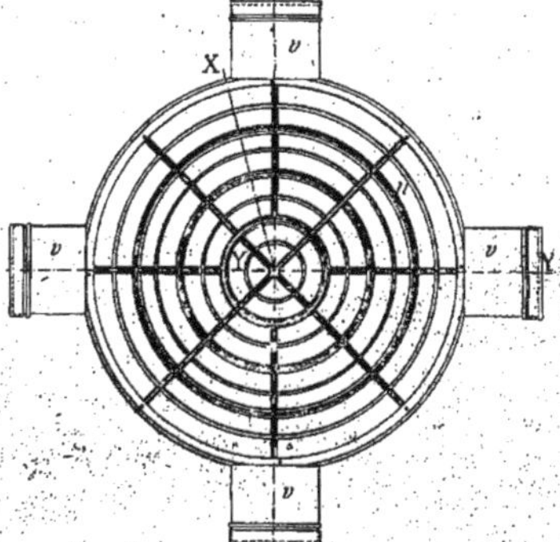

FIG. 168. — Plan du tamis distributeur.

couronnes concentriques, réunies par des entretoises radiales, qui s'opposent à la flexion des toiles et leur maintiennent une rigidité suffisante. Quant aux chocs nécessaires au tamisage, ils sont obtenus au moyen de quatre frappeurs électriques v, actionnés par un courant de 40 watts.

FIG. 169. — Machine à émailler, système Dormoy.

Les marteaux frappent sur des tiges aboutissant à deux couronnes de l'armature inférieure, dont l'une est voisine du centre.

On obtient ainsi une répartition plus uniforme de l'émail qu'en frappant seulement à la périphérie du tamis. Un rhéostat permet de faire varier l'intensité des chocs. L'ouvrier met en mouvement les frappeurs en appuyant avec le pied sur une pédale.

A l'intérieur de la cage, au-dessous du tamis et à la hauteur de la couronne c, se trouve disposé le plateau mobile a (*fig.* 161 à 163), qui doit recevoir les pièces à émailler. Ce plateau en fonte, d'une seule pièce, ajouré, est supporté par un pivot central p reposant dans une crapaudine pratiquée dans le balancier 0. Il présente à sa partie supérieure un certain nombre de nervures parallèles, laissant entre elles des rainures dont l'espacement est celui des dents des fourches en fer qui servent à déposer les pièces sur le plateau et à les retirer après l'émaillage.

Le plateau peut recevoir un double mouvement relatif oscillant. Le tourillon 2 du balancier 0 reçoit un arbre 3, qui porte un petit pignon 1. Les dents de ce pignon engrènent avec des broches radiales disposées à la circonférence du plateau p. On peut ainsi, par l'intermédiaire de la manivelle x, imprimer au plateau un mouvement de rotation autour de son axe.

Le mouvement oscillant est obtenu en agissant sur un levier 5 calé sur un tourillon 2. Ce levier porte un frein à ressort appuyant sur un secteur demi-circulaire, dentelé, fixé au bâti. En

Fig. 170. — Emaillage à la main, suivant la méthode ordinaire.

exerçant une traction sur le levier, le frein glisse le long des rampes de la dentelure, le ressort se comprimant et se détendant alternativement; son arrêt dans l'une des dépressions de la dentelure permet à l'ensemble formé par le plateau, le balancier et la pièce à émailler, de rester à toute inclinaison pendant le travail. Grâce à ce double mouvement du plateau, la pièce peut ainsi présenter successivement tous ses points à l'émail tombant du tamis distributeur.

Le dispositif adopté pour maintenir la pièce sur le plateau est très ingénieux.

Les nervures du plateau présentent de distance en distance des bossages, au centre de chacun desquels une couverture tronconique laisse passer à l'extrémité une tige en fer 4, émergeant de 12 à 15 mm (*fig.* 163). Cette tige est vissée à l'extrémité du petit levier 5, portant un léger contrepoids 6. Lorsqu'on pose une pièce sur le plateau, toutes les tiges placées sous cette pièce s'abaissent au niveau des nervures, tandis que les autres continuent à faire saillie au-dessus du plateau et enserrent la pièce qu'elles maintiennent ainsi, quelle que soit l'inclinaison du plateau. Comme l'indique la figure 169, la machine est placée entre deux fours de manière à pouvoir desservir alternativement l'un et l'autre. L'opération se fait très simplement. Pendant qu'un aide soulève la porte de la cage qui se trouve du côté du four en travail, un autre aide saisit dans ce four, avec une longue fourche en fer, la pièce à émailler chauffée au rouge et l'introduit dans la cage en la déposant sur le plateau. On referme aussitôt la porte de la cage. L'ouvrier émailleur, appuyant le pied sur la pédale qui commande les frappeurs électriques, saisit d'une main le levier s et, de l'autre main, la manivelle x (*fig.* 160, 162 et 169). Il imprime alors au plateau un mouvement de rotation et d'oscillation, pendant que, sous l'action des frappeurs, l'émail tombe des tamis sur la pièce. L'émaillage rapidement terminé, l'ouvrier cesse d'appuyer sur la pédale et amène le plateau dans une position commode pour que les dents de la fourche puissent facilement pénétrer dans les rainures afin d'enlever la pièce. On soulève la porte de la cage et on retire la pièce émaillée.

Tours. — Imprimerie Deslis Frères, rue Gambetta, 6.

LA

MÉCANIQUE

A l'Exposition de 1900

Publiée sous le Patronage et la Direction technique d'un Comité de Rédaction

COMPOSÉ DE MM.

HATON DE LA GOUPILLIÈRE, G. O. ❋, Membre de l'Institut
Inspecteur général des Mines, *Président*

BARBET, ❋, ingénieur des arts et manufactures.

BIENAYMÉ, C. ❋ inspecteur général du génie maritime

BOURDON (Edouard), O. ❋, constructeur mécanicien, président de la chambre syndicale des mécaniciens.

BRÜLL, ❋, ingénieur, ancien élève de l'Ecole polytechnique, ancien président de la Société des Ingénieurs civils.

COLLIGNON (Ed.), O ❋, inspecteur général des ponts et chaussées en retraite.

FLAMANT, O. ❋, inspecteur général des ponts et chaussées.

IMBS, ❋, professeur au Conservatoire des arts et métiers et à l'École centrale des arts et manufactures.

LINDER, C. ❋, inspecteur général des mines en retraite.

ROZÉ, ❋, répétiteur d'astronomie et conservateur des collections de mécanique à l'École polytechnique.

SAUVAGE, O. ❋, ingénieur en chef des mines, professeur à l'Ecole des mines.

WALCKENAER, O. ❋, ingénieur en chef des mines, professeur à l'École des ponts et chaussées.

RATEAU, ingénieur des Mines.

Secrétaire de la Rédaction : **GUSTAVE RICHARD**, ❋, 44, rue de Rennes.

10e LIVRAISON

LES MACHINES-OUTILS

PAR

M. G. RICHARD

PARIS. VI
Vve CH. DUNOD, ÉDITEUR
49, QUAI DES GRANDS-AUGUSTINS, 49

TÉLÉPHONE 147.92

1902

TABLE DES MATIÈRES

LES MACHINES-OUTILS

PAR

M. G. RICHARD.

Les machines-outils constituaient l'une des parties les plus importantes, les plus intéressantes et nouvelles de l'Exposition de 1900 ; on y voyait, pour la première fois en France, exposées avec ampleur, les machines-outils allemandes et américaines, ces dernières surtout extrêmement remarquables par leur originalité, raison peut-être insuffisante pour justifier leur relégation au désert de Vincennes. Ces machines étaient admirablement présentées, toutes en fonctionnement, et leur étude sur place et comparative, dans cette occasion unique, eût été des plus utiles pour les ingénieurs et ouvriers mécaniciens français ; leur place eût été dans la Galerie des machines, si ridiculement défigurée par la Salle des fêtes et encombrée par des exhibitions de victuailles et de produits alcooliques.

Nous ne pouvons songer à donner ici la description même de la plupart des machines-outils exposées ; il faudrait, pour cela, des ressources qui dépassent de beaucoup celle de notre entreprise. De pareilles monographies, complètes et désintéressées, seraient d'une incontestable utilité ; on pourrait les établir en obligeant les exposants à fournir aux jurys les renseignements nécessaires et surtout en mettant à la disposition des rapporteurs les fonds indispensables à de pareils travaux ; il resterait ainsi, de ces exhibitions ruineuses et démoralisantes, quelque chose de véritablement utile pour les industriels et les chercheurs ; mais on ne s'est jamais soucié d'une pareille publication, en complet désaccord avec l'allure essentiellement foraine de nos grandes expositions. Nous nous sommes donc bornés, dans cette notice, à la description, aussi complète que possible, de celles des machines-outils sur lesquelles nous avons pu nous procurer des renseignements autres que les réclames des prospectus, et qui nous ont paru suffisamment nouvelles, c'est-à-dire n'avoir pas été déjà exposées en 1889, ni décrites dans des publications dès longtemps accessibles à tous les lecteurs français ; la plupart de ces machines sont étrangères ; nous le regrettons, mais nous n'y pouvons rien.

Il faut bien le reconnaître, les étrangers nous ont singulièrement dépassé dans la fabrication des machines-outils, et cela sans qu'il y ait, à cette supériorité, aucune raison valable, car nous faisons, quand nous le voulons, aussi bien qu'eux : exemples les maisons Barricand, Ducommun, etc., et la France a dû acheter très cher, à l'étranger, dans ces derniers temps, ne serait-ce que pour la fabrication des automobiles, assez de machines-outils pour alimenter la fabrication de nos usines ; chaque jour, et surtout depuis l'Exposition de 1900, nous voyons s'établir chez nous, à grands frais et à grands profits, des représentants de fabricants anglais, américains et allemands, dont les machines-outils se vendent parfaitement bien à nos constructeurs. Cette situation indique nettement l'insuffisance de notre fabrication de machines-outils. La supériorité des Américains est reconnue de longue date; elle tient à tout un ensemble de conditions économiques et sociales qui ont fait, des États-Unis, le paradis de la Mécanique. Mais il n'en est pas de même de l'Allemagne; en 1893, les Allemands étaient, en fait de construction de machines-outils, à peu près au même point que nous — je parle de la machine-outil commerciale, courante, achetée par tous les ateliers de construction — ; depuis cette époque, leur fabrication de machines-outils s'est singulièrement développée, comme on l'a vu d'une façon si frappante

Fig. 1. — Fraiseuse *Droop* et *Rein* commandée par une dynamo.

à l'Exposition de 1900, bien qu'il y manquât bon nombre de gros constructeurs allemands. Profitant largement des enseignements, pour nous tout à fait inutiles, de l'Exposition de Chicago, copiant d'abord purement et simplement les machines américaines et les adaptant ensuite aux besoins de leurs constructeurs, les Allemands ont su créer de nombreuses usines de constructions de machines-outils, usines qui ont presque toutes prospéré, qui ont grandement participé au développement industriel de l'Allemagne, et qui exportent leurs produits dans le monde entier, y compris les États-Unis eux-mêmes. Rien ne nous empêchait, rien ne nous empêche encore aujourd'hui d'en faire autant; souhaitons que la leçon de l'Exposition de 1900 soit mieux comprise que celle de l'Exposition de Chicago, et que notre pays qui compte tant de noms illustres dans l'art de la machine-outil, Barricand, Colmant, Frey, Kreutzberger, Steinlein, etc., reprenne, il n'y a qu'à le vouloir, le rang qu'il n'aurait jamais dû perdre.

On sait que la machine-outil s'est singulièrement développée, dans ces dernières années, sous le rapport de la puissance et aussi sous celui de la précision et de la rapidité

Fig. 2. — Fraiseuse *Hendey Norton* commandée par une dynamo de la *Northern C°*

du travail, obtenues par une spécialisation qui a permis d'assurer aux machines-outils un fonctionnement presque automatique dans un grand nombre de cas.

Du côté de la puissance, il suffit de rappeler les énormes machines nécessaires pour la fabrication des canons, des cuirassés, des moteurs de l'industrie et de la marine, dont la puissance atteint jusqu'à 20.000 chevaux; tours, raboteuses universelles, presses à forger allant jusqu'à 10.000 tonnes. Ces machines ne se prêtent pas aux expositions ; elles sont, en général, construites sur commande, suivant chacune de leurs destinations parti-

Fig. 3. — Fraiseuse verticale radiale des ateliers *Vulkan* commandée par l'électricité. Diamètre du plateau 1 m 30.

culières. Certaines d'entre elles, comme le célèbre tour de Steinlen, à la Chaussade, sont de véritables monuments d'art et de science mécanique, et l'on peut affirmer que, pour la

Fig. 4. — Fraiseuse raboteuse double des ateliers *Vulkan* commandée par l'électricité.

construction de pareils chefs-d'œuvre, nous n'avons rien à envier à nos concurrents. Nous n'insisterons pas sur ces machines exceptionnelles, dont il n'y avait guère d'exemples à l'Exposition.

Les progrès si considérables réalisés dans la voie de la précision et de la rapidité du travail des machines-outils sont dus, en grande partie, à la nécessité de fabriquer des pièces interchangeables, c'est-à-dire assez rigoureusement identiques pour pouvoir se substituer les unes aux autres sans aucune retouche, précision que l'on ne peut atteindre économiquement que par l'emploi des machines travaillant en série et d'une façon non seulement très précise mais aussi automatique que possible. Cette interchangeabilité est nécessaire non seulement pour permettre de remplacer immédiatement une pièce brisée, mais aussi pour assurer et faciliter singulièrement le travail du montage et de l'ajustage des machines composées de ces pièces, montage qui se fait ainsi sans retouches

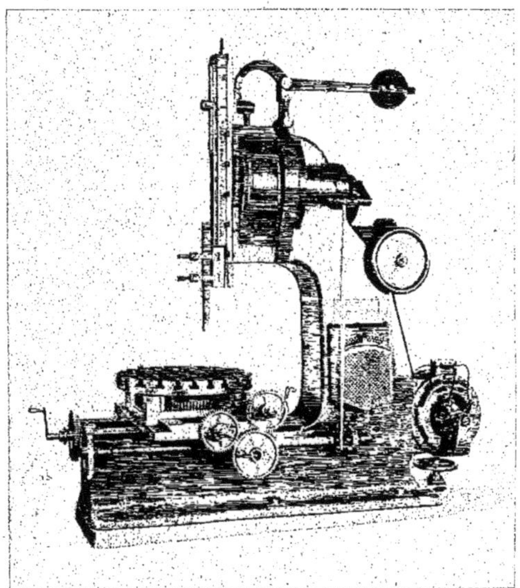

Fig. 5. — Mortaiseuse *Ducommun* commandée par une dynamo.

et avec une précision absolue, un succès assuré; la fabrication de certaines machines, comme les machines à coudre, dont quelques usines débitent des milliers par jour, serait absolument impossible sans cette interchangeabilité.

Pour que la machine-outil puisse réaliser ce travail automatique, il faut évidemment qu'elle y soit particulièrement adaptée, autrement dit spécialisée, et cela de deux façons : non seulement en ce qu'elle soit disposée de manière à faire suivre automatiquement à l'outil le profil ou le contour de la forme à reproduire, mais encore par l'outil même qu'elle emploie, spécialement adapté à la réalisation de cette forme; et c'est précisément l'un des principaux avantages de la fraise que de pouvoir s'adapter avec la plus grande rigueur, en même temps qu'avec souplesse infinie, à la reproduction des formes les plus compliquées et les plus diverses.

La fraise à profiler, copier ou moulurer, dite fraise de forme, est aujourd'hui universellement employée dans les ateliers de construction, et cela non seulement comme outil de précision, mais aussi, et de plus en plus, comme outil de force à grand débit, comme outil de façage et de dressage, abattant de grandes surfaces planes, débitant des poids de métal auxquels il ne faudrait pas songer avec les outils à coupe unique. Cette puissance de la fraise tient principalement à ce que chacun de ses multiples tranchants ne reste chaque fois dans sa coupe que pendant un temps très court, une très faible partie de la révolution de la fraise; chacun de ces éléments de la fraise ayant ainsi le temps de se

Fig. 6. — Perceuse à colonne commandée par une dynamo.

refroidir à l'air après son court passage dans sa coupe, l'ensemble de ces éléments peut travailler d'une façon beaucoup plus active qu'un seul outil constamment engagé dans sa coupe, comme celui d'un tour ou d'une perceuse, car l'activité des outils est limitée bien plus par leur échauffement que par leur fragilité.

La meule peut être considérée comme une fraise à dents infiniment petites, nombreuses et dures; elle peut donc être, comme la fraise, employée dans les travaux de précision, presque avec les mêmes machines, mais avec cette différence : que, procédant par abrasions infinitésimales, elle ne saurait être qu'un outil de finissage, et cet avantage : que son extrême dureté lui permet d'opérer ce finissage sur des pièces trempées, auxquelles on donne ainsi, avec une précision absolue, leur forme définitive, sans aucune retouche complémentaire. La meule est ainsi devenue un auxiliaire des plus précieux de la fraise ; les machines à rectifier les axes, à dresser les contacts, aléser les bagues et les portées, sont aujourd'hui considérées comme indispensables ; nous en décrirons quelques exemples des plus intéressants.

Un autre moyen de réaliser économiquement la fabrication rapide et sûre des pièces interchangeables consiste dans leur exécution, sur une même machine, par une suite d'outils dont la succession et les divers travaux sont automatiquement réglés de manière que leurs opérations se poursuivent sans erreur ni interruption depuis l'attaque de la pièce

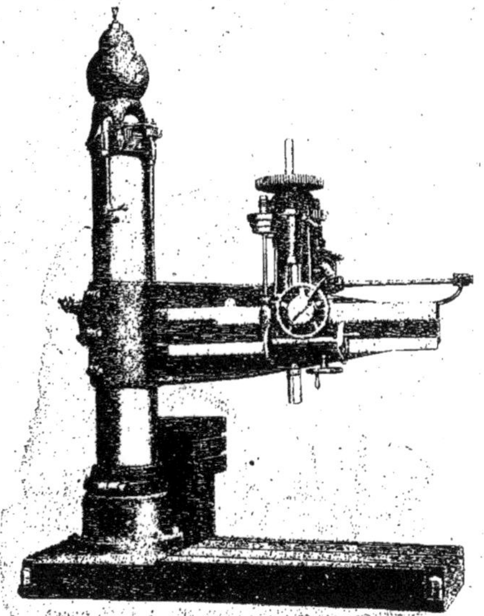

Fig. 7. — Perceuse radiale *Bickford* commandée par une dynamo type de la *Northern C°*, installée au sommet de la colonne.

jusqu'à son entier finissage ; la plus répandue de ces machines à répétition est le tour à revolver, dont la machine à vis n'est qu'une variété, et qui, longtemps limité au travail des petites pièces, s'étend aujourd'hui à des travaux très considérables. Les tours à revolver de toutes espèces et les machines à vis étaient très largement représentées à l'Exposition par leurs types classiques et aussi par quelques machines entièrement nouvelles ; nous en avons décrit les types les plus intéressants avec autant de détails que possible.

Cette nécessité de la précision se fait aujourd'hui sentir dans toutes les branches de la construction et de la métallurgie, dont les réactions chimiques se poursuivent de plus en plus par des méthodes rigoureusement scientifiques, et dont la machinerie se transformé dans ce même esprit, par exemple par la substitution, au marteau pilon, des presses à forger, silencieuses et précises; le forgeage à l'étampe fait chaque jour de remarquables progrès, ainsi que l'emploi des presses découpeuses et étampeuses, qui constituent actuellement des machines à grand débit et d'une précision parfaite; il en figurait, à l'Exposition, quelques exemples remarquables — Bliss, Ferracute, etc., pour lesquelles nous ne pouvons que renvoyer aux descriptions déjà publiées[1].

Mais il ne suffit pas, pour construire dans d'excellentes conditions, de disposer de machines-outils bien adaptées à leur travail; il faut savoir les employer individuellement et dans leur ensemble, pourvoir ces machines de ce qu'on appelle leur outillage — jauges, calibres, outils particuliers et accessoires divers, adaptés à chaque travail spécial — et aussi organiser l'atelier de manière à réduire au minimum les déplacements des ouvriers et les

Fig. 8. — Perceuse radiale *Vulkan*, commandée par deux dynamos, une pour la levée et la rotation du bras, l'autre pour la rotation, l'avance et la translation du foret.

Fig. 9. — Groupe de deux perceuses commandées par 3 dynamos.

1. G. Richard, *La mécanique générale à l'Exposition de Chicago* et *Bulletin de la Société d'encouragement pour l'Industrie nationale*, presses de Fox, mars 1899, p. 496; Stiles, mars et octobre 1896, pp. 428 et 1369; Smith, juin 1897, p. 817; Worth, mai 1900, p. 817. *Revue de Mécanique*; Leavitt, août et octobre 1898, pp. 98 et 420; Oberlin-Smith Pearse, juillet 1900, p. 114; Woodworth, mars 1901, p. 340.

manipulations des pièces, à grouper les différentes machines de sorte qu'elles se prêtent le plus possible un mutuel concours; étudier, dans l'établissement des séries de types à manufacturer, les différentes pièces de ces séries de manière qu'il puisse en avoir le plus possible de communes à plusieurs séries consécutives; assurer le service de vérification et de réception des pièces de manière à ne laisser arriver au magasin, au montage et à l'ajustage que des pièces interchangeables; enfin assurer, entre le bureau des études et l'atelier, un accord tel que les pièces soient dessinées de manière que leur travail soit exécutable économiquement et vite par les machines-outils dont on dispose. Ce sont là des considérations de la plus haute importance, et trop souvent négligées; mais je ne saurais les aborder utilement ici, et je ne puis que renvoyer aux belles études dont elles ont été l'objet au *Congrès international de mécanique appliquée* de l'Exposition de 1900[1].

Fig. 10. — Perceuse radiale roulante *Vulkan*, commandée par une dynamo au bout du bras.

Fig. 11. — Perceuse pour tôles *Droop* et *Rein* commandée par deux dynamos.

1. Trois vol. in-4, Paris, Dunod, Mémoires de MM. *Kreutzberger*, *Toussaint*....., et discussions.

Fig. 12. — Perceuse aléseuse *Newton* commandée par l'électricité. Barre de 100 millimètres commandée par vis sans fin en acier et pignon en bronze, levée $1^m,50$.

Fig. 13. — Fraiseuse aléseuse portative *Newton* commandée par une dynamo. Barre de 100 millimètres, avance automatique de 810 millimètres ; prend de fraises de jusqu'à 610 millimètres de diamètre, 6 vitesses d'avances.

Fig. 14. — Machine électrique à meuler les plaques de blindages. Ateliers *Vickers*.

Je dirai néanmoins quelques mots sur la très grande facilité apportée à la solution si

Fig. 15. — Perceuse-aléseuse double *Betts* pour barres de ponts commandée par l'électricité.

difficile de ce problème de l'organisation de l'atelier et de la meilleure utilisation de ses

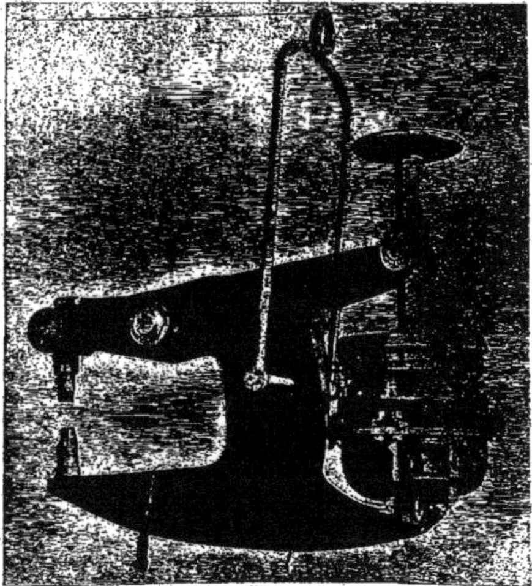

Fig. 16. — Riveuse électrique *Kodolitsch* (*Génie civil*).

ressources en machines par la création des *machines-outils mobiles*, grâce à l'emploi des distributions de force motrice par l'air comprimé et surtout par l'électricité.

On sait que la commande des machines-outils par des dynamos actionnant soit des groupes de machines, soit, ce qui vaut mieux, chacune sa machine, présente de notables avantages comme économie de puissance motrice parce que cette puissance, fournie par la station centrale de l'atelier, n'est plus employée, en grande partie, à faire tourner dans le vide des transmissions inutiles, mais dépensée toute entière à la commande de machines réellement en action ; il est facile de réaliser ainsi, dans la plupart des cas, une économie de force motrice de près de 50 p. 100, et souvent beaucoup plus. Cette économie n'est pas négligeable, mais elle est loin de constituer le principal avantage des transmissions électriques, car, dans un atelier de construction, la dépense de force motrice

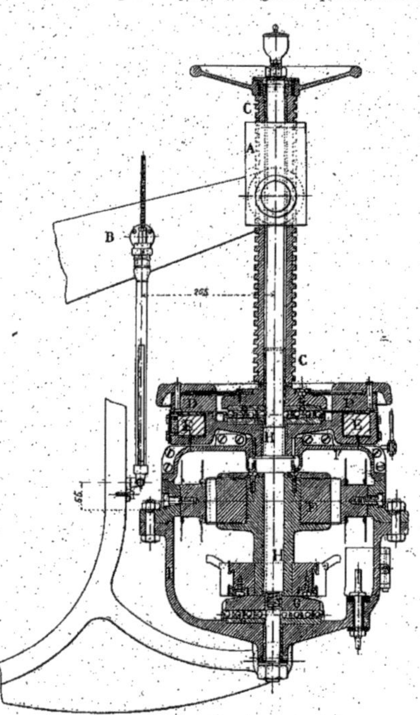

Fig. 17. — Riveuse électrique *Kodolitsch*.
Coupe verticale par l'axe du mécanisme.

Un électro-moteur cuirassé F, renfermé dans une enveloppe I, en forme de capsule, communique son mouvement de rotation, au moyen d'un accouplement électrique, à une masse D qui reçoit de ce chef, au moment opportun, une certaine accélération ; la force vive emmagasinée par cet organe est transformée en un effort de pression, pendant le court intervalle de temps nécessité par le rivetage. Il est possible d'exercer ainsi une pression pouvant s'élever à 40 tonnes, ce qui suffit pour écraser, d'un seul coup, des rivets de 25 millimètres de diamètre. Le moteur, tournant à vide, entraîne une bobine E, clavetée sur le même arbre vertical H. Les coussinets G, G' des parties tournantes sont à billes, afin de réduire les frottements. Si l'ouvrier vient à appuyer sur un bouton placé dans sa boîte, et permettant d'envoyer une partie de courant électrique, pris en dérivation, dans la bobine E, celle-ci s'aimante fortement et attire la masse de fer D qui est indépendante de l'arbre central H. Cette masse se trouve donc entraînée par friction et met en mouvement la vis creuse C qui lui est reliée par sa base. L'écrou A monte le long de la vis et fait abaisser le bras mobile B de la riveuse, lequel porte la bouterolle à son extrémité. Au moment précis, cette dernière touche le rivet, le courant est interrompu par un commutateur automatique, afin de ne pas créer de court-circuit dans le moteur, et, les masses rotatives continuant leur mouvement, en vertu de l'inertie, l'écrasement de la tête du rivet se produit. Comme conséquence de la rupture du courant, le bras B se relève automatiquement et l'écrou de la vis redescend à sa position initiale ; une nouvelle phase peut commencer. Il y a lieu de remarquer que la pression, dans cette machine, n'est pas fournie par l'énergie électrique, mais par l'énergie mécanique accumulée dans les masses tournantes. Le fonctionnement, à vide, absorbe 700 watts et, pendant la période nécessaire à l'accélération des organes D, C et A, il en absorbe 5.000.

est peu de chose relativement aux autres frais de la production, salaires et amortissement des machines et de leur outillage ; ce qu'il faut, avant tout, c'est augmenter le rendement de l'ouvrier et de l'outillage.

Or, s'il est très difficile de choisir et de grouper toute une série de machines-outils en un ensemble le mieux disposé pour un travail ou une fabrication donnée, il est impos-

Fig. 18. — Scie à métaux sur plaque tournante *Newton*, de 1m,20 de diamètre, à dents rapportées pouvant couper des blocs de 1m,42 × 380, commande par dynamo à faible encombrement, peut couper sous un angle quelconque.

sible de le faire pour des travaux sujets à varier considérablement comme importance et nature des pièces à travailler, et c'est le cas qui, grâce aux progrès constants et à la transformation incessante de presque toutes les industries mécaniques, se présente très fréquemment aujourd'hui. En outre, l'on a, de plus en plus, à traiter des pièces de machines très lourdes, encombrantes, qui exigent l'exécution successive de travaux les

Fig. 19. — Tour *Dubosc* commandé par une dynamo.

plus divers ; et, comme ces travaux différents de perçage, alésage, fraisage, dressage, etc. doivent néanmoins se raccorder rigoureusement entre eux, que le maniement de ces lourdes pièces est dangereux, difficile, onéreux, et que chaque montage de ces pièces sur une nouvelle machine-outil entraîne des chances d'erreurs, on a le plus grand intérêt à les éviter. De là, la raison d'être principale de ces grandes machines-outils spéciales, étudiées de manière à pouvoir exécuter toute une suite de travaux sur des pièces de grandes dimensions, et adaptées à la forme de ces pièces. Mais ces machines, extrêmement coûteuses, ne sauraient avoir la souplesse nécessaire pour se prêter au travail rapide et à bon marché de pièces différant notablement de celles en vue de l'exécution desquelles elles ont été étudiées, de sorte que leur utilisation dépend d'une modification de ces pièces ; et comme, d'autre part, elles ne sont que très peu utilisées pour les travaux courants de l'atelier, on voit qu'elles ne fournissent, sauf certains cas assez rares, qu'une solution fort imparfaite du problème.

Imaginons, au contraire, pour pousser les choses à l'extrême, un atelier dont le sol

Fig. 20. — Perceuses portatives électriques attaquant un anneau de dynamo. Ateliers de l'*Allgemeine*.

serait constitué par une immense plaque de fonte, divisée en damier par des rainures de fixation orthogonales, et pourvu d'un service complet de ponts roulants disposés de manière à pouvoir transporter et fixer en un point quelconque de ce damier les pièces à travailler, puis, autour et à l'intérieur de ces pièces, les machines-outils les plus aptes à y exécuter les séries de travaux nécessaires, il est bien évident que l'on aura ainsi résolu le problème de l'exécution de ces travaux non seulement sans déplacer ces grosses pièces, ou du moins en réduisant leur manutention au minimum, mais aussi en n'employant que des machines-outils usuelles, toujours utilisables et faciles à remplacer par des types de plus en plus parfaits.

Les figures 4 à 22, empruntées en partie à une communication faite au Congrès de mécanique permettront de se faire une idée de la facilité d'adaptation d'un pareil atelier[1], et il est bien évident que cette mobilisation absolue des machines-outils ne se peut réaliser qu'en les commandant indépendamment, par des dynamos alimentées au moyen de prises de courants disséminés dans tout l'atelier très clair, débarrassé du danger et de l'encombrement des transmissions mécaniques.

Cette très importante question de la commande des machines-outils par l'électricité exigerait toute une étude, que je ne puis même aborder ici; elle est, au point de vue électrique, en pleine évolution, par la lutte entre les moteurs polyphasés à haute tension et les moteurs à courants continus de 120 à 150 volts, qui sont encore les plus employés ; je dois me borner à donner quelques exemples de machines spécialement disposées (fig. 1 à 22)

Fig. 21. — Ateliers de *Sheneclady* (General Electric), avec machines-outils mobiles actionnées par l'Électricité, 1er groupement (*American Machinist*).

pour cette commande électrique qui permet souvent, comme on le verra par la description de quelques types donnés en détail dans le courant de ce travail, d'en simplifier notablement le mécanisme, et à renvoyer le lecteur désireux d'étudier cette question en détail, aux ouvrages et travaux spéciaux[2].

Les deux principaux agents de transmission et de distribution de la force motrice en dehors de l'électricité, l'eau sous pression et l'air comprimé, employés bien avant elle, sont encore très fréquemment usités : notamment dans les machines de force et de percussion ; presses poinçonneuses riveuses, cisailles, dans lesquelles l'action directe et presque immédiatement utilisée de la pression de l'air ou de l'eau permet de simplifier énormément

1. G. Richard, « *La machine-outil moderne* » Paris, Dunod, 1901.

2. Notamment aux séries d'articles que j'ai publiés sur cette question dans le journal l'*Éclairage électrique*, 1899-1901.

les mécanismes. L'exposition ne présentait, en matière de machines-outils hydrauliques, rien de nouveau, mais il n'en était pas de même en ce qui concerne les machines à air comprimé.

C'est en effet à l'Exposition de 1900 que l'on a, pour la première fois, en France, présenté, avec l'ampleur justifiée par leur intérêt, les machines-outils portatives à air comprimé : frappeurs, riveuses, perceuses, poinçonneuses, etc., venues d'Amérique, comme la plupart des nouveautés de ce genre, et qui rendent les plus grands services,

Fig. 22. — Ateliers de *Shenectady*, 2e groupement.

non seulement dans les ateliers, mais aussi sur les chantiers de ponts et de constructions navales, où elles sont reconnues indispensables.

La *Chicago Pneumatic Tool C°* avait exposé toute une série de ses outils, la plupart du type Boyer, tous en marche, dont le fonctionnement fut une véritable révélation pour bon nombre de nos mécaniciens, et qui diminuent considérablement la main-d'œuvre en exécutant avec rapidité, précision et sans danger des travaux extrêmement pénibles à la main ; quant à la description détaillée de leurs mécanismes, elle a déjà été donnée bien des fois dans des publications facilement accessibles à tous nos lecteurs, et auxquelles je ne puis que renvoyer[1].

1. *Bulletin de la Société d'Encouragement à l'Industrie nationale*, mars 1900, p. 476 ; frappeurs de Boyer, avril 1896, p. 408 ; Kinnam, septembre 1900, p. 402 ; Olsen, juin 1891, p. 906 ; Rinab, avril 1897, p. 518 ; perceuse Kinnam, septembre 1900, p. 398. *Revue de Mécanique*, frappeurs Beckwith, juillet 1901, p. 101 ; Boyer, avril 1900, p. 488 et mai 1897, p. 501 ; Boss, janvier 1898, p. 112 ; Johnston, avril 1901, p. 476 ; Hurlbam, janvier 1898, p. 222 ; Hollen, février 1899, p. 212 ; Parhit, juillet 1898, p. 100 ; Pilk, octobre 1899, p. 446 ; Roos, avril 1900, p. 487 ; Shaw, juin 1890, p. 859 ; perceuses Boyer, février 1898, p. 208 ; Pickles, octobre 1899, p. 447 ; riveuses Fielding, décembre 1899, p. 708 ; Ross, septembre 1900, p. 393 ; Prange, novembre 1899, p. 665.

Les tours.

Les tours étaient, cela va sans dire, très nombreux à l'Exposition, de toute espèce et de toute taille, et il serait oiseux de prétendre en donner ici même une simple nomenclature tant soit peu complète ; la plupart d'entre eux ne présentaient d'ailleurs que des particularités de détail, ne semblant parfois n'avoir d'autre raison d'être que le désir de se distinguer du voisin par quelques modifications ; nous nous bornerons à l'étude un peu détaillée des *tours à revolver* et de leurs dérivées les *machines à vis*, qui présentaient, dans leur ensemble et dans leurs détails des nouveautés très remarquables.

Parmi les autres tours, ceux qui présentaient le plus d'intérêt étaient les *tours verti-*

Fig. 23. — Tour vertical *Bément Miles*.

Diamètre maximum $6^m,10$. Hauteur sous les outils 1^m, 85, 36 vitesses. Plateau de 3 mètres sur pivot et anneau, porte-outils manœuvrables des deux côtés de la machine. Course des barres porte-outils équilibrées 1 m. 40. Avances par friction de 0 à 25 millimètres par tour du plateau.

caux (fig. 24) ou à plateau horizontal, bien connus aujourd'hui de nos constructeurs, et qui présentent, comme sécurité, rapidité et précision, des avantages reconnus de tous ceux qui ont eu l'occasion de les employer ; la sécurité est donnée par la position même du plateau sur lequel les pièces se placent avec bien plus de facilité que sur un plateau vertical ; la rapidité est donnée par la faculté de mettre en jeu plusieurs outils spécialement disposés pour leurs travaux isolés ou simultanés, et la variété de ces travaux peut être singulièrement augmentée par l'addition de porte-outils du type revolver, comme en fig. 24 et 25, 27, 28 ; la précision est donnée par la facilité que le plateau horizontal offre pour l'ajustage exact, souvent automatique, des pièces et la fixation solide des objets de formes les plus compliquées. Il est inutile d'insister sur ces avantages du tour vertical que les fig. 25 à 29 achèveront de rendre évidents.

Ces tours, qui se construisaient à l'origine principalement à l'étranger, sont aujourd'hui manufacturés par la plupart des constructeurs français notamment par la maison Bouhey et par la Société alsacienne. Les maisons belges (Fétu et Defise), anglaise (Smith

Fig. 24. — Tour alésan vertical *Bullard* avec revolver.
Diamètre maximum 750 millimètres.

et Coventry), allemande (Vulcan, fig. 30) et américaines (Bullard, Bement-Miles, Niles, Betts, Werner et Swasey, Pratt, Whitney, etc.), en exposaient des spécimens fort intéressants mais bien connus[1]. Je me bornerai à la description détaillée du type de la *Société alsacienne* représenté par les figures 32 à 44, telle qu'elle est donnée par les constructeurs mêmes dans leur magnifique catalogue[2].

1. G. Ribbard, *Traité des machines-outils*, vol. 1.

2. Ce catalogue est un véritable modèle ; il donne des descriptions complètes et très claires des machines, sans autre réclame que cette description même, et c'est la meilleure ; la plupart de nos constructeurs en sont, au contraire, encore au vieux système des catalogues à images de pure réclame, qui ne disent rien, ne donnent aucun détail, sous le prétexte de les dérober aux concurrents — ce qui est une niaiserie — et, pour se procurer ce détail, même pour une publication qui n'en dirait que du bien, c'est une affaire d'état ; le résultat est que la presse technique ignore en général les machines françaises, au grand profit de leur concurrents étrangers, qui recherchent au contraire une publicité capable de faire apprécier leurs machines par les hommes de métier.

Fig. 25. — Tour vertical *Niles* avec revolver et peigne à fileter.

Fig. 26. — Tour *Bullard*. Alésage et dressage d'un collier d'excentrique

Fig. 27. — Tour *Bullard* alésant une bague.

Fig. 28. — Tour *Bullard* alésant un bâtis.

Fig. 28. — Tour *Bullard* dressant une vanne.

Fig. 29. — Détail du tournage d'une poulie à cordes sur un tour vertical avec porte-outil auxiliaire sur un des montants.

Cette machine est (fig. 32-44) destinée à remplacer aventageusement dans beaucoup de cas le tour en l'air par la facilité qu'elle présente pour la fixation et le centrage des pièces sur le plateau.

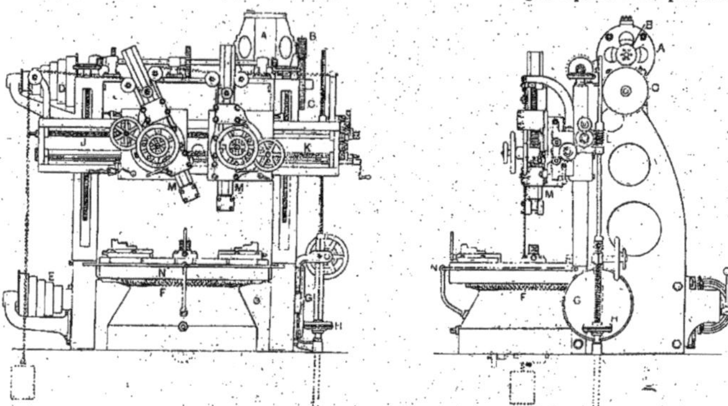

FIG. 30 et 31. — Tour revolver *Vulkan*, commandé par un dynamo A avec pignon en cuir B et le train CDE. Plateau N de 1 m. 40 commandé par un pignon F pour les gros travaux, et sur pivots pour les travaux légers. Avances des porte-outils indépendantes M M commandées, à des vitesses variables de 1/2 à 9 mm. par tour par le train à friction H G.

FIG. 32. — Tour vertical de la *Société alsacienne de constructions mécaniques.*

Elle se compose d'un bâti de forme rectangulaire s'évasant à l'avant par une partie cylindrique qui porte le plateau à voie circulaire muni de griffes comme un mandrin universel; des organes de la commande placés à l'arrière, deux montants supportant une traverse mobile, et d'un chariot avec porte-outil à revolver.

Le montant de gauche reçoit les inducteurs d'un moteur électrique d'une puissance de 3,5 chevaux, à courant continu de 220 volts, pour la commande de la machine.

La transmission du mouvement du moteur au plateau a lieu par deux cônes à cinq vitesses A B (fig. 35), avec courroie à coin munie de tendeurs, une paire d'engrenages de réduction C. D à denture hélicoïdale, deux harnais épicycloïdaux différentiels logés dans un tambour E, relié avec D, et une paire d'engrenages coniques F G, par l'arbre L, la roue G étant fixée au plateau.

L'arbre H du cône de la machine et du pignon C est logé extérieurement dans un palier fixé au montant de gauche, et, à l'endroit du pignon, dans un support K, à réservoir d'huile dans laquelle baigne la roue D (fig. 34). La roue D et le tambour E sont montés fous sur l'arbre longitudinal L. Ce dernier est logé à l'avant et à l'arrière dans deux supports rapportés au bâti. Il porte à

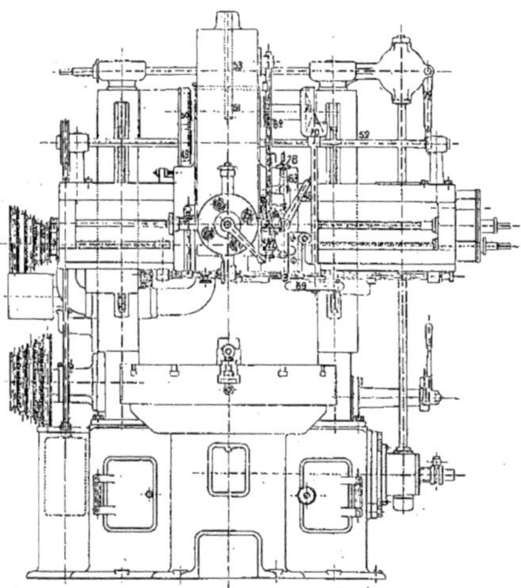

Fig. 33. — Tour vertical de la *Société alsacienne*.

Diamètre du plateau, 900 mm.; plus grand diamètre à tourner, 950 mm.; Distance maxima entre la table et le porte-outil, 650 mm.; course verticale du chariot à revolver, 370 mm.; Emplacement de la machine, 2 m. 250 × 3 m. 250 mm.; poids net, environ 4.300 kg.

l'avant le pignon F de la roue du plateau et le pignon hélicoïdal I de commande des mouvements de translation.

Les engrenages logés dans le tambour E permettent de combiner deux harnais à vitesses différentes. Ils se composent de trois trains de roues, soit les trains 1, 2, 3, de l'arrière à l'avant (fig. 34). Chaque train est formé d'une roue folle sur l'arbre L et de deux pignons satellites qui, reliés par trois sur la même douille, tournent fous sur les axes M N.

La roue P du train 1 est munie, calée sur S, de deux séries de crans d'embrayage, et la boîte S, fixée dans la douille T, peut coulisser dans le palier du support d'arrière de l'arbre L sous l'action d'une transmission à levier que nous examinerons dans la suite. Ce palier porte aussi à demeure une rondelle d'embrayage à crans U.

Avec ce dispositif, on peut imprimer au plateau du tour trois vitesses différentes pour chacune des vitesses données par les cônes, soit quinze vitesses, variant de 1,4 à 90 tours par minute.

Pour le travail direct, sans engrenages, la roue P du train 1 est rendue solidaire du tambour en faisant d'abord glisser P vers V de façon à embrayer S avec le cran de V, X étant lié au tambour ; ensuite en embrayant le manchon à doubles crans Y soit avec Q, soit avec R. De

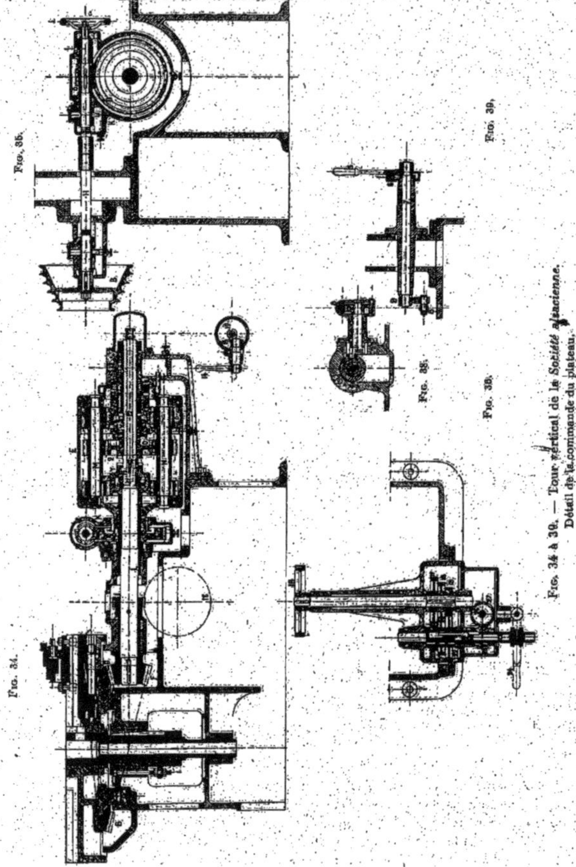

Fig. 34 à 39. — Tour vertical de la Société alsacienne. Détail de la commande du plateau.

cette façon le tambour avec tous ses organes et l'arbre L sont entraînés l'un par l'autre et tournent avec la même vitesse de L.

Pour le travail avec engrenages, la roue P est rendue fixe par son embrayage à droite avec U et le manchon Y est rendu solidaire soit avec la roue Q, soit avec la roue R. Dans l'un ou l'autre cas, la roue P forme roue-pivot et les pignons satellites a b, en gravitant autour de celle-ci, tournent sur leurs tourillons M N et impriment à l'arbre L une vitesse de rotation ralentie dans le rapport admis pour l'un ou l'autre des harnais 2 3.

Ces harnais ont l'avantage de permettre d'obtenir de grands rapports de réduction de vitesse

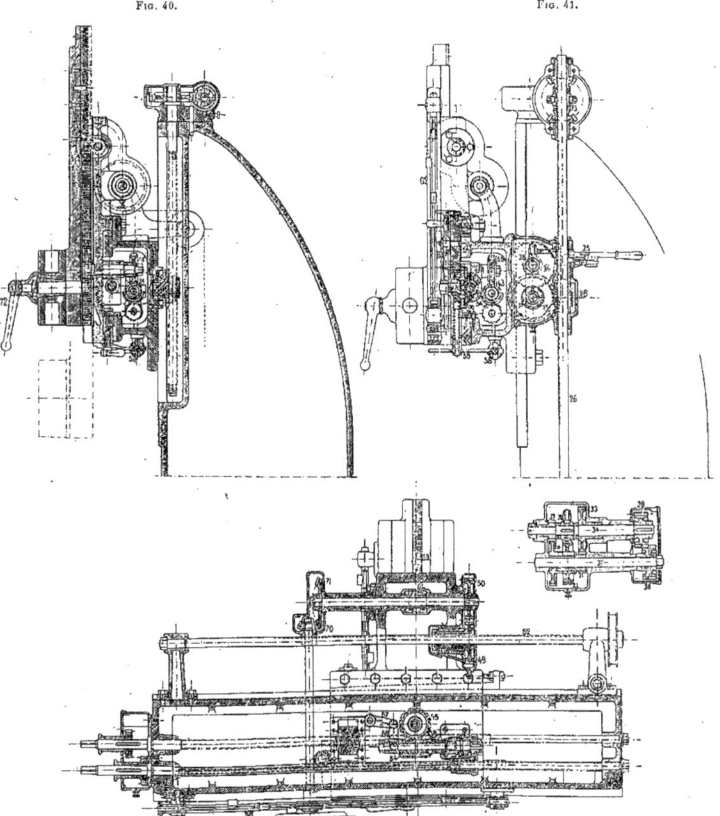

Fig. 40 à 42. — Tour vertical de la *Société alsacienne*. Détail de la traverse.

avec un faible encombrement, d'assurer un bon graissage dans un tambour formant réservoir d'huile, en protégeant les organes contre la poussière et l'ouvrier contre les accidents. De plus, l'emploi de pignons diamétralement opposés et s'équilibrant fait qu'il n'y a pas de réaction sur les paliers.

Pour actionner la roue P, on se sert du levier 5 accompagné d'un cliquet et d'un arrêt à trois crans 6 et calé sur 7, levier qui déplace la tringle 8, à l'aide de la manette 9 et de la broche 10. La tringle est dentée, à crémaillère vers son extrémité (fig. 39) et, par le secteur 10 et l'excentrique 11, fait avancer la douille T, munie d'une entaille *ad* *loc* (fig. 38) et par suite la roue P.

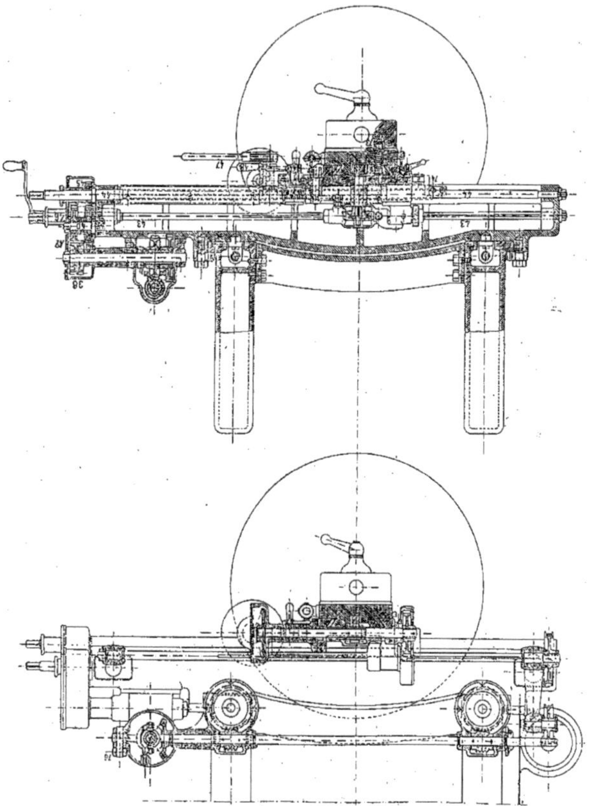

Fig. 43 et 44. — Tour vertical de la *Société alsacienne*.
Coupes horizontales du chariot-revolver.

On se servira du même levier 5 pour arrêter en un point précis les mouvements de rotation et de translation sans arrêter le moteur; il suffit de placer le levier 5 dans sa position moyenne de façon que P ne soit embrayé ni à droite ni à gauche. Comme dans les machines précédentes, cet arrêt brusque ne peut pas être obtenu en interceptant le courant électrique. Ce levier 5 servira aussi pour la mise en marche en embrayant P avec V ou avec U, suivant que l'on veut marcher sans ou avec engrenages.

Le rhéostat de mise en marche et d'arrêt du moteur est fixé sur la paroi extérieure du montant de droite bien à la portée de l'ouvrier.

Enfin, pour embrayer le manchon double Y, on se sert de la broche centrale 12, qui porte la clavette d'entraînement 13, et que l'on déplace par le levier 14 avec l'excentrique 15 (fig. 37). Ce levier est au bout du palier arrière.

Le plateau du tour est construit en forme de mandrin universel concentrique à trois mordaches dont les vis de serrage sont placées en dessous pour être à l'abri des copeaux. En tournant avec

Fig. 45. — Tour à poulies des *Niles Tool Works*. Diamètre maximum des poulies 1m,27.

une clef sur l'une des vis, on déplace, pour le centrage, les trois mordaches à la fois. Le plateau est monté sur un arbre vertical en acier dans des boîtes à rattrapage de jeu ; il est d'ailleurs supporté sur son contour.

La roue I à denture héliçoïdale, placée sur l'arbre L à l'intérieur du bâti, engrène avec la roue 16 et, de là, transmet le mouvement à la série 17 18 19 (fig. 36) qui commandent respectivement les trois roues 20, 21, 22, sur l'axe parallèle 23, creux et muni d'une broche centrale à clavette, manœuvrée par le levier 24 ; ces trois dernières donnent trois variations de vitesse. En 25, est fixé le pignon héliçoïdal qui commande un arbre vertical 26 par le pignon 27 ; cet arbre fait marcher les organes qui sont logés au bout de la traverse du chariot porte-outil. A cet effet, il porte la vis sans fin 28, engrenant avec 29 qui entraîne 30 et 31. Ces deux roues marchant avec 32 et 33, folles sur 34, donnent par ces dernières, deux vitesses à l'arbre 34, en faisant, par le levier 35, engrener le manchon 36 avec l'une ou l'autre.

Cela étant, l'axe 37 est fixé et porte fou le pignon 38 à large denture engrenant avec 39 sur l'axe 34 (fig. 41 et 44), tandis que l'axe intermédiaire 40 a deux roues folles 41, 42, qui sont actionnées constamment par 39 et par 38. La roue 42 marche par 38 et 39, tandis que 41 tourne directement par 39. Il s'ensuit qu'on fera tourner l'arbre 43 ou la vis de cheminement 44, logés dans la traverse, dans un sens ou dans l'autre suivant que l'on embraie l'un des pignons 45 ou 46 avec 42 ou avec 41, ces deux derniers tournant en sens inverse.

Le chariot transversal se déplace donc sous l'action de la vis 44, avec 3 × 2 ou six variations de vitesses, depuis 0,25, jusqu'à 5,6 millimètres d'avance par tour du plateau. Il peut aussi, pour la mise au point, être déplacé à la main en débrayant l'écrou et en agissant sur le levier à rochet 47, qui produit le mouvement par pignon et crémaillère.

Le débrayage de l'écrou s'obtient par le levier 48 (fig. 33 et 44). Ce débrayage se fait aussi automatiquement, comme on verra plus bas.

Le chariot vertical portant le revolver est équilibré par un contrepoids qui agit par l'arbre 52 et les roues 49 50, sur le pignon 51 et la crémaillère 53, laquelle réagit sur le chariot (fig. 44 vue d'arrière et fig. 33).

Son déplacement automatique pour le travail a lieu par l'arbre longitudinal 43, qui est commandé de la même manière que la vis 44 et qui, par vis sans fin 54 et roue 55, fait marcher le

Fig. 46. — Tour à essieux des *Niles Tool Works*. Distance maxima entre pointes 2m,25.

pignon et la crémaillère 56 57 (fig. 40 et 41). Les vitesses sont les mêmes que celles indiquées pour le chariot transversal. Le chariot vertical peut aussi être déplacé à la main.

Il importe beaucoup, si un ouvrier doit conduire deux machines, que les différents chariots soient munis de débrayages automatiques.

Pour le chariot transversal, l'arrêt instantané s'obtient par l'ouverture simultanée et rapide des deux moitiés de l'écrou. La traverse est munie, à sa partie inférieure, d'une règle 58, à buttées multiples. En réglant ces buttées suivant les courses qu'il s'agit de produire avec les burins, le chariot en marche, par la rencontre du levier double 59 avec l'une ou l'autre buttée, provoque un mouvement tournant de 59 et une traction sur l'arrêt 60 maintenant le disque à excentriques 61 en place. Par la descente de 60, le disque devient libre et un ressort produit la rotation du disque qui écarte les deux parties de l'écrou (fig. 41).

En agissant en sens inverse sur les leviers 48 et 59, on ferme de nouveau l'écrou sur la vis.

Là aussi, on emploie les buttées multiples, au nombre de quatre, nombre des outils ; mais la règle 62 des buttées se déplace avec le chariot. Dans ce déplacement, la buttée rencontre le levier triple 63, maintenu par un ressort, et le détache de son contact avec un deuxième levier 64, mobile autour d'un axe 65 (fig. 42). Il arrive alors ceci : la vis sans fin 54, d'autre part, qui fait avancer le chariot vertical, est logée dans un support mobile 68 et suspendue par les articulations

66, 67, de telle façon que, 64 étant retenu par 63 (fig.33), les filets de la vis 54 sont en contact avec les dents de la roue 55. Lorsque 64 n'est plus maintenu par 63, le support 68 tombe et la roue 55 s'arrête. Il en sera ainsi pour chaque buttée. Pour remettre la vis en place, on relève le support par le levier 64 en dégageant la buttée et en faisant de nouveau arrêter 64 par 63.

C'est par la même manœuvre qu'on parvient à faire monter ou descendre le chariot vertical à

Fig. 47. — Tour suédois (atelier de Stockholm) pour tampons de wagons.

la main. On déclenche la vis 54, et on tourne sur le volant 69 qui, par 70 et 71, fait tourner le pignon 51 et avancer la crémaillère 53. Le volant est muni d'une échelle graduée. On peut aussi arrêter le chariot vertical en un point fixe avec les buttées 62, en rendant le levier 63 fixe à l'aide d'un enclenchement en 78 (fig. 33).

Le revolver possède quatre outils de formes et de fonctions diverses. Il est serré à

Fig. 48. — Tour suédois pour l'alésage et le dressage des cages de tampons.

demeure à l'aide d'une poignée 72, et fixé au moyen d'une cheville 73 avec ressort. La cheville se retire automatiquement sous l'effet d'un butoir latéral agissant quand le chariot approche du bout de sa course et avant de tourner le revolver, pour rendre celui-ci libre.

Pour faire correspondre l'axe vertical du revolver avec l'axe du plateau, dans le cas de perçage ou d'alésage au centre d'une pièce, le chariot transversal porte un taquet 74, renversable, qui, lorsqu'il est tourné vers l'intérieur, se trouve arrêté par un heurtoir limitant la course au point voulu.

La traverse peut être déplacée mécaniquement vers le haut ou vers le bas en faisant agir l'arbre vertical 26. A cet effet on débraie le manchon 33 avec le levier 35 et on embraie le manchon 75 à la partie supérieure du montant de droite par le levier 76 avec l'une ou l'autre des roues coniques. L'arbre transversal supérieur commande, par vis sans fin et roues, les vis verticales logées dans les montants.

Les tours spéciaux ne manquaient pas à l'Exposition; je ne puis qu'en signaler quelques exemples, dont l'utilité s'explique par l'examen seul des figures 45 à 48.

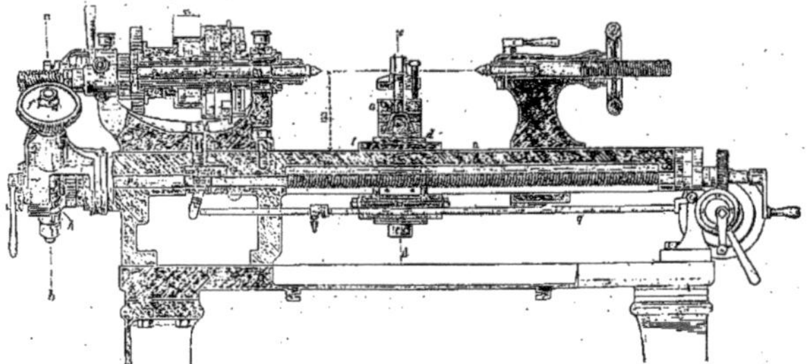

Fig. 49. — Tour *Von Pitler*.

Parmi les petits tours universels, l'un des plus remarquables était celui de *Von Pitler* (fig. 49) exposé par la *Werkzeug-Maschinenfabrik*, de Leipsick; ce tour est des plus intéressants en lui-même et par son outillage qui lui permet, comme on le voit par es fig. 61 à 64, d'exécuter les travaux les plus variés.

Les particularités principales du tour Von Pitler sont : le support, au moyen duquel l'outil ou l'objet à façonner peut prendre toutes les positions ; la transmission de l'arbre du tour à la vis-

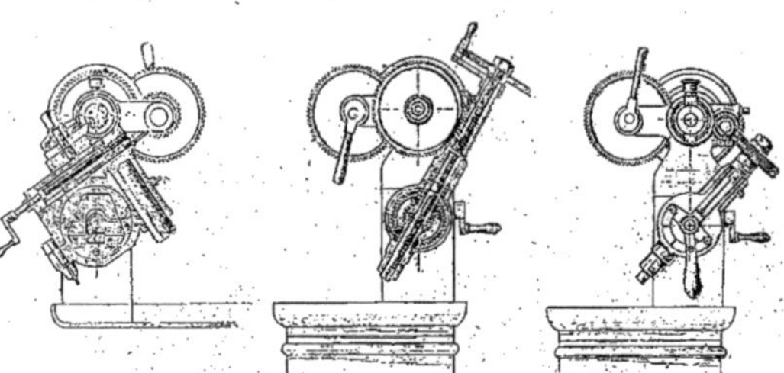

Fig. 50. — Tour *Von Pitler*.
Coupes *cd*, *ab* (fig. 49) et vue par bout.

mère, qui permet de modifier le rapport entre ces deux organes de telle manière que l'on peut passer presque instantanément du pas de filetage le plus serré à la graduation extrême.

Le banc *n* (fig. 49 et 50), dont la coupe transversale a la forme d'un trapèze, reçoit la vis-mère et son écrou. Elle est englobée dans le chariot *l*, dont l'extérieur est cylindrique. Un plateau qui porte l'écrou de la vis-mère est poussé contre la coulisse par la came *m*, munie de vis aux deux extrémités et serrée au moyen d'écrous; le chariot *l* est ainsi rattaché rigidement au plateau de pression et à son écrou; grâce à cette disposition, les portées du chariot sont très étendues.

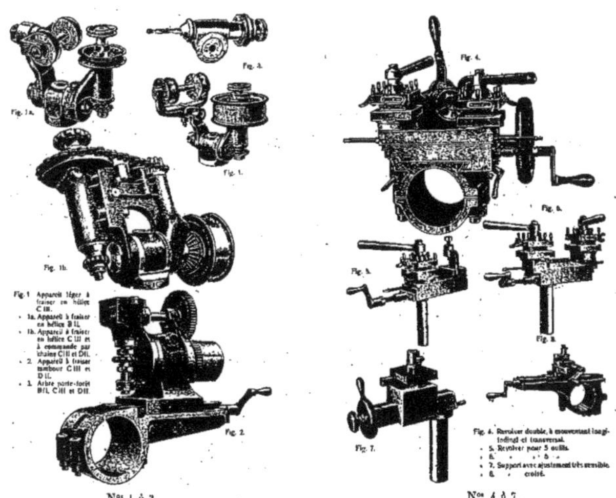

Nos 1 à 3. Nos 4 à 7.

FIG. 51 et 52. — Tour *Von Pitler*. Exemples d'applications.

Nos 9 à 13.

FIG. 53 et 54. — Tour *Von Pitler*. Exemples d'applications.

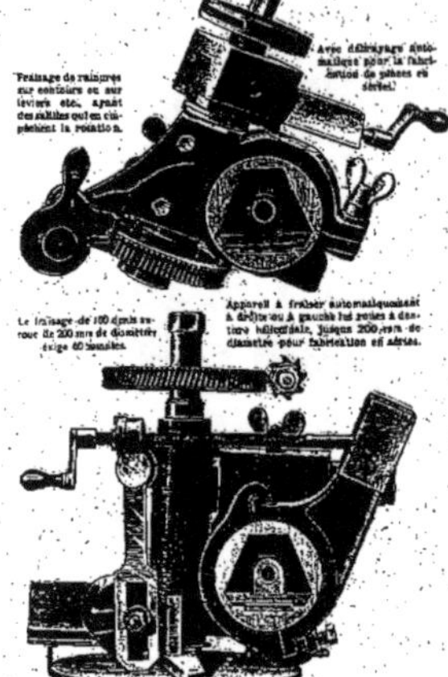

FIG. 55. — Tour *Von Pitler*.

FIG. 56 et 57. — Tour *Von Pitler*.

FIG. 58 et 59. — Tour *Von Pitler*.

FIG. 60. — Tour revolver *Von Pitler*. Appareil pour diviser et fraiser automatiquement les roues droites.

En outre, sa traction est centrale, car la vis-mère saisit le chariot par le milieu, ce qui la met en plus à l'abri des copeaux et de la poussière.

Sur le chariot *l*, est clavetée une bague *d*, destinée à recevoir le support transversal *abc*, qui se loge, avec sa tige ronde, dans l'ouverture de cette bague *d*, où on peut lui faire prendre toutes les positions et l'y fixer. La section de la portée du support transversal affecte également la forme d'un trapèze, afin que la pression exercée sur l'outil fasse adhérer les surfaces des glissières et

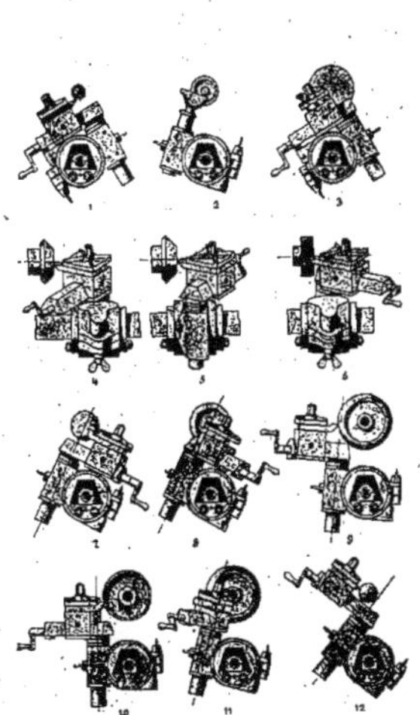

1. Montage pour charioter. 2. Avec support à main. 3. Pour tourner sur plateau. 4 et 5. Pour tourner cône extérieurement. 6. Tourner cône intérieurement. 7. Pour sphères. 8. Pour cavités sphériques. 9. Pour renflements. 10. Pour canneler sur contour. 11. Pour canneler sur plateau. 12. Pour travaux sphériques.

Fig. 61. — Tour *Von Pitler*.

Travaux de tour.

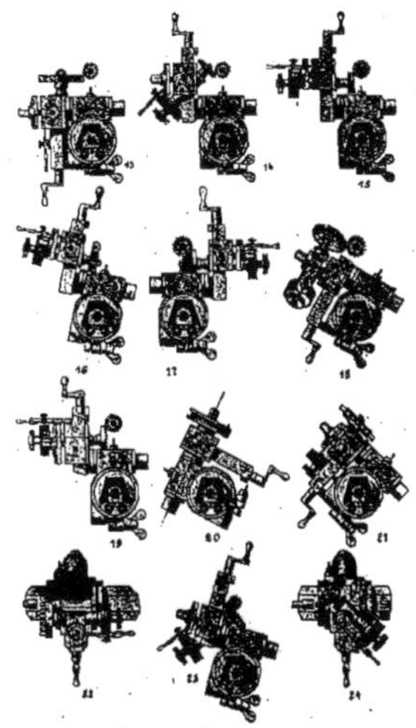

13. Pour fraiser des roues droites. 14. Fraiser des roues d'angle. 15. Tailler des fraises plates. 16. Fraiser les roues à denture hélicoïdale. 17. Tailler des fraises de forme. 18. Tailler des roues à dents inclinées. 19. Tailler les fraises plates à dents inclinées. 20. Fraiser des rainures sur contours. 21. Fraiser des goujons sur contours. 22. Fraiser des goujons sur plateau. 23. Fraiser des dents coniques intérieurement. 24. Fraiser des goujons sur cône.

Fig. 62. — Tour *Von Pitler*.

Emploi de la tête à fraiser.

préserve ainsi la vis-mère des copeaux et de la poussière. Grâce à cette disposition, il est possible de donner à l'outil la position désirée par rapport à la pièce à travailler, aussi bien dans le sens horizontal que dans le sens vertical.

La vis-mère *o* est munie, en *p*, d'un embrayage à griffes en vue du débrayage automatique dans le travail des pièces en séries ; ce débrayage peut se faire soit à la main au moyen d'un levier, soit par le chariot longitudinal au moyen de la barre *q*.

A son extrémité opposée, l'arbre *p* porte une roue d'angle. Un tambour dans lequel est logé l'arbre *ab* peut osciller autour de l'axe de *p* et être assujetti dans diverses positions de manière à faire engrener les roues de rechange à denture héliçoïdale *f*, fixées sur *ab*, avec la vis sans fin de la poupée. Sur l'arbre *ab*, sont rainurés deux pignons coniques *h*. En déplaçant un levier, on fait engrener l'un ou l'autre de ces pignons avec celui de *p*, et on détermine ainsi la rotation à gauche ou à droite de la vis-mère.

L'aménagement de ce tour permet d'exécuter avec une grande précision des travaux tels que ceux représentés par les fig. 61 à 64. En faisant pivoter la bague *d*, le support se déplace verticalement et peut être immobilisé sur un point quelconque dans le sens de la hauteur. Si maintenant l'axe de la tige *c* du support transversal est placé dans le sens de l'axe de l'arbre du tour, c'est-à-dire sur la ligne d'entre-pointes, il suffit de faire pivoter le support autour de son arbre pour que la pointe de l'outil décrive un cercle, d'où la possibilité de tourner une sphère très exacte et de la

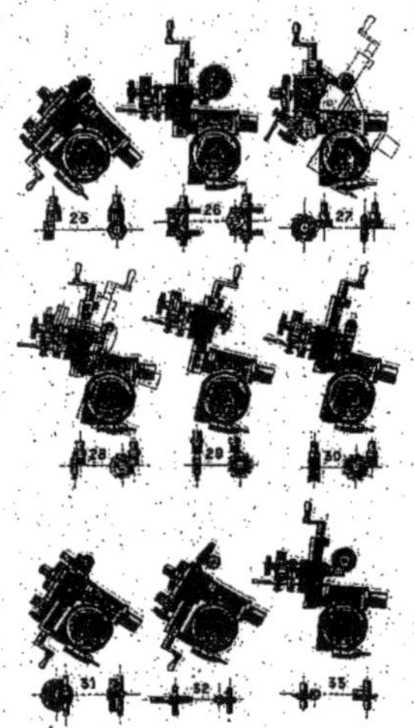

25. Tailler un hexagone avec simple fraise droite. 26. Tailler un hexagone avec double fraise droite. 27. Dépouiller des fraises de forme à flancs rectilignes. 28. Dépouiller des fraises de forme (latéralement). 29. Dépouiller des fraises de forme (sur contour. 30. Dépouiller des fraises à renflements. 31. Tailler des fraises de forme. 32. Fraisage d'équarissoirs coniques. 33. Taillage de fraises à rainures et à goujons.

Fig. 63. — Tour *Von Pitler*.

Emploi de la tête à fraiser.

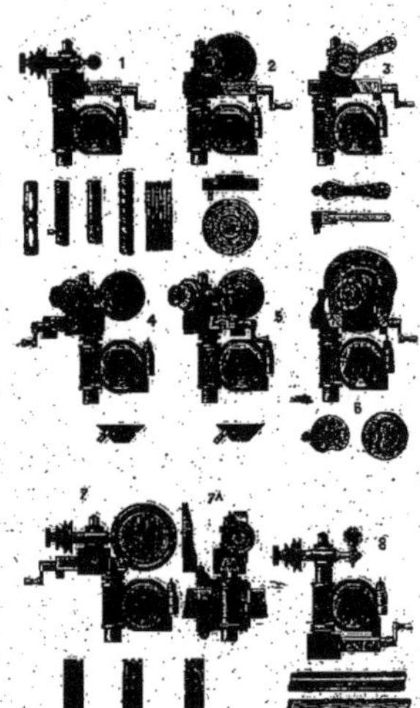

1. Fraisage de rainures rectilignes et hélicoïdales. 2. Fraisage de rainures sur la face. 3. Fraisage circulaire. 4. Fraisage de rainures circulaires sur cône. 5. Fraisage de rainures rectilignes sur cône. 6. Fraisage de courbes sur la face, suivant gabarit. 7. Fraisage de courbes sur la face latérale, suivant gabarit. 8. Fraisage de rainures rectilignes et hélicoïdales à l'aide de fraises de forme.

Fig. 64. — Tour *Von Pitler*.

Emploi de l'arbre porte-foret.

détacher. En coulissant le chariot du support transversal, les sphères seront plus grandes ou plus petites.

En engrenant l'un ou l'autre des pignons coniques *gg*, le support transversal pivote à gauche ou à droite dans la bague *d*, et, suivant le nombre de dents de la roue d'engrenage de rechange, l'avancement ou l'évolution du support transversal est plus ou moins accéléré, ce qui permet en même temps d'exécuter non seulement tous les travaux ronds anormaux, mais encore de fabriquer des roues de même que des vis globoïdes pleines et creuses.

Tours à revolver.

Comme le savent tous les mécaniciens, le tour à revolver s'est, dans ces dernières années, prodigieusement développé tant au point de vue de la variété, de la multiplicité et de l'automaticité de ses travaux que de sa puissance. D'une petite machine destinée à des travaux légers de décoltage, de taraudage et de dressage, répétés d'une façon semi-automatique sur de petites pièces en série, il est devenu une machine de toute première importance, sur laquelle on peut exécuter presque tous les travaux de tournage, alésage, façage, filetage etc., et en s'attaquant à des pièces de très grandes dimensions, par exemple à des arbres de 200 millimètres de diamètre. Le tour à revolver est ainsi devenu une

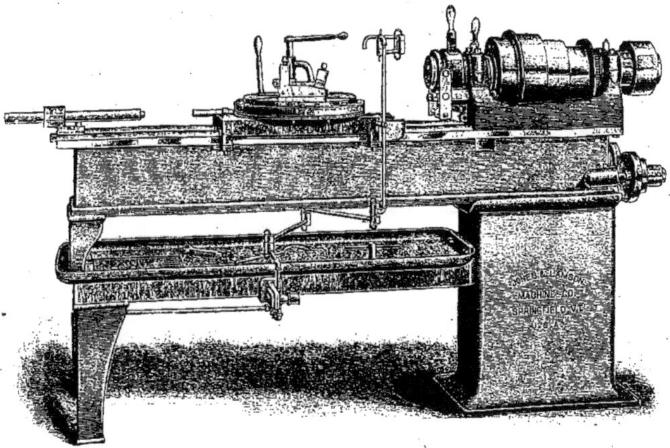

Fig. 65. — Tour à plaque de *Hartness.*

Le remplacement du revolver par une plaque plus stable permet d'y monter des outils plus nombreux et plus puissants sans encombrer le banc ; la plaque tourne automatiquement, à chaque passe, non pas toujours de l'angle compris entre deux porte-outils consécutifs, mais de celui compris entre ceux de ces outils actuellement en travail consécutif, ce qui accélère le travail. (Pour plus de détails sur ce tour, voir G. Richard, *Traité des Machines-outils*, t. I, p. 108, et t. II, p. 475).

machine véritablement universelle, permettant d'exécuter sur de très lourdes pièces, sans les déplacer une fois montées, une foule d'opérations très variées, et ce, en raison même, à la fois de la fixité du montage de la pièce et de l'automaticité des outils, d'une façon plus rapide et plus précise que par l'emploi d'une suite de machines-outils quelconque, lors même que chacune de ces machines séparées pourrait exécuter son travail spécial plus vite que le revolver.

Ce développement du tour à revolver n'en a pas, bien entendu, changé le principe fondamental, qui est d'attaquer la pièce en travail par une suite d'outils mis successivement en jeu d'une façon isolée ou par groupes et agissant autant que possible automatiquement, chacun d'eux s'arrêtant de lui-même après l'accomplissement de son travail et cédant la place au suivant.

On retrouve, en effet, sur la plupart des tours à revolver actuels, les mécanismes fondamentaux des primitifs (Smith et Coventry, Brown et Sharpe, Pratt-Whitney, Kreutzberger, Niles Tool Works, Tucker, Barricand, etc.) pour la rotation, l'avance et le retour du revolver, son arrêt et son véroullage, l'avancement et la rotation de la barre, mécanismes sur lesquels il n'y a pas lieu d'insister ici[1] et qui n'ont guère subi, pour leur adaptation aux machines modernes, que des modifications de détail, dont nous verrons bientôt quelques exemples. En fait, les machines actuelles sont, en général, caractérisées

Fig. 66 — Tour à revolver hexagonal *Herbert* Peut prendre des barres de 50 millimètre de diamètre.

principalement par les modifications du revolver même, plus puissant par la largeur de son assise et de ses faces polygonales planes, qui réservent aux outils une base d'appui très étendue et des moyens d'attache inébranlables (fig. 67) par la disposition inclinée (fig. 77), latérale ou verticale (fig. 147) de ce revolver, afin de faciliter le groupement des outils et le passage de la barre en travail, puis aussi par la duplication de ce revolver, au moyen de l'addition d'un auxiliaire plus petit (fig. 96), ce qui permet d'augmenter le nombre des outils, en réservant au revolver principal les gros outils de forme, qui s'y trouvent largement à l'aise.

La multiplicité des fonctions de ces nouveaux tours et la nécessité d'en éviter automatiquement les interférances ont amené forcément la multiplication de leurs mécanismes et des interenclenchements de ces mécanismes ; de là, comme nous le verrons, dans

1. G. Richard. *Traité des machines-outils*. vol. I, p. 73, et vol. II, p. 462.

bien des cas, une complication générale de la machine, dont les organes doivent tenir dans un espace réduit, et une certaine difficulté de réglage de ces organes, dont les mécanismes n'ont pas toujours toute la souplesse d'adaptation désirable. Aussi, est-ce pour vaincre ces difficultés que de nombreux inventeurs ont, depuis longtemps déjà, cherché à appliquer à la commande de ces grands tours les transmissions électriques ou aero-hydrauliques; et il est probable qu'on ne tardera pas à voir se construire, en profitant des facilités que procurent ces transmissions, des machines encore plus puissantes et plus universelles [1].

L'un des promoteurs de cette évolution du tour à revolver, dont les efforts ont été rapidement couronnés de succès, est M. *Hartness*. Le perfectionnement apporté par cet inventeur consiste essentiellement, comme on le sait, à élargir et abaisser considérablement la tourelle du revolver, ainsi transformée (fig. 65) en une sorte de plaque tournante extrêmement stable, sur laquelle on peut installer à l'aise des outils nombreux et

Fig. 67. — Travail d'un tour revolver *Herbert* tournant d'un coup une poignée de 180 millimètres de long.

variés. Je ne ferai que rappeler ici cette remarquable machine, aujourd'hui familière à tous les constructeurs et dont on a souvent publié la description détaillée [2].

M. *Herbert*, de Coventry, a aussi joué un rôle remarquable dans ce progrès, par la création de ses tours à revolvers polygonaux (fig. 66) actuellement d'un emploi presque universel, et qui se sont très rapidement fait une place des plus honorables dans nos ateliers à la suite du renouvellement d'outillage amené par la fabrication des vélocipèdes et des automobiles; les figures 66 et 67 suffiront à rappeler les principales caractéristiques de cette très remarquable machine, dont il a été donné de nombreuses descriptions dans les ouvrages et périodiques français [3], descriptions qu'il serait oiseux de répéter, et que nous préférons remplacer par celle (fig. 68 à 76) de quelques travaux exécutés sur ces tours.

1. G. Richard, *Traité des machines-outils*, vol. I, p. 108, vol. II, p. 471.
2. *Revue de Mécanique*, novembre 1897, p. 1101, et juillet 1901, p. 103.
3. *Engineering*, 7 décembre 1900.

La poignée (fig. 68, n° 1) est exécutée par de larges outils profileurs analogues à ceux que l'on voit en opération (fig. 67) sur toute la longueur de la pièce : durée de l'opération, 2 min. 1/2. Avant le profilage, l'outil *c* (fig. 2) du porte-outil AB décollète le bout de barre maintenu dans le chuck de la poupée motrice et appuyée sur le support D du porte-outil ; puis ce décolletage, aux deux extrémités du bout de barre, est achevé au diamètre

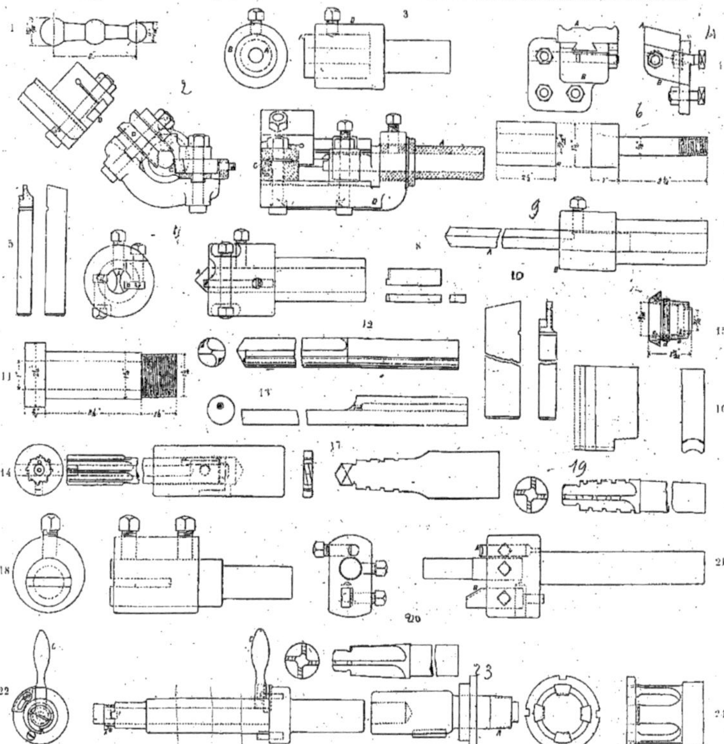

Fig. 68. Nos 1 à 24. — Travaux exécutés sur le tour à revolver *Herbert* (fig. 66).

exact par un second outil semblable à C, et l'on amène ensuite l'extrémité libre de la barre ainsi décolletée dans le manchon A (fig. 3) dont le trou est au diamètre exact de son décolletage, et qui, fermement maintenu par le support B, l'appuie contre la forte poussée de l'outil profileur *a* (fig. 4), de 100 millimètres de long et qui opère, baigné dans un torrent d'huile, à la vitesse de coupe de 0 m. 30 par seconde. Après ce profilage le chariot transversal coupe la barre par l'outil de tranchage (fig. 5).

Le manchon et le goujon (fig. 6) se font en sept opérations de la manière suivante : La barre ayant été avancée de la longueur du manchon (fig. 6), est attaquée par l'outil (fig. 7). avec centreur A et faceur B, percée par le fleuret à deux faces A (fig. 9), puis coupée par l'outil (fig. 8). Après cette exécution du manchon, on avance la barre de la longueur du goujon (fig. 6), et ce bout de barre est successivement décolleté puis fini par des outils analogues à ceux (fig. 2), et taraudé par une filière automatique[3] qui dispense de l'obligation de renverser la marche de la poupée pour sortir la vis. Le fleuret B opère plus vite que les forets héliçoïdaux, et le courant d'huile dont on l'arrose s'interrompt automatiquement à la fin du perçage.

Les gros manchons filetés (fig. 11) se font, en partant d'une barre tournée, de 57 milli-

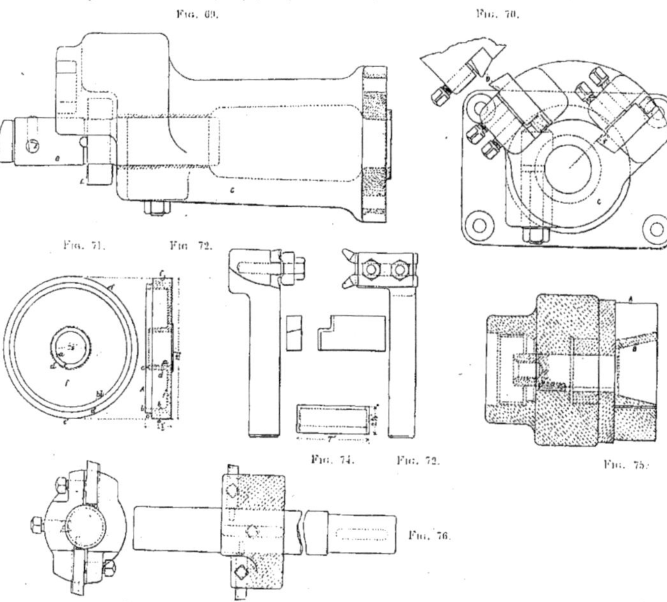

Fig. 69 à 76. — Façonnage de la poulie (fig. 71) sur le tour *Herbert*.

mètres de diamètre, au taux de trois par heure, mais avec un seul ouvrier pour six machines, de sorte que leur prix revient à moins de 0 fr. 10. Le bout de barre, facé et centré par un outil semblable à celui (fig. 7), est décolleté puis tourné par des outils analogues à ceux (fig. 2), auxquels on a ajouté, au centre, à l'un un foret et à l'autre un aléseur (fig. 12 et 13) avec graissage forcé ; l'alésage est achevé par l'aléseur (fig 14) ; puis on opère le taraudage à la filière et la coupe de la barre.

La fusée d'obus en bronze (fig. 15), prise par son cône *a* dans un chuck à mâchoires du type (fig. 16), est percée par le foret (fig. 17), pris dans le porte-outil (fig. 18), et strié de manière à briser les copeaux, puis on ébauche et finit l'alésage par les aléseurs (fig. 19 et 20). Le porte-outil (fig. 21), à centreur, fait, par A, le façage et par B le biseautage. Le retrait *b* (fig. 15) se fait par l'outil spécial (fig. 22), dont l'excentrique B permet de retirer la lame A pour son passage dans l'ouverture d'avant de la fusée plus petite que *b*; cet excentrique est manœuvré par la manette C. La partie conique *c* (fig. 15) est filetée par un peigne guidé par une barre à la conicité voulue. On enfile ensuite la pièce sur le mandrin A (fig. 25), on tourne *a* par un outil de forme, puis le congé entre *a* et *c*, puis on taraude *d* par la filière élastique (fig. 24). La durée de ces neuf opérations est de 4 min. 1/2.

Les poulies fig. 71 se font, sur les grands tours à deux revolvers hexagonal et carré, en deux séries d'opérations, aux faces A et C, en 25 et 23 minutes. Le travail de la face A s'opère par le porte-outils C (fig. 69). L'aléseur A, fixé en B, alèse le petit revolver *a* à grande vitesse, jusqu'à ce qu'un outil-faceur monté sur l'hexagone du revolver commence son attaque en *b*, moment où l'on change de vitesse par un coup de levier. L'outil D

Fig. 77. — Grand tour revolver *Gisolt*.

(fig. 70) alèse *b*, F tourne *d* et *e* dresse *c*. Dans l'opération suivante, une suite d'outils analogue à celle fig. 69 termine le dégrossissage, et la paire d'outils fig. 72, montés sur le petit revolver carré, fait le dressage du fonds *f*. Le finissage s'opère par six outils, montés sur un porte-outils semblable à celui fig. 72, à larges coupes, dont l'un pour le dressage de *f* et l'autre (fig. 73) pour *b* et *c*. L'on termine l'alésage de *a* avec un aléseur séparé. Après cette première série d'opérations, on rechuke la pièce et l'on attaque la face B, qui se traite en six opérations très simples, dont cinq par le petit revolver.

La bague mince fig. 74, maintenue dans un chuck à serrage doux de manière à ne pas la déformer, a ses trois diamètres alésés et finis deux par deux par trois aléseurs en succession sur le revolver fig. 76; on fait ensuite le façage et le collet du filetage par deux outils du chariot transversal, ainsi que le filetage au peigne; on rechuke alors la pièce sur un mandrin fendu élastique A (fig. 75) qui l'empêche de fléchir, et le reste du travail se fait en trois opérations très simples. Durée totale 48 minutes.

Ces quelques exemples ne montrent pas seulement la facilité, la rapidité et la précision que l'on peut atteindre avec le tour à revolver, mais aussi que ces avantages ne peuvent être convenablement réalisés que par une adaptation exacte des outils de ces tours aux travaux spéciaux qu'on leur confie. Ces outils doivent donc être exécutés, eux-mêmes, avec la plus grande précision dans leurs moindres détails ; angles, congés, etc., d'après des dessins en vraie grandeur, rigoureusement observés par les outilleurs. En outre, sur le revolver même, ces outils et porte-outils doivent être placés très exactement en les essayant sur un modèle fini de la pièce à exécuter, de manière que l'ouvrier n'ait pas à vérifier ni à retoucher au calibre cette localisation des outils, établie une fois pour toute pour une même série de travaux[1].

Les prix sont, cela va de soi, très notablement abaissés, d'autant que l'on peut faire agir simultanément un plus grand nombre d'outils ; c'est ainsi que le façonnage de la roue fig. 71, avec des ouvriers à 1 fr. 25 l'heure, est revenu à 1 fr., au lieu de 8 fr. 75 par un tour ordinaire, et ce précisément parce que l'on y fait agir cinq ou six outils à la fois, en combinant la vitesse et la succession des opérations de manière qu'elles se ter-

Fig. 77 *bis*. — Harnais de tour *Gisolt*, commandé par un dynamo de la *Northern C*[e].

minent presque simultanément et de la façon la plus économique. Sur un tour ordinaire, la face A de la roue fig. 71 aurait exigé 9 heures, et la face B 3 heures, au lieu de 25 et 23 minutes ; sur le revolver, il n'y a donc pas seulement une économie énorme du temps, mais aussi une égalisation des durées des travaux sur les deux faces, obtenue par une répartition convenable des outils.

Les grands tours de *Gisholt*, moins connus chez nous que les précédents, n'en sont pas moins à signaler parmi les plus remarquables de ce genre ; aux Etats-Unis, où ils furent des précurseurs, ils se sont répandus au point d'alimenter à eux seuls la production d'une importante usine[2]. Je n'insisterai pas non plus sur les détails de construction de ces appareils, bien connus de tous ceux qui se tiennent au courant de la littérature des machines-

1. G.[e] Richard, *Traité des machines-outils*, vol. 1, p. 91.
2. *Revue de Mécanique*, novembre 1901.

Fig. 78. — Alésage d'une poulie sur le tour *Gisolt*.

Fig. 79. — Façade du moyeu de la poulie (fig. 78).

outils[1] et me bornerai à rappeler, par les figures 76 et 78 et leurs légendes, l'aspect général et l'allure du travail de ces tours.

Je citerai encore, comme remarquables par leur bonne construction et par

Fig. 79. — Tour *Ward* à plaques

quelques détails ingénieux, les tours anglais de *Ward* à plaques, analogues (fig. 79)[1] à ceux de Hartness, ou (fig. 80) à revolver polygonal, comme ceux de Gisholt et de

Fig. 80. — Tour *Ward* à revolver incliné.

Herbert; les fig. 79 et 80 suffisent pour en faire comprendre les principales particularités.

Le revolver Warner et Swasey représenté par les fig. 81 à 95, est remarquable par l'originalité, la précision et la simplicité de ses mécanismes de rotation et d'enclenchement commandés tous par l'arbre à la main E.

1. Pour une description détaillée, voir *Revue de Mécanique*, mars 1900, p. 319.

Quand on tourne cet arbre E, son pignon J (fig. 88) fait, par le pignon g_1, pivoter l'arbre vertical G (fig. 88 et 89), dont la manivelle g' porte un galet g_2, engagé dans la

Fig. 81. — Revolver hexagonal *Warner et Swasey.*

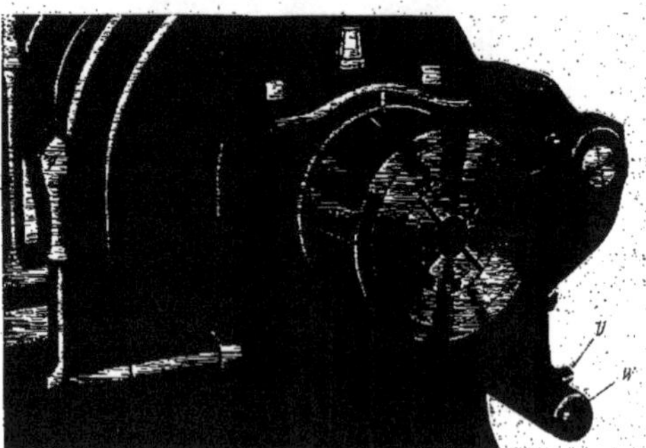

Fig. 82. — Chuck du tour *Warner et Swasey.*

gorge annulaire d_2, taillée dans le fond d du revolver D ; et cette rotation de g' fait engager g_2 dans celle des coulisses radiales d' de ce même revolver qui se présente alors devant lui.

Il en résulte que g' entraîne le revolver autour de son axe H d'abord rapidement, pendant son premier demi-tour, puis lentement pendant le second, à la fin duquel g_4 a repris sa

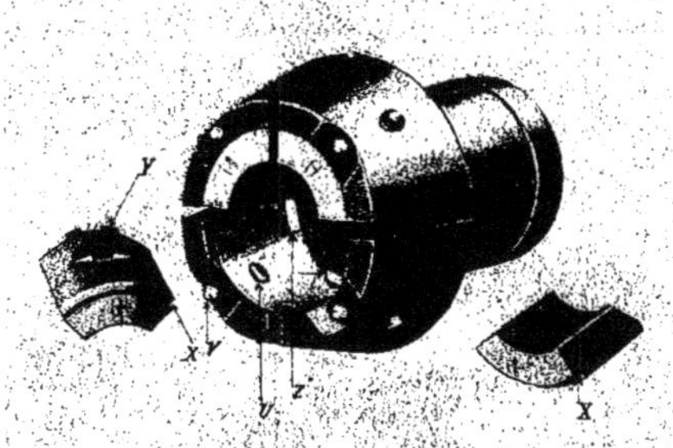

Fig. 83 à 85. — Détail du chuck (fig. 82).
A mâchoires butées en X, maintenues par les boutons U et entraînées par la prise des cales Z dans leurs rainures Y.

place dans la gorge d_2, et le revolver pivoté d'un angle égal à celui de deux coulisses d' consécutives. C'est une ingénieuse application du mécanisme de détente connu en horlo-

Fig. 86. Fig. 87.

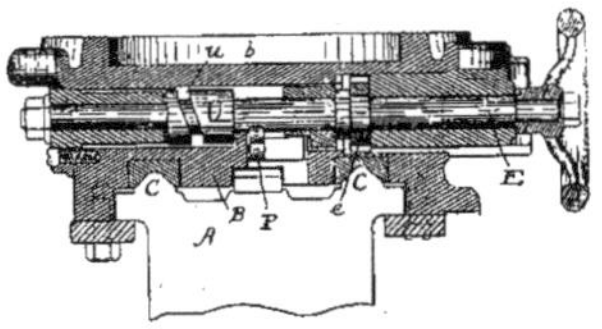

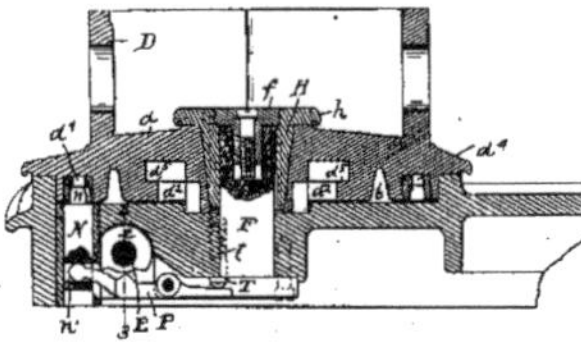

Fig. 88. 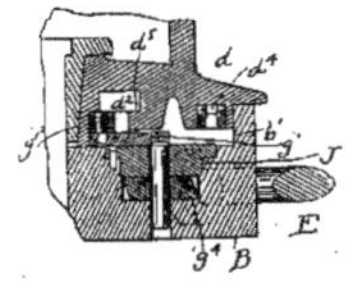 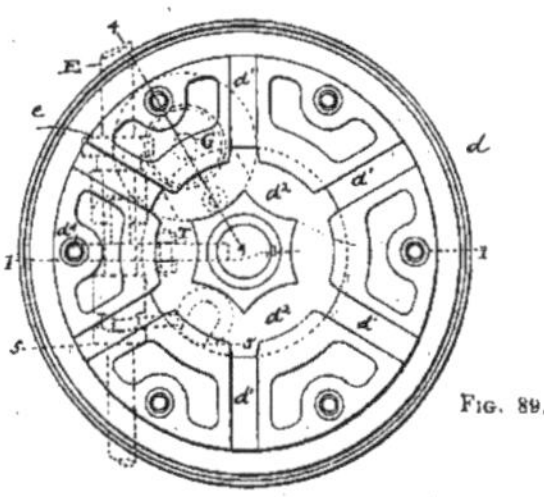 Fig. 89.

Fig. 90.

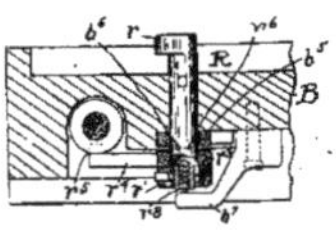

Fig. 86 à 90. — Tour revolver *Warner et Swasey*.

gerie sous le nom de croix de Malte ou détente de Genève. A la fin de ce mouvement, la came e (fig. 87) de l'arbre E lâche le levier P qui, repoussé par le poussoir T, à ressort t, enclenche le revolver par le verrou nNn et l'encoche d_4 correspondante. En plus, la came Uu de E fait pivoter le levier $r_8 r_1 r_3$, fou sur le verrou Rr (fig. 89) et qui, par le glissement de son plan incliné b_8 sur le plan incliné fixe r_6, appuie sur la rondelle r' de R de manière que r presse le rebord d_5 (fig. 87) de la gorge d_2 et appuie ainsi fermement le revolver sur sa base dd_4. Un ressort r_6 rappelle ensuite r et le desserre dès que u lâche r_8.

Le revolver est porté par un chariot B, mobile sur les glissières C (fig. 86) du banc A et à pivot G, sur lequel le manchon Hh se fixe et se règle par la vis f (fig. 87).

Le revolver représenté par les fig. 91 à 95 est hexagonal, avec possibilité de fixer les outils à l'intérieur et à l'extérieur par les vis s, ce qui permet l'emploi d'une grande variété de porte-outils de toutes formes, et le pivotement du revolver est automatique.

A cet effet, quand, au commencement du travail d'un outil, le chariot B (fig. 91) et

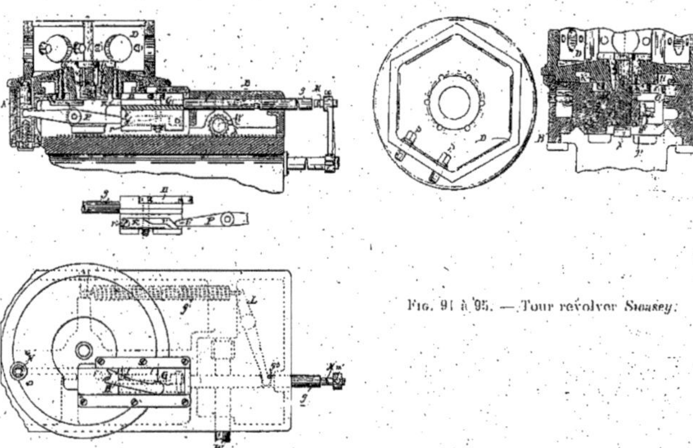

Fig. 91 à 95. — Tour revolver *Sissey*.

son revolver reculent à droite, par la rotation du pignon W sur la crémaillère fixe X, le coulisseau G (fig. 92 et 95) maintenu par la prise du levier L, à ressort g' (fig. 93) dans l'encoche g_3 de sa tige g, est d'abord entraîné par le chariot c; mais, à la fin du travail, la tige g vient heurter la butée réglable M, de sorte que, B continuant d'avancer sur G, ainsi fixée, l'extrémité b' du levier P monte (fig. 92) sur celle r du levier Rr', ce qui le fait pivoter et retirer le verrou enclencheur N de l'encoche du revolver. Aussitôt après, le piton correspondant K (fig. 95) du revolver vient heurter le cliquet H (fig. 93 et 94) de G, qui le fait pivoter d'un outil, puis, au retour, p' repasse sous R, et P renclenche le revolver, ainsi prêt pour une nouvelle opération.

Nous arrivons maintenant aux grands tours à revolver auxiliaire de *Conradson*, dont on ne connaissait jusqu'à présent que les ébauches [1], qui figurèrent pour la première fois, en Europe, et sous leur forme définitive, à l'Exposition de Vincennes, où ils attirèrent vivement l'attention par leur nouveauté et par leurs dimensions extraordinaires. Ces tours marquent actuellement le terme de l'évolution des tours à revolver du côté de la puissance et de la multiplicité de ses fonctions ; et leur succès, qui semble contredire la loi, d'une application presque générale aujourd'hui, qui veut que chaque machine-

1. G. Richard, *Traité des machines-outils*, vol. II, p. 466.

outil soit, autant que possible, nettement spécialisée à un petit nombre de travaux, montre bien à quel point il faut, en matière de technologie, se méfier des généralisations trop absolues et dogmatiques.

Fig. 96. — Tour *Conradson* à revolver compound. Le revolver principal (fig. 97) peut recevoir 25 outils Pour une description détaillée, voir *Revue de Mécanique*, février 1900 p. 216.

Les tours à revolver auxiliaire de *Conradson* étaient représentés à l'Exposition par plusieurs types, notamment par celui de la fig. 96 et 97, à revolver principal de 1 m. 22 de

Fig. 97. — Tour *Conradson*. Plan.

diamètre, pouvant admettre jusqu'à 25 outils de formes extrêmement variées, et porteur d'un petit revolver à 4 outils

En raison de la masse considérable du grand revolver, il ne faut pas songer à la commander normalement à la main, et il faut, en outre en raison de l'extrême variété des travaux : tournage, alésage, forage, taraudage, etc. pouvoir donner à la pièce en travail et à l'outil des vitesses de rotation et d'avances multiples : c'est ainsi que la réduction de la commande du plateau peut, dans le tour fig. 96, varier de 5 à 96.

Le grand revolver a une forme qui lui permet de réduire la longueur des outils en approchant très près de la pièce : son verrouillage et son serrage, qui s'opèrent près de sa circonférence extérieure, lui assurent, pendant le travail, une stabilité absolue.

Le cône A′ (fig. 98 et 103) de la poupée motrice entraîne avec lui deux pignons a et a', en prise avec les pignons b_6 et b_5, fous sur le manchon B_2 de l'arbre B′, et que l'on embraye à volonté avec ce manchon, fou sur B′, en le faisant avancer à droite ou à gauche, par le double cône c_3 et les leviers coudés $c'c$, pivotés en c_2 sur b_5 et b_6. Ce cône c_3 est commandé du levier b_{18} (fig. 98), par b_{17} b_9. Quand les pièces de ce mécanisme occupent les positions

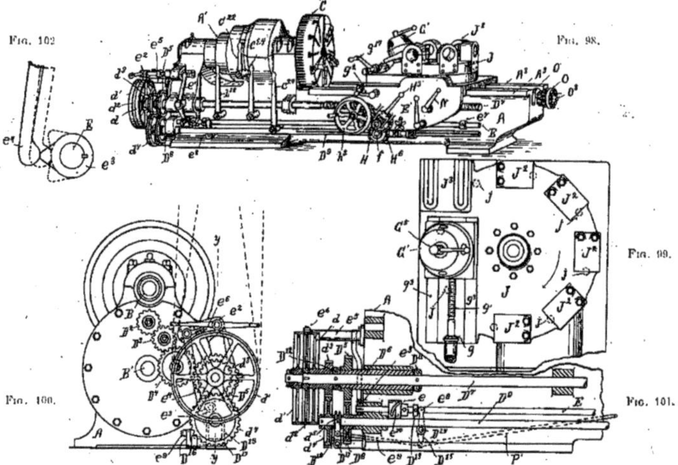

Fig. 98 à 102. — Tour à revolver *Conradson*.
Élévation, vue par bout, plan du revolver, détail de la came c_3.

fig. 103, A′ mène B_2 par ab_6b_8, et le manchon B_2 commande son arbre B′ par le train $ba_5a_3a_4b$, a_3a_4 étant fou sur B, puis B′ commande le plateau c par c_4 ; on marche alors à petite vitesse. Quand on pousse c_2 à droite de manière à embrayer b_5 avec b_7, on marche un peu plus vite : $a'b_5$ remplaçant ab_6. Si l'on ramène c_3 à gauche, et, qu'en même temps, par $c_{24}b_4c_{23}$, l'on embraye b_3 avec b', la commande se fait par $ab_6B_2b'b_3b_2B'c_4$. Pour augmenter encore la vitesse, on pousse à gauche (fig. 98) le levier c_{20}, qui, par $c_6c_{12}c_5$ (fig. 103) repousse B′ à gauche, en désengrenant c_4 de C et sortant le bras c_7c_8 du levier $c_{12}c_6c_7$ de la coulisse c_9 du levier c_9c_{21}, comme on le voit en pointillé, ce qui permet alors de, par $c_{22}a_7c_{21}$, embrayer a_6, rainuré sur B, avec a' ou a_3 : quand on embraye a_6 avec a_3, on peut commander B soit par (ab_6B_2) ou (b_5B_2) et $b_3b'a_5a_3a_6$ ou $b_3ba_4a_6$; enfin, quand on embraye a_6

avec a', le cône A′ entraîne directement C. On remarquera, qu'après le déplacement de a_6 à droite ou à gauche de sa position moyenne, c_8 ne peut plus rentrer en c_8, et maintient

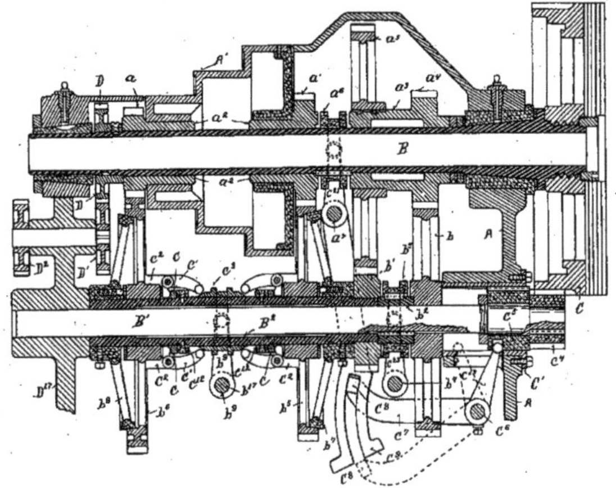

Fig. 103. — Tour *Conradson*.
Détail de la poupée.

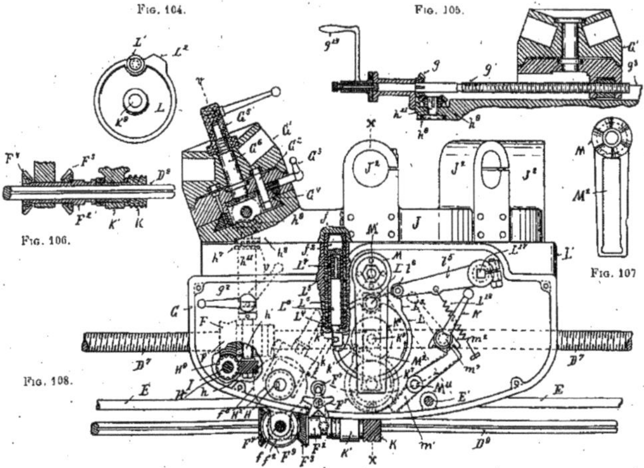

Fig. 104 à 108. — Tour *Conradson*.
Élévation du revolver, coupe v–v (fig. 108) et détails.

ainsi forcément c_4 désengrené de C_1, et que, de même, tant que c_4 est engrené avec C, la prise de c_8 dans c_9 empêche l'embrayage de a_6 avec a_3 ou a_4, de sorte que cet interenclenchement c_8c_9 empêche toute fausse manœuvre des pignons.

L'arbre D_5, (fig. 98 et 99) qui commande l'avance longitudinale du chariot porte-revolver, est actionné, de la broche B par (fig. 100 et 103) le train $DD'D^2D^3C^4D_5D_6$. L'arbre fileté D_7, qui commande le revolver, et sur lequel tourne fou le manchon D_6 de D_5, porte (fig. 101) trois poulies : une fixe d_2 et deux folles, d et d', à courroies ouvertes et croisée, et le moyeu de d commande par d_3 le pignon d_4, fou sur d_9, et embrayable avec D_9, comme D_{18}, par le levier $D_{17}d_3$. La fourche e_6 des courroies de d et de d' est actionnée, du renvoi $e_{10}ee_2$, par (fig. 98 et 101) un arbre E (fig. 108, 122 et 123) commandé par la manette E' (fig. 98) du chariot et les pignons E_2E_3 : une came e_3 de E (fig. 102) serre, par e_4e_5 un frein e_6 sur la

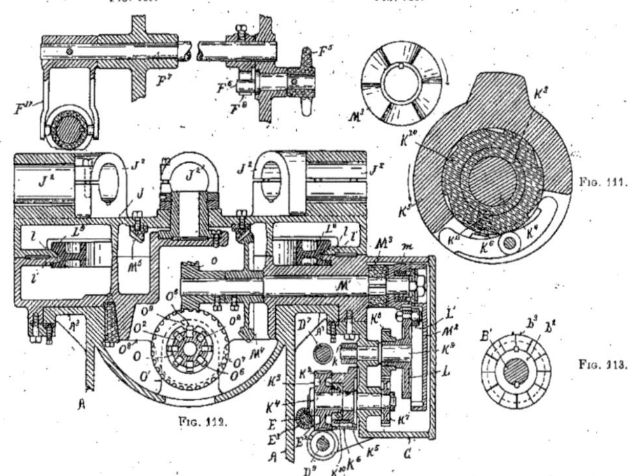

Fig. 109 à 113. — Tour *Conradson*.
Coupe transversale et détails du revolver.

poulie d_9, après le passage de la courroie de d_2 sur d ou d'. Cette manœuvre peut aussi se faire automatiquement par le toc e^7 (fig. 98) de E.

Quand l'arbre D_7 tourne, son écrou F (fig. 105 et 124) que l'engrènement de son pignon E' avec celui h_2 de I empêche de tourner, fait avancer ou reculer le chariot G rapidement : quand D_7 est immobilisé par le frein e_6, l'écrou F est, au contraire, mis en rotation, de l'arbre rainuré D_9, par l'un des deux pignons G_2 ou F_4 et le train F_7 (fig. 117) de G. L'engrènement de F_2 ou de F_4 avec F_9, qui commande le changement de marche de G, est actionné, du manchon F_3, par l'étoile F_5 (fig. 109) au moyen du renvoi $F_8F_6F_7E_{17}$. — Le changement de vitesse s'opère en commandant H et son pignon H_6 (fig. 117) par l'une des roues $f_5f_6f_7f_8$; à cet effet, chacune de ces roues, folles sur H', porte une encoche (fig. 118) dans laquelle un verrou f_9 (fig. 119) entraîné par H', s'engage, sous l'impulsion d'un ressort i, quand cela lui est permis par l'amenée de l'encoche correspondante H_4 (fig. 121) de la barre

H', coulissée dans H, au droit du coin H_3 de f_9, qui pénètre alors dans H', et maintient enclenchée sa roue jusqu'à une nouvelle manœuvre de H'; cette manœuvre se fait par H_2 et le levier H_3 (fig. 98 et 117). Quant au pignon H_6, il commande l'arbre I par le pignon H_7 (fig. 115) embrayé par le cône de friction h_4, manœuvré par le bouton h_5, fileté sur h_6.

L'arbre I porte (fig. 120), outre la vis h_2 de F, un pignon hélicoïdal H_9, qui commande l'arbre h'', embrayable par $g_2h_7h_7$ (fig. 115 et 108) avec l'arbre h_{11}, qui, par h_9g_5 et la vis g', actionne l'avancement du revolver auxiliaire G_1 sur sa glissière g_3 (fig. 99). Ce revolver, incliné de façon que ses outils n'interfèrent pas avec ceux du revolver principal, se tourne à la main, avec serrage par G_5, et verrouillage par G_3G_2, une crémaillère à ressort G_4 poussant sur le pignon de G_3 en prise avec la crémaillère de G_2, de manière à enfoncer automatiquement le verrou G_2 dans les encoches de G'.

Les encoches j (fig. 99 et 108) du revolver principal J sont enclenchées par des verrous

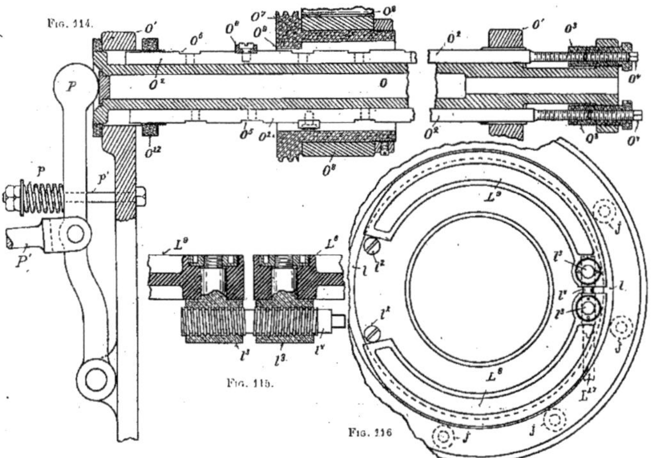

Fig. 114 à 116. — Tour *Conradson*.
Détail du verrouillage du revolver.

j_2, commandés, de l'arbre D_9, par la vis K (fig. 8), le pignon K_2 (fig. 112) fou sur K_4, le rochet K_3, calé sur K_4, le train $K_7K_8K_9$, la came K_4 le bras k (fig. 108 et 112) fou sur K_8, et attaquant j par son extrémité k_2. Les verrous j sont rappelés par des ressorts L_5, appuyés sur leur manchon L_2, et qui les repoussent par leurs collets L_4; et k_2 attaque j_2, non pas directement, mais par une tige L_6, à ressort L_7, qui cède aux inégalités des encoches. L'arbre K_3 porte, à son extrémité, une came L (fig. 104 et 112) qui, par (fig. 108) le levier l_6l_5, fait tourner l'arbre 17 (fig. 114 et 115) dont les deux vis l_3 écartent les segments G_8L_9 appuyés en l_2l_2, de manière à serrer en ll' (fig. 112) le revolver sur son chariot pendant son travail, puis à le desserrer après. Ce desserrage et la rotation du revolver s'effectuent comme il suit.

Quand on pousse à gauche (fig. 127) le levier N, sa came m_2 fait pivoter le levier $m'M''$, qui maintient le cliquet K_6 (fig. 111) déclenché de l'arbre K_3, de manière qu'il renclenche

K, et que cet arbre, qui tourne toujours, fasse faire un tour à la came C_8, qui retire alors le verrou j_2. D'autre part, le galet L' (fig. 108) entraîné par l'arbre K_8 et pris dans la coulisse M_2 (fig. 107) du rochet M_1 fait, à chaque tour de B_9, osciller M_2 de la position fig. 126 à celle fig. 127, de sorte que M, appuyé sur le rochet M_3 (fig. 110) par les ressorts m (fig. 112), fait tourner son arbre M' d'un sixième de tour ; et cet arbre entraîne, par M_4M_5, le revolver de l'arc qui sépare deux de ses outils J_2, ou d'un huitième de tour au cas actuel, et ce, après que K_5 a retiré le verrou j_2 et que la came L a desserré L_8L_9 par l_9 ; puis, après ce huitième de tour du revolver, K_5 renclenche l_2 et l_3, resserre le revolver.

L'arrêt du revolver, dans son mouvement d'avance, après le parcours nécessaire au travail de ses différents outils, s'opère au moyen de la barre O (fig. 112 et 116) guidée en O', à huit rainures, ayant chacune une barre o_2, ajustable par o^1o_4, avec encoches oo_5, où se

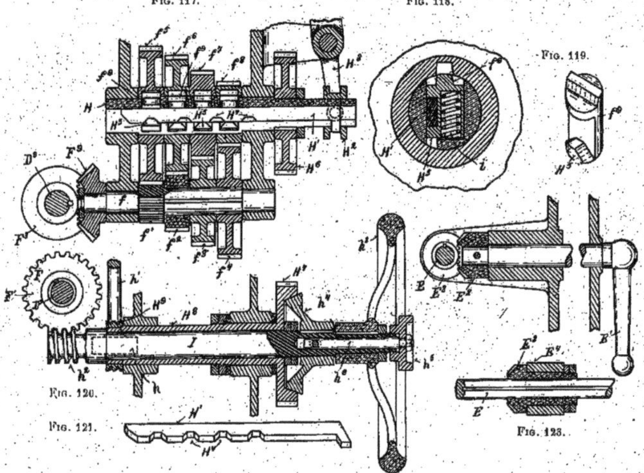

Fig. 117 à 123. — Tour *Conradson*.
Détail du harnais et de l'avancement du revolver.

fixent les tocs o_6, et à pignon héliçoïdal o_7, fou sur O, commandé par le pignon o de M', (fig. 112), qui lui fait faire un huitième de tour à chaque pivotement du revolver. Le toc o_9 du pignon o_7 vient ainsi se placer successivement en face de ceux o^6 des barres o_2. Quand o_9, entraîné par le chariot du revolver, rencontre ainsi l'un de ces tocs o_6, il repousse à gauche (fig. 116) o et, malgré son ressort p, le levier P, qui, par $P'e_8e^6$ (fig. 101 et 125) débraye D_6 et arrête l'avance à la longueur déterminée par la position du toc o_6. Pour ramener alors rapidement le revolver, il suffit de, par E'E (fig. 19, 100 et 122), desserrer le frein c_6 de d_2 et, par $e_1{}^0e'$ (fig. 98) amener la courroie sur d_2 qui, comme nous l'avons vu, rappelle le chariot G par l'arbre D_7 jusqu'à son arrêt par le toc c_7 de E (fig. 98) en ramenant la courroie sur la poulie d.

Quand le levier E' est vertical, la came c_3 occupe la position en traits pleins (fig. 102), avec le frein serré sur d_2 ; quand E' est ramené à gauche, le frein est desserré et la courroie ouverte passée sur d_2 ; quand on pousse E′ à droite, le levier l_4 prend la position pointillée, avec la courroie croisée sur d_2, ce qui permet, comme nous l'avons vu, de faire avancer et reculer rapidement le chariot par D_7, et cette avance peut aussi être commandée à la main par h_3 (fig. 118) après avoir desserré h_5, et ainsi débrayé H_4 et I de H_7.

Ce tour peut, on le voit, s'adapter, grâce à la large assise du revolver principal, aux travaux les plus divers : tournage, filetage, alésage, et sur des pièces de toutes formes, petites et grandes. La rapidité du travail est considérablement accrue par l'emploi facultatif de l'avance rapide C_9, et le mécanisme des multiples changements de vitesse est des plus ingénieux.

Les tours de Conradson, tels que la Turret Lathe C° les construit actuellement à Wilmington, jusqu'à 1 mètre de hauteur de pointe, diffèrent de celui que nous venons de décrire par quelques détails de simplification, ainsi que le montrent les fig. 128 à 133 [1].

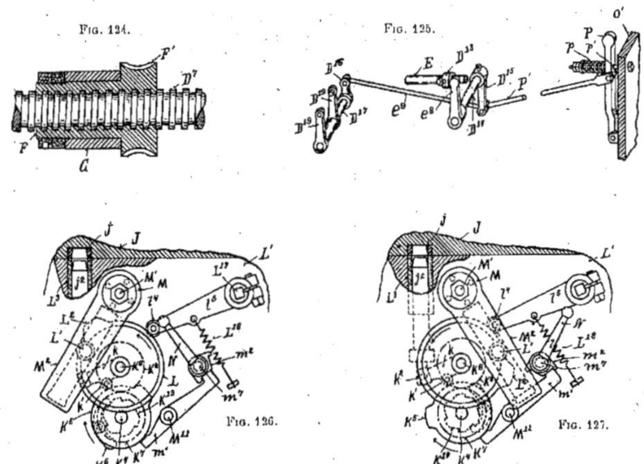

Fig. 124 à 127. — Tour *Conradson*.
Détail de l'écrou d'avancement F, des mécanismes d'arrêt, de renversement, de pivotement et d'enclenchement du revolver.

On reconnaîtra facilement, sur la fig. 128, les mécanismes de variation de vitesse et d'interenclenchement de la poupée (fig. 103) et du harnais (fig. 117) très légèrement modifiés.

Le serrage du revolver se fait toujours, comme en fig. 116, par un frein intérieur, mais ce serrage est ici commandé (fig. 129) par une étoile *k* du revolver *a*, qui attaque le galet *i* d'une came multiple *defg*, qui serre les mâchoires *c* du frein sur *b* par l'intermédiaire d'un genou. Cette came manœuvre aussi le verrou, qui est, ici (fig. 130), horizontal au lieu de vertical, comme en fig. 108 ; ce verrou cale le revolver par son encoche extérieure et est serré sans jeu dans la sienne par la poussée de son coin.

Les fig. 132 et 133 achèveront de faire comprendre la variété des travaux que l'on peut exciter avec une pareille machine.

L'outil que l'on voit à droite de la fig. 133 a pour objet le décroutage des pièces de

1. *American Machinist*, 4 et 11 mai 1901.

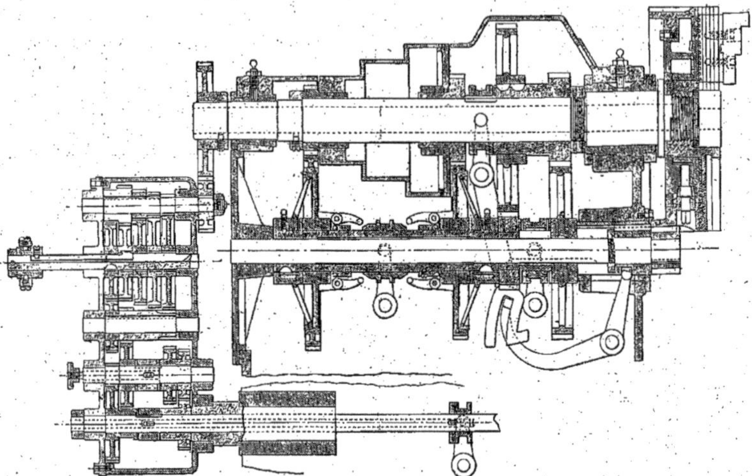

Fig. 128. — Harnais du tour *Conradson* (fig. 96).

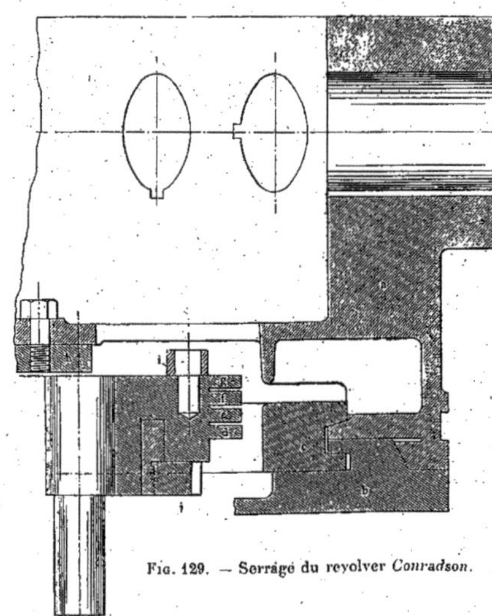

Fig. 129. — Serrage du revolver *Conradson*.

fonte par des gros peignes disposés dans leurs coulisses à joints rompus et suivant la forme de la pièce sur laquelle on les appuie. Les outils pour le dressage ou façage des pièces sont simplement montés sur des arbres passés dans les trous du revolver ; les

Fig. 130 et 131. — Revolver *Conradson*, desserré et enclenché.

outils de tournage, etc. le sont sur des porte-outils spéciaux, comme les deux indiqués sur la fig. 99, et quand la pièce s'y prête, c'est-à-dire quand elle porte un trou préalablement alésé, on y passe, ainsi qu'au trou médian de la grande face du revolver, une broche

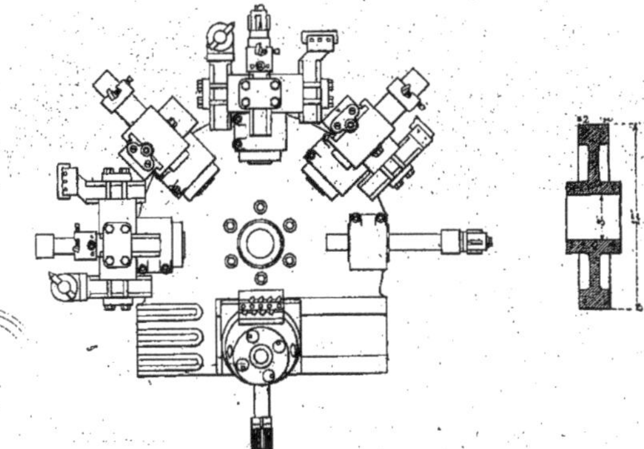

Fig. 132. — Plan du revolver *Conradson* (fig. 96).

Pour exécuter la roue représentée à droite, de 30 millimètres de diamètre, on ébauche et alèse le moyeu par deux lames, et on finit par un aléseur, puis, avec 3 outils striés, on dégrossit l'extérieur, l'intérieur et la face de la jante, que l'on finit par 3 outils plan ; ces opérations durent 25 minutes, puis 5 minutes pour l'autre face.

(fig. 133) qui, saisie par le chuck de la poupée, maintient la pièce très fermement contre la poussée de l'outil et soulage ce chuck de tout porte à faux.

Les tours que nous venons de décrire ne sont pas, à l'exception de celui de Conradson, absolument nouveaux ; ils avaient, avant 1900, figuré à de nombreuses expositions, notamment à celle de Chicago, en 1893, qui fut, en ce qui concerne les machines-outils,

FIG. 133.

FIG. 134. — Tour revolver à facer de la *Société alsacienne*.

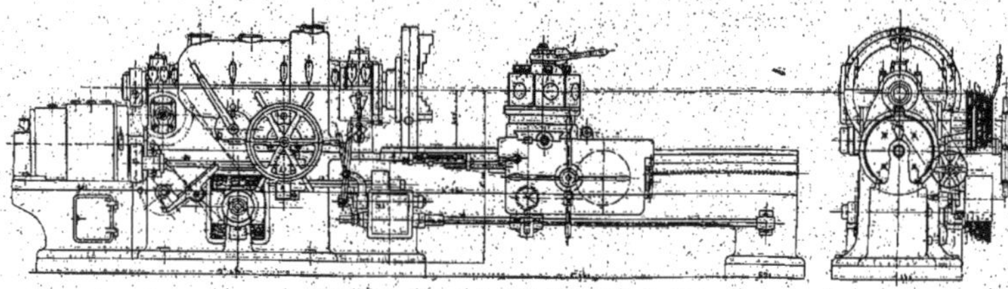

FIG. 135. — Tour à facer de la *Société alsacienne*.

extrêmement remarquable. Les constructeurs allemands et anglais ne manquèrent pas de profiter des enseignements fournis par cette dernière exposition ; et, pensant, ce qui était élémentaire, que des machines ayant un si grand succès en Amérique ne pourraient manquer de réussir en Europe, ils ne tardèrent pas à s'en assimiler les principes et à les appliquer; aussi, remarquait-on, dans l'exposition allemande, bon nombre de spécimens

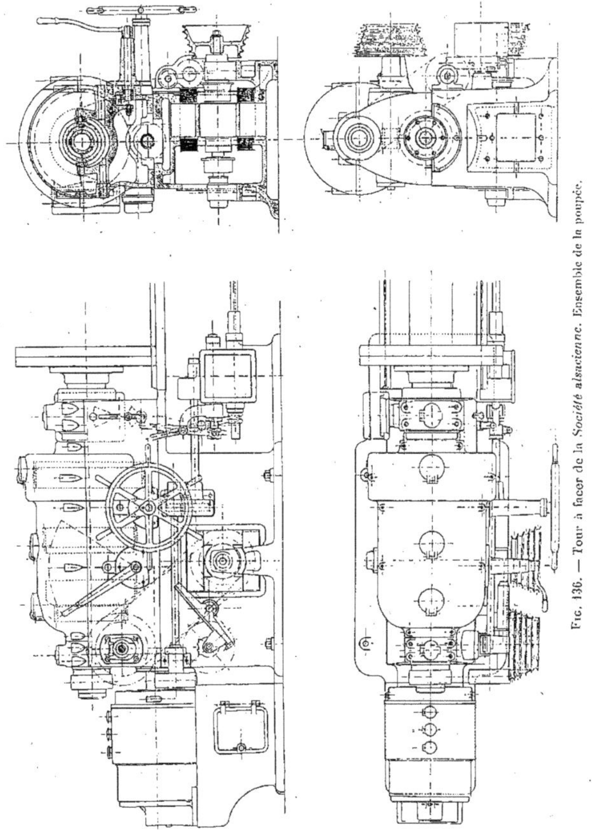

Fig. 136. — Tour à facer de la *Société alsacienne*. Ensemble de la poupée.

de gros tours à revolver, en général bien construits, mais directement inspirés des machines américaines. Il n'en a pas été de même pour les constructeurs français, et c'est avec des machines étrangères de ce genre qu'il a fallu constituer en très grande partie, l'outillage de nos nouveaux ateliers, principalement de ceux consacrés à la construction des automobiles. Il y eut pourtant, parmi nous, quelques exceptions des plus honorables, entre autres la *Société alsacienne de constructions mécaniques*, dont nous allons décrire en détail le remarquable tour à facer représenté par les figures 134 à 146.

Ce tour spécialement construit pour la fabrication en masse des pièces de machines demandant des travaux d'alésage et de tournage plan, se compose d'un banc avec pieds venus de fonte, formant : celui d'avant, bâti des inducteurs d'un moteur électrique de 6 ch. 5, pour courant continu de 220 volts, et, celui d'arrière, armoire pour outils, d'une poupée fixe avec arbre creux et mandrin à serrage concentrique, d'un banc-prolonge portant un harnais épicycloïdal différentiel à changement magnétique et d'un chariot avec support à revolver.

La transmission du mouvement de rotation du moteur au plateau de la poupée fixe, a lieu par deux cônes à 5 vitesses et à gorges trapézoïdales pour courroie à coin, une paire d'engrenages de réduction à denture hélicoïdale, avec ou sans un harnais différentiel à couplage magnétique, et par l'une ou l'autre de 3 paires d'engrenages droits à roues folles sur l'arbre creux du plateau,

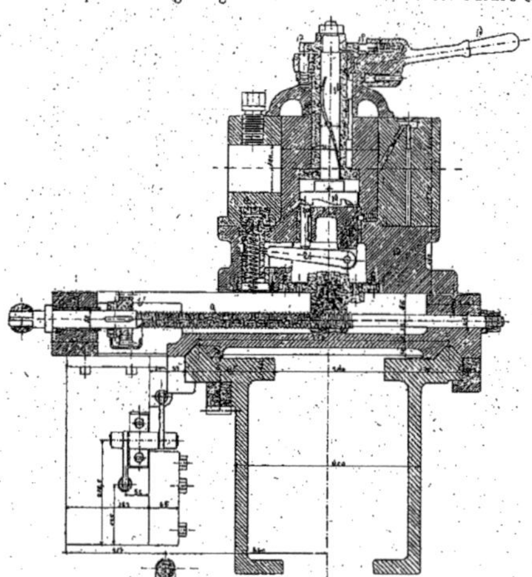

FIG. 137. — Tour à facer de la *Société alsacienne*.
Coupe verticale par le revolver.

qu'elles entraînent alternativement par des mécanismes de friction commandés par un volant et un levier. Un interenclenchement empêche l'embrayage de la friction commandée par le levier tant que les les frictions commandées par le volant sont embrayées et réciproquement. En débrayant ces frictions le plateau s'arrête et l'on peut tourner librement à la main.

L'arbre du cône est logé à l'avant dans un support, et, à l'arrière, dans une boîte. La roue de l'engrenage de réduction baigne dans l'huile. Cette roue, ainsi que le tambour logeant le harnais épycycloïdal différentiel, et portant, à l'arrière, l'un des électro-aimants du couplage magnétique et, à l'avant, deux bagues d'amenée du courant d'excitation de cet électro-aimant, sont montés fous sur un arbre intermédiaire logé dans 3 paliers venus de fonte avec la poupée fixe et un palier fixé sur le banc-prolonge. Cet arbre porte à l'avant les 3 pignons des roues droites montées folles sur l'arbre creux de la poupée fixe.

Le harnais différentiel se compose de deux trains de roues et pignons droits, un train d'avant et un train d'arrière. Chaque train est formé par une roue et deux pignons satellites. Les roues des trains d'avant et d'arrière sont montées sur l'arbre intermédiaire, la première à demeure par une clavette et la seconde folle ; les pignons, reliés deux par deux, sont montés fous sur deux tourillons diamétralement opposés dans le tambour. La roue du train d'arrière est reliée à un

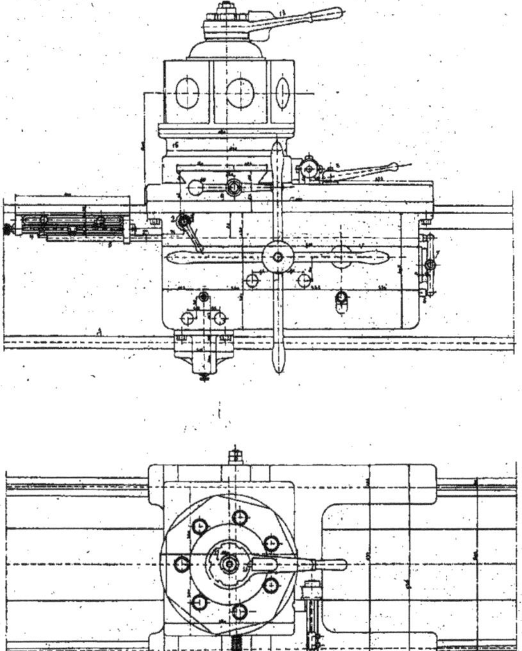

FIG. 138. — Tour à facer de la *Société alsacienne*. Élévation et plan du revolver.

disque formant en même temps double manchon de friction et armature des électro-aimants du couplage magnétique. Les électro-aimants sont reliés l'un au tambour du harnais épicycloïdal différentiel et l'autre au support d'arrière de l'arbre intermédiaire ; les deux sont munis d'une frette conique en bronze formant ainsi parties mâles du double manchon de friction.

Pour le travail sans harnais où l'arbre intermédiaire a la même vitesse que le tambour, celui-ci est rendu solidaire de la roue du train d'arrière à l'aide du manchon d'avant du couplage magnétique. Pour le travail avec harnais la roue du train d'arrière est immobilisée par le manchon d'arrière du couplage magnétique. Dans ce cas, cette roue forme roue pivot, et les pignons-satellites, en gravitant autour d'elle, impriment à l'arbre intermédiaire une vitesse ralentie dans la proportion admise pour ce harnais.

Un commutateur unipolaire à deux directions est intercalé dans le circuit dérivé du courant

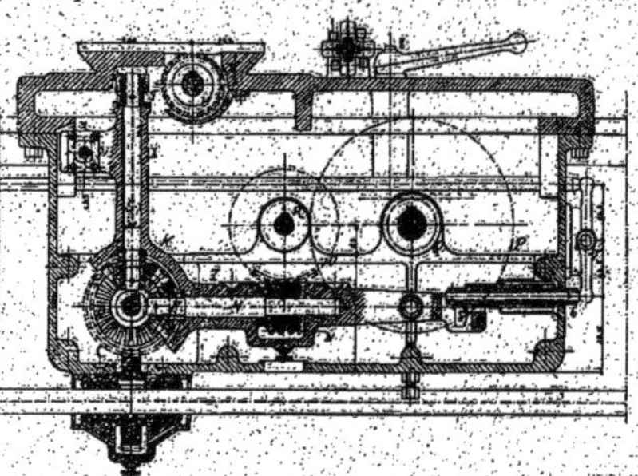

FIG. 139. — Tour à facer de la *Société alsacienne*.
Coupe verticale par le mécanisme du chariot.

d'excitation du couplage magnétique. Cet appareil et le rhéostat de mise en marche et d'arrêt du moteur électrique, dont les manettes se trouvent bien à la portée de l'ouvrier, sont fixés contre la paroi de la poupée fixe opposé à celui-ci. Si l'on place la manette du commutateur du couplage magnétique en position moyenne, le courant d'excitation est coupé, et l'armature des électro-

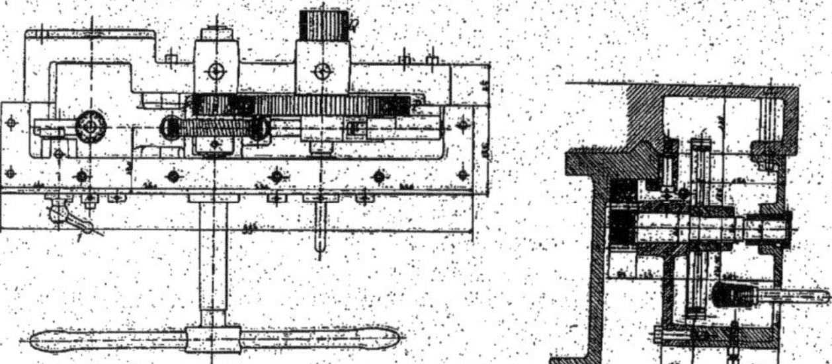

FIG. 140. — Tour à facer de la *Société alsacienne*.
Plan et coupe transversale du chariot.

aimants se place en position moyenne. Dans ce cas, l'arbre intermédiaire, l'arbre creux avec le plateau et l'arbre de commande du mouvement de chariotage s'arrêtent instantanément, sans qu'on soit obligé d'arrêter le moteur. L'arrêt instantané de tous les mouvements ne peut être obtenu en interceptant le courant électrique faisant marcher le moteur, car l'induit de celui-ci continue à tourner jusqu'à l'absorption entière de sa force vive par les résistances passives des organes en mouvement.

Le plateau de la poupée fixe peut recevoir, pour chacune des cinq positions de la courroie, six vitesses variables en route, soit, au total, trente vitesses différant de 3 à 260 tours par minute.

Le chariot du revolver est animé d'un mouvement d'avance longitudinal automatique. Il porte un revolver sur chariot transversal qui peut recevoir également un mouvement automatique dans les deux sens.

Le cheminement longitudinal s'obtient par l'arbre longitudinal A (fig. 138) qui transmet le mouvement, par deux roues hélicoïdales B C, aux pignons coniques D E F et aux axes G H. Ce dernier H est logé dans le bras 1, qui fait partie du support K, mobile autour de l'axe M (fig. 139 et 141) et porte la vis sans fin N engrenant avec O (fig. 129) qui continue de donner le mouvement

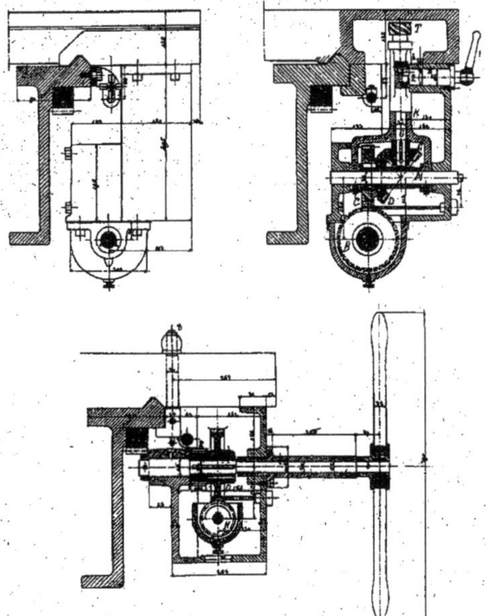

Fig. 141 et 142. — Tour à facer de la *Société alsacienne*. Détail du chariot.

à P et Q par R ; Q, engrenant avec la crémaillère du banc fait avancer le chariot dans le sens longitudinal.

Le bras 1 est retenu par le nez S. La figure 139 montre ce mouvement embrayé et le mouvement transversal débrayé.

Pour travailler transversalement, on embraye le pignon T avec U (fig. 139). Pour cela, on déclenche le nez S, et le bras I descend en dégageant la vis N. On peut alors soit déplacer le chariot à bras en agissant sur le croisillon V, soit embrayer le mouvement transversal, car les deux mouvements sont libres. Le bras X, qui porte l'axe G, se trouve alors arrêté par le bouton d'un excentrique O ; pour faire embrayer T et U on fait faire un demi-tour au bouton d'excentrique par le levier 1. Avant la chute du bras H et de la vis N, il y avait un certain jeu entre la cage 2 et le bouton 3 tourné vers la gauche (fig. 138, 139, 141).

Ce débrayage a lieu par des butées multiples placées en 4 (fig. 138). La barre 4, se déplaçant avec le chariot vient butter contre l'un des quatre taquets fixés à distance variable sur la règle 4, qui, elle-même, peut être déplacée dans le sens de la longueur. En heurtant ce taquet, elle produit

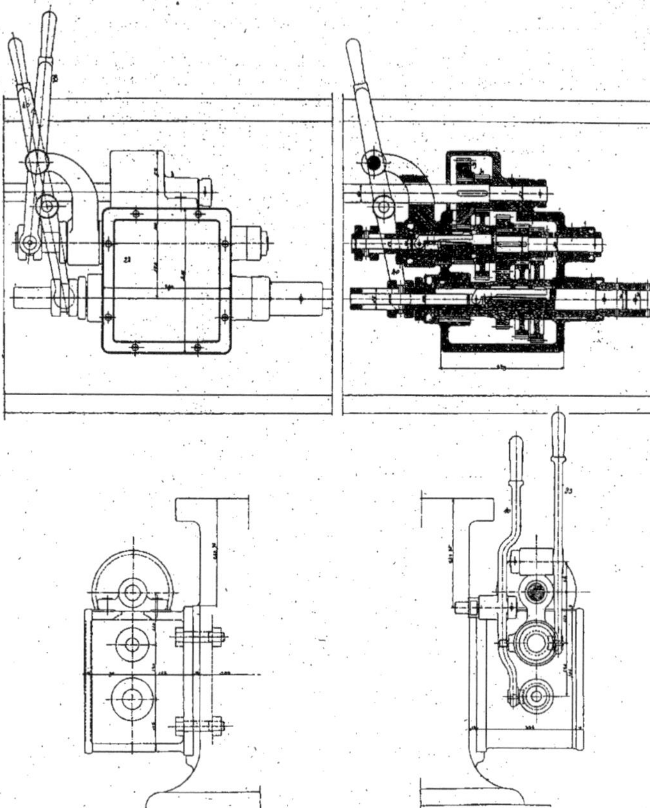

FIG. 143 à 146. — Tour à facer de la *Société alsacienne*. Avance du chariot.

une poussée sur la broche 6 par l'intermédiaire du levier 7 ; le nez S se dégage, et le bras H tombe (fig. 138 et 139).

Le chariot peut être fixé à demeure sur le banc dans le cas du chariotage transversal au moyen de la vis 8 (fig. 138 et 140).

Celui-ci chemine automatiquement ou à la main, par la vis 9.

Pour tourner à la main sur 10, il faut dégager T de U.

Fig. 147. — Tour revolver *Wolseley*.

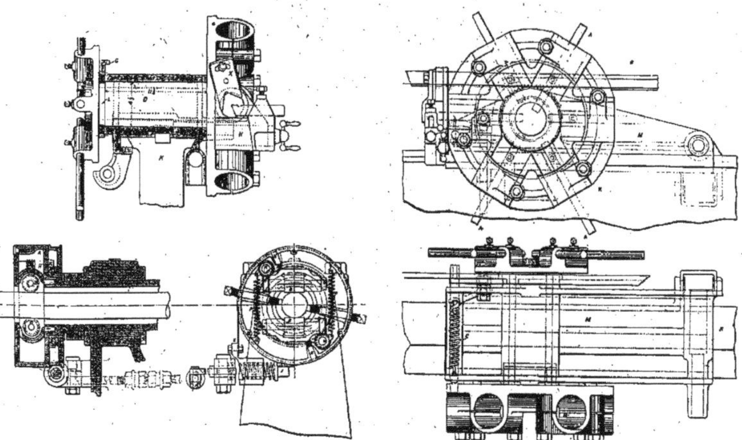

Fig. 148 à 150. — Tour revolver *Wolseley*.
Détail de l'avanceur et du revolver.

Avec chuck Austin (*Revue de Mécanique, septembre 1899, p. 340*) et avancement de la barre par deux galets BB (fig. 149) appuyés par la vis N et rappelés par les ressorts *p*, et qui, lorsqu'on serre le frein EF sur la poulie folle D, tournent par les vis sans fin H, dont les pignons K roulent sur la denture R de D : un même levier commande simultanément le serrage du frein et l'ouverture du chuck de la poupée. Cette poupée commande la vis de filetage par un cône de pignons *Norton* (*Revue de Mécanique, avril 1897, p. 383*). Le revolver vertical B est porté sur le large chariot M (fig. 150) par un tourillon D (fig. 148) de 114 × 286 millimètres, à pignon engrenant avec la crémaillère G, qui commande la rotation automatique du revolver, tombe en prise avec ce pignon en même temps que le verrou C se retire, et qui porte les tocs A, très accessibles, qui règlent l'avance des outils par leur butée sur deux taquets ajustables. La crémaillère et le verrou C sont commandés par une même manivelle sous le banc. Un autre levier commande le chariot de l'outil coupeur. Chaque porte-outil du revolver est pourvu d'un appui ajustable X (fig. 148). Les copeaux se dégagent facilement, et tombent sans encombrer le banc ; les porte à faux sont réduits le plus possible et les outils faciles à surveiller.

On voit, par ce système de transmissions, que les mouvements longitudinal ou transversal ne peuvent jamais être embrayés à la fois.

Le revolver, à 7 outils, se compose d'une tourelle à 7 pans munis de trous de centrage et servant à fixer solidement les portes-outils. Ces outils servent au perçage, alésage et fraisage des moyeux, dégrossissage des faces par burins multiples, planage et finissage des faces, outils à façon.

Les tours que nous venons de décrire ont tous leur revolver horizontal, tournant autour d'un axe vertical ou faiblement incliné; mais rien n'empêche de disposer cet axe, horizontalement, parallèle ou perpendiculaire à l'axe du tour.

La disposition perpendiculaire à l'axe du tour est la plus répandue, elle présente, ainsi que le montre (fig. 147) le tour *Austin* construit par la Wolseley Sheep Shearing C°, de Birmingham, l'avantage de permettre de suivre le travail sans avoir à se pencher sur le revolver; en outre, les copeaux tombent d'eux-mêmes hors de la machine; le revolver

Fig. 151. — Tour à décolleter de la *Société alsacienne*.

peut fonctionner automatiquement dans les deux sens, et la hauteur de l'axe de la poupée est très faible, ce qui diminue d'autant son porte à faux sur sa vis-mère, mais, par contre le revolver est moins solidement assis que dans les tours où il repose naturellement sur sa base. Les fig. 148-150 et leur légende suffiront pour faire saisir l'ensemble et les principaux détails de cette ingénieuse machine, qui a obtenu dans les ateliers anglais un rapide succès.

Le tour à décolleter de la *Société alsacienne*, représenté par les fig. 151, est un second et très remarquable exemple de ce genre d'appareils, qui ne tardera pas sans doute à se répandre chez nous.

Ce tour à revolver vertical et filière est commandé par un moteur électrique de 2 chev. 5, pour courant continu de 220 volts, et un harnais analogue à celui du tour à facer (fig. 134), mais sans embrayage électro-magnétique, remplacé ici par des embrayages à la main.

Le chariot partant du revolver est animé d'un mouvement automatique longitudinal; le mouvement transversal est donné au revolver par vis et à la main (fig. 152-160).

Le mouvement longitudinal est communiqué par l'arbre parallèle 1, qui le transmet à l'axe 2 à l'aide des deux pignons 3 et 5. Cet axe est à rotule en 5, et porte la vis sans fin 6, engrenant avec 7; cette roue 7 transmet le mouvement au pignon 8 de la crémaillère du banc par 9, 10, 11.

Ce mouvement se débraie automatiquement à l'aide de buttées réglables (brevetées) placées sur une tige carrée, à entailles 12, contre lesquelles vient heurter le taquet 13. L'axe 2, maintenu par les deux becs en 14, tombe autour de la rotule 5 en dégageant les dents de la vis sans fin d'avec celles de la roue 7, et cela aussitôt que 13 vient, pendant la marche, heurter contre l'une des buttées

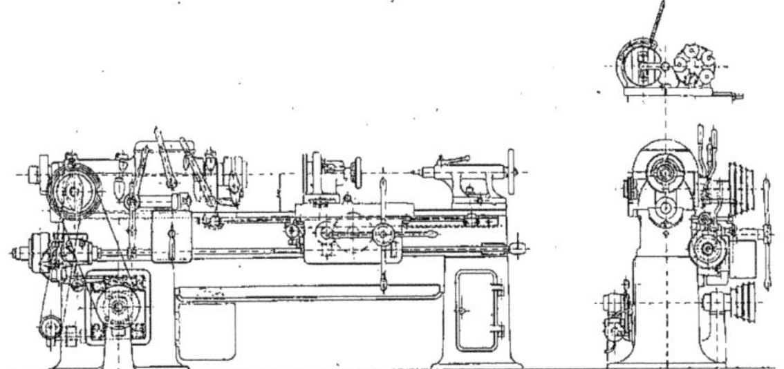

Fig. 152. — Tour à décolleter de la *Société alsacienne.*

réglables. Le mouvement d'avance est dès lors arrêté. On voit que cet arrêt se produira pour telle longueur au chemin du chariot que l'on voudra — et pour quatre des burins du revolver.

Le chariot peut aussi être déplacé à la main au moyen du croisillon 15,

Le chariot transversal porte le revolver et se déplace à la main par vis et manivelle. Pour déterminer les différents diamètres d'une même pièce, il est muni d'un taquet fixe qui, en venant

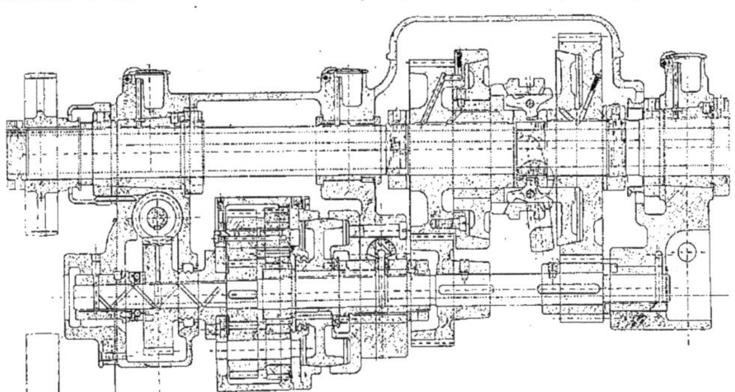

Fig. 153. — Tour à décolleter de la *Société alsacienne.*
Détail de la poupée.

heurter l'une des quatre buttées réglables disposées sur le chariot en travers, limite, pour chaque burin, la profondeur à laquelle il devra pénétrer.

Le revolver à axe horizontal a sur le revolver à axe vertical, l'avantage de permettre à l'outil de se rapprocher le plus près possible du plateau ou mandrin pendant le tournage ou pour le découpage. Il est aussi plus commode quand, au lieu d'être placé dans l'axe, il est placé sur le côté comme c'est le cas dans ce tour. Il permet une plus grande variété de travail, parce qu'il

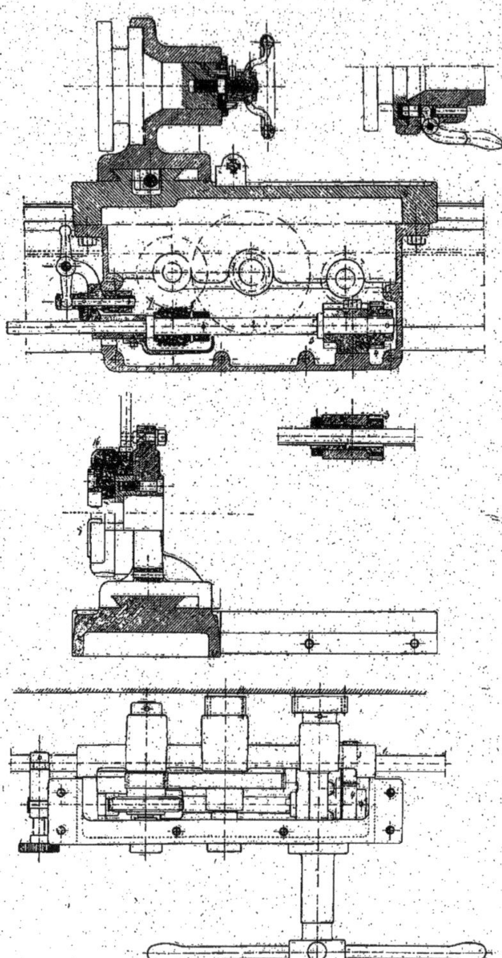

Fig. 154 à 155. — Tour à décolleter de la *Société alsacienne*.
Détail du chariot.

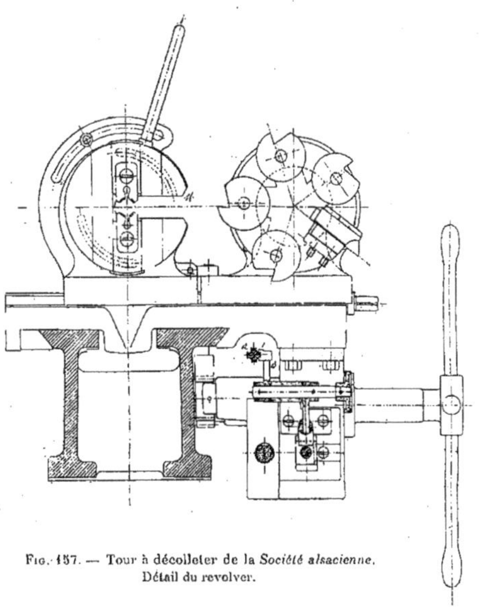

Fig. 157. — Tour à décolleter de la *Société alsacienne*. Détail du revolver.

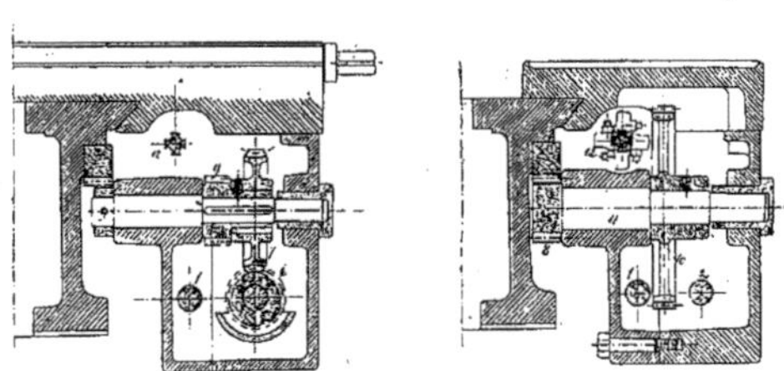

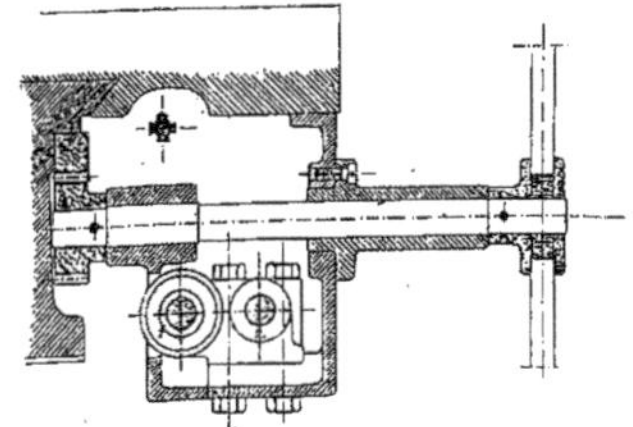

Fig. 158 à 160. — Tour à décolleter de la *Société alsacienne*. Détail du chariot.

peut travailler les pièces entre pointes aussi bien qu'en porte à faux et sur des diamètres très différents.

Les outils de ce revolver sont circulaires et à section *constante*, — chacun suivant la forme qu'il convient de lui donner. De cette façon, l'affûtage est très facile et le tranchant conserve sa forme jusqu'à ce que les affûtages successifs aient réduit sa résistance au minimum.

La filière 16 (fig. 155 et 157), peut être portée rapidement dans l'axe d'une pièce montée entre pointes sans qu'on ait besoin de retirer l'arbre de la poupée mobile. Dans ce but, elle est ouverte d'un côté; placée derrière le revolver et sur le même chariot, elle est actionnée par la même vis et amenée avec le chariot dans l'axe lorsque celui-ci vient butter par une saillie contre un taquet. Les coussinets sont écartés ou rapprochés à la main par un levier fixé sur une couronne munie de coulisses excentrées.

Pour l'amenage de la barre, on a employé un contre poids qui agit et fait avancer la barre sitôt que le mandrin à l'avant est desserré. Le serrage et le desserrage par le mandrin d'avant se

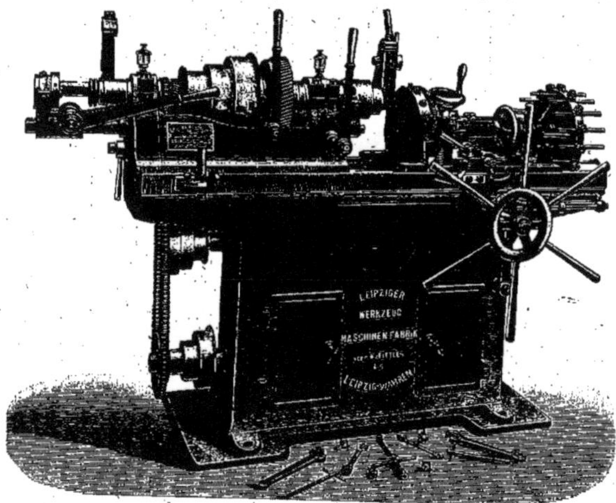

Fig. 161. — Tour à revolver *Von Pitler*.

fait en cours de travail sans arrêter le tour. Une pompe rotative prend l'eau de savon dans ses réservoirs et la dirige sur la pièce en travail par un conduit métallique ; celle qui tombe se rend à nouveau dans le réservoir.

L'avance automatique du chariot peut également être variée en route. Un système de petites roues planétaires placées à la gauche du banc et actionnées par une courroie venant de l'arbre du cône produit trois changements de vitesses dont 2 pour le chariotage et 1 pour le planage. Un levier placé à côté du rhéostat sert à produire ces variations à l'aide d'une broche centrale. On a donné la préférence au mouvement planétaire parce qu'il s'agissait d'une variation très forte entre l'avance de dégrossissage et celle du planage, et que ce dispositif permet d'y arriver le plus simplement, et sans nuire à l'aspect général.

Les tours à revolver vertical avec axe parallèle à celui des tours étaient représentés principalement par les types très remarquables de la maison *Von Pitler*, de Leipzig-Wahren, dont les figures 161-173 représentent l'ensemble et les principaux détails. Les avantages de ce genre de tours sont les mêmes que ceux des précédents ; on peut avec une faible hauteur de pointes employer un revolver à outils nombreux — 16 au cas figuré — le

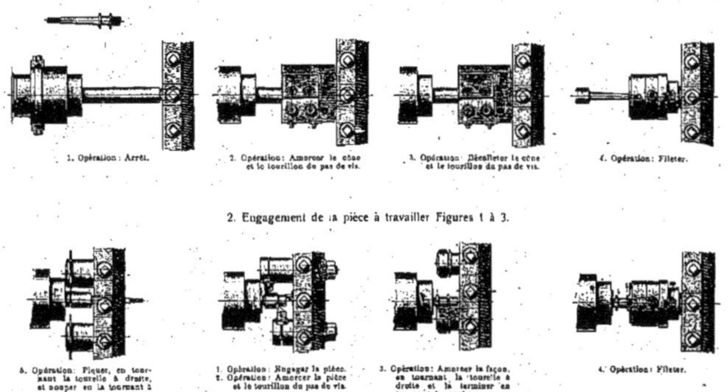

Fig. 162 et 163. — Tour à revolver *Von Pitler*.
Fabrication d'axes de pédales pour cycles.

réglage des tocs est parfaitement accessible et en vue, et la tourelle se prête, comme une plaque, à l'installation facile des outils les plus variés, ainsi que le montrent les fig. 161-173 empruntées à l'excellent catalogue de la maison Von Pitler. Ces figures donnent

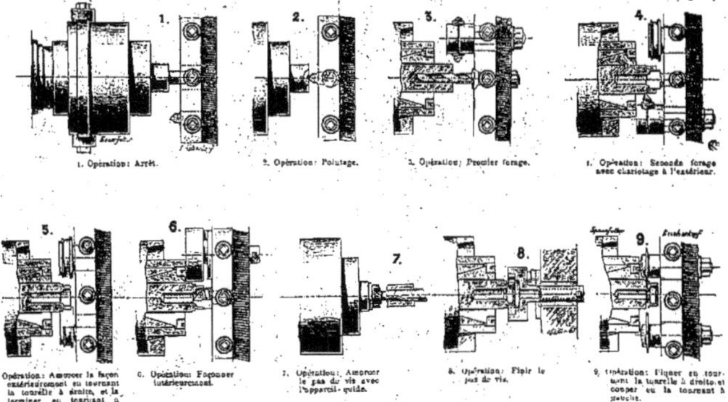

Fig. 164 et 165. — Tour à revolver *Von Pitler*.
Fabrication de moyeux pour cycles.

parfaitement l'idée des ressources multiples que présentent ces machines ; elles ne sont certainement pas les seules à les offrir, et l'on peut exécuter les travaux que représentent ces figures sur bien d'autres machines, mais ce n'est pas à M. Von Pitler de le dire, et nous ne pouvons que le féliciter et de l'ingéniosité de ses machines et de l'habileté de ses

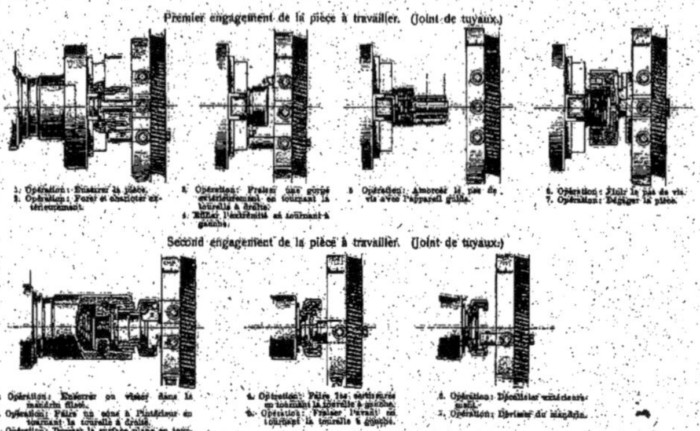

Fig. 166 et 167. — Tour à revolver *Von Pitler*. Robinetterie.

catalogues, habileté que nous devrions imiter, car elle est un excellent moyen de propa-

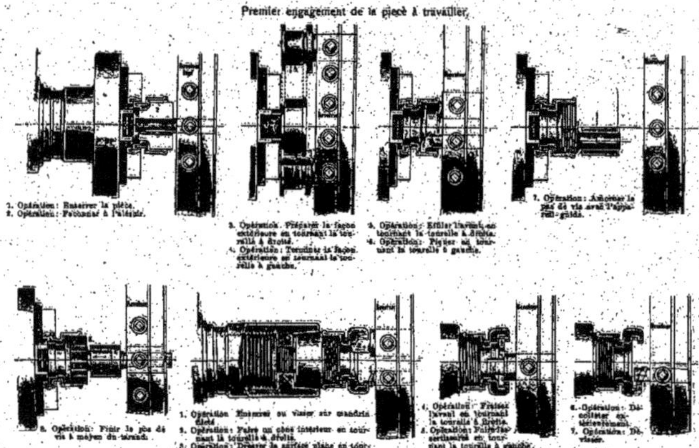

Fig. 168 et 169. — Tour revolver *Von Pitler*. Robinetterie.

gande, trop souvent dédaigné par nos constructeurs au profit de leurs concurrents étrangers[1].

1. Pour compléter ces notions sur les nouveaux tours à revolver, voir dans la *Revue de Mécanique*, la description

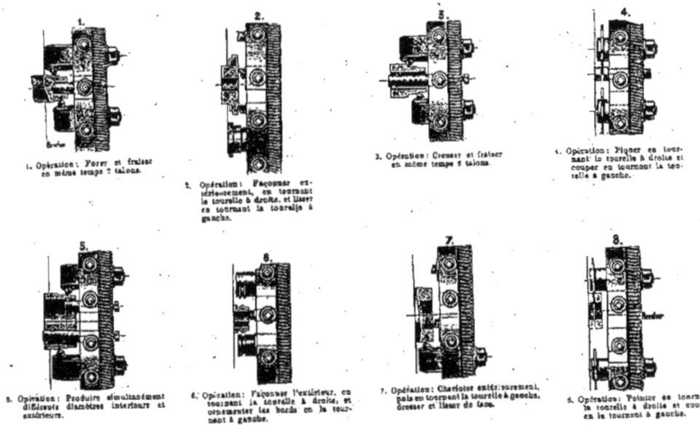

Fig. 170 et 171. — Tour à revolver *Von Pitler*.

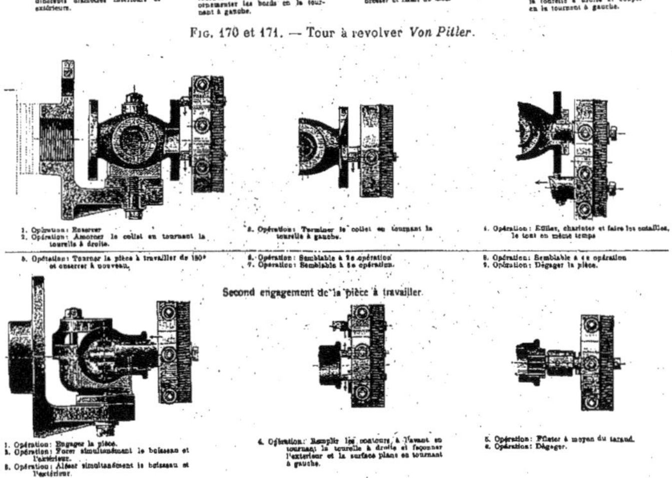

Fig. 172 et 173. — Tour à revolver *Von Pitler*. Objets divers. Fabrication de robinetterie.

détaillée des tours de Bardon et Drake (novembre 1900, p. 668), Blood (décembre 1898, p. 673), Brookie (juin 1899, p. 630); Brophy (août 1900, p. 250, novembre 1900, p. 668); Bullard (mai 1901, p. 540); Clyne (juillet 1899, p. 85); Davenport (novembre 1901, p. 603); Egan (février 1897, p. 184); Fay et Scott (août 1898, janvier 1899, pp. 102 et 216); Gleason (janvier 1899, p. 102); Crodrich (décembre 1900, p. 770); Hartness (février 1897 et 1898, septembre 1899, janvier 1900, pp. 182, 98, 341, 118, juillet 1901, p. 110); Heineman (février 1899, p. 211); Mason (mars 1901, p. 356); Melhnisk (janvier 1900, p. 118); Potter et Johnston (juillet 1901, p. 107); Pratt-Whitney (février 1897, p. 181); Henn (janvier 1900, p. 116); Jetter (novembre 1900, p. 667); Johnson (décembre 1600, p. 770); Richards (février 1897, p. 185); Warner et Swasey (novembre 1899, p. 542).

Machines à vis.

Les machines à vis dérivent, pour la plupart, des tours à revolver, dont elles ne diffèrent, en principe, que par l'addition ou la modification de mécanismes disposés de manière à leur assurer l'automaticité aussi complète que possible.

Ces mécanismes se ramènent, presque toujours, aux deux moyens suivants :

Commande de tous les mouvements ; avance de la barre, avance et retrait du revolver, rotation du revolver, changement de marche de la broche ou des broches, décolletage et coupe de la barre, par un seul arbre dit arbre des cames, et pourvu de cames dites *protéiformes*, disposées de manière à pouvoir facilement les changer suivant l'ordre de succession et la longueur ou l'amplitude des mouvements qu'on veut leur faire commander :

Fig. 174. — Machine à vis *Pratt-Whitney*

ces cames ont ordinairement la forme de lamelles disposées sur des tambours, comme ceux que l'on voit sur la figure 174. Une fois ces cames réglées en vue de l'exécution d'une pièce donnée, et une fois cette exécution vérifiée sur une pièce d'essai, la commande desmodromique de tous les mouvements par un seul arbre en assure la succession correcte, forcément toujours la même, et par conséquent l'exécution exacte et automatique du travail, ainsi déterminée une fois pour toutes.

Duplication du revolver, comme on le voit en figure 175, et de la broche : une à droite, une à gauche de la machine, ce qui permet de travailler la pièce, comme nous le verrons, à ses deux bouts, avant puis après sa séparation de la barre dont on la tire.

On conçoit que par l'application de ces deux principes combinés au besoin par l'addition d'outils et de mécanismes auxiliaires, on puisse exécuter, avec ces machines les travaux de répétition les plus variés, avec une précision absolue et une rapidité saisissante.

D'autre part l'application de ces deux principes ne se rencontre pas sur toutes les machines à vis : c'est ainsi que toutes n'ont pas (fig. 174) double broche et double revolver, mais presque toutes ont les cames protéiformes. En outre, ces machines sont, comme

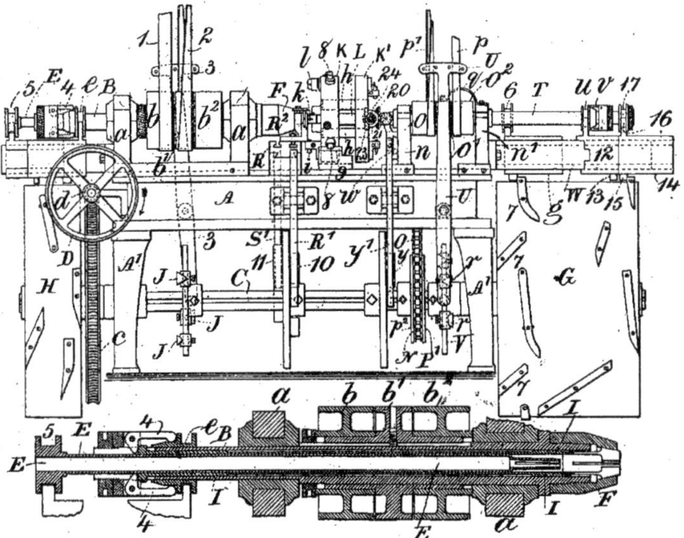

FIG. 175 et 176. — Machine à vis *Spencer*.
Élévation et détail de la broche.

les tours à revolver, susceptibles d'une infinie variété, leur revolver, notamment, peut être horizontal (fig. 174) ou vertical (fig. 175); puis on peut, au lieu d'une seule barre, en travailler plusieurs en autant de broches d'une poupée revolver, particularité qui caractérise nettement certaines machines à vis horlogères, comme celle de *Hewitt*[1].

On rencontre en outre souvent, dans les machines à vis, des mécanismes : magasins et avanceurs destinés à lui fournir automatiquement les pièces à travailler autres que les simples barres puis des mécanismes accélérateurs ou d'arrêts périodiques, dont nous ne pourrons indiquer ici qu'un très petit nombre.

On attribue, en général, l'invention du tour à revolver, ou tout au moins sa première réalisation pratique, à l'américain H. D. Stone, dont les premiers tours furent construits,

1. *Revue de Mécanique*, décembre 1899, p. 665.

en 1857, par James et Lamson, les constructeurs actuels des tours à plaques de Hartness[1], puis la conception de Stone fut ensuite largement développée par les constructeurs américains, Brown et Sharpe, Pratt-Whitney (fig. 174), etc. C'est aussi à un américain, M. C. M. *Spencer*, que l'on doit en 1895, l'invention de la machine à vis telle que nous l'avons définie plus haut; nous allons la décrire d'après le brevet même de son célèbre inventeur, brevet que l'on peut citer comme un admirable exemple de conception mécanique, et qui présente, au point de vue historique, le plus vif intérêt.

La broche B (fig. 175) de la machine de Spencer porte trois poulies b b' et b^2, dont deux

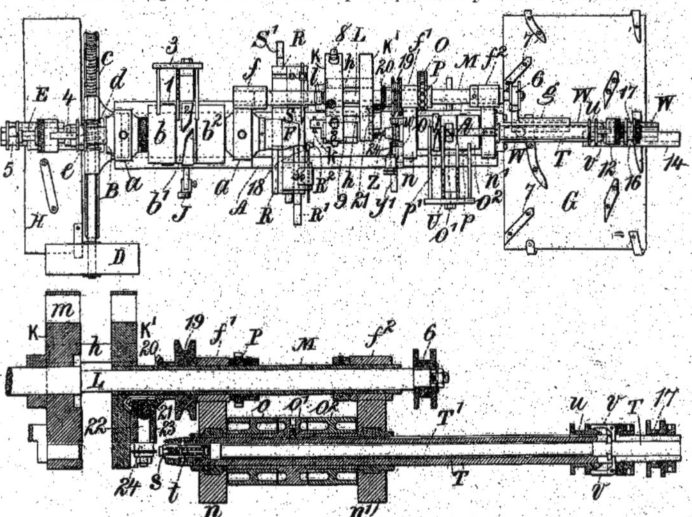

Fig. 177 et 178. — Machine à vis *Spencer*. Plan et détail de l'avancement.

folles, b et b^2, et la troisième b', calée sur B, avec courroies ouverte 1 et croisée 2, et fourche 3, déplaçant simultanément les deux courroies de manière à changer la marche de la broche, comme nous le verrons, automatiquement, au moment voulu du travail.

L'arbre des cames C est commandé, de la poulie D, par la vis d et son pignon c; cet arbre porte les tambours G et H des cames protéiformes, et le plateau des cames J, qui commandent le passe-courroies 3.

La broche B est pourvue (fig. 176) d'un chuck à collets F, avec tube de serrage I, glissant sur le tube central E, et commandé, du collet e, par les leviers 44, comme d'habitude[2]; en 5, se trouve le collet qui commande le tube avanceur central E; ce mécanisme bien connu ne présente ici d'autre particularité que sa commande par les cames protéiformes H.

Le double revolver KK' a l'un de ses plateaux K monté sur l'arbre L, à paliers ff' et

1. *Engineering Magazine*, novembre 1899, p. 182.
2. G. Richard, *Traité des machines-outils*, vol. 1, p. 94.

f^2, et l'autre plateau K' calé sur le tube M, enveloppe de L, et porté par les paliers f' et f^2, et l'arbre L peut se déplacer longitudinalement dans M par l'action des cames de G sur la glissière g de son collet 6. Les tiges h, fixées à K', et qui traversent K, rendent les deux plateaux K et K' solidaires dans leur rotation, tout en leur permettant de se rapprocher ou de s'écarter. Le plateau K porte des taquets 8, qui viennent successivement au contact de la buttée 9 (fig. 180) du banc A, puis en sont séparées par le mouvement longitudinal de l'arbre L, qui, après que le revolver, ainsi libéré, a tourné d'un outil, l'a, de son côté, ramené de manière que le toc 8 suivant, venu au droit de 9, s'y butte et arrête de nouveau le revolver pendant le travail de l'outil correspondant. La rotation du revolver est commandée, de l'arbre des cames, par la transmission à chaîne NOPL (fig. 182) à galet de renvoi Q, et dont la couronne dentée N est entraînée (fig. 183) par le frottement des

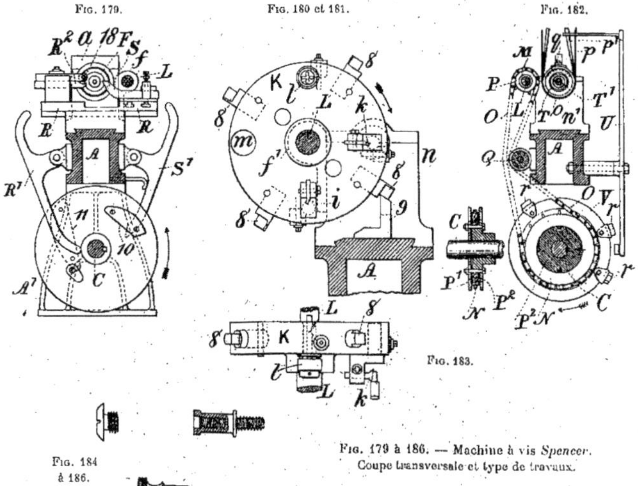

Fig. 179 à 186. — Machine à vis *Spencer*. Coupe transversale et type de travaux.

plateaux P' et P², serrés sur N par des boulons et dont l'un P², est calé sur C, de sorte que cet arbre C peut continuer à tourner pendant l'arrêt du revolver par la buttée 9. Le revolver figuré porte 8 outils, dont un de tour i, un finisseur k, et une filière l pour le taraudage.

Le banc de la machine porte en outre un chariot RR (fig. 179) à deux outils symétriques R² et S, commandé, de l'arbre des cames C, par les cames 10 et 11.

A l'autre extrémité du banc, à droite (fig. 175) se trouve une seconde broche T (fig. 175 et 178), sur paliers n et n', avec, comme la broche B, trois poulies o o' o^2, dont deux folles et celle du milieu fixe, courroies droite p et croisée p', que commande la fourche U. Quand ces courroies occupent la position figurée, la broche T ne tourne pas, et elle reste immobilisée par le frottement du ressort q sur la poulie p'; elle tourne dans un sens puis dans l'autre suivant que U passe sur p' la courroie p ou la courroie p'. Le levier U est commandé, aussi de l'arbre des cames, par les cames r, ajustables sur le plateau V. La broche T porte, à son extrémité de gauche (fig. 178) un chuck S, qui se ferme quand on pousse à gauche la tige T', et s'ouvre quand on la tire à droite, en laissant l'éjecteur à ressort t chasser du chuck la pièce finie; la tige T' est commandée, des cames de G, par le collier u, glissant sur T, solidaire du chariot 12, à toc 13 en prise avec les cames de G, et qui actionne T' par les leviers v v.

Fig. 187.
Machine à vis *Spencer* à double revolver, construite par la *Spencer Machine Screw Cº*, Hartford.

Sur la glissière W de 12, se trouve un second chariot 14, à toc 15, commandé aussi par les cames de G, et qui, par le collet 17, mène le va-et-vient de la broche T. Ce mouvement et celui de T' sont combinés de façon que, vers B, 12 et 14 marchent toujours d'accord, puis, au retour à droite de T, repoussé par 12 et 14, une came de G, en forme de coins, vient séparer 12 de 14 immobile, en repoussant à gauche 12 et T', de manière à desserrer le chuck S; la succession de ces mouvements se règle facilement par la position des collets u et 17.

Fig. 188. — Machine à vis *Brown et Sharpe*. (*Davenport*.)

Après avoir été avancée par la broche B, puis travaillée par les outils i k et l de K, la pièce, c'est-à-dire le bout de la barre prise dans B, et qui se trouve alors au droit du trou *m* (fig. 180) de K, est saisie par le chuck S de la seconde broche T, coupée par l'outil du chariot R, travaillé par les outils du second plateau K'.

La petite poulie 19 (fig. 178) commande par 20, 21, 22, la scie 24, à palier 23, solidaire de K', et qui fend la tête de la vis, comme en fig. 184, avant son rejet par l'éjecteur.

Un dernier chariot *w* (fig. 175 et 177) coulissé sur *n*, et commandé aussi de l'arbre des

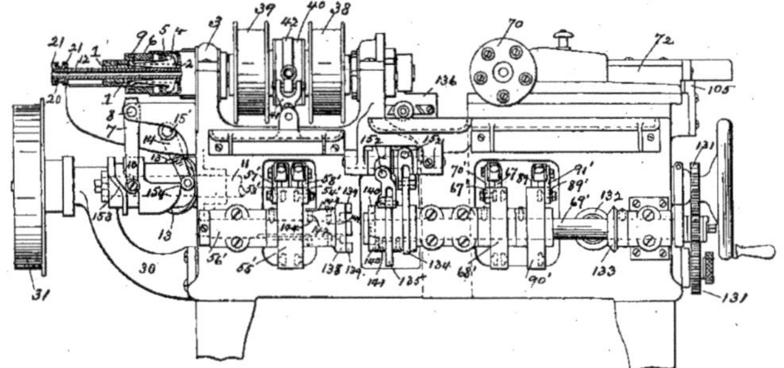

FIG. 189. — Machine à vis *Davenport*. Élévation.

cames, par le renvoi *yy'*, porte un petit foret transversal; en 18 (fig. 179) se trouve un outil moleteur.

Toutes les opérations que nous venons de décrire se font en un seul tour de l'arbre des cames C; et l'on voit bien avec quelle facilité et quelle précision la mobilité et la variabilité des cames protéiformes et autres permet de régler ces mouvements divers,

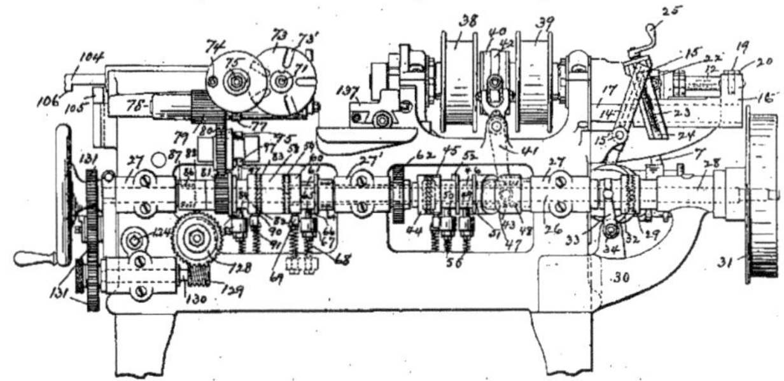

FIG. 190. — Machine à vis *Davenport*. Élévation.

dont la sinergie est assurée par leur commande desmodromique au moyen d'un seul arbre C.

On reconnaîtra facilement sur la fig. 187 la machine de Spencer telle que la construit la *Spencer Automatic Machine Screw* C°, de Hartford[1], les principaux mécanismes

1. G. Richard, *La machine-outil moderne*, p. 20 et *Revue de Mécanique*, décembre 1899, p. 645.

que nous venons de décrire, et qui ne diffèrent de ceux du brevet que par des détails de pure forme.

Parmi les nombreuses machines à vis exposées par la maison *Brown et Sharpe*, l'une des plus intéressantes, due à M. *Davenport*, est celle représentée par les fig. 188-199; cette très ingénieuse machine, du type à revolver vertical et à une seule broche, fonctionne comme il suit :

Les griffes de serrage 4 de la broche 2 (fig. 189) sont manœuvrées par la bague 6 du levier 7, pivoté en 8, et commandé par la came 10 de l'arbre 11 ; et le tube avanceur 12 est commandé, de ce même arbre, par la came 13 et le levier à coulisse 14, pivoté en 15' (fig. 190). Ce levier engage par sa coulisse le coulisseau 15, à écrou 22, ajustable par la vis 23-25 dans la glissure 24 de la crosse 16, à guides 17, et relié à l'avanceur 12 par l'articulation 19-20, à collets 21 (fig. 189). On peut ainsi régler à volonté par 25 la course de l'avanceur, ou la longueur de barre à travailler à chaque cycle de la machine.

Tous les mécanismes de la machine, à l'exception de la poupée-broche, sont commandés de l'arbre 26, à paliers 27, relié par l'embrayage 29-32 (fig. 199) à l'arbre 28 de la poulie 31 ; cet embrayage est commandé (fig. 191) par le renvoi 35, 34, 33, à manette 35 avec cliquet de calage 36-37. La poupée est commandée par deux poulies 38 et 39 (fig. 190 et 191) tournant en sens contraire, embrayables avec son arbre par la double came 40-42, qui commande le levier 41, actionné par la came 43. A cet effet, l'arbre 26 porte un plateau à griffes 45, à manchon 47 (fig. 190) solidaire de la came 43, et poussé par les ressorts 48 sur le plateau à griffes 44, calé sur l'arbre 26, mais normalement écarté de 44 par les butées 49 et 50 (fig. 192) en prise avec les cames

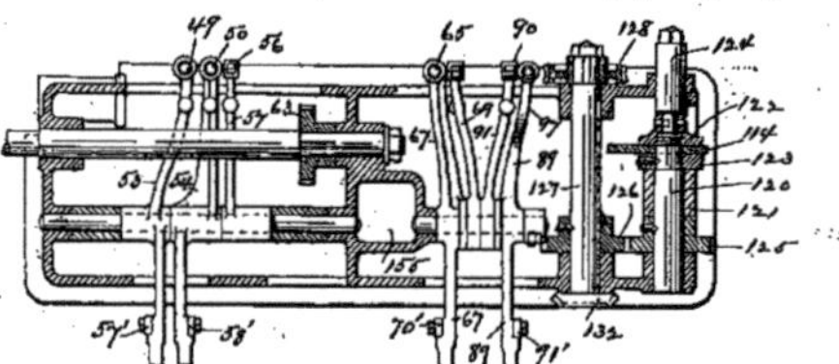

Fig. 192. — Machine *Davenport*. Plan. Coupe par l'arbre 11 (fig. 191).

51 et 52, diamétralement opposées sur 46. Ces butées 49 et 50 sont situées (fig. 192) au bout des leviers 53 et 54, à ressort de rappel 55, commandés par les tocs 53' et 54', ajustables sur le disque 55' (fig. 191) de l'arbre 56'. Dans les positions (fig. 190) 45 est débrayé de 44 par la poussée de 51 sur 49; mais quand 55' fait basculer le levier 54, 45 est repoussé, par les ressorts 48, sur 44 qui, l'entraînant, fait tourner la came 43 jusqu'à ce que 52, enclenchant 50, sépare de nouveau 35 de 44, tant que la poussée du levier 53 par 55' ne vienne de nouveau déclencher 45. Un verrou 56 (fig. 192), à l'extrémité du ressort 57, s'enclenchant dans les encoches de 45, limite ces rotations successives de la came 43.

Un mécanisme analogue commande l'arbre 11 qui, en un tour, fait ouvrir et serrer les mâchoires 4 du chuck et avancer la barre. A cet effet, l'arbre 26 porte (fig. 190) un double collet d'embrayage 58, embrayable en 59 avec le manchon 60, rainuré sur la douille 61, solidaire du pignon 62, en prise avec celui 63 de 11, et 60 est ordinairement débrayé de 59 malgré les ressorts 64, par la prise de la butée 65 avec la came 66. Cette butée 65 se trouve (fig. 192) au bout d'un levier 67 (fig. 193) qui, au moment voulu, et malgré son ressort de rappel 68, pivote sous l'action du toc 67' (fig. 189 et 193) ajustable sur le plateau 67' de l'arbre 69'. Le levier 67 peut ainsi se manœuvrer à la main. A chaque oscillation de ce levier, 60 s'embraye avec 59 et fait un tour, après lequel la came 66, repoussant la butée 65, débraye de nouveau 59 et 60, un piton fixé à l'extrémité du ressort 69 fixant 60 en position par son enclenchement dans ses encoches.

L'autre griffe 83 du collet 58 est, de même, ordinairement débrayée du manchon 82, qui commande la rotation du revolver 72, et ce, malgré ce ressort 86, par, comme dans les mécanismes précédents, la prise dans la came 85, du taquet 84 du levier 89, actionné (fig. 192 et 195) par une série de tocs 89, en nombre égal à celui des outils du revolver et ajustables sur le plateau 90 de l'arbre 69' (fig. 189). Le levier 89 peut aussi se mouvoir à la main, et, à chaque manœuvre, il fait faire — puis se déclenche après — un tour au manchon 82 qui, par le train (81, 80, 79, 77, 76, 75) (fig. 190 et 195) fait, au moyen du piton 74, tourner de l'intervalle d'une rainure 73' le plateau 73, calé sur l'arbre du revolver 70 porté, ainsi que le train (75, 76, 77, 78, 80) sur un chariot 12, auquel le long pignon 80 permet de glisser sans se désengrener. Le revolver tourne ainsi chaque fois de l'intervalle d'un outil, puis y reste calé sans choc, par la prise même de 74 dans 73', et par

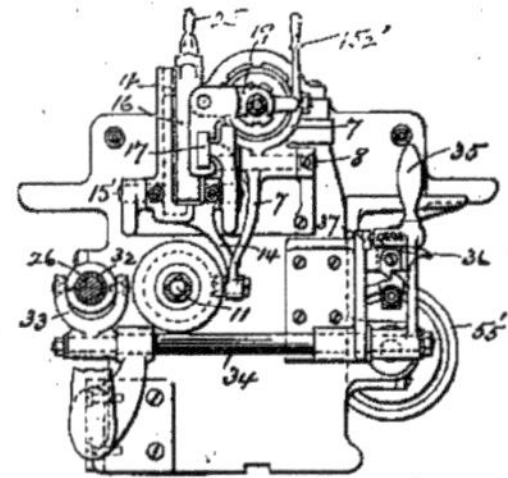

Fig. 191. — Machine *Davenport*. Vue par bout à gauche (fig. 189).

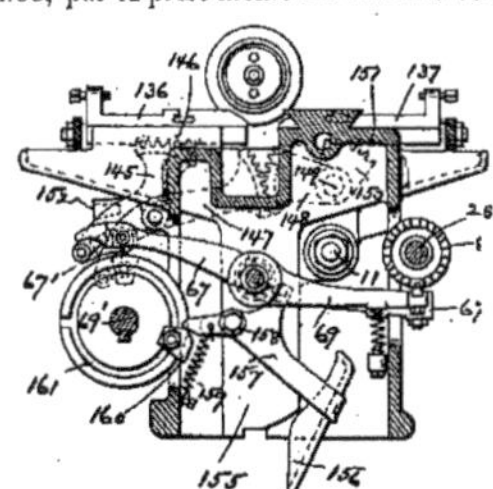

Fig. 193. — Machine *Davenport*. Coupe transversale médiane.

le verrou élastique 92 du levier 94 (fig. 194) qui, commandé par la came 93 de l'arbre 78, pénètre dans l'encoche correspondante du revolver au moment même où 74 quitte sa rainure 73'. Si l'on ne veut pas employer successivement tous les outils du revolver, mais en passer quelques-uns, trois par exemple, il suffit de bloquer au contact les uns des autres, sur le plateau 90', les trois tocs 89' correspondants, ou mieux de disposer sur le pignon 80 (fig. 195) une série de taquets 95, que l'on ajuste, par les vis 96, en les faisant dépasser de manière qu'ils viennent repousser, par

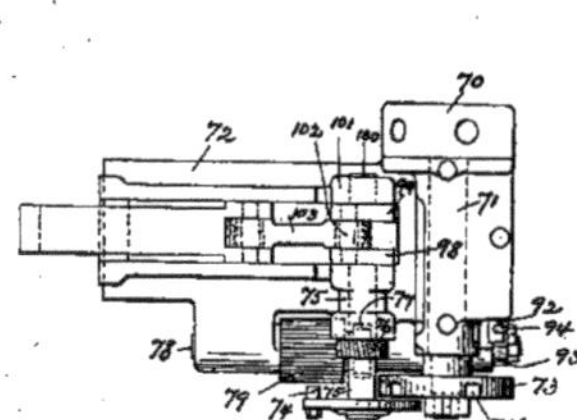

Fig. 194. — Machine *Davenport*. Détail du revolver 80.

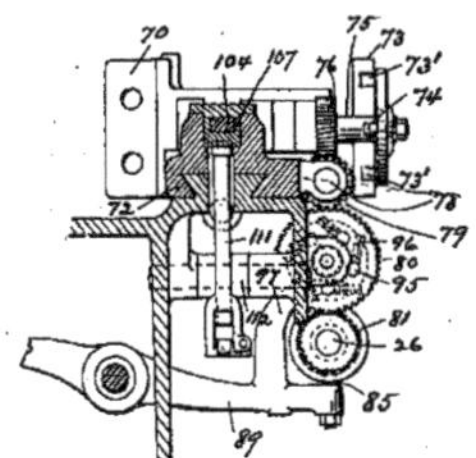

Fig. 195. — Machine *Davenport*. Coupe verticale par l'axe 101.

son bras 97, le levier 89 et son taquet 85 et maintenir ainsi l'embrayage 82 en prise pendant autant de tours qu'il y a de taquets 85 mis en jeu.

Voici maintenant comment fonctionne le chariot 72 du revolver. Pendant le travail de l'outil, la bielle 103 est (fig. 191) au point mort, de sorte que la came 114 de l'arbre 28 pousse le chariot 72 en avant par 113, 111 (pivoté en 112), 110, 107, 108, 104, 103 et les axes 102, 100 et 75, ces deux derniers, pivotés dans 72, en ligne avec 102. A la fin de la course de coupe, le talon 106 de 104 est arrêté par 105. En ce moment, le taquet 85 fait pivoter, comme nous l'avons vu, l'arbre 75 de la quantité nécessaire pour le changement d'un outil du revolver, ce qui a pour effet de faire passer le bouton 102 de la position figure 196 à celle figure 197, ainsi que le chariot 72, de manière à retirer l'outil de la coupe; puis, le galet 113, descendant la pointe de la came 114, laissera le levier 111, rappelé par le ressort 115, écarter lentement la crémaillère 107 de 108 ; ensuite, 75, continuant à tourner, amènera l'outil suivant du revolver dans sa position de coupe. En ce moment, le bouton 102 occupera la position figure 198; quand il occupera la position diamétralement opposée à celle figure 13, le chariot 72 aura terminé sa course de retour; 106 revient buter sur 107 et 113, descendant la pente 117, passe sur 118. Lorsque l'on travaille des pièces courtes, le recul de la crémaillère 107 est faible par rapport à celui du chariot 72, et, pendant la dernière partie de la course de 102, le bloc 108 porte sur 107, de sorte que le chariot 72 est conduit par 102, 103, 104. A la fin de la rotation de 102 (fig. 192), 72 a ainsi amené l'outil 119 dans sa position de travail — où il remplace celui indiqué en figure 196 — puis, il l'avance lentement par la poussée de la partie 114 de la came 118. On voit, qu'ainsi, le chariot 72 avance le revolver rapidement pour sa mise en place à l'origine de la coupe, puis lentement pendant la coupe, et enfin le rappelle vivement après la coupe. La came 114 est fixée sur 120 par le serrage de l'écrou 122-124 (fig. 191) qui le presse sur le collet 123, et est actionné, de l'arbre 26, par le train variable 131 (fig. 190) et (fig. 189 et 192), le renvoi 129, 128, 127, 126, 125.

L'arbre 69 est mené, de 127, par 132 et 133 ; il porte les cames 135 et 136 (fig. 189 et 190) qui commandent les chariots 136 et 137. Le chariot 136 est commandé, de 134, par le levier 145 (fig. 192) à crémaillère 146, et le chariot 137, de 135, par 147, 148, 150, 151. Les deux leviers 145 et 147 peuvent se commander par les manettes 152. L'arbre 56' (fig. 189) peut s'embrayer avec les griffes 140 du manchon 141 de 69' par celles 138 du manchon 139, rainuré sur 56', avec fixation par

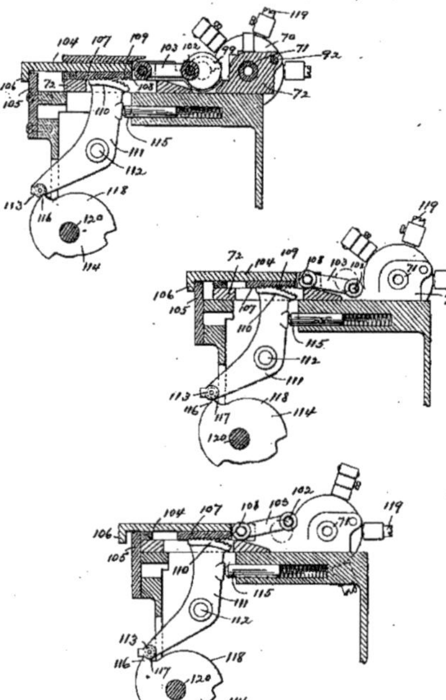

Fig. 196 à 198. — Machine *Davenport*
Fonctionnement du revolver 70.

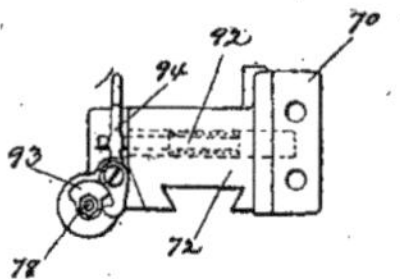

Fig. 199. — Machine *Davenport*.
Détail du revolver 70.

languettes à ressort 143 et piton 144 dans les encoches 143 de 56', correspondant au débrayage et à l'embrayage de 139-140.

Quand une barre en travail est épuisée, on ouvre à la main les mâchoires 4, en agissant sur le levier 7, par la manette 152', et le galet du levier 7 tourne alors, par la came 153 (fig. 189), l'arbre 11 assez pour qu'il laisse, par 62 63 (fig. 190 et 192), tourner la griffe 60 de manière à l'embrayer avec 59 ; en même temps, ce mouvement dégage le galet du levier 14 (fig. 189) de

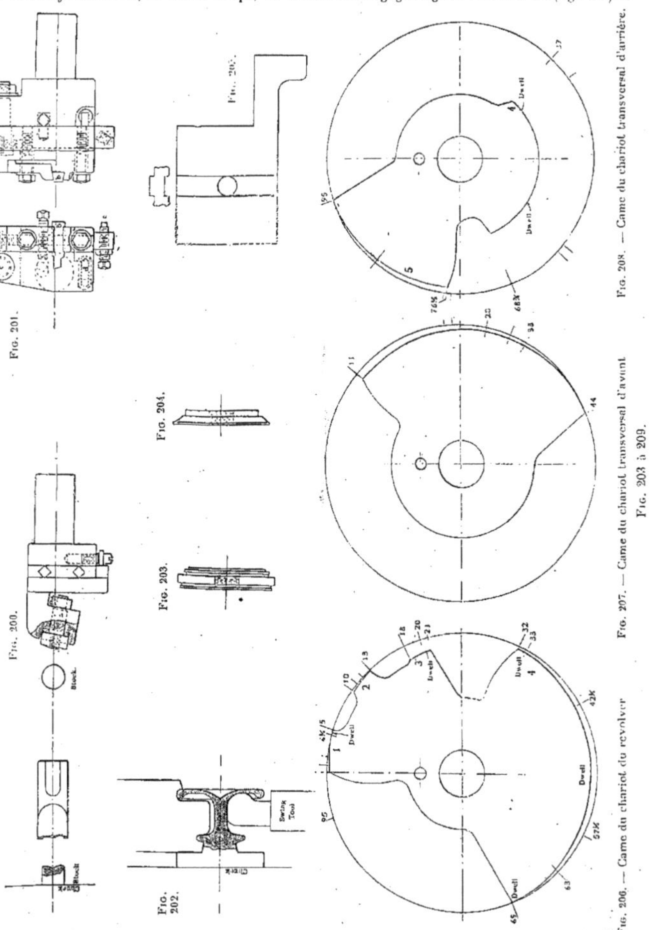

Fig. 200. Fig. 201. Fig. 202. Fig. 203. Fig. 204. Fig. 205.

Fig. 206. — Came du chariot du revolver. Fig. 207. — Came du chariot transversal d'avant. Fig. 208. — Came du chariot transversal d'arrière.

Fig. 203 à 209.

la pointe 151 de la came 13, ce qui lui permet de se déplacer quand on engage la nouvelle barre.

Les copeaux s'évacuent par la trémie 155 et l'écope 156 (fig. 193), située à l'extrémité du levier 157-158, avec rappel 159, et déversée, à la chute du copeau, par la came 160, ajustable sur un plateau 161 de l'arbre 69.

Parmi les travaux exécutés à l'Exposition par cette remarquable machine, l'un de ceux qui intéressaient le plus vivement le public était la fabrication de boutons de manchettes de 10 millimètres environ de diamètre (fig. 202) tirés d'une barre de laiton massive avancée puis travaillée automatiquement par la machine, qui, en outre imprimait sur le bouton le nom de Brown et Sharpe. Cette impression se faisait très simplement par (fig. 200) une molette inclinée *a*, portant les caractères en relief et appuyée sur le bouton où elle imprimait ses caractères en roulant sur lui.

La partie la plus originale du travail de ce bouton était le creusement de l'intérieur

Fig. 210.

Décolleteuse automatique *Pratt-Whitney* avec magasin *Couch*, pour volants de machines à coudre. Les pièces brutes de fonte sont placées dans le magasin, et le travail s'opère automatiquement jusqu'à l'achèvement complet ; ce travail comprend le tournage de la jante, le façonnage des deux côtés du moyeu, le perçage et l'alésage du moyeu, etc. Cette série d'opérations comprend la prise de la pièce brute dans le magasin, son placement dans le mandrin, le finissage, l'enlèvement de la roue du mandrin et son rejet dans une boîte. Le total de temps requis est de quatre minutes et demie, ce qui donne une moyenne de 120 volants toutes les dix heures. Un seul homme aidé d'un gamin suffit pour veiller au travail d'une douzaine de ces machines.

de sa face, qui s'opérait par un outil *b* (fig. 202) pris dans un mors pivoté en *c* sur le porte-outil, poussé sur sa coupe par un ressort *d*, et reculé, au moment voulu, par la poussée de la pièce fig. 202 sur la vis de buttée *e*, disposée de manière que ce mouvement résulte de l'action des deux cames fig. 206 et 208, au moyen de leurs projections 4.

Les cames spécialement taillées pour ce travail du bouton sont représentées en détail par les fig. 206 à 208, où leurs rayons vecteurs sont définis en degrés centésimaux (centièmes de tours, comptés à partir d'un zéro situé au haut de la came) division plus commode que celle habituelle du cercle pour le calcul des trains d'engrenages correspondant au jeu de ces cames. Les opérations se succèdent dans l'ordre suivant :

1° Le revolver avance l'outil faceur, qui dresse l'avant de la barre.

2° Le revolver amène en position l'outil imprimeur, qui marque le nom, et, en même temps, le chariot transversal d'arrière dégrossit le corps et finit les bords par l'outil de forme fig. 203.

3° Le revolver enlève, par un second décolleteur, le bourrelet laissé par l'impression.

4° Le revolver amène en position l'outil fig. 201 ; le chariot transversal d'avant pousse par la pièce (fig. 200), cet outil sur sa coupe de manière qu'il affouille et tourne le bouton comme en fig. 202, le chariot du revolver avançant à gauche de la longueur voulue pour le tournage de la tige, puis le chariot transversal retire cet outil.

5° Le chariot transversal d'avant coupe la barre par l'outil fig. 204, pendant que le revolver ramène en position le premier outil, prêt par une nouvelle opération.

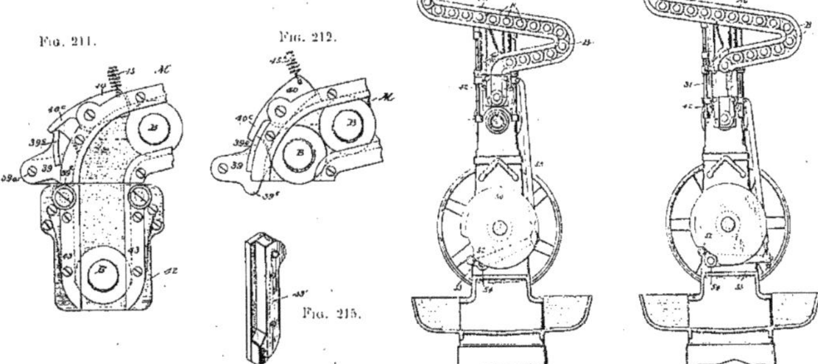

Fig. 211 à 215. — Avanceur *Couch*.

Les flancs B (fig. 211) destinés à être saisis par le chuck T du revolver et transportés par ce chuck à celui de la poupée, sont disposés dans un magasin M, au bas duquel se trouve l'avanceur 42, supporté par un bras 36, glissant sur les tiges 31, et commandé, de l'arbre 17, par la came 5 et le renvoi 53, 54 et 55. Quand 42 occupe les positions fig. 211 et 213, il repousse par 39_f le cliquet 39 de la position fig. 212 à celle fig. 211, de manière qu'il laisse tomber le dernier flanc B dans la position fig. 211, entre les mâchoires 43 43', prêt à en être retiré par V ; en même temps, 39^c fait, par 49_c, basculer 40 de manière qu'il empêche la descente de l'avant-dernier flanc. Lorsque 42 descend, comme en fig. 215, pour présenter B à T, 39 et 40 reprennent leurs positions fig. 212, laissant B' passer en B, où il s'arrête et B'' remplacer B'.

La barre fait 1440 tours par minute ; il faut 576 tours pour faire une pièce, et l'on en fait environ 1350 par journée de 10 heures [1].

La machine de *Pratt-Whitney* représentée par la fig. 210, disposée pour le façonnage de manettes du type B (fig. 211) est pourvue d'un mécanisme de magasin et d'avanceur spécial très remarquable expliqué par la légende des fig. 211-215 [2].

Nous décrirons également la machine de *Brown* et *Shellenbach* (fig. 216 à 238), des plus remarquables en elle-même et par son mécanisme de magasin.

Comme dans la plupart des machines à vis, presque tous les mouvements des mécanismes

1. *American Machinist*, 11 octobre 1900, p. 31.
2. Voir aussi l'avanceur de *Worsley*. *Revue de Mécanique*, juin 1899, p. 659.

sont ici commandés et synchronisés par un seul arbre B, avec plateau B^3 (fig. 216) et tambours à cames protéiformes B_1 et B_2.

La broche C est commandée par deux poulies C_2 et C_3 (fig. 217) tournant en sens contraire, folles sur le manchon C', rainuré sur C, et ce manchon porte deux cônes de friction cc', avec lesquels on peut embrayer les poulies C_2 ou C_3 suivant que le balancier C_4 déplace à gauche ou à droite le manchon biconiqué c_2, dont les extrémités soulèvent les osselets c_3 et c_4, qui, par la réaction de leurs talons sur les projections correspondantes de C', repoussent C_2 sur c ou C_3

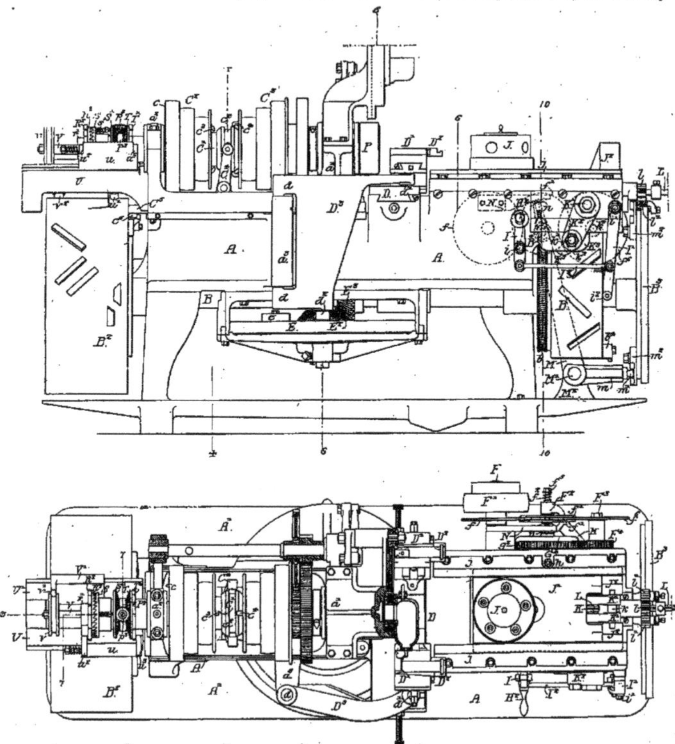

FIG. 216 et 217. — Machine à vis *Brown et Shellenbach*. Élévation et plan.

sur c'. Le levier B_4 est commandé, des deux cames b_2, ajustables sur B_2, par le renvoi à crémaillère C_5.

Le chariot transversal D porte (fig. 218 et 221) deux outils : D' pour le tranchage de la barre et D_2 pour le finissage ; il est commandé (fig. 216 et 221) par le coulisseau d' du levier D_3, pivoté en $d\,d$ sur la barre A, et actionné, de son galet d_2, par les cames du plateau E, que B commande par E_1 E_2 (fig. 218) ; ces cames sont ajustables, et en nombre quelconque, dans les rainures e de E.

L'arbre B est (fig. 224, 226 et 228) commandé, de son pignon héliçoïdal b, par la vis b_1, dont l'arbre B_4 est commandé, de la poulie F_2, par le disque f_2, solidaire de F_2, les plateaux de Sel-

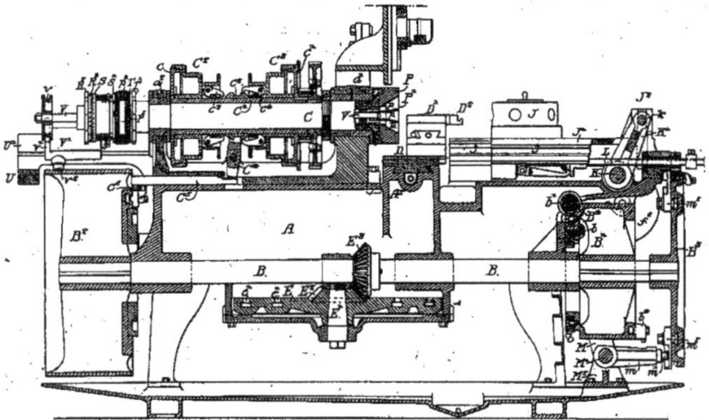

FIG. 218. — Machine à vis *Brown et Shellenbach*. Coupe longitudinale.

lers f'_4 f'_1, pressés par un ressort f_2 sur le disque f_0, fou sur F_1, le pignon F_4, le pignon G, à moyeu excentré, fou sur B_4, et l'embrayage à friction G', avec rochet g_2, à cliquet h. La denture intérieure g_4 de G' est en prise avec le pignon H, fou sur le moyeu de G', et engrène avec le

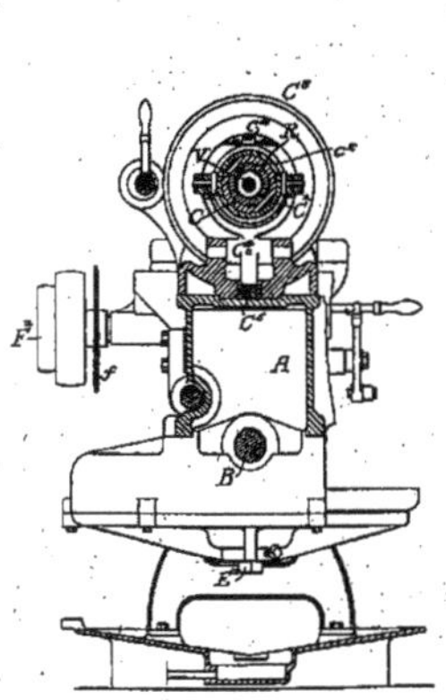

FIG. 219. — Coupe 4 (fig. 216).

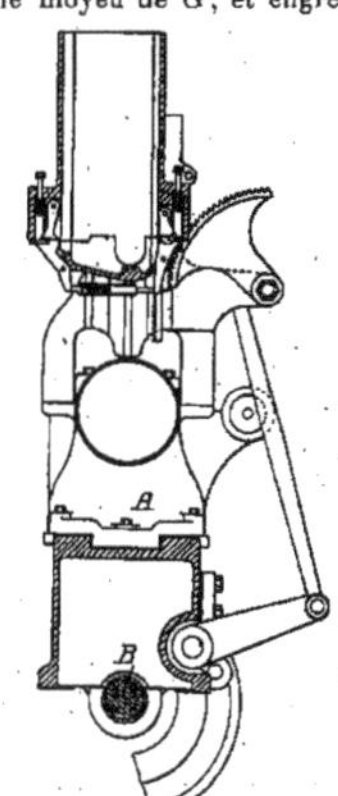

FIG. 220. — Coupe 5 (fig. 216).

pignon H de B_4, en train différentiel Moore, de manière que B_4 fasse un tour pour 70 tours de G, quand G n'est pas embrayé avec G', fixé par h. Quand cet embrayage est fait, B_4 tourne à la vitesse de G. A cet effet, l'arbre B_4 peut, de manière à embrayer ou débrayer G', se déplacer longitudi-

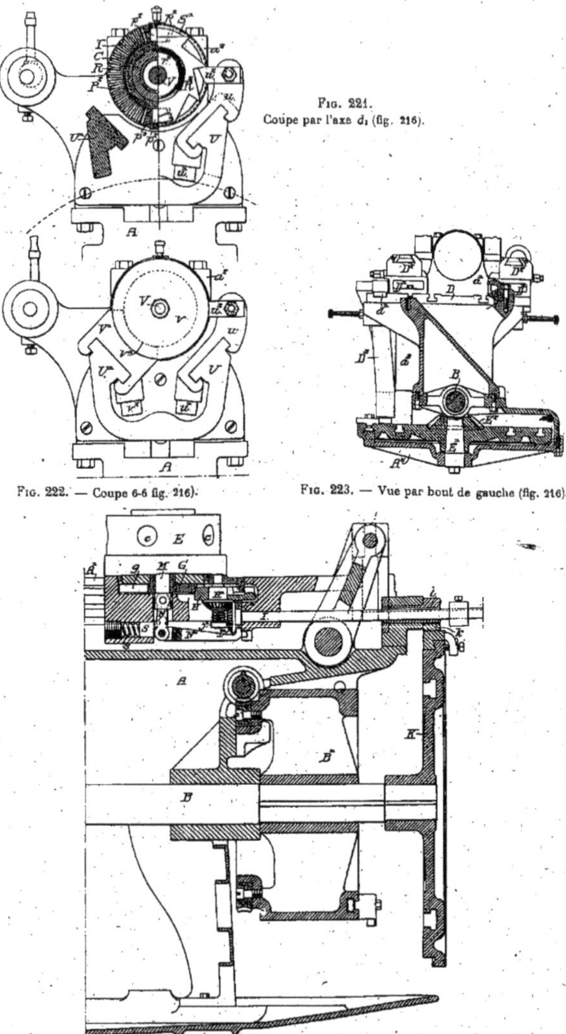

Fig. 221.
Coupe par l'axe d_1 (fig. 216).

Fig. 222. — Coupe 6-6 fig. 216).

Fig. 223. — Vue par bout de gauche (fig. 216).

Fig. 224. — Machine à vis *Brown et Shellenbach*. Commande du revolver. Coupe longitudinale.

nalement par le levier H_2 (fig. 226) pivoté en h_4, dont le petit bras attaque par h_3 le manchon h_2 de B_4, et dont le grand est commandé, de la came b_4 (fig. 216) de B_2, par le renvoi i_2 I' i' I_2 i I.

Le revolver J est porté par un chariot J', à guides en V jj (fig. 226) terminé par deux glis-

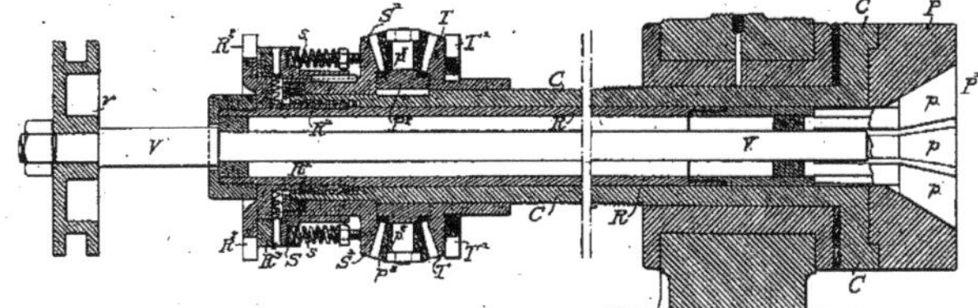

Fig. 225. — Machine à vis *Brown et Shellenbach*. Détail de la broche.

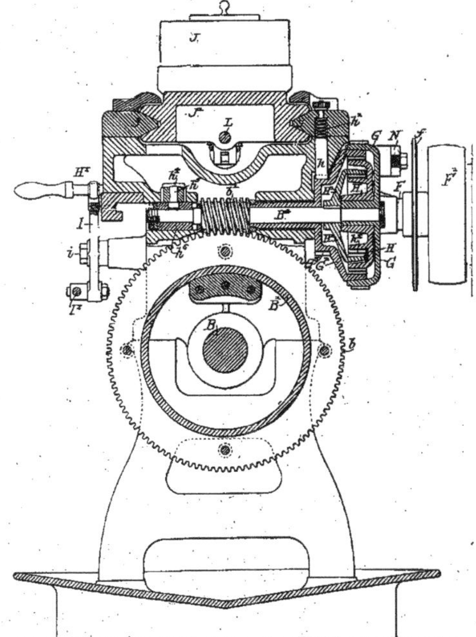

Fig. 226. — Machine à vis *Brown et Shellenbach*. Coupe 10-10 (fig. 217).

sières verticales J_2 J^3 (fig. 228) dans lesquelles coulisse l'axe k du levier K_4 K, qui commande ainsi le va-et-vient du revolver, et l'arbre K est, à cet effet, terminé par un levier K^2 (fig. 216) à coulisseau k^2 (fig. 228) engagé dans la coulisse K_2, dont le galet k_6 est commandé par les cames de B_2.

Les variations de vitesses du pignon F_4 s'obtiennent en déplaçant le châssis F_2 du disque f_2 par le renvoi m M_1M (fig. 228) retenu par n N dans les positions qui lui sont données successivement par l'action des cames m_2 de B_3 sur le galet m_1.

Le tube R (fig. 225) de la broche C porte un manchon R', fileté dans C, à rochet de neuf dents R_2 (fig. 223) avec embrayage R_3S, à ressorts s (fig. 225). La broche C entraîne dans sa rotation le manchon p_2, à pignon p_3, fous sur leurs axes p_2, et en prise avec les pignons S_1 et T, ce dernier fou sur C et pourvu d'un rochet T_1 à 9 dents comme R_2. Monté sur une glissière U (fig. 216, 221 et 222) se trouve un chariot u, à galet u', commandé par les cames de B_2, avec taquets u_2 et u_3 (fig. 217 et 222) dont l'un, u_2, enclenche R_2, et l'autre T', suivant la position de u.

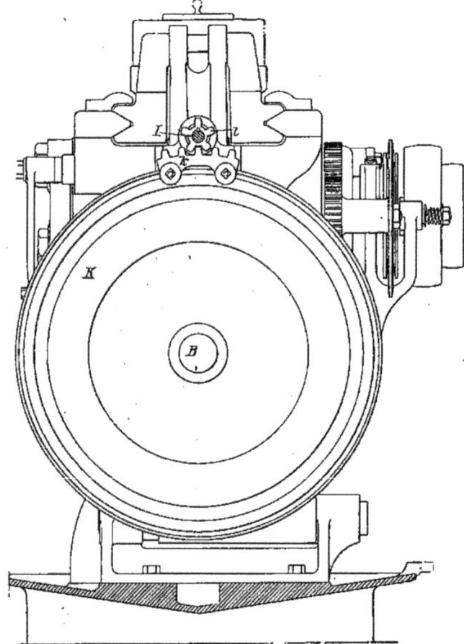

FIG. 227. Vue par bout à droite (fig. 234).

Quand u_3 enclenche T', p_3 (fig. 225) roulant sur T, ainsi fixé, fait tourner $S'R_3$ et R_2R_1 de manière à tirer R à gauche et à serrer dans P le chuck à collet p, serrage limité par le glissement de l'embrayage R_3, suivant la tension des ressorts s. Quand u^2 enclenche R_2, le chuck se desserre et le chariot V', monté (fig. 217 et 218, 221 et 222) sur la glissière U', à galet v_2, commandé par B_2, repousse par v_3 v l'éjecteur V_1 qui sort du chuck la pièce terminée.

La rotation du revolver et son enclenchement sont commandés par le mécanisme représenté en détail sur les fig. 224 et 229 au moyen du plateau K (B_2 de la fig. 216, et de l'arbre I (L de la fig. 216). Ce plateau porte un segment denté ajustable k (fig. 227) qui, à chaque tour de K, fait, par le pignon i, faire un tour à I, lequel fait par I', H, H_2 (fig. 229) faire un tour à la détente Hhh', laquelle, par le jeu de h' dans l'une des coulisses g de la croix de Malte G, solidaire du revolver par g_2, le fait pivoter d'une division. Pendant cette rotation, la came i_1 de I' (fig. 227) abaisse, malgré la poussée de S, le levier N_1, qui, par N, soulève l'axe M du revolver, et le laisse tourner, puis, la rotation faite, i' laisse N_1 remonter sous le rappel du ressort s, et abaisser M, qui serre, par m, le revolver sur sa base.

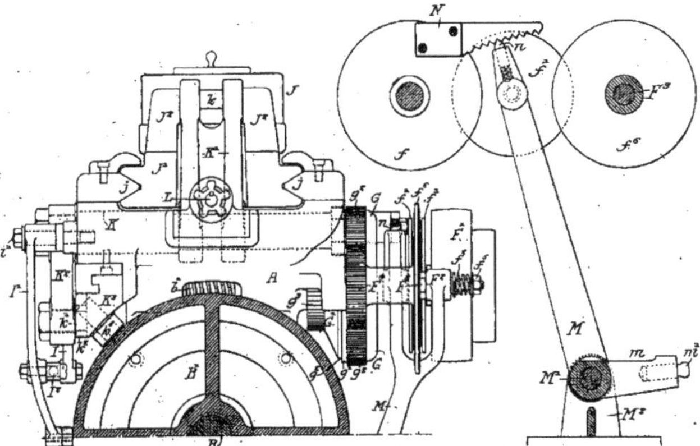

Fig. 228. — Machines à vis *Brown et Shellenbach.*
Vue par bout de droite (fig. 216) et détail de la transmission *f*.

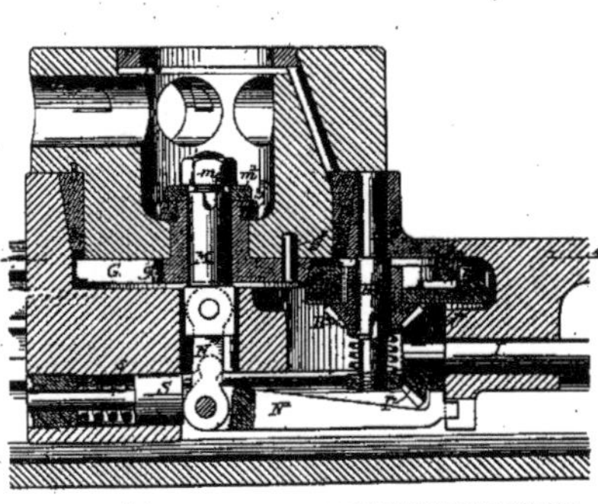

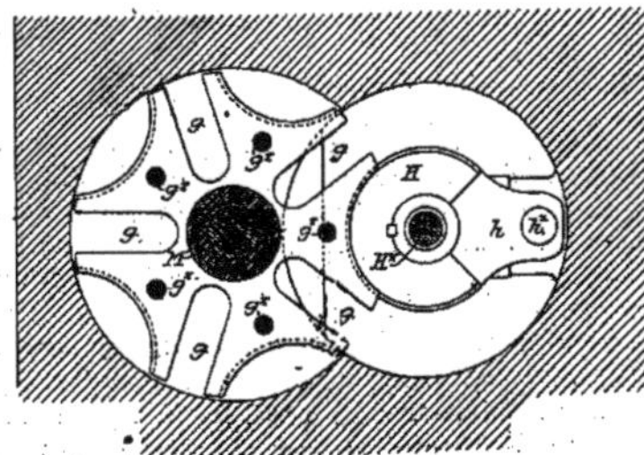

Fig. 229 et 230.
Détail du revolver.

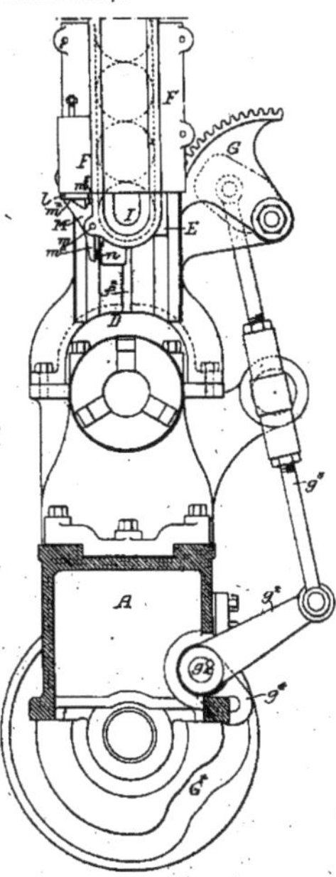

Fig. 231. — Machine à vis *Brown et Shellenbach.*
Ensemble du magasin.

Les fig. 231 à 238 représentent le mécanisme du magasin. Les flancs tels que X (fig. 236) sont (fig. 231) superposés dans le magasin F, le premier se trouvant au fond du porteur I de la glissière E (fig. 233 et 236). Quand la came G_2 (fig. 228) de l'arbre B (fig. 216) abaisse par le renvoi $g g_1 g_2$ G e (fig. 231 et 235) la glissière E, la cale e_4 (fig. 237) du pignon rompu e_2, fou sur e_1 et solidaire du second pignon rompu e_3, glisse dans la rainure f de F jusqu'à son arrivée dans l'élargissement f_2, où elle déclenche ainsi e_2, en même temps que e_3 entre en prise avec la crémaillère fixe j, qui, faisant tourner c_2 et c_3, remonte la crémaillère H (fig. 237), laquelle, par son pignon i, fait tourner le porteur I dans le sens de la flèche (fig. 253). En même temps, le levier

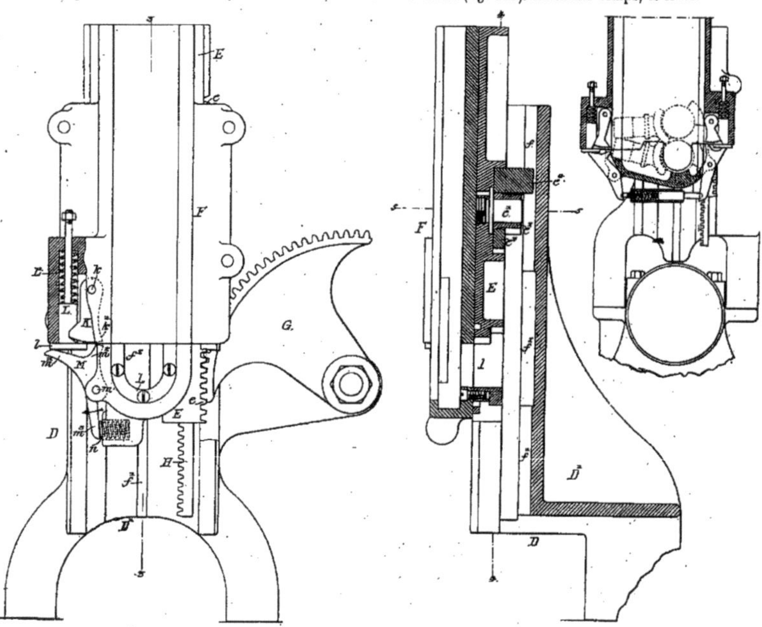

Fig. 232 à 234.
Détail du magasin. Vue de face et coupe 3-3. Variante.

M m_2 m_1 (fig. 232) pivoté en m sur E et séparé de l par la descente de E, est repoussé dans le sens de la flèche par son ressort n, de manière que son doigt m_2 vienne maintenir le flanc dans I après la rotation de I, et le ressort L_1, repoussant L, fait basculer autour de k le levier K de manière que son doigt k_1 vienne supporter la colonne des autres flancs en F ; puis, e_2 ayant alors accompli sa demi-révolution et lâché j, sa cale e_4 (fig. 237) entre dans la rainure f_1 de F, qui l'immobilise jusqu'à la fin de la descente de E.

A la fin de cette descente, E s'arrête, le chuck P (fig. 216) saisit le flanc dans I, qui se trouve alors renversé à 180° de la position (fig. 235), E remonte, le doigt élastique M lâche ce flanc, c_4, repris par j, ramène I dans sa position primitive, où il reste orienté par la reprise de c_4 en f_1 le doigt m' de M, heurtant l (fig. 217) fait reprendre à la détente KM sa position primitive (fig. 232), et l'opération recommence.

Pour certaines pièces, il faut comme l'indique la fig. 234, doubler les détentes KM, en en disposant une à chaque côté du magasin.

Les machines de *Herbert* et de la *Wolseley C°*, représentées par les fig. 239-258 sont également des plus intéressantes.

La machine à vis de *Herbert*, représentée par les fig. 239-250, appartient au type de machines à vis dont tous les mouvements sont commandés par l'arbre des cames, et toutes les opérations effectuées en un tour de cet arbre. On y reconnaît en fig. 247 l'avanceur tubulaire (*Stock Tube*) et le chuck tubulaire fendu à serrage par collet (*Chuck Tube*), ainsi que le passe-courroies, commandé

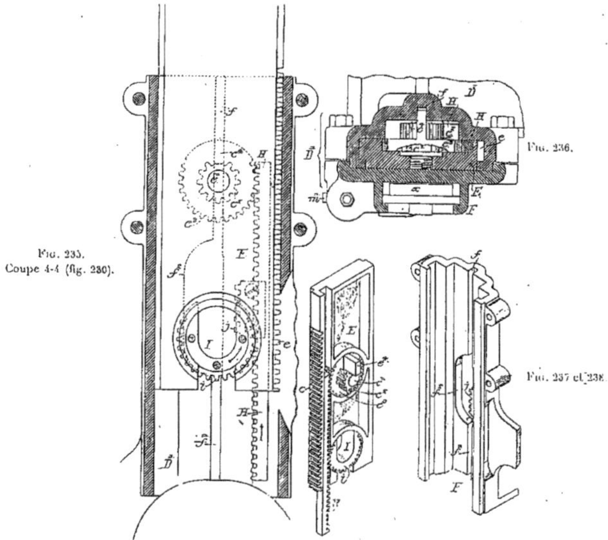

Fig. 235. Coupe 4-4 (fig. 230).

Fig. 236.

Fig. 237 et 238.

Fig. 235 à 238. — Détail du magasin.

aussi par l'arbre des cames. Cet arbre est à deux vitesses : l'une rapide, pour les retours du revolver, l'autre lente pour les coupes dont les vitesses particulières sont réglées par l'inclinaison des cames des poulies A et B (fig. 241). La poulie B est folle sur un manchon de l'arbre de la vis sans fin, et A, calée sur cet arbre, porte à l'intérieur un pignon, en prise avec un long petit pignon fou sur un bras de B, lequel engrène à la fois avec le pignon A et celui du manchon, qui n'en diffère que par un petit nombre de dents. Quand la courroie est sur A, l'arbre de la vis sans fin, qui commande celui des cames, est mené directement et à grande vitesse par A ; quand elle est sur B, cet arbre est entraîné à petite vitesse par le train planétaire et le rochet du manchon, et, pour éviter tout choc dans le passage du mouvement A au mouvement B, un frein arrête alors A et en absorbe la force vive.

On a présenté en fig. 249 la disposition des cames sur leurs tambours pour le tournage et taraudage d'un boulon. Les positions des cercles en 4 représentent celles que doivent occuper les boutons des cames pour le tournage, le déclenchement (*Unlocking*) et le pivotement du revolver : les mots *fast feed* et *slow feed* indiquent si l'on marche à grande vitesse par A ou à petite vitesse par B ; l'avance de chaque outil (nombre de coupes par pouce) est réglée par l'inclinaison de sa came, qui est déterminée entre 100 et 800 coupes par pouce au moyen du diagramme triangulaire (fig. 247). La fig. 250 représente le développement du tambour de l'avanceur et du chuck ; la came mobile J commande l'avanceur, dont on peut ainsi facilement régler la course. L'avance des outils coupeurs, montés sur un chariot transversal, est commandée par la came fig. 248.

Dans la machine de *Wolseley* (fig. 251-255), les avances sont commandées par deux plateaux de friction A A (fig. 251), montés sur un chariot dont la position sur la glissière C est commandée par une came D (fig. 254), ce qui permet de faire varier d'une façon continue la vitesse du galet F, qui entraîne l'embrayage G. Quand cet embrayage, commandé par MN,

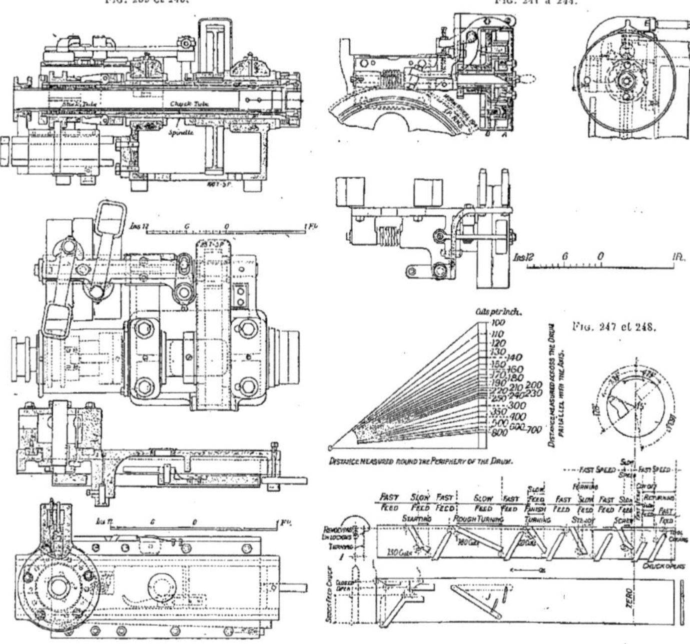

Fig. 239 et 240.

Fig. 241 à 244.

Fig. 247 et 248.

Fig. 245 et 246.

Fig. 249 et 250.

Fig. 239 à 250. — Machine à vis *Herbert* d'après M. Ashford.

embraye le pignon de gauche, il entraîne directement, et par I, la vis sans fin de l'arbre des cames à grande vitesse pour les retours ; quand G embraye au contraire l'arbre K, il entraîne I lentement par le planétaire L et J'.

L'avancement du revolver est commandé par la came O (fig. 254) et le train P, son rappel par un ressort, son verrouillage Q par la came D. Les passe-courroies du chuck sont commandés par les cames R R (fig. 256), les chariots transversaux par S S, l'avanceur et le chuck par les cames du tambour T. La rotation de la broche est commandée par une poulie fixe centrale, entre

1. *Revue de Mécanique*, novembre 1899, p. 650.

deux poulies folles, et sur laquelle on fait passer alternativement la courroie rapide puis la courroie lente.

Les machines à vis à broches multiples étaient peu nombreuses à l'Exposition ; nous

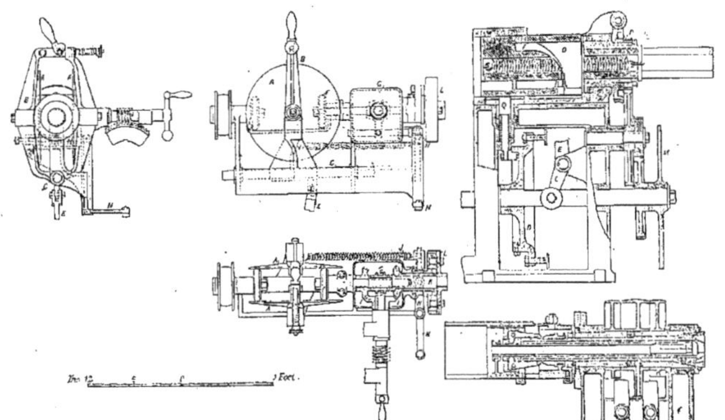

Fig. 251 à 255. — Machine à vis *Wolseley*.

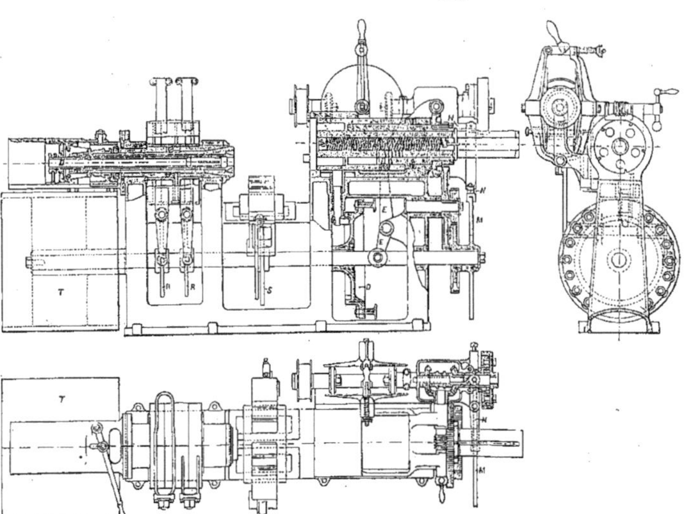

Fig. 256 à 258. — Machine à vis *Wolseley*.

nous bornerons à signaler comme un excellent type de ce genre, la machine suédoise représentée par les figures 259 à 261.

Les quelques descriptions que nous venons de donner, suffiront à peine à signaler l'importance de ces machines, qui se répandent et se diversifient de plus en plus ; il faudrait, pour les étudier à fond, un véritable volume qui, à peine imprimé, cesserait d'être au courant, tant l'évolution de ces machines est rapide et multiple. Je ne puis qu'engager

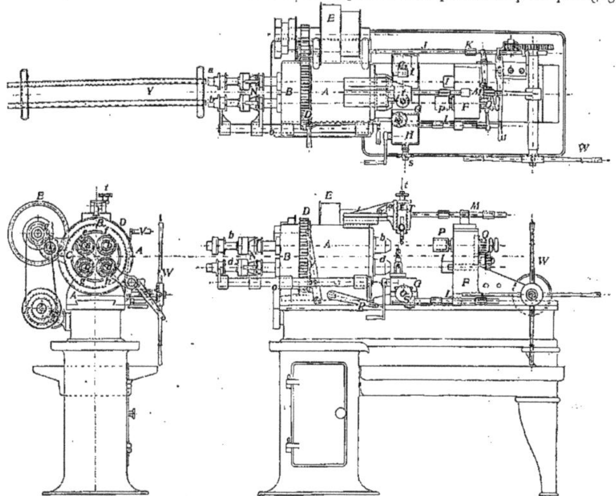

Fig. 259 à 261. — Machine à vis de l'*Atiebolage Vortygsmaskiner de Stokolm.*

A quatre broches *a b c d* (fig. 259) avec pignons *e f g h*, commandés par l'engrenage intérieur C, monté dans la poupée B, et que le cône E actionne par le train variable du pignon D. Le chariot F porte quatre outils *l*, correspondant aux quatre broches, de manière à pouvoir exécuter simultanément quatre opérations différentes sur les barres Y, avancées et mise en rotation par ces broches. Quand on retire le chariot F à droite, B pivote, à cet effet, d'un quart de tour, puis est renclenché par E. Un second chariot C, transversal, porte deux outils H et I, qui peuvent opérer simultanément avec les quatre premiers. L'avancement de F est commandé à trois vitesses par les cônes gg_1 et la vis J, à toc d'arrêt automatique K ; l'avance de H et de I est commandée de même par celle de F. Les avanceurs N des barres sont commandés par *o*. Le taraudeur P, commandé par les pignons Q, tourne, pour l'aller, dans le même sens que les barres, mais deux fois moins vite, et, au retour, cinq fois plus vite et en sens contraire, pour gagner du temps.

ceux que cette question intéresse spécialement, et c'est aujourd'hui le cas de presque tous les constructeurs-mécaniciens, à en suivre attentivement le progrès par la recherche des brevets qui s'y rattachent et la lecture des publications qui s'occupent spécialement de machines-outils[1].

1. Machines à vis décrites dans la *Revue de Mécanique* : Baker, mars 1899, p. 361 ; Browne et Sharpe, juillet 1898, p. 88 ; Brown et Smith, décembre 1899, p. 659 ; Couch, mai et septembre 1899, p. 640 et 342 ; Hakewessel et Henn, novembre 1899, p. 628, juillet 1901, p. 112 ; Herbert, décembre 1899, p. 649 ; Hewil, décembre 1899, p. 665 ; Hill, décembre 1899, p. 663 ; Holroyd, février 1899, p. 259 ; Davenport, juillet 1898 et juin 1899, p. 88 et 662 ; Grohman, septembre 1899, p. 340 ; Lavigne, août 1899, p. 187 ; Roberts, décembre 1899, p. 651 ; Pratt Whitney, décembre 1899, p. 648 ; Spencer, Sanderstrom, Siewert, décembre 1899, p. 651, 653, 657 ; Tenney, juillet 1901, p. 110 ; Worsley, décembre 1897, juin 1899, p. 659 ; Woermer Harrington, juin et décembre 1899, p. 99 et 649.

Raboteuses et mortaiseuses

La principale nouveauté, en matière de raboteuses, était, à l'Exposition de 1900, la venue des raboteuses *ouvertes* ou *latérales*, usitées depuis longtemps aux États-Unis, et dont le prototype est celle de *Detrick-Harvey*[1] (fig. 262). Ces machines sont, ainsi que le montre la fig. 263, des plus utiles pour traiter les pièces de formes telles qu'elles exigeraient, pour être prises sur les raboteuses ordinaires, des dimensions de machines inadmissibles; la Société *Sondermann* et *Stier*, de Chemnitz, exposait (fig. 264) une de ces machines, remarquable par ses grandes dimensions et sa parfaite exécution. On y remarquera, condition essentielle, la solidité de l'appui du bras. Ce genre de raboteuses mérite d'attirer l'attention de nos constructeurs.

Les raboteuses latérales dérivées de l'étau limeur, et dont le prototype est la machine,

Fig. 262. — Raboteuse latérale *Detrick-Harvey*
(Voir G. Richard, *Traité des Machines-outils*, t. I, p. 293).

aujourd'hui bien connue, de *Richards* (fig. 266), figuraient en nombre à l'Exposition, en des variétés sans grande originalité pour la plupart. Nous n'insisterons pas sur ces variétés, pour la plupart déjà décrites dans nos publications[2], ni sur l'utilité générale de ces machines (fig. 267-269); nous nous bornerons à la description des derniers types de Richards, très remarquables et encore peu connus.

On reconnaît, sur la fig. 270, en 51 le bras transversal caractéristique de ce genre de machines, solidement assis et guidé sur le socle 1 par les glissières 4 et 4^a de son chariot 2; ce chariot est commandé par la vis 6 (fig. 272) en prise avec son écrou 7-8, et qui reçoit son mouvement de rotation alternativement dans un sens puis dans l'autre par le jeu de poulies folles et fixes 9 10 11 12. Les courroies 13 et 14 sont l'une ouverte et l'autre croi-

1. G. Richard, *Traité des machines-outils*, vol. I, p. 293 et vol. II, p. 491.
2. G. Richard, *Traité des machines-outils*, Types de Richards, Ravasse, Walker. *Revue de Mécanique*, octobre 1897, p. 996, type de Smith et Coventry.

sée, et leur passeur 15-16 est commandé, du toc 20 du chariot 2, par les tocs réglables 22 et 21 de la tige 19, le levier 18 et la barre à coulisse 17.

Le socle 1 porte deux autres chariots à tables 23 et 24, avec table auxiliaire 25, fixée à 23, dont la levée se fait par les vis 26 et 27, que la manette 28 commande par les carrelets 29 et 30, et que l'on peut fixer par les serrages 31-32.

L'avance du porte-outil 3 sur le bras 51 est commandé, de la crémaillère fixe 36 (fig. 276) sur laquelle roule le pignon 37, dont l'arbre 38, entraîné par le palier 85 du chariot 2, actionne, par le plateau de friction 40, serré sur le plateau 39 par la vis de réglage 41, le train 43 44 46 47 de l'arbre 48. Les oscillations de cet arbre sont limitées par les buttées de son toc 49 sur le taquet fixe 50 et sur celui du 53 manchon 52 (fig. 276) que l'on peut orienter sur lui par la manette 56 et la vis 54 (fig. 278); cette orientation est indiquée par le vernier 55-64. A l'extrémité de l'arbre 48, se trouve (fig. 277) un cliquet 58, en prise avec le rochet 59 du pignon 82; il suffit de tourner convenablement la bague 61, à fente

Fig. 263. — Raboteuse latérale *Detrick-Harvey* avec son support auxiliaire.

62 (fig. 277) pour repousser le cliquet 58, malgré son ressort 60, et le débrayer de son rochet 59.

Le réglage du toc 53 par son vernier permet de limiter exactement l'amplitude de l'oscillation de l'arbre 48 à chaque retour du chariot 2 et, par conséquent, l'avance de l'outil; cette amplitude est, en effet, réglée par la distance entre le toc 53 et le toc fixe 50, sur lequel le toc 49 vient s'appuyer sans danger à chaque aller, grâce au glissement de la commande à friction 40. L'avance s'arrête dès que l'on débraye le cliquet 58.

Le bras (fig. 275) est pourvu d'un arbre auxiliaire 76, sur lequel est rainuré le pignon qui commande l'avance verticale de l'outil, et cet arbre est mené, du train 80 (fig. 277) en prise

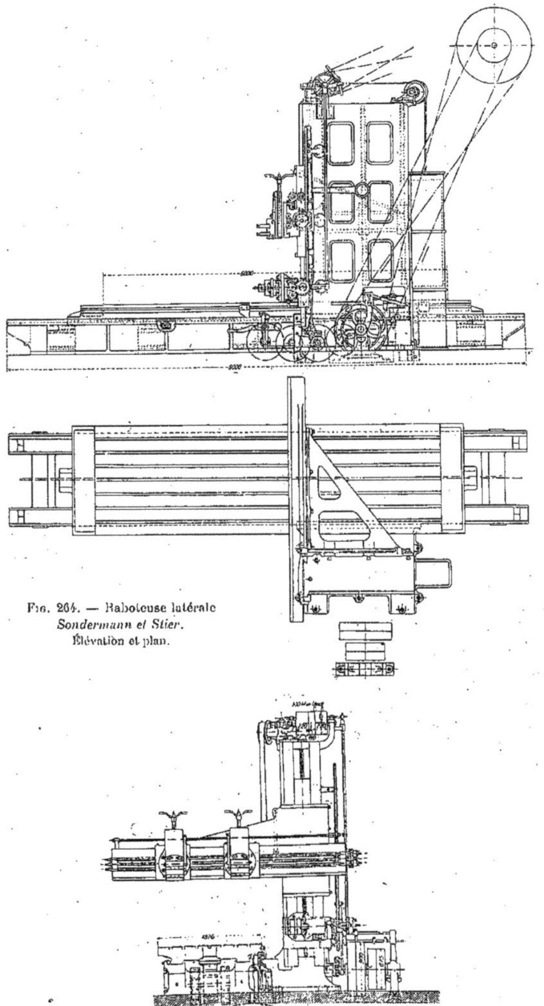

Fig. 264. — Raboteuse latérale *Sondermann et Stier*. Élévation et plan.

Fig. 265. — Raboteuse latérale *Sondermann et Stier*. Vue par bout.

Fig. 266. — Raboteuse latérale *Richards* double à deux outils.

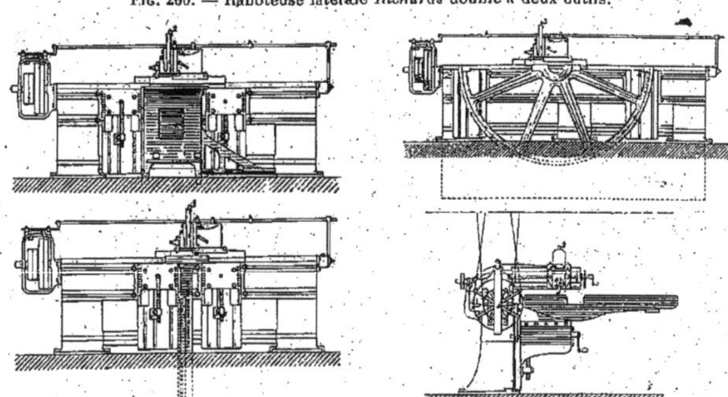

Fig. 267. — Raboteuse latérale *Richards*.
Rabotage d'un bâtis, d'un volant, d'une console et d'un banc de tour.

Fig. 268. — Raboteuse *Richards* rabotant un palier de bâtis.

Fig. 269. — Raboteuse *Richards* rabotant un condenseur.

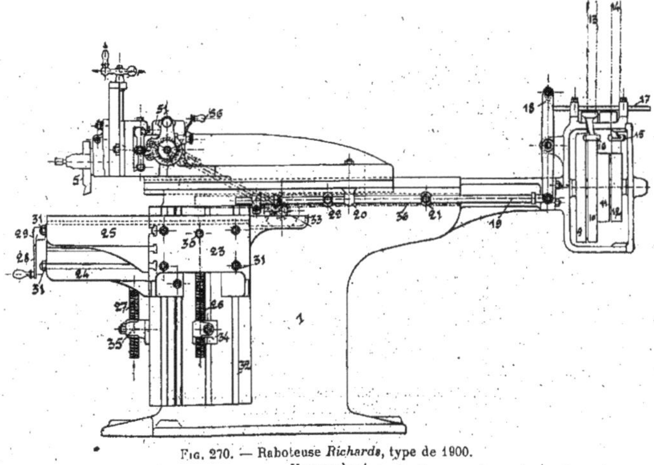

Fig. 270. — Raboteuse *Richards*, type de 1900.
Vue par bout.

avec le pignon 87 du rochet, et monté sur la platine 83, de sorte que l'on renverse la

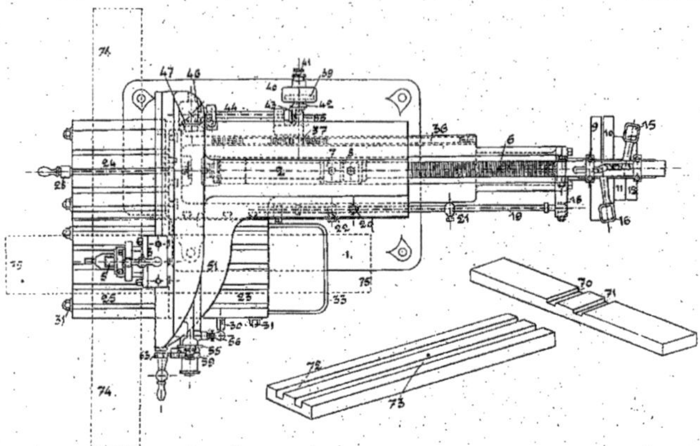

Fig. 271 à 273. — Raboteuse *Richards*, type de 1900.
Plan.

marche de cette avance en fixant cette platine en 84 ou 78 ; quand cette platine est dans sa position médiane, l'avance est supprimée.

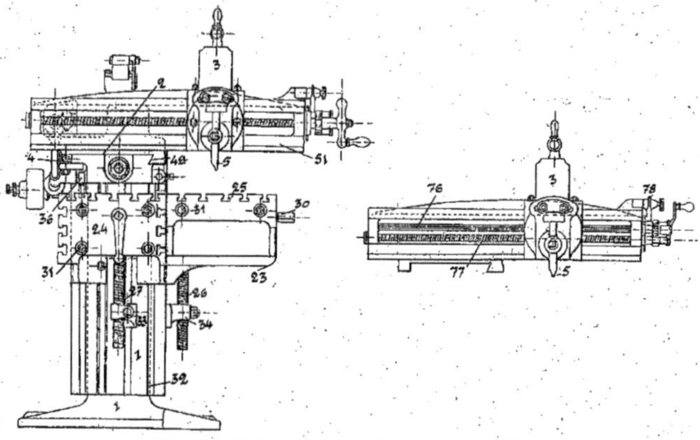

Fig. 274 et 275. — Raboteuse *Richards*, type de 1900.
Vue par bout et détail du bras.

On voit que l'on peut, avec cette machine, et grâce à la disposition orthogonale de ses tables, raboter dans les deux sens comme dans les raboteuses universelles.

Le principal fonctionnement du type fig. 279-283 consiste dans le renforcement du

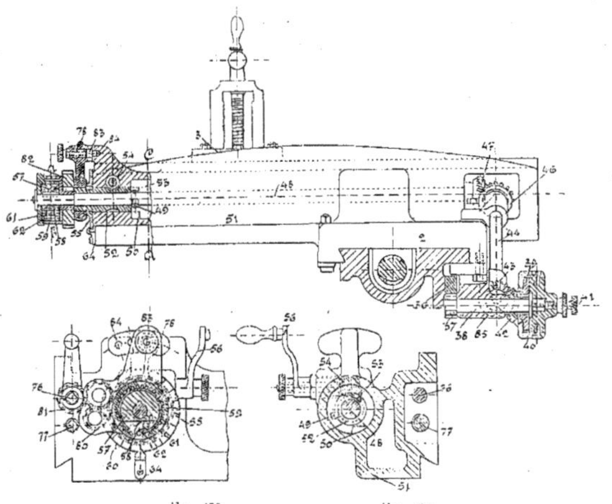

Fig. 277. Fig. 278.

Fig. 276 à 278. — Raboteuse *Richards*, type de 1900.
Détail du bras.

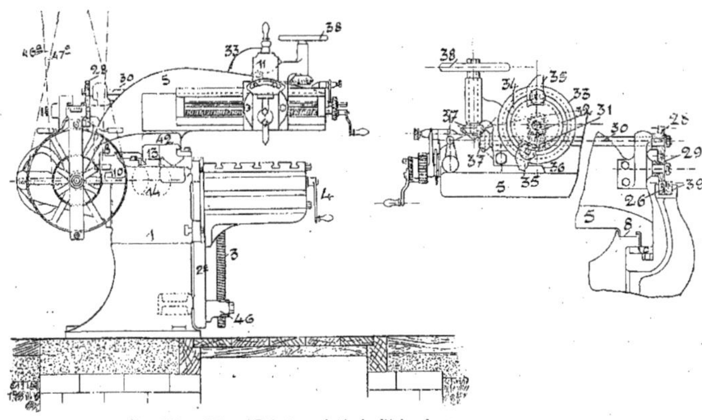

Fig. 279 et 280. — Raboteuse latérale *Richards*. Vue par bout et détail.

guidage du chariot de manière à assurer l'exactitude du rabotage malgré le porte-à-faux du bras, condition essentielle et difficile à satisfaire.

Le banc 1 (fig. 279 et 281) très robuste, supporte les consoles 2 2, levées par les manettes 4 et les vis 3, faisant écrou en 46, sur les plaques 2ª, auxquelles les consoles sont rainurées avec rattrapage des usures par le réglage des coins 58 dans les rainures 57, au moyen des vis 59, de manière à assurer l'alignement exact des tables 2 parallèlement au bras 5.

Ce bras 5 et son chariot 42-43 sont supportés et guidés sur le banc par une large

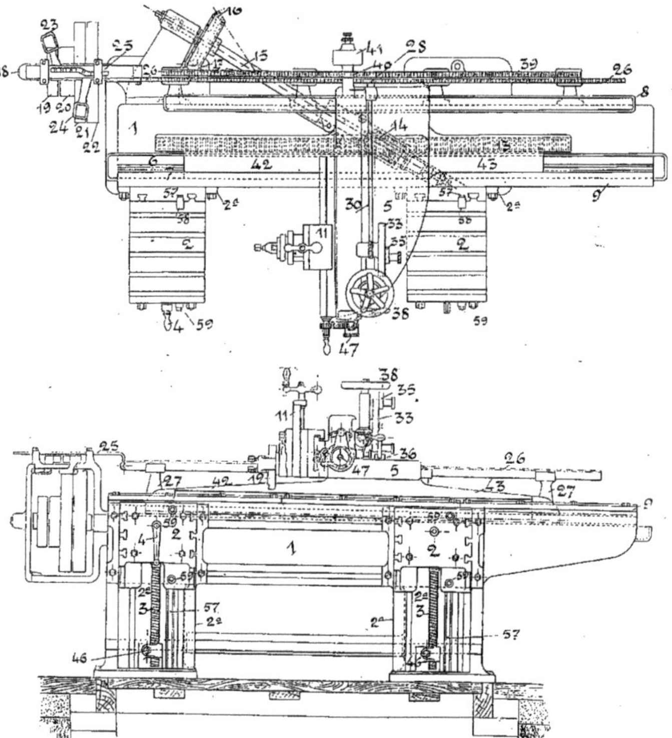

Fig. 281 et 282. — Raboteuse latérale double *Richards*. Élévation et plan.

glissière en V, que l'on voit bien en 6-7 (fig. 283), avec bande de retenue 9 et glissière plate auxiliaire 8, à retenue 10. Le guidage est assuré entièrement par les longues glissières en V 42-43 (fig. 281) auxquelles est fixée la crémaillère 13 (fig. 281) commandée, comme dans les raboteuses de Sellers, par une vis sans fin 14, dont l'arbre 15 est mené par le train

16-17-18, à poulies fixes 20 et 21 et folles 19 et 22, avec courroies ouverte et croisée 46ª et 47ª, et passe-courroies 24, commandé par la coulisse 25, solidaire d'une crémaillère 26.

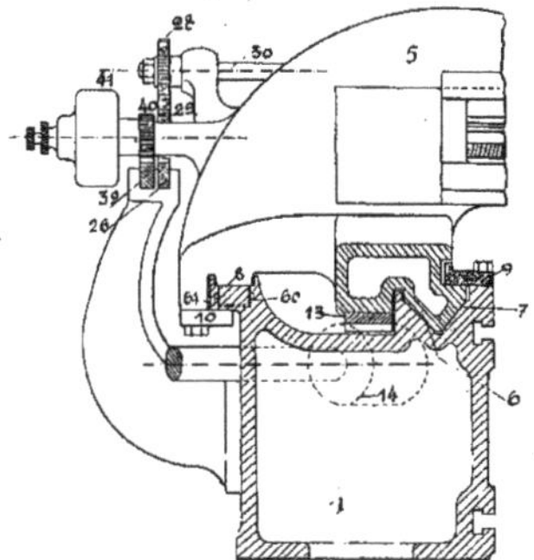

Fig. 283. — Raboteuse double *Richards*. Détail du guidage, grandes et petites machines.

La crémaillère 26 engrène (fig. 280 et 282) avec le pignon 29 du bras 5 qui, lorsque le bras va et vient sur le banc, fait, par 28-30 et 31, tourner le plateau 33, dans la gorge 34 duquel sont ajustés les tocs 35. Aux fonds de courses, ces tocs viennent heurter les

Fig. 284. — Raboteuse latérale *Kirchner*.

taquets 36 de 5, ce qui, immobilisant 30, fait que 5 entraîne la crémaillère 26 de manière à lui faire renverser la marche de 18 par le passe-courroies. On peut aussi manœuvrer à la main l'arbre 30 par la manette 38 et le train 37, de manière à arrêter le mouvement de 5 en un point quelconque de sa course ou le renverser.

L'avance du porte-outil 11 (fig. 279) sur le bras 5 est commandée, de la crémaillère fixe 39 (fig. 280 et 282) par le train 41-47-40 à cliquet 41, qui ne présente rien de particulier.

La raboteuse latérale de *Kirchner* (fig. 284) se distinguait par la commande de sa table

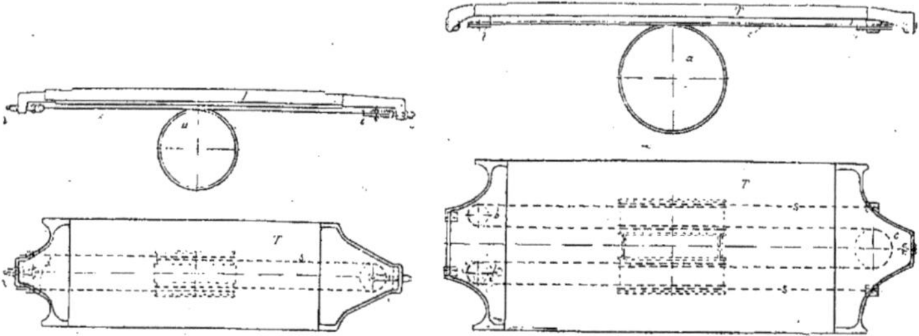

Fig. 286. — Raboteuse latérale *Kirchner*. Commande par câbles.

Fig. 285. — Raboteuse latérale *Kirchner*. Commande par câbles.

au moyen, suivant la dimension de la machine, d'un ou de deux câbles *s*, à deux ou quatre brins passés sur un tambour *a*, commandé par le mécanisme de va-et-vient de la table, et renvoyé soit (fig. 285) de la poulie *c* au balancier tendeur *d*, soit (fig. 286) par trois pou-

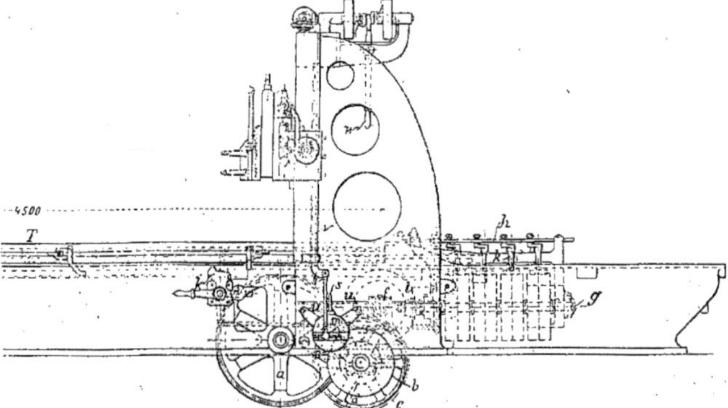

Fig. 287. — Grande raboteuse *Kirchner*. Élévation.

lies *cbb*, à vis de rappel; on obtient alors une commande très douce, sans broutements, sans soulèvement et sans jeu, grâce au rappel du câble par ses vis de réglage.

Dans les grandes raboteuses le pignon des tambours *aa* est (fig. 287) commandé, de l'arbre *l*, par le train *defl*, et l'arbre *g* est commandé par un jeu de six paires de poulies fixes et folles, dont trois paires pour les différentes vitesses de la course d'aller, et deux pour la vitesse rapide de retour, commandée par courroies ouvertes. Le passe-courroie est commandé par une barre à coulisse analogue à celle de la machine Richards, avec boutons amovibles permettant de mettre en jeu l'une ou l'autre des paires de poulies de l'aller, suivant la vitesse que l'on veut donner à la table.

L'avance des outils est commandée (fig. 288), du contre-arbre du mécanisme de la table, par le pignon *b*, en prise avec le pignon *m* (fig. 289) du manchon a, fou sur *a*, et qui entraîne par friction le frein *r*, suspendu en *q*, et serré par le ressort *i* sur le manchon

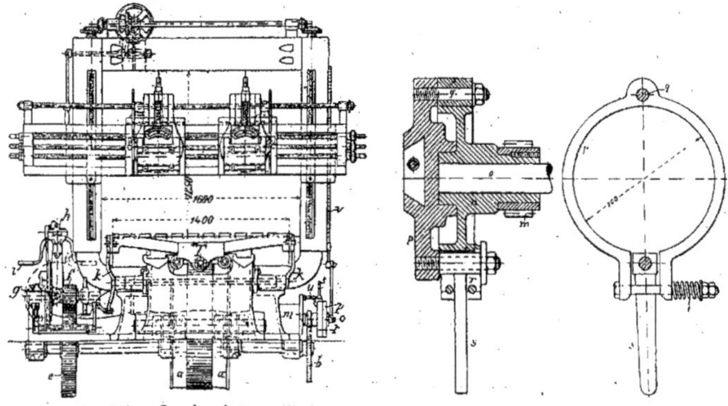

Fig. 288. — Grande raboteuse *Kirchner*. Vue par bout.

Fig. 289.

n; ce frein entraîne à son tour, par son axe *q*, le plateau *p*, à manivelle de course réglable, qui commande le mécanisme des avances par la crémaillère *v*. Il suffit de desserrer le frein *r* par le carrelet du levier *s* pour arrêter cette avance. Ce desserrage se produit automatiquement, à chacune des fins de courses de la table, par le choc du levier *s* sur les tocs *u*, et le ressort *i* ressert ce frein dès que l'un des tocs *u* lâche *s* au retour de la table. Ce mécanisme des avances, très simple, est indépendant de celui du changement de marche de la table, comme dans la plupart des raboteuses américaines [1], disposition qui simplifie ce mécanisme et en diminue l'effort, de sorte qu'il peut agir plus rapidement et sans fatigue.

Parmi les *mortaiseuses*, nous citerons celles de MM. *Sculford* et *Fockedey*, de Maubeuge, et celle de *Droop* et *Rein*, de Bielefeld, remarquable par sa commande électrique.

Les dimensions de la machine de MM. *Sculford* et *Fockedey* étaient (fig. 290) les suivantes :

Course maxima de l'outil	1 m. 50
Distance de l'outil au bâti	1 m. 40
Hauteur maxima disponible au-dessus du plateau	1 mètre.
Diamètre du plateau	1 m. 50
Courses du plateau	1 m. 50 × 1 m. 20
Poids	30 tonnes.

1. G. Richard, *Traité des machines-outils*, commande de Bement-Milles, Gray et Richter, Sellers et Lewis, Walter, Norton, Detrick et Batcher.

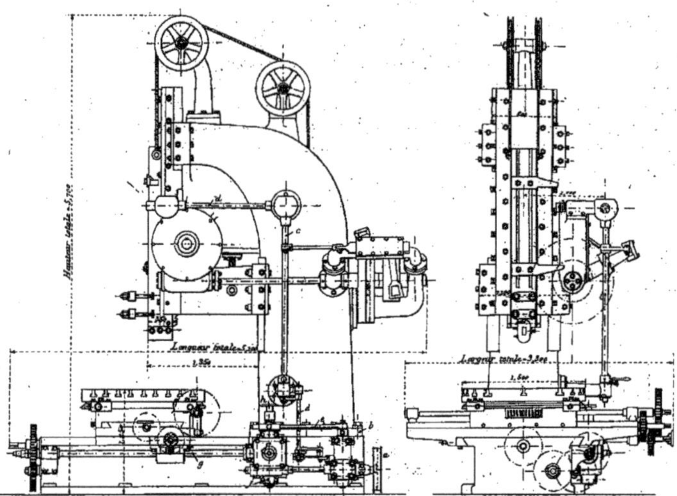

Fig. 290. — Mortaiseuse *Soulfort et Fockedey.*

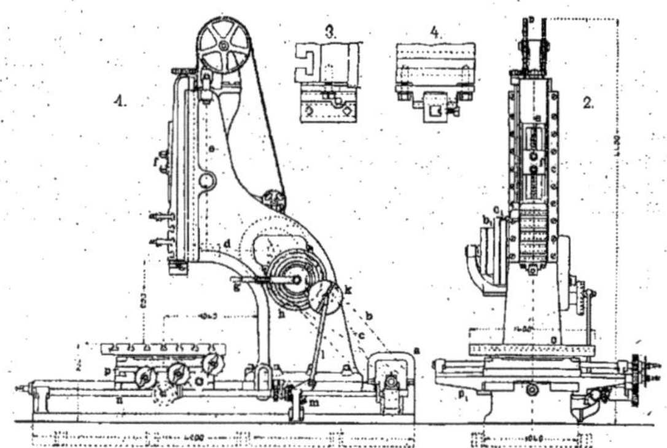

Fig. 291. — Mortaiseuse *Droop et Rein* à commande électrique.

a dynamo commandant, par courroies croisées et ouvertes, le mécanisme *k l m n* des avances et rotations du plateau compound *n*, ainsi que, par $b_1 c_1 d c$, le va-et-vient de la glissière *f*, dont l'amplitude est réglée par l'écartement des tocs du commutateur circulaire *g h*.

La glissière porte-outil est équilibrée par un contrepoids dans l'intérieur du bâti, et le porte-outil bascule en remontant de manière à dégager automatiquement sa coupe au retour; le coulisseau est commandé par pignon et crémaillère au moyen d'un train d'engrenages avec pignon héliçoïdal en bronze phosphoreux et vis sans fin en acier dans un bain d'huile; le changement de marche de ce train, qui détermine la montée et la descente du coulisseau, est obtenu par courroies droites et croisées, sur poulies de diamètres différents, de manière à assurer le retour rapide et commandées par un passeur différentiel anologue à celui des raboteuses américaines.

Les avances longitudinales, transversales et circulaires de la table sont commandées

Fig. 292. — Raboteuse universelle *Sculfort et Fockedey*.

par l'arbre g, qui reçoit son mouvement de la transmission héliçoïdale à rochet hf, actionnée par la bielle e, que mène un arbre b; ce dernier arbre est commandé, de la poulie a, qui tourne toujours, par un train embrayé puis débrayé par les tocs du coulisseau au moyen du renvoi dcd. Pour manœuvrer rapidement le chariot, il suffit de débrayer en h le rochet de cette commande et d'embrayer en j celle de g, par une vis sans fin de l'arbre de a, j et h étant interenclenchés de manière à ne pouvoir jamais s'embrayer en même temps.

Le fonctionnement de la mortaiseuse de R. *Droop* et *Rein* s'explique par la légende de sa figure 291.

Les *raboteuses universelles*, c'est-à-dire susceptibles de dresser des surfaces horizontalement ou verticalement, ou de raboter et mortaiser à volonté, étaient très rares à l'Exposition, ce qui s'explique parce que ce sont, en général, des machines très importantes, coûteuses à installer et faites sur commandes spéciales.

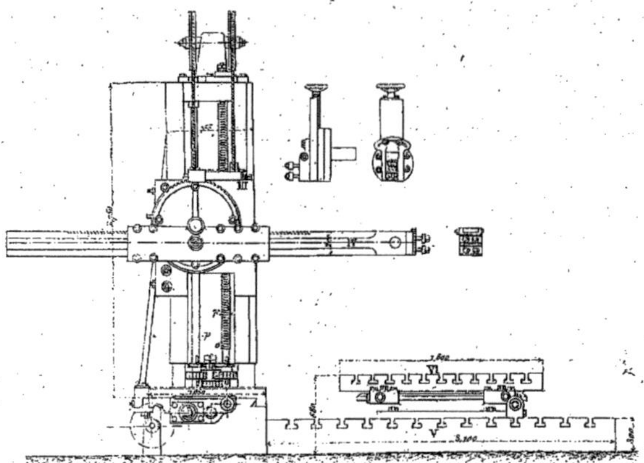

Fig. 293 et 294. — Raboteuse universelle *Sculfort et Focquedey*. Élévation et détail du porte-outil démontable.

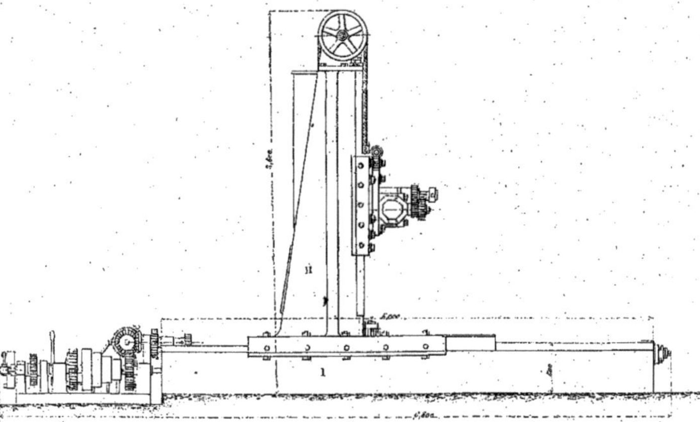

Fig. 295. — Raboteuse universelle *Sculfort et Focquedey*. Vue par bout.

La maison *Sculford et Fockedey*, qui avait fait, nous l'espérons, avec profit, de très louables efforts pour sortir de la routine dans laquelle persistent encore un grand nombre de nos constructeurs, n'avait pas hésité à exposer une raboteuse universelle à commande électrique des plus originales, et dont nous reproduisons la description telle que ses constructeurs nous l'ont fournie.

Cette machine a été créée pour l'usinage de certaines pièces qui ne peuvent être entièrement

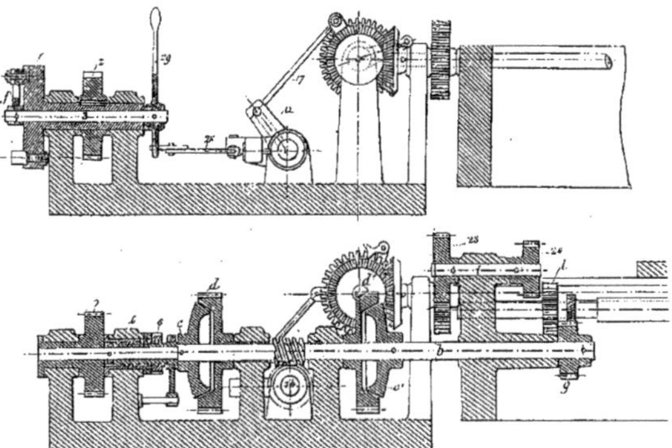

FIG. 296 et 297. — Coupes *ab* et *cf* (fig. 298).

façonnées par la plupart des machines-outils. Elle se compose (fig. 294-302) d'un banc I, sur lequel se déplace, soit alternativement avec retour rapide pour le travail, soit périodiquement pour les avances, un chariot vertical II, sur les règles duquel monte et baisse un chariot porte-outil III soit alternativement pour le travail, soit périodiquement pour les avances.

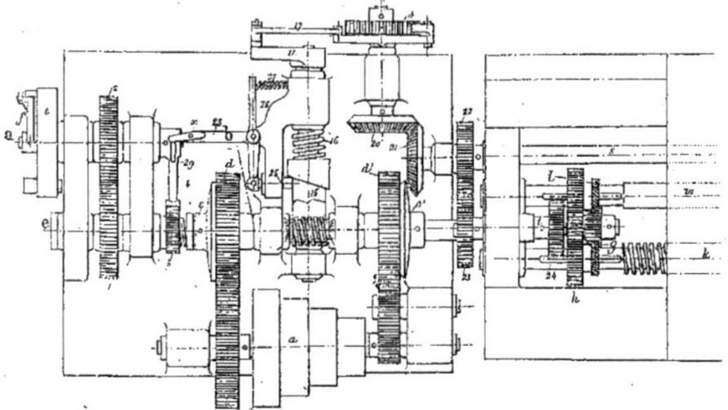

FIG. 298. — Plan.

Le chariot III possède une coulisse circulaire inclinable à volonté, servant au coulisseau porte-outil IV, lequel est animé à volonté, soit d'un mouvement de va-et-vient avec retour accéléré, ou d'un mouvement de déplacement périodique variable pour les avances.

Le chariot et le coulisseau sont équilibrés à l'aide d'un contrepoids descendant dans l'intérieur du montant.

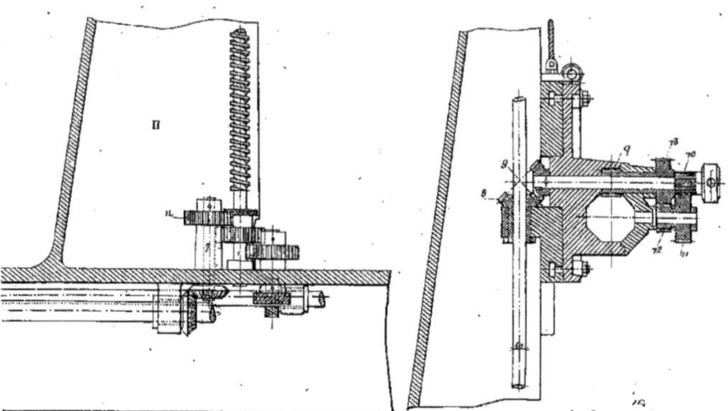

Fig. 299. — Suite de la fig. 296.

Fig. 300. — Coupe du chariot porte-outil.

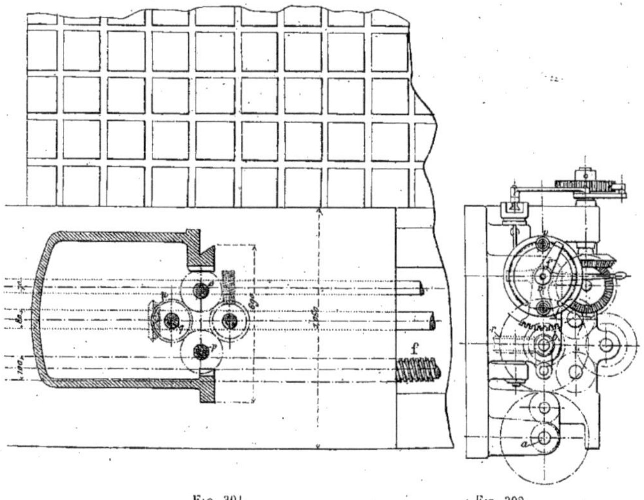

Fig. 301. Suite de la fig. 298.

Fig. 302. Vue par bout de la fig. 298.

En avant du banc, sont boulonnées avec lui des plaques rabotées possédant des rainures à I, sur lesquelles se fixent les pièces à usiner.

Quand les pièces à travailler ne sont pas trop encombrantes et qu'elles doivent être travaillées sur plusieurs faces, elles sont placées sur un plateau circulaire se montant à volonté sur les plaques à rainures.

La barre porte-outil IV peut être animée d'un mouvement rectiligne alternatif horizontal ou incliné, avec retour rapide et course variable : c'est le travail que produit cet étau-limeur, nous le désignerons sous le nom de *rabotage transversal.*

Dans ce travail, la forme de la barre et la disposition du porte-outil, qui peut se placer dans une position quelconque, permettent de raboter l'intérieur des pièces.

Le chariot III peut être animé d'un mouvement de monte et baisse alternatif, avec retour accéléré de course variable. C'est le travail que produirait une machine à mortaiser, mais la disposition de la barre porte-outil permet d'opérer ce travail, non seulement devant une pièce, mais aussi aux extrémités et même dans l'intérieur des pièces ; nous désignerons ce travail sous le nom de *rabotage vertical.*

Le montant II peut être animé d'un mouvement alternatif sur le banc, avec retour accéléré et course variable. C'est le travail que produirait une machine à raboter latérale et une machine à raboter verticale, mais aucune de ces deux machines ne permet le travail à l'intérieur des pièces, travail que l'on peut exécuter facilement avec notre machine à raboter universelle.

Nous appellerons ce travail le *rabotage longitudinal.*

En résumé, la machine permet les différentes combinaisons de mouvement suivantes :

1° Rabotage transversal avec avance verticale, la barre étant horizontale ou inclinée.
2° Rabotage transversal avec avance longitudinale, la barre étant horizontale ou inclinée.
3° Rabotage vertical avec avance transversale.
4° Rabotage vertical avec avance longitudinale.
5° Rabotage longitudinal avec avance transversale, la barre étant horizontale ou inclinée.
6° Rabotage longitudinal avec avance verticale.

Un simple déplacement d'engrenages suffit pour transformer la machine. L'indépendance entre les mouvements de travail et les avances, permet de faire varier à volonté ces avances et de faire varier également à volonté la course de l'un ou l'autre des mouvements de travail, sans qu'il soit besoin d'arrêter la machine, et sans qu'il soit nécessaire d'avoir recours à des barres, tringles ou taquets de débrayage à placer sur le parcours des divers mouvements.

Commande des mouvements de travail. — L'arbre *a* étant mis en mouvement, le communique à des vitesses différentes, soit dans un sens, soit dans l'autre à l'arbre *b*, suivant que les frictions *c* ou *c'* sont embrayées avec les roues *d* ou *d'*.

La différence de vitesse dans un sens donne le mouvement accéléré au retour.

L'arbre *b*, tournant dans un sens, entraîne par les roues 1 et 2, le plateau *e*, lequel porte deux taquets, l'un fixe et l'autre réglable sur une coulisse circulaire du plateau.

Le plateau *e*, en tournant, vient buter par l'un de ses taquets contre le levier *f*, lequel, étant calé sur l'arbre 3, entraîne le secteur 4, et fait tourner le pignon-écrou 5. Cet écrou peut tourner et non se déplacer, par suite, il fait avancer la vis creuse 6, laquelle, ayant ses buttées sur l'arbre *b*, fait déplacer cet arbre et par suite bloque l'une des frictions *c-c'*.

L'arbre *b* se met alors en mouvement et continue à tourner jusqu'à ce que le mouvement inverse fasse lâcher la friction en prise et bloque l'autre friction qui fait alors tourner l'arbre *b* dans l'autre sens. On obtient ainsi le mouvement alternatif de rotation de l'arbre *b*, et, par suite, de la roue *g*.

En faisant embrayer la roue *g* avec une roue *h*, calée sur la vis *k*, on obtient la rotation dans un sens ou dans l'autre de cette vis et par suite le déplacement alternatif de la borne II sur le banc avec retour accéléré.

En faisant embrayer la roue *g* avec la roue *l*, calée sur l'arbre *m*, on donne le mouvement à un petit arbre intermédiaire 7, qui, à l'aide de la roue *n*, peut à volonté donner le mouvement alternatif soit à la vis *o*, soit à l'arbre *p*.

Dans le premier cas, on obtient le monte et baisse avec retour accéléré du chariot porte-outil III.

Et dans le deuxième cas, le déplacement alternatif transversal avec retour accéléré de la barre porte-outil IV à l'aide des coniques 8-9 des pignons 10-11-12-13 et du pignon de crémaillère *q*.

Commande du mouvement des avances. — L'arbre *b*, fait tourner par vis sans fin une roue héliçoïdale *p*, folle sur l'arbre transversal 14, et entraîne par un embrayage à crans, le manchon 15, lequel est maintenu embrayé par un ressort 16 et par suite l'arbre 14 sur lequel est calé le manchon 15.

A l'extrémité de l'arbre 14, est calée une manivelle à rainure donnant, par la bielle 17, un mouvement oscillant à un corbeau qui fait marcher dans un sens ou dans l'autre, la roue à rochet 18 et, par les pignons 20-21, l'arbre S des avances verticales et transversales ou, par un arbre intermédiaire *t*, les roues 22 23 24 et *h*, la vis *k* donnant l'avance longitudinale.

Le manchon 15 porte une rampe héliçoïdale contre laquelle vient s'appuyer un doigt 25, sollicité par le levier 26 et le ressort 27.

Le levier à bascule 28 est repoussé par le levier 29, qui est mis en mouvement en même temps que le changement de marche de la commande du travail ; le doigt 25 est dégagé, le manchon 15 poussé par le ressort 16, s'embraye sur la roue *p*, entraînant avec lui l'arbre 14, et par suite la manivelle *u* et la roue à rochet 18 du mouvement des avances. Mais quand l'arbre 14 a fait un tour, le doigt 25, qui a été abandonné par le levier 29, est revenu, sollicité par le ressort 27 et la rampe héliçoïdale éloigne de nouveau le manchon 15 et le débraye.

Le manchon 15, pour être embrayé à nouveau, doit attendre le changement de marche du mouvement de travail.

Réglage de la course pour le travail. — Ce réglage se fait pour tous les mouvements, en fixant convenablement le taquet mobile sur le plateau Q.

La position se règle d'après une graduation du plateau Q.

Réglage des avances. — La grandeur des avances se règle en faisant varier la position du bouton de la manivelle *u*.

Le sens de l'avance est donné par la position du corbeau par rapport à la roue à rochet.

Mise en marche. — L'arbre *a* étant mis en mouvement, on agit sur le levier 29 pour bloquer la friction *c'*, ce qui donne le mouvement d'aller.

Le plateau *e* tourne, le taquet *v* rencontre le levier *f*, l'entraîne, ainsi que l'arbre 3, le secteur 4, la roue-écrou 5, la vis 6, alors l'arbre *b* se déplace, dégage la friction de la roue *d'*.

Le mouvement de la machine est débrayé, mais la puissance d'inertie continue à déplacer l'arbre *b* et fait agir la friction *e* qui, faisant tourner l'arbre *b* à l'aide de la roue *d*, donne le mouvement de retour.

Le mouvement du levier 29 fait basculer la touche *x*, mais sans déplacer le levier 28. Pendant ce mouvement, le plateau *e* tourne en sens contraire et c'est le taquet *v'*, qui, rencontrant le levier *f*, ramènera la friction *c'* en prise avec la roue *d'*, ce qui donnera de nouveau le mouvement d'aller.

En même temps que se fait le débrayage, le levier 29 dégage le doigt 25, le ressort 16 embraye le manchon 15, et la roue *p* met en mouvement la manivelle *u*, commandant les avances. Le levier 28 est disposé de telle façon que le levier 29 l'abandonne quand il est dans une certaine inclinaison. Aussitôt qu'il est dégagé, le ressort 27 fait rentrer le doigt 25 dans le manchon 15, lequel, grâce à sa rainure héliçoïdale, se débraye lui-même, quand l'arbre 14 a fait un tour ; et ce mouvement, se faisant en même temps que le débrayage à la fin de chaque retour, produit les avances au moment favorable, c'est-à-dire avant la reprise du travail.

Arrêt. — Pour arrêter la machine, il suffit d'arrêter le cône de commande sur la transmission, ou de débrayer les frictions à l'aide du levier 29.

Les dimensions principales de cette machine sont :

Course longitudinale	2 mètres.
Course transversale	2 mètres.
Course verticale	1 m. 400.
Poids environ sans les plaques de fondation, ni le plateau circulaire	16.000 kilog.

PERCEUSES

Les principales nouveautés des perceuses présentées à l'Exposition de 1900 se trouvaient parmi les perceuses *multiples à gabarit* et les appareils *portatifs*.

Le principe des perceuses multiples ajustables consiste, comme on le sait[1], en général, à faire commander leurs forets par des transmissions à joints universels semblables à ceux si fréquents sur les fraiseuses, application qui permet, comme l'indiquent les fig. 303-306, de grouper les forets suivant un gabarit quelconque de manière à leur

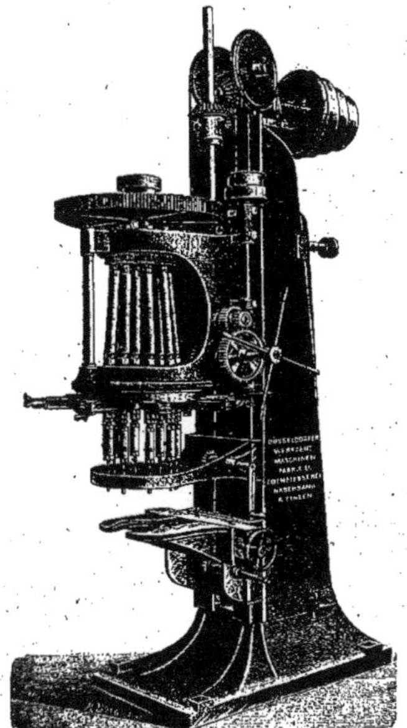

Fig. 303. — Perceuse multiple verticale *Habersang et Zinzen.*

faire percer des séries de trous disposés automatiquement toujours dans le même ordre; je n'insisterai pas sur ces appareils déjà bien connus, dont l'utilité est évidente et dont le fonctionnement se comprend de lui-même.

Les perceuses *mobiles* avec transmissions par cordes sont (fig. 307 et 308) encore très employées dans l'industrie, et on en rencontrait à l'Exposition des types bien connus, sur

1. G. Richard, *Traité des machines-outils*, vol. I, p. 461, et vol. II, p. 502 : perceuses de Woodcok et Gwyn, Scott, Jones, Richards, Barr, Habersang et Zinzen, Sowden et Stephenson, Dandoy-Maillard.

lesquels il est inutile d'insister[1] ; le principal progrès réalisé par ces machines consiste dans l'application à leur commande de l'air comprimé et de l'électricité (fig. 328), application qui présente l'avantage de rendre pratiquement absolue la mobilité de ces machines et leur adaptabilité aux travaux les plus divers.

M. *Capitaine* a récemment fait faire à l'emploi des perceuses aléseuses et petites fraiseuses mobiles un progrès en indiquant une méthode qui en permet l'application sûre, rapide et précise au perçage de nombreux trous et au fraisage de portées dans des pièces de toutes formes.

Fig. 305. — Perceuse multiple articulée *Pratt Whitney*.

1. G. Richard, *Traité des machines-outils* : perceuses à cordes et arbre flexibles Thorne et Haven, Dandoy-Maillard, Mathias, Hodson, Halsey, Davies, Foureau, Stow, Newal, Varney ; à air comprimé Murray, Moffet, Peck ; hydrauliques Higginson, Marc, Berrier, Fontaine ; électriques Clark et Stanfield, Rowan, Siemens et Baily, Linders, Sauter-Harlé, Halsey.

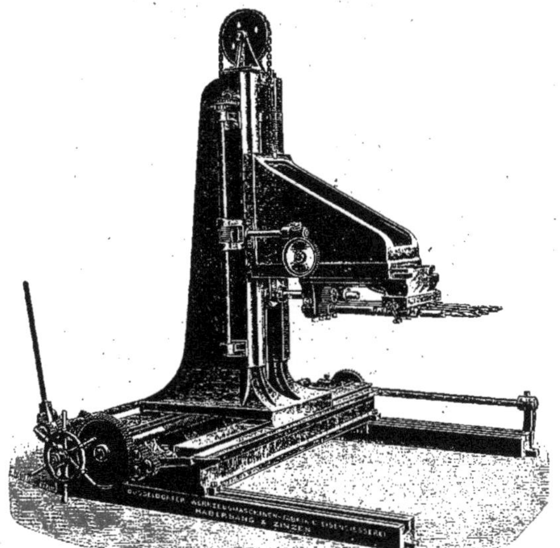

FIG. 304. — Perceuse multiple *Haberzang et Zinzen* pour chaudières.

FIG. 306. — Perceuse multiple pour brides *Dandoy-Maillard*.

Fig. 307. — Perceuse portative *Langbein*.

Fig. 308. — Perceuse portative *Langbein*.

Le principe de cette méthode consiste, étant donné à traiter ainsi, par exemple, un bâti de la forme fig. 309, à l'entourer de gabarits percés de trous servant à guider les forets sur ceux à percer dans le bâti et à supporter en outre ces forets sur la pièce, au droit même des trous à percer, comme en *f* (fig. 311) par des matrices au dia-

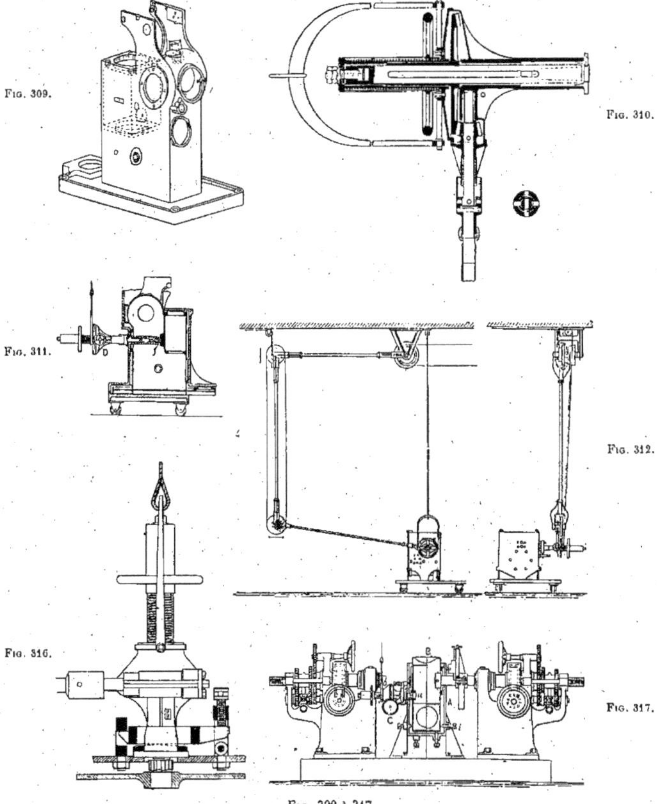

Fig. 309 à 317.

mètre exact du foret, de sorte que le foret n'ait à supporter qu'un effort de torsion; le même principe s'applique aux fraiseuses (fig. 316). On peut, grâce à ce support et à ce guidage, d'abord n'opérer qu'à coup sûr et rapidement, puis alléger considérablement les appareils ; c'est ainsi qu'une perceuse pour trous de 60 × 200 millimètres de profondeur ne pèse que 50 kilog., et la fraiseuse (fig. 316), pour trous de 100, 56 kilog. La fixation des outils sur le gabarit se fait par leviers et serrages à vis très simples (fig. 319) et autocentreurs.

Les grands trous indiqués au haut du bâti fig. 309, qui doivent être orthogonaux,

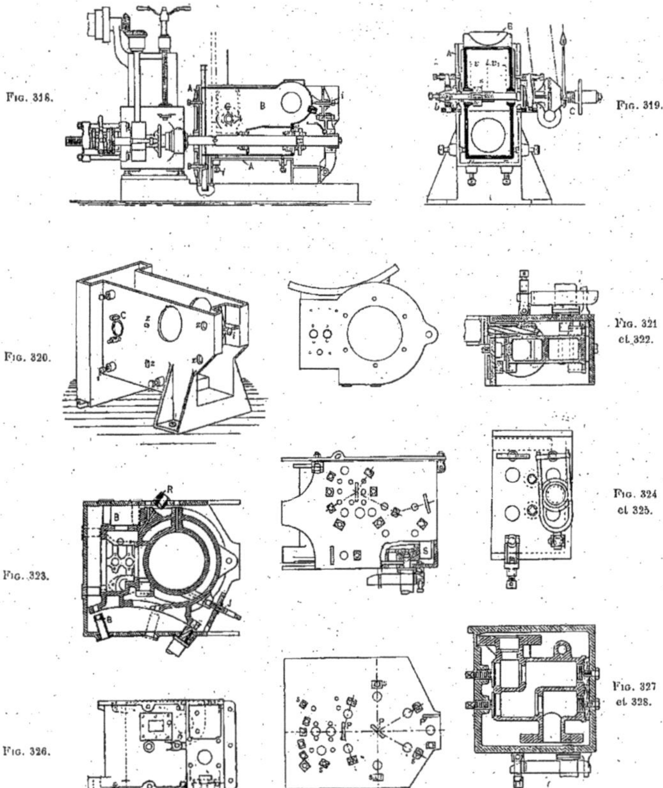

Fig. 316. Fig. 319. Fig. 320. Fig. 321 et 322. Fig. 323. Fig. 324 et 325. Fig. 326. Fig. 327 et 328.

Fig. 318 à 328. — Perceuse portative *Capitaine*.

sont percés sur l'alésoir universel fig. 317, et les deux petits trous du bas, qui doivent être parallèles aux correspondants du haut, et, en outre, avoir leurs portées v et v' équidistantes de l'axe du bâti, sont percés au moyen d'une machine portative C (fig. 318 et 319). A cet effet, le bâti B est enfermé dans un châssis gabarit A, fixé par les vis i i, qui dispense de tout traçage des trous à percer, avec ouvertures *s* (fig. 320) permettant de localiser les positions des trous ; les vis *i* permettent d'adapter la boîte aux irrégularités de fonderie du bâti. Le fraisage des deux portées fig. 319, au moyen de la fraise *s*, se fait simplement en interchangeant *c* et *b*.

Après le perçage, fraisage et alésage des principaux trous, on place le bâti dans un nouveau gabarit pour les petits trous, que l'on repère au moyen des axes déterminés par les trous précédemment finis.

Les fig. 323 à 327 représentent les gabarits nécessaires aux taraudage, perçage et finissage du cylindre d'une locomotive routière ; les trous à percer sont au nombre de 70. La boîte (fig. 332) s'ajuste facilement sur le cylindre au moyen de son couvercle ; les perceuses s'y fixent par les boulons P (fig. 325) et les serrages *s* de leurs leviers, comme en fig. 316, un boulon P servant pour plusieurs trous. La fig. 324 montre le perçage des goujons des

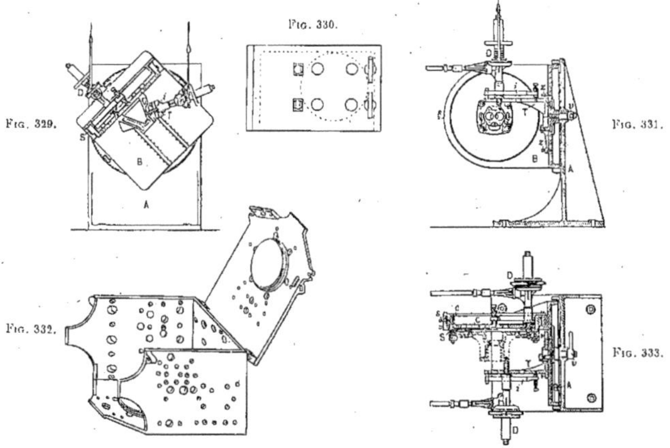

Fig. 329 à 333. — Perceuse portative *Capitaine*.

stuffing-box par le taraud S, et la fig. 323 comment le taraud J est bien guidé par le gabarit.

Les fig. 322, 325, 328 et 330 montrent le gabarit employé pour le perçage d'un injecteur Korting à 18 trous.

On peut, pour des travaux plus simples, employer la disposition fig. 329, 331 et 333, où la pièce à travailler est fixée sur un anneau S de la pièce B, orientable sur A, et que l'on peut orienter sur le plateau C, qui porte le foret D, au moyen des fiches diviseuses *s* ; de l'autre côté de A, on peut placer sur le support T un second foret D, ce qui rend très facile le travail de pièces telles que celle indiquée en pointillés.

Les fig. 334 à 337, qui s'expliquent d'elles-mêmes, représentent en fig. 334 l'application de la méthode au traçage des pattes d'araignées dans un coussinet maintenu dans la boîte gabarit par les vis *a*, traçage qui se fait par la barre *c*, guidée en *bb*, et le façage, en *s*, du téton de ce même coussinet ; en fig. 335-337, le fraisage et le façage d'un corps de pompe au moyen des outils *b* fixés en *c d* et *e* sur la boîte gabarit.

La commande par l'électricité s'applique fort bien aux machines à percer dont elle permet (fig. 29) de simplifier notablement les transmissions ; la perceuse à colonne de la *Société alsacienne* représentée par les fig. 338-344, en est un excellent exemple.

Cette machine possède le grand avantage de faire avancer l'arbre porte-mèche sans en augmenter le porte-à-faux, et de pouvoir le relever rapidement après le perçage du trou, ce qui facilite le retrait fréquent du foret pour dégager le copeau.

Elle se compose d'une plaque de fondation, d'un bâti combiné avec deux colonnes de sections

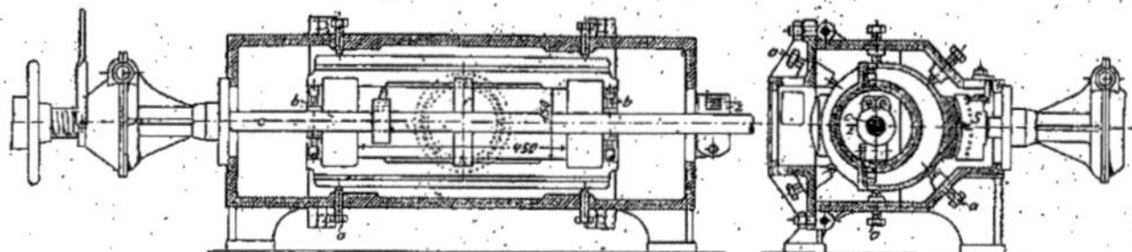

Fig. 334. — Perceuse portative *Capitaine*.

différentes surmontées d'un support portant les organes intermédiaires de la commande, d'une poupée mobile avec un arbre porte-foret et d'un groupe de chariots avec table à rainures pour fixer les pièces.

Elle est disposée pour commande électrique par un moteur d'une puissance de 3 chx 5, pour

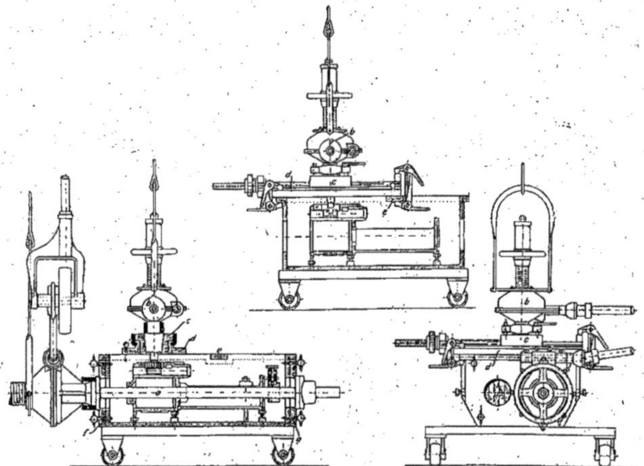

Fig. 335 à 337. — Perceuse portative *Capitaine*.

courant continu de 220 volts, dont la carcasse est fixée entre les colonnes formant le bâti de la machine.

La transmission du mouvement de rotation du moteur à l'arbre porte-foret a lieu par deux cônes à quatre vitesses avec courroie à coin, une paire d'engrenages de réduction à denture hélicoïdale, deux cônes à deux vitesses pour courroie ordinaire, un harnais différentiel logé dans le cône supérieur et une paire d'engrenages coniques.

L'arbre porte-foret peut recevoir seize vitesses différentes, variant de 4,75 à 152 tours par minute.

La plaque de fondation est munie de rainures pour la fixation des pièces, de rigoles pour l'écoulement de l'eau de savon, et, dans le prolongement de l'axe de l'arbre porte-foret, d'un trou pour loger les boîtes guidant les barres d'alésage.

La colonne d'avant est munie, dans le haut, d'une glissière verticale sur laquelle coulisse la poupée de l'arbre porte-foret, et dans le bas d'une partie cylindrique servant de pivot au banc des chariots, qui peuvent s'effacer sous l'arbre porte-outil.

La colonne d'arrière loge les engrenages de réduction avec les arbres du cône à coin et du cône inférieur ordinaire, ainsi que les organes servant à la fois à l'embrayage ou au débrayage du harnais différentiel, et à l'arrêt instantané de la commande.

Le support qui surmonte les deux colonnes porte trois paliers A, B, C, logeant l'arbre intermédiaire de la commande, un palier D venu de fonte, logeant le moyeu de la roue conique de l'arbre porte-foret et le mécanisme de variation du mouvement d'avance (fig. 339).

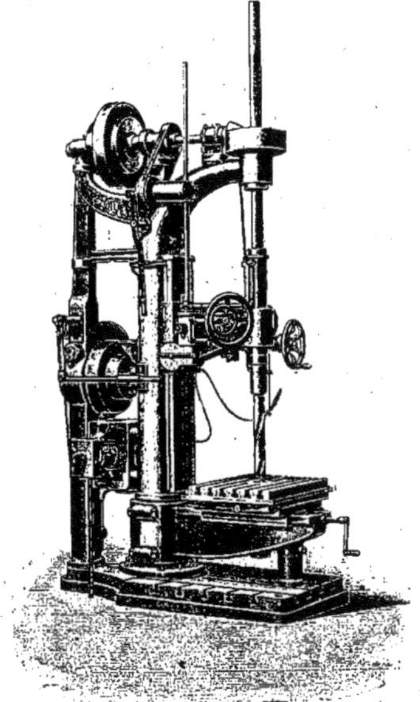

FIG. 338.
Perceuse à colonne de la *Société alsacienne*.

L'arbre intermédiaire E porte d'un côté le cône supérieur R, pour courroie ordinaire, renfermant le harnais différentiel. Ce harnais se compose du train FG d'arrière et du train d'avant KI ; les pignons G, I formant, diamétralement opposés, deux systèmes de roues planétaires folles sur leurs axes. La roue F clavetée sur la boîte L, qui est folle sur E, peut coulisser avec la boîte M dans le palier A d'arrière et possède des crans d'arrêt à l'avant et à l'arrière ; ce palier porte aussi à demeure une rondelle d'embrayage N.

La roue K est clavetée sur E et la paroi du milieu du cône est munie d'une boîte O, avec crans dans lesquels s'engagent ceux de L.

Pour le travail sans harnais, où l'arbre E a la même vitesse que le cône R, la roue F est rendue solidaire avec ce cône à l'aide de la boîte L, qu'on fait embrayer avec O à l'aide de l'arbre vertical Q, terminé par un excentrique P. Alors, le cône R, fou sur E, entraîne K par les pignons I, I arrêtés sur leurs axes par F faisant corps avec O ou R.

Pour le travail avec engrenages, la roue F est embrayée avec N. Cette roue forme ainsi pivot, et les pignons G, G, en gravitant autour d'elle, tournent sur leurs propres tourillons et impriment à l'arbre E une vitesse de rotation ralentie dans la proportion admise pour ce harnais.

Ce système de harnais, comme nous l'avons indiqué dans les descriptions qui précèdent, a l'avantage de procurer de grands rapports de vitesse avec un faible encombrement. Enfin ce système permet à l'ouvrier de pouvoir opérer les changements d'embrayage pour le travail avec ou sans harnais, sans être obligé de monter chaque fois sur la machine.

L'arbre E, traversant le palier B et celui C, fait tourner l'arbre porte-mèche par les roues U, V coniques, bien renfermées dans une enveloppe *ad hoc*. Les nombres de tours de cet arbre, au nombre de seize, varient entre 4,7 et 152 par minute.

L'arbre E porte une poulie 1, qui fait marcher par courroie une poulie 2, faisant partie d'un tambour 4, tournant dans le support rapporté 3. Ce tambour renferme quatre roues 5, 6, 7 et 8, folles sur l'axe 13, et engrenant avec quatre autres roues, 9, 10, 11, 12, placées de chaque côté en satellites ; la roue 5 étant fixe, 6, 7, 8, actionnées par la roue correspondante du groupe des planétaires, entraînent, l'une ou l'autre, l'axe 13 par la clavette centrale qui obéit à une broche que l'on peut manœuvrer d'en bas à l'aide d'un levier 14. On peut, de cette façon, communiquer trois vitesses à 13 et par 15 et 16 à l'arbre vertical 17 (fig. 341).

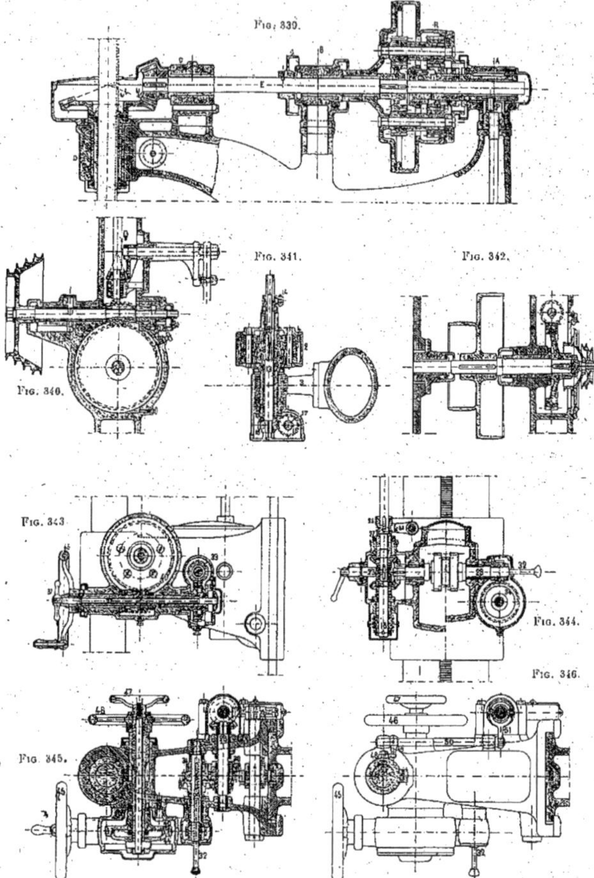

Fig. 330 à 346. — Perceuse à colonne de la *Société Alsacienne*.

Descendant plus bas, l'arbre 17 porte à sa partie inférieure la vis sans fin 18 (fig. 344) qui, engrenant avec 19, fait tourner le pignon 21 qui est engagé dans la crémaillère 22, et déplace la poupée le long de la colonne, lorsqu'il s'agit de monter ou de descendre avec l'arbre porte-mèche (fig. 345). On a soin d'embrayer le manchon 23 avec 24 ou avec 25, suivant la direction que l'on veut donner à cette poupée (fig. 344).

Mais, pour le mouvement d'avance de la mèche, 23 sera toujours débrayé. Alors le manchon 26, étant embrayé en 27 du pignon 24, on fait tourner l'arbre 28 qui communique le mouvement à 29 (fig. 345) par deux séries de roues 30 et 31, qui fournissent trois variations de vitesse au moyen de la broche 32. L'arbre 29 fait tourner par 33 et 34 l'arbre creux 35, muni d'un embrayage à friction 36, manœuvré par 37 et 38. Enfin, la vis sans fin 39 entraîne 40 fou sur 41 ; celui-ci, qui est denté en 42 et engagé dans la crémaillère 43, produit le déplacement de l'arbre porte-mèche (fig. 344).

Le disque à friction 44 permet, quand il est libre, d'agir sur l'arbre à la main en actionnant le volant 46 pour le relevage rapide ; pour la descente à la main pendant le travail, on débraie 63 par 37, et, en laissant le disque 44 engagé, on tourne sur 45. Le disque 44 s'embraie à l'aide du volant 47. Les vitesses d'avance de l'arbre porte-mèche varient entre 0,082 et 7,9 millimètres par tour de mèche.

Fig. 247. — Perceuse de précision *Bariquand*.

Pour percer des trous de 5 à 70 millimètres et aléser 100 millimètres de diamètre environ. Course du foret, environ 0 m. 200 ; distance de l'axe du foret au bâti, environ 0 m. 260 ; distance maxima entre le plateau au bas de sa course et le dessous du porte-foret, environ 0 m. 680. Cette machine est excellente pour les travaux dans lesquels on a souvent à percer des trous de diamètre très différents. La disposition de la commande par cône et engrenages taillés en hélices donne six vitesses de rotation différentes. La descente de l'arbre se fait soit à la main, soit automatiquement, avec des avances produites par une combinaison de cônes et de roues d'engrenages dont le dernier fait tourner l'écrou de la vis de pression. Cette vis et l'arbre porte-foret sont munis à leur contact de grains *trempés* avec une disposition spéciale pour éviter le jeu. La potence portant la pièce se manœuvre verticalement au moyen d'une vis sans fin. Elle est percée dans l'axe du porte-foret d'un trou pour les alésages. Encombrement : face 0 m. 600, côté 1 m. 200.

Fig. 348. Perceuse de précision *Knecht*.

Pour arrêter la pénétration de la mèche en un point fixe, il suffit de débrayer le manchon 26 d'avec 27 (fig. 344). Pour cela, la douille qui porte l'arbre porte-mèche est munie d'une coulisse dans laquelle se fixe un buttoir 48, et le long d'une échelle graduée. Ce buttoir vient agir, pendant la descente de la douillle, contre un petit levier 49 fixé sur l'arbre 50, lequel entraîne la fourche 51 et le manchon 26 qu'elle débraie (fig. 346). Dès lors, le mouvement d'avance se trouve arrêté.

La machine est munie d'une pompe centrifuge avec tube métallique pour lubrifier la mèche ; l'eau qui tombe se rend dans une rigole qui entoure la plaque de fondation, et, de là, retourne au réservoir placé à l'arrière du bâti et sous le sol.

Tous les engrenages sont renfermés dans des enveloppes étudiées avec l'ensemble de la machine, ou dans le cône ou dans la poupée de l'arbre porte-mèche. On pourrait objecter qu'il en résulte certaines difficultés pour le montage ou le démontage, mais ce petit inconvénient est largement compensé par la facilité d'un graissage plus abondant et par un meilleur aspect des lignes et des contours.

Les dimensions principales sont les suivantes :

Diamètre de l'arbre porte-foret	75 mm.
Plus grand diamètre du trou à percer	100 —
Portée	600 —
Course verticale de l'arbre porte-foret	400 —
Hauteur libre au-dessous de l'arbre porte-mèche	1.000 —
Emplacement occupé par la machine	2 m. 600 × 2.000 —
Poids net, environ	5.400 kilog.

Je citerai encore, parmi les nouveautés de l'Exposition, les *perceuses de précision*,

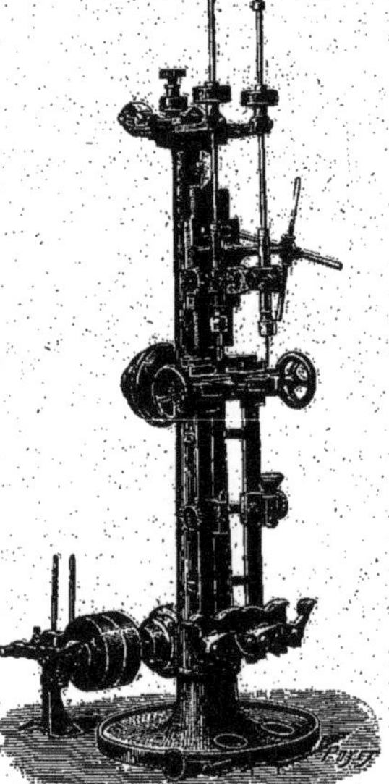

Fig. 349.
Perceuse de précision de la *Société alsacienne*.

Cette machine est disposée spécialement pour le perçage du trou central dans les entretoises et tirants de foyer. Le bâti, en forme de colonne, porte à sa partie supérieure une plaque sur laquelle sont fixées les poulies de commande, dont l'axe sert de guide supérieur aux arbres porte-forets. La partie inférieure de ces arbres est guidée dans des douilles à crémaillère, à déplacement vertical indépendant dans leurs poupées pour le réglage des mèches. Les poupées sont fixées sur un chariot équilibré, produisant, par croisillon, pignon et crémaillère, le mouvement de descente simultanée des deux forets. Les deux appareils à centrer se composent chacun d'un étau, d'une butée à entonnoir et d'une butée à pointe. L'étau serre la pièce à son extrémité supérieure, tandis que l'autre extrémité repose dans la butée à entonnoir, ou si elle est déjà centrée, sur la butée à pointe. Pour les pièces qui dépassent une certaine longueur, deux trous sont coulés dans le pied du bâti. Les pièces sont serrées alors dans leur partie inférieure par des mordaches spéciales.

Dimensions principales : Diamètre des arbres porte-mèches 16 millimètres ; diamètre des trous à percer, jusqu'à 10 millimètres ; diamètre à serrer dans l'étau, jusqu'à 50 millimètres ; course du chariot 210 millimètres ; déplacement vertical de chaque arbre porte-mèche 150 millimètres ; portée 105 millimètres ; nombre de tours par minute 400 millimètres ; emplacement occupé par la machine 700 × 700 millimètres ; poids net, environ 300 kilogrammes.

extrêmement sensibles à la main de l'ouvrier, dont les fig. 347-349 représentent de très bons exemples, qui, très employées depuis longtemps aux États-Unis, commencent à se répandre chez nous[1], et les machines à percer les *trous polygonaux*, exposées par la *Angular Hole Machine C°*, de Londres, pour la description détaillée desquelles je ne puis que renvoyer à mon *Traité des machines-outils*[2].

1. G. Richard, *Traité des machines-outils*. Types de Norton, Davis, Claussen, Barnes, Dalin, Oerlicon, Dwing Slate, Pratt-Whitney, Butterfield, Hornsby et Roe, Elliot.
2. Taylor et Ellis, vol. I, p. 512.

LES FRAISEUSES

Fraiseuses universelles.

Les fraiseuses de ce type, dont les plus connues sont celles de la célèbre maison Brown et Sharpe (fig. 350), sont trop familières à tous les mécaniciens pour qu'il faille insis-

Fig. 350. — Fraiseuse universelle *Brown et Sharpe* n° 2.

Course longitudinale de la table 520, traversale 165, distance maxima sous la broche 445 millimètres. La broche, percée dans toute sa longueur, tourne dans des coussinets en bronze permettant le rattrapage de l'usure qui, comme la broche, sont rectifiés avec soin. Son nez est fileté et alésé au cône n° 10. Le cône a 3 étages, pour une courroie de 0 m. 075, et possède un harnais d'engrenage. Le support de l'arbre porte-fraise est à 0 m. 140 de l'axe de la broche ; il est retourné ou enlevé s'il n'est pas employé. La contre pointe est réglable ; et 0 m. 335 est sa plus grande distance possible au nez de la broche. La table, avec ses chénaux et poches à huiles, a 0 m. 900 de longueur et 0 m. 204 de large, une surface d'appui sur le dessus de 0 m. 812 × 0 m. 170 et 2 rainures à T. Elle est inclinable de 0 à 45°, peut être descendue à 0 m. 445 de l'axe de la broche et déplacée transversalement de 0 m, 165. Sa course est de 0 m. 520 dans toutes ses positions. L'avance se fait à la main ou mécaniquement dans chaque sens, avec arrêt automatique et réglable, ses 12 vitesses d'avance variant de 0 mm. 125 à 3 mm. 75 par tour de la broche ; elle est commandée du centre du chariot, transversale, peut être embrayée, débrayée ou changée de sens par la manœuvre d'un levier sur ce chariot. La poupée à diviseur et sa contre-poupée prennent jusqu'à 0 m. 254 de diamètre et 0 m. 380 de longueur entre pointes. La broche de la poupée peut être fixée à n'importe quel angle de 10° sous l'horizontale de 10 degrés au delà de la perpendiculaire, et par l'emploi du socle, son axe peut prendre une position quelconque sur la table ; elle est percée d'un trou de 27 millimètres et alésée au même cône que la broche de la machine ; son nez est fileté. La contre-pointe peut être déplacée et inclinée dans son plan vertical.

ter sur leur principe et sur leurs avantages ; leur emploi est aujourd'hui classique ; tous les constructeurs de machines-outils les fabriquent, pas toujours avec la précision qu'elles exigent, et souvent avec des variantes du type primitif qui sont plutôt des singularités et des complications que des perfectionnements véritables. La fraiseuse universelle peut en effet, exécuter sans se compliquer de mécanismes accessoires une foule de travaux, et c'est, en général une faute que de la surcharger de détails encombrants et coûteux pour le très problématique avantage de lui permettre de réaliser quelque tour de force, susceptible sans doute de frapper les visiteurs d'une exposition, mais à peu près inutile dans la pratique courante. Les constructeurs de marque, qui se sont attirés, dans la fabrication de ces machines une réputation inattaquable, se sont bien gardés de tomber dans cette

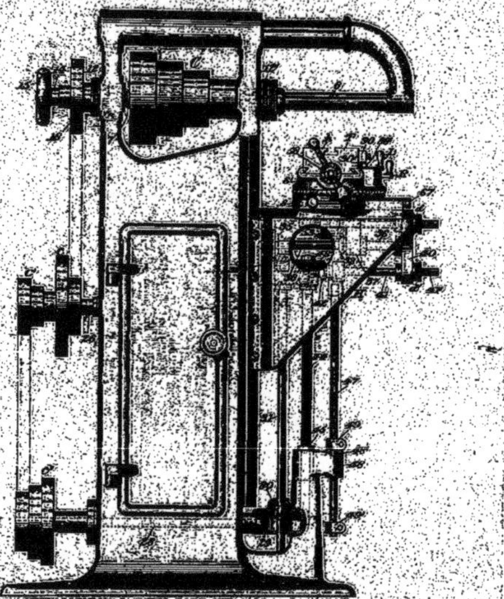

Fig. 351. — Fraiseuse universelle *Tyler et Grohman* (*Brown et Sharpe*). Élévation.

erreur ; leur machines sont, au contraire, de plus en plus simples, robustes, accessibles en tous leurs points ; les porte à faux y sont aussi réduits que possible, les glissières très larges, le nettoyage facile, les frottements sont établis avec des portées très étendues, un guidage exact et des rattrapages d'usure parfois automatiques ; je ne puis que rappeler ici ces soins de détail, souvent négligés, essentiels d'ailleurs dans toutes les machines-outils et dont l'oubli fait toujours payer cher le bon marché du prix d'achat.

La maison Brown et Sharpe exposait, cela va sans dire, une magnifique série de fraiseuses, dont les types fondamentaux ont été trop souvent décrits pour qu'il soit nécessaire d'en répéter ici des descriptions ; je n'en décrirai que deux types nouveaux, sinon par leur ensemble, qui dérive toujours presque directement du type classique, du moins par de nombreux détails tendant constamment à la simplification.

Dans le type fig. 351-359 le cône C de la broche 7 commande par le renvoi 16, 26,

$c\, c'\, c''$, 28, 29, le pignon 30, rainuré sur l'arbre vertical 31, qui, par le train 34, 35, 36, 38, 53, 52, 54 (fig. 351 et 352) attaque les deux pignons 58 et 58', rainurés sur la vis 56 de la table T. Cette table peut ainsi glisser sur le plateau s', pivoté autour de 51 sur la table s, laquelle peut se déplacer, par la vis 50 et son écrou 37, sur la console K, dont le mouvement ascensionnel, limité par les tocs 49, 49' de la tige 47, est commandé, du carrelet 41' (fig. 351) par le train 41, 42, 43 et la vis 44, à écrou fixe 45.

Le plateau s' se fixe sur s dans l'orientation voulue par trois broches 67 (fig. 352

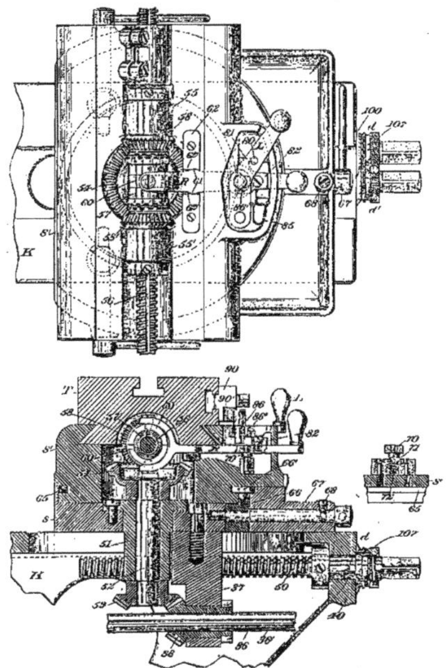

Fig. 352 à 354. — Fraiseuse universelle *Tyler et Grohman*. Détail de la table.

et 353) avec vis de serrage 68, et dont les extrémités excentrées serrent dans la rainure 65 de s' les mors 66, 66' ; on obtient ainsi un calage très rigide de s.

Le renversement de la marche de la table T s'opère au moyen de l'embrayage 57, que commande par le collier 60 (fig. 353 et 356) le levier R, et ce levier est commandé, des tocs 90 de la table T, non pas directement, mais par le levier L, pivoté sur s' en 87, et à rappel par ressort 85. Les tocs actionnent le levier L par la butée de leurs plans inclinés 90-90'' (fig. 357) sur un taquet 86, arrondi de façon que l'on puisse continuer le mouvement à la main après le débrayage de sa commande mécanique, comme en figure 357 ; en outre, ce qui est la caractéristique du système, le levier L maintient par sa butée 80, comme en figure 5 et 8, le levier R enclenché dans ses positions d'embrayage

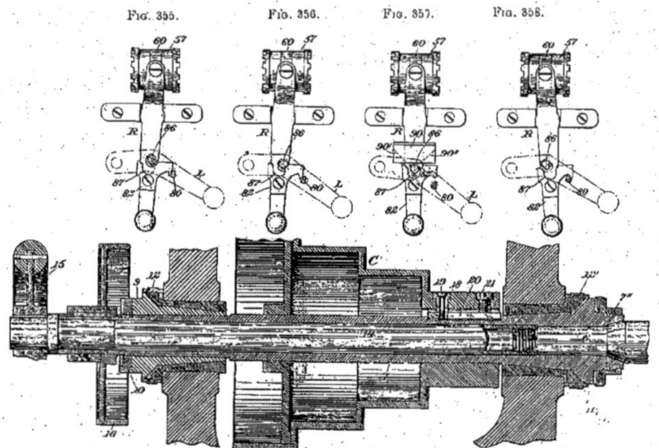

Fig. 355 à 359. — Fraiseuse universelle *Tyler et Grohman*.
Détail de la poupée motrice et de l'embrayage 57.

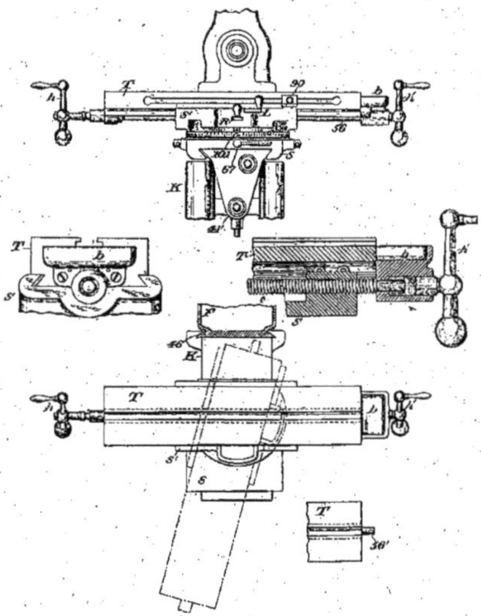

Fig. 360 à 364. — Fraiseuse universelle *Tyler et Grohman*.
Détail de la table.

jusqu'au passage des tocs ; ce passage a pour effet de repousser, comme de figure 355 à figure 356, la butée 86 dans l'encoche 87 de R, puis le rappel 25 de L achève de le déclencher en 80, comme de figure 367 à figure 368. Le levier R reste maintenu dans sa

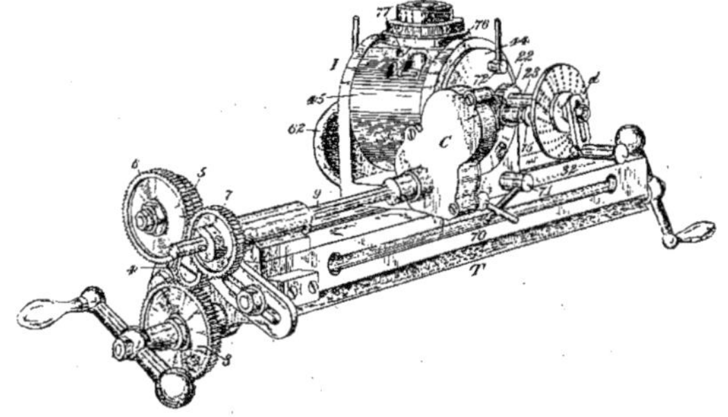

Fig. 365. — Genouillère *Grohman*.
Ensemble.

position neutre ou de débrayage par l'appui du plan incliné 71 de sa touche 70 (fig. 354) sur le verrou 71, poussé par un ressort, et qui cède quand on pousse R.

La vis 56 de la table T peut (fig. 360 et 363) se commander à la main par deux

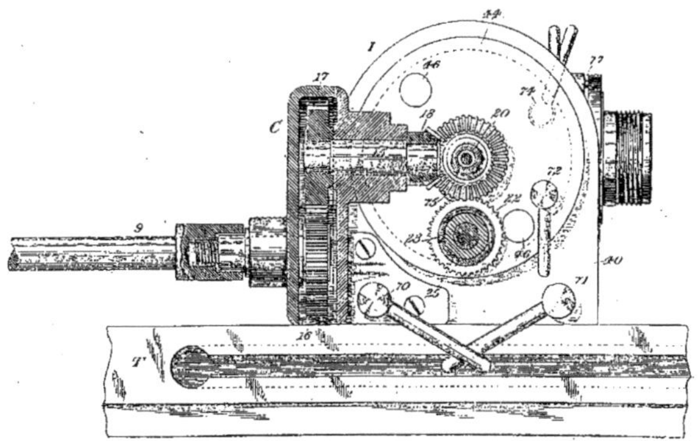

Fig. 366. — Genouillère *Grohman*.
Vue de face et coupe 2-2 (fig 368.)

manettes h et h', dont l'une, h', tournant dans un palier inamovible b, que l'on retire quand on veut retourner complètement la table comme en figure 361.

Chacun des axes 41 et 50 est pourvu d'un vernier circulaire d ou d', que l'on peut ramener au zéro en desserrant son écrou 107.

Quant au cône C (fig. 359), il est calé sur sa broche 7 par une languette 20, assujettie

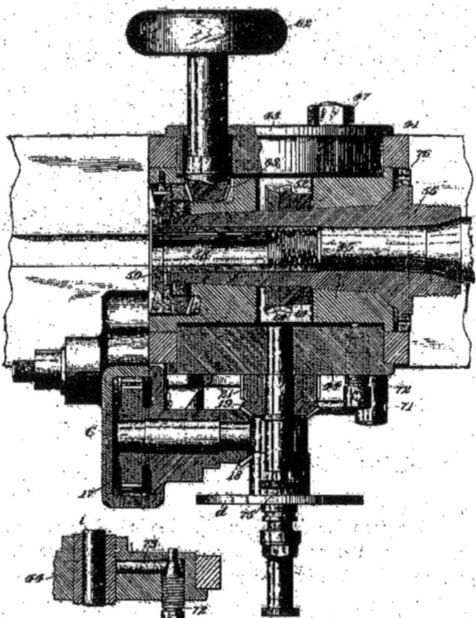

Fig. 367. — Genouillère *Grohman*.
Plan.

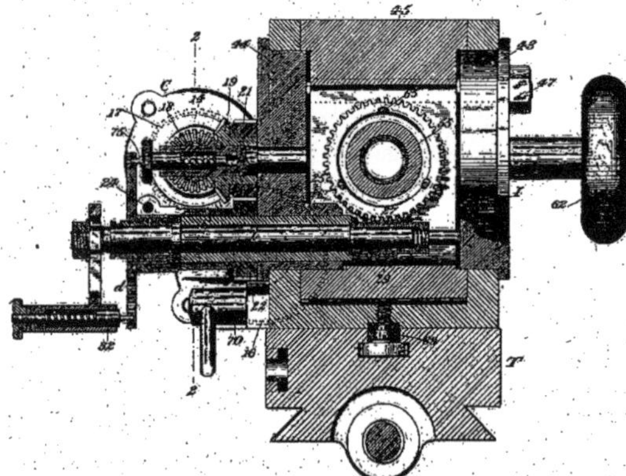

Fig. 368. — Genouillère *Grohman*.
Coupe transversale.

par les vis 19 dans les écrous 18, et la broche peut se régler dans ses portées coniques par l'écrou 10 ; cette broche porte les évite-poussière 12-12', et peut recevoir un plateau sur son filetage 7" ; le mandrin porte-fraises 6 est fileté dans l'axe 14, et serré sur 7" par la manette 15.

La table T porte, comme dans toutes les fraiseuses de ce genre, une genouillère, dont le détail est représenté par les figures 365 à 368. Cette genouillère est commandée, de la vis de la table, par un train de pignons variables 3, 4, 5, 6, 7 (fig. 365) à roue 7, rainurée sur l'arbre 9, qui, par le train 16, 17, 18, 19, 21, 22 (fig. 366 et 367) commande la douille fendue 23, serrable par 24 sur celle du plateau diviseur *d*. Lorsque ce plateau est alors enclenché par le verrou 32, il entraîne l'arbre *i*, qui fait, par 29, 64, pivoter la broche porte-pièce 55 dans le bloc 45, lequel peut se fixer par les écrous 47 dans l'inclinaison que l'on veut sur ses tourillons 43 et 44.

La genouillère, guidée dans la rainure de la table T par le bouton 69 (fig. 367), s'y fixe dans la position voulue par les cales 70 et 71, et le manchon 25 de *i* est fixé dans 44

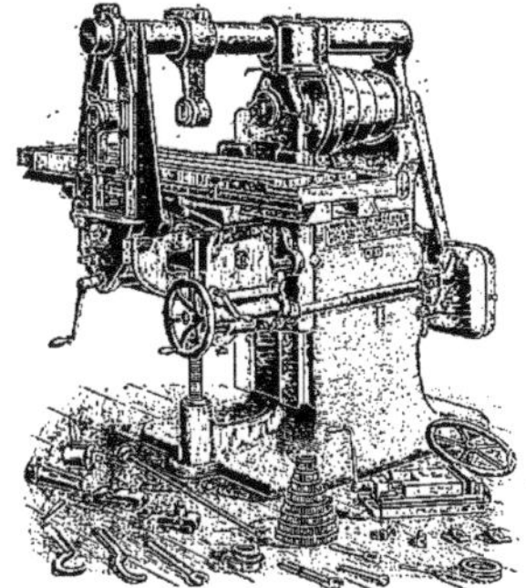

Fig. 369. — Fraiseuse *Parker* (*Brown et Scharpe*, N° 5).
Course de la table : longitudinale 1m,20, transversale 250. Distance maxima sous la broche, 0m,50.

par le verrou 73 (fig. 367) poussé par la vis 72, de sorte qu'il suffit de desserrer 24 et 72 pour pouvoir retirer *i* et *d* et débrayer de la vis 9 le pignon 64. Ce débrayage permet de faire tourner à la main la broche 55 et de l'orienter rapidement dans la direction voulue au moyen du diviseur 76, à fiche 77. Quant à la fixation du diviseur *d*, elle s'opère par le verrou 75.

La pointe 57 est fixée dans la broche 55 par la douille filetée 58, que l'on peut desserrer par la manette 62, qui la fait tourner par les pignons 63 et 59.

On remarquera, comme détail de construction, la disposition du pignon héliçoïdal 53 en deux pièces 64 et 64', assemblées par les cales 65, qui leur permettent de glisser l'une sur l'autre de manière à rattraper les jeux de la vis 9.

La fraiseuse parallèle représentée par les fig. 369 à 376 a son cône pourvu d'un train à 18 vitesses, variant en progression géométrique de 10 à 104 tours par minute ; dans la position indiquée en fig. 370 le cône mène sa broche par le train *abcdef* avec une réduction de 13,3 ; quand on abaisse l'arbre excentré A pour débrayer *d* de *c* et *e* de *f*, on abaisse aussi le plateau B, ce qui lui permet d'embrayer *c* avec *g*, et de faire la commande par *abcCgh*, avec une réduction de 3,677 ; on peut aussi, par l'excentricité du contre-arbre *cg*, débrayer *b* et *g* de *a* et de *h*. La broche commande le mécanisme de la table au moyen d'une chaîne Renold, par un train à 12 vitesses donnant des avances variant de 0 mm. 20 à 8 millimètres par tour de la broche.

Le mécanisme de sa table, commandée par une vis, est disposé de manière à pouvoir lui imprimer un retour ou une avance aussi rapide qu'avec les mécanismes à crémaillère, dont on conserve ainsi la rapidité sans renoncer aux avantages de la vis comme douceur, précision, sécurité, etc.

On reconnaît, en fig. 371 et 372, la console 1, sur colonne 2, avec vis de levage 4,

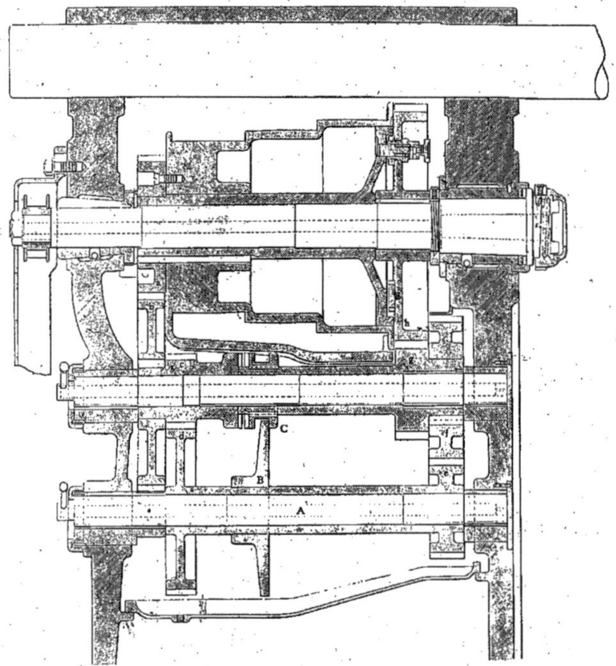

Fig. 370. — Fraiseuse *Parker*. Détail du harnais.

filetée dans l'écrou fixe 5 et commandée à la main (fig. 374) par le train 8, 7, 6. Cette console porte sur ses glissières 10 un chariot 9, à bras 11 (fig. 374) faisant en 12 (fig. 373) écrou sur la vis 13-14, qui permet de régler à la main la position transversale de ce chariot. La table 15, montée sur ce chariot, porte (fig. 373) une vis 16, filetée dans l'écrou 17 de 9, commandé à la main par le train 17' 18', 18, 20, 22, 21 (fig. 373 et 374) et automatiquement par 19, 22, 23, 25 et la vis 26 (fig. 376), dont l'arbre 27 est monté dans un palier 28, pivoté en 29 sur 24, de sorte qu'il suffit de tourner par la manette 32 (fig. 371) l'excentrique 30 (fig. 376) pour engrener ou désengrener 26 de 25. Cette vis 25 peut être commandée soit à la main par (fig. 373, 375 et 376) 33, 34, 35 et 57 soit automatiquement

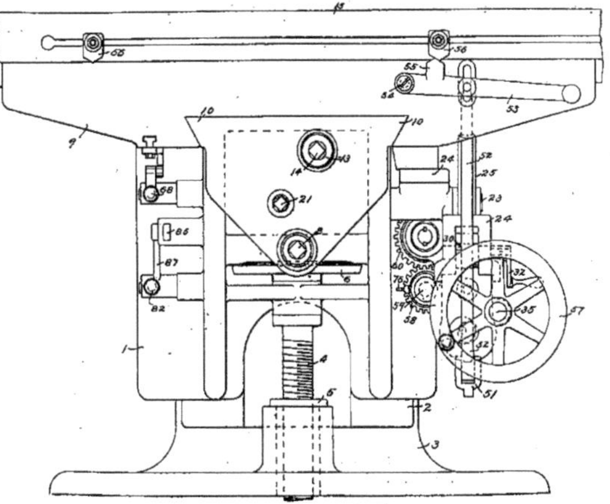

Fig. 371. — Fraiseuse *Parker*.
Élévation du mécanisme de la table.

par la transmission à joint universel 41-40, embrayable en 42, 43,44 avec le pignon 37, et

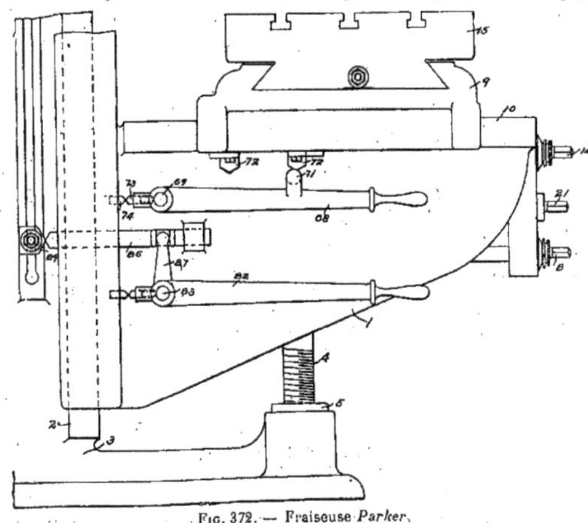

Fig. 372. — Fraiseuse *Parker*.
Vue par bout de la fig. 371.

par le renvoi 52, 51, 49, 48, 50 agissant sur le palier 38, dans lequel tourne le manchon

36 de 37. En outre, ce palier 38 est excentré dans 28, de sorte qu'il suffit de le tourner par la manette 45 pour mettre en prise 37 avec 33 ou 34, et renverser ainsi la marche de 26.

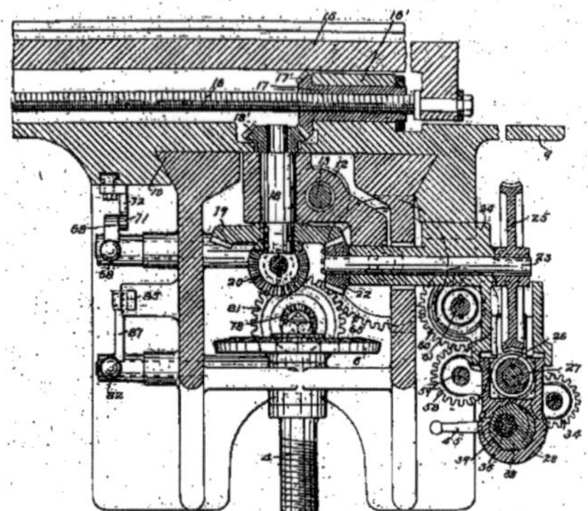

Fig. 373. — Fraiseuse *Parker*.
Coupe transversale verticale par la vis 16 (fig. 374).

Quant à l'embrayage 52, il est commandé, des tocs 56 (fig. 371) par le renvoi 55, 53, 52 : l'embrayage se fait en levant 53, et le débrayage au rabattement de 53 par 56-55. Un collet 61 (fig. 376) empêche tout déplacement longitudinal de l'arbre 39.

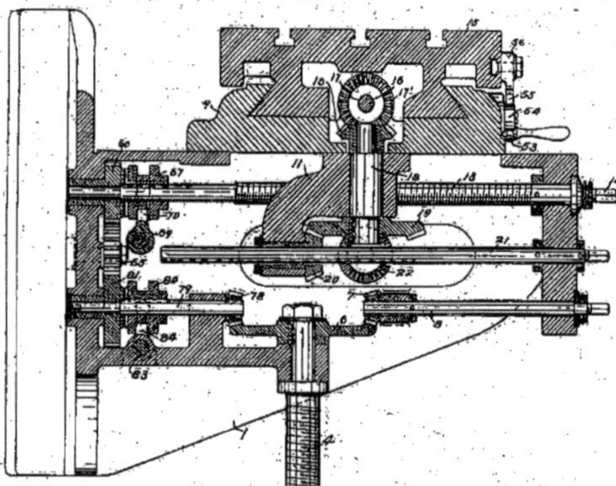

Fig. 374. — Fraiseuse *Parker*.
Coupe verticale médiane fig. 371.

L'emploi d'une seule vis 16 pour la commande de la table permet de l'abaisser sur sa console et de lui donner ainsi une grande stabilité, et sa commande à la main par 21 (fig. 372) très accessible, en dégage complètement la surface : en outre, on a pu donner à cette vis 16 un pas allongé et rapide, parce qu'elle reste, après le débrayage de sa commande automatique, absolument épaulée par la vis 26.

La commande du chariot 9 par sa vis 13 (fig. 374) se fait aussi dans les deux sens, et de l'arbre 27 (fig. 373) par le pignon 33, en prise avec celui 58 de l'arbre 59, lequel, lorsque le palier 28 est basculé de manière à débrayer la vis 36, engrène avec le pignon 60, relié à 13 par le train 61, 64, 65, 66 embrayable avec 13 par (fig. 374 et 375) le renvoi 67, 70,

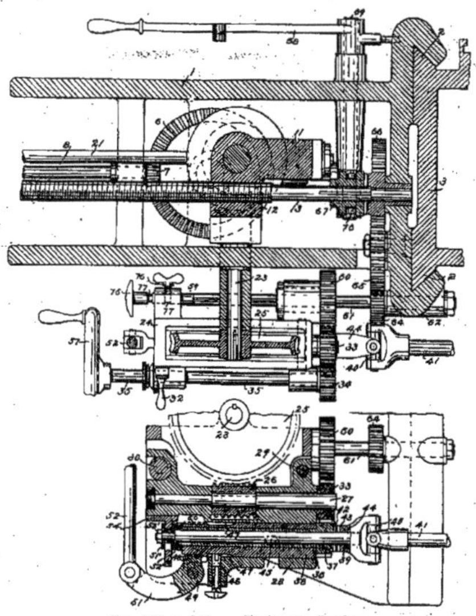

Fig. 375 et 376. — Fraiseuse *Parker*.
Coupe horizontale par l'axe 13 et verticale par 41.

69, 68 à taquet 71 (fig. 372) commandé par les tocs 72, qui le rabattent, pour le débrayage, malgré sa retenue à ressort 73-76. L'arbre 59 (fig. 372) peut s'ajuster longitudinalement en 75, par le serrage 76-77, de manière à engrener ou désengrener 58 de 33 et 50.

La commande automatique de la levée de la console se fait (fig. 4) par 65 et le train 81, 78, 6, embrayable en 80-81 par 84, 83 (fig. 372) commandé de 85, 86 par le toc 89.

Une autre maison américaine, la *Cincinnati Milling Machine* C° avait exposé tout un lot de fraiseuses des plus remarquables par leur parfaite exécution, leur simplicité et l'ingéniosité de leurs accessoires (fig. 377).

Ainsi qu'on le voit par la fig. 378 cette machine dérive, dans son ensemble, directement du type classique de Brown et Sharpe, ce dont il ne faut que la féliciter, mais elle en diffère par de nombreux détails, dus à son inventeur M. *Holz*[1], détails dont on saisira

1. G. Richard, *Traité des machines-outils*, vol. II, p. 116.

facilement l'ingéniosité par la description suivante et les figures schématiques qui l'accompagnent.

Le cône Y (fig. 378) commande (fig. 379) l'écrou v (fig. 382) de la vis L de la table K

Fig. 377. — Fraiseuse *Cincinnati*. Appareil pour tailler les crémaillères jusqu'à 505 millimètres de large.

par le train $abdj$ ou $bcdj$, suivant la position du changement de marche e, et par (fig. 381 et 382) le train $klmopqrsu$ (fig. 383) embrayable avec v par $b'a'w$ (fig. 385).

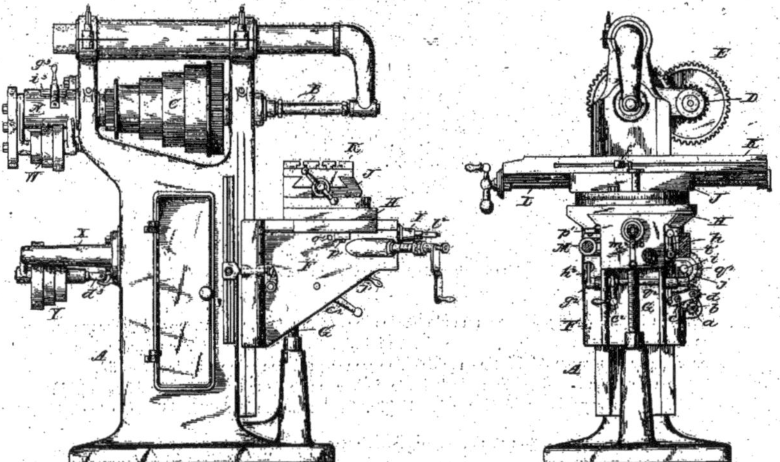

Fig. 378. — Fraiseuse *Holtz* de 1896. Élévation.

Fig. 379. — Fraiseuse *Holtz* de 1896. Vue par bout.

L'avance transversale de la table H est commandée par la vis I (fig. 381) que l'arbre l mène par (fig. 382 et 385) le train led', embrayable en g', soit à la main par $j'i'k'l'$, soit automatiquement par le toc $p'o'$ (fig. 383) et le renvoi $k'n'$.

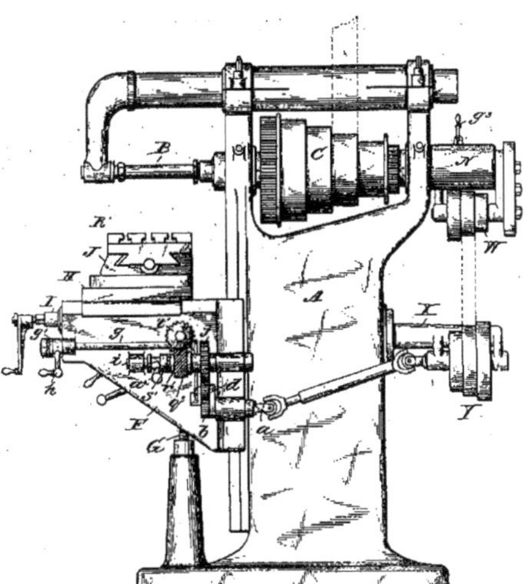

FIG. 380. — Fraiseuse *Holtz* de 1896. Élévation.

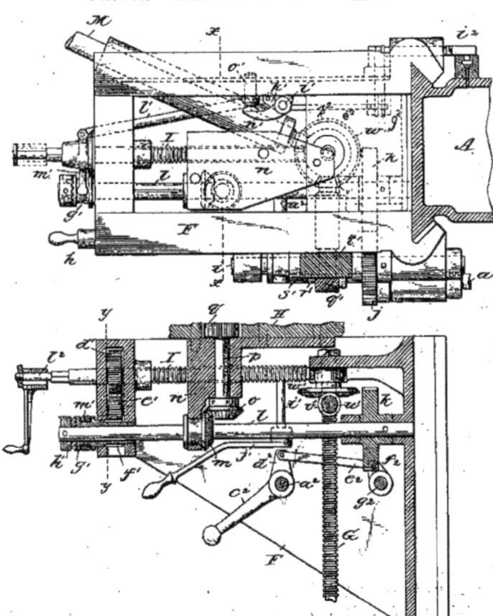

FIG. 381 et 382. — Fraiseuse *Holtz* de 1896. Détail de la console.

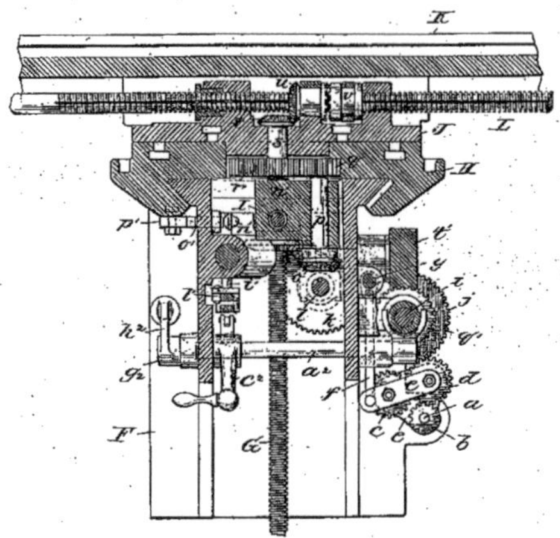

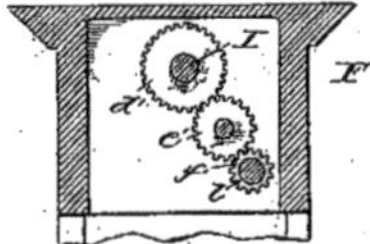

Fig. 383 et 384. — Fraiseuse *Holtz* de 1896.
Coupes *x-x* et *y-y*, fig. 381 et 382.

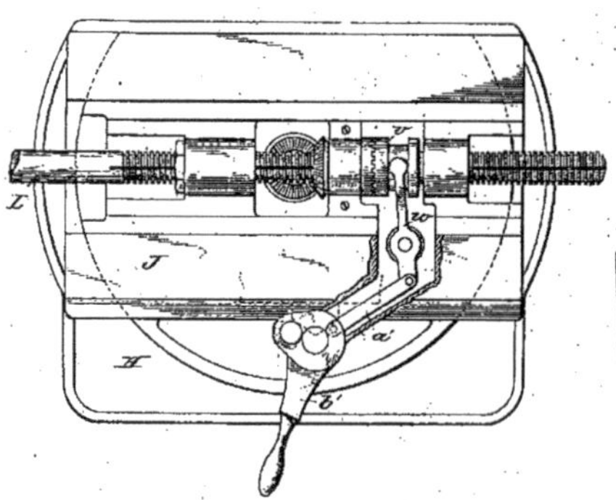

Fig. 384. — Fraiseuse *Holtz* de 1896.
Embrayage de la vis L.

Fig. 385 et 386. — Fraiseuse *Holtz*.
Détail de la broche.

La levée automatique de la console F est commandée, de l'arbre i par (fig. 380 et 381) le pignon q', embrayable sur i en r', le train $t'u'v'$ et le pignon w', calé sur la vis G. L'embrayage r' se fait soit à la main par c^2a^2 (fig. 380 et 382) soit automatiquement par le toc i^2 (fig. 381) et le renvoi $h^2g^2d^2e^2$ (fig. 382 et 383); la vis G peut être aussi commandée à la main par (fig. 381 et 382) Mk^2w', pour l'ajustement de la console.

Pour éviter les accidents aux ouvriers pendant le fonctionnement automatique, les carrelets de M et de I sont, comme en 12 (fig. 382) terminés par un prolongement sur lequel repose librement la manette de ce carrelet.

Le changement de vitesse de l'arbre a est commandé (fig. 378 et 390) par la manette g^3,

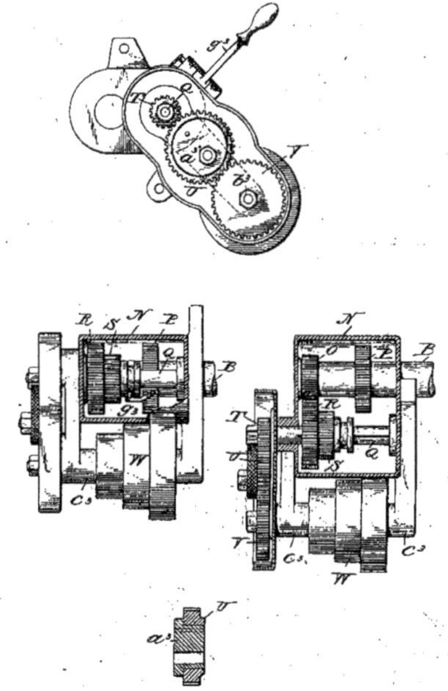

Fig. 387 à 390. — Fraiseuse *Holtz* de 1896.
Détail du harnais T.

qui, déplaçant les pignons R et S, solidaires et rainurés sur Q, fait engrener s avec O ou S avec P, et mener ainsi le cône W à deux vitesses différentes par BOR ou BPR, et le train variable TUV ; on peut encore changer ces vitesses en enfilant T sur b^3 et V sur a^3, puis en tournant l'excentrique a^3, de manière à faire réengrener U avec V et T.

Dans le type de fraiseuse plus récent représenté par les fig. 392 à 399, l'arbre B de la broche commande celui C' (fig. 397) de la table par le harnais L (fig. 392 et 394) avec changement de vitesse par SQ, le renvoi desmodromique D' uvw et le harnais T (fig. 377, 378 et 379)

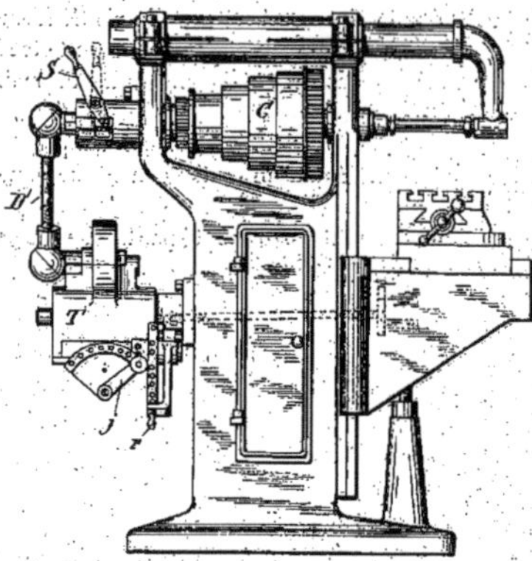

Fig. 392. — Fraiseuse *Holtz* de 1900.
Élévation.

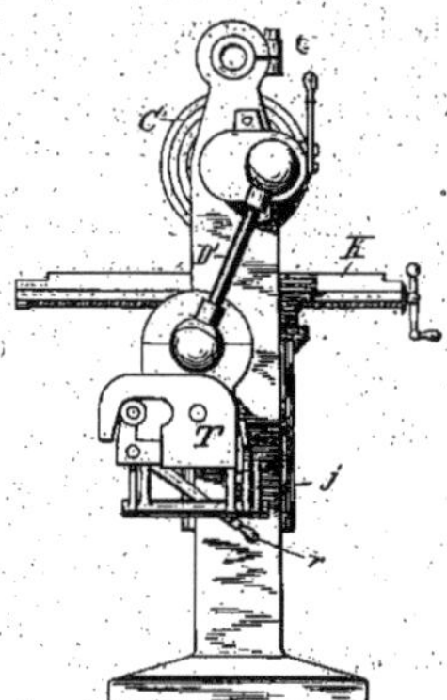

Fig. 393. Fraiseuse *Holtz* de 1900.
Vue par bout.

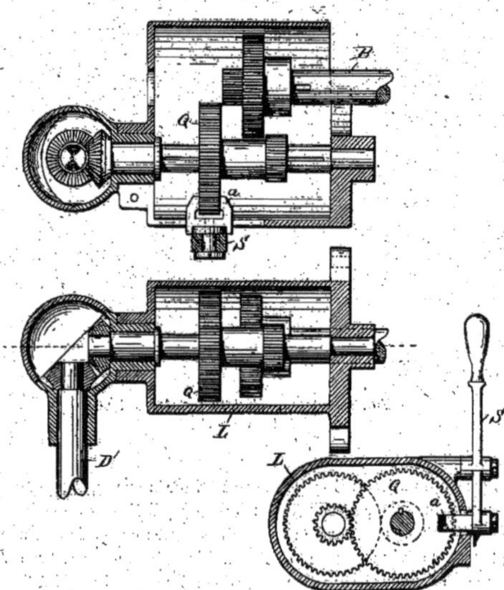

Fig. 394 à 396. — Fraiseuse *Holtz* de 1900.
Détail du train Q.

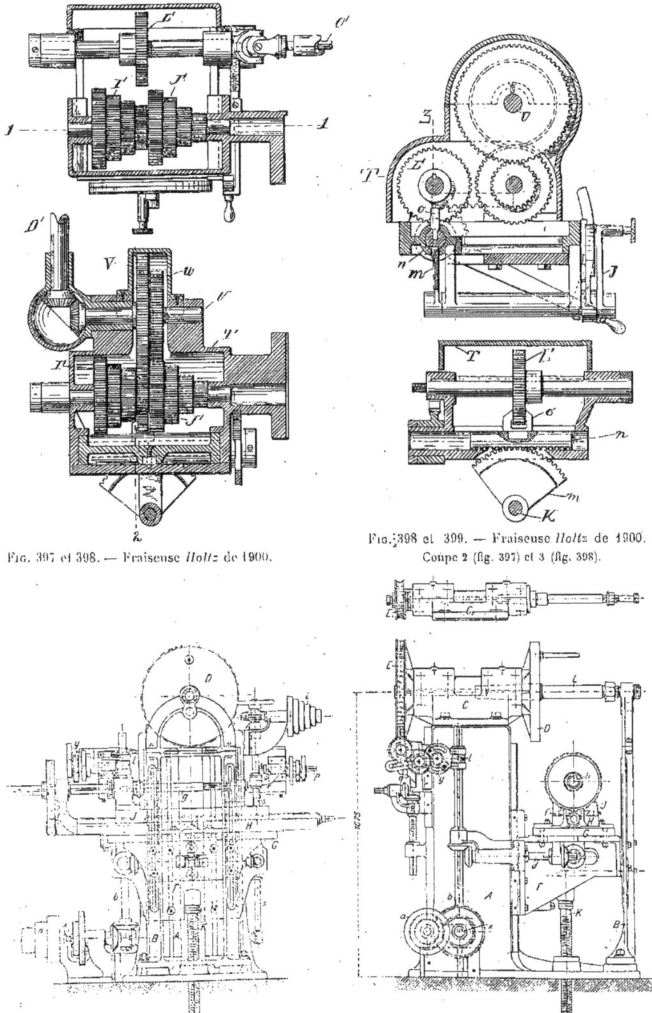

Fig. 397 et 398. — Fraiseuse *Holtz* de 1900.

Fig. 398 et 399. — Fraiseuse *Holtz* de 1900.
Coupe 2 (fig. 397) et 3 (fig. 398).

Fig. 400. — Fraiseuse *Reineker*.
La levée de la console F se face par la vis K. La poulie *a*, commande par le train réducteur *x*, l'axe vertical *b*, qui mène par *l*, *y*, E, *e*, plateau D de la broche L, et, par *d*, le mécanisme de la table.

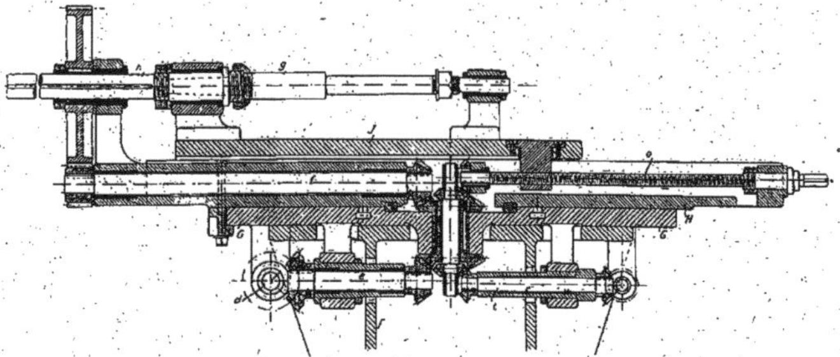

FIG. 401. — Fraiseuse *Reinecker.*

Mécanisme de la table par l'arbre *e* commandé par *d* (fig. 400) commande par *f h*, la broche *g*. La vis *o* de la table *j* est commandée du cône *l*, fig. 400 et du train variable *p*, par le renvoi *s*, *t* (fig. 400 et 401).

FIG. 402. — Fraiseuse universelle *Ernault.*

Le chariot porte-fraise est équilibré et possède le mouvement vertical ; la commande de ce chariot se fait soit à l'avant, soit sur le côté, une graduation avec vernier permet le réglage rigoureux de la fraise. Les engrenages sont à denture hélicoïdale. L'arbre porte-fraise en acier cémenté, trempé et rectifié, tourne dans des coussinets en bronze dur, à rattrapage concentrique de jeu. L'extrémité du mandrin porte-fraise est soutenue en lunette dans un support se déplaçant sur un coulisseau vertical, et relié au chariot porte-fraise par un bras de soutien de fort diamètre. Le coulisseau peut se déplacer transversalement pour se rapprocher des tables suivant les besoins. *Un support intermédiaire* sur le bras de soutien maintient la broche tout près de la fraise. Toutes ces pièces étant bloquées dans la position de travail forment un ensemble absolument rigide. Tous les chariots ont des butées réglables. Il est fourni avec chaque machine un mandrin porte-fraise avec rondelles de réglage, une tige de fixation de ce mandrin, les manivelles et les clés de service et un réservoir récupérateur du liquide lubrifiant. Le mouvement est transmis à l'arbre vertical par pignons coniques, la broche peut s'incliner d'un angle quelconque dans le plan vertical ; cette inclinaison est lue sur un cercle gradué.

à cônes de pignons I′ et J′, avec l'un desquels on met en prise le pignon L′, rainuré sur L. A cet effet, on commence, au moyen du renvoi *jkmno*, par amener L′ devant celui des pignons avec lequel on veut le faire engrener; puis, par le levier *r*, son secteur et sa cré-

Fig. 403. — Fraiseuse horizontale articulée *Ernault*.

Ces machines sont employées pour le façonnage des pièces de forme suivant gabarit. Leur disposition particulière permet l'emploi de fraises hélicoïdales, ce qui est un grand avantage au point de vue du fini du travail. On peut aussi les utiliser comme machines à fraiser horizontales ordinaires en bloquant le battant porte-fraise contre son secteur-guide, à l'aide d'un boulon spécial. Le renvoi de mouvement et son débrayage sont installés sur la machine même. Le mouvement est transmis à l'arbre porte-fraise par un cône à 2 vitesses. Un bras de soutien permet de tenir en pointe l'extrémité de l'arbre porte-fraise. Cet arbre est en acier trempé et rectifié; il tourne dans des bagues en acier trempé avec cône de rattrapage de jeu. Un réservoir, alimenté par une pompe rotative fixée à l'arrière, permet l'arrosage constant de la fraise en travail. Une touche réglable permet le fraisage rectiligne suivant gabarit. La table porte-pièces comprend deux chariots. 1° Un chariot animé d'un mouvement transversal permettant le réglage à la main; 2° Un chariot supérieur animé d'un mouvement longitudinal. Ce mouvement longitudinal se fait soit à la main, soit automatiquement, par un cône à 3 étages dont la rotation dépend de celle de l'arbre porte-fraise. Le mouvement automatique comporte un changement de marche donnant l'automaticité dans les deux sens, et un mouvement de bascule permettant le débrayage automatique, au moment voulu, à l'aide de butées réglables. Enfin, le battant est réglable en hauteur par un système de vis et d'engrenages manœuvrés par manivelle; des butées limitent le mouvement de ce battant.

Dimensions principales : Course longitudinale automatique du chariot porte-pièces, 450; course transversale à la main du chariot porte-pièces, 165; longueur utile de la table porte-pièces, 550; largeur, 270; diamètre du plateau porte-pièces, 250; réglage vertical du battant porte-fraise, 230; renvoi : diamètre des poulies 300, largeur des poulies, 60; poids, 1.010 kilog.

maillère, on met L′ en prise avec ce pignon; on peut ainsi obtenir 16 vitesses par chaque gradin du cône C, et par un mécanisme simple et très robuste.

La maison *Reinecker* exposait de nombreuses fraiseuses très bien excécutées et dérivées pour la plupart, comme celle fig. 400 et 401, des types américains.

Les fraiseuses universelles et les variétés se rattachant à ce genre de machines se présentent sous des formes très diverses bien qu'elles renferment toujours les mêmes mécanismes fondamentaux ; en voici (fig. 402-404) quelques exemples intéressants.

Il faut en outre, rattacher à l'étude de ces machines l'examen d'une foule de détails

Fig. 404. — Fraiseuse *Liot*.

Cette machine est spécialement disposée pour les fraisages circulaires compliqués, et pour faire les raccordements des parties circulaires avec les parties droites. Sur le côté du bâti en fonte, se trouve le chariot vertical monte-et-baisse. Sa position est réglée par un grand volant portant 100 divisions, se déplaçant en regard d'une alidade fixe. Ce chariot vertical sert de fourreau à un banc pivotant sur lequel est monté le porte-pièces, qui se compose de deux chariots superposés. Le chariot supérieur est réglable sur le chariot inférieur au moyen de deux glissières. Sur le côté du chariot inférieur se trouve un coulisseau portant deux butoirs dont la tête est graduée. Le banc pivotant porte une roue de vis sans fin en bronze dur. L'ensemble de la commande de ce disque et du mouvement monte-et-baisse du banc est à bascule, rendant ainsi le mouvement du disque *automatique*, ainsi que le mouvement longitudinal du porte-pièces. Le mouvement automatique de rotation peut être donné dans un sens ou dans l'autre, ainsi que le mouvement monte-et-baisse ; ces deux mouvements peuvent être donnés ensemble ou séparément. Enfin, ils peuvent être aussi commandés à la main. Sur le col de cygne du bâti glisse le chariot porte-broche, qui permet de travailler soit avec une fraise horizontale, soit avec une fraise verticale. La commande de ce chariot se fait à la main.

Dimensions principales : Longueur de la table, porte-pièces supérieure, 500 ; largeur, 280 ; longueur de la table du bâti, 625 ; largeur, 246 ; porte-outil vertical : hauteur maxima au-dessous du nez porte-fraise, 215 ; porte-outil horizontal : hauteur maxima de la fraise, 400 ; poids approximatif, 2.300 kilog.

très intéressants : genouillères, diviseurs, têtes à combinaisons (fig. 405 et 406) ; ces accessoires ne présentaient à l'Exposition aucune nouveauté de principe véritablement importante sinon dans quelques fraiseuses à tailler les engrenages, et que nous décrirons plus tard[1].

1. On trouvera la description d'un grand nombre de ces détails dans mon *Traité des machines-outils*, vol. II, chapitre des fraiseuses.

Fig. 405. — Accessoire *Brown et Sharpe* permettant de mortaiser sur la fraiseuse.

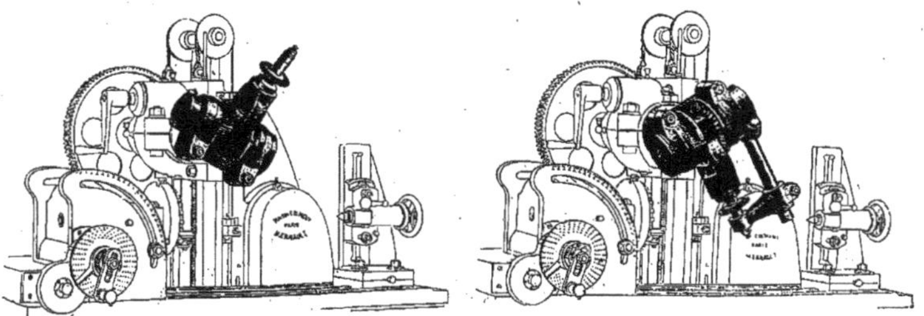

Fig. 406. — Tête de fraiseuse universelle *Colmant*.

Fraiseuses verticales.

Les fraiseuses verticales étaient très nombreuses à l'Exposition. On connaît les avantages généraux de ce type de machines analogues en partie à ceux des tours verticaux pour la facilité de disposer les pièces sur leurs chariots, en général compound et porteurs d'un plateau permettant le fraisage circulaire, ainsi que, comme dans le type primitif de Desgranchamps [1] le travail automatique au gabarit.

Les machines de ce genre qui figuraient à l'Exposition, bien que présentant des détails

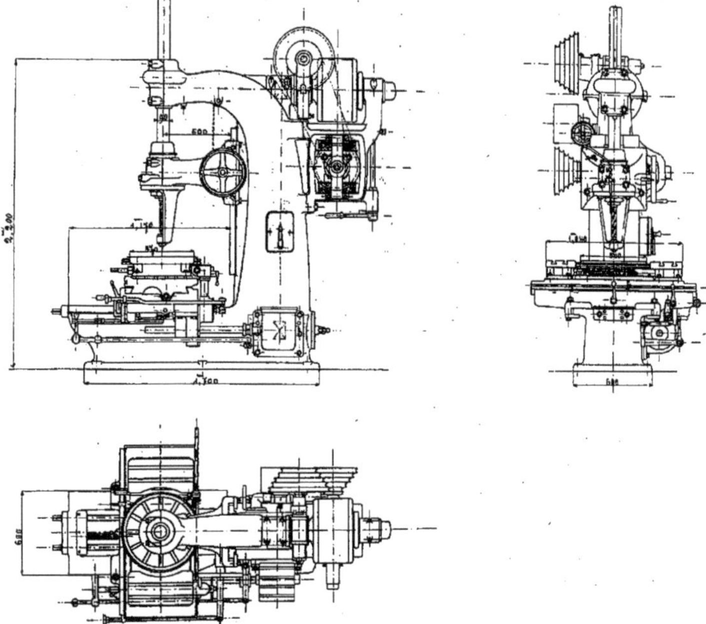

Fig. 407. — Fraiseuse verticale de *Grafenstaden*.

de construction ingénieux, ne différaient guère, dans leur ensemble, de leurs prédécesseurs de quelques années [2], sinon par quelques modifications étudiées principalement pour leur adaptation aux commandes par dynamos.

1. G. Richard, *Traité des machines-outils*, vol. II, p. 47.

2. G. Richard, Machines de *Krentzberger*, *Ducommun*, *Smith et Coventry*, *Hulse*, *Hille et Jones*, *Richards*, *Fox*, *Oerlikon*, *Bouhey*.

Tel est le cas de la remarquable fraiseuse de *Grafenstaden* représentée par les fig. 407-422.

La transmission du mouvement de rotation du moteur électrique (de cinq chevaux à courant continu et de 220 volts) à l'arbre porte-fraise a lieu par deux cônes à cinq vitesses avec courroie à coin, munie d'un tendeur, une paire d'engrenages de réduction à denture héliçoïdale AB (fig. 408), un harnais différentiel logé dans un tambour C relié à la roue B et une paire d'engrenages coniques. Ce tambour est muni à l'intérieur d'un moyeu garni d'une boîte D avec embrayage à crans. L'arbre E du cône et du pignon A est logé dans un support formant réservoir d'huile, relié au bâti par le chapeau de la niche qui loge les engrenages coniques FG de commande du mouvement de translation des chariots (fig. 409).

La roue de l'engrenage de réduction B et le tambour C sont fous sur l'arbre longitudinal H

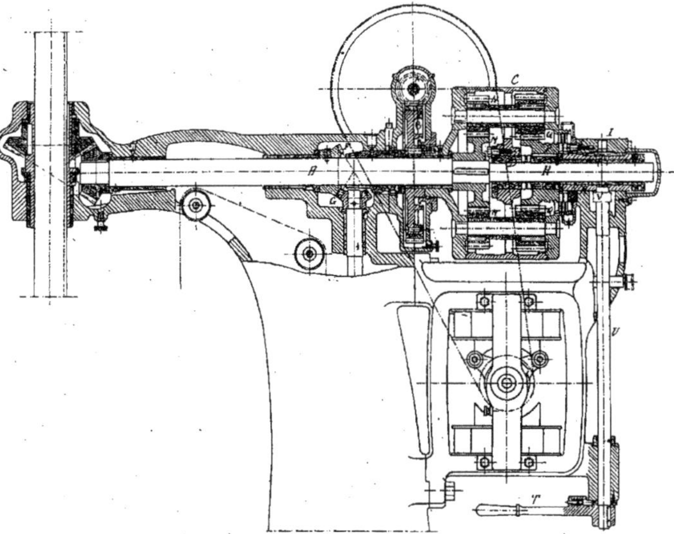

Fig. 408.

logé à l'avant dans le bâti et à l'arrière dans le palier I du support formant bâti des inducteurs du moteur électrique et qui porte à l'avant le pignon de la roue conique de l'arbre porte-fraise, la roue F des engrenages coniques du mouvement d'avance.

Le harnais différentiel logé dans le tambour C se compose de deux trains, un train P, Q d'arrière et un train MN d'avant, les pignons formant un planétaire. La roue P est folle, sur H, munie d'une boîte O dentée à crans, comme le moyeu lui-même ; les pignons QN, reliés deux par deux, sont montés fous sur deux tourillons diamétralement opposés dans le tambour (fig. 408).

La boîte O, placée dans la douille R qu'elle entraîne, peut coulisser dans le palier du support des inducteurs sous l'action d'un levier qui se trouve sous le moteur électrique. Ce palier porte aussi à demeure la rondelle S à crans d'arrêt. Par les cinq poulies des cônes et ce mécanisme, l'arbre porte-fraise peut recevoir dix vitesses variant de 9,6 à 191 tours par minute.

Pour le travail sans harnais, où l'arbre H a la même vitesse que le tambour, la roue P est rendue solidaire avec le tambour C en embrayant P avec D, vers la gauche.

Pour le travail avec engrenages, la roue d'arrière P est embrayée avec S. Alors P forme roue-pivot et les pignons QQ, gravitant autour de celle-ci, tournent sur leurs tourillons et impriment à l'arbre H par M une vitesse ralentie dans la proportion admise pour ce harnais.

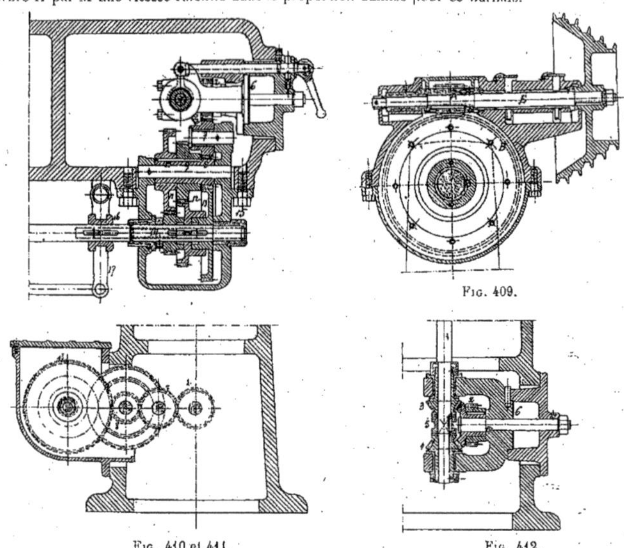

Fig. 409.

Fig. 410 et 411.

Fig. 412.

Ce système de harnais a l'avantage de permettre d'obtenir de grands rapports de réduction de vitesse avec un faible encombrement, l'emploi d'un tambour dans lequel les engrenages peuvent

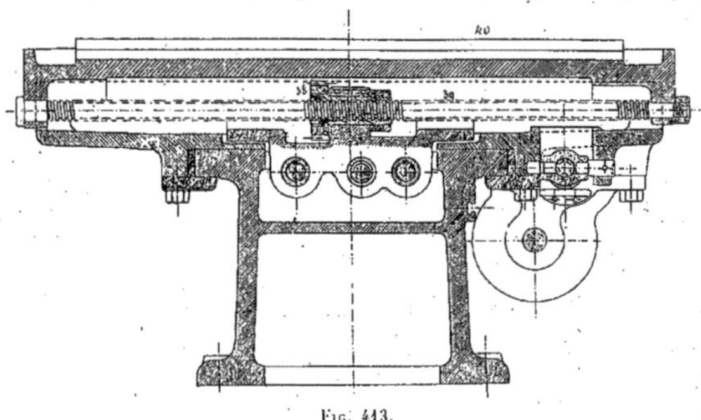

Fig. 413.

travailler dans un bain d'huile, garantis contre la poussière et qui supprime tout risque d'accident. En outre, par suite de l'emploi de pignons satellites opposés, le moteur de rotation est remplacé par un couple dont les actions symétriques n'exercent pas de réaction sur les paliers.

Les mouvements de rotation et de translation peuvent être arrêtés en un point précis en déplaçant la roue P de façon que ses crans ne soient plus en contact ni avec D ni avec S.

Le déplacement de la douille R et par conséquent de la roue P s'opère à l'aide du levier T muni d'un cliquet d'arrêt pour trois crans et actionnant l'arbre vertical U, terminé par un bouton d'excentrique V.

L'arbre vertical commandé par les roues coniques FG (fig. 408), transmet le mouvement au

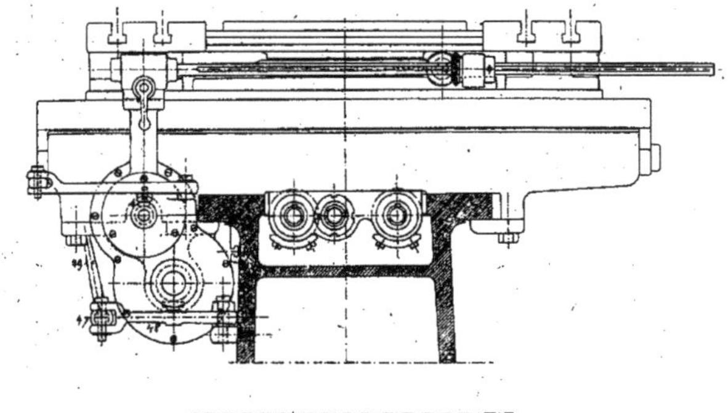

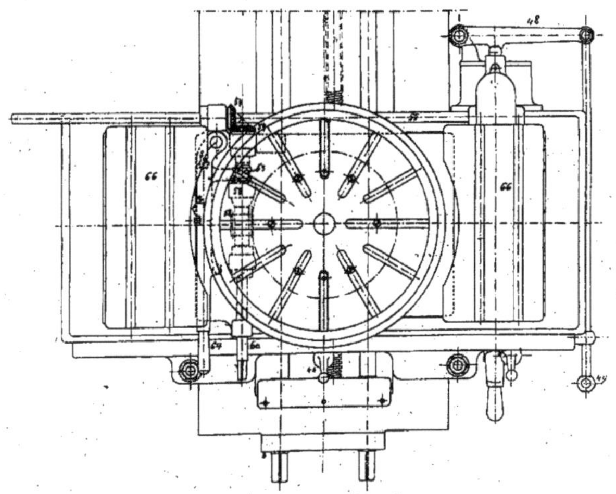

Fig. 414 et 415.

pignon droit 2 par l'une des roues coniques 3, 4 (fig. 412), actionnées par le manchon 5. Ce groupe fait partie d'un support 6 fixé à l'arrière du banc. Le manchon 5 se déplace par fourche et excentrique pour varier la direction du mouvement. Latéralement et à la même hauteur est fixé un support 15 qui porte un deuxième groupe de roues dentées dont 7 engrène avec 2, et fournit trois variations de vitesse paa 8 9 10 engrenant avec 13 12 11 folles sur l'arbre 14 et entraînant cet arbre, l'une ou l'autre, par clavette et broche centrale, cette dernière commandée par 16 et le levier 17 (fig. 410).

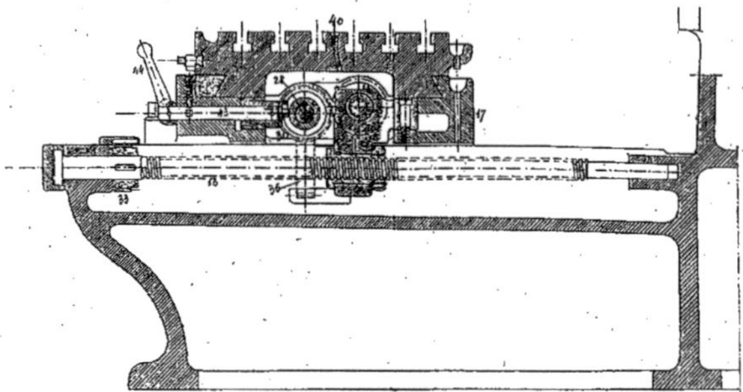

Fig. 417.

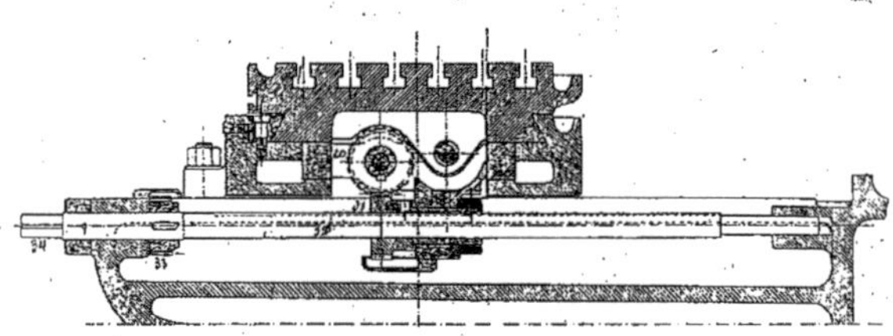

Fig. 418.

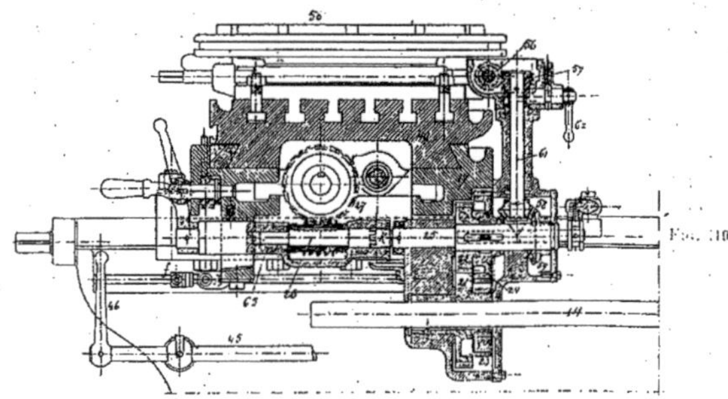

Fig. 419.

Fig. 417 à 419.

L'arbre 14 transmet son mouvement à l'arbre 25 avec deux variations de vitesses par les roues 21 23 et 22 24, ces dernières munies de clavettes centrales, et l'arbre 25 le fournit aux trois chariots de la façon suivante (fig. 419) :

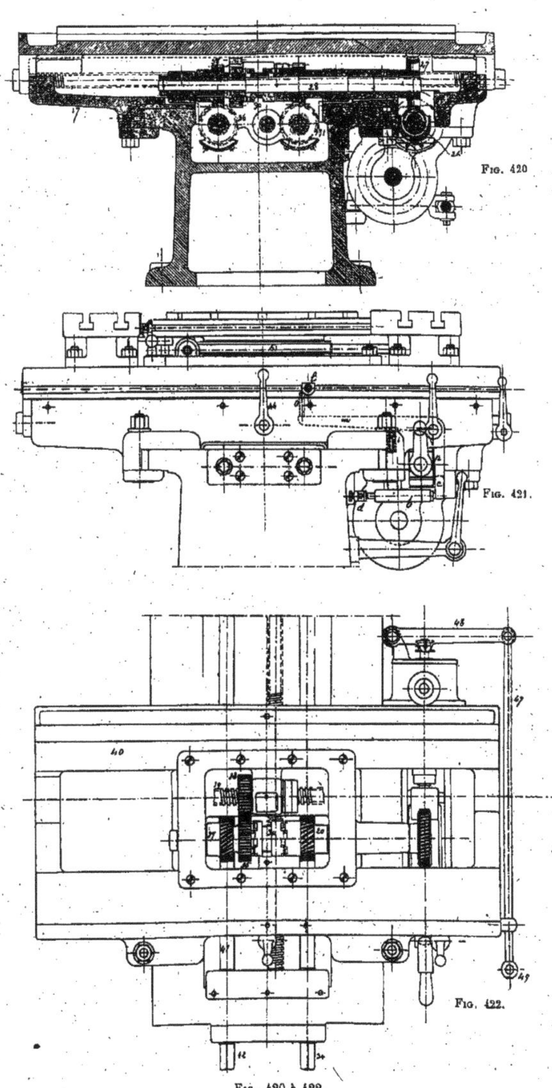

Fig. 420

Fig. 421.

Fig. 422.

Fig. 420 à 422.

La vis sans fin 26, avec roue 27, entraîne 28 avec le manchon 30 calé sur 28. En faisant embrayer 30 avec la roue héliçoïdale 20, on fait marcher l'arbre longitudinal 32 par 31 et 32 communique la rotation à la vis 18 par deux pignons droits 33. De là le déplacement longitudinal automatique du chariot 17. Pour agir à la main on fait tourner 32 par 34, carré au bout de l'arbre, en ayant soin de débrayer le manchon 30 (fig. 422).

En faisant embrayer 30 avec 35, fou sur 28, on fait marcher 36 par 37 et 38 par 35. Ces deux derniers font tourner l'écrou de la vis 39 et produisent le mouvement transversal du chariot 40. Pour le déplacer à la main, on débraye 30 (fig. 422) et l'on tourne sur 41 par 42; alors par 36 37 35 et 38 on agit sur l'écrou. Le débrayage du manchon 30 se fait par l'excentrique 43 et le levier 44 (fig. 417).

Les machines de *Bouhey*, *Kendall* et *Gent*, *Reincker*, dont l'ensemble est suffisamment représenté par les fig. 423-427 peuvent être citées parmi les meilleures de cette espèce, mais il est inutile de nous y arrêter davantage.

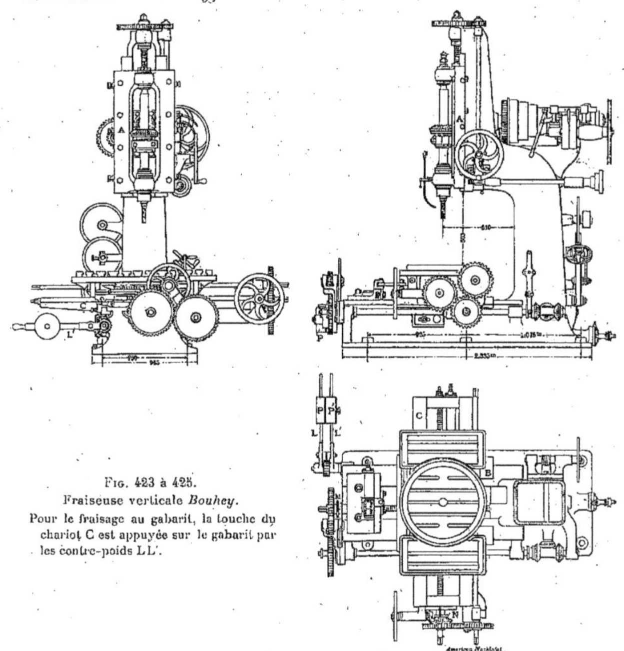

Fig. 423 à 425.
Fraiseuse verticale *Bouhey*.
Pour le fraisage au gabarit, la touche du chariot C est appuyée sur le gabarit par les contre-poids LL'.

La fraiseuse verticale de *Becker-Brainard*, représentée par les figures 428-433, est caractérisée principalement parce que sa broche tourne dans trois paliers, dont deux fixes et un, le supérieur, mobile, à forte douille et réglable de manière à permettre de lui faire supporter presque toute la tension de la courroie motrice et de laisser à la broche un faible jeu de

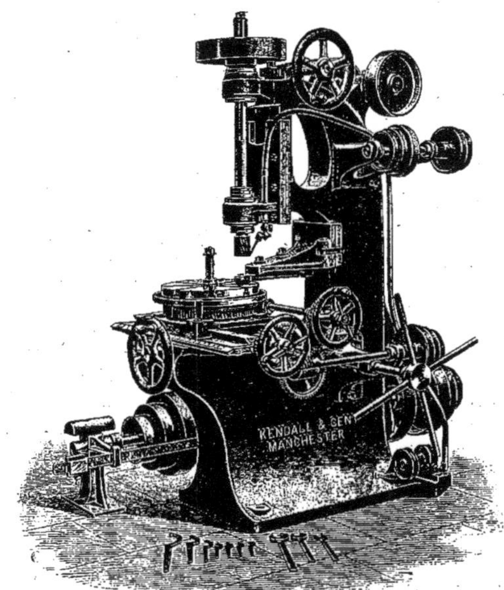

Fig. 426. — Fraiseuse verticale *Kendall et Gent.*

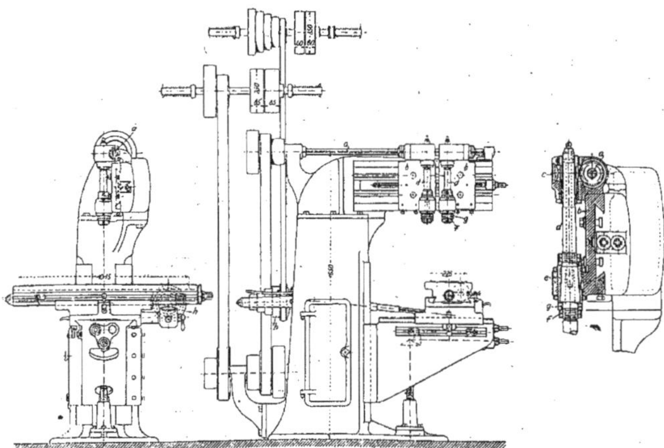

Fig. 427. — Fraiseuse verticale *Reineker* à double broche *dd*, commandée par *ac*, sur glissière *b*.

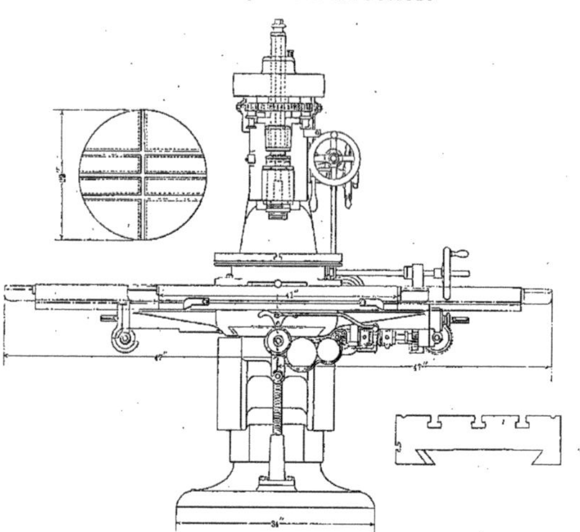

Fig. 428. — Fraiseuse verticale *Becker-Brainard*.
Élévation.

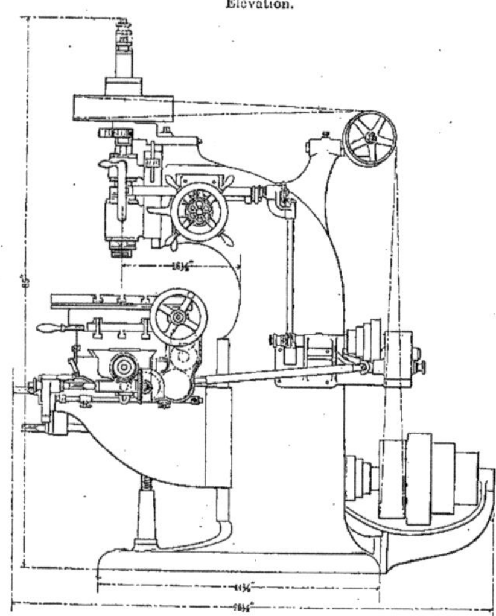

Fig. 429. — Fraiseuse verticale *Becker-Brainard*.
Vue par bout.

0 mm. 10 dans ses paliers fixes[1]; on a pu ainsi donner aux broches des fraiseuses de moyenne importance des vitesses très considérables : 3.000 tours par minute, et jusqu'à

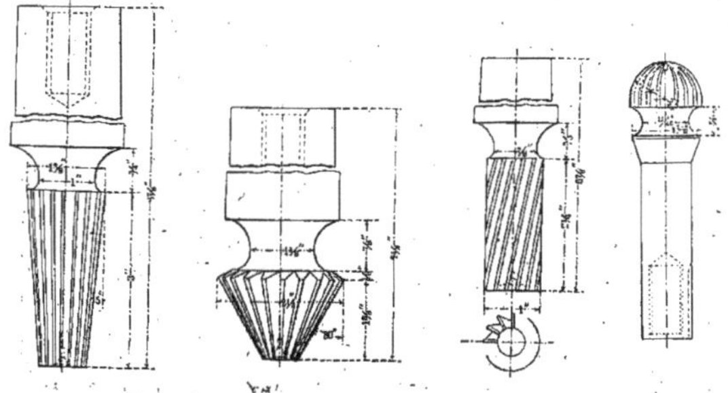

Fig. 430. — Fraiseuse verticale *Becker-Brainard*. Types de fraises

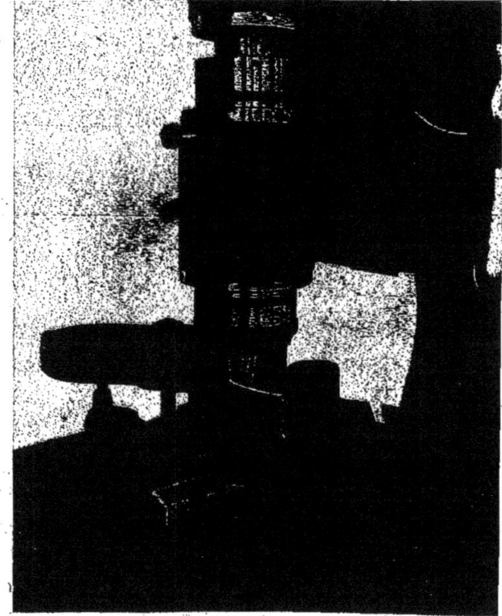

Fig. 431. — Fraiseuse verticale *Becker-Brainard*. Fraisage circulaire.

1. G. Richard, *Traité des machines-outils*, vol. II, p. 81.

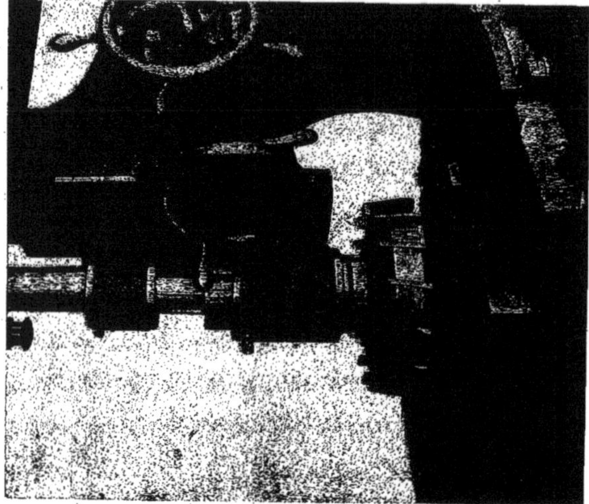

Fig. 432. — Fraiseuse verticale *Becker-Brainard*.
Fraisage de front.

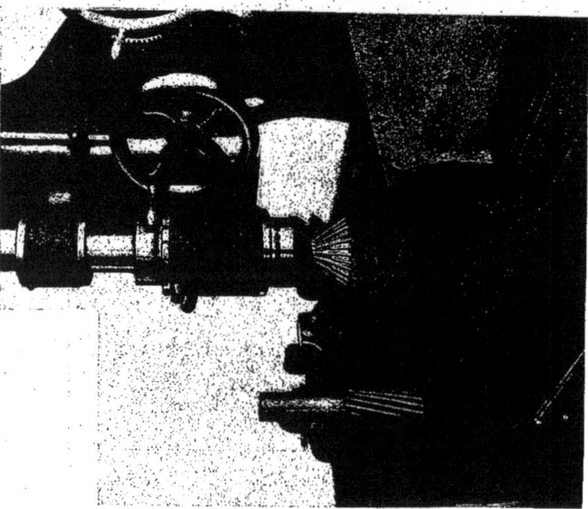

Fig. 433. — Fraiseuse *Becker-Brainard*.
Fraisage d'une glissière.

10.000 dans certaines petites fraiseuses spéciales à graver les métaux. La broche a 75 millimètre de diamètre; sa poulie motrice, à cinq vitesses par changements à pignons intérieurs symétriques, a 400 de diamètre sur 100 de large; sa levée, automatique ou à la main, est de 230 millimètres, avec arrêt automatique en un point quelconque, de sorte qu'elle peut fonctionner parfaitement comme aléseuse ou perceuse; un vernier donne, à chaque instant, la profondeur du perçage ou de la coupe. La table, de 1 m. 35 $\times$ 355 millimètres, se déplace automatiquement de 1 m. 07 dans les deux sens, avec retour rapide à vitesse triplée; l'avance automatique transversale sur la console est de 400 millimètres: distances maxima de la branche à la table et à son plateau, 545 et 400 millimètres. Le plateau, de 533 millimètres, est à rotation automatique dans les deux sens.

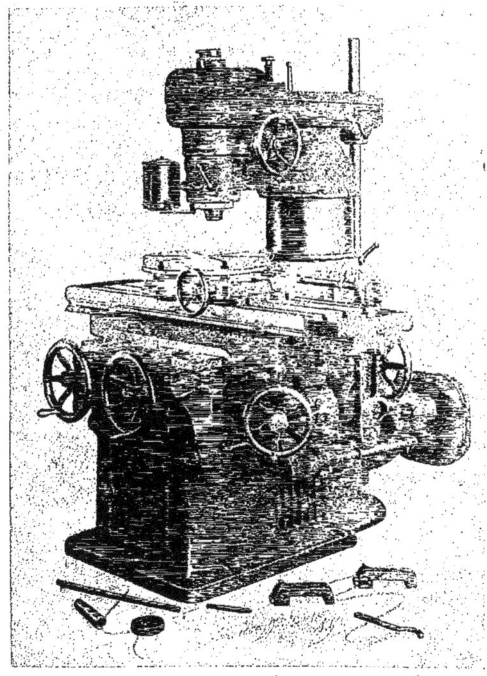

Fig. 434. — Fraiseuse verticale *Brown et Sharpe*.

La fraiseuse verticale de *Brown et Sharpe*, représentée par les figures 434-436, est conforme, dans son ensemble, au type classique de cette maison [1], mais elle s'en distingue par quelques détails de construction qui méritent d'être signalés. C'est ainsi que la broche

1. G. Richard; *Traité des machines-outils*, vol. II, p. 30.

porte-fraise est commandée, de l'arbre vertical d'arrière, par une chaîne *Renold*, supportée

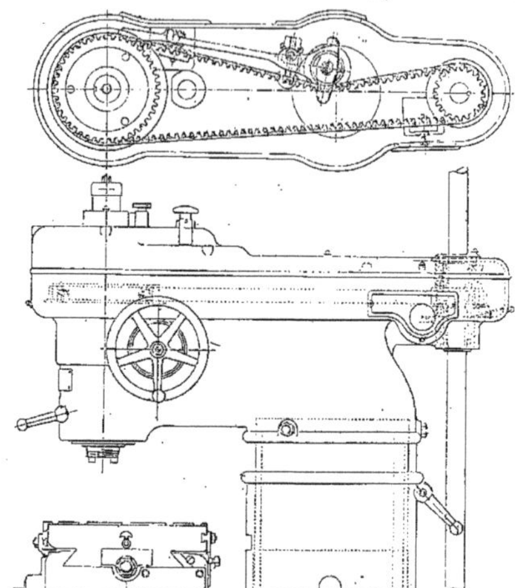

Fig. 435. — Fraiseuse verticale *Brown et Sharpe*.
Détail de la commande de la broche par une chaîne *Renold*.

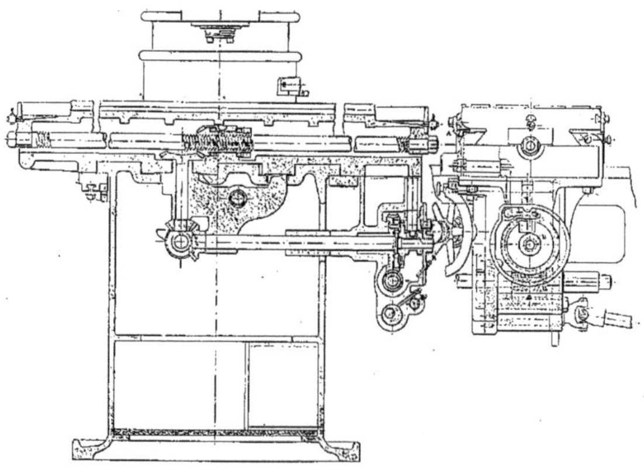

Fig. 436. — Fraiseuse verticale *Brown et Sharpe*.
Commande la table.

(fig. 455) par deux galets et tendue par un troisième galet facilement ajustable ; cette chaîne, bien connue des vélocipédistes, donne une transmission très douce et sans bruit.

L'avance de la table est commandée, comme d'ordinaire, par une transmission à joints universels, dont on voit l'amorce à droite de la fig. 436, et qui la mène par un train à vis sans fin au moyen d'un écrou à buttées sur billes monté sur la vis fixe du socle ; on peut donner à cette avance 16 vitesses dans les deux sens pour chaque vitesse de l'arbre moteur, et on peut aussi la commander à la main par le volant que l'on voit à droite de la fig. 434. La commande automatique est débrayée automatiquement par les tocs A et le manchon B.

Fraiseuses raboteuses.

On sait que ces machines, dérivées presque directement des raboteuses ordinaires, sont caractérisées parce que la table proprement dite n'a, sous sa traverse et sous la fraise, qu'un mouvement de va-et-vient alternatif semblable à celui des raboteuses. Ces fraiseuses se prêtent très bien aux travaux de dressage sur de grandes surfaces, parce que la course

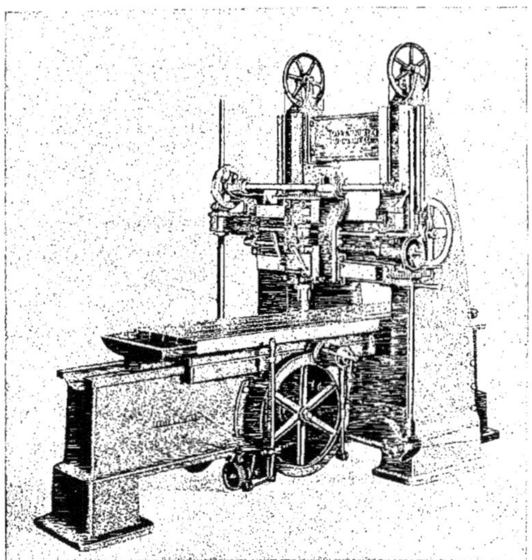

Fig. 437. — Fraiseuse raboteuse verticale *Pratt-Whitney*.

de leur table est parfaitement guidée et fermement assise sur une base aussi large que l'on veut. Elles présentent, sur les raboteuses ordinaires, l'avantage caractéristique de la fraise, de pouvoir exécuter les rabotages ou dressages de forme plus rapidement et avec un profil aussi compliqué que l'on veut, et toujours exactement reproduit, comme, par exemple, celui d'une glissière de banc de tour. Ces travaux peuvent être rendus encore plus expéditifs et variés par l'addition de nombreux outils auxiliaires, avec faculté de faire pivoter leurs broches sur leurs châssis et traverses de manière à transformer ces fraiseuses en de véritables machines universelles, aptes à tous les travaux de dressage et de rabotage.

Les fraiseuses raboteuses, qui se répandent de plus en plus, surtout dans les grands ateliers, étaient (fig. 437-450) représentées à l'Exposition par un grand nombre de types qui,

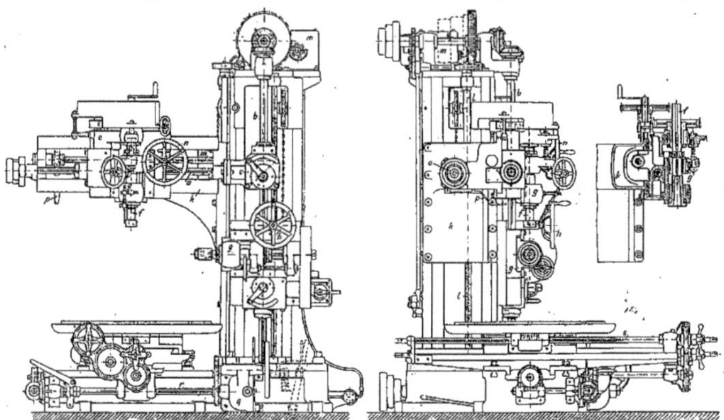

Fig. 438. — Fraiseuse raboteuse verticale latérale de la *Société de Leipsick*. Commandée par dynamo *m*, avec fraise *f*, sur bras *k*, commandée par le commutateur *c* et le train *n*, *m*, *d*, fraise horizontale *g*, levée par *h*.

sans différer des modèles connus autrement que par des détails de construction, montraient néanmoins par leur nombre, leur puissance et leur variété, l'importance que l'on attache aujourd'hui à ce genre de machines; nous ne pourrons signaler ici que quelques-unes d'entre elles, dont les particularités nous ont paru les plus intéressantes.

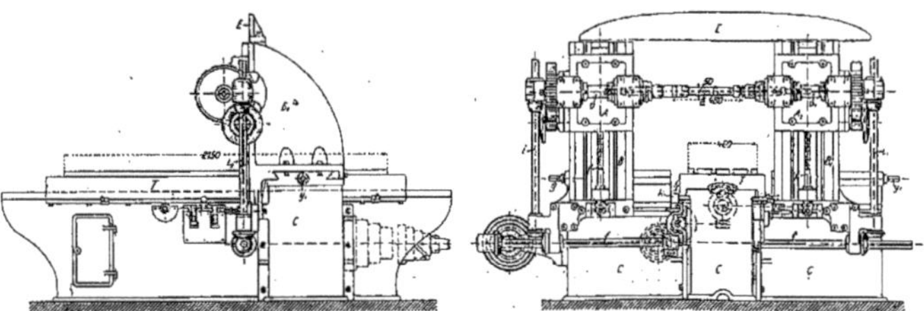

Fig. 439 et 440. — Fraiseuses raboteuses horizontales *Reineker*.

La commande par dynamos s'applique, cela va de soi, très bien à ce genre de machines, dont elle permet, au besoin, d'actionner séparément ceux de leurs divers mouvements qui n'ont pas besoin d'être conjugués par des rapports desmodromiques, et ce, au grand bénéfice de la simplicité et de la souplesse de ces commandes.

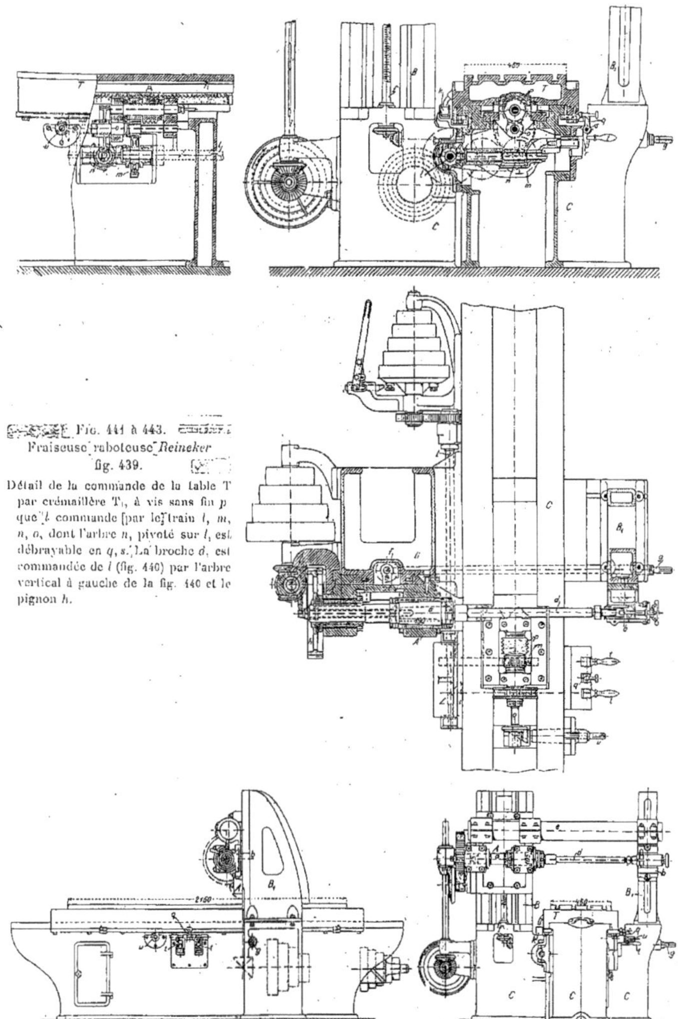

Fig. 441 à 443.
Fraiseuse raboteuse *Reineker* fig. 439.
Détail de la commande de la table T par crémaillère T_1, à vis sans fin p que l commande par le train l, m, n, o, dont l'arbre n, pivoté sur l, est débrayable en q, s. La broche d, est commandée de l (fig. 440) par l'arbre vertical à gauche de la fig. 440 et le pignon h.

Fig. 444 et 445. — Fraiseuse raboteuse *Reineker*.
Analogue à celle fig. 440, mais avec broche commandée aux deux bouts par le renvoi x, x, l, l: levée des chariots A A_1 par f, f: translation des montants B, B_1, par y et y^1.

FIG. 446. — Fraiseuse raboteuse horizontale *Pratt-Whitney*.

FIG. 447. — Fraiseuse mortaiseuse *Dropp et Rein*.

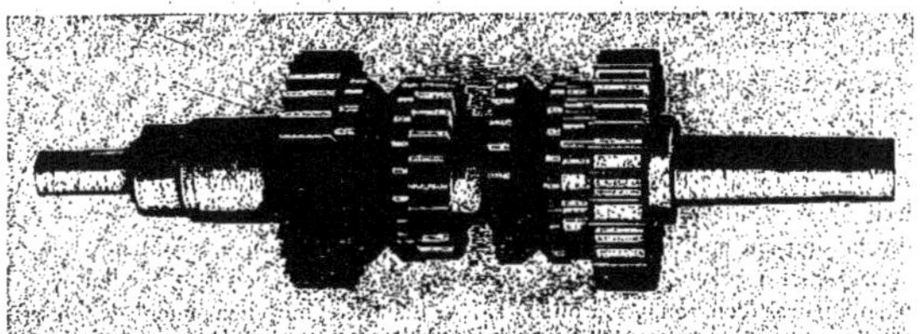

Fig. 448. — Exemple de fraise de forme pour fraiseuse raboteuse *Pratt-Whitney*.

Fig. 449. — Fraisage auxiliaire raboteuse *Adams*. Application d'une fraise de face.

Fig. 450. — Fraisage auxiliaire raboteuse *Adams*. Application d'une fraise à boutons pour dressage.

Parmi les fraiseuses raboteuses actionnées par l'électricité, l'une des plus remarquables était celle exposée par la *Société alsacienne de construction mécanique*, et qui est représentée par les fig. 451-463.

La machine est commandée directement par un moteur électrique à courant continu d'une puissance de 8,5 HP, à une tension de 200 volts, fixé par des empattements venus de fonte avec la carcasse A. Le rhéostat est fixé contre la paroi extérieure du montant de droite, bien à la portée de l'ouvrier.

La transmission du mouvement de rotation à l'arbre porte-fraise est obtenue par deux cônes à quatre vitesses et à gorges, une paire d'engrenages de réduction B C à denture hélicoïdale (fig. 452), deux paires d'engrenages droits D E-F G disposés pour changement de vitesse, les roues coniques H I à la partie inférieure de l'arbre vertical K, les roues coniques L M à sa partie supérieure (fig. 456-457) et deux engrenages droits P Q, dont la grande roue, folle sur une douille excentrée de la poupée de gauche, entraîne, par un bouton à coulisseau, le plateau calé sur l'arbre

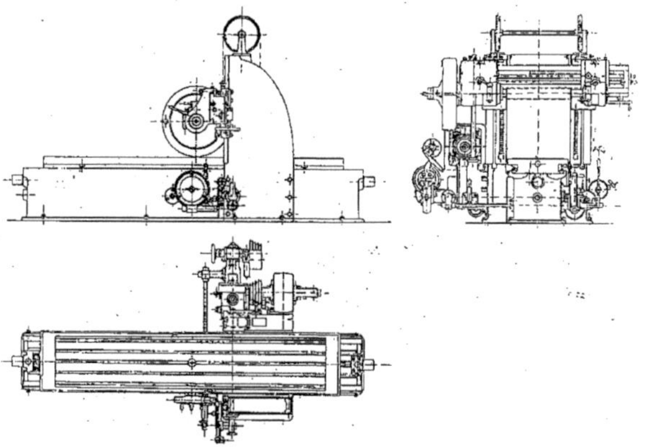

FIG. 451. — Fraiseuse raboteuse de la *Société alsacienne*.
Course de la table 3 m. 50, largeur entre les montants 850 ; distance maxima de l'axe de la fraise à la table 900, course verticale de la fraise 850 ; poids 1,300 kg.

porte-fraise. Tous ces organes sont logés dans des supports permettant une lubrification abondante et supprimant tout risque d'accident pour l'ouvrier.

La roue C à denture hélicoïdale fait corps avec une douille R, portant le manchon d'embrayage S, manœuvré par levier T du côté droit de la machine, qui transmet son action par *abcd* (fig. 453). Ce manchon S entraîne à l'aide d'un second manchon fixe U l'arbre transversal V. Le manchon S permet d'arrêter en un point précis le mouvement de la commande principale et, par suite, le mouvement de rotation et celui de translation de la table, sans qu'on soit obligé d'arrêter le moteur électrique. L'arrêt instantané ne peut être obtenu en interceptant le courant, car l'induit du moteur continue à tourner jusqu'à absorption complète de sa force vive.

Les deux pignons solidaires D et F sont mobiles sur V à l'aide d'un levier *g*, agissant sur un levier *f* (fig. 453). On peut, de cette façon, en faisant engrener D et E ou F et G, faire varier deux fois la vitesse de l'arbre porte-fraise pour chaque position de la courroie sur les cônes, sans faire varier en même temps la vitesse de translation de la table, qui est obtenue par la continuation de l'arbre V. On remarquera que les roues F et G sont égales.

L'arbre porte-fraise peut donc recevoir 8 vitesses de rotation différentes ; elles varient entre 8 et 40 tours par minute.

La *translation de la table* se fait automatiquement ou à la main, dans les deux sens ; elle peut aussi avoir lieu à une allure plus rapide.

L'entraînement de l'arbre V a lieu par U ; cet arbre débouche de l'autre côté du banc, côté de

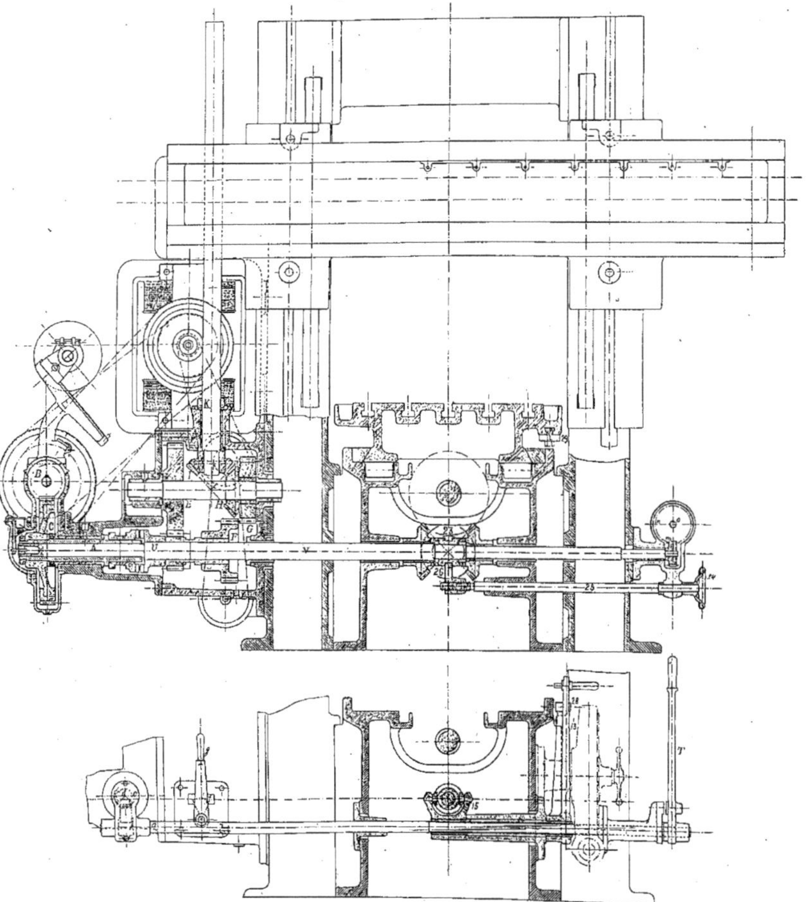

FIG. 452 et 453. — Fraiseuse raboteuse de la *Société alsacienne.* Coupes transversales.

l'ouvrier, où il transmet le mouvement par *m* et *n* à l'axe *o*, qui porte en *p* l'un des trois disques à friction Sellers, dont les deux autres sont, celui double *q* sur l'axe d'un support mobile intermédiaire, et le troisième *r* sur l'axe d'une vis sans fin *t* (fig. 461 et 463), dont la roue *v* est munie d'un disque à friction 1, et dont l'axe 2, avec le pignon 3 et par la roue 4, transmet le mouvement sur deux roues coniques 5, 6. Les trois disques permettent de varier la vitesse en cours de travail en déplaçant le disque double *q* du milieu, tournant sur un axe pivotant autour de 7. Ce déplacement s'opère par vis sans fin et secteur 8 9 actionné en 10, et consiste à rapprocher le contact vers le centre de *p* en l'éloignant du centre de *r*, et réciproquement (fig. 462).

La roue 6 est folle sur l'arbre longitudinal 12. Mais, en l'embrayant avec le manchon à crans 11 par le levier 13, tube 14 et fourche 15 (fig. 455-460), l'arbre 12 est entraîné et fait tourner la vis 16 par les roues 17 et 18. La table est alors mise en mouvement, la grande roue à vis sans fin *v* étant embrayée avec le disque à friction 1, par poignée à vis 19 (fig. 453 et 462). Les avances

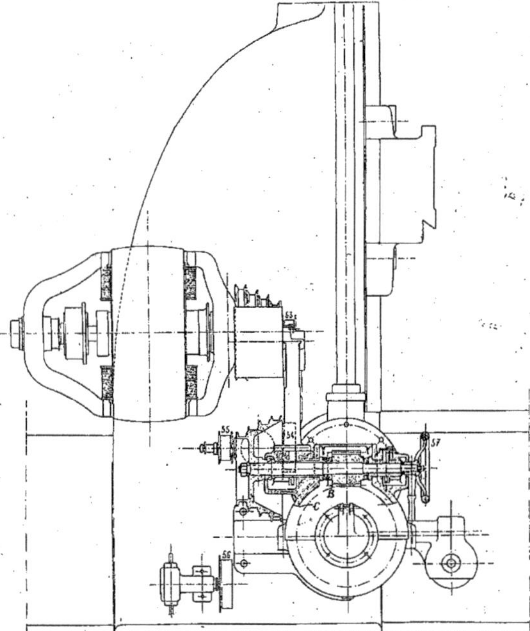

Fig. 454. — Fraiseuse raboteuse de la *Société alsacienne*.
Vue par bout de la fig. 452.

que l'on peut donner à la table par tour de fraise varient entre 0,8 et 10 millimètres lorsqu'on embraie D et E de 0,3 à 3 mm. 7 lorsqu'on embraie les roues égales F et G.

Le déplacement rapide de la table se fait en déclenchant le manchon 11 et en l'embrayant à droite par friction avec la roue conique 20, qui fait partie du groupe des trois roues 20, 21, 22. L'arbre V continue son action sur les organes du mouvement lent *mnpqrtv*, mais ces organes n'agissent plus sur l'arbre 12. Ce dernier, au contraire, participe au mouvement accéléré que lui imprime 20 et le transmet à la vis, et, par suite, à la table, qui peut faire jusqu'à 100 millimètres par seconde.

On fera engrener 20 avec 21 ou 22 pour marcher dans une direction ou dans l'autre en déplaçant le manchon 23 (fig. 452 et 461) à droite ou à gauche par 24, 25 et 26 fileté sur 25.

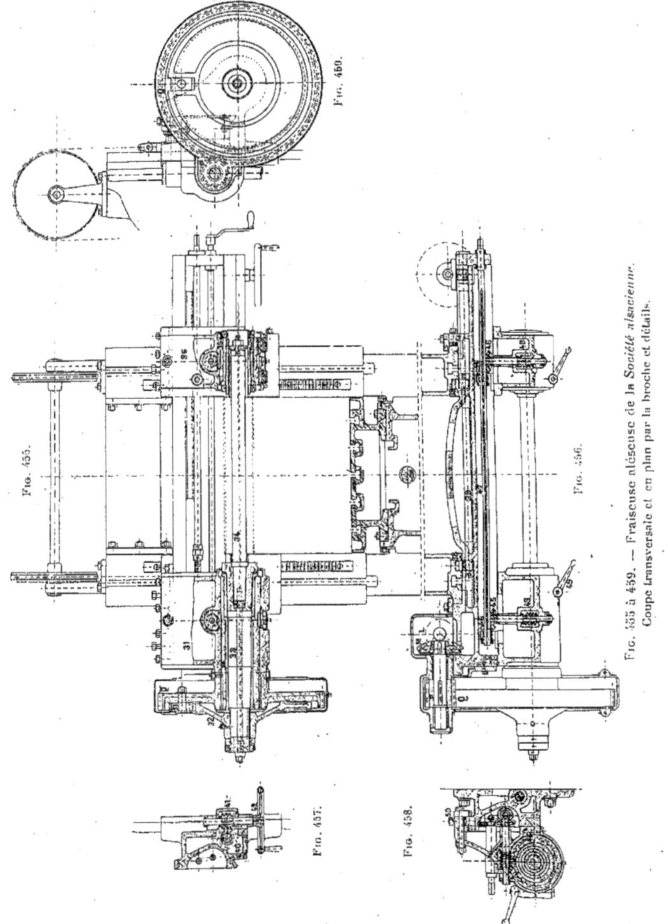

Fig. 455 à 459. — Fraiseuse aléseuse de la *Société alsacienne*. Coupe transversale et en plan par la broche et détails.

Enfin le déplacement de la table à main se fera par la rotation du plateau à friction I avec manette 27, après débrayage préalable de ce plateau d'avec la roue *v* (fig. 461).

Le débrayage automatique du mouvement de la table a lieu simplement par l'action du levier 13, arrêté en 28 par un piton à ressort et entraîné par la buttée d'un taquet placé dans une coulisse de la table contre le bouton 29 du levier. Celui-ci fait tourner la fourche 15 et débraie le manchon 11.

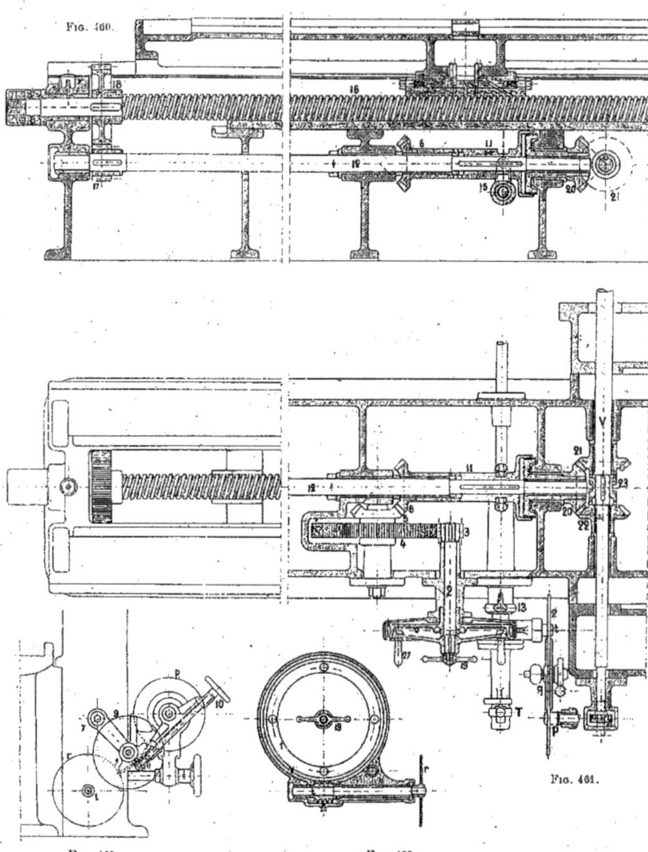

Fig. 460 à 463. — Fraiseuse raboteuse de la *Société alsacienne*.
Coupe longitudinale et plan du mécanisme de la table. Détails.

La roue Q (fig. 455), folle sur la douille 30 de la poupée 31 montée sur la traverse, entraîne le plateau 32 calé sur l'arbre porte-fraise 33, tournant dans des boîtes en bronze. Le mandrin 34, sur lequel vient se fixer la fraise, est emmanché d'un côté dans 33 par cône et vis de retenue, de l'autre, il est guidé et tourne, manchonné dans une boîte, dans une douille 35 de la poupée mobile 36. Les deux douilles 30 et 35 sont munies de garnitures en bronze avec rattrapage de jeu.

La traverse peut être déplacée en hauteur par pignons et crémaillères 37, 38, arbre 39, roue et vis sans fin 40, 41, et volant 42 à axe vertical (fig. 456 et 457).

La poupée mobile 36 peut être déplacée par pignon et crémaillère et serrée au point voulu de la traverse suivant la largeur des pièces à fraiser (fig. 458). Vis de serrage en 50.

La poupée de gauche est également mobile sur la traverse, quoique dans une moindre mesure ; son déplacement a lieu par manivelle et vis et facilite par suite la mise au point latérale de la fraise.

Pour *donner du serrage*, l'arbre porte-broche 33 ainsi que la boîte en bronze qui sert de guide dans la poupée de droite, sont logés excentriquement dans les douilles 30 et 35. Ces douilles portent chacune une roue à vis sans fin commandée par les vis 43, 44, les pignons d'angle 45, 46, et l'arbre 47 commun. L'excentricité étant de 5 millimètres par rapport à l'axe du contour extérieur des douilles, il s'ensuit qu'en faisant tourner 47 à l'aide d'une manivelle, l'axe de 33 ou de la fraise se déplace en hauteur en décrivant un cercle de 10 millimètres de diamètre. Il en résulte une mise au point ou serrage pour le fraisage par déplacement parallèle de haut en bas, et les graduations tracées sur la poupée de droite permettent de régler ce serrage jusqu'à 1/10 de millimètre.

Les poignées 48, 49 servent à pincer les bossages des deux poupées autour de chaque douille et à immobiliser celles-ci.

Ce dispositif explique pourquoi la roue Q est folle sur 30 et doit entraîner le disque 32 calé sur 33 par un coulisseau 51 traversé par un boulon fixé dans Q.

La mise en train de la machine, le moteur électrique étant en marche, a lieu en faisant embrayer le manchon S à l'aide du (fig. 452) levier T, côté de l'ouvrier ; l'arrêt se fera en débrayant ce manchon.

La variation du nombre de tours de la fraise se fait en changeant la courroie sur les quatre poulies des cônes à coin ou en déplaçant DF en se servant du levier *g* (fig. 453).

Le mouvement d'avance pour le travail s'opère par l'entraînement du manchon 11 vers la gauche par le levier 13 ; son arrêt en poussant ce manchon à droite, c'est-à-dire en le dégageant d'avec 6.

Le déplacement rapide de la table, en faisant par 13 embrayer 11 avec 20, et le sens du mouvement en agissant sur le manchon 23 par le volant 24, les variations de vitesses de travail se font par 18.

La machine est munie d'une pompe rotative commandée par courroies et les poulies 53, 54, 55, 56 (fig. 454) et envoie l'eau de savon sur la fraise par un tube métallique flexible et par un tube horizontal muni de plusieurs ajutages. L'eau de savon est puisée dans un réservoir ménagé dans le banc; elle est recueillie sur la table par des rigoles latérales, d'où elle s'écoule à nouveau dans le réservoir. Pour le fraisage de la fonte, la pompe ne fonctionne pas.

Le petit volant 57 fixé sur le bout de l'arbre à vis sans fin B de l'engrenage de réduction (fig. 454) sert à faire tourner à la main la roue C et son axe V quand on veut embrayer l'une ou l'autre des roues D F, le moteur étant en repos.

Les contrepoids de la traverse mobile sont logés dans les montants.

La maison *Bouhey* avait exposé (fig. 464-476) une fraiseuse raboteuse remarquable dont nous empruntons la description suivante au *Portefeuille des Machines*.

Chariot porte-outil. — *Mouvements lents.* — Le chariot ou *bâti porte-fraise* (fig. 464) est équilibré par un contrepoids se mouvant à l'intérieur du bâti. On peut en faire varier la hauteur soit à la main, au moyen d'un volant, soit automatiquement et dans les deux sens, pour les mouvements d'avance de l'outil ou *serrages de coupe*, et les mouvements rapides.

L'*arbre porte-fraise* tourne dans deux portées à ajustements coniques, usinés dans des coussinets en bronze et permettent le rattrapage du jeu. Le réglage s'obtient au moyen d'écrous, contre-écrous et d'une buttée recevant la pression exercée par l'outil. Le mouvement de rotation de l'outil est fourni par le cône à trois étages C et un harnais d'engrenages dont le débrayage est obtenu par le levier N.

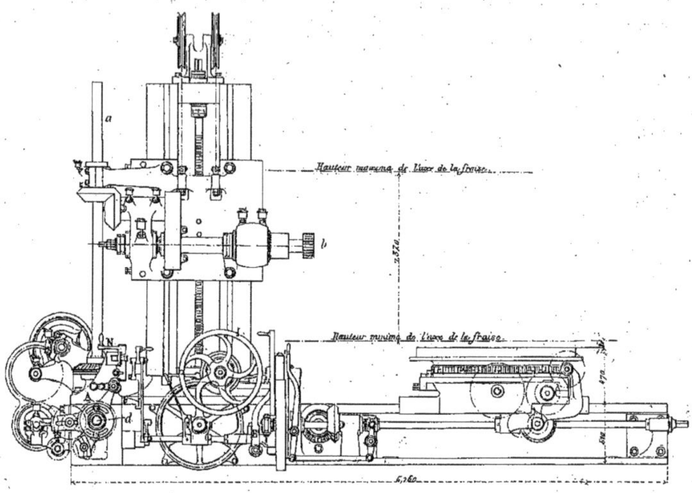

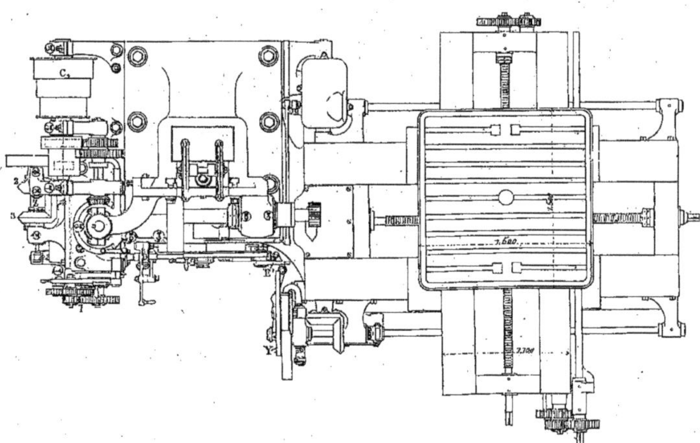

Fig. 464 et 465. — Fraiseuse raboteuse *Bouhey*.
Course verticale de l'outil 1 m. 32 ; longitudinale de chariot 1 m. 50 ; transversale 1 m. 50.

Avance automatique pour la coupe. — L'arbre vertical *a*, qui imprime à l'arbre porte-outil *b* son mouvement de rotation, entraîne également, par deux pignons d'angle, un arbre horizontal *d* (fig. 467) placé à l'intérieur du bâti. L'extrémité de cet arbre porte une roue dentée droite engrenant avec des roues de série 1, montées sur une tête de cheval et dont le changement permet d'obtenir les diverses variations de vitesse : un levier A (fig. 464), monté sur excentrique, permet l'embrayage ou le débrayage de ce mouvement.

Les roues de série transmettent le mouvement à un arbre horizontal B (fig. 470), portant une vis sans fin S, qui actionne l'arbre C, placé à l'intérieur du banc de la machine-outil. Cet arbre C commande tous les *mouvements lents* : avance de l'outil et mouvements du chariot porte-pièce. A cet effet, sur cet arbre C (fig. 470 et 471) est calé un manchon à griffes D, que l'on peut embrayer avec la douille à pignon E ; en manœuvrant de droite à gauche le levier E′, on actionne ainsi l'arbre F (fig. 470) sur

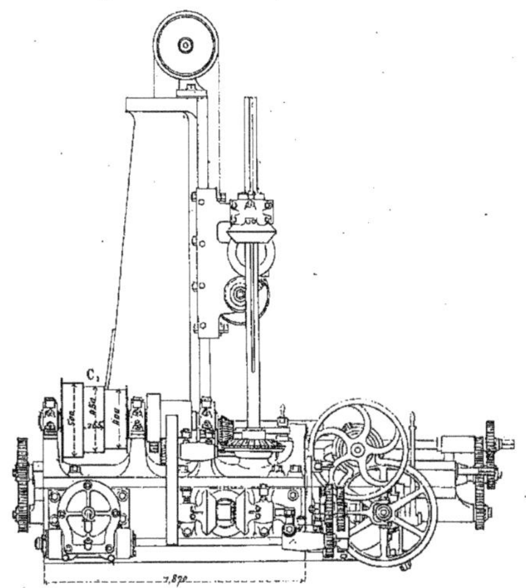

Fig. 466. — Fraiseuse raboteuse *Bouhey*.
Vue par bout.

lequel est calé le pignon G qui, par la roue d'angle H (fig. 472) entraîne la vis du chariot porte-outil. Le déplacement à la main de ce chariot s'obtient au moyen du volant I (vue d'ensemble, fig. 464).

Chariot porte-pièce. — *Mouvements lents.* — Les figures d'ensemble (fig. 465) montrent que la pièce à travailler est supportée par un chariot en trois parties représenté en détail par les figures 470 et qui est susceptible de recevoir : un mouvement circulaire (plateau supérieur), un mouvement transversal (chariot proprement dit) et un mouvement longitudinal le long du banc principal.

En manœuvrant de gauche à droite le levier E′ (fig. 464), on fait embrayer le manchon à griffes D (fig. 470) avec le pignon d'angle à douille J, qui actionne l'arbre K.

Celui-ci porte un manchon à griffes L, que l'on embraye au moyen du levier M (fig. 473), avec la roue N, tournant folle sur l'arbre K (fig. 470). On actionne ainsi l'arbre O (fig. 473) qui, par l'intermédiaire de pignons d'angle et de roues dentées, fait tourner la vis qui guide le *chariot transversal*.

Le même arbre K actionne également le pignon d'angle à douille P, tournant fou sur la partie lisse de la vis du chariot longitudinal : le manchon à griffes Q est calé sur cet arbre, que l'on rend solidaire de la douille P en manœuvrant le levier R (fig. 473).

Par l'intermédiaire de la roue dentée P, l'arbre K actionne également la douille S (fig. 470) qui tourne folle sur l'arbre T : un manchon à griffes U, calé sur ce demi-arbre, est rendu solidaire de S par la manœuvre du levier V (fig. 468) pour entraîner l'arbre cannelé X et, par suite, la vis sans fin du banc principal, grâce aux roues dentées placées à l'extrémité de la cuvette.

Après avoir débrayé le manchon à griffes D (fig. 470), on peut, à l'aide du volant Y

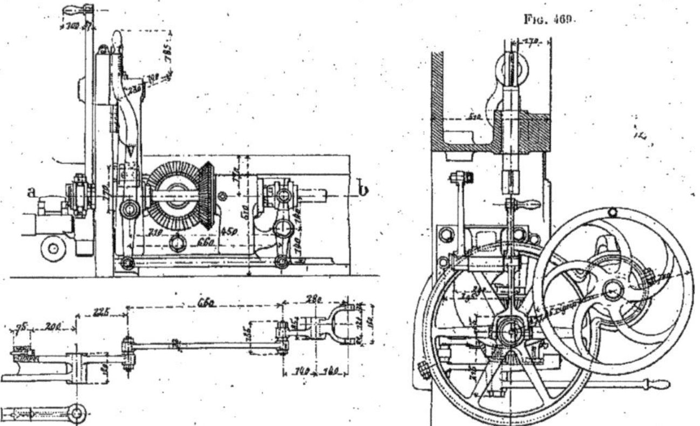

Fig. 467 à 469. — Fraiseuse raboteuse *Bouhey*.
Montage des arbres et détail du levier V de débrayage.

(fig. 464), entraîner la ligne d'arbres K, par l'intermédiaire de roues droites et de la roue d'angle S. En embrayant le manchon à griffes L' par le levier M (fig. 474) on obtient le mouvement transversal ; en embrayant le manchon à griffes Q, par le levier R (fig. 473), on obtient le mouvement longitudinal ; en embrayant le manchon à griffes T, par le levier V (fig. 467), on obtient le mouvement circulaire du *chariot porte-pièce*.

Chariot porte-outil. — *Mouvements rapides*. — L'arbre moteur C_1 (fig. 464 et 465) porte un pignon entraînant un arbre horizontal, sur lequel est calé le manchon à griffes Z, d'une part, et d'autre part, deux pignons d'angle 2 et 3, fous sur cet arbre dont le manchon à griffes Z peut cependant les rendre solidaires, en transmettant l'un ou l'autre sens de rotation à l'arbre A'.

Cet arbre A' (le pendant de C fig. 470) commande tous les *mouvements rapides*, tant du chariot porte-pièce que du chariot porte-outil.

Le levier à poignée B' (fig. 472 et 474) actionne le manchon à griffes Z. Mais la manœuvre de ce levier se décompose en deux mouvements : l'un, de bas en haut, fait coulisser les manchons à griffes C′ et D′, rendant folles les roues dentées E′ et F′, qu'il n'est pas nécessaire d'actionner pour la marche à grande vitesse ; dans ce premier mouvement, ce même levier B′ fait tourner un axe portant une chape évidée qui vient embrasser le levier E′ pour empêcher toute manœuvre de ce dernier qui ne doit être utilisé que pour les serrages de coupe ; on évite ainsi toute possibilité d'erreur de l'ouvrier. — Le second mouvement de B′ consiste à le manœuvrer en avant ou en arrière suivant que l'on veut déplacer le chariot en avant ou en arrière. L'arbre A′ étant animé d'un mouvement

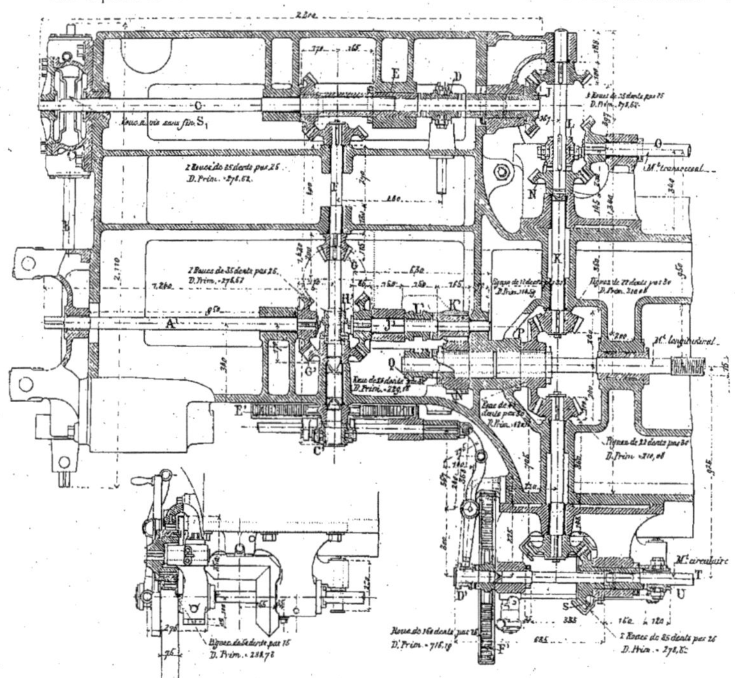

Fig. 470 et 471. — Fraiseuse raboteuse *Bouhey*.
Coupes *a b* (fig. 467) et *c d* (fig. 470).

de rotation de sens déterminé (à droite ou à gauche) entraîne la roue dentée G′, folle sur l'arbre F. En la rendant solidaire de l'arbre, au moyen du manchon à griffes H′, actionné par le levier I′ (fig. 473), on entraîne le pignon G et par suite la vis du chariot porte-outil (comme il a été dit plus haut pour les mouvements lents de serrage de coupe).

Chariot porte-pièce. — *Mouvements rapides.* — L'arbre A′ entraîne également J′, portant un pignon fou K′ et un manchon à griffes L′ calé sur l'arbre. En embrayant ce manchon par le levier I′ (fig. 473), on entraîne la douille P, et on obtient, comme ci-dessus, tous les mouvements (rapides cette fois), du chariot porte-pièce. En effet, P tournant,

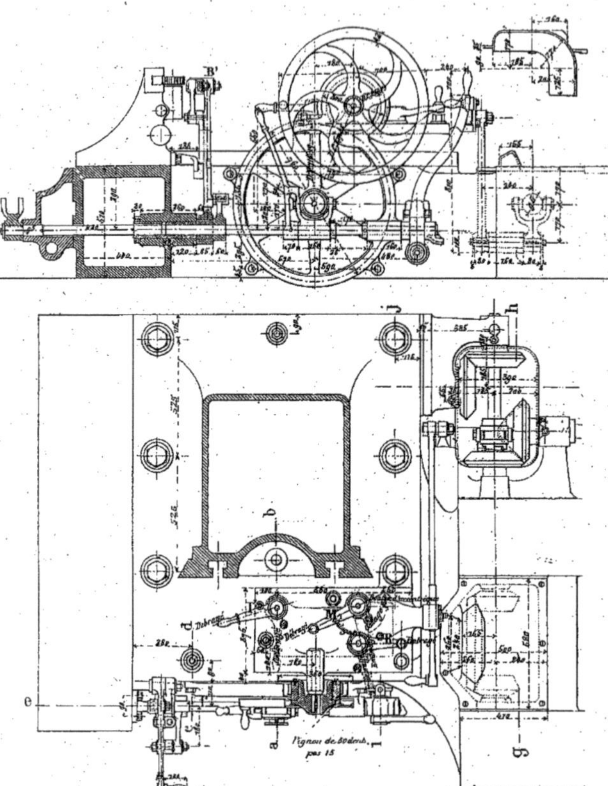

Fig. 472 et 473. — Fraiseuse raboteuse *Bouhey*. Coupe ef (fig. 473) et plan.

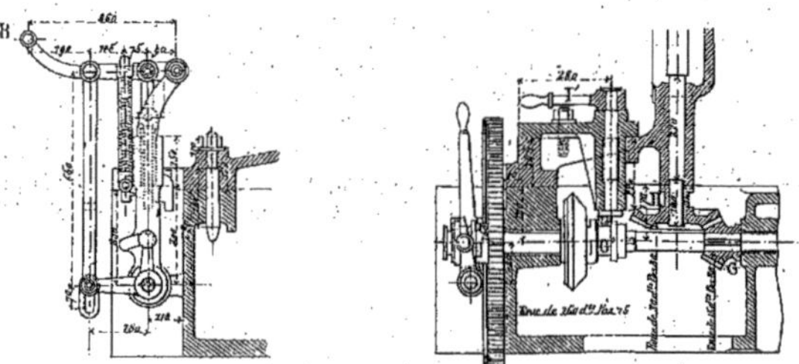

Fig. 474 et 475. — Fraiseuse raboteuse *Bouhey*. Coupes cd et ab (fig. 473.)

en embrayant le manchon à griffes Q, par le levier R, on actionne la vis du chariot longitudinal.

De même, P tournant en embrayant le manchon à griffes L', par le levier M (fig. 473) on donne la rotation à l'arbre O, d'où le mouvement transversal.

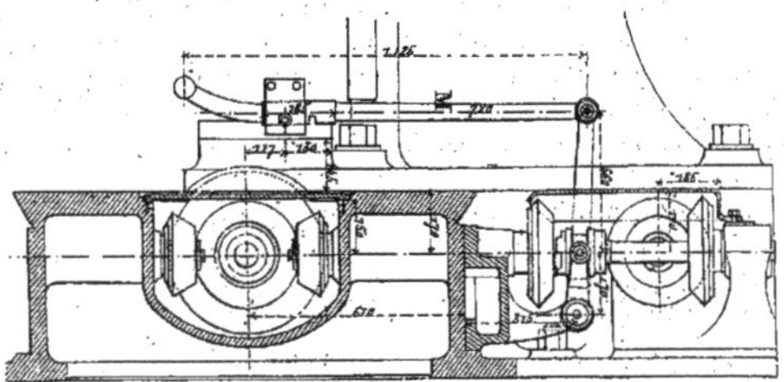

Fig. 476. — Fraiseuse raboteuse *Bouhey*.
Coupe $g\ h$ (fig. 473).

Enfin, P tournant toujours, en embrayant le manchon à griffes U, par le levier V (fig. 467), on entraîne l'arbre T qui donne au chariot porte-pièce le mouvement circulaire.

Fraiseuses, aléseuses et perceuses.

On connaît bien les avantages que présentent les *alésoirs universels* c'est-à-dire

Fig. 477. — Alésoir universel *Niles*.

composés (fig. 477) essentiellement de plusieurs alésoirs disposés sur un même socle de manière à permettre d'aléser sans les déplacer, et dans des directions rigoureusement définies, les grosses pièces de machines que l'on assujettit facilement sur ce socle ; on peut ainsi résoudre complètement, et, avec la plus grande facilité, l'un des problèmes des plus importants et des plus fréquents de la construction, à savoir l'exécution rigoureusement exacte d'une série de travaux sur une pièce difficile à déplacer et dont chaque déplacement, pour un nouveau travail, entraînerait des dangers et des chances d'erreur. Ces avantages se retrouvent, accentués encore par la souplesse avec laquelle la fraise s'adapte aux travaux les plus divers, dans les fraiseuses aléseuses et perceuses, dérivées d'ailleurs directement des alésoirs universels ; aussi se sont-elles rapidement répandues ; on les trouve aujourd'hui dans tous les ateliers de quelque importance.

Ces machines sont, en général, de grande importance ; c'est ce qui en explique la

Fig. 478. — Fraiseuse aléseuse de la *Société alsacienne*.

Pour aléser simultanément, et dans des directions rigoureusement orthogonales, le cylindre d'une Corliss et le logement de ses robinets, dresser de grandes surfaces de bâtis, etc. ; commandée par une dynamo de 11 chevaux ; diamètre de l'arbre d'alésage 200 millimètres, course 2 mètres, hauteur maxima au-dessus du banc 3 m. 35, course verticale du chariot porte-outil 2 m. 50, course horizontale du bâti 3 m. 50, encombrement 6 mètres × 5 mètres, poids 40 tonnes.

rareté relative à l'Exposition ; et, d'autre part, la majorité de celles qui figuraient à l'Exposition ne présentaient, sur les types bien connus, que des variantes de détail de peu d'importance, sauf en ce qui concerne les dispositions prises pour les adapter à la commande de leurs outils par des dynamos, commande dont les avantages sont ici particulièrement remarquables, comme toutes les fois qu'il s'agit d'outils multiples dont la conduite par les mécanismes ordinairement employés exigerait des renvois et transmissions encombrantes.

Parmi les fraiseuses aléseuses actionnées par l'électricité, l'une des plus remarquables, était (fig. 478 à 494) celle de la *Société alsacienne de constructions mécaniques* dont la description détaillée achèvera de faire comprendre les avantages généraux de ce genre de machines.

Cette machine permet de faire, simultanément avec l'alésage ou l'arrasage du cylindre, des travaux de fraisage, dressage de surfaces, alésages de logements de tiroirs, alésages des paliers des arbres de couche dans les bâtis à bayonnettes, etc. Employée séparément, c'est une machine excellente pour dresser de grandes surfaces, tels que bâtis de machines, surfaces de joints de volants etc. ; elle remplace avantageusement la mortaiseuse verticale à mouvement alternatif.

Commandée directement par un moteur électrique d'une puissance de 11 chevaux à 220 volts,

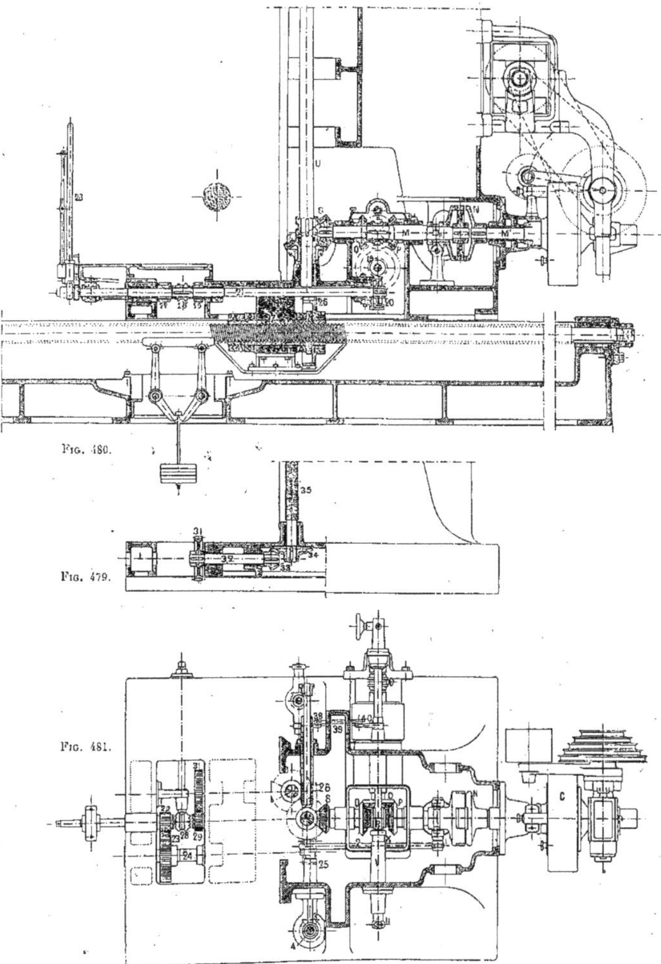

Fig. 480.

Fig. 479.

Fig. 481.

Fig. 479 à 481. — Fraiseuse aléseuse de la *Société alsacienne.*

elle se compose d'un banc robuste à larges glissières et d'un bâti muni d'un chariot à cheminement vertical avec un arbre porte-outil en acier forgé de 200 millimètres de diamètre.

Le bâti est muni à l'avant de larges glissières verticales sur lesquelles se déplace le chariot

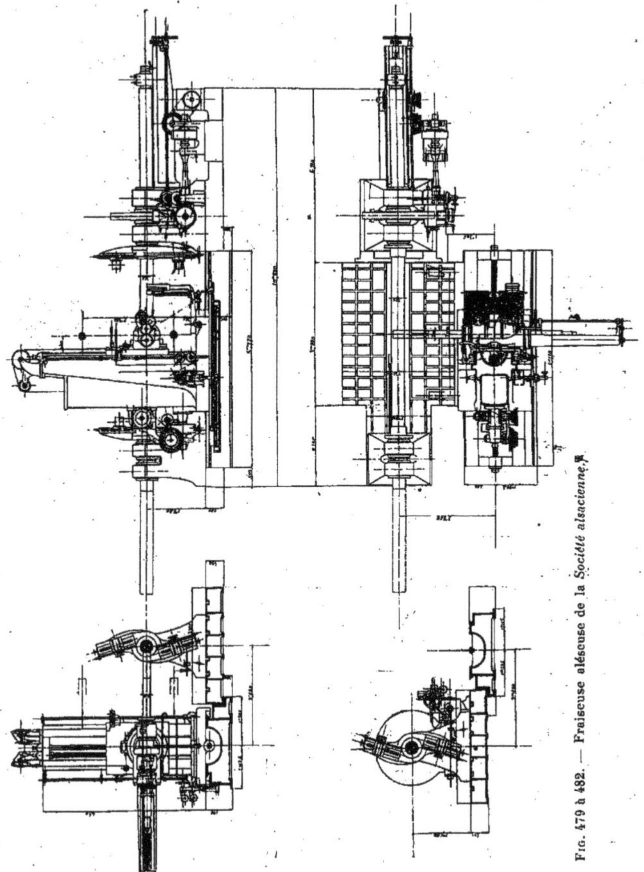

Fig. 479 à 482. — Fraiseuse aléseuse de la *Société alsacienne*.

porte-outil, et à l'arrière d'un appendice servant à recevoir le contrepoids du chariot, ainsi que le siège de la carcasse du moteur. Cet appendice contribue à donner au bâti la rigidité nécessaire pour éviter les vibrations pendant les travaux d'alésage et de fraisage.

Le bâti se déplaçant sur le banc, la canalisation du courant électrique entre les rails, le

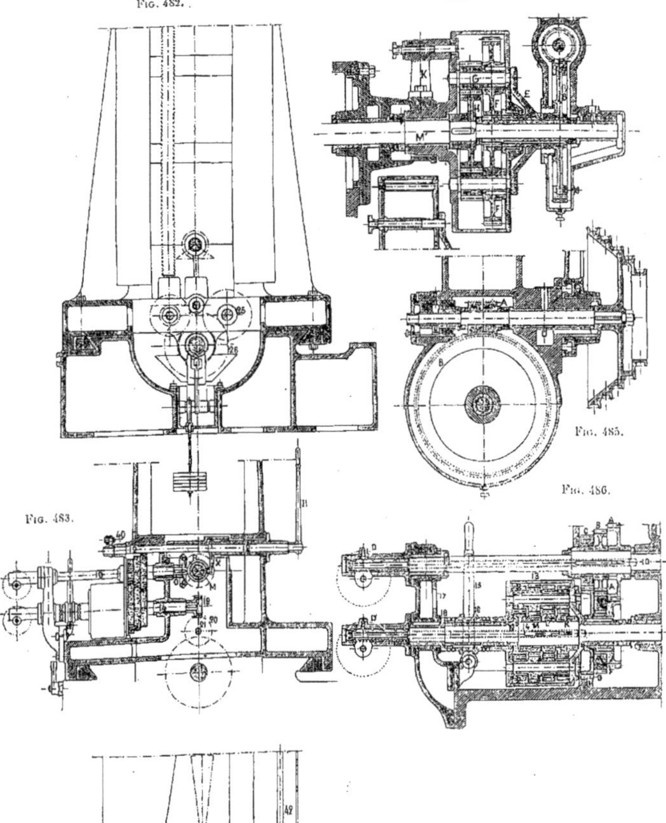

Fig. 482 à 487. — Fraiseuse de la *Société alsacienne*.

rhéostat et le moteur a lieu par des balais-frotteurs et des fils de cuivre isolés; les premiers sont portés et abrités par un support en fonte et les seconds sont logés dans des tuyaux Bergmann.

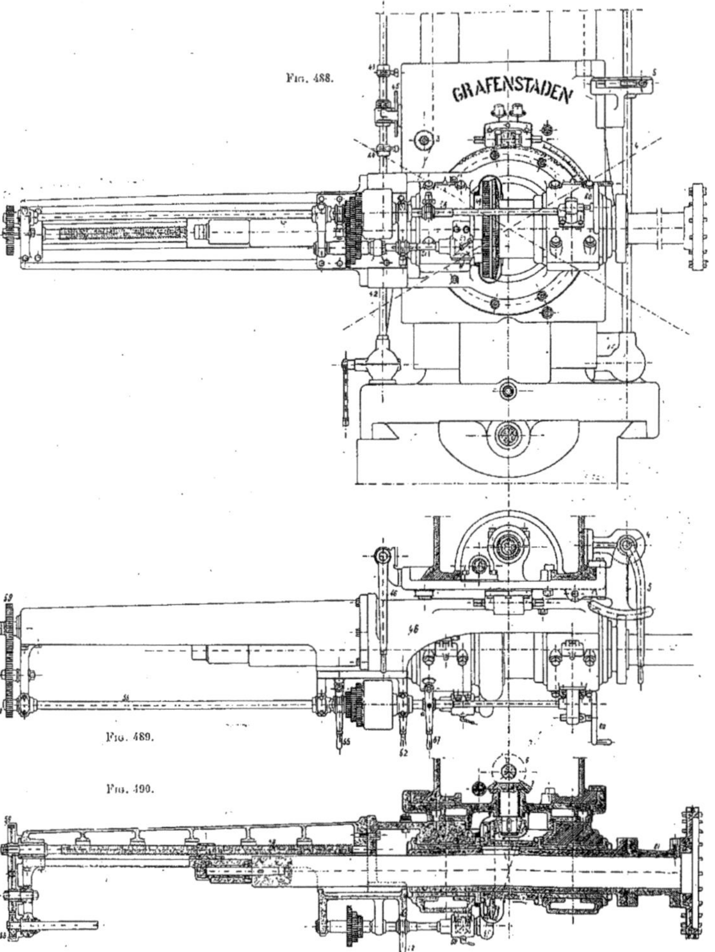

Fig. 488.

Fig. 489.

Fig. 490.

Fig. 488 à 490. — Fraiseuse aléseuse de la *Société alsacienne*. Détail de la broche.

Le rhéostat de mise en marche et d'arrêt du moteur, fixé à la portée de l'ouvrier sur un support à colonne est muni d'un commutateur à deux directions au moyen duquel on peut régler à volonté le sens de rotation du moteur et par suite celui de l'arbre porte-outil, si les travaux d'alésage et de fraisage l'exigent.

La transmission du mouvement de rotation du moteur à l'arbre porte-outil est obtenue par deux cônes à cinq vitesses et à gorges, une paire d'engrenages de réduction AB (fig. 484) à denture héliçoïdale, un harnais double d'engrenages droits, logés dans le tambour C et de trois paires d'engrenages coniques que nous examinons plus loin.

Le double harnais se compose de deux trains d'engrenages en série formés : le premier par un pignon D portant la roue de l'engrenage de réduction B avec le disque d'entraînement E et deux roues satellites F, et le second par deux pignons satellites G et une roue H calée sur l'arbre horizontal de commande. Les roues F du premier train et les pignons G du second sont solidaires et tournent fous sur deux tourillons fixés diamétralement dans le tambour (fig. 484). Pour le travail

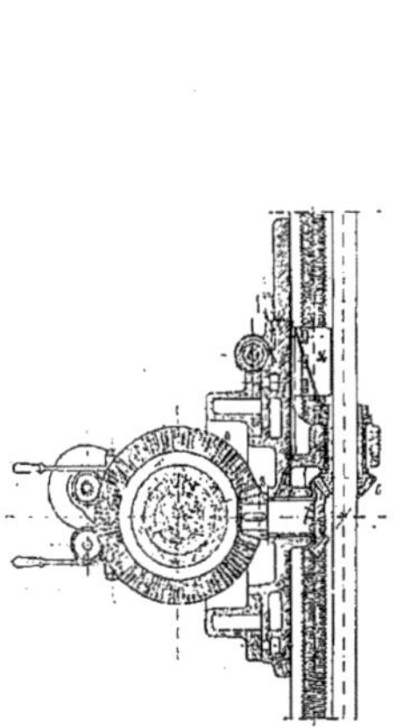
Fig. 491.

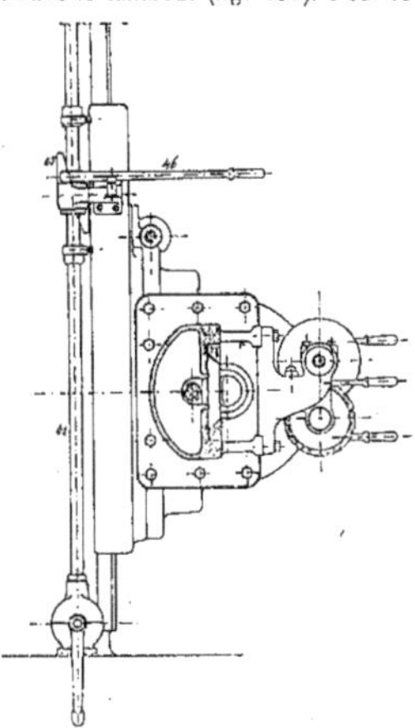
Fig. 492.

sans harnais, le disque E est accouplé avec le tambour à l'aide d'une broche mobile guidée dans une douille fixée dans le tambour et tout le système tourne avec la vitesse de la roue B; pour travailler avec engrenage, le tambour est arrêté par une broche mobile guidée dans le support K. La vitesse se trouve ralentie dans un rapport égal à celui qu'on a admis pour le harnais double. Dans cette position d'arrêt les deux tourillons des roues planétaires se trouvent dans un même plan vertical.

L'arbre de commande M est en deux parties : une partie arrière M' qui porte le harnais double et la partie fixe du manchon de débrayage principal N, et une partie avant, logée à l'intérieur du bâti. Cette dernière porte la partie mobile du manchon N qui se déplace sur l'action d'une transmission 1-2-3-4-5 dont le levier de commande 5 se trouve sur le devant du bâti et près du chariot vertical (fig. 479-481-488).

Cette disposition permet d'arrêter en un point précis les mouvements de rotation et de translation sans qu'on soit obligé d'arrêter le moteur. La partie avant du moteur reçoit plus loin deux roues coniques P Q et le manchon R du mécanisme de commande et de changement de marche du mouvement de translation longitudinale du bâti, ainsi que le pignon S de la première paire d'engrenages coniques du mouvement de rotation de l'arbre porte-outil.

Le pignon S, engrenant avec le pignon T (fig. 479) placé sur l'arbre vertical U, communique à celui-ci le mouvement qui est transmis par 6-7-8-9 à la douille V du chariot vertical, laquelle entraîne l'arbre porte-outil. Cet arbre peut recevoir dix vitesses différentes variant entre 1 et 45 tours par minute (fig. 491).

Nous revenons aux roues coniques P Q avec le manchon d'embrayage R placés sur l'arbre M. Ces deux roues engrènent avec une troisième O calée sur l'arbre transversal 10. Le manchon R, actionné par le levier 11, s'embraie avec P ou Q, et produit deux directions pour le mouvement de transport. Débrayé des deux côtés à la fois, il occupe une position intermédiaire et le transport se trouve arrêté soit pour le mouvement longitudinal du bâti, soit pour le mouvement vertical du chariot.

L'arbre 10, entraîné par la roue O, porte trois roues *a b c*, à frottement doux, mais pouvant

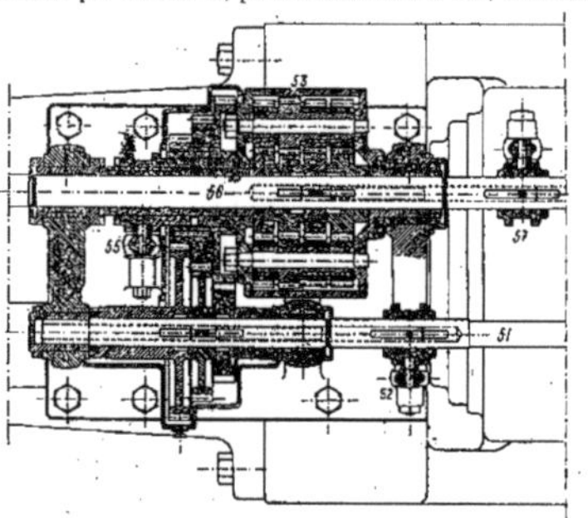

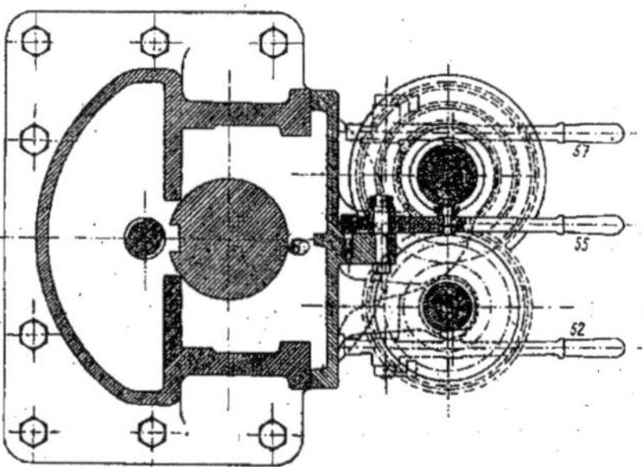

Fig. 493 et 494. — Fraiseuse aléseuse de la *Société alsacienne*.

à volonté être rendues solidaires de l'arbre 10 par une clavette mobile actionnée par une broche centrale à l'aide d'un pignon crémaillère et volant, en *d*. La roue qui est rendue fixe, transmet le mouvement au groupe *fgh*, faisant corps entre elles et avec le tambour 13, monté sur l'arbre 14. Ce tambour renferme une série de roues planétaires différentielles (fig. 486) qui ont pour but de communiquer à l'arbre 14 trois vitesses, lesquelles combinées avec les trois vitesses fournies par les roues *a b c* donnent un total de neuf vitesses d'avance pour la translation du bâti. A cet effet, le tambour 13, fou sur son arbre et sur la roue *n*, est muni de crans dans lesquels s'engagent ceux du manchon 16 manœuvré par 15. Ce manchon colé sur *n*, poussé vers le support 17, s'engage de même dans les crans d'une boîte fixe, dans laquelle tourne l'arbre 14. Or, pour le transport pendant le travail, le tambour 13 doit être fou et le manchon 16, arrêté par 18, tient lui-même la roue n en arrêt.

Dès lors les pignons satellites, se développant, par z, autour de n, tourneront en sens contraire de 13 et la rotation sera imprimée à l'arbre 14 par celle des trois roues $m\ l\ k$ qui entraînera cet arbre par la clavette de la broche centrale actionnée en d'.

De là neuf vitesses variant de 0,42 à 7 mm. 5 par tour de fraise. Ce sont les vitesses de travail pour l'avance, non seulement du bâti sur le banc, mais aussi pour celle du chariot vertical sur le bâti.

Le rappel automatique et rapide du bâti s'obtient en faisant embrayer le manchon 16 avec le

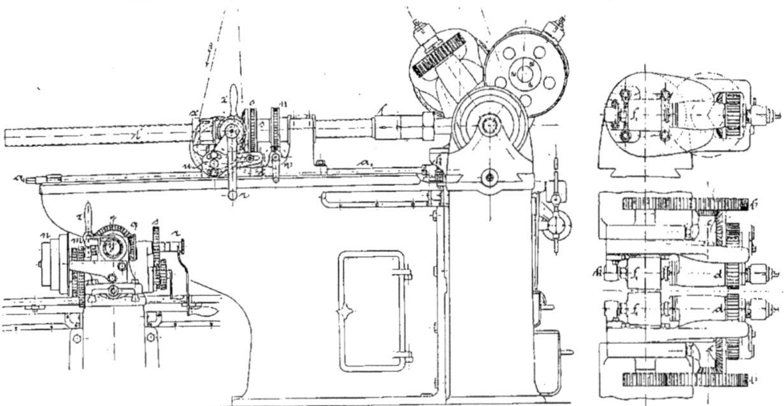

FIG. 496 à 498. — Fraiseuse *Reineker* pour la taille des forets hélicoïdaux.

a, cône à gradins ; b, roues droites ; c, roues coniques ; d, roues droites ; f, arbre creux ; g, arbre porte-fraise en acier ; h, broche ; i, écrou de fixation ; k, petit support de la broche ; g_1, pompe ; e_1, vis ; d_1, écrou ; c_1, glissière ; l, vis ; m, engrenages à gradins ; n, cône à gradins ; o, roue hélicoïdale et vis sans fin ; p, douille taraudée à l'intérieur portant une roue conique q ; r, manivelle, portant les engrenages s qui, par les roues t, portées par le levier à rainure u, mettent en mouvement l'arbre v, portant une vis sans fin, dont la roue hélicoïdale w est folle sur l, mais peut être assujettie au moyen d'une languette ; x, bague de fixation ; y, levier coudé ; z, levier à cliquet portant o ; a_1, arbre ramé ; b_1, engrenages qui déplacent la glissière portant c_1 ; f_1, fraises.

tambour 13. Alors, le tambour, avec son contenu, la roue n étant entraînée par 16, sera lié à l'arbre 14 par la clavette centrale engagée dans l'une quelconque des roues $m\ l\ k$ et l'ensemble tournera avec l'une des trois vitesses obtenues par le groupe $a\ b\ c$ et dans le même sens que celui du tambour. La direction du mouvement peut toujours être modifiée par le manchon R, manœuvré par 12 et 11. Les cônes du moteur ayant cinq gradins, on peut obtenir 5×3 vitesses différentes pour le rappel, dont la plus forte est de 16 mm. 5 par seconde.

En outre, par l'arbre 14, les roues hélicoïdales 19, 20, l'arbre 21, les roues 22 et 23, l'arbre 24, le pignon 25 et la roue 26 (fig. 479 et 483), le mouvement précédemment décrit est communiqué à l'écrou 27 de la vis conductrice qui est fixée à demeure dans le banc. Cette vis a un pas de 50 millimètres avec filet double. Le déplacement du bâti peut se faire aussi à la main, en agissant sur le levier 28, muni d'un encliquetage, et qui agit sur les organes 22, 23, 24, 25, 26 par l'arbre 21, mais en ayant soin de débrayer le manchon R, par 11 (fig. 479 et 481).

Les mouvements précédents et les vitesses de transport qui en résultent servent aussi, jusque et y compris l'arbre 21, pour la translation du chariot vertical. La bifurcation se trouve au manchon d'embrayage 28 qui, tantôt, entraîne 22, tantôt 29 et est manœuvré par 30 (fig. 481 et 487). Embrayé avec 22, il commande le déplacement longitudinal du bâti ; engagé avec 29 il agit par 29, 31 (fig. 483 et 484), 32, 33, 34, sur la vis verticale 35, tournant dans l'écrou fixe 36 du chariot (fig. 491). Les vitesses de travail sont les mêmes que précédemment, comprises entre 0,42 et 7 mm. 5 par tours de fraise.

Le débrayage du mouvement d'avance du bâti et du chariot vertical se fait par le manchon central R (fig. 481 et 483) : pour le bâti, par le levier 37 venant buter contre le heurtoir 41 fixé au banc, le levier 38, bielle 39, levier 40 et l'arbre 12 actionnant la fourche X (fig. 483 et 487) et à la main par le levier 11 ; pour le chariot vertical, par l'arbre vertical 42, recevant un mouvement tournant par les taquets 43 44 contre lesquels vient buter, entraînée par le chariot, la plaque 45

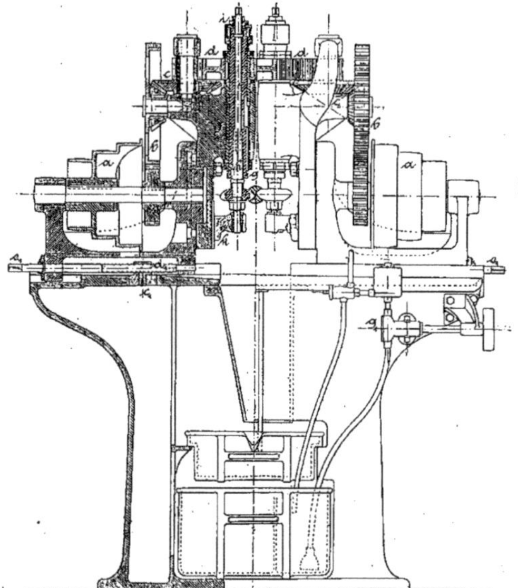

Fig. 499. — Fraiseuse *Reinecker* (fig. 496).
Coupe transversale.

munie de deux plans inclinés en sens contraire. L'arbre 42 transmet son action par deux pignons coniques au levier 38 et au levier 40, puis au manchon R par 12 et X.

Le débrayage à la main, pour le même chariot, se fait par le levier 46 (fig. 489 et 493).

Le chariot vertical, ainsi que le support pivotant, est équilibré par un contrepoids logé dans l'appendice sur le dos du bâti. Déplacé par vis et écrou, comme nous avons vu, il est guidé sur les glissières du bâti sur une grande longueur. L'arbre porte-outil de 200 millimètres, en acier forgé, est engagé dans une longue douille en fonte tournant dans les paliers d'un support 46 mobile autour d'un axe horizontal. Ce support peut être incliné par vis et raquette, de telle façon que l'arbre porte-outil puisse travailler sous des angles variant jusqu'à 30° des deux côtés de l'horizontale ; des graduations indiquent la position exacte.

L'une des extrémités de l'arbre est portée par la tête d'un chariot coulissant dans un bras formant prolongement du support mobile. L'autre extrémité reçoit soit les barres d'alésage de différents diamètres guidées dans une lunette, soit les disques fraiseurs pour les opérations de fraisage. Les disques fraiseurs de grand diamètre se montent directement sur la tête de la douille en fonte, ou sur une prolonge 61 fixée à cette tête (fig. 490). A cet effet, la douille est accouplée avec l'arbre par une vis. Cette disposition permet de faire coulisser la douille dans ses paliers et par suite de donner du serrage au grand disque fraiseur.

Le mouvement de translation automatique est obtenu par une vis 48, commandée par la roue droite 49 (fig. 488) montée sur la roue conique 9 de la douille. Cette roue communique son mouvement à trois roues coniques 50, à changement de marche, actionnant un système de roues planétaires différentielles à neuf combinaisons de vitesses différentes et donnant des avances de 0,16 et 11 mm. 8 par tour de fraise. Le principe de ce dispositif est semblable à celui exposé plus haut pour l'avancement du bâti et du chariot vertical. Un groupe de six roues dont trois folles avec entraînement par clavette centrale sur l'arbre 51, dont la broche est manœuvrée en 52, engrènent avec six roues solidaires reliées avec le tambour 53 qui porte les roues planétaires. Embrayé à gauche par le levier 55, le manchon 54 cale la roue droite n' et le mouvement différentiel est transmis à l'arbre 56 par l'une des roues folles sur cet arbre mais entraînée par clavette centrale manœuvrée en 57. On obtient les vitesses d'avance pour le travail ci-dessus indiquées par les roues 58 et 59 entraînant la vis conductrice 48.

Le retour rapide de l'arbre s'obtient en faisant embrayer le manchon 54 à droite avec le tambour; l'une des trois roues droites solidaires entraîne le tambour et le manchon, et l'ensemble forme un bloc qui fait tourner l'arbre 56 par la clavette de l'une des roues centrales de ce tambour. Il en résulte trois vitesses accélérées, et en sens contraire des vitesses de travail.

Par les trois roues coniques placées à l'avant, l'avance de l'arbre porte-outil peut être commandée dans les deux directions, soit pour le travail, soit pour le retour. Enfin, l'avance de cet arbre peut se faire à la main pour la mise au point à l'aide du volant 60.

La *mise en marche* de la machine, le moteur électrique étant en fonction, a lieu par l'action sur le levier 5, faisant embrayer le manchon principal N de la manière décrite plus haut.

Nous signalerons en terminant la fraiseuse Reineker représentée par les fig. 496-499 et destinée à la taille des forets hélicoïdaux.

La meule.

La meule à émeri est employée aujourd'hui couramment, non seulement pour l'affûtage des outils, mais aussi pour le dressage et le finissage des pièces qu'elle permet de rectifier avec une précision absolue même après trempe ou recuit. Ces *machines à rectifier* longtemps considérées comme des outils de luxe, sont actuellement reconnues indispensables dans tous les ateliers de précision, aussi figuraient-elles en grand nombre à l'Exposition.

Nous ne pouvons songer à décrire ici ces nombreuses machines, la plupart d'ailleurs, comme les types classiques de *Brown et Sharpe* (fig. 500) et de *Barricand*, bien connus

Fig. 500. — Meule à rectifier *Brown et Sharpe*, prenant un cylindre de 30 × 760. Table inclinable pour tournage conique, poupée pivotante graduée, poids 1,600 kilos, encombrement 1 m. 26 × 3 m. 10 (Pour une description détaillée, voir G. Richard, *Traité des Machines-outils*, t. II. p. 237).

des mécaniciens[1], nous nous bornerons à une description détaillée de la belle machine de Landis, encore peu connue chez nous.

Cette machine, construite dans les ateliers Landis, à Waynesborough, se distingue, ainsi que les appareils antérieurs et bien connus de ce mécanicien[2], par son extrême précision, indispensable dans ce genre de machines, par l'ingéniosité et le soin apporté à ses moindres détails, et aussi par la simplification de ses mécanismes.

1. G. Richard, « *Traité des machines-outils* », vol. II, types de Brown et Sharpe, (*Revue de Mécanique*, juillet 1901, p. 100); Landis, Huré, Handyside et Norton (*Revue de Mécanique*, septembre 1901, p. 100), Sprinfield, Higgins.

2. G. Richard, *Traité des machines-outils*, vol. II, p. 243, *Revue de Mécanique*, juin 1899, p. 660, février 1900, p. 222.

Dans cette machine, le châssis porte-meule E (fig. 501) repose sur un chariot D,

Fig. 501. — Machine à rectifier *Landis*.
Élévation.

Fig. 502. — Machine à rectifier *Landis*.
Élévation.

coulissé sur le pivot C du chariot principal B, guidé sur le socle A. Un anneau de serrage C′ (fig. 506) en plusieurs pièces sur pivots c', prises dans la gorge en V formée par les biseaux c et b' de C et de B, permet de caler C en tournant l'excentrique c_2 (fig. 505) et E est fixé sur D par le serrage de l'écrou d', avec un jeu permettant de l'adapter à des meules de différents diamètres. Des ressorts S (fig. 515) appuyés sur le taquet fixe d_1 d'une part, et d'autre sur celui d_2 de D tendent constamment à se déployer comme en pointillés (fig. 515) en entraînant avec eux la tige D_2, coulissée dans la bague d_3 et le chariot D, de manière à éloigner la meule 22 de la pièce en travail, et la position de D sur C est commandée (fig. 501 et 503) du vernier 6, par le train 5, 4, 3, 2 et la crémaillère c_4, commande qui se fait sans jeu parce que ses mécanismes sont constamment serrés par le rappel des ressorts S.

L'arbre 18 (fig. 517) de la meule a ses paliers sphériques 7 et 8 serrés sur E par les

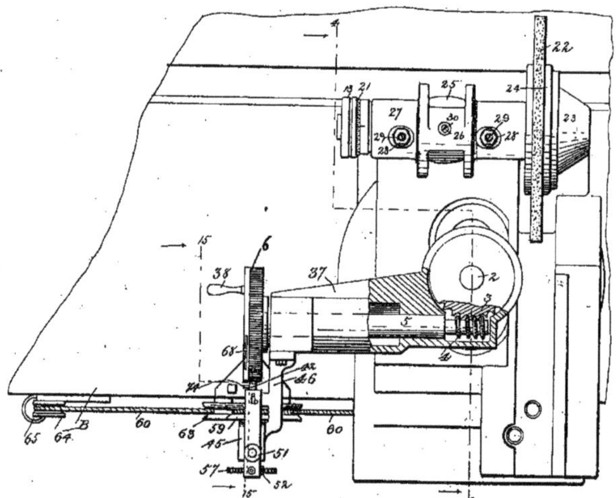

Fig. 503. — Machine à rectifier *Landis*.
Plan du chariot.

boutons 9, à viroles filetées 10, qui les laissent passer avec un jeu évitant toute tension latérale et réservent aux paliers la liberté nécessaire pour assurer leur alignement automatique. Ces paliers sont fendus pour permettre leur serrage par les vis 12, serrage facilité par les saignées 11, 11, qui en augmentent l'élasticité. A l'extrémité de droite (fig. 517) l'arbre de la meule porte une vis 19, avec écrou 20, maintenu par la contre-vis l, et portant sur la tête 13, filetée en 16 dans le palier 8, et à vernier 21 (fig. 503 et 517) permettant d'ajuster exactement la position longitudinale de la meule quand elle travaille par sa face. Afin d'éviter tout jeu dans le filetage 16, on le prolonge par une couronne également filetée 14, reliée à 16 par des vis 15, sur les têtes desquelles 14 est constamment appuyée par des ressorts réglés par les vis 17. La meule 22 est serrée par une rondelle 24 sur le plateau 23 fileté sur son arbre, lequel est commandé par une poulie 25, fixée par une vis 26, à cale g, et a ses portées protégées contre la poussière par le capuchon 27 fixé par les vis 28, creusées de manière à recevoir les graisseurs 29. Ce capuchon porte une ouverture 31, qui permet d'immobiliser l'arbre 18 quand on veut remplacer la meule : il suffit, pour cela, de passer par ce trou un taquet d'arrêt dans le trou 31 de l'arbre 28. Enfin, la meule est, comme d'habitude, protégée par une enveloppe 32 (fig. 507) fixée sur E par 35-34, et à canal d'injection d'eau 35, fixé en *f*.

Le palier 37 (fig. 503 et 504) de l'arbre 5 est fixé à D par le serrage de son manchon *n* au moyen des vis n_1 n_2, qu'il suffit de desserrer pour pouvoir, en tournant 37 sur D', avancer et reculer rapidement D sur C, la vis 5 entraînant alors le pignon 3 comme d'une seule pièce, et l'on peut aussi, après avoir resserré *n*, se servir de 37 comme d'un levier pour faire pivoter C sur B.

L'avancement automatique de la meule est commandé (fig. 501) de la corde 60, fixée

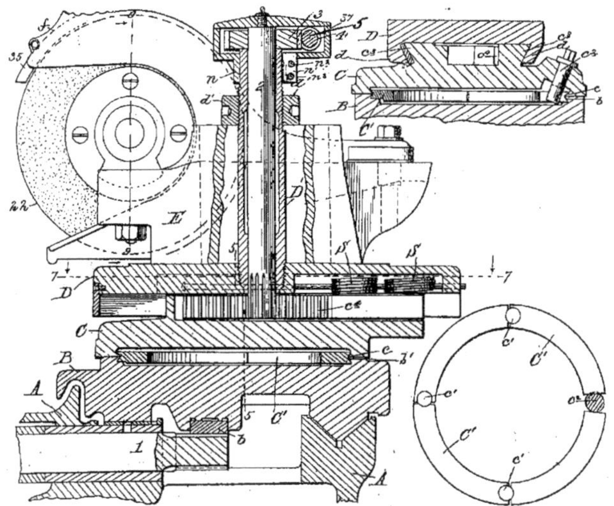

Fig. 504 à 506. — Machine à rectifier *Landis*.
Coupes verticales 4-4 (fig. 503), 5-5 (fig. 504) et détail du serrage C'

au socle en 61 et renvoyée par 62, 59, 63, 64 au poids tendeur 65, de sorte que, à chaque changement de marche du chariot B, la poulie 59 tourne dans un sens puis dans l'autre en entraînant (fig. 503 et 509) son arbre 58, dont le pignon 57 commande par le galet 53 et l'étrier articulé 52, à ressort 56, la rotule 54, rainurée par 55 dans 52. Cette rotule commande, à son tour, le balancier 43, pivoté en 44 sur 45, à rappel par ressort 50, et qui porte un cliquet 42, en prise avec le rochet 39 de la roue C. A la montée par la poussée du ressort 50, montée réglée par la butée de la vis 51 sur 55, ce cliquet recule et glisse sur 39, malgré son ressort 47 et à la descente, sous la poussée de 54, il fait tourner 39 du nombre de dents fixé par 51, la liaison élastique 56 permettant à 42 d'appuyer 43 sur sa butée 66 sans risquer aucune rupture. La rayure en bayonnette 49 (fig. 501 et 509) permet, d'autre part, de retirer par la vis 48 le cliquet 42. On peut ainsi faire avancer la meule de 0 m. 005 à chaque renversement du chariot B. Le rochet 39 est fixé (fig. 509 et 511) sur la roue 6 par la dilatation de ses dents 40 au moment de la vis conique 41.

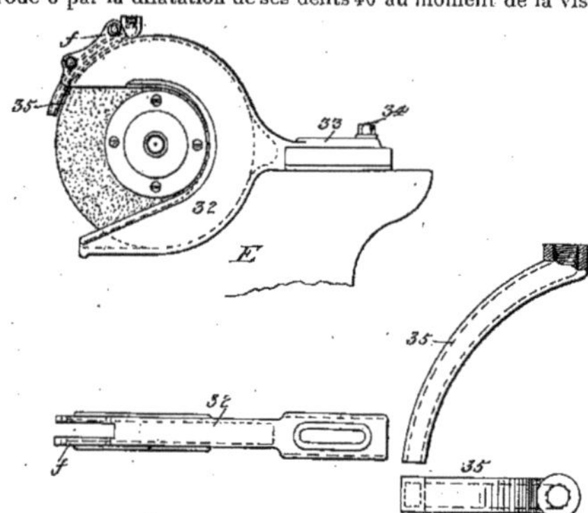

Fig. 507 et 508. — Machine à rectifier *Landis*. Détail de la meule.

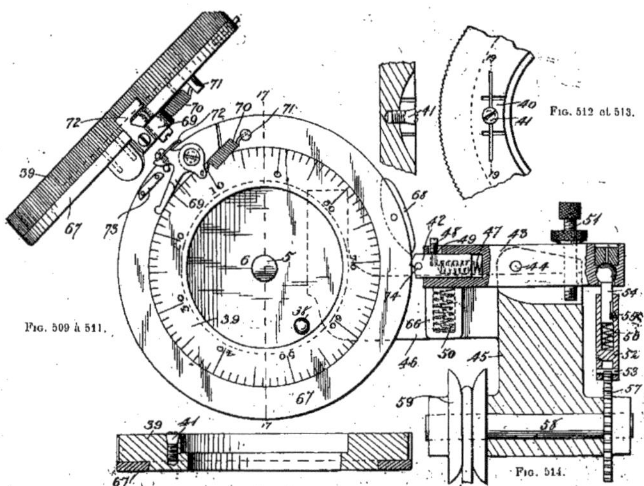

Fig. 509 à 511. Fig. 512 et 513. Fig. 514.

Fig. 509 à 514. — Machine à rectifier *Landis*. Détail du vernier 6.

Enfin l'on a, pour pouvoir arrêter automatiquement l'avance de la meule après une pénétration donnée, disposé sur 39 un limbe 67, avec taquet 68 qui, au moment voulu vient, en repoussant par 74 le cliquet 42, arrêter cette avance. Il suffit donc de disposer 68 de manière, qu'à l'origine du travail de la meule, sa distance à 74 comprenne le nombre

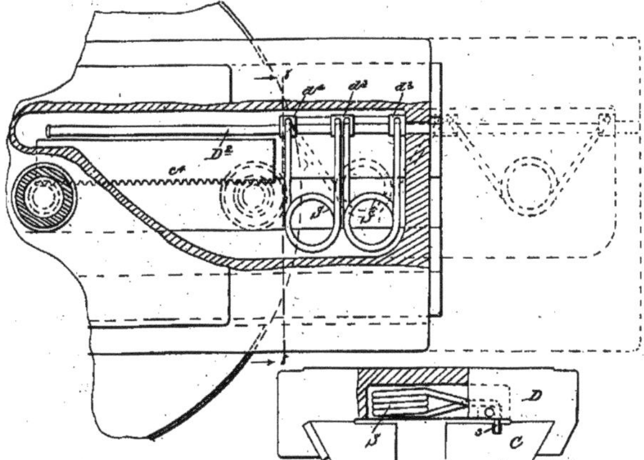

Fig. 515 et 516. — Machine à rectifier *Landis*.
Coupe horizontale 7-7 (fig. 4) et coupe 8-8 (fig. 7).

de dents de 36 correspondant à l'avance voulue : à cet effet, le limbe 67 est pourvu d'un levier 69, à rappel 70-71 et à cliquet 72, en prise avec les dents de 36, et qui, chaque fois

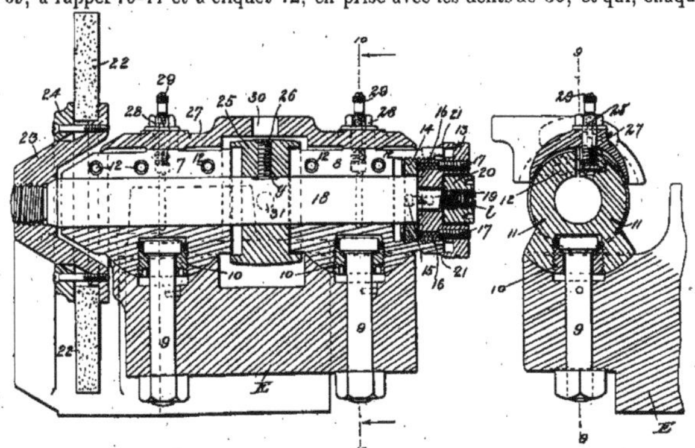

Fig. 517 et 518. — Machine à rectifier *Landis*.
Détail de l'arbre de la meule. Coupes 9-9 et 10-10.

qu'on l'applique sur son taquet 73, fait avancer 67 d'une dent de 39, correspondant à une avance de 0 mm. 003 pour la meule.

Dans la machine fig. 519 le mécanisme de renversement de la table est commandé

Fig. 519. — Meule à rectifier *Landis*.

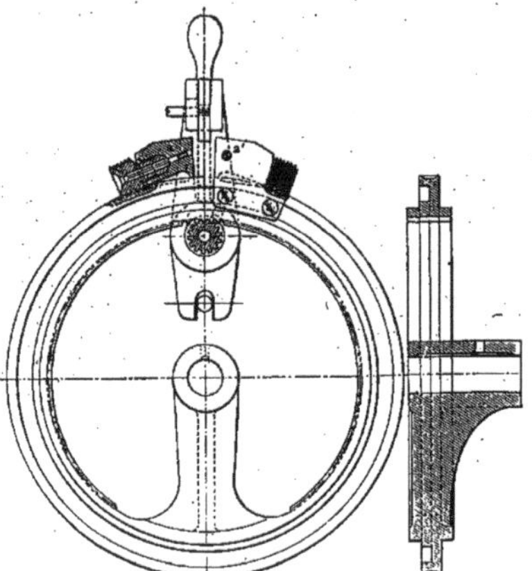

Fig. 520. — Meule *Landis*. Détail du réglage des tocs.

par deux tocs *a* et *a'* (fig. 520) montés sur un anneau que fait tourner un pignon commandé par la table ; le changement de marche se fait par la poussée de ces tocs sur le levier indiqué entre eux. Chacun de ces tocs est en forme de vis sans fin en prise avec la denture de l'anneau et pouvant tourner sur sa tige de sorte que l'on peut obtenir ainsi un ajustage très précis de ces tocs, et les tiges sur lesquelles sont enfilés ces tocs sont

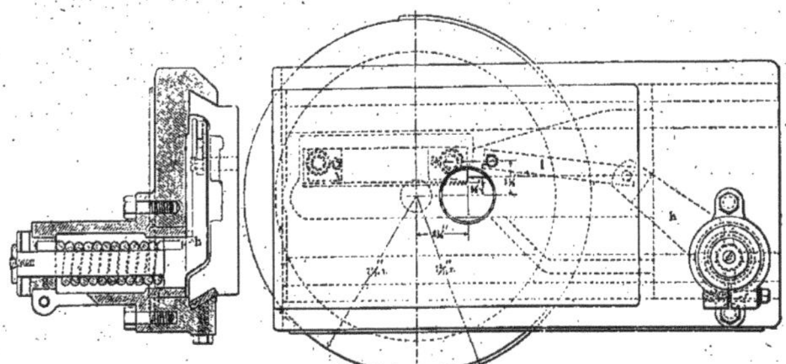

Fig. 521. — Meule à rectifier *Landis*. Rattrapage des jeux.

flexibles de manière à permettre de les séparer de l'anneau et d'en faire ainsi rapidement l'ajustage approximatif.

Pour éviter tout jeu au mouvement de l'avance transversale du chariot porte-meule, ce chariot est constamment repoussé loin de la pièce en travail par la bielle *i* (fig. 521) sous l'effort de la manivelle *h* chassée par un ressort réglable en *g* [1].

Fig. 522. — Meule à rectifier de *Landis*.

Dans la machine (fig. 522) les chariots 3 et 4 (fig. 523) de la pointe F et du chuck H sont appuyés sur le banc B, pivoté en *b* sur le socle A, par la vis 76, à serrage élastique 9 et coulisse 6, permettant d'ajuster la distance FH à la longueur de la pièce à travailler, ajustement facilité par les poignées *h*. Des plaques de garde P font écouler

1. Voir, pour une description détaillée de cette machine, la *Revue de Mécanique*, février 1900, p. 222.

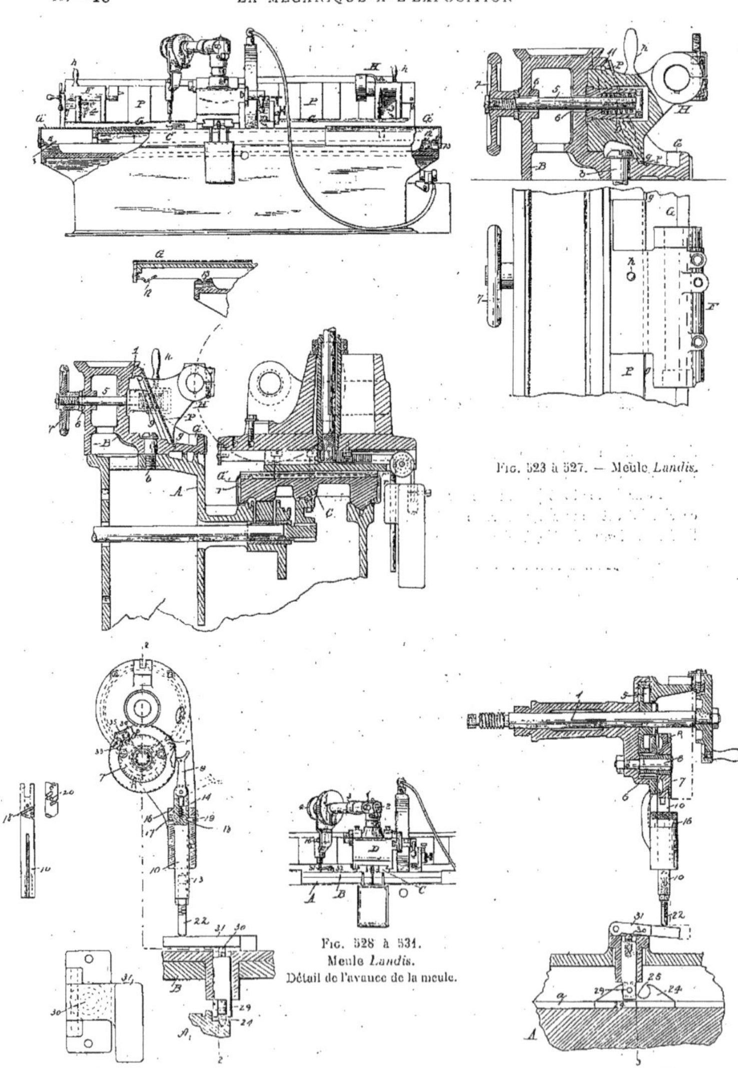

FIG. 523 à 527. — Meule *Landis.*

FIG. 528 à 531.
Meule *Landis.*
Détail de l'avance de la meule.

l'eau en G par g. Le chariot C de la meule a ses glissières protégées par des gardes F', maintenues par leur enclenchement élastique 12, 13 sur le socle, enclenchement qui cède quand C vient heurter les extrémités de ces gardes, puis se reforme quand C revient et entraîne G' par le frottement de ses nervures r'. L'avance transversale de la meule est déterminée par le sabot 24 (fig. 528 et 531) mobile dans la rainure en coin a du socle A. Pendant le déplacement longitudinal du chariot C de la meule, le galet 29, pris dans l'un des rochets de 24, le soulève et l'entraîne ; mais, dès que C renverse sa marche, 29, appuyant sur la double came 25, appuie et coince 24 dans sa rainure a, où il s'arrête, de sorte que 26, montant sur 27, soulève par 30, 31, 22, 10, le cliquet 9 de la quantité réglée par son collet à vernier 16, dont la goupille 17 s'engage dans la spirale 18 de 10 (fig. 528) et qui est fixé par la pénétration du loquet 19 dans les trous 20 de 10, espacés de manière qu'en passant d'un trou à l'autre on augmente ou diminue d'une dent la prise de 9 sur le

Fig. 532. — Meule aléseuse *Pratt-Whithney*, pour le finissage des cuvettes de vélocipèdes, etc., fonctionnement entièrement automatique.

rochet 7. Ce rochet commande l'avance de la meule par le train 6, 5, 1 et le pignon 2. Chaque dent de 7 correspond à une avance de un millième de pouce, et ce rochet porte une enveloppe R, ajustable, à butée r, et venant, à la fin de l'opération, repousser 9 dans la position pointillée, et arrêter automatiquement l'avance ; un levier 33, 34, à cliquet 35, permet en outre d'ajuster à la main le rochet 7.

On sait avec quelle facilité la meule se prête, convenablement montée sur des outils adaptés aux travaux les plus divers de façonnage et d'alésage : pour coulisses, bagues, coussinets, pointes, etc.[1], travaux de finissage bien entendu ; parmi les très nombreuses machines de ce genre qui figuraient à l'Exposition, l'une des plus nouvelles et des plus ingénieuses était celle de MM. *Harper* et *Grohmann*, (fig. 532) exposée par la maison *Pratt-Whitney*.

1. G. Richard « *Traité des machines-outils* » machines de Fétu et Defize, Craven, Rossler ; Bedrick et Ayer Friedericks, Smith, Peacock ; *Société alsacienne*, Norton, Richardson, Colburn, Taylor, Jarvis, etc.

Cette petite machine, très ingénieuse, a pour objet le meulage après trempe des corps creux de formes diverses, notamment celui des cuvettes de vélocipèdes, comme on le voit en figure 538. A cet effet, la broche porte-meule est montée à l'extrémité d'une pile de chariots C et de plateaux disposés de manière à pouvoir lui imprimer automatiquement, à l'intérieur de la pièce en meulage W, saisie par le chuck 41 de la poupée 40, les mouvements nécessaires au finissage de son profil. Le chuck 30 est manœuvré par la pédale 46-44.

Le premier de ces chariots, 4, est (fig. 535 et 536) fixé dans la rainure 14 du banc 2

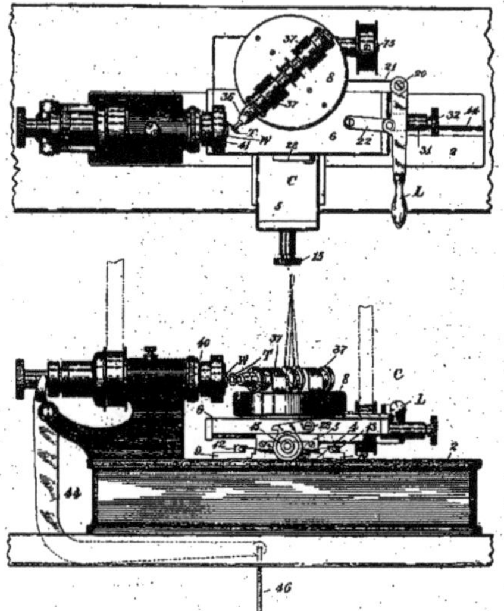

FIG. 533 et 534. — Meule *Harper et Grohmann*. Plan et élévation.

par les mors 9 et 10, à boulons de serrage 12 et 13 ; le second chariot, 5, s'ajuste sur 4, perpendiculairement à 2, par sa vis 15, qui fait écrou en 16 dans le chariot 4. Le troisième chariot, 6, se déplace transversalement sur 4 par le levier L (fig. 537 et 537) articulé sur 5 en 20-21 et à 6 par sa bielle 22 : le rappel de 6 se fait par la poussée des ressorts 25 de 4 sur ses tiges 26, et ce rappel est limité à ce qu'il faut pour ramener la meule à sa position de travail par la butée réglable sur 5 de la vis 30-32, qui fait écrou dans 6. En outre, le chariot 6 porte (fig. 534) un cliquet 28, qui, par sa prise avec l'arête droite de 5, maintient à volonté 6 dans sa position extrême de droite, et une plaque fixe 35 (fig. 543 et 548) sur laquelle peut coulisser le plateau (fig. 542).

Le plateau 7 porte le plateau 8 (fig. 535) avec les paliers 37 de la broche porte-meule 36, et, sur sa face inférieure, les coins 50 et 51 (fig. 543) engagés dans la rainure 52-53 (fig. 549) de 7, parallèle à 36, et perpendiculaire à la rainure 92-93, dans laquelle s'engage le coulisseau 90-91 du plateau 8. Ce plateau 8 porte (fig. 545 et 550) un gabarit P,

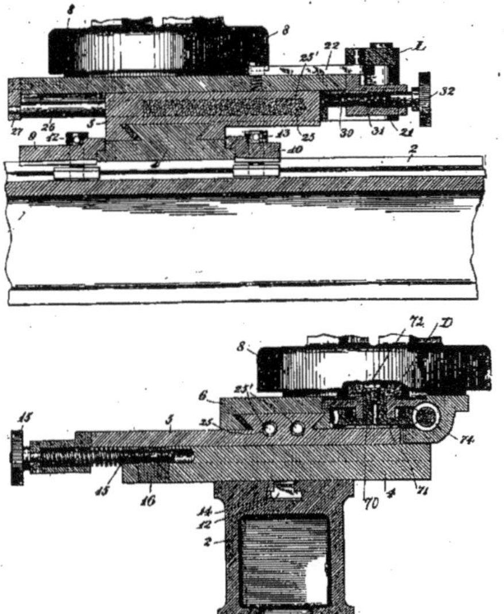

Fig. 535 et 536. — Meule *Harper et Grohmann.* Détail du chariot.

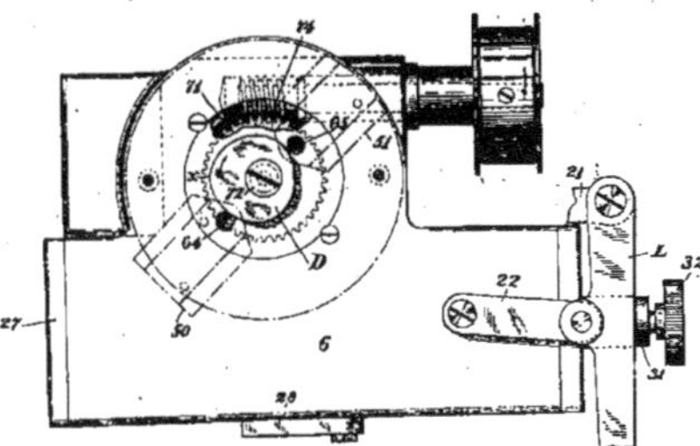

Fig. 537. — Meule *Harper et Grohmann.* Détail de la came D.

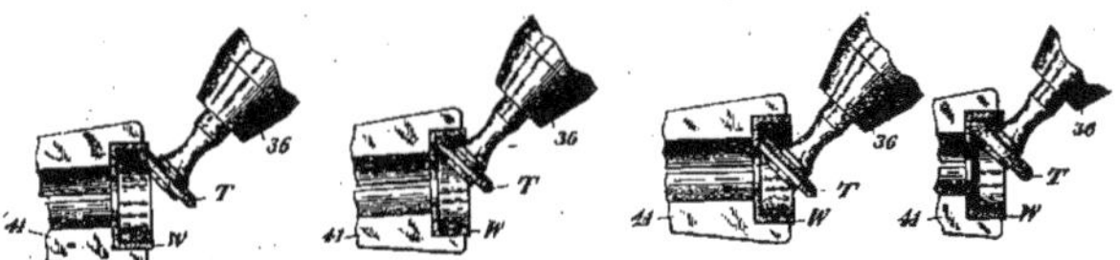

Fig. 538 à 541. — Meule *Harper et Grohmann.* Fonctionnement de la meule.

dont la face 60 est sans cesse poussée sur le galet fixe 61 par le ressort S, appuyé en 86 sur 7 et, par ses extrémités, sur le rebord 86 de 8. Enfin, le chariot 6, porte, montée

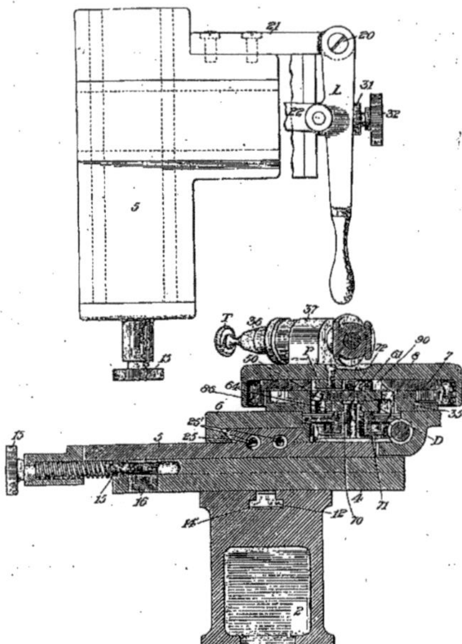

FIG. 542 et 543. — Meule *Harpe et Grohmann*.
Détail du levier L et du chariot.

en 72 (fig. 536 et 537) sur le moyeu 70 du pignon hélicoïdal 71, une came D, qui tourne

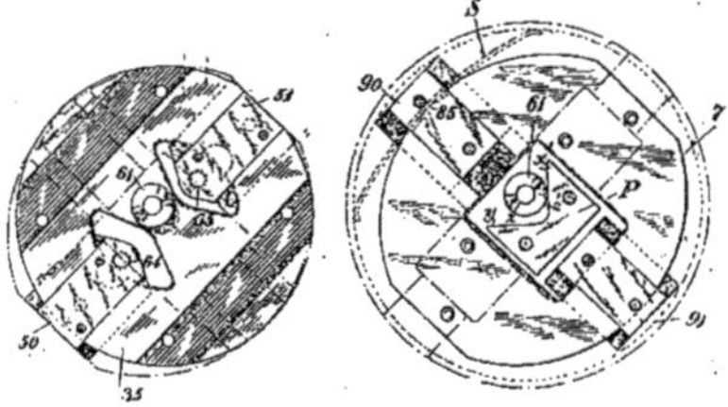

FIG. 544 et 545. — Meule *Harper et Grohmann*.
Détail des coins 64 et 65 et du gabarit P.

entre les pitons 64 et 65 des coins 50 et 51 : cette came, commandée par la vis 74, tourne dans le sens de la flèche (fig. 537), et fait aller et venir le plateau 7 sur 35 pendant que le gabarit P fait, en même temps, coulisser 8 sur 7. Au commencement d'une opération, la pointe x de D est en contact avec 65 et celle y (fig. 545) du gabarit avec 61, et, pendant que D fait avancer le plateau 7, parallèlement au porte-meule 36, le profil zz'' du gabarit

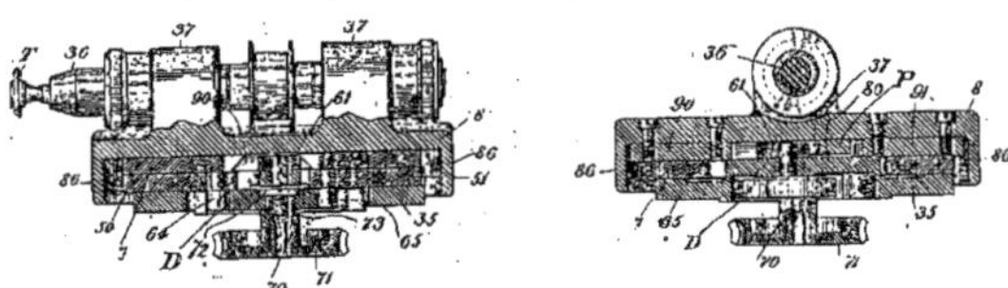

FIG. 546 et 547. — Meule *Harper et Grohmann*.
Détail du porte-meule.

fait coulisser le plateau 8 sur 7 de manière à faire décrire à la meule T, comme de figure 538 à figure 541, le profil intérieur de la pièce W. Quand T occupe la position figure 541, la

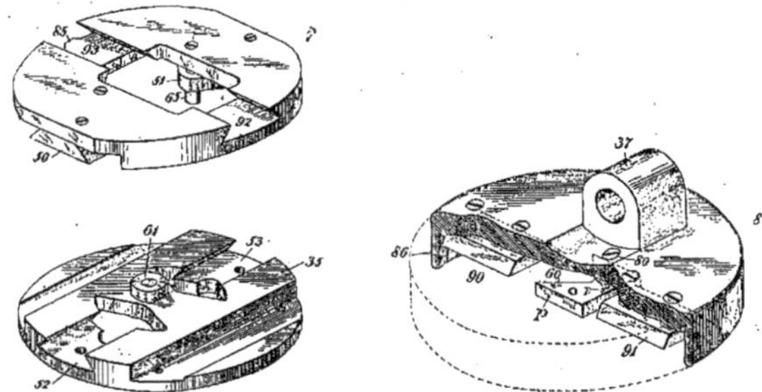

FIG. 548 à 550. — Meule *Harper et Grohmann*.
Détail des plateau 7, 35 et 8.

pointe x de D est au contact de 64, et celle x' de P au contact de 61, de sorte que la came D, continuant de tourner, ramène 7 à sa position primitive, en faisant repasser la meule de la position (fig. 541) à celle (fig. 538).

Les affûteuses.

Les affûteuses qui figuraient à l'Exposition ont été presque toutes déjà décrites dans nos publications sur les machines-outils, et je ne puis que renvoyer à ces descriptions[1]; je me bornerai à la description détaillée de deux types d'affûteuses exposées par M. *Schmaltz*, d'Offenbach-sur-Mein, remarquables par leur bon fonctionnement, et qui sont d'introduction récente chez nous.

Parmi les nombreuses affûteuses aux descriptions desquelles je ne puis que renvoyer

1. G. Richard « *Traité des machines-outils* », types de Barkers, Sellers, Kreutzberger, Edmeston, Mossberg, Hofmann, Blackmore et Palmer, Higgins et Morgan, Smith et Coventry, Hulse, Ducommun, Archdale, Flint, Appleton, Conrader, Brown et Sharpe, Davis, Cincinnati Machine Cº, Walker, Garvin.

le lecteur, j'attirerai particulièrement l'attention sur les affûteuses pour outils de raboteuses et de tours du genre *Sellers* ou *Gisholt* (fig. 551)[1] qui permettent d'affûter ces outils avec la plus grande précision, suivant des formes géométriquement définies et reconnues les meilleures par la pratique; on peut ainsi, grâce à l'emploi de ces outils fort simples, sortir de la routine qui préside presque toujours à la confection de ces outils et en améliorer considérablement le travail et le rendement.

Dans l'affûteuse de *Schmaltz* pour fraises et forets (fig. 552-555), le chariot porte-meule G est commandé, du train à friction P*o*, réglable par le levier *l*, au moyen de la transmission M*ss*'M'WZ, à engrenages elliptiques *ss'* et plateau à manivelle variable *o*;

Fig. 551. — Affûteuse *Gisholt*.

Fig. 552. — Affûteuse *Schmaltz*.

les engrenages elliptiques ont pour effet de rendre le mouvement alternatif de G sensiblement uniforme.

L'avance des dents de la fraise en affûtage est commandée, d'un toc de l'arbre M', par le renvoi *mtg*, facilement réglable suivant le diamètre et le pas de la fraise, et rappelé par le ressort *r*, de manière qu'il fasse tourner la fraise d'une dent à la fin de chaque course d'affûtage de la meule; et ces deux mouvements de G et de la fraise, ainsi conjugués, peuvent se débrayer simultanément par le levier 8 8, qui commande l'embrayage de la vis sans fin de N avec le pignon de M.

La meule *g* a sa broche portée par un support E, qui peut s'orienter dans l'extrémité T' de la glissière T, dont on peut régler, par la manette *m'*, la hauteur sur l'extrémité du bras G, et le renvoi de courroie *n' n''* se prête parfaitement à ces déplacements. Quant à la rotation de la fraise pendant son meulage, elle lui est communiquée par la dent 5,

1. G. Richard, *Traité des machines-outils*, vol. II, p. 320, et *Bulletin de la Société d'Encouragement pour l'Industrie nationale*, mai 1900, p. 822.

appuyée sur elle par un ressort de sa tige 3, ajustable sur un prolongement de T′, de sorte que le glissement même des dents de la fraise sur 5 l'oblige à tourner en suivant le profil longitudinal de ces dents.

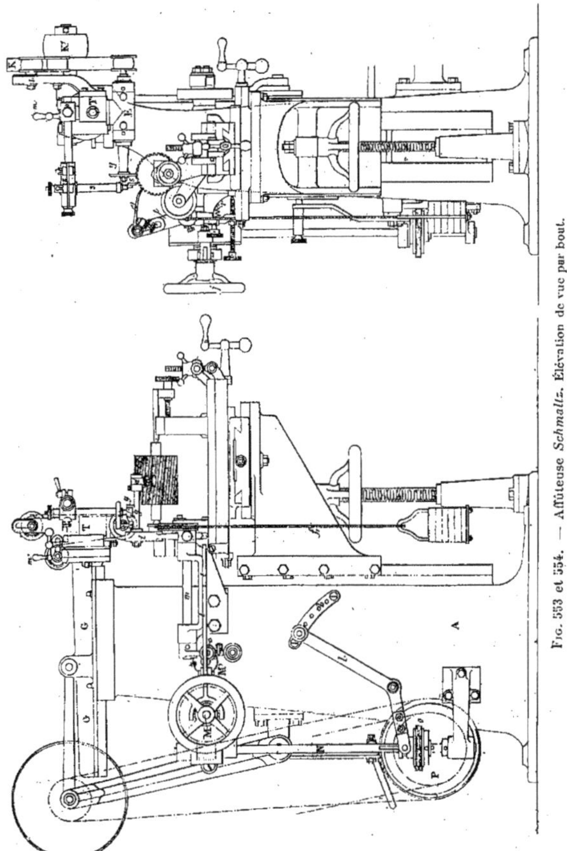

Fig. 553 et 554. — Affûteuse *Schmaltz*. Élévation de vue par bout.

Les fig. 556-559 montrent l'adaptation de cette affûteuse au travail de fraises de différentes formes ; c'est une machine fort simple et d'un travail très précis.

La machine (fig. 560-562) permet de tailler les fraises rapportées sur leur couronne *a* au moyen d'une petite meule de front sur bras *c* ajustable en *e* sur la colonne à crémail-

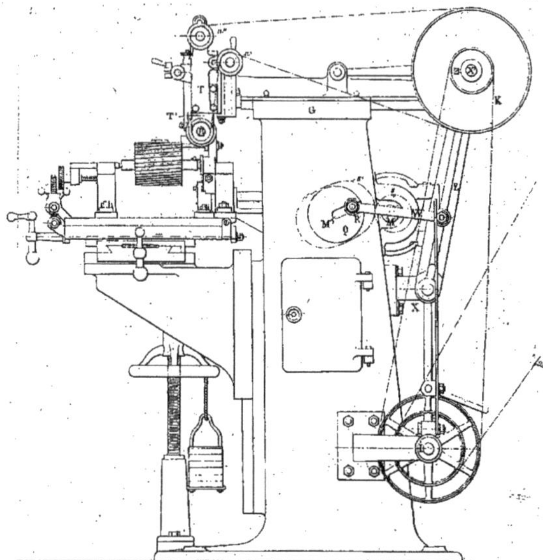

FIG. 555. — Affûteuse *Schmaltz*.
Élévation.

FIG. 556.
Affûtage d'une fraise de front.

FIG. 557.
Affûtage d'une fraise conique.

lère f : son poids est de 300 kilog. et elle peut prendre des couronnes de 500 millimètres de diamètre.

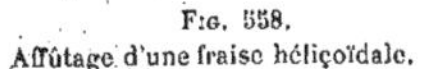

Fig. 558.
Affûtage d'une fraise hélicoïdale.

Fig. 559.
Affûtage d'un aléseur.

Le principe de la machine à affûter les scies représentée par la fig. 563, se comprendra facilement au moyen des figures schématiques 564-569.

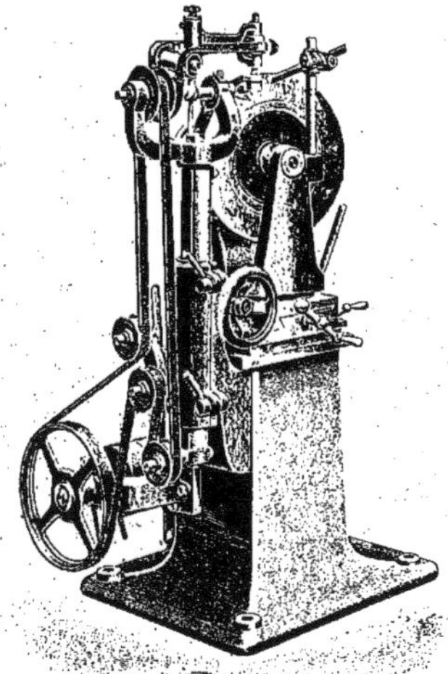

Fig. 560.
Affûteuse *Schmaltz* pour fraises rapportées.

La meule d est portée par un axe c pivotable, dans le bras b, par la transmission universelle lmn, et la scie, montée sur le support g, réglable en fe, tourne d'une dent après chaque affûtage par l'action du doigt *i* du levier *k*. Ces différents mouvements sont commandés par des excentriques de l'arbre *p*, *q* pour le porte-scies, *r* pour le bras *b*, et *s* pour le pivotement de la scie, par *lnm*.

Ces excentriques sont ajustables, et l'excentrique *s* ne doit faire qu'un tour pour deux de *b*; à cet effet, l'excentrique de *s* (fig. 566) folle sur *p* est ajustée sur un disque *v*, serré sur le cuir *w* du manchon *t*, calé sur *p*, par les vis *u* du plateau *x*, également fou sur *p*, et ce plateau *x* porte deux dents *v v*, d'un cliquet *y* et le manchon *t* une came *z*. Quand *z*

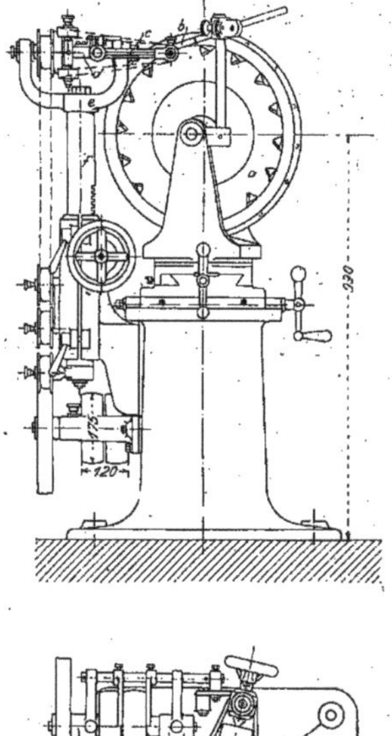

Fig. 561 et 562.

Fig. 563.
Affûteuse *Schmaltz* pour scies circulaires.

arrive en *y*, il soulève ce cliquet, et *t* entraîne *s* pendant un demi-tour, au bout duquel il est de nouveau arrêté par *y*, jusqu'à ce que *z* vienne de nouveau soulever *y*, après un tour entier de *p*; l'excentrique *s* ne fait bien ainsi qu'un demi-tour par tour de *p*. Il en résulte que *b* et la meule *d* sont d'abord abaissés sur la scie, par *r* et *b*, et taillent une dent; puis l'excentrique *s* fait faire, par *lmn*, un demi-tour à *c*, de sorte que la meule, au prochain abaissement de *b*, taille la dent suivante en inclinaison inverse de la précédente; c'est l'affûtage à double biseau[1].

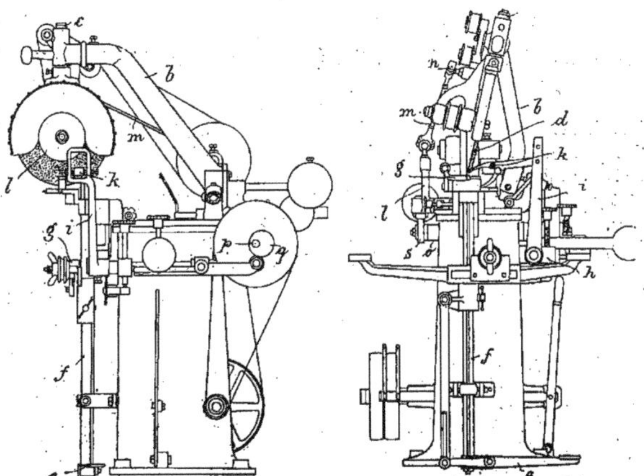

Fig. 564 et 565. — Affûteuse *Schmaltz* pour scies circulaires.
Vue par bout et de côté.

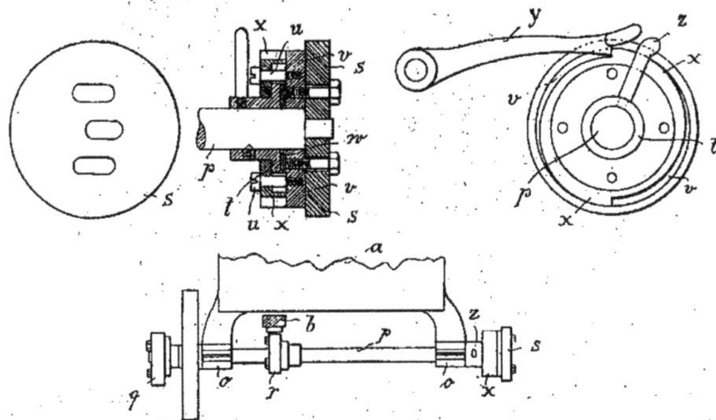

Fig. 566 à 569. — Affûteuse *Schmaltz* pour scies circulaires.
Détails.

1. Voir dans la *Revue de Mécanique* les affûteuses suivantes : pour forets Buller, avril 1899, p. 485; Hemsdorf, décembre 1899, p. 700; Panhard-Levassor, avril 1901, p. 239; Smith et Coventry, mars 1899, p. 286. Pour scies Bath, avril 1901, p. 469; Hill, décembre 1900, p. 761; Taylor et Dunkerley, février 1899, p. 183; universelles Eberhardt, avril 1899, p. 195; Guest, septembre 1901, p. 355; Wahlestrom, avril 1899, p. 215; Walker, novembre 1897, p. 1120.

MACHINES A TAILLER LES ENGRENAGES

On sait que les machines à tailler les engrenages peuvent se diviser en deux classes, au point de vue du travail même de leur outil, suivant qu'elles emploient la fraise ou le tranchant des raboteuses, et, dans chacune de ces classes, en trois variétés, suivant que l'on peut y tailler des dentures droites, coniques ou hélicoïdales ; cette classification n'a d'ailleurs, comme la plupart de celles de la technologie, rien d'absolu, car certaines machines, assez compliquées il est vrai, peuvent tailler à volonté les trois dentures. Comme il fallait s'y attendre, les machines à fraises étaient à l'Exposition, de beaucoup les plus nombreuses, sans compter, bien entendu, les fraiseuses universelles ; il n'y a, en

Fig. 570. — Fraiseuse *Gould et Eberhardt.*

effet, aucune raison de ne pas profiter, pour ce genre de machines, des avantages généraux et bien connus de la fraise. Néanmoins, principalement pour la taille des pignons coniques, le principe de l'étau limeur, avec outil d'un affûtage facile et guidé par un gabarit ou son équivalent, se prête à des solutions cinématiques très élégantes, qui lui ont permis de soutenir honorablement la lutte ; nous en décrirons ici deux exemples très remarquables, dont l'un, celui de la machine Fellows, est extrêmement original.

Les machines à tailler les engrenages étaient très nombreuses à l'Exposition, et il nous serait absolument impossible de les décrire toutes ; nous avons dû nous borner à un choix entre celles qui nous ont paru à la fois avantageuses et nouvelles, dans leur ensemble ou par leurs détails. Cela ne veut pas dire que nous considérions ces machines nouvelles, comme, par cela même, supérieures aux machines classiques, car il ne faut pas oublier, même devant les combinaisons les plus ingénieuses, les grands avantages de la simplicité et de la solidité, dont on ne paraît pas avoir toujours suffisamment tenu compte; mais il est probable que les inventeurs mêmes de ces nouvelles machines ne tarderont pas à les améliorer dans ce sens[1].

Les machines à tailler les roues et pignons héliçoïdaux de *Gould* et *Eberhardt* sont bien connues aujourd'hui[2]. Je me bornerai à en rappeler le principe général et à en décrire avec quelques détails deux types récents.

Ainsi qu'on le voit par la fig. 570, toutes ces machines comprennent essentiellement deux chariots : l'un mobile sur une colonne verticale, porte la broche sur laquelle on monte la roue en taille; l'autre, mobile sur une table horizontale, porte la broche porte-fraise.

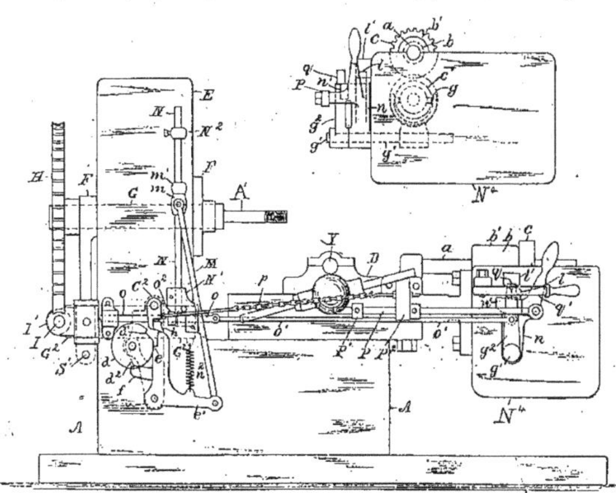

Fig. 571 et 572. — Fraiseuse *Gould et Eberhardt*.
Élévation et vue par bout de droite.

La broche porte-roue est commandée par vis sans fin au moyen d'un mécanisme diviseur fort ingénieux, dont nous décrirons tout à l'heure un exemple, et qui fonctionne sans jeu par entraînement à friction et arrêt par cliquet. Pour la taille des roues droites, la rotation de la broche s'arrête après chaque division, pendant le travail de la fraise; pour le travail des pignons héliçoïdaux, cette rotation continue au contraire, de manière à suivre rigoureusement l'avance de la fraise héliçoïdale, dont le mécanisme de rotation est alors conjugué avec celui du diviseur.

La machine représentée par les fig. 571 à 593, permet de tailler d'une façon entièrement automatique les pignons droits ou héliçoïdaux.

Le chariot D, qui porte la fraise taillante *u*, est commandé, sur sa glissière A, par la vis *a*, dont l'écrou *c* tourne tantôt dans un sens, tantôt dans l'autre, suivant que son pignon

1. Pour les machines de types classiques, voir G. Richard, *Traité des machines-outils* et la collection (1897, 1902) de la *Revue de Mécanique*.

2. G. Richard, *Traité des machines-outils*, vol. II, p. 174.

est mis, par l'embrayage c', en connexion avec l'un ou l'autre des deux trains d'avance commandés de J_2 par JL. L'embrayage c' est commandé par le renvoi $gg'g_2$, à butée q

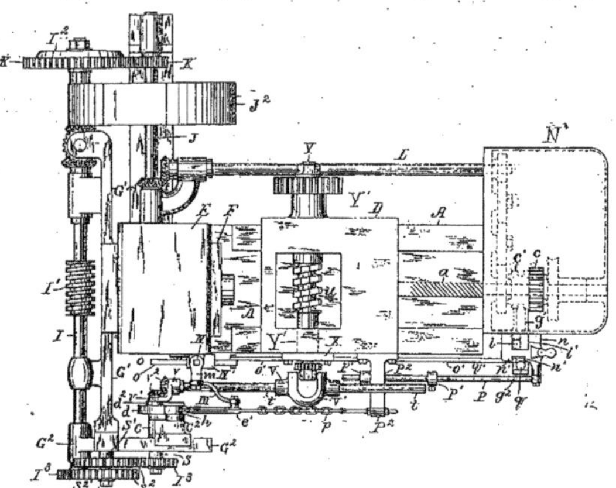

Fig. 573. — Fraiseuse *Gould et Eberhardt*. Plan.

(fig. 580) le maintenant par le loquet q' dans sa position de débrayage (fig. 579). Le levier

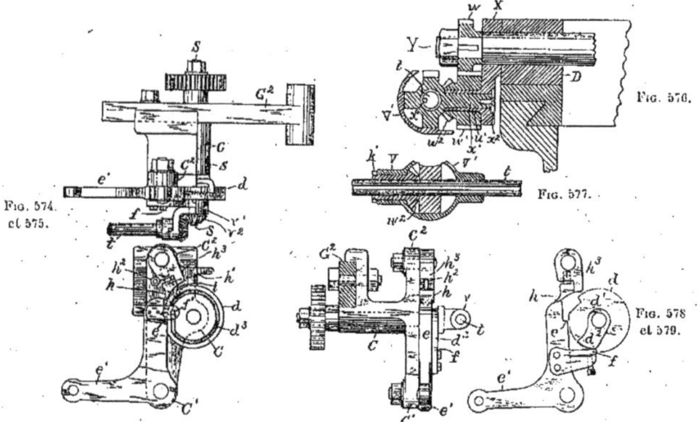

Fig. 574 à 579. — Fraiseuse *Gould et Eberhardt*. Détail du mécanisme des pas.

g^2, commandé, du chariot D, par la butée P_2, les tocs P'P' et la tige P, entraîne autour de g' le bras nn', avec verrou à ressort l passant (fig. 572) sur le double plan incliné fixe l', qui assure à u sa stabilité dans ses positions extrêmes d'embrayage.

La broche porte-roue A'G, portée par le montant E, est commandée par J_2KII', avec entraînement par friction I_2, et ce même arbre I commande, par le train variable I_2S_2 (fig. 572) les cames dd' et d_2 (fig. 579). Pendant la taille de la roue, le cliquet ee, enclenchant d en d', arrête la rotation de I. Après l'exécution de cette taille, la chaîne p, attachée en P_2 au chariot D, tire par h_2 la détente h_2h (fig. 579) de manière à lui faire déclencher e de d', puis dépasser e, comme en figure 579, et, d se mettant alors à tourner, d_2 ramène, par la butée élastique f, e à renclencher d' à la reprise de la nouvelle taille. En outre, le bras e' de e, à rappel n_2 (fig. 572) commande, par Mm et le toc ajustable m', la tige N,

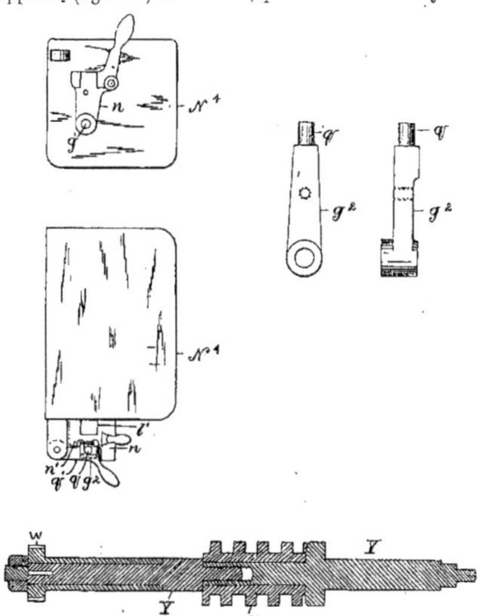

Fig. 580 à 584. — Fraiseuse *Gould et Eberhardt*. Détail du renvoi $gg'g^2$ et de la broche Y.

verrouillant en O_2 la barre O_1, relevée par O' au levier g_2, ainsi maintenu dans sa position neutre tant que N n'est pas relevée par e', et empêchant à coup sûr toute avance de la fraise avant le calage de d.

Quand D arrive (fig. 572) au bout de sa course de gauche à droite, n légèrement déplacé vers la droite, est prêt à entraîner dans le même sens le levier g_2, par la réaction du verrou à ressort l sur l', dès que N, lâchant O, le permettra, comme nous venons de l'expliquer, ce qui embraye l'écrou b de la vis a de manière que le chariot D commence sa course active, de droite à gauche, jusqu'à son arrêt et renversement par le toc P'.

En figure 575, le rappel n_2 (fig. 572) est remplacé par un axe f' de e, pris dans une rainure d_3 de d qui, bien entendu, est contournée de façon à ne pas empêcher le fonctionnement précédemment décrit de la détente h_2h, à rappel h'.

Pour pouvoir tailler les pignons hélicoïdaux, au moyen d'une fraise de forme u

(fig. 573) on commande la broche Y par le train S-v_2-t-w_2-w'-x'-w (fig. 573, 574, et 576), à manchon V, rainuré sur t, par lequel Y tourne dans un rapport constant avec I. Il suffit d'enlever x pour annuler l'action de l'arbre t, quand on en a besoin.

Ces machines de types très variés atteignent parfois de très grandes dimensions, susceptibles de tailler par exemple des roues de 2 m. 50 de diamètre et de 500 de large[1] avec des fraises de 300 de diamètre.

La machine représentée par les fig. 585 à 593 diffère de la précédente par quelques

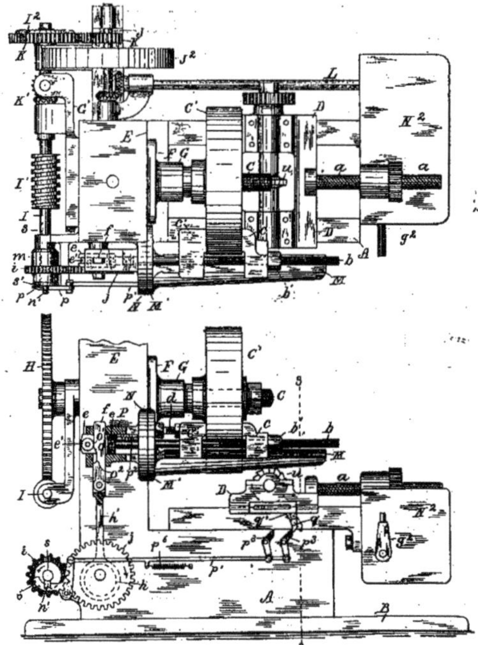

Fig. 585 et 586. — Machine *Gould et Eberhardt* à fraiser les pignons. Plan et élévation.

perfectionnements ingénieux destinés principalement à assurer la fixité rigoureuse de la roue pendant sa taille.

On reconnaît sur les fig. 585 et 586, en A, le socle supportant le chariot D de la fraise u et en E la colonne, à poupée F, pour la broche G du mandrin, ajustable verticalement par F'F_2 (fig. 591) et qui reçoit, de la vis I et de la roue H, un mouvement de rotation périodiquement interrompu. Le va-et-vient du chariot D est commandé, de la vis a, conduite par le même mécanisme N^2 que dans la machine précédente, actionné par le train

1. *American Machinist*, 2 septembre 1897.

J^2JL, avec levier de renversement g_3, et ce même arbre J commande aussi la vis I' par l'engrènement KK_2, avec entraînement par frottement I_2, pour éviter les ruptures et simplifier les transmissions.

Comme pièce nouvelle, la colonne E porte latéralement, en N, une glissière MM', pivotable sur N, et ajustable (fig. 587) par les boulons *k'* et les coulisses *k*. Cette pièce porte, en glissières, deux mâchoires *c* et *c'*, que son pivotement permet d'ajuster au diamètre variable des roues en taille C'; l'une de ces mâchoires, *c'*, se fixe par un tasseau réglable *d*

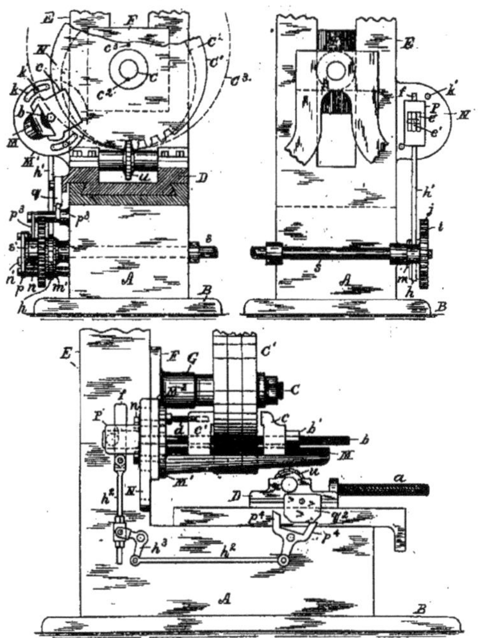

Fig. 587 à 589. — Machine *Gould et Eberhardt*.
Coupe 3-3 (fig. 586), vue par bout, et variante du mécanisme de serrage.

à l'appui de la roue C', sur laquelle vient se serrer au moment voulu l'autre mâchoire *c*, ajustable par l'écrou *b'* de la vis *b*, qui se termine par un coulisseau *ee'* (fig. 586) mobile dans la glissière P de N, et tiré par un ressort p_2, qui appuie le galet *e'* sur la barre *oo'*, commandée par l'excentrique *h'*; cette barre serre *c* sur C' quand elle se trouve dans la position figurée, et la desserre quand son encoche o_1 arrive au droit du galet *e'*, comme on le voit en fig. 589. A cet effet, le pignon J de l'excentrique *h* est commandé, de l'arbre S, par un pignon *i* (fig. 592) deux fois plus petit, appuyé sur le manchon *m* de S par le collier *s'*, et entraîné par la cale *nn'* tant qu'elle reste maintenue par son ressort p_6 (fig. 586). Ce loquet *p'* est commandé (fig. 586), du chariot D, par le taquet *qq'* qui, après que la fraise a terminé sa passe, et quand D revient à droite, repousse le premier levier p_3 de manière à embrayer i par le déclenchement momentané de p qui, au bout d'un tour de i ou un demi-tour de l'excentrique h, redébraye i en retirant (fig. 592) n de m'. Ce demi-tour, en amenant l'encoche o_2 de f devant e, desserre c, puis le mécanisme diviseur fait pivoter la roue d'une dent, et le taquet q repousse le second levier p_3, qui fait faire à l'excentrique h un second demi-tour serrant la mâchoire c.

On peut d'ailleurs remplacer ce mécanisme par le dispositif plus simple $p_4h_2h_3h_2$ (fig. 589) dont la marche se comprend d'elle-même, ou par celui de la fig. 591, dans lequel,

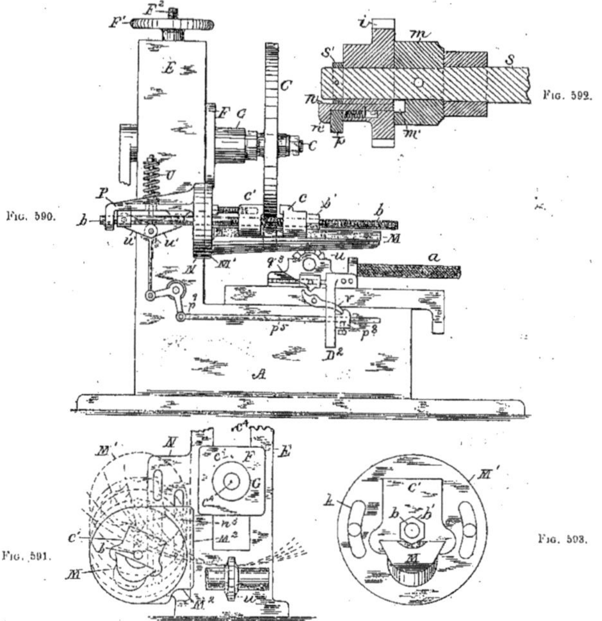

Fig. 590. Fig. 591. Fig. 592. Fig. 593.

Fig. 590 à 593. — Machine *Gould et Eberhardt*.
Variante. Détails du serrage et de l'embrayage nm'.

au moment du serrage, le taquet v_2 déclanche par Vp le train p_3p_2 du genou uu', qui rappelé par son ressort U, serre, par b, c' sur C; au retour de u à droite, son toc D_2 ramène par p le renclenchement de V, qui maintient c desserré jusqu'au nouvel aller de u.

On a indiqué en fig. 587 comment les mâchoires cc' pouvaient serrer facilement des roues de différents diamètres $C_1C_2C_3$, avec le centre du mandrin en cc_2c_3. Dans le dispositif (fig. 590), M peut se fixer par sa base M' à différentes hauteurs sur la plaque N par les boulons coulissés n^3, de manière à l'adapter plus exactement aux variations même considérables du diamètre de C.

Le fonctionnement général de la machine *Brown et Sharpe* représenté par les figures 594-604 est analogue à celui de celle de Gould et Eberhardt.

La roue en tailles est (fig. 595 à 602) fixée sur un mandrin fendu Y, assujetti dans la broche par le serrage du mandrin élastique de la broche au moyen du volant Z puis de l'écrou X, qui en fixe la position ; le serrage de l'écrou W enfonce ensuite dans Y un

Fig. 594. — Fraiseuse *Brown et Sharpe* pour pignons droits.

Cette machine peut tailler des engrenages droits jusqu'à 1 m. 525 de diamètre, 0 m. 305 de arge et 12 millimètres de pas diamétral (ou 40 millimètres de pas circonférentiel). Le rapport des engrenages de commande est de 15 à 1, et la courroie a 150 millimètres de largeur. La broche de la fraise a 44 mm. 45 à la fraise. La *fraise* peut prendre *6 vitesses* variant de 15 à 50 tours par minute et *14 avances* différentes de 1 mm. 30 à 15 mm. 17 par tour de la fraise. La *vitesse de retour* de son chariot est de 6 m. 100 à la minute. La *broche de la pièce* est alésée au cône n° 18. Le *renvoi* a des poulies fixe et folle de 610 millimètres de diamètres et de 180 millimètres de largeur. Il doit tourner à 230 tours par minute. Poids : brut, environ 4.909 kilog. ; net, environ 4.175 kilog. Emplacement occupé : 2 m. 850 × 1 m. 470.

mandrin conique qui dilate et serre Y dans le moyeu de la roue. Pour enlever la roue, on desserre W, puis X, qui repoussant X, le décolle de la roue.

La broche porte-fraise commandée (fig. 597) de la poulie B′, par le train B A M (fig. 601) est pourvue d'un écrou N, à fixation O, pour le rattrapage des usures, et cette même broche commande par un train d'engrenages variables I′J′ (fig. 602) la vis D (fig. 598) qui mène la vis d'avance Q du plateau F, à rattrapage R, par le pignon embrayable K. Le retour rapide se fait par la vis C et le pignon C', qui entraîne par le frein à friction intérieure U, réglable par T, un plateau embrayable sur Q. Les embrayages de K et de K' sur Q sont réglés par le taquet X' (fig. 595) du chariot F et les tocs ajustables G' et G'', dont la tringle commande le levier R par une fourche à ressort qui achève

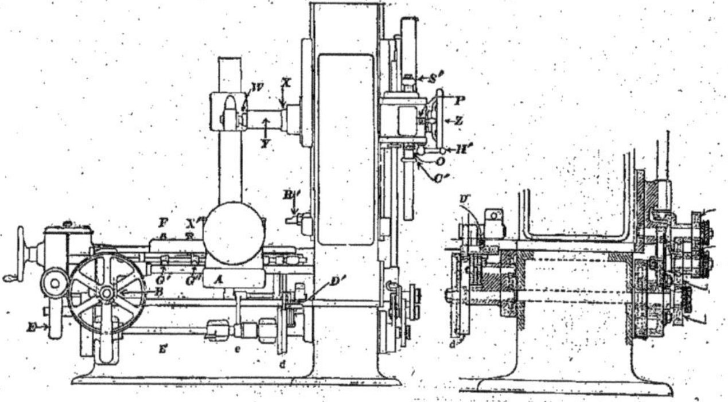

FIG. 595 et 596. — Fraiseuse *Brown et Sharpe*. Élévation et coupe par ce diviseur.

chaque mouvement commencé par G. Pour régler F on immobilise R par V (fig. 601) dans sa position neutre, où K et K' sont débrayés, et l'on manœuvre Q à la main au moyen d'une manette qui se débraye ensuite automatiquement par le rappel d'un ressort.

Le diviseur est commandé (fig. 596) de l'arbre C, par le pignon E, l'arbre E' (fig. 595)

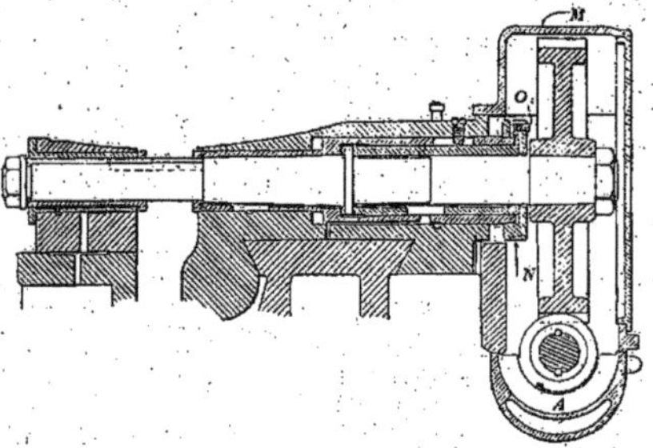

FIG. 597. — Fraiseuse *Brown et Sharpe*. Coupe par l'axe du chariot de la fraise.

que l'embrayage D' e, commandé par la tringle des tocs C'C'' embraye, pendant le retour de la fraise, avec le train *d* du diviseur, embrayage qui cesse dès que D', tombant dans une encoche de *d*, permet à un ressort de rappeler *e*, pour que cette chute puisse avoir lieu que si la fiche D'', qui termine le levier D', tombe elle-même dans l'une des encoches des trois disques indiqués en fig. 418, et qui sont commandés par un train réducteur de l'arbre *d*. Pour permettre de fixer cet enclenchement, D′ se termine par un banc à plusieurs trous, marqués 1, 2..., 8 dans lesquels on peut fixer D″ et son incidence en fonction d'une table de division qui peut être ainsi très étendue sans avoir à changer souvent de harnais

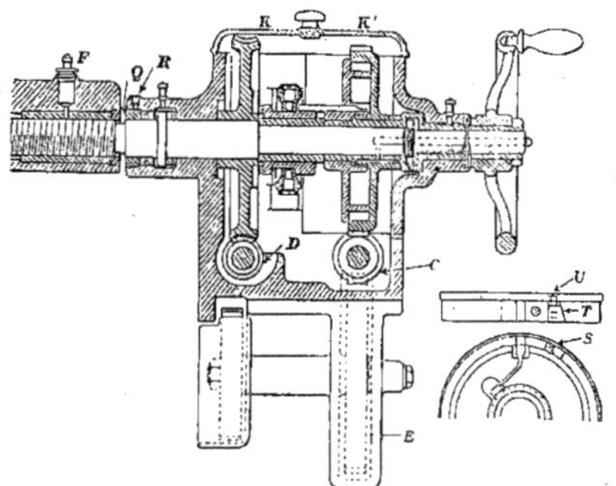

Fig. 598. — Fraiseuse *Brown et Sharpe*.
Coupe par l'embrayage à friction et réglage de la friction de l'embrayage.

du diviseur. La vis qui commande le grand pignon du diviseur est à écrous compensateurs O O′ S, et elle mène ce pignon par une petite vis débrayable en P′, par H′, pour permettre le réglage à la main par Z. On peut ainsi diviser tous les nombres de 12 à 50 et tous, sauf les nombres premiers et leurs multiples, de 50 à 100.

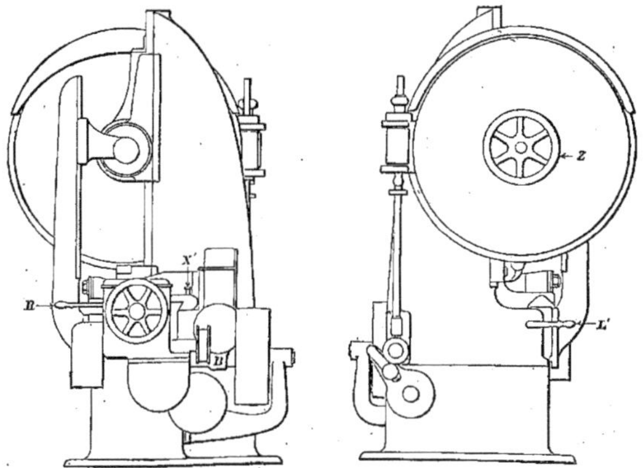

Fig. 599 et 600. — Fraiseuse *Brown et Sharpe*.
Vues par bout.

La hauteur de la broche porte-roue se règle par vis de levée au moyen du carrelet A′ (fig. 601) avec vernier E′, dont on règle le zéro de manière qu'il corresponde au contact de la fraise avec la roue, puis on tourne A′ jusqu'à ce que son aiguille marque sur E′ la division correspondant à la hauteur des dents à tailler. Le butoir R′ (fig. 595) réglable horizontalement et verticalement, reçoit la poussée de la fraise sur la roue.

Le réglage de la broche porte-fraise, tel que cette fraise soit bien dans le plan de l'axe de la roue, se fait par une transmission agissant en H sur une crémaillère de son

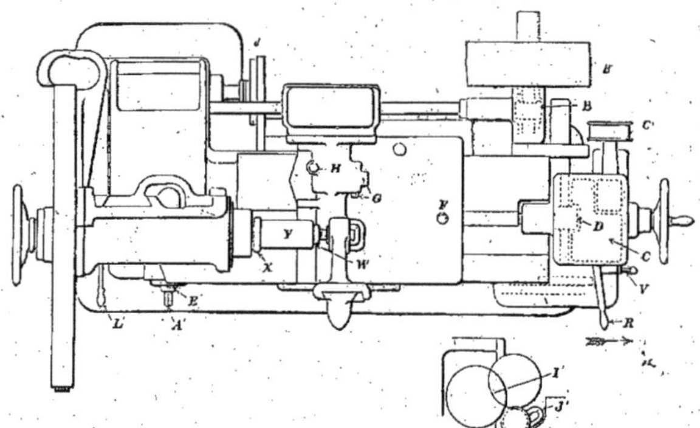

Fig. 601 et 602. — Fraiseuse *Brown et Sharpe*.
Plan et détail du harnais d'avancement de la fraise.

manchon et commandée par le carrelet G, et ce réglage est facilité au moyen du comparateur (fig. 603) que l'on place horizontalement sur la coulisse du banc serrée entre ses trois talons, dont l'un à vis I. On amène alors la touche J au levier LK au contact d'une

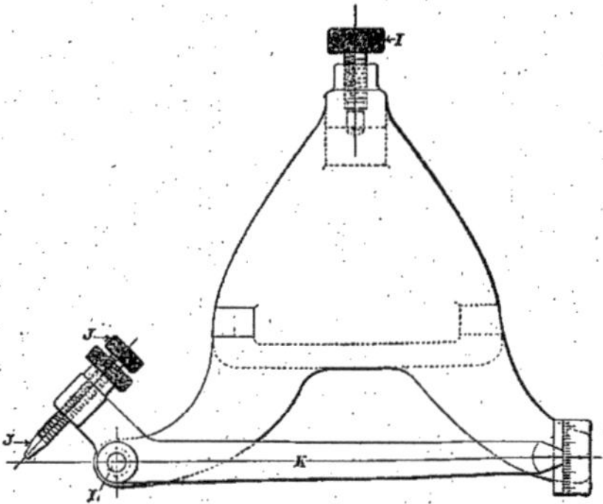

Fig. 603. — Fraiseuse *Brown et Sharpe*.
Comparateur pour le réglage de la fraise.

dent de la fraise, à la hauteur de sa circonférence primitive, puis on retourne KJ autour de L jusqu'à ce que J vienne toucher cette même dent de l'autre côté; si la fraise est bien réglée, K revient alors à la même division de son vernier.

Enfin le pied à coulisse fig. 604 permet de vérifier à chaque instant l'épaisseur *a b* de la dent à la hauteur *cd* correspondant à la circonférence primitive.

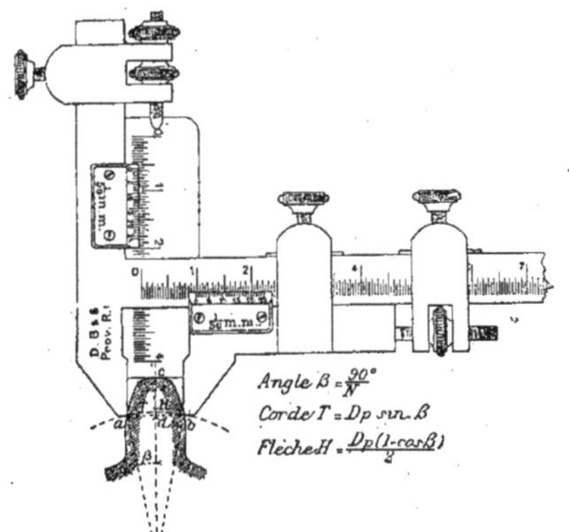

Fig. 604. — Pied à coulisse pour la mesure de l'épaisseur des dents.

La machine représentée par les figures 605-608 peut tailler les pignons droits ou coniques, grâce à l'inclinaison que l'on peut donner au chariot porte-fraise, dont l'arbre est commandé par le train *c* (fig. 606 et 607)[1].

Cette machine s'adresse au taillage des engrenages droits et coniques. Elle peut tailler des roues jusqu'à 0 m. 455 de diamètre, 0 m. 100 de large et 4 millimètres environ de pas diamétral (ou de 14 millimètres environ de pas circonférentiel). La *broche de la fraise* peut prendre 8 vitesses ; à la fraise elle a 22 mm. 2 de diamètre. Le *chariot de la fraise* a un retour rapide et est réglable à tout angle de 0 à 90° par le moyen d'un secteur gradué. La fraise peut être déplacée transversalement, d'après une graduation et son vernier, pour le taillage des pièces coniques. Le *chariot de la pièce* est réglable verticalement à l'aide d'une vis. Le nez de sa broche est alésé au cône n° 11. Le *support de l'arbre porte-pièce* admet des roues jusqu'à 0 m. 190 de diamètre. Les plus grandes sont maintenues par un buttoir réglé contre la jante en face de la fraise. La *division*, automatique, s'opère à l'aide d'une roue à vis sans fin et de sa roue que commande un harnais d'engrenages. La *série d'engrenages* permet la division de tous les nombres de 12 à 50, de tous les nombres pairs jusqu'à 100, de tous ceux divisibles par 3 jusqu'à 150, par 4 jusqu'à 200 et par 5 jusqu'à 250. Un *tableau* indiquant les vitesses à donner à la fraise pour les différents pas, les roues à monter pour la division et pour l'avance de la fraise, accompagne chaque machine. Le *renvoi* a des poulies fixe et folle de 0 m. 305 de diamètre pour une courroie de 0 m. 075, et devra tourner à environ 200 tours par minute. Poids de la machine : environ 970 kilog. Emplacement : 1 m. 70 × 0 m. 810.

Fig. 605.
Fraiseuse pour pignons coniques *Brown et Sharpe*.

1. *American Machinist*, 6 avril 1901.

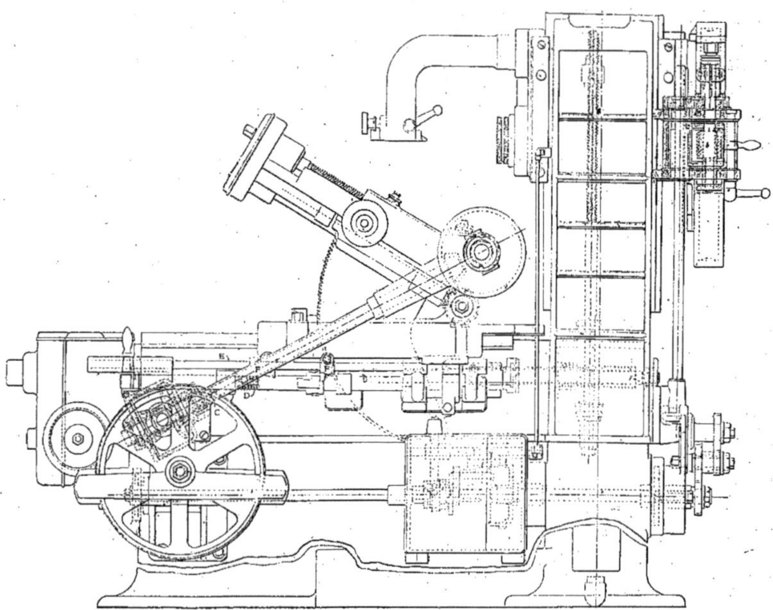

FIG. 606. — Fraiseuse pour pignons coniques *Brown et Sharpe*. Élévation.

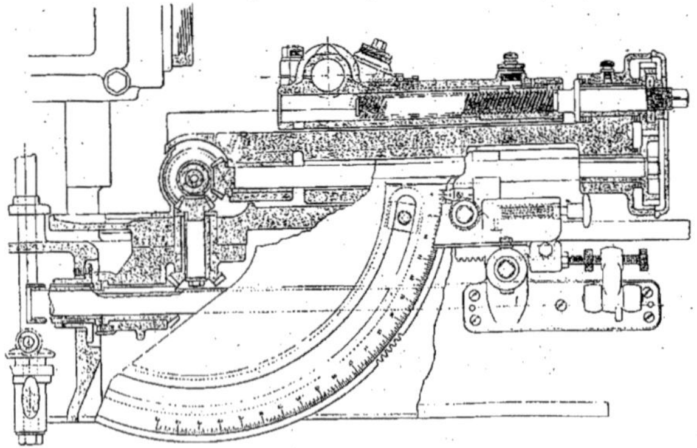

FIG. 607. — Fraiseuse pour pignons coniques *Brown et Sharpe*. Détail du chariot.

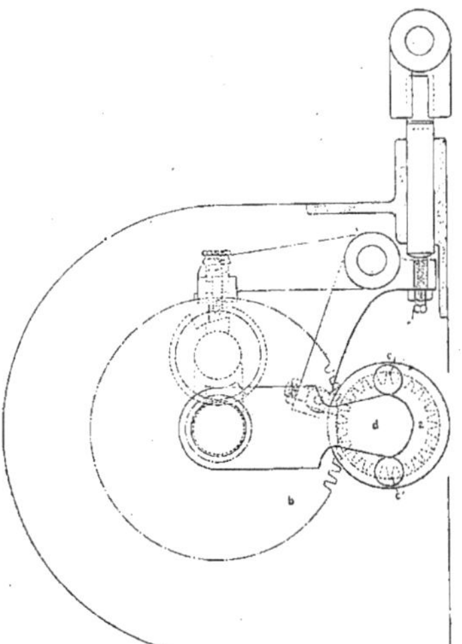

Fig. 608. — Fraiseuse *Brown et Sharpe* pour pignons coniques.
Détail de l'arrêt périodique.

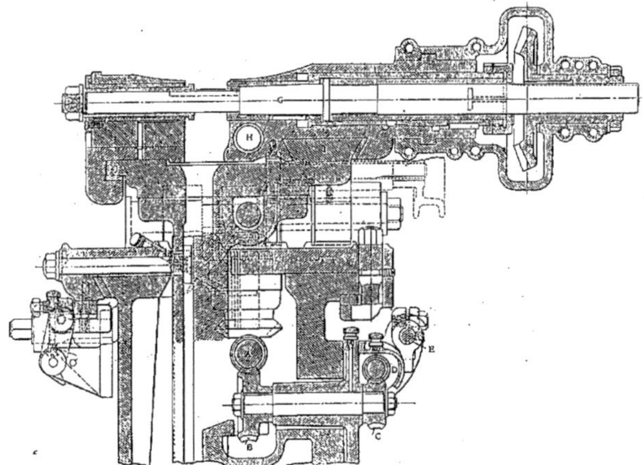

Fig. 609. — Fraiseuse pour pignons coniques *Brown et Sharpe*. Coupe par la broche porte-fraise.

Le diviseur est mené rapidement et sans choc par un mécanisme d'arrêt périodique Gabriel[1] à pignons *a* et *b* (fig. 608) dans le rapport de 1 à 2.75 galets *c c'* et dent d'arrêt *d*, au droit de la rupture du pignon *b*. Quand *c* ou *c'* passe à la ligne des cintres *ab*, il conduit *d* et *b* à la vitesse périphérique de *a*, qui, ainsi, engrène alors avec *b* sans choc, et le fait tourner jusqu'à ce que la reprise de *d* entre *c* et *c'* ramène graduellement *b* au repos, l'y maintient pendant une passe de la fraise, puis *b* se réengrène avec *a*, et tourne de ce qu'il faut pour une division de la roue en taille.

Le va-et-vient du chariot est commandé, pour l'aller par le pignon hélicoïdal *a*, A, B (fig. 609 et 610) C et la crémaillère circulaire D, et, pour le retour, par *b*, les disques de

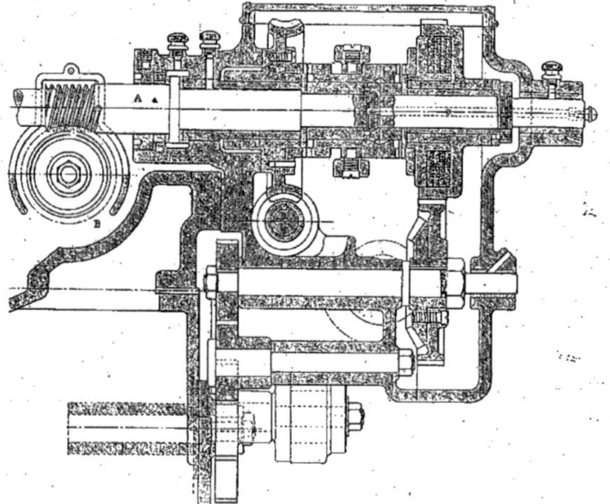

Fig. 610. — Fraiseuse *Brown et Sharpe* pour pignons coniques. Détail de l'avance.

friction anti-chocs *c* et le même frein A B C D, un embrayage coulissé sur A, engageant tantôt *b*, tantôt *a*. Cet embrayage est commandé par la butée du taquet de D sur ceux FF, ajustables sur la tringle E. La vis H qui commande (fig. 609) l'avance de l'arbre porte-fraise sur le chariot I J est aussi proche que possible de la glissière I, pour en réduire le porte-à-faux.

La remarquable fraiseuse représentée par les fig. 412 à 430 est pourvue de dispositifs spéciaux pour la taille des pignons hélicoïdaux.

Pour cette taille, la roue en travail doit tourner, en même temps que la fraise y pénètre, d'un angle fonction du diamètre et du pas de la roue ; puis, au retour, après le retrait de la fraise, la roue doit tourner d'un pas. Dans la machine de M. Gabriel, cette rotation ou division s'opère sans débrayer le mécanisme de la rotation hélicoïdale.

Le support 1 de la roue est (fig. 611 à 614) monté dans un palier 2, guidé par les glissières 3, entre lesquelles il peut se lever par la vis 4, que l'on commande, de la manette 9 (fig. 614) par le renvoi 8 7 6 5 et l'écrou 4'. L'arbre porte-fraise 10 est porté par un chariot 11 (fig. 612) sur glissières 12, parallèles à la broche 4.

1. *Revue de mécanique*, mai 1900, p. 642.

Toute la machine est commandée par une seule poulie 14, dont l'arbre 13 attaque (fig. 612) par le train variable 15, 16, 17, 18, 19, le pignon héliçoïdal 20, embrayable avec l'arbre 21 par un manchon à griffes 22, qui porte en outre un embrayage par friction

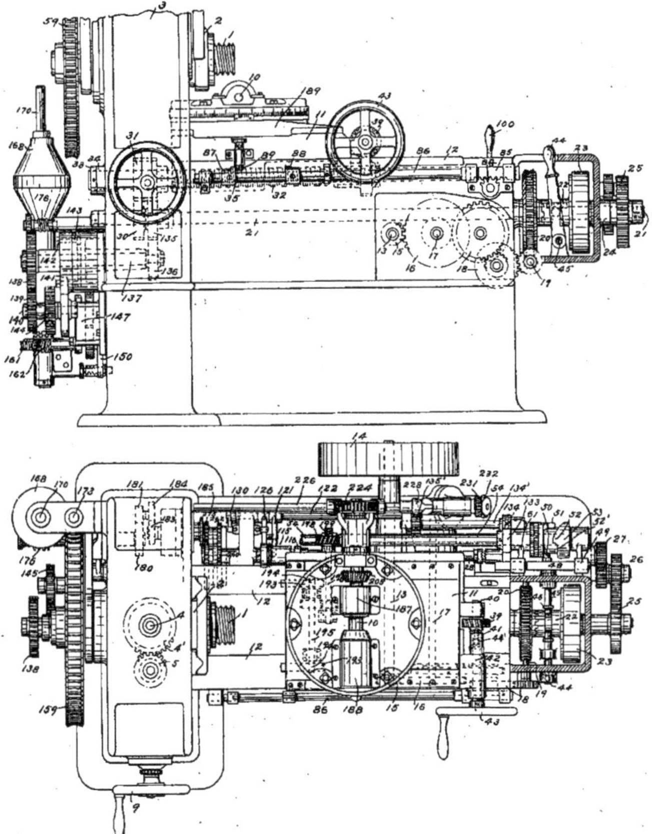

Fig. 611 et 612. — Fraiseuse *Gabriel* pour pignons hélicoïdaux. Élévation et plan.

23, 54, à pignon 25, relié par le train variable 26-27 (fig. 611) à l'arbre 28, que l'arbre 13 commande (fig. 613) par les pignons héliçoïdaux 29, de manière que 23 tourne toujours en sens contraire de 20 et que l'arbre 21 tourne tantôt dans un sens tantôt dans l'autre, suivant que l'on embraye 22 avec 20 ou 23, pour l'avance desmodromique et lent de la fraise ou pour son rappel rapide.

L'arbre 21 commande (fig. 613) par 30 31, la vis 32, à butée 33-34 (fig. 612) en prise (fig. 612 et 614) avec l'écrou 35 du chariot porte-fraise, qu'elle entraîne ainsi sans vibrations ni broutements. La vis 35 porte, rainuré en 36, un manchon 37, à pignon 39, reliée à l'arbre 42 (fig. 611) à manette 43 par une griffe 42, normalement débrayée par le ressort 44', de sorte que l'on peut ainsi faire avancer ou reculer le chariot à la main.

L'arbre 45 (fig. 611 et 612) qui commande l'embrayage de changement de marche du chariot peut aussi être commandé soit à la main par le levier 44, soit mécaniquement par (fig. 611 et 616) le levier 47, en prise avec la barre 48, guidée en 49, et terminée par un galet 50, en prise avec les cames 50 et 51 du manchon 53, dont l'arbre 54, (fig. 615) ordinairement au repos, fait, au moment voulu, le demi-tour nécessaire pour le changement

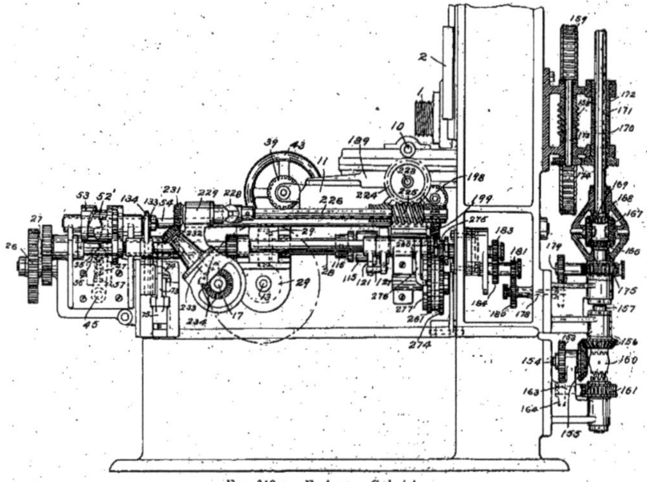

Fig. 613. — Fraiseuse *Gabriel*.
Élévation. Coupe.

de marche. En outre, comme l'embrayage 20, 22 est desmodromique, la came 52 ne fait que l'amorcer ; il est complété par (fig. 616) la poussée du plan incliné 56, à ressort 57, sur le couteau 55 du levier 47, et le manchon 53 porte deux taquets 52' (fig. 615), dont l'un se trouve toujours sur le trajet de 50 quand 54 est au repos, de manière à empêcher l'exécution de fausses manœuvres par la commande à la main de 45. Quant à la rotation discontinue de l'arbre 54, elle est commandée, de 59 (fig. 615) et de l'arbre 28 (fig. 613) par le pignon rompu 85 (fig. 616) du manchon 60, embrayable en 62 avec le manchon 63, calé sur 28. Le manchon 60 est maintenu ordinairement débrayé, malgré le ressort 64 (fig. 615) par la came 65, en prise avec le bouton à ressort 66, et il porte un disque enclencheur 67, à encoche en V, en prise avec le cliquet à ressort 68. Le plateau 69 de l'arbre 54 porte deux encoches alternativement engagées par un segment 70 du manchon 60, qui se trouve ainsi calé pendant toute la durée de l'interruption de 58. Le bouton 66 (fig. 615) porte (fig. 617) un épaulement 72, enclenché en 72 par le contrepoids 75 du levier 74-64 du chariot 75 (fig. 615) guidé en 77, et soulevé par les ressorts 78. Le haut de ce chariot 75 est arrêté par les bras 79 de l'arbre 80, à secteur 81 (fig. 617) engrené avec celui 82 de l'arbre 83, à pignon 85, en prise avec la crémaillère 85 (fig. 612) de la barre de changement de marche 86, à tocs ajustables 87 et 82, commandés par celui 89 du chariot.

Quand le toc 89 du chariot rencontre 88, il fait, par 86, 85, 84, 83, 85, osciller l'arbre 80, dont l'un des bras 79 abaisse le chariot 75, de sorte que le cliquet 72 retire le bouton 66 de la came 65 et permet au ressort 64 d'embrayer 62 avec 63, qui entraîne le manchon

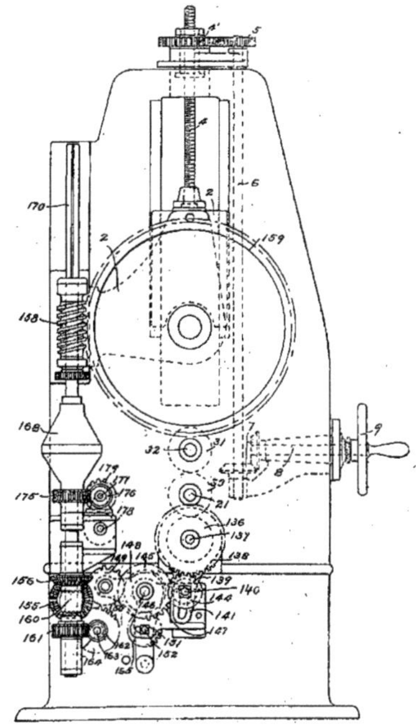

Fig. 614. — Fraiseuse *Gabriel*.
Vue par bout.

60 jusqu'à ce que la came 90, repoussant 73 (fig. 617) déclenche 71 de 71. Ceci permet au ressort de 66 de le ramener sous la came 65, laquelle, au bout d'un tour de 60, repousse 66 et redébraye 62 de 63, au moment même où le cliquet 68 enclenche élastiquement 62 par 67, et où 88 renclenche l'arbre 54 par 69, après que 58 lui a fait faire, par 59, le demi-tour voulu. D'autre part, 70 lâche 60 un peu avant la prise de 66 par 65, de façon que 60, fou sur 20, n'oppose aucune résistance au débrayage de 62. Enfin, au cas de raté de son ressort, le cliquet 66 est commandé mécaniquement par l'action de la came 90 sur le levier 91-92, dont le secteur 93 amène, par la crémaillère 94, le toc 66 dans la came 65. Si le contrepoids 76 (fig. 617) manque d'amener 72 en position, il l'est

mécaniquement par la butée 95, à la levée du chariot 75 ; si le ressort 64 manque d'embrayer 62, la came 96 (fig. 615) l'y force par sa prise sur le levier 91 ; si le ressort 78 ne soulève pas le chariot 75, cette levée se fait par (fig. 617) la poussée de la came 97' 97 sur celle 98-99 de 75. Enfin, le levier 100 permet de commander à la main ce mécanisme de changement de marche. Dès que le chariot part, après un changement de marche, le balancier 79 (fig. 615) revient à sa position normale, laissant 75 remonter et renclencher 71 par 72 ; mais si l'on voulait renverser la marche au moyen du levier 100 avant que le chariot se fût assez éloigné pour permettre le retour de 79 à sa position normale, le toc 89 rebutant sur le taquet correspondant 89 ou 80, rabaisserait 79 avant que la montée de 75 n'eût renclanché 72 avec 71, de sorte que le changement de marche ne se produirait pas,

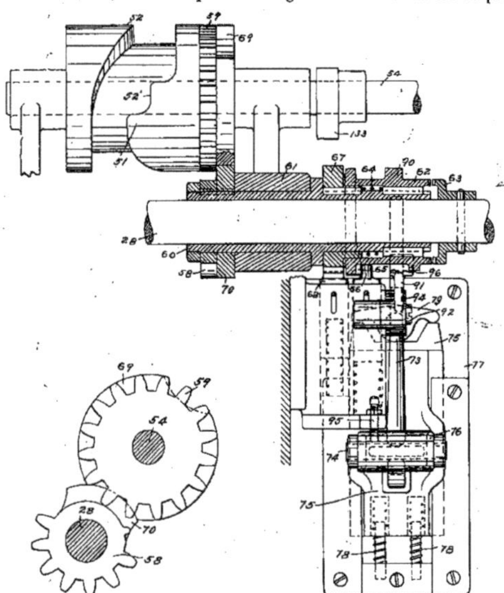

Fig. 615 et 616. — Fraiseuse *Gabriel*.
Détail du changement de marche.

ce qui occasionnerait un accident. Il faut donc empêcher la barre de renversement 86 d'agir avant que 89 ne soit suffisamment éloigné des tocs 87 ou 88. A cet effet, la barre 86 porte (fig. 618 et 623) un taquet 101, susceptible d'entrer en prise avec les cliquets 102 et 103, appuyés sur 106 par un ressort 107, et pivotés dans une glissière 104, guidée à frottement doux par le ressort 106 de la plaque 105, et cette glissière 104 porte une plaque 111, à cornes 109 et 110, en prise avec la came 108 de l'arbre 83. Quand le chariot 11, dont la marche vient d'être renversée, occupe la position fig. 611, par exemple, avec 89 sur le toc 87, le toc 102 est, comme en fig. 624, opposé à la butée 102, et empêche la barre 86 de se déplacer à gauche, tandis que la butée de 86 sur 89 l'empêche de se déplacer à droite, de sorte qu'elle est immobilisée. Quand 89 s'est suffisamment écarté de 87, on peut déplacer 86 à droite seulement, par le levier 100 ou par la butée de 89 sur 88 ; l'arbre

183 bascule, et la came 200, repoussant 10, ramène à droite la glissière 104 ; ce mouvement amène l'extrémité supérieure du déclic 102 à buter sur 105, qui le fait basculer au-dessus de 101, pendant que 103, dégagé de 105, est rabattu par son ressort au droit de 101, empêchant ainsi tout déplacement de 86 vers la droite. On voit que, grâce à ce double déclic 102-103, la barre 86 ne peut pas être déplacée successivement deux fois dans la même direction, et désharmoniser ainsi ses mouvements d'avec ceux du chariot 11.

Après chaque retour du chariot 11, la roue en taille doit pivoter d'un pas : elle le fait sous l'action d'un mécanisme diviseur qui fonctionne comme il suit (fig. 611, 613, 621, 622, 629 et 630). L'arbre 28 (fig. 622) commande par l'embrayage 116 115, à ressort

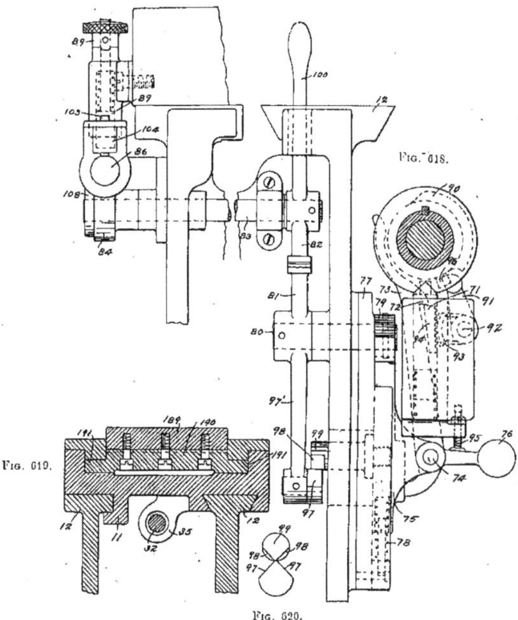

Fig. 618.

Fig. 619.

Fig. 620.

Fig. 617 à 620. — Fraiseuse *Gabriel*.
Détail du mécanisme de changement de marche et coupe (13-13) fig. 625.

117, et le manchon 111, l'arbre 112, normalement débrayé, malgré 117, par la butée de la came 118 sur le galet 119 (fig. 621) du levier 121 de l'arbre 122. Le plateau 123 porte, comme son analogue 67 (fig. 615), une encoche 124, enclenchée par le cliquet 125 du bras 126, pivoté sur 122, et à taquet 127 au droit du levier 121. Un second levier 130, à butée élastique 131-132, rappelle 122 dans sa position normale. Au moment voulu, la came 133 (fig. 611 et 613) de l'arbre 54 fait, par 134′ et le pignon 135′, osciller l'arbre 122 de manière à retirer 119 (fig. 621) de 118 et 125 de 123, ce qui permet au ressort 117 d'embrayer 115 avec 116, en même temps que 125, repoussé par son ressort 129, renclenche le disque 23, et immobilise ainsi 112. L'arbre 112 porte (fig. 622 et 630) un pignon 260, en prise avec le pignon discontinu 262 de l'arbre 262, et un plateau 263, à deux tocs 264 et 265 (fig. 629) diamétralement opposés, en prise (fig. 630) avec la dent 266 de l'arbre 262 qui se trouve en droit de l'interruption 271 du pignon 261. Quand l'arbre 112 est au repos, la dent 266 est, comme en fig. 630, entre les tocs 264 et 265 ; quand 212 tourne, 254 repousse 266 par le flanc 267, imprimant au pignon 261 une vitesse linéaire graduellement croissante jusqu'à celle même du pignon 260 quand 264 franchit la ligne des centres de 268 et de 261, moment où la dent 272 de 261, l'engrène avec 260.

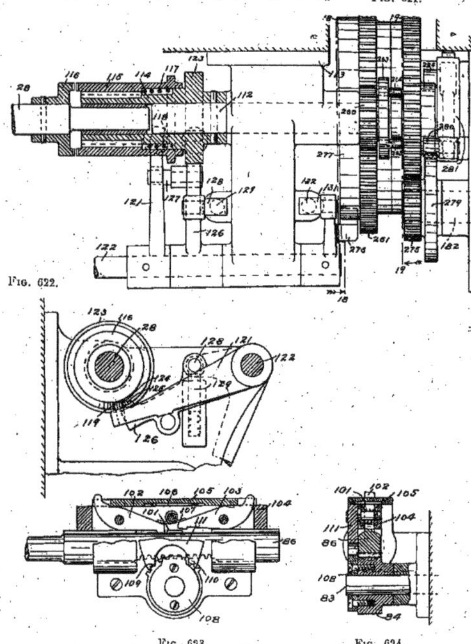

Fig. 621.

Fig. 622.

Fig. 623. Fig. 624.

Fig. 621-624. — Fraiseuse *Gabriel*.
Détail du diviseur et du mécanisme de sûreté.

Cet engrènement se prolonge pendant presque tout un tour de 261, jusqu'à ce que le flanc 268 de 266 engage le toc 265, en même temps que la roue 273 de 261 quitte 260 : à partir de ce moment, le toc 265 ralentit graduellement l'arbre 252, qu'il ramène au repos dans la position fig. 630. En outre, pendant que 264 agit sur 267, 265 passe sur 370 et maintient 264 sur 268. On réalise ainsi la mise en marche et l'arrêt du diviseur graduellement et sans choc. L'arbre 112 fait quatre tours pour un de 262. L'arbre 262 est relié au diviseur par un pignon 272 (fig. 629) en prise avec le pignon quatre fois plus petit, 274, de l'arbre 182.

Comme 260 fait quatre tours pour un de 262, le toc 117 (fig. 621) doit être retiré de la came 118 pendant trois tours de 112, puis ramené à la fin du quatrième tour. A cet effet, l'arbre 122, qui tourne à la même vitesse que 260, porte (fig. 629) un bras 276, normalement dans l'encoche 278 de 262. L'oscillation de 122 retire 76 de cette encoche et le glisse sur 277, pour retomber, à la fin d'une révolution presque de 262 (ou de quatre tours de 260), dans cette encoche, ce qui permet à l'arbre 122 de revenir à sa position normale, avec 119 ramené au droit de la came 118. Enfin, l'arbre 182 porte (fig. 611) un disque 279, enclenché élastiquement par le cliquet 280 du bras 281, à ressort 282 (fig. 629) ; la came 286 de 282 repousse, par le galet 284, le levier 281, et empêche ainsi d'enclencher 279 avant la fin du tour de 262.

Le pivotement de la roue pendant sa taille est commandé, de la vis d'avance 32, par (fig. 612 et 614) le train 31, 135, 136, 137, 138, 139. L'axe 140 de 139 peut s'ajuster dans le bras 241, pivoté sur 137, et fixable dans l'orientation voulue par les boulons 142

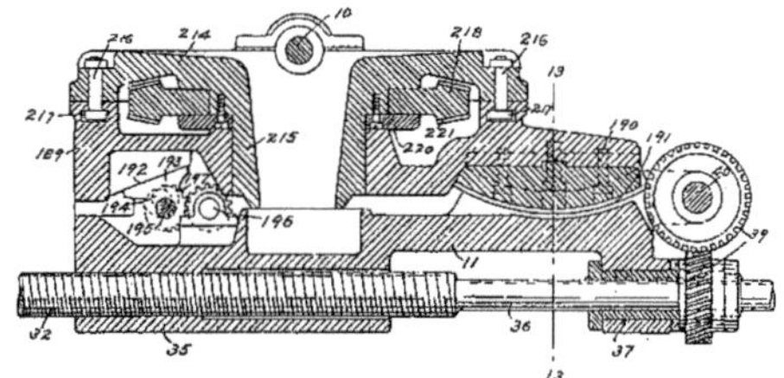

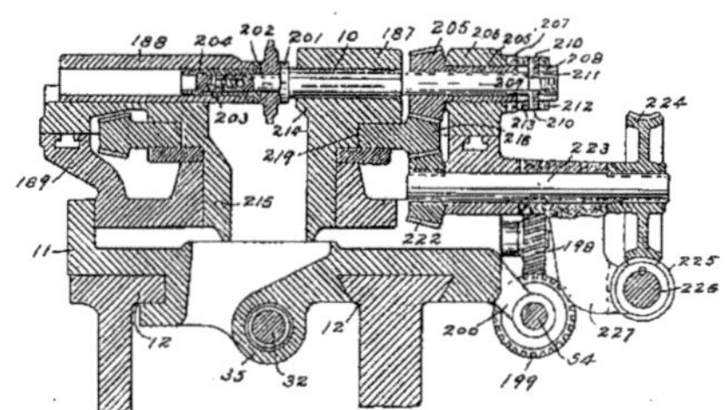

Fig. 625 et 626. — Fraiseuse *Gabriel*.
Détail du chariot.

puis dans la coulisse circulaire 143, et le pignon 144, solidaire de 139, engrène avec 175, qui commande par 146 148 le pignon 149, monté sur la platine 150, ajustable autour de 146 par l'écrou 151 du boulon 152, coulissé dans 147, et 149 commande par 153, 154, 155, 156, l'arbre 157, dont le mouvement par rapport à celui de la vis 30 peut être ainsi considérablement varié par le changement des roues 127 et 146. De plus, le pignon 156 est fou sur 157, et peut lui être relié par le même embrayage 160 que le pignon hélicoïdal 161, commandé par 162 163 164 154, et qui permet de réduire considérablement la vitesse de 157. Enfin, si l'on fait basculer 150 de manière à désengrener 149 de 153 et à engrener 164 avec 164, on change le sens de la rotation de 157, ce qui permet de tailler les engrenages à pas droit ou gauche. L'arbre 157 attaque par un différentiel 166, 167, 169 (fig. 613) l'arbre 170, rainuré en 171 dans le manchon 172, relié à la glissière 2, et qui commande par pignons l'arbre 173 de la vis 158, en prise avec le pignon 159 de la broche 1. Quant au manchon 168 du différentiel, il porte un pignon 175, ordinairement fixe, de sorte que 170 tourne à la même vitesse que 157 et en sens contraire. Mais, quand l'arbre 112 (fig. 611) tourne, par le mécanisme précédemment décrit, il fait par (fig. 621, 613 et 614) le train 182, 183, 184, 181, 180, 178, 179, 177, 186, variable suivant le pas de la roue en taille, tourner le pignon 175 et la boîte 168 du différentiel de façon à faire

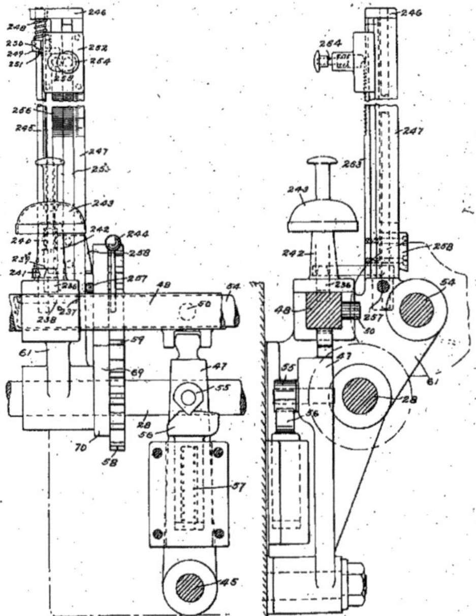

Fig. 627 et 628. — Fraiseuse *Gabriel*. Détail de l'arrêt automatique.

pivoter, après chaque coupe, la roue 159 d'un pas de la roue en taille, et ce, sans arrêter le mouvement du train de 157.

Pour éviter que, pendant son retour, la fraise ne vienne frotter sur la coupe qu'elle vient de tailler, les paliers 187 et 188 (fig. 626) de l'arbre porte-fraise 10 ont leur châssis 189 porté sur le chariot 11 d'un côté par (fig. 623, 626 et 629) une semelle 190, à guides cylindriques 191, et, de l'autre, par 192, sur les tasseaux 193, à excentriques 184, commandés, de l'arbre 53, par le train 195, 197, 196, 198 (fig. 613) et le pignon 199, rainuré sur 54, entraîné par les bras 200 du chariot 11. Quand 54 accomplit son dernier tour, au commencement de l'aller, 195 relève le châssis et sa fraise à sa hauteur de coupe.

La fraise est appuyée (fig. 626) sur le collet 201 de son arbre par le manchon 202, que serre le boulon 203 204, et on l'y monte en retirant le palier 188. L'arbre 10 porte, à son extrémité de droite, un collet 209, à butée 210, appuyée par l'écrou 211 et rainurée sur la fente 208, du manchon 207, entre deux écrous 212 et 213, qui permettent de régler la position longitudinale de la fraise. Quant à l'inclinaison de la fraise sur le plan de la roue en taille, elle se règle par le pivotement du plateau 214, à pivot 215, que l'on fixe par les boulons 216, pris dans la coulisse circulaire 217. La rotation de l'arbre porte-fraise est commandée, de l'arbre 226 (fig. 626) par le train 225, 224, 223, 222, 224, 218, 205, à double pignon annulaire 218-210, qui rend cette transmission indépendante de l'orientation de 10. La vis 225 est (fig. 613) rainurée sur l'arbre 226, entre deux bras 227 (fig. 626) pivotés sur 223, et l'arbre 226 est (fig. 613) commandé, de l'arbre 117, par le train 234, 233, 232, 229, relié à 226 par le point universel 228, qui se prête aux leviers du chariot 189.

Quand la taille de la roue est terminée, la machine s'arrête automatiquement par le

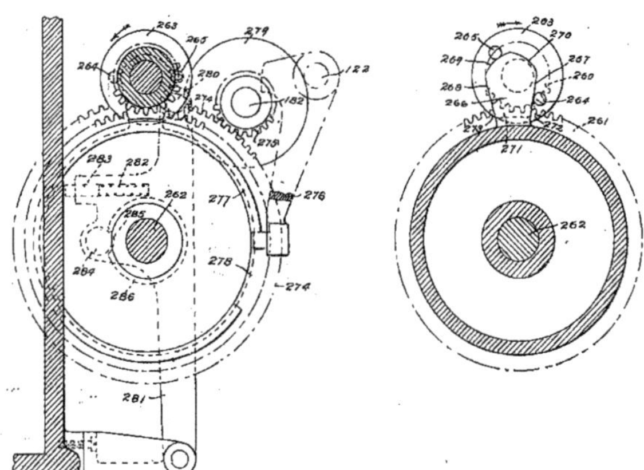

FIG. 629 et 630. — Fraiseuse *Gabriel*. Coupes (18-18) et (19-19), fig. 621.

mécanisme fig. 16 et 17, qui débraye (fig. 611) 22 de 20 ; à cet effet, un taquet 236 (fig. 627) repoussé par un ressort 240, vient s'engager dans la rainure 238, de la barre 48, et empêcher, par sa butée sur le fond 237 de cette rainure, le levier 47 d'obéir au ressort 57, comme il le faut pour embrayer 20. Le taquet 236 est ordinairement maintenu levé au-dessus de 48 par la prise, dans son encoche 239, du cliquet 241 de la tige 245, appuyé sur 239 par la torsion du ressort 248. A chaque course du chariot porte-fraise, le toc 237 du plateau 69 soulève, par le plan incliné 258, la barre 253, rainurée dans la colonne 257, qui, par son cliquet 254, soulève sur cette colonne la glissière 252 à une hauteur où elle reste accrochée, pendant la retombée de 253, par un second cliquet 255, en prise avec le rochet 256 de la colonne, de sorte que, à chaque tour de 69, 253 monte d'un cran, jusqu'à ce qu'il vienne, à la fin de la taille, ou après la taille d'un nombre de dents fixé par la position primitive de 252 sur 267, repousser en 251 le bras 249 de l'arbre 255, et le faire tourner de manière à retirer 239 de 241. Le ressort 240 abaisse alors 236 sur la barre 48 et, en même temps, le timbre 243 au niveau du marteau 244.

Machine de Los Rice.

Le principe de cette remarquable machine est facile à saisir sur la fig. 631 où l'on voit la petite roue à tailler fixée au bout d'un arbre horizontal, pivoté autour d'un axe vertical passant par le sommet du cône primitif de la roue en taille, dans le prolongement duquel cône se trouve celui du grand pignon calé, à droite de la figure, sur le même arbre. Ce pignon sert de gabarit, et ses dents sont appuyées sur un guide dont la face est dans le même plan que la fraise qui taille et qui passe par le sommet du cône primitif des pignons et par l'axe de leur arbre. Il s'ensuit que, si l'on fait pivoter cet axe autour de son pivot vertical, tout en maintenant toujours la dent du gabarit en prise avec

Fig. 631. — Principe de la machine *Rice*.

son guide, la fraise taillera la face d'une dent semblable à celle sur laquelle appuie ce guide.

On reconnaîtra facilement (fig. 632), en L, la fraise du modèle de démonstration (fig. 631) en D^2 le pignon gabarit, en K son guide, en D' le pignon en taille, préalablement ébauché.

La broche D (fig. 634) porte la roue en taille D_1 (fig. 636) et son gabarit D_2, de diamètre cinq fois plus grand au cas figuré, et tourne dans les paliers excentrés d'une fourche CC, appuyée par un tasseau réglable C_4 sur le bloc C', que mène par un galet la came B de l'arbre A_6. L'un des paliers C_6 de D porte une cale C_8, permettant d'y fixer D de manière à l'empêcher de tourner pendant la taille, et cet arbre porte à son autre extrémité un diviseur E, avec encoches e' et double rang de touches e (fig. 635). Un levier à contrepoids F est articulé (fig. 634) sur un manchon F', fou sur D, et dont le bras F s'enclenche avec les encoches e' par un cliquet F_4 et f_4, puis s'en déclenche quand f_4 vient, par la descente de C, heurter le taquet F_4. Ce taquet est (fig. 637) constitué par deux touches en V, ajustables de manière que, suivant que l'on finit le flanc droit ou gauche d'une dent, la touche droite ou gauche repousse d'abord F_2 à droite ou à gauche de sa position verticale et le fasse tourner avec E de l'angle sous-tendu, dans la circonférence primitive de la roue en taille, par la demi-épaisseur de sa dent.

La came B soulève C d'abord rapidement, puis lentement pendant la coupe, et il faut que, pendant cette levée, le contrepoids ne tende pas à faire tourner D, ce qui empêcherait la fraise de tomber juste dans la rainure primitivement entaillée au milieu des pas de D'. A cet effet, la came F_6 (fig. 636) de A_8 soulève par F_7 F_8 F_9 le levier F de F_2 puis l'y laisse retomber pendant la coupe, de manière que la dent correspondante du gabarit D_2 soit alors constamment appuyée sur le guide K (fig. 634).

L'arbre vertical A_7 (fig. 636) porte (fig. 637) deux cames G, qui commandent par les renvois G' G_6, à fourches G_7 le carrelet G_9, pivoté dans C et appuyé sur un guide G_{10}. C'est

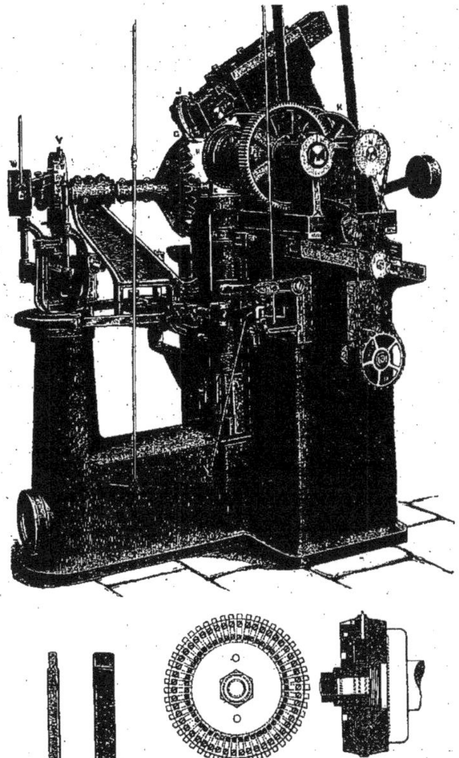

Fig. 632 et 633. — Fraiseuse *Rice* pour pignons coniques. Détail de la fraise.

tantôt l'une tantôt l'autre de ces cames qui agit, suivant que l'on taille un flanc gauche ou droit, et l'on écarte à cet effet, de G_9, l'une des deux fourches G_7, par la manette G'_2 et ses bielles G_{12}. Les cames G impriment ainsi à C et à D le pivotement autour du sommet du cône primitif commun à D_1 et à D_2 nécessaire pour la taille des pignons coniques.

Ainsi que nous l'avons vu, après la coupe et pendant la descente de C, le diviseur E est séparé par le déclenchement f_4 de F' et du levier F, puis la came diviseuse E' (fig. 636) de E_8 entraîne par (fig. 638) le renvoi E_2 E_3 E_4 et le ressort E_5, le manchon e_3, dont le taquet e_2 fait pivoter E d'une division, en repoussant la tige correspondante e de l'une ou l'autre rangée suivant que l'on taille le flanc gauche ou droit des dents, et que le plan incliné E_5 (fig. 639) de G^1_2 a mené, en conséquence, par E_6 E_7, e_2 au droit de la rangée correspondante des touches e. En même temps, pendant sa descente de C et son retour à sa position centrale, la came H (fig. 636) de A_8 relève par H_2 H_3 le poids F de manière qu'il n'appuie pas inutilement le gabarit D_2 sur K.

Le guide K, situé dans le plan de la fraise, peut (fig. 636) s'ajuster dans les coulisses

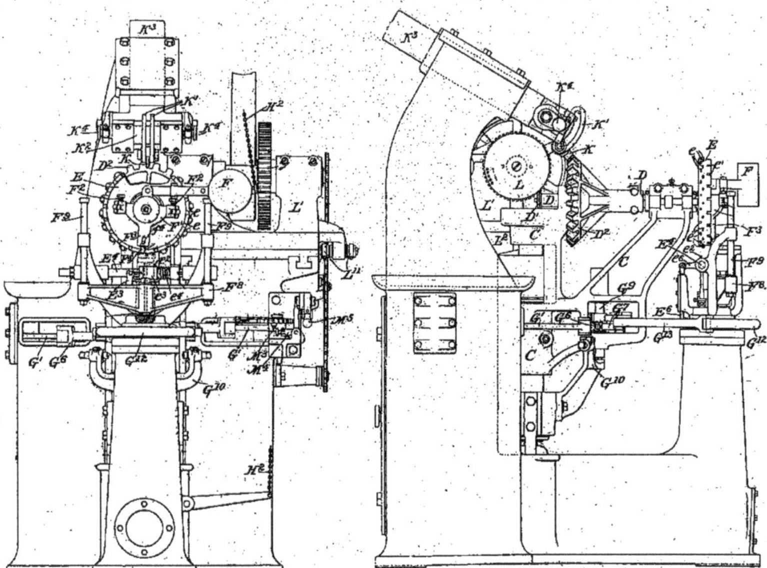

Fig. 634. — Fraiseuse *Rice* pour pignons. Vue de face.

Fig. 635. — Fraiseuse *Rice*. Vue de côté.

K' du chariot K_2, réglable latéralement par les vis K_4 sur la barre K_3 de manière à changer sa position suivant le sens droit ou gauche de la taille.

Le chariot porte-fraise L_1 (fig. 640 et 641) peut glisser dans des limites fixées par l'écrou L'', ajustable sur la glissière inclinée L_3, et L_1 se fixe sur L_2 dans la position correspondante au sens de la taille, par la pression, sur ses taquets L_9, de l'excentrique L_8 (fig. 642) de l'arbre L_6, pivoté sur L_2, et à contrepoids L_7.

Après que toutes les dents de D, ont été taillées d'un côté, à droite par exemple, le rochet M_1 (fig. 637) que G' fait, par M, tourner d'une dent par dent de D_1, bascule le passe-courroie M_5, qui arrête la machine.

La fraise de grand diamètre (190 millimètres au cas figuré) est constituée par un

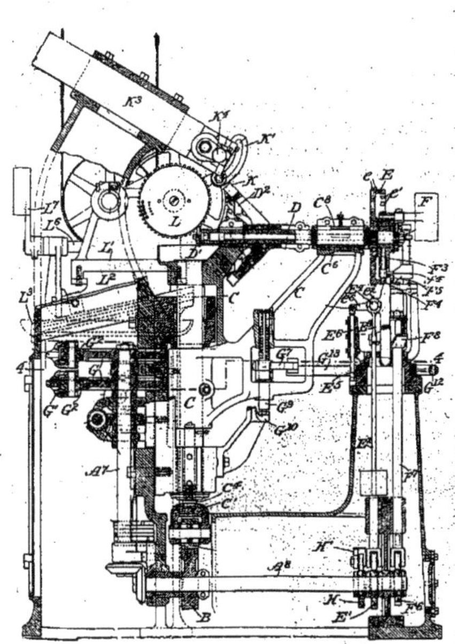

Fig. 636. — Fraiseuse *Rice*. Coupe verticale.

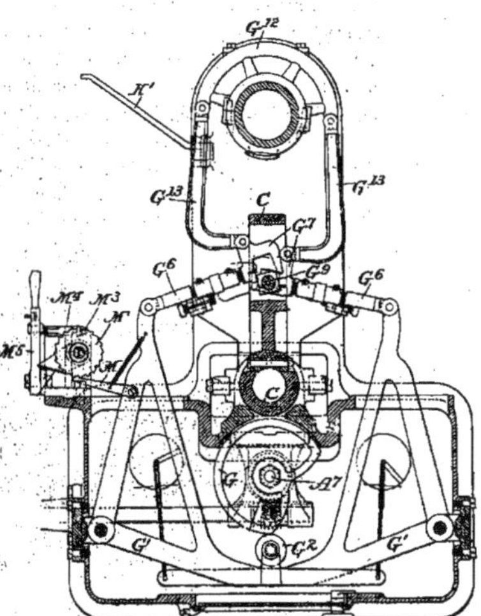

Fig. 637. — Fraiseuse *Rice*. Plan-coupe 4-4 (fig. 436).

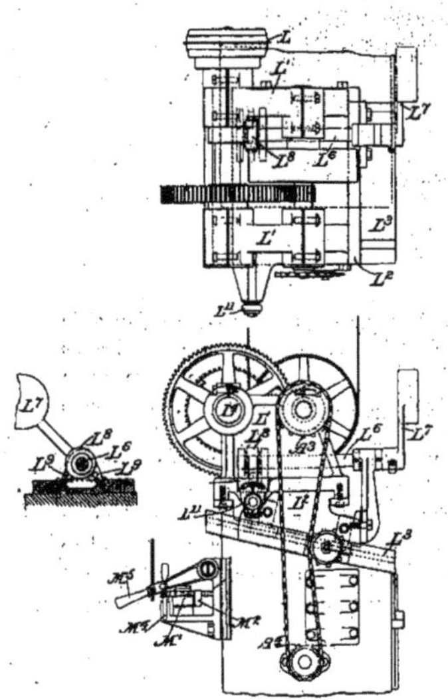

Fig. 640 à 642. — Fraiseuse *Rice*. Détail de la poupée.

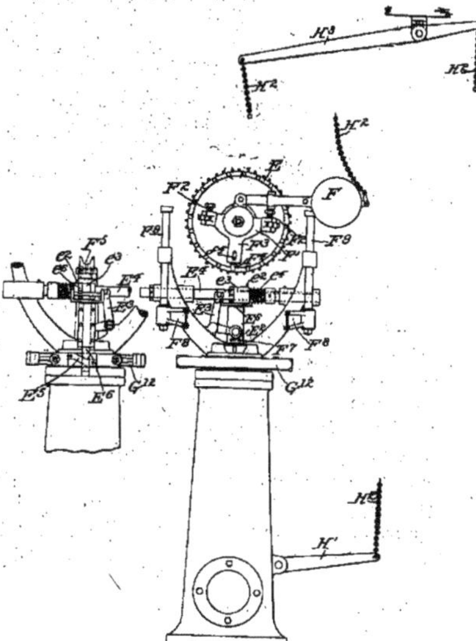

Fig. 638 et 639. — Fraiseuse *Rice*. Élévation et détail du diviseur E.

grand nombre de dents maintenues entre deux plateaux et serrées par des vis de pression. Ces dents sont affûtées, ajustées et calibrées au moyen d'un petit outillage spécial qui en assure l'exécution et le montage absolument précis[1]. Elle marche à la vitesse de 40 tours par minute et s'use très peu. Cette machine peut tailler des pignons jusqu'à 150 millimètres de diamètre et se prête parfaitement à la fabrication rapide et en série d'engrenages de mêmes dimensions et rigoureusement interchangeables.

L'une des machines à tailler les engrenages les plus nouvelles et originales était (fig. 643-653) celle exposée par la *Fellows Gear Shaper C°*, de Springfield (Vermont), représentée à Paris par M. Bonvillain.

Pour l'établissement de sa remarquable machine, M. *Fellows* est parti de ce principe

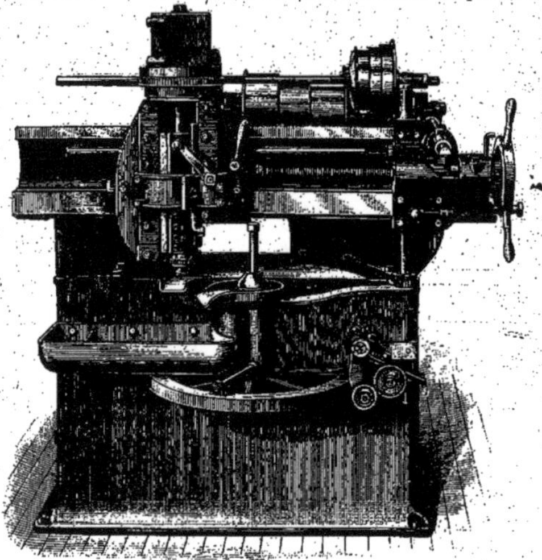

Fig. 643. — Machine *Fellows* à tailler les pignons. Élévation.

que les seules formes reproduisibles exactement par les machines-outils sont le plan et le cylindre, par le tour et la raboteuse principalement, et il fait, en conséquence, tailler les roues par un outil que l'on voit à gauche de la fig. 643, et qui n'est autre chose qu'un pignon en développante de même pas que la roue en taille, devant laquelle il fonctionne comme un outil de mortaiseuse.

La taille de ce pignon-outil, ébauchée sur une machine quelconque, se termine, après trempe, par (fig. 654) une meule à face exactement dressée au diamant, et représentative des flancs, qui sont des plans, de la crémaillère de même pas. On sait que les engrenages à développantes susceptibles d'engrener avec une même crémaillère engrènent exactement entre eux. Pendant son finissage, le pignon roule sur le profil de la meule comme sur la crémaillère imaginaire indiquée en pointillés, mouvement qui lui est

1. *American Machinist*, 20 mai 1900.

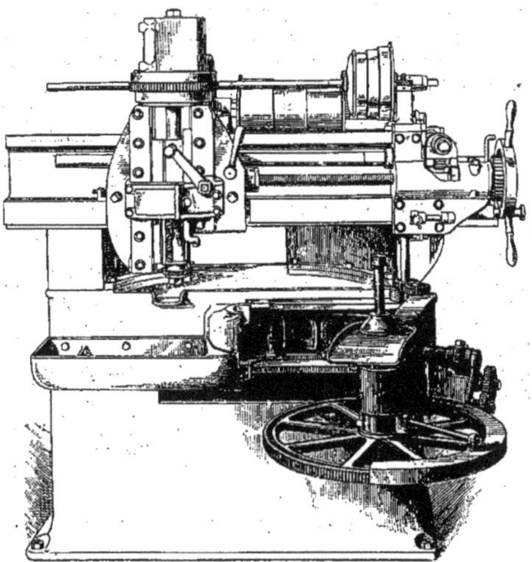

Fig. 644. — Machine *Fellows* avec bras retiré.

Fig. 645. — Machine *Fellows*.
Vue par bout.

imprimé, comme dans les machines de *Bilgram*, par des courroies ou bandes d'acier enroulées sur un disque représentatif du cercle primitif de ce pignon. On dresse ainsi, à la meule, et sur deux machines successives, les flancs droits puis les flancs gauches du pignon, dont l'exactitude ne dépend que de la face plane de la meule, et peut être alors

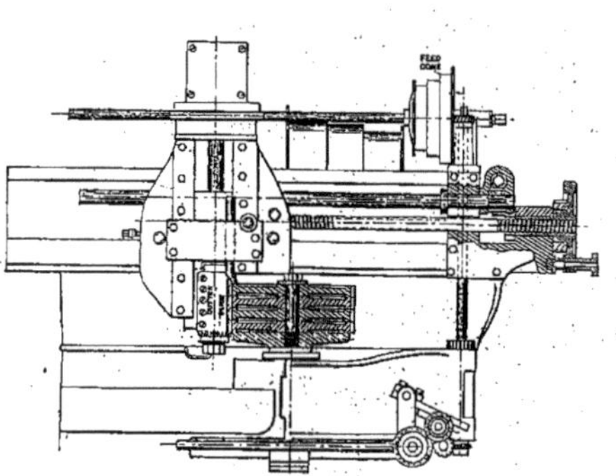

Fig. 646. — Machine *Fellows* en train de tailler une série de pignons. Élévation-coupe.

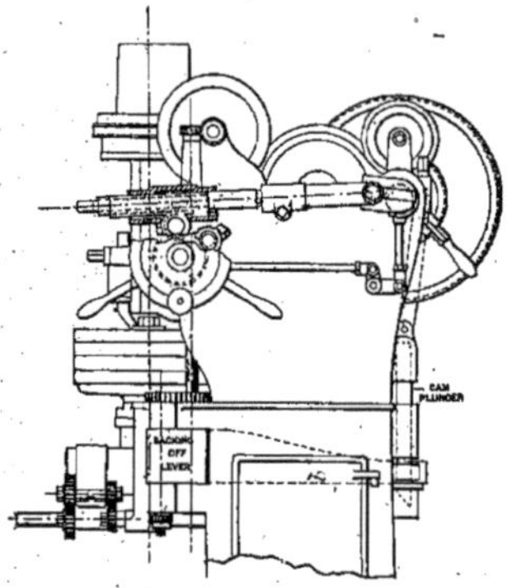

Fig. 647. — Machine *Fellows*. Vue par bout.

presque absolue. Ces pignons-outils sont fabriqués par des machines spéciales, installées aux ateliers Fellows, qui les livrent aux dimensions voulues ; ils ont, comme on le voit (fig. 655), une entrée ou dépouille qui facilite leur attaque et le dégagement des copeaux.

Les principales opérations de cette machine sont les suivantes : imprimer au pignon-

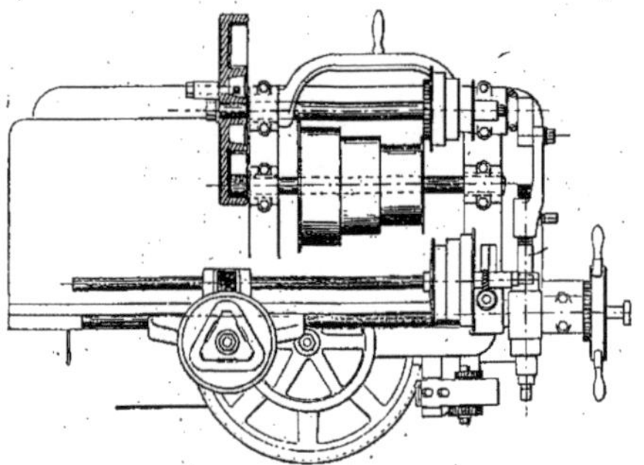

Fig. 648. — Machine *Fellows*. Plan.

outil un mouvement vertical ou incliné de va-et-vient alternatif ; avancer ou tourner ce pignon et la roue en taille des angles convenables pour leur engrènement de coupe ; retirer le pignon de sa coupe à la fin ou au retour de sa course active, pour qu'il ne traîne pas sur sa coupe ; ainsi, le pignon coupeur est animé de deux mouvements d'avance :

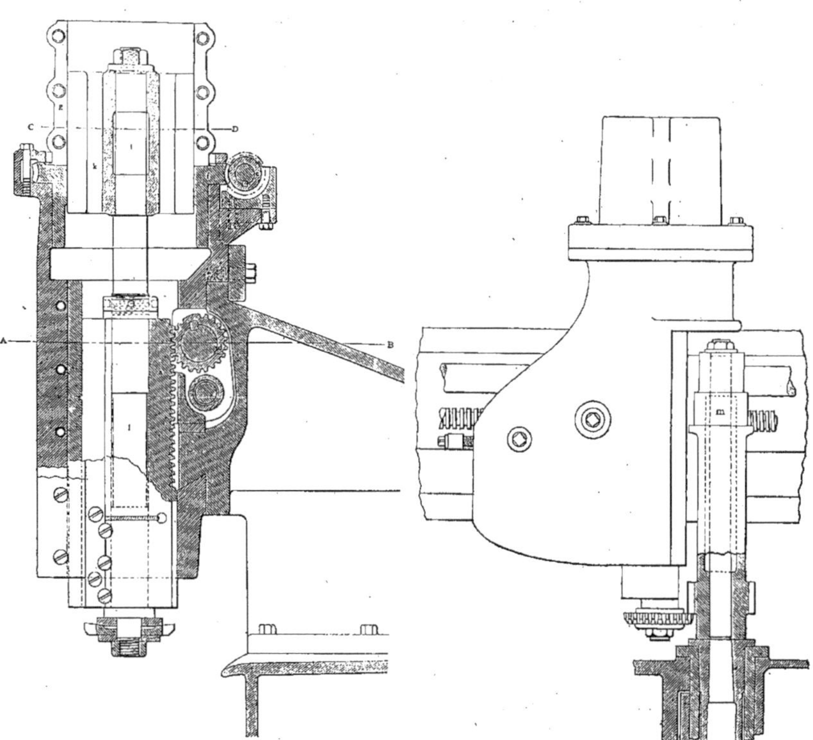

Fig. 649. — Machine *Fellows*
Coupe verticale de la glissière du porte-outil.

Fig. 650. — Machine *Fellows*.
Détail du porte-outil en train de tailler un pignon.

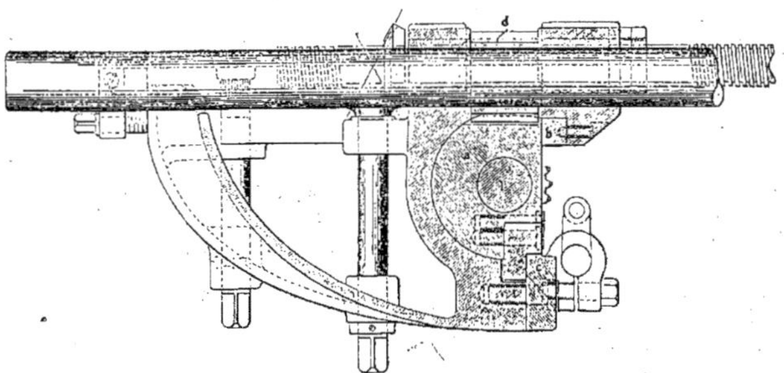

Fig. 651. — Machine *Fellows*. Coupe AB (fig. 649).

l'un radial, qui l'avance dans la roue en taille de la profondeur voulue, et l'autre, de rotation, qui le fait tourner, ainsi que la roue, du même angle que s'ils engrenaient ensemble.

Ces mouvements sont réalisés par des mécanismes, qui, bien que très simples, sont assez longs à suivre en détail, sur les fig. 661 et suivantes, empruntées au brevet de

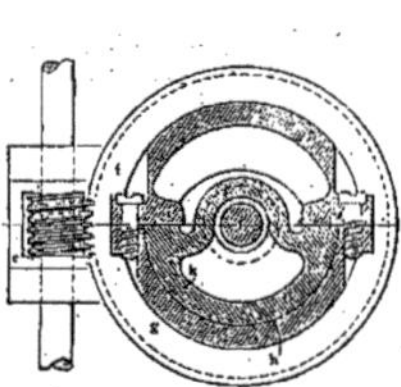

Fig. 652. — Machine *Fellows*. Coupe CD (fig. 650).

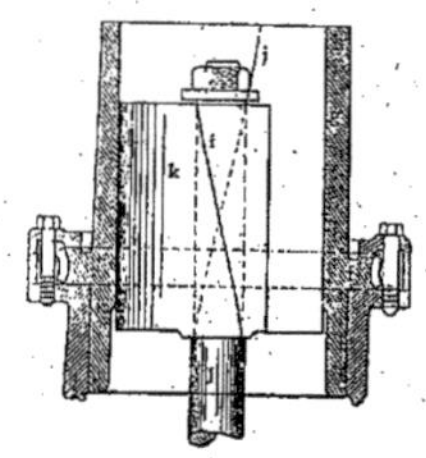

Fig. 653. — Machine *Fellows*. Guide pour taille de pignons hélicoïdaux.

Fellows, et qui ne diffèrent pas, en principe, des mécanismes réels de la machine, représentés en partie par les fig. 643-660.

On reconnaît facilement en *c* (fig. 661) l'outil caractéristique de ce genre de machine, représenté, sur la fig. 646, en prise avec la pile *b* (fig. 461) des pignons en taille; cette pile est serrée sur la broche 2 (fig. 665 et 666) du manchon 3, dont le palier 4 est porté par un

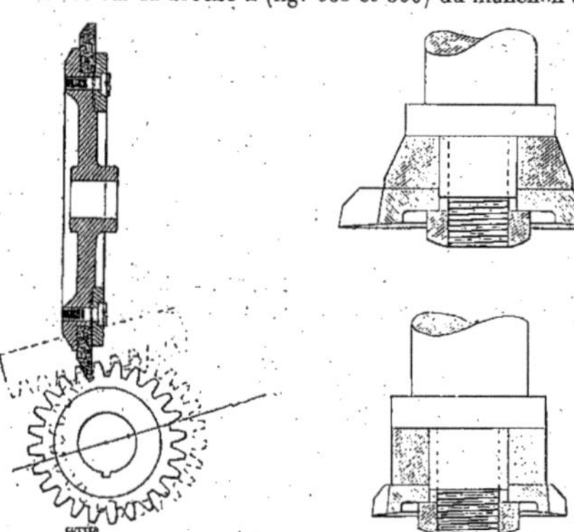

Fig. 654. — Principe de la taille de l'outil *Fellows*.

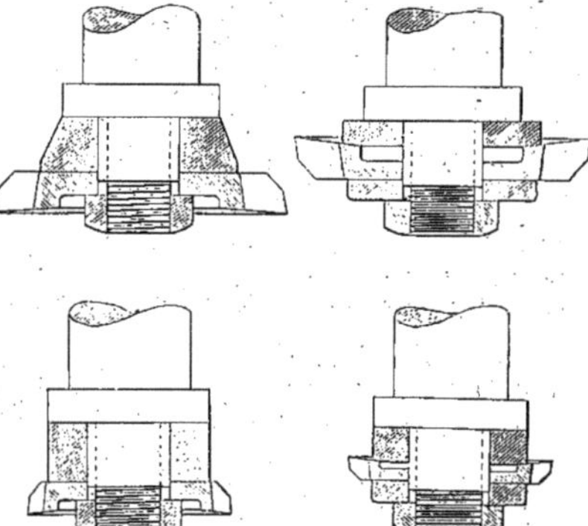

Fig. 655 à 658. Montage d'outils *Fellows*.

bras 5, pivoté sur le socle *a* en 56 (fig. 664) sur le petit bras d'un levier 7, pivoté en 53 sur le socle *a*, et qui reçoit, de mécanismes appropriés, un petit mouvement d'oscillation de manière à présenter la pile à l'outil pour sa coupe, puis à l'en retirer pendant le retour de l'outil; l'amplitude de ce mouvement de retrait est très faible : de 0 m. 30 environ, et il

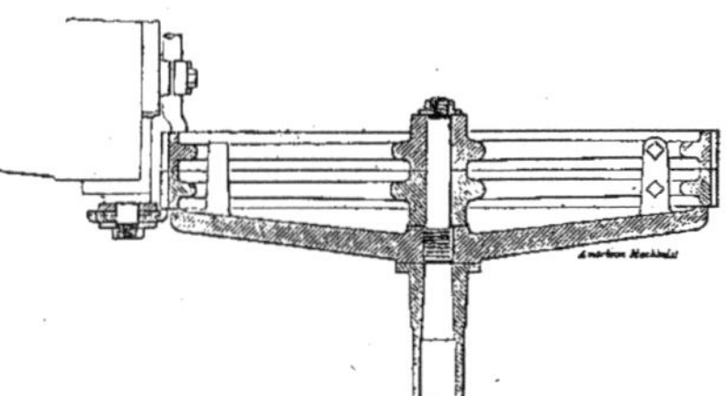

Fig. 659. — Machine *Fellows*. Taille d'un pignon en montant.

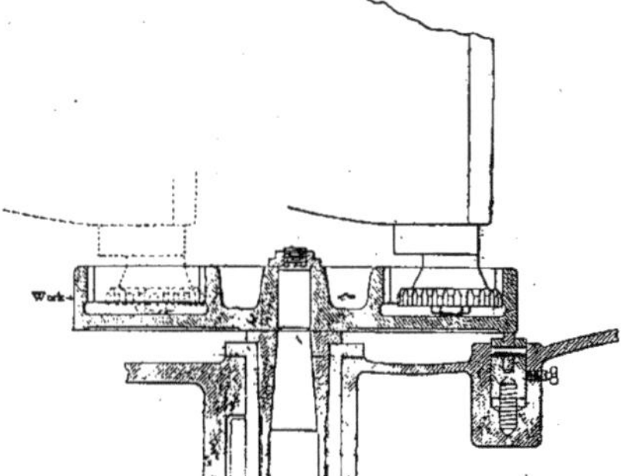

Fig. 660. — Machine *Fellows*. Taille d'une double denture.

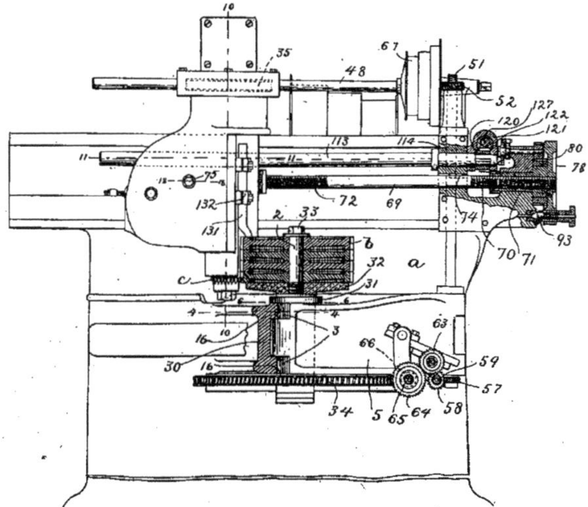

Fig. 661. — Machine *Fellows* à tailler les engrenages. Élévation.

est dirigé obliquement, suivant une ligne $x'x'$ (fig. 667) inclinée sur celle xx, qui joint les centres des axes de la pile et de l'outil. Cette obliquité est déterminée par un guide 9

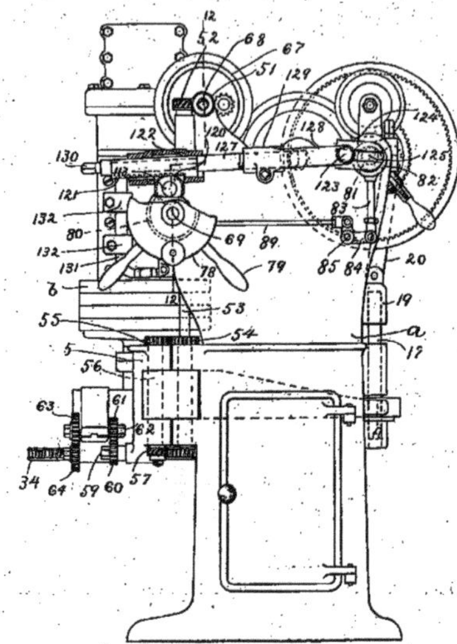

Fig. 662. — Machine *Fellows*.
Vue par bout.

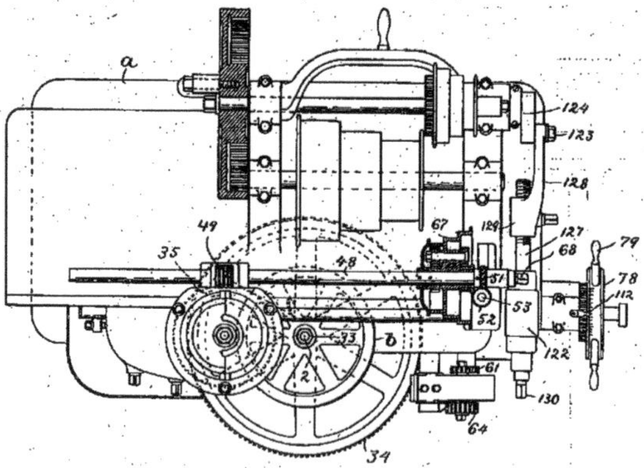

Fig. 663. — Machine *Fellows*.
Plan.

(fig. 668) sur a, sur lequel le palier 4 s'appuie au droit de la broche 2, et dont la face 10 est parallèle à $x' - x'$: l'effet de cette obliquité est d'éviter tout contact entre les dents de l'outil et leur coupe pendant le retour de l'outil et le retrait de la pile des roues en taille. Le palier 4 est appuyé sur 10 par (fig. 668) le levier 13, appuyé à l'une de ses extrémités en 15 sur le bras 5, relié à 4 par l'écrou sphérique 14, et poussé, à son autre extrémité, par la touche 12, à ressort 11 ; on maintient ainsi entre 4 et 10 un contact élastique toujours exact et sans jeu.

Le levier 7 est commandé par deux tiges 17 et 18 (fig. 664, 666 et 667) reliées à la

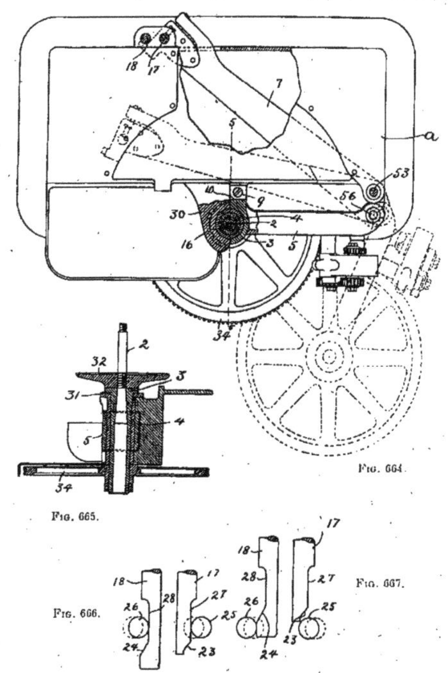

Fig. 664.

Fig. 665.

Fig. 666.

Fig. 667.

Fig. 664-667. — Machine *Fellows*.
Plan, coupe 4-4 (fig. 661), 5-5 (fig. 664) et diagramme du fonctionnement du levier 7 (fig. 664).

crosse 19, que mène, par 20 et 21, l'excentrique 22′ du pignon 22, toujours en mouvement, et ces tiges 17 et 18 sont pourvues (fig. 666 et 667) de plans inclinés 23 et 24, avec plats 27 et 28, sur lesquels s'appuient les galets 25 et 26, montés à l'extrémité du levier 7 ; quand les tiges descendent, 23 repousse 25 et le levier 7 à droite ; quand elles remontent, 24 repousse à gauche le galet 26 et le levier 7, puis, après ces déplacements, le levier 7 reste maintenu dans les positions correspondantes par les plats 27 et 28. Le levier 7 appuie en même temps le palier 4, pendant le travail de l'outil, comme de fig. 668 et 669, contre l'arc 16 du support 30, sur lequel 4 est, en outre, porté par son collet 31 (fig. 661); ce

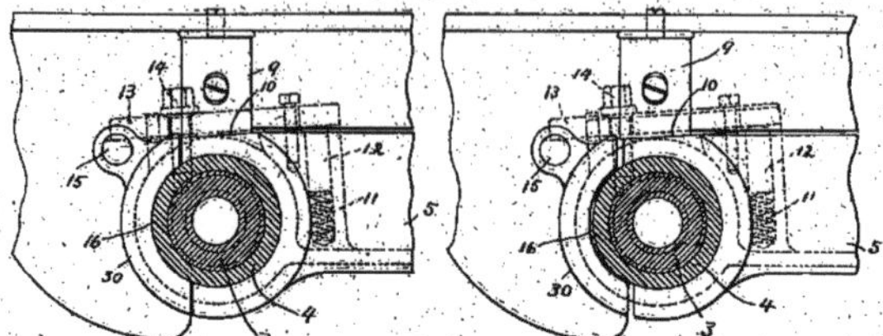

Fig. 668 et 669 — Machine *Fellows*. Coupe 6-6 (fig. 661).

palier 4 se trouve ainsi supporté et assujetti d'une façon inébranlable pendant le travail de l'outil, de manière à assurer l'exactitude absolue de sa coupe.

La broche 2, sur laquelle la pile des pignons est serrée entre l'écrou 33 (fig. 661) et

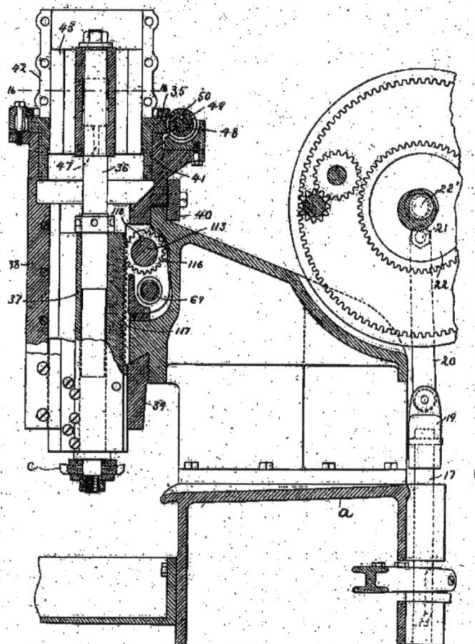

Fig. 670. — Machine *Fellows*. Coupe 10-10 (fig. 661).

le plateau 32 (fig. 665) porte un pignon 34, commandé par le diviseur 35 (fig. 670) de l'arbre 36 de l'outil *c*. Cet arbre tourne dans une glissière 37 (fig. 671), guidée dans le châssis 38, qui se déplace horizontalement sur les glissières 29 et 40 (fig. 672) de manière à donner à l'outil son avance radiale dans sa coupe. Le pignon 35, manchonné en 41 dans le châssis 38, guide dans son manchon 42 (fig. 676) la glissière 43, à laquelle est fixé, en 45-47, le porte-outil 36, et ce porte-outil est entraîné dans la rotation de 44 par les taquets 44 du demi-cylindre 440, fixé sur 43 par des boulons. Le pignon 35 engrène avec la vis sans fin 49 (fig. 670 et 676) rainurée en 50 sur l'arbre 48, relié au pignon 34 par (fig. 661, 662 et 676) le train 50 51 52 53 54 55 56 57 58 59 60 61 62 63 64 65 66, de manière à assurer par cette solidarité l'exactitude de la division et sa concordance avec les avances rotatives que commande l'arbre 48.

Le mouvement du châssis porte-outil 38 sur ses glissières 39 et 40 (fig. 671) est commandé par la vis 69 (fig. 672) des avances radiales, faisant écrou en 72-73 dans le châssis 38 (fig. 671 et 678) et en 70 (fig. 472) avec 71 ; la vis 69, rainurée en 74 (fig. 661) ne peut qu'avancer sans tourner. L'écrou 73, commandé à la main par 75 76 (fig. 678) sert à ajuster le châssis 48 dans la position convenable pour le travail, suivant le diamètre

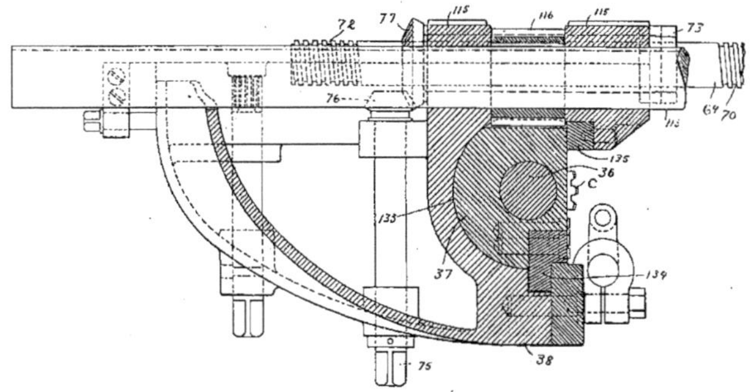

Fig. 671. — Machine *Fellows*.
Coupe II (fig. 661).

des roues à tailler ; l'écrou 71 peut aussi se mouvoir à la main, mais seulement pour éloigner l'outil après la fin de son travail, puis le remettre en position pour un nouveau travail ; cette manœuvre se fait par la manette 79 (fig. 663) du pignon 78 (fig. 672) solidaire de l'écrou 71. Cette roue 78 porte, folle sur elle, le pignon 80, commandé de l'arbre moteur par l'excentrique 81 (fig. 662) et le renvoi 83 84 85 86 (fig. 672 et 674), avec levier 86, pivoté sur l'axe 87 du pignon 91, qu'il attaque par le rochet 88-90, de manière que ce pignon 91 fasse tourner 80, qui entraîne 78 par son cliquet 92 ; cette rotation de 78 et de l'écrou 71 fait avancer l'outil radialement de la longueur voulue dans sa coupe, avant que ne commence l'avance rotative de ce même outil et de la pile des roues.

Le pignon 78 porte un verrou 93, à ressort 94, ordinairement retiré par la montée de sa tête 96 sur le plan incliné à griffes 95, et ce verrou porte un taquet 97 qui, dès qu'il arrive au contact de la butée 98, le fait pivoter, avec 96, de manière à permettre son rappel par son ressort.

Ce rappel du verrou 93 a pour effet, outre l'enclenchement du pignon 78, en 101, d'enclencher, par (fig. 675) la poussée de 93 sur la touche 99-100, le cliquet 29 du pignon 80, ainsi rendu libre dès l'arrêt de 78 ; en outre, ce rappel enclenche avec l'arbre 48 son cône moteur 67. Ce dernier enclenchement se produit parce que le choc du verrou sur la tige 109 en fait passer le crochet de la position fig. 673 à celle fig. 672, qui permet à la tige 108, sous le rappel de son ressort 199, d'enclencher le rochet 107, solidaire du pignon 104, fou sur 48, de sorte que le cône 67, également fou sur 48, l'entraîne par le pignon 105, qui roule sur 107 et commande, par 106 et 102, le pignon 103, calé sur 48. On voit que l'avancement radial de l'outil est automatiquement arrêté, et que les avances rotatives de l'outil et de la roue en taille sont automatiquement mis en train par ce déclenchement de 93, de sorte que l'on peut déterminer l'étendue de l'avance radiale par la

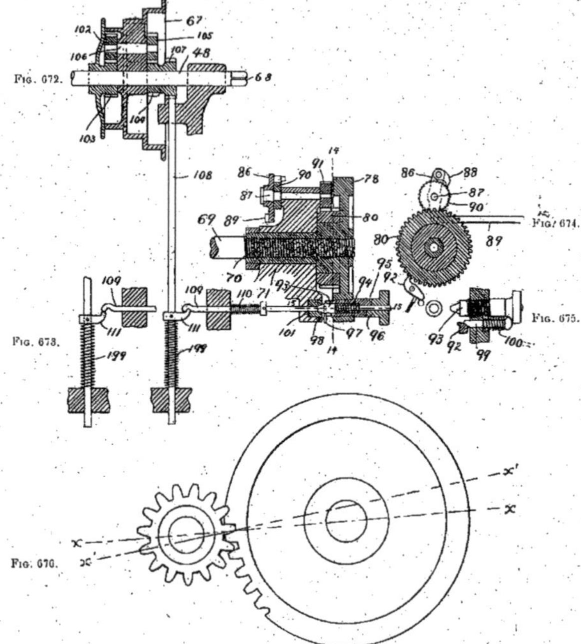

Fig. 672 à 676. — Machine *Fellows*.
Schéma du travail de l'outil. Coupes 12-12 (fig. 642), 14-14 et 15-15 (fig. 672).

distance du verrou 93 au taquet 97, distance déterminée par la graduation du vernier 112 (fig. 663).

La glissière 37 du porte-outil est commandée, de l'arbre 113, par le pignon rainuré 116 (fig. 670) et la crémaillère de 37; et cet arbre 113 reçoit son mouvement d'oscillation de son second pignon 120 (fig. 662), en prise avec la crémaillère 121 de la bielle 127, guidée dans la coulisse 122, pivotée sur 113, et commandée, de l'arbre moteur, par la manivelle ajustable 123, ajustement qui permet de proportionner la course de l'outil à la hauteur de sa coupe. Mais chacun des réglages de cette manivelle change la hauteur de l'outil au bas de sa course, de sorte qu'il devient alors trop bas ou trop haut ; on corrige cette perturbation en faisant la bielle en deux parties 127 et 128, filetées dans un manchon 129, ce qui permet d'allonger ou de raccourcir la bielle en tournant 127 par le carrelet 130.

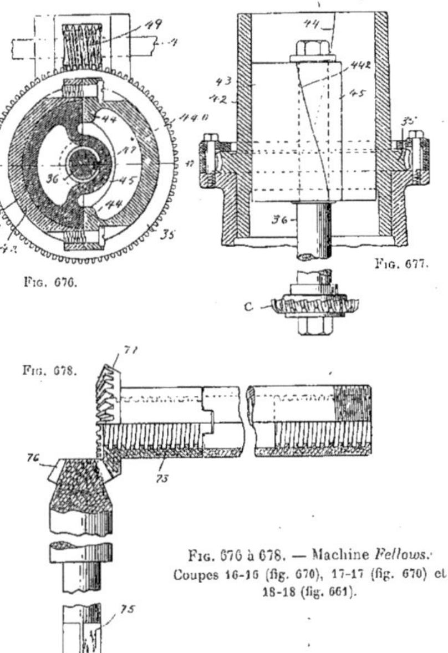

Fig. 676.

Fig. 677.

Fig. 678.

Fig. 676 à 678. — Machine *Fellows*. Coupes 16-16 (fig. 670), 17-17 (fig. 670) et 18-18 (fig. 661).

L'outil coupe, de préférence, en montant, et, pour supporter l'effort de cette coupe, on consolide la pile de roues au droit de la coupe par la butée 131 (fig. 661) ajustable en 132. C'est le châssis 38 qui supporte ainsi tout l'effort de la coupe, et facilement, en raison de son robuste guidage et de son faible porte-à-faux.

En fig. 677, on a terminé par des hélices les faces 44 du guide 42-440 et celles 442 de la glissière 43, de sorte que l'outil reçoit, en montant et descendant, un mouvement héliçoïdal, pour la taille des pignons héliçoïdaux.

La coupe peut s'opérer en montant ou en descendant, mais, presque toujours, il vaut mieux la faire en montant, en empêchant, comme en fig. 682, par une butée, la pièce de se soulever. Comme le montre la fig. 660, on peut, avec cette machine, tailler successivement, sur une même pièce, des dentures extérieures et intérieures.

La machine représentée par les fig. 643-648 peut tailler des pignons d'un diamètre primitif allant jusqu'à 915 millimètres, et 127 de large, avec pas diamétral de 4[1].

La figure 660 montre comment on s'y prend pour la taille d'une grande couronne annulaire supportée par un plateau spécial, et dont la coupe se fait en descendant ; les grandes roues à denture extérieure se fixent ainsi (fig. 659) sur un plateau spécial,

1. C'est-à-dire à quatre dents par pouce du diamètre primitif (voir G. Richard, *La mécanique générale américaine à l'Exposition de Chicago*, p. 460.

mais leur coupe se fait en montant ; on voit, en fig. 679-685, la manière de fixer et d'attaquer des pignons de formes spéciales.

La remarquable machine représentée par les fig. 686 à 721 est l'aboutissant de

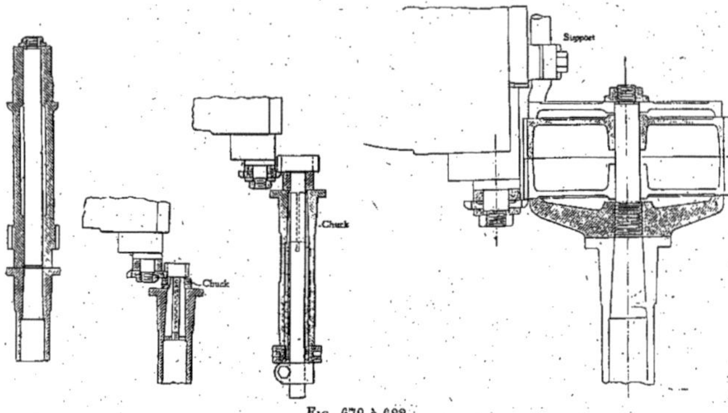

Fig. 679 à 682.

toute une série d'études entreprises depuis une dizaine d'années par M. *Gleason*[1] et pour-

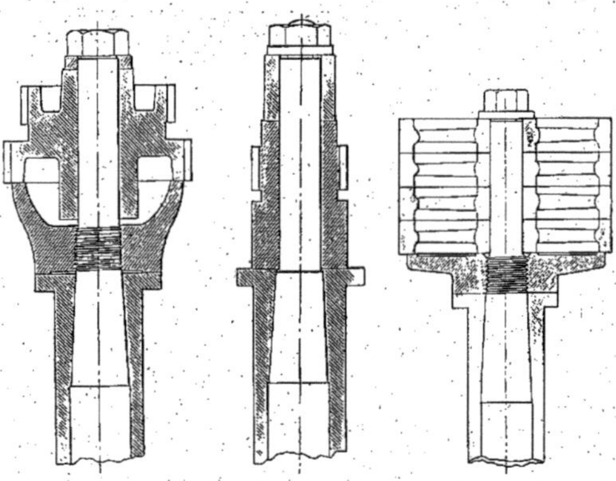

Fig. 683 à 685.

suivies avec une rare persévérance ; ces machines, qui ont acquis un rang très honorable

1. G. Richard, *Traité des machines-outils*, vol. 2, p. 210, et *Revue de Mécanique*, août 1898, p. 194.

aux États-Unis, ne sont pas encore suffisamment connues chez nous, car on n'en a guère publié que des descriptions très incomplètes, ou des prospectus.

L'ensemble de la machine comprend (fig. 686 et 687) un socle A, une poupée B, une table C, pivotée en 1' (fig. 715) dans le manchon *a*, avec plateau D, pivoté en *b* dans 1'. Le bras porte-outil E (fig. 687, 689, 693 et 697) est pivoté sur l'axe horizontal F de D, et porte une glissière G (fig. 687, 689 et 719), commandée par la bielle K et la manivelle à course réglable I, dont l'arbre L tourne dans (fig. 693) le manchon M, excentré dans D ; ce manchon porte le manchon N, à pignon commandé (fig. 691) par le pignon *c*, fou sur *d*, et est pourvu d'une bouton *k* (fig. 688), pris dans la coulisse *i* de I, ce qui permet d'accélérer ou de retarder le mouvement de I et du porte-outil H suivant l'excentricité de *k*

Fig. 686. — Machine *Gleason*.

par rapport au rayon de I ; ces accélérations et retards se produisant successivement pendant chaque tour de I.

A cet effet, le pignon *c* est (fig. 689, 690 et 691) commandé par un train de pignons $e^2 e' e$, dont le dernier *e* (fig. 715) calé sur un arbre *f* commandé, du cône R, par le train O*h*.

Le mécanisme de l'avance de l'outil *o* (fig. 687) vers l'axe de la roue en taille B' est commandé, de l'arbre 1 de I, par le pignon S, en prise avec le pignon W de l'arbre des avances U, monté, ainsi que le contre-arbre V (fig. 697, 699 et 700), en T sur D, et U porte (fig. 703) une vis sans fin X, en prise avec le secteur *n* (fig. 687) fixé au support Z (fig. 697) attaché à la base circulaire Y, concentrique à *f*, et attachée au prolongement A' (fig. 699) de A par des boulons réglables dans leurs coulisses *m m* ; ce mécanisme commande le pivotement de E autour de *f* (fig. 687) lentement pour son avance sur B' et rapidement pour son retrait.

Le pignon W (fig. 703) tourne fou sur U, sur lequel sont montés deux colliers d'embrayage r et t, commandés par une même barre v (fig. 697) ; quand v embraye r avec le manchon p de W, ce pignon commande directement U ; quand v embraye t avec s, calé sur U, cet arbre est entraîné par w, u, t et s, et U tourne alors en sens contraire de sa rotation directe. A cet effet, w est en prise avec le pignon x (fig. 699 et 705) solidaire du pignon a', fou comme x sur l'axe y, réglable dans la coulisse C', que l'on peut orienter par le boulon m^4 dans la coulisse n^4 de T, et a' est en prise avec le pignon b' du contre-

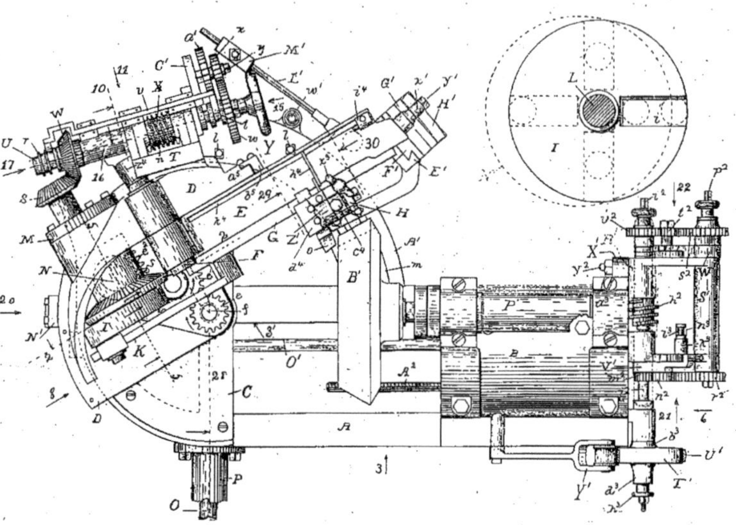

Fig. 687 et 688. — Machine *Gleason* à tailler les engrenages.

Plan et détail du retour rapide de la manivelle K. Coupe 2-2. — Échelle des figures : 687 et 689 à 692, au $\frac{1}{10}$; 697, 698, 711 et 715 au $\frac{1}{7}$; 688, 696, 700, 701, 705, 706, 709, 712, 714, 721 au $\frac{1}{5}$; 716, 706 et 711 au $\frac{1}{4}$; 710, 713, 718 et 717 au $\frac{2}{5}$; 720 au $\frac{1}{2}$.

arbre V, dont le pignon c' (fig. 704) commande U par d'. La coulisse C' permet de varier à volonté le train $a'b'xy$ et la vitesse de U.

Le manchon d'embrayage r porte un appendice h' (fig. 702) qui, lorsque r est débrayé de p, est en prise, comme en fig. 720, avec le doigt f', fixé sur U par la vis g' ; quand on embraye r avec p, p entraîne r dans le sens de la flèche pointillée (fig. 720), de manière à amener h dans la position pointillée, puis à entraîner f' de r^4 en p^4 dans l'encoche o^4 de U ; la largeur de cette encoche est telle que W et r doivent faire un tour complet sur U avant de pouvoir entraîner cet arbre, qui reste ainsi immobile pendant un tour de W ou de son pignon égal S et de la manivelle I. Le porte-outil H accomplit donc, après l'embrayage rp, une allée et un retour, avant que son avance ne commence à marcher ; cette avance ne peut ainsi jamais partir quand l'outil se trouve en un point intermédiaire de sa course, ce qui produirait une irrégularité dans la taille ; elle ne commence jamais qu'avec la course même ; et l'on voit comment cette avance se fait lentement par la commande du contre-arbre V, et le retrait de E rapidement, par la commande directe de U.

Quand r est débrayé de p, il est maintenu dans la position en traits pleins (fig. 720) par la courroie s^3 (fig. 702) commandée par (fig. 704) l'extrémité r^3 de V, sur laquelle elle glisse dès qu'elle a ramené f' dans sa position sur r^3 (fig. 720). Le pignon c' (fig. 704) entraîne V par des rondelles de friction u^3v^3, de manière à empêcher tout accident par un arrêt subit de la machine.

La tringle d'embrayage v est commandée par un levier i' (fig. 696, 700 et 701), pivoté en k sur T, enclenché en l' dans v, et mené en m' par les tocs n', fixés par les boulons o'

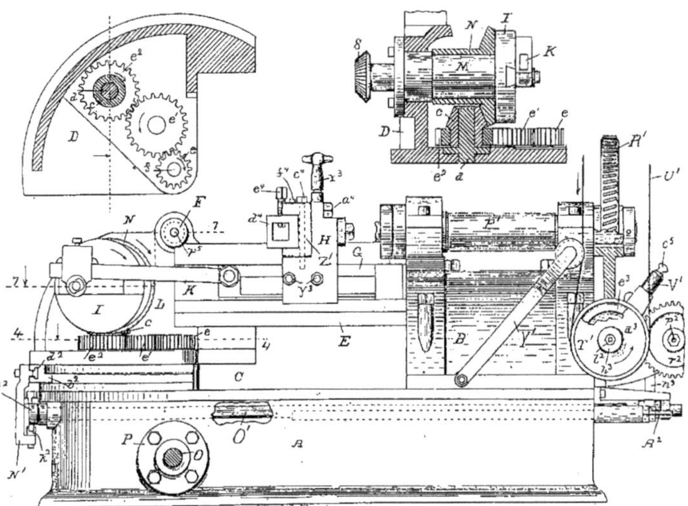

Fig. 689 à 691. — Machine *Gleason*.
Élévation 3 (fig. 687), plan du revolver suivant 4-4 (fig. 689) et coupe 5-5.

dans la coulisse p' de Y. Pour assurer l'action de ces tocs, le levier i' porte (fig. 700 et 701) un couteau r', rappelé par le ressort t', et dont la prise sur le couteau s', fixé à T', complète le mouvement commencé par les tocs et maintient i' dans la position voulue, jusqu'à la prochaine poussée du toc suivant.

Le quadrant Y, que l'on peut orienter au moyen de son pignon v' (fig. 697 et 698) en prise avec la crémaillère D' de A, porte dans sa glissière E' un chariot G', à gabarit H', de forme correspondant à celle de la dent en taille, et sur lequel roule le galet x', à l'extrémité y' de E ; le chariot G' peut s'ajuster sur E' verticalement par la vis s^4 et horizontalement par les vis t^4, qui règlent la position de la vis de serrage u^4 dans la coulisse v^4 de G'. Quand on se borne à dégrossir les dents par un outil droit, comme celui indiqué en a (fig. 719), le gabarit H′ est un plan incliné ; pour le finissage des dents venues de fonte par un outil w^4, attaquant tantôt à droite puis à gauche, ce gabarit est courbé comme en fig. 697. Le bras E est, dans tous les cas, supporté par un galet Z′ (fig. 697) roulant sur un plan K′, appuyé sous Z′ par sa tige a^2, poussée par l'action du levier L′, à contrepoids M′, sur sa crémaillère I′, de sorte que la charge du galet gabarit x' est très

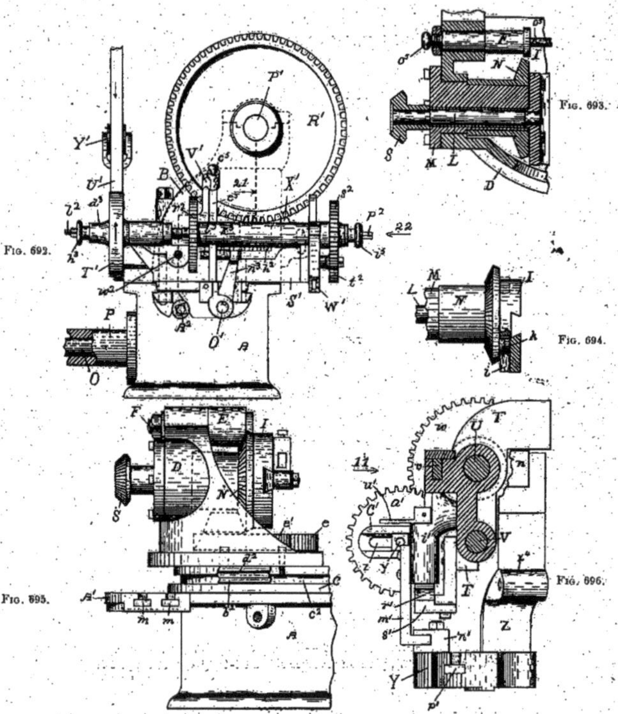

Fig. 692. Fig. 693. Fig. 694. Fig. 695. Fig. 696.

Fig. 692 à 696. — Machine *Gleason*.
Vue d'arrière 6 (fig. 687), coupe 7-7 (fig. 689) du revolver. Élévation du revolver 3 (fig. 687), détail du plateau I
Coupe 13 (fig. 687 et 692).

faible. Quand on veut, pour passer d'une dimension à une autre de la roue en taille, déplacer T et D de manière que les galets x et x' restent sur H′ et K′, on rend Y solidaire de D par la goupille y^4 (fig. 697 et 698), que l'on passe dans le trou z^4 du support Z, et que l'on engage dans l'encoche z^5 de Z.

La commande du mécanisme diviseur se fait comme il suit, en partant de l'arbre O′

(fig. 706). A cet effet, le plateau D est relié à C par un segment b^2c^2, qui porte, ajusté dans sa coulisse en d^2, un bras N′, avec couteau k^2 qui, à l'aller de D dans le sens de la flèche (fig. 706), quand l'outil s'éloigne de sa coupe, repousse le doigt d^2 et fait ainsi, par f^2, basculer l'arbre O′, tandis que, au retour de D, quand l'outil se rapproche de sa coupe, k^2 repasse sous g^2 en le faisant pivoter, comme en pointillés (fig. 706) sans faire bouger O′.

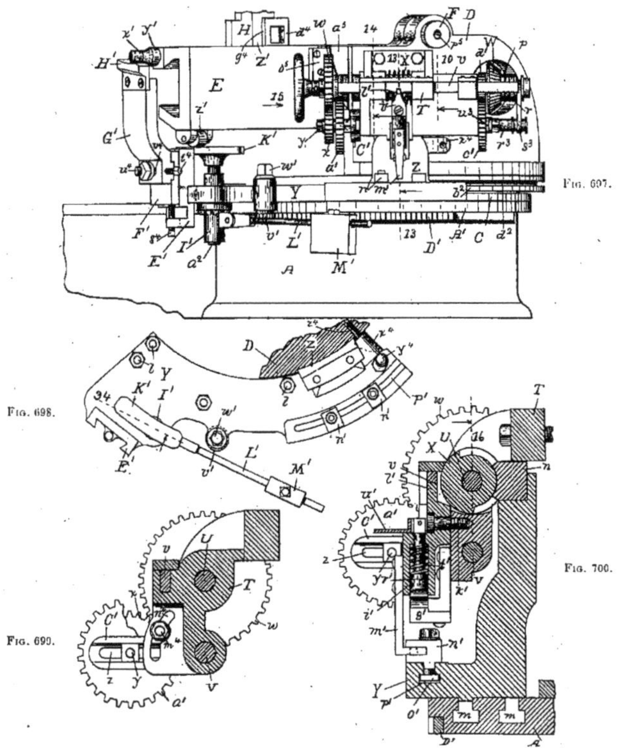

Fig. 697.

Fig. 698.

Fig. 699.

Fig. 700.

Fig. 697 à 700. — Machine *Gleason*.
Élévation suivant 11 (fig. 687), plan du quadrant *y*, coupes 13-13 et 14-14 (fig. 697).

Cet arbre O′ commande par n^3 (fig. 689, 692 et 710) les collets o^3 et le verrou i^3 (fig. 711) rappelé dans k^3 par un ressort m^3, et qui, ainsi, libère au moment voulu le pignon r^2 du mécanisme diviseur. Ce mécanisme comporte trois arbres 1^2, i^2 et p^2, montés dans un châssis S′, pivoté sur l'axe w^3 (fig. 708) de la poupée B de manière à pouvoir en fixer l'orientation par le boulon a^3 (fig. 711) de la coulisse X′, concentrique à w^3, et bien ajuster ainsi la prise de la vis h^2 de i^2 avec le pignon diviseur R′ (fig. 692) calé sur l'arbre P′ du pignon en taille. L'arbre 1^2 est (fig. 687 et 711) commandé par une courroie U′, à tendeur Y′, et la poulie T′, à friction $d^3e^3f^3$, serrée par h^3 et le ressort g^3 sur le disque b^3, calé sur 1^2, de manière à éviter tout danger de rupture; et l'arbre 1^2 commande le pignon r^2 de p^2

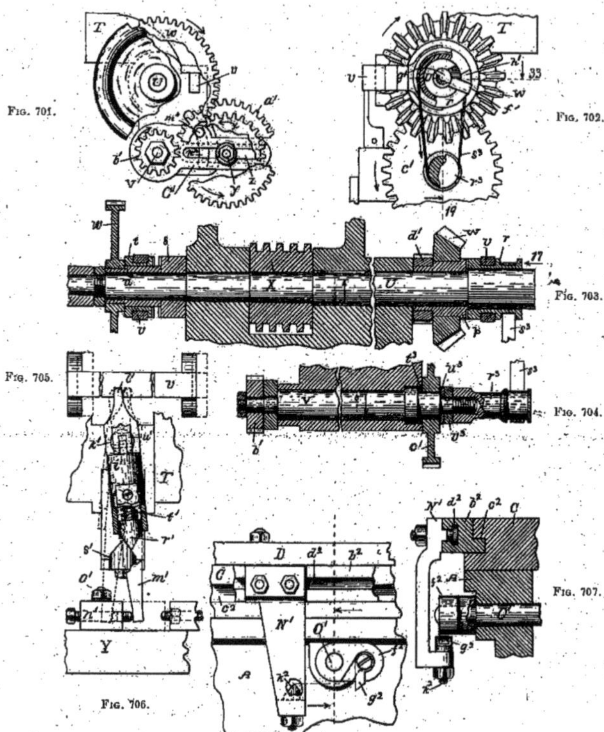

Fig. 701 à 707. — Machine *Gleason*.
Détail 15 (fig. 687), coupe 16 (fig. 687) et 18 (fig. 702), détail 17 (fig. 687 et 703), élévation 11 (fig. 687 et 696), coupe 19 (fig. 702), élévation 20 (fig. 687).

par son pignon m^2 et soit, comme en fig. 708, par o^2 et n^2, soit, et en sens contraire, par o^2, directement, suivant la position de la platine V′, qui porte les axes de O² et de n^2, et qui est pivotée (fig. 708) sur 1^2; la position de cette platine se fixe par les encoches d^5 du secteur c^5. L'arbre p^2 commande à son tour l'arbre i^2 par le pignon s^2, embrayable par $i^5g^5h^5$, le pignon t^2, fou sur son axe u^2, réglable dans la coulisse W′, pivotée sur p^2, et le pignon u^2, embrayable par t^5s^5, embrayage qui, avec celui de e^2, permet de faire marcher les arbres p^2 et i^2 indépendamment à la main par leurs carrelets. La rotation de r^2 est, à chaque division, limitée par les tocs ajustables p^3 et l^3 (fig. 712), qui fonctionnent dans la division automatique. La poulie T′ tourne toujours, et son frottement est assez faible pour n'occasionner aucun choc dangereux aux arrêts du diviseur par les tocs l^3 et p^3.

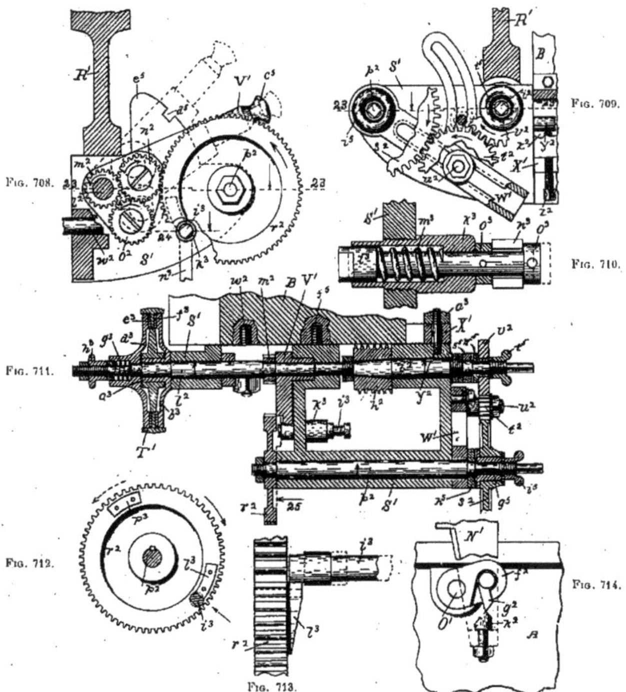

Fig. 708 à 714. — Machine *Gleason*.
Détail du diviseur, coupes 21 (fig. 687 et 692), 23 et 24 (fig. 708), 25 (fig. 711), détail du toc l^2 et du déclic g^2.

Mais ce mouvement automatique du diviseur, qui fait chaque fois tourner d'une dent la roue en taille, ne suffit pas pour tous les cas; quand, par exemple, on fait suivre (fig. 719) l'outil dégrossisseur o du finisseur w^4, il faut faire tourner le diviseur à la main, indépendamment de l'arbre p^2, de manière à faire passer de k^5 en m^5 le rayon par lequel l'outil attaque la roue en taille, puis le faire passer en n^5 quand w^4 attaquera l'autre face de la dent, c'est-à-dire faire tourner B′ d'une demi-division d'abord dans un sens puis dans l'autre.

Le porte-outil H (fig. 689, 716 et 718), fixé par y^3 sur la glissière G de E, peut s'y ajuster verticalement sur w^3 par la vis k^3. Ce porte-outil peut s'orienter autour de l'axe z^3 par le boulon a^4, à coulisse b^4 et fixation par le boulon c^4 ; l'outil o est serré par des vis e^4 dans le cadre d^4, qui peut s'orienter dans Z' autour de f^4 de manière à lui permettre de se dégager de sa coupe au retour de E, et d^4 est pourvu d'un bras h^4, qui, après ce retour,

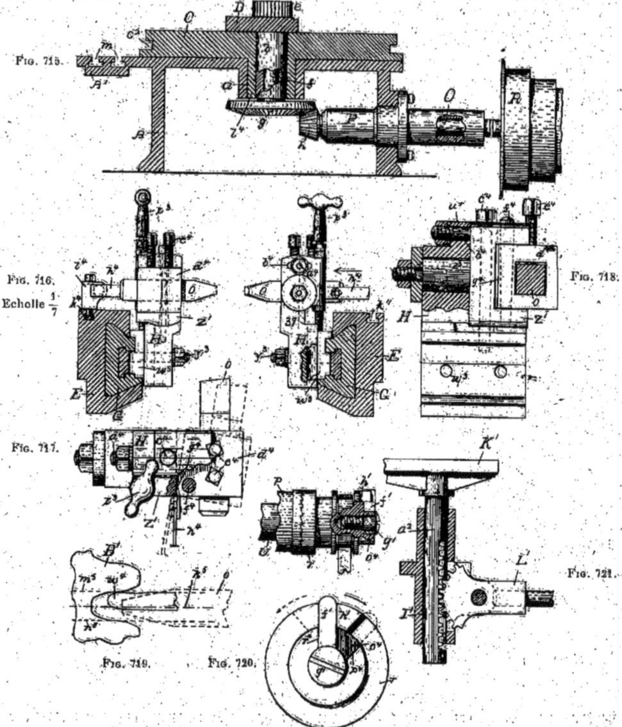

Fig. 715 à 721. — Machine *Gleason*.
Commande motrice, porte-outil, embreyage r, support K' du bras E (fig. 697), détail d'une taille.

rencontre la butée i^4, ajustée en k^4 sur E, et qui ramène l'outil dans sa position d'attaque pour une nouvelle coupe.

La poupée B peut, avec son mécanisme diviseur, se déplacer sur le socle A par la vis A^4 (fig. 689 et 692).

Le tourillon F du bras E est (fig. 687, 689, 693 et 697) traversé par une broche o^6, dont la pointe doit coïncider avec le sommet du cône primitif de B', intersection des axes de P', de f et de F.

La maison *Colmant* exposait au Champ-de-Mars une très remarquable machine à tailler les pignons héliçoïdaux, qui fait honneur à son inventeur M. Monneret. Nous en donnons une description détaillée d'après la notice fort bien faite de son constructeur.

Cette machine est disposée non seulement pour l'exécution de pièces en série, mais aussi pour tailler avantageusement même *un seul pignon* de chaque sorte, et cela parce que son automacité n'exige aucune came ni aucun organe particulier à un type de pignon à tailler, et ne nécessite que des réglages simples et d'ordre général. La denture obtenue est en hélice, ce qui donne au roulement une plus grande douceur. La tailleuse est automatique avec embrayage automatique réglable, c'est-à-dire qu'elle fait un flanc à toutes les dents du pignon en œuvre, et s'arrête automatiquement ; on règle l'épaisseur de la dent, et une nouvelle mise en route finit le pignon. Elle n'exige donc la présence de l'ouvrier que pendant un temps très court, celui de la mise en route, et le pignon se termine sans surveillance ; la main-d'œuvre est par suite presque nulle ; de plus, la machine s'arrêtant automatiquement, il n'y a à craindre aucune rupture d'organes. *La machine n'a pas de gabarit reproducteur* ; la forme en développante de la dent s'exécute automatiquement sans aucun réglage. Il n'y a pas d'appareil diviseur ; le pignon en usinage tourne d'une façon continue ; la division se fait d'elle-même et exige seulement le montage préalable des quatre roues du harnais ; ce montage de roues est constant pour tous les pignons à tailler ayant le même nombre de dents.

Dans les limites de diamètre maximum indiqué dans les dimensions principales, elle taille tous les pignons coniques quelque soit leur angle au sommet, c'est-à-dire quel que soit le rapport de deux pignons conjugués. La taille se fait à l'outil, qui décrit successivement, sur chaque dent, une génératrice de la surface héliçoïdale. L'outil se relève automatiquement à chaque fin de course, ce qui évite son usure par frottement.

Mécanisme automatique donnant à la dent la forme en développante. — Ce mécanisme est fondé sur ce que deux roues de même pas à denture en développante engrènent toujours entre elles, quel que soit leur nombre de dents. Si, parmi ces roues, nous considérons la roue limite, sur laquelle le $^1/_2$ angle au sommet est de 90°, *toutes les roues qui engrèneront avec cette dernière engrèneront entre elles.* D'autre part, la génératrice du cône complémentaire de cette roue-limite étant infinie, la forme des dents sera celle d'une crémaillère, c'est-à-dire à flancs formés par des droites.

Il suffit donc de faire engrener les pignons à tailler avec la roue-limite en leur communiquant le mouvement de roulement qu'ils auraient s'ils engrenaient ensemble, pour que cette roue-limite taille sur le pignon en œuvre la dent en forme de développante. Nous obtiendrons le même résultat si, au lieu d'une véritable roue-limite, nous employons un simple-outil dont les flancs droits sont faciles à tracer, et que nous lui fassions engendrer la surface de la roue-limite elle-même. *En un mot, nous donnerons à cet outil un mouvement rectiligne au sommet, il engendrera une dent de la roue-limite, à laquelle nous communiquerons le mouvement de rotation convenable pour rouler avec le pignon en usinage comme si l'engrènement avait lieu.*

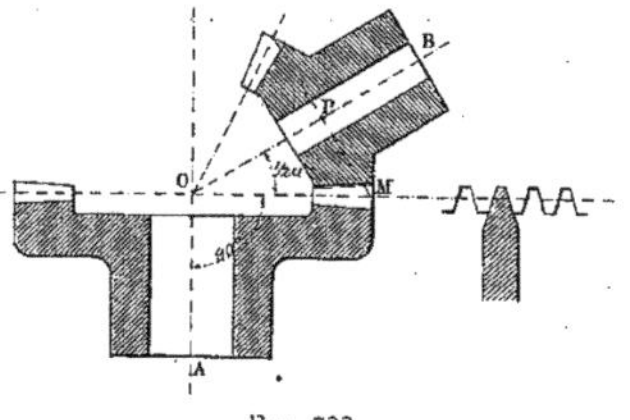

Fig. 722.

Soit (fig. 722) $^1/_2$ α le $^1/_2$ angle au sommet du primitif du pignon à tailler, le rapport vitesses angulaires de rotation α à donner à l'outil d'une part et au pignon en usinage d'autre part est donné par la relation suivante :

$$\frac{\text{Va de l'outil}}{\text{Va du pignon}} = \text{Sin } {}^1/_2\,\alpha.$$

Il est bien entendu que l'on ne taille qu'un flanc des dents et que la taille du 2e flanc se fera de la même façon après avoir fait tourner le pignon sur lui-même de la quantité correspondante à l'épaisseur du creux de la dent.

Mécanisme engendrant la denture en hélice en même temps que la division. — La forme hélicoïdale de la denture est obtenue en utilisant le mouvement de division automatique de la denture. A cet effet, le pignon tourne sur lui-même d'un mouvement de rotation continu, l'outil est animé d'un mouvement alternatif rectiligne, et la connexion des deux mouvements est faite par un harnais de quatre roues variables, que l'on combine de sorte que le nombre de tours du maneton conduisant le mouvement rectiligne de l'outil soit au nombre de tours du pignon dans le rapport du nombre de dents à tailler. C'est-à-dire que, le pignon ayant N dents, l'outil devra faire un aller et retour chaque fois que le pignon aura tourné de $\frac{1}{N}$ de tour. La relation entre ces deux mouvements étant mathématique et rigide, et ces mouvements marchant d'une façon continue sans arrêt ni retour en arrière, il en résulte une division absolument rigoureuse ; l'outil faisant successivement une passe sur chacune des dents.

On comprend d'autre part que, pendant la passe, l'outil décrivant une génératrice aboutissant au sommet du cône, et le pignon tournant sur lui-même d'une façon continue, l'outil décrive sur le pignon une courbe hélicoïdale dont l'inclinaison ne dépendra que du nombre de dents et de la course de l'outil. Il en résulte immédiatement l'avantage que l'ouvrier n'aura à s'occuper en rien du mouvement en hélice qui se produira de lui-même par le montage du harnais — qui dépend du nombre de dents à tailler — et par le réglage de la course de l'outil, qui dépend de la longueur de la dent. Quand l'ouvrier taillera le 2e pignon, qui devra engrener avec le premier taillé, il ne changera pas la course de l'outil — ce qui est rationnel puisque la longueur de la dent sera la même — il fera le montage du harnais suivant le nombre de dents de ce 2e pignon, et il changera le sens de l'hélice par la simple manœuvre d'une poignée sur la poupée. Dans ces conditions, les deux pignons taillés engrèneront bien ensemble ainsi qu'il est facile de le démontrer mathématiquement (voir la note p. 265).

Le mouvement de rotation est reçu (fig. 723) sur les poulies du renvoi fixé par le bâti, — ce mouvement est transmis à l'arbre de la poupée par l'intermédiaire d'un cône à 5 étages et d'un double harnais d'engrenages réduisant la vitesse dans le rapport de 1 à 4. L'arbre de la poupée a 5 vitesses différentes de rotation, et se termine par un plateau-manivelle à course variable qui, par l'intermédiaire d'une bielle a_2a_3 (fig. 728) mène le chariot porte-outil ; celui-ci se trouve donc animé d'un mouvement rectiligne alternatif à course variable.

La course du chariot porte-outil se règle par le plateau-manivelle ; une graduation permet d'apprécier cette course, et à l'aide d'une vis de blocage a_1 (fig. 727) formant écrou, d'obtenir une approximation aussi grande que l'on veut.

La position de l'outil, par rapport au pignon à tailler se détermine par la manœuvre du chariot porte-outil, et le blocage de l'écrou de fixation de bielle. L'outil lui-même peut se régler exactement au sommet du cône en position et en inclinaison, par quatre chariots juxtaposés qui permettent :

1° Les deux chariots rectilignes perpendiculaires de se régler par les vis b_1 et b_2 (fig. 726) en position au sommet;

2° Le chariot circulaire d'incliner par b_3 la pente de l'outil à angle voulu;

3° La roue de vis sans fin b_2 de faire tourner l'outil sur lui-même pour l'empêcher de talonner, en le plaçant suivant l'axe de l'hélice.

Un mécanisme de relevage automatique de l'outil l'empêche de tourner au retour et

Fig. 723. — Tailleuse conique hélicoïdale *Monneret*.

assure sa butée en travail sur une vis arrêtoir — et cela de la façon suivante : une corde, fixée à ses deux extrémités par l'intermédiaire de tendeurs, entoure un tambour fou sur l'axe d'oscillation du porte-outil; au début des courses d'aller et retour, ce tambour entraîne par friction à ressort l'axe d'oscillation de l'outil dans un sens ou dans l'autre, et applique instantanément cet outil dans les positions de travail ou de retour.

Réglage radial de la pièce à usiner. — La pièce à usiner étant fixée sur l'arbre de la poupée porte-pièce soit sur plateau, soit sur l'arbre lui-même, la manœuvre de la tête porte-pièce suivant le rayon — pour faire coïncider le sommet du cône à tailler avec le centre géométrique de la machine — se fait en D (fig. 725) par l'intermédiaire d'un écrou et sa vis. La poupée coulisse sur des queues d'aigle et se bloque par écrous dans la position du travail.

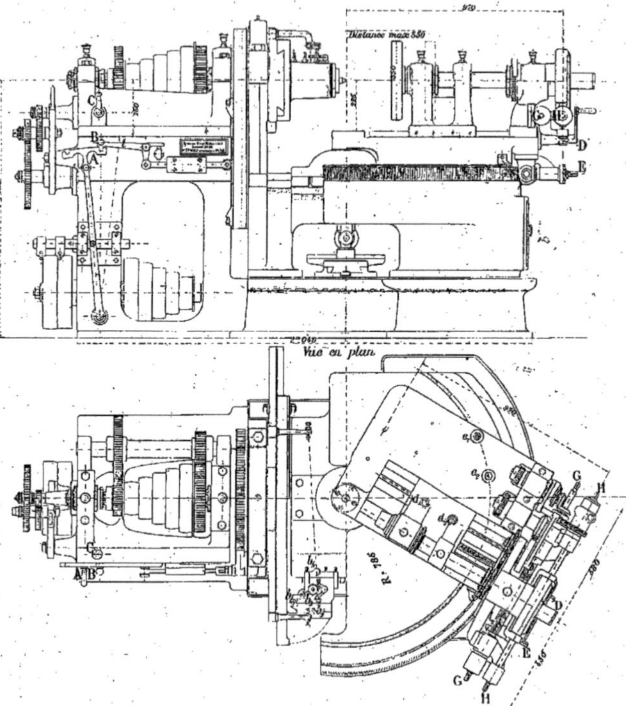

Fig. 724. — Tailleuse conique hélicoïdale *Monneret*. Élévation et plan.

Mouvement de réglage circulaire de la pièce à usiner. — Un secteur denté est fixé au banc de la machine.

Le chariot circulaire de la tête porte-pièce se déplace circulairement et horizontalement autour de l'axe du sommet des cônes, par l'intermédiaire d'une vis sans fin b_2 (fig. 726) liée au chariot et qui engrène avec le secteur fixe. La manœuvre se fait de E (fig. 725) par un retour par pignons coniques et une manivelle.

Le chariot circulaire est guidé dans une rainure du secteur fixe, et des boutons de blocage assurent la position en travail. Le secteur denté ayant 360 dents sur la circonférence, un tour de la manivelle équivaut à 1 degré — une graduation en degrés sur le secteur et une graduation en $^1/_6$ de minute sur l'arbre de la manivelle permettent de placer exactement le pignon de façon que le fond de la denture soit dans le plan d'extrémité de l'outil.

Mouvement donnant automatiquement la division et la taille héliçoïdale. — Le mou-

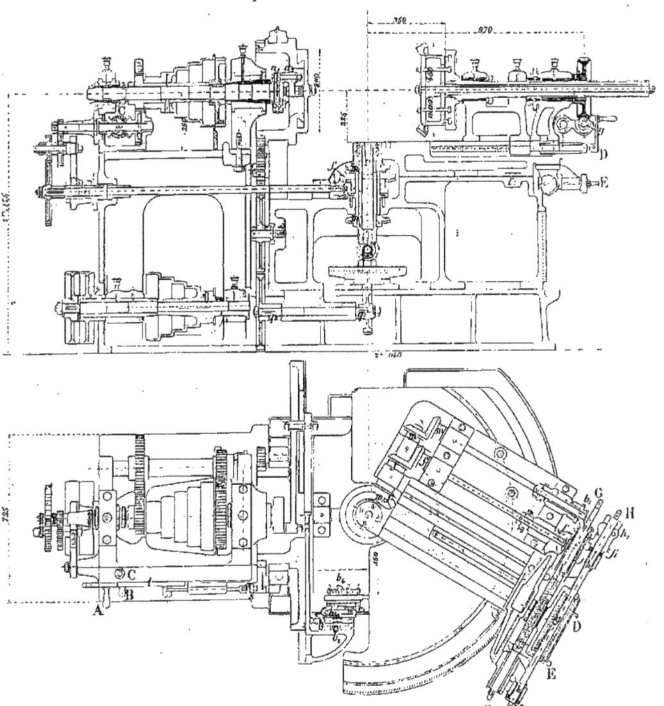

Fig. 725 et 726. — Tailleuse Monneret.
Coupe longitudinale suivant l'axe et plan-coupe.

vement de rotation du cône de la poupée qui tourne 4 fois plus vite que l'arbre-manivelle, est transmis par l'intermédiaire d'un mécanisme de changement de marche C (fig. 725) qui sert à changer le sens de l'hélice, au harnais extérieur des 4 roues variables, dont la combinaison permet le taillage des pignons d'un nombre quelconque de dents.

Ce mouvement de rotation, par une série de roues coniques $f f_1$ (fig. 726) qui assurent la transmission dans toutes les positions du chariot circulaire — est communiqué à la vis sans fin Hg (fig. 728), actionnant une roue de vis sans fin de 64 dents k_1, qui, par clavette et rainure longue, fait tourner l'arbre de la tête porte-pièce et par suite le pignon à usiner. Le pignon f_1 sur l'arbre de la vis sans fin, est fou sur cet arbre, et peut être rendu fixe par un blocage h_1, à serrage fendu ; — tout l'ensemble de la vis sans fin oscille autour d'un arbre parallèle, ce qui permet, à l'aide des deux boutons de réglage j_1 et j_2 (fig. 728), *soit de*

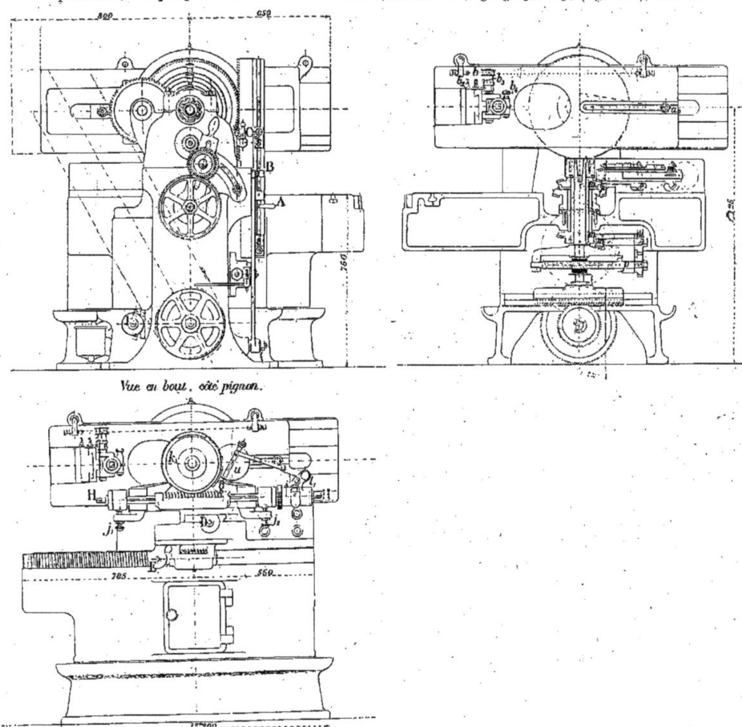

Fig. 727 à 729. — Tailleuse *Monneret*.
Vues par bout. Côté de l'outil et côté du pignon. Coupe transversale.

débrayer la vis, quand on veut tourner le pignon à la volée pour le centrer, *soit d'embrayer la vis*, en rattrapant à volonté le jeu produit par l'usure.

Quand le blocage fendu est desserré, l'on manœuvre la vis sans fin à la main, ce qui sert au réglage de l'épaisseur de la dent. Quand le blocage est serré, la vis sans fin est conduite automatiquement suivant le principe du paragraphe précédent.

La roue de vis sans fin ayant 64 dents, et l'arbre de départ de la poupée tournant 4 fois plus vite que l'outil, la formule donnant les roues à monter en bout du banc est (fig.) :

$$\frac{a}{b} \times \frac{c}{d} = \frac{16}{N}$$

où N est le nombre de dents du pignon à tailler.

Mouvement donnant aux dents la forme en développante. — Nous avons vu que le rapport entre les vitesses angulaires de l'outil et du pignon à tailler autour de leur axe respectif est :

$$\frac{\text{Va de l'outil}}{\text{Va du pignon}} \text{Sin } {}^1/_2\, \alpha,$$

${}^1/_2\, \alpha$ étant le ${}^1/_2$ angle au sommet du cône primitif.

Par approximation, et pour que l'ouvrier n'ait aucun réglage à faire, nous prendrons pour ${}^1/_2\, \alpha$ le ${}^1/_2$ angle au sommet du fond de la dent.

L'angle ${}^1/_2\, \alpha$ variant de 0 à 90°, la vitesse angulaire de l'outil sera toujours plus petite que celle du pignon ; c'est donc du pignon que nous transmettrons le mouvement à l'outil. Ce roulement devra se faire à faible vitesse, et seulement à chaque tour du pignon en œuvre, quand l'outil aura fait une passe sur chaque dent.

Le mouvement est pris sur la roue de vis sans fin k_1 de la tête porte-pièce, il est transmis à un plateau u (fig. 729) qui permet de faire varier l'avance du rochet — le cliquet l_1 est à double bec et peut mener dans un sens ou dans l'autre.

Le mouvement du rochet est transmis, d'une part à une vis l_2G (fig. 726), dont l'écrou

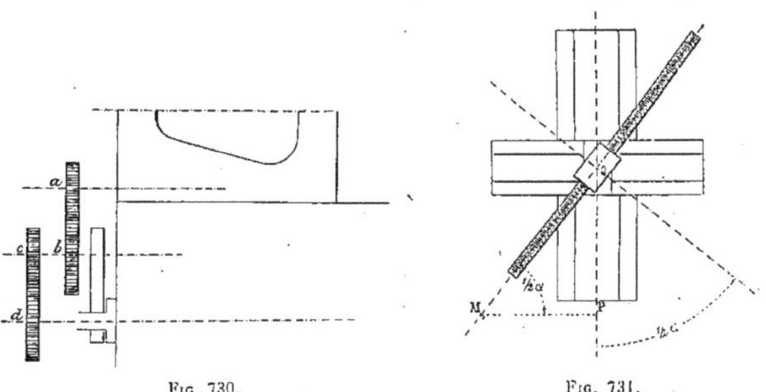

Fig. 730. Fig. 731.

mobile mène la vis sans fin g, et, la faisant agir comme le ferait une crémaillère engrenant avec la roue de vis sans fin de 64 dents — donne le mouvement de roulement au pignon à tailler. Le mouvement du rochet est transmis, d'autre part — par l'intermédiaire d'une série de pignons coniques m, qui assurent l'engrènement dans toutes les positions du système — à une vis p (fig. 729) dont l'écrou, sur une droite parallèle, suit le même chemin que l'écrou qui mène la vis sans fin g. Cet écrou mène (fig. 731) un système de 2 chariots perpendiculaires, qui se déplace suivant les côtés du triangle rectangle dont l'hypothénuse est la droite décrite par l'écrou, et comme, par la manœuvre même du réglage du pignon, la vis fait l'angle ${}^1/_2\, \alpha$ avec le chariot transversal, il s'ensuit que ce chariot muni d'une crémaillère parcourt le chemin de l'écrou multiplié par sin ${}^1/_2\, \alpha$. C'est cet espace parcouru que l'on transmet à la roue d'oscillation de l'outil, par l'intermédiaire de roues $q_1 q_2 r$ (fig. 725) dont les nombres de dents sont convenablement choisis pour réaliser entre les roulements de l'outil et du pignon le rapport de vitesse angulaire cherché, sin $^1/_2$ α.

Le débrayage automatique AB se règle à l'aide de butées à plans inclinés qui, agissant sur un déclenchement, permettent au levier de débrayage de suivre l'impulsion du ressort qui pousse la courroie sur la poulie folle.

Les butées se déplacent par une crémaillère qui participe au mouvement d'oscillation de l'outil et donne la facilité de débrayer automatiquement aussi bien quand l'outil agit en montant qu'en descendant.

Une pompe est aménagée pour l'arrosage de l'outil, — elle puise dans un réservoir qui récupère l'huile recueillie dans les gouttières tout autour du bâti.

Indications que doit porter le dessin du pignon. — Le pignon doit porter (fig. 731) les indications suivantes qui doivent être remises à l'ouvrier :

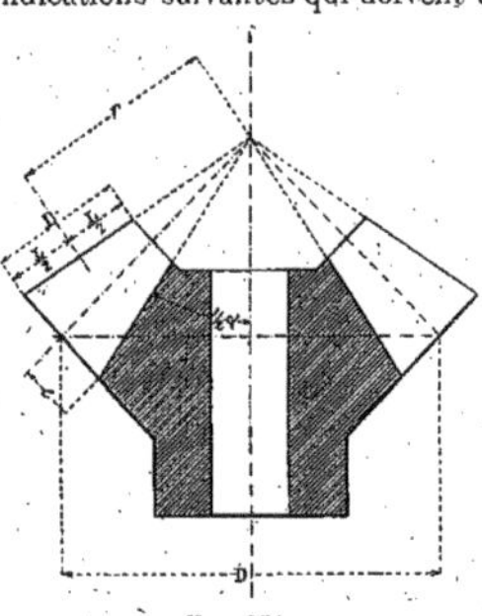

Fig. 731.

1° Le nombre de dents; 2° le $^1/_2$ angle au sommet du fond de la denture; 3° la course de l'outil; 4° le sens de l'hélice; 5° l'angle du talonnage, c'est-à-dire l'angle dont il faut faire pivoter l'outil sur lui-même pour qu'il ne talonne pas; 6° le nombre de tours et fraction de tours dont il faut faire tourner la vis sans fin pour donner aux dents l'épaisseur voulue.

La course de l'outil est égale à la longueur L de la dent à tailler plus a millimètres nécessaires au dégagement et au relèvement de l'outil.

$$C = L + a \text{ (en millimètres).}$$

Le sens de l'hélice peut être choisi quelconque à la seule condition que *si l'un des deux pignons conjugués est taillé avec hélice à droite, l'autre soit taillé avec hélice à gauche.*

L'angle de talonnage se calcule par la formule suivante :

$$tg\beta = \frac{3rp}{2c\left(r + \frac{c}{2}\right)},$$

dans laquelle r = distance de la denture en millimètres.

p = pas diamétral du diamètre extérieur (c'est-à-dire le diamètre primitif extérieur en millimètres divisé par le nombre de dents).

et c = la course de l'outil en millimètres.

Cet angle β sera à droite ou à gauche suivant le sens de l'hélice adopté.

L'établissement de cette formule est donné dans la note II, page 266.

Le nombre de tours et fraction de tour dont il faut faire tourner la vis sans fin pour donner aux dents l'épaisseur voulue, est donnée par la formule

$$N = \frac{45}{8}\left[A^\circ - \omega^\circ\right]$$

où A° = l'angle correspondant à l'épaisseur du creux de la dent, exprimé en degrés et millièmes de degrés, et ω° = l'angle correspondant à l'outil exprimé en degrés et millièmes de degrés.

Pour le cas général ou l'engrènement a lieu sans jeu, avec des dents d'égale épaisseur sur chaque pignon, cette formule devient :

$$N = \frac{8}{45}\left[\frac{360}{2n} - \omega\right] \text{ où } n = \text{le nombre de dents du pignon à tailler.}$$

L'on calculera ω de la façon suivante :

Si l'outil est repéré pour faire une développante sous l'angle de 20° (ce qui correspond à la touche de réglage fournie), de la formule

$$\text{Sin}\left(20^{\circ} - \frac{\omega}{2}\right) = \left(1 - \frac{2c}{D}\right) \sin 20^{\circ} \qquad (2)$$

où c = la hauteur de la dent au-dessus du primitif extérieur,
et D = le diamètre primitif extérieur,

l'on tirera successivement, $20^{\circ} - \frac{\omega}{2}$, puis $\frac{\omega}{2}$, d'où ω.

En remplaçant ω dans la formule (1) on aura le nombre de tours cherché ; l'on poussera l'opération jusqu'aux millièmes de tour.

Remarque. — Il est évident que si l'on désire une forme en développante sur un angle différent de 20° (soit par exemple 15°) — c'est cet angle qu'il faudra mettre dans (2) à la place de 20°.

Ces formules sont établies dans la note III, p. 267.

1° Réglage de l'outil. — *Choix de l'outil.* — Le porte-outil est disposé pour recevoir soit un outil carré simple, soit un outil circulaire. Il est préférable d'employer un outil circulaire du type (fig. 733) ; — cet outil, facile à exécuter sur le tour, puisqu'il n'est formé que de faces droites, présente l'avantage d'avoir de la dépouille naturelle, de s'affûter facilement sur le devant, et enfin, si on le fait à l'angle de la développante que l'on désire, d'éviter le réglage d'inclinaison de l'outil.

L'outil-type fourni est à l'angle de 20°. L'épaisseur du bout de l'outil doit être évidemment plus petite que le creux du petit côté de la denture.

Réglage de l'outil au centre. — Donner d'abord l'angle de talonnage indiqué, à l'aide du bouton moleté sur le porte-outil, puis, en manœuvrant les deux chariots perpendiculaires, placer l'outil de manière que son arête a' (fig. 733) coïncide avec le sommet o de la

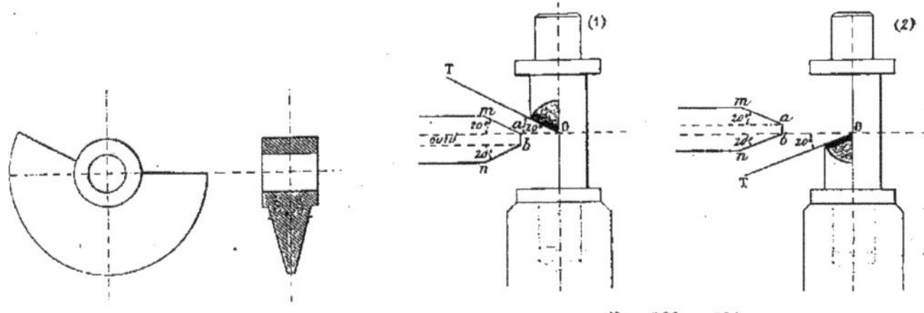

Fig. 732. Fig. 733 et 734.

touche et, s'il y a lieu, incliner cet outil par le chariot circulaire pour que le côté am s'applique sur le côté OT de la touche (quand on emploie l'outil circulaire, il n'y a pas à donner cette inclinaison).

On fera ainsi le flanc supérieur ; pour faire l'autre flanc, inverser la touche suivant (fig. 734) et faire coïncider l'arête *bn* avec OT.

Avoir soin de bloquer tous les chariots après le réglage.

2° Réglage du pignon. — *Mise en place du pignon à tailler.* — Suivant la forme du pignon à tailler, on le fixe soit sur le plateau, soit sur lui-même, à l'aide de la broche qui traverse l'arbre creux ; cet arbre permet de passer des pignons à douille ayant jusqu'à 10 millimètres de diamètre.

Réglage radial du pignon. — Placer (fig. 735) la broche dans l'axe de la machine, et la

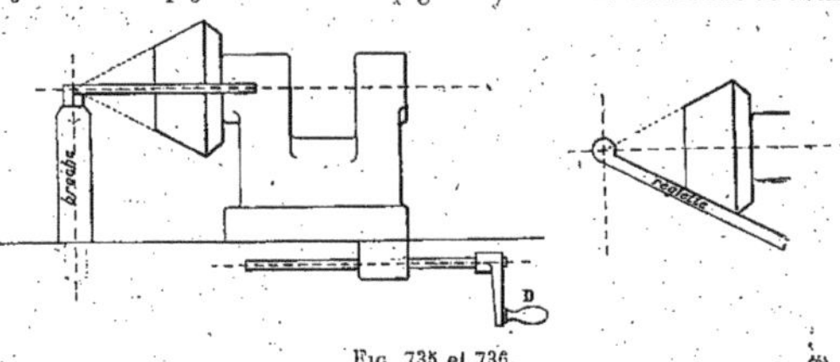

Fig. 735 et 736.

réglette (fig. 736) dans l'œil de la broche, et manœuvrer la manivelle D jusqu'à ce que la réglette porte tout le long de la génératrice du cône ; — on est alors sûr que le sommet du cône aboutit à l'axe de la machine ; — bloquer les deux boulons de fixation de la poupée sur son chariot.

Réglage circulaire du pignon. — S'assurer d'abord que le porte-outil est horizontal ce qui est indiqué par un trait de repère, — sinon le ramener dans cette position. Ensuite, déplacer par la manivelle le chariot circulaire, jusqu'à ce que le zéro soit en face du nombre de degrés indiqué pour le $\frac{1}{2}$ angle au sommet du fond de la dent. Un tour de manivelle correspond à 1 degré ; la graduation sur la manivelle donne les minutes et les $\frac{1}{6}$ de minute.

Montage du harnais. — Si N est le nombre de dents à tailler, les 4 roues du harnais se montreront d'après la formule ;

$$\frac{a}{b} \times \frac{c}{d} = \frac{16}{N}$$ *a* étant sur la poupée, *c* et *d* étant sur l'arbre du banc.

3° Mise en route. — *a.* Faire rouler à la main l'outil et le pignon jusqu'à ce que l'outil commence à mordre le long d'une génératrice du cône du pignon. — Régler la course automatique du rochet qui détermine le roulement, par le plateau à course variable. Enfin mettre en route le levier d'embrayage. *b.* Régler les butées du débrayage automatique pour arrêter la machine quand le flanc est terminé.

c. Quand un flanc est terminé, débloquer le serrage fendu de la vis sans fin, et faire tourner à la main cette vis du nombre de tours indiqué pour donner l'épaisseur, — puis rebloquer le serrage fendu.

Le vernier gradué en 100 parties donnera le $\frac{1}{100}$ de tour et permettra d'apprécier les $\frac{1}{1000}$ de tour. — On réglera au centre l'autre pente de l'outil, comme il a été indiqué précédemment et on remettra en route.

Nota. — Si la première passe a été faite en réglant au centre l'arête supérieure *am* (fig. 737) de l'outil, on donnera l'épaisseur dans le sens de la flèche, et inversement.

4° TAILLE DU PIGNON CONJUGUÉ. — On opère de la même façon, en ayant soin : 1° de changer le sens de l'hélice ; 2° de conserver la même course pour l'outil.

NOTE 1. *Démonstration de l'engrènement des deux pignons conjugués.* — Nous allons montrer que deux pignons conjugués taillés sur la machine dans les conditions indiquées précédemment engrènent bien ensemble; en effet :

1° L'un aura son hélice à gauche et l'autre à droite, ce qui est nécessaire ;

2° Nous allons démontrer que les deux hélices sont bien en contact à chaque instant du mouvement, et pour cela :

a que, sur une génératrice commune, les deux hélices ont leur point commun,

b que les tangentes en ce point aux deux hélices se confondent.

Si *c* est la course de l'outil et *n* le nombre de dents à tailler, le pas héliçoïdal compté sur la génératrice du cône est :

$$P = 2nc.$$

Le développement de la courbe héliçoïdale sur le cône primitif développé est une courbe du

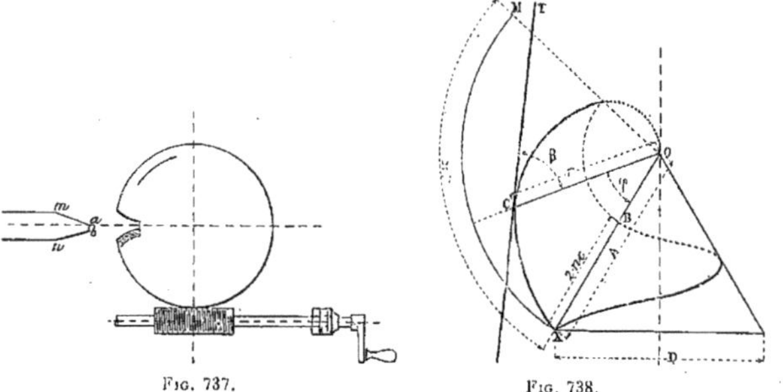

FIG. 737. FIG. 738.

genre spirale d'Archimède, car elle est engendrée par un point qui se déplace sur le rayon vecteur de quantités proportionnelles aux arcs décrits.

$$\text{Soit (fig. 738) } OX = A, \qquad \text{on a } XB = P = 2nc.$$

L'angle MOX correspondant au développement du cercle de base du cône

$$\text{est} = \frac{\pi D}{A}.$$

L'équation de la courbe développée sera telle que

$$\text{pour } \varphi = 0, \text{ on ait } r = A$$

$$\text{et pour } \varphi = MOX = \frac{\pi D}{A}, \text{ on ait } r = A - 2nc.$$

Cette équation est donc :

$$r = A - \frac{2cA}{\pi} \times \frac{n}{D} \varphi \tag{1}$$

On voit donc que, pour *2 pignons conjugués* comme :

A est commun
c est commun

et $\frac{n}{D}$ est constant, car $\frac{n}{D} = \frac{1}{\text{pas diamétral}}$, et le pas diamétral est le même pour 2 pignons conjugués; pour une même valeur de φ, on a la même valeur pour r, dont les deux points sur une même génératrice coïncident.

La tangente en un point est définie par son angle avec le rayon vecteur, en ce point, c'est :

$$tg\beta = r\frac{d\varphi}{dr}\text{; c'est ici} \qquad tg\beta = r\frac{\pi}{2cA}\frac{D}{n} \tag{2}$$

d'après ce qui est dit précédemment, on voit que pour deux points en contact, c'est-à-dire pour une même valeur de r, les angles β seront égaux, et par suite les tangentes aux hélices se confondront, donc il y a bien engrènement.

Remarque. En réalité le mouvement de l'outil au lieu d'être uniforme, est un mouvement uniformément varié du genre sinusoïdal, car l'outil est mené par bielle et manivelle ; on a choisi ce mouvement de préférence à un mouvement rectiligne uniforme alternatif pour éviter les jeux et les chocs qui, dans ce dernier mouvement, se produisent au moment du changement du sens de la marche, tandis que le mouvement par bielle et manivelle, étant continu, évite les chocs et assure la parfaite rectitude de la division, en même temps que la variation progressive de la vitesse donne une meilleure entrée de l'outil dans la matière.

Note II. *Calcul de l'angle de talonnage.* — Reprenons (fig. 739) l'expression de l'angle de la tangente à l'hélice avec le rayon recteur :

$$tg\,\beta = r\frac{2cA}{\pi} \times \frac{D}{n}. \tag{3}$$

Cet angle est celui dont il faut faire pivoter l'outil sur lui-même pour éviter qu'il ne talonne.

On voit que cet angle varie avec r et par suite varie en chaque point de la courbe ; il diminue à mesure que l'outil s'avance vers le sommet.

Pratiquement, avec la course extrême de 120 millimètres, l'écart entre les deux angles extrêmes ne sera jamais plus grand que 3 à 4°, donc :

On pourra incliner l'outil à l'angle du point milieu de la denture ; et la dépouille inhérente à l'outil est suffisante pour que, dans ces conditions, l'outil ne talonne pas.

On se servira donc de la formule (2) dans laquelle :

r = distance du sommet au milieu de la denture,
$\pi = 3{,}1416$,
D = le grand diamètre primitif du pignon,
n = le nombre de dents du pignon,
c = la course de l'outil,
A = la plus grande distance de l'outil au sommet.

Par approximation, comme $A = r + \frac{c}{2}$ à peu près, l'on emploiera la formule :

$$tg\,\beta = \frac{3rp}{2c\left(r + \frac{c}{2}\right)}, \text{ où } p = \frac{D}{n} = \text{le pas diamétral extérieur.}$$

Note III. *Calcul du nombre de tours pour donner l'épaisseur à la dent.* — Soit 20° le demi-angle d'inclinaison de l'outil.

L'outil se présentant par rapport à la face du pignon sous l'angle β de la tangente à l'hélice, l'on devrait, dans les calculs suivants, introduire non pas l'angle de 20°, mais un angle φ défini par :

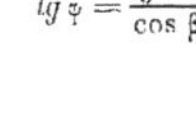

$$tg\,\varphi = \frac{tg\,20^\circ}{\cos\beta}.$$

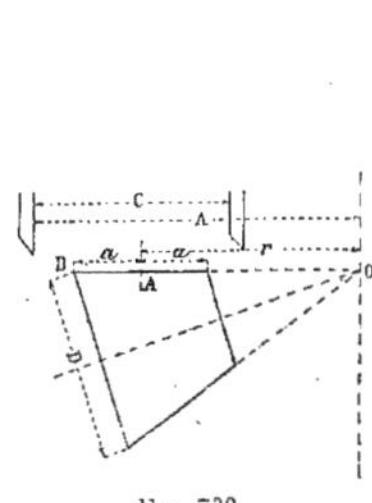

Fig. 739.

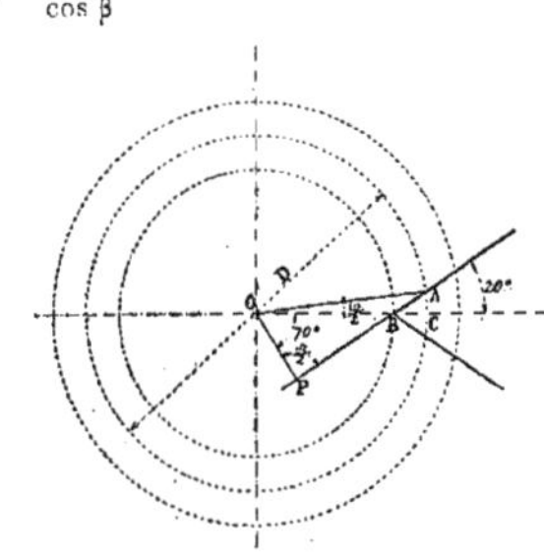

Fig. 740.

Mais, dans les limites pratiques de la machine, et pour simplifier les formules, l'approximation est suffisante en prenant cet angle de 20° de l'outil.

Soit (fig. 740) D, le diamètre primitif extérieur du pignon, e, la profondeur de la dent au-dessous du primitif.

On a :

$$OP = \left(\frac{D}{2} - e\right) \sin 20^\circ$$

et

$$OP = \frac{D}{2} \cos\left(\frac{\omega}{2} + 70^\circ\right)$$

d'où

$$\left(\frac{D}{2} - e\right) \sin 20^\circ = D \cos\left(\frac{\omega}{2} + 70^\circ\right)$$

l'on en déduit :

$$\sin\left(20^\circ - \frac{\omega}{2}\right) = \left(1 - \frac{2e}{D}\right) \sin 20^\circ.$$

De cette équation, nous tirerons $\frac{\omega}{2}$ et ω.

Cet angle ω est l'angle au centre qui correspond à l'outil.

Pour donner l'épaisseur de la dent égale au vide, il faudra donc faire tourner le pignon de l'angle

$$\frac{360}{2n} - \omega = \varphi.$$

La roue de vis sans fin ayant 64 dents, cela correspond à un nombre N de tours de la vis

$$N = \frac{64\varphi}{360} = \frac{8\varphi}{45}.$$

On comprendra facilement le principe de la très ingénieuse machine de MM. *Smith et Coventry* par la vue d'ensemble (fig. 741) et par les schémas (fig. 742 à 745) empruntés à l'*Engineer* du 24 août 1900 ; nous passerons ensuite à sa description détaillée.

Le principe de cette machine dérivée de celle de John Buck[1] consiste à attaquer la roue montée autour de l'axe g (fig. 745) passant par le sommet de son cône primitif, au moyen de deux outils AA, recevant, par le mécanisme d'étau limeur EDCC, un mouvement de va-et-vient dans les glissières BB, pivotées autour de l'axe x perpendiculaire à g. Ces glissières sont (fig. 744) reliées par les coulisses FF aux coulisseaux G des cou-

FIG. 741. — Machine *Smith et Coventry* à tailler les pignons.

lisses HH (fig. 742), conjuguées par un parallélogramme à articulations fixes KML, de sorte que tout pivotement du levier TLM autour de L les rapproche ou écarte parallèlement de l'axe KM. Ce pivotement est commandé, du point R de TL, par le renvoi WS (fig. 744) dont le secteur a est en prise avec celui dc, entraîné dans le pivotement que la vis h imprime au chariot porte-roue autour de g. Il résulte de l'inclinaison des couteaux AA vers x qu'ils tracent des profils coniques, et leur écartement par le renvoi ca s'augmente (fig. 743) à mesure que la roue pivote autour de g dans le sens de la flèche, de manière que la section de ces profils soit une développante dont la droite de roulement cd (fig. 743) est parallèle à TL.

On reconnaîtra facilement sur les fig. 745 à 763 le détail des principaux organes des schémas (fig. 2 à 5) : en 126, les glissières H, reliées par le parallélogramme 120, 118, 120 ; en 136, le point R, et en 135, 134, 133, 129, 120, 124 le renvoi RSWacd.

1. *Brevet anglais 8418 de 1895.*

Toute la machine est commandée par le cône 5 (fig. 750, 752 et 753) qui, par le train 6, 7, 8 et le plateau manivelle à course réglable 9, la bielle 10-11 et le renvoi 13, 15, 16, 17, commande le va-et-vient des porte-outils 18 dans leurs glissières 19, 20 : c'est le mécanisme EDCC du schéma (fig. 744).

Le diviseur, qui fait pivoter la roue en taille d'une dent après chaque coupe, est commandé, de la came 21-22, fixée au pignon 7, par le renvoi 23, 24, 25, 26, 27, 28, 29, 30, 31 (fig. 749) sur l'axe 31 duquel pivote le chariot 32 et le train (fig. 756) 33, 34, 77, à cliquet 65, pivoté sur 48, en prise avec le plateau 63.

Le chariot 32 porte sur une plaque 35 (fig. 749) fixée au socle 1 en 36, et pourvue d'une denture héliçoïdale avec laquelle engrène la vis 44 : vis h de la fig. 5, dont l'arbre 43,

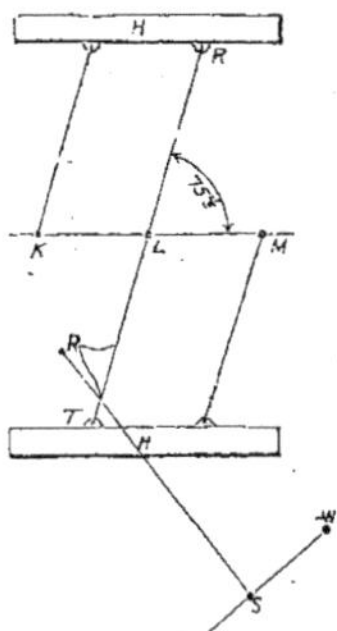

Fig. 742. — Machine *Smith et Coventry*. Principe de la commande des outils.

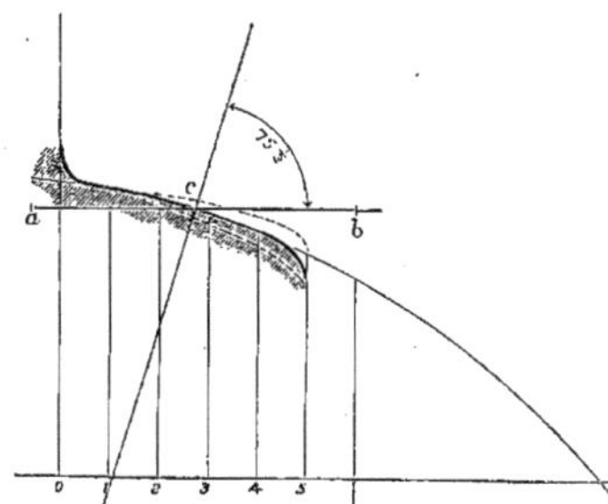

Fig. 743. — Machine *Smith et Coventry*. Schéma d'une taille : 0, 1, 2, 3, 4, 5, avances de l'outil pour les déplacements correspondants de la glissière ab, comptés en ordonnées $cd = \frac{Lx}{4}$ (fig. 744).

porté par le chariot 32, est commandé, du carrelet 89 (fig. 747) par le train 47, 46, 45. La poupée porte-roue 50 (fig. 749) s'ajuste radialement sur le chariot par la vis 51 ; la broche creuse 53 s'y ajuste par l'écrou 54 (fig. 755) et le mandrin porte-roue 55, serré dans 53 par l'écrou 56, a son extrémité supportée par la petite chaise 58 (fig. 751) ajustable en 59 sur 32 ; la roue s'y fixe par l'écrou 57 (fig. 750).

La broche 60 est (fig. 755) rainurée en 61 dans le manchon 60 61, qui porte le plateau diviseur 63, fixé par une cale et par l'écrou fendu à manette 64, et le bras 67 du cliquet 65 porte à son extrémité opposée une came 69, en prise avec le taquet 70 du cliquet de retenue 71, 72, 73, à rappel 74, et qui dégage ce cliquet de 63 au retour de 65, pour la reprise d'une nouvelle dent de 63. La course de 65 est invariable, mais il n'entraîne, à chaque fois, le plateau 63 que du nombre des dents de cette course découvert par l'arc 79 du bras 70, pivoté sur 61, et réglé en conséquence par le serrage de sa coulisse 80 au moyen du boulon 81-83.

L'avance des outils, à chaque tour du diviseur 63 ou de la roue en taille, est commandée, de l'excentrique 62 (fig. 755 et 756) calée sur 60, par le renvoi 84, 85, 86, à pignon 87, fou sur 86, en prise avec 88, fou sur 47, et embrayable en 89 avec 47 par le levier 90, 91, 98, à rappel 100. Le pignon 87 est commandé, de 84, par le cliquet 92-93, calé sur 86, à course effective réglée par un secteur 94, analogue à celui de 63, et réglable par 95, 96. Le levier 98, guidé latéralement en 99, repose par son extrémité 102, à poignée 103, sur un carrelet 104-104 (fig. 750) guidé latéralement en 99, avec encoche dans laquelle le bout 102 tombe quand 104 est suffisamment repoussé, malgré son ressort de rappel, par sa butée sur le toc 105, ajustable sur le socle 1. C'est cette butée qui arrête l'avance en laissant (fig. 755) le ressort 100, par la chute de 102 en 104, débrayer 89.

Le mécanisme du tracé en développante caractéristique de cette machine est représenté en détail par les fig. 753 et 754. Les bras 20, pivotés en 106 (fig. 750) et guidés latéralement par 107, 108 (fig. 749) leurs pistons 109 (fig. 751) et les coulisses 110, ont leurs coulisses 111 (fig. 754) décrites de l'axe 106, traversées chacune par deux boulons 112, fixés aux platines 113-114, à coulisseaux 115, pris dans les coulisses 116, articulées, comme nous l'avons vu, aux bras 121 du parallélogramme 121, 120 et, en 119, au levier 117, 118,

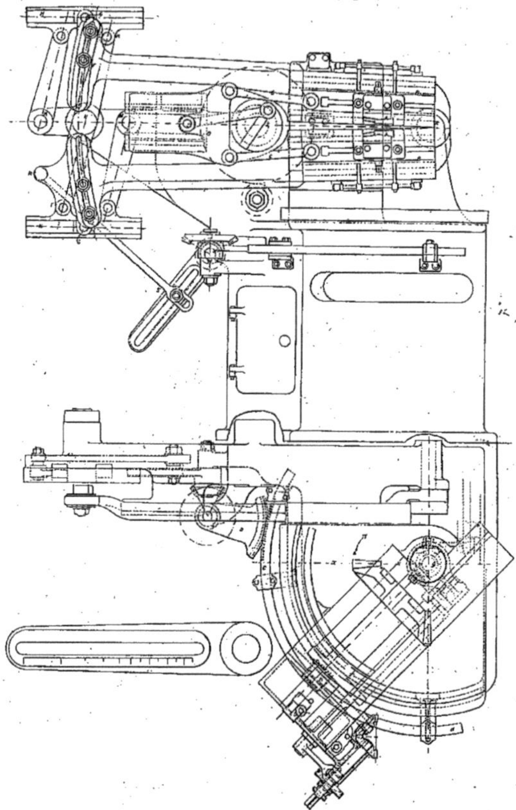

Fig. 744 et 745. — Machine *Smith et Coventry*
Élévation et plan schématiques.

commandé, en 136, par 135 et la coulisse 133_d (fig. 746) actionnée, comme nous l'avons vu, par le secteur denté 124 (fig. 747 et 755) réglable par les vis 127, qui le fixent au chariot 32.

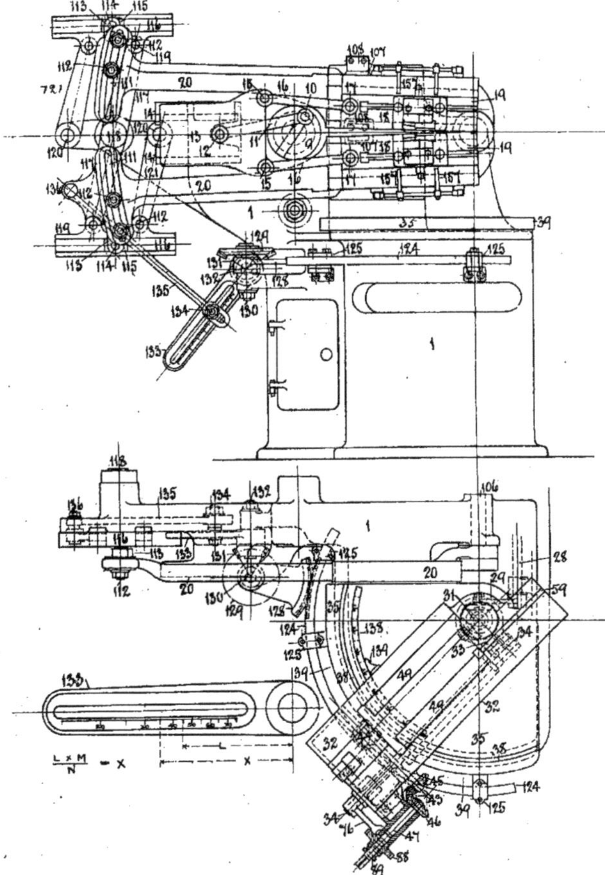

Fig. 746 à 748. — Machine *Smith et Coventry*.
Élévation et plan. Détail du bras 133.

La distance l entre les axes 118 et 106 (fig. 750) doit être égale à quatre fois la longueur 118-119 parce que, dans le tracé en développante, la développante est remplacée par un arc de cercle décrit des points T, R (fig. 742) ou d (fig. 743) de la ligne des contacts avec un rayon égal au quart du rayon primitif du pignon. Les arcs gradués 122, permettent, en desserrant les boulons 112, de régler l'écartement des outils. On obtient ainsi un tracé

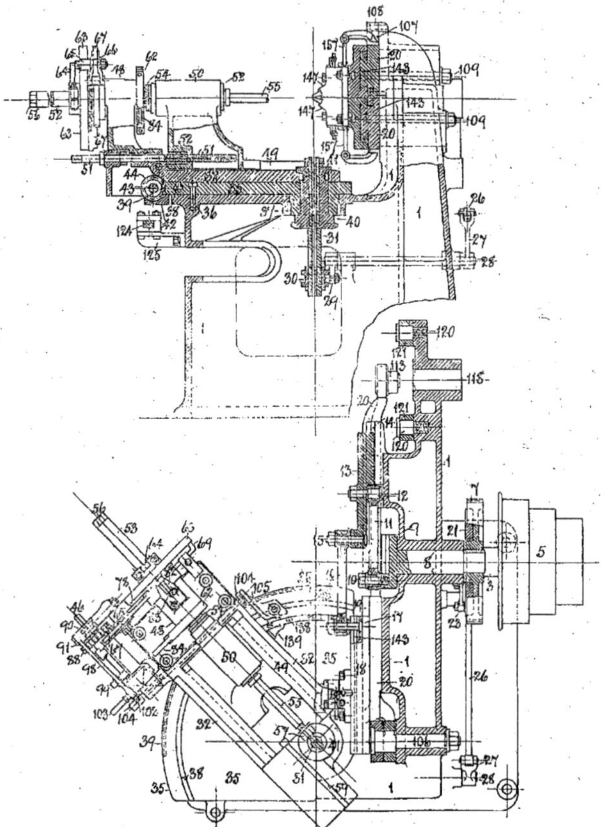

Fig. 749 et 750. — Machine *Smith et Coventry*.
Coupe verticale par l'axe 30 et plan-coupe par 56-55.

exact pour des pignons conjugués égaux, à cônes de 45° ; mais, pour des pignons conjugués inégaux, on devrait faire varier la longueur l du bras 117, théoriquement toujours incliné de 75 ½ sur l'axe 118-119, suivant la formule $l' = \frac{l}{4} tg\gamma$, dans laquelle γ est l'angle du cône de la roue en taille. Au lieu de faire varier cette longueur, on fait, par l'échelle 133 (fig. 746) et 748) la longueur des arcs de cordes MN (fig. 755) décrites par les glissières 116. La longueur M correspondant à $\gamma = 45°$ est la corde d'un arc de rayon $\frac{l}{4}$ et de flèche H, déterminée de manière à donner le tracé des dents correspondant au rapport d'engrènement le plus élevé que l'on se fixe pour deux roues à tailler avec cette machine. Soit (fig. 748) L la distance correspondante entre les axes 130 et 134 (fig. 746) de 133 ; la longueur correspondante, pour un pignon d'angle γ, sera de $X = \frac{ML}{N}$, N étant la corde de flèche H sous un arc de rayon $l' = \frac{l}{4} tg\gamma$. D'autre part, la constance de la longueur du rayon 117 (ou *cd*

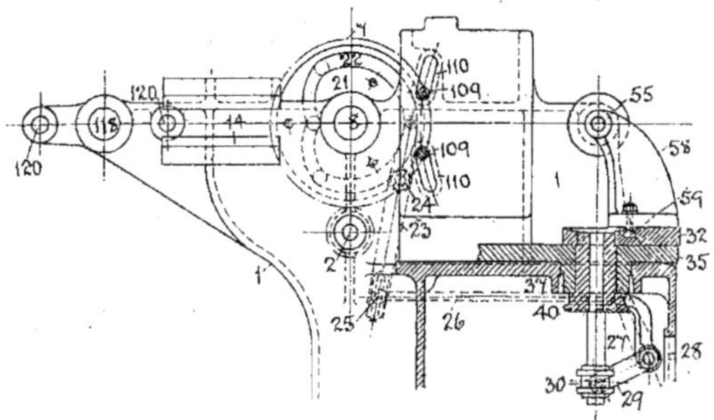

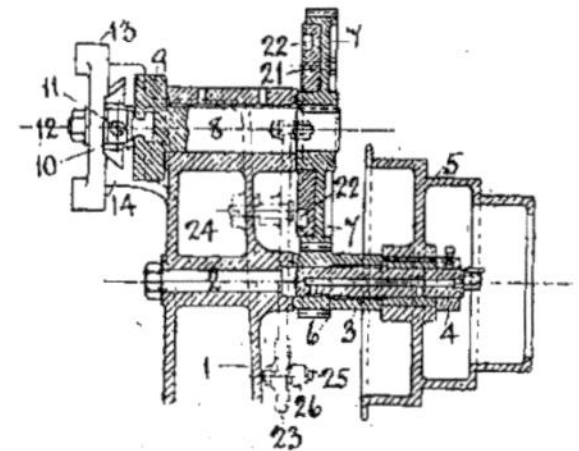

FIG. 751 et 752. — Machine *Smith et Coventry*.
Vue par bout et coupe 1-2.

(fig. 743) ne permet pas de maintenir son inclinaison invariablement à 75° 1/2, de sorte qu'il faut corriger les erreurs dues à ces variations. A cet effet, on déplace les coulisses 116 sur leurs coulisseaux 115 d'une quantité donnée par l'échelle 174-175 et par la formule $D = \frac{BC}{A}$ (fig. 755) dans laquelle B est l'arc sous-tendant, sur un cercle de rayon $l' = \frac{l}{4} tg\gamma$, un angle de 90° — 76° 1/2 = 14° 1/2.

Le détail des porte-outil est représenté par les fig. 759 à 753. Dans chacune des glissières 18 (fig. 750) des bras 20, est fixée par des boulons 142 (fig. 752) à coulisse 143

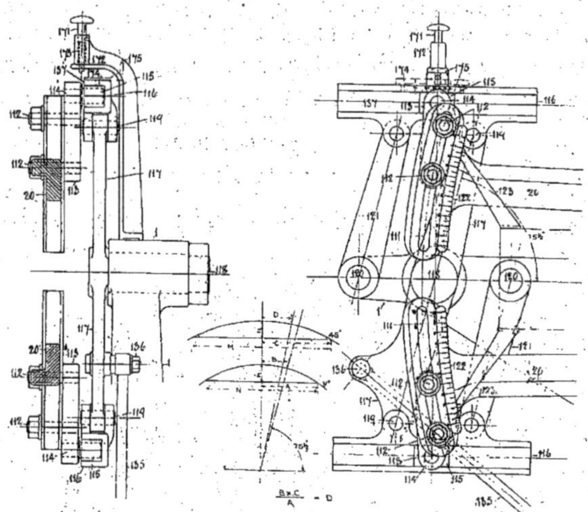

Fig. 753 à 755. — Machine *Smith et Coventry*.
Détail de la commande des glissières 116.

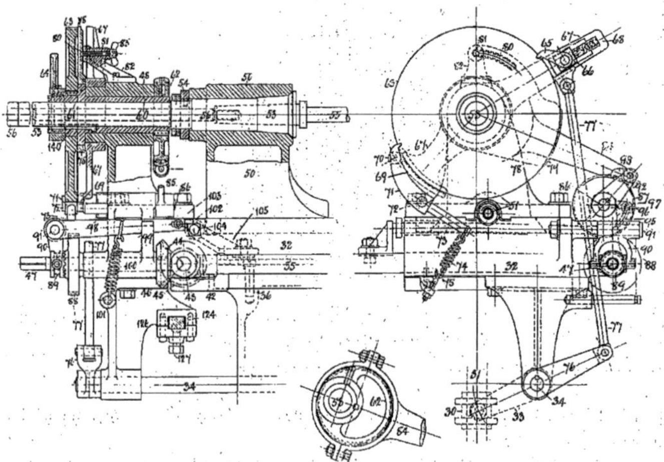

Fig. 756 à 758. — Machine *Smith et Coventry*.
Détail de la broche porte-pignon et de l'excentrique 62.

(fig. 749) un plateau 141, sur lequel est pivoté, en 144, le bloc 147, auquel est fixé, par deux vis 145, à réglage vertical, le porte-outil 147, dans la rainure 149 duquel se trouve l'outil 151, à coupe 170 et dépouille 168. Pendant la coupe de gauche à droite (fig. 762) 146, pivotant sur 144, appuie par son talon 150 sur 121 et au retour, le bras 155 (fig. 748) vient (fig. 762) heurter le toc ajustable 157, qui fait ainsi tourner l'excentrique 152, 153, de

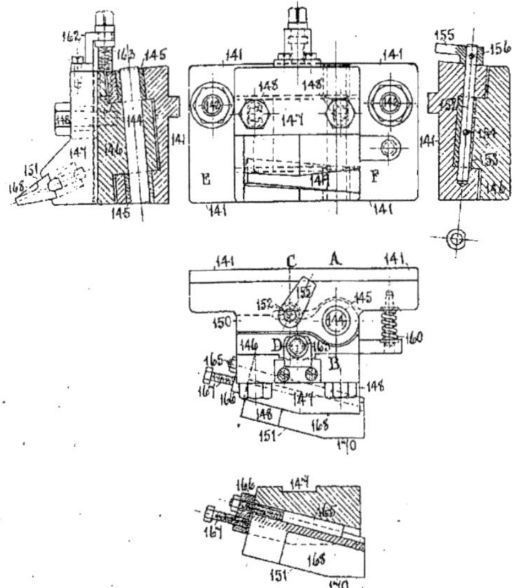

FIG. 759 à 763. — Machine *Smith et Coventry*. Détail du porte-outil.

manière à repousser 146 autour de 144, malgré le ressort 160, et écarter l'outil de sa coupe. Le porte-outil 147 se règle verticalement par la vis 163, et l'outil est serré dans 147 par le coin 165, à vis de serrage 166 et de fixation 167.

L'usine d'*Oerlikon* exposait deux types de machines du genre étau-limeur qui sans être absolument nouvelles, présentent sur leurs anciens modèles quelques perfectionnements à signaler[1].

La petite machine représentée par les fig. 764-767 destinées à la taille de pignons ne dépassant pas 200 millimètres, a sa roue portée par une broche à diviseur montée sur une plaque orientable autour de l'axe de l'arbre vertical qui commande l'outil par un mécanisme à retour rapide. Cette broche porte, en outre, à l'arrière, une coulisse avec gabarit au profil de la dent à tailler appuyé par un contrepoids sur un guide sur lequel le mouvement d'avance de la plaque le pousse et le fait monter à mesure de cette avance.

Quant à l'avance de la plaque, elle est commandée de la glissière même de l'outil,

1. G. RICHARD, *Traité des Machines-outils*, vol. II, p. 201.

par le rochet à train variable indiqué à gauche de la fig. 765 ; cette avance s'arrête automatiquement à sa fin par l'interruption indiquée sur la roue du rochet.

La machine représentée par les figures 768 à 770 peut prendre des pignons de jusqu'à 500 millimètres avec dents de 200 millimètres d'épaisseur. La broche porte-roue est montée, avec son diviseur, sur un axe mobile autour du transversal B, et que l'on règle de façon que une règle appuyée en a passe par le haut des dents de la roue en taille ; ce réglage s'opère facilement par la crémaillère du bâti A.

L'étau-limeur est à deux outils l'un à droite, l'autre à gauche de la dent en taille, et qui marchent en sens inverse : leurs glissières, pivotées autour d'un axe vertical en D,

FIG. 764. — Petite machine d'*Oerlikon*.
Ensemble.

sont rapprochées par des contre-poids qui appuient les outils sur le gabarit *b*, et leur mécanisme d'avance C, réglable à volonté, s'arrête automatiquement à la fin de chaque taille.

Je terminerai ce chapitre par quelques mots sur le *fraisage des pignons hélicoïdaux* au moyen de fraises hélicoïdales. Le principe de cette taille consiste à faire découper le pignon par une fraise ayant (fig. 771 et 772) la forme même de la vis sans fin destinée à engrener avec lui ; ce moyen, indiqué depuis longtemps par Withworth, peut s'employer soit

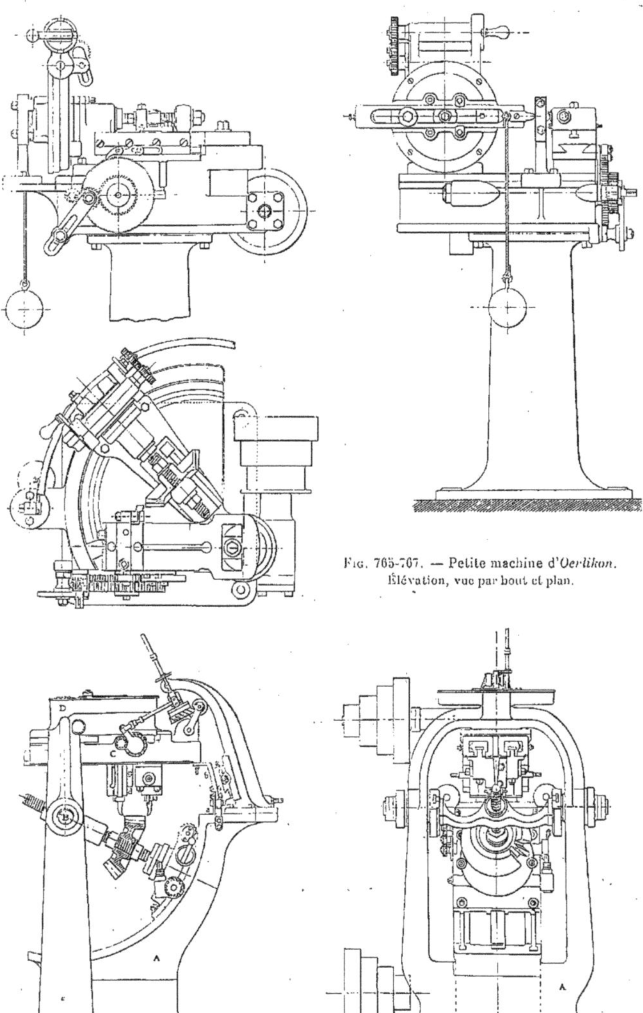

Fig. 765-767. — Petite machine d'*Oerlikon*.
Élévation, vue par bout et plan.

Fig. 768 et 769. — Grande machine d'*Oerlikon*.
Élévation et vue par bout.

sur les fraiseuses ordinaires du type universel, avec quelques adaptations de détail [1], soit

FIG. 770. — Grande machine d'*Oerlikon*.

FIG. 771. — Fraises hélicoïdales pour pignons de vis sans fin.

sur des fraiseuses spéciales, comme celle de *Hartmann* [2] qui permettent d'en tirer le plus grand profit [3].

1. *Brown et Sharpe*. *Revue de Mécanique*, mai 1899, p. 521.
2. G. RICHARD, *Traité des Machines-outils*, vol. I.
3. *Revue de Mécanique*, octobre 1897, p. 982, février 1899, p. 213.

Fig. 772. — Pignon taillé à la fraise hélicoïdale.

Fig. 773. — Fraiseuse *Reineker* pour pignons hélicoïdaux.

Dans la fraiseuse exposée par *Reineker*, et qui rentre (fig. 773) dans la classe des fraiseuses adaptées, le cône *a* (fig. 774 et 775) commande, par le train *x b l*, à tête de cheval *y*,

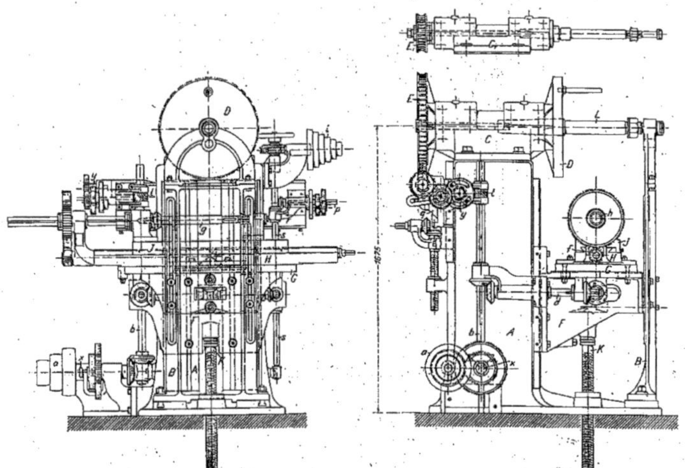

Fig. 774. — Fraiseuse *Reineker* pour pignons héliçoïdaux.

le pignon héliçoïdal E et le plateau D, qui entraîne la roue à tailler, montée sur la broche L. En même temps, l'arbre *b* de ce train actionne, par le renvoi *d e f h*, la broche porte-

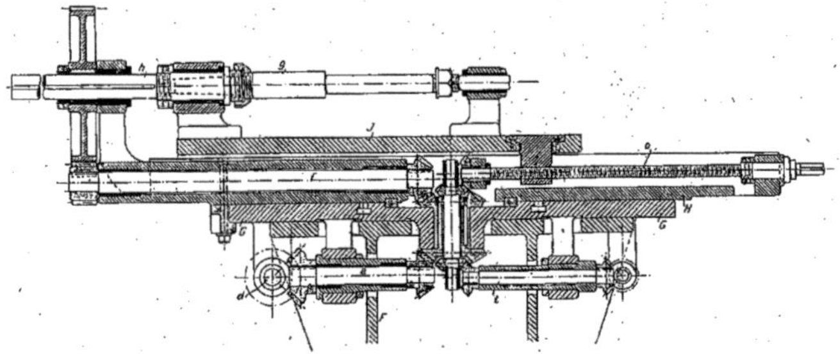

Fig. 775. — Fraiseuse *Reineker*.
Détail du train de la table.

fraise *g* montée, comme d'habitude, sur une table J. Il résulte de cette disposition que l'on peut, au moyen des engrenages variables *y*, établir entre les vitesses des rotations de D et de la fraise le rapport voulu pour la taille. En outre, la table J reçoit du cône i, et par le train fgh, son avance ordinaire de pénétration de la fraise dans sa taille, et, en

Fig. 776. — Fraiseuse *Reineker* pour vis de pignons héliçoïdaux.

plus, la table r, qui porte les paliers de la vis commandant E, reçoit, de s, et par le train ajustable p, une avance, dans le même sens que celle de J. Le rapport de cette

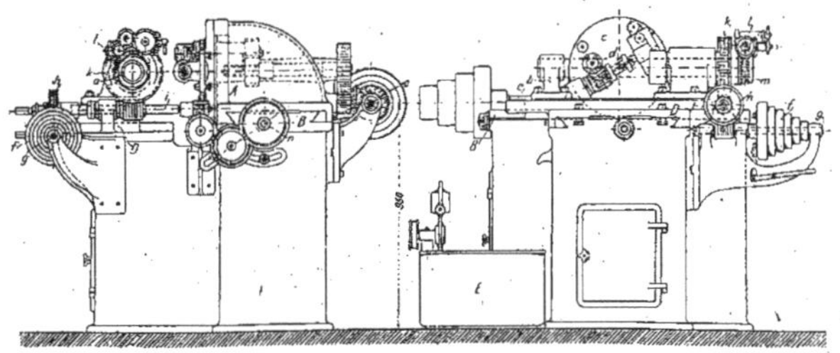

Fig. 777. — Fraiseuse *Reineker* pour vis.
Vues par bout et de face.

vitesse à celle de J est le même que le rapport du diamètre de E à celui du pignon en taille, qui tourne ainsi d'un angle supplémentaire correspondant ; on établit ainsi, entre l'avance totale de la fraise conique sous la roue et la longueur de son pas la relation voulue pour que la taille se fasse exactement et sans creusement à la racine des dents[1].

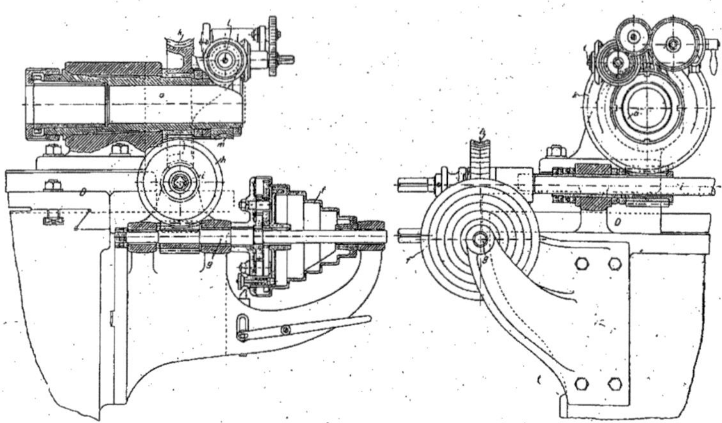

Fig. 778 et 779. — Fraiseuse *Reinecker*. Détail de la broche.

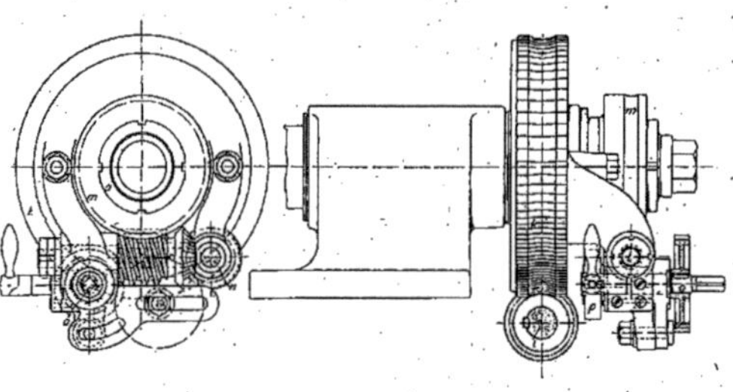

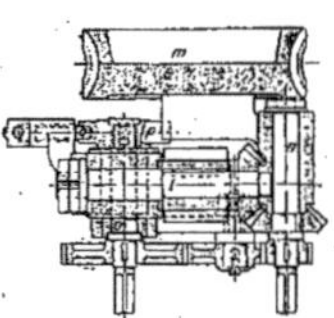

Fig. 780. — Fraiseuse *Reinecker* Détail de la broche.

Pour la taille des roues de petit diamètre, on remplace le chariot C par celui C′ indiqué au haut de la fig. 774.

1. *Revue de Mécanique*, octobre 1897, p. 981 et mars 1900, p. 259.

La machine de Reineker représentée par les fig. 776 à 780 a pour objet la taille à la fraise des vis de pignon héliçoïdaux.

La fraise a sa broche portée par un plateau *c*, qui permet d'en régler l'inclinaison ; et sa rotation est commandée par le train héliçoïdal *ed*.

La vis à tailler est prise dans la broche *a*, que commande le train *f g h i k*, dont l'arbre *i* commande en même temps l'avance du chariot A de *c* sur la table B, par le train *n*, variable suivant le pas de la vis en taille.

Ainsi que le montrent les fig. 778 et 780, le pignon *k* ne commande pas la broche *a* directement, mais par l'intermédiaire d'un diviseur *p o n l m*, qui facilite le passage d'un filet à l'autre des vis à filets multiples.

MACON, PROTAT FRÈRES, IMPRIMEURS Le Gérant : Vve Ch. Dunod.

LA

MÉCANIQUE

A l'Exposition de 1900

Publiée sous le Patronage et la Direction technique d'un Comité de Rédaction

COMPOSÉ DE MM.

HATON DE LA GOUPILLIÈRE, G. O. ✻, Membre de l'Institut
Inspecteur général des Mines, *Président*

BARBET, ✻, ingénieur des arts et manufactures.

BIENAYMÉ, C. ✻, inspecteur général du génie maritime.

BOURDON (Édouard), O. ✻, constructeur mécanicien, président de la chambre syndicale des mécaniciens.

BRÜLL, ✻, ingénieur, ancien élève de l'École polytechnique, ancien président de la Société des Ingénieurs civils.

COLLIGNON (Ed.), O. ✻, inspecteur général des ponts et chaussées en retraite.

FLAMANT, O. ✻, inspecteur général des ponts et chaussées.

HIRSCH, O. ✻, inspecteur général honoraire des ponts et chaussées, professeur au Conservatoire des arts et métiers

IMBS, ✻, professeur au Conservatoire des arts et métiers et à l'École centrale des arts et manufactures.

LINDER, C. ✻, inspecteur général des mines en retraite.

ROZÉ, ✻, répétiteur d'astronomie et conservateur des collections de mécanique à l'École polytechnique.

SAUVAGE, O. ✻, ingénieur en chef des mines, professeur à l'École des mines.

WALCKENAER, O. ✻, ingénieur en chef des mines, professeur à l'École des ponts et chaussées.

Secrétaire de la Rédaction : **GUSTAVE RICHARD**, ✻, 44, rue de Rennes.

11e LIVRAISON

MÉCANIQUE DE LA FORGE

PAR

M. Gérard LAVERGNE

INGÉNIEUR CIVIL DES MINES

PARIS. VI

Vve CH. DUNOD, ÉDITEUR

49, QUAI DES GRANDS-AUGUSTINS, 49

TÉLÉPHONE 147.92

1901

TABLE DES MATIÈRES

CHAPITRE V. — Réchauffage.

CHAPITRE VI. — Manœuvre des lingots.

CHAPITRE VII. — Forgeage.

CHAPITRE VIII. — Marteaux-pilons.

CHAPITRE IX. — Presses hydrauliques.

CHAPITRE X. — Laminoirs.

CHAPITRE XI. — Cisailles. Scies. Appareils divers.

MÉCANIQUE DE LA FORGE

PAR

M. GÉRARD LAVERGNE

Ingénieur civil des Mines

GÉNÉRALITÉS

« Les expositions, disait M. A. Picard, dans le rapport général qu'il a consacré à celle de 1899[1], sont ordinairement très pauvres en ce qui concerne l'outillage et les procédés de la métallurgie. Par sa nature même, le matériel métallurgique se prête mal à ces exhibitions où l'on ne saurait réaliser sous les yeux du public des opérations exigeant les plus hautes températures, les machines les plus puissantes et souvent un personnel considérable. Les progrès récents ne se manifestent guère que par les produits... Pour les apprécier complètement, il faut sortir des galeries, franchir le seuil des usines, se résoudre à un tour de France et même à un tour du monde. »

Ce que M. Picard disait de la métallurgie en général est encore plus vrai de la *Mécanique de la Forge*, qui emploie des engins (pilons, presses, laminoirs,...) particulièrement encombrants. Aussi n'avons-nous vu figurer au Champ-de-Mars que de rares spécimens de son outillage : machine à gaz soufflante Delamare-Deboutteville-Cockerill, modèle d'enfourneuse électrique, cylindre finisseur en acier et cage double duo Banning, des Aciéries de France, cage dégrossisseuse pour train réversible de M. Delattre, cage finisseuse des gros trains à tôles et blindages du Creusot, presse Breuer et Schumacher, machine réversible à laminoir d'Ehrhardt.

Si nous nous bornions à décrire ces quelques machines ou organes de machines, notre tâche serait bien vite épuisée ; mais elle serait encore plus mal remplie, car nous frustrerions la *Mécanique de la Forge* de la part qui lui revient dans cette étude générale de la *Mécanique à l'Exposition de 1900*.

Pour qui, en effet, se donne la peine de réfléchir, l'industrie du forgeron joue un rôle considérable dans l'état d'avancement d'une civilisation. N'est-ce pas d'elle que dépendent les progrès de ces trois grandes branches de l'activité d'une nation, qui s'appellent les chemins de fer, la navigation, l'armement ? L'influence des deux premières sur l'industrie du pays est évidente par elle-même. Celle de la troisième, moins frappante, est peut-être plus importante encore.

Nous n'en donnerons d'autre preuve que ces bienfaits du canon — le mot a seulement du paradoxe l'apparence — que M. Maurice Lévy s'est plu à rappeler, dans le magistral

1. T. VI, p. 316.

discours qu'il a prononcé, le 17 décembre 1900, à la séance publique annuelle de l'Académie des Sciences : « d'abord, c'est du canon moderne que sont sortis ces autres canons très pacifiques, eux, qui s'appellent les machines à explosion ou machines à pétrole ou à gaz tonnant, qui rendent tant de services, notamment à l'automobilisme. Ce sont ensuite les grandes pressions obtenues dans ces machines qui ont aussi déterminé la machine à vapeur à passer à des pressions de 20 à 25 kilogrammes, qu'il y a quelques années on eût regardées comme impossibles. C'est de là que sont venues à la fois la puissance et l'économie dans ces moteurs de 20.000 à 30.000 chevaux qui promènent des navires aussi populeux que de petites cités sur les vagues de la mer... C'est, de même, le canon qui a appris à trouver des fermetures simples et étanches contre les plus hautes pressions... et les résultats obtenus par des expériences, faites en vue de la guerre, ont servi tous les arts et toutes les branches de la science, où les hautes pressions acquièrent chaque jour un rôle plus capital : les machines, la fabrication des agglomérés, l'emploi de l'air comprimé et de l'eau sous pression, et enfin cette grandiose opération scientifique et philosophique de la liquéfaction et de la solidification des gaz les plus réfractaires... C'est encore en vue du canon qu'on a étudié ces puissants explosifs qui ont ensuite servi dans les machines, dans les exploitations des mines, des carrières, dans les grandes percées comme celle des Alpes qu'on n'eût jamais pu entreprendre sans eux... Ainsi on voit que le canon nous instruit de bien des manières ».

Et le canon n'est-il pas à un égal degré l'œuvre du métallurgiste qui a fondu un métal présentant la dureté et la ténacité requises, et du forgeron qui lui a, par un travail approprié, donné l'homogénéité et la structure voulues?

C'est aussi au forgeron comme au métallurgiste que nous devons les arbres de couche, les étambots, les plaques de blindage, les bandages, les rails et tant d'autres produits dont l'Exposition nous a montré des spécimens aussi remarquables que variés, et qui tous nous ont donné le désir de connaître l'outillage qui sert à les fabriquer. Et, puisqu'il faut pour cela faire le tour des usines, nous convions, nous aussi, le lecteur à ce voyage de recherches.

CHAPITRE I

Hauts fourneaux.

En 1867, l'Exposition enregistrait la fin de cette transformation si importante qu'a fait subir à la métallurgie du fer la substitution de la houille au bois; un accroissement, énorme pour l'époque, en résultait dans la production moyenne journalière du haut fourneau : celle-ci atteignait 30 à 35 tonnes pour les fontes de moulage, 40 à 45 pour les fontes d'affinage. Aujourd'hui les productions de 400 tonnes par 24 heures sont courantes; certains hauts fourneaux américains en donnent jusqu'à 600. On comprend que ce prodigieux accroissement de la production n'a pas été sans une augmentation équivalente des dimensions du haut fourneau et sans un grand développement des services mécaniques chargés d'assurer sa marche : alimentation, soufflage, etc.

Manutention des matières premières. — Pour la manutention matières des premières, on a créé tout un matériel des plus puissants, destiné à diminuer jusqu'à son extrême limite la main-d'œuvre que sa mise en action nécessite. Il faut mentionner tout spécialement celui de la *Brown Hoisting C°*, en Amérique.

Les conveyeurs qui déchargent les bateaux se déplacent sur rails le long des quais et déversent automatiquement leurs bennes au point voulu de leur pont roulant; le tonnage déchargé atteint 250 tonnes par heure. Pour le chargement du haut fourneau, la même compagnie, au lieu du monte-charge vertical ordinaire, emploie un conveyeur incliné, qui permet, avec un seul homme et en moins d'une minute, d'élever un wagonnet contenant deux tonnes de matières au gueulard d'un fourneau de 24 mètres de hauteur, de l'y vider et de le redescendre.

Machines soufflantes. — Pour augmenter le volume et la pression de l'air soufflé, il a fallu augmenter la force des machines soufflantes, par des accroissements donnés à la pression de la vapeur, aux dimensions du moteur, à son nombre de tours par minute. Nous sommes loin des premières machines à balancier, qui, avec de la vapeur à 2 ou 4 kilog., en tournant d'ailleurs assez vite, fournissaient du vent à 0 kg. 40 de pression, avec leurs grands cylindres à air de 3 mètres et plus de diamètre (il y a encore aux « Ebw Vale Iron works » une machine à balancier toujours en fonction, dont le cylindre à air n'a pas moins de 3 m. 65 de diamètre). Les machines modernes emploient de la vapeur à 8 kilog. et plus, tournent à 40 et 50 tours par minute, soufflent 800 et 1.000 mètres cubes d'air à la pression atmosphérique par minute et la compriment à 0 kg. 5 et 1 kilog., à la température de 800°. En revanche, et justement à cause du grand nombre de tours qu'elles font, les pistons à air sont plus petits; ils ne dépassent guère 2 m. 35.

Ces machines appartiennent à plusieurs types : vertical, avec cylindres à vapeur et à air superposés ou juxtaposés, et horizontal.

MACHINES SOUFFLANTES A VAPEUR. — **Type vertical à cylindres superposés.** — C'est la machine « Self Contained » actuellement la plus employée avec ses pistons à air attelés aux pistons à vapeur, d'ailleurs en dessus ou en dessous d'eux, ce qui donne lieu à deux variantes du genre. Elle forme un ensemble compact, établi sur une solide assise, n'occupant que peu d'espace en plan, n'ayant aucune liaison avec les murs du bâtiment qui l'abrite (ce qui a l'avantage qu'un tassement dans les fondations n'affecte plus son fonctionnement). Elle est ordinairement compound.

Machine de MM. Davy frères, de Sheffield. — Elle a été construite pour les hauts fourneaux d'Acklam appartenant à la « North-Eastern Steel Cie L[d] ». C'est une machine compound du type marin, dont les principaux éléments sont donnés par le tableau suivant :

Diamètre du cylindre à haute pression	1 m. 220
— basse pression	2 m 134
Diamètre des cylindres à air	2 m. 134
Calage des manivelles	120°
Course commune	1 m. 372
Pression maximum du vent	1 kg. 055
Pression ordinaire du vent	0 kg. 844
Nombre maximum de tours par minute	50
Pression de la vapeur	5 kg. 27
Diamètre du volant	4 m. 900
Poids total	280 t.

La course des pistons n'est que de 1 m. 372, parce que la faible hauteur du bâtiment des machines a empêché de la porter à sa valeur rationnelle de 1 m. 830.

A 50 tours, le volume engendré par le piston s'élève à 980 mètres cubes par minute.

Les pistons à vapeur sont (fig. 1) coniques et pourvus d'une garniture à bagues et ressorts, du système Mather et Platt. Les stuffing-box sont entièrement métalliques, comme ceux des cylindres à air.

La distribution est opérée, dans chaque cylindre à vapeur, par un tiroir à pistons, à l'intérieur duquel se trouvent des tiroirs de détente, aussi à pistons. Ces derniers sont montés sur des écrous, engagés sur des vis à pas inversés, faisant partie d'une même tige, qu'un système de transmission permet de manœuvrer au moyen d'un volant à mains. Les deux volants règlent la vitesse de la machine.

L'étanchéité des pistons à air est assurée au moyen de torons en chanvre et de

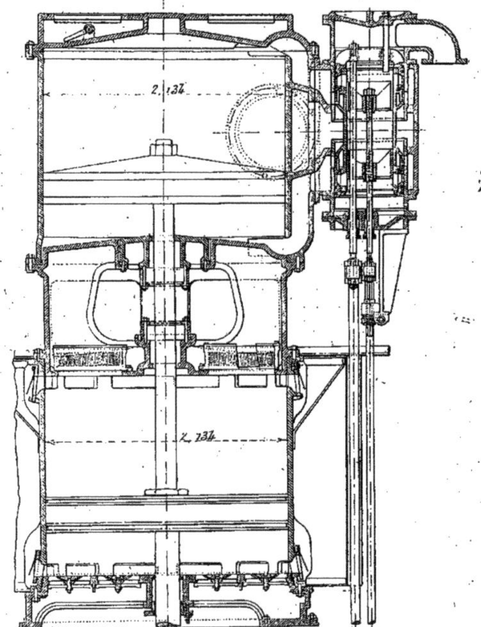

Fig. 1. — Machine compound soufflante *Davy*.
Coupe par le cylindre moteur de basse pression.

segments métalliques d'une forme nouvelle. Les soupapes d'échappement sont disposées sur le pourtour supérieur des cylindres, les soupapes d'admission sur leur fond inférieur; les unes et les autres sont du type ordinaire à grille et à battant de cuir. La section dégagée par les soupapes d'admission est très grande, supérieure au cinquième de la surface du piston; aussi, pendant la course d'aspiration, l'indicateur ne montre-t-il sur les diagrammes qu'une dépression insignifiante au-dessous de la ligne atmosphérique.

L'espace nuisible, qu'il est si important de réduire dans les cylindres donnant de l'air à haute pression, ne dépasse guère 3,6 p. 100 du volume engendré, malgré la faible longueur de la course.

Machine type Middlesbrough de la Lilleshall Cy. — Elle est constituée par deux machines monocylindriques ; elle n'est donc qu'à faible détente. Les données essentielles en sont les suivantes :

Diamètre des cylindres à vapeur	1 m. 270
Diamètre des cylindres à air	2 m. 540
Course commune	1 m. 524
Pression du vent	0 kg. 38
Nombre de tours par minute	30
Pression de la vapeur	2 kg. 67
Diamètre des 4 volants	4 m. 30
Poids de chaque volant	15 t.

Le cylindre à vapeur a sa distribution réalisée par un simple tiroir avec plaques de détente Meyer établies sur des vis. Il est pourvu de valves d'échappement ayant pour but d'éviter sa rupture. Il fonctionne à condensation.

Le fond des cylindres à vapeur et le couvercle des cylindres à air sont coulés d'une

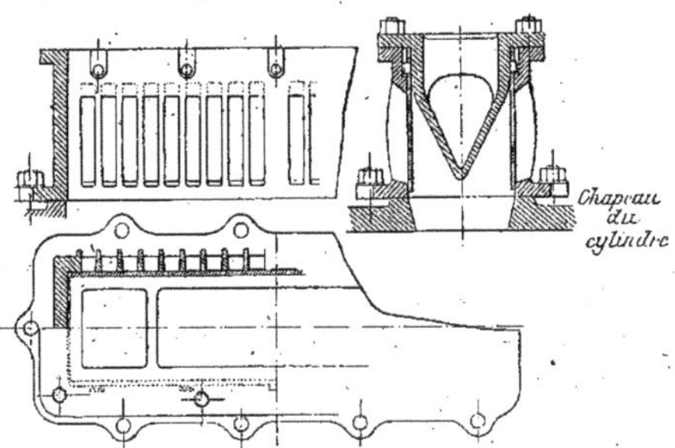

Fig. 2 à 4. — Machine soufflante de la *Lilleshall Cy*. Soupapes d'aspiration.

seule pièce avec des nervures d'entretoisement de hauteur convenable pour permettre l'accès aux presse-étoupes de la tige des pistons et offrir un passage surabondant à l'air appelé dans la partie supérieure du cylindre souffleur. Cet appel s'effectue à travers des boîtes rectangulaires boulonnées sur le couvercle du cylindre et pourvues sur chacune de leurs parois longitudinales (fig. 2 à 4) de clapets en cuir avec plaques de garde. Le couvercle de chacune de ces boîtes y plonge au moyen d'un prolongement conique qui remplit la plus grande partie de l'espace nuisible, d'ailleurs réduit aux 2,6 p. 100 du volume engendré par le piston. L'air arrive dans la partie inférieure du cylindre par 80 clapets (fig. 5 et 6) disposés en deux rangées concentriques sur le fond du cylindre. Les fig. 7 à 9 montrent les places et les dispositions des soupapes de refoulement, ainsi qu'un mécanisme permettant de mettre la machine en marche malgré la pleine pression du vent qui peut régner dans le cylindre ; en masquant plus ou moins les sièges des clapets, on réduit la charge de ces derniers autant que cela est nécessaire. Les brides du cylindre à air sont prolongées au delà des joints avec les fonds pour recevoir la boîte à air soufflé, constituée par un tambour en tôle d'acier doux qui entoure le cylindre. Ce tambour porte une courte tubulure en fonte, sur laquelle se raccorde un tube en fer forgé relié à la conduite principale du vent.

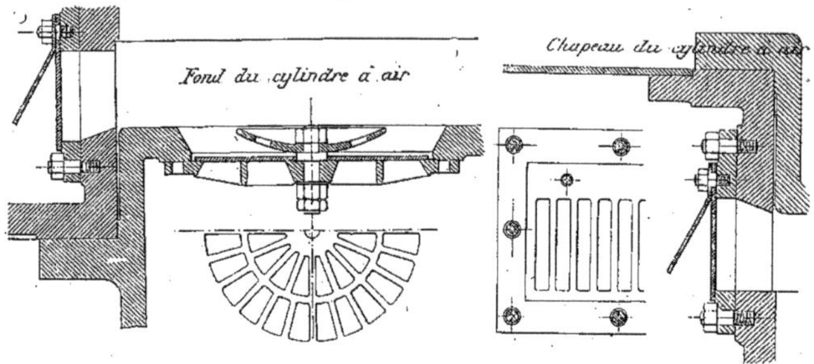

Fig. 5 et 6.
Machine soufflante de la *Lilleshall Cy.*
Soupape d'aspiration.

Fig. 9.
Machine soufflante de la *Lilleshall Cy.*
Détail d'une soupape de refoulement,

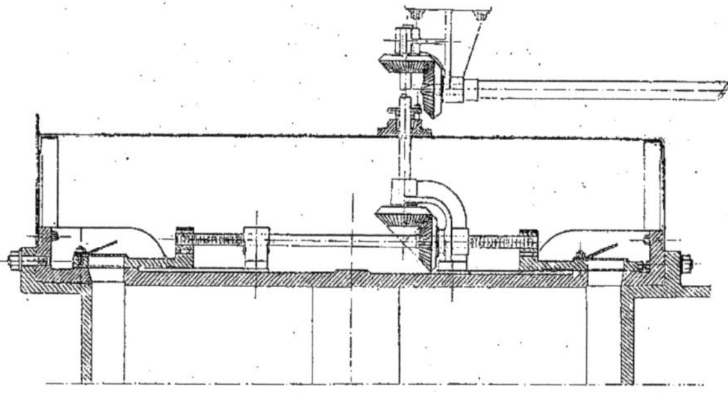

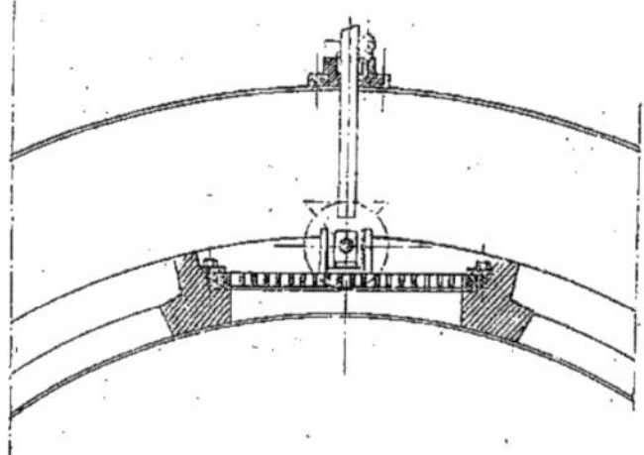

Fig. 7 et 8. — Machine soufflante de la *Lilleshall Cy.*
Coupes verticale et horizontale par les soupapes de refoulement.

Machine de MM. Kitson et Cie de Leeds. — Elle a été faite pour la « Dowlais Iron Cy » à Cardiff. Elle est du type que M. T.-M. Grant, dans une note lue à l'Institut du fer et de l'acier de l'Ouest de l'Écosse, en 1898, qualifiait de plus moderne. Comme dans les deux précédentes, les cylindres à vapeur sont au-dessus du cylindre à air, et, comme la première, elle est compound. La distribution s'y fait par soupapes, la condensation par surface. Les principales données en sont les suivantes :

Diamètre du cylindre à haute pression	0 m. 90
— basse pression	1 m. 60
Diamètre des cylindres à air	2 m. 20
Course commune	1 m. 52
Pression maximum du vent	0 kg. 72
Pression minimum du vent	0 kg. 30
Pression de la vapeur	7 kg. 32
Volume d'air soufflé par minute	709 m³

Machine de la Société alsacienne de constructions mécaniques. — Avec elle, sans quitter le type vertical, nous arrivons aux machines dans lesquelles les cylindres à vapeur sont en dessous des cylindres à air. Elle est à double détente.

Diamètre du cylindre à haute pression	1 m. 200
Diamètre du cylindre à basse pression	1 m. 870
Diamètre des cylindres à vent	2 m.
Course commune	1 m. 500
Nombre de tours par minute	25 à 50
Pression du vent	0,7 atmosphères
Pression de la vapeur	9 —

La distribution est du système Corliss. Le régulateur agit sur les appareils des deux cylindres, de façon à égaliser autant que possible le travail sur les manivelles. Les valves d'échappement sont commandées par un excentrique spécial ; la compression et l'avance sont réglées à la main.

La condensation se fait par un appareil central ou par un appareil à injection adapté au socle du bâti de la basse pression et commandé au moyen d'un balancier par la traverse de la tige du cylindre correspondant. Une soupape à double siège permet aussi de travailler sans condensation.

Les soupapes d'admission et d'échappement sont combinées de manière à être faciles à visiter, à démonter et à grouper dans les parties haute et basse du cylindre à vent (fig. 10), de manière à donner avec une faible course de grandes ouvertures utiles. Elles consistent (fig. 10 à 13) en disques *a* de tôle d'acier, montés sur une tige B, qui traverse un châssis en fonte C dans lequel sont ménagés les évidements S. Elles sont appuyées contre leurs sièges, au moyen de ressorts à boudin R enveloppant les tiges B et pénétrant dans les retraits ménagés sous les sièges. Les châssis sont maintenus par une bride contre le cylindre A, avec interposition d'une garniture D, et serrés au moyen d'un étrier E par les vis F.

Citons encore la machine soufflante de MM. Tod et C^y, de Youngstown (Ohio), construite pour les forges de l'Ohio de la *National Steel C^y*, à double détente et à distribution Corliss, et la machine Bull employée aux forges de Solway et de Parton (Cumberland), à simple détente et à distribution par soupapes.

Type vertical à cylindres juxtaposés. — La disposition des machines self-contained, dont nous venons de décrire quelques exemples, n'est pas sans certains inconvénients. La superposition des deux cylindres empêche d'accéder avec la grue à celui de dessous. Si on économise la place horizontale, on doit donner aux bâtiments plus de hauteur, et il est

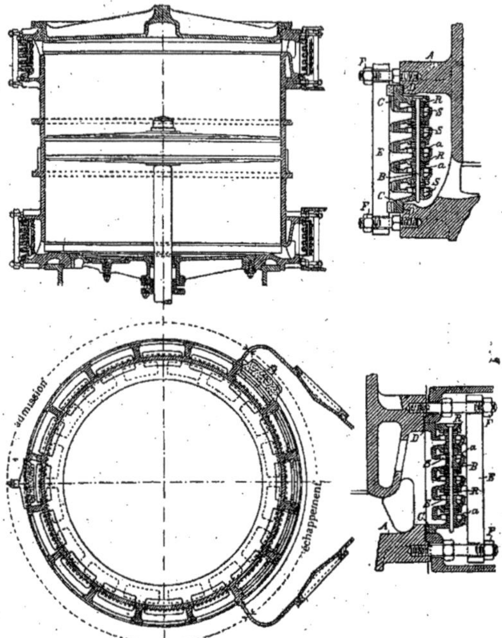

Fig. 10 à 13. — Machine soufflante de la *Société Alsacienne*.

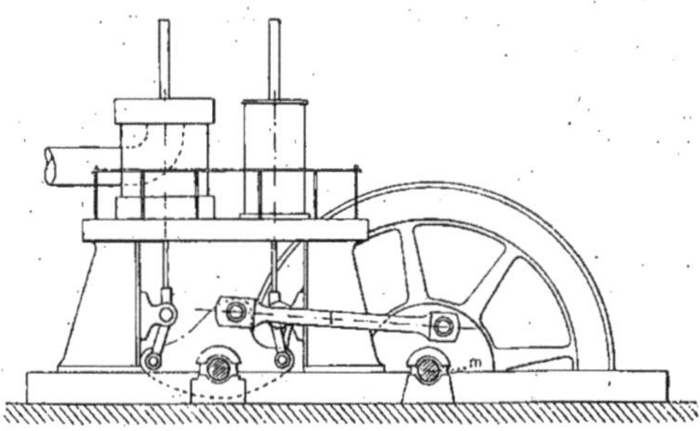

Fig. 14. — Machine soufflante *Stumpf*.

indispensable de ménager autour de la machine plusieurs étages de plates-formes, qui rendent possible l'accès de certaines parties, mais gênent celui de quelques autres. Pour obtenir la stabilité de l'ensemble, il faut avoir recours à des massifs considérables et coûteux.

Machine Stumpf. — M. Jean Stumpf évite (fig. 14) ces inconvénients en juxtaposant les cylindres, au lieu de les superposer, et il relie les tiges des pistons à vapeur et à air par un balancier. Cette disposition permet d'équilibrer, par rapport à l'axe de ce balancier, les masses en mouvement, de façon que les poussées des pistons se contrebalancent, au lieu de s'ajouter, comme dans les dispositifs vertical superposé et horizontal; on peut alors se contenter de fondations beaucoup plus légères.

Il est assez curieux de remarquer que ce nouveau type est un retour vers la machine à balancier primitivement employée; seulement, cette machine a été renversée, de façon à faire passer les cylindres au-dessus du balancier.

La fabrique Andritz, à Graz, avait en construction, au commencement de 1900, pour les aciéries de Donawitz, une machine soufflante de ce genre, à double expansion, sur les bases suivantes :

Diamètre du cylindre à haute pression....	0 m. 870
Diamètre du cylindre à basse pression...	1 m. 740
Diamètre des cylindres à vent............... ..	2 m. 120
Course commune..............................	1 m. 300
Nombre de tours par minute........	50 à 70
Pression du vent..........	0 kg. 60 à 0 kg. 90
Pression de la vapeur..........................	8 kg.
Aspiration par minute..........................	900 à 1.240 m³

On remarquera que le nombre de tours et l'aspiration par minute, surtout le premier, sont supérieurs au chiffre que nous avons donnés comme atteints par les machines soufflantes modernes.

Type horizontal. — Moins employé que le type vertical, il a l'avantage de mettre toutes les pièces à la portée du mécanicien, ce qui le rend commode pour le service, l'entretien et les réparations. En revanche, il a comme inconvénients de prendre beaucoup de place et d'exposer les pistons à l'ovalisation; on atténue ce dernier en soutenant les tiges des pistons par des glissières horizontales.

Machine soufflante de MM. Bolzano, Tedesco et Cie, de Schlan (Bohême). — Elle est aux forges de Krompach, de la Hernadthal Hungerian Iron Cy, de Budapest. Les cylindres à air sont directement attelés aux cylindres de vapeur.

Diamètre du cylindre à haute pression...............	0 m. 900
Diamètre du cylindre à basse pression...............	1 m. 380
Diamètre des cylindres à air.........................	1 m. 950
Course commune......................................	1 m. 400
Pression de la vapeur dans le petit cylindre..........	2 kg. 05
Pression de l'air dans le cylindre soufflant...........	0 kg. 39
Nombre de tours par minute, environ...............	33 à 55
Puissance de la machine..............................	650 chevaux

La distribution s'y fait par le système Corliss dans les cylindres à vapeur et dans les cylindres à air; ces derniers ont des soupapes d'un système particulier. Les soupapes d'admission prennent l'air dans une chambre voûtée placée sur la machine. Celles d'échappement envoient l'air dans une série de valves-disques, chargées par des ressorts, pour égaliser leur usure sur les sièges.

Machines de MM. Ehrhardt et Sehmer, de Kalk (Allemagne). — Ce sont des machines horizontales compound, avec distribution par tiroir cylindrique à détente variable par le régulateur ou à la main pour les cylindres à haute pression, avec distribution par tiroir plan pour les cylindres à basse pression. Elles soufflent du vent aux pressions de 0,2 à 1 atmosphère pour les hauts fourneaux, à 2 et 2,8 atmosphères pour les aciéries. Ces machines marchent fort vite (40 à 80 tours par minute).

Machine de la Société anonyme de Construction de la Meuse. — C'est la seule qui ait été exposée à Paris.

Diamètre du cylindre à haute pression	1 m.
Diamètre du cylindre à basse pression	1 m. 60
Diamètre des cylindres soufflants	2 m. 35
Course commune	1 m. 50
Pression moyenne aux chaudières	8 kg. 60 (4 à 9)
Nombre de tours moyens par minute, environ	36 (20 à 42)
Volume engendré par tour	21 m³ 5
Pression du vent (en centimètres de mercure), jusqu'à	76

La distribution se fait par soupapes à double siège. La machine est à condensation.

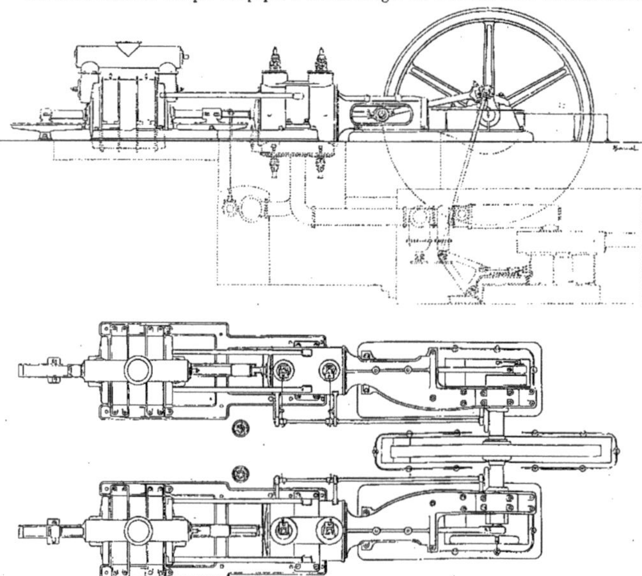

Fig. 15 et 16. — Machine soufflante de la *Société de la Meuse.*

Les pistons des cylindres à vent sont à parois de tôle; leurs tiges sont creuses. Les clapets d'aspiration et de refoulement de l'air sont métalliques, de faible épaisseur; ils sont logés dans les fonds des cylindres; ceux de refoulement sont aménagés dans des boîtes d'une construction brevetée, pour donner un espace nuisible minimum.

Cette machine a été, le 20 octobre 1899, soumise à des essais par l'Association alsacienne des propriétaires de machines à vapeur. Pendant qu'elle refoulait du vent, à la pression de 29 à 31 cent. 5 de mercure, on a relevé les chiffres suivants :

Moteur	Petit cylindre 552 chx 92 Grand cylindre 485 chx 25	1037 chx 17	Rendement moyen de la soufflerie 94,3 p. 100.
Soufflerie	Cylindre de gauche 485 chx 75 Cylindre de droite 492 chx 69	978 chx 44	

Les machines soufflantes que nous avons jusqu'ici décrites étaient toutes à vapeur. Mais, depuis quelques années, on s'est mis à utiliser dans des moteurs les gaz des hauts fourneaux, qui, jusqu'à présent, n'avaient servi qu'à réchauffer l'air soufflé ou l'eau destinée à fournir la vapeur aux diverses machines de l'usine et dont l'excédent se perdait dans l'atmosphère. Cette nouvelle utilisation a fait dire du haut fourneau qu'il devait devenir un centre générateur d'énergie. Il était naturel de faire bénéficier le haut fourneau lui-même de la puissance qu'il rendait ainsi disponible. C'est dans un semblable esprit qu'a été conçu le moteur à gaz à quatre temps, de 700 chevaux, construit par la Société Cockerill, de Seraing, et exposé par elle au Champ-de-Mars.

Machines soufflantes a gaz. — *Machine Delamare-Deboutteville-Cockerill.* — Elle est du type Simplex de MM. Delamare et Deboutteville, doté de quelques modifications

Fig. 17.

intéressantes; l'admission se fait par trois soupapes commandées; deux d'entre elles ont des sections proportionnées aux volumes de gaz et d'air à admettre dans la chambre du mélange; celle-ci communique avec le cylindre par la troisième soupape, plus grande que les deux premières. Les parties en contact avec les gaz, y compris les soupapes, le piston et sa tige, sont toutes refroidies par une circulation d'eau.

Le cylindre unique a un diamètre de 1 m. 30 et une course de 1 m. 40. Il se compose de deux parties assemblées par des boulons : l'une constitue la chambre de combustion, qui porte les soupapes de distribution ainsi que le tiroir d'inflammation ; l'autre, où se meut le piston, se termine par un collier porteur de 4 trous, dans lesquels passent 4 tirants d'acier de 0 m. 250 de diamètre, destinés à rendre le cylindre bien solidaire des paliers de l'arbre. Celui-ci est coudé, pour s'attacher à la bielle du piston, et équilibré par des contrepoids. Il se prolonge en dehors des paliers qui comprennent la manivelle : d'une part, il porte le volant et repose sur un troisième palier ; à l'autre extrémité, il commande par une paire d'engrenages l'arbre de la distribution. Cet arbre, qui court le long du moteur, porte des cames pour commander les trois soupapes, le tiroir d'allumage et cinq graisseurs Mollerup. L'allumage s'effectue par étincelles d'induction, d'après le système ordinaire du Simplex. C'est aussi la cataracte à air du Simplex, avec son piston agissant sur l'appareil de commande de la soupape d'admission du gaz, qui produit la régulation.

Pour la mise en marche, on commence par amener (à l'aide d'un treuil qu'actionnent deux hommes et qui agit sur l'arbre par des engrenages) le piston à l'extrémité droite du cylindre. Celui-ci, une fois rempli d'un mélange de benzine et d'air, qui lui est fourni par un carburateur Longuemare, on renverse la marche du treuil pour produire une compression suffisante ; lorsque le résultat est atteint, on enflamme le mélange ; le travail développé suffit pour imprimer au moteur deux tours et produire une seconde explosion, qui assure la continuité de la marche. Quand le volant a acquis une force vive suffisante, on rétablit à son taux normal (9 kg. 5 par centimètre carré) la compression qui avait été diminuée pour la mise en train, et on applique la charge. Pour empêcher tout allumage anticipé pendant qu'on comprime à bras la première cylindrée, un dispositif de sûreté ne permet de lancer le courant dans l'allumeur qu'après décalage de la manivelle du treuil de mise en marche.

Le piston est muni, du côté opposé à celui de la bielle, d'une tige qui traverse le fond du cylindre dans une boîte étanche et qui commande directement le piston de la machine soufflante.

Celle-ci, que l'on voit sur la gauche de la figure, est reliée à la culasse du moteur par deux glissières très robustes, qui servent de guides à une traverse fixée à la tige commune aux deux pistons ; celui de la machine soufflante porte du côté gauche une tige qui sort du cylindre et repose sur une console.

Le piston de la machine soufflante a un diamètre de 1 m. 70. Le cylindre, qui est à double effet, porte à chaque extrémité une boîte munie de soupapes d'aspiration et de refoulement, qui se relie aux conduites du vent ; il y a au total 499 clapets, 410 du système Corliss, les autres du système Horbiger.

Un dispositif particulier imaginé par M. Bailly permet éventuellement de transformer la soufflerie en une sorte de machine compound, l'une des chambres du cylindre fournissant l'air qu'elle a déjà comprimé à l'autre chambre où sa compression augmente encore. Le volume soufflé est ainsi réduit, et le moteur peut, sans qu'on doive augmenter sa puissance, le fouler au fourneau, sous les hautes pressions qu'exigent certains accidents pouvant survenir dans la conduite de cet appareil.

Les poids et encombrement du moteur et de l'appareil soufflant sont donnés par le tableau ci-dessous :

	POIDS	LONGUEUR	LARGEUR	HAUTEUR
	Tonnes	Mètres	Mètres	Mètres
Moteur	127	11,00	6,00	4
Machine soufflante	31	5,50	3,50	4
Ensemble	158	16,50	6,00	4

Le moteur consomme environ 35 mètres cubes de gaz par minute, à la vitesse de 94 tours et à pleine charge. Le gaz lui arrive de cinq hauts fourneaux (nos 5 et 17 à 20 de la fig. 18), après un parcours de 260 mètres, qui lui a fait traverser : 1° une chambre de dépôt de poussières (de 13 m. 50 de long, 2 m. 75 de large, 12 mètres de haut), divisée en quatre compartiments par des chicanes; 2° un épurateur cylindrique de 5 mètres de diamètre et 6 m. 40 de haut; 3° un refroidisseur, consistant en une caisse prismatique de tôle (de 7 mètres de long, 2 m. 40 de large, 5 mètres de haut, 70 mètres cubes de capacité), divisée par des cloisons verticales, partant les unes du haut, les autres du bas, de manière à bien mettre le gaz en contact avec l'eau de 4 injecteurs Kœrting de 0 m. 010. Ce refroidisseur, qui est le seul appareil ajouté à ceux que traverse le gaz destiné aux appareils chauffeurs Cowper ou aux chaudières, a pour but, comme son nom l'indique, d'augmenter la densité du gaz pour que la masse de la cylindrée soit suffisante.

Une machine soufflante de 600 chevaux, analogue à celle qui était exposée à Paris, a été, les 20 et 21 mars 1900, l'objet d'intéressants essais de la part de M. Hubert, Directeur des Mines, chargé de cours à l'Université de Liège, assisté de nombreux ingénieurs.

Le 20 mars, le moteur, isolé de la machine soufflante, avait été relié à un frein à

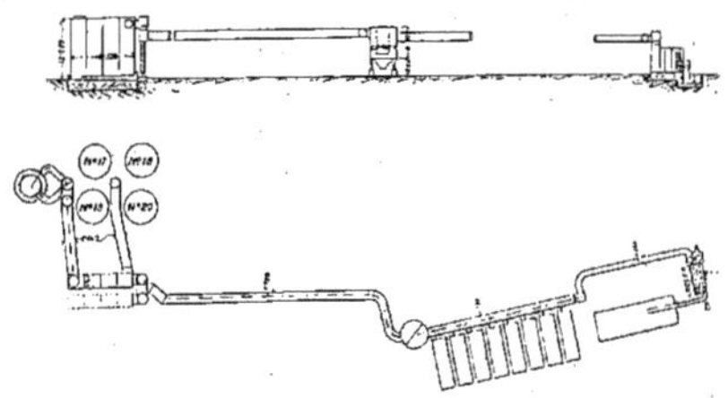

Fig. 18.

corde, avec refroidissement intérieur de la poulie; ce frein, probablement le plus grand qui ait jamais été construit, a fonctionné avec une régularité parfaite et a donné aux assistants le sentiment qu'il pourrait, le cas échéant, être utilisé avec des moteurs encore plus puissants.

Six essais ont été faits, cinq à charge partielle, ne donnant que 89 p. 100 des admissions possibles, le sixième à pleine charge sans ratés. Le gaz avait un pouvoir calorifique à volume constant de 984 cal. 4. Les consommations ont été : à charge réduite, de 2 m³ 556 par cheval-heure indiqué et de 3 m³ 495 par cheval-heure effectif; à pleine charge, de 2 m³ 560 et 3 m³ 156. Cela donne pour le rendement organique du moteur respectivement 73,14 et 81,12 p. 100.

Le 21 mars, la liaison du moteur avec la machine soufflante avait été rétablie, et cinq essais furent effectués, en donnant au vent une pression moyenne de 394 millimètres de mercure; dans ces conditions, le moteur faisait 83,9 tours par minute, et le nombre d'admissions était de 86 p. 100. Le gaz ayant un pouvoir calorifique à volume constant de 991 calories, la consommation a été de 2 m³ 345 par cheval-heure indiqué et de 3 m³ 113 par cheval-heure effectif. Le rendement organique de l'ensemble (moteur et machine soufflante) était donc de 75,33 p. 100.

Cinq autres essais de consommation ont été effectués, en poussant la pression du vent jusqu'à 450 millimètres et en faisant effectuer au moteur 98 tours par minute sans raté. Nous n'avons pas besoin de faire remarquer combien ce chiffre est élevé pour une machine soufflante. Le moteur a soutenu sans difficulté, plusieurs heures, cette marche intensive, pendant laquelle il a développé une puissance indiquée moyenne de 887 chevaux et a même dépassé à certains moments 980 chevaux. Le rendement organique de l'ensemble s'est élevé à 81,76 p. 100, et le travail effectif en vent soufflé à 725,3 chevaux, même à un maximum de 743 chevaux.

Le pouvoir calorifique du gaz était de 1.004 calories; sa consommation a été de 2 m³ 333 par cheval-heure indiqué et de 2m³ 853 par cheval-heure effectif.

Des chiffres ci-dessus il résulte que le rendement thermique du moteur a été de 25,25 et 25,20 p. 100, le 20 mars, et de 27,34 et 27,11 p. 100 le 21 mars; l'amélioration constatée le 21 mars était due à celle qui avait été apportée au réglage du moteur.

Quant au rendement total qui intéresse surtout l'industriel, c'est-à-dire au rapport du travail effectif à la chaleur disponible, il a été de 18,46 et 20,48 p. 100 le 20 mars, et de 20,60 et 22,17 p. 100 le 21.

Ces résultats sont fort remarquables. Il faut s'attendre à voir l'utilisation des gaz de haut fourneau à l'aide de machines soufflantes se répandre beaucoup. On ne saurait d'ailleurs douter qu'un grand avenir soit réservé à l'utilisation directe des gaz de haut fourneau pour la production de la force mécanique. Aussi ne saurait-on prendre trop de précautions pour éviter la perte de ces gaz au moment du chargement du fourneau, ni trop recommander l'emploi des appareils à double fermeture pour le gueulard.

Appareils de fermeture du gueulard. — Cette double fermeture se retrouve dans trois appareils de chargement, récemment brevetés aux États-Unis, pour assurer une bonne répartition dans le four des charges de minerai, de combustible et de fondant :

1° Appareil de M. Frank C. Roberts, de Philadelphie (n° 616.494 du 27 décembre 1898);

2° Appareil de M. Edwin E. Ilick, de Braddock (Pens.) (n° 620.510 du 28 février 1899);

3° Appareil de M. Thomas Morrison, de Braddock (n° 653.110 du 5 juillet 1900).

Coulée. — Pour fermer le trou de coulée, on y refoule de l'argile à l'aide d'un cylindre à air comprimé ou à vapeur suspendu à une grue.

La coulée continue est réalisée au moyen de transbordeurs-mouleurs Langhlin, Uebling (Brevet Uebling-Miller n° 629.480 du 25 juillet 1899, aux États-Unis) ou autres qui diminuent beaucoup la main-d'œuvre, dégagent les abords du fourneau et donnent une fonte débarrassée de sable, par conséquent très avantageuse pour les fours basiques et le puddlage.

Transbordeur-mouleur Heyl et Patterson. — Nous décrirons comme transbordeur-

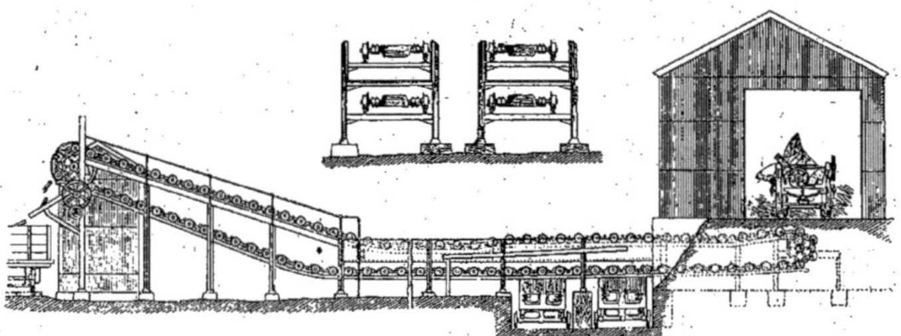

Fig. 19. — Transbordeur-mouleur *Heyl et Patterson.*

mouleur récent celui de MM. Heyl et Patterson, de Pittsburg (Pens.), qu'ils ont construit pour la « Cambria Steel C[y] de Johnstown ». Cet appareil, capable de manipuler 1.500 tonnes en 24 heures, est schématiquement représenté par la fig. 19.

Une charpente en acier supporte un réservoir d'eau et une chaîne sans fin, dont les galets roulent sur deux voies et dont les maillons sont formés par autant de moules. La poche de coulée est amenée par un chariot au-dessus de l'une des extrémités de la chaîne et son contenu est versé dans les moules. Ceux-ci sont entraînés par la chaîne et immergés dans l'eau du réservoir. La longueur de celui-ci est calculée de manière que les saumons, après la traversée de l'eau, arrivent à l'autre extrémité de la chaîne assez solidifiés pour pouvoir être déchargés dans des wagons en bois; ce déchargement se fait d'ailleurs automatiquement. A Johnstown une machine de 14 chevaux actionne deux chaînes. Après avoir laissé tomber les gueuses dans les wagons, les moules continuent leur route; ils arrivent encore humides sur des fourneaux qui les sèchent. Ces fourneaux, montés sur chariots, sont alimentés à la houille, au pétrole, ou au gaz.

Appareil Baker. — Un autre appareil de coulée intéressant est celui de M. Baker (fig. 20 à 23). La poche de coulée *a* est montée sur un chariot *b*, que la dynamo *c* fait rouler sur une voie reliant le haut fourneau aux panneaux de coulée. Quand elle est arrivée près de ces panneaux, la dynamo *d* la soulève, de manière à en déverser progressivement le contenu dans le bec *e*, et de là dans les moules *f* enduits d'une couche de lait de chaux.

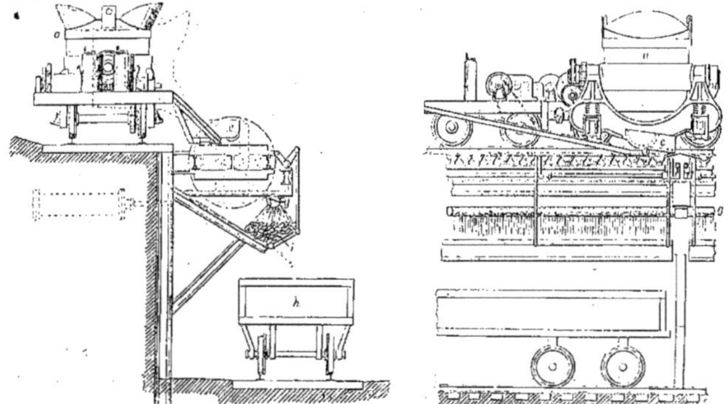

Fig. 20 et 21. — Halle de coulée *Baker*.
Vue par bout et élévation de la poche.

Quand la fonte s'est suffisamment refroidie, le cylindre hydraulique représenté sur la gauche de la fig. 20, fait basculer le panneau, et les gueuses tombent dans la trémie *i*, où elles sont arrosées par le tuyau *g*; quand elles sont complètement froides, on les laisse tomber dans le wagon *h*. Le mouvement de bascule des panneaux est obtenu au moyen du rochet de la fig. 23, qui leur fait exécuter un quart de tour à chaque course : chaque face du panneau est alternativement présentée à la coulée. La coulée d'une poche de 15 tonnes dure deux minutes et le refroidissement des gueuses cinq à dix minutes, de sorte que la machine peut enlever 60 tonnes par heure.

Des casse-fonte mécaniques commencent à être employés pour débiter les gueuses qui doivent être vendues.

Mélangeurs. — Quand la fonte est destinée à un Bessemer voisin, on la reçoit parfois, comme aux usines de Barrow (Angleterre), de Herde (Allemagne), de Carnegie (Amérique) dans une poche montée sur chariot, qui l'amène à un mélangeur, vaste réservoir, qui, aux usines de Barrow, contient jusqu'à 130 tonnes. Ce mélangeur reçoit les produits de plusieurs hauts fourneaux et remédie par là aux variations de qualité. Le contenu en est versé par un trou de coulée dans une poche montée sur un chariot à deux essieux qu'une locomotive amène le plus vite possible au Bessemer placé parfois assez loin (1 kilomètre

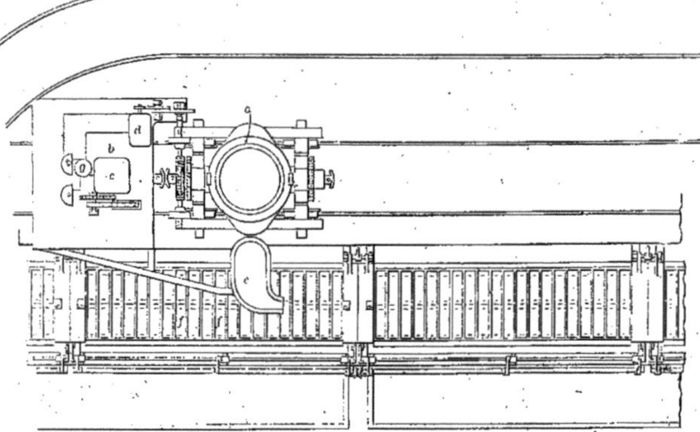

Fig. 22. — Halle de coulée *Baker*. Plan.

aux usines Barrow). Pour la coulée dans cette poche, le mélangeur s'incline autour d'un axe horizontal, sous l'action d'un piston hydraulique. Quand le trajet à faire parcourir à la poche est moins grand, on peut l'effectuer à l'aide d'un pont roulant : à citer celui de

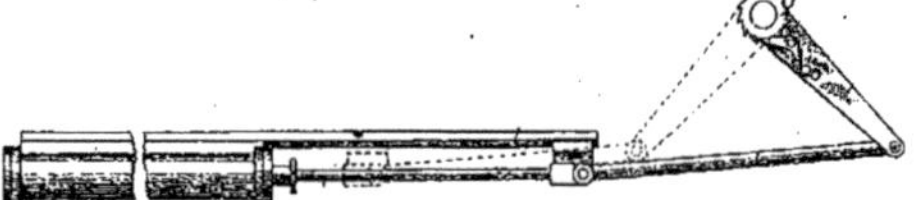

Fig. 23. — Détail du basculeur *Baker*.

M. Morgan, dans lequel le mode de suspension de la poche est combiné de manière à lui permettre de se dérober devant les obstacles, tout en la maintenant rigoureusement guidée quand elle arrive au point où elle doit être déversée.

CHAPITRE II

Aciéries Bessemer et Thomas

L'outillage mécanique de ces aciéries s'est, dans ces dernières années, encore agrandi et perfectionné. Nous ne reviendrons pas sur les machines soufflantes, encore plus puissantes que celles des hauts fourneaux et dont nous avons parlé incidemment à propos de ces dernières.

Nous signalerons parmi les photographies qu'exposait la maison Delattre, de Ferrière-la-Grande, celle qui représentait une aciérie Thomas outillée à la moderne, telle qu'elle a été installée dans plusieurs grandes usines de France et de l'étranger, avec quelques variantes en rapport avec les conditions locales.

Les convertisseurs sont commandés par cylindres hydrauliques verticaux et crémaillères en acier forgé; les ceintures sont en acier moulé. Pour la mise en place des fonds des convertisseurs on a disposé sous chacun d'eux un piston hydraulique, sur lequel on amène le wagonnet portant le fond : le piston élève le wagonnet jusqu'à ce que le fond occupe la place qui lui est réservée.

La fonte liquide arrive sur le plancher des convertisseurs dans une poche traînée par une locomotive, comme celle dont nous avons parlé à propos de la coulée du haut fourneau. Pour la verser dans le convertisseur, on se sert d'un appareil hydraulique, avec chaînes pendantes en face de chaque convertisseur. La chaîne étant accrochée à la poche, le mécanicien placé sur la passerelle de manœuvre des convertisseurs met en action le piston hydraulique : la chaîne fait basculer la poche.

Les convertisseurs, entourés d'une plate-forme qui facilite leur nettoyage, sont placés en ligne. Pour la coulée, ils sont pourvus par paires d'un bassin que dessert une grue centrale. Chaque grue porte une poche de coulée, qui, une fois pleine, est reprise par une grue volante, chargée de la transporter au bassin de coulée rectangulaire situé à une certaine distance et desservi lui-même par une série de grues latérales, qui manœuvrent les lingotières et enlèvent les lingots.

Parfois aussi les cornues alignées sont desservies par une poche montée sur rails, qui amène l'acier à la fosse de coulée rectangulaire et le déverse dans des lingotières montées sur wagonnets. Et cela nous amène à parler de la véritable coulée moderne, la coulée par trains *car-casting*, imaginée par M. F. W. Wood, président de la « Maryland Steel C[y]. ».

Coulée par trains. — M. Henry M. Howe, dans un mémoire présenté au Congrès des mines et de la métallurgie, tenu à Paris en 1900, a appelé l'attention sur les avantages de cette coulée par trains. Les lingotières, au moment où elles reçoivent le métal liquide, sont portées sur un train de wagonnets, que l'on remorque, dès qu'elles sont remplies, jusqu'aux fours à réchauffer, qui se trouvent dans un autre bâtiment. Devant ces fours, parallèlement à lui, ce premier train en trouve un second, destiné à recevoir les lingotières, qu'une grue enlève par paires des lingots. Ceux-ci sont à mesure chargés par une autre grue, qui les place dans les fours. Quant aux lingotières, le train les amène dans un endroit à l'air libre où elles se refroidissent. Lingots et lingotières ne sont ainsi manœuvrés qu'une fois, alors qu'ils étaient repris une seconde fois avec l'ancien mode de coulée. En outre, les lingots qui se trouvent à la température du rouge blanc ne restent à l'air libre que pendant quelques secondes, et toutes les opérations exothermiques, au lieu de se passer dans l'atelier d'affinage même, s'effectuent en un point où elles présentent moins d'inconvénients.

Par ce moyen, on réduit d'environ moitié les frais de manutention des lingotières et des lingots. Et ce n'est pas un mince avantage, comme le dit M. Howe, quand il s'agit de déplacer en 24 heures 1.000 lingots au rouge blanc et autant de lingotières portées à haute température.

Grâce à ce système de coulée et à son installation toute moderne, l'aciérie Duquesne (Pensylvanie) est arrivée à produire par 24 heures, avec deux convertisseurs de 10 tonnes, 2.289 tonnes de lingots, par 239 charges, soit une charge pour 6 minutes. Cette production a été maintenue pendant une semaine entière et a donné 12.735 tonnes d'acier.

CHAPITRE III

Aciéries Martin.

On commence par employer, pour fondre l'acier au procédé Martin, des fours basculants de 50 et même de 75 tonnes des systèmes Campbell et Wellmann, chargés mécaniquement par un procédé qui manœuvre le métal seulement une fois et qui n'expose pas longtemps les ouvriers à la chaleur.

Ces fours cylindriques, renflés à la ceinture, tournent autour d'axes horizontaux ou très voisins de l'horizontale. Ils ont, au point de vue des réactions chimiques de l'opération, certains avantages : ainsi le four Campbell permet une décarburation plus rapide, tout en évitant les inconvénients du bouillonnement, puisqu'il suffit de faire basculer le four pour empêcher les scories de s'échapper par la porte de chargement; comme on peut les vider plus complètement, il ne reste, pouvant s'oxyder après la coulée, qu'une quantité de fer presque insignifiante. Au point de vue mécanique, ils suppriment toutes les difficultés provenant du trou de coulée; ils permettent les petites coulées fréquentes par le procédé Talbot.

Coulées par le procédé Talbot. — Ces petites coulées sont très avantageuses. Effectivement pour augmenter la production trop restreinte du procédé Martin, on a augmenté constamment la capacité du four. Mais ce four a l'inconvénient, quand on fait des rails ou de la tôle, de ne donner du métal qu'à de longs intervalles, par lots énormes allant jusqu'à 50 et 75 tonnes. C'est beaucoup moins commode que les petites coulées de 10 tonnes données chaque quart d'heure par le Bessemer. M. Talbot coule, à intervalles assez rapprochés, le quart environ de la fournée, qu'il remplace par de la fonte liquide, et cela sept jours de suite.

Pour la coulée directe, les lingotières sont portées par des chariots circulant sur une voie parallèle à la ligne des fours, ou sur une plate-forme tournante ménagée dans une fosse circulaire; si l'on veut couler des lingots de hauteurs variables, la plate-forme, au lieu d'avoir un niveau fixe, est montée sur un piston hydraulique.

On pratique aussi la coulée en poche. Aux aciéries de Blochairn, 14 fours sont alignés, pouvant recevoir chacun des lits de fusion de 10 ou 15 tonnes. Sur une voie parallèle aux fours, une locomotive remorque un chariot spécial portant un récipient pour le laitier et une poche de coulée. Celle-ci est amenée en face d'un élévateur, qui la soulève et en verse le contenu dans une autre poche, qui, elle, est amenée successivement au-dessus des lingotières.

CHAPITRE IV

Compression de l'acier liquide. Démoulage.

La compression de l'acier liquide ou pâteux a pour but de faire disparaître les soufflures et retassures, qui troublent l'homogénéité du lingot, surtout à sa partie supérieure.

Elle y arrive par l'expulsion des gaz qui produisent ces soufflures (le volume du lingot diminue de 8 à 12 p. 100 sous une pression de 10, 20 et quelquefois 40 kilog. par millimètre carré), et par la dissolution des gaz dans le métal (le pouvoir dissolvant de ce dernier étant accru par la compression).

Cette opération a deux avantages : 1° donner un métal plus homogène, recherché pour la fabrication des pièces creuses légères ; 2° réduire les chutes que les cahiers des charges stipulent pour les lingots, et qui atteignent 25 à 35 p. 100 du poids du lingot, à sa partie supérieure, et 4 à 5 p. 100 à sa partie inférieure.

Pourtant comme la compression exige une machinerie compliquée, beaucoup d'ateliers s'en tiennent au forgeage pour améliorer la qualité du métal.

COMPRESSION PAR LA PRESSE. — **Procédé Whitworth.** C'est toujours le plus employé. Les lingotières sont ordinairement en acier fondu, à parois légèrement inclinées, munies de cannelures longitudinales sur leurs côtés et transversales sur leurs bords, pour faciliter l'échappement des gaz. Le métal une fois versé dans la lingotière, dont les parois sont intérieurement garnies de torchis, on abaisse un piston supérieur et on introduit par le bas la tige ascendante d'une presse hydraulique combinée pour cet usage.

On donne progressivement avec des pompes une pression de 10 kilog. par millimètre carré : on la maintient 35 minutes pour un lingot de 45 tonnes, qui subit une réduction de longueur de $^1/_8$ environ. Les corps de presse sont ensuite actionnés par un accumulateur qui maintient la pression à un ou 2 kilog. par millimètre carré pendant toute la durée du retrait. On comprime ainsi des lingots ayant plus de 1 m. 50 de diamètre, 3 à 4 mètres de longueur, quelquefois davantage, car leur poids atteint jusqu'à 70 tonnes. On a appliqué à cet usage des presses de plus de 10.000 tonnes. Le Creusot avait exposé, dans son pavillon, une jaquette pour presse à comprimer l'acier qui pesait 20 tonnes.

Procédé Webb. — M. Webb emploie une presse double : le grand piston est actionné par la vapeur ; son plongeur agit sur le liquide d'un deuxième corps de presse de diamètre plus petit et de faible course, dont le plongeur exerce sa pression sur le métal liquide.

Procédé par tréfilage. — Une aciérie française a récemment modifié le procédé Whitworth : la lingotière est un tronc de cône, dont la grande base est en dessous, et dont la partie supérieure est fermée par un couvercle à piston hydraulique. A la partie inférieure du lingot s'exerce l'action du piston compresseur, qui force le métal à s'élever dans des parties de plus en plus resserrées, comme dans une filière (de là le nom de compression par tréfilage donné au procédé). De la sorte, jusqu'au refroidissement, les parties du lingot sont toutes comprimées, sans être jamais soumises à un effort de tension, ce qui a une grande importance au point de vue de la production des fissures.

Ce procédé convient, paraît-il, très bien aux petits lingots pour bandages, essieux. Au Champ-de-Mars on a pu voir exposés les résultats d'essais comparatifs, favorables au nouveau procédé.

COMPRESSION AU LAMINOIR. Le procédé ne s'est toujours pas affirmé, à cause des dispositions spéciales que devaient présenter les lingotières, notamment pour permettre le rapprochement de leurs parois sous l'effet de la pression des cylindres et assurer à la masse des réactions symétriques dirigées vers le milieu du lingot.

COMPRESSION PAR LA FORCE CENTRIFUGE. — Elle est utilisée depuis quatre ans par les forges de Nykroppa (Suède). Un arbre vertical porte 4 bras, sur chacun desquels est articulée une plate-forme portant 4 lingotières. Ces dernières sont verticales pendant que l'appareil est au repos, c'est-à-dire pendant que l'on coule le métal, à l'aide de 2 poches, pour aller plus vite et pouvoir mettre l'appareil en mouvement avant que le métal ait abandonné l'état liquide, nécessaire à une bonne opération. La coulée finie, on imprime à l'arbre une rotation de 100 à 120 tours par minute : les lingotières prennent la position horizontale et la masse liquide est appliquée contre le fond des lingotières par la force centrifuge. Sous l'effet de cette pression, les gaz se dégagent. Quand on n'en voit plus sortir, c'est que le métal s'est solidifié.

On traite ainsi des lingots de 0 m. 275 × 0 m. 275 × 1 m. 50. La tête étant à 1 m. 20 de l'axe, la pression sur le fond du lingot, tournant à 120 tours, est de 0 kg. 00013, qui, comme le remarque M. Codron [1], « ne peut exercer d'effet utile que dans le début de l'opération, mais ne saurait guère prévenir l'effet du retrait à cœur qui détermine la poche de retassement. » Pourtant le procédé fort simple diminue beaucoup les soufflures et atténue les autres défauts.

Citons une autre utilisation de la force centrifuge. L'acier doux coulé est maintenant, à cause de sa résistance, substitué souvent à la fonte; mais, comme le métal ne contient guère que dix fois moins de carbone que la fonte, on n'a pas la ressource de le durcir à la surface par une coulée en coquille. M. Huth, ingénieur civil à Gelsenkirchen, propose de faire des moulages d'acier mixtes, acier dur à la partie extérieure de l'objet, acier doux pour le reste. « Supposons, dit M. Demenge [2], qu'il s'agisse de couler en acier une roue de chemin de fer : le moule étant animé d'un mouvement rapide de rotation, on commence par couler de l'acier dur, qui vient se placer à la circonférence du dit moule, que l'on achève de remplir ensuite avec de l'acier doux. Le corps de la roue est donc en acier doux et la jante en acier dur. Il résulte de l'expérience que la liaison des deux qualités de métal est parfaitement intime et que la partie durcie, dont on est libre de choisir l'épaisseur, ne diminue pas progressivement de dureté comme dans la fonte trempée. En outre, la coulée centrifuge rend les moulages d'acier compacts et bien venus, si faible que soit leur épaisseur, résultat difficile à atteindre avec la coulée ordinaire, en raison du caractère réfractaire de l'acier ».

Démoulage. — C'est encore en enlevant les lingotières au moyen d'une grue, qui laisse à nu le lingot, que se fait le démoulage. Mais il est quelquefois nécessaire, pour opérer la séparation, de donner à la lingotière un coup sec qui est susceptible de la casser.

Ce procédé simple mais primitif est parfois remplacé par d'autres : l'emploi d'une pince à lingots Keiser, ou d'un appareil hydraulique Evans ou autre, qui pousse le lingot hors de la lingotière convenablement maintenue : celle-ci est amenée par son chariot entre l'appareil de démoulage et un chariot qui recueille les lingots refoulés.

M. Delattre avait exposé la photographie d'un appareil hydraulique de déblocage des lingotières, qui enlève les lingotières, en maintenant les lingots appuyés sur le fond du wagonnet qui les transporte; quelques minutes suffisent pour enlever les lingotières de toute une coulée.

CHAPITRE V

Réchauffage.

Nous ne nous occuperons des fours qu'au point de vue de leurs dispositions mécaniques destinées à faciliter leur marche ou leur service.

Puits Gjers. — En Angleterre et en Belgique, on emploie assez couramment les puits *Gjers*, pratiqués dans le sol de l'usine, sur une section un peu plus grande et une hauteur plus considérable que celles des lingots, et maçonnés en briques réfractaires. Ces puits, qui ne sont ordinairement chauffés que par les lingots eux-mêmes, reçoivent des lingots de 800 kilog. au moins, dès qu'ils sont démoulés (le démoulage se fait, sitôt que la croûte extérieure résiste à la pression du noyau), et les restituent, 20 ou 30 minutes après, en apparence plus chauds que quand ils les ont reçus. Ce résultat est dû à une répartition

1. Codron. *Procédés de forgeage dans l'industrie*, IIe partie, 1er vol., p. 15.
2. *Revue générale des sciences*, année 1897, p. 976.

meilleure de la chaleur interne des lingots, une partie de cette chaleur étant passée du cœur de la masse à la périphérie.

Ces puits, et en général les fours placés au-dessous du sol, sont très commodes : ils permettent l'emploi de l'engin le plus simple, une pince manœuvrée hydrauliquement et portée par une grue ordinaire.

Fours souterrains. — Mais si les puits sont très employés, les fours souterrains le sont fort peu. Ainsi le Creusot qui avait des fours souterrains chauffés au gaz, les a remplacés à cause de certains inconvénients, notamment à cause de la difficulté de se débarrasser du laitier qui pénétrait dans les générateurs de gaz ou dans les chambres à air, par des fours au-dessus du sol. Ceux-ci sont chauffés à la houille, avec deux grilles ordinaires soufflées, l'une à droite, l'autre à gauche de la sole, la sortie des flammes se faisant par le milieu à l'arrière. Ils sont, en général, munis de deux portes, formées chacune de trois compartiments, que peuvent lever ensemble ou séparément des chaînes actionnées par des cylindres hydrauliques.

Fours à sole ou dôme mobile. — Certains fours modernes sont munis de soles ou de dômes mobiles pour faciliter l'entrée et la sortie des lingots. « La sole est constituée par la plate-forme d'un chariot s'introduisant dans des rainures encastrées dans les piédroits : un treuil, hydraulique ou à vapeur, situé à l'arrière, met en mouvement le chariot, — les joints entre les parties fixe et mobile étant soigneusement bouchés par du sable argileux. Dans les fours à voûte mobile, la calotte supérieure du four peut être déplacée sur un chemin de roulement supérieur, au moyen d'un pont roulant ou plus simplement d'un treuil fixe [1] ».

Nous dirons quelques mots de deux fours récents, le four à gaz tournant de Pietzka et le four continu Laughlin-Reuleaux.

Four à gaz tournant de Pietzka. — La sole en est mobile, mais, au lieu d'être placée sur un chariot qui lui imprime un mouvement rectiligne, elle est montée sur un piston hydraulique, qui peut la soulever et la tourner de 180°. Cette mobilité de la sole assure au four l'avantage, qui s'obtient dans le système Siemens par le changement de direction des flammes et qui vaut à la sole un chauffage élevé et partout égal.

Les gazogènes de ce four, aussi du système Pietzka, sont soufflés avec des appareils Kœrting, employant, au lieu de vapeur, de l'air comprimé à 3 atmosphères.

Un four Pietzka fournit en douze heures, avec une consommation d'environ 2.800 kilog. de houille, 12.000 kilog. de produits finis en fer avec des paquets de 70 à 150 kilog. chacun ou 22.000 kilog. de produits finis en acier avec des lingots de 170 à 200 kilog. chacun. Un four Pietzka pour plaques de blindage consomme en douze heures environ 6.000 kilog. de houille et sert à chauffer des plaques dégrossies à la presse et pesant jusqu'à 30 tonnes. Ces plaques ne sont laminées qu'après vingt-quatre heures environ de chauffe [2].

Four continu Laughlin-Reuleaux. — C'est un four à gaz disposé, quand il est pour billettes, de manière à recevoir une ou deux rangées de billettes de 100 $\times$ 100 et environ 920 millimètres de longueur : ces billettes reposent sur des tuyaux à courant d'eau supportés dans toute leur longueur par d'étroites murettes en briques. Les pailles et scories qui se forment pendant le passage au four des billettes tombent ainsi entre les murettes.

Devant les portes du four, du côté du rampant, on amène deux wagonnets, sur lesquels les billettes ont été rangées parallèlement; et, au moyen d'un piston hydraulique, on pousse

1. *Revue générale des sciences*, article Demenge, tome VI, p. 877.

2. Ces renseignements et ceux concernant le four qui suit ont été empruntés au *Bulletin* n° 1445 du Comité des Forges de France, qui a traduit les communications, faites à l'assemblée générale de l'association des sidérurgistes allemands, à Dusseldorf, le 23 octobre 1898, sur les *Progrès récents des Installations de Laminage*. Nous avons fait d'importants emprunts à ce Bulletin.

ces billettes dans le four. On continue ainsi jusqu'à ce que le four soit complètement rempli. Quand les premières billettes sont assez chaudes pour être laminées, on introduit de nouvelles billettes, qui font tomber les premières sur les rouleaux disposés pour les amener au laminoir. On a fait en Amérique plusieurs fours de ce genre, chauffant 75 à 100 tonnes de billettes pour train-machine [1] par poste. On en a aussi construit pour desservir un train à bidons, qui ont chauffé, par poste de onze heures, 100 tonnes de blooms de $150 \times 150 \times 1830$ millimètres enfournés froids et qui ont été convertis en bidons de $230 \times 6\ ^1/_2$ millimètres. On en a enfin, croyons-nous, employé pour le chauffage de blooms dégrossis, longs de 3 m. 650 environ, destinés à la fabrication de poutrelles de 380 millimètres de hauteur.

Chargement des fours. — Le chargement et le déchargement des fours se font au moyen d'appareils fort variés et parfois compliqués.

On emploie assez souvent, pour les lingots lourds, des tenailles hydrauliques suspen-

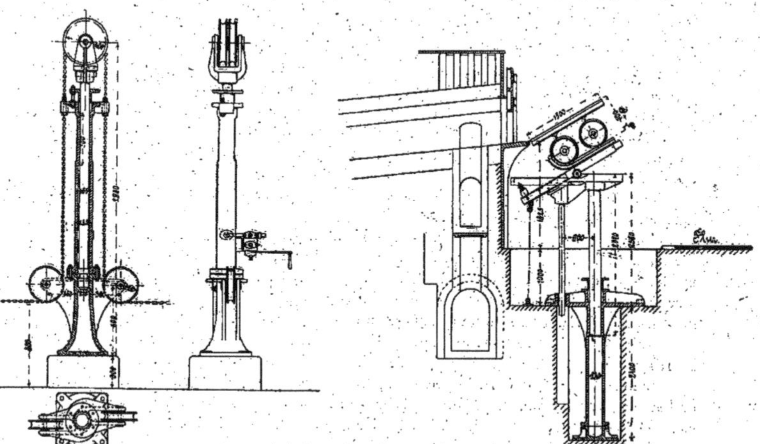

Fig. 24. — Tireuse double hydraulique.

Fig. 25. — Appareil d'enfournement pour charge de 2,500 kil.

dues à une grue : elles permettent de placer et de reprendre la pièce à l'endroit précis où on le désire, sans fatiguer la sole.

Tireuse hydraulique double (fig. 24). Celle que nous avons représentée est faite pour paquets de 350 kilog. Le piston de 90 millimètres de diamètre et de 975 millimètres de course fonctionne sous une pression de 20 atmosphères.

Cette tireuse a évidemment été inspirée par la tireuse à vapeur en usage depuis 1870 et consistant en un cylindre recevant la vapeur à une seule extrémité : le piston tire la pièce à l'aide d'une chaîne passant sur des poulies appropriées et est ramené dans sa position première par un contrepoids. La tireuse hydraulique est à la fois plus simple et plus puissante que la tireuse à vapeur.

1. Le produit appelé *machine* est cette petite verge ronde, qui sert à la fabrication des fils et de leurs dérivés (pointes, vis).

Enfourneuse hydraulique à chariot (fig. 25). Le wagonnet chargé de lingots est amené sur un culbuteur placé lui-même sur un plateau qui forme l'extrémité supérieure d'un piston hydraulique. Quand celui-ci s'élève, le culbuteur et le chariot prennent, sous l'effet d'une chaîne d'arrêt qui se tend, la position inclinée qui est représentée sur la figure, et les lingots glissent dans le four.

Le modèle en question, destiné à enfourner des charges de 2, 5 tonnes, a un piston de 210 millimètres de diamètre, de 1600 millimètres de course, fonctionnant sous une pression de 25 atmosphères.

Enfourneuse à fourche (fig. 26). Une fourche est suspendue à un chariot, qui peut

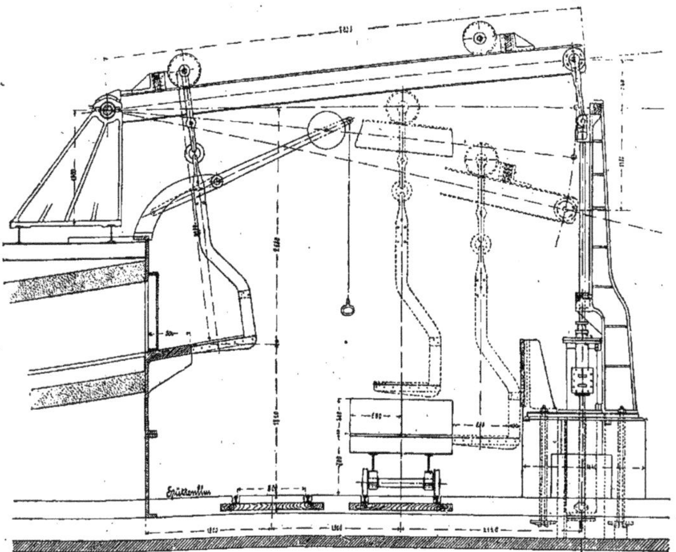

Fig. 26. — Appareil d'enfournement pour lingots de 2000 kil.

rouler sur un système de poutrelles, pouvant prendre diverses inclinaisons sous l'effet d'un piston hydraulique ou à vapeur.

Quand les poutrelles sont dans leur position la plus basse, la fourche s'insinue sous le lingot amené par un wagonnet. La fourche ainsi chargée s'élève avec les poutrelles ; quand celles-ci ont pris leur position la plus haute, le chariot roule vers le four et le lingot sur la sole.

L'appareil représenté peut enfourner des lingots pesant jusqu'à 2 tonnes.

Enfourneuse à pont roulant électrique (fig. 27). — C'est celle qui dessert le four à gaz de Micheville-Villerupt, pour blooms à rails de grande résistance ou à fortes poutrelles. La sole du four un peu inclinée vers l'arrière est au même niveau que le sol de l'usine. Les blooms, d'une longueur maximum de 3 mètres, sont amenés par un ripeur devant la porte du four, où sont quelques rouleaux fous, destinés à faciliter leur glissement. Celui-ci est déterminé par un poussoir horizontal suspendu au chariot du pont roulant.

Pour le défournement, à l'appareil est aussi fixé un anneau dans lequel passe une chaîne avec tenaille qui, lorsque le chariot s'éloigne du four, entraîne le bloom au dehors et le place sur un ripeur qui l'amène à un chemin de rouleaux.

Appareil en C équilibré (fig. 28). — Il est employé au Creusot pour charger les fours, pour transporter les lingots aux laminoirs ; la figure le montre servant un train à blindages

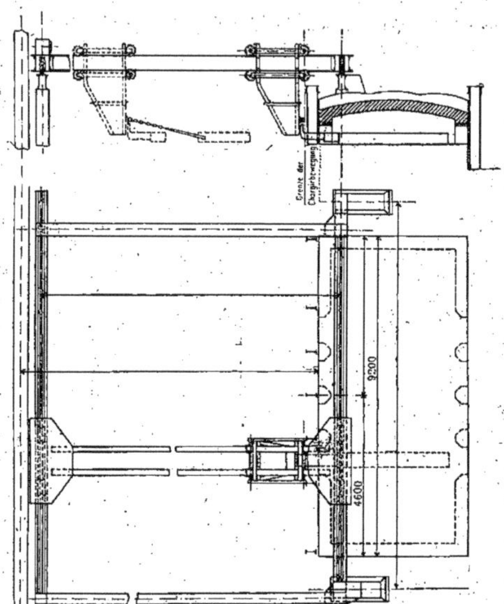

Fig. 27. — Appareil d'enfournement du four à gaz de Micheville-Villerupt.

et grosses tôles. Il consiste en un C, équilibré grâce à un contrepoids, qui permet de suspendre la charge par son centre de gravité, malgré l'obstacle présenté par la voûte du four. Il est suspendu au chariot d'un pont roulant électrique ou autre, qui lui imprime les déplacements convenables. Le pelleton, qui entre dans le four, et qui par conséquent est susceptible de déformation et d'usure, est amovible ; il est le plus souvent droit, mais peut affecter la forme d'une fourche à deux branches, pour mieux soutenir les paquets de fer à porter au laminoir de soudage. Dans ce cas, la fourche embrasse la tête du récepteur placé au milieu des rouleaux du train, au lieu de pénétrer dans l'échancrure ménagée sous cette tête pour y loger les pelles droites, lesquelles sont toujours suffisantes dans le cas de lingots d'acier.

Au pelleton est fixée une tige légère avec laquelle les ouvriers l'orientent comme il convient pour déposer le lingot sur les tasseaux de briques disposés dans le four.

Cet appareil, dont les services sont fort appréciés au Creusot, y est employé en trois grandeurs, destinées à manipuler des charges de 5, 15 et 40 tonnes. Le plus gros a un poids propre de 20 tonnes.

Enfourneuse électrique de la Société des Aciéries de France. — Cet appareil, destiné

Fig. 28. — Train à blindages pour grosses tôles du *Creusot*.

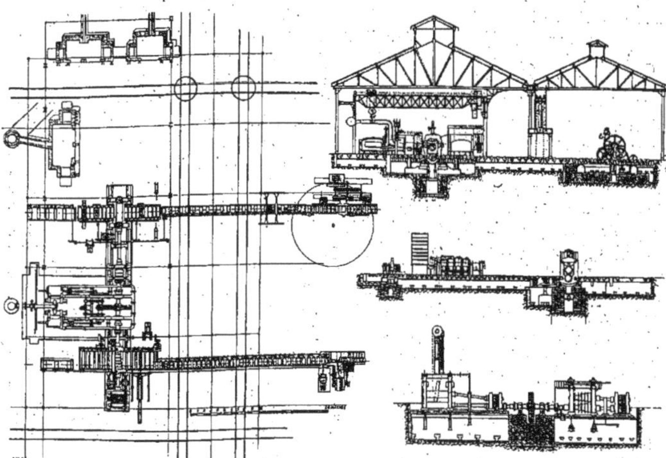

Fig. 28 *bis*. — Détails du train à blindages et à grosses tôles du *Creusot*.

à desservir un four Siemens ou autre, a pour objet de réaliser mécaniquement tous les mouvements que doit accomplir le bras de l'homme pour le chargement à la main : préhension de la charge amassée dans une boîte de forme spéciale chargée sur un wagonnet *ad hoc* ; amenée de cette boîte devant le four par rotation ou translation, suivant que les portes sont face à face ou sur un même plan ; introduction dans le four ; orientation dans un plan horizontal ; élévation ou abaissement de la boîte pour franchir un obstacle ; retournement de la boîte pour la vider ; remise de la boîte vide sur le wagonnet.

Ces divers mouvements sont obtenus, au moyen d'un levier mobile dans une rotule et suspendu à l'extrémité opposée à la charge par une disposition à la Cardan, à l'aide de dispositifs mécaniques recevant par embrayages le mouvement d'un arbre unique.

Le modèle, que l'on a pu voir exposé au Champ-de-Mars, était destiné à être attaqué par une dynamo. Il était fixé sur un pivot, de manière à desservir deux portes de four placées face à face. Pour lui faire desservir une ligne de fours, il aurait suffi de le monter sur un chariot mobile le long d'une voie ferrée.

CHAPITRE VI

Manœuvre des lingots.

Les appareils de chargement des fours nous conduisent à parler d'une façon générale des appareils de manœuvre des lingots. Ces engins constituent un élément essentiel dans l'outillage d'une forge, par suite de leur influence sur la réussite du forgeage et sur son prix de revient. Ils se composent en somme de grues et de ponts roulants, qui n'ont rien de bien particulier. Comme ils seront décrits dans la partie de cette publication relative aux appareils de levage et de manutention, nous n'en dirons ici que quelques mots.

Les grues sont rapides, mais nécessitent une série de manutentions successives pour le maniement des lingots. Les ponts roulants ont le grand avantage de permettre les transports dans toutes les parties de l'atelier sans abandonner et reprendre les charges.

D'une façon générale, les grues desservent les pilons, et les ponts les presses hydrauliques. Pourtant cette règle n'est pas sans exceptions. Aux nouvelles forges de Douai, « aux gros pilons, où il faut une grande précision dans les manœuvres, où les pièces doivent se mouvoir pendant le forgeage dans une direction bien perpendiculaire aux fronts des pilons, où enfin les fours sont situés nécessairement assez loin du centre du travail pour que les hommes occupés au martelage ne soient pas incommodés par la chaleur, des ponts roulants avec appareils de suspension bien élastiques ont été installés. Au contraire, pour les pilons moyens et petits, où il y a souvent des travaux de série et où la rapidité des mouvements joue un grand rôle, l'usage de grues aussi mobiles que possible avec des vitesses très grandes se recommandait et a été, par suite, appliqué[1]. »

Grues. — Les grues sont à deux pivots ou à col de cygne. Les premières ont leur pivot supérieur fixé à la charpente ; elles conviennent bien aux faibles puissances. Elles ne sont pas très coûteuses, parce que les fondations n'ont pas besoin d'être solidement établies. Comme elles sont très peu élastiques, force est d'interposer un amortisseur, comme des rondelles Belleville entre le moufle et la chaîne qui porte la pièce à forger.

Les grues à col de cygne, qu'on emploie quand il y a impossibilité de s'amarrer à la charpente, sont plus élastiques, mais coûtent fort cher, à cause de la grande profondeur qu'il faut donner à leurs fondations.

Nous citerons les grues à double pivot de Saint-Chamond, les grues à col de cygne des Usines Marrel, les 4 grues qui desservent le pilon de 100 tonnes du Creusot, dont 3 ont une puissance de 100 tonnes et l'autre de 160 tonnes. L'une des deux grues à col de cygne qui desservent le pilon de 100 tonnes des Usines Marrel peut être considérée

1. *Les Installations des Nouvelles forges de Douai* par E. Demenge. — *Génie civil*, 1896.

comme le plus puissant appareil existant dans ce genre : elle a une puissance de 180 tonnes avec une portée maxima de 10 mètres et une hauteur au-dessus du sol de 9ᵐ 70.

Toutes ces grues marchent à la vapeur, les grues hydrauliques étant réservées au service des fonderies. Le moteur qui les dessert fait tourner un arbre qui commande la rotation de la grue, le treuil de levage, le chariot mobile le long du col, le vireur qui retourne la pièce sur elle-même.

La transition des grues aux ponts roulants nous sera fournie par le pont de Terni (Italie), qui pivote autour du pilon, l'une des extrémités restant fixe, l'autre étant supportée par un chevalet mobile sur une voie circulaire.

Ponts roulants. — La force motrice se transmet aux ponts roulants de bien des manières. Certains ponts sont absolument indépendants de l'extérieur, possédant leur chaudière et leur machine. Les fumées, le bruit qui en résulte, la nécessité de renforcer les poutres de roulement sont des inconvénients de ce système. Souvent ils reçoivent la force motrice d'une machine établie hors de l'atelier, la transmission se faisant par câbles sans fin, sujets à une grande usure, ou par arbre carré plus économique, mais ne pouvant convenir aux grandes distances. L'électricité est fort utilement employée. « Aujourd'hui dans toutes les grandes forges, les ponts sont électriques ; le Creusot n'a pas hésité à modifier la plupart de ses ponts roulants qui marchaient à la vapeur ; aux mines de Saint-Chamond, la presse à forger de 4.000 tonnes est desservie par deux ponts électriques de 120 tonnes de puissance, établis à 11 mètres au-dessus du sol. L'emploi du courant électrique permet un mouvement de translation aussi développé que l'on veut ; la manœuvre est remarquablement simple, et la vitesse des différents mouvements peut être considérable ; en outre, le pont roulant n'est mis en marche qu'au moment où on en a besoin ; le bruit continu d'une transmission mécanique n'est donc plus là pour étouffer les commandements du marteleur, ce qui présente un gros intérêt au point de vue des accidents[1]. ».

Les ponts électriques utilisent les courants continus ou les courants alternatifs : ceux-ci, on ne l'ignore pas, permettent le transport de la force à de grandes distances, utilisent des moteurs sans collecteurs ni balais, ne donnant guère d'étincelles et ne demandant dès lors que peu de surveillance.

La puissance des ponts électriques a été poussée jusqu'à 150 tonnes ; cette limite pourrait être facilement dépassée.

On a pu voir à l'Exposition plusieurs ponts roulants électriques, notamment, dans la section française, la grue Titan de M. Le Blanc, et, dans la section allemande, le pont de M. Carl Flohr.

La *grue Titan*, de la force de 25 tonnes, est actionnée seulement par deux moteurs électriques. Le premier, de 20 chevaux, assure la translation du pont, à une vitesse de 24 mètres par minute à vide, de 4 à 20 mètres par minute avec une charge de 30 tonnes. Le second, de 16 chevaux, commande l'orientation de la volée (à la vitesse de 4 mètres par minute), la translation du chariot(11 m. 50), le levage de la charge (2 m. 10 par minute pour les charges de 10 tonnes, 1 m. 10 pour celles de 30 tonnes), la descente du crochet (3 m. 40 et 2 m. 50). Ces moteurs marchent sous 240 volts.

Le *pont roulant de M. Carl Flohr*, de Berlin, a aussi une puissance de 25 tonnes. Un moteur de 26 chevaux, faisant 115 tours par minute, imprime au pont une vitesse de translation de 30 mètres par minute. Un moteur de 8 chevaux (500 tonnes) déplace le chariot sur le pont, à la vitesse de 18 mètres. Enfin deux moteurs de 18 chevaux, faisant 450 tours par minute, montés en série, assurent le levage à une vitesse de 2 m. 40 pour les grosses charges.

1. *État actuel du travail du fer et de l'acier* par E. Damsson. *Revue générale des sciences*, t. VI, p. 878.

Les vitesses que nous venons de donner, notablement plus élevées pour le pont de M. Carl Flohr que pour celui de M. Le Blanc, peuvent être de beaucoup dépassées. Nous n'en voulons d'autre preuve que celle du pont de 22 tonnes, fourni par la Cie générale d'Électricité de Liège à la « Fabrique de fer d'Ougrée. » Ce pont a 3 moteurs : pour la translation du pont, celle du chariot et les mouvements de la charge. Ces moteurs impriment au pont vide une vitesse de 100 mètres par minute, au chariot une vitesse de 30 mètres. Les mouvements se font dans de très bonnes conditions, sans chocs, et semblent prouver que ces vitesses déjà considérables pourraient encore être accrues.

CHAPITRE VII

Forgeage.

Généralités. — Le *forgeage* a deux buts : assurer l'homogénéité de la pièce et lui donner la forme voulue.

Le premier, le plus difficile à réaliser s'atteint par des moyens différents, suivant qu'il s'agit de fer ou d'acier puddlés ou d'acier coulé.

Pour le produit puddlé, il faut expulser les scories et souder entre elles les différentes particules de fer ou d'acier, de manière à en former un bloc homogène, comme un lingot. On expulse les scoriés en cinglant la loupe au pilon et en lui donnant au laminoir la forme d'une barre plate. Ces barres de *fer brut* sont coupées et réunies en paquets, qu'on chauffe au blanc soudant et qu'on passe de nouveau au laminoir ; on a ainsi le *fer marchand.*

Parfois pourtant, comme aux forges de Champigneulles, la loupe, sortant d'un four de puddlage très chaud, est cinglée, puis transformée, d'une seule chaude et par un seul train, en laminés marchands. Cela n'est du reste possible que grâce à la bonne qualité des fontes employées au puddlage, et à des additions convenables de fondants ou de ferros.

Pour le cinglage, on emploie exclusivement le marteau pilon, presque toujours à simple effet, d'une force de 1.500 à 2.000 kilos. Cet engin est assez peu économique, parce qu'il consomme beaucoup de vapeur ; mais il est fort commode, parce qu'il permet de proportionner la pression aux nécessités du moment.

Le laminoir, employé pour transformer la loupe en barres plates, monté presque toujours en duo de 1 m. 20 à 1 m. 50 de longueur, a des cannelures dégrossisseuses ovales (pour uniformiser la pression) et des finisseuses carrées, puis rectangulaires ; le rapport de la section d'une cannelure à celle de la suivante est de $\frac{20}{14}$.

Pour les lingots (ou les paquets de produits puddlés réchauffés au blanc soudant), le forgeage n'a plus à chasser les scories, mais il a encore à donner à la masse plus d'homogénéité. Voici en quoi consiste l'homogénéité cherchée. Ainsi que l'ont prouvé les beaux travaux de M. Osmond, l'acier coulé est composé de grains de fer à peu près purs, noyés dans un ciment de carbure de fer. Mais la répartition du fer et du carbure est inégale ; le forgeage a justement pour effet de la régulariser, et dans cette régularisation, qui augmentera beaucoup la ténacité de l'ensemble, l'analyse micrographique permet de se rendre compte, pour ainsi dire à chaque instant, du point où en est la transformation ; elle constitue donc pour le forgeron un guide précieux.

Les outils qu'on peut employer pour le forgeage d'un lingot sont au nombre de trois : le marteau-pilon, la presse, le laminoir. L'emploi de tel ou tel d'entre eux n'est pas fatal : certaines pièces, comme les plaques de blindage, peuvent être faites au laminoir, ou au pilon, ou à la presse et au pilon. Dans la fabrication des bandages, il semble qu'il y aurait intérêt à faire l'ébauchage et le perçage du lingot à la presse, le bigornage au pilon et le finissage au laminoir [1]. Pourtant, d'une façon générale, on peut dire que les profilés de section simple et de dimensions faibles, qui se contentent d'un métal de qualité ordinaire, comme les rails, les bandages, les tôles... sont faits au laminoir, dans des conditions de bon marché auxquelles le pilon et la presse ne sauraient prétendre. Les pièces plus considérables, et dont les formes variables ne se prêtent pas à un laminage, sont faites au pilon ou à la presse, ou avec ces deux outils, par le procédé du matriçage. L'emboutissage, lui, se fait parfaitement à la presse.

Le pilon et la presse soumettent les parties extérieures du lingot à des pressions à peu près normales, celles de l'intérieur à un étirage par écoulement latéral des molécules. Dans le laminage, au contraire, « en même temps que les couches centrales sont refoulées, les couches extérieures sont soumises à un effort tangentiel et poussées en avant par le frottement et le mouvement de rotation des cylindres. » Ces caractères différencient tout de suite le laminoir du pilon et de la presse.

Pour ce qui est de ces deux derniers, on peut noter les différences suivantes :

1° Le pilon forge surtout à la surface ; la presse forge à cœur et convient dès lors mieux que le pilon pour les pièces de grosses dimensions.

2° Le pilon décape de lui-même le métal ; la presse ne le fait pas et le nettoyage artificiel, qui est avec elle de rigueur, entraîne des retards et un supplément de main-d'œuvre.

3° La presse pouvant travailler le métal à une température plus basse et plus longtemps que le pilon, a besoin de moins de chaudes : le travail est moins coûteux et la qualité de l'acier peut être meilleure.

4° La continuité de l'effort, qui se transmet bien à toute la masse, sans vibrations parasites, procure à la presse un rendement plus élevé que celui du pilon. Dans ce dernier les vibrations absorbent de la force, l'enclume aussi en prend au moins 20 p. 100.

5° Le pilon permet, au moyen de la gouge, d'enlever les criques qui ont pu se produire ; cela n'est pas possible avec la presse.

6° Le pilon, à cause de la rapidité de ses coups, est un bon outil finisseur ; la presse, au contraire, est plutôt un outil ébaucheur.

7° Cependant pour le gabariage des plaques de blindage, le matriçage, l'emboutissage, le pilon convient beaucoup moins bien que la presse, parce qu'on a à craindre avec lui la rupture des matrices et qu'il n'a pas cette lenteur d'action si favorable à la réalisation des formes compliquées.

8° Le mécanisme d'un pilon est beaucoup plus simple que celui d'une presse ; pourtant les fondations du premier ont besoin d'être beaucoup plus soignées que celles de la seconde, la chabotte devant avoir un poids de 7 à 10 fois plus considérable que le marteau, si bien que tous les sols ne conviennent pas à l'installation d'un pilon, alors qu'ils s'accommodent tous de l'installation d'une presse.

Ces deux outils ne sont donc pas absolument équivalents ; on peut avoir intérêt à choisir l'un ou l'autre, ou à les associer dans un même travail.

M. Demenge admet qu'une pression de 500 à 800 kg., suivant la température, est nécessaire au forgeage par centimètre carré, et qu'une presse de 4.000 tonnes équivaut à un pilon de 120. M. Chômienne évalue à 40 le rapport qui doit exister entre la puissance d'une presse et le poids d'un pilon, pour que ces deux engins produisent le même travail : ainsi une presse de 2000 tonnes équivaudrait à un marteau de 50.

1. *Fabrication de l'acier et procédés de forgeage de diverses pièces* par A. Chômienne, p. 139. Paris, Bernard 1898.

CHAPITRE VIII

Marteaux-pilons.

Le premier marteau à vapeur a été construit par Bourdon en 1840 : c'était un marteau à simple effet, constitué par un mouton en fonte de 2.500 kilog., dont la hauteur de chute était de 2 mètres au maximum.

Depuis cette époque, les poids et levée des pilons se sont beaucoup accrus.

A l'Exposition de 1849, Michel Chevalier, rapporteur du jury, trouvait fort remarquable le poids d'un marteau de 4.000 kilog.

En 1878, le Creusot exposait un modèle en bois de son marteau de 80 tonnes, qui a été ultérieurement porté à 100 avec une hauteur de chute de 5 mètres.

En 1889, les Usines Marrel frères exposaient le modèle au dixième de leur pilon de 100 tonnes avec levée de 5 m. 750.

Marteau de 125 tonnes des Forges de Bethléem. — L'Exposition de 1900 aurait pu avoir le modèle plus ou moins réduit du marteau de 125 tonnes, installé en 1891 aux Forges de Bethléem (États-Unis), dont la course est de 5 mètres et pourrait atteindre 6 mètres. Les principales données de cet engin sont les suivantes :

Diamètre du cylindre		1 m. 930
Pression de la vapeur		8 kg.
Tige creuse du piston	longueur	12 m. 20
	diamètre	0 m. 43
Poids de la chabotte		2.150 t.
Hauteur totale du pilon		27 m. 43
Plus grande largeur		11 m. 50

La prochaine Exposition n'aura pas plus fort à montrer, car les poids de 100 et 125 tonnes sont des poids maxima qu'il n'y a aucun intérêt à dépasser. Certains ingénieurs estiment même qu'un marteau de 30 ou 35 tonnes est bien suffisant, combiné avec un emploi avantageux de la presse. Les Anglais donnent exclusivement la préférence à cette dernière pour le forgeage des grosses pièces.

Pilons des Forges de Douai. — Aux nouvelles Forges de Douai, sur les huit marteaux-pilons un seul atteint 30 tonnes, sans les étampes ; après lui, le plus lourd n'en pèse que 10. Les dimensions principales du marteau de 30 tonnes sont :

Diamètre du cylindre	1 m. 050
Course du piston	3 m. 800
Diamètre de la tige du piston	0 m. 225
Dimensions du marteau	1 m 50 × 0 m 90
Poids de la chabotte	180 t.

Les jambages sont constitués par 4 poutres creuses en tôles et cornières rivées. Les poutres sont boulonnées à leur partie inférieure sur des sabots en fonte, et sont réunies dans le haut par un chapiteau en fonte qui porte la boîte de distribution à piston équilibré. Les glissières sont en acier forgé. Le cylindre en fonte est muni, à la partie supérieure, d'alvéoles d'échappement et d'un appareil de sûreté qui retient le piston en cas de rupture. Le marteau est en acier coulé. La chabotte se compose de trois pièces de fonte aciéreuse réunies par des frettes; elle repose sur un stock en bois de chêne placé debout et enfoncé au mouton dans un carrelage en maçonnerie de béton et de ciment; au-dessus de ce carrelage s'élèvent quatre piliers en béton de ciment supportant les jambages.

La vapeur est presque le seul agent employé pour actionner les marteaux-pilons des forges. Le gaz, l'électricité ne sont utilisés que pour des pilons bien plus petits. Pourtant, l'eau sous pression est quelquefois employée : elle a l'avantage, en même temps qu'elle imprime au pilon des coups répétés, de prolonger l'action précédente par une pression lente, analogue à celle de la presse.

Le marteau-presse de Allen, constructeur à Galloway, qui a été installé dans les Établissements Bessemer et Cie, est resté isolé. Il nous amène tout naturellement à parler des presses.

CHAPITRE IX

Presses hydrauliques.

La première presse hydraulique, appliquée au forgeage, est celle que l'ingénieur autrichien Haswell installa aux Forges de Staats-Bahn à Vienne.

Nous rappellerons qu'un moteur à vapeur horizontal actionnait directement, par les deux côtés de son piston, deux pompes à simple effet qui refoulaient l'eau dans un pot de presse vertical, dont le piston plongeur portait à sa partie inférieure l'outil forgeur. La pièce était pressée par cet outil sur une enclume changeable, fixée au socle de la presse. Le relèvement du tas supérieur se faisait à l'aide d'un piston hydraulique situé au-dessus du pot de presse. La course du piston plongeur était de 0 m. 60 ; l'effort maximum développé de 750 tonnes. Plusieurs presses de ce modèle furent successivement construites avec des puissances plus grandes : 1.200, 3.000 tonnes et au delà.

D'autres types ont été créés, dont la puissance a été portée jusqu'à 14.000 tonnes. Actuellement on emploie principalement les systèmes Witworth, Tannett-Walker, Davy, Breuer et Schumacher. Ce dernier seul était représenté à l'Exposition. Nous le décrirons en détail après avoir donné sur les trois premiers quelques indications nous permettant de les définir et de comparer entre eux les divers systèmes.

Presse Whitworth. — Elle comprend un moteur à vapeur, actionnant des pompes qui refoulent l'eau sous un accumulateur à poids, chargé d'environ 300 kilog. par centimètre carré.

La presse elle-même comprend un sommier inférieur (recevant une enclume changeable) et un sommier supérieur reliés de façon invariable par 4 piliers. Le sommier supérieur porte deux cylindres hydrauliques releveurs fermés dans le bas, et dans lesquels coulissent, sous l'action de l'eau de l'accumulateur, deux pistons. Chacun de ces pistons porte à sa partie supérieure une traverse de laquelle partent deux barres de suspension qui descendent le long du cylindre et soutiennent, à leurs extrémités inférieures, une traverse mobile qui fait corps avec le pot de presse.

On peut, en admettant dans les pistons releveurs la quantité d'eau voulue, arrêter la traverse à la hauteur qui convient à la pièce qu'on doit forger; un système de vis et d'écrous permet de l'y fixer rapidement et sûrement. En admettant dans le pot de presse l'eau sous pression, on fait descendre le piston qui exerce son action sur la pièce. La course étant petite (sans que cela empêche, grâce à la mobilité de la traverse, de forger des pièces de hauteur très différentes), on peut donner jusqu'à 12 et 15 coups par minute, ce que l'on ne peut faire avec les autres systèmes.

Les presses Whitworth se construisent avec des puissances fort variables : 2.000 tonnes à Bethléem, 3.000 aux ateliers de l'inventeur à Manchester, 5.000 à Bethléem, 10.000 au Creusot, 13.000 à Homestead (États-Unis), 14.000 à Bethléem. Cette dernière, la plus forte de toutes celles qui aient été installées jusqu'ici, donne une charge de 500 kilog. par centimètre carré ; les pompes ont une force de 16.000 chevaux.

Presse Tannett-Walker. — Comme la presse Withworth elle comporte des pompes et un accumulateur à haute pression ; elle comprend en outre des pompes et un accumulateur à basse pression.

Nous décrirons comme modèle de ce type la presse à gabarier de 1.500 tonnes, construite par la maison Biétrix, Leflaive, Nicolet et Cie, de Saint-Étienne, pour les Forges de Saint-Jacques à Montluçon, de la Cie des Forges de Châtillon, Commentry et Neuves-Maisons (fig. 29 à 33).

La presse elle-même se compose de deux sommiers, reliés par quatre colonnes en acier forgé. Celui du bas est en acier moulé en deux parties et reçoit, à sa partie supérieure, une plate-forme mobile également en acier moulé, manœuvrée par deux cylindres hydrauliques à double effet placés dans l'intérieur du sommier. Cette plate-forme a pour but de faciliter les manœuvres de chargement des blindages à gabarier, en se portant en dehors de la presse, à la portée du crochet du pont roulant. Un dallage mobile recouvre la fosse nécessaire au déplacement de cette plate-forme.

Le sommier supérieur est formé de deux blindages sur lequel les quatre colonnes sont solidement ancrées ; ils sont entretoisés à leurs extrémités par des bâtis alésés recevant les cylindres releveurs, et dans leur milieu par le pot de presse. Ce dernier est en acier moulé et porte à sa partie inférieure deux forts talons prenant appui sur les blindages. Le pot de presse, les entretoises et les pattes d'attache des colonnes sont assemblés sur les sommiers par des boulons tournés et ajustés à bloc dans leurs trous.

Le pot de presse porte à sa partie supérieure deux tubulures d'arrivée d'eau, l'une pour l'eau sous pression de 200 kilog. venant du distributeur, l'autre pour celle d'une bâche d'alimentation placée dans la charpente, à une hauteur suffisante pour que le liquide soit légèrement en charge. Sur ce dernier tuyau est placée une boîte de retenue, à deux soupapes successives, pour assurer une parfaite étanchéité.

Quand on veut faire descendre le piston porte-tas, on ouvre le distributeur d'échappement des cylindres releveurs ; le poids de la traverse-guide reliée au piston est suffisant pour assurer la descente, tandis que les soupapes de retenue s'ouvrent d'elles-mêmes par l'effet du vide et l'eau de la bâche d'alimentation vient remplir le pot de presse.

Lorsque le tas supérieur est au contact de la pièce à gabarier, on ouvre le distributeur d'eau sous pression ; les clapets de retenue, déjà fermés par leur propre poids, maintiennent la pression intérieure et la presse agit avec toute sa puissance d'action.

Pour effectuer le relevage, il suffit d'ouvrir l'échappement de la presse et l'admission aux releveurs (ces opérations successives se font toutes au moyen d'un levier unique).

L'eau d'échappement est refoulée dans la bâche, en passant par le distributeur, puisque les soupapes de retenue sont toujours fermées. Les cylindres releveurs doivent avoir un diamètre capable de donner à l'eau la pression qui lui est nécessaire pour remonter dans la bâche. La presse fonctionne sous une pression de 200 kilog. ; les releveurs et les cylindres de la plate-forme mobile sous une pression de 50 kilog.

Dans les nouveaux modèles Tannett-Walker, c'est le pot de presse qui est mobile, cela pour faciliter le remplacement des cuirs de la garniture du piston.

De nombreuses presses Tannett-Walker sont actuellement en usage, notamment une de 600 tonnes, une de 1.000, 6 de 1.200, 4 de 2.000 (Krupp, Creusot, Terni, aciéries

Witkowitz, en Autriche), 2 de 4.000 (Brown à Sheffield, Châtillon, Commentry et Neuves-Maisons, à Montluçon), une de 5.000 tonnes (Krupp). On voit que leur puissance n'atteint d'ailleurs pas celles de certaines presses Whitworth.

Mentionnons, avant d'en finir avec ce type, la presse Duplex semblable à celle qui a

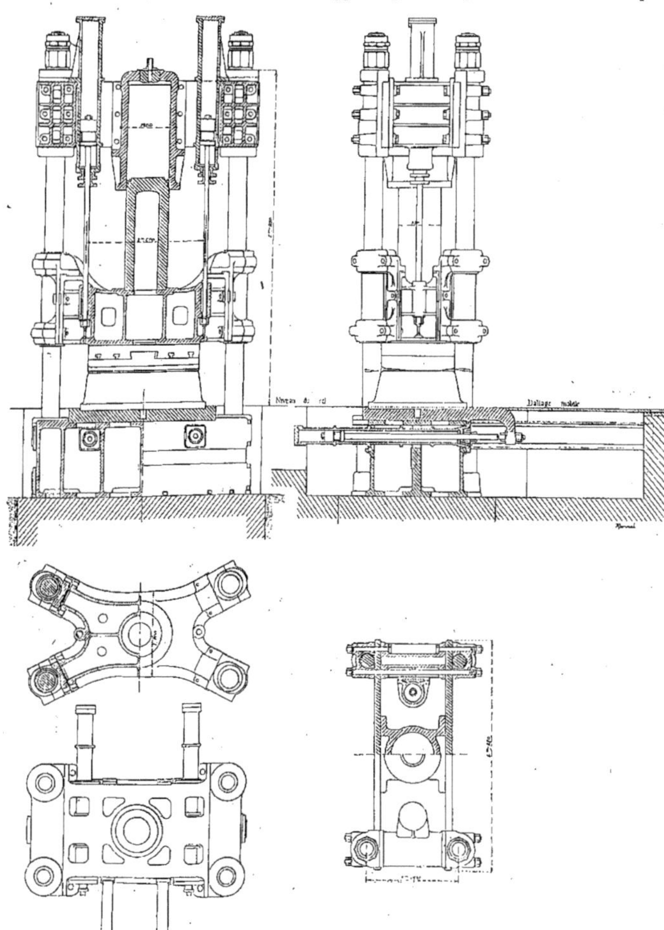

Fig. 29 à 33. — Presse *Tannett-Walker*.

été inaugurée, il y a quelques années, à Barrow-in-Furness, pour l'ébauchage des lingots à tôles ou autres de moyennes dimensions. Elle se compose d'une presse verticale de 1.200 tonnes forgeant le lingot dans le sens de la plus grande dimension et d'une presse horizontale de 600 tonnes forgeant ce même lingot sur les petites faces. Ces deux presses fonctionnent alternativement, le lingot passant de l'une à l'autre au moyen de deux tabliers mobiles à rouleaux transporteurs, articulés à l'une de leurs extrémités, soulevés à l'autre par de petits pistons hydrauliques, pour faciliter le passage du lingot au-dessus du tas inférieur de la presse verticale. Cette presse Duplex remplace un laminoir dégrossisseur dont le coût est toujours très élevé et l'alimentation exige une production considérable. Elle a aussi l'avantage de donner facilement les sections carrées ou rectangulaires sans rien changer aux tas, tandis qu'avec le laminoir il faut une série de cylindres[1].

Presse Davy. — Il n'y a pas d'accumulateur ; l'eau est refoulée, au moment où la pression doit être exercée par l'outil sur la pièce, par un jeu de pompes à simple effet qu'actionne une machine à vapeur ; celle-ci, devant partager les intermittences d'activité et d'arrêt des pompes, n'a pas de volant. Il y a simplement un réservoir d'eau à basse pression (5 kilog.) obtenue par de l'air comprimé.

La presse comprend, comme toujours, deux sommiers reliés par 4 colonnes ; celles-ci sont creuses et servent de conduites d'eau.

Le sommier supérieur porte : 1° non pas un, mais deux pots de presse, dans chacun desquels se meut un piston de grande longueur (2 m. 80 environ) ; 2° entre les deux pots, dans l'axe de l'outil, un cylindre fermé à sa partie supérieure ; 3° deux cylindres hydrauliques releveurs.

Ces trois genres d'organes ont leur raison d'être dans la manœuvre de la traverse porte-outil placée entre les deux sommiers : 1° les pistons compresseurs exercent sur cette traverse la pression qui doit être transmise à la pièce ; comme ils prennent contact avec elle par des parties sphériques, il peut y avoir entre la traverse et les deux pistons de petits déplacements relatifs, inoffensifs pour les trois.

2° Dans son mouvement de descente, la traverse porte-outil, guidée comme dans les autres presses par les quatre montants, l'est encore très efficacement par le déplacement d'un bras rigide solidaire d'elle dans le cylindre du sommier supérieur.

3° Les cylindres releveurs assurent comme d'habitude le retour de la traverse à sa position supérieure.

On comprend le fonctionnement de cet ensemble. Le porte-outil étant supposé en haut, pour assurer sa descente à blanc jusqu'au contact de la pièce, sans mettre en action le moteur ni les pompes, on fait communiquer les cylindres releveurs et les pots de presse avec le réservoir de basse pression, les premiers pour que l'eau à haute pression qu'ils contiennent soit recueillie dans le réservoir, les seconds pour produire la descente du porte-outil, sans dépense de force motrice.

Dès que l'outil est arrivé au contact de la pièce, on met les pompes en action : les grandes valves des pistons forgeurs rompent automatiquement les communications entre les pots de presse et le réservoir de basse pression et l'ouvrent avec la conduite des pompes. Les cylindres releveurs continuent à communiquer avec la basse pression.

Quand la descente de l'outil est terminée, on fait communiquer ces cylindres avec la conduite des pompes ; l'eau à haute pression fait remonter l'outil et l'eau des pots s'écoule dans le réservoir à basse pression.

Le mécanicien dispose d'un levier pour faire jouer la distribution de l'eau et d'un volant pour faire fonctionner le moteur et les pompes. La facilité de ces manœuvres permet une marche rapide. Les vitesses des divers mouvements sont à peu près les

1. Chômienne, *Loc. cit.*, p. 115.

suivantes : descente à blanc aussi grande qu'on le veut; descente du tas supérieur pendant la pression, 5 cm. par seconde; montée du tas supérieur pendant la pression, 66 cm. par seconde.

Citons comme presse Davy, celles de 2.000 tonnes des Aciéries de Newburn (Angleterre), des Aciéries Holtzer à Unieux, des Forges de la Marine à Rive-de-Gier;

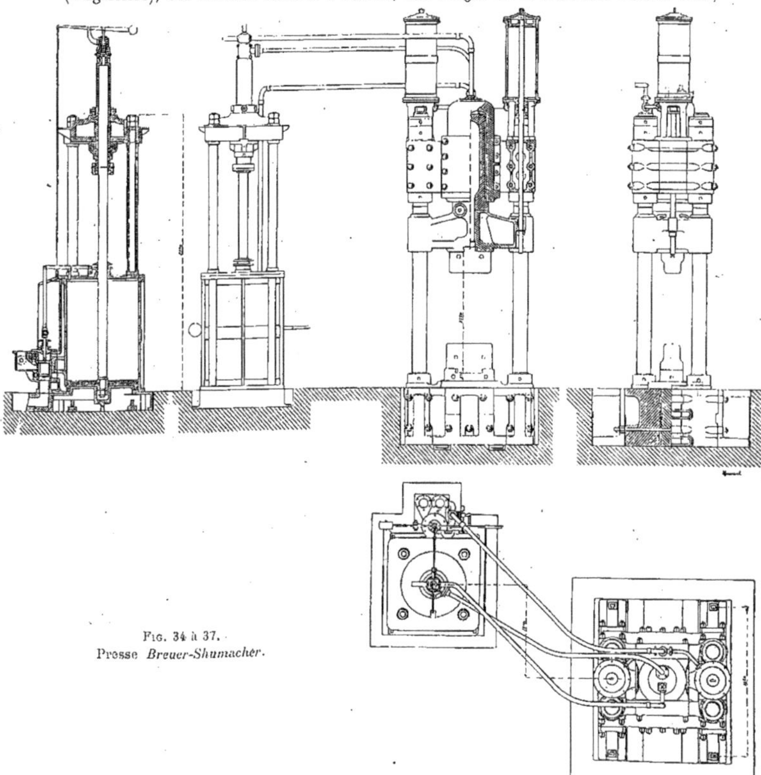

Fig. 34 à 37.
Presse *Breuer-Shumacher*.

celles de 4.000 tonnes des Forges de la Marine à Saint-Chamond, de Cammell à Sheffield.

Presse Breuer et Schumacher (fig. 34 à 37). — Il n'y a pas d'accumulateur ni de machine à vapeur proprement dite, mais un simple compresseur formé par un cylindre à vapeur vertical à simple effet.

La vapeur admise sous le piston le force à s'élever et du même coup fait monter sa tige prolongée bien au-dessus du cylindre, de manière à former le piston d'un corps de pompe de beaucoup plus petit diamètre. Ce corps de pompe est solidement encastré dans un chapeau en acier forgé, relié au cylindre à vapeur par 4 tirants en acier forgé, entourés eux-mêmes par 4 colonnes creuses, qui servent d'entretoises entre le chapeau et le fond supérieur du cylindre.

L'ascension du piston dans le corps de pompe provoque le refoulement dans le pot de presse de l'eau qu'il contient et qui lui est fournie par un réservoir à l'air libre, simplement placé dans les combles de l'atelier.

La presse a ses deux sommiers reliés par 4 tirants en acier forgé : celui du bas en fonte porte l'enclume; celui du haut en acier moulé porte le pot de presse.

Le piston de ce dernier est relié par sa base à une traverse (guidée par 4 colliers qui embrassent les tirants) qui porte l'outil. Cette traverse est relevée par deux pistons à simple effet, mûs non plus par l'eau sous pression, comme dans les presses ordinaires, mais par la vapeur. Ces cylindres sont placés au-dessus du sommier supérieur dans le prolongement des tirants.

Quand il s'agit de forger une pièce, on commence par amener la traverse porte-outil au niveau demandé par l'épaisseur de cette pièce; pour cela on ouvre la communication entre l'ensemble formé par la pompe, le tuyau qui la relie au pot de presse et le pot de presse, d'une part, et le réservoir d'eau, d'autre part, et on admet dans les cylindres releveurs une quantité de vapeur en rapport avec la situation que les pistons doivent y occuper. Dès que la traverse est au niveau voulu, on ferme la communication entre le pot de presse et le réservoir, et on admet la vapeur dans le cylindre compresseur. La distribution est faite au moyen d'un tiroir cylindrique équilibré, muni de recouvrements pour permettre la détente de la vapeur. On fait ainsi monter le piston compresseur jusqu'au moment où l'outil est descendu au niveau le plus bas qu'on veuille lui faire atteindre; on a ainsi un moyen bien simple de régler la course de l'outil forgeur.

Dès que la pression est terminée, le piston à vapeur redescend automatiquement sous l'action de la pesanteur : la vapeur, au lieu de s'échapper dans l'atmosphère, passe sur l'autre face du piston, où elle établit une contre-pression égale à celle qui règne dans le bas et où elle maintient le cylindre chaud, pendant les arrêts du piston. Elle ne s'échappe à l'extérieur que lors de la montée suivante.

Un seul levier de manœuvre sert pour tous les mouvements de la presse et du compresseur.

Une presse Breuer de 700 tonnes peut donner 15 à 20 coups par minute pour l'étirage des lingots, une trentaine de plus faible amplitude pour le finissage. La pression maximum obtenue est de 500 kg. par centimètre carré. La consommation de vapeur est proportionnelle à la pression exercée ; le rendement mécanique est d'ailleurs élevé. La simplicité de cette presse, sa docilité, son élasticité, l'absence de coups de bélier, grâce au ressort de la vapeur motrice, sont des avantages incontestables. M. Chômienne reproche à cette presse sa faible course, qui varie de quelques millimètres à une douzaine de centimètres.

Le système convient non seulement au forgeage, mais au matriçage, à l'emboutissage, au poinçonnage.

Citons parmi les presses Breuer actuellement en usage, celle de Grenswood et Batley à Leeds (600 tonnes), celle de la Fabrique russe de machines de Kolomna (1000 tonnes), celle de la Société belge de Marcinelle et Couillet (1500 tonnes), celle de l'usine Krupp à Essen (6000 tonnes). Nous ne sachons pas qu'il y en ait encore en France; en tous cas elle n'y était pas employée en 1897.

Comparaison des diverses presses. — De ce qui précède, il résulte que les caractères spécifiques des presses que nous venons de décrire sont à peu près les suivants :

Presse Whitworth — accumulateur, traverse mobile portant le pot de presse;

Presse Tannett-Walker — accumulateur, chariot mobile pour l'enclume, traverse porte-outil solidaire du piston presseur ou du pot de presse mobile;

Presse Davy — pas d'accumulateur, appareil de basse pression, 2 pots de presse solidaires du sommier supérieur, 2 pistons presseurs solidaires de la traverse mobile, qui est guidée, en même temps que par des colliers, par un bras mobile dans un cylindre placé entre les deux pots.

Presse Breuer et Schumacher — ni accumulateur ni machine à vapeur proprement dite, mais simple piston à vapeur compresseur, cylindres releveurs à vapeur, course partielle obtenue à toute hauteur.

Nous allons mettre rapidement en relief les avantages de ces divers organes.

Accumulateur. — Comme il emmagasine l'eau sous pression, quand elle n'est pas envoyée au pot de presse, le moteur ne doit pas s'arrêter en même temps que la presse; on peut donc le munir d'un volant et lui assurer une marche régulière toujours plus avantageuse qu'une marche intermittente. On peut aussi le faire, comme d'ailleurs les pompes, moins puissant que s'il n'y avait pas d'accumulateur.

Celui-ci, pouvant rendre en quelques instants l'eau peu à peu emmagasinée, permet de donner au tas supérieur une vitesse de descente assez grande. Mais il ne faut pas oublier que l'arrêt brusque de la masse de l'accumulateur à poids [1] donnerait, avec une vitesse trop grande, des coups de bélier capables de désorganiser l'ensemble : en pratique on ne dépasse pas la vitesse de 1 à 2 mètres par minute.

Les inconvénients de l'accumulateur sont : d'une part, la complication qu'il amène dans la construction de la presse; d'autre part, la grande consommation de vapeur qu'il entraîne. Toutes les manœuvres se font, en effet, avec de l'eau à haute pression, même celles qui se contenteraient d'une pression beaucoup plus basse, comme la descente du tas à blanc, le forgeage d'une pièce peu résistante.

Traverse mobile portant le pot de presse. — Elle a l'avantage de faire commencer la course utile au point où cela est le plus convenable; on peut, de la sorte, avec une faible course, c'est-à-dire avec un piston de petite longueur, forger des pièces de dimensions fort variables. La presse Whitworth est la seule qui ait cette traverse mobile; mais, par un moyen différent, la presse Breuer arrive au même résultat.

Chariot de l'enclume. — Par la mobilité qu'il donne à l'enclume, il facilite beaucoup la manutention de la pièce.

Cylindre spécial de guidage. — En assurant à la traverse porte-outil un bon guidage, il rend possible le forgeage en porte à faux sans risques pour les organes de la presse et les garnitures des pistons.

Compresseur à vapeur. — Il permet une grande vitesse de descente. Tandis qu'avec la presse Davy, cette vitesse n'est guère que de 0m 70 à 0m 80 par minute, et que de 1m à 1m 50 avec les presses Whitworth et Tannett-Walker, elle atteint 6 à 9m avec la presse Breuer et Schumacher.

La vitesse de relevage est aussi très grande avec cette dernière : on est forcé de limiter l'action de la vapeur dans les cylindres releveurs.

Les quatre systèmes de presses admettent d'ailleurs, dans les limites de leurs vitesses maxima, d'assez grandes variations d'allure.

Pour ce qui est du nombre de coups qu'ils peuvent donner par minute, on peut les évaluer avec une presse de 2.000 tonnes à environ :

10 dans le système Davy (à cause des arrêts de la machine).

10 à 12 dans le système Tannett-Walker.

12 à 15 dans le système Whitworth.

15 à 20 dans le système Breuer et Schumacher.

Pour les presses de plus de 2.000 tonnes, qui travaillent de très gros lingots, la

1. A cet égard un accumulateur à air comprimé serait préférable; il est appliqué dans la presse Fritz Baare. Une presse de ce système, de 4.000 tonnes de puissance, est en activité aux aciéries de Bochum (Westphalie).

lenteur des mouvements n'est pas un inconvénient, tant que la presse marche plus vite que la manœuvre des lingots et cette condition n'est pas difficile à réaliser.

CHAPITRE X

Laminoirs.

L'Exposition de 1889 avait consacré la vogue des machines réversibles, que M. Ramsbottom employait dès 1867 pour le laminage des fortes tôles, et que la Société Cockerill avait appliquées en 1875 au laminage des rails. On signalait alors la machine réversible des aciéries du Nord et de l'Est, d'une puissance de 5.000 chevaux-vapeur qui effectuait le laminage à grande longueur des rails et des billettes.

La caractéristique de l'Exposition de 1900 nous paraît être dans la consécration du train à blooms et dans les dispositifs mécaniques puissants que le laminage des gros lingots a rendus nécessaires pour assurer, presque en dehors de toute intervention de la force musculaire, le service de ce puissant engin. Le train à blooms est, en effet, un énorme dégrossisseur destiné à remplacer le pilon pour amener les gros lingots que l'on s'est mis à couler aux dimensions acceptables pour les trains finisseurs.

Machines motrices. — Beaucoup d'ingénieurs, partant de ce principe qu'une machine de laminoir devait être simple et d'un fonctionnement sûr, se sont pendant longtemps contentés de machines marchant à 3 ou 4 atmosphères de pression, sans surchauffe, sans détente, en tout cas sans double détente, souvent sans condensation, consommant dès lors une très grande quantité de vapeur. On est revenu de cette fausse conception des choses, et on s'est attaché à rendre la machine du laminoir plus économique.

Le timbre des chaudières s'est élevé à 6,8, parfois 10 atmosphères. On a appliqué la surchauffe. Aux condenseurs individuels, qui souvent refusaient leurs services au moment où ils eussent été les plus nécessaires, on a substitué des condenseurs centraux, desservant tous les moteurs de l'atelier et leur assurant un vide efficace, et les machines de laminoir en ont profité comme les autres. Le bénéfice de la double détente leur a aussi été étendu, sinon sous la forme de machine à deux cylindres parallèles, qui demande pas mal d'espace et exige l'emploi d'arbres coudés, du moins sous celle de machine à deux cylindres l'un derrière l'autre.

Actuellement, cette machine-tandem à volant se partage la faveur des constructeurs avec les machines réversibles sans volant à 2 ou 3 cylindres.

On a cherché à faire bénéficier du compoundage ces machines réversibles elles-mêmes. Dans le système drilling, c'est-à-dire à 3 cylindres égaux commandant chacun une manivelle calée à 120° des deux autres, on peut l'appliquer en affectant le cylindre du milieu à la haute pression et les deux autres à la basse. On pourrait aussi accoler à chaque cylindre à haute pression un cylindre de plus grand diamètre où la vapeur se détendrait; cela serait surtout avantageux quand la pression atteint 10 ou 12 atmosphères. Mais ces solutions semblent, la dernière surtout, assez compliquées; et, en fait, la presque totalité des machines réversibles restent à simple détente[1].

Il serait pourtant désirable que la double détente pût leur être appliquée. Certains constructeurs affirment bien que la machine drilling à simple expansion est aussi économique que la machine compound tandem, grâce au timbre élevé, à la surchauffe, à la

1. Mentionnons pourtant la machine réversible de M. Kiesselbach, de Rath, qui marche à double détente (*Stahl und eisen*, n° 18, 1899).

condensation centrale, parce qu'elle supporte mieux que cette dernière les variations de

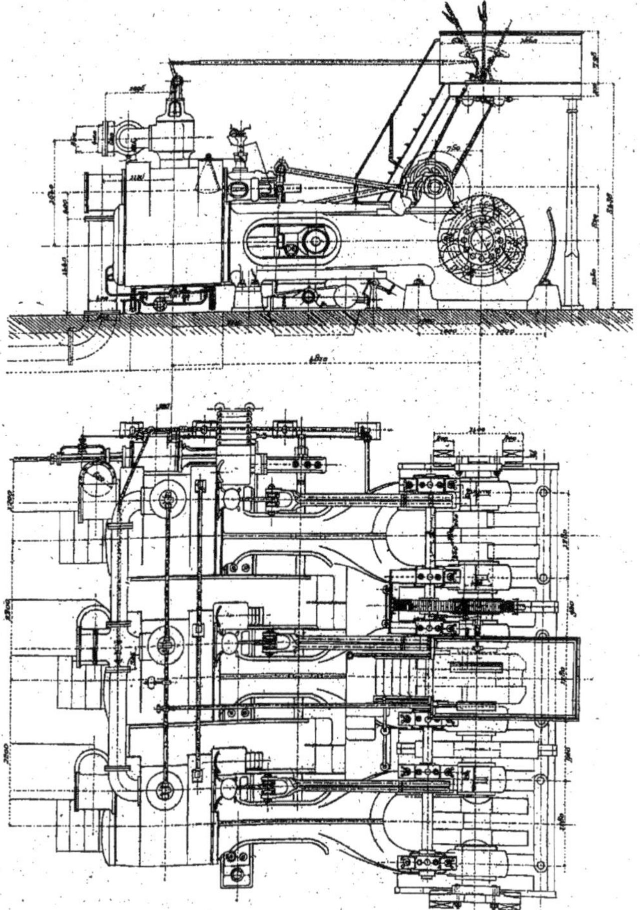

Fig. 38 et 39. — Machine drilling *Ehrhardt et Sehmer.*

travail. Mais il ne peut en être ainsi, pensons-nous avec M. Lantz, directeur de Remscheid, que si la machine tandem à volant est obligée, par suite d'une alimentation insuffisante du laminoir, de marcher souvent à vide, au lieu de s'arrêter, comme le ferait plus commodément une machine réversible.

Nous allons décrire comme exemple de cette dernière la machine exposée au Champ-de-Mars par MM. Ehrahrt et Sehmer, de Schleifmühle, près Saarbrück (fig. 38 à 41).

Machine Ehrarht et Sehmer. — C'est une machine drilling, à simple détente et condensation centrale, destinée à actionner des trains duos de 650 millimètres de diamètre.

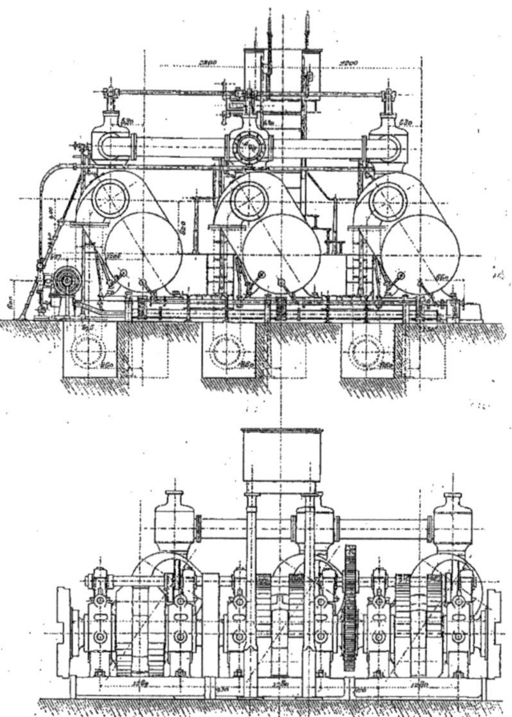

Fig. 40 et 41. — Machine drilling *Ehrhardt et Schmer.*

Chaque piston a 1 mètre de diamètre et 1 mètre de course. Avec de la vapeur à 8 atmosphères, à la vitesse moyenne de 120 à 130 tours, elle développe un travail de 3.500 à 4.000 chevaux.

La distribution se fait par tiroirs cylindriques, dont les boîtes sont placées sur le côté des cylindres. Cette disposition a pour but de donner au mécanisme la solidité nécessaire et de le rendre plus accessible.

Immédiatement au-dessus de chaque boîte à tiroir est placée une soupape de vapeur à double siège, de sorte que l'espace entre cette soupape et l'orifice d'admission du tiroir est un strict minimum. Les trois soupapes sont actionnées simultanément à l'aide d'un levier placé sur la plate-forme du mécanicien.

Comme les résistances des laminoirs varient à chaque instant et que les masses en mouvement de la machine et du train n'ont qu'une force vive très faible, il est impossible de régler la vitesse par la variation exclusive des degrés d'admission. Il faut plutôt avoir recours à une admission relativement grande (30 à 50 p. 100, suivant la résistance et la force de la machine) et faire varier la vitesse au moyen des soupapes de prise de vapeur, c'est-à-dire en étranglant la vapeur plus ou moins fortement.

Chaque cylindre horizontal commande une manivelle calée à 120° des deux autres sur l'arbre moteur.

Au-dessus du milieu de ce dernier, se trouve la plate-forme de manœuvre, d'où le mécanicien domine la machine et le laminoir.

Sur l'un des côtés de la machine est installé le servo-moteur de changement de marche, comprenant un cylindre à vapeur et un frein hydraulique; il permet de soulever et d'abaisser la coulisse rapidement et de la régler au degré d'admission nécessaire au travail à développer.

La manœuvre de ce servo-moteur et des trois soupapes de prise de vapeur est fort

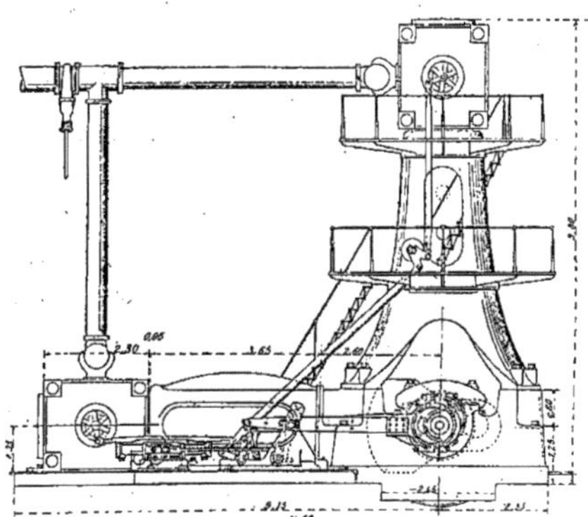

Fig. 42. — Machine reversible *Allis*.

simple; il faut pourtant beaucoup d'habileté et d'attention au mécanicien pour marcher avec de petites admissions et des degrés de détente favorables. Il faut s'attacher à conduire la machine de façon qu'elle s'arrête au moment même où la pièce laminée quitte les cylindres. Un mécanicien adroit économisera jusqu'à 20 et 30 p. 100 de la vapeur consommée par la machine quand elle est mal conduite.

Machine du Creusot. — Le Creusot a construit pour son compte personnel et pour d'autres usines, notamment pour des laminoirs russes, une machine monocylindrique de 900 à 1.000 chevaux. Cette machine verticale est commode quand la place manque; elle a seulement l'inconvénient de coûter plus cher que la même machine horizontale. Elle est à distribution Corliss; les quatre valves sont actionnées par un plateau unique, oscillant sous l'action d'un excentrique calé sur l'arbre moteur, mais qui, contrairement à l'habitude, ne se trouve pas au milieu du cylindre, de sorte que les bielles de la distribution sont dissymétriques.

Machines Allis. — La E. P. Allis C°, de Milwauke (États-Unis) construit des machines, qui ont cette particularité que leurs deux cylindres sont placés à angle droit.

La fig. 42 représente une machine réversible qui fonctionne dans les usines de Worcester, de l'American Steel and Wire C°. Naturellement, comme toutes les machines réversibles, elle est sans volant. Le mécanisme de changement de marche est actionné par un cylindre hydraulique relié au système hydraulique général de l'usine. Le diamètre de chacun des cylindres est de 1 m. 12, leur course de 1 m. 52; la distribution est commandée par un excentrique pour chaque cylindre. La hauteur de la machine est de 9 m. 80. La plaque de fondation, de 3 mètres × 11 m. 50 pèse à elle seule 47 tonnes.

Une machine presque identique à la précédente, mais compound, va être construite pour la Carnegie Steel C°; son cylindre horizontal aura 1 m. 12 de diamètre, et son cylindre vertical 1 m. 98; leur course commune sera de 1 m. 52. Elle comportera un volant de 7 m, 30 de diamètre, pesant 68 tonnes; elle actionnera un train trio.

Duos et trios. — D'une façon générale, on se sert des trios pour les petits et moyens fers jusqu'aux poutrelles de 400 millimètres et de duos réversibles pour les gros et moyens fers. Il n'est pas bien prouvé qu'avec les appareils de relevage, comme on les construit actuellement, on ne pourrait pas employer les trios pour de plus gros fers; quoi qu'il en soit, les choses se passent jusqu'ici comme nous venons de le dire. On ne peut donc comparer entre eux le trio et le duo réversible que pour les moyens fers. Pour ceux-ci, la question est encore controversée de savoir lequel des deux systèmes est le meilleur.

M. Lantz résume comme il suit les avantages respectifs de l'un et de l'autre[1].

Un trio exige moins de cages qu'un duo réversible, parce que les cannelures peuvent y être disposées par paires les unes au-dessus des autres. On peut avec lui faire en même temps autant de passes qu'il y a de cages en marche, tandis que le duo réversible ne permet que dans les cas rares de passer deux barres à la fois; le trio produit donc plus qu'un duo comparable.

Avec le duo les releveurs deviennent inutiles. Une barre engagée entre les cylindres et menaçant de mal passer peut presque toujours être retirée sans être gravement endommagée. Le train réversible permet de dégrossir la pièce à petite vitesse et de la finir avec des vitesses notablement accrues. Il faut bien moins d'ouvriers pour desservir un duo réversible bien installé que pour un trio de la même force.

On peut ajouter que le trio, avec sa marche continue, ne nécessite pas une machine aussi forte et robuste que le duo, et que la machine compound à volant dépense moins qu'une machine réversible.

En somme, il faut conclure que, dans une installation nouvelle, l'espace disponible, la dépense de vapeur, le taux des salaires, les dépenses de premier établissement sont autant de facteurs à consulter pour fixer le choix à faire entre le trio et le duo réversible.

Cylindres. — On commence à employer pour la confection de ces cylindres l'acier. On a pu voir à l'Exposition, dans le Stand de la Société des Aciéries de France, un cylindre finisseur en acier, qui est, paraît-il, le premier du genre exécuté chez nous. Il est tourné avec des cannelures profondes et étroites; il pèse 6.500 kilog. Il a permis d'exécuter une commande de 400 tonnes d'éclisses géantes de la Compagnie de l'Ouest (46 kg. 250) et a parfaitement résisté alors que nombre de cylindres en fonte n'avaient pu le faire. L'acier employé est à la fois doux et résistant.

La même Société avait exposé une cage double duo du système Banning, qui a été

1. *Bulletin du Comité des forges*, déjà cité, p. 28 et 29.

employé pour la première fois en France à Isbergues. Il offre cette particularité, avec un petit nombre de cages, d'avoir, sur une longueur de train réduite, simultanément toute la série des profils ronds, carrés et plats, qui peuvent être laminés sur ce petit train. Il a pu fournir par vingt-quatre heures 140 tonnes de ronds de 19 et 20 millimètres en acier. On espère dépasser encore cette production.

La Société Augustin Delattre nous a montré une cage dégrossisseuse pour un train de 850 millimètres de diamètre, qui lui a été commandée par plusieurs grandes aciéries françaises. Cette cage était exposée complète; il n'y manquait que les équilibreurs du système supérieur, qui n'avaient pas été mis en place pour éviter de faire des fondations. Le mouvement de serrage du cylindre supérieur est produit par cylindres hydrauliques, actionnant les vis du train au moyen d'une crémaillère.

Les diamètres les plus employés pour les cylindres sont 600 millimètres pour les poutrelles de 10 à 16 millimètres, 700 millimètres pour celles de 16 à 24 millimètres, 800 millimètres pour les poutrelles et les rails de 24 à 34 millimètres, 900 millimètres pour les plus grands profils.

La Duisburger Maschinenbau Actiengesellschaft a monté pour la Société métallurgique de l'Oural-Volga, en Russie, des cylindres à blooms de 1,150 millimètres et de 2 m. 900 de longueur de table.

Cannelures. — A l'époque où on ne laminait que du fer puddlé, le tracé des cannelures était fort délicat, surtout quand il s'agissait de profils un peu compliqués, avec des épaisseurs faibles ou inégales.

Avec l'acier les choses se sont fort simplifiées. Comme c'est un corps homogène, résistant beaucoup mieux à la compression et à l'étirage qu'un paquet de barres de fer, il n'a pas besoin d'être aussi comprimé que le fer : la décroissance des cannelures est plus faible qu'avec ce dernier.

Pour ce qui est de la répartition des cannelures sur les divers jeux de cylindres, M. Lantz remarque que les dégrossisseurs doivent être tracés de façon à pouvoir servir pour autant de profils que possible, sans que la qualité des cannelures en souffre ou que le laminage soit rendu plus difficile.

Colonnes. — Les colonnes suivent comme dimensions et solidité le mouvement ascendant des cylindres. Le cylindre du haut est d'ordinaire équilibré hydrauliquement; le mouvement des vis est également hydraulique et à crémaillère.

Dans les gros trains réversibles, la première cage est quelquefois montée avec le cylindre supérieur mobile, spécialement quand on doit y laminer des poutrelles, afin de pouvoir y dégrossir sur champ des profils de différentes hauteurs.

Les colonnes du système Blau-Erdmann ont des chapeaux amovibles ou tout au moins capables de pivoter sur un des côtés, pour la commodité des changements de cylindres; en outre les cylindres inférieur, et médian dans le cas d'un trio, peuvent être abaissés ou élevés au moyen de leviers traversant les montants et manœuvrables de l'extérieur.

Dans le système Ortmann, les deux colonnes sont faites d'une seule pièce, ou, si elles sont très grandes, en deux pièces boulonnées ensemble ; de cette façon, les pignons sont très solidement fixés dans leurs coussinets ; ils tournent d'ailleurs dans un bain d'huile, qui en diminue beaucoup l'usure.

Pignons. — Les pignons constituent le mode le plus habituel de transmission du mouvement de la machine aux cylindres. Ils sont en acier, tout en acier coulé ou bien en acier coulé comme couronne dentée et en acier forgé comme moyeu, les deux parties étant réunies à chaud ou à la presse. Aux États-Unis, les pignons sont souvent faits avec deux rangées de dents horizontales alternées, quelquefois avec deux rangées de dents à chevrons.

On se passe pourtant de pignons dans deux cas :

1° Quand la machine ne fait pas plus de cent tours par minute ; alors elle attaque directement les cylindres.

2° Quand les cylindres doivent marcher très vite, à plusieurs centaines de tours par minute, comme pour les trains qui servent à fabriquer le produit appelé Machine, consistant en fils d'acier ou de fer de 2 à 4 millimètres de diamètre ; la transmission se fait alors par câbles ou courroies.

Engins de service des trains. — Ils sont, comme nous l'avons dit, caractéristiques, du laminoir moderne, par leur puissance et leur caractère mécanique.

Le *service des duos* comporte deux genres de transports : perpendiculaires aux axes des cylindres, pendant le laminage de la pièce ; parallèles à ces axes, pendant son passage d'une cannelure à l'autre.

Rouleaux. — Les premiers transports sont effectués par des rouleaux d'égal diamètre, disposés parallèlement aux cylindres, de façon que leurs arêtes supérieures soient dans un plan horizontal ou légèrement incliné vers le laminoir. Parfois le rouleau le plus voisin de ce dernier est fait avec plusieurs diamètres, de manière à présenter la pièce aux cannelures de différentes hauteurs. Comme ces rouleaux supportent des masses très lourdes, il faut les faire très robustes, et d'autant plus qu'ils sont plus rapprochés des cages : on donne de 180 à 150 millimètres de diamètre aux axes des rouleaux les plus voisins des cylindres, 130 millimètres aux axes des rouleaux les plus éloignés.

Ces rouleaux sont actionnés mécaniquement : les pignons qui leur transmettent le mouvement des arbres principaux de commande, doivent être faits en acier de première qualité ; on leur donne jusqu'à 500 et 700 millimètres de diamètre. Comme au-dessus des pignons il faut qu'il y ait la place des plaques de dallage destinées à recouvrir les intervalles laissés par les rouleaux, et ,comme ceux-ci doivent dépasser les plaques de 60 à 80 millimètres, leur diamètre finit par dépasser 700 millimètres.

Les rouleaux, pour assurer le va-et-vient des pièces laminées, doivent pouvoir tourner dans deux sens opposés. Ils sont souvent commandés par de petites machines réversibles à 2 cylindres, analogues à celles qui actionnent les laminoirs réversibles eux-mêmes. Mais ces machines consomment beaucoup de vapeur, et d'autant plus que la conduite qui les relie aux chaudières est plus longue. Dans ces conditions, il vaut mieux avoir recours à une machine centrale, qui met en mouvement un arbre régnant tout le long de l'usine, et sur lequel on prend, au moyen de courroies, la force destinée à actionner les arbres secondaires des chemins de rouleaux et autres engins.

Dans certaines usines, on commence à utiliser l'électricité, qui se prête très bien à la distribution de l'énergie dans tout l'atelier, et dont les moteurs donnent facilement la réversibilité nécessaire. Il faut citer l'installation de Micheville-Villerupt, sur laquelle M. Max Meier, directeur de ces Forges, a donné d'intéressants renseignements à l'Assemblée de Dusseldorf[1].

Deux groupes de 250 chevaux chacun (un troisième groupe d'égale puissance sert de réserve) fournissent le courant sous 450 volts, à l'aide de dynamos génératrices, directement montées sur les arbres des machines à vapeur, faisant 85 tours par minute. Le courant actionne, indépendamment des chemins à rouleaux desservant directement les laminoirs, d'autres chemins à rouleaux simplement transporteurs, et d'autres appareils que nous décrirons ultérieurement : transbordeurs, scies, cisailles, appareils de chargement des billettes..... Mais il actionne seulement les moteurs électriques affectés à ces divers mécanismes, auxquels la force est finalement transmise par des courroies ; M. Meier estime qu'il faut se garder d'aller jusqu'à la commande des rouleaux eux-mêmes par des électro-moteurs réversibles. Cette installation donne de bons résultats.

1. *Bulletin du Comité des Forges*, p. 54 et suivantes.

Un fait à noter c'est que l'électricité, employée pour tant d'usages aux États-Unis, est restée, au moins jusqu'en 1898, inutilisée pour les services que nous venons d'énumérer. Il ne faut pas y voir une présomption contre la bonne adaptation de l'électricité à ces applications particulières. Peut-être le motif de cette abstention réside-t-il uniquement dans le bas prix des charbons qui servent, aux États-Unis, à produire la vapeur, et qui enlève tout intérêt à une petite économie de combustible.

Transbordeurs. — Les mouvements parallèles aux axes des cylindres se font par *transbordeurs* ou *ripeurs*, chargés aussi parfois de donner quartier à la pièce avant de l'engager dans une nouvelle cannelure.

Un transbordeur consiste essentiellement en un petit chariot, mobile parallèlement aux cylindres, entre les rouleaux, muni de tocs chargés d'assurer l'entraînement de la pièce et, s'il y a lieu son retournement.

Transbordeur-retourneur de la Duisburger Maschinenbrau Actiengesellschaft. — La fig. 43 le représente ; il est fort analogue à celui qu'a construit la même maison

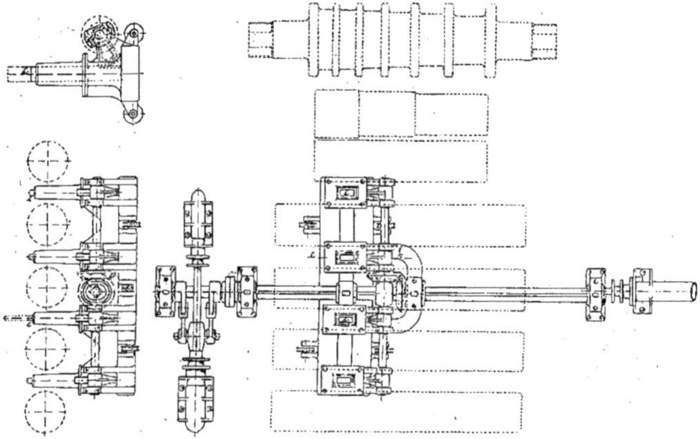

FIG. 43. — Transbordeur-retourneur hydraulique.

pour la *Société Métallurgique de l'Oural-Volga*, en Russie. On voit sur la droite le cylindre hydraulique, de 200 millimètres de diamètre et 2 m. 60 de course, qui, sous l'action d'eau à 25 atmosphères de pression, produit le mouvement transversal du chariot sur des rails placés au-dessous de la table des rouleaux, qui reste fixe. Les tocs se déplacent dans les intervalles des rouleaux, et se soulèvent pour le retournement de la pièce : à cet effet, le piston du cylindre hydraulique, de 180 millimètres de diamètre et 500 millimètres de course (qu'on voit à gauche et en bas du plan, en face du cylindre chargé d'équilibrer ses mouvements), fait tourner un pignon conique, engrenant avec un pignon semblable monté sur un axe perpendiculaire aux rouleaux. Le mouvement de ce dernier pignon, par le dispositif que représente la figurine de gauche, se transmet par une crémaillère aux tocs et les soulève. Les tocs, après avoir retourné la pièce, produisent son ripage en la forçant à suivre le mouvement du chariot.

Transbordeur des aciéries de Micheville-Villerupt. — Dans ce transbordeur, le chariot est traîné par une chaîne sans fin, qui reçoit son mouvement de l'arbre de l'atelier par une courroie et un jeu d'engrenages.

Transbordeur-retourneur Sacks. — Le transbordeur-retourneur *Sacks* n'est pas fondé sur le jeu d'un chariot muni de tocs, mais sur celui de leviers à encoches. Ces leviers *d* (fig. 44), au nombre de trois, sont articulés à leur extrémité de gauche avec le croisillon *a*, form ant la tête du piston hydraulique horizontal *o*; et, à leur extrémité de droite, ils reposent sur une traverse *h* articulée avec la tête du piston vertical *g*. Ces leviers sont disposés entre les rouleaux de la table avanceuse, et pour qu'aucun morceau de lingot ne tombe dans les intervalles des rouleaux, ils sont munis à leur partie supérieure d'une traverse *i*, ainsi que le représente la figure de détail. Pour faire passer le lingot de la première à la seconde cannelure du laminoir, on arrête les rouleaux, on amène, à l'aide du cylindre *o*, l'avant des encoches *d'* au droit de la face gauche du lingot, et, à l'aide du piston *g*, on soulève les leviers *d*, de façon que le lingot tombe en *d'*, en basculant de 90°; cela fait, à l'aide du cylindre *o*, on l'amène en face de la seconde cannelure et on rabaisse

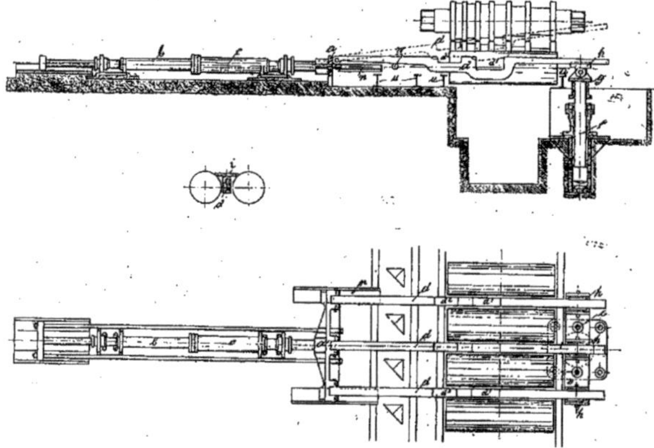

Fig. 44 — Transbordeur-retourneur *Sacks*.

les leviers jusqu'à ce que le lingot vienne reposer sur les rouleaux de la table. Le passage de la deuxième cannelure se fait de même à l'aide des encoches d^2.

Le *service des trios*, indépendamment des mouvements perpendiculaires aux axes des cylindres et parallèles à ces axes, que nous venons de voir réalisés pour les duos, comporte encore des mouvements verticaux pour faire passer la pièce de dessous le cylindre médian au-dessus de ce cylindre et inversement. Les premiers mouvements sont effectués, comme pour les duos, par des chemins de rouleaux et des transbordeurs-retourneurs ; les seconds le sont par des releveurs.

Transbordeur-retourneur de la Maximilianshütte. — Les figures 45 et 46 représentent le transbordeur-retourneur construit par la *Maschinenbau Actiengesellschaft* pour le trio à blooms de la *Maximilianshütte*, près Rosenberg (Bavière). Le chariot est mû entre les rouleaux par un cylindre hydraulique. Il porte 6 tocs qui ne dépassent pas le dessus du plateau-releveur, quand il est dans sa position la plus haute. Pour donner quartier au lingot, on amène le chariot au-dessous, dans une position telle que le lingot, quand le plateau redescend, porte par une de ses arêtes sur les tocs et se retourne de lui-même.

Dans ce laminoir, le relevage est fait par des plateaux à rouleaux que des cylindres hydrauliques font monter et descendre. Les rouleaux sont actionnés par une machine réversible. C'est le côté du plateau touchant la cage qui monte ou descend, de manière à former un plan incliné, et ce sont les rouleaux qui font remonter à la pièce ce plan.

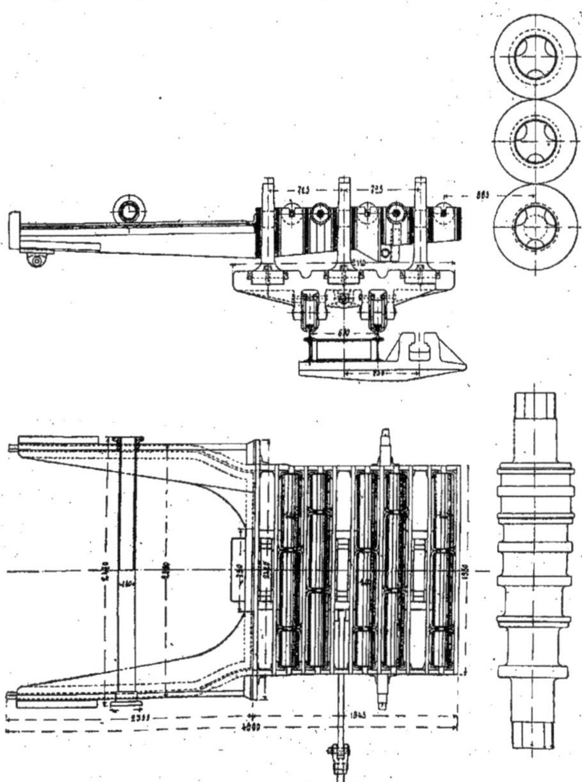

Fig. 45. — Transbordeur-retourneur hydraulique.
(Coupe transversale et plan.)

Chariot de la Compagnie Carnegie. — Aux États-Unis, notamment à Homestead, à l'usine de la Compagnie Carnegie, les mouvements longitudinaux transversaux et verticaux sont produits par un chariot : de chaque côté du train, se trouve une large fosse, dans laquelle roule, sur une voie de 4 mètres, un chariot actionné par l'électricité ou la vapeur ; sur ce chariot repose la table à rouleaux qui reçoit la pièce sortant des cannelures inférieures. Quand la barre est complètement dégagée, le chariot se soulève jusqu'à ce qu'elle soit à la hauteur des cannelures inférieures. De l'autre côté du train, le chariot s'abaisse et se déplace latéralement pour amener la pièce dans la cannelure inférieure suivante. Cette disposition diminue les frais de premier établissement, économise la main-d'œuvre, mais a l'inconvénient de ne permettre le travail que dans l'une des cages que dessert le chariot. Cet ensemble complexe fonctionne d'ailleurs très bien [1].

Transport des lingots et des produits. — Le transport du lingot au blooming et du produit fini au dépôt se fait par rouleaux et transbordeurs analogues à ceux que nous venons de décrire pour le service des laminoirs. Nous noterons seulement quelques différences.

Les premiers rouleaux que le lingot parcourt, au sortir du culbuteur par exemple, sont souvent fous : ils forment un plan incliné, sur lequel les lingots glissent pour arriver aux rouleaux actionnés qui les amènent au blooming.

Les rouleaux simplement transporteurs ont des axes d'un diamètre moins forts que ceux des rouleaux qui servent le laminoir (110 millimètres).

Les transbordeurs qui amènent les produits au dépôt ont des tocs à charnière, de

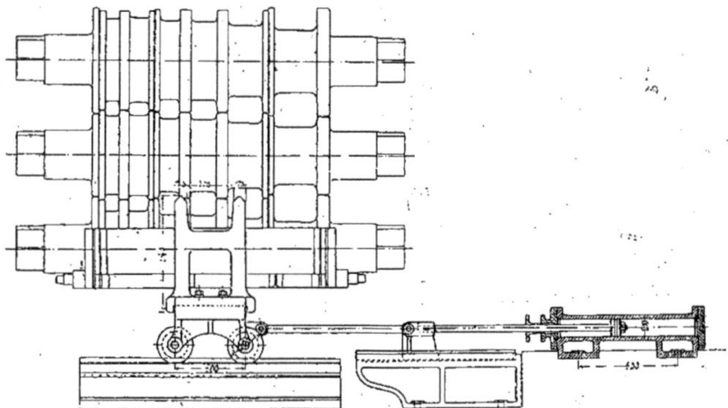

FIG. 46. — Transbordeur-retourneur hydraulique.
(Vue et coupe longitudinales.)

manière que ces tocs puissent, après avoir ripé une pièce jusqu'à la place qu'elle doit occuper, s'abaisser de façon à passer sous elle, pendant que le chariot revient sur ses pas pour aller prendre une autre pièce, ou quand il va rechercher une pièce mise en dépôt pour la placer sur le chemin de rouleaux qui la conduira à l'appareil de chargement.

Chargement des produits. — Dans certaines usines américaines, ce chargement est assuré mécaniquement par tout un ensemble assez complexe, mais d'un emploi sûr et commode.

Les billettes reprises du dépôt, ou mieux encore venant directement de la cisaille, sont amenées par une chaîne sans fin horizontale à une autre chaîne sans fin inclinée, qui les élève à environ 6 mètres au-dessus du sol ; les maillons de cette chaîne sont formés par des fers cornières de façon à empêcher le glissement des billettes vers le bas.

Perpendiculairement à cette chaîne sans fin, et à hauteur de son extrémité supérieure, circule sur une charpente légère en fer, un transporteur à toile sans fin, sur le côté duquel

1. *Bulletin du Comité des Forges*, p. 53.

se trouvent de distance en distance des glissières inclinées par lesquelles les billettes, déviées par une barre que l'on place en travers du transporteur, tombent sur le sol, ou mieux sur un autre transporteur, qui, à l'un de ses bouts, se relève pour déverser les billettes dans des wagons. A l'usine Homestead, de la Compagnie Carnegie, les glissières sont disposées en caisses-trémies fermées par des vannes ; en ouvrant ces dernières, des billettes s'écoulent dans les wagons placés au-dessous, jusqu'à concurrence des 25 tonnes que contiennent parfois les wagons américains, beaucoup plus grands, comme on le sait, que nos wagons européens.

L'installation, que nous venons de décrire pour les billettes, peut aussi être montée, sauf pourtant en ce qui concerne les caisses-trémies, pour les petits blooms.

Pour les rails, poutrelles..., le chargement à bras si onéreux est, autant que possible, remplacé par des procédés mécaniques. Plusieurs usines allemandes emploient des ponts roulants électriques dont les voies sont perpendiculaires à celles des wagons ; mais un pont roulant ne peut desservir qu'une travée. A cet égard les grues à longues volées, comme celles de la Brown Hoisting C° de Cleveland (Ohio) sont beaucoup plus avantageuses, parce que leurs grandes portées (30 à 40 mètres de chaque côté) leur permettent d'atteindre des pièces disposées dans des travées différentes, et cela est particulièrement commode quand le chargement d'un même wagon doit se composer de produits de longueurs et dès lors de travées différentes. Si on ajoute à cela que les divers mouvements de ces grues sont fort rapides (3 mètres par seconde pour le déplacement de la grue, 1 m. 20 pour le levage vertical de la charge, 4 mètres pour le mouvement du chariot), on comprendra de quelle puissance de travail elles sont capables.

Nous allons terminer cette étude sur les laminoirs en parlant brièvement de quelques trains modernes remarquables.

Train blooming réversible de la Société anonyme des Aciéries de France, à l'Usine d'Isbergues (Pas-de-Calais). Ce train, mis en route au début de 1899, peut être considéré comme un modèle du genre. Il est desservi par 8 pitts chauffés au charbon, 12 pitts ordinaires et un four vertical à gaz à 14 alvéoles, nouvelle disposition Siemens : l'usine d'Isbergues a été la première en France à employer un four de ce système, qui permet de passer au blooming jusqu'à 500 tonnes de lingots en vingt-quatre heures, avec une dépense de charbon minime et un personnel fort réduit (un machiniste, un gazier, trois hommes).

Une grue hydraulique centrale prend les lingots (de forme constante, pesant toujours 2.500 kilog.) sous la grue de service du bassin de l'appareil Bessemer, les enfourne, les défourne et les dépose sur le basculeur des rouleaux qui les conduisent au blooming.

Celui-ci, à cylindres de 1 m. 10 de diamètre et de 2 m. 70 de longueur, est muni des derniers perfectionnements : appareil de serrage hydraulique permettant une levée de 16 centimètres du cylindre supérieur, rouleaux automatiques à l'arrière et à l'avant, ripeur-retourneur hydraulique à l'avant... Il fabrique des blooms, dont la section va de 0 m. 080 × 0 m. 080 jusqu'à 0 m. 350 × 0 m. 350, qui sont débités par une cisaille Breuer et Schumacher, placée sur l'axe des rouleaux arrière et munie d'un tablier-releveur hydraulique à rouleaux entraînés. Un élévateur hydraulique permet le chargement rapide des blooms ou billettes.

Ce blooming est commandé par une machine réversible de 2.500 chevaux, à 2 cylindres horizontaux de 1 m. 10 de diamètre et 1 m. 20 de course. La distribution s'y fait par pistons que commandent des coulisses de Stephenson, le changement de marche par servo-moteur avec piston compresseur à huile pour éviter les chocs de fond de course.

Train blooming réversible de la Société métallurgique de l'Oural-Volga. — Il a été construit par la *Duisburger Maschinenbau Actiengesellschaft*. Le lingot chaud est apporté verticalement dans le culbuteur qui le jette sur un plan incliné formé par des rouleaux non actionnés; de ceux-ci il passe sur 6 rouleaux horizontaux actionnés, qui l'amènent à la table de laminoir, constituée par cinq rouleaux : le dernier, le plus rapproché de la cage, a trois diamètres différents correspondant à la profondeur des cannelures. Sous cette table est disposé un transbordeur-retourneur hydraulique fort analogue à celui que nous avons décrit (fig. 43).

Les cylindres lamineurs ont 1 m. 150 de diamètre et 2 m. 900 de longueur, leurs tourillons 0 m. 490 de diamètre et 0 m. 550 de longueur, les pignons 1 m. 206 de diamètre. Le cylindre supérieur est équilibré hydrauliquement; le mouvement des vis à crémaillère est également hydraulique.

De l'autre côté de la cage se trouve une table composée comme celle d'avant des cinq rouleaux, dont un à trois diamètres. Au delà de ces cinq rouleaux, en face des petites cannelures, se trouvent, à l'avant et à l'arrière, trois ou quatre rouleaux actionnés comme ceux des tables, mais plus courts : ces rouleaux supplémentaires sont destinés à faciliter les dernières passes.

Le chemin de départ des blooms est constitué par des rouleaux actionnés qui les entraînent à une cisaille hydraulique, marchant sous la pression de 200 atmosphères et capables de couper à chaud des blooms de 300 millimètres de côté.

Les rouleaux de départ, réversibles comme tous les rouleaux actionnés, sont commandés par un moteur électrique de 30 chevaux. Tous les autres rouleaux d'arrière le sont par un moteur électrique de 45 chevaux. Un moteur semblable actionne les rouleaux d'avant. Quant au train lui-même, il est commandé par une machine réversible à deux cylindres de 1 m. 080 de diamètre et 1 m. 300 de course, faisant 150 à 160 tours par minute et en imprimant, par un jeu d'engrenages, 50 à 60 aux cylindres lamineurs.

Nous ne connaissons pas la production journalière de ce train; elle est certainement analogue à celles que donnent en Allemagne des laminoirs similaires, sur lesquelles M. Lantz nous fournit les renseignements suivants : les lingots coulés carrés, avec une section qui atteint jusqu'à 550 millimètres de côté, pèsent de 2.000 à 3.000 kilog.; ils sont réduits par le laminage jusqu'à une section variant de 300 à 100 millimètres carrés, ce qui correspond à des longueurs pouvant dépasser 20 mètres. Suivant le poids des lingots et les sections des blooms, la production varie entre 600 et 950 tonnes par vingt-quatre heures.

Train trio des Edgar Thomson Works de la Compagnie Carnegie. — Les lingots de 475 × 425 sont dégrossis en 7 passes dans un trio à blooms. Les blooms vont à la cisaille qui les coupe en deux moitiés, correspondant chacune à trois longueurs de rails. Des rouleaux de la cisaille, par un refouloir hydraulique, ils sont poussés sur un chariot qui est amené mécaniquement et fort vite devant la porte d'un four à réchauffer; un appareil électrique Wellmann les enfourne. De l'autre côté, un appareil similaire les prend et les place sur un wagonnet muni de rouleaux pouvant être actionnés. Ce chariot, une fois conduit près de la première cage finisseuse, ses rouleaux entrent en contact avec ceux de la cage et le bloom est conduit à la première cannelure, il passe aux quatre autres, puis à cinq cannelures du second train finisseur, enfin à l'une des cannelures du dernier train. Ces trois cages, placées l'une derrière l'autre, sont des trios actionnés chacun par une machine spéciale à volant. La production est de 700 tonnes par jour[1].

Laminoir continu à billettes, système de la Morgan constructing C°, à Worcester. — Il se compose de plusieurs cages placées les unes à la suite des autres et ne comprenant chacune qu'une cannelure; la pièce sortant d'une cage s'engage dans la suivante, après avoir été retournée de 90° par une rayure analogue à celle d'un canon qui termine chaque cannelure. Il faut donner, pour que la barre trouve toujours la place dont elle a besoin

1. *Bulletin du Comité des Forges*, p. 48.

pour s'allonger, à chaque cage une vitesse plus grande que la précédente ; la chose est facile, parce que les diverses cages sont actionnées par l'arbre d'une machine unique et qu'il n'y a qu'à calculer en conséquence les diamètres des pignons de commande. Ces vitesses successives sont graduées de façon que la barre quitte la dernière cage avec une vitesse semblable à celle des trios ordinaires. Dès qu'elle l'a quittée, elle glisse avec une précision mathématique vers une ouverture ménagée entre les lames d'une cisaille verticale ; quand elle a dépassé cette cisaille de la longueur voulue, environ 10 mètres aux États-Unis, elle heurte un butoir en communication avec la soupape hydraulique de la cisaille ; celle-ci fait un mouvement d'oscillation pour ne pas arrêter le mouvement de la billette, la coupe et revient dans sa position verticale. La billette coupée continue son chemin en passant sous le butoir et les rouleaux coniques l'entraînent sur le côté pour faire place à la billette suivante.

Naturellement le nombre des cages dépend du rapport qui existe entre les sections du bloom et du produit fini : à Duquesne, pour transformer des blooms de 125 millimètres de côté en billettes de 37,5 millimètres, il y a sept cages. Deux hommes suffisent pour surveiller l'ensemble, avec un mécanicien à la cisaille des blooms et un autre à la cisaille des billettes. On économise les rouleaux d'une cage à l'autre. Enfin la pièce en laminage n'est exposée qu'un temps très court à l'action oxydante de l'air.

Trains à blindages. — Ce sont les plus puissants de tous les laminoirs. Les fig. 28 et 28 *bis* donnent une vue générale et les détails du train à blindages et à grosses tôles du Creusot ; il se compose de deux cylindres horizontaux en fonte ayant 0 m. 850 de diamètre, 3 mètres de longueur de table, 0 m. 60 d'écartement normal, 0 m. 75 d'écartement maximum. Il est commandé par une machine réversible de 3.000 chevaux, qui commande aussi un blooming placé de l'autre côté. Une petite machine verticale réversible actionne par courroie le mouvement des vis de pression des cylindres lamineurs. A l'avant et à l'arrière du train se trouvent des tables à rouleaux d'exécution assez robuste pour manœuvrer des plaques de 40 tonnes. Un retourneur hydraulique permet de mettre sens dessus dessous un lingot de 8 à 10 tonnes ; un autre du même genre, mais beaucoup plus robuste placé entre le train et la cisaille à chaud sert pour retourner les blindages de pont ou les gros blindages pesant jusqu'à 40 tonnes. Comme tôles, la rapidité du laminage et du changement de marche a permis d'en fabriquer ayant jusqu'à 23 mètres de longueur, 1 m. 150 de largeur et moins de 5 millimètres d'épaisseur. Des tôles de 8 mètres $\times$ 2 m. 20 $\times$ 6 millimètres et de 18 mètres $\times$ 2 m. 77 $\times$ 30 millimètres sont laminées couramment avec ce train.

On a installé à plusieurs reprises à ce laminoir à l'avant et à l'arrière deux cylindres verticaux de 500 millimètres de diamètre ; l'appareil ainsi disposé devient *universel*, parce qu'en faisant varier les éloignements respectifs des cylindres horizontaux et des cylindres verticaux, on peut laminer non seulement des blindages et des tôles mais même des plats.

Le train à blindages des usines de Saint-Jacques à Montluçon, dont on a pu voir, à l'Exposition de 1889, la cage à pignons spéciale qui permet d'incliner le cylindre supérieur, est un laminoir universel : il a deux cylindres horizontaux de 1 mètre de diamètre et 4 mètres de longueur de table, pesant chacun 30 tonnes, en acier forgé, et deux cylindres verticaux de 0 m. 50 de diamètre et 1 m. 30 de hauteur.

Le train à blindages des Étaings, qui a été tranformé récemment, comporte des cylindres horizontaux de 3 m. 30 de longueur de table et 1 m. 05 de diamètre, avec des cylindres verticaux de 0 m. 500 de diamètre et 1 m. 13 de hauteur.

Trains à tôles. — Ils sont tout à fait les analogues des précédents, aux dimensions et à la puissance près. Certains même s'en rapprochent beaucoup sous ce dernier rapport, comme le train réversible à cylindre de 1 m. 10 de diamètre et 3 m. 50 de longueur de table, que la maison Delattre a construit pour la Russie et dont elle a exposé la photographie en 1900. Les cages en acier moulé pèsent 33.000 kilog. Le train permet de laminer des lingots de 6.000 kilog. Le mouvement de serrage est actionné par embrayages à friction mûs électriquement. Des rouleaux entraîneurs sont placés à l'avant et à l'arrière, ainsi que des récepteurs hydrauliques pour faire tourner les tôles. Un appareil hydraulique permet de les retourner sens dessus dessous ; un autre assure leur direction.

Laminoirs spéciaux. — Ne pouvant les étudier en détail, nous nous contenterons de citer :

1° Le laminoir à bandages « caractérisé par ce fait que la cannelure est unique, emboîtante et se modifie, pendant le laminage même, par le rapprochement d'un galet formant l'extrémité de l'un des cylindres et venant s'appuyer sur la face intérieure du bandage jusqu'à ce que ce dernier soit du diamètre voulu ».

2° Le laminoir pour tubes d'acier sans soudure, du système Manessmann, dont le principe est le suivant : Dans le laminage, avons-nous dit, en même temps que les couches centrales de la pièce sont refoulées, les couches extérieures sont soumises à un effort tangentiel. Avec les laminoirs ordinaires, on s'arrange de manière que les vitesses de refoulement et d'entraînement tangentiel soient égales. Dans le laminoir Manessmann, au contraire, on augmente la seconde par rapport à la première, il en résulte qu'un vide se forme à l'intérieur.

3° Le laminoir pour chaînes sans soudure, inventé par M. Aury et perfectionné par M. Klasse. Après avoir laminé une barre à section cruciforme, on la fait passer dans deux paires de cylindres à rainures creusées de vides tels que la pièce laminée est une chaîne dans laquelle les maillons ne sont plus réunis que par une mince toile que l'on enlève au moyen d'une poinçonneuse ; on achève la séparation à la presse à forger après réchauffage.

CHAPITRE XI

Cisailles. Scies. — Appareils divers.

Cisailles. — Les cisailles actuellement employées sont actionnées par la vapeur (directement par une machine spéciale ou indirectement par une machine centrale dont la force est transmise à divers engins de l'usine), par l'eau sous pression, par ces deux agents combinés, et, dans quelques installations récentes, par l'électricité.

Les cisailles hydrauliques sont de beaucoup les plus employées, et à juste titre.

Une cisaille est presque toujours appelée à couper des pièces de sections bien différentes : assez puissante pour trancher les plus grandes, elle risque fort de ne pas rester économique pour trancher les plus petites ; or la cisaille hydraulique a l'avantage de ne pas dépenser relativement trop de force pour couper les faibles sections.

La cisaille hydraulique, toujours actionnée directement, offre sur les cisailles commandées par transmission, deux supériorités : celle d'éviter les pertes inhérentes à l'emploi de tout organe intermédiaire, et celle fort importante de s'arrêter si on veut lui faire couper une pièce trop résistante. Les cisailles à transmission, si on leur demande un travail trop fort, peuvent se casser.

Les cisailles à vapeur et eau sous pression combinées sont très employées en Allemagne. Elles sont du système Breuer et Schumacher, et fort analogues à la presse hydraulique des mêmes constructeurs que nous avons décrite : l'outil supérieur est remplacé par un couteau mobile, l'enclume par un couteau dormant, et il n'y a qu'un cylindre releveur au lieu de deux.

MM. Breuer et Schumacher avaient exposé à Paris une cisaille hydraulique beaucoup moins puissante que celles dont nous venons de donner le principe, mais qui peut pourtant être utilisée pour un laminoir. Cette cisaille se construit en 6 grandeurs pour couper des fers profilés de 80 × 200 millimètres à 200 × 550 millimètres : les 3 premières grandeurs peuvent être actionnées à la main, ou par courroie ou par ces deux procédés ; les 3 dernières sont à commande exclusivement mécanique.

Cette cisaille (fig. 47) se compose essentiellement de deux sommiers en acier coulé, reliés entre eux par des colonnes en acier forgé. Le sommier supérieur porte un couteau fixe ; le sommier inférieur fait corps avec un cylindre hydraulique, dont le piston mobile

Fig. 47. — Cisaille à vapeur et eau sous pression combinées.

porte une traverse qui est guidée dans ses déplacements par les 4 montants verticaux. Une fois que ce piston a, par un mouvement rapide, amené la traverse et la pièce à couper au contact du couteau supérieur, un second piston de diamètre plus petit est mis en action, qui, avec une vitesse réduite mais avec une pression plus considérable et pouvant atteindre 120 à 130 kilog. par centimètre carré, opère la section de la pièce. Celle-ci une fois finie, on ouvre un robinet qui laisse l'eau du cylindre s'écouler dans le réservoir de la pompe, et la traverse redescend pour se préparer à une nouvelle opération.

Le couteau fixe a la forme que représente la figure : il reste le même, quel que soit le profil de la pièce à couper. Le support mobile de cette dernière, au contraire, est composé de deux parties, facilement changeables, qui épousent la forme de la pièce de manière à l'emboîter, pendant que des plaques latérales, mues par des vis et des volants à main, la serrent comme un étau. Ainsi maintenue, la pièce est d'abord poinçonnée par deux pointes du couteau, puis tranchée par lui. Le couteau ne butant jamais contre le support inférieur, ainsi que cela a souvent lieu avec d'autres cisailles, ne s'émousse pas et dure fort longtemps. La section qu'il donne est droite, sans bavures et ne demande pas à être dressée au ciseau ou à la lime.

Comme exemple de cisaille électrique, nous citerons celle à tronçonner à froid des tôles en acier jusqu'à 40 millimètres d'épaisseur et 3 m. 500 de largeur, dont la photographie était exposée par la maison Delattre. Elle ne pèse pas moins de 135 tonnes.

Scies. — Elles sont constituées par des disques dentés ou lisses montés sur un arbre horizontal et animés d'un mouvement de rotation rapide (800 à 1.500 tours). Les diamètres de ces disques sont variables : 0 m. 80, 1 m. 50, quelquefois plus ; une maison de Sheffield a construit dernièrement pour une grande forge une scie de 2 mètres de diamètre sur 10 millimètres d'épaisseur. Les disques lisses sont souvent préférés aux disques dentés, qui ont l'inconvénient de se criquer à la base des dents et de nécessiter des affûtages fréquents diminuant le diamètre ; ils nécessitent une grande vitesse linéaire de 100 mètres environ.

La pièce est poussée vers la scie qui est fixe ; ou, au contraire, l'outil est monté sur un balancier oscillant et poussé vers la pièce. Ces dernières scies dites à pendules sont les plus employées : l'avancement de la lame s'y fait à la main, ou par la vapeur, ou hydrauliquement ; c'est par l'eau sous pression qu'il est produit le plus commodément.

Ces outils sont actionnés par de petites machines à vapeur fixées à leur bâti, ou par de petits moteurs à vapeur ou électriques qui les commandent au moyen de courroies.

Le sciage à chaud se pratique sur des blooms de grandes sections, atteignant par exemple 0 m. 70 de côté.

Appareils divers. — Il nous resterait, pour être complet, à décrire le matériel de trempe et de recuit et les machines employées aux usages les plus divers, telles que presses à emboutir, à cintrer les grosses tôles, à filière pour la confection des barres métalliques, à fabriquer les corps creux... ; machines à ployer, à couder les métaux ; machines à fabriquer les tubes sans soudures par estampage d'un disque, tréfileuses. Cela nous entraînerait trop loin, dans un domaine qui ne serait presque plus celui de la forge. Nous nous contenterons de décrire l'appareil construit récemment aux Forges de Saint-Jacques de la Compagnie de Châtillon, Commentry et Neuves-Maisons, pour la trempe des canons.

Appareil de Saint-Jacques pour la trempe des canons. — L'ensemble du dispositif comprend un four à gaz, un puits et une grue hydraulique, pour introduire le canon dans le four, le faire passer dans le puits et le retirer de ce dernier.

Le gazogène est à 3 grilles. Le gaz qu'il produit s'élève par la conduite A (fig. 48) le long du four, dans lequel il pénètre par des tubulures horizontales, placées les unes au-dessus des autres, à 300 millimètres d'intervalle. Au point où chacune de ces tubulures débouche dans le four, arrive aussi un chalumeau amenant un jet d'air de la conduite B ; le mélange carburé s'enflamme et chauffe le four. A diverses hauteurs la paroi du four est percée de regards qui permettent de surveiller le chauffage. Les produits de la combustion s'échappent par la cheminée, qui s'élève près du four et qui communique avec lui par autant de prises horizontales qu'il y a de chalumeaux.

Le four, de section ellipsoïdale relativement petite, a une grande hauteur, 13 m. 245, qui lui permet de recevoir un canon de 30 centimètres. Il est fermé, sur sa face opposée à celle des tubulures, par une porte qui occupe toute sa hauteur. Cette porte est manœuvrée, pour l'entrée et la sortie de la pièce, de sur la plate-forme NOPQ placée au sommet du four. Trois plates-formes intermédiaires, auxquelles on accède par un escalier, permettent d'arriver à ses divers niveaux.

Sur la droite du four, à 8 mètres de lui d'axe en axe, on voit le puits de trempe, de

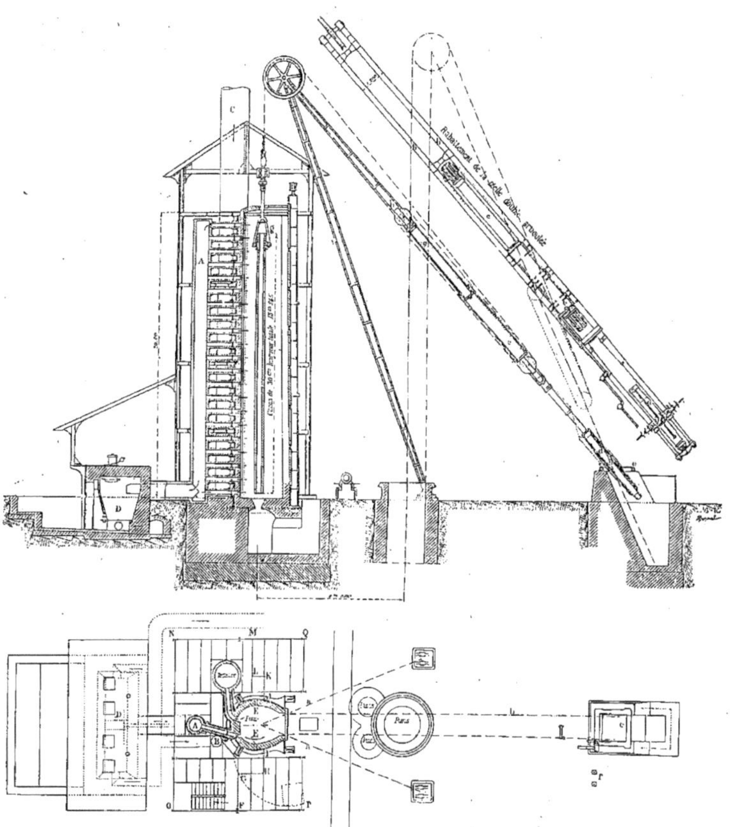

Fig. 48. — Appareil de l'usine *Saint-Jacques* pour la trempe des canons.

2 mètres de diamètre sur 18 mètres de profondeur ; au-dessus et à droite du puits se trouve la bigue hydraulique.

a sont les mâts de suspension de la charge, articulés à leur partie inférieure. *b* est une bielle double, articulée aussi à son extrémité dans le bâti *c* du cylindre *d*, à piston différentiel, qui lui fait prendre les inclinaisons nécessaires à son service. *f* sont les distributeurs de ce cylindre d'oscillation et du cylindre de levage *c*, mouflé de façon que la course de son piston soit multipliée dans un rapport suffisant pour produire les déplacements verticaux du canon. *g* est l'appareil de suspension de ce dernier, muni d'un tourteau mobile pour son virage.

La charge maximum est de 15 tonnes, sa course verticale de 16 m. 60, son déplacement horizontal de 8 mètres. Sous le mât *a*, entre le four et le puits, on voit le chariot sur rails qui amène la pièce à réchauffer et reprend le canon trempé.

MACON, PROTAT FRÈRES, IMPRIMEURS. Le Gérant : Vve Ch. Dunod.

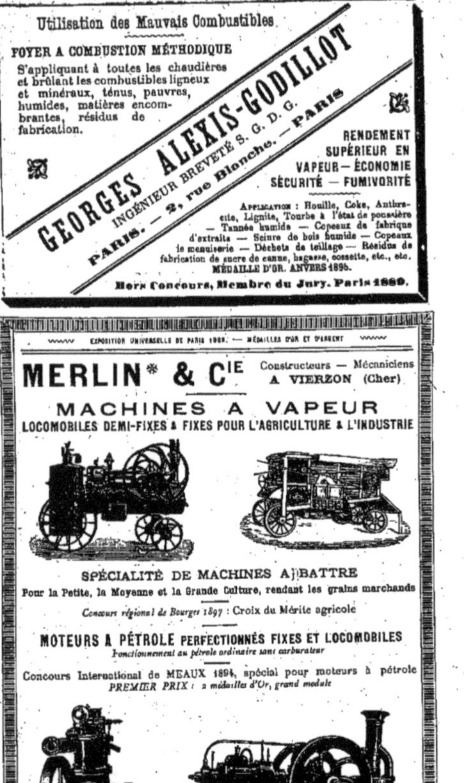

Utilisation des Mauvais Combustibles

FOYER A COMBUSTION MÉTHODIQUE

S'appliquant à toutes les chaudières et brûlant les combustibles ligneux et minéraux, ténus, pauvres, humides, matières encombrantes, résidus de fabrication.

GEORGES ALEXIS-GODILLOT
INGÉNIEUR BREVETÉ S. G. D. G.
PARIS. — 2, rue Blanche. — PARIS

RENDEMENT SUPÉRIEUR EN VAPEUR — ÉCONOMIE
SÉCURITÉ — FUMIVORITÉ

APPLICATION : Houille, Coke, Anthracite, Lignite, Tourbe à l'état de poussière — Tannée humide — Copeaux de fabrique d'extraits — Sciure de bois humide — Copeaux de menuiserie — Déchets de teillage — Résidus de fabrication de sucre de canne, bagasse, cossette, etc., etc.
MÉDAILLE D'OR. ANVERS 1895.

Hors Concours, Membre du Jury. Paris 1889.

EXPOSITION UNIVERSELLE DE PARIS 1889. — MÉDAILLES D'OR ET D'ARGENT

MERLIN* & CIE
Constructeurs — Mécaniciens
A VIERZON (Cher)

MACHINES A VAPEUR
LOCOMOBILES DEMI-FIXES & FIXES POUR L'AGRICULTURE & L'INDUSTRIE

SPÉCIALITÉ DE MACHINES A BATTRE
Pour la Petite, la Moyenne et la Grande Culture, rendant les grains marchands

Concours régional de Bourges 1897 : Croix du Mérite agricole

MOTEURS A PÉTROLE PERFECTIONNÉS FIXES ET LOCOMOBILES
Fonctionnement au pétrole ordinaire sans carburateur

Concours International de MEAUX 1894, spécial pour moteurs à pétrole
PREMIER PRIX : 2 médailles d'Or, grand module

ENVOI FRANCO SUR DEMANDE DU CATALOGUE ILLUSTRÉ

ÉLÉVATEURS
TRANSPORTEURS
par chaînes Pâris démontables de divers types déposés :

Types PHÉNIX, GALLIA, RUBAN, GALLE

L. PÂRIS & CIE
Ingénieurs-Constructeurs
PARIS. — 19, Rue Montéra, 19. — PARIS

PALANS PÂRIS à vis tangente en dessous
PALANS de tous systèmes
GRUES Pâris fixes et roulantes
CRICS Pâris en bois et en acier
VÉRINS à vis
VÉRINS hydrauliques
PONTS ROULANTS
MONTE-CHARGES
MANUFACTURE DE CHAINES
LOCATION D'APPAREILS PUISSANTS
TREUILS de toutes forces
APPAREILS DE LEVAGE

FORGES ET ATELIERS DE LA CHALEASSIÈRE

BIÉTRIX, LEFLAIVE, NICOLET & CIE

MACHINES A VAPEUR à distribution par soupapes système COLLMANN || CHAUDIÈRES MULTITUBULAIRES système BUTTNER

ENSEMBLES ÉLECTROGÈNES

Matériel complet de MINES et USINES MÉTALLURGIQUES

Machines à agglomérer système COUFFINHAL; Ventilateurs système RATEAU; Machines d'épuisement système KASELOWSKY; compresseurs d'air, etc; Marteaux-pilons à vapeur et à planche; Machines-outils de grande puissance; ponts roulants et grues à vapeur, à bras, électriques; poches de coulée; presses à forger, etc.

ATELIERS DE GROSSE CHAUDRONNERIE

FONDERIES, ATELIERS DE CONSTRUCTION
ET D'ÉMAILLAGE

Fontes en tous genres, brutes et travaillées sur modèles, plans et tronseaux pour la Mécanique.

APPAREILS DE LEVAGE

DEVIS SUR DEMANDE

CATALOGUES GRATUITS

ANCIENNE MAISON CURY ET TROYON FONDÉE EN 1864

JULES CURY FILS (A. ET M.)
A DEVILLE (Ardennes)
FOURNISSEUR DE LA MARINE, DE L'ARTILLERIE ET DES CHEMINS DE FER
Téléphone 220-29
Représentant à Paris : LEYMARIE, ingénieur, 21, rue Commines.

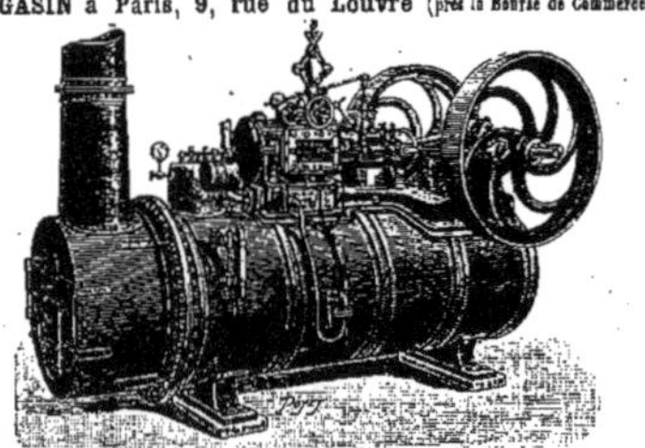

SIMON FRÈRES B^té S.G.D.G.
CHERBOURG
231
252

SOCIÉTÉ ANONYME

de

L'APPAREIL CONTROLEUR

Capital : 1.500.000 fr.

DIRECTION ET SIÈGE SOCIAL

Paris, 6, rue Castellane, Paris

ATELIERS DE CONSTRUCTION

Paris, 44, rue Chanzy, Paris

Appareils imprimant, distribuant, contrôlant et totalisant simultanément des tickets de toutes sortes ; s'appliquant notamment aux tickets de chemins de fer.

Appareils complétant et contrôlant les tickets de chemins de fer dits « *Passe-Partout* ».

Appareils pour dénombrement de populations, dépouillements, statistiques, etc., etc.

Appareils de contrôle divers.

Appareils en service aux Compagnies du Nord et de l'Ouest et aux chemins de fer de l'État Autrichien.

Fournisseurs du Métropolitain de Paris, du service du contrôle des entrées de l'Exposition de 1900, de la Compagnie Internationale des Wagons-Lits et de plusieurs États et Compagnies de chemins de fer étrangers.

MÉDAILLE D'OR A L'EXPOSITION DE PRAGUE 1898

TÉLÉPHONE : Direction, 120.35. — Ateliers, 902 57.

ADRESSE TÉLÉGRAPHIQUE : Contrôleur, Paris.

DE DIETRICH & CIE

LUNÉVILLE

TÉLÉPHONE TÉLÉPHONE

VOITURES AUTOMOBILES

Avec moteurs de 6, 9, 11, 18 chevaux

Système AMÉDÉE BOLLÉE FILS

Voitures de Luxe

VOITURES ✦ DE ✦ PROMENADE

VOITURES DE COURSE

Voitures de Livraison

CAMIONS pour GROS TRANSPORTS

Charge jusqu'à 3,000 kilogs.

GARAGE A PARIS :

SOCIÉTÉ COMMERCIALE D'AUTOMOBILES

77 *bis*, Avenue de la Grande-Armée, 77 *bis*

TURBINES à débits variables DE TOUS SYSTÈMES

CENTRIPÈTES à axe horizontal, simples ou doubles ; **CENTRIPÈTES** à axe vertical, à pivot supérieur ; à **LIBRE DÉVIATION**, verticales et horizontales, références jusqu'à 700 m. de chute ; à **RÉACTION** pour très gros débits ; genre **PELTON** pour petits débits, grande chute.

RENDEMENTS garantis jusqu'à 80 et 85 °/₀

Études spéciales pour chaque cas, suivant la vitesse demandée. Marche noyée ou par aspiration.

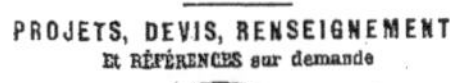

PROJETS, DEVIS, RENSEIGNEMENTS

ET RÉFÉRENCES sur demande

35.000 CHEVAUX EN CONSTRUCTION au 1er Janvier 1900

RÉGULATEURS DE VITESSE

NEYRET-BRENIER & CIE, A GRENOBLE

MAISON FONDÉE EN 1854

SOCIÉTÉ ANONYME

DES

HAUTS-FOURNEAUX

DE MAUBEUGE (NORD)

Fernand RATY, Administrateur-Directeur Général

Hauts-Fourneaux. — Forges. — Fonderies. — Laminoirs. — Fonderie d'Acier. — Ateliers de Constructions mécaniques et électriques. — Appareils de levage.

MOTEURS A VAPEUR

Système A. HOYOIS, *Breveté S. G. D. G.*

Machines monocylindriques à grande vitesse. — Machines Compound. — Machines pour commande directe des dynamos. — Groupes électrogènes.

ÉLECTRICITÉ

Installation complète pour la production et l'utilisation de l'énergie électrique. — Dynamos génératrices et réceptrices. — Outils électriques. — Monte-charges. — Pont roulant. — Ascenseur.

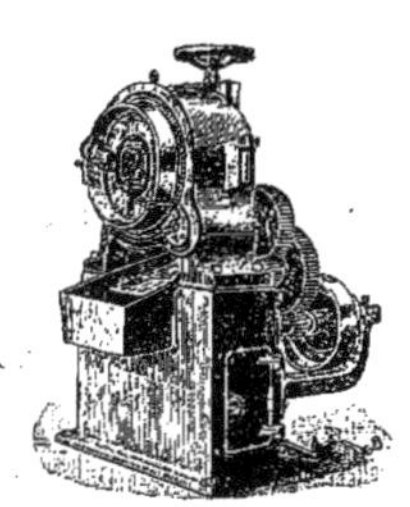

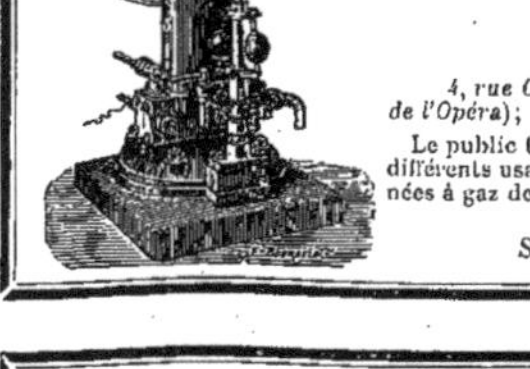

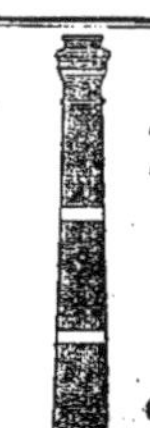

A. MONTUPET, 19 à 25, rue de la Voûte, PARIS.

GÉNÉRATEURS MULTITUBULAIRES

A Tubes amovibles, à Dilatations libres, Brevetés S. G. D. G., pour l'Industrie et la Marine.

EXPOSITION UNIVERSELLE DE 1900 : FOURNISSEUR DE FORCE MOTRICE : 2.000 CHEVAUX

3 MÉDAILLES D'OR ET 3 MÉDAILLES D'ARGENT — CLASSES 19, 33, 36, 55, 111 ET 118

AVANTAGES

Les tubes de ces générateurs sont d'une **seule pièce** et ne sont fixés qu'à leur extrémité avant en deux points.

Ils sont maintenus en place par la pression intérieure de la chaudière qui s'exerce sur **toute leur section**.

Ils peuvent résister aux vibrations et aux chocs les plus violents sans contreplaque ni autre dispositif de sûreté pour les empêcher de sortir de la chaudière.

Ils sont très facilement démontables en raison de leurs bagues qui sont à cônes très prononcés.

Ces générateurs sont construits **avec coffres en tôle forgée et entretoisés**, ils offrent la plus grande sécurité. Toutes leurs pièces sont interchangeables et ils sont d'une construction très robuste.

ENVOI DE BROCHURES ET

de tous renseignements sur demande.

TYPE MARIN

APPAREILS DE CIRCULATION

BREVETÉS S. G. D. G.

pour toutes chaudières à vapeur augmentant la vaporisation de 20 à plus de 50 %, localisant les dépôts calcaires et supprimant les coups de feu.

CHAUDIÈRES A BOUILLEURS

et semi-tubulaires.

à circulation d'eau et économiques vaporisant **20 à 25 kilogs d'eau** *par mètre carré de surface de chauffe.*

APPAREILS ÉPURATEURS

Des eaux industrielles,

BREVETÉS S. G. D. G.

CHAUDIÈRES A VAPEUR

de tous systèmes et de toutes forces.

CHAUDIÈRES EN MAGASIN DE 10 A 500 CHEVAUX

Devis et tous renseignements sur demande.

POMPES D'ALIMENTATION

Système WEIR

EXPOSITION UNIVERSELLE 1900

2 Médailles d'or
1 Médaille d'argent

Pour usines génératrices centrales d'énergie électrique, moulins et toutes autres usines en général.

C'est la plus économique comme dépense de vapeur. Elle se fait en toutes dimensions.
Livrée promptement.

On obtient tous renseignements en s'adressant à

M. MARIUS JULLIEN

35, Boulevard de la Major,

MARSEILLE

Seul Représentant en France

G. et J. WEIR, à Glasgow (Écosse)

USINE DU VEXIN Fondation

L. GRENTHE

ATELIERS DE CONSTRUCTION

A PONTOISE

Bureau à PARIS : 83, rue d'Hauteville.

CHARPENTERIE ARTISTIQUE

FER, FER ET BOIS ET EN BOIS

ASCENSEURS, MONTE-CHARGES

de tous systèmes.

CHAUFFAGE

Vapeur basse pression

CHAUDIÈRES SPÉCIALES

Brevetées S. G. D. G.

EAU CHAUDE, VENTILATION

Applications générales aux habitations, églises, écoles, serres, jardins d'hiver, etc.

RÉFÉRENCES EXCEPTIONNELLES

EXPOSITION UNIVERSELLE DE PARIS 1900 : GRAND PRIX

CABINET TECHNIQUE POUR LA PROTECTION DE LA PROPRIÉTÉ INDUSTRIELLE

Téléphone 275.59 — Téléphone 275.5

H. BLOUIN°

Ingénieur-Conseil, Membre de la Société des Ingénieurs civils de France

PARIS — 43, Boulevard Voltaire, 43, — PARIS

OBTENTION DES

BREVETS D'INVENTION

En France et à l'Étranger

RECHERCHES D'ANTÉRIORITÉS — COPIES DE BREVETS

PROCÈS EN CONTREFAÇON

MARQUES DE FABRIQUE

DESSINS ET MODÈLES INDUSTRIELS

GRAND PRIX PARIS 1900

R. WOLF. MAGDEBOURG-BUCKAU

SUCCURSALE A PARIS, 21, RUE DU LOUVRE

EN FACE DE LA GRANDE POSTE

LOCOMOBILES

sur roues et sur supports, de 4 à 300 chevaux

SUPÉRIEURES AUX MEILLEURES MACHINES FIXES A CHAUDIÈRES SÉPARÉES

PAR LEUR

TRÈS FAIBLE CONSOMMATION DE COMBUSTIBLES

Munies de

Chaudières à système tubulaire amovible et de cylindres placés dans le dôme à vapeur

LES MEILLEURS MOTEURS POUR TOUTES LES BRANCHES DE L'INDUSTRIE

CHAUDIÈRES A VAPEUR sur roues et sur supports, à système tubulaire amovible; revêtement en tôle ou en maçonnerie.

Installation simple et bon marché. Rendement très élevé. Rapidité de mise en pression. Détartrage facile. Rivetage hydraulique.

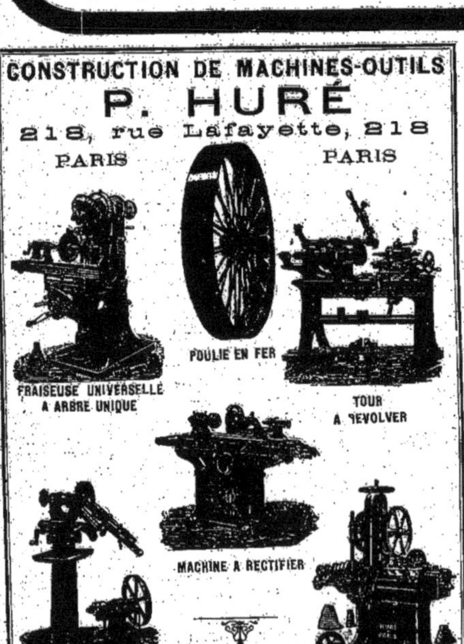

COMPAGNIE FRANÇAISE DES MOTEURS A GAZ ET DES CONSTRUCTIONS MÉCANIQUES

PARIS, Bureaux et Ateliers : 155, Rue CROIX-NIVERT — Magasin d'Exposition : 15, Avenue de l'OPÉRA, **PARIS**

MOTEURS A GAZ ET A PÉTROLE

à Soupapes. Allumage par Tube

MOTEUR HORIZONTAL de 1/2 cheval à 600 chevaux.
MOTEUR VERTICAL de 1/2 cheval à 10 chevaux.
MOTEUR A GAZ de Hauts-Fourneaux.
MOTEUR AU GAZ PAUVRE.

Économie de 50 % sur la machine à vapeur

28 Diplômes d'Honneur — 48 Médailles d'Or

OTTO

FIXARY

MACHINES A GLACE ET A AIR FROID SEC

10 Diplômes d'Honneur. — 16 Médailles d'Or.

LA MACHINE MOTRICE LA PLUS ÉCONOMIQUE

MOTEUR A GAZ TRIPLEX

à surcompression variable par régulateur

ET GAZOGÈNE

LETOMBE

Construit par la Compagnie de Fives-Lille

MOTEUR TRIPLEX LETOMBE

Comparaison à puissance égale — Comparé au moteur à simple effet de même force

Moteurs ordinaires. Moteur triplex LETOMBE.

IMPORTANTES RÉFÉRENCES

Les deux seules fois où le moteur LETOMBE a été exposé, il a obtenu :

BRUXELLES 1897	*PARIS 1900*
LE **SEUL GRAND PRIX**	DEUX GRANDS PRIX
Accordé aux moteurs à gaz	dont le **SEUL** accordé au gaz pauvre
400 LITRES	400 GRAMMES
GAZ de VILLE	*GAZ PAUVRE*

GAZ de HAUTS-FOURNEAUX — GAZ de FOURS à COKE

Toutes forces de 5 à 1200 chevaux

RÉGULARITÉ & ÉLASTICITÉ

des meilleures machines à vapeur sans dépasser leurs dimensions

DÉMONTAGE ET NETTOYAGE EN MARCHE

Sté des brevets et moteurs Letombe. Capital : 1.000.000

AGENCE GÉNÉRALE

DUBUISSON, ÉVENO (E. C. P.) ET Cie

PARIS, 108, boulevard Richard-Lenoir.

EXPOSITION UNIVERSELLE DE 1900 : 3 GRANDS PRIX, 3 MÉDAILLES D'OR

Grands Prix aux Exp. univ. Paris 1889, Anvers 1894, Bruxelles 1897, 24 dipl. d'honn.

INSTRUMENTS DE MESURE ET DE CONTROLE

JULES RICHARD*

Fondateur et successeur de la Maison RICHARD FRÈRES

25, rue Mélingue (ancne imp. Fessart), PARIS

APPAREILS SPÉCIAUX

Pour le contrôle de la marche des chaudières et machines à vapeur

MANOMÈTRES - INDICATEURS DU VIDE

Indicateur dynamométrique syst. Richard

CINÉMOMÈTRES ENREGISTREURS

et à cadran (*breveté s. g. d. g.*)

donnant à chaque instant la vitesse en nombre de tours par minute d'un arbre ou d'une poulie.

Contrôleurs de rondes

Dynamomètres de traction et de transmission. — *Compteurs de tours* en tous genres pour toutes applications. — *Thermomètres*, avertisseurs, enregistreurs ou à cadran. — *Hygromètres* pour filatures, Pyromètres, Anémomètres, Baromètres, etc. Indicateur et enregistreur de niveau d'eau sur place et à distance. Transmetteur électrique enregistreur d'indication à distance pour toutes sortes d'instruments de mesure.

Fournisseur de la Ville de Paris, des Cies de chemins de fer et grands Établissements industriels.

Envoi des catalogues sur demande.

LE VÉRASCOPE

JUMELLE STÉRÉOSCOPIQUE (BREVETÉ S. G. D. G.)

donne l'IMAGE VRAIE garantie superposable avec la nature comme GRANDEUR et comme RELIEF

C'EST LE DOCUMENT ABSOLU ENREGISTRÉ

Salons de Vente et d'Exposition : 3, rue **LAFAYETTE** (près l'OPÉRA)

Aucun appareil ne donne aussi grand.

Société Anonyme au Capital de 25.000.000 fr.

FILS ET CABLES de haute conductibilité
COINS ET BARRES
de Collecteurs pour ÉLECTRICITÉ

Cie Fse DES MÉTAUX

Siège Social : 10, RUE VOLNEY, PARIS

TUBES EN ACIER
SANS SOUDURE pour CHAUDIÈRES

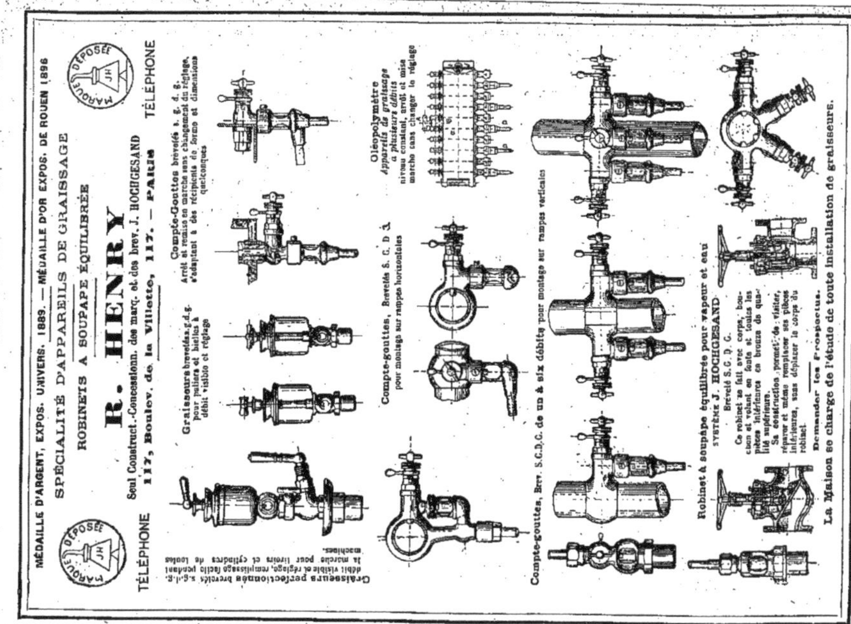

MÉDAILLE D'ARGENT, EXPOS. UNIVERS. 1889. — MÉDAILLE D'OR EXPOS. DE ROUEN 1896
SPÉCIALITÉ D'APPAREILS DE GRAISSAGE
ROBINETS A SOUPAPE ÉQUILIBRÉE
R. HENRY
Seul Construct.-Concessionn. des marq. et des brev. J. HOCHGESAND
TÉLÉPHONE 117, Boulev. de la Villette, 117. — PARIS TÉLÉPHONE
MARQUE DÉPOSÉE
Compte-gouttes, Brevetés S. G. D. G. pour montage sur rampes horizontales
Oléopolymètre
Compte-gouttes, Brev. S.G.D.G. de un à six débits pour montage sur rampes verticales
Robinet à soupape équilibrée pour vapeur et eau
SYSTÈME J. HOCHGESAND
Demander les Prospectus.
La Maison se charge de l'étude de toute installation de graisseurs.

Société Lyonnaise
DE
MÉCANIQUE & D'ÉLECTRICITÉ

43, rue de la Fédération (CHAMP DE MARS), PARIS
ci-devant 40, avenue de Suffren.

MÉCANIQUE GÉNÉRALE - CHAUDRONNERIE - ÉLECTRICITÉ

Concessionnaire pour la France et les Colonies des

CHARGEURS AUTOMATIQUES ET FUMIVORES

Système James PROCTOR

Prime de **5.000 francs** accordée à l'appareil, système **PROCTOR**, par la Commission technique de PARIS, au concours de 1897, pour la suppression des fumées.

Machines à vapeur, Moteurs à vapeur et hydrauliques système Brotherhood, Compresseurs d'air. — Pompes élévatoires pour villes, mines et usines. — Machines à essayer les métaux, système DELALOE. — Protecteurs pour scies circulaires " Le Simple "

SPÉCIALITÉ D'INJECTEURS GIFFARD

MATÉRIEL de SECOURS contre l'INCENDIE :
Pompes, Tuyaux, Casques, Cuirasses.

USINE DE LA MER NOIRE

DE LA

Société de Constructions Mécaniques

DU MIDI DE LA RUSSIE

à Nicolaief (Russie Méridionale)

SOCIÉTÉ ANONYME

Au Capital de 8.000.000 de Francs

SIÈGE SOCIAL :

A PARIS, *5, Rue Chauchat*

L'Usine de la Mer Noire peut répondre rapidement aux demandes de Machines de ses types courants, qu'elle construit en série et dont elle possède toujours de nombreux modèles en magasin (Machines-outils variées pour le travail des métaux. — Locomobiles. — Machines à vapeur de toutes puissances à distribution perfectionnée. — Pompes. — Presses hydrauliques. — Chaudières fixes et chaudières marines. — Charpentes. — Ponts roulants électriques, wagonnets, etc.).

L'Usine de la Mer Noire exécute sur commande les travaux divers de mécanique générale, de chaudronnerie et d'installations d'usines.

GRILLES A LAMES DE PERSIENNES

Breveté S. G. D. G. en France et à l'Étranger

SYSTÈME EDOUARD POILLON

Ingénieur des Arts et Manufactures. (E. C. P. 1863)

AMIENS. — 7, Rue Leroux, 7. — AMIENS

MÉDAILLE DE VERMEIL : Exposition de Poitiers, 1899.
MÉDAILLE D'OR : Exposition de Gand, 1899.
Médaille de bronze, la plus haute récompense.
EXPOSITION UNIVERSELLE DE PARIS 1900

Plus de 40.000 chevaux fonctionnent avec ce système

DISPOSITION POUR FOYER EXTÉRIEUR

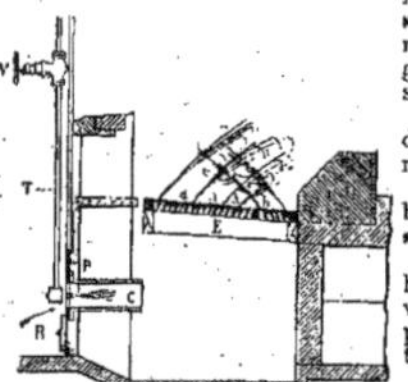

Applicable à tous les foyers de chaudières et de fours, en 24 heures, pour brûler **avantageusement** *tous* les combustibles, même les poussiers et menus maigres, anthraciteux, escarbilles, sciure, lignites, schlammes, etc.

Suppression de l'inconvénient du manque de tirage et de vaporisation des générateurs.

Combustion complète du combustible et des gaz par le **brassage** forcé près de l'autel.

Sécurité absolue par l'impossibilité de la formation de dards verticaux de chalumeau, **ce que ne peut procurer aucun autre système.**

Dépense d'installation regagnée généralement en moins d'un an.

QUELQUES INSTALLATIONS. — Compagnie des Chemins de fer du Midi, 10; Société Française des Charbonnages du Tonkin, 14; Société d'électricité de Caen, 4; MM. Audresset et Fils, manufacturiers à Louviers; M. Bessonneau, à Angers, 25; M. E. Lafond, manufacturier, à Lyon-Vaise, 2, Firmin Didot et Cie, 2; mines de Campagnac, 4; etc., etc.

Des Représentants sont demandés.

ÉCONOMIE — SÉCURITÉ ABSOLUE — FUMIVORITÉ

***

Paul SÉE Ingr A & M
de l'ancienne Maison E. & P. SÉE
Rue Brûle-Maison, 58, LILLE
ÉTUDE & ENTREPRISE DE
Bâtiments industriels
Chauffage — Ventilation
Séchage — Économiseurs
Réfrigérants, &c &c
500 USINES construites en 32 ANS
dans le monde entier.

CONSTRUCTION DE MACHINES-OUTILS
P. HURÉ
218, rue Lafayette, 218
PARIS
PARIS
POULIE EN FER
FRAISEUSE UNIVERSELLE A ARBRE UNIQUE
TOUR REVOLVER
MACHINE A RECTIFIER
MACHINE A AFFUTER LES FORETS
MACHINE A TAILLER AUTOMATIQUEMENT LES ENGRENAGES

Jules LE BLANC, Ingénieur-Constructeur
PARIS. 52. Rue du Rendez-vous
MACHINES à
Faire: Rivets. Boulons Crampons. etc.
FORGER les ÉCROUS.
TARAUDER à CHAUD.
ÉBARBER.
CISAILLER. etc.
MARTEAU-PILON
marchant par Courroies.
MACHINES A VAPEUR
Grues et Ponts-Roulants
DE
TOUS SYSTÈMES

V. CHAMPIGNEUL

INGÉNIEUR-CONSTRUCTEUR

Fournisseur de l'État.

PARIS, 145-147, RUE MICHEL-BIZOT PARIS

PRESSES HYDRAULIQUES. — POMPES DE COMPRESSION & ACCUMULATEURS. — OUTILS HYDRAULIQUES

MACHINES HYDRAULIQUES pour forger, matricer, emboutir les tôles, faire les rebords, les courbures. — PRESSES HYDRAULIQUES A CALER LES ROUES DE WAGON. — Machines hydrauliques pour poinçonner et cisailler, cintrer les rails, crochets, crics et vérins hydrauliques. — RIVEUSES HYDRAULIQUES fixes et portatives. — PRESSES pour l'essai des matériaux, le rivetage et l'emboutissage en général. — PRESSES HYDRAULIQUES pour refouler les tubes.

PRESSES HYDRAULIQUES SPÉCIALES

pour la fabrication des CARREAUX MOSAIQUES, CIMENTS, bétons, pavés d'asphalte, meules d'émeri et AGGLOMÉRÉS DIVERS, des PATES ALIMENTAIRES, des TUYAUX DE PLOMB. — PRESSES HYDRAULIQUES SPÉCIALES pour la fabrication des charbons à lumière et des charbons pour four électrique et des agglomérés et cylindres pour piles électriques. — Installation complète d'usines. — PRESSES HYDRAULIQUES DIVERSES pour Cuir factice, Papeterie, Emballage, Tissus, Draps, Apprêts d'étoffes, Carton comprimé, Corps gras, Résidus, Bois durci, Aplatissage de cornes, Presses pour laboratoires, Essais, Produits pharmaceutiques. — Charbons pour piles. — MACHINES SPÉCIALES pour les POUDRERIES, Presses et outils divers pour la compression et la fabrication de la Poudre, Presses spéciales pour les cartouches de mines et la compression des explosifs.

Machinerie Hydraulique.

ACCUMULATEURS de toutes dimensions et de toutes forces. MULTIPLICATEURS de PRESSION, CABESTANS, MONTE-CHARGES, TREUILS et GRUES HYDRAULIQUES, TRANSBORDEURS. — Installations hydrauliques pour la manutention des fardeaux. — NOUVELLES POMPES de COMPRESSION pour les installations hydrauliques et le service des accumulateurs, POMPES D'INJECTION haute pression pour les presses hydrauliques.

Société Anonyme au Capital de 25.000.000 fr. — Cie Fse des MÉTAUX — Siège Social : 10, RUE VOLNEY, PARIS

TUBES EN CUIVRE ET EN LAITON Sans soudure et soudés

TUYAUX et TABLES en PLOMB — LAITON ET MAILLECHORT

son de l'éditeur

LA

MÉCANIQUE

A l'Exposition de 1900

Publiée sous le Patronage et la Direction technique d'un Comité de Rédaction

---

7e LIVRAISON (1)

LES RÉGULATEURS

Par **M. LECORNU**

LES MACHINES MARINES

Par **M. G. RICHARD**

PARIS. VI
Vve CH. DUNOD, ÉDITEUR
49, QUAI DES GRANDS-AUGUSTINS, 49

TÉLÉPHONE 147.92

1902

Juin 1902.

(1) Quinzième livraison dans l'ordre d'apparition.

LA MÉCANIQUE
A l'Exposition de 1900

Publiée sous le Patronage et la Direction technique d'un Comité de Rédaction

Tome 2e

8e LIVRAISON (*)

LES APPAREILS DE LEVAGE ET DE MANUTENTION

PAR

M. R. MASSE

PARIS. VI
Vve CH. DUNOD, ÉDITEUR
49, QUAI DES GRANDS-AUGUSTINS, 49

TÉLÉPHONE 147.92

1901

Novembre 1901.

(*) Neuvième livraison dans l'ordre d'apparition.

Don de l'éditeur

LA

MÉCANIQUE

A l'Exposition de 1900

Publiée sous le Patronage et la Direction technique d'un Comité de Rédaction

COMPOSÉ DE MM.

HATON DE LA GOUPILLIÈRE, G. O. ❋, Membre de l'Institut
Inspecteur général des Mines, *Président*

BARBET, ❋, ingénieur des arts et manufactures.

BIENAYMÉ, C. ❋, inspecteur général du génie maritime.

BOURDON (Édouard), O. ❋, constructeur mécanicien, président de la chambre syndicale des mécaniciens.

BRÜLL, ❋, ingénieur, ancien élève de l'École polytechnique, ancien président de la Société des Ingénieurs civils.

COLLIGNON (Éd.), O. ❋, inspecteur général des ponts et chaussées en retraite.

FLAMANT, O. ❋, inspecteur général des ponts et chaussées.

IMBS, ❋, professeur au Conservatoire des arts et métiers et à l'École centrale des arts et manufactures.

LINDER, C. ❋, inspecteur général des mines en retraite.

ROZÉ, ❋, répétiteur d'astronomie et conservateur des collections de mécanique à l'École polytechnique.

SAUVAGE, O. ❋, ingénieur en chef des mines, professeur à l'École des mines.

WALCKENAER, O. ❋, ingénieur en chef des mines, professeur à l'École des ponts et chaussées.

RATEAU, ingénieur des Mines.

Secrétaire de la Rédaction : **GUSTAVE RICHARD**, ❋, 44, rue de Rennes.

9e LIVRAISON (1)

APPAREILS DE SÉCURITÉ

PAR

Henri MAMY

INGÉNIEUR DES ARTS ET MANUFACTURES
DIRECTEUR DE L'ASSOCIATION DES INDUSTRIELS DE FRANCE
CONTRE LES ACCIDENTS DU TRAVAIL

PARIS, VI
Vve CH. DUNOD, ÉDITEUR
49, QUAI DES GRANDS-AUGUSTINS, 49

TÉLÉPHONE 147.92

1902

Pour la Publicité, s'adresser à la Librairie Vve Ch. Dunod

Mars 1902.

(1) Douzième livraison dans l'ordre d'apparition.

LA

MÉCANIQUE

à l'Exposition de 1900

Publiée sous le Patronage et la Direction technique d'un Comité de Rédaction

Tome 2e

IIe LIVRAISON[(1)]

MÉCANIQUE DE LA FORGE

PAR

M. Gérard LAVERGNE
INGÉNIEUR CIVIL DES MINES

PARIS. VI
Vve CH. DUNOD, ÉDITEUR
49, QUAI DES GRANDS-AUGUSTINS, 49
TÉLÉPHONE 147.92
1901

Avril 1901.

(1) Septième livraison dans l'ordre d'apparition.

www.ingramcontent.com/pod-product-compliance
Ingram Content Group UK Ltd.
Pitfield, Milton Keynes, MK11 3LW, UK
UKHW021938200726
13856UKWH00005B/43

9 782011 902399